◉ 魔乐科技（MLDN）软件实训中心 编著
◉ 张玉宏 主编 周喜平 副主编

人 民 邮 电 出 版 社
北 京

图书在版编目（CIP）数据

Java编程技术大全 / 魔乐科技（MLDN）软件实训中心编著 ; 张玉宏主编. -- 北京 : 人民邮电出版社, 2019.3
ISBN 978-7-115-50100-4

Ⅰ. ①J… Ⅱ. ①魔… ②张… Ⅲ. ①JAVA语言－程序设计 Ⅳ. ①TP312

中国版本图书馆CIP数据核字(2019)第001454号

内容提要

本书主要面向零基础读者，用实例引导读者学习，深入浅出地介绍 Java 的相关知识和实战技能。

本书第Ⅰ篇“基础知识”主要讲解 Java 开发环境搭建、Java 程序要素，并逐一介绍常量、变量、运算符、表达式、语句、流程控制、数组、枚举、类、对象以及方法等；第Ⅱ篇“核心技术”主要介绍类的封装、继承、多态，并逐一介绍抽象类、接口、Java 常用类库以及异常的捕获与处理等；第Ⅲ篇“高级应用”主要介绍多线程、文件 I/O 操作、GUI 编程、Swing GUI 编程、Java Web、常用设计框架以及 Android 编程基础等；第Ⅳ篇“项目实战”主要介绍智能电话回拨系统、理财管理系统、我的饭票网以及 Hadoop 下的数据处理等。

本书提供了与图书内容全程同步的教学视频。此外，还赠送大量相关学习资料，以便读者扩展学习。

本书适合任何想学习 Java 的初学者，无论初学者是否从事计算机相关行业，是否接触过 Java，均可通过对本书内容的学习快速掌握 Java 的开发方法和技巧。

◆ 编　　著　魔乐科技（MLDN）软件实训中心
主　　编　张玉宏
副 主 编　周喜平
责任编辑　张　翼
责任印制　马振武

◆ 人民邮电出版社出版发行　　北京市丰台区成寿寺路 11 号
邮编　100164　　电子邮件　315@ptpress.com.cn
网址　http://www.ptpress.com.cn
北京市艺辉印刷有限公司印刷

◆ 开本：787×1092　1/16
印张：52.75
字数：1325 千字　　2019 年 3 月第 1 版
印数：1 – 3 000 册　　2019 年 3 月北京第 1 次印刷

定价：119.00 元（上、下册）

读者服务热线：(010)81055410　印装质量热线：(010)81055316
反盗版热线：(010)81055315
广告经营许可证：京东工商广登字 20170147 号

前言

PREFACE

本书是专为 Java 初学者量身打造的一本学习用书，由专业计算机图书策划机构“龙马高新教育”精心策划编写而成。

本书主要面向 Java 初学者和爱好者，旨在帮助读者掌握 Java 基础知识、了解开发技巧并积累一定的项目实战经验。

为什么要写这样一本书

荀子曰：“不闻不若闻之，闻之不若见之，见之不若知之，知之不若行之。”

实践对学习的重要性由此可见一斑。纵观当前编程图书市场，理论知识与实践经验的脱节，是一些 Java 图书中经常出现的情况。为了避免这种情况，本书立足于实战，从项目开发的实际需求入手，将理论知识与实际应用相结合。目的就是让初学者能够快速成长为初级程序员，并拥有一定的项目开发经验，从而在职场中拥有一个高起点。

Java 的学习路线

本书总结了作者多年的教学实践经验，为读者设计了合适的学习路线。

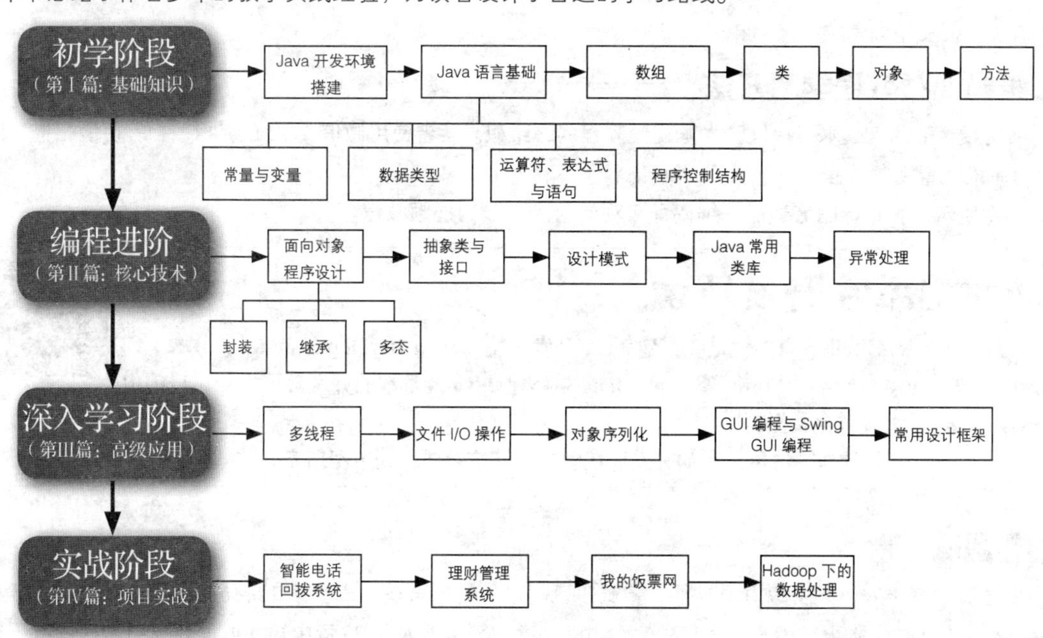

本书特色

● 零基础、入门级的讲解

无论读者是否从事计算机相关行业，是否接触过 Java，是否使用 Java 开发过项目，都能从本书中获益。

● 超多、实用、专业的范例和项目

本书结合实际工作中的范例，逐一讲解 Java 的各种知识和技术。最后，还通过实际开发项目总结本书所学内容，帮助读者在实战中掌握知识，轻松拥有项目经验。

● 随时检测自己的学习成果

每章首页给出了“本章要点”，以便读者明确学习方向。每章最后的“实战练习”则根据本章的知识点精心设计而成，读者可以随时自我检测，巩固所学知识。

● **细致入微、贴心提示**

本书在讲解过程中使用了“提示”“注意”“技巧”等小栏目，帮助读者在学习过程中更清楚地理解基本概念，掌握相关操作，并轻松获取实战技巧。

超值电子资源

● **全程同步教学视频**

涵盖本书所有知识点，详细讲解每个范例和项目的开发过程及关键点，帮助读者更轻松地掌握书中的所有Java 程序设计知识。

● **超多资源大放送**

赠送大量电子资源，包括 Java 和 Oracle 项目实战教学视频、Java SE 类库查询手册、Eclipse 常用快捷键说明文档、Eclipse 提示与技巧电子书、Java 常见面试题、Java 常见错误及解决方案、Java 开发经验及技巧大汇总、Java 程序员职业规划、Java 程序员面试技巧。

读者可以申请加入编程语言交流学习群（QQ：829094243），可在群中获得本书的学习资料，并和其他读者进行交流，帮助你无障碍地快速阅读本书。

读者对象

- 没有任何 Java 基础的初学者。
- 有一定的 Java 基础，想精通 Java 的人员。
- 有一定的 Java 基础，缺乏 Java 实战经验的人员。
- 各类院校及培训学校的老师和学生。

二维码视频教程学习方法

为了方便读者学习，本书提供了大量视频教程的二维码。读者使用微信、QQ 的“扫一扫”功能扫描二维码，即可通过手机观看视频教程。

如下图所示，扫描标题旁边的二维码即可观看对应章节的视频教程。

▶**1.1　Java 开发环境**

学习 Java 的第一步，自然就是要搭建 Java 开发环境（Java Development Kit，JDK），在操作系统（如 Windows、Linux 等）下，JDK 是搭建 Java 最基本的开发环境之一，目前由 Oracle 公司维护开发并免费提供。

JDK 由一个处于操作系统层之上的开发环境和运行环境组成，如下图所示。JDK 除了包括编译（javac）、

创作团队

本书主编为张玉宏，副主编为周喜平、姜斌、曹鹤玲。其中第 0~9 章、第 12~16 章、第 18~21 章、第 30 章及附录由河南工业大学张玉宏编写，第 10~11 章、第 17 章、第 24 章及第 25 章由郑州大学西亚斯学院周喜平编写，第 27 章和第 29 章由郑州大学西亚斯学院姜斌编写，第 22~23 章、第 26 章及第 28 章由河南工业大学曹鹤玲编写。参与本书编写、资料整理、多媒体开发及程序调试的人员有孔万里、周奎奎、张田田、常俊杰、黄月、谢洋洋、刘江涛、张芳、江百胜、尚梦娟、张会锋、王金丽、贾祥铎、陈小杰、左琨、邓艳丽、崔姝怡、侯蕾、左花苹、刘锦源、普宁、王常吉、师鸣若、钟宏伟、陈川、刘子威、徐永俊、朱涛和翟桂花等。

在本书的编写过程中，我们竭尽所能地将更好的讲解呈现给读者，但也难免有疏漏和不妥之处，敬请广大读者不吝指正。若读者在阅读本书时遇到困难或疑问，或有任何建议，可发送邮件至 zhangtianyi@ptpress.com.cn。

编者

目录

CONTENTS

第 0 章 Java 学习指南

0.1 Java 为什么重要 002
0.2 Java 简史——给我们带来的一点思考 003
0.3 Java 应用领域和前景 007
0.4 Java 学习路线图 009

第 I 篇 基础知识

第 1 章 小荷才露尖尖角——Java 开发环境搭建

1.1 Java 开发环境 013
1.2 安装 Java 开发工具箱 013
1.2.1 下载 JDK 013
1.2.2 安装 JDK 016
1.3 Java 环境变量的配置 017
1.3.1 理解环境变量 017
1.3.2 JDK 中的 3 个环境变量 018
1.4 享受安装成果——开发第 1 个 Java 程序 022
1.5 Eclipse 的使用 023
1.5.1 Eclipse 概述 023
1.5.2 创建 Java 项目 025
1.5.3 创建 Java 类文件 026
1.5.4 在代码编辑器中编写 Java 程序代码 027
1.5.5 运行 Java 程序 029
1.6 探秘 Java 虚拟机 029
1.7 高手点拨 030
1.8 实战练习 032

第 2 章 初识庐山真面目——Java 程序要素概览

2.1 一个简单的例子 034
2.2 感性认识 Java 程序 035
2.2.1 Java 程序的框架 036
2.2.2 标识符 037
2.2.3 关键字 037
2.2.4 注释 038
2.2.5 变量 039
2.2.6 数据类型 040
2.2.7 运算符和表达式 040
2.2.8 类 041
2.2.9 输入与输出 041
2.3 程序的检测 044
2.3.1 语法错误 044
2.3.2 语义错误 045
2.4 提高程序的可读性 046
2.5 高手点拨 047
2.6 实战练习 047

第 3 章 九层之台，起于垒土——Java 编程基础

3.1 常量与变量 050
3.1.1 常量的声明与使用 050
3.1.2 变量的声明与使用 051
3.2 基本数据类型 055
3.2.1 数据类型的意义 055
3.2.2 整数类型 056
3.2.3 浮点类型 059
3.2.4 字符类型 060
3.2.5 布尔类型 062
3.3 数据类型的转换 063
3.3.1 自动类型转换 063

3.3.2 强制类型转换 064
3.4 高手点拨 065
3.5 实战练习 066

第 4 章 基础编程元素——运算符、表达式、语句与流程控制

4.1 运算符 070
4.1.1 赋值运算符 070
4.1.2 一元运算符 070
4.1.3 算术运算符 072
4.1.4 逻辑运算符 073
4.1.5 位运算符 076
4.1.6 三元运算符 077
4.1.7 关系运算符与 if 语句 078
4.1.8 递增与递减运算符 079
4.1.9 括号运算符 080
4.2 表达式 080
4.2.1 算术表达式与关系表达式 081
4.2.2 逻辑表达式与赋值表达式 082
4.2.3 表达式的类型转换 083
4.3 语句 084
4.3.1 语句中的空格 084
4.3.2 空语句 085
4.3.3 声明语句与赋值语句 086
4.4 程序的控制逻辑 086
4.4.1 顺序结构 087
4.4.2 分支结构 088
4.4.3 循环结构 088
4.5 选择结构 088
4.5.1 if 语句 089
4.5.2 if…else 语句 089
4.5.3 if…else if…else 语句 090
4.5.4 多重选择—— switch 语句 091
4.6 循环结构 093
4.6.1 while 循环 093
4.6.2 do…while 循环 095
4.6.3 for 循环 097
4.6.4 foreach 循环 098
4.7 循环的跳转 099
4.7.1 break 语句 099
4.7.2 continue 语句 101
4.7.3 return 语句 104
4.8 高手点拨 105
4.9 实战练习 106

第 5 章 常用的数据结构——数组与枚举

5.1 理解数组 108
5.2 一维数组 111
5.2.1 一维数组的声明与内存的分配 111
5.2.2 数组中元素的表示方法 112
5.2.3 数组元素的使用 113
5.3 二维数组 116
5.3.1 二维数组的声明与赋值 116
5.3.2 二维数组元素的引用及访问 117
5.4 枚举简介 118
5.5 Java 中的枚举 118
5.5.1 常见的枚举定义方法 118
5.5.2 在程序中使用枚举 119
5.5.3 在 switch 语句中使用枚举 120
5.6 高手点拨 121
5.7 实战练习 121

第 6 章 面向对象设计的核心——类和对象

6.1 理解面向对象程序设计 124
6.1.1 结构化程序设计简介 124
6.1.2 面向对象程序设计简介 124
6.1.3 面向对象程序设计的基本特征 125
6.1.4 面向对象编程和面向过程编程的比较 126
6.2 面向对象的基本概念 127
6.2.1 类 127
6.2.2 对象 128
6.2.3 类和对象的关系 128
6.3 类的声明与定义 129
6.3.1 类的声明 129
6.3.2 类的定义 130
6.4 类的属性 132
6.4.1 属性的定义 132
6.4.2 属性的使用 132
6.5 对象的声明与使用 135

6.5.1 对象的声明 135
6.5.2 对象的使用 136
6.5.3 匿名对象 138
6.5.4 对象的比较 139
6.5.5 对象数组的使用 141
6.6 this 关键字的使用 143
6.7 static 关键字的使用 145
6.8 final 关键字的使用 149
6.9 高手点拨 150
6.10 实战练习 152

第 7 章 重复调用的代码块——方法

7.1 方法的基本定义 154
7.2 方法的使用 156
7.3 方法中的形参与实参 157
7.4 方法的重载 158
7.5 构造方法 161
7.5.1 构造方法简介 161
7.5.2 构造方法的重载 163
7.5.3 构造方法的私有化 167
7.6 在方法内部调用方法 171
7.7 代码块 172
7.7.1 普通代码块 172
7.7.2 构造代码块 173
7.7.3 静态代码块 175
7.8 static 方法 177
7.8.1 自定义 static 方法 177
7.8.2 static 主方法 178
7.9 方法与数组 180
7.9.1 数组引用传递 180
7.9.2 让方法返回数组 183
7.10 包的概念及使用 185
7.10.1 包的基本概念 185
7.10.2 包的导入 186
7.10.3 JDK 中常见的包 187
7.11 高手点拨 188
7.12 实战练习 188

第 II 篇 核心技术

第 8 章 面向对象设计的精华——类的封装、继承与多态

8.1 面向对象的三大特点 191
8.1.1 封装的含义 191
8.1.2 继承的含义 191
8.1.3 多态的含义 192
8.2 封装的实现 194
8.2.1 Java 访问权限修饰符 194
8.2.2 封装问题引例 194
8.2.3 类的封装实例 195
8.3 继承的实现 202
8.3.1 继承的基本概念 202
8.3.2 继承问题的引入 202
8.3.3 继承实现代码复用 204
8.3.4 继承的限制 205
8.4 深度认识类的继承 208
8.4.1 子类对象的实例化过程 208
8.4.2 super 关键字的使用 210
8.4.3 限制子类的访问 213
8.5 覆写 216
8.5.1 属性的覆盖 216
8.5.2 方法的覆写 217
8.5.3 关于覆写的注解——@Override 221
8.6 多态的实现 223
8.6.1 多态的基本概念 223
8.6.2 方法多态性 225
8.6.3 对象多态性 225
8.6.4 隐藏 230
8.7 高手点拨 231
8.8 实战练习 234

第 9 章 凝练才是美——抽象类、接口与内部类

9.1 抽象类 236
9.1.1 抽象类的定义 236

9.1.2 抽象类的使用 236

9.2 接口 240

9.2.1 接口的基本概念 240

9.2.2 使用接口的原则 241

9.2.3 接口的作用——Java 的回调机制 248

9.3 内部类 253

9.3.1 内部类的基本定义 253

9.3.2 在方法中定义内部类 255

9.4 匿名内部类 256

9.5 匿名对象 258

9.6 高手点拨 259

9.7 实战练习 262

第10章 更灵活的设计——泛型

10.1 泛型的概念 264

10.2 泛型类的定义 264

10.3 泛型方法的定义 265

10.4 泛型接口的定义 265

10.5 泛型的使用限制和通配符的使用 266

10.5.1 泛型的使用限制 266

10.5.2 通配符的使用 267

10.6 泛型的继承和实现 268

10.7 高手点拨 269

10.8 实战练习 270

第11章 更强大和方便的功能——注解

11.1 注解概述 272

11.2 常用内置注解 272

11.3 自定义注解 274

11.4 通过反射访问注解信息 277

11.5 高手点拨 280

11.6 实战练习 282

第12章 设计实践——常用的设计模式

12.1 设计模式概述 284

12.1.1 设计模式的背景 284

12.1.2 设计模式的分类 284

12.2 创建型模式 285

12.2.1 单例设计模式 285

12.2.2 多例设计模式 288

12.2.3 工厂模式 290

12.3 结构型模式 295

12.3.1 代理设计模式 296

12.3.2 桥接设计模式 299

12.4 行为型模式 307

12.4.1 行为型模式概述 307

12.4.2 责任链设计模式 307

12.5 高手点拨 310

12.6 实战练习 310

第13章 存储类的仓库——Java 常用类库

13.1 API 概念 312

13.2 基本数据类型的包装类 312

13.2.1 装箱与拆箱 313

13.2.2 基本数据类型与字符串的转换 315

13.3 String 类 317

13.3.1 字符串类的声明 317

13.3.2 String 类中常用的方法 319

13.4 System 类与 Runtime 类 321

13.4.1 System 类 321

13.4.2 Runtime 类 324

13.5 日期操作类 326

13.5.1 日期类 326

13.5.2 日期格式化类 328

13.6 正则表达式 329

13.6.1 正则的引出 329

13.6.2 正则标记 331

13.6.3 利用 String 进行正则操作 332

13.7 Math 与 Random 类 334

13.7.1 Math 类的使用 334

13.7.2 Random 类的使用 335

13.8 高手点拨 337

13.9 实战练习 338

第14章 防患于未然——异常的捕获与处理

14.1 异常的基本概念 340

14.1.1 为何需要异常处理 340

14.1.2 简单的异常范例 341

14.1.3 异常的处理 342

14.1.4 异常处理机制的小结 347

14.2 异常类的处理流程 348

14.3 throws 关键字 348

14.4 throw 关键字 350

14.5 异常处理的标准格式 350

14.6 RuntimeException 类 352

14.7 编写自己的异常类 353

14.8 高手点拨 354

14.9 实战练习 354

赠送资源
Free resources

1. Java和Oracle项目实战教学视频
2. Java SE类库查询手册
3. Eclipse常用快捷键说明文档
4. Eclipse提示与技巧电子书
5. Java常见面试题
6. Java常见错误及解决方案
7. Java开发经验及技巧大汇总
8. Java程序员职业规划
9. Java程序员面试技巧

第 0 章 Java 学习指南

Java 是一门优秀的编程语言，它的优点是与平台无关，可以实现“一次编写，到处运行”。Java 是一门面向对象的语言，它简洁高效，具有高度的可移植性。本章介绍 Java 的来源、基本思想、技术体系、应用领域、前景以及学习 Java 的技术路线。

本章要点（已掌握的在方框中打钩）

- □ 了解 Java 的来源
- □ 了解 Java 的基本思想
- □ 了解 Java 的技术体系和应用前景

0.1 Java 为什么重要

目前，常用的编程语言就有数十种，令人应接不暇，到底哪一种语言更值得我们学习呢？要知道，学习任何一种语言，都需付出昂贵的时间成本（甚至金钱成本），如何选择一种真正需要的编程语言来学，就是一门学问了。

在现实生活中，有个很有意思的经验。当我们来到一个陌生的城市，自然想找一家比较有特色的饭馆，但面对矗立街头、琳琅满目的饭馆，该选择哪家最好呢？有人说，哪家人少去哪家，因为这样不用等！但有经验的“吃货”会告诉你，哪家人多，特别是等的人多，就去哪家。为什么呢？逻辑很简单，之所以人多，是因为好吃。之所以等的人多，是因为它值得人等。一句话，大样本得出的推荐建议，总还是比较信得过的。

对于初学者来说，编程语言的选择，犹如饭馆的挑选——追随多数人的选择，纵然可能没有满足你个性化的需求，但绝对不会让你错得离谱。目前，我们既然正处于大数据的时代，就要善于“让数据发声”。

May 2018	May 2017	Change	Programming Language	Ratings	Change
1	1		Java	16.380%	+1.74%
2	2		C	14.000%	+7.00%
3	3		C++	7.668%	+2.92%
4	4		Python	5.192%	+1.64%
5	5		C#	4.402%	+0.95%
6	6		Visual Basic .NET	4.124%	+0.73%
7	9	^	PHP	3.321%	+0.63%
8	7	v	JavaScript	2.923%	-0.15%
9	-	^^	SQL	1.987%	+1.99%
10	11	^	Ruby	1.182%	-1.25%

根据 TIOBE 统计的数据[①]，在 2018 年 5 月编程语言前 10 名排行榜中，Java 名列榜首。虽然在不同的年份，Java、C 和 C++ 的前 3 名地位可能有所互换，但多年来，Java 在整个编程领域前三甲的地位，基本上没有动摇。

从上表反映的情况可以看出，Java 作为一门编程语言，其关注度长期高居各种编程语言流行榜的榜首，这也间接说明了 Java 应用领域的广泛程度。事实上，Java 的开放性、安全性和庞大的社会生态链以及其跨平台性，使得 Java 技术成为很多平台事实上的开发标准。在很多应用开发中，Java 都是作为底层代码的操作功能的调用工具。

当下，不论是桌面办公还是网络数据库，不论是 PC 还是嵌入式移动平台，不论是 Java 小应用程序（Applet）还是架构庞大的 J2EE 企业级解决方案，处处都有 Java 的身影。

目前，随着云计算（Cloud Computing）、大数据（Big Data）时代的到来以及人们朝着移动领域的扩张，越来越多的企业考虑将其应用部署在 Java 平台上。无论是面向智能手机的 Android 开发，还是支持高并发的大型分布式系统开发，无论是面向大数据批量处理的 Hadoop 开发，还是解决公共云 / 私有云的部署，都和 Java 密不可分，Java 已然形成一个庞大的生态系统。

此外，Java 的开放性，也对打造其健壮的生态系统贡献非凡。基本上，无论我们有什么新的想法，都可以在 Java 的开源世界中找到对应的实现，而且其中很多解决方案还非常靠谱。例如服务器相关的 Tomcat、计算框架相关的 Hibernate、Spring 和 Struts，大数据处理相关的 ZooKeeper、Hadoop 和 Cassandra，等等。有了

① TIOBE 编程社区指数是编程语言流行趋势的一个指标，每月更新一次。排名数据的获取主要源自著名的搜索引擎或知名网站搜索（或点击）次数，这些网站大致为 Google、Blogger、Wikipedia、YouTube、Baidu、Yahoo!、Bing、Amazon。需要说明的是，这个排行榜利用了关键词搜索热度来代表流行程度：某个语言搜索的次数越多，说明这门语言越受人关注（也就更加流行）。TIOBE 编程社区指数，简而言之，只是一个关键字查询（点击）排行榜，在某种程度上，只反映一门编程语言的流行度，并不能据此说明某门编程语言的优劣高下。

基于 Java 开发的开源软件，开发者们就可以不用从零开始“重造轮子”，这样就大大减轻了开发组的负担，提高了解决问题的效率。

坦率来说，对于很多计算机相关领域的从业人员，找份好工作是学习某门编程语言本质的驱动力。而 Java 应用领域之广泛，也势必促使面向 Java 开发者的就业市场，呈现欣欣向荣之态势。根据国际数据公司（International Data Corporation，IDC）的统计数据，在所有软件开发类人才的需求中，对 Java 工程师的需求，达到全部需求量的 60% ~ 70%。这一高分数字，足以让 Java 语言初学者，跃跃欲试。

一言蔽之，学好用好 Java，可以解决诸多领域的问题，这就是 Java 如此重要的原因。

0.2 Java 简史——给我们带来的一点思考

著名人类学家费孝通先生曾指出，我们所谓的“当前”，其实包含着从“过去”历史中拔萃出来的投影和时间选择的积累。历史对于我们来说，并不是什么可有可无的点缀之饰物，而是实用的、不可或缺的前行之基础。

Java 从诞生（1995 年）发展到现在，已经度过了 20 多年。了解 Java 的一些发展历史，有助于我们更好地认识 Java，看清这纷杂的编程语言世界，进而用好 Java。

说到 Java 的发展历程，就不能不提到它的新老两个东家——Sun（太阳）公司和 Oracle（甲骨文）公司。先说 Sun 公司，事实上，Sun 的本意并非“太阳”，而是斯坦福大学校园网（Stanford University Network）的首字母缩写，跟“太阳”并没有关系。不过，由于这个缩写的蕴意不错，“太阳”就这样叫开了。

1982 年，Sun 公司从斯坦福大学产业园孵化而成，后来成为一家大名鼎鼎的高科技 IT 公司，其全称是太阳微系统公司（Sun Microsystems）。Sun 的主要产品是服务器和工作站，产品极具竞争力，自然市场表现斐然。在硬件方面，他们于 1985 年研制出了自己的 SPARC 精简指令（RISC）处理器，能将服务器的性能提高很多，在软件方面，他们引以为傲的操作系统 Solaris（UNIX 的一个变种）比当时的 Windows NT 能更好地利用计算机资源，特别是在用户数急剧上升，计算机系统变得非常庞大的情况下，Solaris 表现更佳。

20 世纪 90 年代，互联网兴起。Sun 公司就站在那个时代的潮流之上，所以它的服务器和工作站销量极佳，以至于这家公司在自己的广告中宣称：“我们就是 .com 前面的关键一点 (We are the dot in the .com)”。言外之意，没有我们这画龙点睛的一点（服务器 + 操作系统），互联网公司就难以开起来。其得意之情，溢于言表。

Sun 公司之所以敢于高抬自己，也不是吹嘘出来的，它实力的确非常雄厚，在当时足以傲视群雄。其重要的软实力，就是人才济济。在任何年代，人才都是稀缺的（不光是 21 世纪）。

Sun 公司创始人之一史考特·麦克尼里（Scott McNealy），可谓是一代“枭雄”，他非常重视研发。在他的主持下，Sun 公司先后开发了基于 SPARC 系列的处理器、工作站和 Solaris 操作系统，这些产品为 Sun 公司带来了丰厚的利润。

但如果我们把格局放大一些的话，从科技史的角度来看，可能 Sun 公司给人类带来的最有意义的产品，并不是前面提及软件和硬件，而是我们即将要介绍的重要内容——Java 编程语言。

现在，让我们简单地回顾一下 Java 诞生的背景。在 20 世纪 90 年代，世界上的计算机多处于两种状态：要么孤零零地“宅着”——不联网，要么小范围地“宅着”——企业内部局域网互联，那时可供公众分享的资源是非常有限的。

后来，互联网蓬勃发展，不同类型的计算机系统需要连接、信息需要共享的需求就产生了，亟需一种跨越不同硬件和不同操作系统的新平台——这就是那个时代的“痛点”。任何时候，能解决时代的痛点，就会出现划时代的产品。能解决时代的痛点，就抓住了时代的发展方向。

Sun 公司的创始人麦克尼里，对网络计算有着超前的洞察力。在他的带领下，Sun 公司的网络视野，并未仅仅定格于计算机之间的互联，它还看得更远——计算机与非计算机彼此也是隔断的，它们也需要彼此连接！

在 Sun 公司，麦克尼里一直在推行“网络即计算机（The Network is the computer）”的理念。这个关于无限连通世界观念的表述，推动着 Sun 公司参与时代的发展。事实上，这个理念和现在火热的云计算理念，也是一脉相承的。

2016 年 4 月 28 日，全球移动互联网大会（GMIC）在北京举行，当时的腾讯副总裁程武发表了《共享连接的力量》主题演讲。他提到，3 年前，腾讯就提出“连接一切”。无论连接人与人、服务、设备，互联网根本上是在满足人的延伸，让网络中的个体获得更多的资源和能力，去实现更大的价值。

这样的认知，其实是梅特卡夫定律（Metcalfe's Law）的体现，其内容是：网络的价值等于网络节点数的平方，网络的价值与联网的用户数的平方成正比。梅特卡夫认为，“连接”革命后，网络价值会飙升，网络中的个体有望实现更大的价值。

回顾起来，不论是现在流行的物联网（Internet of things，IoT）概念，还是腾讯的“连接一切”理念，其实和 Sun 公司 30 多年前的理念相差无几。因此可以说，Sun 公司在那个时代的视角，不可谓不“高瞻远瞩”。

Sun 公司认为，如果能把计算机和非计算机（主要指的是电子消费品，如家电等）系统这两者连接起来，将会带来一场计算机革命，这是一个巨大的机遇，而连接二者的媒介自然就是网络。

无限连通的世界，令人怦然心跳。但心动不如行动。Sun 公司行动的结果，就是 Java 语言的诞生。

后来被称为 Java 之父的詹姆斯·高斯林（James Gosling）说：“放眼当时的市场，两个领域的厂家各自为政，没有形成统一的网络。因此很多时候不得不重复大量的实验，但这些其实早在 30 年前的计算机科学中已得到解决。”

那么核心问题在于，当时的电子消费品制造者，压根并没有考虑使用网络，例如没有哪家生产商想生产一台会上网的冰箱。一流的企业，如苹果公司，是引导用户需求，而不是满足用户需求。因为有时候，用户压根也不能明确知道自己的需求。

为了解决计算机与计算机之间、计算机与非计算机之间的跨平台连接，麦克尼里决定组建一个名叫 Green 的、由詹姆斯·高斯林领衔的项目团队。其目的在于开发一种新的语言，并基于这种语言，研制专为下一代数字设备（如家电产品）和计算机使用的网络系统，这样就可以将通信和控制信息通过分布式网络，发给电冰箱、电视机、烤面包机等家用电器，对它们进行控制和信息交流。想一想，这不正是当下很热门的物联网思维吗?

最初 Green 项目的工程师们准备采用 C++ 实现这一网络系统。但 C++ 比较复杂，最后经过裁剪、优化和创新，1990 年，高斯林的研发小组基于 C++ 开发了一种与平台无关的新语言 Oak（即 Java 的前身）。Oak 的取名，缘于高斯林办公室外有一棵枝繁叶茂的橡树，这在硅谷是一种很常见的树。

Oak 主要用于为各种家用电器编写程序，Sun 公司曾以 Oak 语言投标一个交互式电视项目，但结果被 SGI（硅图公司，1982 年成立于美国）打败。由于当时智能化家电的市场需求比较低迷，Oak 的市场占有率并没有当初预期的高，于是“见风使舵”的 Sun 公司放弃了该项计划（事实上，“见风使舵”在市场决策中并不是一个贬义词，而是一种灵活的市场策略）。就这样，Oak 几近“出师未捷身先死”。其实也不能全怪 Sun 公司，想一想，即使在 30 多年后的今天，物联网、智能家居的概念虽然很火，但接地气、成气候的项目，至今也屈指可数。

恰逢这时，Mark Ardreesen（美国软件工程师，曾创办网景通讯公司）开发的 Mosaic 浏览器（互联网历史上第一个获普遍使用且能够显示图片的网页浏览器）和 Netscape 浏览器（网页浏览器，市占率曾位居主导地位）启发了 Oak 项目组成员，让他们预见 Oak 可能会在互联网应用上“大放异彩”，于是他们决定改造 Oak。

及时地调整战略，把握住了时代的需求，Oak 于是又迎来了自己的“柳暗花明又一村”。也就是说，计算机与非计算机之间的连接，由于太超前而失败了，但是计算机与计算机之间的连接需求（更加接近那个时代的地气）又救活了 Oak。

1995 年 5 月 23 日，Oak 改名为 Java。至此，Java 正式宣告诞生。Oak 之所以要改名，其实也是情非得已，因为 Oak 作为一个商标，已早被一家显卡制造商注册了。Oak 若想发展壮大，在法律层面上，改头换面，势在必行。

其实 Java 本身也韵意十足，它是印度尼西亚“爪哇”（注：Java 的音译）岛的英文名称，该岛因盛产咖啡而闻名。这也是 Java 官方商标为一杯浓郁咖啡的背后原因，而咖啡也是“爱”加班、“爱”熬夜的程序员们提神的最佳饮品之一。

当时，Java 最让人着迷的特性之一，就是它的跨平台性。在过去，计算机程序在不同的操作系统平台（如 UNIX、Linux 和 Windows 等）上移植时，程序员通常不得不重新调试与编译这些程序，有时甚至需要重写。

Java 的优点在于，在设计之初就秉承了“一次编写，到处运行”（“Write Once, Run Everywhere”，WORE；有时也写成“Write Once, Run Anywhere”，WORA）思想，这是 Sun 公司为宣传 Java 语言的跨平台特性而提出的口号。

传统的程序，通过编译，可以得到与各种计算机平台紧密耦合（Coupling）的二进制代码。这种二进制代码可以在一个平台运行良好，但是换一个平台就“水土不服”，难以运行。

而 Java 的跨平台性，是指在一种平台下用 Java 语言编写的程序，在编译之后，不用经过任何更改，就能在其他平台上运行。比如，一个在 Windows 环境下开发出来的 Java 程序，在运行时，可以无缝地部署到 Linux、UNIX 或 macOS 环境之下。反之亦然，在 Linux 下开发的 Java 程序，同样可在 Windows 等其他平台上运行。Java 是如何实现跨平台性的呢？我们可用下面的图来比拟说明。

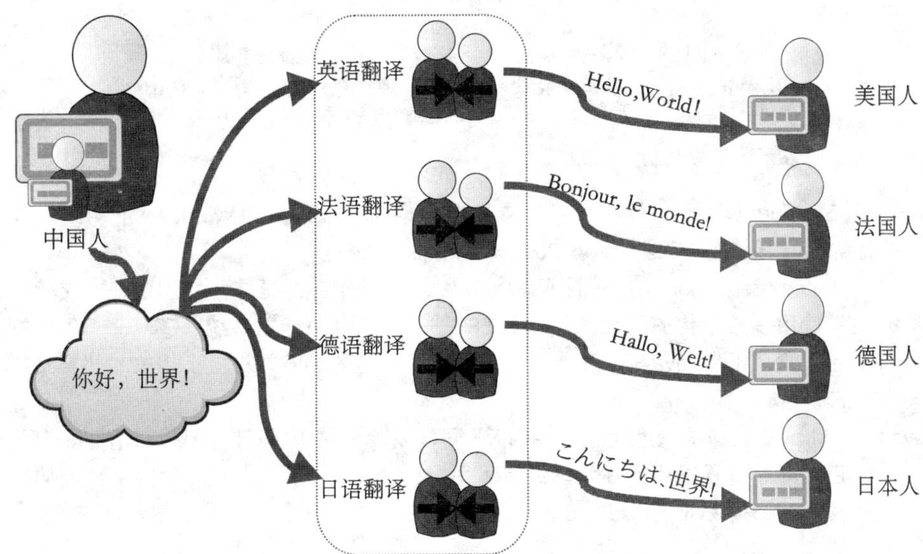

比如说，中国人（一个平台）说了一句问候语：“你好，世界！”美国人、法国人、德国人及日本人（其他平台）都能理解中国人的“问候”。之所以能这样，这得益于英语、法语、德语及日语翻译们的翻译。

类似的，Java 语言的聪明之处在于，它用一个名为 Java 虚拟机（Java Virtual Machine，JVM）的机制屏蔽了这些“翻译”的细节。各国人尽管尽情地表达（编写 Java 代码），通过编译，形成各个平台通用的字节码（Byte Code），然后 JVM“看平台下菜”，在背后默默地干起了“翻译沟通”的活。正是因为有 JVM 的存在，Java 程序员才可以做到“一次编写，到处运行”——这也是 Java 的精华所在。

在经过一段时间的 Java 学习后，读者就会知道由 Java 源代码编译出的二进制文件叫 .class（类）文件，如果使用十六进制编辑器（如 UltraEdit 等）打开这个 .class 文件，你会发现这个文件最前面的 32 位将显示为“CA FE BA BE”，连接起来也就是词组“CAFE BABE ”（咖啡宝贝），如下图所示。每个 Class 文件的前 4 个字节，都是这个标识，它们被称为“魔数”，主要用来确定该文件是否为一个能被虚拟机接受的 Class 文件。其另外一个作用就是，让诸如 James Gosling 等这类具有黑客精神的编程天才尽情表演，他们就是这样，在这些不经意的地方“雁过留声，人过留名”。

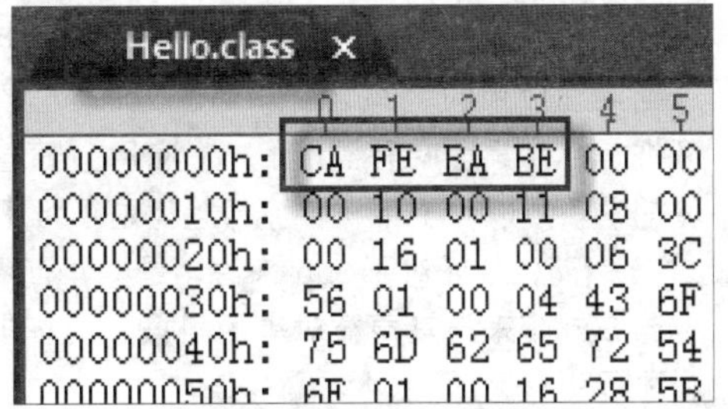

Java class 文件的中“咖啡宝贝”

或许，正是麦克尼里看到了 Java 的这一优秀特性，在 Java 推出以后，Sun 公司便赔钱做了大量的市场推广。仅 3 个月后，当时的互联网娇子之一——网景（Netscape）公司，便慧眼识珠，决定采用 Java。

由于 Java 是新一代面向对象的程序设计语言，不受操作系统限制，对网络支持很强，加之对终端用户是免费的，Java 一下子就火了。很快，很多大公司诸如 Oracle、Borland、SGI、IBM、AT&T 和英特尔等都纷纷加入了 Java 阵营。当 Java 逐渐成为 Sun 的标志时，Sun 公司索性就把它的股票代码“SUNW”直接改为了“JAVA”。Sun 公司对 Java 的重视程度，可见一斑。

1997 年，Sun 公司推出 64 位处理器，同年推出 Java 2，Java 渐渐风生水起，市场份额也越做越大。1998 年，Java 2 按适用的环境不同，被分化为 4 个派系（见下图）：Java 2 Micro Edition（J2ME）、Java 2 Standard Edition（J2SE）、Java 2 Enterprise Edition（J2EE）以及 Java Card。ME 的意思是小型设备和嵌入系统，这个小小的派系，其实是 Java 诞生的“初心”。

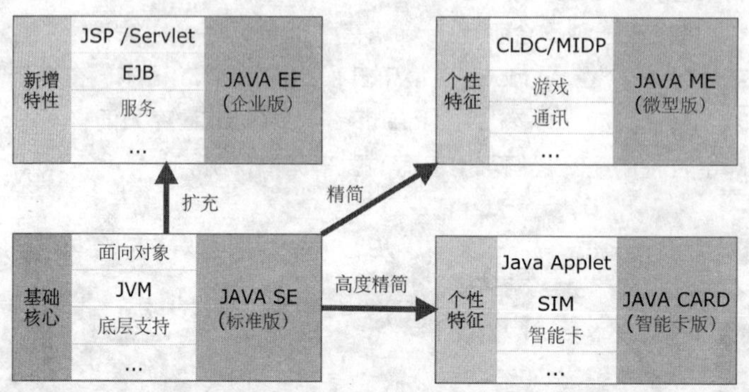

（1）Java SE（Standard Edition，标准版）：支持面向桌面级应用（如 Windows 下的应用程序）的 Java 平台，提供了完整的 Java 核心 API，这个版本 2005 年以前称为 J2SE。

（2）Java EE（Enterprise Edition，企业版）：以 Java SE 为基础向外延伸，增加了许多支持企业内部使用的扩充类，同时支持使用多层架构的企业应用（如 ERP——企业资源计划系统、CRM——客户关系管理系统的应用）的 Java 平台。除了提供 Java SE API 外，还对其做了大量的扩充并提供了相关的部署支持。这个版本 2005 年以前称为 J2EE。

（3）Java ME（Micro Edition，微型版）：Java ME 同样以 Java SE 为基础，但相对精简。它所支持的只有核心类的子集合，它支持 Java 程序运行在移动终端（手机、PDA——掌上电脑）上的平台，加入了针对移动终端的支持。这个版本 2005 年以前称为 J2ME。Java 的微型版主要是进行嵌入式开发，目前渐渐被 Android 开发所替代。

（4）Java Card（智能卡版）：由于服务对象定位更加明确化，Java Card 版本比 Java ME（微型版）更加精简。它支持一些 Java 小程序（Applets）运行在小内存设备（如容量小于 64KB 的智能卡）的平台上。

但是，Java 的技术平台不管如何划分，都是以 Java SE 为核心的，所以掌握 Java SE 十分重要，这也是本书的主要讲解范围。如果想进行 Java EE 的开发，Java SE 是其中必要的组成部分，这也是为什么在学习 Java EE 之前要求读者一定要有扎实的 Java SE 基础。

当时专为连接智能家电而开发的Java，不曾想“有心栽花花不开，无心插柳柳成荫”，在家电市场毫无起色，却因其“一次编程，到处运行”的跨平台特性，赶上了互联网的高速发展时机，在企业级市场上大放异彩。

Java ME 一度在翻盖手机应用上得到极大推广，成为当时的标配。但后来，随着安卓（Android）的兴起，也慢慢中落。Java 之父高斯林后来也说，“ME 已经做得足够好了，在当时是最强大的智能电话开发平台之一。不过现在渐渐被遗忘，因为 Android 太耀眼了。”

有起有落，螺旋上升，是事物发展的常态。Java 的发展历程，也不例外。Oracle Java 平台开发副总裁、OpenJDK 管理委员会核心成员 Georges Saab 曾经这样说道：“在 20 世纪 90 年代，大多数开发者都把精力投入到桌面应用的编写之上。到了 2000 年，Pet.com（一家美国宠物网站）的成功吸引了大批的跟风者。业界又把焦点从桌面转移到了 HTML 应用。随着智能电话和平板电脑的到来，基于触摸屏的移动应用又站在了潮流前端。所以对于下一个流行趋势是很难把握的，这涉及天时、地利、人和。”

然而，Java 对于 Sun 来说，是“华而不实”的资产。因为，除了带来日渐高涨的声誉外，Java 并没有直接给 Sun 带来与其声誉对等的回报。用华尔街的话来说，Java 是赔钱赚吆喝。吆喝 Java 是赚到了，但赚钱盈利才是生存之道。

现在具备互联网思维的公司都知道，“免费”的目的是不免费，不免费的对象要发生转移，其实是要让

"羊毛出在猪身上"，最后"让狗来买单"。但那是30多年前，Sun公司还没有很强的互联网赚钱思维，它到"死"（直到被Oracle收购）都没有想明白，为什么抱着一个金饭碗，却要不到饭。

事实上，除了生产处理器、服务器和操作系统之外，Sun还开发了办公软件OpenOffice。1995年到2000年，是Sun公司高速增长的时期。这期间互联网飞速发展，它曾经和Oracle共同提出了网络计算机（Network computer，NC）的概念，主要就是指没有硬盘的计算机，其实也就是低价台式机，是瘦客户机（或称无盘工作站）。

但在2000年之后，网络泡沫破碎，绝大多数的".com"公司都关门了，苟延残喘活下来的公司，也急刹车般地停止了扩张采购。服务器市场一下子低迷起来，Sun公司这个当初意气风发誓言成为互联网公司的"关键的一点的"公司，已经不再关键了。老的盈利点（服务器市场）不盈利了，新的盈利点（如Java市场）又找不到，Sun公司突然陷入风雨飘摇的境地。

有道是"月满则亏，水满则溢"。Sun公司从1982年成立，到2000年达到顶峰，用了将近20年，而走下坡路只用了仅仅一年。这种断崖式的毁灭，足以让今天的创业者引以为戒。

2008年爆发的金融危机，让持续亏损的Sun公司，更加雪上加霜。到了2009年，由于业绩不佳，Sun公司的市值又比2007年下降了一半，终于跌到了对它期盼已久的Oracle公司可以买得起的价格。2009年4月，这个市值曾经超过2000亿美元的Sun公司，在最低潮的时候，以74亿美元的便宜价被Oracle收购，这个价格仅仅为Sun公司顶峰市值的3%。作为Sun公司的核心资产之一的Java，自然也换了新东家——Oracle。

按照Oracle老板拉里·埃里森（Larry Ellison）的话讲，Sun公司有很好的技术，也有很好的工程师，但它们的管理层实在是太烂了（Astonishingly bad managers），而且做了很多错误的决策，这样才导致Oracle能以很便宜的价格捡了漏。

2015年5月23日，在北京中关村3W咖啡屋，作者参加了由Oracle（中国）举办的Java诞生20周年庆典。在概括Java成功的原因时，Oracle开发人员关系团队总监Sharat Chander总结了三点：社区排在第一，这是Java成功的基础；Java技术的不断进步排在第二；而排在第三位的，才是Oracle对Java的管理。

在收购Sun后，Oracle一方面继续积极推动Java社区发展，另一方面及时将社区成果反馈、集成到新版本产品中。Oracle承诺，大型版本的更新每2年一次发布，小型版本的更新每6个月一次。

在版本推新上，Oracle极大尊重Java社区的意见，Java 7就是在与社区深入交流的基础上推出的，尽管当时并非推出Java 7的最好时机，其后续功能在Java 8里进行了补全。

对于Java的发展，的确不能忽视Java社区的重要性。Oracle认为自己并非Java的管家，他们是在与Java社区一起来管理Java，而Java社区也被誉为Java成功的基础。对此Sharat Chander介绍，Java社区拥有314个Java用户组、900多万Java开发人员、超过150个Java Champion（技术领袖）。

2009年12月，企业版的升级版Java EE 6发布。2011年7月28日，Java SE 7发布。

CPU多核（many-core）时代的兴起，让程序员们纷纷探索起怎么编写并行代码。一番折腾后，大家发现很多编程的好思想，都来自一个叫函数式编程的程序范式。这个曾束之高阁的好理念又被人重拾起来。2014年3月19日，Oracle公司发布Java 8.0正式版，提供了大家望眼欲穿的Lambda。

当然，Java也不是没有缺点的。曾经，有人采访C++之父Bjarne Stroustrup，问他如何看待Java的简洁，他的回答却是，时间不够长。大师之见，果然深邃。Java之美，早已不是简洁，而是开发高效。其为之付出的代价是，各种类库、框架的异常复杂而臃肿。通常，即使一个专业级的Java程序员，也需耗费不菲的（包括时间上或金钱上的）学习成本。但这符合事物的发展规律，就像我们不能期望一个横纲级的相扑运动员力大无穷，却又期望他身轻如燕。

这就是我们的Java！它不甚完美，却非常能干！

0.3 Java应用领域和前景

Java作为Sun公司推出的新一代面向对象程序设计语言，特别适于互联网应用程序的开发，但它的平台无关性直接威胁到了Wintel（即微软的Windows操作系统与Intel CPU所组成的个人计算机）的垄断地位，这表现在以下几个方面。

信息产业的许多国际大公司购买了Java许可证，这些公司包括IBM、Apple、DEC、Adobe、Silicon Graphics、HP、TOSHIBA以及Microsoft等。这一点说明，Java已得到了业界的高度认可，众多的软件开发商开始支持 Java 软件产品，例如 Inprise 公司的 JBuilder、Oracle 公司自己维护的 Java 开发环境 JDK 与 JRE。

Intranet 正在成为企业信息系统最佳的解决方案，而其中 Java 将发挥不可替代的作用。Intranet 的目的是将 Internet 用于企业内部的信息类型，它的优点是便宜、易于使用和管理。用户不管使用何种类型的机器和操作系统，界面都是统一的 Internet 浏览器，而数据库、Web 页面、Applet、Servlet、JSP 等则存储在 Web 服务器上，无论是开发人员、管理人员还是普通用户，都可以受益于该解决方案。

Java 技术的开放性、安全性和庞大的社会生态链以及其跨平台性，使得 Java 技术成为智能手机软件平台的事实性标准。在未来发展方向上，Java 在 Web、移动设备以及云计算等方面的应用前景也非常广阔。虽然面对来自网络的类似于 Ruby on Rails 这类编程平台的挑战，但 Java 依然还是事实上的企业 Web 开发标准。随着云计算（Cloud Computing）、移动互联网、大数据（Big Data）的扩张，更多的企业考虑将其应用部署在 Java 平台上，那么无论是本地主机，还是公共云，Java 都是目前最合适的选择之一。Java 应用领域之广，也势必促使 Java 开发者的就业市场呈现欣欣向荣的发展态势。

学习 Java 不仅是学习一门语言，更多的是学习一种思想，一种开发模式。对于从事软件行业的工作人员，掌握了 Java 语言，可以让自己日后的事业发展得更加顺利。Java 语言的内容相对完整，因此 Java 开发人员可以轻松转入到手机开发、.NET、PHP 等语言的开发上，以后也可以更快地跨入到项目经理的行列之中。

目前，Java 人才的需求量旺盛，并且企业提供的薪水也不菲，通常来说，具有 3 年以上开发经验的工程师，年薪 10 万元以上是一个很正常的薪酬水平。但 IT 企业却很难招聘到合格的 Java 人才。所以读者朋友如果想让自己成为合格的受企业欢迎的 Java 程序员，需要做好自己的职业发展规划。

首先，要定位自己的目标，然后再有的放矢地进行自我提升。对于 Java 工程师来说，大致可以从 3 个大方向来规划自己的职业蓝图。

（1）继续走技术工作之路

从技术发展方向来看，Java 工程师可以由最初的初级软件工程师（即程序员）逐渐晋升至中级软件工程师（高级程序员）、高级软件工程师及架构师等。走这条路，通常可进入电信、银行、保险等相关软件开发公司从事软件设计和开发工作。在信息时代，越来越多的公司重视信息化，而信息化落实起来离不开软件开发，而软件开发中 Java 当属挑大梁者。如果选择这个方向，程序员要脚踏实地，一步一个脚印地练好 Java 的基本功。对于初（中）级程序员来说首先掌握 Java 的基本语法（如类与对象、构造方法、引用传递、内部类、异常、包、Java 常用类库、Java IO 及 Java 类集等）。如果读者定位高级程序员以上的目标，那么目标的实现主要依赖三点：一是前期扎实的 Java 基础，二是后期对软件开发的持续性热爱，三是靠程序员个人的领悟。

（2）定位成为技术类管理人员

此类管理人员通常包括产品研发经理、技术经理、项目经理及技术总监职位等。如果选择管理方向，首先要有一定的“基层”经验，即你至少要有几年的 Java 开发经验。否则，即使偶然因素让你“擢升”至管理层，那么也会因为“外行指导内行”而饱受诟病。所以如果定位管理人员，那么成功的第一步就是至少成为一名中级以上的 Java 程序员，前面所言的 Java 基础也是需要掌握的。想成为技术类管理人员，还要深谙 Java 设计模式及软件工程的思想，从而能把控软件开发的全局。一个好的技术类管理人员，不仅要自身具有很强的技术管理能力，同时也要有很强的技术体系建设和团队管理的能力，对自己所处的行业技术发展趋势和管理现状具有准确的判断。统筹全局、集各个层次的技术人员之合力，高质量完成软件项目，是成为技术类管理人员的挑战。

（3）在其他领域成就大业

Java 软件开发发展前景好，运用范围也广，具备 Java 基础的工程师，还可以尝试着在其他领域成就一番大业。例如，Java 工程师可以从事 JSP 网站开发、移动领域应用开发、电子商务开发等工作。如果从事 Web 开发，那么在此之前一定要熟练掌握 HTML、JavaScript、XML。Web 开发的核心就是进行数据库的操作，先从 JSP（Java Server Pages）学习，并可以使用 JSP + JDBC（Java Data Base Connectivity，Java 数据库连接）或者是 JSP + ADO（ActiveX Data Objects）完成操作。JSP 技术是以 Java 语言作为脚本语言的。之后再学习 MVC 设计模式，它是软件工程中的一种软件架构模式，把软件系统分为 3 个基本部分：模型（Model）、视图（View）和控制器（Controller）。掌握了 MVC 设计，读者也就可以轻松地掌握 AJAX（Asynchronous JavaScript and XML）和 Struts 技术。AJAX 是在不重新加载整个页面的情况下与服务器交换数据并更新部分网页的手段。Struts 是 Apache 软件基金会（ASF）赞助的一个开源项目。使用 Struts 机制可以帮助开发人员减少在运用 MVC

设计模型来开发 Web 应用的时间。

之后，再学习 Hibernate 和 Spring 等轻量级实体层开发方法等。Hibernate 是一个开放源代码的 Java 语言下的对象关系映射框架，它对 JDBC 进行了非常轻量级的对象封装，使得 Java 程序员可便利地使用对象编程思维来操纵数据库。Spring Framework 是一个开源的 Java/Java EE 全功能栈，其应用程序框架内包含了一些基于反射机制写的包，有了它以后程序员便可以将类的实例化写到一个配置文件里，由相应的 Spring 包负责实例化。

以上 3 条与 Java 相关的职业发展规划之路，都以夯实 Java 基础为根本。每一条路要走到顶层，都需要重视基础，一步一个脚印，做事由浅入深，由简入繁，循序渐进。《礼记·中庸》有言："君子之道，辟如行远必自迩，辟如登高必自卑。"这句话告诉我们，君子行事，就像走远路一样，必定要从近处开始；就像登高山一样，必定要从低处起步。

0.4 Java 学习路线图

本书主要面向初、中级水平的读者。针对本书，Java 学习可以大致分为 3 个阶段。

- 初级阶段：学习 Java 基础语法和类的创建与使用，基础 I/O（输入 / 输出）操作、各种循环控制、运算符、数组的定义、方法定义格式、方法重载等，并熟练使用一种集成开发工具（如 Eclipse 等）。
- 中级阶段：掌握面向对象的封装、继承和多态，学习常用对象和工具类，深入 I/O 操作，异常处理、抽象类与接口等。
- 高级阶段：掌握 Java 的反射机制、GUI 开发、并发多线程、Java Web 编程、数据库编程、Android 开发等。

对于读者来说，Java 学习的路线在整体上需遵循：初级阶段→中级阶段→高级阶段。循序渐进地学习（见下图），不建议读者一开始就"越级"学习，需知"欲速则不达"。在这 3 个阶段各自内部的知识点，没有必然的先后次序，读者可根据自己的实际情况"有的放矢"地学习。不管处于哪个学习阶段，读者都要重视 Java 的实战练习。等学习到高级阶段后，还要用一些项目实训来提升自己。

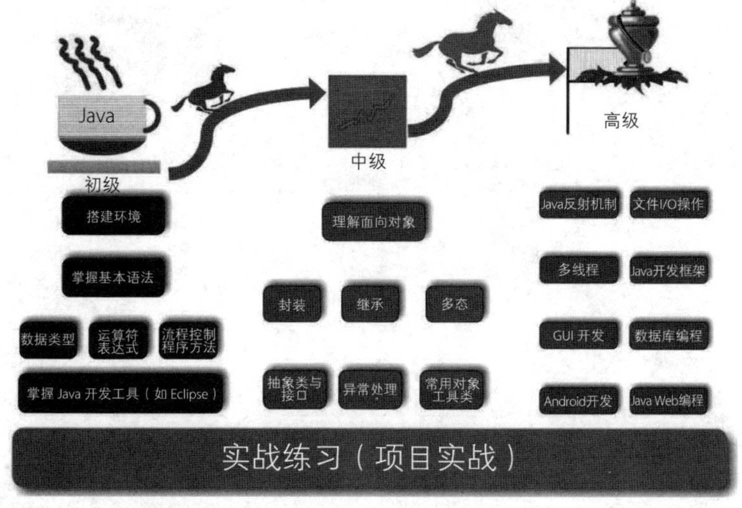

成为一名 Java 高手，可能需要经历多年的时间。一些读者担心，自己可能等不到成为高手那一天，就无力开发 Java 了。其实，Java 相关的开发行业也如陈年美酒，愈陈愈香。想一想，前面提到 Java 的核心设计者 James Gosling，发髯皆白，却依然意气风发，时常给比他年轻很多的软件开发精英们讲解 Java 发展之道，那种指点江山的气势，是何等的豪迈！Java 软件开发行业职业寿命很长，能提供给从业人员更广阔的发展方向。如果想在 Java 开发相关的领域有所建树，多一份持久的坚持是必需的。

从一个 Java 的初学者，升级为一个编程高手，从来都没有捷径。其必经的一个成长路线正如下图所示：编写代码→犯错（发现问题）→纠错（解决问题）→自我提升→编写代码→犯错（发现问题）→纠错（解决问题）→自我提升……积累了一定的感性认识后，才会有质的突变，提升至新的境界。总之，想成为一个高水平的 Java 程序员，一定要多动手练习，多思考。

2000 多年前，孔夫子就曾说过，“学而时习之，不亦说乎？”杨伯峻先生在《论语译注》中对这句话有精辟的注解：“学了，然后（按一定的时间）去实习它，不也高兴吗？”对于 Java 的学习，也应是这样，仅仅懂得一堆 Java 语法，毫无意义，我们必须亲自动手实践它。

最后需要说明的是，Java 高手绝对没有什么捷径可走，也绝不是一本书就能成就的，需要学习者不断地自我迭代，在理论上提升自己（如在读完本书后，还可以接着读读《编程之美》《设计模式之禅》《企业应用构架模式》《97 things software architec should know》等），并在实战中反复地练习。只要这样，才能让自己操作代码的“动作”收放自如，才能让自己的“招式”炉火纯青。

各位 Java 爱好者，想在这个计算为王的大千世界放马驰骋吗？赶快动手吧（Just do IT）！

第 I 篇

基础知识

第 1 章 小荷才露尖尖角——Java开发环境搭建
第 2 章 初识庐山真面目——Java 程序要素概览
第 3 章 九层之台，起于垒土——Java 编程基础
第 4 章 基础编程元素——运算符、表达式、语句与流程控制
第 5 章 常用的数据结构——数组与枚举
第 6 章 面向对象设计的核心——类和对象
第 7 章 重复调用的代码块——方法

第 1 章

小荷才露尖尖角

——Java 开发环境搭建

通过上一章的阅读，相信读者对 Java 语言已经有了大概的了解，本章更进一步地介绍如何在 Windows 操作系统中下载与安装 JDK，并详细描述在 Windows 操作系统下开发环境的配置。最后介绍如何编译和运行第 1 个 Java 程序，再简要介绍在 Eclipse 环境下如何开发 Java 程序。

本章要点（已掌握的在方框中打钩）

- ☐ 掌握下载、安装 Java 开发工具箱
- ☐ 掌握开发环境变量的配置
- ☐ 学会编写第 1 个 Java 程序
- ☐ 学会在Eclipse下编写 Java 程序

1.1 Java 开发环境

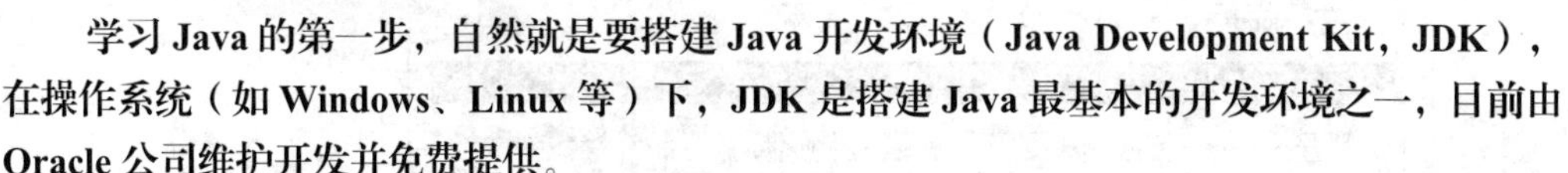

学习 Java 的第一步，自然就是要搭建 Java 开发环境（Java Development Kit，JDK），在操作系统（如 Windows、Linux 等）下，JDK 是搭建 Java 最基本的开发环境之一，目前由 Oracle 公司维护开发并免费提供。

JDK 由一个处于操作系统层之上的开发环境和运行环境组成，如下图所示。JDK 除了包括编译（javac）、解释（java）、打包（jar）等工具，还包括开发工具及开发工具的应用程序接口等。当 Java 程序编译完毕后，如果想运行，还需要 Java 运行环境（Java Runtime Environment，JRE）。

JRE 是运行 Java 程序所必需的环境的集合，包含 JVM 标准实现及 Java 核心类库。如果仅仅想运行 Java 程序，安装 JRE 就够了。也就是说，JRE 是面向 Java 程序的使用者的。但如果想进一步开发 Java 程序，那就需要安装 JDK，它是面向 Java 程序的开发者的。Java 程序的开发者自然也是 Java 程序的应用者。从下图也容易看出，JDK 包含 JRE。

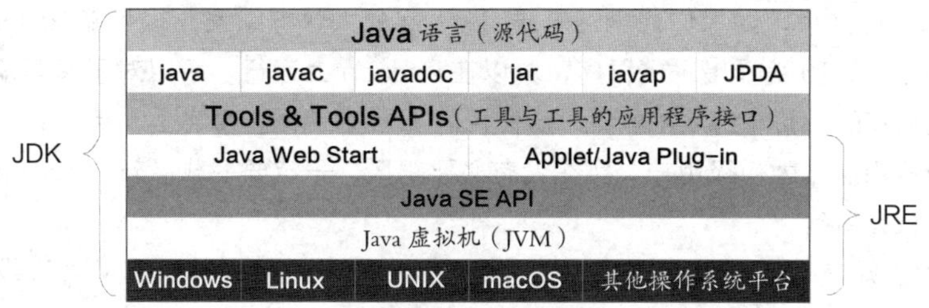

由上图可以看出，Java 程序开发的第一步就是编写 Java 语言的源代码。而编写源代码的工具，可以是任何文本编辑器，如 Windows 操作系统下的记事本、Linux 操作系统下的 Vim 等。这里推荐读者使用对编程语言支持较好的编辑器，如 Notepad++、UltraEdit、Editplus 等，这类代码编辑器通常有较好的语法高亮等特性，特别适合开发程序代码。

Java 源文件编写完毕后，就可以在命令行下，通过 javac 命令将 Java 源程序编译成字节码（Byte Code，Java 虚拟机执行的一种二进制指令格式文件），然后通过 java 命令，来解释执行编译好的 Java 类文件（文件扩展名为 .class）。但如果想正确使用 javac 和 java 等命令，用户必须自己搭建 Java 开发环境。在后续章节，我们将详细介绍相关的配置步骤。

为了提高 Java 的开发效率，目前在市面上也涌现了很多优秀的 Java 集成开发环境（Integrated Development Environment，IDE），如 NetBeans（由 Sun 公司开发的老牌 IDE）、IntelliJIDEA（由捷克软件公司 JetBrains 开发的智能 IDE，需要付费使用）及 Eclipse（免费开源的知名 IDE）等。IDE 在 JDK 的基础上，为程序提供了很多辅助功能的支持，极大方便了程序的开发。在本章最后部分，我们将简要地介绍最流行的 IDE 之一——Eclipse 的使用。

1.2 安装 Java 开发工具箱

Oracle 公司提供多种操作系统下的不同版本的 JDK。本节主要介绍在 Windows 操作系统下安装 JDK 的过程。

1.2.1 下载 JDK

❶ 在浏览器地址栏中输入 Oracle 官方网址，打开 Oracle 官方网站，如下图所示，映入我们眼帘的是 Java 10 的下载界面。

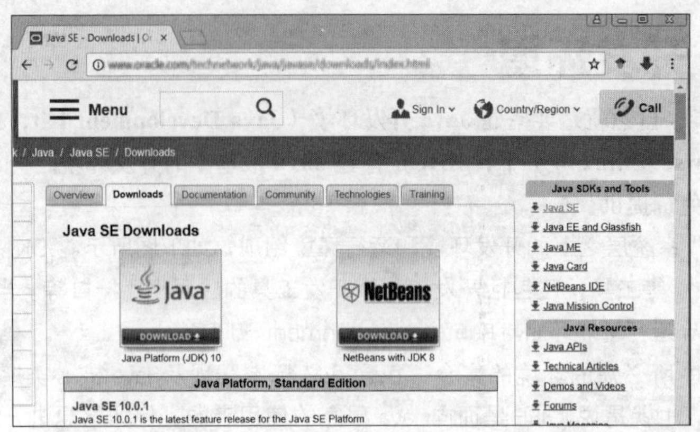

但需要提醒读者的是，对于软件开发而言，过度“最新”并非好事，如果你不是有特殊需求，Java 8 足够用了。为什么说过度“最新”并非好事呢？这是因为 Java 9 和 Java 10 虽然有很多好的新特性，但它依附的生态还没有建立起来。比如说，如果你想学习基于 Hadoop 的大数据编程，很可能 Hadoop 的最新版还是由 Java 8 编译而成，你用 Java 10 编译出来的程序，难以在 Hadoop 上运行。所以对于学习编程软件，特别是初学者，我们的建议是保守的，暂时还采用业界广泛使用的 Java 来编程。事实上，Java 8、 Java 7 甚至 Java 6，仍在企业界有着广泛应用。作为初级用户，实在没有必要跟风，一定要下载最新的 Java 版本，因为很多新特性，初学者根本没有机会用到。

或许 Oracle 公司也知道 Java 9 和 Java 10 的更新幅度太大，而 Java 8 依然是业界开发的主流，于是，在 Java 10 同一个下载网页的下方，Oracle 给出了 Java 8 的下载界面，如下图所示。

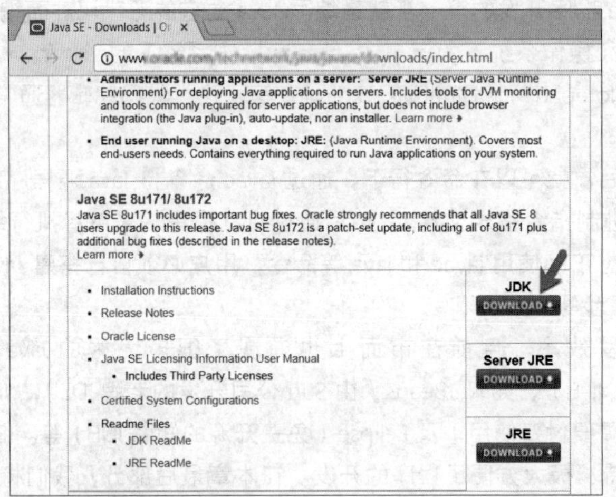

单击 JDK 的下载（DOWNLOAD）按钮，出现如下图的下载界面。本书使用的版本是 Java SE Development Kit 8u172。

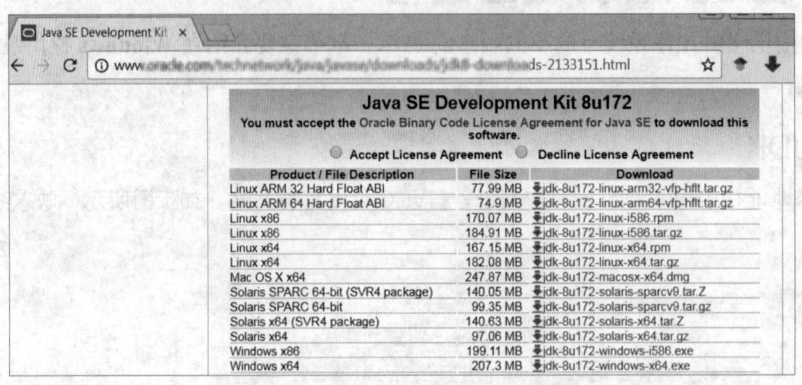
Java SE Development Kit 8u172

You must accept the Oracle Binary Code License Agreement for Java SE to download this software.

Accept License Agreement　Decline License Agreement

Product / File Description	File Size	Download
Linux ARM 32 Hard Float ABI	77.99 MB	jdk-8u172-linux-arm32-vfp-hflt.tar.gz
Linux ARM 64 Hard Float ABI	74.9 MB	jdk-8u172-linux-arm64-vfp-hflt.tar.gz
Linux x86	170.07 MB	jdk-8u172-linux-i586.rpm
Linux x86	184.91 MB	jdk-8u172-linux-i586.tar.gz
Linux x64	167.15 MB	jdk-8u172-linux-x64.rpm
Linux x64	182.08 MB	jdk-8u172-linux-x64.tar.gz
Mac OS X x64	247.87 MB	jdk-8u172-macosx-x64.dmg
Solaris SPARC 64-bit (SVR4 package)	140.05 MB	jdk-8u172-solaris-sparcv9.tar.Z
Solaris SPARC 64-bit	99.35 MB	jdk-8u172-solaris-sparcv9.tar.gz
Solaris x64 (SVR4 package)	140.63 MB	jdk-8u172-solaris-x64.tar.Z
Solaris x64	97.06 MB	jdk-8u172-solaris-x64.tar.gz
Windows x86	199.11 MB	jdk-8u172-windows-i586.exe
Windows x64	207.3 MB	jdk-8u172-windows-x64.exe

❷ 如前面的章节介绍，Java 技术体系可以分为 4 个平台：Java SE、Java EE、Java ME 和 Java Card。后面 3 个版本都是以 Java SE 为核心的，所以掌握 Java SE 十分重要，这也是本书的主要讲解范围。

在 Java 的发展过程中，由于 Sun 公司（已被 Oracle 公司收购）的市场推广部门，举棋不定，导致其版本编号一定的“混乱”，容易让用户产生某种程度的困扰。比如，有的时候读者（特别是初学者）可能在阅读一些 Java 书籍时，发现版本为 Java 2，如 J2EE。有时又发现一些书籍说自己代码编译的平台是 Java 6 或 Java 7，那 Java 3 或 Java 4 去哪里了？因此这里有必要解释一下。下面简要地介绍一下 Java 版本号的命名规则。

在 Java 1.1 之前，其命名方式和传统的方式一样。但当 Java 1.1 升级到 Java1.2 时，Sun 公司的 Java 市场推广部门觉得，Java 的内涵发生很大的变化，应给予 Java 一个“新”的名称——Java 2，而它内部的发行编号仍是 Java 1.2。当 Java 内部发行版从 1.2 过渡到 1.3 和 1.4 时，Sun 公司对外宣称的版本依然是 Java 2。Sun 公司从来没有发布过 Java 3 和 Java 4。从 Java 内部发行版的 1.5 开始，Java 的市场推广部门又觉得 Java 已经变化很大，需要给予一个“更新”的称呼，以便在市场中“博得眼球”，于是 Java 1.5 直接对外宣称 Java 5，依此类推，Java 1.6 对外宣称 Java 6，而目前我们即将学习的 Java 8，其内部版本是 Java 1.8，如下表所示。

Java 内部发行版本	发布时间	Java 对外推广版本号
JDK 1.0	1996 年 1 月	Java 1.0
JDK 1.1	1997 年 2 月	Java 1.1
JDK 1.2	1998 年 12 月	Java 2
JDK 1.3	2000 年 5 月	
JDK 1.4	2002 年 2 月	
JDK 1.5	2004 年 9 月	J2SE 5.0
JDK 1.6	2006 年 12 月	Java SE 6
JDK 1.7	2011 年 7 月	Java SE 7
JDK 1.8	2014 年 3 月	Java SE 8
JDK 1.9	2017 年 9 月	Java SE 9
JDK 2.0	2018 年 3 月	Java SE 10

为了避免混淆，Oracle 公司宣布改变 Java 版本号命名方式，自 JDK 5.0 起，Java 以两种方式发布更新：（1）Limited Update（有限更新）模式，其包含新功能和非安全修正；（2）Critical Patch Updates（CPUs，重要补丁更新）只包含安全的重要修正。举例来说，Java SE 8u172 的解释如下图所示。

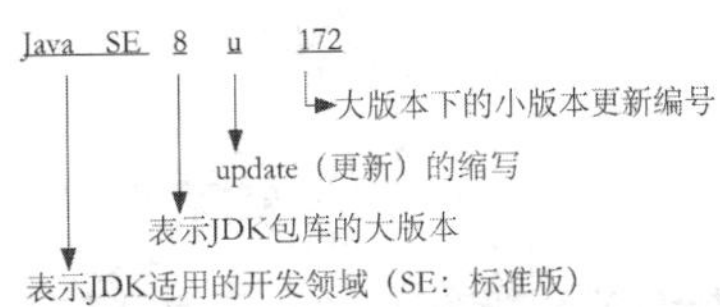

❸ 因为 Oracle 的 Java 实施的是“许可证（License）”，所以需要选择“Accept License Agreement（接受许可证协议）”，然后选择与自己的操作系统匹配的 SDK 版本，如下图所示。

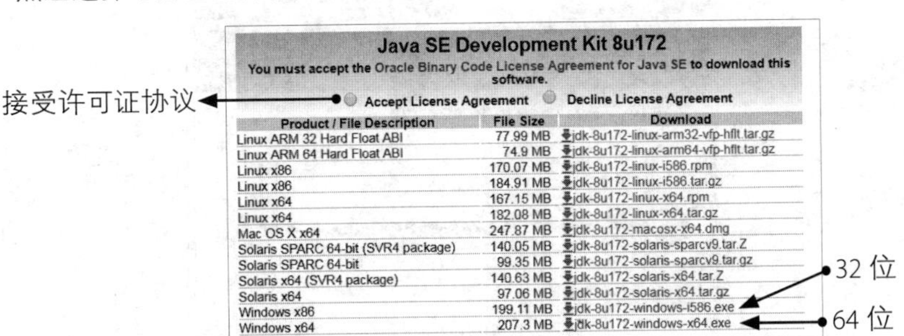

读者可以根据自己的操作系统类型以及位数（32 位还是 64 位），下载所对应的 Java JDK。Java 8 的 JDK 软件包通常在 100MB 以上，下载需要一定的时间。下面介绍 JDK 在 Windows 操作系统下的详细安装流程。

1.2.2 安装 JDK

在下载过程中，有个小问题需要读者注意：如何识别自己所使用的 Windows 操作系统版本号。在 Windows 7 操作系统下，在桌面上右键单击“计算机”图标，选择“属性”命令，在弹出的“属性”窗口中（见下图），“系统类型”处即可显示读者所用的操作系统版本信息。

本书使用的 Java 8 版本号是 Java SE 8u172，但编程语言趋势是一直向上升级，只要大版本“8”不变，“u”后面的小版本号有所变化，都属于 Java 8 范畴，基本上不会影响普通用户的学习和工作。

安装环境如下。

- 操作系统：64 位 Windows 7
- 安装软件：jdk-8u172-windows-x64.exe

❶开始安装。

下载完成后，就可以安装 Java JDK 了。双击“jdk-8u172-windows-x64.exe”，弹出欢迎界面，如下图（左）所示。

❷ 选择安装路径，确定是否安装公共 JRE。

公共 JRE 提供了一个 Java 运行环境。JDK 默认自带了 JRE。选择不安装公共 JRE，并不会对 Java 运行造成影响。单击“下一步”按钮，正在安装 JDK，如下图（右）所示。

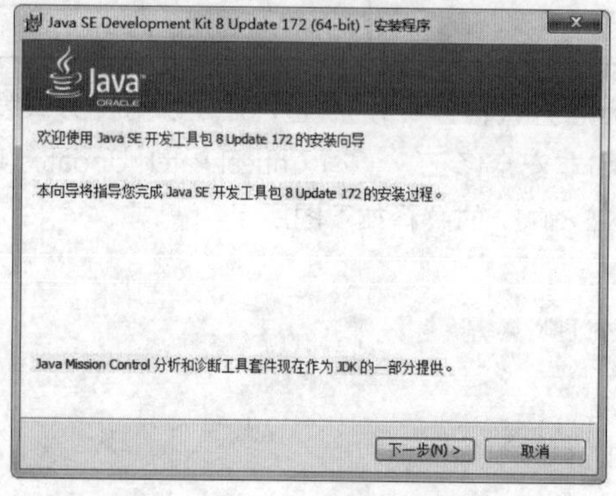

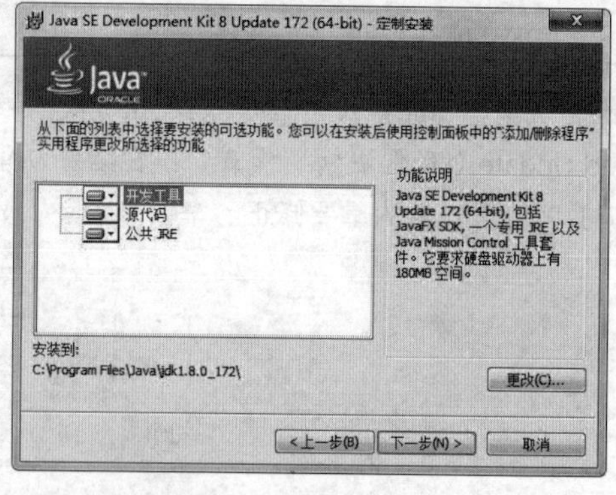

❸ JDK 安装完成。

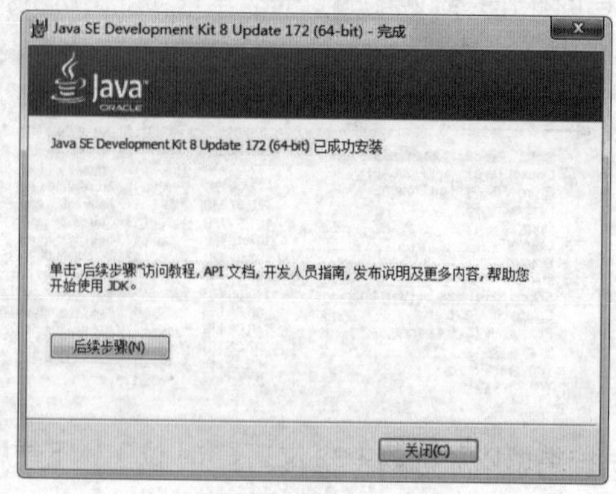

❹ 查看 JDK 安装目录（C:\Program Files\Java\jdk1.8.0_172）。

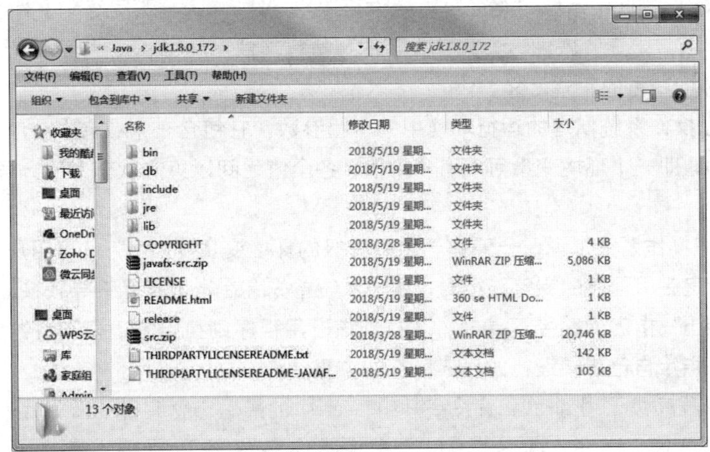

1.3 Java 环境变量的配置

1.3.1 理解环境变量

本书主要以 Windows 7 操作系统为平台来讲解 Java。而在开发 Java 程序之前，通常需要先在 Windows 操作系统中配置好有关 Java 的系统环境变量（Environment Variable）。

在介绍环境变量的含义之前，我们先举一个形象的例子，给读者一个感性的认识。比如我们喊一句："张三，你妈妈喊你回家吃饭！"可是"张三"为何人？他在哪里呢？对于我们人来说，认不认识"张三"都能给出一定的响应：如认识他，可能就会给他带个话；而不认识他，也可能帮忙吆喝一声"张三，快点回家吧！"

然而，对于操作系统来说，假设"张三"代表的是一条命令，它不认识"张三"是谁，也不知道"它"来自何处，它会"毫无情趣"地说，不认识"张三"——not recognized as an internal or external command（错误的内部或外部命令），然后拒绝继续服务。

为了让操作系统"认识"张三，我们必须给操作系统有关张三的准确信息，如"XXX 省 YYY 县 ZZZ 乡 QQQ 村张三"。但其他问题又来了，如果"张三"所代表的命令是用户经常用到的，每次使用"张三"，用户都在终端敲入"XXX 省 YYY 县 ZZZ 乡 QQQ 村张三"，这是非常繁琐的，能不能有简略的办法呢？

聪明的系统设计人员想出了一个简易的策略——环境变量。把"XXX 省 YYY 县 ZZZ 乡 QQQ 村"设置为常见的"环境"，当用户在终端仅仅敲入"张三"时，系统自动检测环境变量集合里有没有"张三"这个人，如果在"XXX 省 YYY 县 ZZZ 乡 QQQ 村"找到了，就自动替换为一个精确的地址"XXX 省 YYY 县 ZZZ 乡 QQQ 村张三"，然后继续为用户服务。如果整个环境变量集合里都没有"张三"，那么再拒绝服务，如下图所示。

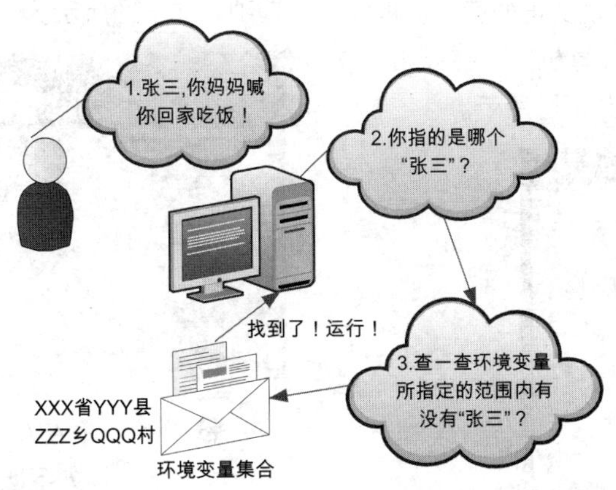

操作系统里没有上 / 下行政级别的概念，但却有父 / 子文件夹的概念，二者有“异曲同工”之处。对“XXX 省 YYY 县 ZZZ 乡 QQQ 村”这条定位“路径”，操作可以用“/”来区分不同级别文件夹，即“XXX 省 /YYY 县 /ZZZ 乡 /QQQ 村”，而“张三”就像这个文件夹下的可执行文件。

下面我们给出环境变量的正式定义。

环境变量是指在操作系统指定的运行环境中的一组参数，它包含一个或者多个应用程序使用的信息。环境变量一般是多值的，即一个环境变量可以有多个值，各个值之间以英文状态下的分号“;”（即半角的分号）分隔开来。

对于 Windows 等操作系统来说，一般有一个系统级的环境变量“Path”。当用户要求操作系统运行一个应用程序，却没有指定应用程序的完整路径时，操作系统首先会在当前路径下寻找该应用程序，如果找不到，便会到环境变量“Path”指定的路径下寻找。若找到该应用程序则执行它，否则会给出错误提示。用户可以通过设置环境变量来指定自己想要运行的程序所在的位置。

例如，编译 Java 程序需要用到 javac 命令，其中 javac 中的最后一个字母“c”，就来自于英文的“编译器”（compiler）。而运行 Java 程序（.class），则需要 java 命令来解释执行。事实上，这两个命令都不是 Windows 操作系统自带的命令，所以用户需要通过设置环境变量（JDK 的安装位置）来指定这两个命令的位置。设置完成后，就可以在任意目录下使用这两个命令，而无需每次都输入这两个命令所在的全路径（如 C:\Program Files\Java\jdk1.8.0_172）。javac 和 java 等命令都放在 JDK 安装目录的 bin 目录下。基于类似于环境变量“Path”相同的理由，我们需要掌握 JDK 中比较重要的 3 个环境变量，下面一一给予介绍。

1.3.2 JDK 中的 3 个环境变量

对于环境变量中相关变量的深刻理解极为重要，特别是 ClassPath，在日后的 Java 学习开发过程中会发现，很多问题的出现都与 ClassPath 环境变量有关。在学习如何配置这些环境变量之前，很有必要深刻理解下面 3 个环境变量代表的含义。

（1）JAVA_HOME：顾名思义，“JAVA 的家”，该变量是指安装 Java 的 JDK 路径，它告知操作系统在哪里可以找到 JDK。

（2）Path：前面已经有所介绍。该变量是告诉操作系统可执行文件的搜索路径，即可以在哪些路径下找到要执行的可执行文件，请注意它仅对可执行文件有效。当运行一个可执行文件时，用户仅仅给出该文件名，操作系统首先会在当前目录下搜索该文件，若找到则运行它；若找不到，则根据 Path 变量所设置的路径，逐条到 Path 目录中，搜索该可执行文件所在的目录（这些目录之间，是以分号“；”隔开的）。

（3）ClassPath：该变量是用来告诉 Java 解释器（即 java 命令）在哪些目录下可找到所需要执行的 class 文件（即 javac 编译生成的字节码文件）。

对于初学者来说，Java 的运行环境的配置比较麻烦，请读者按照以下介绍实施配置。

01 JAVA_HOME 的配置

下面我们详细说明 Java 环境变量的配置流程。

❶ 在桌面中右键单击“计算机”，在弹出的快捷菜单中选择“属性”选项，如下图所示。

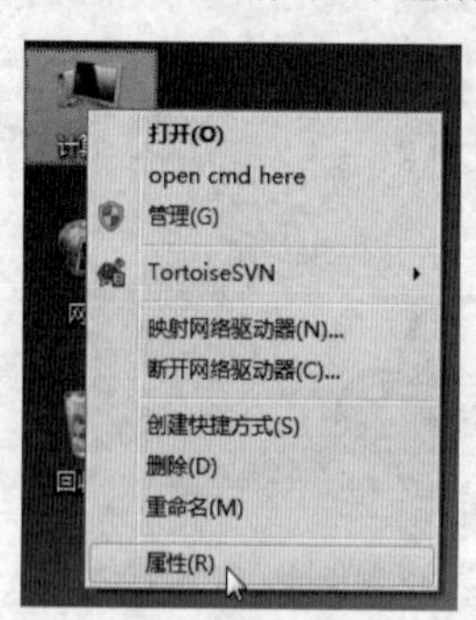

❷ 在弹出的界面左上方，选择“高级系统设置”选项，如下图所示。

❸ 弹出“系统属性”对话框，然后单击“高级→环境变量”，如下图所示。

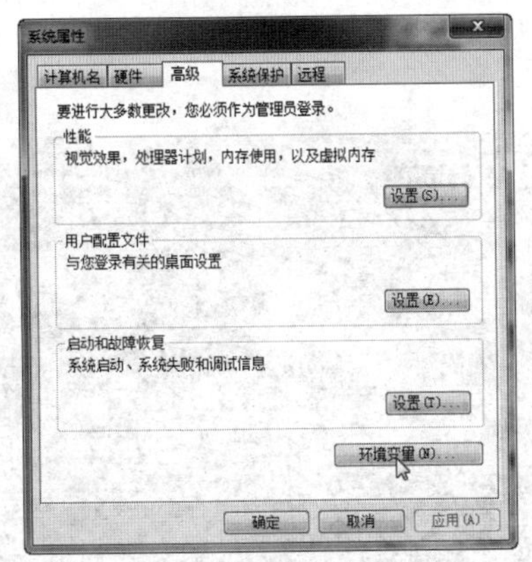

❹ 在“环境变量”对话框中，单击“系统变量”下的“新建”按钮，显示如下图所示。

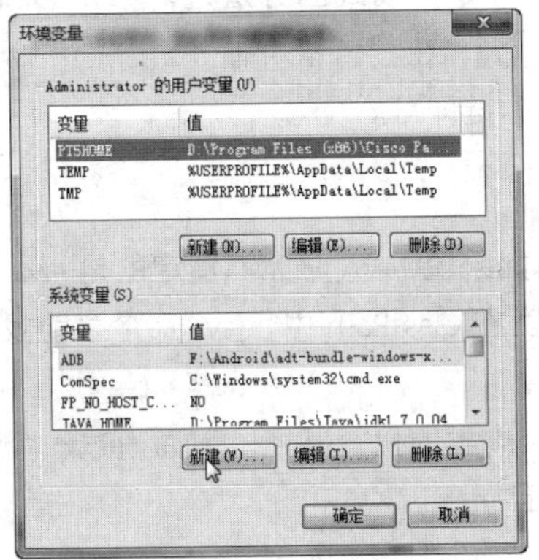

❺ 在“新建系统变量”对话框中设置变量名为“JAVA_HOME”，变量值为“C:\Program Files\Java\jdk1.8.0_172”。需要读者特别注意的是，这个路径的具体值根据读者安装JDK的路径而定，读者把Java安装在哪里，就把对应的安装路径放置于环境变量之内，不可拘泥于本书演示的这个路径值。然后，单击“确定”按钮，如下图所示。

注意

假设JDK安装在“C:\Program Files\Java\jdk1.8.0_112”，在设置完毕对应的环境变量JAVA_HOME后，以后再要用到这个变量时，需用两个%将其包括起来。例如，要设置另外一个环境变量值为“C:\Program Files\Java\jdk1.8.0_112\bin”（javac、javadoc及java等命令在该目录下），那么我们可以简单地用“%JAVA_HOME%\bin”代替。

02 Path 的配置

❶ 选中系统环境变量中的Path，单击“编辑”按钮，如下图所示。

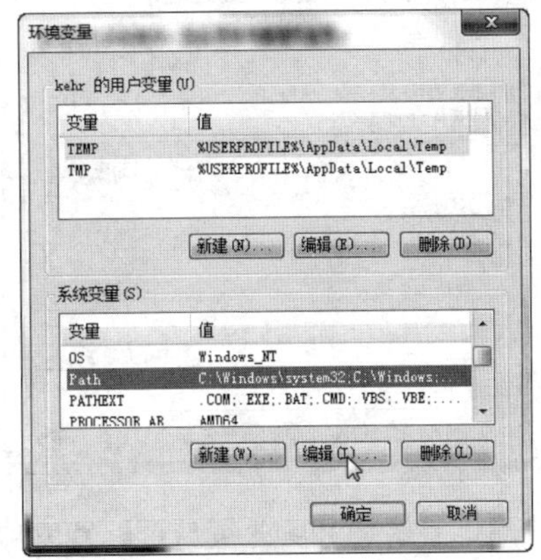

❷ 在弹出的“编辑系统变量”对话框的“变量值”文本框中，在文本框的末尾添加“;%JAVA_HOME%\bin”，特别注意不要忘了前面的分号“;”，然后单击“确定”按钮，返回“系统属性”对话框，如下图所示。这里的“%JAVA_HOME%”就是指代前面设置的“C:\Program Files\Java\jdk1.8.0_172”。这样的设定是为了避免每次引用这个路径都输入很长的字符串。如果不怕麻烦，“;%JAVA_HOME%\bin”完全可以用全路径“;C:\Program Files\Java\jdk1.8.0_172\bin”代替。这个路径务必设置正确，因为诸如Java语言的编译命令javac和解释命令java等都是在这个路径下，一旦设置失败，这些命令将无法找到。

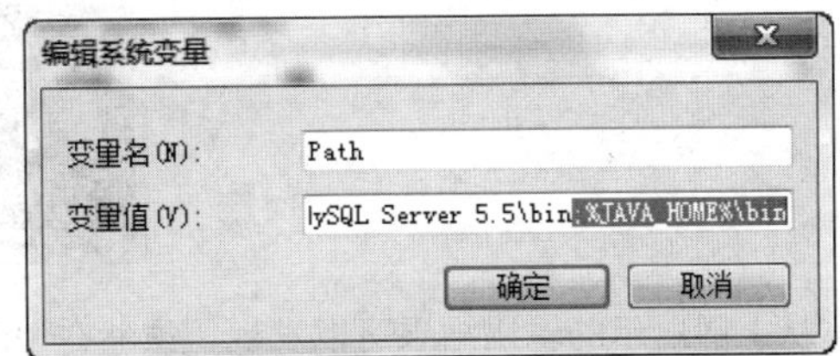

提示

当Path有多个变量值时，一定要用半角（即英文输入法）下的“;”将多个变量值区分开。初学者很容易犯错的地方：① 忘记在上一个Path路径值前面添加分号“;”；② 没有切换至英文输入法，误输入中文的分号“；”（即全角的分号）；中英文输入法下的分号，看似相同，实则“大相径庭”，英文分号是1个字节大小，而中文的分号是2个字节大小。

❸ 在“系统属性”对话框中单击“确定”按钮，完成环境变量的设置，如下图所示。

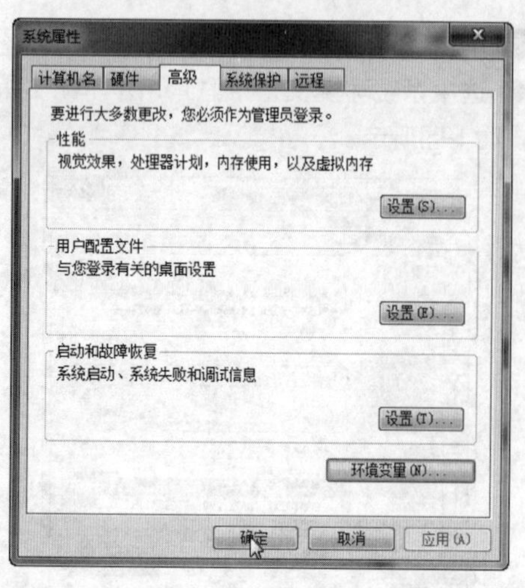

请注意，要检测环境变量是否配置成功，可以进入命令行模式，在任意目录下输入“javac”命令，如果能输出 javac 的用法提示，则说明配置成功，如下图所示。

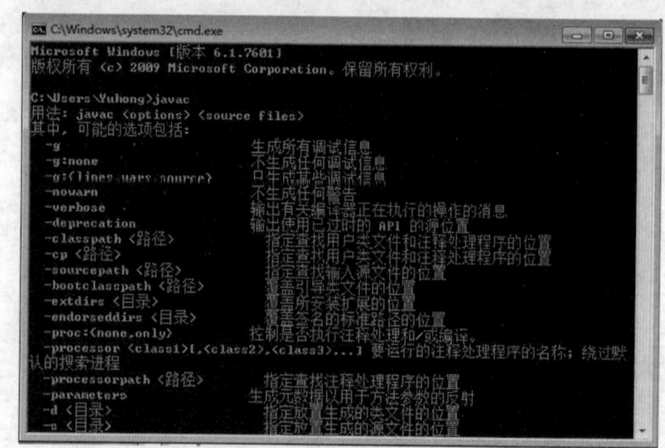

进入命令行模式的方法是，单击 Windows 7 的开始菜单，在搜索框中输入“CMD”命令，然后按“Enter”键即可。

03 ClassPath 的指定

对初学者来说，ClassPath 的设定有一定的难度，容易配错。如果说 JAVA_HOME 指定的是 java 命令的运行路径的话，那么 ClassPath 指定的就是 java 加载类的路径。只有类在 ClassPath 中，java 命令才能找到它，并解释它。

在 Java 中，我们可以使用“set classpath”命令来临时指定 Java 类的执行路径。下面通过一个例子来了解一下 ClassPath 的作用，假设这里的“Hello.class”类位于“C:\”目录下。

在“D:\”目录下的命令行窗口执行下面的指令。

```
set classpath=c:
```

之后在“D:\”目录下执行“java Hello”命令，如下图所示。

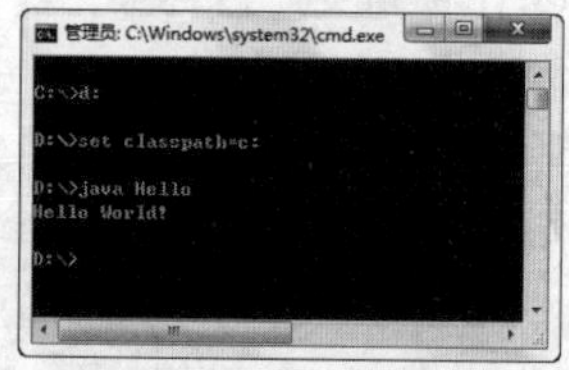

从上图所示的输出结果可以发现，虽然在“D:\”目录中并没有“Hello.class”文件，但是也可以用“java Hello”执行“Hello.class”文件。之所以会有这种结果，就是因为在“D:\”目录中使用了“set classpath”命令，它把类的查找路径指向了“C:\”目录。因此在运行时，Java 会自动从 ClassPath 中查找这个 Hello 类文件，而 ClassPath 中包括了路径“C:\”，所以运行成功。

提示

可能有些读者在按照上述的方法操作时，发现并不好用。这里要告诉读者的是，在设置 ClassPath 时，最好也将 ClassPath 指向当前目录，即所有的 class 文件都是从当前文件夹中开始查找“set classpath=.”。在 Windows 及 Linux 等操作系统下，一个点“.”代表当前目录，两个点“..”代表上一级目录。读者可以在命令行模式下，分别用“cd .”和“cd ..”感受一下。

但是这样的操作行命令操作模式，实际上又会造成一种局限：这样设置的 ClassPath，只对当前命令行窗口有效。一旦命令行窗口重新开启或系统重启，原先 ClassPath 中设置的变量值都丢失了。如果想“一劳永逸”，可以将 ClassPath 设置为环境变量。

❶ 参照 JAVA_HOME 的配置，在“环境变量”对话框中，单击“系统变量”下的“新建”按钮，如下图所示。新建一个环境变量，变量名为“ClassPath”，变量值为“.;%JAVA_HOME%\lib;%JAVA_HOME%\lib\tools.jar”。注意不要忽略了前面的“.”，这里的小点“.”，代表的是当前路径，既然是路径，自然也需要用分号“;”隔开。JDK 的库所在包即 tools.jar，也要设置进 ClassPath 中。

提示

在 Windows 操作系统下，一般只要设置好 JAVA_HOME 就可以正常运行 Java 程序。默认的 ClassPath 是当前路径（即一个点“.”）。有些第三方的开发包，需要使用到环境变量 ClassPath，只有这样才能使用 JDK 的各种工具。但是最好养成一个良好的习惯，设置好 ClassPath。此外，需要注意的是，在 Windows 操作系统下不区分大小写，ClassPath 和 CLASSPATH 是等同的，读者可根据自己的习惯，选择合适的大小写。而在 Linux/UNIX/macOS 操作系统下，大小写是完全区分开的。

❷ 在按照步骤❶设置后，如果在 Java 类（即 .class）文件所存储的当前路径下，那么用“java 类名”方式解释执行用户类文件，这是没有问题的。但是如果用户更换了路径，现在的“当前路径”并没有包括 .class 文件的所在文件夹，那么“java”就无法找到这个类文件。

这时，即使在命令行下给出 .class 文件所在的全路径，java 依然会出错，这会让初学者很困惑。下面具体说明，假设 Java 文件 Hello.java 存在于“D:\src\chap01\”路径下，由于 JAVA_HOME 和 Path 环境变量正确，用户可以正确编译、运行，使用 javac 和 java 命令无误，如下图所示。

```
D:\src\chap01>javac Hello.java

D:\src\chap01>java Hello
Hello World !

D:\src\chap01>
```

但是如果用户切换了路径，比如使用“cd”命令切换至“D:\src\”，再次用 Java 运行 Hello 类文件，就会得到错误信息“Error: Could not find or load main class Hello”，如下图所示。这是因为 Java 在 ClassPath 里找不到 Hello.class，因为现在的这个当前路径（也就是那个“.”代表的含义）已经变更为“D:\src\”，而“D:\src\”路径下确实没有 Hello.class 这个文件。

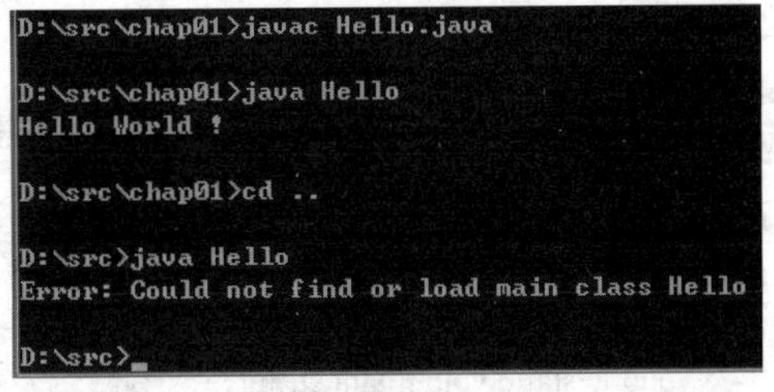

所以，如果想在任意路径下执行用户的类文件，就必须把用户自己编译出的类文件所在路径（这里指的是“D:\src\chap01”），也加入到 ClassPath 中，并用分号“;”与前一个变量隔开，如下图所示。

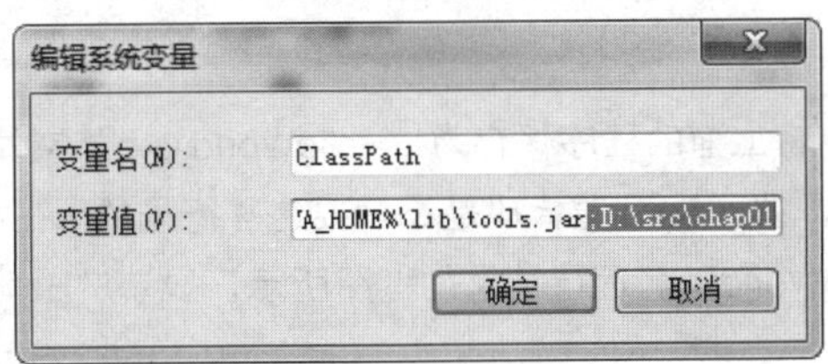

❸ 参照环境变量 Path 的配置，将环境变量 ClassPath 添加到 Path 的最后，如下图所示。其中，ClassPath 是环境变量，在另外一个地方作为变量使用时，要用两个 % 将该变量前后包括起来——%ClassPath%。

需要注意的是，如果用户原来的命令行窗口一直开启着，则需要关闭再重启命令行窗口，这是因为只有重启窗口才能更新环境变量。之后，就可以在任意路径下执行用户自己的类文件，如下图所示。

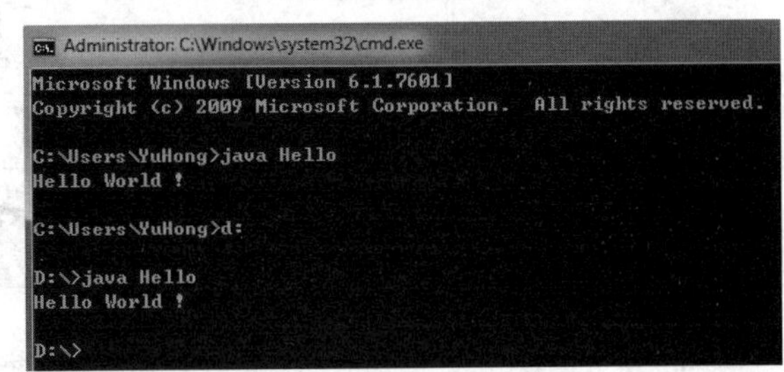

1.4 享受安装成果——开发第 1 个 Java 程序

"Hello World"基本上是所有编程语言的经典起始程序。在编程史上，它占据着无法撼动的历史地位。将"Hello"和"World"一起使用的程序，最早出现于 1972 年由贝尔实验室成员 Brian Kernighan 撰写的内部技术文件《Introduction to the Language B》。这里，我们也要向"经典"致敬，就让我们第一个 Java 小程序也是"Hello World"吧，从中感受一下 Java 语言的基本形式。

范例 1-1　编写HelloWorld.java程序

```
public class HelloWorld
{
  // main 是程序的起点，所有程序由此开始运行
  public static void main(String args[])
  {
     // 下面语句表示向屏幕上打印输出"Hello World"字符串
     System.out.println("Hello World");
  }
}
```

将上面的程序保存为"HelloWorld.java"文件。行号是为了让程序便于被读者（或程序员）理解而人为添加的，真正 Java 源代码是不需要这些行号的。在命令行中输入"javac HelloWorld.java"，没有错误后输入"java HelloWorld"。运行结果如下图所示，显示"Hello World"。

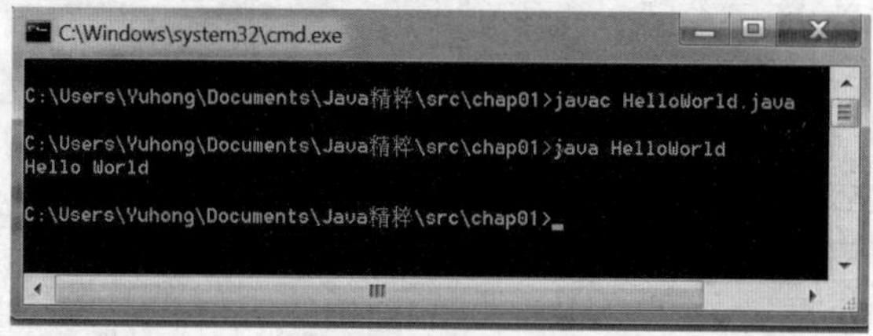

Java 程序运行的流程可用下图来说明：所有的 Java 源代码（以 .java 为扩展名），通过 Java 编译器 javac 编译成字节码，也就是以.class 为扩展名的类文件。然后利用 java 命令将对应的字节码，通过 Java 虚拟机（JVM）解释为特定操作系统（如 Windows、Linux 等）能理解的机器码，最终 Java 程序得以执行。

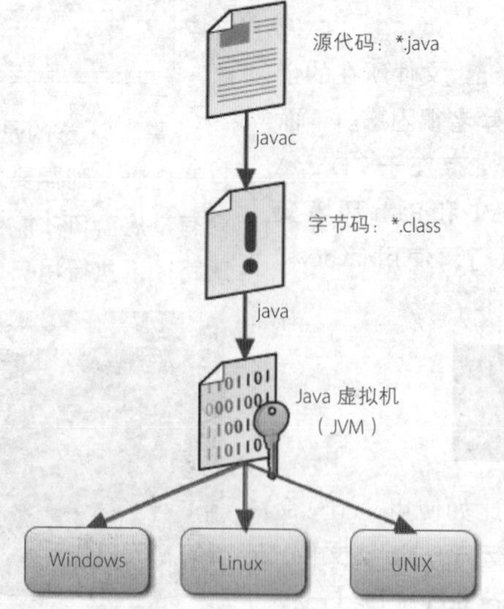

这里需要注意的是，此处的 java 命令在 Windows 操作系统下，不区分大小写，诸如 java 和 JavA 都是等同的。而在诸如 Linux、macOS 等类 UNIX(UNIX-like) 操作系统下，由于区分大小写，javac 和 java 等所有命令的字符都必须小写。

对于上面的程序，如果暂时不明白也没有关系，读者只要将程序在任意纯文本编辑器（如 Windows 操作系统下的记事本、Notepad++ 等，Linux 操作系统下的 vim 等，macOS 操作系统下的 TextMate 等均可）里敲出来，然后按照步骤编译、执行就可以了。

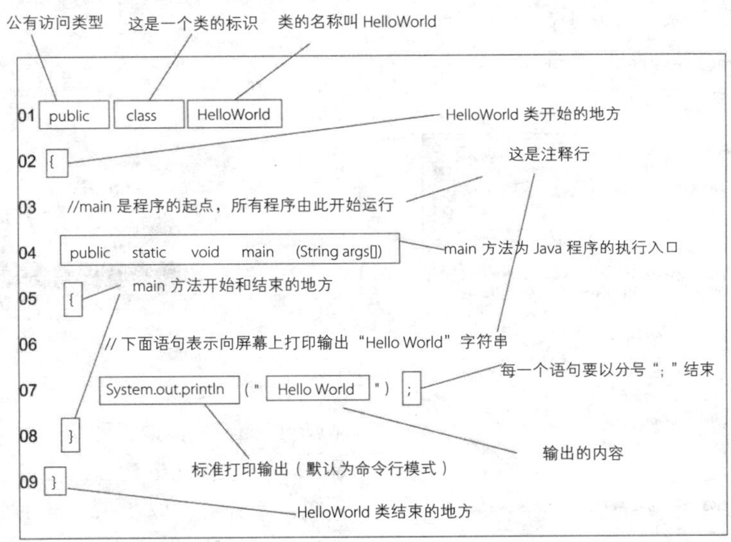

下面，让我们来解读一下这个 Java 小程序，让读者对 Java 程序有个初步的认知。更为详细的知识点读者可以参考后续相关章节进行学习。

第 01 行，public 是一个关键字，用于声明类的权限，表明这是一个公有类（class），其他任何类都可以直接访问它。class 也是 Java 的一个关键字，用于类的声明，其后紧跟的就是类名，这里的类名称是 HelloWorld。

第 02 行和第 09 行，这一对大括号 { } 标明了类的区域，在这个区域内的所有内容都是类的一部分。

第 03 行和第 06 行，这两行为注释行，可以提高程序的可读性。注释部分不会被执行。这种注释属于单行注释，要求以双斜线（//）开头，后面的部分均为注释。

第 04 行，这是一个 main 方法，它是整个 Java 程序的入口，所有的程序都是从 public static void main(String[ ] args) 开始运行的，该行的代码格式是固定的。String[ ] args 不能漏掉，如果漏掉，在一些编辑器中（如 Eclipse），该类不能被识别执行。另外，String[] args 也可以写成 String[ ] args，String 为参数类型，表示为字符串型，args 是 arguments(参数) 的缩写。public 和 static 都是 Java 的关键词，它们一起表明 main 是公有的静态方法。void 也是 Java 的关键词，表明该方法没有返回值。对于这些关键词，读者可以暂时不用深究，在后面的章节中会详细讲解 main 方法的各个组成部分。

第 05 行和第 08 行是 main 方法的开始和结束标志，它们声明了该方法的区域，在 { } 之内的语句都属于 main 方法。

第 07 行，System.out.println 是 Java 内部的一条输出语句。引号内部的内容 "Hello World" 会在控制台中打印出来。

1.5 Eclipse 的使用

1.5.1 Eclipse 概述

Eclipse 是 IBM 花巨资开发的集成开发环境（Integrated Development Environment，IDE），其前身是 IBM

的 Visual Age for Java（VA4J）。Eclipse 是一个开放源代码的、基于 Java 的可扩展开发平台。就其本身而言，它只是一个框架和一组服务，通过插件组件来构建开发环境，是可扩展的体系结构，可以集成不同软件开发供应商开发的产品，将他们开发的工具和组件加入到 Eclipse 平台中。

随着 Java 应用的日益广泛，各大主要软件供应商都参与到 Eclipse 架构开发中，使得 Eclipse 的插件数量与日增多。Eclipse 为程序开发人员提供了优秀的 Java 程序开发环境。

Eclipse 的安装非常简单，仅需下载 Eclipse 安装器，双击安装器（Eclipse Installer），选择“Eclipse IDE for Java Developers”（Java 开发者专用 Eclipse 集成开发环境），如下图所示。

在选择安装目录和接受许可协议之后，这个安装器会自动选择 Eclipse IDE 的下载镜像地址，需经过较长时间等待下载过程（取决于你的网速），如下图所示。

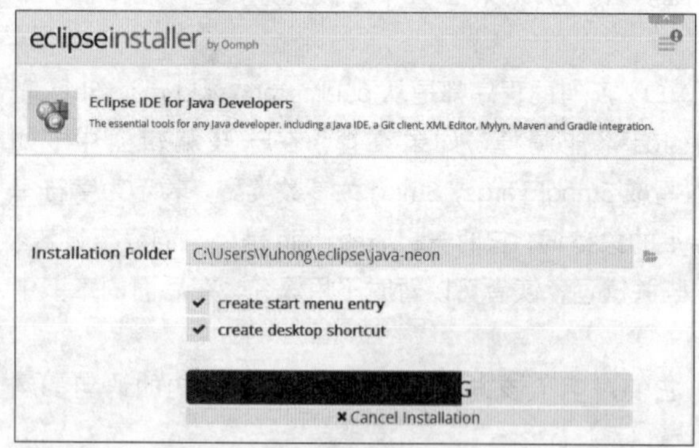

我们假设读者通过自己的一番操作，经过较长时间等待，完成了 Eclipse 的下载，单击“LAUNCH”（启用）按钮（见下图），即可完成 Eclipse 的启动。

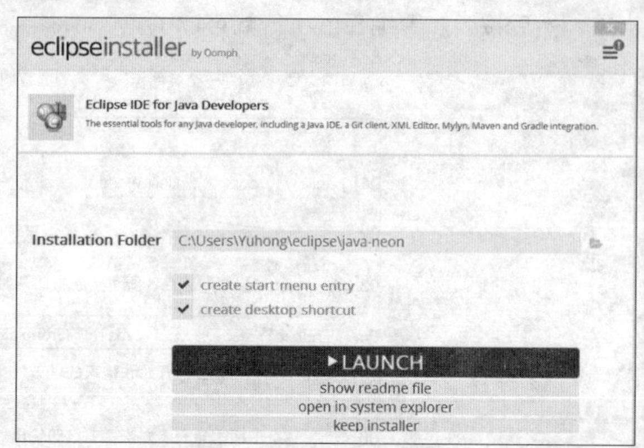

然后，Eclipse 首先让用户选择一个工作空间（WorkSpace），如下图所示。“工作空间”实际上是一个存放 Eclipse 建立的项目的目录，包括项目源代码、图片等，以及一些用户有关 Eclipse 个性化的设置（如用于语法高亮显示的颜色、字体大小及日志等）。一般来说，不同的 Java 项目，如果设置不同，需要使用不同的工作空间来彼此区分。如果想备份自己的软件项目，只要复制该目录即可。

在“Workspace”文本框中输入你指定的路径，如“C:\Users\Yuhong\workspace”（这个路径可以根据读者自己的喜好重新设定），然后单击“OK”按钮，如下图所示。

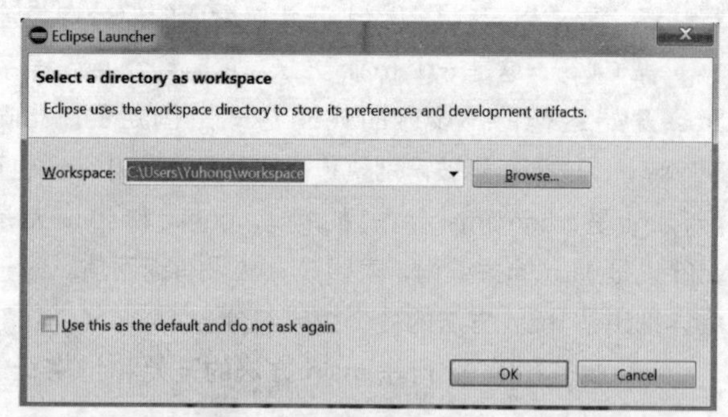

然后就可以成功启动 Eclipse，如下图所示。Eclipse 安装器会自动在桌面创建一个快捷方式，下次启动，直接双击快捷方式即可。

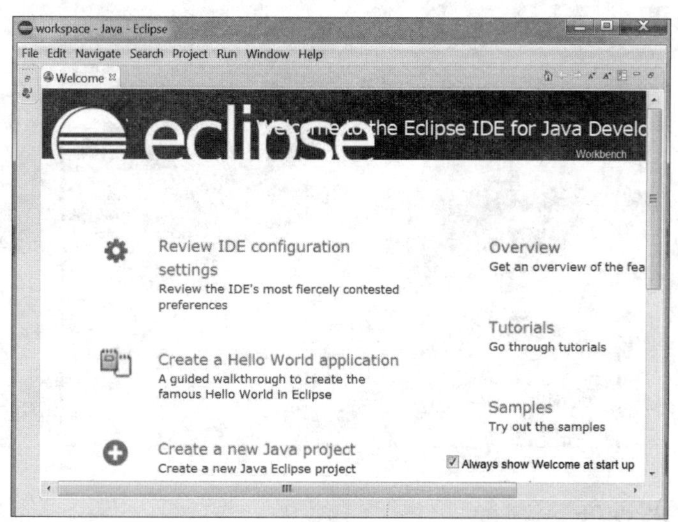

需要说明的是，Eclipse 默认安装的语言版本是英文。从初学者的角度考虑，如果集成开发工具是中文版的，可能会让读者在学习和使用的过程中轻松些，但实际上，在计算机领域打拼天下，查阅英文文档已经司空见惯，所以，即使是英文版也无伤大碍，习惯了就好。如果实在不习惯英文，读者可以自行在网络上查阅 Eclipse 汉化教程，这里就不一一赘述了。

下面我们就介绍一下，如何利用 Eclipse 完成前面的 HelloWorld 程序，从而让读者对 Eclipse 的使用有个初步的感性认识。

1.5.2 创建 Java 项目

在 Eclipse 中编写应用程序时，需要先创建一个项目。在 Eclipse 中有多种项目（如 CVS 项目、Java 项目及 Maven 项目等），其中 Java 项目是用于管理和编写 Java 程序的，这类项目是我们目前需要关注的。其他项目属于较为高级的应用，读者在有一定的 Java 编程基础后，可参阅相关资料来学习它们的应用。创建 Java 项目的具体步骤如下。

❶ 选择“File（文件）→ New（新建）→ Java Project（Java 项目）”命令，打开“New Java Project”（新建 Java 项目）对话框。

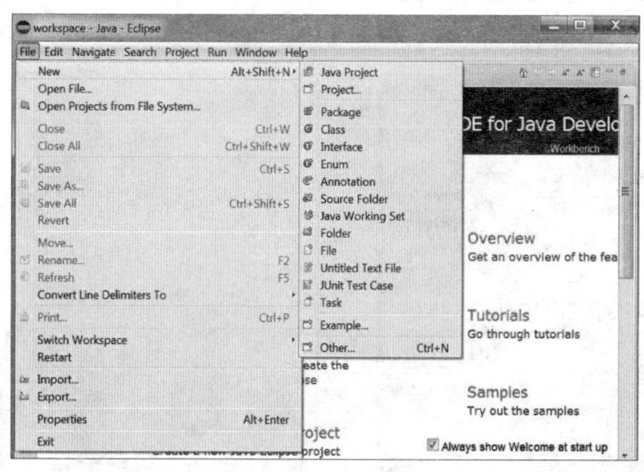

❷ 在弹出的“New Java Project”（新建 Java 项目）对话框的“Project name”（工程名称）文本框中输入工程名称“HelloWorld”。

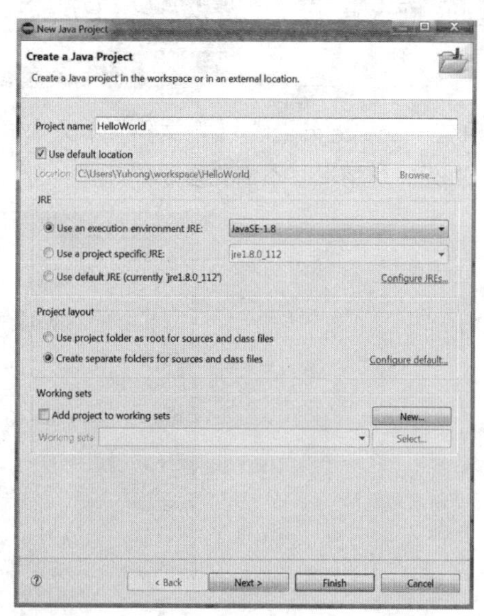

❸ 单击“Finish”（完成）按钮，完成 Java 项目的创建。在“Package Explorer”（包资源管理器）窗口中便会出现一个名称为“HelloWorld”的 Java 项目，如下图所示。

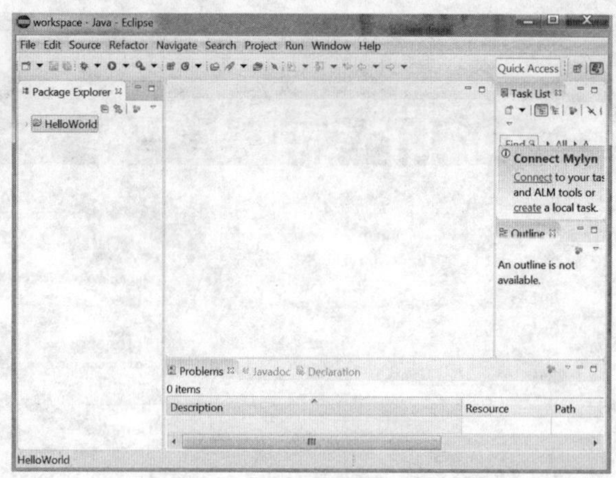

1.5.3 创建 Java 类文件

通过前面创建 Java 项目的操作，在 Eclipse 的工作空间中已经有一个 Java 项目了。构建 Java 应用程序的下一个操作，就是要创建 HelloWorld 类。创建 Java 类的具体步骤如下。

❶ 单击工具栏中的“New Class”（新建类）按钮（见左下图）或者在菜单栏中执行“File（文件）→ New（新建）→ Class（类）”命令（见右下图），启动新建 Java 类向导。

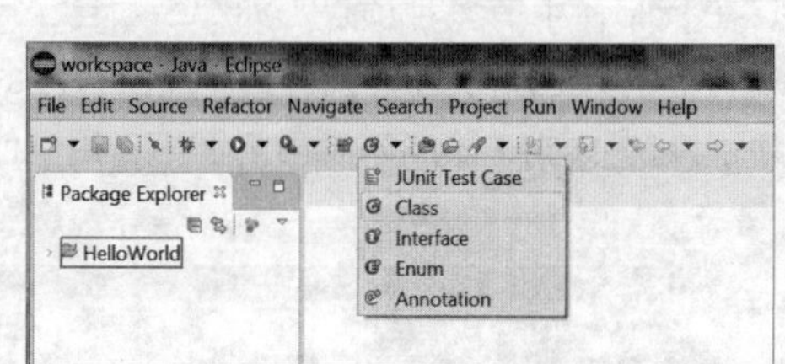

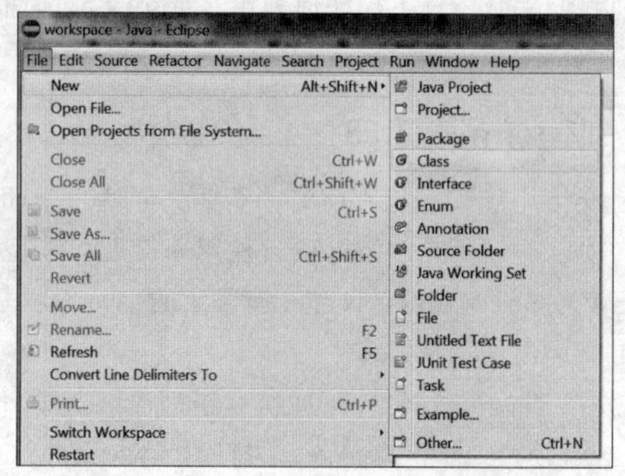

❷ 在“Source folder”（源文件夹）文本框中输入 Java 项目源程序的文件夹位置。通常系统向导会自动填写，如无特殊情况，不需要修改。

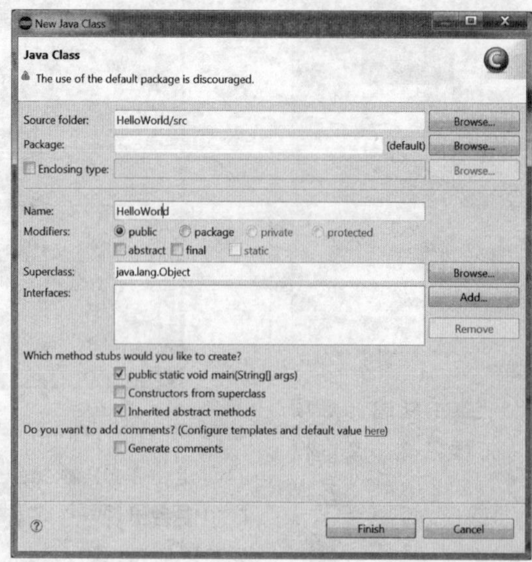

❸ 在“Package”（包）文本框中输入该 Java 类文件准备使用的包名，系统默认为空，这样会使用 Java 项目的默认包。

❹ 在“Name”（名称）文本框中输入新建类的名称，如“HelloWorld”。

❺ 选中“public static void main（String [] args）”复选框，向导在创建类文件时，会自动为该类添加 main() 方法，使该类成为可以运行的主类。

❻ 单击“Finish”（完成）按钮，完成 Java 类的创建，如下图所示。

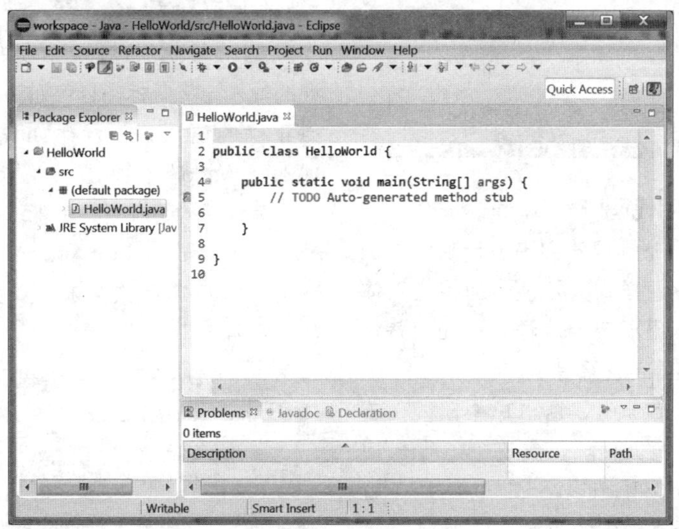

1.5.4 在代码编辑器中编写 Java 程序代码

在编写代码之前，读者需要了解“类”“包”和“文件”这 3 个概念（后续的章节会更为详细地讲解）。类可以看作是用户自定义的一种数据类型。由于 Java 是一门纯面向对象的编程语言，在 Java 项目中，会用到大量的类。项目大了，难免会产生类的名称是相同的情况。例如，在“圆柱体”工程和“球体”工程中，它们可能都有相同的类名——体积类，而对于 Java 编译器来说，在相同的作用范围内，类的名称必须是唯一的（即无二义性）。为了解决这个问题，Java 就用“包（Package）”的概念，让有可能重名的类处于不同的“包”里。这样，“圆柱体”包里的“体积类”和“球体”包里的“体积类”就可以区分开了。

如同有两个人都叫“张三”，他们客观存在着，且都不想改名，为了区分二位，我们可用“河南的张三”和“河北的张三”来加以识别。这里的“河南”和“河北”，在一定意义上，就可以理解为是不同的“包”。有了“包”的概念，可以在很大程度上避免类和方法等的重名。

Java 里“包”的概念，和 C++ 中的“名称空间（Namespace）”有着类似的含义。而所有的类都必须保存于某个特定的文件之中，这也就是源码文件（即 .java 文件）。

01 打开编辑器

当使用创建 Java 类向导完成 Java 类文件的创建后，在 Eclipse 的工作台上会自动打开 Java 编辑器新创建的 Java 类文件。打开 Java 编辑器的方法如下。

❶ 在“Package Explorer”（包资源管理器）窗口中，双击或者右键单击 Java 源文件 HelloWorld.java，如右图所示。

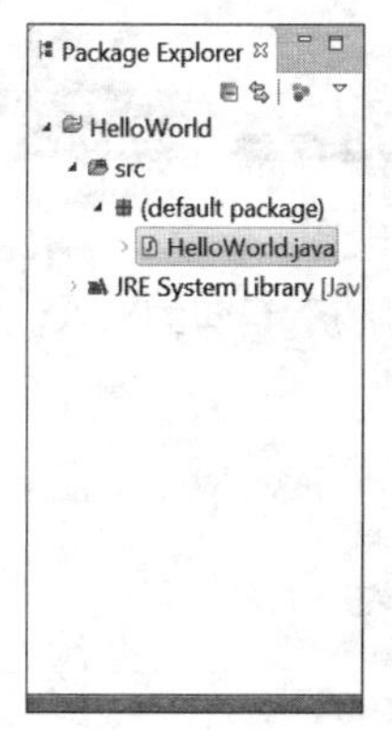

❷ 在弹出的快捷菜单中执行“Open”（打开）命令，便可打开 Java 编辑器界面，如下图所示。

```
HelloWorld.java
1
2 public class HelloWorld {
3
4     public static void main(String[] args) {
5         // TODO Auto-generated method stub
6
7     }
8
9 }
10
```

02 编写 Java 程序代码

Eclipse 具有强大的 Java 语法突出显示功能。例如，Java 编辑器能以各种样式（如字体加粗或斜体等）和不同的颜色来突出显示 Java 语法（如用紫色显示 Java 关键字，绿色显示注释等）。

❶ 在“Package Explorer”窗口中，双击“HelloWorld.java”Java 源文件。仅需在第 6 行代码中输入“System.out.println("Hello World!");”代码，就可以完成输出 Hello World! 语句的功能。

❷ 在第 6 行代码中输入 System，再输入“.”后，Eclipse 会智能地启动代码辅助菜单，使用上下方向键移动选中需要的项，按“Enter”键确认，也可直接用鼠标在辅助菜单中双击选中 System 项，便可自动输入该项，如下图所示。

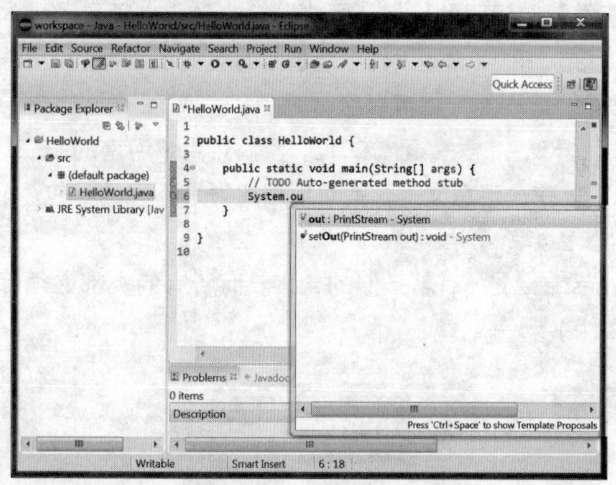

❸ 按照相同的方法，完成“System.out.println("Hello World");”语句的输入，如下图所示。

```
*HelloWorld.java
1
2 public class HelloWorld {
3
4     public static void main(String[] args) {
5         // TODO Auto-generated method stub
6         System.out.println("Hello World");
7     }
8
9 }
10
```

❹ 在输入的过程中，如果出现了漏输入或者错误的输入，将鼠标指针停留在红色处，编辑器还会做出正确的语法提示，比如说，假设我们把字符串“Hello World”少写了一个右边的双引号，则 Eclipse 在没有编译的情况下，就能“很贴心”地提示用户，“String literal is not properly closed by a double-quote”（字符串文字未用双引号正确地引起来），如下图所示。

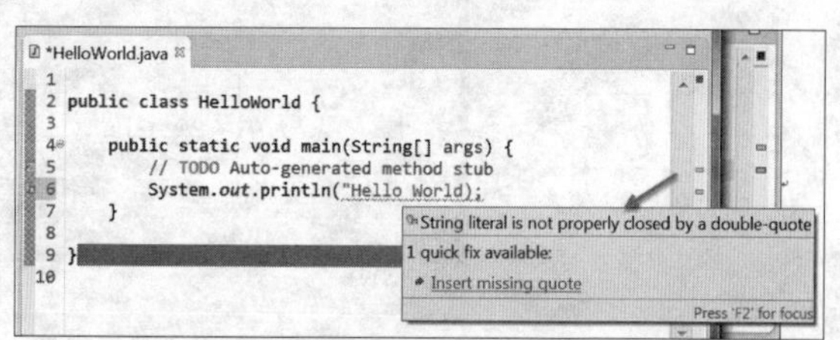

❺ 如果完成了完整语法的输入，最后没有输入分号“；”作为语句结束符号，那么 Eclipse 系统也会非常“尽责地”给出正确的语法提示：“Syntax error,insert";" to complete Block Statement”（语法错误，将“;”插入到完整的块语句声明中），如下图所示。

```
*HelloWorld.java
1
2 public class HelloWorld {
3
4     public static void main(String[] args) {
5         // TODO Auto-generated method stub
6 Syntax error, insert ";" to complete BlockStatements
7     }
8
9 }
10
```

❻ 纠正输入错误后，完整的代码如下所示。

```
public class HelloWorld {
    public static void main(String[] args) {
        // 输出 "Hello World !" 到控制台
        System.out.println("Hello World");
    }
}
```

1.5.5 运行 Java 程序

前面所创建的 HelloWorld 类是包含 main() 主方法的，它是一个可以运行的主类。具体运行方法如下。

❶ 单击工具栏中的小三角按钮，在弹出的“Save and Launch”（保存并启动）对话框中单击“OK”按钮，保存并启动应用程序。如果选中“Always save resources before launching”（在启动前始终保存资源）复选框，那么每次运行程序前将会自动保存文件内容，从而就会跳过如下图所示的对话框。

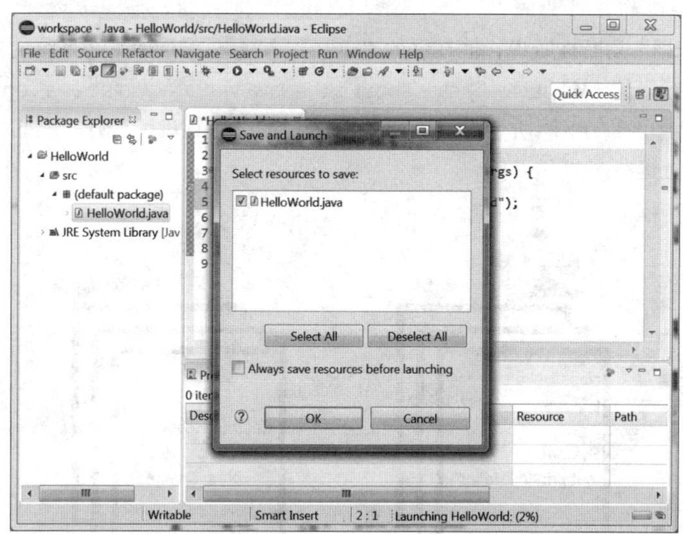

❷ 单击“OK”按钮后，程序的运行结果便可在控制台中显示出来，如下图所示。

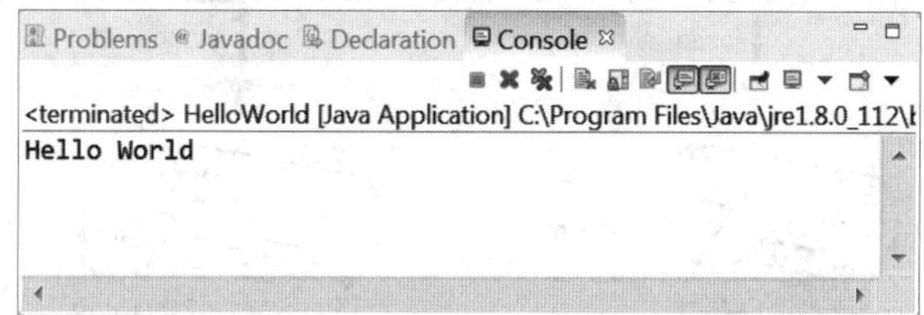

1.6 探秘 Java 虚拟机

在前面的小节中，不论是用控制台模式，还是用 Eclipse、Java 编译器——javac，都会将源代码编译成 HelloWorld.class 文件，这样有“.class”的类文件，并不能如同可执行文件一样，双击就能执行，而是必须通过 java 命令，将 .class 文件送往 Java 虚拟机（Java Virtual Machine，JVM），通过 JVM 的解释而完成程序的执行，在这其中，JVM 扮演着极其重要的作用。下面我们就 JVM 的机制进行简单的讨论。

JVM 可看作是在机器和编译程序之间加入了一层抽象的虚拟机器。这台虚拟的机器在任何平台上都提供给编译程序一个共同的接口。编译程序只需要面向虚拟机，生成虚拟机能够理解的代码，然后由解释器来将虚拟机代码转换为特定系统的机器码执行。这种仅供虚拟机理解的代码叫做字节码（ByteCode），它不面向任何特定的处理器，只面向虚拟机。每一种平台的解释器是不同的，但是实现的虚拟机却是相同的。

Java 程序得以执行的环境称为 Java 运行环境（Java Runtime Environment，JRE），它由 Java 虚拟机和 Java 的 API 构成。一个 Java 程序若想运行在 Java 虚拟机之中，源代码的语句需由 Java 编译器编译成字节码。字节码本质上是一种标准化的可移植的二进制格式。该格式以 Java 类文件（.class）的形式存在。一个 Java 程序可由多个不同的 .class 文件构成。在早期发布大型的 Java 程序中，通常把多个 .class 文件打包成一个发布文件 .jar，其扩展名来自于“java archive”（java 归档文件）的简写。

Java 虚拟机在执行 .class 或 .jar 文件时，使用到“即时编译器”（just-in-time compiler，JIT compiler）。“即时编译器”是一个把 Java 的字节码（包括需要被解释的指令的程序），转换成可以直接发送给处理器指令的程序。本质上，“即时编译器”是 Java 程序的第二个编译器，它能把通用的字节码编译成特定系统的机器指令代码。但是这里的二次编译，对用户来说基本上是“透明的”，即它存在但用户无需感知。

值得一提的是，另外一种网络编程常见语言——Python，也可以通过 jpython（Python 的纯 Java 实现版本）编译后，与 Java 编译生成一样的字节码，从而也大大提高了该类程序的可移植性。但 Python 不在本书的讨论范围。

正如 Java 之父詹姆斯·高斯林所说，他在乎的是 JVM，JVM 才是 Java 生态系统的核心，因为它可以跨平台，把所有东西都联系在一起（What I really care about is the Java Virtual Machine as a concept, because that is the thing that ties it all together）。如下图所示，正是有了 JVM，Java 既可以让字节码在 PC 操作系统上运行，也可以让其在手机操作系统上运行。

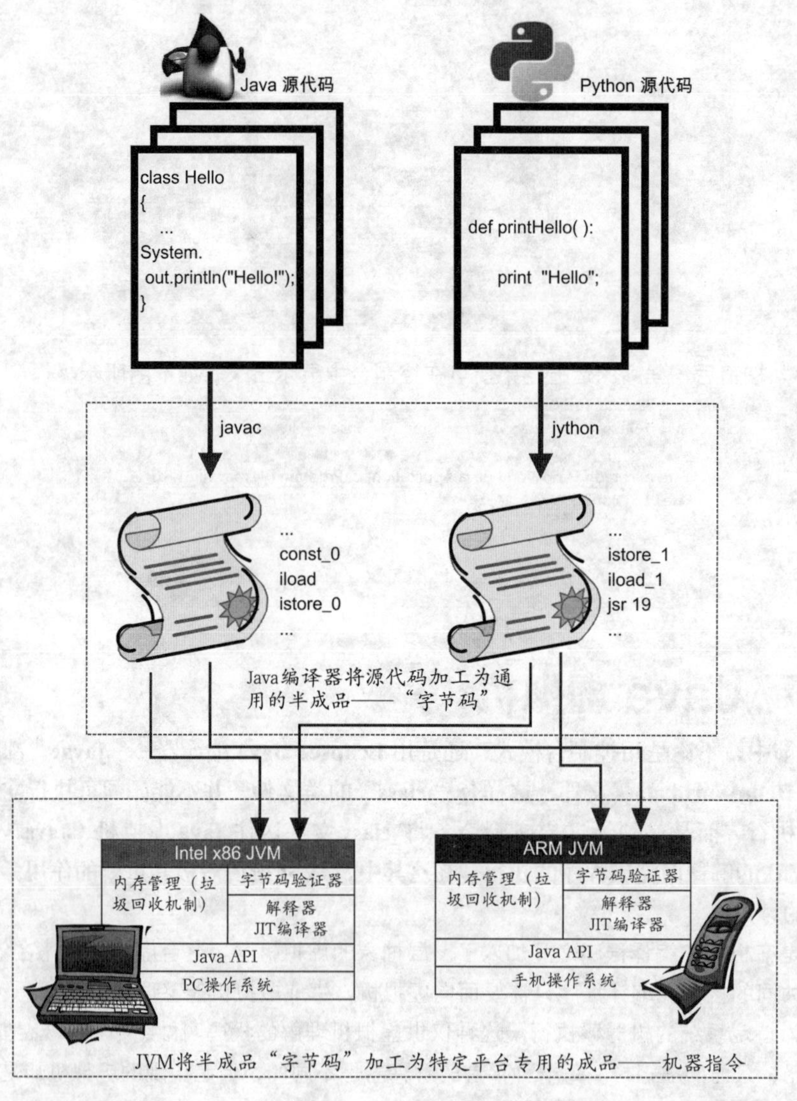

1.7 高手点拨

1. 注意 Java 相对 C++ 的一些特性

因为 Java 语言的设计者十分熟悉 C++ 语言，所以在设计时很好地借鉴了 C++ 语言。可以说，Java 语言是比 C++ 语言“更加面向对象”的一种编程语言。Java 语言的语法结构与 C++ 语言的语法结构十分相似，这使得 C++ 程序员学习 Java 语言更加容易。

如果读者是从 C++ 过渡而来的 Java 学习者，那么下面几个特性值得读者注意。

① 提供了对内存的自动垃圾回收（Garbage Collection），程序员无需在程序中进行分配、释放内存，那些可怕的内存分配错误不会再打扰设计者了。

② 抛弃了 C++ 语言中容易出错的“指针”，而是用诸如“引用（reference）”的方法来取而代之。

③ 避免了赋值语句（如 $a=3$）与逻辑运算语句（如 $a==3$）的混淆。

④ 取消了多重继承这一复杂的概念。C++ 中的多重继承会导致类中数据成员的“二义性”等问题，从而使得类的访问结构非常复杂。

2. 重视 Java 官网的文档

Java 8 的语言规范（The Java® Language Specification Java SE 8 Edition）是公开的，可在 Oracle 官方网站上下载。阅读 Java 语言的规范是提高技术水平的好方法。

3. 如何在命令行模式下正确运行 Java 类文件

在使用 javac 编译 java 源代码生成对应的 .class 文件（如范例 1-1 所示的 Hello.class），然后用 java 来运行这个类文件，初学者很容易犯错，有可能得到如下错误信息。

```
Error: Could not find or load main class Hello.class
```

产生这种错误的原因通常有两个。

① Java 环境变量 JAVA_HOME 及 ClassPath 设置不正确，在设置环境变量时，在前一个环境变量前一定要用分号“;”来区分不同的环境变量。同时要把当前目录“.”放进环境变量中。这里的一个小点“.”，代表的就是 .class 类文件所在的当前目录。

② 有可能初学者在命令行模式下按如下方式来运行这个类文件。

```
java  HelloWorld.class
```

正确的方式如下所示。

```
java HelloWorld
```

也就是说，java 操作的对象虽然是类文件，但是却无需类文件的扩展名 .class，加上这个扩展名，就属于画蛇添足，反而让编译器不能识别。

4. 正确保存 Java 的文件名

需要初学者注意的是，虽然一个 .java 文件可以定义多个类，但只能有一个 public 类，而且对于一个包括 public 类名的 Java 源程序，在保存时，源程序的名称必须要和 public 类名称完全保持一致，如下所示的一个类。

```
public class HelloWorld
{ }
```

这个公有类名称是 HelloWorld，那么这个类所在的源文件必须保存为 HelloWorld.java，由于 Java 是区分大小写的（这和 Windows 操作系统不区分大小写是不同的），保存的 Java 文件名（除了扩展名 .java）必须和公有类的名称一致，包括大小写也必须一模一样。

假设由于不小心，把公有类的名称写成 HElloWorld，而文件却保存为 HelloWorld.java，虽然二者仅有一个字符“E”在大小写上有差异，但依然无法通过编译，会得到如下错误。

```
HelloWorld.java:1: error: class HElloWorld is public, should be declared in file named HElloWorld.java
public class HElloWorld
       ^
1 error
```

上述错误信息的第一句，就是提示包含公有类 HElloWorld 的文件，应保存的文件名为 HElloWorld.java，而不是目前保存的 HelloWorld.java。

需要注意的是，对于没有包括 public 类的源文件，源文件的名称和非 public 类的名称可以不相同。

5. Eclipse 并不是 Java 程序开发的首选项

在学习 Java 的过程中，对于诸如 Eclipse 之类的 IDE，读者要有个客观的认识。事实上，Eclipse 仅是一个好用的 Java 集成开发环境，并不是学习 Java 的“标配”。一方面，一旦读者有了一定的编程经验，可完全脱离 Eclipse 来开发 Java 程序。可用编辑器如 Notepad++、UltraEdit 等（Linux 操作系统下可以使用 vim，macOS 操作系统下可以用 TextMate）来编辑 Java 源代码，然后用 Oracle 公司提供的 JDK，仅使用 javac 和 java 等命令就可实施 Java 程序的开发。

另一方面，虽然 Eclipse 之类的 IDE 工具功能强大，能极大提高 Java 开发效率，初学者也容易上手，但其也有不好的一面，那就是因为 IDE 工具为我们做了很多事情，它做得越多，我们对 Java 应用开发的流程了解得就越少。如同培养孩子，在小时候，父母对孩子做得太多，小孩子自己的独立性和动手能力大抵就不太好。所以，我们并不提倡初学者一开始就去追求使用“很酷很炫”的 IDE 工具。

1.8 实战练习

编写一个 Java 程序，运行后在控制台中输出“不抛弃 , 不放弃 ,Java, I am coming!”。

第 2 章

初识庐山真面目
——Java 程序要素概览

麻雀虽小，五脏俱全。本章的实例虽然非常简单，但基本涵盖了本篇所讲的内容。可以通过本章来了解 Java 程序的组成及内部部件（如 Java 中的标识符、关键字、变量、注释等）。同时，本章还涉及 Java 程序错误的检测及 Java 编程风格的注意事项。

本章要点（已掌握的在方框中打钩）

- □ 掌握 Java 程序的组成
- □ 掌握 Java 程序注释的使用
- □ 掌握 Java 中的标识符和关键字
- □ 了解 Java 中的变量及其设置
- □ 了解程序的检测
- □ 掌握提高程序可读性的方法

2.1 一个简单的例子

从本章开始，我们正式开启学习 Java 程序设计的旅程。在本章，除了认识程序的架构外，我们还将介绍标识符、关键字以及一些基本的数据类型。通过简单的范例，让读者了解检测与提高程序可读性的方法，以培养读者良好的编程风格和正确的程序编写习惯。

下面来看一个简单的 Java 程序。在介绍程序之前，读者先简单回顾一下第 1 章讲解的例子，之后再来看下面的这个程序，在此基础上理解此程序的主要功能。

范例 2-1　Java程序简单范例（TestJava.java）

```
/**
 * @ClassName: TestJava
 * @Description: 这是 Java 的一个简单范例
 * @author: YuHong
 * @date: 2016 年 11 月 15 日
 */
public class TestJava
{
    public static void main(String args[ ])
    {
        int num ;                    // 声明一个整型变量 num
        num = 5 ;                    // 将整型变量赋值为 5
        // 输出字符串，这里用“+” 号连接变量
        System.out.println(" 这是数字 " + num);
        System.out.println(" 我有 " + num + " 本书！ ");
    }
}
```

保存并运行程序，结果如下图所示，注意该图是由 Eclipse 软件输出的界面。

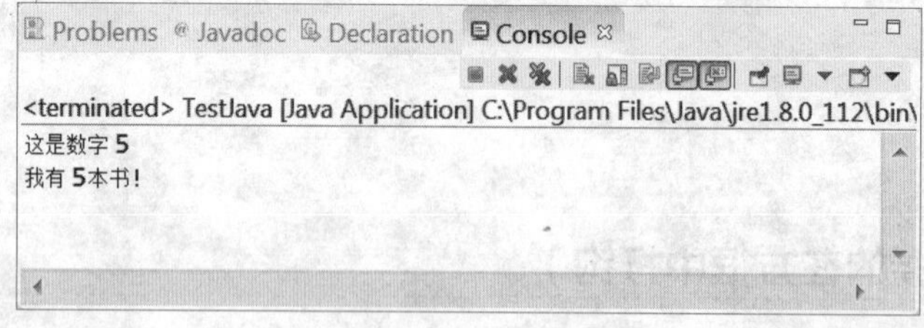

如果读者现在暂时看不懂上面的这个程序，也没有关系，先把这些 Java 代码在任意文本编辑器里（Eclipse 编辑器、微软的写字板、Notepad++ 等均可）手工敲出来（尽量不要用“复制 + 粘贴”的模式来完成代码输入，每一次编程上的犯错，纠正之后，都是进步），然后存盘、编译、运行，就可以看到输出结果。

代码详解

首先说明的是，范例 2-1 中的行号是为了读者（程序员）便于理解而人为添加的，真正的 Java 源代码是没有这些行号的。

第 01 ~ 11 行为程序的注释，会被编译器自动过滤。但通过注释可以提高 Java 源码的可读性，使得 Java 程序条理清晰。需要说明的是，第 01 ~ 11 行有部分空白行，空白行同样会被编译器过滤，在这里的主要功能是为了代码的美观。编写程序到了一定的境界，程序员不仅要追求程序功能的实现，还要追求源代码外在的“美”。这是一种编程风格，“美”的定义和理解不同，编程风格也各异。

在第 12 行中，public 与 class 是 Java 的关键字，class 为“类”的意思，后面接上类名称，本例取名为 TestJava。public 用来表示该类为公有，也就是在整个程序里都可以访问到它。

需要特别注意的是，如果将一个类声明成 public，那么就需保证文件名称和这个类名称完全相同，如下图所示。本例中 public 访问权限下的类名为 TestJava，那么其文件名即为 TestJava.java。在一个 Java 文件里，最多只能有一个 public 类，否则 .java 的文件便无法命名。

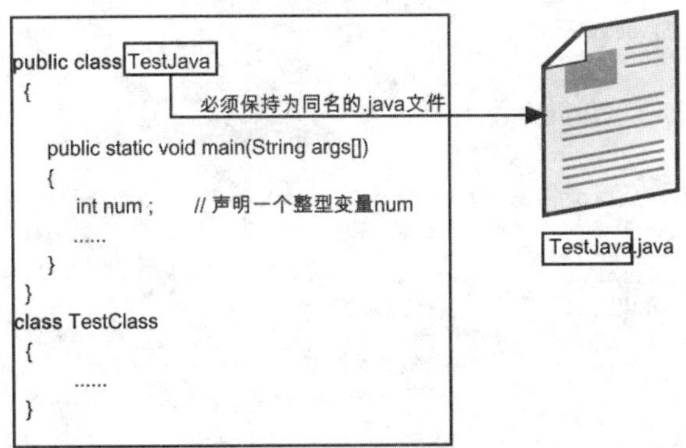

第 14 行，public static void main(String args[ ]) 为程序运行的起点。第 15 ~ 21 行（{ } 之内）的功能类似于一般程序语言中的“函数”（function），但在 Java 中称为“方法”（method）。因此，在 C/C++ 中的 main() 函数（主函数），在 Java 中，则称为 main() 方法（或主方法）。

main() 方法的主体（body）从第 15 行的“{”开始，到第 21 行的“}”为止。每一个独立的 Java 程序一定要有 main() 方法才能运行，因为它是程序开始运行的起点。

第 16 行“int num”的目的是，声明 num 为一个整数类型的变量。在使用变量之前，需先声明，后使用。这非常类似于，我们必须先定房间（申请内存空间），然后才能住到房间里（使用内存）。

第 17 行，“num = 5”为一赋值语句，即把整数 5 赋给存放整数的变量 num。

第 19 行的语句如下。

```
19    System.out.println(“这是数字 "+num);
```

程序运行时会在显示器上输出一对括号所包含的内容，包括“这是数字”和整数变量 num 所存放的值。

System.out 是指标准输出，通常与计算机的接口设备有关，如打印机、显示器等。其后续的 println，是由 print 与 line 所组成的，意思是将后面括号中的内容打印在标准输出设备——显示器上。因此第 19 行的语句执行完后会换行，也就是把光标移到下一行的开头继续输出。

第 21 行的右大括号告诉编译器 main() 方法到这里结束。

第 22 行的右大括号告诉编译器 class TestJava 到这里结束。

这里只是简单地介绍了一下 TestJava 这个程序，相信读者已经对 Java 语言有了一个初步的了解。TestJava 程序虽然很短，却是一个相当完整的 Java 程序。在后面的章节中，将会对 Java 语言的细节部分做详细的讨论。

2.2 感性认识 Java 程序

在本节，我们将探讨 Java 语言的一些基本规则及用法。

2.2.1 Java 程序的框架

01 大括号、段及主体

将类名称定出之后，就可以开始编写类的内容。左大括号“{”为类的主体开始标记，而整个类的主体至右大括号“}”结束。每个命令语句结束时，都必须以分号“;”做结尾。当某个命令的语句不止一行时，必须以一对大括号{}将这些语句包括起来，形成一个程序段（segment）或是块（block）。

下面以一个简单的程序为例来说明什么是段与主体（body）。若暂时看不懂 TestJavaForLoop 这个程序，也不用担心，以后会讲到该程序中所用到的命令。

范例 2-2　简单的Java程序（TestJavaForLoop.java）

```
01 //TestJavaForLoop，简单的 Java 程序
02 public class TestJavaForLoop
03 {
04     public static void main(String args[])
05     {
06         int x;
07         for(x = 1;x < 3;x++)
08         {
09             System.out.println(x + "*" + x + "=" + x * x);
10         }
11     }
12 }
```

运行程序并保存，结果如下图所示。

```
<terminated> TestJavaForLoop [Java Application] C:\Program Files\Java\jre1.8.0_
1*1=1
2*2=4
```

【范例分析】

在上面的程序中，可以看到 main() 方法的主体以大括号 { } 包围起来；for 循环中的语句不止一行，所以使用大括号 { } 将属于 for 循环的段内容包围起来；类 TestJavaForLoop 的内容又被第 03 行和第 12 行的大括号 { } 包围，这个块属于 public 类 TestJavaForLoop 所有。此外，应注意到每个语句结束时，都是以分号（；）作为结尾。

02 程序运行的起始点 —— main() 方法

Java 程序是由一个或一个以上的类组合而成，程序起始的主体也被包含在类之中。这个起始的地方称为 main()，用大括号将属于 main() 段的内容包围起来，称为“方法”。

main() 方法为程序的主方法，如同中国的古话“家有千口，主事一人”。类似地，在一个 Java 程序中，不论它有千万行，执行的入口只能有一个，而这个执行的入口就是 main() 方法，它有且仅有一个。通常看到的 main() 方法如下面的语句片段所示。

```
public static void main(String args[])    // main() 方法，主程序开始
{
    …
```

```
}
```

如前一节所述，main() 方法之前必须加上 public static void 这 3 个标识符。public 代表 main() 公有的方法；static 表示 main() 是个静态方法，可以不依赖对象而存在，也就是说，在没有创建类的对象的情况下，仍然可以执行；void 英文本意为“空的”，这里表示 main() 方法没有返回值。main 后面括号 ( ) 中输入的参数 String args[] 表示运行该程序时所需要的参数，这是固定的用法，我们会在以后的章节介绍这个参数的使用细节。

我们在学习 Java 中经常遇到“方法”这个概念，而在学习 C 或 C++ 时，又会遇到“函数”概念，语言都是相通的，那二者又有什么区别和联系呢？

（1）“函数”是一段实现某种“功能”的代码，函数的操作是对输入数据的处理。函数的英文“function”恰恰有“功能”的含义，可以达到“见名知意”。通过函数的名称来实施函数调用。它能将一些数据（也就是参数）传递进去进行处理，然后返回一些数据（即函数的返回值），也可以没有返回值。所有传递给函数的数据都是显式传递的。而方法的参数传递通常是隐式的，它可以直接操作类内部的数据。

（2）“方法”也是一段完成某项功能的代码，也通过名字来进行调用，但它依赖于某个特定的对象，例如，我们可以说“调用对象 X 的 Y 方法”，而不能说“调用 Y 方法”。简单来讲，方法和对象相关；而函数和对象无关。因为 Java 是一门完全面向对象编程的语言，所以在 Java 中只有方法。

C 是面向过程的编程语言，所以在 C 中只有函数。C++ 是 C 的超集，既支持面向过程编程，又支持面向对象编程，所以在 C++ 中，如果一个函数独立于类之外，那它就是函数，如果它存在于一个类中，那它就是方法，所不同的是，C++ 给这种特殊的方法取了一个新名称——成员函数（member function）。

2.2.2 标识符

Java 中的包（package）、类、方法、参数和变量的名称，可由任意顺序的大小写字母、数字、下划线（_）和美元符号（$）等组成，但这些名称的标识符不能以数字开头，也不能是 Java 中保留的关键字。

下面是合法的标识符。

```
yourname    your_name    _yourname    $yourname
```

比如，下面的 4 个标识符是非法的。

```
class    6num23    abc@sina    x+y
```

非法的原因分别是：class 是 Java 的保留关键字；6num23 的首字母为数字；abc@sina 中不能包含 @ 等特殊字符；x+y 不能包含运算符。

此外，读者应该注意，在 Java 中，标识符是区分大小写的，也就是说，A123 和 a123 是两个完全不同的标识符。

注意

标识符的命名规则属于强制性的，不然编译时会报错。一些刚接触编程语言的读者可能会觉得记住上面的规则很麻烦，所以在这里提醒读者，标识符建议用字母开头，而且尽量不要包含其他的符号。规则是必须遵守的，而规范是约定俗成的，鼓励大家都遵守。

2.2.3 关键字

和其他语言一样，Java 中也有许多关键字（keywords，也叫保留字），如 public、static、int 等，这些关键字不能当做标识符使用。下表列出了 Java 中的关键字。这些关键字并不需要读者现在把它们记住，因为在程序开发中一旦使用了这些关键字做标识符，编译器在编译时就会报错，而智能的编辑器（如 Eclipse 等）会在编写代码时自动提示这些语法错误。在后续的章节中，我们会慢慢学习它们的内涵和用法。

abstract	assert ***	bollean	break	byte	case
catch	char	class	const *	continue	default
do	double	else	enum ****	extends	false
final	finally	float	for	goto *	if
implements	import	instanceof	int	interface	long
native	new	null	package	private	protected
public	return	short	static	stricfp **	synchronized
super	this	throw	transient	true	try
void	volatile	while			

注：* 表示该关键字尚未启用；** 表示在 Java 1.2 中添加的；*** 表示在 Java 1.3 中添加的；**** 表示在 Java 5.0 中添加的。

注意

虽然 goto、const 在 Java 中没有任何意义，却也是保留的关键字，与其他的关键字一样，在程序里不能用来作为自定义的标识符，true 、false、null 等看起来像关键词，实际上在 Java 中，它们仅仅是普通的字符串。Java 中的所有关键字均由小写字母构成。

2.2.4 注释

注释在源代码中的地位非常重要，虽然注释在编译时被编译器自动过滤掉，但为程序添加注释可以解释程序的某些语句的作用和功能，提高程序的可读性。特别当编写大型程序时，多人团队合作，A 程序员写的程序 B 程序员可能很难看懂，而注释能起到非常重要的沟通作用。所以本书强烈建议读者朋友养成写注释的好习惯。

Java 里的注释根据不同的用途分为以下 3 种类型。

（1）单行注释。

（2）多行注释。

（3）文档注释。

单行注释，就是在注释内容的前面加双斜线（//），Java 编译器会忽略这部分信息，如下所示。

```
int num ;        // 定义一个整数
```

多行注释，就是在注释内容的前面以单斜线加一个星形标记（/*）开头，并在注释内容末尾以一个星形标记加单斜线（*/）结束。当注释内容超过一行时，一般可使用这种方法，如下所示。

```
/*
int c = 10 ;
int x = 5 ;
*/
```

值得一提的是，文档注释是以单斜线加两个星形标记（/**）开头，并以一个星形标记加单斜线（*/）结束。用这种方法注释的内容会被解释成程序的正式文档，并能包含进如 javadoc 之类的工具生成的文档里，用以说明该程序的层次结构及其方法。

范例 2-1 中的第 01 ~ 11 行对源代码的注释属于第（3）类注释，通常在程序开头加入作者，时间，版本，要实现的功能等内容注释，方便后来的维护以及程序员的交流。本质上注释类别（3）是（2）的一个特例，（3）中的第 2 个星号 * 可看作注释的一部分。由于文档注释比较费篇幅，在后面的范例中，我们不再给出此类注释，读者可在配套资源中看到注释更为全面的源代码。

需要注意的是，第 03 ~06 行的注释中，每一行前都有一个 *，其实这不是必需的，它们是注释区域的一个“普通”字符而已，仅仅是为了注释部分看起来更加美观。前文我们已提到，实现一个程序的基本功能是不够的，优秀的程序员还会让自己的代码看起来很“美”。

2.2.5 变量

在 Java 程序设计中，变量（Variable）在程序语言中扮演着最基本的角色之一，它是存储数据的载体。计算机中的变量是实际存在的数据。变量的数值可以被读取和修改，它是一切计算的基础。

与变量相对应的就是常量（Constant），顾名思义，常量是固定不变的量，一旦被定义并赋初值后，它的值就不能再被改变。

本节主要关注的是对变量的认知，接下来看看 Java 中变量的使用规则。Java 变量的使用和其他高级计算机语言一样：先声明，后使用，即必须事先声明它想要保存数据的类型。

01 变量的声明

声明一个变量的基本方式如下。

```
数据类型 变量名;
```

另外，在定义变量的同时，给予该变量初始化，建议读者使用下面这种声明变量的风格。

```
数据类型 变量名 = 数值或表达式;
```

举例来说，想在程序中声明一个可存放整型的变量，这个变量的名称为 num。在程序中即可写出如下所示的语句。

```
int num;        // 声明 num 为整数变量
```

int 为 Java 的关键字，代表基本数据类型——整型。若要同时声明多个整型的变量，可以像上面的语句一样分别声明它们，也可以把它们都写在同一个语句中，每个变量之间以逗号分开。下面的变量声明的方式都是合法的。

```
int num1, num2, num3;  // 声明 3 个变量 num1， num2， num3，彼此用英文逗号“,”隔开
int num1; int num2; int num3; // 用 3 个语句声明上面的 3 个变量，彼此用英文分号“;”隔开
```

虽然上面两种定义多个变量的语句都是合法的，但对它们添加注释不甚方便，特别是后一种同一行有多个语句，由于可读性不好，建议读者不要采纳此种编程风格。

02 变量名称

读者可以依据个人的喜好来决定变量的名称，但这些变量的名称不能使用 Java 的关键字。通常会以变量所代表的意义来取名。当然也可以使用 *a*、*b*、*c* 等简单的英文字母代表变量，但是当程序很大时，需要的变量数量会很多，这些简单名称所代表的意义就比较容易忘记，必然会增加阅读及调试程序的困难度。变量的命名之美在于：在符合变量命名规则的前提下，尽量对变量做到“见名知意”，自我注释（Self Documentation），例如，用 num 表示数字，用 length 表示长度等。

03 变量的赋值

给所声明的变量赋予一个属于它的值，用赋值运算符（=）来实现。具体可使用如下所示的 3 种方法进行设置。

（1）在声明变量时赋值。

举例来说，在程序中声明一个整数的变量 num，并直接把这个变量赋值为 2，可以在程序中写出如下的语句。

```
int num = 2;  // 声明变量，并直接赋值
```

（2）声明后再赋值。

一般来说也可以在声明后再给变量赋值。举例来说，在程序中声明整型变量 num1、num2 及字符变量 ch，并且给它们分别赋值，在程序中即可写出下面的语句。

```
int num1,num2 ;         // 声明 2 整型变量 num1 和 num2
char  ch ;              // 声明 1 字符变量 ch
num1 = 2 ;              // 将变量 num1 赋值为 2
num2 = 3 ;              // 将变量 num2 赋值为 3
ch = 'z' ;              // 将字符变量 ch 赋值为字母 z
```

（3）在程序的任何位置声明并设置。

以声明一个整数的变量 num 为例，可以等到要使用这个变量时再给它赋值。

```
int num ;     // 声明整型变量 num
…
num = 2 ;     // 用到变量 num 时，再赋值
```

2.2.6 数据类型

除了整数类型之外，Java 还提供有多种数据类型。Java 的变量类型可以是整型（int）、长整型（long）、短整型（short）、浮点型（float）、双精度浮点型（double），或者字符型（char）和字符串型（String）等。下面对 Java 中的基本数据类型给予简要介绍，读者可参阅相关章节获得更为详细的介绍。

整型是取值为不含小数的数据类型，包括 byte 类型、short 类型、int 类型及 long 类型，默认情况下为 int 类型，可用八进制、十进制及十六进制来表示。另一种存储实数的类型是浮点型数据，主要包括 float 型（单精度浮点型，占 4 字节）和 double 型（双精度浮点型，占 8 字节）。用来表示含有小数点的数据，必须声明为浮点型。在默认情况下，浮点数是 double 型的。如果需要将某个包括小数点的实数声明为单精度，则需要在该数值后加字母“F”（或小写字母“f”）。

下面的语句是主要数据类型的定义说明。

```
01  int  num1 = 10;           // 定义 4 字节大小的整型变量 num1，并赋初值为 10
02  byte  age = 20;           // 定义 1 个字节型变量 age，并赋初值为 20
03  byte  age2 = 129;         // 错误：超出了 byte 类型表示的最大范围（-128 ~ 127）
04  float  price = 12.5f;     // 定义 4 字节的单精度 float 型变量 price，并赋初值为 12.5
05  float  price = 12.5;      // 错误：类型不匹配
06  double  weight = 12.5;    // 定义 8 字节的双精度 double 变量 weight，并赋初值为 12.5
```

定义数据类型时，要注意两点。

（1）在定义变量后，对变量赋值时，赋值大小不能超过所定义变量的表示范围。例如，本例第 03 行是错误的，给 age2 赋值 129，已超出了 byte 类型（一个字节）所能表示的最大范围（-128 ~ 127）。这好比某人在宾馆定了一个单人间（声明 byte 类型变量），等入住的时候，又多了一个人，要住双人间，这时宾馆服务员（编译器）是不会答应的。解决的办法很简单，需要重新在一开始就定双人间（重新声明 age2 为 short 类型）。

（2）在定义变量后，对变量赋值时，运算符（=）左右两边的类型要一致。例如，本例第 05 行是错误的，因为在默认情况下，包含小数点的数（12.5）是双精度 double 类型的，而“=”左边定义的变量 price 是单精度 float 类型的，二者类型不匹配！这好比一个原本定了双人间的顾客，非要去住单人间，刻板的宾馆服务员（编译器）一般也是不答应的，因为单人间可能放不下双人间客人的那么多行李，丢了谁负责呢？如果住双人间的顾客非要去住单人间，那需要双人间的顾客显式声明，我确保我的行李在单人间可以放得下，或即使丢失部分行李，我也是可以承受的（即强制类型转换），强制类型转换的英文是“cast”，而“cast”的英文本意就是“铸造”，铸造的含义就包括了“物是人非”的内涵。下面的两个语句都是合法的。

```
float  price = 12.5f;          // 中规中矩的定义，一开始就保证“=”左右类型匹配
float  price = (float)12.5;  // 通过强制类型转换后，“=”左右类型匹配
```

2.2.7 运算符和表达式

计算机的英文为 Computer，顾名思义，它存在的目的就是用来做计算（Compute）的。而要运算就要使

用各种运算符，如加（+）、减（-）、乘（*）、除（/）、取余（%）等。

表达式则由操作数与运算符所组成，操作数可以是常量、变量，甚至可以是方法。下面的语句说明了这些概念的使用。

```
int result = 1 + 2;
```

在这个语句中，1+2 为表达式，运算符为“+”，计算结果为 3，通过“=”赋值给整型变量 result。

对于表达式，因为运算符是有优先级的，所以即使有计算相同的操作数和相同的运算符，其结果也是有可能不一样的，例如以下形式。

```
c = a + b / 100; // 假设变量 a，b，c 为已定义的变量
```

在上述的表达式中“a + b /100”，因为除法运算符“/”的优先级比加法运算符“+”高，所以 c 的值为 b 除以 100 后的值再加上 a 之和，这可能不是程序员的本意，如果希望是 a+b 之和一起除以 100，那么就需要加上括号（ ）来消除这种模糊性，如下所示。

```
c = (a + b) /100; // a+b 之和除以 100
```

2.2.8 类

Java 程序是由类（class）所组成的。类的概念在以后会详细讲解，读者只要记住，类是一种用户自定义的类型就可以了，Java 程序都是由类组成的。下面的程序片段即为定义类的典型范例。

```
public class Test          // 定义 public 类 Test
{
…
}
```

程序定义了一个新的 public 类 Test，这个类的原始程序的文件应取名为 Test.java。类 Test 的范围由一对大括号所包含。public 是 Java 的关键字，指的是对于该类的访问方式为公有。

需要注意的是，由于 Java 程序由类所组成，因此在一个完整的 Java 程序里，至少需要有一个类。在前面我们曾提到，Java 程序的文件名不能随意命名，必须和 public 类名称一样（大小写也必须保存一致）。因此，在一个独立的源码程序里，只能有一个 public 类，却可以有许多 non-public（非公有）类。若是在一个 Java 程序中没有一个类是 public，那么对该 Java 程序的文件名就可以随意命名了。

Java 提供了一系列的访问控制符来设置基于类（class）、变量（variable）、方法（method）及构造方法（constructor）等不同等级的访问权限。Java 的访问权限主要有 4 类：default（默认模式）、private（私有）、public（公有）和 protected（保护）。对类和接口概念的深度理解，读者可参阅后面的章节，这里仅需读者了解，在 Java 中有这么 4 种访问控制方式即可。

2.2.9 输入与输出

输入 / 输出（I/O）是指程序为了完成计算，与外部设备或其他计算机进行交互的操作。几乎所有的程序都具有输入与输出功能，如从键盘上读取数据，向屏幕或文件输出数据等。只有通过输入和输出操作，才能从外界接收信息，或者把信息传递给外界。Java 把这些输入与输出操作用流的模式来实现，通过统一的接口来表示，从而使程序设计更为简单。

在 Java 中，流（Stream）是一个重要的但初学者很容易困惑的概念。流（stream）的概念最早源于 UNIX 操作系统中管道（pipe）的概念。在 UNIX 中，管道是一条不间断的字节流，用来实现进程间的通信，或完成读写外围设备、外部文件之间的信息交互等。一个流必须有起源端和目的端，它们可以是计算机内存的某部分区域，也可以是某个磁盘文件，甚至可以是互联网上的某个统一资源定位器（Uniform Resoure Locator，URL）。

为了便于理解，读者可以将 Java 中的流想象成一种“数据流通的管道”，文件和程序之间一旦有了数据请求，二者之间就会建立某种形式的连接，从而形成了一个数据流。

就如在真正的管道中，可以传输不同形态的东西，既可以是水，也可以是天然气。类似的，Java 中的数

据流也有不同的形式，既可以是基于二进制的字节流，也可以是基于某种编码方式（如 Unicode、UTF-8 等）的字符流。

流的方向很重要，根据流的方向，流大致可分为两类：输入流和输出流。当程序需要读取数据时，就会开启一个通向数据源的管道，程序可从该管道中提取数据，这种模式下的流称为输入流。类似地，如果程序想要输出数据，也会建立一个通往输出目的地的管道，一旦建立后，程序就可以经由此管道输出数据，这种模式的流称为输出流。关于数据流，它们的输入、输出关系可用下图来说明。

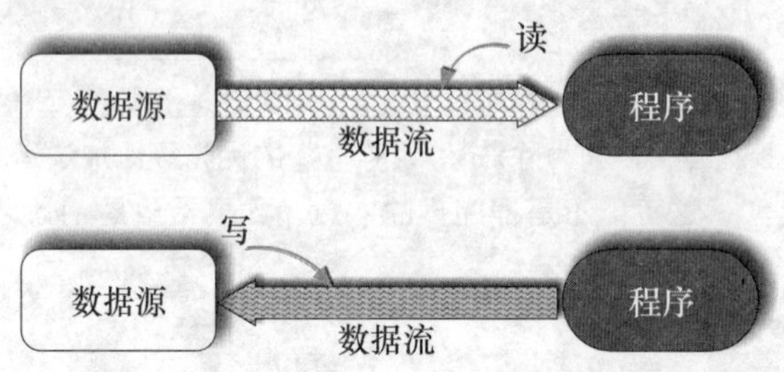

作为程序输入数据源，其对象可以是键盘，也可以是某个文件或磁盘。作为程序输出数据源，其对象可以是显示器，也可以是某个文件或磁盘。为了方便一些频繁的设备交互，Java 语言系统预定了 3 个可以直接使用的流对象，它们分别如下。

① System.in（标准输入）：通常代表键盘输入。

② System.out（标准输出）：通常输出到终端显示器。

③ System.err（标准错误输出）：通常将错误信息输出到终端显示器。

System.in 是个标准的输入流（InputStream）对象，它主要用来连接控制台程序和键盘的输入。目前 System.in 并不经常用到，这是因为 Java 命令行应用程序主要是通过命令行参数或配置文件来传递数据的，对于图形用户界面（GUI）程序，则主要是用图形界面来接纳用户的键盘输入。

System.out 是打印输出流（PrintStream）对象，主要向控制台输出数据，这个对象经常会被面向控制台的程序使用到，它也常被程序员用作程序调试输出的工具。

System.err 也是打印输出流（PrintStream）对象，除了其主要用于错误输出之外，它和 System.out 没有太大区别。有些应用程序（如 Java 程序员常用的 Eclipse）用 System.err 以红色字体来输出错误信息。它可以看作一个专门用于输出错误信息的 System.out。

数据的输入、输出属于 I/O 操作部分，Java 把处理输入 / 输出相关的类放在 java.io 包中，这个包不属于 java.lang 包，没有被默认加载，所以如果需要使用与 I/O 相关的类和对象时，需要把 java.io 显式地导入（import）到相应的程序中。下面我们用范例 2-3 来说明标准输入和输出的使用。

范例 2-3　简单的输入、输出流使用范例（StreamInTest.java）

```
//Syetem.in、Syetem.out、Syetem.err 的使用范例
import java.io.*;     // 导入 Java 中支持 I/O 类的包
public class StreamInTest
{
    public static void main(String args[])
    {
        String str;
        // 创建标准输入流对象 stdin 来接收键盘 System.in 的输入
        InputStreamReader stdin = new InputStreamReader(System.in);
        // 以缓冲流模式来接收 stdin
        BufferedReader    bufin = new BufferedReader(stdin);
        // 使用 try 和 catch 机制来处理输入的异常
```

```
13          try {
14
15              System.out.print  (" 请输入字符：");
16              // 用 str 字符串对象来接收键盘输入的一行数据
17              str  =  bufin.readLine();
18
19              System.out.println  (" 你输入的字符为：" + str);
20          } catch (Exception e) {
21              //System.out.println(" 发生 I/O 错误 !!!");
22              System.err.println(" 发生 I/O 错误 !!!");
23              e.printStackTrace();
24          }
25
26      }
27  }
```

运行程序并保存，结果如下图所示。

```
Problems  Javadoc  Declaration  Console
<terminated> StreamInTest [Java Application] C:\Program Files\Java\jre1.8.0_112
请输入字符： I Love Java!
你输入的字符为： I Love Java!
```

代码详解

程序第 02 行，如果要完全使用 Java 输入、输出流类模块，就必须导入相应的包库（java.io.*）支持。java.io.* 中的字母“i”表示 input（输入），字母“o”表示 output（输出），“*”是代表任何含义的通配符，它表示输入输出（io）下所有模块。在 Java 中，“.”表示对象与组件之间的所有关系，为了方便起见，读者可以直接用中文“的”来代替。例如以下形式。

```
import  java.io.*;
```

我们可以直接读成“导入 java'的'io 包库下 '的' 所有模块”。

程序的第 09 行表示创建标准输入流对象 stdin，来接收键盘 System.in 的输入。

程序的第 11 行表示以缓冲流模式来接收 stdin。缓冲机制主要是为了处理应用程序和外设（输入/输出）之间速度不匹配的问题。

程序的第 15 行和第 19 行，使用的是标准输出对象 System.out，这在前面的范例中频繁使用。

程序第 22 行用 System.err 对象输出程序的错误信息。

其实程序第 22 行的功能完全可以用被注释掉的第 21 行代替，二者均可输出程序的错误信息，在此处可通用。所不同的是，使用 System.err 代码的可读性更好一点，其中 err 表示 error（错误）。System.err 可以理解为专用于输出错误信息的 System.out 特例。

程序的第 13~20 行，使用了 Java 的 try-catch 错误捕捉处理机制。正如“天有不测之风云”一样，在 Java 程序设计过程中，程序员虽已尽量考虑全面以避免各种错误，但从软件工程角度来看，在程序运行过程中还是基本上不可避免地发生各种不可预测的异常情况，程序愈大，此类情况愈是明显。对此，一个良好的程序需要有一定的容错机制，即不能因为程序员的某个潜在的设计缺陷或用户可能的操作失误（如输入信息出错），而导致整个程序崩溃。因此，需要添加相应的代码来处理程序中异常（Exception）错误。try-catch 机制对于程序的健壮性（Robust）非常重要，我们会在后面的章节介绍这方面的知识，这里读者只需有个感性认识即可。

2.3 程序的检测

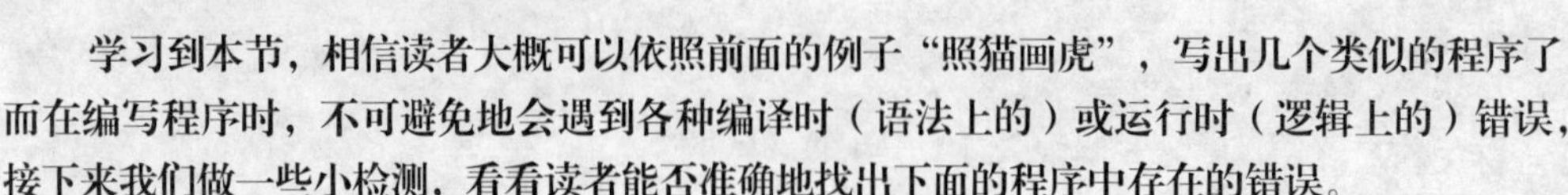

学习到本节，相信读者大概可以依照前面的例子“照猫画虎”，写出几个类似的程序了。而在编写程序时，不可避免地会遇到各种编译时（语法上的）或运行时（逻辑上的）错误，接下来我们做一些小检测，看看读者能否准确地找出下面的程序中存在的错误。

2.3.1 语法错误

通过下面的范例应学会怎样找出程序中的语法错误。

范例 2-4　找出下面程序中的语法错误（SyntaxError.java）

```
01 // 下面程序的错误属于语法错误，在编译的时候会自动检测到
02 public class SyntaxError
03 {
04   public static void main(String args[])
05   {
06     int num1 = 2 ;  // 声明整数变量 num1，并赋值为 2
07     int num2 = 3 ;  // 声明整数变量 num2，并赋值为 3
08
09     System.out.println(" 我有 "+num1" 本书！ ");
10     System.out.println(" 你有 "+num2+" 本书！ ")
11   )
12 }
```

【范例分析】

程序 SyntaxError 在语法上犯了几个错误，若是通过编译器编译，便可以把这些错误找出来。事实上，在 Eclipse 中，语法错误的部分都会显示红色的下划线，对应的行号处会有红色小叉（×），当鼠标指针移动到小叉处，会有相应的语法错误信息显示，如下图所示。

首先，可以看到第 04 行，main() 方法的主体以左大括号“{”开始，应以右大括号“}”结束。所有括号的出现都是成双成对的，因此，第 11 行 main() 方法主体结束时，应以右大括号“}”做结尾，而这里却以右括号“)”结束。

注释的符号为“//”，但是在第 07 行的注释中，没有加上“//”。在第 09 行，字符串“本书！”前面，少了一个加号“+”来连接。最后，还可以看到在第 10 行的语句结束时，少了分号“；”作为结束。

上述的 3 个错误均属于语法错误。当编译程序发现程序语法有错误时，会把这些错误的位置指出来，并告诉程序设计者错误的类型，程序设计者可根据编译程序所给予的信息加以更正。

程序员将编译器（或 IDE 环境）告知的错误更改之后，重新编译，若还是有错误，再依照上述的方法重复测试，这些错误就会被一一改正，直到没有错误为止。

2.3.2 语义错误

若程序本身的语法都没有错误，但是运行后的结果却不符合程序设计者的要求，此时可能犯了语义错误，也就是程序逻辑上的错误。读者会发现，想要找出语义错误比找出语法错误更加困难。因为人都是有思维盲点的，在编写程序时，一旦陷入某个错误的思维当中，有时很难跳出来。排除一个逻辑上的语义错误，糟糕时可能需要经历一两天，才突然“顿悟”错误在哪里。

举例来说，想在程序中声明一个可以存放整数的变量，这个变量的名称为 num。在程序中即可写出如下所示的语句。

范例 2-5　程序语义错误的检测（SemanticError.java）

```
01 // 下面这段程序原本是要计算一共有多少本书，但是由于错把加号写成了减号，
   // 所以造成了输出结果不正确，这属于语义错误
02 public class SemanticError
03 {
04    public static void main(String args[])
05       {
06       int num1 = 4 ;  // 声明一整型变量 num1
07       int num2 = 5 ;  // 声明一整型变量 num2
08
09        System.out.println(" 我有 " + num1 +" 本书 ! ");
10        System.out.println(" 你有 " + num2 +" 本书 ! ");
11        // 输出 num1-num2 的值 s
12        System.out.println(" 我们一共有 " + (num1 - num2) + " 本书 ! ");
13    }
14 }
```

保存并运行程序，结果如下图所示，显然不符合设计的要求。在纠正第 12 行的语义错误之后的输出结果如下图所示。

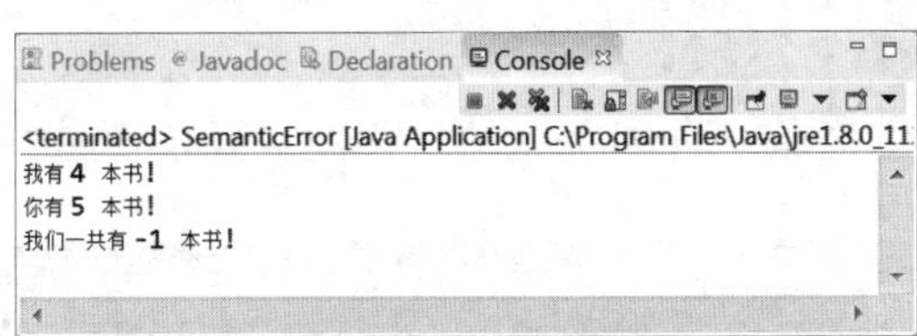

范例 2-5 的输出结果图

纠正语义错误的输出结果图

【范例分析】

可以发现，在程序编译过程中并没有发现错误，但是运行后的结果却不正确，这种错误就是语义错误。在第 12 行中，因失误将“num1+num2”写成了“num1-num2”，虽然语法是正确的，但是却不符合程序设计的要求，只要将错误更正后，程序的运行结果就是想要的了。

2.4 提高程序的可读性

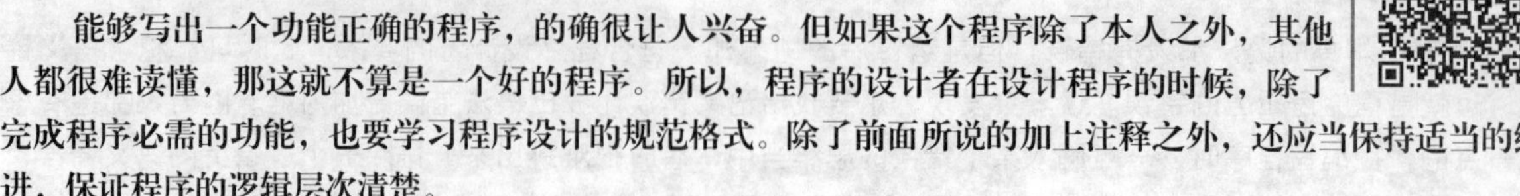

能够写出一个功能正确的程序，的确很让人兴奋。但如果这个程序除了本人之外，其他人都很难读懂，那这就不算是一个好的程序。所以，程序的设计者在设计程序的时候，除了完成程序必需的功能，也要学习程序设计的规范格式。除了前面所说的加上注释之外，还应当保持适当的缩进，保证程序的逻辑层次清楚。

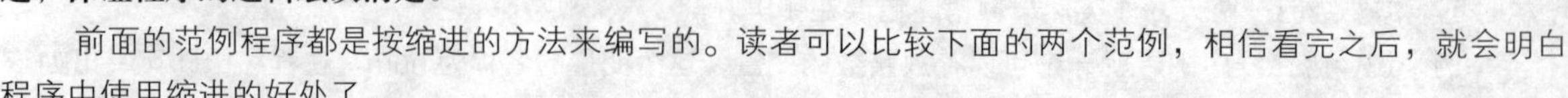

前面的范例程序都是按缩进的方法来编写的。读者可以比较下面的两个范例，相信看完之后，就会明白程序中使用缩进的好处了。

范例 2-6　缩进格式的程序（IndentingCode.java）

```
// 以下这段程序是有缩进的样例，可以发现这样的程序看起来比较清楚
public class IndentingCode
{
  public static void main(String args[])
  {
    int x ;

    for(x=1;x<=3;x++)
    {
      System.out.print("x = " + x + ", ");
      System.out.println("x * x = " + (x * x));
    }
  }
}
```

保存并运行程序，范例 2-6 结果如下图所示。

```
<terminated> IndentingCode [Java Application] C:\Program Files\Java\jre1.8.0_1
x = 1, x * x = 1
x = 2, x * x = 4
x = 3, x * x = 9
```

范例 2-7　非缩进格式的程序（Indenting）

```
// 下面的程序与范例 2-6 程序的输出结果是一样的
// 但不同的是，这个程序没有采用任何缩进，代码阅读者看起来很累，代码逻辑关系不明显，不易排错
public class IndentingCode{
public static void main(String args[]){
int x ; for(x=1;x<=3;x++){
System.out.print("x = "+x+", ");
System.out.println("x * x = "+(x*x));}}}
```

【范例分析】

这个案例很简短，而且也没有语法错误，但是因为编写风格（Programming Style）的关系，阅读起来肯定没有前面一个案例容易读懂，所以建议读者尽量使用缩进，养成良好的编程习惯。良好的代码编写风格，是优秀程序员需要达到的境界，在满足程序基本功能和性能目标的前提下，还要满足代码的“雅致”之美。

2.5 高手点拨

注意 Java 源代码中的字符半角和全角之分

Java 继承了 C 和 C++ 的很多语法，其中一个语法就是每个语句（Statement）后加一个分号“;”作为本语句的结束。这本是一个很简单的语法要求，但是对于初学者来说，却是一个极容易犯错的问题。其主要原因在于混淆了半角的“;”和全角的“；”的区别。那么什么是字符的半角和全角呢?

传统上，在西欧语系使用的计算机系统中，每一个字母或符号使用 1 个字节的空间，而 1 个字节由 8 比特（bit）组成，因此共有 2^8=256 个编码空间，这对西欧语系的字符足够用了；但是对于汉语、日语及韩语文字，由于其数量远远超过 256 个，故常使用两字节来存储 1 个字符，为了使字体看起来齐整，英文字母、数字及其他符号，也由原来只占 1 个字空间，改为用 2 个字的空间来显示，并用 2 个字节来存储。所以，汉语、日语、韩语等文字没有半角之说，统一为全角字符。相比起来，英文字母、数字及其他西欧符号用 1 个字节表示就是半角，用 2 个字节表示就是全角，如下图所示。

<table>
<tr><td>;</td><td></td><td>,</td><td></td><td>(</td><td></td><td>)</td><td></td><td>{</td><td></td><td>}</td><td></td><td>← 半角符号占1个字节</td></tr>
<tr><td colspan="2">；</td><td colspan="2">，</td><td colspan="2">（</td><td colspan="2">）</td><td colspan="2">｛</td><td colspan="2">｝</td><td>← 全角符号占2个字节</td></tr>
</table>

Java 的初学者在使用中文输入法输入英文字符时，很容易在中文输入模式下输入全角的分号（；）、左右大括号（“｛”“｝”）、左右括号（“（”“）”）及逗号（，），而 Java 的编译器在语法识别上仅仅识别这些字符对应的半角。因此建议初学者在输入 Java 语句（不包括注释和字符串的内容）时，在中文输入模式下，要么按“Ctrl+Shift”组合键切换至英文模式，要么将中文输入法转变为半角模式，如下图所示，中文输入法中的“太阳”标记为全角模式，单击该图标可以切换为“月亮”标记——半角模式。

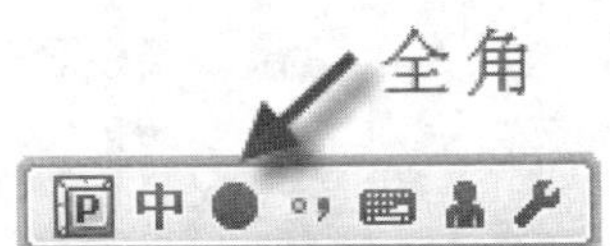

2.6 实战练习

1. 分析下面程序代码的运行结果，运行程序并查看实际结果，分析产生结果的原因。

```
public class Exercise2-1
{
  public static void main (String args[])
  {
    int x = 10;
    int y = 3;
    System.out.println( x / y);
  }
}
```

2. 用 float 型定义变量：float f = 3.14; 是否正确？（Java 面试题）

解析：不正确。赋值运算符（=）左右两边的精度类型不匹配。在默认情况下，包含小数点的实数，如本题中的 3.14，被存储为 double 类型（即双精度），而 float 类型定义的变量，如本题中的 f 是单精度的。如果想让上面的语句编译正确，应该对赋值运算符（=）右边的值做强制类型转换，即把常量 3.14 强制转换为单精度（即 float 类型），如下所示。

```
float f = (float)3.14;   // 正确
```

或者，一开始就把 3.14 存储为单精度类型，在 3.14 后加上小写字母“f”或大写字母“F”，如下所示。

```
float f = 3.14f;  // 正确
float f = 3.14F;  // 正确
```

第 3 章

九层之台，起于垒土
——Java 编程基础

本章讲解 Java 中的基础语法，包括常量和变量的声明与应用、变量的命名规则、Java 的基本数据类型和数据类型的转换等。本章内容是接下来章节的基础，初学者应该认真学习。

本章要点（已掌握的在方框中打钩）

□ 掌握常量和变量的声明方法

□ 掌握变量的命名规则

□ 掌握变量的作用范围

□ 掌握基本数据类型的使用

Java 语言强大灵活，与 C++ 语言语法有很多相似之处。但要想熟练使用 Java 语言，就必须从了解 Java 语言基础开始，就如同老子在《道德经》说的那样，“合抱之木，生于毫末；九层之台，起于垒土；千里之行，始于足下。”

南宋的史学家和文学家范晔在《后汉书·郭太传》中也有言，“墙高基下，虽得必失”，说的就是，高耸的大墙，其基础却十分低矮，这样的墙虽然建成了，但一定会倒塌。同样，想要学好 Java，一定要打好坚实的基础，没有坚实的基础，很容易留下后患，比如成为制约变成 Java 高手的瓶颈。

在接下来的章节里，我们主要讨论 Java 的基础语法，包括常量与变量、基本数据类型等。

3.1 常量与变量

一般来说，所有的程序设计语言都需要定义常量（constant），在 Java 开发语言平台中也不例外。所谓常量，就是固定不变的量，其一旦被定义并赋初值后，它的值就不能再被改变。

3.1.1 常量的声明与使用

在 Java 语言中，主要是利用关键字 final 来定义常量的，声明常量的语法如下所示。

```
final 数据类型 常量名称 [ = 值 ];
```

常量名称通常使用大写字母，例如 PI、YEAR 等，但这并不是硬性要求，仅是一个习惯而已，在这里建议读者养成良好的编码习惯。值得注意的是，虽然 Java 中有关键词 const，但目前并没有被 Java 正式启用。const 是 C++ 中定义常量的关键字。

常量标识符和前面讲到的变量标识符规定一样，可由任意顺序的大小写字母、数字、下划线（_）和美元符号（$）等组成，标识符不能以数字开头，亦不能是 Java 中的保留关键字。

此外，在定义常量时，需要注意以下两点。

（1）必须要在常量声明时对其进行初始化，否则会出现编译错误。常量一旦被初始化后，就无法再次对这个常量进行赋值。

（2）final 关键字不仅可用来修饰基本数据类型的常量，还可以用来修饰后续章节中讲到的“对象引用”或者方法。

当常量作为一个类的成员变量时，需要给常量赋初值，否则编译器是会“不答应”的。

范例 3-1　声明一个常量用于成员变量（TestFinal.java）

```
//@Description: Java 中定义常量
public class TestFinal
{
   static final int YEAR = 365;          // 定义一个静态常量
   public static void main(String[] args)
   {
      System.out.println(" 两年是：" + 2 * YEAR + " 天 ");
   }
}
```

保存并运行程序，结果如下图所示。

```
Problems  @ Javadoc  Declaration  Console
<terminated> TestFinal [Java Application] C:\Program Files\Java\jre1.8.0_112\bin'
两年是：730天
```

【范例分析】

请读者注意，在第 04 行中首部出现 static，它是 Java 的关键字，表示静态变量。在这个例子中，只有被 static 修饰的变量，才能被 main 函数引用。有关 static 关键字使用的知识，将在后续章节中进行介绍。

3.1.2 变量的声明与使用

变量是利用声明的方式，将内存中的某个内存块保留下来以供程序使用，其内的值是可变的。可声明的变量数据类型有整型（int）、字符型（char）、浮点型（float 或 double），也可以是其他的数据类型（如用户自定义的数据类型——类）。在英语中，数据类型的“type”和类的“class”本身就是一组同义词，所以二者在地位上是对等的。

01 声明变量

声明变量通常有两个作用。

（1）指定在内存中分配空间大小。

变量在声明时，可以同时给予初始化（即赋予初始值）。

（2）规定这个变量所能接受的运算。

例如，整数数据类型 int 只能接受加、减、乘、除等运算符。

虽然，我们还没有正式讲到“类”的概念，其实在本质上，“类”就是在诸如整型、浮点型等基本数据“不够用”时，用户自定义的一种数据类型（User-Defined Type，UDT）。那么，如果张三是属于“Human”这个类所定义的变量，在一般情况下，他就不能使用另一个类“Cow”中的“吃草”——EatGrass() 这个操作。也就是说，正是有了类型的区分，各个不同类型的变量才可以根据其类型所规定的操作范围“各司其职”。

因此，任何一个变量在声明时必须给予它一个类型，而在相同的作用范围内，变量还必须有个独一无二的名称，如下图所示。

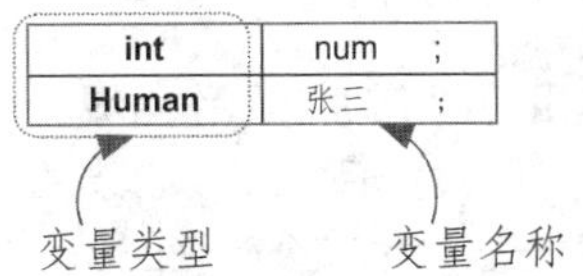

下面先来看一个简单的实例，以便了解 Java 的变量与常量之间的关系。在下面的程序里声明了两种 Java 经常使用到的变量，分别为整型变量 num 与字符变量 ch。为它们赋值后，再把它们的值分别在控制台上显示。

范例 3-2　声明两个变量，一个是整型，另一个是字符型（TestJavaIntChar.java）

```
//Description: 声明整型变量和字符变量

public class TestJavaIntChar
{

  public static void main(String[] args)
  {

     int num = 3;// 声明一整型变量 num，赋值为 3
     char ch = 'z'; // 声明一字符变量 ch，赋值为 z

    System.out.println(num + " 是整数！ "); // 输出 num 的值
    System.out.println(ch + " 是字符！ "); // 输出 ch 的值

  }

}
```

保存并运行程序，结果如下图所示。

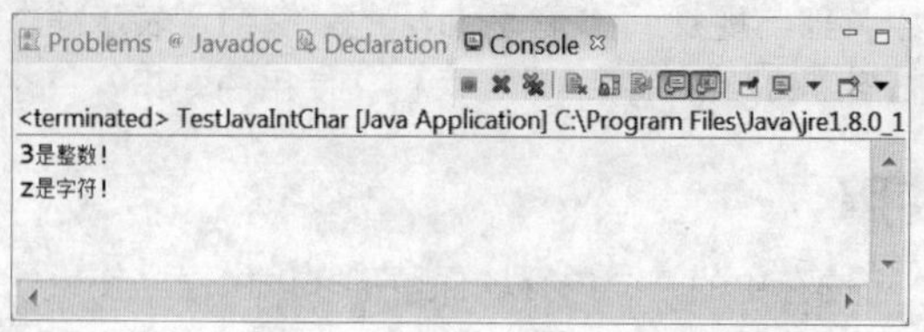

【范例分析】

在 TestJavaIntChar 类中，第 09 行和第 10 行分别声明了整型（int）和字符型（char）的变量 num 与 ch，并分别将常量 3 与字符“z”赋值给这两个变量，最后将它们显示在控制台上（第 12 行和第 13 行）。

声明一个变量时，编译程序会在内存中开辟一块足以容纳此变量的内存空间给它。不管该变量的值如何改变，都永远使用相同的内存空间。因此，善用变量是一种节省内存的方式。

常量是不同于变量的一种类型，它的值是固定的，如整数常量、字符串常量。通常给变量赋值时，会将常量赋值给变量。如在类 TestJavaIntChar 中，第 09 行 num 是整型变量，而 3 则是常量。此行的作用是声明 num 为整型变量，并把常量 3 这个值赋给它。与此相同，第 10 行声明了一个字符变量 ch，并将字符常量“z”赋给它。

02 变量的命名规则

变量也是一种标识符，所以它也遵循标识符的命名规则。

（1）变量名可由任意顺序的大小写字母、数字、下划线（_）和美元符号（$）等组成。

（2）变量名不能以数字开头。

（3）变量名不能是 Java 中的保留关键字。

03 变量的作用范围

变量是有作用范围（scope）的，作用范围有时也称作用域。一旦超出变量的作用范围，就无法再使用这个变量。例如张三在 A 村很知名。你打听 A 村的张三，人人都知道，可你到 B 村打听，就没人知道。也就是说，在 B 村是无法访问张三的。就算碰巧 B 村也有个叫张三的，但此张三已经非彼张三了。所以，这里的 A 村是张三的“作用（活动）范围”。

按作用范围进行划分，变量分为成员变量和局部变量。

（1）成员变量

在类体中定义的变量为成员变量。它的作用范围为整个类，也就是说在这个类中都可以访问到定义的这个成员变量。

范例 3-3　探讨成员变量的作用范围（TestMemVar.java）

```
//@Description: 定义类中的成员变量
public class TestMemVar
{
    static int var = 1;              // 定义一个成员变量

    public static void main(String[] args)
    {
        System.out.println(" 成员变量 var 的值是："+var);
    }

}
```

保存并运行程序，结果如下图所示。

```
成员变量var的值是：1
```

（2）局部变量

在一个函数（或称方法）或函数内代码块（code block）中定义的变量称为局部变量，局部变量在函数或代码块被执行时创建，在函数或代码块结束时被销毁。局部变量在进行取值操作前必须被初始化或赋值操作，否则会出现编译错误！

Java 存在块级作用域，在程序中任意大括号包含的代码块中定义的变量，它的生命仅仅存在于程序运行该代码块时。比如在 for（或 while）循环体里、方法或方法的参数列表里等。在循环里声明的变量只要跳出循环，这个变量便不能再使用。同样，方法或方法的参数列表里定义的局部变量，当跳出方法体（method body）时，该变量也不能使用了。下面用一个范例来说明局部变量的使用方法。

范例 3-4 局部变量的使用（TestLocalVar.java）

```
01  //@Description: 局部变量的作用域
02
03  public class TestLocalVar
04  {
05    public static void main(String[] args)  //main 方法参数列表定义的局部变量 args
06    {
07      int sum = 0;                        //main 方法体内定义的局部变量 sum
08      for (int i = 1; i <= 5; i++)       // for 循环体内定义的局部变量 i
09      {
10         sum = sum + i;
11         System.out.println("i = " + i + ", sum = " + sum);
12      }
13    }
14  }
```

保存并运行程序，结果如下图所示。

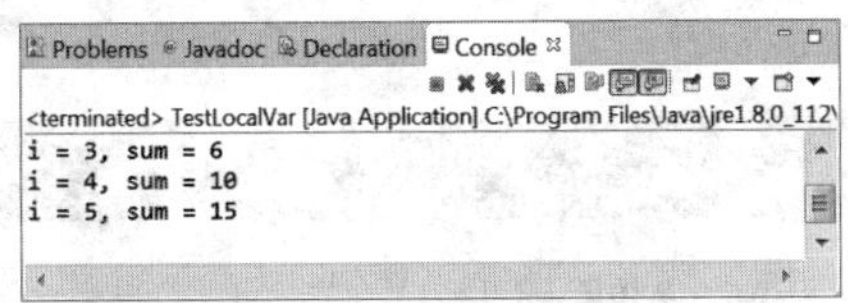

代码详解

在本例中，就有 3 种定义局部变量的方式。

第 05 行，在静态方法 main 参数列表中定义的局部变量 args，它的作用范围就是整个 main 方法体：以第 06 行的“{”开始，以第 13 行的“}”结束。args 的主要用途是从命令行读取输入的参数，在后续的章节中会讲到这方面的知识点。

第 07 行，在 main 方法体内，定义了局部变量 sum。它的作用范围从当前行（第 07 行）到第 13 行的“}”为止。

第 08 行，把局部变量 *i* 声明在 for 循环里，它的有效范围仅在 for 循环内（第 09 ~ 12 行），只要一离开这个循环，变量 *i* 便无法使用。相对而言，变量 sum 的有效作用范围从第 07 行开始到第 13 行结束，for 循环也属于变量 sum 的有效范围，因此 sum 在 for 循环内也是可用的。

下面我们再用一个案例说明局部变量在块（block）作用范围的应用。

范例 3-5 变量的综合应用（TestLocalVar.java）

```
01 // @Description: 变量的综合使用
02
03 public class TestLocalVar
04 {
05     public static void main(String[] args)
06     {
07         int outer = 1;
08
09         {
10             int inner = 2;
11             System.out.println("inner = " + inner);
12             System.out.println("outer = " + outer);
13         }
14         //System.out.println("inner = " + inner);
15         int inner = 3;
16         System.out.println("inner = " + inner);
17         System.out.println("outer = " + outer);
18
19         System.out.println("In class level, x = "+x);
20     }
21
22     static int x = 10;
23 }
```

保存并运行程序，结果如下图所示。

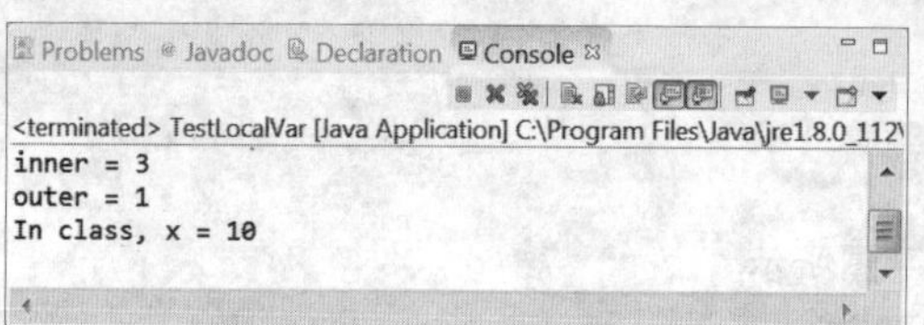

代码详解

块（block）的作用范围除了用 for（while）循环或方法体的大括号“{ }”来界定外，还可以直接用大括号“{ }”来定义“块”，如第 09 ~ 13 行，在这个块内，inner 等于 2，出了第 13 行，就是出了它的作用范围，也就是说出了这个块，inner 生命周期就终结了。因此，如果取消第 14 行的注释符号“//”，会出现编译错误，因为这行的 System.out.println() 方法不认识这个名叫 inner 的陌生的变量。

第 15 行，重新定义并初始化一个新的 inner，注意这个 inner 和第 09 ~ 13 行块内的 inner 完全没有任何关系。因此第 16 行，可以正常输出，但输出的值为 3。第 09 ~ 13 行中的局部变量 inner，就好比 A 村有个“张三”，虽然他在 A 村很知名，人人都知道他，但是出了他的“势力（作用）范围”，就没有人认识他。而第 15 行出现同名变量 inner，他就是 B 村的张三，他的“势力（作用）范围”是第 15 ~ 20 行。A 村的张三和 B 村的张三没有任何关系，他们不过是碰巧重名罢了。第 10 行和第 15 行定义的变量 inner 也是这样，它们之间没有任何联系，不过是碰巧重名而已。

一般来说，所有变量都遵循“先声明，后使用”的原则。这是因为变量只有“先声明”，它才能在内存中“存在”，之后才能被其他方法所“感知”并使用，但是存在于类中的成员变量（不在任何方法内），它们的作用范围是整个类范围（class level），在编译器的“内部协调”下，变量只要作为类中的数据成员被声明了，就可以在类内部的任何地方使用，无需满足“先声明，后使用”的原则。比如类成员变量 *x* 是在第 22 行声明的，因为它的作用范围是整个 TestLocalVar 类，所以在第 19 行也可以正确输出 *x* 的值。

3.2 基本数据类型

3.2.1 数据类型的意义

为什么要有数据类型？在回答这个问题之前，我们先温习下先贤孔子在《论语·阳货》里的一句话。

“子之武城，闻弦歌之声。夫子莞尔而笑，曰：‘割鸡焉用牛刀。’”

据此，衍生了中国一个著名的成语——“杀鸡焉用宰牛刀”，这是疑问句式。是的，杀鸡的刀用来杀鸡，宰牛的刀用来宰牛，用宰牛的刀杀鸡，岂不大材小用？

杀鸡的刀和宰牛的刀虽然都是刀，但属于不同的类型，如果二者混用，要么出现“大材小用”，要么出现“不堪使用”的情况。由此，可以看出，正是有了类型的区分，我们才可以根据不同的类型，确定其不同的功能，然后“各司其职”，不出差错。

除了不同类型的“刀”承担的功能不一样，而且如果我们给“杀鸡刀”和“宰牛刀”各配一个刀套，刀套的大小也自然是不同的。“杀鸡刀”放到“宰牛刀”的刀套里，势必空间浪费，而“宰牛刀”放到“杀鸡刀”的刀套里，势必放不下。在必要时，“宰牛刀”经过打磨，可以做成“杀鸡刀”。

从哲学上来看，很多事物的表象千变万化，而其本质却相同。类似的，在 Java 语言中，每个变量（常量）都有其数据类型。不同的数据类型可允许的操作也是不尽相同的。比如，对于整型数据，它们只能进行加减乘除和求余操作。此外，不同的数据占据的内存空间大小也是不尽相同的。而在必要时，不同的数据类型也是可以做到强制类型转换的。

程序，本质上就是针对数据的一种处理流程。那么，针对程序所能够处理的数据，就是程序语言的各个数据类型划分。正是有了各种数据类型，程序才可以“有的放矢”地进行各种不同的数据操作。

在 Java 之中数据类型一共分为两大类：基本数据类型、引用数据类型。因为引用数据类型较为难理解，所以针对此部分的内容，本章暂不作讨论，本章讨论的是基本数据类型。在 Java 中规定了 8 种基本数据类型变量来存储整数、浮点数、字符和布尔值，如下图所示。

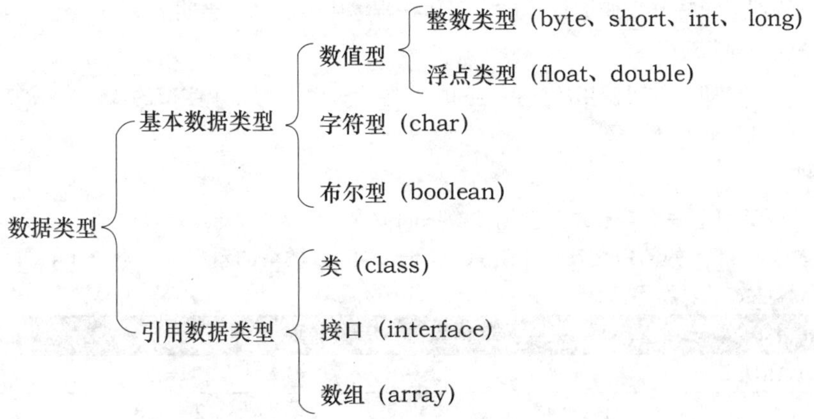

一个变量，就如同一个杯子或一个容器，用于装载某个特定的数值（如同杯子里可盛水或咖啡等）。杯

子有大有小，杯子里装的水（咖啡）也有多有少。同样，不同类型的变量，其能表示的数据范围也是不同的。Java 的基本数据类型占用内存位数及可表示的数据范围如下表所示。

数据类型	位数（bit）	可表示的数据范围
long（长整型）	64 位	-9223372036854775808~ 9223372036854775807
int（整型）	32 位	-2147483648 ~ 2147483647
short（短整型）	16 位	-32768 ~ 32767
char（字符）	16 位	0 ~ 65535
byte（字节）	8 位	-128 ~ 127
boolean（布尔）	1 位	true 或 false
float（单精度）	32 位	-3.4E38（-3.4×10^{38}）~ 3.4E38（3.4×10^{38}）
double（双精度）	64 位	-1.7E308（-1.7×10^{308}）~ 1.7E308（1.7×10^{308}）

每种基本的数据类型都有几个静态属性，如 MAX_VALUE（最大值）、MIN_VALUE（最小值）、SIZE（大小）、TYPE（类型）等。要得到这些值，可用名称为该类型首字母大写的类，例如，byte 类型对应的类是 Byte，通过点（.）操作符获取最大值：Byte.MAX_VALUE。类似的，整型 int 类型对应的类是 Integer，通过 Integer. MIN_VALUE，能将其可表示的最小值表示出来，以此类推。

需要说明的是，诸如 Byte、Short、Integer、Long、Float、Double、Character、Boolean 等类，实际上，都是上表所示的基本数据类型的包裹器（Wrapper）。而这些诸如 MAX_VALUE（最大值）、MIN_VALUE（最小值）、SIZE（大小）、TYPE（类型）等属性，其实都是这些类的静态（static）成员。其实，在前面的章节范例里，我们经常用到的 System 类中的 out 对象，也是一个静态成员。读者无需太多担心，在后续章节里，我们还会介绍何谓静态成员，就目前而言，读者会用就可以了，也就是“不求甚解”即可。

“不求甚解”，现多含贬义，形容用心不专。但实际上，现在的理解，在很大程度上偏离了这句话的本意。“不求甚解”最早语出陶渊明的《五柳先生传》：“好读书，不求甚解；每有会意，便欣然忘食”。

人们往往只抓住他说的前一句话，而选择性地丢掉了他说的后一句话。“好（hào）读书”说的是，养成爱读书的习惯很重要，但对于经典的书籍，除了狂妄自大的人，谁也不敢妄言，说自己一下子就能把书读懂、读透。于是陶渊明指出，读书的要诀在于，慢慢会意和品味。然后，每当会意到新理解时，便非常兴奋，甚至高兴得连饭都忘记吃了。

针对 Java 的学习而言，其实也是这样。Java 语法虽然简单，但知识体系却不简单，各种框架、类库、设计模式非常多，所以读者不要一上来就贪多求全，试图理解所有 Java 的内涵，而是应该暂时接纳“不求甚解”，之后多多加以练习，在实践中，“每有会意，便欣然忘食。”

3.2.2 整数类型

整数类型（Integer），简称整型，表示的是不带有小数点的数字。例如，数字 10、20 就表示一个整型数据。在 Java 中，有 4 种不同类型的整型，按照占据空间大小的递增次序，分别为 byte（位）、short（短整型）、int（整数）及 long（长整数）。在默认情况下，整数类型是指 int 型，那么下面先通过代码来观察一下。

举例来说，想声明一个短整型变量 sum 时，可以在程序中做出如下声明。

```
short sum ;    // 声明 sum 为短整型
```

经过声明之后，Java 即会在可使用的内存空间中，寻找一个占有 2 个字节的块供 sum 变量使用，同时这个变量的范围只能在 -32768 到 32767。

01 byte 类型

在 Java 中，byte 类型占据 1 字节内存空间，数据的取值范围为 -128 ~ 127。

Byte 类将基本类型 byte 的值包装在一个对象中。一个 Byte 类型的对象只包含一个类型为 byte 的字段。Byte 类常见的静态属性如下表所示。

属性名称	属性值
MAX_VALUE	最大值：2^7-1=127
MIN_VALUE	最小值：-2^7=-128
SIZE	所占的内存位数（bit）：8 位
TYPE	数据类型：byte

02 short 和 int 类型

整型分为两小类，一类是 short 类型，数据占据 2 个字节内存空间，取值范围为 -32768 ～ 32767。另一类是 int 类型，数据占据 4 个字节内存空间，取值范围为 -2147483648 ～ 2147483647。

范例 3-6　整数类型的使用（ByteShortIntdemo.java）

```
01  public class ByteShortIntdemo
02  {
03     public static void main(String args[])
04     {
05        byte byte_max = java.lang.Byte.MAX_VALUE ;    // 得到 Byte 型的最大值
06        System.out.println("BYTE 类型的最大值：  " + byte_max);
07
08        short short_min = Short.MIN_VALUE ;   // 得到短整型的最小值
09        System.out.println("SHORT 类型的最小值：  " + short_min);
10
11        int int_size =  Integer.SIZE  ;   // 得到整型的位数大小
12        System.out.println("INT 类型的位数：  " + int_size);
13     }
14  }
```

程序运行结果如下图所示。

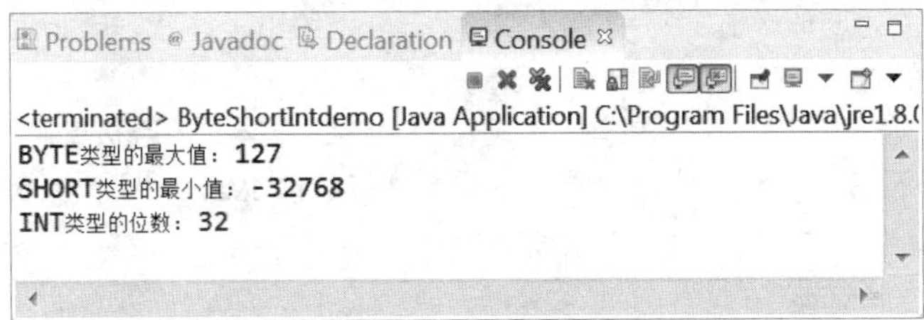

【范例分析】

代码第 05 行的功能是，获得 byte 型所能表达的最大数值（Byte.MAX_VALUE）。

代码第 08 行的功能是，获得短整型所能表达的最小数值（Short. MIN_VALUE）。

代码第 11 行的功能是，获得整型位数大小（Integer.SIZE）。

因为 java.lang 包是 Java 语言默认加载的，所以第 05 行等号“=”右边的语句可以简化为“Byte.MAX_VALUE”。这里 lang 是 language（语言）的简写。代码第 08 行和代码第 11 行使用的就是这种简写模式。

由于每一种类型都有其对应范围的最大或最小值，如果在计算的过程之中超过了此范围（大于最大值或小于最小值），那么就会产生数据的溢出问题。

范例 3-7　整型数据的溢出（IntOverflowDemo.java）

```
public class IntOverflowDemo
{
   public static void main(String args[])
   {
      int max = Integer.MAX_VALUE ;   // 取得 int 的最大值
      int min = Integer.MIN_VALUE ;   // 取得 int 的最小值

      System.out.println(max) ;      // 输出最大值：2147483647
```

```
09        System.out.println(min) ;        // 输出最小值：-2147483648
10
11        System.out.println(max + 1) ;  // 得到最小值：-2147483648
12        System.out.println(max + 2) ;  // 相当于最小值 +1：-2147483647
13        System.out.println(min - 1) ;  // 得到最大值：2147483647
14     }
15  }
```

运行结果如下图所示。

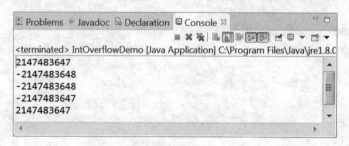

```
Problems  Javadoc  Declaration  Console
<terminated> IntOverflowDemo [Java Application] C:\Program Files\Java\jre1.8.(
2147483647
-2147483648
-2147483648
-2147483647
2147483647
```

【范例分析】

代码第 08 行和第 09 行分别输出 int 类型的最大值和最小值。那么比 int 类型的最大值还大 1 的是什么值？比 int 类型的最小值还小 1 的是什么值？第 11 行和第 13 行分别给出了答案，比 int 类型的最大值还大 1 的竟然是最小值，而比 int 类型的最小值还小 1 的竟然是最大值。

这里的最大值、最小值的转换，是不是有点中国哲学里“物极必反，否极泰来”的味道呢？悟到这个道理，读者朋友就能找出实战练习一道题中的错误。数据最大值、最小值会出现一个循环过程，这种情况就称为数据溢出（overflow）。

03 long 类型

在范例 3-7 中，我们演示了整型数据的数据溢出问题，要想解决数据的溢出问题，可以扩大数据的操作范围，比 int 整型表示范围大的就是 long 类型，long 类型数据占据 8 个字节内存空间，取值范围为 -9223372036854775808 ~ 9223372036854775807。

long 类型数据的使用方法，除了直接定义之外，还有两种直接的表达方式。

（1）直接在数据前增加一个“(long)”。

（2）直接在数据后增加一个字母“L”。

范例 3-8　long类型数据的使用（LongDemo.java）。

```
public class LongDemo
{
  public static void main(String args[])
  {
    long long_max = Long.MAX_VALUE ;// 得到长整型的最大值
    System.out.println("LONG 的最大值：  "+ long_max);

    int max = Integer.MAX_VALUE ; // 取得 int 的最大值
    int min = Integer.MIN_VALUE ;  // 取得 int 的最小值

    System.out.println(max) ; // 最大值：2147483647
```

```
12        System.out.println(min) ; // 最小值：-2147483648
13
14        System.out.println(max + (long)1) ; // int 型 + long 型 = long 型，2147483648
15        System.out.println(max + 2L) ;   // int 型 + long 型 = long 型，2147483649
16        System.out.println(min - 1L) ;   // int 型 - long 型 = long 型，-2147483649
17    }
18 }
```

程序运行结果如下图所示。

【范例分析】

代码的第 05 行定义长整型 long_max，并将系统定义好的 Long.MAX_VALUE 赋给这个变量，并在第 06 行输出这个值。

第 14 行，在数字 1 前面加上关键词 long，表示把 1 强制转换为长整型（因为在默认情况下 1 为普通整型 int），为了不丢失数据的精度，低字节类型数据与高字节数据运算，其结果自动转变为高字节数据，因此，int 型与 long 型运算的结果是 long 型数据。

在第 15 行和第 16 行中，分别在整型数据 2 和 1 后面添加字母“L”，也达到把 2 和 1 转变为长整型的效果。

3.2.3 浮点类型

Java 浮点数据类型主要有双精度（double）和单精度（float）两个类型。

- double 类型：共 8 个字节，64 位，第 1 位为符号位，中间 11 位表示指数，最后 52 位为尾数。
- float 类型：共 4 个字节，32 位，第 1 位为符号位，中间 8 位表示指数，最后 23 位表示尾数。

需要注意的是，含小数的实数默认为 double 类型数据，如果定义的是 float 型数据，为其赋值的时候，必须要执行强制转型，有两种方式。

（1）直接加上字母“F”，或小写字母“f”，例如，“float data = 1.2F ;”或“float data = 1.2f”。

（2）直接在数字前加强制转型为“float”，例如，“float data2 = (float) 1.2 ;”。

当浮点数的表示范围不够大的时候，还有一种双精度（double）浮点数可供使用。双精度浮点数类型的长度为 64 个字节，有效范围为 -1.7×10^{308} 到 1.7×10^{308}。

Java 提供了浮点数类型的最大值与最小值的代码，其所使用的类全名与所代表的值的范围，可以在下表中查阅。

类别	float	double
使用类全名	java.lang.Float	java.lang.Double
最大值	MAX_VALUE	MAX_VALUE
最大值常量	3.4028235E38	107976931348623157E308
最小值	MIN_VALUE	MIN_VALUE
最小值常量	1.4E-45	4.9E-324

下面举一个简单的例子，来说明浮点数的应用。

范例 3-9 取得单精度和双精度浮点数类型的最大、最小值（doubleAndFloatDemo.java）

```
01 public class doubleAndFloatDemo
02 {
03     public static void main(String args[])
04     {
05         float num = 3.0f ;
06         System.out.println(num + " *" + num+" = " + (num * num));
07
08         System.out.println("float_max = " + Float.MAX_VALUE);
09         System.out.println("float_min = " + Float.MIN_VALUE);
10         System.out.println("double_max = " + Double.MAX_VALUE);
11         System.out.println("double_min = " + Double.MIN_VALUE);
12     }
13 }
```

程序运行结果如下图所示。

```
Problems  Javadoc  Declaration  Console
<terminated> doubleAndFloatDemo [Java Application] C:\Program Files\Java\jre
3.0 *3.0 = 9.0
float_max = 3.4028235E38
float_min = 1.4E-45
double_max = 1.7976931348623157E308
double_min = 4.9E-324
```

首先在范例 3-9 中，声明一个 float 类型的变量 num，并赋值为 3.0（第 05 行），将 num*num 的运算结果输出到控制台上（第 06 行）。然后，输出 float 与 double 两种浮点数类型的最大与最小值（第 08～11 行），读者可以将下面程序的输出结果与上表一一进行比较。

下列为声明和设置 float 和 double 类型的变量时应注意的事项。

```
double num1 = -6.3e64 ;        // 声明 num1 为 double，其值为 -6.3*10^64
double num2 = -5.34E16 ;       // e 也可以用大写的 E 来取代
float num3 = 7.32f ;           // 声明 num3 为 float，并设初值为 7.32f
float num4 = 2.456E67 ;        // 错误，因为 2.456*10^67 已超过 float 可表示的范围
```

3.2.4 字符类型

字符（character），顾名思义，就是字母和符号的统称。在 Java 中，字符类型变量在内存中占有 2 个字节，定义时语法如下。

```
char a = '字'; // 声明 a 为字符型，并赋初值为‘字’
```

我们知道，在 C 语言中，字符类型变量仅为 1 个字节，而一个汉字至少占据两个字节。因此，如果把上面的语句放到 C 语言中编译运行，在语法上没有问题，但 a 是无法正确输出的，因为仅仅会把“字”的第一个字节输出，也就是说，这半个汉字的输出结果，可能就是一个乱码。

需要注意的是，字符变量的赋值，在等号“=”的右边，要用一对单引号（' '）将所赋值的字符括起。但如果我们想把一个单引号“'”，也就是说，把一个界定字符边界的符号赋值给一个字符变量，就会出问题。

因此，就有了转义字符的概念。所谓转义字符（escape character），就是改变其原始意思的字符，比如说，“\f”，它的本意是一个反斜杠“\”和字符“f”，但是它们放在一起，编译器就“心领神会”地知道，它们的意思转变（escape）了，表示“换页”。转义字符主要用于使用特定的字符来代替那些敏感字符，它们都是作为一个整体来使用。

下表为常用的转义字符。

转义字符	所代表的意义	转义字符	所代表的意义
\f	换页	\\	反斜线
\b	倒退一格	\'	单引号
\r	归位	\"	双引号
\t	跳格	\n	换行

以下面的程序为例，将 ch 赋值为 '\"'（要以单引号（'）包围），并将字符变量 ch 输出在显示器上，同时在打印的字符串里直接加入转义字符，读者可自行比较一下两种方式的差异。

范例 3-10　字符及转义字符的使用（charDemo.java）

```
01 public class charDemo
02 {
03   public static void main(String args[])
04   {
05     char ch1 = 97 ;
06     char ch2 = 'a' ;
07     //char ch3 = "a";  // 错误：类型不匹配
08     System.out.println("ch1 = " + ch1);
09     System.out.println("ch2 = " + ch2);
10
11     char ch ='\"';
12     System.out.println(ch + " 测试转义字符！  " + ch);
13     System.out.println("\"hello world！  \"");
14   }
15 }
```

程序运行结果如下图所示。

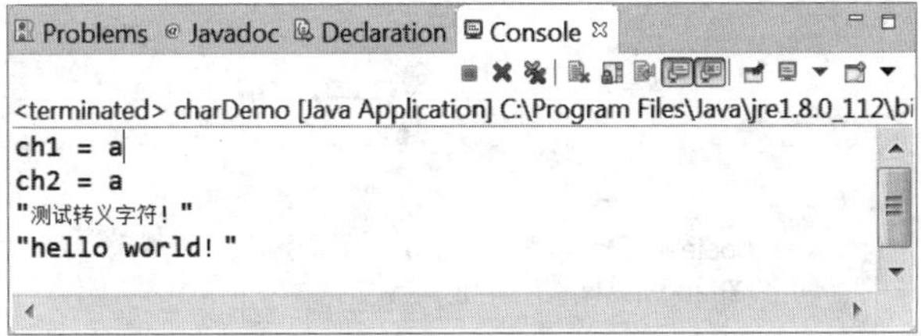

【范例分析】

在本质上，字符类型实际上就是两个字节长度的短整型。所以，第 05 行和第 06 行是等价的，因为字符“a”的 ASCII 码值，就是整数 97。

需要特别注意的是，被注释掉的第 07 行，是不会被编译通过的，因为虽然字母 a 只是一个字符，但一旦被双引号括起来，就变成了一个字符串，严格来说，是字符串对象。因此，等号“=”左边是基本数据类型 char，而等号“=”右边是复合数据类型 String，二者类型不匹配，是不能赋值的。

代码第 11 行，是一个转义字符双引号的半边。第 12 行和第 13 行，分别输出了这个引号。由此可以得知，不管是用变量存放转义字符，还是直接使用转义字符的方式来输出字符串，程序都可以顺利运行。

但是需要注意的是，Java 之中默认采用的编码方式为 Unicode 编码，此编码是一种采用十六进制编码方案，可以表示出世界上的任意的文字信息。所以在 Java 之中单个字符里面是可以保存中文字符的，一个中文字符占据 2 个字节。这点与 C/C++ 对字符型的处理有明显区别，在 C/C++ 中，中文字符只能当作长度为 2 的字符串处理。

范例 3-11 单个中文字符的使用（ChineseChar.java）

```
01 public class ChineseChar
02 {
03    public static void main(String args[])
04    {
05      char c = ' 中 ';// 单个字符变量 c，存储单个中文字母
06      System.out.println(c) ;
07    }
08 }
```

程序运行结果如下图所示。

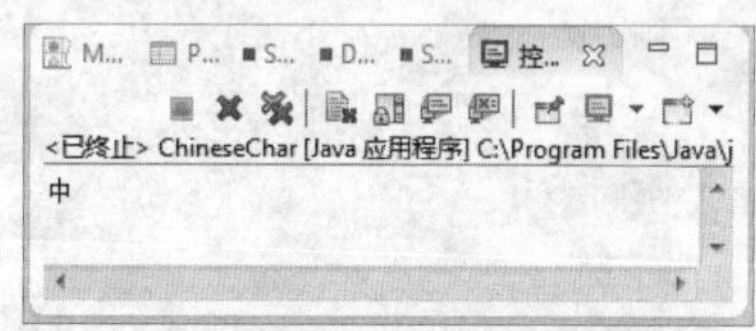

【范例分析】

在第 05 行，占据两个字节的汉字“中”，被赋值给字符变量 c。在第 06 行给出正确输出。

3.2.5 布尔类型

布尔（Boole）本是一位英国数学家的名字，在 Java 中使用关键字 boolean 来声明布尔类型。被声明为布尔类型的变量，只有 true（真）和 false（假）两种。除此之外，没有其他的值可以赋值给这个变量。

布尔类型主要用于逻辑判断，就如我们日常生活中的“真”和“假”一样。比如，我们可以用布尔类型来表示某人的性别，“张三”是否是“男人”？如下图所示。

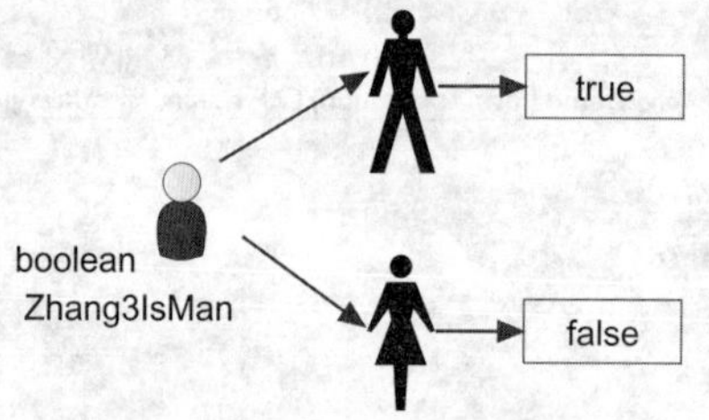

若想声明名称为 Zhang3IsMan 的变量为布尔类型，并设置为 true 值，可以使用下面的语句。

```
boolean Zhang3IsMan = true ;      // 声明布尔变量 Zhang3IsMan，并赋值为 true
```

经过声明之后，布尔变量的初值即为 true，当然如果在程序中需要更改 status 的值，即可随时更改。将上述的内容写成了程序 booleanDemo，读者可以先熟悉一下布尔变量的使用。

范例 3-12 布尔值类型变量的声明（booleanDemo.java）

```
  // 下面的程序声明了一个布尔值类型的变量
public class booleanDemo
{
  public static void main(String args[])
  {
    // 声明一布尔型的变量 zhang3IsMan，布尔型只有两个取值：true、false
    boolean Zhang3IsMan = true ;
```

```
08        System.out.println("Zhang3 is man? = "+ Zhang3IsMan);
09    }
10 }
```

程序运行结果如下图所示。

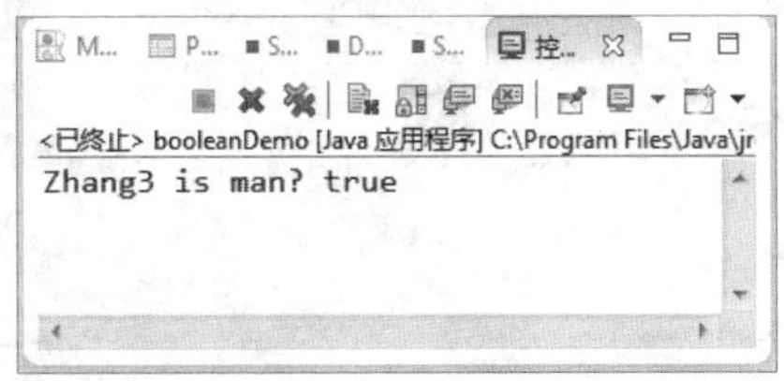

【范例分析】

第 07 行定义一个布尔变量 Zhang3IsMan，并赋值为 true。第 08 行输出这个判断。

特别注意的是，Zhang3IsMan 不能赋值为 0 或者 1，或者其他整数，编译器将不予通过。

布尔值通常用来控制程序的流程，读者可能会觉得有些抽象，本书会在后面的章节中陆续介绍布尔值在程序流程中所起的作用。

3.3 数据类型的转换

Java 有严格的数据类型限制，每种数据类型都有其特性。这些不同的数据类型所定义的变量，它们之间的类型转换不是轻易完成的。但在特殊情况下，还是需要进行类型转换的操作，但必须遵循严格的步骤和规定。数据类型的转换方式可分为“自动类型转换”及“强制类型转换”两种。下面分别给予讨论。

3.3.1 自动类型转换

在程序中已定义好了数据类型的变量，若想转换用另一种数据类型表示时，Java 会在下面 2 个条件皆成立时，自动进行数据类型的转换。

（1）转换前后的数据类型要相互兼容。在 C/C++ 中，整型和布尔类型的关系是“非零即为真”——凡是不是零的整数都可以认为是布尔值为真变量，二者是兼容的，所以可以相互转换。而在 Java 中，由于 boolean 类型只能存放 true 或 false，与整数及字符不兼容，因此，boolean 类型不可能与其他任何数据类型进行转换。整数与浮点数亦是兼容的，所以可相互转换。

（2）转换后的数据类型的表示范围不小于转换前的类型，以“扩大转换”来看可能比较容易理解。Java 在进行数值运算时，以尽量不损失精度（正确性）为准则。例如，一个字符型的变量（本质上是 2 字节大小的整数）和一个整型变量（默认为 4 个字节大小整数）进行计算，在运算前，不同类型的操作数需要先转化为同一数据类型，然后再实施运算操作。因此需要将字符型的变量转换为整型变量，否则将 4 字节整型变量转换为 2 字节的字符型，很有可能导致整型变量的值会溢出，从而导致计算错误。字符与整数可使用自动类型转换。

假设参与某种运算有两个不同的操作数（操作数 1 和操作数 2），二者具有不同的数据类型，在运算操作之前，它们需要转换为同一数据类型，其相互转换的规则如下表所示。

操作数 1 类型	操作数 2 类型	转换后的类型
byte、short、char	int	int
byte、short、char、int	long	long
byte、short、char、int、long	float	float
byte、short、char、int、long、float	double	double

在接下来的范例中我们来看看，当两个数中有一个为浮点数时，其运算的结果会有什么样的变化。

范例 3-13　声明两个变量，一个是整型，另一个是浮点型（IntAndFloat.java）

```
01 // 下面这段程序声明了两个变量，一个是整型，一个是浮点型
02 public class IntAndFloat
03 {
04   public static void main(String args[])
05   {
06     int a = 156 ;
07     float b = 24.1f ; // 声明一浮点型变量 f，并赋值 24.1
08 
09     System.out.println("a = " + a+" , b = " + b);
10     System.out.println("a / b = " + (a / b));   // 在这里整型会自动转换为浮点型
11   }
12 }
```

程序运行结果如下图所示。

```
Problems @ Javadoc 控制台
<已终止> IntAndFloat [Java 应用程序] C:\Program Files\Java\jre8\bin\javaw.
a = 156 , b = 24.1
a / b = 6.473029
```

【范例分析】

从运行的结果可以看出，当两个数中有一个为浮点数时（代码第 10 行），其运算的结果会直接转换为浮点数。当表达式中变量的类型不同时，Java 会自动把较小的数据类型表示范围，转换成较大的数据类型表示范围，之后再作运算。也就是说，假设有一个整数和双精度浮点数作运算，Java 会把整数转换成双精度浮点数后再作运算，运算结果也会变成双精度浮点数。关于表达式的数据类型转换，在后面的章节中会有更详细的介绍。

现在，我们可以给出自动数据类换转换的规律：byte → short → int → long → float → double，按照范围由小到大实现自动转型操作。

3.3.2 强制类型转换

当程序需要转换数据类型时，可实施强制性的类型转换，其语法如下。

```
（欲转换的数据类型）变量名称 ;
```

下面的程序说明了在 Java 里，整数与浮点数是如何转换的。

范例 3-14　自动转换和强制转换的使用方法（TypeConvert.java）

```
// 下面的范例说明了自动转换和强制转换这两种转换的使用方法
public class TypeConvert
{
  public static void main(String args[])
  {
    int a = 55 ;
    int b= 9 ;
    float g,h ;

    System.out.println("a = "+ a +" , b = "+b);
    g = a / b ;
    System.out.println("a / b ="+ g + "\n");
```

```
        System.out.println("a = " + a+" , b = "+ b);
        h = (float)a / b ; // 在这里对数据类型进行强制转换
        System.out.println("a /b = "+h);
    }
}
```

程序运行结果如下图所示。

```
<已终止> TypeConvert [Java 应用程序] C:\Program Files\Java\jre8\bin\javaw
a = 55 , b = 9
a / b =6.0

a = 55 , b = 9
a / b = 6.111111
```

当两个整数相除时，小数点以后的数字会被截断，使得运算的结果保持为整数。但由于这并不是预期的计算结果，而想要得到运算的结果为浮点数，就必须将两个整数中的一个（或是两个）强制转换为浮点数，下面的 3 种写法都正确。

```
(float)a/b;        // 将整数 a 强制转换成浮点数，再与整数 b 相除
a/(float)b;        // 将整数 b 强制转换成浮点数，再以整数 a 除之
(float)a/(/float)b;        // 将整数 a 与 b 同时强制转换成浮点数，再相除
```

只要在变量前面加上欲转换的数据类型，运行时就会自动将此行语句里的变量做类型转换的处理，但这并不影响原先所定义的数据类型。

此外，将一个超出该变量可表示范围的值赋给这个变量，这种转换称为缩小转换。由于在转换的过程中可能会丢失数据的精确度，因此，Java 并不会“自动”做这些类型的转换，此时就必须要做强制性的转换，如 int x = (int)10.35（结果 x=10），将 double 类型的值（10.35）强制转换为 int 类型（10），这样也丢失了很多的信息。

3.4 高手点拨

1. Java 中作用范围是禁止嵌套的，而在 C/C++ 中则是允许的

在 Java 中，在方法（函数）内定义的变量，其作用范围（包括方法的参数）是从它定义的地方开始，到它所作用范围终结的位置处结束。如在方法的开始处定义了一个变量 *i*，那么直到该方法结束处，都不能再定义另一个同名变量 *i*。再如，如果在一个 for 循环体中定义了变量 *i*，那么在这个 for 循环内不能再有同名变量，但出了 for 循环之后，是可以再次定义的。这就是作用域不能嵌套的意思。

而在 C/C++ 中，作用域可以嵌套，甚至可以无限制地嵌套下去，这里每对大括号之间就是一个独立的作用域，内嵌套的同名变量覆盖外嵌套的同名变量，如下表所示。

C/C++ 语法允许作用域嵌套	Java 语法不允许作用域嵌套

Fun ( )
{
  int i = 1;
  {
    int i = 2;
    // 正确输出 i = 2，内嵌套的局部变量优先
    cout << "i = "<< i<<endl;
  }
}
	Fun ( )
	{
	  int i = 1;
	  {
	    int i = 2; // 编译错误：和 { } 外的变量 i 的作用域重叠
	    System.out.println("i = " + i);
	  }
	}

2. Java 中类与方法的变量作用域可以嵌套

在 Java 中，类与方法之间的作用域是可以嵌套的，可以把整个类看做一个大的作用域，它定义的字段（或称数据成员）可被方法中的同名字段所屏蔽，其行为类似于上表左侧所示的 C/C++ 的作用域嵌套。下面的例子说明了这个情况。

```
01  public class VarScope
02  {
03     public static void main(String args[])
04     {
05        int x = 1;
06        System.out.println("x = " + x);
07     }
08
09     private  int x;
10  }
```

本例中的第 9 行所定义的 *x*，作为类 VarScope 的数据成员，它的作用域是整个类，即第 02~10 行，这个范围包括了第 03~07 行，而这个区域内的 main 方法，其内部也定义了一个名为 *x* 的变量，在这个范围内，第 09 行定义的变量 *x* 被第 05 行定义的变量 *x* 所覆盖，运行结果如下图所示。

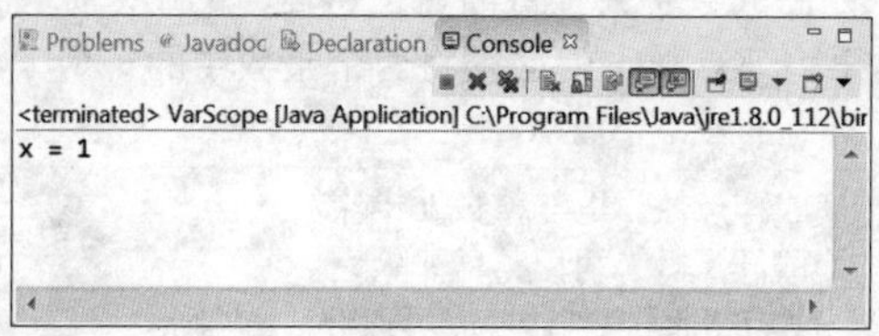

3. 整型数的除法要注意

由于整数与整数运算，其结果还是整数，除法也不例外，而很多初学者受到数学上的惯性思维影响，没能充分理解，导致在一些考试题（面试题）中失利，请参见下面的例程，写出程序的输出结果。

```
public class Demo
{
   public static void main(String args[])
   {
      int x = 10 ;
      int y = 3 ;
      int result = x / y ;
     System.out.println(result) ;
   }
}
```

分析：由于 *x* 和 *y* 均是整数，在数据类型上，int 型 / int 型 = int 型，所以 *x* / *y*=10/3=3，而不是 3.3。本题的输出为 3，即 3.3 的整数部分。

4. C/C++ 语言和 Java 语言在布尔类型上存在显著差别

从 C/C++ 语言过渡来学习 Java 的读者，请注意 Java 与 C/C++ 在布尔类型上有很大区别，C/C++ 遵循的规则是"非零即为真"，即所有不是零的数，都可认为是"true"，仅把 0 当作 false。

而 Java 的布尔类型变量，其赋值只能是 true（真）和 false（假）两种。除此之外，没有其他的值可以赋值给布尔变量。也不能用 1 和 0 分别代替 true（真）和 false（假）。一言蔽之，Java 中的布尔类型与整型无关。

▶3.5 实战练习

1. 编写一个程序，定义局部变量 sum，并求出 1+2+3+…+99+100 之和，赋值给 sum，并输出 sum 的值。

2. 纠正下面代码的错误，并给出正确的输出结果。

```
public class ErrorCheck
{
  static int x = 10;
  public static void main(String[] args)
   {
     int outer = 1;
     int inner = 3;
     {
       int inner = 2;
       int x =100;
       System.out.println("inner = " + inner);
       System.out.println("outer = " + outer);
       System.out.println("In class level, x = "+x);
      }
    System.out.println("inner = " + inner);
    System.out.println("outer = " + outer);
   }
}
```

3. 动手试一试：下面的代码在编译时哪一行会出错？（Java 面试题）

```
01 public class CheckErr
02 {
03   static void TestDemo()
04   {
05     int i, j, n;
06     i = 100;
07     while (i > 0)
08     {
09       System.out.println("The value is = " + j);
10       n = n + 1;
11       i--;
12     }
13   }
14
15   public static void main(String[] args)
16   {
17     TestDemo();  // 调用静态方法 TestDemo()
18   }
19 }
```

解析：局部变量在进行取值操作前必须被初始化或赋值操作，否则会出现编译错误！本题中局部变量 *j* 和 *n* 在使用前，没有被初始化，所以在使用它们的时候（分别在第 09 行和第 10 行）就会出错，如下图所示。

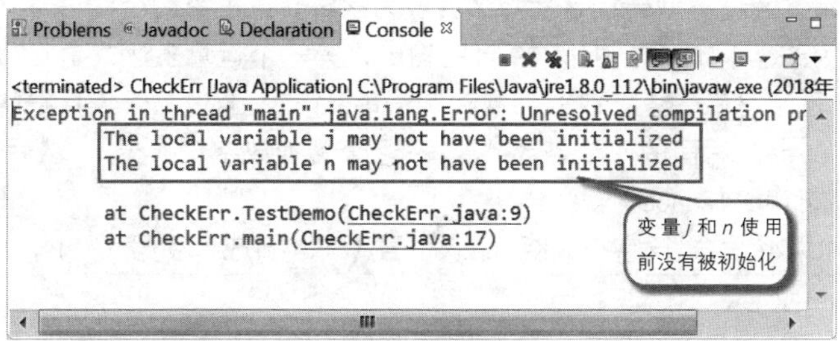

而事实上，一旦出现了诸如“变量没有初始化”的语法错误，使用 Eclipse，即使没有编译，也会在对应的行首出现红色的“×”，行末会对应出现红色的“⊔”，用以提示用户此行有语法错误。

4. 编写程序，要求运行后要输出 long 类型数据的最小数和最大数。

5. 改错题：指出以下代码的错误之处并对其进行修改（本题改编自 2013 年巨人网络的 Java 程序员笔试题）。

程序功能：输出 int 类型最小值与最大值之间的所有数，并判断其是否是偶数（能被 2 整除的数），操作符 % 为求余操作。

```
public class FindEvenNumber
{
  public static void main(String[] args)
  {
    for(int i=Integer.MIN_VALUE;i<=Integer.MAX_VALUE;++i)
    {
      boolean isEven = (I % 2 == 0);
      System.out.println(String.format("i = %d, isEven=%b", i, isEven));
    }
  }
}
```

6. 请运行下面一段程序，并分析产生输出结果的原因（改编自网络 Java 面试题）。

```
01  public class CTest
02  {
03    public static void main (String [] args)
04    {
05
06      int x = 5;
07      int y = 2;
08      System.out.println(x + y + "K");
09      System.out.println(6 + 6 + "aa"+ 6 + 6);
10    }
11  }
```

程序运行结果如下图所示。

【面试题分析】

对于第 08 行，按照运算符从左至右的运算顺序，第一个运算表达式是 5+2=7，之后运算表达式为 7 + “K”，因为 “K” 是字符串，通过类型转换之后将 7 转换为字符，这里第二个 “+” 相当于一个字符串连接符。所以第 08 行的输出结果为 7K。同理可分析第 09 行的输出，第一个运算表达式是 6 + 6 = 12，之后运算表达式为 12 + “aa”，因为 “aa” 是字符串，整型 12 被转换为字符串 “12”，通过加号连接符构成新的字符串 “12aa”。类似的，系统会自动把 “12aa” 后面的两个整数 “6” ，逐个转换成字符 “6” ，然后通过 “+” 连接成新的字符串，最终形成输出的字符串 “12aa66” 。

请读者思考一下，如果将第 08 行字符 “K” 的双引号（""）换成单引号（''），即以下形式。

```
System.out.println(x + y + 'K');
```

请写出相应的输出结果，并分析原因。

第 4 章

基础编程元素
——运算符、表达式、语句与流程控制

运算符、表达式、语句与流程控制，是 Java 的基础编程元素，无论多复杂的编程框架和 GUI，追根溯源，都是由这些基本元素构成的。本章介绍 Java 运算符的用法、表达式与运算符之间的关系以及程序的流程控制等。学完本章，读者能对 Java 语句的运作过程有更深一层的认识。

本章要点（已掌握的在方框中打钩）

- ☐ 掌握各种运算符的用法
- ☐ 掌握各种表达式的用法
- ☐ 掌握表达式与运算符的关系
- ☐ 掌握程序结构的 3 种模式

4.1 运算符

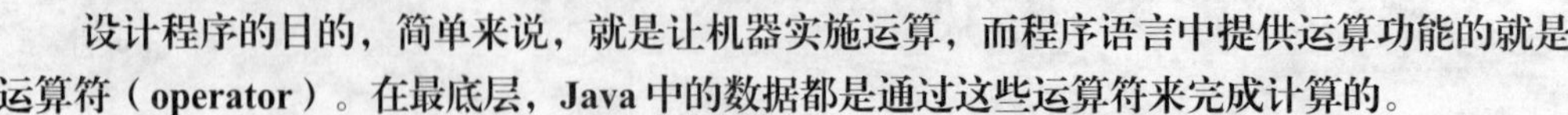

设计程序的目的，简单来说，就是让机器实施运算，而程序语言中提供运算功能的就是运算符（operator）。在最底层，Java 中的数据都是通过这些运算符来完成计算的。

程序是由许多语句（statement）组成的，语句组成的基本单位就是表达式与运算符。在 Java 中，运算符可分为 4 类：算术运算符、关系运算符、逻辑运算符和位运算符。

Java 中的语句有多种形式，表达式就是其中的一种。表达式由操作数与运算符所组成，操作数可以是常量、变量，也可以是方法，而运算符就是数学中的运算符号，如“+”“-”“*”“/”“%”等。例如，下面的表达式（X+100）中，“X”与“100”都是操作数，而“+”就是运算符。

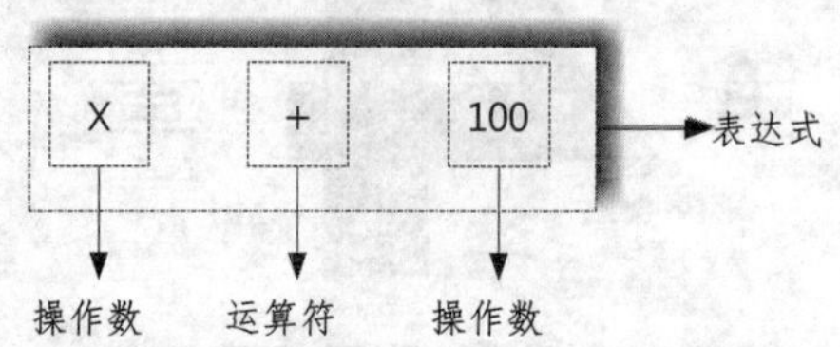

4.1.1 赋值运算符

若为各种不同类型的变量赋值，就需要用到赋值运算符（Assignment Operator）。简单的赋值运算符由等号（=）实现，只是把等号右边的值赋予等号左边的变量。例如以下形式。

```
int num = 22 ;
```

需要初学者注意的是，在 Java 中的赋值运算符“=”，并不是数学意义上的“相等”。例如以下形式。

```
num =num + 1 ; // 假设 num 是前面定义好的变量
```

这句话的含义是，把变量 num 的值加 1，再赋（=）给 num。而在数学意义上，通过约减处理（等式左右两边同时约去 num），可以得到“0 = 1”，这显然是不对的。

当然，在程序中也可以将等号后面的值赋给其他的变量，例如以下形式。

```
int sum = num1 + num2 ; // num1 与 num2 相加之后的值再赋给变量 sum
```

num1 与 num2 的值经过运算后仍然保持不变，sum 会因为“赋值”的操作而改变。

4.1.2 一元运算符

对于很多表达式而言，运算符前后都会有操作数。但有一类运算符比较特殊，它只需要一个操作数。这类运算符称为一元运算符（或单目运算符，Unary Operator）。下表列出了一元运算符的成员。

一元运算符	意义
+	正号
–	负号
!	NOT，非
~	按位取反运算符
++	变量值自增 1
--	变量值自减 1

举例说明这些符号的含义。

```
+5;       // 表示正数 5
y = -x;   // 表示负 x 的值赋给变量 y
~x;       // 表示变量 x 的按位取反，即变量 x 的二进制串，0 变 1，1 变 0
!x;       //x 的 NOT 运算，若 x 为 true，则 !x 返回 false。若 x 为 false，则 !x 返回 true
x = ~x    // 表示将 x 的值取反，并赋给自己
```

对于上表中“++”和“--”运算符，在后面的小节中专门介绍。下面的案例程序说明了一元运算符的应用。

范例 4-1 一元运算符的使用（UnaryOperator.java）

```
01 // 下面这段程序说明了一元运算符的使用
02 public class UnaryOperator
03 {
04   public static void main(String args[])
05   {
06     boolean  a = false ;           // 声明布尔变量 a 并赋值为 false
07     int  b = 2;
08
09     System.out.println("a = " + a +" , !a = " + (!a));// NOT 运算，非操作
10     System.out.println("b = " + b +" , ~b = " + (~b));// 按位取反
11   }
12 }
```

程序运行结果如下图所示。

```
Problems  Javadoc  Declaration  Console
<terminated> UnaryOpeator [Java Application] C:\Program Files\Java\jre1.8.0_112\bin\javaw.exe (2(
a = false, !a = true
b = 2, ~b = -3
```

代码详解

第 06 行声明了 boolean 变量 *a*，赋值为 false。程序第 07 行声明了整型变量 *b*，赋值为 2。可以看到这两个变量分别进行了非操作“! ”与取反“~”运算。

第 09 行输出 *a* 与 !*a* 的运算结果。因为 *a* 的初始值为 flase，所以进行“! ”运算后，*a* 的值自然就变成了 true。

第 10 行输出 *b* 与 ~*b* 的运算结果。*b* 的初值为 2，~*b* 的值输出 -3。为什么不是“-2”呢？下面我们简单地解释一下。

为了理解“~”操作符的工作原理，我们需要将某个操作数转换成一个二进制数，并将所有二进制位实施按位取反。在 Java 中，整数占用 4 个字节，所以整数“2”的二进制形式如下。

0000 0000 0000 0000 0000 0000 0000 0010

它的按位取反如下。

1111 1111 1111 1111 1111 1111 1111 1101

这恰好就是整数“-3”的表示形式。这是因为在 Java 中，负数的表示方法是用补码来表示的，也就是说，对负数的表示方式是绝对值按位取反，然后再对结果 +1。例如，“-3”的绝对值是“3”，那么其绝对值对应的二进制如下。

0000 0000 0000 0000 0000 0000 0000 0011

然后对上述的二进制串按位取反得到如下结果。

1111 1111 1111 1111 1111 1111 1111 1100

然后再加 1，得到如下结果。

1111 1111 1111 1111 1111 1111 1111 1101

这个二进制串，恰好和整数“2”的按位取反“~”操作得到的二进制串是一致的。

而要解码一个负数，类似于上述过程的逆向操作，也是对某个负数的所有二进制位按位取反，然后再对结果加 1。例如，对于“2”按位取反“~”，操作后得到的二进制字符串如下。

1111 1111 1111 1111 1111 1111 1111 1101

由于最高位（即符号位）为 1，说明它是一个负数，这就决定了在“System.out.println()”输出时，要在这个整数前面添加一个负号“-”。对上述二进制串按位取反，得到如下结果。

```
0000 0000  0000 0000  0000 0000  0000 0010
```

再加 1，得到如下结果。

```
0000 0000  0000 0000  0000 0000  0000 0011
```

上面的二进制串对应的整数值就是“3”，再考虑到解析二进制串的过程中，已经说明这是一个负数，所以最终的输出结果为“-3”。从上面的分析可知，在进行位运算时，Java 编译器在幕后做了很多转换工作。

4.1.3 算术运算符

算术运算符（Arithmetic Operator）用于量之间的运算。算术运算符在数学上经常会用到，下表列出了它的成员。

算术运算符	意义
+	加法
–	减法
*	乘法
/	除法
%	余数

（1）加法运算符“+”

将加法运算符“+”的前后两个操作数相加，如下面的语句。

```
System.out.println("3 + 8 = "+(3+8));            // 直接输出表达式的值
```

注意，上面语句的字符串 ("3 + 8 = ") 外的第一个“+”为字符串连接符，第二个“+”才是加法运算符“+”。

（2）减法运算符“–”

将减法运算符“–”前面的操作数减去后面的操作数，如下面的语句。

```
num = num –3 ;            // 将 num-3 运算之后赋值给 num 存放
a = b – c ;               // 将 b–c 运算之后赋值给 a 存放
120 - 10 ;                // 运算 120 – 10 的值
```

（3）乘法运算符“*”

将乘法运算符“*”的前后两个操作数相乘，如下面的语句。

```
b = b * 5 ;     // 将 b*5 运算之后赋值给 b 存放
a = a *a ;      // 将 a * a 运算之后赋值给 a 存放
19 * 2 ;        // 运算 19 * 2 的值
```

（4）除法运算符“/”

将除法运算符“/”前面的操作数除以后面的操作数，如下面的语句。

```
a = b / 5 ;     // 将 b / 5 运算之后的值赋给 a 存放
c = c / d ;     // 将 c / d 运算之后的值赋给 c 存放
15 / 4 ;        // 运算 15/ 4 的值，得 3
```

使用除法运算符时，要特别注意数据类型的问题。若被除数和除数都是整型，且被除数不能被除数整除时，这时输出的结果为整数（即整型数 / 整型数 = 整型数）。如上面举例中的“15 / 4”结果为 3，而非 3.75。

（5）取余运算符“%”

将取余运算符“%”前面的操作数除以后面的操作数，取其得到的余数。下面的语句是取余运算符的使用范例。

```
num = num % 3 ;           // 将 num%3 运算之后赋值给 num 存放
```

```
a = b % c ;    // 将 b%c 运算之后赋值给 a 存放
100 % 7 ;      // 运算 100%7 的值为 2
```

以下面的程序为例，声明两个整型变量 *a*、*b*，并分别赋值为 5 和 3，再输出 *a*%*b* 的运算结果。

范例 4-2　取余数（也称取模）操作（ModuloOperation.java）

```
01 // 在 Java 中用 % 进行取模操作
02 public class ModuloOperation
03 {
04     public static void main(String[] args)
05     {
06       int a = 5 ;
07       int b = 3 ;
08
09       System.out.println(a + " % "+ b +" = " + (a % b));
10       System.out.println(b + " % "+ a +" = " + (b % a));
11     }
12 }
```

程序运行结果如下图所示。

```
Problems  Javadoc  Declaration  Console
<terminated> ModuloOperation [Java Application] C:\Program Files\Java\jre1.8.0_112\bin\javaw.ex
5 % 3 = 2
3 % 5 = 3
```

代码详解

设 *a* 和 *b* 为两个变量，取余运算的规则如下。

$$a\%b = a - \left\lfloor \frac{a}{b} \right\rfloor \times b$$

其中 $\left\lfloor \frac{a}{b} \right\rfloor$ 是 *a* 除以 *b* 的向下取整。

根据上述的公式，对于程序第 09 行，$a\%b = 5 - 1*3 = 2$，而对于第 10 行，$b\%a= 3 - 0 * 5 =3$。这里之所以把这个公式专门说明一下，是因为这里需要初学者注意的是，Java 中的取余操作数也可以是负数和浮点数，而在 C/C++ 中，取余运算的操作数只能是整数。例如，在 Java 中，下面的语句是合法的。

```
5%-3 = 2          //5 对负 3 取余等于 2
5.2%3.1 = 2.1     // 根据上述公式，余数为 5.2-1 * 3.1 = 2.1
```

4.1.4 逻辑运算符

逻辑运算符只对布尔型操作数进行运算，并返回一个布尔型数据。也就是说，逻辑运算符的操作数和运行结果只能是真（true）或假（false）。常见的逻辑运算符有 3 个，即与（&&）、或（||）、非（！），如下表所示。

运算符	含义	解释
&&	与（AND）	两个操作数皆为真，运算结果才为真
&		
||	或（OR）	两个操作数只要一个为真，运算结果就为真
|		
!	非（NOT）	返回与操作数相反的布尔值

下面是使用逻辑运算符的例子。

```
1>0 &&3> 0                // 结果为 true
1>0 || 3>8                // 结果为 true
！（1>0）                 // 结果为 false
```

在第一个例子中，只有 1>0（true）和 3>0（true）两个都为真，表达式的返回值为 true，即表示这两个条件必须同时成立才行；在第二个例子中，只要 1>0（true）和 3>8（false）有一个为真，表达式的返回值即为 true。第三个例子中，1>0（true），该结果的否定就是 false。

在逻辑运算中，“&&”和“||”属于所谓的短路逻辑运算符（Short-Circuit Logical Operators）。对于逻辑运算符“&&”，要求左右两个表达式都为 true 时才返回 true，如果左边第一个表达式为 false 时，它立刻就返回 false，就好像短路了一样立刻返回，省去了一些不必要的计算开销。

类似的，对于逻辑运算符“||”，要求左右两个表达式有一个为 true 时就返回 true，如果左边第一个表达式为 true 时，它立刻就返回 true。

下面的这个程序说明了逻辑运算符的运用。

范例 4-3　短路逻辑运算符的使用（ShortCircuitLogical.java）

```
public class ShortCircuitLogical6_5
{
    public static void main(String[] args)
    {
        int i = 5;
        boolean flag = (i < 3) && (i < 4);   // && 短路，(i < 4) 系统不继续运算
        System.out.println(flag);

        flag = (i > 4) || (i > 3);            //|| 短路，(i > 3) 系统不继续运算
        System.out.println(flag);
    }
}
```

程序运行结果如下图所示。

```
Problems  Javadoc  Declaration  Console
<terminated> ShortCircuitLogical [Java Application] C:\Program Files\Java\jre1.8.0_112\bin\javaw.ex
false
true
```

代码详解

在第 06 行，由于 *i* =5，所以 (*i* < 3) 为 false，对于 && 逻辑运算符，其操作数之一为 false，其返回值必然为 false，故确定其左边的操作数为 false，对于后一个运算操作数 (*i* < 4) 无需计算，也就是“&&”短路。

类似的，对于“||”运算符，在第 09 行中，由于 *i* =5，所以 (*i* >4) 为 true，对于“||”逻辑运算符，其操作数之一为 true，整体返回值必然为 true，故确定其左边的操作数为 true，对于后一个运算操作数 (*i* > 3) 无需计算，也就是“||”短路。

有的时候，我们需要逻辑“与”操作和“或”操作的两个操作数均进行运算，这时我们就需要使用避免短路的逻辑运算符——“&”和“|”，它们分别是可短路的逻辑运算符（&& 和 ||）一半的字符。

下面的程序说明了短路逻辑运算符和非短路逻辑运算符的区别。

范例 4-4 短路逻辑运算符(“&&”和“||”)和非短路逻辑运算符(“&”和“|”)的对比（ShortCircuitAndNon.java）

```
public class ShortCircuitLogical
{

  public static void main(String args[])
  {
    if (1 == 2 && 1 / 0 == 0) {          // false && 错误 = false
      System.out.println("1: 条件满足！ ");
    }

    /*
    if (1 == 2 & 1 / 0 == 0) {           // false & 错误 = 错误
      System.out.println("2: 条件满足！ ");
    }
    */

    if (1 == 1 || 1 / 0 == 0) { // true || 错误 = true
      System.out.println("3: 条件满足！ ");
    }

    /*
    if (1 == 1 | 1 / 0 == 0) {  // true | 错误 = 错误
      System.out.println("4: 条件满足！ ");
    }
    */

  }
}
```

程序运行结果如下图所示。

```
Problems  Javadoc  Declaration  Console
<terminated> ShortCircuitAndNon [Java Application] C:\Program Files\Java\jre1.8.0_112\bin\javaw.
条件满足!
```

代码详解

我们知道，在计算机中，0是不能作为除数的。但代码的第06行和第16行却可以编译通过。这是因为，第06行逻辑运算符“&&”的第一个操作数是（1 == 2）的运算结果，它的值为false，这样第二个操作数直接被短路了，也就是不被系统“理睬”，故第二个操作数中的（1/0）也就“侥幸蒙混过关”。

而被注释起来的第11行的代码编译无法通过，这是因为非短路逻辑运算符“&”左右两边的操作数均需要运算，任何一个操作数含有不符合Java语法规定的地方，均不被编译器认可。

类似的，第17行可以编译通过，其中含有非法操作符（1/0），但因为短路操作符“||”的第一个操作数（1==1）为true，所以第二个操作数直接被编译器“忽略”，最终if语句内逻辑判断值为true，所以第17行打印输出“条件满足”。

但是同样的事情并没有发生在第22行语句上，这是因为非短路逻辑或运算符“|”，它的左右两个运算数都被强制运算，因此任何一个操作数不符合Java语法都不行。

4.1.5 位运算符

位操作是指对操作数以二进制位（bit）为单位进行的运算。其运算的结果为整数。位操作的第一步是把操作数转换为二进制的形式，然后按位进行布尔运算，运算的结果也为二进制数。位操作运算符（Bitwise Operators）有7个，如下表所示。

位运算符	含义
&	按位与（AND）
|	按位或（OR）
^	按位异或（XOR）
~	按位取反（NOT）
<<	左移位（Signed left shift）
>>	带符号右移位（Signed right shift）
>>>	无符号右移位（Unsigned right shift）

我们用图例来说明上述运算符的含义，如下图所示。

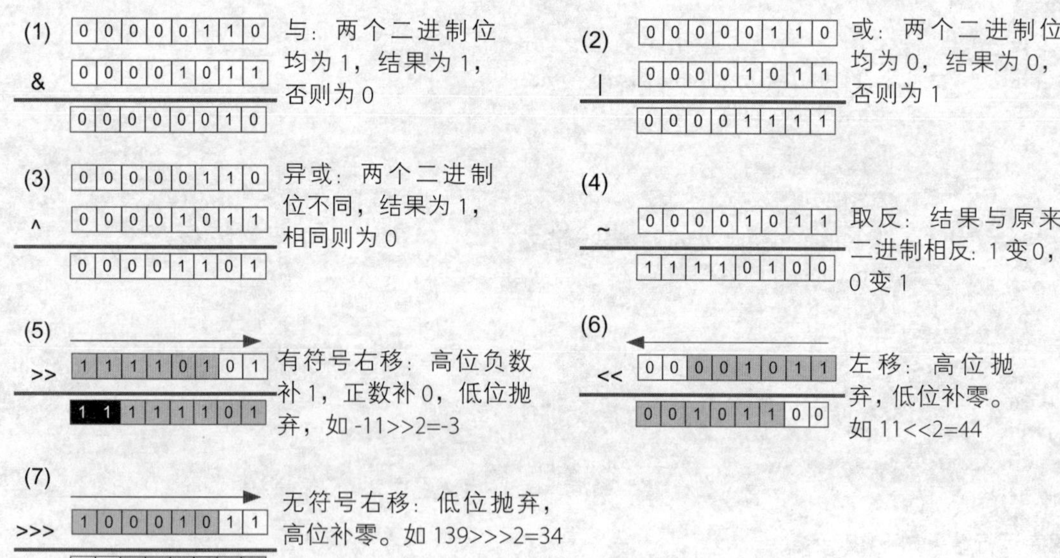

下面的程序演示了“按位与”和“按位或”的操作。

范例 4-5 “按位与”和“按位或”操作（BitwiseOperator.java）

```
01  public class BitwiseOperator
02  {
03     public static void main(String args[]) {
04        int x = 13 ;
05        int y = 7 ;
06
07        System.out.println(x & y) ;              // 按位与，结果为 5
08
09        System.out.println(x | y) ;              // 按位或，结果为 15
10     }
11  }
```

程序运行结果如下图所示。

```
Problems  Javadoc  Declaration  Console
<terminated> BitwiseOperator [Java Application] C:\Program Files\Java\jre1.8.0_112\bin\javaw.exe (
5
15
```

代码详解

第 07 行实现“与”操作，相“与”的两位如果全部为 1，结果才是 1，有一个为 0，结果就是 0。

13 的二进制：00000000 00000000 00000000 00001101

7 的二进制：00000000 00000000 00000000 00000111

“与”（&）的结果：00000000 00000000 00000000 00000101

所以输出的结果为 5。

第 09 行，实现“或”操作，位“或”的两位，如果全为 0，结果才是 0，有一个为 1，结果就是 1。

13 的二进制：00000000 00000000 00000000 00001101

7 的二进制：00000000 00000000 00000000 00000111

“或”（|）的结果：00000000 00000000 00000000 00001111

所以输出的结果为 15。

4.1.6 三元运算符

三元（ternary）运算符也称为三目运算符，它的运算符是“?:”，有 3 个操作数。操作流程如下：首先判断条件，如果条件满足，就会赋予变量一个指定的内容（冒号之前的），如果不满足，会赋予变量另外一个内容（冒号之后的），其操作语法如下。

```
数据类型 变量 = 布尔表达式 ? 条件满足设置内容 : 条件不满足设置内容 ;
```

下面的程序说明了三元运算符的使用。

范例 4-6 三元运算符的使用（TernaryOperator.java）

```
01 public class TernaryOperator
02 {
03    public static void main(String args[])
04    {
05       int x = 10 ;
06       int y = 20 ;
07
08       int result = x > y ? x : y ;
09       System.out.println("1st result = " + result) ;
10
11       x = 50;
12       result = x > y ? x : y ;
13       System.out.println("2nd result = " + result) ;
14
15    }
16
17 }
```

程序运行结果如下图所示。

Problems Javadoc Declaration Console

<terminated> TernaryOperator [Java Application] C:\Program Files\Java\jre1.8.0_112\bin\javaw.exe

```
1st result = 20
2nd result = 50
```

代码详解

result = $x > y ? x : y$ 表示的含义是：如果 x 的内容大于 y，则将 x 的内容赋值给 result，否则将 y 的值赋值给 result。对于第 08 行，$x = 10$ 和 $y = 20$，result 的值为 y 的值，即 20。而对于第 12 行，$x = 50$ 和 $y = 20$，result 的值为 x 的值，即 50。

本质上来讲，三元运算符是简写的 if...else 语句。以上的这种操作完全可以利用 if...else 代替（在随后的章节里，我们会详细描述有关 if...else 的流程控制知识）。

4.1.7 关系运算符与 if 语句

if 语句通常用于某个条件进行真（true）、假（false）识别。if 语句的格式如下。

```
if (判断条件)
语句 ;
```

如果括号中的判断条件成立，就会执行后面的语句；若是判断条件不成立，则后面的语句就不会被执行。如下面的程序片段所示。

```
if (x > 0)
System.out.println("I like Java !");
```

当 x 的值大于 0 时，判断条件成立，就会执行输出字符串“I like Java ！”的操作；相反，当 x 的值为 0 或小于 0 时，if 语句的判断条件不成立，就不会进行上述输出操作。下表列出了关系运算符的成员，这些运算符在数学上也是经常使用的。

关系运算符	意义
>	大于
<	小于
>=	大于等于
<=	小于等于
==	等于
!=	不等于

在 Java 中，关系运算符的表示方式和在数学中类似，但是由于赋值运算符为“=”，为了避免混淆，当使用关系运算符“等于”时，就必须用 2 个等号（==）表示；而关系运算符“不等于”的形式有些特别，用“!=”表示，这是因为想要从键盘上取得数学上的不等于符号较为困难，同时“!”有"非"的意思，所以就用“!=”表示不等于。

当使用关系运算符（Relational Operator）去判断一个表达式的成立与否时，若是判断式成立，则会产生一个响应值 true，若是判断式不成立，则会产生响应值 false。

4.1.8 递增与递减运算符

递增与递减运算符在 C / C++ 中就已经存在了，Java 中将它们保留了下来，这是因为它们具有相当大的便利性。下表列出了递增与递减运算符的成员。

递增与递减运算符	意义
++	递增，变量值加 1
--	递减，变量值减 1

范例 4-7　“++”运算符的两种使用方法（IncrementOperator.java）

```java
// 下面这段程序说明了“++”的两种用法
public class IncrementOperator
{
  public static void main(String args[])
  {
    int a = 3 , b = 3 ;

     System.out.print("a = " + a);            // 输出 a
     System.out.println(" , a++ = " + (a++)+" , a= "+a);          // 输出 a++ 和 a
     System.out.print("b = "+ b);             // 输出 b
     System.out.println(" , ++b = "+(++b)+" , b= "+b);          // 输出 ++b 和 b
  }
}
```

程序运行结果如下图所示。

```
Problems  Javadoc  Declaration  Console
<terminated> IncrementOperator [Java Application] C:\Program Files\Java\jre1.8.0_112\bin\javaw.e
a = 3 , a++ = 3 , a= 4
b = 3 , ++b = 4 , b= 4
```

代码详解

在第 09 行中，输出 a++ 及运算后的 *a* 的值，后缀加 1 的意思是先执行对该数的操作，再执行加 1 操作，因此先执行 *a* 输出操作，再将其值自加 1，最后输出，所以第一次输出 3，第二次输出 4。在第 11 行中，输出 ++b 运算后 *b* 的值，先执行自加操作，再执行输出操作，所以两次都输出 4。

同样，递减运算符 "--" 的使用方式和递增运算符 "++" 是相同的，递增运算符 "++" 用来将变量值加 1，而递减运算符 "--" 则是用来将变量值减 1。

4.1.9 括号运算符

除了前面所讲的内容外，括号也是 Java 的运算符，如下表所示。

括号运算符	意义
()	提高括号中表达式的优先级

括号运算符 "( )" 是用来处理表达式的优先级的。下面是一个简单的加减乘除算式。

```
3+5+4*6 – 7  // 未加括号的表达式
```

相信根据读者现在所学过的数学知识，这道题应该很容易解开。按加减乘除的优先级（*、/ 的优先级大于 +、–）来计算，这个式子的答案为 25。但是如果想先计算 3+5+4 及 6 – 7 之后再将两数相乘，就必须将 3+5+4 及 6 – 7 分别加上括号，而成为下面的算式。

```
(3 + 5 + 4) * (6 - 7)        // 加上括号的表达式
```

经过括号运算符 ( ) 的运作后，计算结果为 – 12，所以括号运算符 ( ) 可以对括号内表达式的处理顺序优先。

4.2 表达式

表达式是由常量、变量或者其他操作数与运算符所组合而成的语句。如下面的例子，均是表达式正确的使用方法。

```
-49 // 表达式由一元运算符 "-" 与常量 49 组成
sum + 2        // 表达式由变量 sum、算术运算符与常量 2 组成
a + b –c / ( d * 3 – 9 )    // 表达式由变量、常量与运算符所组成
```

此外，Java 还有一些相当简洁的写法，是将算术运算符和赋值运算符结合成为新的运算符。下表列出了这些运算符。

运算符	范例用法	说明	意义
+=	*a* += *b*	*a* + *b* 的值存放到 *a* 中	*a* = *a* + *b*
-=	*a*-= *b*	*a*-*b* 的值存放到 *a* 中	*a* = *a*-*b*
*=	*a* *= *b*	*a* * *b* 的值存放到 *a* 中	*a* = *a* * *b*
/=	*a* /= *b*	*a* / *b* 的值存放到 *a* 中	*a* = *a* / *b*
%=	*a* %= *b*	*a* % *b* 的值存放到 *a* 中	*a* = *a* % *b*

下面的几个表达式，皆是简洁的写法。

```
a++           // 相当于 a = a + 1
a-= 5         // 相当于 a = a – 5
b %= c        // 相当于 b = b % c
a /= b--      // 相当于计算 a = a / b 之后，再计算 b--
```

这种独特的写法虽然看起来有些怪异，但它却可减少程序的行数，提高编译或运行的速度。

下表列出了一些简洁写法的运算符及其范例说明。

运算符	范例	执行前		说明	执行后	
		a	*b*		*a*	*b*
+=	*a* += *b*	12	4	*a* + *b* 的值存放到 *a* 中（同 *a* = *a* + *b*）	16	4
-=	*a*-= *b*	12	4	*a*-*b* 的值存放到 *a* 中（同 *a* = *a* – *b*）	8	4
*=	*a* *= *b*	12	4	*a* * *b* 的值存放到 *a* 中（同 *a* = *a* * *b*）	48	4
/=	*a* /= *b*	12	4	*a* / *b* 的值存放到 *a* 中（同 *a* = *a* / *b*）	3	4
%=	*a* %= *b*	12	4	*a* % *b* 的值存放到 *a* 中（同 *a* = *a* % *b*）	0	4
b++	*a* *= *b*++	12	4	*a* * *b* 的值存放到 *a* 后，*b* 加 1（同 *a* = *a* * *b*; *b*++）	48	5
++*b*	*a* *= ++*b*	12	4	*b* 加 1 后，再将 *a***b* 的值存放到 *a*（同 *b*++; *a*=*a***b*）	60	5
b--	*a* *= *b*--	12	4	*a* * *b* 的值存放到 *a* 后，*b* 减 1（同 *a*=*a***b*; *b*--）	48	3
--*b*	*a* *=--*b*	12	4	*b* 减 1 后，再将 *a***b* 的值存放到 *a*（同 *b*--; *a*=*a***b*）	36	3

在程序设计里，有个著名的 KISS（Keep It Simple and Stupid）原则，KISS 并非“亲吻”之意，而是说让代码保持简单，返璞归真。KISS 中的“Stupid”，并不是愚蠢的意思，而是表示一目了然。一目了然的代码，易于理解和维护。上述简洁表达式的使用方便了编译器，于人而言，却不易理解，有违“KISS”原则之嫌，所以不太提倡使用。

4.2.1 算术表达式与关系表达式

算术表达式用于数值计算。它由算术运算符和变量或常量组成，其结果是一个数值，如“a + b”“x * y -3”等。

关系表达式常用于程序判断语句中，由关系运算符组成，其运算结果为逻辑数值型（即 true 或 false）。

范例 4-8　简单的关系表达式的使用（RelationExpression.java）

```
public class RelationExpression
{

    public static void main(String[] args)
    {
        int a = 5 , b = 4;
        boolean t1 = a > b;
        boolean t2 = a == b;
        System.out.println("a > b : " + t1);
        System.out.println("a == b : " + t2);
    }
}
```

程序运行结果如下图所示。

```
Problems  Javadoc  Declaration  Console
<terminated> RelationExpression [Java Application] C:\Program Files\Java\jre1.8.0_112\bin\javaw.e
a > b : true
a == b : false
```

代码详解

在第 07 行，先进行 $a > b$ 的逻辑判断，因为 a=5，b=4，所以返回 true，并赋值给布尔变量 $t1$。

在第 08 行，先进行 $a == b$ 的逻辑判断，因为 a=5，b=4，二者不相等，所以返回 false，并赋值给布尔变量 $t2$。第 09 行和第 10 行分别把对应的布尔值输出。

4.2.2 逻辑表达式与赋值表达式

用逻辑运算符将关系表达式或逻辑量连接起来的有意义的式子称为逻辑表达式，如 1 + 1 == 2 等。逻辑表达式的值也是一个逻辑值，即“true”或“false”。而赋值表达式由赋值运算符（=）和操作数组成，如 result = num1 * num2 – 700，赋值表达式主要用于给变量赋值。

范例 4-9　简单的赋值表达式的使用（LogicAssignExpress.java）

```
01 public class LogicAssignExpression
02 {
03     public static void main (String args[])
04     {
05         boolean LogicExp = (1 + 1 == 2) && (1 + 2 == 3);
06         System.out.println("(1 + 1 ==2) && (1 + 2 ==3) : " + LogicExp);
07 
08         int num1 = 123;
09         int num2 = 6;
10         int result = num1 * num2 - 700;
11         System.out.println("Assignment Expression :num1 * num2 - 700 = "+ result);
12     }
13 }
```

程序运行的结果如下图所示。

```
Problems  Javadoc  Declaration  Console
<terminated> LogicAssignExpression [Java Application] C:\Program Files\Java\jre1.8.0_112\bin\java
(1 + 1 ==2) && (1 + 2 ==3) : true
Assignment Expression :num1 * num2 - 700 = 38
```

代码详解

在第 05 行，因为加号（+）运算符的优先级高于逻辑等号（==），所以先进行的操作是加法运算，因此可以得到，(1 + 1 == 2) && (1 + 2 ==3) → (2 == 2) && (3 ==3)，然后再实施逻辑判断 (2 == 2) 返回 true，与逻辑判断 (3 ==3) 返回 true，显然，true&& true = true。所以最终的输出结果为 true。

赋值表达式的功能是，先计算“=”右侧表达式的值，然后再将值赋给左边。赋值运算符“=”具有右结合性。所以，在第 10 行中，初学者不能将赋值表达式 $z = x * y – 700$，理解为将 x 的值或 $x * y$ 赋值给 z，然后再减去 700。正确的流程是先计算表达式 $x * y – 700$ 的值，再将计算的结果赋值给 z。

4.2.3 表达式的类型转换

在前面的章节中，我们曾提到过数据类型的转换。除了强制类型转换外，当 int 类型遇上了 float 类型，到底谁是“赢家”，运算的结果是什么数据类型呢？在这里，要再一次详细讨论表达式的类型转换。

Java 是一种很有弹性的程序设计语言，当上述情况发生时，只要坚持“以不流失数据为前提”的大原则，即可进行不同的类型转换，使不同类型的数据、表达式都能继续存储。依照大原则，当 Java 发现程序的表达式中有类型不相符的情况时，就会依据下列规则来处理类型的转换。

（1）占用字节较少的数据类型转换成占用字节较多的数据类型。

（2）字符类型会转换成 int 类型。

（3）int 类型会转换成 float 类型。

（4）表达式中若某个操作数 km 的类型为 double，则另一个操作数也会转换成 double 类型。

（5）布尔类型不能转换成其他类型。

（1）和（2）体现“大鱼（占字节多的）吃小鱼（占字节少的）”思想。（3）和（4）体现“精度高者优先”思想，占据相同字节的类型向浮点数（float、double）靠拢。（5）中体现了 Java 对逻辑类型坚决“另起炉灶”的原则，布尔类型变量的值只能是 true 或 false，它们和整型数据无关。而在 C/C++ 中，逻辑类型和整型变量之间的关系是“剪不断，理还乱”，即所有的非零整数都可看作为逻辑“真”，只有 0 才看作“假”。

下面的范例说明了表达式类型的自动转换。

范例 4-10　表达式类型的自动转换（TypeConvert.java）

```java
// 下面的程序说明了表达式类型的自动转换问题
public class TypeConvert6_17
{
    public static void main(String[] args)
    {
        char ch = 'a' ;
        short a = -2 ;
        int b = 3 ;
        float f = 5.3f ;
        double d = 6.28 ;

       System.out.print("(ch / a) - (d / f) - (a + b) = ");
        System.out.println((ch / a) - (d / f) - (a + b));
    }
}
```

程序运行的结果如下图所示。

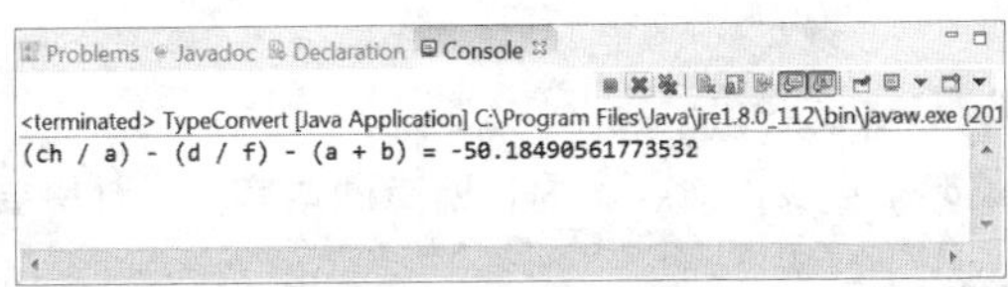

代码详解

先别急着看结果，在程序运行之前可先思考一下，这个复杂的表达式（ch / a）－（d / f）－（a + b）最后的输出类型是什么？它又是如何将不同的数据类型转换成相同的呢？读者可以参考下图的分析过程。

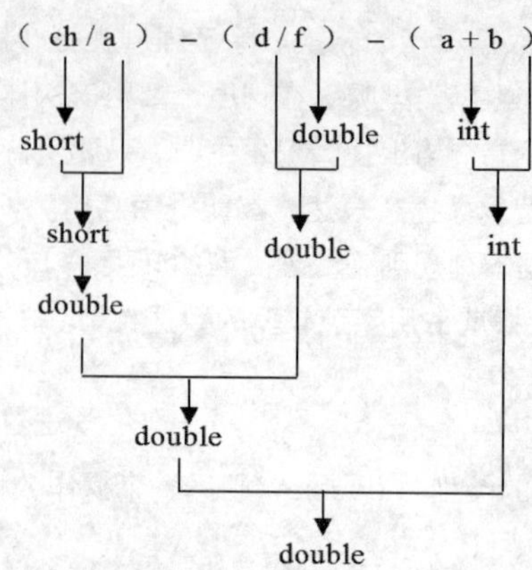

第 12 行和第 13 行分别用了 System.out.print 和 System.out.println 方法。二者的区别在于，前者输出内容后不换行，而后者输出内容后换行。println 中最后两个字符“ln”实际上是英文单词“line”的简写，表明一个新行。

我们知道，转义字符“\n”也有换行的作用，所以，“ System.out.print(" 我要换行！ \n");”和语句“System.out.println(" 我要换行！ ");”是等效的，都能达到输出内容后换行的效果。

4.3 语句

在学会使用运算符和表达式后，就可以写出基本的 Java 程序语句了。表达式由运算符和操作数组成，语句（statement）则由表达式组成。例如，*a + b* 是一个表达式， 加上分号后就成了下面的形式。

```
a + b ;
```

这就是一个语句。计算机执行程序就是由若干条语句进行的。每个语句后用分号（;）隔开。多个语句只要用分号隔开，可以处于同一行，如下面的语句是合法的。

```
char ch = 'a' ; short a = -2 ; int b = 3 ;
```

但为了让程序有良好的可读性，并且方便添加注释，我们推荐读者遵循一条语句占据一行的模式，例如以下形式。

```
char ch = 'a' ;        // 定义字符型变量 ch，并赋值为 'a'
short a = -2 ;         // 定义短整型变量 a，并赋值为 -2
int b = 3 ;            // 定义整型变量 b，并赋值为 3
```

4.3.1 语句中的空格

在 Java 程序语句中，空格是必不可少的。一方面，所有的语言指令都需要借助空格来分隔标注。如下面的语句。

```
int  a;    // 变量类型（int）和变量（a）之间需要空格隔开
```

另一方面，虽然 Java 编译器在编译的过程中，会把所有非必需的空格过滤掉，但空格可以使程序更具有可读性，更加美观。

例如，下面的程序使用了空格，程序的作用很容易看懂。

范例 4-11　语句中的空格使程序易懂（SpaceDemo.java）

```
01 public class SpaceDemo
02 {
03     public static void main ( String args[] )
04     {
05         int a;
06         a = 7;       // 等号两边使用了空格
07         a = a * a;   // 等号和乘号两边使用了空格
08         System.out.println( "a * a = " + a );
09     }
10 }
```

程序运行结果如下图所示。

Problems　Javadoc　Declaration　Console

<terminated> SpaceDemo [Java Application] C:\Program Files\Java\jre1.8.0_112\bin\javaw.exe (201

```
a * a = 49
```

代码详解

在有了一定的编程经验之后，读者可以体会到，源程序除了要实现基本的功能，还要体现出“编程之美”。因此建议在所有可分离的操作符中间都加上一个空格，这样让代码更加舒展。

对于第 07 行，一般的编程风格如下。

```
a=a+a;     // 风格 1
```

而建议的风格，每个操作符（如这个语句的“=”和“+”）左右两边都手工多敲一个空格，具体形式如下。

```
a = a + a ;   // 风格 2
```

上述两个语句在功能上（对于编译器来说）是完全相同的，但后者（所有操作符后面有个空格）更具有美感。当然，对于编程风格，“仁者见仁，智者见智”，这里仅仅是一种推荐，而不是一种必需。

但是，对于逻辑判断的符号“==”“&&”“||”，简写操作符“+=”“-=”等，左右移符号“<<”“>>”及“>>>”等，不可以用空格隔开。如果这些符号中间添加空格的话，编译器就会不“认识”它们，从而无法编译通过。

4.3.2 空语句

前面所讲的语句都要进行一定的操作，但是 Java 中有一种语句什么也不执行，这就是空语句。空语句是由一个分号（;）组成的语句。

空语句是什么也不执行的语句。在程序中空语句常常用来作空循环体。例如以下形式。

```
while((char) System.in.read()!=’ \n’ )
{      // 为了突出空语句，特地加了一个大括号
;
}
```

本语句的功能是，只要从键盘输入的字符（System.in.read() 方法）不是回车，则重新输入。一般来说，while 的条件判断体后不用添加分号的，后面紧跟一个循环体，而这里的循环体为空语句。上述语句可以用下面更加简洁的语句来描述：while(getchar()!='\n') ;。

关于 while 循环的知识点，我们会在随后的第 7 章详细描述，这里读者仅需知道这个概念即可。

空语句还可以用于在调试时留空，以待以后添加新的功能。如果不是出于这种目的，一般不建议使用空语句，因为空语句不完成任何功能，但会占用计算机资源。

提示

一条 Java 语句后面可以跟多个分号吗？如 int x ;; 是合法的吗？（面试题）

由于一些读者的基本功不是太扎实，导致很多人回答说“不可以，不合法”。因为在他们的印象中，每条语句后仅跟一个分号，用来表明本语句结束。事实上，由于多个 Java 语句可以处于同一行，那么 int x ;; 就可以解读为“int x;”这条语句和另外一个空语句“;”共处于一行之上。基于这个认识，int x 语句后面即使跟 10 个、100 个分号也是合法的。

4.3.3 声明语句与赋值语句

在前面已经多次用到了声明语句。其格式一般如下。

```
<声明数据类型><变量 1>…<变量 n>;
```

使用声明语句可以在每一条语句中声明一个变量，也可以在一条语句中声明多个变量。还可以在声明变量的同时，直接与赋值语句连用为变量赋值。例如以下形式。

```
int a;       // 一条语句中声明一个变量
int x, y;    // 一条语句中声明多个变量
int t = 1;   // 声明变量的同时，直接为变量赋值
```

如果对声明的成员变量没有赋值，那么将赋为默认的值。默认初始值：整型的为 0；布尔类型变量默认值为 false；引用数据类型和字符串类型默认都为 null。

除了可以在声明语句中为变量赋初值外，还可以在程序中为变量重新赋值，这就用到了赋值语句。

例如以下形式。

```
pi = 3.1415;
r = 25;
s = pi*r*r;
```

在程序代码中，使用赋值语句给变量赋值，赋值符号右边可以是一个常量或变量，也可以是一个表达式。程序在运行时先计算表达式的值，然后将结果赋给等号左边的变量。

4.4 程序的控制逻辑

结构化程序设计（Structured Programming）是一种经典的编程模式，在 1960 年开始发展，其思想最早是由荷兰著名计算机科学家、图灵奖得主艾兹格·W·迪科斯彻（E.W. Dijkstra）提出的。Dijkstra 设计了一套规则，使程序设计具有合理的结构，用以保证程序的正确性。这套规则要求程序设计者按照一定的结构形式来设计和编写程序，而不是“天马行空”地根据程序员的意愿来编写。

1966 年，Böhm 和 Jacopini 等人提出了结构化程序理论①，他们的研究结论是，只要一种编程语言利用 3 个控制方式，组合其子程序及调整控制流程，每个可计算函数都可以用此种编程语言来表示。3 个调整控制流程的方式如下。

① 运行一个子程序，然后接着运行下一个（顺序）。

② 依照布尔变量的结果，选择运行两个子程序中的一个（选择）。

③ 重复运行某个子程序，直到特定布尔变量为真才结束（循环）。

早期的程序员广泛使用 goto 语句，而自从结构化编程思想推广以来，它已经日益淡出程序设计的舞台。

---

① Böhm C, Jacopini G. Flow diagrams, turing machines and languages with only two formation rules[J]. Communications of the ACM, 1966, 9(5): 366-371.

goto 语句也称为无条件转移语句，它破坏了程序设计结构性，导致程序流程的混乱，使理解和调试程序都产生困难。1966 年 5 月，Dijkstra 在著名学术期刊《Communications of the ACM》发表论文，说明任何一个有 goto 指令的程序，可改为完全不使用 goto 指令的程序，即“所有有意义的程序流程都可以使用 3 种基本的结构来构成”。1968 年，Dijkstra 等人发表了著名的论文《GOTO 语句有害论》（Go To Statement Considered Harmful），更加系统地阐述了 goto 语句的危害。

在这篇论文中，Dijkstra 保持他一贯的犀利语气，文中指出：“几年前我就观察到，一个程序员的质量，是与其程序中 goto 语句的密度成反比的，”他还阐述道，“后来我发现了为什么 goto 语句的使用有这么严重的后果，并相信所有高级语言都应该把 goto 废除掉。”

说到这篇有关程序结构控制的著名论文——《GOTO 语句有害论》，还有一段奇闻异事值得说道。我们现在知道，Dijkstra 学问很广泛，还曾经获得过 1972 年的计算机领域最高奖——图灵奖。我们也知道，这篇论文非常经典，据谷歌学术检索表明，它引用次数超过 1500 多次。可就是这样的一位“牛人”写的论文，在这篇论文盲审时，也被论文评阅人批评得一塌糊涂，惨不目睹。

譬如说，其中一评阅人的意见就是：“发表这样的论文，纯粹就是浪费纸张，如果发表这样的论文，它既不会被引用，也不会被人注意。我敢肯定，从现在起的 30 年内，goto 语句不仅会活得好好的，而且还会像现在一样应用广泛。①”

这段有关 Dijkstra 论文发表的小典故告诉我们，即使你是金子，也有可能被人误解为破铜烂铁，但结局是完美的，“是金子，终究还是会发光的。”

Dijkstra 的论文针砭时弊，引起了激烈的讨论。之所以激烈，是因为当时人们正忙于 IBM 360 系列大型机的使用，而 IBM 360 的主要编程语言就是 Fortran②，goto 语句则是 Fortran 的支柱之一。

但人们还是逐渐意识到，这不是一个简单的去掉 goto 语句的问题，而是促进一种新的程序设计观念和风格，以期显著提高软件生产率和降低软件维护成本。

自此，人们的编程方式发生重大变化，每种语言都提供这 3 种基本控制结构的实现方式，并提供局部化数据访问的能力及某种形式的模块化编译机制。正是这个原因，在 Java 程序设计中，虽然 goto 作为关键字保留了下来，但却一直没有被启用。

结构化程序设计语言强调用模块化、积木式的方法来建立程序。采用结构化程序设计方法，可使程序的逻辑结构清晰、层次分明、可读性好、可靠性强，从而提高了程序的开发效率，保证了程序质量，改善了程序的可靠性。

不论是顺序结构、选择结构，还是循环结构，这 3 种结构都有一个共同点，就是它们都只有一个入口，也只有一个运行出口。在程序中，使用了这些结构到底有什么好处呢？答案是，这些单一的入口和出口可让程序可控、易读、好维护。下面我们分别给予介绍。

4.4.1 顺序结构

顺序结构是结构化程序最简单的结构之一。所谓顺序结构程序，就是按书写顺序执行的语句构成的程序段，其流程如下图（a）所示。

通常情况下，顺序结构是指按照程序语句出现的先后顺序一句一句地执行。前几个章节的范例，大多数都属于顺序结构程序。有一些程序并不按顺序执行语句，这个过程称为“控制的转移”，它涉及了另外两类程序的控制结构，即分支结构和循环结构。

---

① 原文为：Publishing this would waste valuable paper: Should it be published, I am as sure it will go uncited and unnoticed as I am confident that, 30 years from now, the goto will still be alive and well and used as widely as it is today.

② Fortran 源自于“公式翻译”（即 FormulaTranslation）的缩写，是世界上最早出现的计算机高级程序设计语言之一，广泛应用于科学和工程计算领域。

4.4.2 分支结构

分支结构也称为选择结构，在许多实际问题的程序设计中，根据输入数据和中间结果的不同，需要选择不同的语句组执行。在这种情况下，必须根据某个变量或表达式的值作出判断，以决定执行哪些语句和不执行哪些语句，其流程如下图（b）所示。

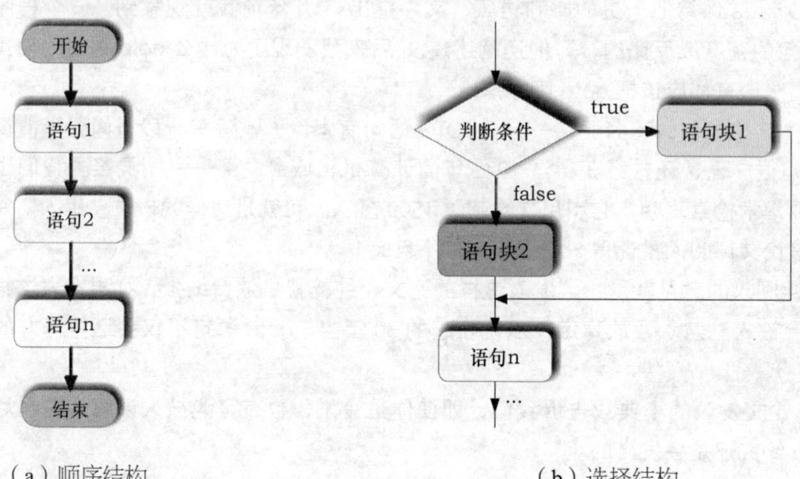

（a）顺序结构　　（b）选择结构

选择结构是根据给定的条件进行判断，决定执行哪个分支的程序段。条件分支不是我们常说的“兵分两路”，“兵分两路”是两条路都有“兵”，而这里的条件分支，在执行时“非此即彼”，不可兼得，其主要用于两个分支的选择，由 if 语句和 if ... else 语句来实现。下面介绍一下 if...else 语句。

if...else 语句可以依据判断条件的结果，来决定要执行的语句。当判断条件的值为真时，就运行“语句 1”；当判断条件的值为假时，则执行“语句 2”。不论执行哪一个语句，最后都会再回到“语句 3”继续执行。

4.4.3 循环结构

循环结构的特点是，在给定条件成立时，反复执行某个程序段。通常我们称给定条件为循环条件，称反复执行的程序段为循环体。循环体可以是复合语句、单个语句或空语句。在循环体中也可以包含循环语句，实现循环的嵌套。循环结构的流程如下图（c）所示。

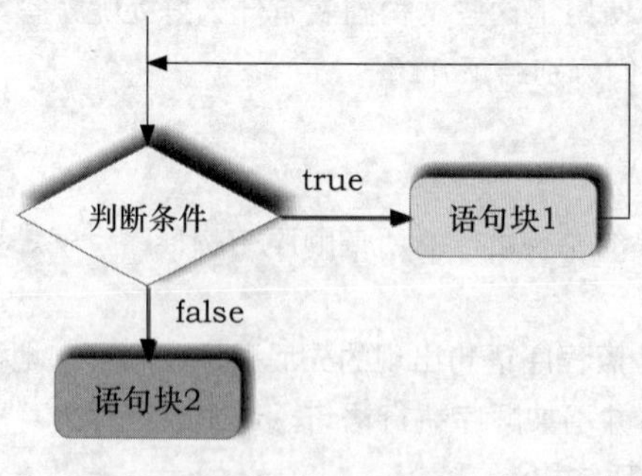

（c）循环结构

4.5 选择结构

Java 语言中的选择结构提供了以下两种类型的分支结构。

条件分支：根据给定的条件进行判断，决定执行某个分支的程序段。

开关分支：根据给定整型表达式的值进行判断，然后决定执行多路分支中的一支。

条件分支主要用于两个分支的选择，由 if 语句和 if ... else 语句来实现。开关分支用于多个分支的选择，由 switch 语句来实现。在语句中加上了选择结构之后，就像是十字路口，根据不同的选择，程序的运行会有不同的结果。

4.5.1 if 语句

if 语句（if-then Statement）用于实现条件分支结构，它在可选动作中做出选择，执行某个分支的程序段。if 语句有两种格式在使用中供选择。要根据判断的结构来执行不同的语句时，使用 if 语句是一个很好的选择，它会准确地检测判断条件成立与否，再决定是否要执行后面的语句。

if 语句的格式如下。

```
if (判断条件)
{
  语句 1
…
  语句 n
}
```

若是在 if 语句主体中要处理的语句只有 1 个，可省略左、右大括号。但是不建议读者省略，因为这样更易于阅读和不易出错。当判断条件的值不为假时，就会逐一执行大括号里面所包含的语句。if 语句的流程如下图所示。

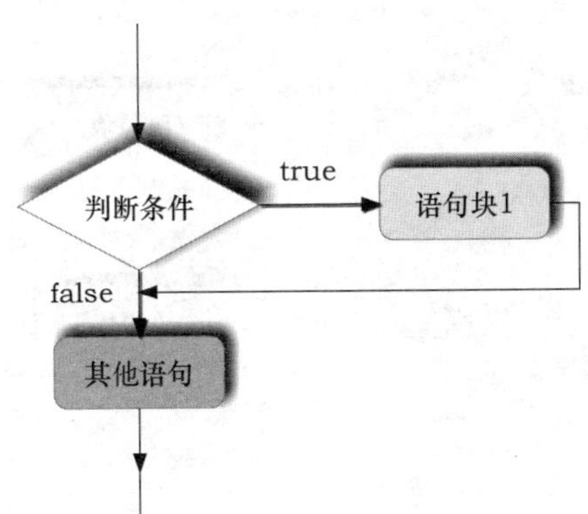

如果表达式的值为真，则执行 if 语句中的语句块 1；否则将执行整个 if 语句下面的其他语句。if 语句中的语句可以是一条语句，也可以是复合语句。

4.5.2 if...else 语句

if...else 语句（if-then-else Statement）是根据判断条件是否成立来执行的。如下图所示，如果条件表达式的值为真，则执行 if 中的语句块 1，判断条件不成立时，则会执行 else 中的语句块 2，然后继续执行整个 if 语句后面的语句。语句体 1 和语句体 2 可以是一条语句，也可以是复合语句。if...else 语句的格式如下。

```
if (条件表达式)
{
语句块 1
}
else
{
语句块 2
}
```

若在 if 语句体或 else 语句体中要处理的语句只有一个，可以将左、右大括号去除。但是建议读者养成良好的编程习惯，不管 if 语句或 else 语句体中有几条语句，都加左、右大括号。

if…else 语句的流程如下图所示。

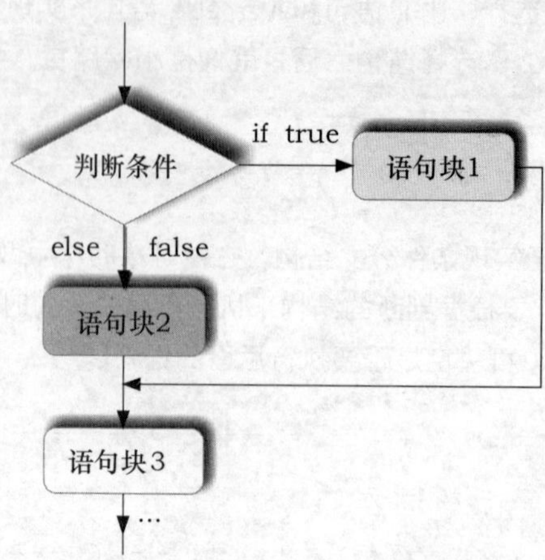

4.5.3 if...else if...else 语句

因为 if 语句体或 else 语句体可以是多条语句，所以如果需要在 if...else 里判断多个条件，可以“随意”嵌套。比较常用的是 if...else if ... else 语句，其流程如下图所示。

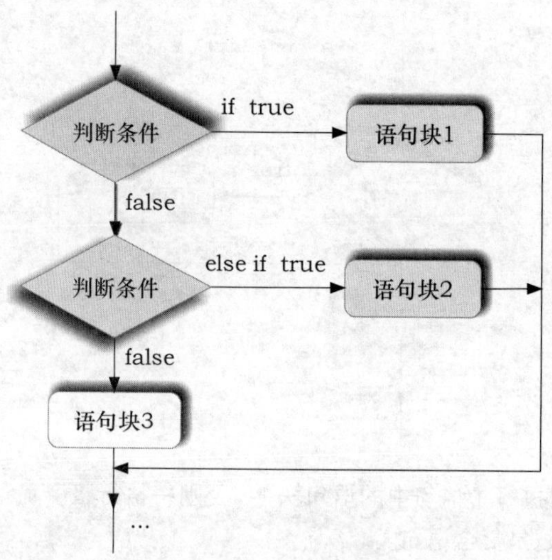

其格式如下所示。

```
if ( 条件判断 1)
{
    语句块 1
}
else if ( 条件判断 2)
{
    语句块 2
}
…. // 多个 else if() 语句
else
{
    语句块 n
}
```

这种方式用在含有多个判断条件的程序中，请看下面的范例。

范例 4-12　多分支条件语句的使用（multiplyIfElse.java）

```java
//以下程序演示了多分支条件语句 if…else if…else 的使用
public class multiplyIfElse
{
    public static void main( String[] args )
    {
        int a = 5;
        // 判断 a 与 0 的大小关系
        if( a > 0 )
        {
            System.out.println( "a > 0!" );
        }
        else if( a < 0 )
        {
            System.out.println( "a < 0!" );
        }
        else
        {
            System.out.println( "a == 0!" );
        }
    }
}
```

程序运行结果如下图所示。

```
Problems  Javadoc  Declaration  Console
<terminated> multiplyIfElse [Java Application] C:\Program Files\Java\jre1.8.0_112\bin\javaw.exe (20
a > 0!
```

可以看出，if … else if …else 比单纯的 if…else 语句含有更多的条件判断语句。可是如果有很多条件都要判断的话，这样写是一件很头疼的事情，下面介绍的多重选择 switch 语句就可以解决这一问题。

4.5.4 多重选择—— switch 语句

虽然嵌套的 if 语句可以实现多重选择处理，但语句较为复杂，并且容易将 if 与 else 配对错误，从而造成逻辑混乱。在这种情况下，可使用 switch 语句来实现多重选择情况的处理。switch 结构称为“多路选择结构”，switch 语句也叫开关语句，可以在许多不同的语句组之间做出选择。

switch 语句的格式如下，其中 default 语句和 break 语句并不是必需的。

```
switch ( 表达式 )
{
case 常量选择值 1 :  语句体 1 {break ;}
case 常量选择值 2 :  语句体 2 { break;}
…
case 常量选择值 n :  语句体 n { break ;}
default:  默认语句体 { break;}
}
```

需要说明的是，switch 的表达式类型为整型（包括 byte、short、char、int 等）、字符类型及枚举类型。在 JDK 1.7 之后，switch 语句增加了对 String 类型的支持。我们会在后续的章节中讲到它们的具体应用。case（情况）后的常量选择值要和表达式的数据类型一致，并且不能重复。break 语句用于转换程序的流程，在 switch 结构中使用 break 语句可以使程序立即退出该结构，转而执行该结构后面的第 1 条语句。

接下来看看 switch 语句执行的流程。

（1）switch 语句先计算括号中表达式的结果。

（2）根据表达式的值检测是否符合执行 case 后面的选择值，若是所有 case 的选择值皆不符合，则执行 default 后面的语句，执行完毕即离开 switch 语句。

（3）如果某个 case 的选择值符合表达式的结果，就会执行该 case 所包含的语句，直到遇到 break 语句后才离开 switch 语句。

（4）若是没有在 case 语句结尾处加上 break 语句，则会一直执行到 switch 语句的尾端，才会离开 switch 语句。break 语句在下面的章节中会介绍，读者只要先记住 break 是跳出语句就可以了。

（5）若是没有定义 default 该执行的语句，则什么也不会执行，而是直接离开 switch 语句。

根据上面的描述，可以绘制出如下图所示的 switch 语句流程。

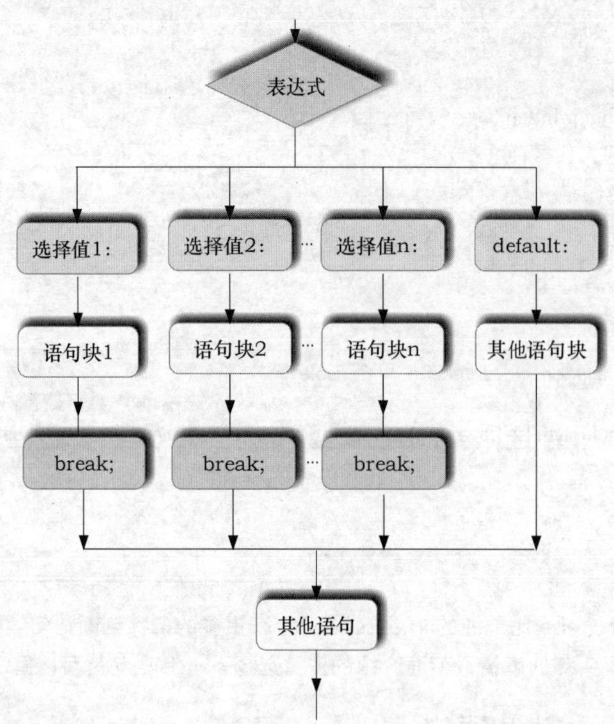

下面的程序是一个简单的赋值表达式，利用 switch 语句处理此表达式中的运算符，再输出运算后的结果。

范例 4-13　多分支条件语句的使用（switchDemo.java）

```
//以下程序演示了多分支条件语句的使用
public class switchDemo
{
    public static void main( String[] args )
    {
        int a = 100;
        int b = 7;
        char oper = '*';

```

```
10        switch( oper ) // 用 switch 实现多分支语句
11        {
12        case '+':
13          System.out.println( a + " + " + b + " = " + ( a + b ) );
14          break ;
15        case '-':
16          System.out.println( a + " - " + b + " = " + ( a - b ) );
17          break ;
18        case '*':
19          System.out.println( a + " * " + b + " = " + ( a * b ) );
20          break ;
21        case '/':
22          System.out.println( a + " / " + b + " = " + ( (float)a / b ) );
23          break ;
24        default:
25          System.out.println( " 未知的操作！ " );
26          break;
27        }
28    }
29 }
```

程序运行结果如下图所示。

```
Problems  Javadoc  Declaration  Console
<terminated> switchDemo [Java Application] C:\Program Files\Java\jre1.8.0_112\bin\javaw.exe (201
100 * 7 = 700
```

代码详解

第 08 行，利用变量存放一个运算符号。

第 10~27 行为 switch 语句。当 oper 为字符 +、-、*、/ 时，输出运算的结果后离开 switch 语句；若所输入的运算符皆不是这些，即执行 default 所包含的语句，输出“未知的操作！”，再离开 switch。

选择值为字符时，必须用单引号将字符包围起来。

读者可以试着把程序中的 break 语句删除，再运行，看看结果是什么，想一想为什么。

4.6 循环结构

循环结构是程序中的另一种重要结构。它和顺序结构、选择结构共同作为各种复杂程序的基本构造部件。循环结构的特点是在给定条件成立时，反复执行某个程序段。通常我们称给定条件为循环条件，称反复执行的程序段为循环体。循环体可以是复合语句、单个语句或空语句。

循环结构包括 while 循环、do...while 循环、for 循环，还可以使用嵌套循环完成复杂的程序控制操作。

4.6.1 while 循环

while 循环语句的执行过程是先计算表达式的值，若表达式的值为真，则执行循环体中的语句，继续循环；

否则退出该循环，执行 while 语句后面的语句。循环体可以是一条语句或空语句，也可以是复合语句。while 循环的格式如下。

```
while ( 判断条件 )
{
语句 1 ;
语句 2 ;
…
语句 n
}
```

当 while 循环主体有且只有一个语句时，可以将大括号去掉，但不建议这样做。在 while 循环语句中，只有一个判断条件，它可以是任何逻辑表达式。在这里需要注意的是，while 中的判断条件必须是布尔类型值（不同于 C/C++，可以是有关整型数运算的表达式）。下面列出了 while 循环执行的流程。

（1）第 1 次进入 while 循环前，必须先对循环控制变量（或表达式）赋起始值。

（2）根据判断条件的内容决定是否要继续执行循环，如果条件判断值为真（true），则继续执行循环主体。

（3）条件判断值为假（false），则跳出循环执行其他语句。

（4）重新对循环控制变量（或表达式）赋值（增加或减少）。因为 while 循环不会自动更改循环控制变量（或表达式）的内容，所以在 while 循环中对循环控制变量赋值的工作要由设计者自己来做，完成后再回到步骤 2 重新判断是否继续执行循环。

while 循环流程如下图所示。

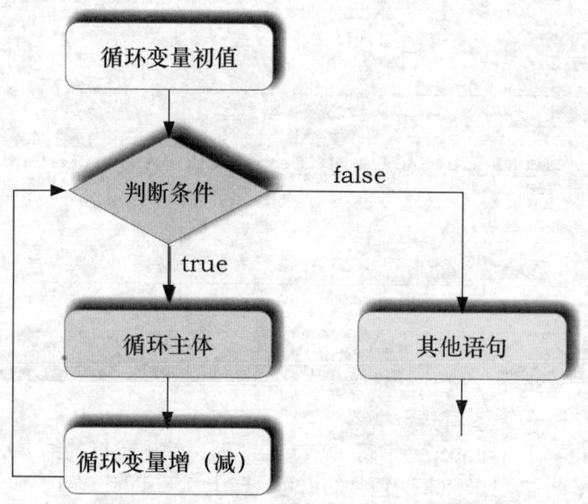

下面这个范例是循环计算 1 累加至 10。

范例 4-14　while循环的使用（whileDemo.java）

```
//以下程序演示了 while 循环的使用方法
public class whileDemo
{
    public static void main( String[] args )
    {
        int i = 1 ;
        int sum = 0 ;

        while( i < 11 )
        {
```

```
11            sum += i ;   // 累加计算
12            ++i ;
13        }
14
15        System.out.println( "1 + 2 + ...+ 10 = " +sum );         // 输出结果
16    }
17 }
```

程序运行结果如下图所示。

```
Problems  Javadoc  Declaration  Console
<terminated> whileDemo [Java Application] C:\Program Files\Java\jre1.8.0_112\bin\javaw.exe (2016
1+2+3+...+10 = 55
```

代码详解

在第 06 行中，将循环控制变量 *i* 的值赋值为 1。

第 09 行进入 while 循环的判断条件为 *i*<11。第 1 次进入循环时，因为 *i* 的值为 1，所以判断条件的值为真，即进入循环主体。

第 10~13 行为循环主体，sum+*i* 后再指定给 sum 存放，*i* 的值加 1，再回到循环起始处，继续判断 *i* 的值是否仍在所限定的范围内，直到 *i* 大于 10 即跳出循环，表示累加的操作已经完成，最后再将 sum 的值输出即可。

4.6.2 do...while 循环

while 循环又称为“当型循环”，即当条件成立时才执行循环体，该小节介绍与“当型循环”不同的“直到型循环”，即先“直到”循环体（执行循环体），再判断条件是否成立，所以“直到型循环”至少会执行一次循环体。该循环又称为 do...while 循环。

```
do {
语句 1 ;
语句 2 ;
…
语句 n ;
} while ( 判断条件 );
```

do...while 循环的执行过程是先执行一次循环体，然后判断表达式的值，如果是真，则再执行循环体，继续循环；否则退出循环，执行下面的语句。循环体可以是单条语句或复合语句，在语法上它也可以是空语句，但此时循环没有什么实际意义。

下面列出 do...while 循环执行的流程。

（1）在进入 do...while 循环前，要先对循环控制变量（或表达式）赋起始值。

（2）直接执行循环主体，循环主体执行完毕，才开始根据条件的内容，判断是否继续执行循环：条件判断值为真（true）时，继续执行循环主体；条件判断值为假（false）时，则跳出循环，执行其他语句。

（3）执行完循环主体内的语句后，重新对循环控制变量（或表达式）赋值（增加或减少）。因为 do...while 循环和 while 循环一样，不会自动更改循环控制变量（或表达式）的内容，所以在 do...while 循环中赋值循环控制变量的工作要由自己来做，再回到步骤 2 重新判断是否继续执行循环。

do…while 循环流程如下图所示。

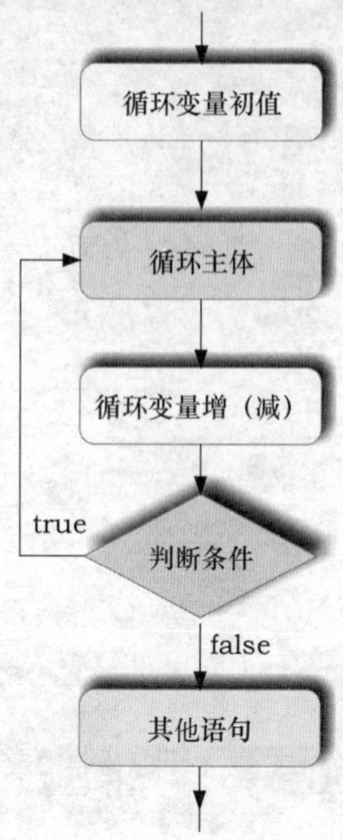

把 whileDemo.java 的程序稍加修改，用 do…while 循环重新改写，就是下面的范例。

范例 4-15　do...while循环语句的使用（doWhileDemo.java）

```
// 演示 do...while 循环的用法
public class doWhileDemo
{
    public static void main( String[] args )
    {
        int i = 1;
        int sum = 0;
        // do.while 是先执行一次，再进行判断，即循环体至少会被执行一次
        do
        {
            sum += i;    // 累加计算
            ++i;
        }while( i <= 10 );

        System.out.println( "1 + 2 +…+ 10 = " + sum );          // 输出结果
    }
}
```

程序运行结果如下图所示。

```
Proble...  Javadoc  Declara...  Console
<terminated> doWhileDemo [Java Application] C:\Progran
1+2+3+···+10 = 55
```

首先，声明程序中要使用的变量 *i*（循环记数及累加操作数）及 sum（累加的总和），并将 sum 设初值为 0；由于要计算 1+2+…+10，因此在第 1 次进入循环的时候，将 *i* 的值设为 1，接着判断 *i* 是否小于 11，如果 *i* 小于 11，则计算 sum+*i* 的值后再指定给 sum 存放。*i* 的值已经不满足循环条件时，即会跳出循环，表示累加的操作已经完成，再输出 sum 的值，程序即结束运行。

代码详解

第 9~13 行利用 do…while 循环计算 1~10 的数累加。

第 15 行输出 1~10 的数的累加结果：1 + 2 + …+ 10 = 55。

do...while 循环的重要特征是，不管条件是什么，都是先做再说，因此循环的主体最少会被执行一次。在日常生活中，如果能够多加注意，并不难找到 do…while 循环的影子。例如，在利用提款机提款前，会先进入输入密码的画面，允许使用者输入 3 次密码，如果皆输入错误，即会将银行卡吞掉，其程序的流程就可以利用 do…while 循环设计而成。

4.6.3 for 循环

在 for 循环中，赋初始值语句、判断条件语句、增减标志量语句均可有可无。循环体可以是一条语句或空语句，也可以是复合语句。其语句格式如下。

```
for ( 赋初始值; 判断条件; 增减标志量 )
{
语句 1 ;
…
语句 n ;
}
```

若是在循环主体中要处理的语句只有 1 个，可以将大括号去掉，但是不建议省略。下面列出 for 循环的流程。

（1）第 1 次进入 for 循环时，对循环控制变量赋起始值。

（2）根据判断条件的内容检查是否要继续执行循环，当判断条件值为真（true）时，继续执行循环主体内的语句；判断条件值为假（false）时，则会跳出循环，执行其他语句。

（3）执行完循环主体内的语句后，循环控制变量会根据增减量的要求，更改循环控制变量的值，再回到步骤（2）重新判断是否继续执行循环。

for 循环流程如下图所示。

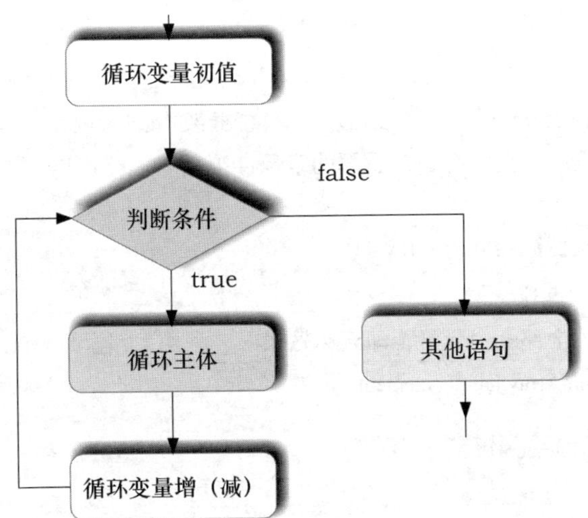

通过下面的范例，利用 for 循环来完成由 1 至 10 的数的累加运算，帮助读者熟悉 for 循环的使用方法。

范例 4-16 for循环的使用（forDemo.java）

```
01 // 演示 for 循环的用法
02 public class forDemo
03 {
04     public static void main( String[] args )
05     {
06         int i = 0;
07         int sum = 0 ;
08         // 用来计算数字累加之和
09         for( i=1; i<11; i++ )
10         {
11             sum += i ;   // 计算 sum = sum+i
12         }
13         System.out.println( "1 + 2 +…+ 10 = " + sum );
14     }
15 }
```

程序运行结果如下图所示。

```
Problems  Javadoc  Declaration  Console
<terminated> forDemo [Java Application] C:\Program Files\Java\jre1.8.0_112\bin\javaw.exe (2016年
1+2+3+···+10 = 55
```

代码详解

第 06 行和第 07 行声明两个变量 sum 和 *i*，*i* 用于循环的记数控制。

第 09~12 行做 1~10 之间的循环累加，执行的结果如上图所示。

事实上，当循环语句中又出现循环语句时，就称为循环嵌套。如嵌套 for 循环、嵌套 while 循环等。当然读者也可以使用混合嵌套循环，也就是循环中又有其他不同种类的循环。

4.6.4 foreach 循环

很多时候，从头到尾遍历操作一个数组（array）、集合框架（collections）等中的所有元素，是很常见的需求。有关数组和集合的知识点，我们将会在后面的章节详细描述，在这里，读者仅需知道它们是承载数据的“容器”即可。

假设，我们定义了一个整型数组 numArray。

```
int[] numArray = { 1, 2, 3, 4, 5, 6 };
```

如果我们要输出数组中的全部 6 个元素（即遍历输出），利用 for 循环，通常的做法如下所示。

```
for (int element; element < numArray.length; element ++)
{
  System.out.print(numArray[element]);
}
```

其中 numArray.length 是读取数组的长度。上面的写法并没有错，只不过索引信息（数组下标）基本上是不需要的，非要写上去，虽然语法正确，但是形式繁琐。

在 JDK 1.5 以后，Java 提供了 for 语句的特殊简化版本 foreach 语句块（有时也称为增强的 for 循环）。foreach 语句为遍历诸如数组、集合框架等内的元素提供了很大便利。foreach 并不是一个关键字，仅是在习惯上将这种特殊的 for 语句格式称为“foreach”语句。从英文字面意思上理解，foreach 也就是“为（for）每一个（each）”，其本身都有“遍历”元素的意思。

foreach 的语句格式如下。

```
for( 元素类型 type 元素变量 var : 遍历对象 obj)
{
   引用了 var 的 Java 语句；
}
```

有了上面的认知，在引进 foreach 语法后，如果要输出数组中的全部 6 个元素，上面的例子可改写如下形式。

```
for (int element: numArray)
{
  System.out.print(element);
}
```

对比前后两个语句块可以发现，使用 foreach 遍历数组元素，其形式更加简洁明了。

所有 foreach 均可用传统的 for 循环模式代替。由于 foreach 循环会丢失元素的下标信息，当遍历集合或数组时，如果需要集合或数组元素的下标，推荐使用传统 for 循环方式。

4.7 循环的跳转

在 Java 语言中，有一些跳转的语句，如 break、continue 以及 return 等语句。break 语句、continue 语句和 return 语句都是用来控制程序的流程转向的，适当和灵活地使用它们可以更方便或更简洁地进行程序的设计。

4.7.1 break 语句

不知读者是否还记得 switch 语句中的 break 语句？其实不仅可以在 switch 语句中使用 break 语句，在 while、for、do…while 等循环语句结构中的循环体或语句组中也可以使用 break 语句，其作用是使程序立即退出该结构，转而执行该结构下面的第 1 条语句。break 语句也称为中断语句，它通常用来在适当的时候退出某个循环，或终止某个 case 并跳出 switch 结构。例如下面的 for 循环，在循环主体中有 break 语句时，当程序执行到 break，即会离开循环主体，而继续执行循环外层的语句。

```
for ( 赋初始值；判断条件；增减标志量 )
{
  语句 1 ;
  语句 2 ;
  …
  break ;
  …              // 若执行 break 语句，则此块内的语句将不会被执行
   语句 n ;
}
```

break 语句有两种用法，较常见的是不带标签的 break 语句。另外一种情况是带标签的 break 语句，它可以协助跳出循环体，接着运行指定位置的语句。下面分别给予介绍。

（1）不带标签的 break

以下面的程序为例，利用 for 循环输出循环变量 *i* 的值，当 *i* 除以 3 所取的余数为 0 时，即使用 break 语句跳离循环，并于程序结束前输出循环变量 *i* 的最终值。

范例 4-17 break语句的使用（breakDemo.java）

```
01 // 演示不带标签的 break 语句的用法
02 public class breakDemo
03 {
04     public static void main( String[] args )
05     {
06         int i = 0;
07         // 预计循环 9 次
08         for( i=1; i<10; ++i )
09         {
10             if( i%3 == 0 )
11                 break ;  // 当 i%3 == 0 时跳出循环体。注意此处通常不使用大括号
12 
13             System.out.println( "i = " + i );
14         }
15         System.out.println( " 循环中断：i = " + i );
16     }
17 }
```

程序运行结果如下图所示。

```
Problems  Javadoc  Declaration  Console
<terminated> breakDemo [Java Application] C:\Program Files\Java\jre1.8.0_112\bin\javaw.exe (201
i = 1
i = 2
循环中断：i = 3
```

代码详解

第 09 ~ 14 行为循环主体，*i* 为循环的控制变量。

当 *i*%3 为 0 时，符合 if 的条件判断，即执行第 11 行的 break 语句，跳离整个 for 循环。此例中，当 *i* 的值为 3 时，3%3 的余数为 0，符合 if 的条件判断，离开 for 循环，执行第 15 行：输出循环结束时循环控制变量 *i* 的值 3。

通常设计者都会设定一个条件，当条件成立时，不再继续执行循环主体。所以在循环中出现 break 语句时，if 语句通常也会同时出现。

另外，或许读者会问，为什么第 10 行的 if 语句没有用大括号包起来，不是要养成良好的编程风格吗？其实习惯上如果 if 语句里只含有一条类似于 break 语句、continue 语句或 return 语句的跳转语句，我们通常会省略 if 语句的大括号。

（2）带标签的 break

不带标签的 break 只能跳出包围它的最小代码块，如果想跳出包围它的更外层的代码块，可以使用带标签的 break 语句。

带标签的 break 语句格式如下。

```
break 标签名;
```

当这种形式的 break 执行时，控制被传递出指定的代码块，可以使用一个加标签的 break 语句退出一系列的嵌套块。要为一个代码块添加标签，只需要在该语句块的前面加上“标签名：”格式代码即可。标签名可以是任何合法有效的 Java 标识符。给一个块加上标签后，就可以使用这个标签作为 break 语句的对象。

范例 4-18 带标签的break语句的使用（breakLabelDemo.java）

```
01 // 演示带标签 break 语句的用法
02 public class breakLabelDemo
03 {
04     public static void main( String[] args )
05     {
06         for(int i = 0 ;i< 2;i++) // 最外层 for 循环
07         {
08             System.out.println(" 最外层循环 " + i);
09             loop:  // 中间层 for 循环标签
10             for(int j = 0;j< 2; j++)  // 中间层 for 循环
11             {
12                 System.out.println(" 中间层循环 " + j);
13                 for(int k = 0; k < 2; k++) // 最内层 for 循环
14                 {
15                     System.out.println(" 最内层循环 " + k);
16                     break loop;  // 跳出中间层 for 循环
17                 }
18             }
19         }
20     }
21 }
```

程序运行结果如下图所示。

```
Problems  Javadoc  Declaration  Console
<terminated> breakLabelDemo [Java Application] C:\Program Files\Java\jre1.8.0_112\bin\javaw.exe
最外层循环0
中间层循环0
最内层循环0
最外层循环1
中间层循环0
最内层循环0
```

代码详解

带标签的 break 语句，在本质上是作为 goto 语句的一种“文明”形式来使用。具体到本例，在代码第 16 行，loop 就是 break 所要跳出的标签。如果不加 break loop 这个语句，该程序运行结果有 14 行，但是加上 break loop 后，程序运行结果只有 6 行（如上图所示）。其原因如下：当程序由最外层循环向内层循环执行并输出 “最外层循环 0 中间层循环 0 最内层循环 0” 到达 “break loop” 时，程序跳出中间层循环，执行最外层循环中剩余的代码——*i* 的自增操作，通过判断 *i* 仍然符合循环条件，所以再一次从最外层循环向内层循环执行并输出 “最外层循环 1 中间层循环 0 最内层循环 0” 再次到达 “break loop;” 语句，再次跳转到最外层循环，*i* 再次加 1，已不符合最外层循环控制条件，跳出最外层循环。结束该嵌套循环程序段。

4.7.2 continue 语句

在 while、do…while 和 for 语句的循环体中，执行 continue 语句将结束本次循环而立即测试循环的条件，以决定是否进行下一次循环。例如下面的 for 循环，在循环主体中有 continue 语句，当程序执行到 continue，会执行设增减量，然后执行判断条件，也就是说会跳过 continue 下面的语句。

```
for ( 初始赋值；判断条件；设增减量 )
{
语句 1 ;
语句 2 ;
…
continue
…  // 若执行 continue 语句，则此处将不会被执行
语句 n;
}
```

类似于 break 语句有两种用法，continue 语句也有两种用法：一种是常见的不带标签的 continue 语句；另一种情况是带标签的 continue 语句，它可以协助跳出循环体，接着运行指定位置的语句。下面分别介绍。

（1）不带标签的 continue 语句

break 语句是跳出当前层循环，终结的是整个循环，也不再判断循环条件是否成立；相比而言，continue 语句则是结束本次循环（即 continue 语句之后的语句不再执行），然后重新回到循环的起点，判断循环条件是否成立，如果成立，则再次进入循环体，若不成立，跳出循环。

范例 4-19　continue语句的使用（continueDemo.java）

```
// 演示不带标签的 continue 语句的用法
public class continueDemo
{
    public static void main( String[] args )
    {
        int i = 0;
        // 预计循环 9 次
        for( i=1; i<10; ++i)
        {
            if( i % 3 == 0 )  // 当 i%3 == 0 时跳过本次循环，直接执行下一次循环
              continue;

            System.out.println( "i = " + i );
        }
        System.out.println( " 循环结束：i = " + i );
    }
}
```

程序运行结果如下图所示。

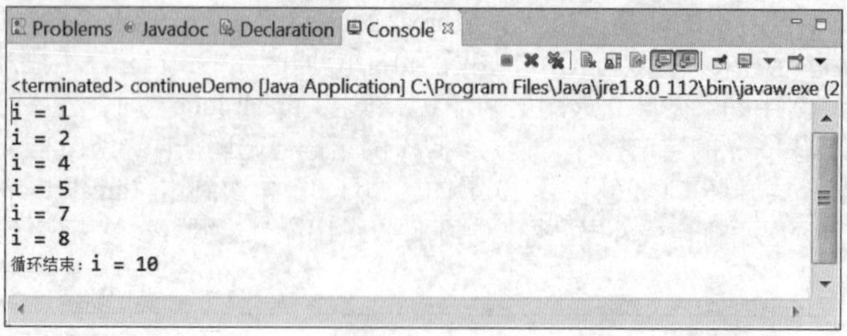

```
Problems  Javadoc  Declaration  Console
<terminated> continueDemo [Java Application] C:\Program Files\Java\jre1.8.0_112\bin\javaw.exe (2
i = 1
i = 2
i = 4
i = 5
i = 7
i = 8
循环结束：i = 10
```

代码详解

第 09 ～ 14 行为循环主体，*i* 为循环控制变量。

当 *i*%3 为 0 时，符合 if 的条件判断，即执行第 11 行的 continue 语句，跳离目前的 for 循环，不再执行循环体内的其他语句，而是先执行 ++i，再回到 i<10 处判断是否执行循环。此例中，当 *i* 的值为 3、6、9 时，取余数为 0，符合 if 判断条件，离开当前层的 for 循环，回到循环开始处继续判断是否执行循环。

当 *i* 的值为 10 时，不符合循环执行的条件，此时执行程序第 15 行，输出循环结束时循环控制变量 *i* 的值 10。

当判断条件成立时，break 语句与 continue 语句会有不同的执行方式。break 语句不管情况如何，先离开循环再说；而 continue 语句则不再执行此次循环的剩余语句，而是直接回到循环的起始处。

（2）带标签的 continue 语句

continue 语句和 break 语句一样可以和标签搭配使用，其作用也是用于跳出深度循环。其格式如下所示。

```
continue 标签名;
```

continue 后的标签，必须标识在循环语句之前，使程序的流程在遇到 continue 之后，立即结束当次循环，跳入标签所标识的循环层次中，进行下一轮循环。

范例 4-20　带标签的continue语句的使用（ContinueLabelDemo.java）

```java
//演示带标签的 continue 语句的用法
public class ContinueLabelDemo
{

 public static void main(String[] args)
 {
  for(int i = 0 ;i< 2;i++)
  {
    System.out.println(" 最外层循环 " + i);
    loop:
    for(int j = 0;j< 2; j++)
    {
      System.out.println(" 中间层循环 " + j);
      for(int k = 0; k < 2; k++)
      {
        System.out.println(" 最内层循环 " + k);
        continue loop;   //进入中层循环的下一次循环
      }
    }
  }
 }

}
```

程序运行结果如下图所示。

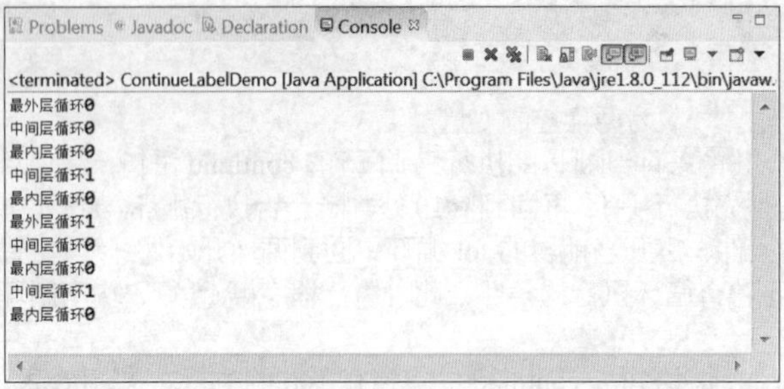

```
Problems  Javadoc  Declaration  Console
<terminated> ContinueLabelDemo [Java Application] C:\Program Files\Java\jre1.8.0_112\bin\javaw.
最外层循环0
中间层循环0
最内层循环0
中间层循环1
最内层循环0
最外层循环1
中间层循环0
最内层循环0
中间层循环1
最内层循环0
```

代码详解

在程序第 17 行，continue 语句带有标签 loop，程序的输出结果有 10 行之多（见上图）。假设将 continue 语句后的标签 loop 删除，整个程序的输出结果为 14 行。原因在于：从最外层 for 循环向内层 for 循环执行并先后输出“最外层循环 0 ↵中间层循环 0 ↵最内层循环 0 ↵”（这里的“↵”表示回车换行），到达“continue loop;”，然后程序跳出最内层 for 循环至标签处（第 10 行），接下来在中间层 for 循环体内执行 *j* 自加操作，判断 *j* 仍然符合循环条件，从而从中间层 for 循环向内层执行并输出“中间层循环 1 ↵ 最内层循环 0 ↵”，再次执行到“continue loop;”，然后程序再次从最内层 for 循环跳至标签处（第 10 行），再次进入中间层 for 循环，执行 *j* 自加操作，此时 *j* 已不符合循环条件，跳出中间层循环，进入最外层循环，在 *i*=1 时重复以上操作，从而输出 10 行。

4.7.3 return 语句

return 语句可以使程序的流程离开 return 语句所在的方法体，到目前为止我们所写的程序都只有一个 main 方法，所以，读者目前可以简单认为，return 语句的功能就是使程序结束。

return 语句的语法如下所示。

```
return 返回值 ;
```

其中返回值因方法定义的不同及我们需求的不同而不同，目前程序使用 return 语句的形式如下所示。

```
return;
```

范例 4-21　return语句的使用（returnDemo.java）

```
// 演示 return 语句的用法
public class returnDemo
{
    public static void main( String[] args )
    {
        int i = 0;
        // 预计循环 9 次
        for( i=1; i<10; ++i )
        {
            if( i%3 == 0 )
                return ;  // 当 i%3 == 0 时结束程序

            System.out.println( "i =  " + i );
        }
        System.out.println( " 循环结束：i = " + i );
    }
}
```

程序运行结果如下图所示。

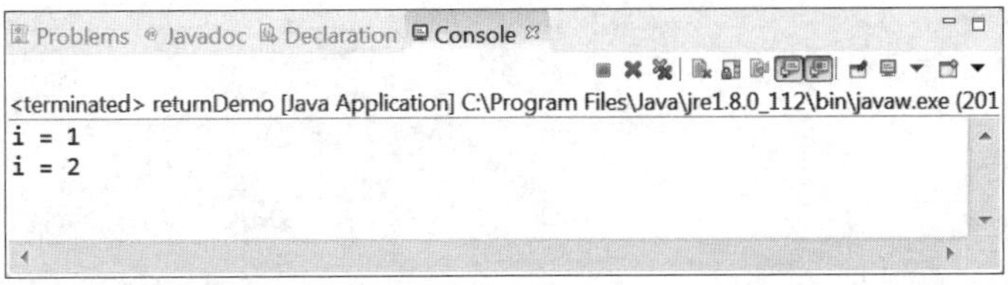

```
Problems  Javadoc  Declaration  Console
<terminated> returnDemo [Java Application] C:\Program Files\Java\jre1.8.0_112\bin\javaw.exe (201
i = 1
i = 2
```

代码详解

程序的大体构架与前面一样，这里不再赘述。需要读者注意的是，运行结果并没有输出“循环结束：i = 10”之类的字样。return 语句的作用是结束本方法，对于这个程序而言，相当于结束程序，所以当执行 return 语句之后程序就结束了，自然无法输出那串字符串了。

4.8 高手点拨

1. & 和 &&、| 和 || 的关系是怎么样的（Java 面试题）

对于“与操作”，有一个条件不满足，结果就是 false。普通与（&）是，所有的判断条件都要执行；短路与（&&）是，如果前面有条件已经返回了 false，不再向后判断，那么最终结果就是 false。

对于“或操作”，有一个条件满足，结果就是 true。对于普通或（|）是，所有的判断条件都要执行；短路或（||）是，如果前面有条件返回了 true，不再向后判断，那么最终结果就是 true。

2. 递增（++）与递减（--）运算符

递增与递减运算符通常单独使用，不与其他操作符一起组成语句。

3. 位运算的技巧

任何数与 0000 0001（二进制）进行或（|）运算后，第一位将变为 1，与 1111 1110（二进制）进行与（&）运算后，第一位将变为 0。位运算通常用于设置或获取标志位，及判断相应的操作是否成功。

4. 三元运算符与 if...else 语句的关系

或许读者已经看出来了，三元运算符就相当于 if...else 语句，只不过三元运算符有返回值。不过还是得提醒读者，为了程序的清晰明了，只有在 if...else 语句的主体部分很少时才使用三元运算符。

5. switch 中并不是每个 case 后都需要 break 语句

在某些情况下，在 switch 结构体中，可以有意地减少一些特定位置的 break 语句，从而简化程序。

6. 三种循环的关系

在 4.6 节讲到的 3 种循环结构，其实是可以互相转化的，通常我们只是使用其中一种结构，因为这样可以使程序结构更加清晰。例如，下面的三段代码在功能上是等同的，读者可根据自己的习惯取舍其中的一种方式。

（1）使用 for 循环

```
for( int i=0; i<10; ++i )
{
  System.out.println( "i = " + i );
}
```

（2）使用 while 循环

```
int i = 0;
while( i < 10 )
{
  System.out.println( "i = " + i );
```

```
    ++i;
}
```

（3）使用 do…while 循环

```
int i = 0;
do
{
    System.out.println( "i = " + i );
    ++i;
}while( i < 10 );
```

7. 循环的区间控制

在习惯上，我们在循环中通常使用半开区，即从第一个元素开始，到最后一个元素的下一个位置之前。同样是循环 10 次，我们推荐使用下面的形式。

```
for( int i = 0; i < 10; ++i )
```

而非如下形式。

```
for( int i =0; i <= 9; ++i )
```

循环 10 次，前者更具有可读性，而后者也能达到相同的功能，读者可根据自己的代码风格进行取舍。

4.9 实战练习

1. 编写程序，计算表达式“（（12345679*9）>（97654321*3））? true : false”的值。

2. 编写程序，实现生成一随机字母（a-z，A-Z），并输出。

【拓展知识】

（1）Math.random() 返回随机 doubie 值，该值大于等于 0.0 且小于 1.0。

例如，double rand = Math.random();　　　　// rand 存储着 [0,1) 之间的一个小数

（2）大写字母 A~Z 对应整数 65 ~ 90、小写字母 a~z 对应整数 97 ~ 122。

3. 编写程序，实现产生（或输入）一随机字母（a-z，A-Z），转为大写形式，并输出。请分别使用三元运算和位运算实现。

【拓展知识】

（1）大写字母 A~Z 对应整数 65 ~ 90、小写字母 a~z 对应整数 97 ~ 122。

（2）可以使用 0x 表示十六进制数，如 0x10 表示十六进制的 10。

4. 编写程序，使用循环控制语句计算“1+2+3+…+100”的值。

5. 编写程序，使程序产生 1~12 之间的某个整数（包括 1 和 12），然后输出相应月份的天数（注：2 月按 28 天算）。

6. 编写程序，判断某一年是否是闰年。

第 5 章

常用的数据结构
——数组与枚举

数组与枚举是 Java 中一种常见的数据结构，分为一维数组、二维数组及多维数组等几种。只有灵活掌握数组与枚举的应用，才能编写出更强大、效率更高的 Java 程序。本章将介绍在 Java 中使用数组与枚举的相关知识，其包括数组的声明和定义、枚举的定义和使用等。

本章要点（已掌握的在方框中打钩）

- □ 掌握一维数组的使用
- □ 掌握二维数组的使用
- □ 了解数组越界的风险
- □ 熟悉多维数组的使用
- □ 掌握枚举的概念
- □ 熟悉枚举的作用

5.1 理解数组

试想一下，如果编写一个程序，需要存储 12 个月份的天数，是否要定义 12 个变量呢？如果编写一个扑克程序，里面应该需要存储 54 张扑克的信息，是否要定义 54 个变量？而如果程序需要存储成千上万的数据，程序员是不是也要逐一定义成千上万个变量？如果这样做，一是工程量太大，二是这些逐一定义的变量之间彼此独立，没有任何内在联系，这会给维护这些变量带来巨大的困难，有时甚至无法处理。

为了解决这个问题，聪明的程序设计者们创造了数组这个好用的数据结构。数组概念的引入大大方便了程序的设计，如下图所示。

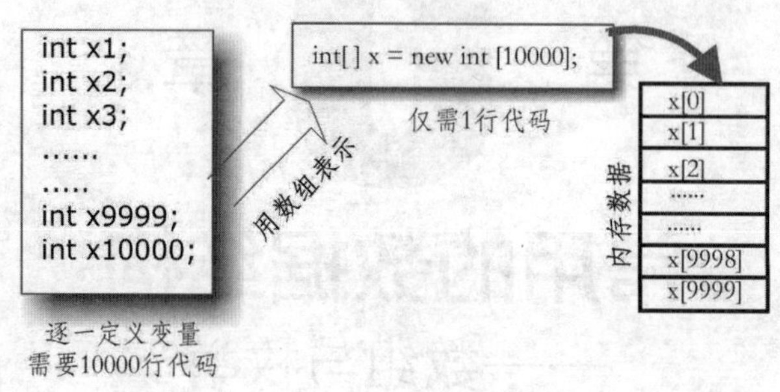

数组（array），顾名思义就是一组数据。当然这“一组数据”得是有一定关系的数据，否则只会使问题更复杂，下面我们就开始学习数组。

在 Java 中，数组也可以视为一种数据类型。它本身是一种引用类型，引用数据类型我们会在后续的章节中详细介绍，这里仅仅给读者介绍一个基本的概念。

引用类型（reference type），非常类似于 C/C++ 的指针。而所谓指针，就是变量在内存中的地址。任何变量只要存在于内存中，就需要有个唯一的编号标识这个变量在内存中的位置，而这个唯一的内存编号就是内存地址。

指针变量里存储的内容，可以想象成宾馆里的门牌号，或者居民的身份证号码。这些指针是为了我们访问（或定位）某个事物（或变量）而发明的一种机制。找到了门牌号，就能找到房间。知道了某个人的身份证号，也就找到其对应的人。类似地，找到了内存地址，也就可以找到地址所对应的变量。

然而，在现实生活中，作为感性的人，比较容易记住一个具体的人名，却难以记住这个人的一长串身份证号码。类似地，对于一个 32 位或 64 位的内存地址，我们也是难以记忆的，为了方便操作，我们就需要给这个 32 位或 64 位的地址取一个好记的名称，这个名称在 C/C++ 中就叫指针变量。

这样的指针变量放到 Java 中，就叫引用类型变量。透过现象看本质，其实二者在哲学的地位是对等的，但处理的细节上，这两种语言还是有所区别的。在讲这些区别之前，让我们回顾一下电影《唐伯虎点秋香》里的一个有趣的桥段。

才子唐伯虎化名“华安”，在华府做了一名仆人，试图创造一切条件，去追求华府的丫鬟秋香。而华府的大管家武状元，给“华安”分配了一个代号——9527。

假设“武状元”想找到“唐伯虎”，利用 C/C++ 的机制，他既可以用代号“9527”（相当于指针），也可以用“华安”。因为“华安”就是“唐伯虎”的别名，找到“华安”，就是找到“唐伯虎”。在 C++ 中，引用的概念就是给某个变量取了个别名（alias）。

在 Java 中，“武状元”想找到“唐伯虎”，他需要利用“华安”或“唐伯虎”这两个引用名称，这里 Java 中的“引用”和 C++ 中的“引用”是不同的，Java 中的“引用”类型，非常类似于 C/C++ 中的地址指针，但所不同的是，Java 为了方便用户，做了二次包装。当用户“武状元”喊出“华安”或“唐伯虎”时，在 Java 内部，把这两个名称都转换成华安的编号“9527”，只不过这个内部转换过程对用户是“透明”的罢了。也就是说，为了安全起见，Java 屏蔽了用户直接利用“9527”这样的编号找到“唐伯虎”的能力，而是通过“指针代理”的模式，间接帮我们找到目标变量所在的内存位置，如下图所示。

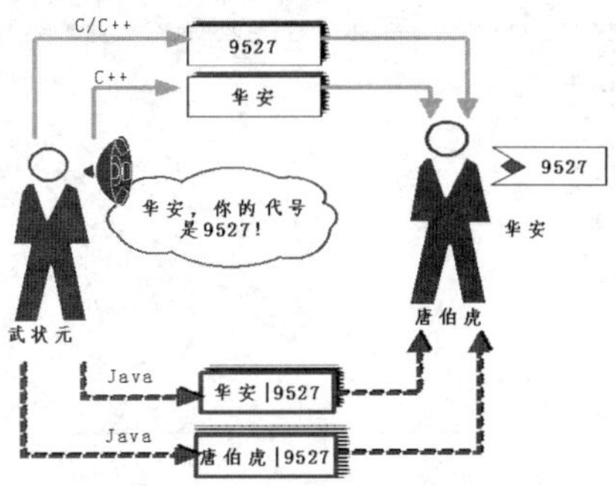

现在回到 Java 数组概念的讨论上来。Java 的数组既可以存储基本类型（Primitive Type）的数据，也可以存储“引用”类型（Reference Type）的数据。例如，int 是一个基本类型，但 int[]（把“int []”当成一个整体）就是一种引用数据类型。在本质上，Java 的引用数据类型就是对象。下面简明描述了这两种变量定义的方式，二者在地位上是对等的。

int
变量类型
	x ; // 基本数据类型
	变量

int[ ]
变量类型
	x; // 引用数据类型
	变量

也就是说，把“int[ ]”整体当做一种数据类型，它的用法就与 int、float 等基本数据类型类似，同样可以使用该类型来定义变量，也可以使用该类型进行类型转换等。在使用 int[ ] 类型来定义变量、进行类型转换时，与其他基本数据类型的使用方式没有任何区别。

下面，我们先通过一个简单的例子来感性认识一下数组。例如，需要存储 12 个月份的天数。我们可按照如下范例所示的模式去做。

范例 5-1 一维数组的使用(ArrayDemo.java)

```
//使用 12 个月份的天数简单演示一下数组的使用方法
public class ArrayDemo
{
  public static void main( String args[] )
  {
    //定义一个长度为 12 的数组，并使用 12 个月份的天数初始化
    int[ ] month = { 31, 28, 31, 30, 31, 30, 31, 31, 30, 31, 30, 31 };

    //注意：数组的下标（索引）从 0 开始
    // month.length 里存储着 month 的长度
    for( int i = 0; i < month.length; ++i )
    {
      //输出第 i 月的天数
      System.out.println( " 第 " + ( i + 1 ) + " 月有 " + month[i] + " 天 ");
    }
  }
}
```

保存并运行程序，结果如下图所示。

```
Problems  Javadoc  Declaration  Console
<terminated> ArrayDemo [Java Application] C:\Program Files\Java\jre1.8.0_112
第1月有31天
第2月有28天
第3月有31天
第4月有30天
第5月有31天
第6月有30天
第7月有31天
第8月有31天
第9月有30天
第10月有31天
第11月有30天
第12月有31天
```

代码详解

第 07 行定义了一个整型数组 month，并使用 12 个月份的天数初始化。注意，从 C/C++ 过渡到 Java 的初学者需要注意的是，在 C 和 C++ 中定义数组的格式如下所示。

```
int month[ ] = { 31, 28, 31, 30, 31, 30, 31, 31, 30, 31, 30, 31 };
```

这种格式，在 Java 中，也可以获得完全一致的结果。然而，Java 提供了更为“地方特色”的语法（如范例 5-1 所示），因为它把“int[ ]”整体当做一种类型，再用这个类型定义变量（数组变量，实际上就是对象），这样更符合传统的变量定义模式：变量类型 变量；。

另外，在 Java 中，如下两种数组定义方式。

```
int month[12] = { 31, 28, 31, 30, 31, 30, 31, 31, 30, 31, 30, 31 };
int[12] month = { 31, 28, 31, 30, 31, 30, 31, 31, 30, 31, 30, 31 };
```

这两种写法都是错误的，在定义数组时，不能在方括号中写下数组的长度，这点尤其需要初学者注意。如果我们把“int [ ]”在整体上当做一种数据类型（即整数数组类型），而数据类型是不能用数字打断的，这样理解，就会更容易些。

假设，我们不小心受到 C++ 的影响，在第 07 行，把这个数组的个数（如 12）写出来了，编译器会如何提示我们呢？如下图所示。

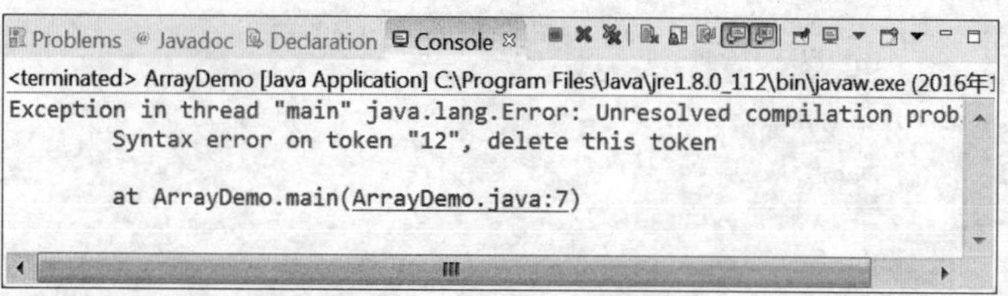

由编译器的提示可以看出，加上数组的长度 12，反而会发生编译上的语法错误，因此编译器建议删除“12”这个标识符（Unresolved compilation problem: Syntax error on token "12", delete this token）。

第 11~15 行，利用 for 循环输出数组的内容。在 Java 中，由于“int [ ]”在整体上被视为一个类型，那么这个数组类型定义的变量（或称实例），就叫做对象（object）。那么这个对象就可以有一些事先定义好的方法或属性，为我所用。

例如，如果想取得数组的长度（也就是数组元素的个数），我们可以利用数组对象的“.length”完成。记住，在 Java 中，一切皆为对象。Length 实际上就是这个数组对象的一个共有数据成员而已，自然就可以通过对象的点操作符“.”来访问。在后续的章节中，我们会详细讲解面向对象的知识点，这里仅做了解即可。

因此，在范例 ArrayDemo 中，若想取得所定义的数组 month 的元素个数，只要在数组 month 的名称后面加上“.length”即可，如下面的程序片段。

```
month.length; // 取得数组的长度
```

另外数组是从 0 开始索引的。也就是说，数组 month 的第一个元素如下所示。

```
month[0];      // 取得下标为 0 的数，也就是第 1 个数
```

或许细心的读者已经注意到，在第 14 行的输出语句中，有 "(i + 1)" 这样的表达式，为什么需要括号呢？去了括号又会怎样？这是个简单而又有趣的小问题，请读者自行验证并思考原因。

在程序第 07 行中，我们有如下语句表达。

```
int[ ] month = { 31, 28, 31, 30, 31, 30, 31, 31, 30, 31, 30, 31 };
```

其功能非常简单，就是初始化这个 month 数组，也就是说，在声明这个数组对象的同时，给出了这个数组的初始数据。

但这样做还是比较麻烦，回到扑克牌游戏的案例上，难道我们需要这样写 54 个数据，来初始化扑克牌游戏？那对于更大维度数组的初始化，有没有简便的方法呢？

下面我们来学习一下数组更加灵活的使用方法。

5.2 一维数组

通过范例 5-1 的介绍，这里我们可以给数组一个“定义”：数组是一堆有序数据的集合，数组中的每个元素必须是相同的数据类型，而且可以用一个统一的数组名和下标来唯一地确定数组中的元素。一维数组可以存放上千万个数据，并且这些数据的类型是完全相同的。

5.2.1 一维数组的声明与内存的分配

要使用 Java 的数组，必须经过以下两个步骤。

（1）声明数组。

（2）分配内存给该数组。

这两个步骤的语法如下所示。

```
数据类型 [ ] 数组名;  // 声明一维数组
数组名 = new 数据类型 [ 个数 ] ; // 分配内存给数组
```

在数组的声明格式里，“数据类型”是声明数组元素的数据类型，常见的类型有整型、浮点型与字符型等，当然其类型也可是我们用户自己定义的类（class）。

“数组名”是用来统一这组相同数据类型的元素的名称，其命名规则和变量相同，建议读者使用有意义的名称为数组命名。数组声明后，接下来便要配置数组所需的内存，其中“个数”是告诉编译器，所声明的数组要存放多少个元素，而关键字“new”则是命令编译器根据括号里的个数，在内存中分配一块内存供该数组使用。例如以下形式。

```
01 int[ ] score;           // 声明整型数组 score
02 score = new int[3];  // 为整型数组 score 分配内存空间，其元素个数为 3
```

上面例子中的第 01 行，声明一个整型数组 score 时，可将 score 视为数组类型的对象，此时这个对象并没有包含任何内容，编译器仅会分配一块内存给它，用来保存指向数组实体的地址，如下图所示。

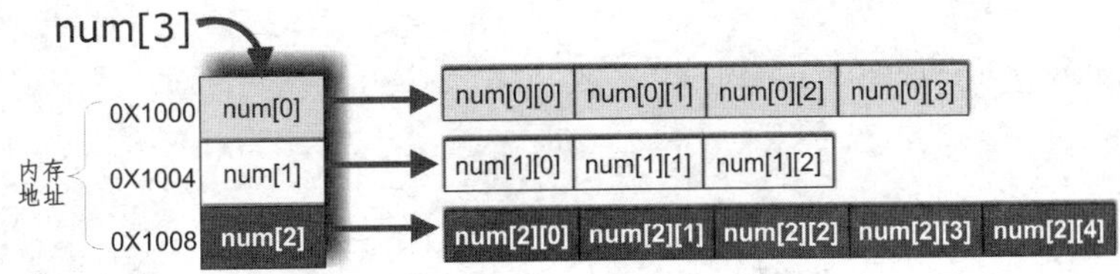

数组对象声明之后，接着要进行内存分配的操作，也就是上面例子中的第 02 行。这一行的功能是，开

辟 3 个可供保存整数的内存空间，并把此内存空间的参考地址赋给 score 变量。其内存分配的流程如下图所示。

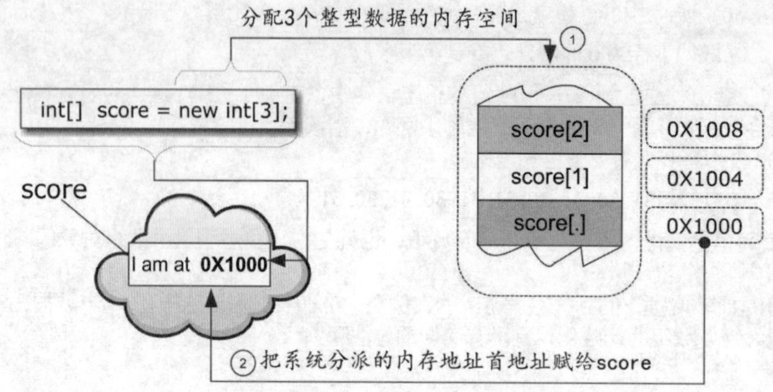

图中的内存参考地址 0x1000 是一个假设值，该值会因环境的不同而有所不同。由于数组类型并非属于基本数据类型，因此数组对象 score 所保存的并非是数组的实体，而是数组实体的参考地址。

除了用两行来声明并分配内存给数组之外，也可以用较为简洁的方式，把两行缩成一行来编写，其格式如下。

```
数据类型 [] 数组名 = new 数据类型 [ 个数 ]
```

例如，下面的例子是声明整型数组 score，并开辟可以保存 11 个整数的内存给 score 变量。

```
int[ ] score = new int[11] ; // 声明一个元素个数为 11 的整型数组 score，同时开辟一块内存空间供其使用
```

5.2.2 数组中元素的表示方法

想要使用数组里的元素，可以利用索引来完成。Java 的数组索引编号从 0 开始，以一个名为 score. 长度为 11 的整型数组为例，score[0] 代表第 1 个元素，score[1] 代表第 2 个元素，以此类推，score[10] 为数组中的第 11 个元素（也就是最后一个元素）。下图为 score 数组中元素的表示及排列方式。

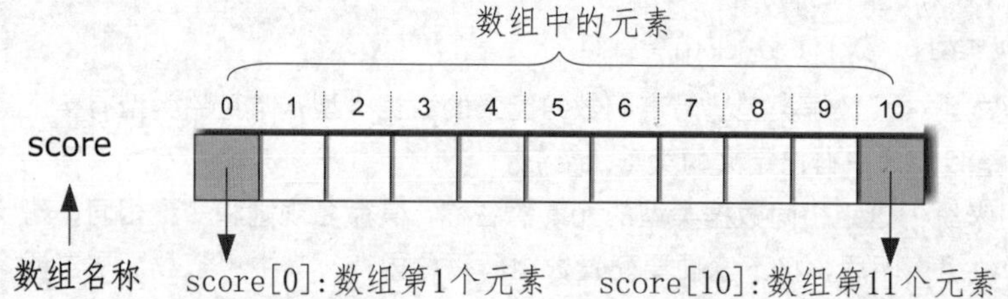

接下来看一个范例。在下面的程序里声明了一个一维数组，其长度为 3，利用 for 循环输出数组的元素个数后，再输出数组的个数。

范例 5-2　一维数组的使用（createArrayDemo.java）

```
// 创建一个数组，并输出其默认初始值
public class createArrayDemo
{
  public static void main( String args[] )
  {
    int[ ] a = null;
```

```
07        a = new int[3];          // 开辟内存空间供整型数组 a 使用，其元素个数为 3
08
09        System.out.println( " 数组长度是：  " + a.length );  // 输出数组长度
10        for( int i = 0; i < a.length; ++i )                 // 输出数组的内容
11        {
12            System.out.prinlnt( "a [" + i + " ] = " + a[ i ] );
13        }
14    }
15 }
```

保存并运行程序，结果如下图所示。

```
Problems  Javadoc  Declaration  Console
<terminated> createArrayDemo [Java Application] C:\Program Files\Java\jre1.8.0_112\bin\javaw.exe (2(
数组长度是： 3
a[ 0 ] = 0
a[ 1 ] = 0
a[ 2 ] = 0
```

代码详解

第 06 行声明整型数组 a，并将空值 null 赋给 a。

第 07 行开辟了一块内存空间，以供整型数组 a 使用，其元素个数为 3。

第 09 行输出数组的长度。此例中数组的长度是 3，即代表数组元素的个数为 3。

第 10~13 行，利用 for 循环输出数组的内容。由于程序中并未对数组元素赋值，因此输出的结果都是 0。也就是说整型数组中的数据默认为零。

5.2.3 数组元素的使用

静态初始化在第 5.1 节里已经介绍过了，只要在数组的声明格式后面再加上初值的赋值即可，如下面的格式。

数据类型 [ ] 数组名 = { 初值 0，初值 1…初值 n}

下面我们看看更加灵活的赋值方法。

范例 5-3　一维数组的赋值（arrayAssignment.java）

```
//演示数组元素的更加灵活的赋值方法
import java.util.Random;          // 引用 java.util.Random 包
public class arrayAssignment
{
    public static void main( String args[] )
    {
        Random rand = new Random();     // 创建一个 Random 对象
        int[] a = null;                 // 声明整型数组 a
        // 开辟内存空间，rand.nextInt( 10 ) 返回一个 [0,10) 的随机整型数
```

```
10          a = new int[ rand.nextInt( 10 ) ];
11
12          System.out.println( " 数组的长度为 ： " + a.length );
13
14          for( int i = 0; i < a.length; ++i )
15          {   // rand.nextInt( 100 ) 返回一个 [0, 100) 的随机整型数
16             a[i] = rand.nextInt( 100 );
17             System.out.print( "a[" + i + "] = " + a[i] );
18          }
19       }
20  }
```

保存并运行程序，结果如下图所示。

```
Problems  Javadoc  Declaration  Console
<terminated> ArrayAssignment [Java Application] C:\Program Files\Java\jre1.8.0_112\bin\javaw.exe (20
数组的a长度为 ：4
a[ 0 ] = 4
a[ 1 ] = 91
a[ 2 ] = 70
a[ 3 ] = 51
```

代码详解

第 02 行，将 java.util 包中的 Random 类导入到当前文件，这个类的作用是产生伪随机数。导入之后，在程序中才可以创建这个类及调用类中的方法和对象（如第 07 行的 rand 对象）。

第 07 行，创建了一个 Random 类型的对象 rand，Random 对象可以更加灵活地产生随机数。

第 10 行，为数组 a 开辟内存空间，数组的长度为 0~10（包含 0，不包含 10）的随机数。rand.nextInt(10) 返回一个 [0,10) 区间的随机整型数。nextInt() 是类型 Random 中产生随机整数的一个方法。

第 16 行为数组元素赋值，同样使用 Random 中的 nextInt() 产生随机数，所不同的是，随机整数的取值区间是 [0,100)。第 17 行接着输出数组元素。

将上述程序稍微修改，就可以得到如下程序。

范例 5-4　数组对象的引用(arrayAssignment.java)

```
import java.util.Random;

public class arrayAssignment
{
   public static void main( String[] args )
   {
      Random rand = new Random();     // 创建一个 Random 对象
      int[ ] a = null;                // 声明整型数组 a
      int[ ] b = null;
      // 动态申请内存，rand.nextInt( 10 ) 返回一个 [0,10) 的随机整型数
      a = new int[ rand.nextInt( 10 ) ];
```

```
12        b = a;                          // 请读者思考，这个语句是什么含义
13
14        System.out.println( " 数组 a 的长度为 ： " + a.length );
15        System.out.println( " 数组 b 的长度为 ： " + b.length + "\n" );
16
17        for( int i = 0; i < a.length; ++i )
18        {
19           // rand.nextInt( 100 ) 返回一个 [0, 100) 的随机整型数
20           a[i] = rand.nextInt( 100 );
21           System.out.print( "a[ " + i + " ] = " + a[ i ] + "\t" );
22           System.out.println( "b[ " + i + " ] = " + b[ i ] );
23        }
24
25     }
26
27  }
```

程序运行结果如下图所示。

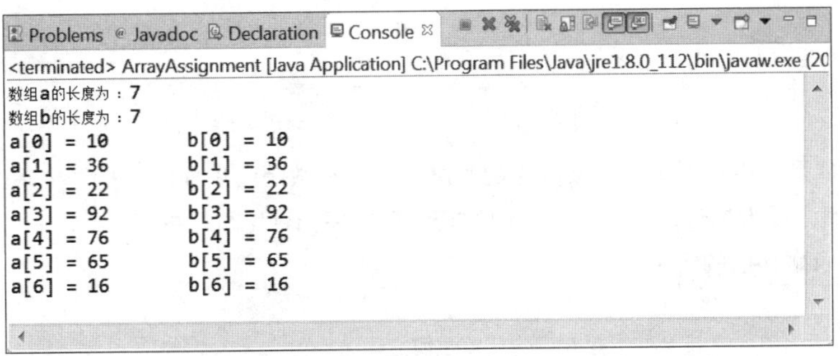

代码详解

结果是不是有点出乎意料？考虑一下这意味着什么？

假设代码第 10 行给出的随机数是 7，那么第 11 行，就开辟了一个包括 7 个整型数的数组，如左下图所示，不过此时数组还没有数据，虚位以待。然后，最关键的代码就是第 12 行：“b = a;”，这行代码的含义是将数组 a 的引用（也就是数组的内存地址），赋值给数组对象 b，如右下图所示。这样，此时的 a 和 b，事实上指向的是同一个数组对象，也就是 a 和 b 就是别名（alias）关系。换句话说，此时的 a 和 b 是“一套数组，两套名字”，这就涉及 Java 中广泛使用的概念——引用（reference）。

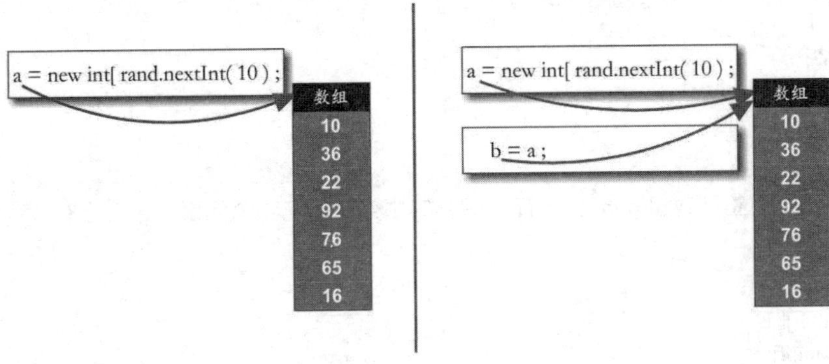

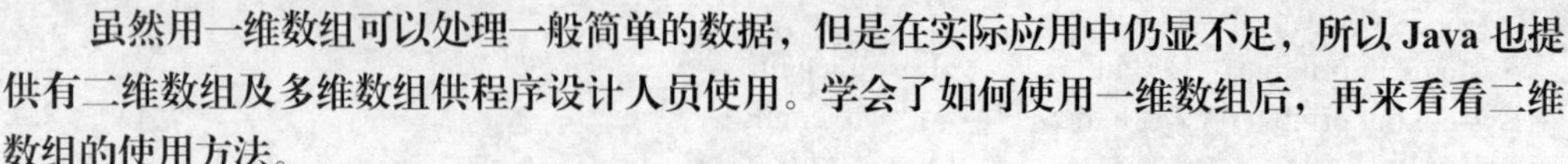

5.3 二维数组

虽然用一维数组可以处理一般简单的数据，但是在实际应用中仍显不足，所以 Java 也提供有二维数组及多维数组供程序设计人员使用。学会了如何使用一维数组后，再来看看二维数组的使用方法。

5.3.1 二维数组的声明与赋值

二维数组声明的方式和一维数组类似，内存的分配也一样，是用 new 这个关键字。其声明与分配内存的格式如下所示。

```
数据类型 [ ][ ] 数组名 ;
数组名 = new 数据类型 [ 行的个数 ][ 列的个数 ] ;
```

同样，可以用较为简洁的方式来声明数组，其格式如下所示。

```
数据类型 [ ][ ] 数组名 = new 数据类型 [ 行的个数 ][ 列的个数 ] ;
```

如果想直接在声明时就对数组赋初值，可以利用大括号完成。只要在数组的声明格式后面再加上所赋的初值即可，如下面的格式。

```
数据类型 [ ][ ] 数组名 = {
   { 第 0 行初值 },
   { 第 1 行初值 },
   …
   { 第 n 行初值 },
};
```

需要特别注意的是，用户不需要定义数组的长度，因此在数组名后面的中括号里不必填入任何内容。此外，在大括号内还有几组大括号，每组大括号内的初值会依序指定给数组的第 0，1，…，*n* 行元素。下面是关于数组 num 声明及赋初值的例子。

```
int[ ][ ] num = {
   {23,45,21,45},          // 二维数组第 0 行的初值赋值
   {45,29,46,28}           // 二维数组第 1 行的初值赋值
};
```

语句中声明了一个整型二维数组 num，它有 2 行 4 列，共 8 个元素，大括号内的初值会依序给各行里的元素赋值，例如，num[0][0] 赋值为 23，num[0][1] 赋值为 45，…，num[1][3] 赋值为 28。

01 每行的元素个数不同的二维数组

值得一提的是，Java 在定义二维数组时更加灵活，允许二维数组中每行的元素个数均不相同，这点与其他编程语言不同。例如，下面的语句是声明整型数组 num 并赋初值，而初值的赋值指明了 num 具有三行元素，其中第 1 行有 4 个元素，第 2 行有 3 个元素，第 3 行则有 5 个元素。

```
int[ ][ ] num = {
   {42,54,34,67},
   {33,34,56},
   {12,34,56,78,90}
};
```

下面的语句是声明整型数组 num 并分配空间，其中第 1 行有 4 个元素，第 2 行有 3 个元素，第 3 行则有 5 个元素。

```
int[ ][ ] num = null;
num = new int[ 3 ][ ];
num[0] = new int[4];
num[1] = new int[3];
```

```
num[2] = new int[5];
```

上述定义的二维数组 num 的内存分布图如下所示。

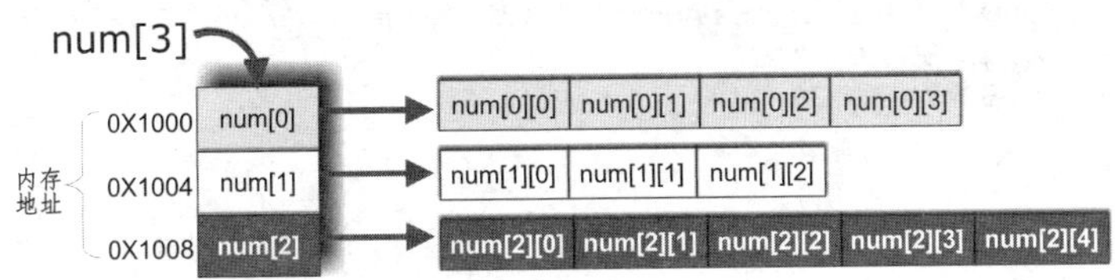

02 取得二维数组的行数与特定行的元素的个数

在二维数组中，若想取得整个数组的行数，或者是某行元素的个数，则可利用“.length”来获取。其语法如下。

```
数组名 .length              // 取得数组的行数
数组名 [ 行的索引 ].length           // 取得特定行元素的个数
```

也就是说，如要取得二维数组的行数，只要用数组名加上“.length”即可；如要取得数组中特定行的元素的个数，则须在数组名后面加上该行的索引值，再加上“.length”，如下面的程序片段。

```
num.length;           // 计算数组 num 的行数，其值为 3
num[0].length;        // 计算数组 num 的第 1 行元素的个数，其值为 4
num[2].length;        // 计算数组 num 的第 3 行元素的个数，其值为 5
```

5.3.2 二维数组元素的引用及访问

二维数组元素的输入和输出方式与一维数组相同，看看下面这个范例。

范例 5-5　二维数组的静态赋值（twoDimensionArray.java）

```
// 演示二维数组的使用，这里采用静态赋值的方式
public class twoDimensionArray
{
  public static void main( String args[] )
  {
    int sum = 0;
    int[][] num = {
      { 30, 35, 26, 32 },
      { 33, 34, 30, 29 }
    };          // 声明数组并设置初值

    for( int i = 0; i < num.length; ++i )
    {
      System.out.print( " 第 " + (i + 1) + " 个人的成绩为： ");
      for( int j = 0; j < num[ i ].length; ++j )
      {
        System.out.print( num[ i ] [ j ] + " " );
        sum += num[ i ][ j ];
      }
      System.out.println();
    }
    System.out.println( "\n 总成绩是 " + sum + " 分！ " );
  }
}
```

保存并运行程序，结果如下图所示。

```
Problems @ Javadoc Declaration Console
<terminated> twoDimensionArray [Java Application] C:\Program Files\Java\jre1.8.0_112\bin\javaw.exe
第 1 个人的成绩为：30 35 26 32
第 2 个人的成绩为：33 34 30 29

总成绩是 249 分！
```

代码详解

第 06 行声明整数变量 sum 用来存放所有数组元素值的和，也就是总成绩。

第 07 行声明一整型数组 num，并对数组元素赋初值，该整型数组共有 8 个元素。

第 12~21 行输出数组里各元素的内容，并进行成绩汇总。

第 22 行输出 sum 的结果，即总成绩。

事实上，在 Java 中，要想提高数组的维数，也是很容易的。只要在声明数组的时候，将索引与中括号再加一组即可，假设数组对象名为 A，那么三维数组的声明为 int[][][] A，四维数组为 int[][][][] A ……以此类推。

5.4 枚举简介

目前，计算机程序的功能已经非常强大，已经不再仅仅局限于加减乘除等数值计算，还被拓展至非数值数据的处理，例如，天气、性别、星期几、颜色、职业等这些都不是数值数据。

在程序设计中，往往存在着这样的“数据集”，它们的数值在程序中是稳定的，而且元素的个数是有限的，通常可以用一个数组元素代替一种状态。例如，用 0 代表红色（red），用 1 代表绿色（green），用 2 代表蓝色（blue），但这种以数值表示非数值状态的处理方式不够直观，可读性不强。因此，问题来了，能不能用一种接近自然语言含义的单词来代表某一种状态呢?

自 JDK 1.5 以后，Java 引入的一种新类型——枚举类型（Enumerated Type），就是来解决此类问题的。在定义时，它使用 enum 关键字标识。例如，表示一周的星期几，用 SUNDAY、MONDAY、TUESDAY、WEDNESDAY、THURSDAY、FRIDAY、SATURDAY 就可表示为一个枚举。而在本质上，在底层，SUNDAY 就表示 0，MONDAY 就表示 1，…，SATURDAY 就表示 6。但相比于那些“无明确含义”的纯数字“0，1，2，…，6”，枚举所用的自然表示法让程序更具有可读性。

5.5 Java 中的枚举

在 JDK 1.5 以前，Java 并不支持枚举数据类型，想实现类似于枚举的功能，非常繁琐。但 JDK 1.5 之后，Java 推出了诸如枚举等一系列新的类型数据，这些类型的出现表明 Java 日趋完善，编程语言的日益人性化。下面介绍 Java 中枚举的定义并举例说明使用方法。

5.5.1 常见的枚举定义方法

在枚举类型中，一般的定义形式如下。

```
enum 枚举名 { 枚举值表 };
```

其中 enum 是 Java 中的关键字。在枚举值表中应罗列出所有的可用值，这些值也称为枚举元素。例如以下形式。

```
enum WeekDay {Mon, Tue, Wed, Thu, Fri, Sat,Sun };
```

这里定义了一个枚举类型 WeekDay，枚举值共有 7 个，即一周中的 7 天。凡被说明为 WeekDay 类型变量的取值，只能是这 7 天中的某一天。

枚举变量也可用不同的方式说明，如先定义后说明、定义的同时说明或直接说明。

若变量 *a*、*b*、*c* 被定义为上述的枚举类型 WeekDay，可采用下述任意一种方式。

```
enum WeekDay{Mon,Tue,Wed,Thu,Fri,Sat,Sun};      // 先定义
enum WeekDay a, b, c;                           // 后说明
```

或者以下形式。

```
enum WeekDay { Mon, Tue, Wed, Thu, Fri, Sat,Sun } a, b, c; // 定义的同时说明
```

或者以下形式。

```
enum { Mon, Tue, Wed, Thu, Fri, Sat,Sun } a, b, c       // 直接说明，即定义无名枚举
```

5.5.2 在程序中使用枚举

当创建了一个枚举类型之后，就意味着可在今后的代码中进行调用。调用先前定义的枚举类型，同其他的调用语句一样，需要声明该类的一个对象，并通过对象对枚举类型进行操作。

范例 5-6　在Java中使用枚举（EnumColor.java）

```java
enum MyColor { 红色 , 绿色 , 蓝色 };
public class EnumColor
{
  public static void main(String[] args)
  {

    MyColor c1 = MyColor. 红色 ;         // 获取红色
    System.out.println(c1) ;

    MyColor c2 = MyColor. 绿色 ;         // 获取绿色
    System.out.println(c2) ;

    MyColor c3 = MyColor. 蓝色 ;         // 获取蓝色
    System.out.println(c3) ;
  }
}
```

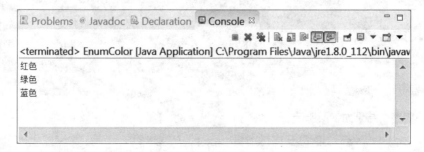

保存并运行程序，结果如下图所示。

```
Problems @ Javadoc Declaration Console
<terminated> EnumColor [Java Application] C:\Program Files\Java\jre1.8.0_112\bin\javav
红色
绿色
蓝色
```

代码详解

在第 01 行中，定义 enum 数据类型 MyColor，其中设置的枚举值表分别为“红色、绿色、蓝色”。第 07 行、第 10 行和第 13 行分别定义了枚举变量 *c*1、*c*2 和 *c*3，而 *c*1、*c*2 和 *c*3 只能是 MyColor 枚举元素中的 3 个值的一个，它们通过“枚举名 . 枚举值”的方法获得。第 08 行、第 11 行和第 14 行分别输出获得的枚举值。由上面的分析可以得知，通过 Java 提供的枚举类型，用户可以很轻松地调用枚举中的每一种颜色。

5.5.3 在 switch 语句中使用枚举

使用 enum 关键字创建的枚举类型，也可以直接在多处控制语句中使用，如 switch 语句等。在 JDK 1.5 之前，switch 语句只能用于判断字符或数字，它并不能对在枚举中罗列的内容进行判断和选择。而在 JDK 1.5 之后，通过 enum 创建的枚举类型也可以被 switch 判断使用。

范例 5-7　在switch中使用枚举（EnumSwitch.java）

```
enum  MyColor { 红色 , 绿色 , 蓝色 };
public class EnumSwitch
{
  public static void main(String[] args)
  {
    MyColor  c1 = MyColor. 绿色 ; // 定义 MyColor 枚举变量 c1，并赋值为“绿色”
    switch (c1)                 // 用 switch 方式来比较枚举对象
    {
      case 红色 :
      {
        System.out.println(" 我是红色！ ") ;
        break ;
      }
      case 绿色 :
      {
        System.out.println(" 我是绿色！ ") ;
        break ;
      }
      case 蓝色 :
      {
        System.out.println(" 我是蓝色！ ") ;
        break ;
      }
    }
  }
}
```

保存并运行程序，结果如下图所示。

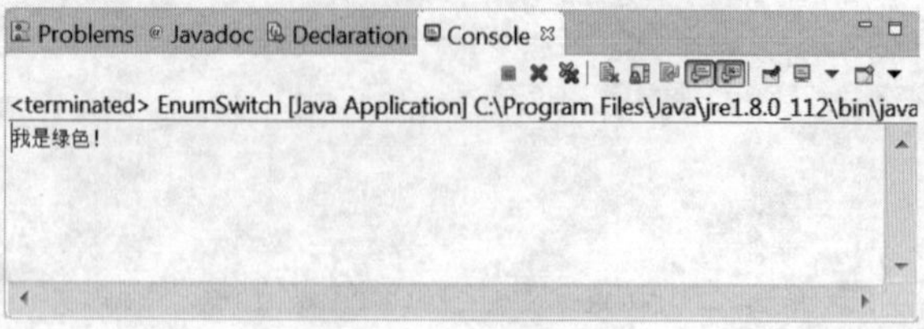

```
Problems  Javadoc  Declaration  Console
<terminated> EnumSwitch [Java Application] C:\Program Files\Java\jre1.8.0_112\bin\java
我是绿色！
```

代码详解

本例中通过 switch 调用枚举类型 MyColor 完成对枚举类型的筛选。第 07~24 行均是对 switch 语句的使用。因为 Java 采用的是 Unicode 的字符串编码方式，所以枚举值也可支持中文。

由本例可以看出，在 JDK 1.5 之后，switch 同样可以用来判断一个枚举类型，并对枚举类型做出有效选择。这样在今后的程序写作过程中，就能够避免枚举类型多而繁琐的选择问题。这有助于增加代码的可读性和延伸性。

5.6 高手点拨

1. Java 中 null 的使用

Java 中变量通常遵循一个原则：先定义并初始化后，然后再使用。有时候，我们定义一个类型变量，在刚开始的时候，无法给出一个明确的值，就可以用一个 null 来代替。

但是有一点需要注意的是，不可以将 null 赋给基本类型变量（如 int、float、double 等）。

比如，下面的形式是错误的。

```
int a = null;
```

下面的形式是正确的，这里 Object 是一个 class 类型。

```
Object a = null;
```

2. 数组的下标

在使用数组时，读者需要注意的是，人们的直观感觉计数一般是从 1 开始的，而 Java 中数组的下标是从 0 开始计数的。

此外，数组的下标不能超过（length-1），否则会产生越界错误，例如，我们定义一个包含 10 个元素的数组 score。

```
int[] score = new int[10];
```

那么 score[9] 是我们能使用的最大下标数组元素，而 score[10] 则产生了越界。

3. 枚举使用时的注意事项

Java 为枚举扩展了非常强大的功能，但是在使用过程中常会错用枚举，下面 2 点是使用过程中的注意事项。

（1）枚举类型不能用 public 和 protected 修饰符修饰构造方法。它的构造方法权限只能是 private 或 friendly，friendly 是没有修饰符时的默认权限。因为枚举的这种特性，所以枚举对象是无法在程序中通过直接调用其构造方法来初始化的。

（2）定义枚举类型时，如果是简单类型，那么最后一个枚举值后可以不加分号。但是如果枚举中包含有方法，那么最后一个枚举值后面代码必须要用分号“;”隔开。

5.7 实战练习

1. 编写程序，对 int[ ] a = {25, 24, 12, 76, 98, 101, 90, 28} 数组进行排序。排序算法有很多种，读者可先编写程序实现冒泡法排序。（注：冒泡排序也可能有多种实现版本，本题没有统一的答案。）

2. 编写程序，将上述算法稍加改写，将排序算法改成“乱序算法”。（提示：所谓“乱序”，是跟“排序”相反，乱序为了增加随机性，乱序对在生活中模拟随机出现的事件有很大的应用价值。编程时，需要使用 import java.util.Random，而且每次运行的结果都一样，这才体现出随机性）。

3. 定义枚举类型 WeekDay，使用枚举类型配合 switch 语法，完善下面的代码，尝试完成如下功能：wd=Mon 时，输出 "Do Monday work"，wd=Tue 时，输出 "Do Tuesday work"……以此类推，当 wd 不是枚举元素值时输出："I don't know which is day"。

```
enum WeekDay {Sun, Mon, Tue, Wed, Thu, Fri, Sat}; // 定义一个枚举类型 WeekDay
public class Exercise1
{
  public static void main(String[] args)
  {
    WeekDay wd = WeekDay.Mon;              // 定义 WeekDay 枚举变量 wd，并赋值
    switch (wd)                            // 用 switch 方式来比较枚举对象
    {
      // 请补充其他实现语句
    }
}
```

第 6 章

面向对象设计的核心——类和对象

类和对象是面向对象编程语言的重要概念。Java 是一种面向对象的语言，所以要想熟练使用 Java 语言，就一定要掌握类和对象的使用。本章介绍面向对象基本的概念，面向对象的 3 个重要特征（封装性、继承性、多态性）以及声明创建类和对象（数组）的方法。

本章要点（已掌握的在方框中打钩）

- □ 了解类和对象的相关概念
- □ 掌握声明及创建类和对象的方法
- □ 掌握对象的比较方法

到目前为止，前面介绍的语法都属于编程语言的基本功能，其中包括数据类型和程序控制语句等。随着计算机的发展，面向对象的概念产生。类（class）和对象（object）是面向对象程序设计十分重要的概念。要深入了解 Java 程序语言，一定要树立面向对象程序设计的观念。从本章开始学习 Java 程序中类的设计及对象的使用。

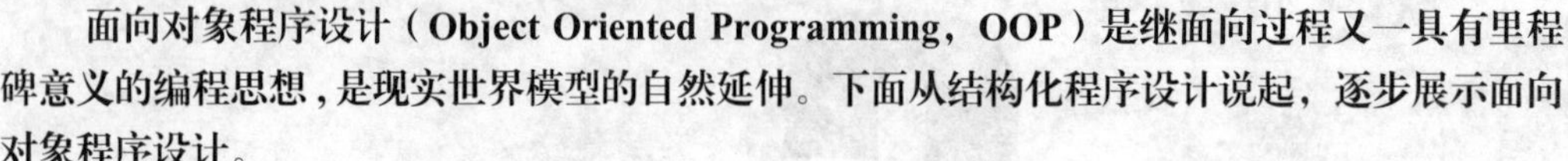

6.1 理解面向对象程序设计

面向对象程序设计（Object Oriented Programming，OOP）是继面向过程又一具有里程碑意义的编程思想，是现实世界模型的自然延伸。下面从结构化程序设计说起，逐步展示面向对象程序设计。

6.1.1 结构化程序设计简介

早期的程序设计大量使用共享变量（全局变量）和 goto 语句，这使得代码结构比较混乱，不容易改错和复用，后来有人证明所有的有意义的程序流程都可以使用顺序、选择和循环来实现，并由此提出结构化程序设计。其概念最早由 E.W.Dijikstra 在 1965 年提出，是软件发展的一个重要的里程碑。它的主要观点是采用自顶向下、逐步求精及模块化的程序设计方法，使用 3 种基本控制结构构造程序，任何程序都可由顺序、选择、循环这 3 种基本控制结构来构造。

结构化程序设计主要强调的是程序的易读性。在该程序设计思想的指导下，编程基本是通过写不同目的的函数 / 过程来实现，故又称为“面向过程编程（Procedure Oriented Programming，POP）”。面向过程开发方式是对计算机底层结构的一层抽象，它把程序的内容分为数据和数据的操纵两个部分。这种编程方式的核心问题是数据结构和算法的开发与优化。

结构化程序设计方法可以用一句话概括。

程序 = 算法 + 数据结构

这里的“算法”可以用顺序、选择、循环这 3 种基本控制结构来实现。

这里的“数据结构”是指数据及其相应的存取方式。程序与算法和数据结构之间的关系如下图所示。

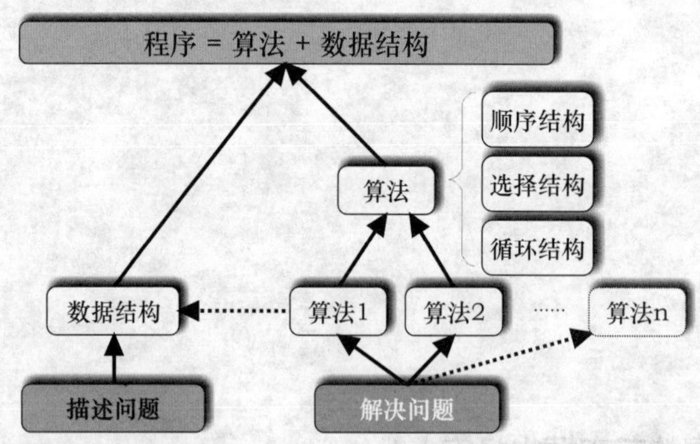

6.1.2 面向对象程序设计简介

面向对象的思想主要是基于抽象数据类型的（Abstract Data Type，ADT）：在结构化编程过程中，人们发现，把某种数据结构和专用于操纵它的各种操作，以某种模块化方式绑定到一起会非常方便，做到“特定数据对应特定处理方法”，使用这种方式进行编程时数据结构的接口是固定的。如果对抽象数据类型进一步抽象，就会发现，把这种数据类型的实例当作一个具体的东西、事物、对象，就可以引发人们对编程过程中怎样看待所处理的问题的一次大的改变。

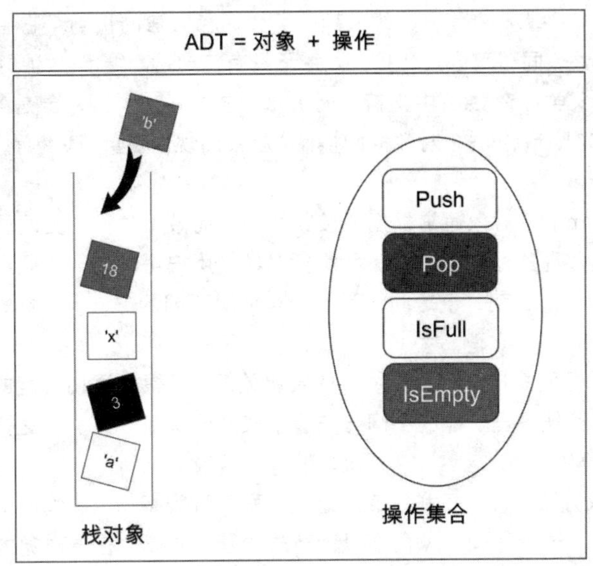

例如，抽象数据类型——栈（stack）由4个操作定义：压栈（Push）、出栈（Pop）及查看栈是满的（IsFull）还是空的（IsEmpty）。实现于程序时，抽象数据类型仅仅显现出其接口，并将其具体的实现细节加以隐藏。这表明，抽象数据类型可以用各种方法来实现它的每一个操作，只要遵循其接口，就不会影响到用户。而对于用户而言，他只需关心它的接口，而不是如何实现，这样一来，便可支持信息隐藏，或保护程序免受变化的冲击。

在程序设计中，有一个隐藏实现细节（Hide Implementation Details）原则，说的就是，当其他功能部分发生变化时，能够尽可能降低对其他组件的影响。而抽象数据类型就是这个原则的一个体现。

抽象数据类型方法虽然也有一定的抽象能力，但其核心仍然是数据结构和算法。而面向对象方法直接把所有事物都当作独立的对象，处理问题过程中所思考的，不再是怎样用数据结构来描述问题，而是直接考虑重现问题中各个对象之间的关系。可以说，面向对象革命的重要价值就在于，它改变了人们看待和处理问题的方式。

例如，在现实世界中桌子代表了所有具有桌子特征的事物，人类代表了所有具有人特征的生物。这个事物的类别映射到计算机程序中，就是面向对象中“类（class）”的概念。可以将现实世界中的任何实体都看作是对象。例如，在人类中有个叫张三的人，张三就是人类中的实体，对象之间通过消息相互作用，比如，张三这个对象和李四这个对象通过说话的方式，相互传递消息。现实世界中的对象均有属性和行为，例如，张三的属性有手、脚、脸等，行为有说话、走路、吃饭等。

类似的，映射到计算机程序上，属性表示对象的数据，行为（或称操作）则表示对象的方法（其作用是处理数据或同外界交互）。现实世界中的任何实体都可归属于某类事物，任何对象都是某一类事物的实例。所以，在面向对象的程序设计中一个类可以实例化多个相同类型的对象。面向对象编程达到了软件工程的3个主要目标：重用性、灵活性和扩展性。

6.1.3 面向对象程序设计的基本特征

下面，我们简述面向对象程序设计的3个主要特征：封装性、继承性、多态性。在后面的章节里，我们还会详细讲解这3个特征的应用。

- 封装性（encapsulation）：封装是一种信息隐蔽技术，它体现于类的说明，是对象的重要特性。封装把数据和加工该数据的方法（函数）打包成为一个整体，以实现独立性很强的模块，使得用户只能见到对象的外特性（对象能接受哪些消息，具有哪些处理能力），而对象的内特性（保存内部状态的私有数据和实现加工能力的算法）对用户是隐蔽的。封装的目的在于把对象的设计者和对象的使用者分开，使用者不必知晓其行为实现的细节，只需用设计者提供的消息来访问该对象。

● 继承性（inheritance）：继承性是子类共享其父类数据和方法的机制。它由类的派生功能体现。一个类直接继承其他类的全部描述，同时可修改和扩充。继承具有传递性。继承分为单继承（一个子类有一父类）和多重继承（一个类有多个父类，在 C++ 中支持，而 Java 不支持）。类的对象是各自封闭的，如果没继承性机制，则类中的属性（数据成员）、方法（对数据的操作）就会出现大量重复。继承不仅支持系统的可重用性，而且还促进系统的可扩充性。

● 多态性（polymorphism）：对象通常根据所接收的消息而做出动作。当同一消息，被不同的对象接受而产生完全不同的行动，这种现象称为多态性。利用多态性，用户可发送一个通用的信息，而将所有的实现细节都留给接受消息的对象自行决定，于是同一消息即可调用不同的方法。例如，同样是 run 方法，飞鸟调用时是飞，野兽调用时是奔跑。

多态性的实现受到继承性的支持，利用类继承的层次关系，把具有通用功能的协议存放在类层次中尽可能高的地方（父类），而将实现这一功能的不同方法置于较低层次（子类），这样，在这些低层次上生成的对象，就能给通用消息以不同的响应。

综上可知，在面向对象方法中，对象和传递消息，分别表现为事物及事物间的相互联系。方法是允许作用于该类对象上的各种操作。这种面向对象程序设计范式的基本要点，在于对象的封装性和类的继承性。通过封装，能将对象的定义和对象的实现分开，通过继承能体现类与类之间的关系，以及由此实现动态联编和实体的多态性，从而构成了面向对象的基本特征。

6.1.4 面向对象编程和面向过程编程的比较

面向对象编程和面向过程编程是当前主流的两种编程模式，它们既有区别也有联系。下面就其区别和联系分别进行简要叙述，通过对比，以帮助读者更加深入地理解面向对象编程。

01 两种编程范式之间的区别

在面向对象编程出现以前，面向过程的编程范式很受程序人员的青睐，因为面向过程编程采用的是“自上而下，层层分解，步步求精”的编程思想，人们易于理解这种思想。面向过程程序设计以过程为中心，以算法为驱动，如 6.1.1 节所讲到的。

程序 = 算法 + 数据结构

但是面向过程程序设计的不足之处在于，程序的上一步和下一步紧密相连，环环相扣，如果需求发生变化，那么代码的改动将会很大，这样不利于对软件的后期进行维护和扩展。例如，写一个图形界面的软件，想将它改为控制台下的，如果是使用面向过程写的，那么代码的改动将是巨大的，因为前台代码和后台联系过于紧密。这对于开发一个大型的复杂的软件来说是致命的。

而面向对象程序设计的出现，就可以很好地解决这一问题，它的设计思想如下。

程序 = 对象 + 消息传递

用户首先自定义数据结构——“类”，然后用该类型下的“对象” 组装程序。对象之间通过“消息”进行通信。每个对象既包括数据，又包括了对数据的处理，每个对象都像是一个小型的“机器” 。面向对象设计使程序更容易扩展，也更加符合现实世界的模型。

但是，“任何事物都有两面性”，面向对象程序设计有其优点，但也带来了“副作用”——执行效率，通常要低于面向过程程序设计。所以，在进行科学计算和要求高效率的程序中，面向过程的程序设计依然有其自己的一片天空。此外，面向对象程序的复杂度，也要高于面向过程的程序，如果程序比较小，面向过程要比面向对象更加清晰（在本章的“高手点拨”中，我们会用一个专门的例子来说明这个观点）。

更为具体地来说，为解决某个任务，面向过程程序设计首先强调的“该怎么做（How to do?）”，这里的“How”对应的解决方案，就形成一个个功能块——function（函数）。对比而言，面向对象程序设计首先考虑的是 “该让谁来做（Who to do?）”，这里的 “Who”就是对象，这些对象完成某项任务的能力，就构成一个个 method（方法）。然后，一系列具备一定方法的对象，“合力”能把任务完成。

例如，对于“办公”这个任务，面向过程强调的是“如何去办公”（即强调“How”），“人”只是“办公”这个函数的一个参数；而面向对象强调的是“人”（即强调“Who”），“办公”这个行为，只是人内部能实现的一个方法而已。二者之间的对比如下图所示。

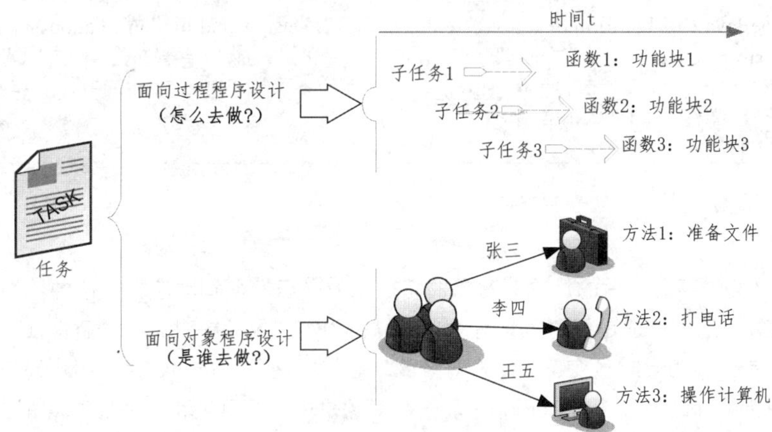

从上面的分析可知，前面章节中所有的例子虽然用了Java中的class来“包装”，但本质上都是用“面向过程”的思路来解决问题，因为前面的范例中，基本上没有任何“对象”存在，只存在解决问题的“方法（method）”，脱离对象的方法，在其本质上，还是面向过程程序设计中的“函数（function）”。

02 两种编程范式之间的联系

面向对象是在面向过程的基础上发展而来的，它只是添加了独有的一些特性。面向对象程序中的对象就由数据和方法构成，所以完整的面向对象的概念应该是如下形式。

对象 = 数据 + 方法

更进一步地可以描述为如下形式。

程序 = 对象 + 消息传递 =（数据 + 方法）+ 消息传递

虽然本书讲解的是基于Java语言的面向对象程序设计，但不能过分贬低“面向过程”的程序设计范式。我们要有个客观的认知：由于“历史惯性”，面向过程程序设计范式，目前仍然有很大的市场。一方面，面向过程编程语言——C，依然是世界上使用广泛的编程语言之一。另一方面，很多著名的软件，如Linux操作系统广泛使用的Linux内核，Git（一个分布式版本控制软件）、Apache HTTP Server（一个开放源码的网页服务器）等，依然是按照面向过程程序设计的模式开发出来的。

6.2 面向对象的基本概念

6.2.1 类

广义来讲，具有共同性质的事物的集合就称为类（class）。在面向对象程序设计中，类是一个独立的单位，它有一个类名，其内部包括成员变量，用于描述对象的属性；还包括类的成员方法，用于描述对象的行为。在Java程序设计中，类被认为是一种抽象的数据类型，这种数据类型不但包括数据，还包括方法，这大大地扩充了数据类型的概念。

类是一个抽象的概念，要利用类的方式来解决问题，还必须用类创建一个实例化的对象，然后通过对象去访问类的成员变量，去调用类的成员方法来实现程序的功能。就如同“汽车”本身是一个抽象的概念，只有使用了一辆具体的汽车，才能感受到汽车的功能。

一个类可创建多个类对象，它们具有相同的属性模式，但可以具有不同的属性值。Java程序为每一个对象都开辟了内存空间，以便保存各自的属性值。

提示

美国 Mozilla 公司全球总裁、曾任 Sun 中国工程研究院院长，被誉为“中国 Java 第一人”的宫力博士，在其英文 Java 著作《Inside Java ™ 2 Platform Security: Architecture, API Design, and Implementation》中曾幽默地提到：“ Never forget class struggle”，来表明“class”的重要性，这里的“class”是指 Java 中的“类”。因为 Java 是一个纯面向对象的语言，而面向对象语言的基础就是各式各样的类。如果要从事 Java 开发，想写出优秀的 Java 代码，就注定要和这些形式各异的类做“斗争”。

6.2.2 对象

对象（object）是类的实例化后的产物。对象的特征分为静态特征和动态特征两种。静态特征是指对象的外观、性质、属性等。动态特征是指对象具有的功能、行为等。人们将对象的静态特征抽象为属性，用数据来描述，在 Java 语言中称为类成员变量。而将对象的动态特征抽象为行为，用一组代码来表示，完成对数据的操作，在 Java 语言中称之为方法（method）。一个对象是由一组属性和一系列对属性进行的操作（即方法）构成的。

在现实世界中，所有事物都可视为对象，对象就是客观世界里的实体。而在 Java 里，“一切皆为对象”。Java 是一门纯粹的面向对象编程语言，而面向对象（Object Oriented）的核心就是对象。要学好 Java，读者就需要学会使用面向对象的思想来考虑问题和解决问题。

6.2.3 类和对象的关系

类是对某一类事物的描述，是抽象的、概念上的定义；对象是实际存在的该类事物的个体，因而也称作实例（instance）。下图所示是一个类与对象关系的示意图。

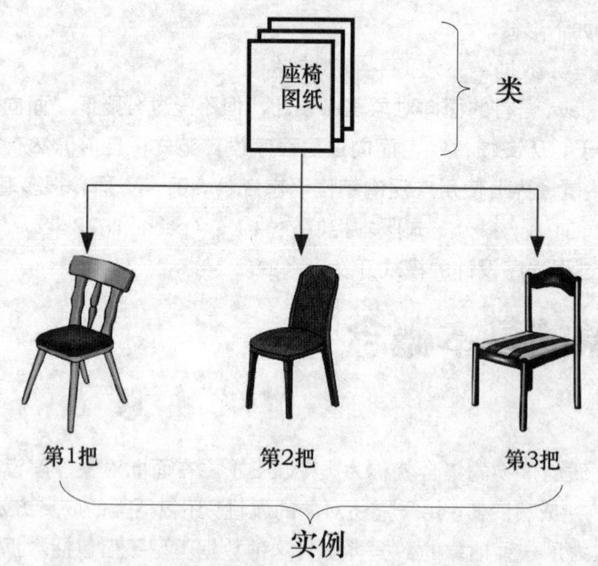

在上图中，座椅设计图就是“类”，由这个图纸设计出来的若干的座椅，就是按照该类产生的“对象”。可见，类描述了对象的属性和对象的行为，类是对象的模板。

对象是类的实例，是一个实实在在的个体，一个类可以对应多个对象。可见，如果将对象比做座椅，那么类就是座椅的设计图纸，所以面向对象程序设计，重点是类的设计，而不是对象的设计（如上图所示）。

一个类按同种方法产生出来的多个对象，其初始状态都是一样的，但是修改其中一个对象的属性时，其他对象并不会受到影响。例如，修改第 1 把座椅（如锯短椅子腿）的属性时，其他的座椅不会受到影响。

再举一个例子来说明类与对象的关系。17 世纪德国著名的哲学家、数学家莱布尼茨（Leibniz，1646 年—1716 年）曾有个著名的哲学论断："世界上没有两片完全相同的树叶。" 这里，我们用"类"与"对象"的关系来解释：类相同——它们都叫树叶，而对象各异——树叶的各个属性值（品种、大小、颜色等）是有区别的，如下图所示。从这个案例也可以得知，类（树叶）是一个抽象的概念，它是从所有对象（各片不同的树叶）提取出来的共有特征描述。而对象（各片具体的不同树叶）则是类（树叶这个概念）的实例化。

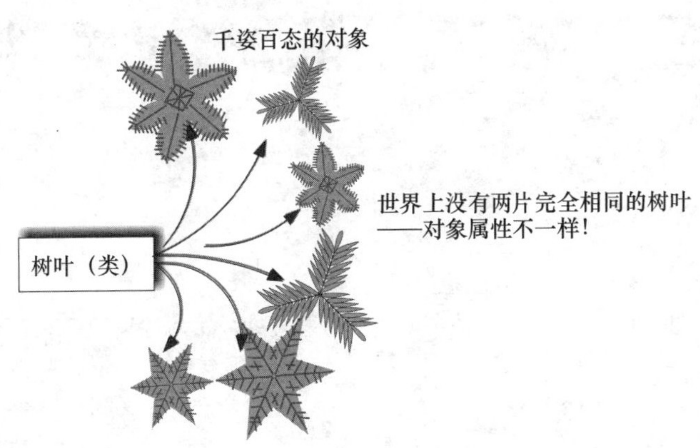

6.3 类的声明与定义

6.3.1 类的声明

在使用类之前，必须先声明它，然后才可以声明变量，并创建对象。类声明的语法如下所示。

```
[标识符] class 类名称
{
  // 类的成员变量
  // 类的方法
}
```

可以看到，声明类使用的是 class 关键字。声明一个类时，在 class 关键字后面加上类的名称，这样就创建了一个类，然后在类的里面定义成员变量和方法。

在上面的语法格式中，标识符可以是 public、private、protected 或者完全省略这个修饰符，类名称只要是一个合法的标识符即可，但从程序的可读性方面来看，类名称建议是由一个或多个有意义的单词连缀而成，形成自我注释（Self Documenting），每个单词首字母大写，单词间不要使用其他分隔符。

Java 提供了一系列的访问控制符，来设置基于类（class）、变量（variable）、方法（method）及构造方法（constructor）等不同等级的访问权限。Java 的访问权限主要有 4 类。

（1）default（默认模式）。在默认模式下，不需为某个类、方法等添加任何访问修饰符。这类方式声明的方法和类，只允许在同一个包（package）内是可访问的。

（2）private（私有）。这是 Java 语言中对访问权限控制较严格的修饰符。如果一个方法、变量和构造方法被声明为"私有"访问，那么它仅能在当前声明它的类内部访问。需要说明的是，类和接口（interface）的访问方式，是不能被声明为私有的。

（3）public（公有）。这是 Java 语言中访问权限控制较宽松的修饰符。如果一个类、方法、构造方法和接口等被声明为"公有"访问，那么它不仅可以被跨类访问，而且允许跨包访问。如果需要访问其他包里的公有成员，则需要事先导入（import）包含所需公有类、变量和方法等的那个包。

（4）protected（保护）。介于 public 和 private 之间的一种访问修饰符。如果一个变量、方法和构造方法在父类中被声明为"保护"访问类型，只能被类本身的方法及子类访问，即使子类在不同的包中也可以访问。类和接口（interface）的访问方式是不能声明为保护类型的。

有关类的访问标识符，除了上述的 4 个访问控制符，还可以是 final。关键字“final”，有“无法改变的”或者“一锤定音”的含义。一旦某个类被声明为 final，那这个 final 类不能被继承，因此 final 类的成员方法是没有机会被覆盖的。在设计类时，如果这个类不需要有子类，类的实现细节不允许改变，并且确信这个类不会再被扩展，那么就设计为 final 类。

下面举一个 Person 类的例子，以使读者清楚地认识类的组成。

范例 6-1　类的组成使用（Person.java）

```
01 class Person
02 {
03   String name ;
04   int age ;
05   void talk()
06   {
07     System.out.println( " 我是：" + name + "，今年：" + age + " 岁 " );
08   }
09 }
```

代码详解

程序首先用 class 声明了一个名为 Person 的类，在这里 Person 是类的名称。

第 03 行和第 04 行先声明了两个属性（即描述数据的变量）name 和 age，name 为 String（字符串类型）型，age 为 int（整型）型。

第 05~08 行声明了一个 talk() 方法——操作数据（如 name 和 age）的方法，此方法用于向屏幕打印信息。为了更好地说明类的关系，请参看下图。因为这个 Person.java 文件并没有提供主方法（main），所以是不能直接运行的。

Person
+name : String +age　: int
+talk() : void

6.3.2 类的定义

在声明一个类后，还需要对类进行定义。定义类的语法如下所示。

```
class 类名称
{
  数据类型 属性 ;            //0 到多个属性

  类名称（参数……）          //0 个到多个构造方法
  {

  }

  返回值的数据类型 方法名称（参数 1，参数 2……） //0 到多个方法
```

```
    {
        程序语句；
        return 表达式；
    }
}
```

对一个类而言，构造方法（constructor，又称构造器或构造函数）、属性和方法，是其常见的 3 种成员，它们都可以定义零个或多个。如果 3 种成员都只定义零个，那实际上是定义了一个空类，也就失去了定义类的意义。

类中各个成员之间，定义的先后顺序没有任何影响。各成员可相互调用，但值得注意的是，static 修饰的成员，是不能被非 static 修饰的成员访问。

属性用于定义该类实例所能访问的各种数据。方法则用于定义类中的行为特征或功能实现（即对数据的各种操作）。构造方法是一种特殊的方法，专用于构造该类的实例（如实例的初始化、分配实例内存空间等）。

定义一个类后，就可以创建类的实例了。创建类实例，是通过 new 关键字完成的。下面通过一个实例讲解如何定义并使用类。

范例 6-2　类的定义使用（ColorDefine.java）

```
01 class ColorDefine
02 {
03     String color = " 黑色 ";
04
05     void getMes()
06     {
07         System.out.println( " 定义类 " );
08     }
09
10     public static void main( String args[] )
11     {
12         ColorDefine b = new ColorDefine ();
13         System.out.println( b.color );
14         b.getMes();
15     }
16
17 }
```

程序运行结果如下图所示。

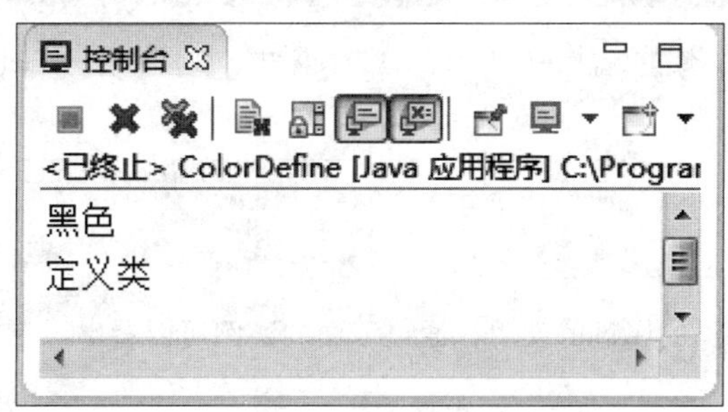

【范例分析】

在 ColorDefine 这个类中，在第 03 行定义了一个 String 类型的属性 color，并赋初值“黑色”。在第

05~08 行，定义了一个普通的方法 getMes()，其完成的功能是向屏幕输出字符串“定义类”。第 10~15 行，定义了一个公有访问的静态方法——main 方法。在 main 方法中，代码第 12 行定义了 ColorDefine 的对象 b，第 13 行输出了对象 b 的数据成员 color，第 14 行调用了对象的方法 getMes()。

可以看出，在类 ColorDefine 中，并没有构造方法（即与类同名的方法）。但事实上，如果用户没有显式定义构造方法，Java 编译器会自动提供一个默认的无参构造方法。

6.4 类的属性

通过前面章节的学习，相信读者对“方法”这个概念已经不再陌生了。例如，在前面章节中，基本上每个范例都使用了 System.out.println() 语句，那么它代表什么含义呢？事实上，System 是系统类（class），out 就是标准的静态输出对象（object），而 println() 是对象 out 中的一个方法（method）。这句话的完整含义就是，调用系统类 System 中的标准输出对象 out 中的方法 println()。

一言蔽之，方法就是操作一系列数据而解决某个问题的有序指令集合。由于它涉及的概念很多，我们会在第 7 章详细探讨这个概念。这里仅做简单的提及，让读者有个初步的认知。

下面，我们先来谈谈类的属性。类的属性也称为字段（field）或成员变量（member variable），不过习惯上，将它称为属性居多。

6.4.1 属性的定义

类的属性是变量。定义属性的语法如下所示。

```
[修饰符] 属性类型 属性名 [=默认值]
```

属性语法格式的详细说明如下所示。

（1）修饰符：修饰符可省略，使用默认的访问权限 default，也可是显式的访问控制符 public、protected、private 及 static、final，其中 3 个访问控制符 public、protected 和 private 只能使用其中之一，而 static 和 final 则可组合起来修饰属性。

（2）属性类型：属性类型可以是 Java 允许的任何数据类型，包括基本类型（int、float 等）和引用类型（类、数组、接口等）。

（3）属性名：从语法角度来说，属性名则只要是一个合法的标识符即可。但如果从程序可读性的角度来看，属性名应该由一个或多个有意义的单词（或能见名知意的简写）连缀而成，推荐的风格是第一个单词应以小写字母作为开头，后面的单词则用大写字母开头，其他字母全部小写，单词间不使用其他分隔符。如 String studentNumber。

（4）默认值：定义属性还可以定义一个可选的默认值。

> **注意**
>
> 属性是一种比较符合汉语习惯的说法，在 Java 的官方文献中，属性被称为 Field，因此有些书籍也把“属性”翻译为“字段”或“域”，它们在本质上是相同的。

6.4.2 属性的使用

下面通过一个实例来讲解类的属性的使用，通过下面的实例可以看出，在 Java 中类属性和对象属性不同的使用方法。

范例 6-3 类的属性组使用（usingAttribute.java）

```
public class usingAttribute
{
  static String str1 = "string-1";
  static String str2;

  String str3 = "string-3";
  String str4;

  // static 语句块用于初始化 static 成员变量，是最先运行的语句块
  static
  {
    printStatic( "before static" );
    str2 = "string-2";
    printStatic( "after static" );
  }
  // 输出静态成员变量
  public static void printStatic( String title )
  {
    System.out.println( "---------" + title + "---------" );
    System.out.println( "str1 = \"" + str1 + "\"" );
    System.out.println( "str2 = \"" + str2 + "\"" );
  }
  // 打印一次属性，然后改变 d 属性，最后再打印一次
  public usingAttribute()
  {
    print( "before constructor" );
    str4 = "string-4";
    print( "after constructor" );
  }
  // 打印所有属性，包括静态成员
  public void print( String title )
  {
    System.out.println( "---------" + title + "---------" );
    System.out.println( "str1 = \"" + str1 + "\"" );
    System.out.println( "str2 = \"" + str2 + "\"" );
    System.out.println( "str3 = \"" + str3 + "\"" );
    System.out.println( "str4 = \"" + str4 + "\"" );
  }

  public static void main( String[] args )
  {
    System.out.println( );
    System.out.println( "--------- 创建 usingAttribute 对象 ---------" );
    System.out.println( );
    new usingAttribute( );
  }
}
```

保存并运行程序，结果如下图所示。

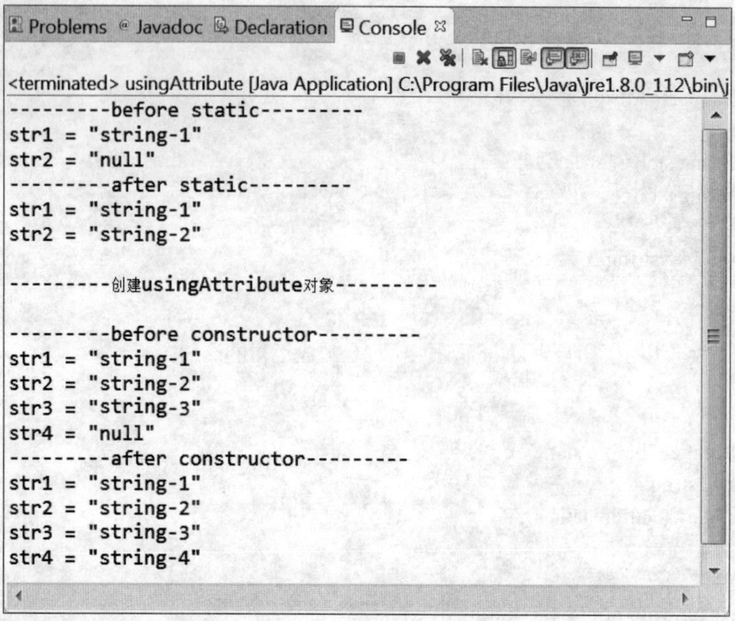

```
<terminated> usingAttribute [Java Application] C:\Program Files\Java\jre1.8.0_112\bin\j
---------before static---------
str1 = "string-1"
str2 = "null"
---------after static---------
str1 = "string-1"
str2 = "string-2"

---------创建usingAttribute对象---------

---------before constructor---------
str1 = "string-1"
str2 = "string-2"
str3 = "string-3"
str4 = "null"
---------after constructor---------
str1 = "string-1"
str2 = "string-2"
str3 = "string-3"
str4 = "string-4"
```

【范例分析】

代码第 03~04 行，定义了两个 String 类型的属性 str1 和 str2，因为它们是静态的，所以它们是属于类的，也就是属于这个类定义的所有对象共有，对象看到的静态属性值都是相同的。

代码第 06~07 行，定义了两个 String 类型的属性 str3 和 str4，因为它们是非静态的，所以它们是属于这个类所定义的对象私有的，每个对象都有这个属性，且各自的属性值可不同。

代码第 10~15 行，定义了静态方法块，它没有名称。使用 static 关键字加以修饰并用大括号“{}”括起来的代码块称为静态代码块，用来初始化静态成员变量。如静态变量 str2 被初始化为 "string-2"。

代码第 24~29 行，定义了一个构造方法 usingAttribute ()，在这个方法中，使用了类中的各个属性。构造方法与类同名，且无返回值（包括 void），它的主要目的是创建对象。这里仅是为了演示，才使用了若干输出语句。实际使用过程中，这些输出语句不是必需的。

代码第 31~38 行，定义了公有方法 print()，用于打印所有属性值，包括静态成员值。

代码第 40~46 行，定义了常见的主方法 main()，在这个方法中，第 45 行使用关键字 new 和构造方法 usingAttribute () 来创建一个匿名对象。

由输出结果可以看出，Java 类属性和对象属性的初始化顺序如下。

（1）类属性（静态变量）定义时的初始化，如范例中的 static String str1 = "string-1"。

（2）static 块中的初始化代码，如范例中的 static {} 中的 str2 = "string-2"。

（3）对象属性（非静态变量）定义时的初始化，如范例中的 String str3 = "string-3"。

（4）构造方法（函数）中的初始化代码，如范例构造方法中的 str4 = "string-4"。

当然，这里只是为了演示 Java 类的属性和对象属性的初始化顺序。在实际的应用中，并不建议在类中定义属性时实施初始化，如例子中的字符串变量“str1”和“str3”。

请读者注意，被 static 修饰的变量称为类变量（classs' variables），它们被类的实例所共享。也就是说，某一个类的实例改变了这个静态值，其他这个类的实例也会受到影响。而成员变量（member variable）则是没有被 static 修饰的变量，为实例所私有，也就是说，每个类的实例都有一份自己专属的成员变量，只有当前实例才可更改它们的值。

static 是一个特殊的关键字，其在英文中直译就是“静态”的意思。它不仅用于修饰属性（变量）、成员，还可用于修饰类中的方法。被 static 修饰的方法，同样表明它是属于这个类共有的，而不是属于该类的单个实例，通常把 static 修饰的方法也称为类方法。

提示

在使用类属性（方法）和对象属性（方法）时，表达方式是存在差异的。类属性（方法）是静态的，它们属于类本身，通过点操作符（.）访问它们时，其语法如下所示。

类名.属性名 或 类名.方法名

对象属性（方法）则是属于对象的，所以使用它们时，必须先定义这个类的对象，然后再使用，通过点操作符（.）访问它们时，其语法如下所示。

对象名.属性名 或 对象名.方法名

6.5 对象的声明与使用

在范例 6-1 中，已创建好了一个 Person 的类，相信类的基本形式读者应该已经很清楚了。但是在实际中仅仅有类是不够的，类提供的只是一个模板，必须依照它创建出对象之后才可以使用。

6.5.1 对象的声明

下面定义了由类产生对象的基本形式。

```
类名 对象名 = new 类名 ( );
```

了解上述的概念之后，相信读者会对范例 6-2 及范例 6-3 有更加深刻的理解。创建属于某类的对象，需要通过下面两个步骤实现。

（1）声明指向"由类所创建的对象"的变量。

（2）利用 new 创建新的对象，并指派给先前所创建的变量。

举例来说，如果要创建 Person 类的对象，可用下列语句实现。

```
Person p1 ;              // 先声明一个 Person 类的对象 p1
p1 = new Person() ;      // 用 new 关键字实例化 Person 的对象 p1
```

当然也可以用下面的这种形式来声明变量，一步完成。

```
Person p1= new Person() ;        // 声明 Person 对象 p1 并直接实例化此对象
```

提示

对象只有在实例化之后才能被使用，而实例化对象的关键字就是 new。

对象实例化的过程如下图所示。

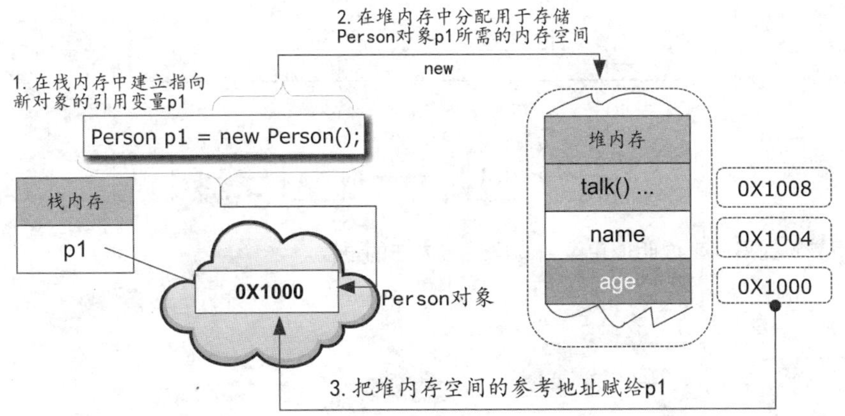

从图中可以看出，当语句执行到 Person p1 的时候，只是在“栈内存”中声明了一个 Person 对象 p1 的引用（reference），但是这个时候 p1 并没有在“堆内存”中开辟空间。对象的“引用”，在本质上就是一个对象在堆内存的地址，所不同的是，在 Java 中，用户无法像 C/C++ 那样直接操作这个地址，可以把这个“引用”，理解为一个经过 Java 二次包装的智能指针。

本质上，“new Person()”就是使用 new 关键字，来调用构造方法 Person()，创建一个真实的对象，并把这个对象在“堆内存”中的占据的内存首地址赋予 p1，这时 p1 才能称为一个实例化的对象。

这里，我们做个类比来说明“栈内存”和“堆内存”的区别。在医院里，为了迎接一个新生命的诞生，护士会先在自己的登记本上留下一行位置，来记录婴儿床的编号，一旦婴儿诞生后，就会将其安置在育婴房内的某个婴儿床上。然后护士就在登记本上记录下婴儿床编号，这个编号不那么好记，就给这个编号取个好记的名称，例如 p1，那么这个 p1（本质上就为婴儿床编号）就是这个婴儿“对象”的引用，找到这个引用，就能很方便地找到育婴房里的婴儿。这里，护士的登记表就好比是“栈内存”，它由护士管理，无需婴儿父母费心。而育婴房就好比是“堆内存”，它由婴儿爸妈显式申请（使用 new 操作）才能有床位，但一旦使用完毕，会由一个专门的护工（编译器）来清理回收这个床位——在 Java 中，有专门的内存垃圾回收（Garbage Collection，GC）机制来负责回收不再使用的内存。

6.5.2 对象的使用

如果要访问对象里的某个成员变量或方法，可以通过下面的语法来实现。

```
对象名称 . 属性名          // 访问属性
对象名称 . 方法名 ()       // 访问方法
```

例如，想访问 Person 类中的 name 和 age 属性，可用如下方法来访问。

```
p1.name ;     // 访问 Person 类中的 name 属性
p1.age ;      // 访问 Person 类中的 age 属性
```

因此，若想将 Person 类的对象 p 中的属性 name 赋值为“张三”，年龄赋值为 25，则可采用下面的写法。

```
p1.name = " 张三 ";
p1.age = 25 ;
```

如果想调用 Person 中的 talk() 方法，可以采用下面的写法。

```
p1.talk() ;    // 调用 Person 类中的 talk() 方法
```

对于取对象属性和方法的点操作符“.”，建议读者直接读成“的”，例如，p1.name = " 张三 "，可以读成“p1 的 name 被赋值为张三”。再例如，“p1.talk()”可以读成“p1 的 talk() 方法”。这样读是有原因的：点操作符“.”对应的英文为“dot [dɔt]”，通常“t”的发音弱化而读成“[dɔ]”（读者可以尝试用英文读一下 sina.com 来体会一下），而“[dɔ]”的发音很接近汉语“的”的发音 [de]，如下图所示。此外，“的”在含义上也有“所属”关系。因此将点操作符“.”读成“的”，音和意皆有内涵。

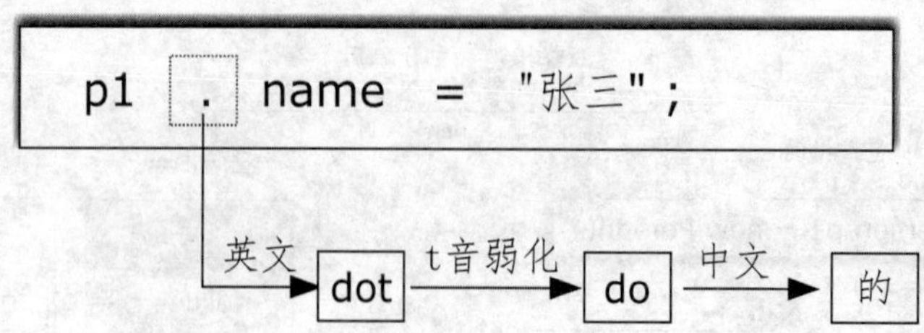

下面我们用完整的程序来说明调用类中的属性与方法的过程。

范例 6-4　使用Person类的对象调用类中的属性与方法的过程（ObjectDemo.java）

```
// 下面这个范例说明了使用 Person 类的对象调用类中的属性与方法的过程
01  public class ObjectDemo
02  {
03      public static void main( String[] args )
04      {
05          Person p1 = new Person() ;
06          p1.name = " 张三 " ;
07          p1.age = 25 ;
08          p1.talk();
09      }
10  }
11
12  class Person
13  {
14      String name ;
15      int age ;
16      void talk()
17      {
18          System.out.println( " 我是： " + name + "，今年： " + age + " 岁 " );
19      }
20  }
```

保存并运行程序，结果如下图所示。

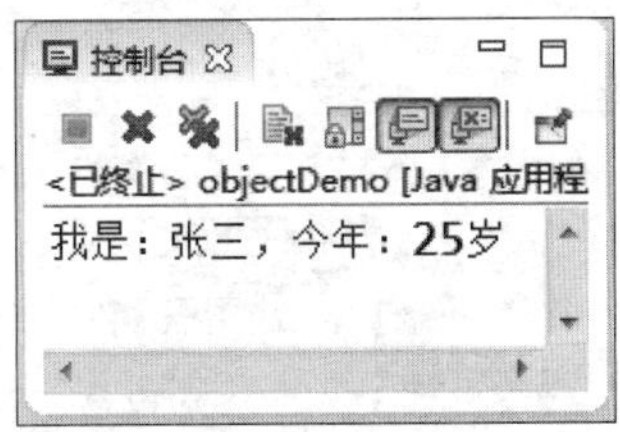

代码详解

第 05 行声明了一个 Person 类的实例对象 p1，并通过 new 操作，调用构造方法 Person()，直接实例化此对象。

第 06 行和第 07 行，对 p1 对象中的属性（name 和 age）进行赋值。

第 08 行调用 p1 对象中的 talk() 方法，实现在屏幕上输出信息。

代码第 12 ~ 20 行，是 Person 类的定义。

对照上述程序代码与下图的内容，即可了解到 Java 是如何对对象成员进行访问操作的。

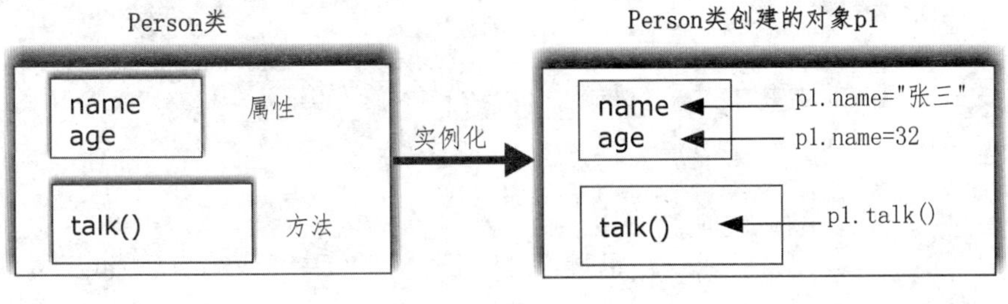

6.5.3 匿名对象

匿名对象是指没有名字的对象。实际上，根据前面的分析，对于对象实例化的操作来讲，对象真正有用的部分是在堆内存里面，而栈内存只是保存了一个对象的引用名称（严格来讲是对象在堆内存的地址），所以所谓的匿名对象就是指，只开辟了堆内存空间，而没有栈内存指向的对象。在范例 6-3 中的第 45 行，实际上就创建了一个匿名对象。

为了更为详细地了解匿名对象，请观察下面的代码。

范例 6-5　创建匿名对象（NoNameObject.java）

```
01  public class NoNameObject
02  {
03     public void say()
04     {
05        System.out.println(" 面朝大海，春暖花开！ ");
06     }
07
08     public static void main(String[] args)
09     {
10        // 这是匿名对象，没有被其他对象所引用
11         new NoNameObject().say();
12     }
13  }
```

保存并运行程序，结果如下图所示。

代码详解

代码第 11 行，创建匿名对象，没有被其他对象所引用。如果第 11 行定义一个有名对象，例如以下形式。

```
NoNameObject newObj = new NoNameObject( );
```

那么调用类中的方法 say()，可很自然地写成如下形式。

```
newObj. say();
```

但是因为“new NoNameObject( )”创建的是匿名对象，所以就用“NoNameObject()”整体来作为新构造匿名对象的引用，它访问类中的方法，就如同普通对象一样，使用点运算符（.）。

```
NoNameObject().say();
```

匿名对象有以下两个特点。

（1）匿名对象没有被其他对象所引用，即没有栈内存指向。

（2）因为匿名对象没有栈内存指向，所以其只能使用一次，之后就变成无法找寻的垃圾对象，故此会被垃圾回收器收回。

6.5.4 对象的比较

有两种方式可用于对象间的比较：①利用“==”运算符；②利用 equals() 方法。“==”运算符用于比较两个对象的内存地址值（引用值）是否相等，equals() 方法用于比较两个对象的内容是否一致。回到 6.5.1 节中的那个“婴儿床编号”和“婴儿”的比喻，“==”运算符完成的是比较两个婴儿床的编号是否相等（相等则说明是同一个婴儿床），而 equals() 方法完成的是婴儿床内的婴儿是否相同（相同则说明是一个婴儿）。下面的两个案例分别说明了这两种方法的使用。

范例 6-6　“= =”运算符用于比较（CompareObject1.java）

```
01  public class CompareObject1
02  {
03      public static void main( String[] args )
04      {
05          String str1 = new String( "java" );
06          String str2 = new String( "java”   );
07          String str3 = str2;
08          if( str1 == str2 )
09          {
10              System.out.println( "str1 == str2" );
11          }
12          else
13          {
14              System.out.println( "str1 != str2" );
15          }
16          if( str2 == str3 )
17          {
18              System.out.println( "str2 == str3" );
19          }
20          else
21          {
22              System.out.println( "str2 != str3" );
23          }
24      }
25  }
```

保存并运行程序，结果如下图所示。

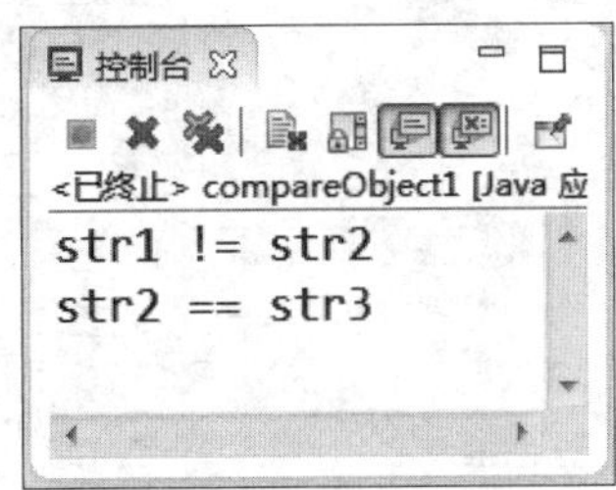

【范例分析】

由程序的输出结果可以发现，str1 不等于 str2，有些读者可能会问，str1 与 str2 的内容完全一样，为什么会不等于呢？读者可以发现，在程序的第 05 行和第 06 行分别用 new 实例化了两个 String 类对象，此时这两个对象在“堆内存”中处于不同的内存位置，也就是它们的内存地址是不一样的。这个时候，程序中是用的

"=="比较，比较的是内存地址值（即引用值），所以输出 str1!=str2。程序第 07 行将 str2 的引用值直接赋给 str3，这个时候就相当于 str3 也指向了 str2 的引用，此时这两个对象指向的是同一内存地址，所以比较值的结果是 str2==str3。str1、str2 和 str3 的内存布局模拟如下图所示。

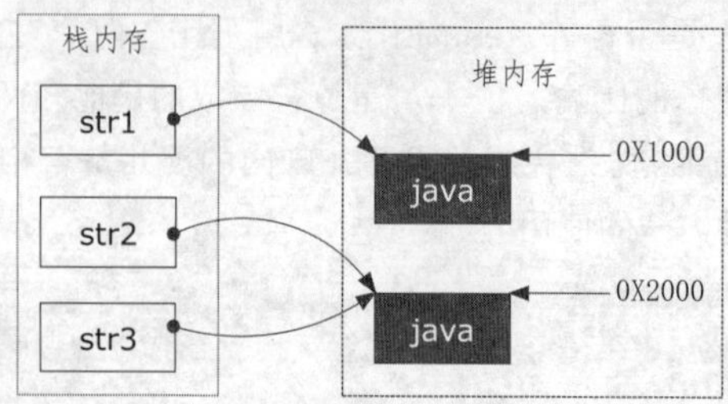

读者可能会问，那该如何去比较里面的内容呢？这就需要采用另外一种对象比较方法——"equals()"。请看下面的程序。

范例 6-7　equals方法用于对象内容的比较（CompareObject2.java）

```
public class CompareObject2
{
  public static void main( String[] args )
  {
    String str1 = new String( "java" );
    String str2 = new String( "java" );
    String str3 = str2 ;
    if( str1.equals( str2 ) )
    {
      System.out.println( "str1 equals str2" );
    }
    else
    {
      System.out.println( "str1 not equals str2" );
    }
    if( str2.equals( str3 ) )
    {
      System.out.println( "str2 equals str3" );
    }
    else
    {
      System.out.println( "str2 not equals str3" );
    }
  }
}
```

保存并运行程序，结果如下图所示。

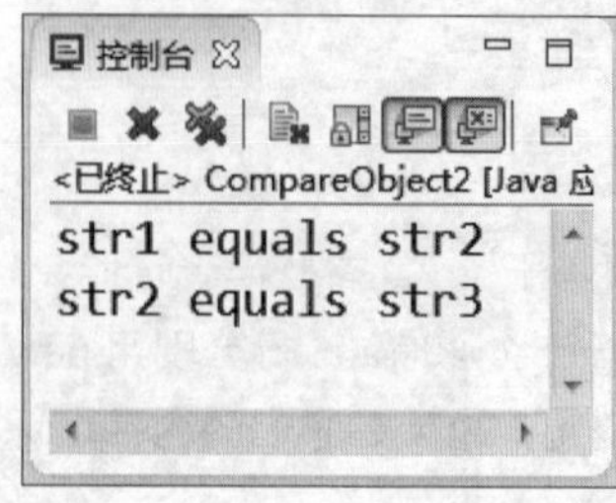

【范例分析】

相比于范例 6-6，在第 08 行代码处，将比较方式从“str1 == str2”换成了“str1.equals(str2)”，equals() 方法的宿主是 String 类的对象 str1，对象 str2 是 equals() 方法的参数。所有 String 类的对象都有 equals() 方法，因此第 08 行代码换成以下形式。

```
if( str2.equals( str1 ) )
```

达到的比较效果同原来的代码是一样的。

在这里需要读者记住，“==”是比较对象内存地址值（即所谓的引用值）的，而方法“equals( )”才是比较对象内容的。

6.5.5 对象数组的使用

我们可以把类理解为用户自定义的数据类型（data type），它和基本数据类型（如 int、float 等）具有等同的地位。在前面章节中，我们已经介绍了如何用数组来保存基本数据类型的变量。类似地，对象也可以用数组来存放，可通过下面两个步骤来实现。

（1）声明以类为数据类型的数组变量，并用 new 分配内存空间给数组。

（2）用 new 产生新的对象，并分配内存空间给它。

例如，要创建 3 个 Person 类型的数组元素，语法如下所示。

```
Person p[] ;   // 声明 Person 类类型的数组变量
p = new Person[3] ;      // 用 new 分配内存空间
```

创建好数组元素之后，便可把数组元素指向由 Person 类所定义的对象。

```
p[0] = new Person () ;
p[1] = new Person () ;
p[2] = new Person () ;
```

此时，p[0]、p[1]、p[2] 是属于 Person 类型的变量，它们分别指向新建对象的内存参考地址。当然也可以写成如下形式。

```
Person p[ ] = new Person[3];        // 创建对象数组元素，并分配内存空间
```

当然，也可以利用 for 循环来批量完成对象数组的初始化操作，此方式属于动态初始化。

```
for( int i=0; i<p.length; ++i )
{
  p[ i ] = new Person() ;
}
```

或者也可以采用静态方式来初始化对象数组，如下所示。

```
Person p[ ] = { new Person(), new Person(), new Person() };
```

范例 6-8　用静态方式初始化对象数组（ObjectArray.java）

```
class Person
{
  String name ;
  int age ;

  public Person( String name, int age )
  {
    this.name = name;
    this.age = age;
  }
```

```
11     public String talk()
12     {
13        return " 我是：" + this.name + "，今年：" + this.age + " 岁 ";
14     }
15  }
16  public class ObjectArray
17  {
18     public static void main( String[] args )
19     {
20        Person p[ ] = {
21                 new Person( " 张三 ", 25 ),
22                 new Person( " 李四 ", 30 ),
23                 new Person( " 王五 ", 35 )
24              };
25        for( int i = 0; i < p.length; ++i )
26        {
27           System.out.println( p[ i ].talk() ) ;
28        }
29     }
30  }
```

保存并运行程序，结果如下图所示。

```
Problems  Javadoc  Declaration  Console
<terminated> ObjectArray [Java Application] C:\Program Files\Java\jre1.8.0_112\bin\javaw.exe
我是：张三，今年：25岁
我是：李四，今年：30岁
我是：王五，今年：35岁
```

【范例分析】

代码第 20~24 行用静态声明方式声明了 Person 类的对象数组 p，它包含了 3 个对象。事实上，在第 21~23 行，每一行都是返回一个对象的引用地址，而对象数组的 3 个元素就是这 3 个对象的引用地址。

第 25~28 行用 for 循环输出对象数组 p 中的所有对象，并分别调用它们的 talk() 方法，打印出个人信息。第 06~10 行构造方法 Person() 的定义，在这个代码段里，有个关键词 this，容易让初学者困惑，下面给予简要介绍。

当创建一个对象后，Java 虚拟机（JVM）就会给这个对象分配一个自身的引用——this。因为 this 是和对象本身相关联的，读者也可以将其读作“本对象”，所以 this 只能在类中的非静态方法中使用。静态属性及静态方法属于类，它们与具体的对象无关，所以静态属性及静态方法是没有 this 的。

同一个类定义下的不同对象，每个对象都有自己的 this，虽然都叫 this，但指向的对象不同。这好比一个班里的众多同学来做自我介绍：“我叫 XXX”，虽然说的都是“我”，但每个“我”指向的对象是不同的。其实，在这里读者只要遵循一个原则即可，就是 this 表示当前对象，而所谓的当前对象就是指，调用类中方法或属性的那个对象。

在第 08~09 行中，为什么有赋值运算符（=）左侧的变量使用 this 引用呢？这是因为构造方法 Person() 的参数列表中，有形参 name 和 age，它们是隶属于构造方法 Person() 的局部变量，也就是出了 Person( ) 这个构造方法，它们就消亡了。而 Person 对象中有同名的属性变量 name 和 age（分别在第 03 行和第 04 行定义），如果将构造方法 Person() 中的形参给同名的对象属性赋值，第 08~09 行就变成如下的语句。

```
08        name = name;
09        age = age;
```

这样，就会让部分读者产生“误解”：为什么这两个变量会自己给自己赋值呢？其实，范例中第 08~09 行中的 this 的确并不是必需的，但是为了增强代码的可读性，我们把赋值运算符（=）左侧的变量使用 this，来表明左侧变量是指当前对象的成员变量，而非 Person( ) 方法内的同名形数，如下图所示。因此，“this. name = name;”这个语句就可以比较清晰地解读为，用 Person 方法内形参 name 给本对象的成员变量 name 赋值。在范例 6-8 中，代码第 09 行和第 13 行，也可以有类似的解读，这里就不一一赘述了。

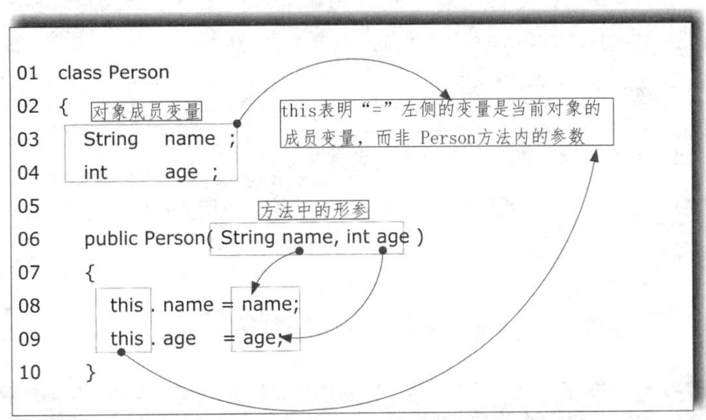

6.6 this 关键字的使用

在上面的案例中，我们已经初步了解 this 关键字的使用，下面我们再进一步讨论一下它的深层次使用方法。

范例 6-9　利用this判断两个对象是否相等（ThisCompareDemo.java）

```
class Person
{
  String name;
  int age;
  Person(String name, int age)
  {
    this.name = name;
    this.age = age;
  }
  boolean compare(Person p)
  {
    if (this.name.equals(p.name) && this.age == p.age)
    {
      return true;
    } else
    {
      return false;
    }
  }
}
public class ThisCompareDemo
```

```
22 {
23     public static void main(String[] args)
24     {
25         Person p1 = new Person(" 张三 ", 30);
26         Person p2 = new Person(" 张三 ", 30);
27         System.out.println(p1.compare(p2) ? " 相等 , 是同一人 !" : " 不相等 , 不是同一人 !");
28     }
29 }
```

保存并运行程序，结果如下图所示。

```
Problems  Javadoc  Declaration  Console
<terminated> ThisCompareDemo [Java Application] C:\Program Files\Java\jre1.8.0_112\bin\ja
相等,是同一人!
```

代码详解

第 01~20 行声明了一个名为 Person 的类，里面有一个构造方法和一个比较方法。

第 10~19 行在 Person 类中声明了一个 compare() 方法，此方法接收 Person 实例对象的引用。

第 12 行比较姓名和年龄是否同时相等。

第 27 行由 p1 调用 compare() 方法，将 p2 传入到 compare 方法之中，所以第 12 行的 this.name 就代表 p1.name，this.age 就代表 p1.age，而传入的参数 p2 则用 compare() 方法中的参数 p 表示。

【范例分析】

由此不难理解，this 是表示当前对象这一重要概念，所以程序的最后输出了“相等，是同一人！”的正确判断信息。

如果在程序中想用某一个构造方法调用另一个构造方法，也可以用 this 来实现。具体的调用形式如下所示。

```
this() ;
```

范例 6-10　用this调用构造方法（ThisConstructor.java）

```
class Person
{
    String name;
    int age;
    public Person()
    {
        System.out.println("1. public Person()");
    }
    public Person(String name, int age)
    {
        // 调用本类中无参构造方法
        this();
        this.name = name;
```

```
14         this.age = age;
15         System.out.println("2. public Person(String name,int age)");
16     }
17 }
18 public class ThisConstructor
19 {
20     public static void main(String[] args)
21     {
22         new Person(" 张三 ", 25);
23     }
24 }
```

保存并运行程序，结果如下图所示。

```
Problems  Javadoc  Declaration  Console
<terminated> ThisConstructor [Java Application] C:\Program Files\Java\jre1.8.0_112\bin\javaw
1. public Person()
2. public Person(String name,int age)
```

代码详解

第 01~17 行声明了一个名为 Person 的类，类中声明了一个无参、一个有参的构造方法。
第 12 行使用 this() 调用本类中的无参构造方法。
第 22 行声明一个 Person 类的匿名对象，调用了有参的构造方法。

【范例分析】

从本范例中可以看到，在第 22 行虽然调用了 Person 中有两个参数的构造方法，但因为第 12 行使用了 this() 调用本类中的无参构造方法，所以程序先去执行 Person 中的无参构造方法，之后再去继续执行有参构造方法的其他部分（第 13~15 行）。

提示

有的读者经常会有这样的疑问，如果我把 this() 调用无参构造方法的位置任意调换，那不就可以在任何时候都调用构造方法了吗？实际上这样理解是错误的。构造方法是在实例化一个对象时被自动调用的，也就是说在类中的所有方法里，只有构造方法是被优先调用的，所以使用 this 调用构造方法必须也只能放在类中。

6.7 static 关键字的使用

static 关键字的使用，相信读者应该已经不陌生了，因为从最初我们编写的第 1 个 Java 版本的“Hello World”程序，static 就作为修饰符出现在主方法 main() 中，而且后来定义由主方法直接调用的方法时也出现过 static。在 Java 中，也可以使用 static 关键字定义属性，下面进行详细介绍（关于 static 方法的介绍，请读者参阅下一章）。

在程序中如果用 static 定义属性的话，则此变量称为静态属性。那什么是静态属性？使用静态属性又有什么好处呢？请读者先来看看下面的范例。

范例 6-11 没有使用静态属性的不便（noStaticDemo.java）

```
01 class Person
02 {
03    String name;
04    String nation;
05    int age;
06    public Person(String name, String nation, int age)
07    {
08       this.name = name;
09       this.city = nation;
10       this.age = age;
11    }
12    public String talk( )
13    {
14       return " 我是：" + this.name + "，今年：" + this.age + " 岁，来自：" + this. nation;
15    }
16 }
17 public class noStaticDemo
18 {
19    public static void main(String[] args)
20    {
21       Person p1 = new Person(" 张三 ", " 中国 ", 25);
22       Person p2 = new Person(" 李四 ", " 中国 ", 30);
23       Person p3 = new Person(" 王五 ", " 中国 ", 35);
24       System.out.println( p1.talk( ) );
25       System.out.println( p2.talk( ) );
26       System.out.println( p3.talk( ) );
27    }
28 }
```

保存并运行程序，结果如下图所示。

```
Problems  Javadoc  Declaration  Console
<terminated> noStaticDemo [Java Application] C:\Program Files\Java\jre1.8.0_112\bin\javaw.e
我是：张三，今年：25岁，来自：中国
我是：李四，今年：30岁，来自：中国
我是：王五，今年：35岁，来自：中国
```

代码详解

第 01~16 行声明了一个名为 Person 的类，含有 3 个属性：name、age、nation。
第 06~11 行声明了 Person 类的一个构造方法，此构造方法分别对各属性赋值。
第 12~15 行声明了一个 talk( ) 方法，此方法用于返回用户信息。
第 21~23 行分别实例化 3 个 Person 对象。
第 24~26 行分别调用类中的 talk( ) 方法输出用户信息。

【范例分析】

从程序中可以看到，所有的 Person 对象都有一个 city 属性，而且所有的属性也全部相同，如下图所示。

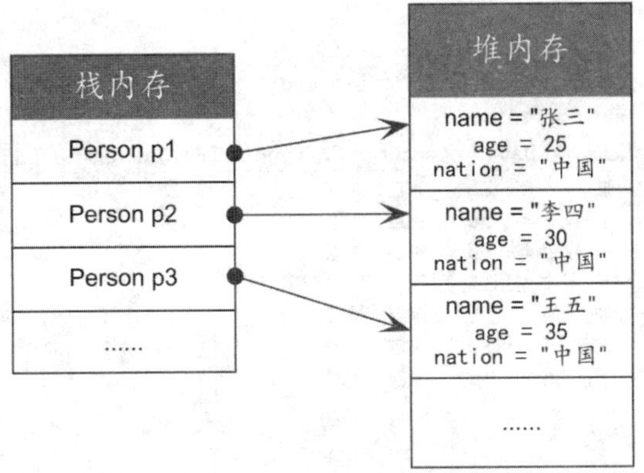

读者可以试想一下，假设程序要生产 500 个 Person 对象，每个对象里都有相同的 nation 属性，浪费存储空间不说，如果想修改所有人的 nation 属性，就要实施 500 次 nation 属性的修改，这显然太麻烦了。所以在 Java 中提供了 static 关键字，用它来修饰类的属性后，此属性就是公共属性了。将上面程序稍作修改，就形成了范例 staticDemo.java，如下所示。

范例 6-12　static关键字的使用（staticDemo.java）

```
class Person
{
  String name;
  static String nation = " 中国 ";
  int age;
  public Person(String name, int age)
  {
    this.name = name;
    this.age = age;
  }
  public String talk()
  {
    return " 我是： " + this.name + "，今年： " + this.age + " 岁，来自： " + nation;
  }
}
public class staticDemo
{
  public static void main(String[] args)
  {
    Person p1 = new Person(" 张三 ", 25);
    Person p2 = new Person(" 李四 ", 30);
    Person p3 = new Person(" 王五 ", 35);
    System.out.println(" 修改之前信息： " + p1.talk());
    System.out.println(" 修改之前信息： " + p2.talk());
    System.out.println(" 修改之前信息： " + p3.talk());
    System.out.println(" ************* 修改之后信息 *************");
    // 修改后的信息
    p1. nation = " 美国 ";
    System.out.println(" 修改之后信息： " + p1.talk());
    System.out.println(" 修改之后信息： " + p2.talk());
    System.out.println(" 修改之后信息： " + p3.talk());
  }
}
```

保存并运行程序，结果如下图所示。

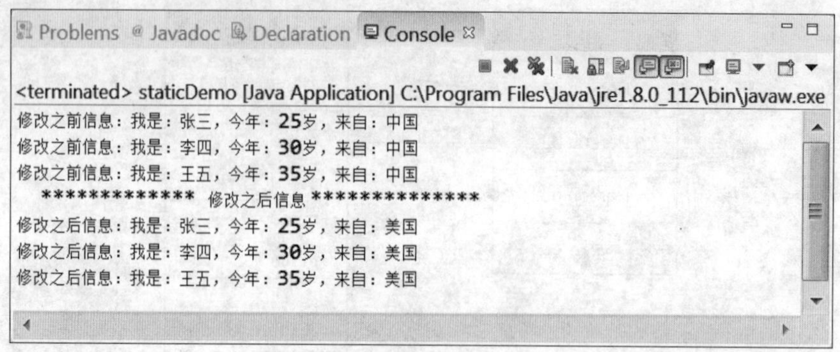

代码详解

第 01~15 行声明了一个名为 Person 的类，含有 3 个属性：name、age、nation。其中 nation 为 static 类型。
第 06~10 行声明了 Person 类的一个构造方法，此构造方法的作用是分别对 name 和 age 属性赋值。
第 11~14 行声明了一个 talk( ) 方法，此方法用于返回用户信息。
第 20~22 行分别实例化 3 个 Person 对象。
第 23~25 行分别调用类中的 talk( ) 方法输出用户信息。
第 28 行修改 p1 中的 nation 属性。

【范例分析】

从程序中可以看到，只在第 28 行修改了 nation 属性，而且只修改了一个对象的 nation 属性，但再次输出时，可以看到全部对象的 nation 值都发生了同样的变化，这说明用 static 声明的属性是所有对象共享的，如下图所示。

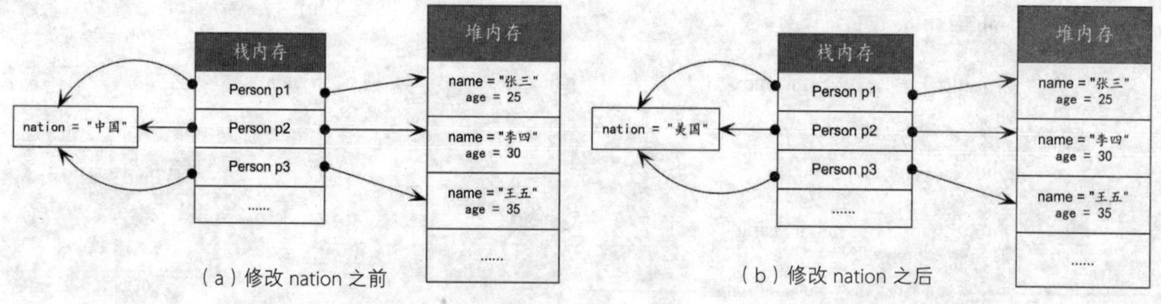

（a）修改 nation 之前　　（b）修改 nation 之后

从上图中可以看到，所有的对象都指向同一个 nation 属性，只要当中有一个对象修改了 nation 属性的内容，则所有的对象都会被同时修改。

另外读者也需要注意一点：用 static 方式声明的属性，也可以用类名直接访问。拿上面的程序来说，如果想修改 nation 属性中的内容，可以用如下方式。

```
Person. nation = " 美国 ";
```

所以有些 Java 图书也把用 static 类型声明的变量称为“类变量”。

提示

既然 static 类型的变量是所有对象共享的内存空间，也就是说无论最终有多少个对象产生，也都只有一个 static 类型的属性，那可不可以用它来计算类到底产生了多少个实例对象呢？读者可以想一想，只要一个类产生一个新的实例对象，就都会去调用构造方法，所以可以在构造方法中加入一些计数操作。

6.8 final 关键字的使用

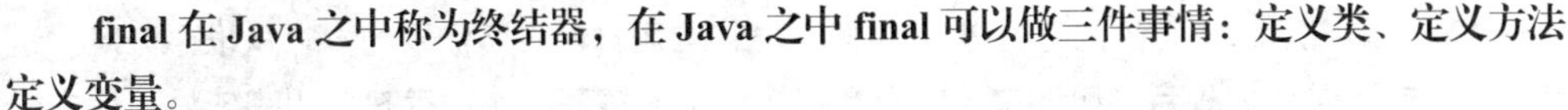

final 在 Java 之中称为终结器，在 Java 之中 final 可以做三件事情：定义类、定义方法、定义变量。

（1）final 标记的类不能被继承。

（2）final 标记的方法不能被子类覆写（在第 8 章详细介绍）。

（3）final 标记的变量（成员变量或局部变量）即为常量，只能赋值一次。

范例 6-13　final标记的变量只能赋值一次实例（TestFinalDemo.java）

```
01  class TestFinalDemo
02  {
03    public static void main(String[] args)
04    {
05      final int i = 10 ;
06      // 修改用 final 修饰的变量 i
07      i++ ;
08    }
09  }
```

保存并运行程序，结果如下图所示。

```
Problems  Javadoc  Declaration  Console
<terminated> TestFinalDemo [Java Application] C:\Program Files\Java\jre1.8.0_112\bin\javaw.exe (
Exception in thread "main" java.lang.Error: Unresolved compilation p
        The final local variable i cannot be assigned. It must be bl

        at TestFinalDemo.main(TestFinalDemo.java:7)
```

代码详解

第 05 行修饰了一个由 final 修饰的变量。
第 07 行对 *i* 进行加 1 操作。

【范例分析】

上例并不能正确运行，由编译器反馈的信息可以看出，由 final 修饰的变量 *i* 为终态局部变量，对于终态局部变量，不能进行赋值操作（The final local variable i cannot be assigned）。

6.9 高手点拨

1. 栈内存和堆内存的区别

在 Java 中，栈（stack）是由编译器自动分配和释放的一块内存区域，主要用于存放一些基本类型（如 int、float 等）的变量、指令代码、常量及对象句柄（也就是对象的引用地址）。

栈内存的操作方式类似于数据结构中的栈（仅在表尾进行插入或删除操作的线性表）。栈的优势在于，它的存取速度比较快，仅次于寄存器，栈中的数据还可以共享。其缺点表现为，存在栈中的数据大小与生存期必须是确定的，缺乏灵活性。

堆（heap）是一个程序运行动态分配的内存区域。在 Java 中，构建对象时所需要的内存从堆中分配。这些对象通过 new 指令“显式”建立，放弃分配方式类似于数据结构中的链表。堆内存在使用完毕后，是由垃圾回收（Garbage Collection，GC）器“隐式”回收的。在这一点上，和 C/C++ 有显著的不同，在 C/C++ 中，堆内存的分配和回收都是显式的，均由用户负责，如果用户申请了堆内存，而在使用后忘记释放，则会产生“内存溢出”问题——可用内存存在，而其他用户却无法使用。

堆的优势在于，可以动态地分配内存大小，可以“按需分配”，其生存期也不必事先告诉编译器，在使用完毕后，Java 的垃圾收集器会自动收走这些不再使用的内存块。其缺点为，由于要在运行时才动态分配内存，相比于栈内存，它的存取速度较慢。

由于栈内存比较小，如果栈内存不慎耗尽，就会产生著名的栈溢出（Stack Overflow）问题，这能导致整个运行中的程序崩溃（crash）。

2. this 代表构造方法的用法

this() 代表了调用另一个构造方法，至于调用哪个构造方法，则由 this() 所带的参数类型和个数决定，例如，this() 代表的是无参构造方法，this(int x, int y) 则代表有两个整型的构造方法。

3. static 类型的理解

static 的主要特点有两个：一个是 static 属性或方法可以由类名称直接调用，另外一个就是 static 属性是一个共享属性。

凡是被 static 修饰的成员（包括数据成员和方法成员），都不属于任何一个对象，是所有对象所共有的，因此也被称为类成员，可以通过“类名 . 成员名”来访问。既然 static 成员不属于任意对象，因此不能用“this.”来读取，否则会编译出错。

4. 深入理解 final 的优势

（1）final 关键字提高了性能。JVM 和 Java 应用都会缓存 final 变量。

（2）final 变量可以安全地在多线程环境下进行共享，而不需要额外的同步开销。

（3）使用 final 关键字，JVM 会对方法、变量及类进行优化。

（4）创建不可变类要使用 final 关键字。不可变类是指它的对象一旦被创建，就不能被更改了。String 是不可变类的代表。不可变类有很多好处，譬如它们的对象是只读的，可以在多线程环境下安全地共享，不用额外的同步开销等。

5. 面向对象编程 PK 面向过程编程

在 6.1.4 节中，我们说到，面向过程程序设计主要的弊病是上一步和下一步环环相扣，如果需求发生变化，那么代码的改动会很大，这样不利于软件的后期维护和扩展。这仅仅是理论上的描述，很多读者对此并没有感性认识，因此无法理解深刻，下面我们用实例来说明二者的区别。

假设有两个程序员分别叫 POP（面向过程编程的英语简写）和 OOP（面向对象编程的英语简写），它们分别来完成用户图形界面（GUI）上的显示矩形（square）、圆形（circle），当用户单击这两个图形时，这些图形分别要旋转 180°，并播放一段歌曲。下面项目经理让这两个程序员 POP 和 OOP 分别来实现这个功能。

（1）第一回合的代码完成情况。

面向过程代码 POP：设计两个过程 Rotate()、PlaySong()	面向对象代码 OOP：分别设计矩形和圆形两个类，每个类包括 Rotate()、PlaySong() 两个方法

Rotate(shapeID)
{
　if (shapeID == 0)
　...// 旋转矩形 180 度；
　else if (shapeID == 1)
　...// 旋转圆形 180 度；
}
 	
PlaySong(shapeID)
{
　if (shapeID == 0)
　...// 播放矩形之歌；
　else if (shapeID == 1)
　...// 播放圆形之歌；
}
	// 矩形类
	Rotate()
	{
	　...// 旋转矩形 180 度；
	}
	PlaySong()
	{
	　...// 播放矩形之歌；
	}
	
	// 圆形类
	Rotate()
	{
	　...// 旋转圆形 180 度；
	}
	PlaySong()
	{
	　...// 播放圆形之歌；
	}

由上面的描述可知，面向过程代码更加简洁。正如 6.1.4 节描述的那样，如果程序比较小，面向过程要比面向对象更加清晰。

但是，我们知道，用户的需求是一直在变的，软件的升级换代基本上是不可避免的。现在，如果项目经理要求增加新的要求——新的升级软件需要支持"三角形"的旋转和播放歌曲。那么程序员 POP 和 OOP 是如何完成自己的工作呢?

（2）第二回合的代码完成情况。

面向过程代码 POP：修改了 Rotate()、PlaySong()	面向对象代码 OOP：添加三角形类，为其添加 Rotate()、PlaySong() 方法

Rotate(shapeID)　　　//修改所有代码
{
　if (shapeID == 0)
　　...// 旋转矩形 180 度；
　else if (shapeID == 1)
　　...// 旋转圆形 180 度；
　else if (shapeID == 2)
　　...// 旋转三角形 180 度；
 	
}
 	
PlaySong(shapeID)　　　//修改所有代码
{
　if (shapeID == 0)
　　...// 播放矩形之歌；
　else if (shapeID == 1)
　　...// 播放圆形之歌；
　else if (shapeID == 2)
　　...// 播放三角形之歌；
 	
}
	// 矩形类
	Rotate()
	{
	　...// 旋转矩形 180 度；
	}
	PlaySong()
	{
	　...// 播放矩形之歌；
	}
	
	// 圆形类
	Rotate()
	{
	　...// 旋转圆形 180 度；
	}
	PlaySong()
	{
	　...// 播放圆形之歌；
	}
	
	// 添加新的：三角形类
	Rotate()
	{
	　...// 旋转三角形 180 度；
	}
	PlaySong()
	{
	　...// 播放三角形之歌；
	}

表面上看来，面向过程代码 POP 依然占据优势，比较简洁，但是 POP 在代码维护中，"牵一发而动全身"，由于函数 Rotate()、PlaySong() 是全局的，在前期版本中 Rotate()、PlaySong() 可以正确响应"矩形"和"圆形"

的变化，但是在维护这两个函数的“新版本”过程中，倘若有一点错误，都会让前期的“无辜”的“矩形”和“圆形”受到牵连，从而导致无法正确运行。

而面向对象代码 OOP，虽然代码过程看起来复杂一点，但是如果前期版本的软件可以正确响应“矩形”和“圆形”的变化，那么在新版本维护过程中增加了“三角形”，即使出现了错误（不管是逻辑上的还是语法上的），那这些错误仅仅局限于“三角形”类——这样，程序的错误就可以局部可控，很方便维护。

如果代码很短，面向对象编程的模式优势并不明显，但是如果读者把 Rotate( )、PlaySong( ) 过程想象成上万行的代码，就会知道将代码错误局部化、可控化，对程序的后期维护有多重要！

落后的软件生产方式，无法满足迅速增长的计算机软件需求，从而导致软件开发与维护过程中出现一系列严重的问题——这就是所谓的软件危机。

在读者学习了本书的后续章节，会深入了解类的 3 个特点——封装、继承和多态，读者会发现，相比于面向过程编程，面向对象编程还有其他更多的优点。我们会在下一章继续进行面向对象编程与面向过程编程的 PK 之战。

6.10 实战练习

1. 一个包含 name、age 和 like 属性的 Person 类，实例化并给对象赋值，然后输出对象属性。

2. 一个 book 类，包括属性 title（书名）和 price（价格），并在该类中定义一个方法 printInfo()，来输出这 2 个属性。然后再定义一个主类，其内包括主方法，在主方法中，定义 2 个 book 类的实例 bookA 和 bookB，并分别初始化 title 和 price 的值。然后将 bookA 赋值给 bookB，分别调用 printInfo()，查看输出结果并分析原因。

3. 一个 book 类，包括属性 title（书名）、price（价格）及 pub（出版社），pub 的默认值是“天天精彩出版社”，并在该类中定义方法 getInfo( )，来获取这 3 个属性。再定义一个公共类 BookPress，其内包括主方法。在主方法中，定义 3 个 book 类的实例 b1，b2 和 b3，分别调用各个对象的 getInfo() 方法，如果“天天精彩出版社”改名为“每日精彩出版社”，请在程序中实现实例 b1，b2 和 b3 的 pub 改名操作。完成功能后，请读者思考一下，如果 book 类的实例众多，有没有办法优化这样的批量改名操作？

第 7 章 重复调用的代码块——方法

在面向对象的程序设计中，方法是一个很重要的概念，体现了面向对象三大要素中“封装”的思想。“方法”又称为“函数”，在其他的编程语言中都有类似的概念，其重要性是不言而喻的。在本章读者将会学到如何定义和使用方法，以及学会使用方法的再一次抽象——代码块。除此之外，方法中对数组的应用也是本章讨论的重点。

本章要点（已掌握的在方框中打钩）

- □ 掌握方法的定义和使用
- □ 掌握构造方法的使用
- □ 掌握普通代码块、构造代码块、静态块的意义和基本使用
- □ 掌握在方法中对数组的操作

通过对前面章节的学习，读者应该了解，在本质上，一个类其实就描述了两件事情：① 一个对象知道什么（what's an object knows）? ② 一个对象能做什么（what's an object does）？第①件事情，对应于对象的属性（或状态）；第②件事情对应于对象的行为（或方法）。下面用范例 7-1 来说明类的这两个层面。

范例 7-1　Person类（Person.java）

```
class Person
{
   String name ;
   int age ;
   void talk()
   {
      System.out.println( " 我是：" + name + "，今年：" + age + " 岁 " ) ;
   }
   void setName(String name)
   {
      this.name = name ;
   }
   void setAge(int age )
   {
      this.age = age ;
   }
}
```

针对范例 7-1 的 Person 类，有如下示意图。

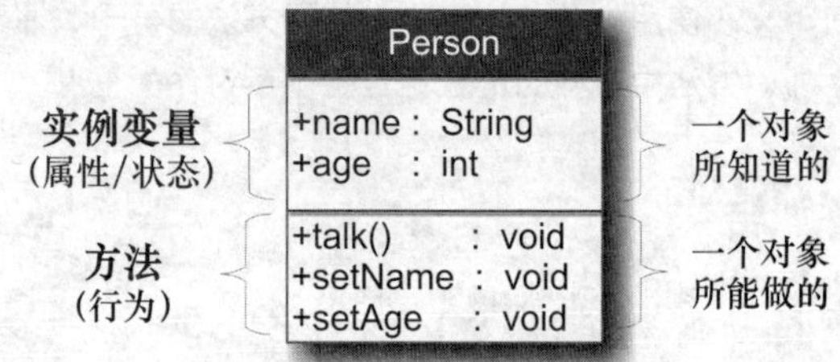

【范例分析】

请读者注意，这里的 Person 类仅是为了说明问题，本例的程序由于没有主方法 main()，并不能单独运行。在 Person 类中有实例变量 name 和 age，它们描述了该类定义的对象所能感知的状态（或属性），关于类属性的使用，在第 6 章中我们已经详细地讨论了。而针对类的属性，如何操作这些属性，就是指该类定义的对象所能实施的行为，或者说，该对象所具备的方法，本章将重点讨论类中方法的使用规则。

7.1　方法的基本定义

在前面章节的范例中，我们经常需要用到某两个整数之间的随机数，有没有想过把这部分代码写成一个模块——将常用的功能封装在一起，不必再复制和粘贴这些代码，然后直接采用这个功能模块的名称，就可以达到相同的效果。其实使用 Java 中的“方法”机制，就可以解决这个问题。

方法（method）用来实现类的行为。一个方法，通常是用来完成一项具体的功能（function），所以方法在 C++ 中也称为成员函数（member function）。英文“function”的这两层含义（函数与功能）在这里都能得到体现。

在Java中，每条指令执行都是在某个特定方法的上下文中完成的。一般方法的运用原理大致如下图所示。可以把方法看成是完成一定功能的“黑盒”，方法的使用者（对象）只要将数据传递给方法体内（要么通过方法中的参数传递，要么通过对象中的数据成员共享），就能得到结果，而无需关注方法的具体实现细节。当我们需要改变对象的属性（状态）值时，就让对象去调用对应的方法，方法通过对数据成员（实例变量）一系列的操作后，再将操作的结果返回。

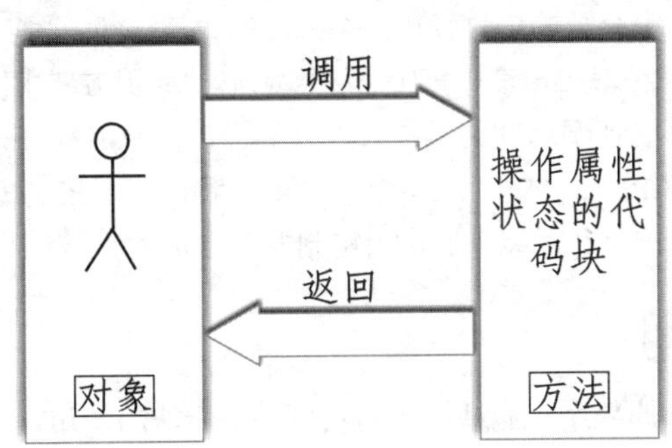

在Java中，方法定义在类中，它和类的成员属性（数据成员）一起构建一个完整的类。构成方法有四大要素：返回值类型、方法名称、参数、方法体。这是一种标准，在大多数编程语言中都是通用的。

所有方法均在类中定义和声明。一般情况下，定义一个方法的语法如下所示。

```
修饰符 返回值类型 方法名(参数列表)
{
  // 方法体
  return 返回值;
}
```

方法包含一个方法头（method header）和一个方法体。下图以一个max方法来说明方法的组成部分。

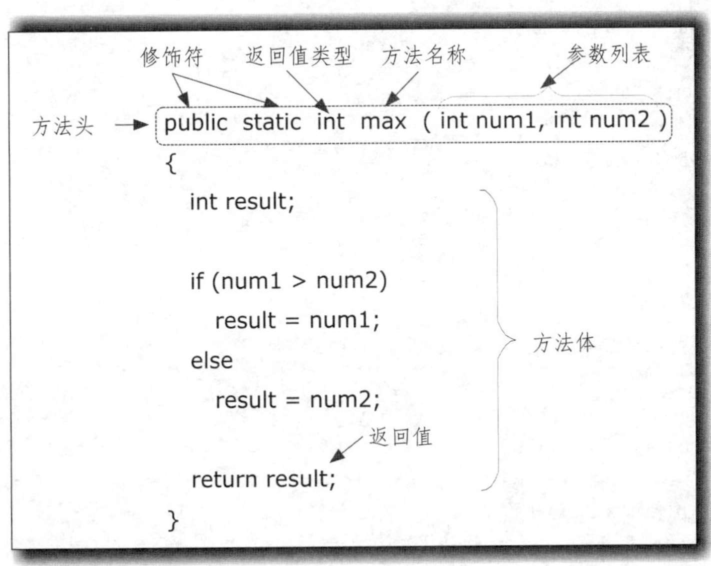

方法头包括修饰符、返回值类型、方法名和参数列表等，下面一一给予解释。

- 修饰符（modifier）：定义了该方法的访问类型。这是可选的，它告诉编译器以什么形式调用该方法。
- 返回值类型（return type）：指定了方法返回的数据类型。它可以是任意有效的类型，包括构造类型（类就是一种构造类型）。如果方法没有返回值，则其返回类型必须是void。方法体中的返回值类型要与方法头中声明的返回值类型一致。
- 方法名（method name）：方法名称的命名规则遵循Java标识符命名规范，但通常方法名以英文中的动词开头。这个名字可以是任意合法标识符。

- 参数列表（parameter list）：参数列表是由类型、标识符对组成的序列，除了最后一个参数外，每个参数之间用逗号（“,”）分开。实际上，参数就是方法被调用时接收传递过来的参数值的变量。如果方法没有参数，那么参数表为空，但是圆括号不能省略。参数列表可将该方法需要的一些必要的数据传给该方法。方法名和参数列表共同构成方法签名，一起来标识方法的身份信息。
- 方法体（body）：方法体中存放的是封装在 { } 内部的逻辑语句，用以完成一定的功能。

方法（或称函数）在任何一种编程语言中都很重要。它们的实现方式大同小异。方法是对逻辑代码的封装，使程序结构完整，条理清晰，便于后期的维护和扩展。面向对象的编程语言将这一特点进一步放大，通过对方法加以权限修饰（如 private、public、protected 等），我们可以控制方法能够以什么方式、在何处被调用。灵活地运用方法和权限修饰符，对编码的逻辑控制非常有帮助。

7.2 方法的使用

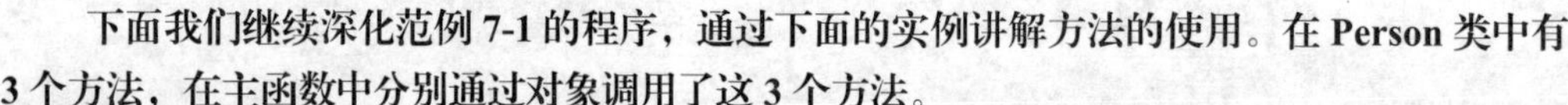

下面我们继续深化范例 7-1 的程序，通过下面的实例讲解方法的使用。在 Person 类中有 3 个方法，在主函数中分别通过对象调用了这 3 个方法。

范例 7-2　方法的使用（PersonTest.java）

```
class Person
{
   String name ;
   int age ;
   void talk()
   {
      System.out.println( " 我是： " + name + "，今年： " + age + " 岁 " ) ;
   }
   void setName(String name)
   {
      this.name = name ;
   }
   void setAge(int age )
   {
      this.age = age ;
   }
}

public class PersonTest
{

   public static void main(String[] args)
   {
      Person p1 = new Person( ) ;
      p1.setName( " 张三 " );
      p1.setAge( 32 );
      p1.talk( );
   }

}
```

保存并运行程序，结果如下图所示。

```
Problems  Javadoc  Declaration  Console
<terminated> PersonTest [Java Application] C:\Program Files\Java\jre1.8.0_112\bin\java
我是：张三，今年：32岁
```

代码详解

第 05~08 行定义了 talk( ) 方法，用于输出 Person 对象的 name 和 age 属性。

第 09~12 行定义了 setName( ) 方法，用于设置 Person 对象的 name 属性。

第 13~16 行定义了 setAge( ) 方法，用于设置 Person 对象的 age 属性。

从上面描述 3 个方法所用的动词"输出""设置"，就可以印证我们前面的论述，方法是操作对象属性（数据成员）的行为。这里的"操作"可以广义地分为两大类：读和写。读操作的主要目的是"获取"对象的属性值，这类方法可统称为 Getter 方法。写操作的主要目的是"设置"对象的属性值，这类方法可统称为 Setter 方法。因此，在 Person 类中，talk( ) 方法属于 Getter 类方法，而 setName( ) 和 setAge( ) 方法属于 Setter 类方法。

代码第 24 行，声明了一个 Person 类的对象 p1。第 25~27 行，分别通过"点"操作符调用了对象 p1 的 setName( )、setAge( ) 及 talk( ) 方法。

事实上，由于类的属性成员 name 和 age 前并没有访问权限控制符（第 03~04 行），由前面章节讲解的知识可知，变量和方法前不加任何访问修饰符，属于默认访问控制模式。在这种模式下的方法和属性，在同一个包（package）内是可访问的。因此，在本例中，setName( )、setAge( ) 其实并不是必需的，第 25~26 行的代码完全可以用下面的代码代替，而运行的结果是相同的。

```
25    p1.name =" 张三 ";
26    p1.age = 32;
```

这样看来，新的操作方法似乎更加便捷，但是上述的描述方式违背了面向对象程序设计的一个重要原则——数据隐藏（Data Hiding），也就是封装性，这个概念我们会在下一章详细讲解。

7.3 方法中的形参与实参

如果有传递消息的需要，在定义一个方法时，参数列表中的参数个数至少为 1 个，有了这样的参数，才有将外部传递消息传送本方法的可能。这些参数称为形式参数，简称形参（parameter）。

而在调用这个方法时，需要调用者提供与原方法定义相匹配的参数（类型、数量及顺序都一致），这些实际调用时提供的参数称为实际参数，简称实参（argument）。下图以一个方法 max(int,int) 为例说明了形参和实参的关系。

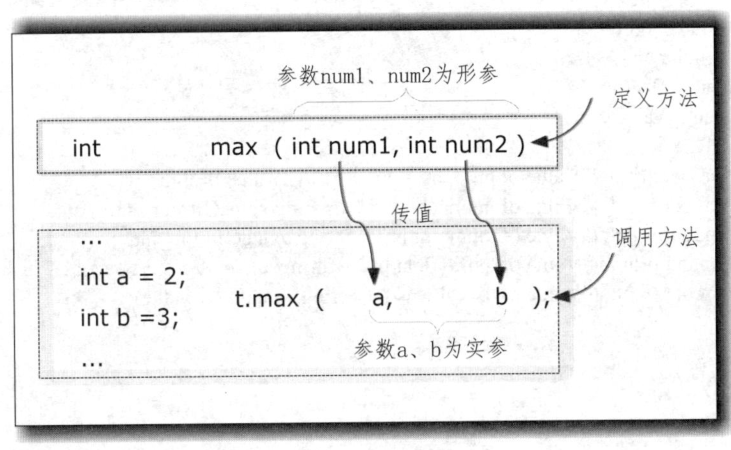

形参和实参的关系如下。

（1）形参变量隶属于方法体，也就是说它们是方法的局部变量，只有在被调用时才被创建，才被临时性地分配内存，在调用结束后，立即释放所分配的内存单元。也就是说，当方法调用返回后，就不能再使用这些形式参数。

（2）在调用方法时，实参和形参在数量上、类型上、顺序上，应严格保证一一对应的关系，否则就会出现参数类型不匹配的错误，从而导致调用方法失败。例如，假设 t 为包含 max 方法的一个对象，下面调用 max 方法时，提供的实参是不合法的。

```
t.max（12.34, 56.78）; // 与形参类型不匹配：形参类型为 int，而实参为 double
t.max（12）;         // 与形参个数不匹配：形参个数是 2 个，而实参个数为 1 个
```

7.4 方法的重载

假设有这样的场景，需要设计一系列方法，它们的功能相似：都是输入某基本数据类型数据，返回对应的字符串，例如，若输入整数 12，则返回长度为 2 的字符串“12”，若输入单精度浮点数 12.34，则返回长度为 5 的字符串“12.34”，输入布尔类型值为 false，则返回字符串“false”。

由于基本数据类型有 8 个（byte、short、int、long、char、float、double 及 boolean），那么就需要设计 8 个有着类似功能的方法。因为这些方法的功能类似，如果它们都叫相同的名称，例如 valueOf()，对用户而言，就非常方便—方便取名、方便调用及方便记忆，但这样编译器就会“糊涂”了，因为它不知道该如何区分这些方法。就好比，一个班级里有 8 个人重名，都叫“张三”，授课老师无法仅从姓名上区分这 8 个同学，为了达到区分不同同学的目的，老师需要用到这些同学的其他信息（如脸部特征、声音特征等）。

同样，编译器为了区分这些函数，除了用方法名这个特征外，还会用到方法的参数列表区分不同的方法。方法的名称及其参数列表（参数类型 + 参数个数）一起构成方法的签名（method signature）。

就如同在正式文书上，人们通过签名来区分不同人一样，编译器也可通过不同的方法签名，来区分不同的方法。这种使用方法名相同，但参数列表不同的方法签名机制，称为方法的重载（method overload）。

在调用的时候，编译器会根据参数的类型或个数不同来执行不同的方法体代码。下面的范例演示了 String 类下的重载方法 valueOf 的使用情况。

范例 7-3　重载方法valueOf的使用演示（OverloadValueOf.java）

```java
import java.lang.String ;
public class OverloadValueOf
{
   public static void main(String args[]){

      byte num_byte  = 12;
      short num_short  = 34;
      int num_int  = 12345;
      float num_float   = 12.34f;
      boolean b_value  = false;

      System.out.println("Value of num_byte is " + String.valueOf(num_byte));
      System.out.println("Value of  num_short is " + String.valueOf(num_short));
      System.out.println("Value of  num_int is " + String.valueOf(num_int));
      System.out.println("Value of  num_float is " + String.valueOf(num_float));
      System.out.println("Value of  b_value is " + String.valueOf(b_value));

   }
}
```

保存并运行程序，结果如下图所示。

```
<terminated> OverloadValueOf [Java Application] C:\Program Files\Java\jre1.8.0_112\b
Value of num_byte is 12
Value of num_short is 34
Value of num_int is 12345
Value of num_float is 12.34
Value of b_value is false
```

代码详解

代码第12~16行，分别使用了String类下静态重载方法valueOf()。这些方法虽然同名，都叫valueOf()，但它们的方法签名是不一样的，因为方法的签名不仅仅限于方法名称的区别，还包括方法参数列表的区别。第12行调用的valueOf()方法，它的形参类型是byte。第13行调用的valueOf()方法，它的形参类型是short，第16行调用的valueOf()方法，它的形参类型是boolean。读者可以看到，使用了方法重载机制，在进行方法调用时就省了不少的麻烦，对于相同名称的方法体，由编译器根据参数列表的不同，去区分调用哪一个方法体。

范例 7-4 重载方法println的使用（ShowPrintlnOverload.java）

```
public class ShowPrintlnOverload
{
  public static void main(String args[])
  {
    System.out.println(123) ;  // 输出整型 int
    System.out.println(12.3) ; // 输出双精度型 double
    System.out.println('A') ;  // 输出字符型 char
    System.out.println(false) ; // 输出布尔型 boolean
    System.out.println("Hello Java!") ;// 输出字符串类型 String
  }
}
```

输出结果如下图所示。

【范例分析】

现在，我们来重新解读一下“System.out.println()”的含义。System是在java.lang包中定义了一个内置类，在该类中定义了一个静态对象out，因为静态成员是属于类成员的，所以它的访问方式是“类名.成员名”——System.out。在本质上，out是PrintStream类的实例对象，println()则是PrintStream类中定义的方法。请读者回顾上面的一段程序，就会发现，在前面章节中广泛使用的方法 println() 也是重载而来的，因为第 05~09 行的 "System.out.println()" 可以输出不同的数据类型，"相同的方法名 + 不同的参数列表" 是典型的方法重载特征。

在自定义设计重载方法时，读者需要注意以下 3 点。

- 方法名称相同。
- 方法的参数列表不同（参数个数、参数类型、参数顺序，至少有一项不同）。
- 方法的返回值类型和修饰符不做要求，可以相同，也可以不同。

下面以用户自定义的方法 add() 范例说明方法重载的设计。.

范例 7-5　加法方法的重载（MethodOverload.java）

```
public class MethodOverload
{
  // 计算 2 个整数之和
  public int add( int a, int b )
  {
    return a + b;
  }

  // 计算 2 个单精度浮点数之和
  public float add( float a, float b )
  {
    return a + b;
  }

  // 计算 3 个整数之和
  public int add( int a, int b, int c )
  {
    return a + b + c;
  }

  public static void main( String[] args )
  {
    int result;
    float result_f;
    MethodOverload test = new MethodOverload();

    // 调用计算 2 个整数之和的 add 函数
    result = test.add( 1, 2 );
    System.out.println( "add 计算 1+2 的和：" + result );

    // 调用计算 2 个单精度之和的 add 函数
    result_f = test.add( 1.2f, 2.3f );
    System.out.println( "add 计算 1.2+2.3 的和：" + result_f );

    // 调用计算 3 个整数之和的 add 函数
    result = test.add( 1, 2, 3 );
    System.out.println( "add 计算 1+2+3 的和：" + result );
  }

}
```

保存并运行程序，结果如下图所示。

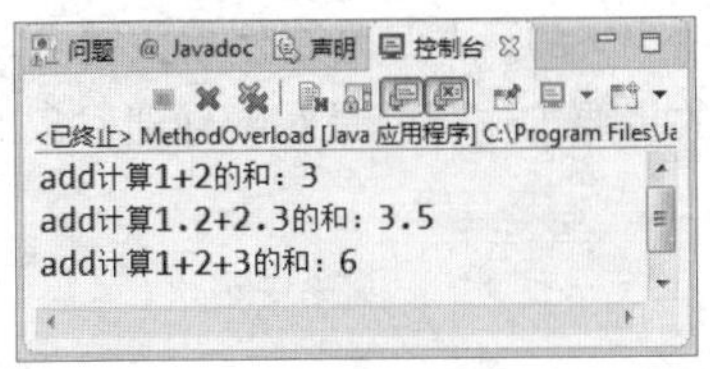

代码详解

第 04~07 行，定义了方法 add，其参数列表类型为“int , int ”，用于计算 2 个 int 类型数之和。第 10~13 行，定义了方法 add，其参数列表类型为“float, float ”，用于计算 2 个 float 类型数之和。第 16~19 行，定义了一个同名方法 add，其参数列表类型为“int, int, int”，用于计算 3 个 int 类型数之和。这 3 个同名的 add 方法，由于参数列表不同而构成方法重载。

第 25 行，实例化一个本类对象。

第 28 行，调用第 1 个 add 方法，计算 2 个整型数 1 和 2 之和。

第 32 行，调用第 2 个同名 add 方法，计算 2 个浮点数 float 类型数 1.2 和 2.3 之和。

第 36 行，调用第 3 个同名 add 方法，计算 3 个整型数 1、2、3 的和，并在下一行输出计算结果。

【范例分析】

Java 方法重载是通过方法的参数列表的不同来加以区分实现的。虽然方法名称相同，它们都叫 add，但是对于 add(int a, int b)、add(float a, float b) 及 add(int a, int b, int c) 这 3 个方法，由于它们的方法签名不同（方法签名包括函数名及参数列表），在本质上，对于编译器而言，它们是完全不同的方法，所以可被编译器无二义性地加以区分。本例仅仅给出了 3 个重载方法，事实上，add(int a, float b)、add(float a, int b)、add(double a, double b) 等，它们和范例中的 add 方法彼此之间都是重载的方法。

注意

方法的签名仅包括方法名称和参数，因此方法重载不能根据方法的不同返回值来区分不同的方法，因为返回值不属于方法签名的一部分。例如，int add(int, int) 和 void add(int, int) 的方法签名是相同的，编译器会“认为”这两个方法完全相同而无法区分，因此它们无法达到重载的目的。

方法重载是在 Java 中随处可见的特性，本例中演示的是该特性的常见用法。与之类似的还有“方法覆盖”，该特性是基于“继承”的，请读者参见第 8 章查看详细的介绍。

7.5 构造方法

“构造”一词来自于英文“Constructor”，中文常译为“构造器”，又称为构造函数（C++ 中）或构造方法（Java 中）。构造方法与普通方法的差别在于，它是专用于在构造对象时初始对象成员的，其名称和其所属类名相同。下面将会详细介绍构造方法的创建和使用。

7.5.1 构造方法简介

在讲解构造方法的概念之前，首先来回顾一下声明对象并实例化的格式。

① 类名称 ② 对象名称 = ③ new ④ 类名称 ();

下面分别来观察这一步的 4 层作用。

① 类名称：表示要定义变量的类型，只是有了类之后，变量的类型是由用户自己定义的。

② 对象名称：表示变量的名称，变量的命名规范与方法相同，例如：studentName。

③ new：是作为开辟堆内存的唯一方法，表示实例化对象。

④ 类名称 ()：这就是一个构造方法。

所谓构造方法，就是在每一个类中定义的，并且是在使用关键字 new 实例化一个新对象时默认调用的方法。在 Java 程序里，构造方法所完成的主要工作，就是对新创建对象的数据成员赋初值。可将构造方法视为一种特殊的方法，其定义方式如下。

```
class 类名称
{
    访问权限 类名称（类型 1 参数 1，类型 2 参数 2…） // 构造方法
    {
        程序语句;
        … // 构造方法没有返回值
    }
}
```

在使用构造方法的时候需注意以下几点。

（1）构造方法名称和其所属的类名必须保持一致。

（2）构造方法没有返回值，也不可以使用 void。

（3）构造方法也可以像普通方法一样被重载（参见 7.4 节）。

（4）构造方法不能被 static 和 final 修饰。

（5）构造方法不能被继承，子类使用父类的构造方法需要使用 super 关键字。

构造方法除了没有返回值，且名称必须与类的名称相同之外，它的调用时机也与普通方法有所不同。普通方法是在需要时才调用，而构造方法则是在创建对象时就自动“隐式”执行。因此，构造方法无需在程序中直接调用，而是在对象产生时自动执行一次。通常用它来对对象的数据成员进行初始化。下面的范例说明了构造方法的使用。

范例 7-6　Java中构造方法的使用（TestConstruct.java）

```
public class TestConstruct
{
  public static void main( String[] args )
  {
    Person  p = new Person (12);
    p.show( "Java 构造方法的使用演示！ " );
  }
}

class Person
{
  public Person(int x)
  {
    a = x;  // 用构造方法的参数 x 来初始化私有变量 a
    System.out.println( " 构造方法被调用 ..." );
    System.out.println( "a = " + a );
  }

  public void show( String msg )
  {
    System.out.println( msg );
  }

  private int a;
}
```

保存并运行程序，结果如下图所示。

代码详解

第 10 ~ 25 行声明了一个 Person 类，为了简化起见，此类中只有 Person 的构造方法 Person( ) 和显示信息的方法 show()。

第 12 ~ 17 行声明了一个 Person 类的构造方法 Person( )，此方法含有一个对私有变量 b 赋初值的语句（第 14 行）和两个输出语句（第 15 行和第 16 行）。事实上，输出语句并不是构造方法必需的功能，这里它们主要是为了验证构造方法是否被调用了及初始化是否成功了。

观察 Person( ) 这个方法，可以发现，它的名称和类名称一致，且没有任何返回值（即使 void 也不被允许）。

第 05 行实例化了一个 Person 类的对象 p，此时会自动调用 Person 类的构造方法 Person()，在屏幕上打印出："构造方法被调用 ..."。

第 06 行调用了 Person 中的 show 方法，输出指定信息。

【范例分析】

从这个程序中，读者不难发现，在类中声明的构造方法，会在实例化对象时自动调用且只被调用一次。

读者可能会问，在之前的程序中用同样的方法来产生对象，但是在类中并没有声明任何构造方法，而程序不也一样可以正常运行吗？实际上，读者在执行 javac 编译 Java 程序的时候，如果在程序中没有明确声明一个构造方法的话，那么编译器会自动为该类添加一个无参数的构造方法，类似于下表所示的代码。

定义一个 Book 类	编译器会为 Book 类做一些"幕后"工作

class Book
{
  // 用户没有定义任何构造方法
}
	class Book
	{
	  public Book()
	  {
	  // 这是系统自动添加的一个无参构造方法
	  }
	}

这样一来，就可以保证每一个类中至少存在一个构造方法（也可以说没有构造方法的类是不存在的），所以在之前的程序之中虽然没有明确地声明构造方法，也是可以正常运行的。

提示

既然构造方法中不能有返回值，那么为什么不能写上 void 呢？对于一个构造方法 public Book() {} 和一个普通方法 public void Book() {}，二者的区别在于，如果构造方法中写上 void，那么其定义的形式就与普通方法一样了，请读者记住：构造方法是在一个对象实例化的时候只调用一次的方法，而普通方法则可通过一个实例化对象调用多次。正是因为构造方法的特殊性，它才有特殊的语法规范。

7.5.2 构造方法的重载

在 Java 里，普通方法是可以重载的，而构造方法在本质上也是方法的一种特例而已，因此它也可以重载。构造方法的名称是固定的，它们必须和类名保持一致，那么构造方法的重载，自然要体现参数列表的不同。

也就是说，多个重载的构造方法彼此之间，参数个数、参数类型和参数顺序至少有一项是不同的。只要构造方法满足上述条件，便可定义多个名称相同的构造方法。这种做法在 Java 中是常见的，请看下面的程序。

范例 7-7　构造方法的重载（ConstructOverload.java）

```
class Person
{
    private String name;
    private int age;
    // 含有一个整型参数的构造方法
    public Person(int age)
    {
        name = "Yuhong";  // 只提供一个参数，则用 Yuhong 初始化 name
        this.age = age;
    }
    // 含有一个字符串型的参数和一个整型参数的构造方法
    public Person(String name, int age)
    {
        this.name = name;
        this.age = age;
    }
    public void talk( )
    {
        System.out.println(" 我叫：" + name + "  我今年：" + age +" 岁 ");
    }
}
public class ConstructOverload
{
    public static  void main(String[] args)
    {
        Person p1 = new Person(32);
        Person p2 = new Person("Tom", 38);
        p1.talk();
        p2.talk();
    }
}
```

保存并运行程序，结果如下图所示。

```
Problems  @ Javadoc  Declaration  Console
<terminated> ConstructOverload [Java Application] C:\Program Files\Java\jre1.8.0_112\
我叫：Yuhong  我今年：32岁
我叫：Tom  我今年：38岁
```

代码详解

第 01 ~ 21 行声明了一个名为 Person 的类，类中有两个私有属性 name 与 age、一个 talk( ) 方法以及两个构造方法 Person( )，它们彼此的参数列表不同，因此所形成的方法签名也是不一致的，这两个方法名称都叫 Person，故构成构造方法的重载。

前者（第 06 ~ 10 行）只有一个整型参数，只够用来初始化一个私有属性（age），故此用默认值“Yuhong”来初始化另外一个私有属性（name）（第 08 行）。后者（第 12 ~ 16 行）的构造方法中有两个形参，刚好够用来初始化类中的两个私有属性 name 和 age 属性。

但为了区分构造方法中的形参 name 和 age 与类中的两个同名私有变量，在第 14 ~ 15 行中，用关键字 this，来表明赋值运算符（“=”）的左侧变量，是来自于本对象的成员变量（在第 03 ~ 04 行定义），而“=”右侧的变量，则是来自于构造方法的形参，它们是作用域仅限于构造方法的局部变量。构造方法中两个 this 引用表示“对象自己”。

在本例中，即使删除“this.”，也不影响运行结果，但可读性比较差，容易造成理解混淆。事实上，为了避免这种同名区分上的困扰，构造方法中的参数名称，可以是任何合法的标识符（如 myName，myAge 等），不一定非要“凑热闹”，整得和类中的属性变量相同。

第 26 行，创建一个 Person 类对象 p1，并调用 Person 类中含有一个参数的构造方法：Person(int age)，然后将 age 初始化为 32，而 name 的值采用默认值“Yuhong”。

第 27 行，再次创建一个 Person 类对象 p2，调用 Person 类中含有两个参数的构造方法：Person（String name, int age），将 name 和 age 分别初始化为“Tom”和“38”。

第 28 行和第 29 行调用对象 p1 和 p2 的 talk() 方法，输出相关信息。

【范例分析】

从本程序可以发现，构造方法的基本功能就是对类中的属性初始化，在程序产生类的实例对象时，将需要的参数由构造方法传入，之后再由构造方法为其内部的属性进行初始化，这是在一般开发中经常使用的技巧。但是有一个问题需要读者注意，就是无参构造方法的使用，请看下面的程序。

范例 7-8　使用无参构造方法时产生的错误（ConstructWithNoPara.java）

```
public class ConstructWithNoPara
{
  public static void main( String[] args )
  {
    Person p = new Person(); // 此行有错误，不存在无参数的构造方法
    p.talk();
  }
}

class Person
{
  private String name;
  private int age;

  public Person( int age )
  {
    name = "Yuhong";
    this.age = age;
  }

```

```
21     public Person( String name, int age )
22     {
23        this.name = name;
24        this.age = age;
25     }
26
27     public void talk()
28     {
29        System.out.println( " 我叫：" + name + " 我今年：" + age + " 岁 " );
30     }
31  }
```

保存并运行程序，结果如下图所示。

```
Problems  @ Javadoc  Declaration  Console
<terminated> ConstructWithNoPara [Java Application] C:\Program Files\Java\jre1.8.0_112\bin\javaw.exe (2016年
Exception in thread "main" java.lang.Error: Unresolved compilation problem:
	The constructor Person() is undefined

	at ConstructWithNoPara.main(ConstructWithNoPara.java:5)
```

【范例分析】

可以发现，在编译程序第 05 行时发生了错误，这个错误说找不到 Person 类的无参数的构造方法（The constructor Person() is undefined）。在前面的章节中，我们曾经提过，如果程序中没有声明构造方法，程序就会自动声明一个无参数的构造方法，可是现在却发生了找不到无参数构造方法的问题，这是为什么？

读者可以发现，第 15~19 行和第 21~25 行声明了两个有参的构造方法。在 Java 程序中，一旦显式声明了构造方法，那么默认的“隐式的”构造方法，就不会被编译器生成。而要解决这一问题，只需要简单地修改一下 Person 类，就可以达到目的——即在 Person 类中明确地声明一个无参数的构造方法，如下例所示。

范例 7-9 正确使用无参构造方法（ConstructOverload.java）

```
public class ConstructOverload
{
   public static void main( String[] args )
   {
      Person p = new Person();
      p.talk();
   }
}

class Person
{
   private String name;
   private int age;

   public Person()
```

```
16      {
17          name = " Yuhong ";
18          age = 32;
19      }
20
21      public Person( int age )
22      {
23          name = "Yuhong";
24          this.age = age;
25      }
26
27      public Person( String name, int age )
28      {
29          this.name = name;
30          this.age = age;
31      }
32
33      public void talk()
34      {
35          System.out.println( " 我叫： " + name + " 我今年： " + age + " 岁 " );
36      }
37  }
```

保存并运行程序，结果如下图所示。

Problems @ Javadoc Declaration Console

<terminated> ConstructOverload [Java Application] C:\Program Files\Java\jre1.8.0_112\bi

我叫：Yuhong 我今年：32岁

由此可见，在程序的第 15~19 行声明了一无参的构造方法，此时再编译程序的话，就可以正常编译，而不会出现错误了。无参构造方法由于无法从外界获取赋值信息，就用默认值（“Yuhong”和 32）初始化了类中的数据成员 name 和 age（第 17~18 行）。第 05 行定义了一个 Person 类对象 p，p 使用了无参的构造方法 Person() 来初始化对象中的成员，第 06 行输出的结果就是默认的 name 和 age 值。

7.5.3 构造方法的私有化

由上面的分析可知，一个方法可根据实际需要，将其设置为不同的访问权限——public（公有访问）、private（私有访问）或默认访问（即方法前没有修饰符）。同样，构造方法也可以有 public 与 private 之分。

到目前为止，前面的范例所使用的构造方法均属于 public，它可在程序的任何地方被调用，所以新创建的对象也都可以自动调用它。但如果把构造方法设为 private，那么其他类中就无法调用该构造方法。换句话说，在本类之外，就不能通过 new 关键字调用该构造方法创建该类的实例化对象。请观察下面的代码。

范例 7-10 构造方法的私有化（PrivateCallDemo.java）

```
01 public class PrivateDemo
02 {
03     // 构造方法被私有化
04     private PrivateDemo() {}
05     public void print()
06     {
07         System.out.println("Hello Java!") ;
08     }
09 }
10
11 // 实例化 PrivateDemo 对象
12 public class PrivateCallDemo
13 {
14     public static void main(String args[])
15     {
16         PrivateDemo demo = null ;
17         demo = new PrivateDemo() ; // 出错，因该构造方法在外类中是不可见的
18
19         demo.print() ;
20     }
21 }
```

保存上述程序，编译时会出现如下图所示的错误。

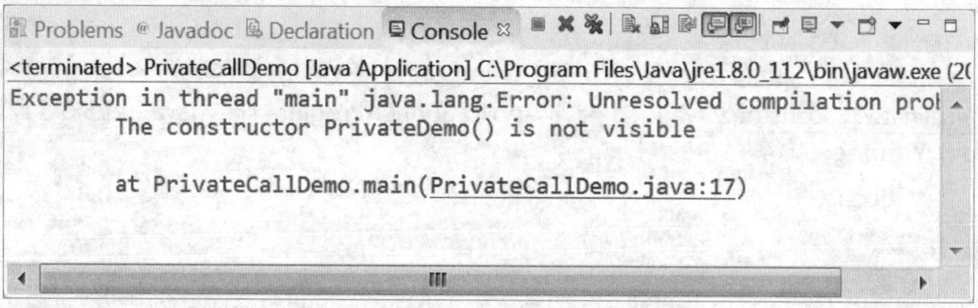

```
Problems  Javadoc  Declaration  Console
<terminated> PrivateCallDemo [Java Application] C:\Program Files\Java\jre1.8.0_112\bin\javaw.exe (2(
Exception in thread "main" java.lang.Error: Unresolved compilation prol
	The constructor PrivateDemo() is not visible

	at PrivateCallDemo.main(PrivateCallDemo.java:17)
```

【范例分析】

在第 04 行中，由于 PrivateDemo 类的构造方法 PrivateDemo() 被声明为 private（私有访问），该构造方法在外类是不可访问的，或者说它在其他类中是不可见的（The constructor PrivateDemo() is not visible）。所以在第 17 行，试图使用 PrivateDemo() 方法来构造一个 PrivateDemo 类的对象是不可行的。因此才有上述的编译错误。

读者可能会问，如果将构造函数私有化会导致一个类不能被外类使用，从而不能实例化构造新的对象，那为什么还要将构造方法私有化呢？私有化构造方法有什么用途？事实上，构造方法虽然被私有化了，但并不一定是说此类不能产生实例化对象，只是产生这个实例化对象的位置有所变化，即只能在私有构造方法所属类中产生实例化对象。例如，在该类的 static void main() 方法中使用 new 来创建。请读者观察下面的范例代码。

范例 7-11 构造方法的私有使用范例（PrivateConstructor.java）

```
01 public class PrivateConstructor
02 {
03
04     private PrivateConstructor()
05     {
06         System.out.println("Private Constructor \n 构造方法已被私有化！ ");
07     }
08
09     public static void main( String[] args )
10     {
11         new PrivateConstructor();
12     }
13 }
```

保存并运行程序，结果如下图所示。

【范例分析】

从此程序可以看出，第 04 行将构造方法声明为 private 类型，则此构造方法只能在本类内被调用。同时可以看出，本程序中的 main 方法也在 PrivateConstructor 类的内部（第 9~12 行）。在同一个类中的方法均可以相互调用，不论它们是什么访问类型。

第 11 行使用 new 调用 private 访问类型的构造方法 PrivateConstructor()，用来创建一个匿名对象。由此输出结果可以看出，在本类中可成功实施实例化对象。

读者可能又会疑问，如果一个类中的构造方法被私有化了，就只能在本类中使用，这岂不是大大限制了该类的使用？私有化构造方法有什么好处呢？请读者考虑下面的特定需求场景：如果要限制一个类对象产生，要求一个类只能创建一个实例化对象，该怎么办？

我们知道，实例化对象需要调用构造方法，但如果将构造方法使用 private “藏”起来，则外部肯定无法直接调用，那么实例化该类对象就只能有一种途径——在该类内部用 new 关键字创建该类的实例。通过这个方式，我们就可以确保一个类只能创建一个实例化对象。在软件工程中，这种设计模式被称为单例设计模式（Singleton Design Pattern）。

许多时候整个系统只需要拥有一个全局对象，这样有利于协调系统整体的行为。例如，在某个 Linux 服务器程序中，该服务器的配置信息存放在一个文件中，这些配置数据由一个单例对象统一读取，然后服务进程中的其他对象再通过这个单例对象获取这些配置信息。这样就大大简化了在复杂环境下的配置管理。在 Windows 中也有此设计的存在。例如，Windows 中的回收站就是所有逻辑盘共享同一个回收站，这也是一个典型的单例模式设计。Java 中的构造方法私有化就是为这种软件设计模式而服务的，请读者体会下面的范例。

范例 7-12　构造方法的私有使用范例2（TestSingleDemo.java）

```
01 public class TestSingleDemo
02 {
03     public static void main(String[] args)
04     {
05        // 声明一个 Person 类的对象
06        Person p;
07        // 虽私有化 Person 类的构造方法，但可通过 Person 类公有接口获得 Person 实例化对象
08        p = Person.getPerson();
09        System.out.println(" 姓名：" + p.name);
10     }
11 }
12 class Person
13 {
14     String name;
15     // 在本类声明 Person 对象 PERSON，注意此对象用 final 标记，表示该对象不可更改
16     private static final Person PERSON = new Person();
17     private Person()
18     {
19        name = "Yuhong";
20     }
21     public static Person getPerson()
22     {
23        return PERSON;
24     }
25 }
```

保存并运行程序，结果如下图所示。

```
Problems  Javadoc  Declaration  Console
<terminated> TestSingleDemo [Java Application] C:\Program Files\Java\jre1.8.0_112\bin\javaw.exe (2(
姓名：Yuhong
```

代码详解

第 06 行声明一个 Person 类的对象 p，但并未实例化，仅是在栈内存中为对象引用 p 分配了空间存储，p 所指向的对象并不存在。

第 08 行调用 Person 类中的 getPerson() 方法，由于该方法是公有的，因此可以借此方法返回 Person 类的实例化对象，并将返回对象的引用赋值给 p。

第 17~20 行将 Person 类的构造方法通过 private 关键字私有化，这样外部就无法通过其构造方法来产生实例化对象。

第 16 行在类中声明了一个 Person 类的实例化对象，此对象是在 Person 类的内部实例化，所以可以调用私有构造方法。此关键字表示对象 PERSON 不能被重新实例化。

【范例分析】

因为 Person 类构造方法是 private，所以如 Person p = new Person () 已经不再可行了（第 06 行），只能通过“p = Person.getPerson();”来获得实例。而因为这个实例 PERSON 是 static 的，全局共享一个，所以无论在

Person 类的外部声明多少个对象，使用多少个 “p = Person.getPerson();” ，最终得到的实例都是同一个。

也就是说，此类只能产生一个实例对象。这种做法就是上面提到的单态设计模式。所谓设计模式，也就是在大量的实践中总结和理论化之后优选的代码结构、编程风格及解决问题的思考方式。有兴趣的读者可参阅诸如 Freeman 等人所著的《Head First Design Patterns》等书籍研究一下。

7.6 在方法内部调用方法

通过前面的几个范例，读者应该可以了解到，在一个 Java 程序中可以通过对象去调用类中的各种方法。当然，类的内部也能互相调用彼此的方法，比如在下面的程序中，修改了以前的程序代码，新增加了一个 public（公有的）say() 方法，并用这个方法去调用私有的 talk() 方法。

范例 7-13 在类的内部调用方法（TestPerson.java）

```
class Person
{
  private String name;
  private int age;
  private void talk()
  {
    System.out.println(" 我是：" + name + " 今年：" + age + " 岁 ");
  }
  public void say()
  {
    talk();
  }
  public String getName()
  {
    return name;
  }
  public void setName(String name)
  {
    this.name = name;
  }
  public int getAge()
  {
    return age;
  }
  public void setAge(int age)
  {
    this.age = age;
  }
}
public class TestPerson
{
  public static void main(String[] args)
  {
    // 声明并实例化一个 Person 对象 p
    Person p = new Person();
    // 给 p 中的属性赋值
    p.setName("Yuhong");
    // 在这里将 p 对象中的年龄属性赋值为 22 岁
```

```
39        p.setAge(22);
40        // 调用 Person 类中的 say() 方法
41        p.say();
42    }
43 }
```

保存并运行程序，结果如下图所示。

```
Problems  Javadoc  Declaration  Console
<terminated> TestPerson [Java Application] C:\Program Files\Java\jre1.8.0_112\bin\javaw
我是：Yuhong    今年：22岁
```

代码详解

第 09~12 行，声明一个公有方法 say()，此方法用于调用类内部的私有方法 talk()。

在第 41 行，调用 Person 类中的公有方法 say()，本质上，通过 say 方法调用了 Person 类中的私有方法 talk()。如果某些方法不方便公开，就可以使用这种二次包装的模式来屏蔽不想公开的实现细节（如本例的 talk() 方法），这在某些应用背景下是有需求的。

7.7 代码块

代码块是一种常见的代码形式。它用大括号（“{}”）将多行代码封装在一起，形成一个独立的代码区域，这就构成了代码块。代码块的格式如下。

```
{
  // 代码块
}
```

代码块有 4 种类型，分别如下。

- 普通代码块。
- 构造代码块。
- 静态代码块。
- 同步代码块。

代码块是不能够独立运行的，需要依赖于其他配置。下面我们分别对前 3 种代码块的使用给予简介，而第四种“同步代码块”的使用，将会在后续的章节——“多线程”中给予介绍。

7.7.1 普通代码块

普通代码块是最常见的代码块之一。在方法名后（或方法体内）用一对大括号（“{ }”）括起来的代码区间，就是普通代码块。它不能够单独存在于类中，需要紧跟在方法名后面，并通过方法调用。

范例 7-14 普通代码块演示（NormalCodeBlock.java）

```
01 public class NormalCodeBlock
02 {
03    public static void main(String[] args)
04    {
05       // "{ }" 括起来的部分就是普通的代码块
06       {
07          int x = 10;
08          System.out.println(" 普通代码块内，x = " + x) ;
09       }
10
11       int x = 100;
12       System.out.println("x = " + x) ;
13    }
14 }
```

保存并运行程序，结果如下图所示。

```
Problems  Javadoc  Declaration  Console
<terminated> NormalCodeBlock [Java Application] C:\Program Files\Java\jre1.8.0_112\bi
普通代码块内，x =10
x = 100
```

【范例分析】

本例中有两个普通代码块，第一个普通代码块是第 04~13 行之间，是整个 main 方法的主体部分。第二个普通代码块是第 06~09 行之间，被左右大括号包括的部分。

在普通代码块内，变量的作用范围自左大括号（“{”）内定义处开始，到右大括号（“}”）结束。因此，第二个代码块中，在第 07 行定义变量 *x*，其生命周期在第 09 行就结束了。而在第 11 行需重新定义整型变量 *x*，这个变量 *x* 和第 07 行的变量 *x* 互不影响，它们“碰巧”同名罢了。故第 08 行输出 $x = 10$，而第 12 行输出 $x = 100$。

但如果分别将第 06 行和第 09 行看似无用途的左右大括号（“{ }”）删除，那么这个程序就无法编译通过，这是因为同一个 main 方法块内，同一个局部变量 *x* 被重复定义两次（Duplicate local variable x）：第一次在第 07 行处定义，而第二次在第 11 行定义，重复定义编译无法通过，如下图所示。

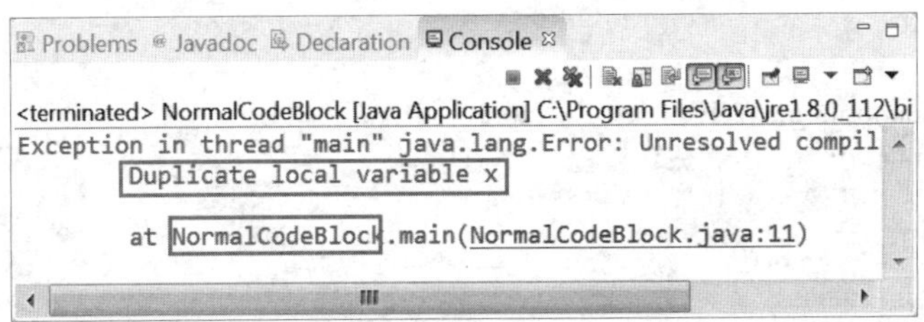

7.7.2 构造代码块

构造代码块就是在类中直接定义的，且没有任何前缀、后缀及修饰符的代码块。通过前面章节的学习，我们应该知道，在一个类中，至少需要有一个构造方法（如果用户自己不显式定义，编译器会“隐式”地配备一个），它在生成对象时自动被调用。构造代码块和构造方法一样，是在对象生成时被调用，但是它的调用时机比构造方法还要早。

由于这种特性，构造代码块可用来初始化成员变量。如果一个类中有多个构造方法，这些构造方法都需要初始化成员变量，那么就可以把每个构造方法中相同的代码部分抽取出来，集中起来放在构造代码块中。这样利用构造代码块来初始化共有的成员变量，可大大减少不同构造方法中重复的代码，提高代码的复用性。

范例 7-15　构造代码块演示（ConsCodeBlock.java）

```
public class ConsCodeBlock
{
  public static void main(String[] args)
  {
    Person p1 = new Person();
    System.out.println("--------------------- ");
    Person p2 = new Person("Zhang");
  }
}

class Person
{
  // 构造代码块
  {
    System.out.println(" 构造代码块执行……");
    x = 100;
  }
  // 构造方法的代码块
  Person()
  {
    System.out.println( " 构造方法执行……" );
    name="Guangzi";
    show();
  }
  // 构造方法的代码块
  Person(String name)
  {
    System.out.println( " 构造方法执行……" );
    this.name=name;
    show();
  }

  void show()
  {
    System.out.println("Welcome！  " +name);
    System.out.println("x = "+x);
  }

  private String name;
  private int x;
}
```

保存并运行程序，结果如下图所示。

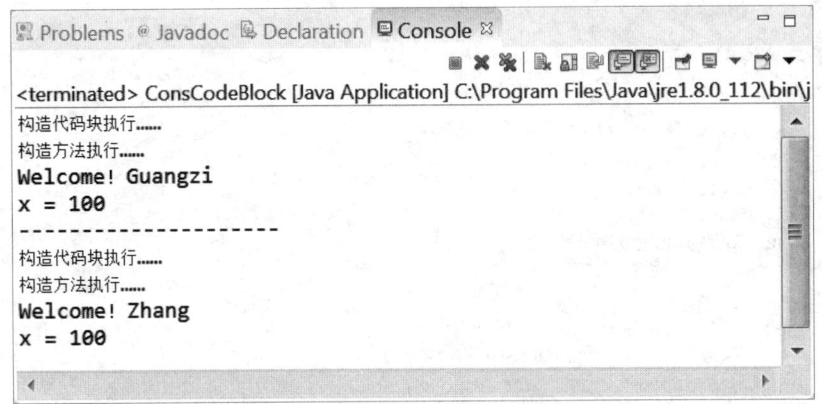

Problems Javadoc Declaration Console
<terminated> ConsCodeBlock [Java Application] C:\Program Files\Java\jre1.8.0_112\bin\j
构造代码块执行……
构造方法执行……
Welcome! Guangzi
x = 100

构造代码块执行……
构造方法执行……
Welcome! Zhang
x = 100

代码详解

我们首先分析类 Person。第 14~17 行就是构造代码块，在第 16 行，对类的数据成员 x 进行初始化。如果语句“x = 100;”不放置于代码块中，要达到相同的效果，那么一模一样的两条语句，就需要分别出现在构造方法 Person() 和 Person(String name) 中。

如果使用默认值来初始化类中的成员变量比较多，很明显，使用构造代码块能节省很多代码空间。第 15 行语句来显示构造代码块被调用了，实际的代码开发中，此类输出语句是不需要的，这里仅仅为显示调用的次序。

第 19~24 行，定义了一个无参的构造方法。第 22 行是对 name 数据成员变量赋初值“Guangzi”，然后调用了 show() 方法来输出 name 的值和 x 的值（x 的初始值已经在构造代码块中初始化了）。

第 26~31 行，定义了一个有参构造方法。该构造方法通过一个形式参数 name 来接收外界输入，从而初始化类中的数据成员变量 name，为了区分形参 name 和类中成员变量 name，赋值运算符“=”左侧的变量加上“this.”来表明其是来自类成员。

读者思考一下，为什么构造方法 Person() 和 Person(String name) 中的 name 的初始化不放到构造代码块中呢？这是因为二者对 name 初始化的方式不同，前者是采用默认值的方法来初始化 name，而后者是采用外界输入的方法来初始化 name。由此，读者可以知道，构造代码块中的初始化，实际上是一个类的所有构造方法都共有的“交集”部分，具有个性化特征的初始化，还是要“各自为政”地放在自己专属的构造方法中。

第 33~37 行定义了 show() 方法，用来输出私有数据成员 name 和 x。

在分析完毕 Person 类，再回到使用 Person 类的 ConsCodeBlock 类上。在这个类中仅有一个 main 方法。在 main 方法中，先定义了一个 Person 类对象 p1（第 05 行），它调用 Person 类的无参构造方法来生成这个对象，从运行结果可以看出，构造代码块先执行，然后再执行构造方法，在构造代码块中，x 的值被成功赋值为 100。而在构造方法中，name 被赋予默认值“Guangzi”。

然后，定义了一个 Person 类对象 p2（第 07 行），它调用 Person 类的有参构造方法来生成这个对象，从运行结果可以看出，依然是构造代码块先执行，然后再执行构造方法，在构造代码块中，x 被赋值为 100，而 name 的值被构造方法的外界输入（通过实参）初始化为“Zhang”。

【范例分析】

构造代码块不在任何方法之内，仅位于类的范围内，它的地位和其他方法体是对等的，可以把构造代码块理解为没有名称的方法体，但仅限用于对类数据成员的初始化，且仅运行一次。

从上面的案例结果不难看出，在类被实例化的过程中，构造代码块内的代码比构造方法先执行。构造代码不仅可以减少代码量，还提高了代码的可读性，善用构造代码块能够给编码带来许多便利。

7.7.3 静态代码块

使用 static 关键字加以修饰并用大括号（“{}”）括起来的代码块称为静态代码块，其主要用来初始化静态成员变量。它是最早执行的代码块之一。请参见下面的范例。

范例 7-16 静态代码块演示（StaticCodeBlock.java）

```
01 public class StaticCodeBlock
02 {
03    // 静态代码块
04    static
05    {
06       System.out.println( " 静态代码块执行……" );
07    }
08    // 构造方法
09    public StaticCodeBlock()
10    {
11       System.out.println( " 构造方法执行……" );
12    }
13    // 构造代码块
14    {
15       System.out.println( " 构造代码块执行……" );
16    }
17 
18    public static void main( String[] args )
19    {
20       System.out.println( "main 方法开始执行……" );
21       System.out.println( " 创建第 1 个对象……" );
22       new StaticCodeBlock();
23       System.out.println( " 创建第 2 个对象……" );
24       new StaticCodeBlock();
25       System.out.println( " 创建第 3 个对象……" );
26       new StaticCodeBlock();
27    }
28 }
```

保存并运行程序，结果如下图所示。

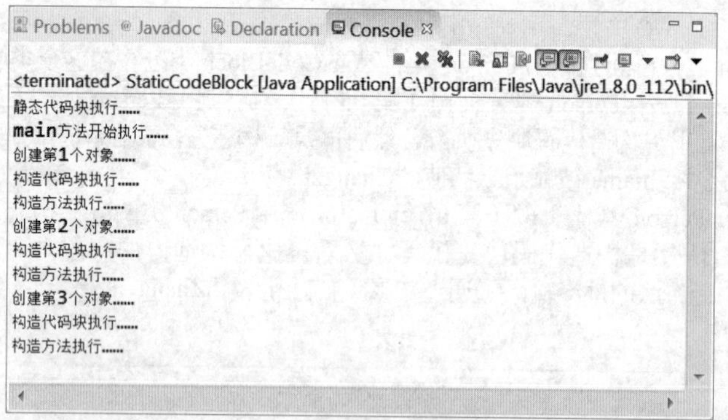

代码详解

第 04~07 行用 static 标识，用左右大括号（“{}”）括起来的区域就是一个静态代码块。

第 09~12 行是一个无参的构造方法，方法的名称与类同名，均为 StaticCodeBlock，可视为普通的代码块。

第 14~16 行没有任何标识，用左右大括号（“{}”）括起来的区域，就是前面讲到的构造代码块。

在主方法（第 18~27 行）中，使用 new 关键字分别创建了 3 个无名对象（分别在第 22 行、第 24 行、第 26 行），据此来验证静态代码块执行了多少次。

【范例分析】

从结果可以看出，静态代码块的执行时间设置比主方法 main() 方法都要早。也就是说，“main 方法未动，static 代码先行”。

自然，静态代码块还优先于构造方法的执行，而且不管有多少个实例化对象产生（本例中创建了 3 个对象），静态代码块都只执行一次，也就是说，静态代码块是全局优先的。因此，我们常利用这种特性，把静态代码块用来初始化类中的静态成员变量。静态成员变量是属于所有类对象共享的，因此不会受到创建对象个数的影响。

从上面的案例可得出初步结论：在执行时机上，静态代码块在类加载时就会执行，因此早于构造代码块和构造方法。当静态代码块和 main 方法属于一个类时，静态代码块比 main 方法执行早。静态代码块的执行级别是最高的。

7.8 static 方法

7.8.1 自定义 static 方法

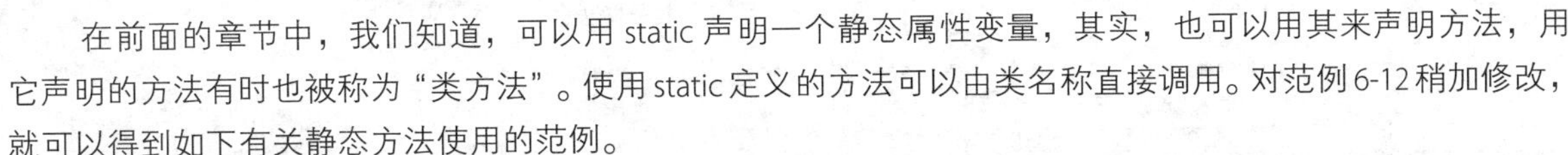

在前面的章节中，我们知道，可以用 static 声明一个静态属性变量，其实，也可以用其来声明方法，用它声明的方法有时也被称为“类方法”。使用 static 定义的方法可以由类名称直接调用。对范例 6-12 稍加修改，就可以得到如下有关静态方法使用的范例。

范例 7-17　静态方法的声明（StaticMethod.java）

```
class Person
{
   String name;                    // 定义 name 属性
   private static String nation = " 中国 ";    // 定义静态属性 nation
   int age;                    // 定义 age 属性
   public Person(String name, int age)   // 声明一个有参的构造方法
   {
      this.name = name;
      this.age = age;
   }
   public String talk( )           // 声明了一个 talk( ) 方法
   {
      return " 我是： " + this.name + "，今年： " + this.age + " 岁，来自： " + nation;
   }
   public static void setNation (String n)// 声明一个静态方法
   {
      nation = n;
   }
}
public class StaticMethod
{
   public static void main(String[] args)
   {
      Person p1 = new Person(" 张三 ", 25);
      Person p2 = new Person(" 李四 ", 30);
      Person p3 = new Person(" 王五 ", 35);
      System.out.println(" 修改之前信息： " + p1.talk( ));
```

```
28          System.out.println(" 修改之前信息：" + p2.talk( ));
29          System.out.println(" 修改之前信息：" + p3.talk( ));
30          System.out.println("    ************** 修改之后信息 **************");
31          // 修改后的信息
32          Person. setNation(" 美国 ");
33          System.out.println(" 修改之后信息：" + p1.talk( ));
34          System.out.println(" 修改之后信息：" + p2.talk( ));
35          System.out.println(" 修改之后信息：" + p3.talk( ));
36      }
37  }
```

保存并运行程序，结果如下图所示。

```
Problems  Javadoc  Declaration  Console
<terminated> StaticMethod [Java Application] C:\Program Files\Java\jre1.8.0_112\bin\javaw.exe (2(
修改之前信息：我是：张三，今年：25岁，来自：中国
修改之前信息：我是：李四，今年：30岁，来自：中国
修改之前信息：我是：王五，今年：35岁，来自：中国
    **************修改之后信息**************
修改之后信息：我是：张三，今年：25岁，来自：美国
修改之后信息：我是：李四，今年：30岁，来自：美国
修改之后信息：我是：王五，今年：35岁，来自：美国
```

代码详解

第 01~19 行声明了一个名为 Person 的类，类中含有一个 static 类型的变量 setNation，并进行了封装。
第 15~18 行声明了一个 static 类型的方法，此方法也可以用类名直接调用，用于修改 nation 属性的内容。
第 32 行由 Person 调用 setNation() 方法，对 nation 的内容进行修改。

提示

在使用 static 类型声明的方法时需要注意的是，如果在类中声明了一个 static 类型的属性，则此属性既可以在非 static 类型的方法中使用，也可以在 static 类型的方法中使用。但若要用 static 类型的方法调用非 static 类型的属性，就会出现错误。

7.8.2 static 主方法

在前面的章节中，我们已经提到，如果一个类要被 Java 解释器直接装载运行，那么这个类中必须有 main() 方法。有了前面所学的知识，现在读者可以理解 main() 方法的含义了。

因为 Java 虚拟机需要调用类的 main() 方法，所以该方法的访问权限必须是 public，又因为 Java 虚拟机在执行 main() 方法时不必创建对象，所以该方法必须是 static 的，该方法接收一个 String 类型的数组参数，该数组中保存执行 Java 命令时传递给所运行的类的参数。

向 Java 中传递参数可以使用如下的命令。

```
java 类名称 参数 1 参数 2 参数 3
```

可通过运行程序 TestMain.java 来了解如何向类中传递参数，以及程序是如何取得这些参数的。

范例 7-18 向主方法中传递参数（TestMain.java）

```
01 public class TestMain
02 {
03   /*
04    * public：表示公共方法
05    * static：表示此方法为一静态方法，可以由类名直接调用
06    * void：表示此方法无返回值，main 是系统定义的方法名称
07    * String args[]：接收运行时参数
08    */
09   public static void main(String[] args)
10   {
11     // 取得输入参数的长度
12     int len = args.length;
13     System.out.println(" 输入参数个数：" + len);
14
15     if (len < 2)
16     {
17       System.out.println(" 输入参数个数有错误！ ");
18       // 退出程序
19       System.exit(1);
20     }
21     for (int i = 0; i < args.length; i++)
22     {
23       System.out.println( args[ i ] );
24     }
25   }
26 }
```

保存并运行程序，结果如下图所示。

```
YHMacBookPro:Desktop yhilly$ javac TestMain.java
YHMacBookPro:Desktop yhilly$ java TestMain
输入参数个数: 0
输入参数个数有错误!
YHMacBookPro:Desktop yhilly$ java TestMain 123 Hello World!
输入参数个数: 3
123
Hello
World!
```

代码详解

第 09 行，对 main 方法有如下修饰符，其中 public 表示公共方法，static 表示此方法为一个静态方法，可以由类名直接调用，而 void 表示此方法无返回值。main 是系统定义的方法名称，为程序执行的入口，名称不能修改。在这个 main 方法中，定义了 String 字符串数组 args，用以接收运行时命令行参数。

在第 12 行中，由于 args 是一个数组，而数组在 Java 中是一个对象，这个对象有一个很好用的属性——length，可以直接被采用，表示数组的长度，即数组元素的个数。

第 15~20 行，判断输入参数的个数是否为两个，如果不是，则退出程序。

第 21~24 行，因为所有接收的参数都已经被存放在 args[ ] 字符串数组之中，所以用 for 循环输出全部内容。输入的参数以空格分开，通常我们更习惯参数的计数从 1 开始，但是对于数组而言，其下标却是从 0 开始的，因此，args[0]、args[1] 和 args[2] 的值分别是“123”“Hello”和“World！”。在运行结果图里，在命令行模式，java 是解析器，TestMain 是可执行程序（实际上是一个编译好的类），后面空格分隔开的，才是所谓的命令行参数。

事实上，在 Java 中也可以使用 Scanner 类，从键盘获取输入，我们会在后续的章节讲到这个类的使用。

范例 7-19　利用Scanner向主方法中传递参数（ScannerTest.java）

```
import java.util.Scanner;
public class ScannerTest
{
    public static void main(String[] args)
    {
        Scanner sc = new Scanner( System.in );
        while( sc.hasNext( ) )
        {
            System.out.println(" 键盘输入的内容是：" + sc.next());
        }
    }
}
```

保存并运行程序，结果如下图所示。

```
Problems  Javadoc  Declaration  Console
ScannerTest [Java Application] C:\Program Files\Java\jre1.8.0_112\bin\javaw.exe (2016年11月21日
22222
键盘输入的内容是：22222
Hello
键盘输入的内容是：Hello
```

7.9 方法与数组

通过前面的介绍，我们知道，数组是常见的一种数据结构，它表示的是一组在内存中相邻的、类型相同的数据序列，并通过下标对数组元素进行访问。基本数据类型可以定义数组，而所谓的“类”，不过是用户自定义的“数据类型”，它定义下的变量——对象（或称为实例），也可以构成数组，简称对象数组。

7.9.1 数组引用传递

请读者回顾一下，在第 5 章的范例 5-4 中，我们让数组 b 直接指向数组 a 的指令是“b = a”（第 12 行）。这样做的目的其实很简单，就是为了提高程序运行的效率。试想一下，假如数组中有成千上万个元素，在拷贝数组时，如果将数组 a 的所有元素都一一拷贝至数组 b，这个时间开销很大，有时候也不是必需的。

所以，在 Java 中，b = a（a 和 b 都是引用名）的含义就是将 a 起个别名“b”。之后，a 和 b 其实指向的就是同一个对象。在 Java 中，这种给变量取别名的机制称为引用（reference）。

抽象的概念都源于具体的表象。在现实生活中，“引用”的例子也很多，例如，周树人的“笔名”是鲁迅。一般来说，人们都会有一个正式的学名，同时也有个亲切的“乳名（小名）”。这些表象有不同的“名称”，在本质上，指向的事物都是同一个。我们说鲁迅先生写了很多脍炙人口的作品，实际上也是说周树人先生写了很多脍炙人口的作品。

一个程序若想运行，必须驻入内存，而在内存中必然有其存储地址，通过这些内存地址，就可以找到我们想要的数据。这些内存地址通常都很长（具体长度取决于 JVM 的类型），因为不容易记住，所以就给这些地址取个名称，这就是引用变量，这些引用变量存储在一块名叫“堆内存”的区域。

其实，所谓的“引用”，就是 Java 对象在堆内存的地址，赋给了多个“栈内存”的变量，因为 Java 禁止用户直接操作内存，所以只能用这些“栈内存”的多个引用名来间接操作它们对应在“堆内存”中的数据。在某种程度上，Java 中的“引用”，更类似于 C/C++ 中的“指针”，所不同的是，C/C++ 中的“指针”是裸露给用户，可以被用户直接修改，这样效率很高，但风险很大。而在 Java 中，对内存的直接修改是被屏蔽的，可以把它理解为经过包装的智能指针，很方便使用，用完就可“拍屁股”走人，有专门机制来做内存垃圾回收（GC），但好用是要付出代价的，其代价就是运行效率没有 C/C++ 高。

在 Java 中，基于对象的所有操作，都是通过引用来引导的。而数组也是一种对象。当将数组作为参数传递给方法时，传递的实际上就是该数组对象的引用（也就是它在内存中的实际位置）。换句话说，此时，实参和形参通过引用，指向的是同一块内存空间。因此，在以数组为参数的方法体中，对数组的所有操作，其影响都会映射到原数组中，这是 Java 参数传递的一个重要特点，值得注意。

请参看下面的例子，观察一下数组的引用传递模式。

范例 7-20　演示数组的引用传递（ArrayReference.java）

```
public class ArrayReference
{
  public static void changeReferValue( int a, int[] myArr )
  {
    a += 1;           // 将参数 a 加 1
    myArr[0] = 0; // 将数组的前三个元素全部置 0
    myArr[1] = 0;
    myArr[2] = 0;
  }

  // 打印数组元素
  public static void printArr( int[] arr )
  {
    for( int i : arr )
    {
      System.out.print( i + " " );
    }
    System.out.println();      // 输出一个换行符
  }
  // 打印结果
  public static void print( int in, int[] arr )
  {
    System.out.println( "in:" + in );
    System.out.print( "arr:" );
    printArr( arr );
  }

  public static void main( String[] args )
  {
    int in = 10;
    int arr[] = { 1, 2, 3, 4, 5 };

    System.out.println( "---- 调用 changeReferValue 方法之前 --------" );
    print( in, arr );

    changeReferValue( in, arr );
```

```
37
38          System.out.println( "---- 调用 changeReferValue 方法之后 --------" );
39          print( in, arr );
40      }
41  }
```

保存并运行程序，结果如下图所示。

```
Problems  Javadoc  Declaration  Console
<terminated> ArrayReference [Java Application] C:\Program Files\Java\jre1.8.0_112\bin\javaw.
------------调用changeReferValue方法之前--------------
in:10
arr:1 2 3 4 5
------------调用changeReferValue方法之后--------------
in:10
arr:0 0 0 4 5
```

代码详解

第 03~09 行，定义静态方法 changeReferValue，分别对传入参数的值进行修改。

第 12~19 行，定义静态方法 printArr, 用于将数组在终端打印出来。请读者注意第 14 行的 for 循环方式。在 Java 1.5 以后的版本中，对于数组和集合框架（Collection）等类型的对象，提供了一种新的遍历方式，称为 foreach。

```
for ( 循环变量类型 循环变量名称 : 要被遍历的对象 )
{
// 循环体
}
```

Java 集合框架是由一套设计优良的接口和类组成的，可使程序员成批地操作数据或对象元素。第 14~17 行代码完全可以替换为传统的 for 循环方式。

```
for( int i = 0; i < arr.length; i++ )
{
    System.out.print( arr [i] + " " );
}
```

第 21~26 行，定义静态方法 print，用于打印所有变量。

第 30~31 行，在主方法中分别声明了整型、数组两种不同类型的变量，并赋予初值。整型属于基本数据类型，而数组则属于引用数据类型。

第 34 行，调用 print 方法，打印出调用 changeReferValue 方法前的各个变量值。

第 36 行，调用 changeReferValue 函数，试图改变参数的值。

第 39 行，再次调用 print 方法，用以查看调用 changeReferValue 方法之后，各个变量的值是否得以改变。

【范例分析】

因为在 Java 中，数组是对象，所以在 changeReferValue 方法的参数列表中，最后一个参数传递形式为“传引用”。换句话说，main 方法中的实参 arr 和 changeReferValue 方法中的形参 myAr 指向同一块内存空间，如左下图所示。因此，在 changeReferValue 方法中，对形参 arr 所指向的数组数据进行的任何修改，都会同步影响到 main 方法中的实参 arr 所指向的数组数据（myAr 和 arr 本质上就是一块内存区域）。

相比而言，在 changeReferValue 方法中，因为形参 a 和实参 in 都是普通的整型，而非对象类型，所以它们之间的赋值是“传值”关系。在物理内存空间上，形参 a 和实参 in 分别处于各自不同的内存区域，实参 in 在参数列表中将传递数值 10 给形参 a 后（如右下图所示），形参和实参二者之间再也没有任何关联，所以，在方法 changeReferValue 中，对形参 a 的“+1”操作，并不会影响实参 in 的值。

在形参的局部世界里，即使把形参 a 的值修改为 111 或 1111，对实参 in 而言，也没有任何影响。

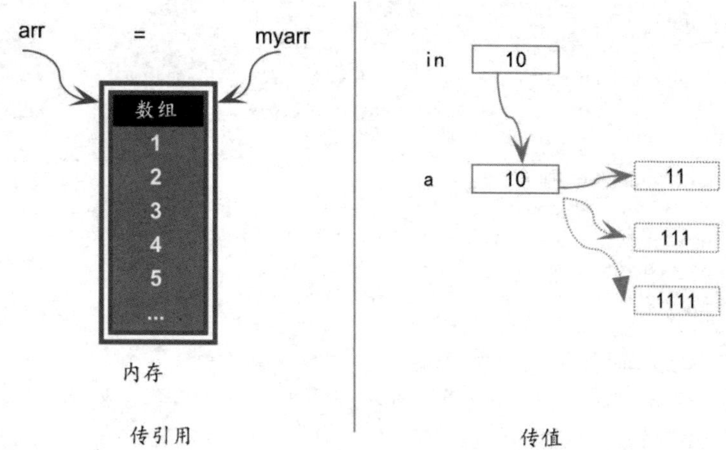

7.9.2 让方法返回数组

方法的返回值可以是 Java 所支持的任意一种类型。数组作为对象，同样也可以成为方法的返回值。请参见如下所示范例。

范例 7-21 演示方法返回数组（ArrReturn.java）

```
public class ArrReturn
{
  // 返回数组的引用
  public static int[] sort(int[] arr)
  {
    // 冒泡排序算法
    for (int i = 0; i < arr.length; i++)
    {
      for (int j = i + 1; j < arr.length; j++)
      {
        if (arr[i] < arr[j])
        {
          int temp = arr[i];
          arr[i] = arr[j];
          arr[j] = temp;
        }
      }
    }
    return arr;
  }
  public static void printArr(int[] arr, String msg)
  {
```

```
23        System.out.println(msg);
24
25        for (int i : arr)
26        {
27            System.out.print(i + " ");
28        }
29        System.out.println();
30    }
31
32    public static void main(String[] args)
33    {
34        int[] arr = { 3, 5, 2, 6, 8, 4, 7 };
35        // 创建一个新数组引用
36        int[] arrnew;
37        printArr(arr, " 排序前： ");
38        // 用新引用接收排序结果
39        arrnew = sort(arr);
40        printArr(arrnew, " 排序后： ");
41    }
42 }
```

保存并运行程序，结果如下图所示。

```
Problems  Javadoc  Declaration  Console
<terminated> ArrReturn [Java Application] C:\Program Files\Java\jre1.8.0_112\bin\javaw.exe (2
排序前：
3 5 2 6 8 4 7
排序后：
8 7 6 5 4 3 2
```

代码详解

第 04~20 行的 sort 方法是一个冒泡排序算法，对数组 arr 的元素从大到小排序。sort 方法返回的是一个整型数组 int[]。

第 21~30 行的 printArr 方法是将数组的元素输出，使用的是 for...each 语法。

第 39 行调用 sort() 方法来实施对数组 arr 的排序。第 37 行和第 40 行，在 main 方法中分别输出排序前和排序后的数组元素。

【范例分析】

在第 36 行中，声明一个整型数组 arrnew，此时还是一个空引用（null）。在第 39 行，arrnew 用来接收 sort 方法返回的数组引用。在第 34 行定义的数组 arr 和 sort 方法中的形参 arr 构成“引用”关系，即二者本质上指向的是同一块内存空间。而 sort 方法完成排序后，返回的 arr 数组对象的引用又被 arrnew 所接收（第 39 行），因此 arrnew 和 arr 指向的也是同一块内存空间。所以，在 sort 方法中对 arr 的排序，也可以说对 arrnew 做了排序。

其实，在这个案例中，完全可以不用返回数组的引用，就能达到相同的功能，读者可以尝试一下，如何简化上面的程序。

由上面的几个范例可知，无论数组是作为方法的参数也好，还是作为方法的返回值也好，数组引用的核心功能没变，即都是一块堆内存设置了多个栈内存指向，或者说，一个数组对象（存储于堆内存中）对应多个别名（即引用，存在于堆内存中）。

在用 Java 开发大型项目时，通常要把类分门别类地存到文件里，再将这些文件一起编译执行，这样的程序代码将更易于维护。同时在将类分隔开之后，对于类的使用也就有了相应的访问权限。

7.10 包的概念及使用

本节主要介绍包的基本概念、import 语句的使用及 JDK 中一些常见的包。

7.10.1 包的基本概念

在之前所编写的所有代码实际上有一个问题，即所有程序都直接保存在同一目录之中。但是，当一个大型程序由多个不同的组别或人员共同开发时，不可能保证每个人所写的类名称是完全不同的，这样一来就有可能出现同名文件覆盖的问题。那么为了解决这样的麻烦，确保程序可以正确运行，就必须使用 package 关键字来帮忙。所谓的包（package），指的就是一个文件夹，即在不同的文件夹之中可以保存同名的类文件。Java 中的包概念与 C++ 中的命名空间（namespace）概念，有异曲同工之处。

在 Java 中，包的使用方法很简单，即在类或接口的最上面一行加上 package 的声明。通常包全部用小写字母命名。

package 的声明方法如下。

```
package  package 名称 [.package 名称 2.package 名称 3…];
```

程序中如果有 package 语句，该语句一定是源文件中的第一条可执行语句，它的前面只能有注释或空行。另外，一个文件中最多只能有一条 package 语句。

经过 package 的声明之后，同一文件内的接口或类就都会被保存在相同的 package 中。

包的名字有层次关系，各层之间以点分隔。包层次必须与 Java 开发系统的文件系统结构相同。

若包声明为 package java.awt.a，则文件中的接口和类都存放在…java\awt\a 目录下。

范例 7-22　package的使用（TestPackage.java）

```
package demo.java ;                 // 声明 package
class Person
{
   public String talk()
   {
      return "Person —— >> talk()";
   }
}
public class TestPackage
{
   public static void main(String[] args)
   {
      System.out.println(new Person().talk());
   }
}
```

保存并运行程序，结果如下图所示。

```
Problems  Javadoc  Declaration  Console
<terminated> TestPackage (1) [Java Application] C:\Program Files\Java\jre1.8.0_112
Person — >> talk()
```

代码详解

除了第 01 行加的 package demo.java 声明语句之外，其余的程序都是读者见过的。因为在第 01 行声明了一个 demo.java 的包，所以就相当于将 Person 类、TestPackage 类放入了...demo\java 文件夹之下。

第 13 行中，new Person() 返回一个匿名对象，然后用点“.”操作符访问其共有方法 talk()。

7.10.2 包的导入

使用包可以将功能相似的若干类保存在一个文件目录之中，但是这样一来就有可能出现包之间的互相访问问题，当一个程序需要其他包中类的时候，可以通过 import 完成导入操作。package 导入的方法如下。

```
import package 名称 . 类名称 ;
```

若某个类需要被访问时，则必须把这个类公开出来，即此类必须声明成 public。通过 import 命令，可将某个 package 内的整个类导入，后续程序可直接使用类名称，而不用再写上被访问的 package 的名称。

提示

若在不同的 package 中存在相同类名的 public 类，若要访问某个 public 类的成员时，在程序代码内必须明确地指明“被访问 package 的名称 . 类名称”。

下面用一个范例来说明 import 命令的用法。此范例与 TestPackage1 类似，只是将两个类分别放在了不同的包中，如下图所示。

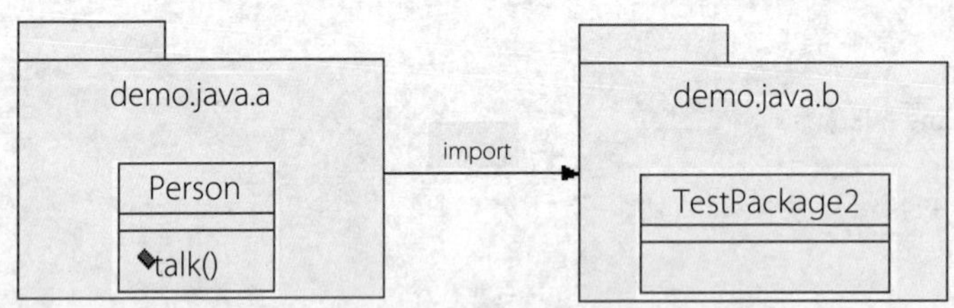

范例 7-23　Person类的声明（Person.java）

```
package demo.java.a ;// 声明 package
public class Person
{
  public String talk()// 类中的方法
  {
    return "Person —— >> talk()" ;// 返回一串字符串
  }
}
```

代码详解

第 01 行声明了一个 demo.java.a 的包，将 Person 类放入此包之中。
第 04~07 行在 Person 类中声明一个 talk 方法，返回一串字符串。

范例 7-24　包的导入使用范例（TestPackage.java）

```
01 // 声明一个 demo.java.b 包并调用 demo.java.a 中的类方法
02 package demo.java.b;
03 import demo.java.a.Person;
04 // 将 demo.java.a 包中的 Person 类导入到此包之中
05 class TestPackage
06 {
07   public static void main(String[] args)
08   {
09     // 调用 demo.java.a 中的方法并输出
10     System.out.println(new Person().talk());
11   }
12 }
```

保存并运行程序，结果如下图所示。

```
Problems  Javadoc  Declaration  Console
<terminated> TestPackage (2) [Java Application] C:\Program Files\Java\jre1.8.0_112
Person —— >> talk()
```

代码详解

第 02 行声明了一个 demo.java.b 包，将 TestPackage 类放入此包之中。
第 03 行使用 import 语句，将 demo.java.a 包中的 Person 类导入到此包之中。
第 10 行调用 demo.java.a 包中的 Person 类中的 talk() 方法。

提示

如果一个项目之中有几百个类，一个个导入会比较繁琐，为了方便导入，可以使用“包名.*”的形式完成，例如以下形式。

```
import java.io.*;
```

这里的“*”是通配符，表示该“包名”（java.io）下属的“所有”子类。

需要说明的是，即使使用的格式是“包.*”，但并不表示此包之中的所有类都会被导入，Java 的编译器很智能，它会“按需导入”，代码中不需要的类，Java 是不会有任何加载的。

7.10.3 JDK 中常见的包

为了方便程序开发者，在 Java 中内置了各种实用类，这些类按照功能的不同分别被放入了不同的包中，供开发者使用。下面简要介绍其中常用的几个包。

（1）java.lang：包含一些 Java 语言的核心类，如 String、Math、Integer、System 和 Thread，提供常用功能。在 java.lang 包中还有一个子包——java.lang.reflect，用于实现 java 类的反射机制。java.lang 包是 Java 默认加载的，用户无需重新显式用 import 导入。

（2）java.awt：包含构成抽象窗口工具集（abstract window toolkits）的多个类，这些类被用来构建和管理应用程序的图形用户界面（Graphical User Interface，GUI）。

（3）javax.swing：此包用于建立图形用户界面，包中的组件相对于 java.awt 包而言是轻量级组件。Swing 是在 AWT 的基础上构建的一套新的图形界面系统。

（4）java.net：包含执行与网络相关的操作的类。

（5）java.io：包含能提供多种输入 / 输出功能的类。

（6）java.util：包含一些实用工具类，如定义系统特性、与日期日历相关的方法。

7.11 高手点拨

（1）构造方法在本质上，实现了对象初始化流程的封装。方法封装了操作对象的流程。此外，在 Java 类的设计中，还可使用 private 封装私有数据成员。封装的目的在于隐藏对象细节，把对象当作黑箱来进行操作。

（2）如果在定义类的时候，程序员没有主动撰写任何构造方法，编译器会为这个类配备一个无参、内容为空的构造方法，称为默认构造方法，类中的数据成员被初始化为默认值。如果定义多个构造方法，只要参数类型或个数不同，形成不同的方法签名，就形成重载构造方法。

（3）善用“引用”这一重要的 Java 编程范式，能够减少代码量，简化程序逻辑，同时也减少数据传输的开销，提高程序的运行效率。

7.12 实战练习

1. 编程实现，现在有如下的一个数组。

int oldArr[ ]={1,3,4,5,0,0,6,6,0,5,4,7,6,7,0,5}；

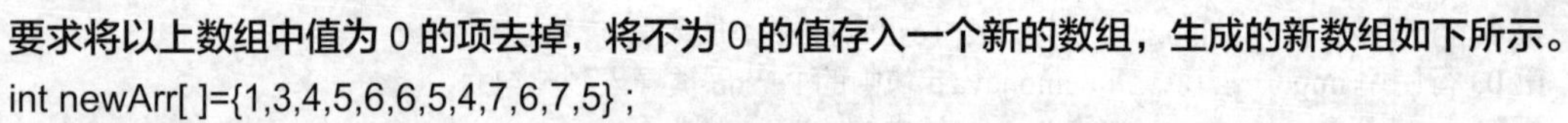

要求将以上数组中值为 0 的项去掉，将不为 0 的值存入一个新的数组，生成的新数组如下所示。

int newArr[ ]={1,3,4,5,6,6,5,4,7,6,7,5}；

（提示：要想确定新数组的大小，需要知道原始数组之中不为 0 的个数，可编写一个方法完成；根据统计的结果开辟一个新的数组；将原始数组之中不为 0 的数据拷贝到新数组之中。）

2. 编程实现，要求程序输出某两个整数之间的随机数（提示：输出随机数需要用到 Math.random() 方法）。

3. 编写一段程序，声明一个包，在另一个包中使用 import 语句访问使用，要求如下。

（1）声明一个包 point，其中定义 Point 类，包含 *x* 和 *y* 坐标，构造方法，获取 *x* 和 *y* 坐标及设置。

（2）声明另一个包，导入包 point，其中在新包中定义 Circle 类，半径，构造方法，获取并设置半径。设计程序实现圆的实例化，并输出半径和圆心。

第 II 篇

核心技术

第 8 章 面向对象设计的精华——类的封装、继承与多态
第 9 章 凝练才是美——抽象类、接口与内部类
第 10 章 更灵活的设计——泛型
第 11 章 更强大和方便的功能——注解
第 12 章 设计实践——常用的设计模式
第 13 章 存储类的仓库——Java常用类库
第 14 章 防患于未然——异常的捕获与处理

第 8 章

面向对象设计的精华——类的封装、继承与多态

类的封装、继承和多态是面向对象程序的三大特性。类的封装相当于一个黑匣子，放在黑匣子中的东西你什么也看不到。继承是类的另一个重要特性，可以从一个简单的类继承出相对复杂高级的类，通过代码重用，可使程序编写的工作量大大减轻。多态通过单一接口操作多种数据类型的对象，可动态地对对象进行调用，使对象之间变得相对独立。本章讲解类的三大特性：封装、继承和多态。

本章要点（已掌握的在方框中打钩）

- ☐ 掌握封装的基本概念和应用
- ☐ 掌握继承的基本概念和应用
- ☐ 掌握多态的基本概念和应用
- ☐ 掌握 super 关键字的使用
- ☐ 熟悉对象的多态性

8.1 面向对象的三大特点

面向对象有三大特点：封装性、继承性和多态性，它们是面向对象程序设计的灵魂所在，下面一一给予讲解。

8.1.1 封装的含义

封装（encapsulation）是将描述某类事物的数据与处理这些数据的函数封装在一起，形成一个有机整体，称为类。类所具有的封装性可使程序模块具有良好的独立性与可维护性，这对大型程序的开发是特别重要的。

类中的私有数据在类的外部不能直接使用，外部只能通过类的公共接口方法（函数）来处理类中的数据，从而使数据的安全性得到保证。封装的目的是增强安全性和简化编程，使用者不必了解具体的实现细节，仅需要通过外部接口和特定的访问权限来使用类的成员。

一旦设计好类，就可以实例化该类的对象。我们在形成一个对象的同时，也界定了对象与外界的内外界限。至于对象的属性、行为等实现的细节则被封装在对象的内部。外部的使用者和其他的对象只能经由原先规划好的接口和对象交互。

我们可用一个鸡蛋的三重构造来比拟一个对象，如下图所示。

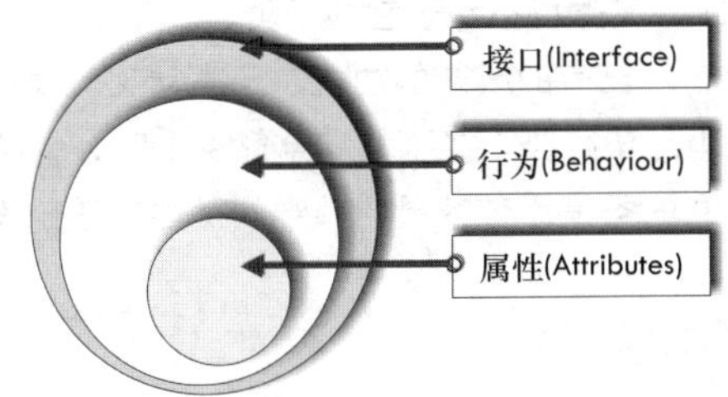

- 属性好比蛋黄，它隐藏于中心，不能直接接触，它代表对象的状态（state）。
- 行为好比蛋白，它可以经由接口与外界交互而改变内部的属性值，并把这种改变通过接口呈现出来。
- 接口好比蛋壳，它可以与外界直接接触。外部也只能通过公开的接口方法来改变对象内部的属性（数据）值，从而使类中数据的安全性得到保证。

8.1.2 继承的含义

对象（object）是类（class）的一个实例（instance）。如果将对象比作房子，那么类就是房子的设计图纸。所以面向对象设计的重点是类的设计，而不是对象的设计。继承性是面向对象的第二大特征。继承（inheritance）是面向对象程序设计中软件复用的关键技术，通过继承，可以进一步扩充新的特性，适应新的需求。这种可复用、可扩充技术在很大程度上降低了大型软件的开发难度，从而提高软件的开发效率。

中国古代逻辑学家公孙龙（约公元前 320—公元前 250 年）提出了一个著名的逻辑问题：“白马非马”。在《公孙龙子•白马论》中有这样的描述：“白马非马，可乎？”曰：“可。”曰：“何哉？”曰：“马者，所以命形也。白者，所以命色也。命色者，非命形也，故曰白马非马。”

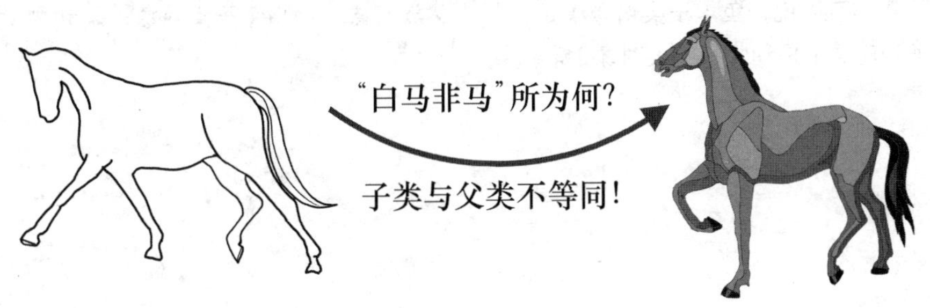

在一定程度上，公孙龙的“白马非马”逻辑体现了面向对象“继承”思想。公孙龙声称：“白马不是马”，其论证过程如下。

“马”只有一个特征：马的特征。

而“白马”有两个特征：① 马的特征；② 白色的。

因此，在逻辑上，拥有两个特征的“白马”不等同于只有一个特征的“马”，所以“白马非马”。而从集合论上来考虑，马与白马是两个不同的集合，但是“马”这个集合包含了另一个集合“白马”，后者是前者的真子集，集合不等同于它的真子集。

当我们说某一个新类 A 继承某一既有类 B 时，表示这个新类 A 具有既有类 B 的所有成员，同时对既有类的成员做出修改，或是增加了新的成员。保持已有类的特性而构造新类的过程称为继承。在已有类的基础上新增自己的特性而产生新类的过程称为派生。我们把既有类称为基类（base class）、超类（super class）或者父类（parent class），而派生出的新类，称为派生类（derived class）或子类（subclass）。

继承可以使得子类自动具有父类的各种属性和方法，而不需要再次编写相同的代码，从而达到类的复用目的。这样，子类A可以对父类B的定义加以扩充，从而制订出一个不同于父类的定义，让子类具备新的特性。

针对公孙龙的“白马非马”的逻辑，从面向对象角度来考虑，“马”与“白马”是两个不同的类，“马”是父类，而“白马”则是“马”的子类（或者称为派生类），后者继承了前者有关“马”的特性，同时添加了自己的新特性——“白色”，故此，父类也不等于它的子类。

继承的目的在于实现代码重用，对已有的成熟的功能，子类从父类执行“拿来主义”。而派生的目的则在于，当新的问题出现时，原有代码无法解决（或不能完全解决）时，需要对原有代码进行全部（或部分）改造。对于 Java 程序而言，设计孤立的类是比较容易的，难的是如何正确设计好的类层次结构，以达到代码高效重用的目的。

8.1.3 多态的含义

从字面上理解，多态（polymorphisn）就是一种类型表现出多种状态。这也是人类思维方式的一种直接模拟，可以利用多态的特征，用统一的标识来完成这些功能。在 Java 中，多态性分为两类。

（1）方法多态性，体现在方法的重载与覆写上。

方法的重载是指同一个方法名称，根据其传入的参数类型、个数和顺序的不同，所调用的方法体也不同，即同一个方法名称在一个类中有不同的功能实现。有关方法的重载，我们已经在 7.4 节中讲解过。

方法的覆写是指父类之中的一个方法名称，在不同的子类有不同的功能实现，而后依据实例化子类的不同，同一个方法可以完成不同的功能。有关方法的覆写，我们将在 8.5 节中详细讨论。

（2）对象多态性，体现在父、子对象之间的转型上。

在这个层面上，多态性是允许将父对象设置成为与一个或更多的子对象相等的技术，通过赋值之后，父对象就可以根据当前被赋值的不同子对象，以子对象的特性加以运作。多态意味着相同的（父类）信息，发送给不同的（子）对象，每个子对象表现出不同的形态。

多态中的一个核心概念就是，子类（派生类）对象可以视为父类（基类）对象。这很容易理解，如下图所示的继承关系中，鱼（Fish）类、鸟（Bird）类和马（Horse）类都继承于父类——动物（Animal），对于这些实例化对象，我们可以说，鱼（子类对象）是动物（父类对象）；鸟（子类对象）是动物（父类对象）；同样的，马（子类对象）是动物（父类对象）。

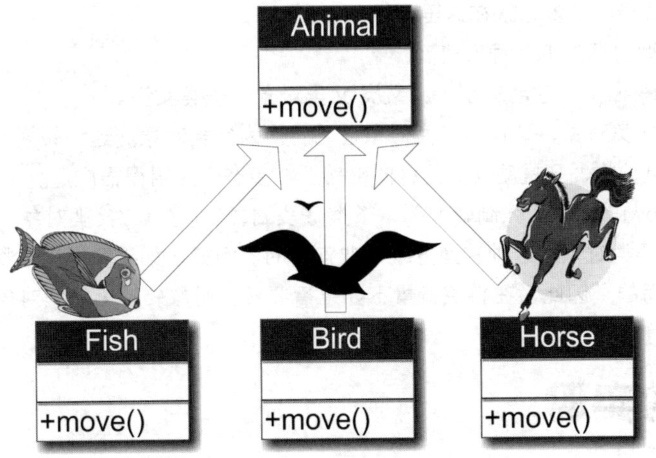

在 Java 编程里，我们可以用下图来描述。

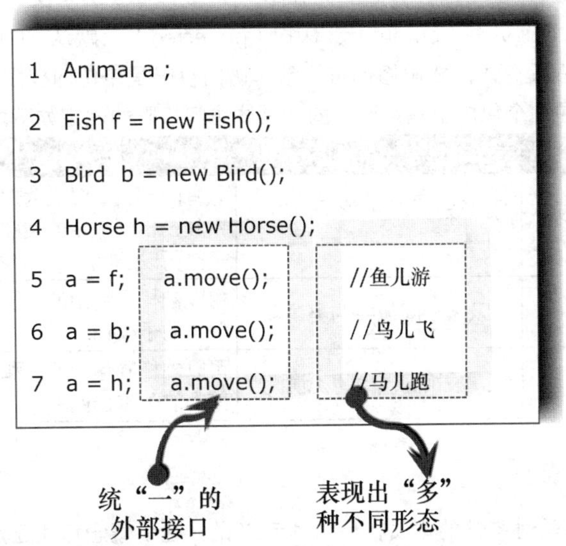

在上述代码中，第 1~4 行，分别定义父类对象 a，并以子类对象 f、b 和 h 分别赋值给 a。因为 Fish 类、Bird 类和 Horse 类均继承于父类 Animal，所以子类均继承了父类的 move() 方法。由于父类 Animal 的 move() 过于抽象，不能反映 Fish、Bird 和 Horse 等子类中“个性化”的 move() 方法。这样，势必需要在 Fish、Bird 和 Horse 等子类中重新定义 move() 方法，这样就“覆写”了父类的同名方法。在第 2~4 行完成定义后，我们自然可以做到：

```
f.move();    // 完成鱼类对象 f 的移动：鱼儿游
b.move();    // 完成鸟类对象 b 的移动：鸟儿飞
h.move();    // 完成马类对象 h 的移动：马儿跑
```

这并不是多态的表现，因为 3 种不同的对象对应了 3 种不同的移动方式，“三对三”平均下来就是“一对一”，何“多”之有呢？当子对象很多时，这种描述方式非常繁琐。

我们希望达到如上述代码第 5~7 行所示的效果，统一用父类对象 a 来接收子类对象 f、b 和 h，然后用统一的接口“a.move()”展现出不同的形态。

当“a = f”时，“a.move()”表现出的是子类 Fish 的 move() 方法——鱼儿游，而非父类的 move() 方法。类似的，当“a = b”时，“a.move()”表现出的是子类 Bird 的 move() 方法——鸟儿飞，而非父类的 move() 方法。当“a = h”时，“a.move()”表现出的是子类 Horse 的 move() 方法——马儿跑，而非父类的 move() 方法。这样，就达到了“一对多”的效果——多态就在这里。

父子对象之间的转型包括如下两种形式。

（1）向上转型（Upcast）（自动转型）：父类 父类对象 = 子类实例。

将子类对象赋值给父类对象，这样将子类对象自动转换为父类对象。这种转换方式是安全的。例如，我们可以说鱼是动物，鸟是动物，马是动物。这种向上转型在多态中应用得很广泛。

（2）向下转型（Downcast）（强制转型）：子类 子类对象 =（子类）父类对象。

将父类对象赋值给子类对象。这种转换方式是非安全的。例如，如果我们说动物是鱼，动物是鸟，动物是马，这类描述是不全面的。因此，在特定背景下如果需要父类对象转换为子类对象，就必须使用强制类型转换。这种向下转型用得比较少。

8.2 封装的实现

8.2.1 Java 访问权限修饰符

在讲解 Java 面向对象三大特性之前，有必要先介绍一下关于 Java 访问权限修饰符的知识。在 Java 中有 4 种访问权限：公有（public）、私有（private）、保护（protected）、默认（default）。但访问权限修饰符只有 3 种，因为默认访问权限没有访问权限修饰符。默认访问权限是包访问权限，即在没有任何修饰符的情况下定义的类，属性和方法在一个包内都是可访问的。具体访问权限的规定如下表所示。

	私有（private）	默认（default）	保护（protected）	公有（public）
类	只有内部类允许私有，只能在当前类中被访问	可以被当前包中的所有类访问	只有内部类可以设为保护权限，相同包中的类和其子类可以访问	可以被所有的类访问
属性	只能被当前类访问	可以被相同包中的类访问	可以被相同包中的类和当前类的子类访问	可以被所有的类访问
方法	只能被当前类访问	可以被相同包中的类访问	可以被相同包中的类和当前类的子类访问	可以被所有的类访问

8.2.2 封装问题引例

在 8.1.1 节中，我们给出类封装性的本质，但对读者来说，这个概念可能还是比较抽象。从哲学的角度来说，我们要“透过现象看本质”，现在本质给出了，如果还不能理解的话，其实是我们没有落实“透过现象”这个流程。下面我们给出一个实例（现象）来说明上面论述的本质。

假设我们把对象的属性（数据）暴露出来，外界可以任意接触到它甚至能改变它。读者可以先看下面的程序，看看会产生什么问题。

范例 8-1　类的封装性使用引例—— 一只品质不可控的猫（TestCat.Java）

```
public class TestCat
{
  public static void main(String[] args)
  {
    MyCat aCat = new MyCat();
    aCat.weight = -10f;         // 设置 MyCat 的属性值

    float temp = aCat.weight;   // 获取 MyCat 的属性值
    System.out.println("The weight of a cat is : " + temp);
```

```
10     }
11  }
12
13  class MyCat
14  {
15     public float weight;  // 通过 public 修饰符，开放 MyCat 的属性给外界
16     MyCat()
17     {
18
19     }
20  }
```

保存并运行程序，运行结果如下图所示。

```
Problems  Javadoc  Declaration  Console
<terminated> TestCat [Java Application] C:\Program Files\Java\jre1.8.0_112\bin\javaw.exe (2016年
The weight of a cat is : -10.0
```

代码详解

首先我们来分析一下 MyCat 类。第 15 行通过 public 修饰符，开放 MyCat 的属性（weight）给外界，这意味着外界可以通过“对象名 . 属性名”的方式来访问（读或写）这个属性。第 16 行声明一个无参构造方法，在本例中无明显含义。

第 05 行，定义一个对象 aCat。第 08 行通过点操作符获得这个对象的值。第 09 行输出这个对象的属性值。我们需要重点关注第 06 行，它通过“点操作符”设置这个对象的值（-10.0 f）。一般意义上，“-10.0f”是一个普通的合法的单精度浮点数，因此在纯语法上，它给 weight 赋值没有任何问题。

但是对于一个真正的对象（猫）来说，这是完全不能接受的，一个猫的重量（weight）怎么可能为负值？这明显是“一只不合格的猫”，但是由于weight这个属性开放给外界，“猫的体重值”无法做到“独立自主”，因为它的值可被任何外界的行为所影响。

那么如何来改善这种状况呢？这时，类的封装就可以起到很好的作用。请参看下节的案例。

8.2.3 类的封装实例

读者可以看到，前面列举的程序都是用对象直接访问类中的属性，在面向对象编程法则里，这是不允许的。所以为了避免发生这样类似的错误，通常要将类中的属性封装，用关键词“private”声明为私有，从而保护起来。对范例 TestCat.Java 做了相应的修改后，就可构成下面的程序。

范例 8-2 类的封装实例—— 一只难以访问的猫（TestCat.Java）

```
01  public class TestCat
02  {
03     public static void main(String[] args)
04     {
05        MyCat aCat = new MyCat();
```

```
06         aCat.weight = -10.0f;          // 设置 MyCat 的属性值
07
08         int temp = aCat.weight;        // 获取 MyCat 的属性值
09         System.out.println("The weight of a cat is : " + temp);
10     }
11 }
12
13 class MyCat
14 {
15     private float weight;              // 通过 private 修饰符封装属性
16     MyCat()
17     {
18
19     }
20 }
```

代码详解

第 13~19 行声明了一个新的类 MyCat，类中有属性 weight，与前面范例不同的是，这里的属性在声明时，前面加上了访问控制修饰符 private。

【范例分析】

可以看到，本程序与上面的范例 8-1 相比，在声明属性 weight 前，多了个修饰符 private（私有的）。但就是这一个小小的关键字，却使得下面同样的代码连编译都无法通过。

```
MyCat  aCat = new MyCat();
aCat.weight = -10;          // 设置 MyCat 的属性值，非法访问
int temp = aCat.weight;     // 获取 MyCat 的属性值，非法访问
```

其所提示的错误如下图所示。

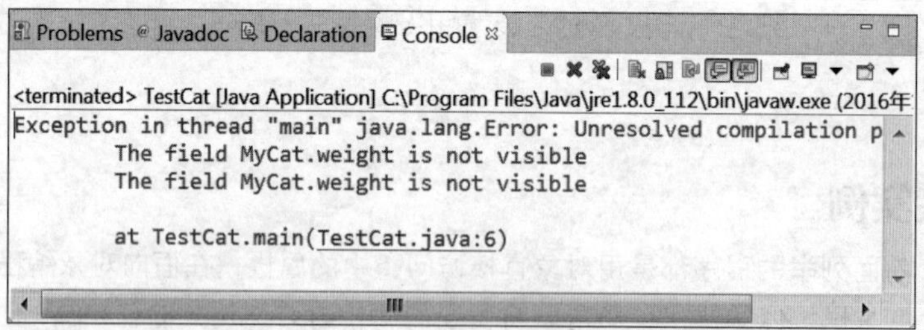

这里的“字段（Field）”就是 Java 里的“数据属性”。因为 weight 为私有数据类型，所以对外界是不可见的（The field MyCat.weight is not visible），换句话说，对象不能通过点操作（.）直接访问这些私有属性，因此代码第 06 行和第 08 行是无法通过编译的。

这样虽然可以通过封装，达到外界无法访问私有属性的目的，但如果的确需要给对象的属性赋值，该怎么办呢？

问题的解决方案是，在设计类时，程序设计人员都设计或存 / 取这些私有属性的公共接口，这些接口的外在表现形式都是公有（public）方法，而在这些方法里，我们可以对存或取属性的操作实施合理的检查，以达到保护属性数据的目的。

通常，对属性值设置的方法被命名为 SetXxx()，其中 Xxx 为任意有意义的名称，这类方法可统称为 Setter 方法。而对取属性值的方法通常命名为 GetYyy，其中 Yyy 为任意有意义的名称，这类方法可统称为 Getter 方法。请看下面的范例。

范例 8-3 类私有属性的Setter和Getter方法—— 一只品质可控的猫（TestCat.java）

```
public class TestCat
{
  public static void main(String[] args)
  {
    MyCat aCat = new MyCat( );
    aCat.SetWeight(-10);        // 设置 MyCat 的属性值

    float temp = aCat.GetWeight( );   // 获取 MyCat 的属性值
    System.out.println("The weight of a cat is : " + temp);

  }
}

class MyCat
{
   private float weight;          // 通过 private 修饰符封装 MyCat 的属性
   public void SetWeight( float wt)
   {
     if (wt > 0)
     {
       weight = wt;
     }
     else
     {
       System.out.println("weight 设置非法 ( 应该 >0). \n 采用默认值 ");
       weight  = 10.0f;
     }
   }
   public float GetWeight( )
   {
     return weight;
   }
}
```

保存并运行程序，结果如下图所示。

```
Problems  Javadoc  Declaration  Console
<terminated> TestCat [Java Application] C:\Program Files\Java\jre1.8.0_112\bin\javaw.exe (2016年
weight 设置非法 (应该>0).
 采用默认值10
The weight of a cat is : 10.0
```

代码详解

第 17~28 行，添加了 SetWeight(float wt) 方法，第 29~32 行添加了 GetWeight() 方法，这些方法都是公有类型的（public），外界可以通过这些公有的接口来设置和取得类中的私有属性 weight。

第 06 行调用了 SetWeight() 方法，同时传进一个“-10f”的不合理体重值。

在 SetWeight(float wt) 方法中，在设置体重时，程序中加了些判断语句，如果传入的数值大于 0，则将值赋给 weight 属性，否则给出警告信息，并采用默认值。通过这个方法可以看出，经由公有接口来对属性值实施操作，我们可以在这些接口里对这些值实施“管控”，从而更好地控制属性成员。

【范例分析】

可以看到在本程序中，由于 weight 传进了一个“-10”的不合理的数值（-10 后面的 f 表示这个数是 float 类型），这样在设置 MyCat 属性时，因不满足条件而不能被设置成功，所以 weight 的值采用自己的默认值（10）。这样在输出的时候可以看到，那些错误的数据并没有被赋到属性上去，而只输出了默认值。

由此可知，用 private 可将属性封装起来，当然也可用 private 把方法封装起来，封装的形式如下。

封装属性：private 属性类型 属性名

封装方法：private 方法 返回类型 方法名称（参数）

注意

用 private 声明的属性或方法只能在其类的内部被调用，而不能在类的外部被调用。读者可以先暂时简单地理解为，在类外部不能用对象去调用 private 声明的属性或方法。

下面的这个范例添加了一个 MakeSound() 方法，通过修饰符 private（私有）将其封装了起来。

范例 8-4　方法的封装使用（TestCat.Java）

```
public class TestCat
{
  public static void main(String[] args)
  {
    MyCat aCat = new MyCat();
    aCat.SetWeight(-10f);        // 设置 MyCat 的属性值

    float temp = aCat.GetWeight(); // 获取 MyCat 的属性值
    System.out.println("The weight of a cat is : " + temp);
    aCat.MakeSound();

  }
}

class MyCat
{
  private float weight;          // 通过 private 修饰符封装 MyCat 的属性
  public void SetWeight( float wt)
  {
    if (wt > 0)
    {
      weight = wt;
    }
    else
```

```
25         {
26           System.out.println("weight 设置非法 ( 应该 >0). \n 采用默认值 10");
27           weight = 10.0f;
28         }
29       }
30       public float GetWeight()
31       {
32         return weight;
33       }
34
35       private void MakeSound()
36       {
37         System.out.println( "Meow meow, my weight is " + weight );
38       }
39   }
```

保存并运行程序，结果如下图所示。

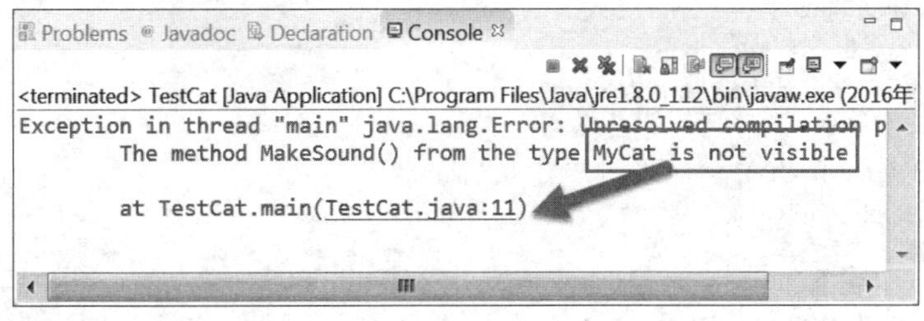

代码详解

第 35 行将 MakeSound() 方法用 private 来声明。第 10 行，想通过对象的点操作符 "." 来尝试调用这个私有方法。由于私有方法是不对外公开的，因此得到上述的编译错误："The method MakeSound() from the type MyCat is not visible"（在类 MyCat 中的方法 MakeSound() 不可见）。

【范例分析】

一旦方法的访问权限被声明为 private（私有的），那么这个方法就只能被类内部方法所调用。如果想让上述代码编译成功，其中一种方法是，将第 10 行的代码删除，而在 GetWeight() 中添加调用 MakeSound() 方法的语句，如下所示。

```
public float GetWeight()
{
  MakeSound();    // 方法内添加的方法调用
  return weight;
}
```

访问权限控制符是对类外而言的，而在同一类中，所有的类成员属性及方法都是相互可见的，也就是说，它们之间是可以相互访问的。在改造 GetWeight() 后，程序成功运行的结果如下图所示。

```
Problems  Javadoc  Declaration  Console
<terminated> TestCat [Java Application] C:\Program Files\Java\jre1.8.0_112\bin\javaw.exe (2016年
weight 设置非法 (应该>0).
采用默认值10
Meow meow, my weight is 10.0
The weight of a cat is : 10.0
```

如果类中的某些数据在初始化后，不想再被外界修改，则可以使用构造方法配合私有化的 Setter 函数来实现该数据的封装，如下所示。

范例 8-5 使用构造函数实现数据的封装（TestEncapsulation.Java）

```
class MyCat
{
  // 创建私有化的属性 weight，height
  private float weight;
  private float height;
  // 在构造函数中初始化私有变量
  public MyCat( float height, float weight )
  {
    SetHeight( height );// 调用私有方法设置 height
    SetWeight( weight );// 调用私有方法设置 weight
  }

  // 通过 private 修饰符封装 MyCat 的 SetWeight 方法
  private void SetWeight( float wt)
  {
    if (wt > 0) {   weight = wt;   }
    else       {
      System.out.println("weight 设置非法 ( 应该 >0). \n 采用默认值 10");
      weight  = 10.0f;
    }
  }
 // 通过 private 修饰符封装 MyCat 的 SetHeight 方法
  private void SetHeight(float ht)
  {
    if (ht > 0)  {   height = ht;    }
    else     {
      System.out.println("height 设置非法 ( 应该 >0). \n 采用默认值 20");
      height  = 20.0f;
    }
  }
  // 创建公有方法 GetWeight() 作为与外界的通信的接口
  public float GetWeight()    {       return weight;   }
  // 创建公有方法 GetHeight() 作为与外界的通信的接口
  public float GetHeight()    {       return height;   }
}
```

```
36
37  public class TestEncapsulation
38  {
39    public static void main( String[] args )
40    {
41      MyCat aCat = new MyCat( 12, -5 ); // 通过公有接口设置属性值
42
43      float ht = aCat.GetHeight();     // 通过公有接口获取属性值 height
44      float wt = aCat.GetWeight();     // 通过公有接口获取属性值 weight
45      System.out.println("The height of cat is " + ht);
46      System.out.println("The weight of cat is " + wt);
47    }
48  }
```

保存并运行程序，结果如下图所示。

```
Problems  Javadoc  Declaration  Console
<terminated> TestEncapsulation [Java Application] C:\Program Files\Java\jre1.8.0_112\bin\javaw.e>
weight 设置非法(应该>0).
采用默认值10
The height of cat is 12.0
The weight of cat is 10.0
```

代码详解

在第 07~11 行中的 MyCat 类的构造方法，通过调用私有化 SetHeight() 方法（在第 23~30 行定义）和私有化 SetWeight() 方法（在第 14~21 行定义）来对 height 和 weight 进行初始化。

这样类 MyCat 的对象 aCat 一经实例化（第 41 行），name 和 age 私有属性便不能再进行修改，这是因为构造方法只能在实例化对象时自动调用一次，而 SetHeight() 方法和 SetWeight() 方法的访问权限为私有类型，外界又不能调用，所以就达到了封装的目的。

【范例分析】

通过构造函数初始化类中的私有属性，能够达到一定的封装效果，但是也不能过度相信这种封装，有些情况下即使这样做，私有属性也有可能被外界修改。例如，在下面就会讲到封装带来的问题。

提示

读者可能会问，到底什么时候需要封装，什么时候不用封装。在这里可以告诉读者，关于封装与否并没有一个明确的规定，不过从程序设计的角度来说，设计较好的程序的类中的属性都是需要封装的。此时要设置或取得属性值，则只能使用 Setter 和 Getter 方法，这是一个比较标准的做法。

在 Java 中，最基本的封装单元是类，类是基于面向对象思想编程的基础，程序员可以把具有相同业务性质的代码封装在一个类里，然后通过共有接口方法向外部提供服务，同时向外部屏蔽类中的具体实现方式。

数据封装的重要目的在于实现“信息隐藏（Information Hidding）”。在类中的“数据成员（属性）”或者“方法成员”，都可以使用关键字“public”“private”“protected”来设置各成员的访问权限。例如，我们可以把“SetHeight()”这个方法封装在“MyCat”类中，通过设置 private 访问权限，不开放给外界使用，因此，“TestEncapsulation 类”就无法调用“SetHeight()”这个方法，来设置 Mycat 中的 height 属性值。

封装性是面向对象程序设计的原则之一。它规定对象应对外部环境隐藏它们的内部工作方式。良好的封装可以提高代码的模块化程度，它防止了对象之间不良的相互影响，使程序达到强内聚（许多功能尽量在类的内部独立完成，不让外面干预），弱耦合（提供给外部尽量少的方法调用）的最终目标。

8.3 继承的实现

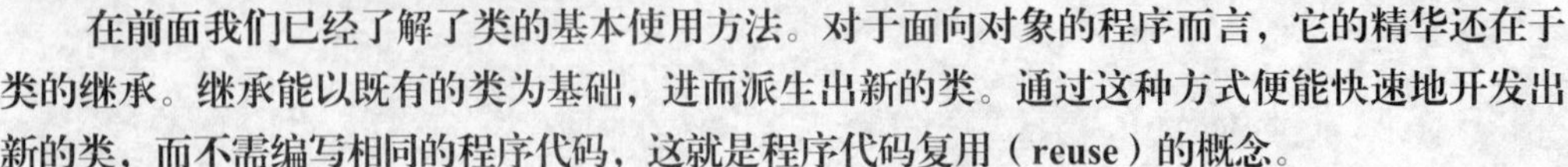

在前面我们已经了解了类的基本使用方法。对于面向对象的程序而言，它的精华还在于类的继承。继承能以既有的类为基础，进而派生出新的类。通过这种方式便能快速地开发出新的类，而不需编写相同的程序代码，这就是程序代码复用（reuse）的概念。

8.3.1 继承的基本概念

在 Java 中，通过继承可以简化类的定义，扩展类的功能。在 Java 中支持类的单继承和多层继承，但是不支持多继承，即一个类只能继承一个类，而不能继承多个类。

实现继承的格式如下。

```
class 子类名 extends 父类
```

extends 是 Java 中的关键词。Java 继承只能直接继承父类中的公有属性和公有方法，而隐含地（不可见地）继承了私有属性。

现在假设有一个 Person 类，里面有 name 与 age 两个属性，而另外一个 Student 类，需要有 name、age、school3 个属性，如下图所示。因为 Person 中已存在有 name 和 age 两个属性，所以不希望在 Student 类中重新声明这两个属性，这时就需考虑是否可将 Person 类中的内容继续保留到 Student 类中，这就引出了接下来要介绍的类的继承概念。

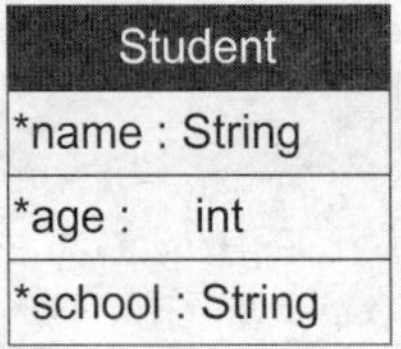

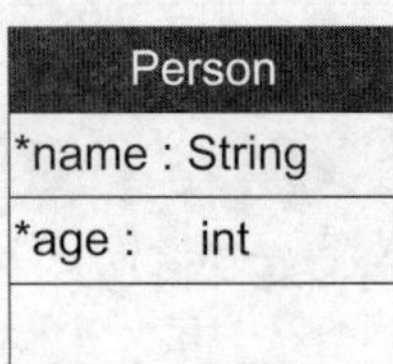

在这里希望 Student 类能够将 Person 类的内容继承下来后继续使用，可用下图表示，这样就可以达到代码复用的目的。

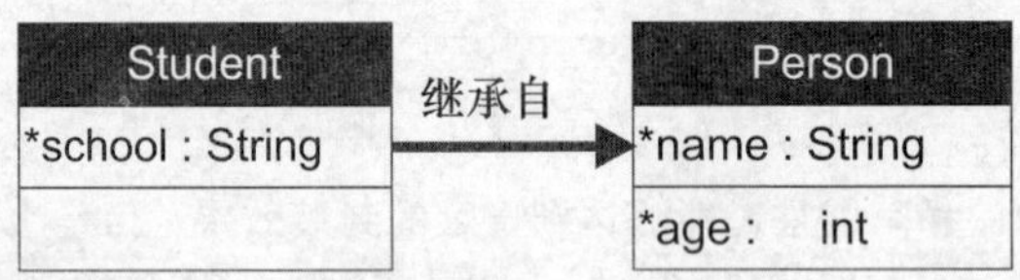

Java 类的继承可用下面的语法来表示。

```
class 父类
{
   //定义父类
}
class 子类 extends 父类
{
   //用 extends 关键字实现类的继承
}
```

8.3.2 继承问题的引入

首先，我们观察一下下面的例子，在下面的例子中，包括 Person 和 Student 两个类。

范例 8-6　继承的引出（LeadInherit.Java）

```
class Person {
  String name;
  int age;
  Person( String name, int age ) {
    this.name = name;
    this.age = age;
  }

  void speak() {
    System.out.println( " 我的名字叫：" + name + "  我 " + age + " 岁 " );
  }
}

class Student {
  String name;
  int age;
  String school;
  Student( String name, int age, String school ) {
    this.name = name;
    this.age = age;
    this.school = school;
  }
  void speak() {
    System.out.println( " 我的名字叫：" + name + "  我 " + age + " 岁 " );
  }
  void study() {
    System.out.println( " 我在 " + school + " 读书 " );
  }
}

public class LeadInherit {
  public static void main( String[] args ) {
    // 实例化一个 Person 对象
    Person person = new Person( " 张三 ", 21 );
    person.speak();
    // 实例化一个 Student 对象
    Student student = new Student( " 李四 ", 20, "HAUT" );
    student.speak();
    student.study();
  }
}
```

保存并运行程序，结果如下图所示。

```
Problems  Javadoc  Declaration  Console
<terminated> LeadInherit [Java Application] C:\Program Files\Java\jre1.8.0_112\bin\javaw.exe (201
我的名字叫：张三  我21岁
我的名字叫：李四  我20岁
我在 HAUT读书
```

代码详解

上面代码的功能很简单，在第 01~12 行定义了 Person 类，其中第 04~07 行为 Person 类的构造方法。第 14~29 行定义了 Student 类，并分别定义了其属性和方法。第 34 行和第 37 行分别实例化 Person 类和 Student 类，并定义了两个对象 person 和 student（首字母小写，别于类名）。

通过具体的代码编写，我们可以发现，这两个类中有很多相同的部分，例如，两个类中都有 name、age 属性和 speak() 方法。这就造成了代码的臃肿。软件开发的目标是“软件复用，尽量没有重复”，因此，有必要对范例 8-6 实施改造。

8.3.3 继承实现代码复用

为了简化范例 8-6，我们使用继承来完成相同的功能，请参见下面的范例。

范例 8-7 类的继承演示程序（InheritDemo.Java）

```
class Person {
    String name;
    int age;
    Person( String name, int age ){
        this.name = name;
        this.age = age;
    }
    void speak(){
      System.out.println( " 我的名字叫： " + name + " , 今年我 " + age + " 岁 " );
    }
}

class Student extends Person {
    String school;
    Student( String name, int age, String school ){
        super(name, age);
        this.school = school;
    }
    void study(){
        System.out.println( “我在 " + school + " 读书 " );
    }
}
public class InheritDemo
{
        public static void main( String[] args )
        {
                // 实例化一个 Student 对象
                Student  s = new Student( “张三 ",25," 工业大学 ");
                s.speak();
                s.study();
        }
}
```

保存并运行程序，结果如下图所示。

```
Problems  Javadoc  Declaration  Console
<terminated> InheritDemo [Java Application] C:\Program Files\Java\jre1.8.0_112\bin\javaw.exe (20
我的名字叫：张三 ，我今年23岁
我在 工业大学读书
```

代码详解

第 01~11 行声明了一个名为 Person 的类，里面有 name 与 age 两个属性和一个方法 speak()。其中，第 04~07 行定义了 Person 类的构造方法 Person( )，用于初始化 name 和 age 两个属性。为了区分构造方法 Person( ) 中同名的形参和类中属性名，赋值运算符 “=” 左侧的 “this.”，用以表明左侧的 name 和 age 是来自类中。

第 13~22 行声明了一个名为 Student 的类，并继承自 Person 类（使用了 extends 关键字）。在 Student 类中，定义了 school 属性和 study() 方法。其中，第 15~18 行定义了 Student 类的构造方法 Student()。虽然在 Student 类中仅定义了 school 属性，但由于 Student 类直接继承自 Person 类，因此 Student 类继承了 Person 类中的所有属性，也就是说，此时在 Student 类中有 3 个属性成员，如下图所示。两个（name 和 age）来自于父类，一个（school）来自于当前子类。

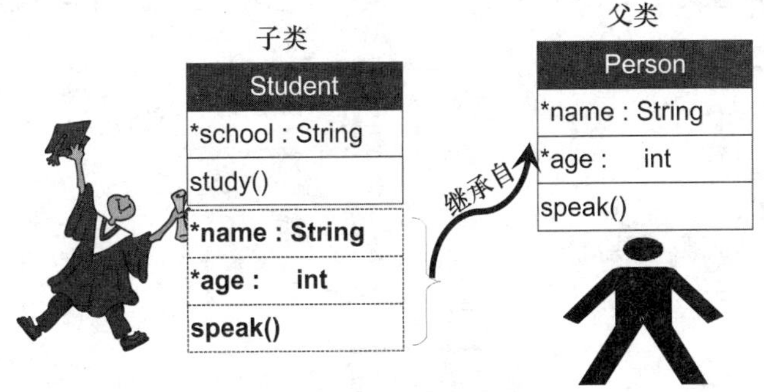

构造方法用于数据成员的初始化，但要“各司其职”，对来自于父类的数据成员，需要调用父类的构造方法，例如，在第 16 行，使用 super 关键字加上对应的参数，就是调用父类的构造方法。而在第 17 行，来自本类的 school 属性，直接使用 “this.school = school;” 来实施本地初始化。

同样的，由于 Student 类直接继承自 Person 类，Student 类中“自动”拥有父类 Person 类中的方法 speak()，加上本身定义的 study() 方法和 Student() 构造方法，其内共有 3 个方法，而不是第 15~21 行表面看到的 2 个方法。

第 28 行声明并实例化了一个 Student 类的对象 s。第 29 行调用了继承自父类的 speak() 方法。第 30 行调用了 Student 类中的自己添加的 study() 方法。

提示

在 Java 中只允许单继承，而不允许多重继承，也就是说一个子类只能有一个父类，但在 Java 中允许多层继承。

8.3.4 继承的限制

以上实现了继承的基本要求，但是对于继承性而言，实际上也存在着若干限制，下面一一对这些限制进行说明。

限制 1：Java 之中不允许多重继承，但是可以使用多层继承。

所谓的多重继承指的是一个类同时继承多个父类的行为和特征功能。以下通过对比进行说明。

范例：错误的继承 —— 多重继承。

```
class A
{ }
class B
{ }
class C extends A,B      // 错误：多重继承
{ }
```

从代码中可以看到，类 C 同时继承了类 A 与类 B，也就是说 C 类同时继承了两个父类，这在 Java 中是不允许的，如下图所示。

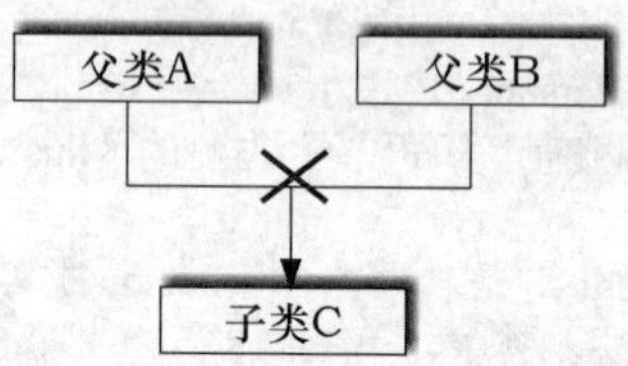

虽然上述语法有错误，但是在这种情况下，如果不考虑语法错误，以上这种做法的目的是：希望 C 类同时具备 A 和 B 类的功能，所以虽然无法实现多重继承，但是却可以使用多层继承的方式来表示。所谓多层继承，是指一个类 B 可以继承自某一个类 A，而另外一个类 C 又继承自 B，这样在继承层次上单项继承多个类，如下图所示。

```
class A
{ }
class B extends A
{ }
class C extends B      // 正确：多层继承
{ }
```

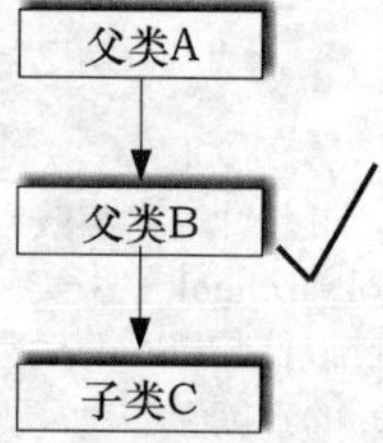

从继承图及代码中可以看到，类 B 继承了类 A，而类 C 又继承了类 B，也就是说类 B 是类 A 的子类，而类 C 则是类 A 的孙子类。此时，C 类就将具备 A 和 B 两个类的功能，但是一般情况下，在我们编写代码时，多层继承的层数之中不要宜超过 3 层。

限制 2：从父类继承的私有成员，不能被子类直接使用。

子类在继承父类的时候，会将父类之中的全部成员（包括属性及方法）继承下来，但是对于所有的非私有（private）成员属于显式继承，而对于所有的私有成员采用隐式继承（即对子类不可见）。子类无法直接操作这些私有属性，必须通过设置 Setter 和 Getter 方法间接操作。

限制 3：子类在进行对象实例化时，从父类继承而来的数据成员需要先调用父类的构造方法来初始化，然后再用子类的构造方法来初始化本地的数据成员。

子类继承了父类的所有数据成员，同时子类也可以添加自己的数据成员。但是，需要注意的是，在调用构造方法实施数据成员初始化时，一定要“各司其职”，即来自父类的数据成员需要调用父类的构造方法来初始化，而来自子类的数据成员初始化，要在本地构造方法中完成。在调用次序上，子类的构造方法要遵循“长辈优先”的原则：先调用父类的构造方法（生成父类对象），然后再调用子类的构造方法（生成子类对象）。也就是说，当实例化子类对象时，父类的对象会先“诞生”——这符合我们现实生活中对象存在的伦理。

限制 4：被 final 修饰的方法不能被子类覆写实例，被 final 修饰的类不能再被继承。

Java 的继承性确实在某些时候提高了程序的灵活性和代码的简洁度，但是有时我们定义了一个类却不想让其被继承，即所有继承关系到此为止，如何实现这一目的呢？为此，Java 提供了 final 关键字来实现这个功能。final 在 Java 之中称为终结器（terminator）：① 在基类的某个方法上加 final，那么在子类中该方法被禁止二次“改造”（即禁止被覆写）；② 通过在类的前面添加 final 关键字，便可以阻止基类被继承。

范例 8-8 final标记的方法不能被子类覆写实例（TestFinalDemo.java）

```
01 class Person
02 {
03   // 此方法声明为 final 不能被子类覆写
04   final public String talk()
05   {
06     return "Person：talk()" ;
07   }
08 }
09 class Student extends Person
10 {
11   public String talk()
12   {
13     return "Student：talk()" ;
14   }
15 }
16 public class TestFinalDemo
17 {
18   public static void main(String args[])
19   {
20     Student S1=new Student();
21     System.out.println(S1.talk());
22   }
23 }
```

保存并运行程序，程序并不能正确运行，会提示如下图所示的错误。

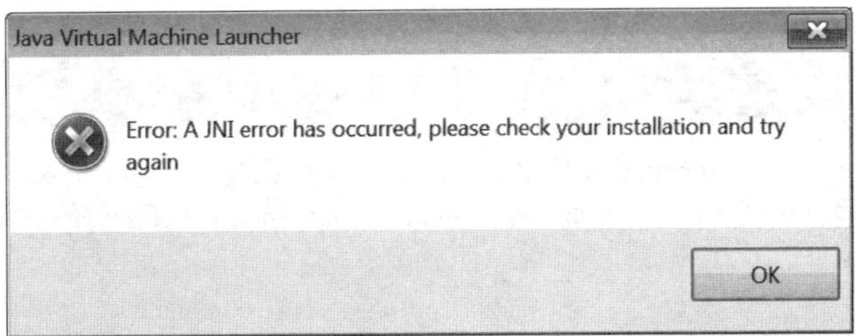

代码详解

第 01~08 行声明了一个 Person 类并在类中定义了一个由 final 修饰的 talk( ) 方法。

第 09~15 行声明了一个 Student 类，该类使用关键词 extends，继承了 Person 类。在 Student 类中重写了 talk( ) 方法。第 20 行新建一个对象，并在第 21 行调用该对象的 talk( ) 方法。

【范例分析】

在运行错误界面图中发生了 JNI 错误（A JNI has occurred），这里的 JNI 指的是“Java Native Interface（Java 本机接口）”，由于在第 04 行，talk( ) 方法用了 final 修饰，用它修饰的方法在子类中是不允许覆写改动的，这里 final 有“一锤定音”的意味。而子类 Student 在第 11~14 行尝试推翻终局（final），改动从父类中继承而来的 talk( ) 方法，于是 Java 虚拟机就“罢工”报错了。

范例 8-9　用final继承的限制（InheritRestrict.java）

```
01 // 定义被 final 修饰的父类
02 final class SuperClass
03 {
04     String name;
05     int age;
06 }
07 // 子类 SubClass 继承 SuperClass
08 class SubClass extends SuperClass
09 {
10     //do something
11 }
12 public class InheritRestrict
13 {
14     public static void main(String[] args)
15     {
16         SubClass subClass = new SubClass();
17     }
18 }
```

保存并编译程序，得到的编译错误信息如下图所示。

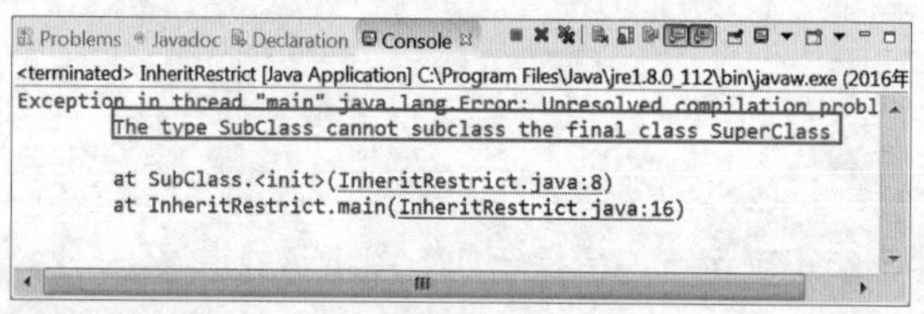

代码详解

因为在第 02 行创建的父类 SuperClass 前用了 final 修饰，所以它不能被子类 SubClass 继承。通过上面的编译信息结果也可以看出：“The type SubClass cannot subclass the final class SuperClass（类型 SubClass 不能成为终态类 SuperClass 的子类）”。

8.4 深度认识类的继承

关于继承的问题，有一些概念和过程需要澄清，有些语法和术语需要熟练掌握，下面我们做一个总结。

8.4.1 子类对象的实例化过程

既然子类可以直接继承父类中的方法与属性，那父类中的构造方法是如何处理的呢？子类对象在实例化时，子类对象实例化会默认先调用父类中的无参构造函数，然后再调用子类构造方法。

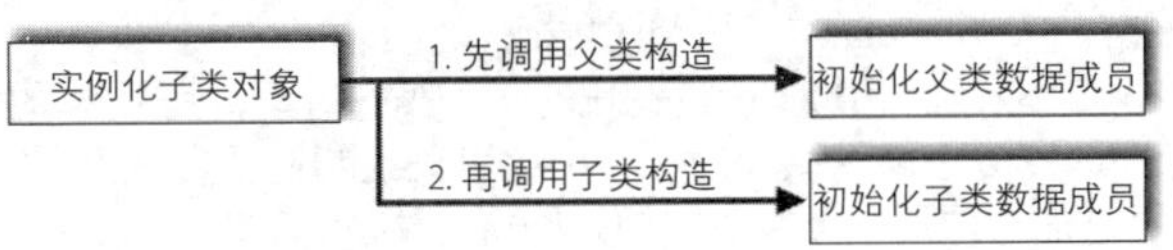

请看下面的范例，并观察实例化操作流程。

范例 8-10 子类对象的实例化（SubInstantProcess.java）

```
01 class Person
02 {
03     String name ;
04     int age ;
05     public Person() // 父类的构造方法
06     {
07         System.out.println("***** 父类构造：1. publicPerson()") ;
08     }
09 }
10 class Student extends Person
11 {
12     String school ;
13     public Student() // 子类的构造方法
14     {
15         System.out.println("##### 子类构造：2. public Student()");
16     }
17 }
18
19 public class SubInstantProcess
20 {
21    public static void main(String[] args)
22    {
23       Student s = new Student() ;
24    }
25 }
```

保存并运行程序，结果如下图所示。

```
Problems  Javadoc  Declaration  Console
<terminated> SubInstantProcess [Java Application] C:\Program Files\Java\jre1.8.0_112\bin\javaw.exe (20
***** 父类构造：1. publicPerson()
##### 子类构造：2. public Student()
```

代码详解

第 01~09 行声明了一个 Person 类，在这个类中设计了一个无参构造方法 Person()。实际上，构造方法的主要功能是用于构造对象，初始化数据成员，这里仅为了演示方便，输出了“***** 父类构造：1. publicPerson()”的字样。

第 10~17 行声明了一个 Student 类，此类继承自 Person 类，它也有一个无参构造方法，并在这个构造方法中输出了“##### 子类构造：2. public Student()”的字样。

第 23 行声明并实例化了一个 Student 这个子类对象 s。

从程序输出结果中可以看到，虽然第 23 行实例化的是子类的对象，其必然调用的是子类的无参构造方法，但是父类之中的无参构造方法也被默认调用了。由此可以证明：子类对象在实例化时，会默认先去调用父类中的无参构造方法，之后再调用子类本身的相应构造方法。

实际上，在本例中，在子类构造方法的首行相当于默认隐含了一个“super()”语句。上面的 Student 类如果改写成下面的形式，也是合法的。

```
class Student extends Person
{
  String school ;
  public Student( ) // 子类的构造方法
  {
    super( ) ; // 隐含了这样一条语句，它负责调用父类构造
   System.out.println("##### 子类构造：2. public Student()");
  }
}
```

其中，如果用户显式地用 super( ) 去调用父类的构造方法，那么它必须出现在这个子类构造方法中的第 1 行语句。详细讨论请参见下一节。

8.4.2 super 关键字的使用

在上面的程序中，我们提到了 super 关键字的使用，那 super 到底是什么？从英文本意来说，它表示“超级的”，从继承体系上，父类相对于子类是“超级的”，因此，有时候我们也称父类为超类（super-class）。

从范例 8-10 后面的解释中，读者应该可以发现，super 关键字出现在子类中，而且主要目的是，在子类中调用父类的属性或方法。这里也多少有点“互不干涉内政”的意思，虽然通过继承，子类拥有父类的某些数据成员或方法，但是如果想对这些类中父类的成员（数据或方法）进行操作，还得请父类自己“亲自出马”，自己的事情自己干。而 super 关键字就是打通父类和子类之间协作的桥梁。

范例 8-10 仅仅显示的是如何调用父类的无参构造方法。如果子类继承了父类的数据成员，这时就需要调用父类的有参构造方法，来初始化来自于父类的数据成员，那如何做到这一点呢？这就需要显式地调用父类中的有参构造方法 super(参数 1，参数 2...)。

将范例 8-10 做相应的修改，就构成了下面的范例。

范例 8-11 super调用父类中的构造方法（SuperDemo.Java）

```
class Person
{
  String name;
  int age;

  public Person( String name, int age )   // 父类的构造方法
  {
    this.name = name;
    this.age = age;
  }
}

class Student extends Person
```

```
14 {
15     String school;
16                          // 子类的构造方法
17     public Student(String name, int age, String school)
18     {
19         super( name, age );           // 用 super 调用父类中的构造方法
20         this.school = school;
21     }
22 }
23
24 public class SuperDemo
25 {
26     public static void main( String[] args )
27     {
28         Student s = new Student("Jack", 30, "HAUT");
29   System.out.println( "Name： " + s.name + ", Age： " + s.age + ", School： " + s.school );
30     }
31 }
```

保存并运行程序，结果如下图所示。

Problems @ Javadoc Declaration Console

<terminated> SuperDemo [Java Application] C:\Program Files\Java\jre1.8.0_112\bin\javaw.exe (2016年1

Name：Jack, Age：30, School：HAUT

代码详解

第 01~11 行声明了一个名为 Person 的类，里面有 name 和 age 两个属性，并声明了一个含有两个参数的构造方法。

第 13~22 行声明了一个名为 Student 的类，此类继承自 Person 类。第 17~21 行声明了一个子类的构造方法 Student()，在此方法中传递了 3 个形参 name、age 和 school，其中，两个形参 name 和 age 用于 super() 方法，借此调用父类中有两个参数的构造方法。注意到语句"super(name, age);"位于子类构造方法中的第一行（第 19 行）。第 20 行用形参 school 本地初始化子类自己定义的数据成员 school（用 this. 来区分同名的形参）。

第 28 行声明并实例化了一个 Student 类的对象 s，然后传递了 3 个实参用于初始化 Student 类的 3 个数据成员（其中 2 个来自父类 Person 的继承，1 个来自于自己类中的定义）。

读者可以看到，本例与范例 8-10 程序基本模式是一致的，不同之处在于，在子类的构造方法中明确地使用 super(name, age)，指明调用的是父类中含有两个参数的构造方法。

需要读者注意的是：调用 super() 必须写在子类构造方法的第一行，否则编译不予通过。每个子类构造方法的第一条语句，都是隐含地调用 super()，如果父类没有提供这种形式的构造方法，那么在编译的时候就会报错。例如，如果我们很"调皮"地调整了范例 8-11 中的第 19 和 20 行代码的先后次序，就会得到如下图所示的编译错误："Constructor call must be the first statement in a constructor（构造方法调用，必须是构造方法的第一个语句）"。

Problems　Javadoc　Declaration　Console

```
<terminated> SuperDemo [Java Application] C:\Program Files\Java\jre1.8.0_112\bin\javaw.exe (2016年1
Exception in thread "main" java.lang.Error: Unresolved compilation proble
	Implicit super constructor Person() is undefined. Must explicitl
	Constructor call must be the first statement in a constructor

	at Student.<init>(SuperDemo.java:17)
	at SuperDemo.main(SuperDemo.java:28)
```

事实上，super 关键字不仅可用于调用父类中的构造方法，也可用于调用父类中的属性或方法，如下面的格式所示。

```
super. 父类中的属性 ;
super. 父类中的方法 () ;
```

对范例 8-11 稍加改造，就形成了通过 super 调用父类属性和方法的范例 8-12。

范例 8-12　通过super调用父类的属性和方法（SuperDemo2.Java）

```
class Person
{
   String name;
   int age;
   // 父类的构造方法
   public Person()
   {
   }
   public String talk()
   {
      return "I am ： " + this.name + ", I am：  " + this.age + " years old";
   }
}
class Student extends Person
{
   String school;
   // 子类的构造方法
   public Student( String name, int age, String school )
   {
      // 在这里用 super 调用父类中的属性
      super.name = name;
      super.age = age;

      // 调用父类中的 talk() 方法
      System.out.print( super.talk() );

      // 调用本类中的 school 属性
      this.school = school;
}
```

```
30 }
31
32 public class SuperDemo2
33 {
34     public static void main( String[] args )
35     {
36         Student s = new Student( "Jack", 30, "HUAT" );
37         System.out.println( ",I am  form ：  " + s.school );
38     }
39 }
```

保存并运行程序，结果如下图所示。

```
Problems  Javadoc  Declaration  Console
<terminated> SuperDemo2 [Java Application] C:\Program Files\Java\jre1.8.0_112\bin\javaw.exe (2016年:
I am ：Jack, I am: 30 years old, I am from：HUAT
```

代码详解

第 01~13 行声明了一个名为 Person 的类，并声明了 name 和 age 两个属性、一个返回 String 类型的 talk() 方法，以及一个无参构造方法 Person()，父类的构造方法是个空方法体，它并没有实施初始化。

第 14~30 行声明了一个名为 Student 的类，此类直接继承自 Person 类。

第 21 行和第 22 行，通过“super. 属性”的方式调用父类中的 name 和 age 属性，并分别赋值。

第 25 行通过“super. 方法名”的方式调用父类中的 talk() 方法，打印信息。

从程序中可以看到，子类 Student 可以通过 super 调用父类中的属性或方法。但是细心的读者在本例 中可以发现，如果第 21 行、第 22 行、第 25 行换成 this 调用也是可以的，那为什么还要用 super 呢？ super 是相对于继承而言的。super 代表的是当前类的父类，而 this 是代表当前类。如果父类的属性和方法的访问权限不是 private（私有的），那么这些属性和方法在子类中是可视的，换句话说，这些属性和方法也可视为当前类所有的，那么用“this.”来访问也是理所当然的。如果子类对“父类”很“见外”，分得很清楚，那么就可用 “super.”访问来自于父类的属性和方法。

8.4.3 限制子类的访问

有时候，父类也想保护自己的“隐私”，即使自己的成员被子类继承了，但并不希望子类可以访问自己类中全部的属性或方法，这时，就需要将一些属性与方法隐藏起来，不让子类去使用。为此可在声明属性或方法时加上“private”关键字，表示私有访问权限，即除了声明该属性或方法的所在类，其他外部的类（包括子类）均无权访问。

范例 8-13　限制子类的访问（RestrictVisit.Java）

```
class Person
{
    // 在这里将属性封装
    private String name ;
    private int age ;
```

```
06 }
07 class Student extends Person
08 {
09    // 在这里访问父类中被封装的属性
10    public void setVar()
11    {
12       name = " 张三 " ;
13       age = 25 ;
14    }
15 }
16
17 class RestrictVisit
18 {
19    public static void main(String[] args)
20    {
21       new Student().setVar() ;
22    }
23 }
```

保存并编译程序，结果如下图所示。

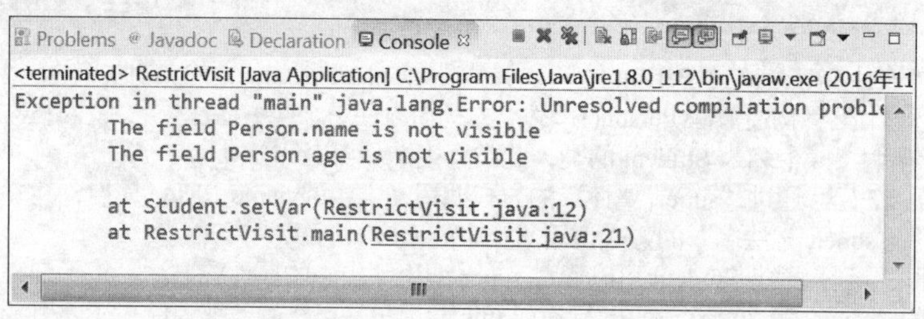

代码详解

Student 类继承自 Person 类，所以父类的数据（属性）成员 name 和 age 也被子类继承了，但是子类相对于父类也属于外类，在父类中，数据成员 name 和 age 的访问权限被设置为 private，故子类即使继承了这个数据成员，也无法访问，它们在子类中均“不可视”（“The field Person.age/name is not visible”），所以在第 12~13 行会出现编译错误。此时，即使在属性成员前加上“super.”，也不会编译成功，这体现了类的封装性。

```
12    super.name = " 张三 " ;  //name 不可视，编译错误
13    super.age = 25 ;        // age 不可视， 编译错误
```

在代码的第 21 行中，代码的前半部分“new Student()”创建一个无名的 Student 对象。一旦有了对象，就可以通过“对象名.方法名()”的方式调用 setVar() 方法。这种创建无名对象的方式只能临时创建一个对象，使用一次后即自动销毁了。

虽然父类的私有成员，外部（包括子类）无法访问，但是在父类内部，自己的属性和方法彼此之间，是不受访问权限约束的，换句话说，父类的方法可以无障碍地访问父类的任何属性和访问。

针对范例 8-13 存在的问题，我们可以用父类的方法（如构造方法）来访问父类的私有数据成员。请参见下面的范例。

范例 8-14 子类访问父类的私有成员（RestrictVisit2.Java）

```
class Person{
  // 在这里使用 private 将属性封装
  private String name;
  private int age;
  Person(String name, int age)
  {
    this.name = name;
    this.age = age;
  }
  // 在这里设置属性的值
  void setVar(String name, int age)
  {
    this.name = name;
    this.age = age;
  }
  void print()
  {
    System.out.println("I am : " + name + ", I am : " + age + " years old");
  }
}
class Student extends Person{
  Student(String name, int age)
  {
    super(name, age);
  }
  /*
  void Test () // 在这里尝试访问父类中被封装的属性
  {
    System.out.println("I am : " + name + ", I am : " + age + " years old");
  }
  */
}

class RestrictVisit2{
  public static void main( String[] args )
  {
    Student s = new Student("Jack",30);
    s.print();
    s.setVar("Tom", 25);
    s.print();
    // s.Test();
  }
}
```

保存并运行程序，结果如下图所示。

```
Problems  Javadoc  Declaration  Console
<terminated> RestrictVisit2 [Java Application] C:\Program Files\Java\jre1.8.0_112\bin\javaw.exe (2016年1
I am : Jack, I am : 30 years old
I am : Tom, I am : 25 years old
```

代码详解

在第 01~20 行，定义了 Person 类，里面定义了构造方法 Person() 和设置属性值的方法 setVar()，表面上看来，这两个方法的方法体完全相同，为什么还设置为两个不同的方法呢？其实这是有差别的。构造方法 Person() 仅仅是在实例化对象时自动调用（如第 37 行），且仅能调用一次。但如果对象诞生之后，我们想修改属性的值，那该怎么办？这时就需要一个专门的设置属性值的方法——setVar()，它可以在对象诞生后调用任意多次（如第 39 行）。

在第 21~32 行，定义了 Student 类，该类继承自 Person 类，那么 Person 类所有成员（包括私有的）都被“照单全收”地继承过来了，但在父类 Person 中，被 private 修饰的属性成员 name 和 age（第 03~04 行），在子类中不能被直接访问。

然而，有一个基本的原则就是，父类自己的方法可以不受限地访问父类的属性和方法。因此在 Student 类的构造方法中，使用“super(name, age)”（第 24 行）调用父类的构造方法，而父类的构造方法访问自己的属性成员是“顺理成章”的。

第 27~30 行，尝试定义一个 Test 方法，并在第 41 行尝试调用这个方法。这是无法完成的任务，因为子类的方法尝试访问父类的私有成员——这违背了类的封装思想，因此无法通过编译，在本例中我们将这部分代码注释起来了。

因为 Student 类继承自 Person 类，所以它也继承了父类的 setVar() 方法和 print() 方法，因此，在第 38~40 行中，可以很自然地调用这些方法。有一个细节需要读者注意，这些方法操作的是来自父类的私有属性成员 name 和 age。这还是体现了我们刚才提及的原则——父类自己的方法可不受限地访问自己的属性和方法，这里的属性 name、age 及 setVar() 方法和 print() 方法通通来自一个类——Person，也就是说，“大家都是自己人”，自然就不能“见外”。

但是，如果我们在子类 Student 中定义一个方法 print()，如下所示。

```
class Student extends Person
{
  Student(String name, int age)
  {
    super(name, age);
  }
  void print() // 在子类中定义自己的 print 方法
  {
    System.out.println("I am : " + name + ", I am : " + age + " years old");
  }

}
```

从上面的代码可以看出，子类 Student 中的 print() 方法和父类的 print() 一模一样，读者可以尝试编译一下，范例 8-14 中的代码是无法通过编译的，这是为什么呢？这就涉及我们下面要讲到的知识点——覆写。

8.5 覆写

8.5.1 属性的覆盖

所谓的属性覆盖（或称覆写），指的是子类定义了和父类之中名称相同的属性。观察如下代码。

范例 8-15 属性（数据成员）的覆写（OverrideData.java）

```
class Book
{
  String info = "Hello World." ;
}
```

```
05  class ComputerBook extends Book
06  {
07      int info = 100 ;   // 属性名称与父类相同
08      public void print()
09      {
10          System.out.println(info) ;
11          System.out.println(super.info) ;
12      }
13  }
14
15  public class OverrideData
16  {
17      public static void main(String args[])
18      {
19          ComputerBook cb = new ComputerBook() ; // 实例化子类对象
20          cb.print() ;
21      }
22  }
```

保存并运行程序，结果如下图所示。

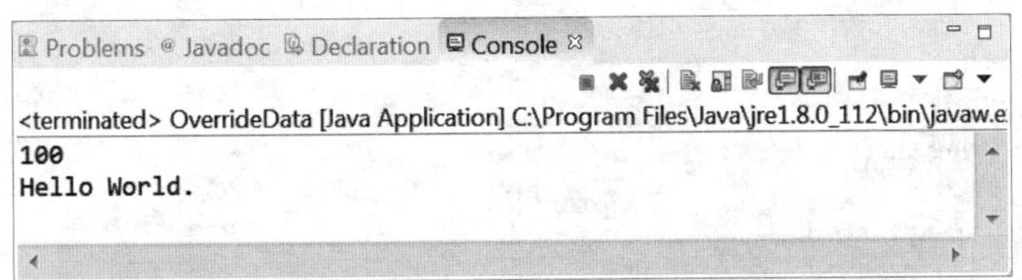

代码详解

第 01~04 行，定义了类 Book，其中第 03 行定义了一个 String 类型的属性 info。

第 05~13 行，定义了类 ComputerBook，它继承于类 Book。在类 ComputerBook 中，定义了一个整型的变量 info，它的名称与从父类继承而来的 String 类型的属性 info 相同（第 07 行）。从运行结果可以看出，在默认情况下，在不加任何标识的情况下，第 10 行输出的 info 是子类中整型的 info，即 100。第 10 行代码等价于如下代码。

```
System.out.println(this.info) ;
```

由于在父类 Book 中，info 的访问权限为默认类型（即其前面没有任何修饰符），那么在子类 ComputerBook 中，从父类继承而来的字符串类型的 info，子类是可以感知到的，可以通过“super. 父类成员”的模式来访问，如第 11 行所示。

然而，范例 8-15 所示的代码并没有太大的意义，它并没有实现真正的覆写。从开发角度来说，为了满足类的封装型，类中的属性一般都需要使用 private 封装，一旦封装之后，子类根本就“看不见”父类的属性成员，子类定义的同名属性成员，其实就是一个“全新的”数据成员，所谓的覆写操作就完全没有意义了。

8.5.2 方法的覆写

“覆写（Override）”的概念与“重载（Overload）”有相似之处。所谓“重载”，即方法名称相同，方法的参数不同（包括类型不同、顺序不同和个数不同），也就是它们的方法签名（包括方法名 + 参数列表）不同。重载以表面看起来一样的方式——方法名相同，却通过传递不同形式的参数，来完成不同类型的工作，以这样“一对多”的方式实现“静态多态”。

当一个子类继承一个父类，如果子类中的方法与父类中的方法的名称、参数个数及类型且返回值类型等都完全一致时，就称子类中的这个方法“覆写”了父类中的方法。同理，如果子类中重复定义了父类中已有的属性，则称此子类中的属性覆写了父类中的属性。

```
class  Super        //父类
{
  返回值类型 方法名（参数列表）
  { }
}
class Sub extends Super  //子类
{
  返回值  方法名（参数列表）// 与父类的方法同名，覆写父类中的方法
  {  }
}
```

再回顾一下在范例 8-14 留下的问题，子类 Student 中的 print() 方法和父类的 print() 一模一样，那么子类的 print() 方法就完全覆盖了父类的 print() 方法。而子类自己的 print() 方法是无法访问父类的私有属性成员的——这是封装性的体现，因此就无法通过编译。下面我们再举例说明这个概念。

范例 8-16　子类覆写父类的实现（Override.java）

```
class Person
{
  String name;
  int age;
  public String talk()
  {
    return "I am ： " + this.name + ", I am " + this.age + " years old";
  }
}
class Student extends Person
{
  String school;
  public Student( String name, int age, String school )
  {
    // 分别为属性赋值
    this.name = name;   //super.name = name;
    this.age = age;     //super.age = age;
    this.school = school;
  }

  // 此处覆写 Person 中的 talk() 方法
  public String talk()
  {
    return "I am from " + this.school ;
  }
}

public class Override
{
  public static void main( String[] args )
```

```
31      {
32          Student s = new Student( "Jack ", 25, "HAUT" );
33          // 此时调用的是子类中的 talk() 方法
34          System.out.println( s.talk() );
35      }
36  }
```

保存并运行程序，结果如下图所示。

```
Problems  Javadoc  Declaration  Console
<terminated> Override [Java Application] C:\Program Files\Java\jre1.8.0_112\bin\javaw.exe (2
I am from HAUT
```

代码详解

第 01~09 行声明了一个名为 Person 的类，里面定义了 name 和 age 两个属性，并声明了一个 talk() 方法。

第 10~26 行声明了一个名为 Student 的类，此类继承自 Person 类，也就继承了 name 和 age 属性，同时声明了一个与父类中同名的 talk() 方法，此时 Student 类中的 talk() 方法覆写了 Person 类中的同名 talk() 方法。

第 32 行实例化了一个子类对象，并同时调用子类构造方法为属性赋初值。注意到 name 和 age 在父类 Person 中的访问权限是默认的（即没有访问权限的修饰符），那么它们在子类中是可视的，也就是说，在子类 Student 中，可以用“this. 属性名”的方式来访问这些来自父类继承的属性成员。如果想分得比较清楚，也可以用第 16 行和第 17 行注释部分的表示方式，即用“super. 属性名”的方式来访问。

第 34 行用子类对象调用 talk() 方法，但此时调用的是子类中的 talk() 方法。

从输出结果可以看到，在子类 Student 中覆写了父类 Person 中的 talk() 方法，所以子类对象在调用 talk() 方法时，实际上调用的是子类中定义的方法。另外可以看到，子类的 talk() 方法与父类的 talk() 方法在声明权限时，都声明为 public，也就是说这两个方法的访问权限都是一样的。

从范例 8-16 程序中可以看出，第 34 行调用 talk() 方法，实际上调用的只是子类的方法，那如果的确需要调用父类中的方法，又该如何实现呢？请看下面的范例，此范例修改自上一个范例。

范例 8-17　super调用父类的方法（Override2.java）

```
class Person
{
    String name;
    int age;
    public String talk( )
    {
        return "I am " + this.name + ", I am " + this.age + " years old";
    }
}
class Student extends Person
{
    String school;
    public Student( String name, int age, String school )
```

```
14     {
15         // 分别为属性赋值
16         this.name = name;    //super.name = name;
17         this.age = age;      //super.age = age;
18         this.school = school;
19     }
20
21     // 此处覆写 Person 中的 talk() 方法
22     public String talk( )
23     {
24         return super.talk( )+ ", I am from " + this.school ;
25     }
26 }
27
28 public class Override2
29 {
30     public static void main( String[ ] args )
31     {
32         Student s = new Student( "Jack ", 25, "HAUT" );
33         // 此时调用的是子类中的 talk( ) 方法
34         System.out.println( s.talk( ) );
35     }
36 }
```

保存并运行程序，结果如下图所示。

```
Problems  Javadoc  Declaration  Console
<terminated> Override2 [Java Application] C:\Program Files\Java\jre1.8.0_112\bin\javaw.exe (
I am Jack , I am 25 years old, I am from HAUT
```

代码详解

第 01~09 行声明了一个 Person 类，里面定义了 name 和 age 两个属性，并声明了一个 talk( ) 方法。第 10~26 行声明了一个 Student 类，此类继承自 Person，因此也继承了来自 Person 类的 name 和 age 属性。其中第 13~19 行定义了 Student 类的构造方法，并对数据成员实施了初始化。

由于声明了一个与父类中同名的 talk() 方法，因此 Student 类中的 talk() 方法覆写了 Person 类中的 talk() 方法，但在第 24 行通过 super.talk() 方式调用了父类中的 talk() 方法。由于父类的 talk() 方法返回的是一个字符串，因此可以用连接符“+”连接来自子类的字符串：", I am from " + this.school”，这样拼接的结果一起又作为子类的 talk() 方法的返回值。

第 32 行实例化了一个子类对象，并同时调用子类构造方法为属性赋初值。

第 34 行用子类对象调用 talk() 方法，但此时调用的是子类中的 talk() 方法。由于子类的 talk() 方法返回的是一个字符串，因此可以作为 System.out.println() 的参数，将字符串输出到屏幕上。

从程序中可以看到，在子类中可以通过 super. 方法 () 调用父类中被子类覆写的方法。

在完成方法的覆写时，读者应该注意如下几点。

（1）覆写的方法的返回值类型必须和被覆写的方法的返回值类型一致。

（2）被覆写的方法不能为 static。

如果父类中的方法为静态的，而子类中的方法不是静态的，但是两个方法除了这一点外其他都满足覆写条件，仍然会发生编译错误。反之亦然。即使父类和子类中的方法都是静态的，并且满足覆写条件，但是仍然不会发生覆写，因为静态方法在编译时就和类的引用类型进行匹配。

（3）被覆写的方法不能拥有比父类更为严格的访问控制权限。

访问权限的大小通常依据下面的次序：私有（private）< 默认（default）< 公有（public）。如果父类的方法使用的是 public 定义，那么子类覆写时，权限只能是 public；如果父类的方法是 default 权限，则子类覆写方法可以使用 default 或者是 public。也就是说，子类方法的访问权限一般要比父类大，至少相等。

如果说现在父类的方法是 private 权限，而在子类定义的同名方法是 public 权限，这种方式算是方法覆写吗？覆写的本意在于，父类的方法被子类所感知，但被同名的子类方法所覆盖。如果父类之中定义的方法是 private 权限，那么，对于子类而言根本就看不见父类的方法，因此在子类中定义的同名方法，其实相当于子类中增加了一个“全新”的方法，自然也就不存在所谓的覆写了。

8.5.3 关于覆写的注解——@Override

Annotation（中文翻译为“注解”或“注释”）实际上表示的是一种注释的语法，这种注释和前面章节讲到的代码的注释是不一样的，代码的注释（如单行注释用双斜杠“//”，多行注释用“/*…*/ 等”）是给程序员看的，其主要目的是增加代码的可读性，便于代码的后期维护。而这里的 Annotation 主要服务于编译器，属于一种配置信息。

早期的 Java 程序提倡程序与配置文件相分离，代码是代码，注释是注释，二者“井水不犯河水”，但后来的实践发现，配置文件过多，以至于配置信息修改起来非常困难，所以将配置信息直接写入到程序之中的理念又重新得到应用。

在 JDK 1.5 之后，Java 系统中内建了 3 个 Annotation：@Deprecated、@SuppressWarnings 和 @Override，下面分别给予简要介绍。

在场景下，当我们需要标识某个方法过时，可以使用 @Deprecated 的注解来实现。而在另外一个场景，某些代码有点“无伤大雅”的小问题，你自己也明明知道这些小问题是能够承受的，但是编译器还是不停地“善意”地警告（Warning）你，是不是觉得很烦？而在这个时候，如果你不想让某些警告信息显示的话，就可以使用 @SuppressWarnings 的注解压制警告的信息。

而应用更广的注解是 @Override，这个注解和我们前面方法的覆写（Override）密切相关，甚至可以说，是为其“量身打造”的。

通过前面的学习，我们知道，如果要进行方法的覆写，那么要求是：方法名称、参数的类型及个数完全相同，然后，由于人的思维是存在盲点的，程序员在开发代码过程当中，完全可能“码不达意”，有可能会由于手误等原因导致方法不能被正确地覆写。请参见下面的程序。

范例 8-18　由于手误导致覆写错误(OverrideError.java)

```
class Message
{
  public String tostring()  // 原本打算覆写 toString()
  {
    return "Hello World .";
  }
}
public class OverrideError
{
  public static void main( String[] args )
  {
    System.out.println( new Message() );
  }
}
```

保存并运行程序，结果如下图所示。

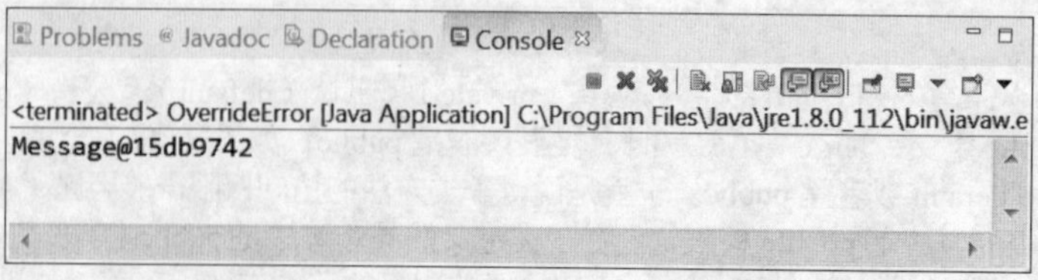

```
Problems  Javadoc  Declaration  Console
<terminated> OverrideError [Java Application] C:\Program Files\Java\jre1.8.0_112\bin\javaw.e
Message@15db9742
```

代码详解

第 03~06 行原本打算覆写 toString 方法，却由于手误导致覆写“错误”——tostring()，其中的字符“S”被错误小写，而 Java 是区分大小写的，这时不会产生编译错误，因为 JDK 会认为 tostring() 是一个新的方法，可是从实际需求上讲，这个方法应该是方法 toString() 的覆写。这种语义上的错误远远比语法错误难找得多。

因此，为了保证这种错误能在程序编译的时候就可以发现，可在方法覆写时增加上“@Override”注解。@Override 用在方法之上，就是用来告诉编译器，这个方法是用来覆写来自父类的同名方法，如果父类没有这个所谓的“同名”方法，就会发出警告信息。我们添加注解到上面的范例中，就可以得到如下范例。

范例 8-19 使用@Override Annotation(OverrideAnnotation.java)

```
01  class Message
02  {
03      @Override
04      public String tostring()   // 这行会发生编译错误
05      {
06          return "Hello World .";
07      }
08  }
09
10  public class OverrideAnnotation
11  {
12      public static void main( String[] args )
13      {
14          System.out.println( new Message() );
15      }
16  }
```

代码详解

第 04~07 行同样由于“手误”，并没有达到覆写 toString 方法的目的，但是在命令行编译时就会发生编译错误提示：“错误：方法不会覆盖或实现超类型的方法”，如下图所示。这样一来，由于添加了注解@Override，就可以及时在编译时发现错误，并提示用户及时改正错误，以防日后维护困难。作为一个良好的编程习惯，建议读者在“覆写”父类方法时，养成书写这个注解的习惯。

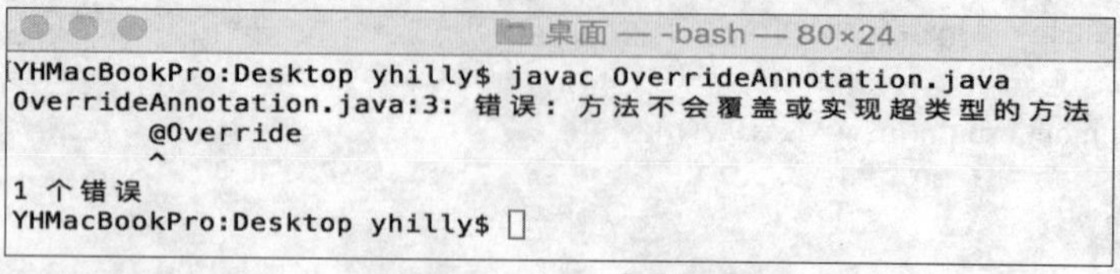

```
桌面 — -bash — 80×24
YHMacBookPro:Desktop yhilly$ javac OverrideAnnotation.java
OverrideAnnotation.java:3: 错误: 方法不会覆盖或实现超类型的方法
        @Override
        ^
1 个错误
YHMacBookPro:Desktop yhilly$
```

Eclipse 作为优秀的 IDE 开发环境，即使在不编译代码的情况下，都会友好地提示：“The method tostring() of type Message must override or implement a supertype method（类型为 Message 的方法 tostring() 必须覆盖或实现超类型方法）”。

```
class Message
{
    @Override
        The method tostring() of type Message must override or implement a supertype method
        return "Hello World .";
    }
}
```

如果将注解提示的错误纠正过来，也就是将范例中的第 04 行“public String tostring()”纠正为“public String toString()”，完成了真正的覆写，终于没有错误了，正确的运行结果如下图所示。

```
Problems  Javadoc  Declaration  Console
<terminated> OverrideAnnotation [Java Application] C:\Program Files\Java\jre1.8.0_112\bin\j
Hello World .
```

8.6 多态的实现

在前面已经介绍了面向对象的封装性和继承性。下面就来看一下面向对象中的第三个重要的特性——多态性。

8.6.1 多态的基本概念

在深度理解多态性概念之前，请读者先回顾一下先前学习的重载概念。重载的表现形式就是调用一系列具有相同名称的方法，这些方法可根据传入参数的不同而得到不同的处理结果，这其实就是多态性的一种体现，属于静态多态，即同一种接口，不同的实现方式。这种多态是在代码编译阶段就确定下来的。

还有一种多态形式，在程序运行阶段才能体现出来，这种方式称为动态联编，也称为晚期联编（Late Bingding）。下面用一个范例简单地介绍一下多态的概念。

范例 8-20 了解多态的基本概念（Poly.java）

```
class Person
{
    public void fun1 ()
    {
        System.out.println( "*****--fun1() 我来自父类 Person" );
    }

    public void fun2( )
    {
        System.out.println( "*****--fun2() 我来自父类 Person" );
    }
}

```

```
14 // Student 类扩展自 Person 类，也就继承了 Person 类中的 fun1()、fun2() 方法
15 class Student extends Person
16 {
17     // 在这里覆写了 Person 类中的 fun1() 方法
18     public void fun1( )
19     {
20         System.out.println( "#####--fun1() 我来自子类 Student" );
21     }
22 
23     public void fun3( )
24     {
25         System.out.println( "#####--fun3() 我来自子类 Student" );
26     }
27 }
28 
29 public class Poly
30 {
31     public static void main( String[] args )
32     {
33         // 此处父类对象由子类实例化
34         Person p = new Student();
35         // 调用 fun1() 方法，观察此处调用的是哪个类里的 fun1() 方法
36         p.fun1();
37         p.fun2();
38     }
39 }
```

保存并运行程序，结果如下图所示。

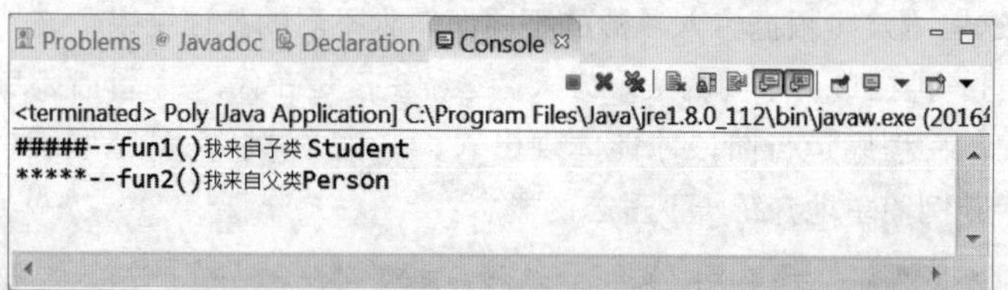

代码详解

第 01~12 行声明了一个 Person 类，此类中定义了 fun1( ) 和 fun2( ) 两个方法。

第 15~27 行声明了一个 Student 类，此类继承自 Person 类，也就继承了 Person 类中的 fun1( ) 和 fun2( ) 方法。在子类 Student 中重新定义了一个与父类同名的 fun1( ) 方法，这样就达到了覆写父类 fun1( ) 的目的。

第 34 行声明了一个 Person 类（父类）的对象 p，之后由子类对象去实例化此对象。

第 36 行由父类对象调用 fun1( ) 方法。第 37 行由父类对象调用 fun2( ) 方法。

从程序的输出结果中可以看到，p 是父类 Person 的对象，但调用 fun1( ) 方法的时候并没有调用 Person 的 fun1( ) 方法，而是调用了子类 Student 中被覆写了的 fun1( ) 方法。

对于第 34 行的语句：Person p = new Student( )，我们分析如下。在赋值运算符“=”左侧，定义了父类 Person 对象 p，而在赋值运算符“=”右侧，用“new Student( )”声明了一个子类无名对象，然后将该子类对象赋值为父类对象 p，事实上，这时发生了向上转型。本例中展示的是一个父类仅有一个子类，这种“一对一”的继承模式，并没有体现出“多”态来。在后续章节的范例中，读者就会慢慢体会到多态中的“多”从何而来。

8.6.2 方法多态性

在 Java 中，方法的多态性体现在方法的重载，在这里我们再用多态的眼光复习一下这部分内容，相信你会有更深入的理解。方法的多态即是通过传递不同的参数来令同一方法接口实现不同的功能。下面我们通过一个简单的方法重载的例子来了解 Java 方法多态性的概念。

范例 8-21 对象多态性的使用（FuncPoly.java）

```
01 public class FuncPoly {
02     // 定义了两个方法名完全相同的方法，该方法实现求和的功能
03     void sum(int i ){
04         System.out.println(" 数字和为：" + i);
05     }
06     void sum(int i , int j ){
07         System.out.println(" 数字和为：" + ( i + j));
08     }
09     public static void main(String[] args){
10         FuncPoly demo = new FuncPoly();
11         demo.sum(1);// 计算一个数的和
12         demo.sum(2, 3);// 计算两个数的和
13     }
14 }
```

保存并运行程序，结果如下图所示。

```
Problems  Javadoc  Declaration  Console
<terminated> FuncPoly [Java Application] C:\Program Files\Java\jre1.8.0_112\bin\javaw.exe (2
数字和为：1
数字和为：5
```

代码详解

在FuncPoly类中定义了两个名称完全一样的方法sum( )（第03~08行），该接口是为了实现求和的功能，在第 11 行和第 12 行分别向其传递了一个和两个参数，让其计算并输出求和结果。同一个方法（方法名是相同的）能够接受不同的参数，并完成多个不同类型的运算，因此体现了方法的多态性。

8.6.3 对象多态性

在讲解对象多态性之前需要了解两个概念：向上转型和向下转型。

（1）向上转型。在范例 8-20 中，父类对象通过子类对象去实例化，实际上就是对象的向上转型。向上转型是不需要进行强制类型转换的，但是向上转型会丢失精度。

（2）向下转型。与向上转型对应的一个概念就是“向下转型”，所谓向下转型，也就是说父类的对象可以转换为子类对象，但是需要注意的是，这时则必须进行强制的类型转换。

以上内容可以概括成下面的两句话。

（1）向上转型可以自动完成。

（2）向下转型必须进行强制类型转换。

注意

读者需要注意的是，并非全部的父类对象都可以强制转换为子类对象，毕竟这种转换是不安全的。

下面我们通过编程实现 8.1.3 节提及的例子，来说明多态在面向对象编程中不可替代的作用。

范例 8-22 使用多态（ObjectPoly.java）

```
class Animal{
   public void move(){
      System.out.println(" 动物移动！ ");
   }
}
class Fish extends Animal{
   // 覆写了父类中的 move 方法
   public void move(){
      System.out.println(" 鱼儿游！ ");
   }
}
class Bird extends Animal{
   // 覆写了父类中的 move 方法
   public void move(){
      System.out.println(" 鸟儿飞！ ");
   }
}
class Horse extends Animal{
   // 覆写了父类中的 move 方法
   public void move(){
      System.out.println(" 马儿跑！ ");
   }
}
public class ObjectPoly {
   public static void main(String[] args){
      Animal a;
      Fish f = new Fish();
      Bird b = new Bird ();
      Horse h = new Horse();
      a = f;    a.move(); // 调用 Fish 的 move() 方法，输出“鱼儿游！”
      a = b;    a.move();  // 调用 Bird 的 move() 方法，输出”鸟儿飞！“
      a = h;    a.move();  // 调用 Horse 的 move() 方法，输出“马儿跑！”
   }
}
```

保存并运行程序，结果如下图所示。

```
Problems  Javadoc  Declaration  Console
&lt;terminated&gt; ObjectPoly [Java Application] C:\Program Files\Java\jre1.8.0_112\bin\javaw.exe
鱼儿游！
鸟儿飞！
马儿跑！
```

代码详解

在第 01~05 行，定义了 Animal 类，其中定义了动物的一个公有的行为 move（移动），子类 Fish、Bird、Horse 分别继承 Animal 类，并覆写了 Animal 类的 move 方法，实现各自独特的移动方式：鱼儿游；鸟儿飞；马儿跑。

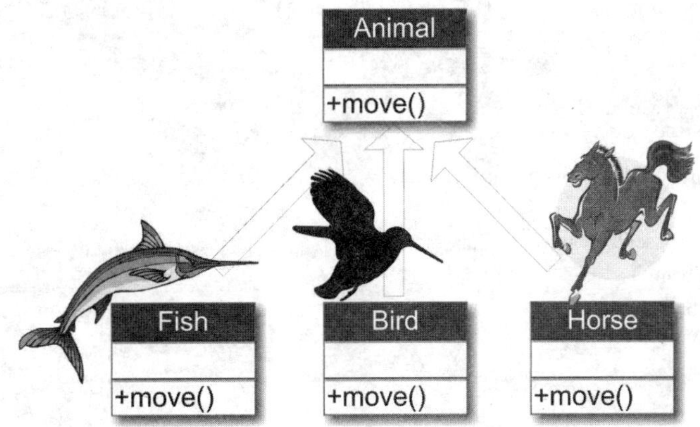

第 26 行声明了一个父类 Animal 的对象 a，但没有真正实例化 a。在第 27~29 行分别实例化了 3 个子类对象：f、b 和 h。

第 30~32 行，通过赋值操作，将这些子类对象向上类型转换为 Animal 类型。然后经过父类对象 a 调用其 move 方法，这时我们发现，实际调用的却是各个子类对象的 move 方法。

父类对象依据被赋值的每个子类对象的类型，做出恰当的响应（即与对象具体类别相适应的反应），这就是对象多态性的关键思想。同样的消息或接口（在本例中都是 move）在发送给不同的对象时，会产生多种形式的结果，这就是多态性的本质。利用对象多态性，我们可以设计和实现更具扩展性的软件系统。

提示

简单来说，继承是子类使用父类的方法，而多态则是父类使用子类的方法。但更为确切地说，多态是父类使用被子类覆盖的同名方法，如果子类的方法是全新的，不存在与父类同名的方法，那么父类也不可能使用子类自己独有的“个性化”方法。

有一点需要读者注意，即使实施向上转型，父类对象所能够看见的方法依然还是本类之中所定义的方法（即被子类覆盖的方法）。如果子类扩充了一些新方法的话，那么父类对象是无法找到的。请观察下面的范例。

范例 8-23 父类对象找不到子类的扩充方法（NewMethodTest.java）

```
class baseClass
{
  public void print()
  {
    System.out.println("*****-- 父类 baseClass：print()") ;
  }
}
class subClass extends baseClass
{
  public void print()  // 方法覆写
  {
```

```
12         System.out.println("#####-- 子类 subClass：public void print()") ;
13     }
14     public void getB() // 此方法为子类扩充的功能
15     {
16         System.out.println("#####-- 子类 subClass：getB()，子类自己扩充的方法。") ;
17     }
18 }
19 public class NewMethodTest
20 {
21     public static void main(String args[])
22     {
23         baseClass baseObj = new subClass() ; // 实例化子类对象
24         baseObj.print() ;
25         // baseObj.getB() ; // 这个方法父类无法找到
26     }
27 }
```

保存并运行程序，结果如下图所示。

```
Problems  Javadoc  Declaration  Console
<terminated> NewMethodTest [Java Application] C:\Program Files\Java\jre1.8.0_112\bin\java
#####--子类subClass：public void print(){}
```

代码详解

第 01~07 行，定义了父类 baseClass，其中包括了 print() 方法。第 08~18 行，定义了子类 subClass，它继承自父类 A，其中定义了 print() 方法，这样就覆写了父类的同名 print() 方法，此外在子类 subClass 中，在第 14~17 行，还定义了一个新扩充的方法 getB()。

在第 23 行，通过调用子类的构造方法“new subClass ()”，实例化子类对象，并将其赋值给父类对象 baseObj，在第 24 行，从上面运行结果可以看出，baseObj 调用的子类所定义的 print() 方法，但值得我们关注的是，如果去掉第 25 行的注释符号“//”，就会产生如下的编译错误：“The method getB() is undefined for the baseClass（没有为类型 baseClass 定义方法 getB()）”，如下图所示。

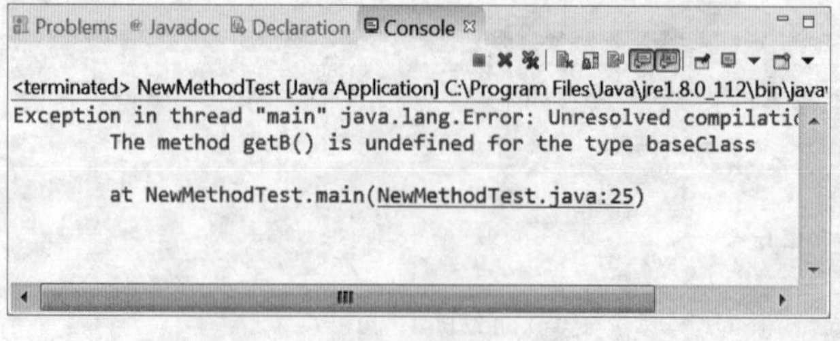

尽管这个父类对象 baseObj 的实例化依靠的是子类完成的，但是它能够看见的还是自己本类所定义的方法名称，如果方法被子类覆写了，则调用的方法体也是被子类所覆写过的方法。这其实也体现了“父母不管儿女事”的这种低耦合思想。

如果说现在非要去调用 subClass 类的 getB() 方法，那么就需要进行向下转型，即将父类对象变为子类实例，向下转型需要采用强制转换的方式完成。请参见如下范例。

范例 8-24 实现向下转型（DownCastTest.java）

```
01 class baseClass
02 {
03    public void print()
04    {
05       System.out.println("*****-- 父类 baseClass：public void print(){}") ;
06    }
07 }
08 class subClass extends baseClass
09 {
10    public void print()  // 方法覆写
11    {
12       System.out.println("#####-- 子类 subClass：print()") ;
13    }
14    public void getB() // 此方法为子类扩充的功能
15    {
16       System.out.println("#####-- 子类 subClass：getB()，子类扩充方法。") ;
17    }
18 }
19
20 public class DownCastTest
21 {
22    public static void main(String args[])
23    {
24       baseClass baseObj = new subClass() ; // 实例化子类对象
25       baseObj.print() ;     // 调用子类 subClass 的 print()
26       subClass subObj = (subClass) baseObj ; // 向下转型，强制完成
27       subObj.getB() ; // 这个方法父类无法找到，但子类对象可以找到
28    }
29 }
```

保存并运行程序，结果如下图所示。

```
Problems  Javadoc  Declaration  Console
<terminated> DownCastTest [Java Application] C:\Program Files\Java\jre1.8.0_112\bin\javaw.
#####--子类subClass：print()
#####--子类subClass：getB()，子类扩充方法。
```

代码详解

本范例和上面一个范例基本相同，差别之处仅体现在第 26~27 行上。在第 26 行，将父类的对象 baseObj 强制类型转换为子类对象。

在前面的范例中，对于子类添加的新方法 getB()，父类的对象无法找到这个方法。但是，在第 26 行中，对象 a 前面的"(subClass)"，表明要把父类对象 baseObj 强制转换成子类 subClass 类型。然后将转换后的结果赋给一个子类 subClass 定义的引用 subObj，于是 subObj 就可以顺利找到这个 getB() 方法（第 27 行）。

从上面的几个范例分析来看，我们可以用一句话来概括这类关系："在形式上，类定义的对象只能看到自己所属类中的成员。" 虽然通过向上类型转换，子类对象可以给父类对象赋值，但父类对象也仅能看到在子类中被覆盖的成员（这些方法也在父类定义过了），父类对象无法看到子类的新扩充方法。

8.6.4 隐藏

通过上面的学习，我们已经知道，当子类覆写了父类的同名方法时，如果用子类实例化父类对象，会发生向上类型转换，这时调用该方法时，会自动调用子类的方法，这是实现多态的基础，参见范例 8-22。但是，在某些场景下，我们不希望父类的方法被子类方法覆写，即子类实例化后会调用父类的方法，而不是子类的方法，这种情况下该怎么办？

这就需要用到另外一个概念——隐藏（hide）。被关键词 static 修饰的静态方法是不能被覆盖的，Java 就是利用这一个特性达到隐藏的效果。请观察下面的范例。

范例 8-25 隐藏子类的成员（HideSubClass.java）

```
class Father
{
  public static void overWritting()
  {
    System.out.println("#####--Father method");
  }
}
class Son extends Father
{
  public static void overWritting()
  {
    System.out.println("*****--Son method");
  }
}
public class HideSubClass
{
  public static void main(String args[])
  {
    Father dad = new Son();
    dad.overWritting();

    Father.overWritting();
    Son.overWritting();
  }
}
```

保存并运行程序，结果如下图所示。

```
Problems  Javadoc  Declaration  Console
<terminated> HideSubClass [Java Application] C:\Program Files\Java\jre1.8.0_112\bin\javaw.e
#####--Father method
#####--Father method
*****--Son method
```

代码详解

第 01~07 行，定义了父类 Father，里面定义了一个静态方法 overWritting()。第 08~14 行，定义了子类 Son，它继承父类 Father，在这个子类中，也定义了一个与父类同名的静态方法 overWritting()。第 19 行用子类实例化一个父类对象 dad。第 20 行调用 dad 的 overWritting() 方法，从运行结果可以看出，这时调用的父类的方法没有被子类所覆盖，这就是说父类“隐藏”了子类的同名方法。

而事实上，所有的静态方法都隶属于类，而非对象。所以，可以通过“类名 . 静态方法名”的方法来直接访问静态方法，如代码第 22~23 行所示。从运行结果可以看出，在这样的情况下，“父类”与“子类”之间的方法就不会存在谁隐藏谁的问题。在 Java 中，“隐藏”概念的应用并不广泛，读者了解这个概念即可。

8.7 高手点拨

1. 方法重载（Overload）和覆写（Override）的区别（本题为常见的 Java 面试题）

重载是指在相同类内定义名称相同，但参数个数（或类型，或顺序）不同的方法，而覆写是在子类当中定义名称、参数个数和类型均与父类相同的方法，用于覆写父类中的方法。具体的区别如下表所示。

区别	重载	覆写
英文单词	Overload	Override
定义	方法名称相同、参数的类型及个数和顺序至少一个不同	方法名称、参数的类型及个数、返回值类型完全相同
范围	只发生在一个类之中	发生在类的继承关系中
权限	不受权限控制	被覆写的方法不能拥有比父类更严格的访问控制权限

在重载的关系之中，返回值类型可以不同，语法上没有错误，但是从实际的应用而言，建议返回值类型相同。

2. this 和 super 的区别（本题为常见的 Java 面试题）

区别	this	super
查找范围	先从本类找到属性或方法，本类找不到再查找父类	不查询本类的属性及方法，直接由子类调用父类的指定属性及方法
调用构造	this 调用的是本类构造方法	由子类调用父类构造
特殊	表示当前对象	—

因为 this 和 super 都可以调用构造方法，所以 this() 和 super() 语法不能同时出现，两者是二选一的关系。

3. final 关键字的使用

final 在 Java 之中称为终结器，在 Java 之中 final 可以修饰 3 类情况：修饰类、修饰方法及修饰变量。

使用 final 修饰的类不能有子类（俗称“太监”类）。

如果父类的方法不希望被子类覆写，可在父类的方法前加上 final 关键字，这样该方法便不会有被覆写的机会。

使用 final 定义的方法不能被子类所覆写。

在父类中，将方法设置 final 类型的操作，实际编程时用途并不广泛，但是在一些系统架构方面会出现得比较多，这里读者知道有这类情况存在即可。

使用 final 定义的变量就成为了常量。

常量必须在其定义的时候就初始化（即给予赋值），这样用 final 修饰的变量就变成了一个常量，其值一旦确定后，便无法在后续的代码中再做修改。一般来说，为了将常量和变量区分开来，常量的命名规范要求全部字母采用大写方式表示。

4. 面向对象编程 PK 面向过程编程（续）

在第 6 章中，我们进行了面向对象编程与面向过程编程的比较。

<table>
<tr><th>面向过程代码 POP：修改了 Rotate()、PlaySong()</th><th colspan="2">面向对象代码 OOP：添加三角形类，为其添加 Rotate()、PlaySong() 方法</th></tr>
<tr><td rowspan="2">

```
Rotate(shapeID)        //修改所有代码
{
  if (shapeID == 0)
    ...// 旋转矩形 180 度；
  else if (shapeID == 1)
    ...// 旋转圆形 180 度；
  else if (shapeID == 2)
    ...// 旋转三角形 180 度；
  else if (shapeID == 3)
    ...// 旋转多边形 180 度；
}

PlaySong(shapeID)      //修改所有代码
{
  if (shapeID == 0)
    ...// 播放矩形之歌；
  else if (shapeID == 1)
    ...// 播放圆形之歌；
  else if (shapeID == 2)
    ...// 播放三角形之歌；
  else if (shapeID == 3)
    ...// 播放多边形之歌；

}
```

</td><td>

```
// 矩形类（Rectangle）
Rotate( )
{
  ...// 旋转矩形 180 度；
}
PlaySong( )
{
  ...// 播放矩形之歌；
}
```

</td><td>

```
// 圆形类（Circle）
Rotate( )
{
  ...// 旋转圆形 180 度；
}
PlaySong( )
{
  ...// 播放圆形之歌；
}
```

</td></tr>
<tr><td>

```
// 添加新的：三角形类
（Triangle）
 Rotate( )
 {
   ...// 旋转三角形 180
度；
 }
 PlaySong( )
 {
   ...// 播放三角形之歌；
 }
```

</td><td>

```
// 添加新的：多边形类
（Polygon）
 Rotate( )
 {
   ...// 旋转不规则图形
180 度；
 }
 PlaySong( )
 {
   ...// 播放不规则图形
之歌；
 }
```

</td></tr>
</table>

从上面的比较中，面向过程编程（POP）会认定，面向对象编程（OOP）的代码很笨拙，原因很简单，因为同样类似的代码，如 Rotate() 和 PlaySong()，在 3 个不同的类中重复写了三遍，一点也不简洁。但这样的认知并没有反映 OOP 的全貌，因为 OOP 的代码复用（Code Reuse）反映在"继承"上，在这一章，我们刚好学习完毕 OOP 的继承特性，我们再来"会会"POP。

现在我们假设再添加一个多边形，让它也具有 Rotate() 和 PlaySong() 特征，但是由于多边形的旋转和唱歌特性，完全不同于前 3 个图形，这样，POP 继续添加它的 else if 语句，补充新代码。OOP 也添加了一个新的多边形类。

需要注意的是，POP 修改的代码是影响全局的。如果产品经理招聘过来一个新的员工，让他来维护过往的代码（即仅有 3 个图形类别的旧代码），那么这个新来的员工，就必须在"吃透"所有旧代码的基础上，完成功能的更新，但我们很难确保他会成功，他成功则罢，一旦失败，原来代码已经完成的功能也难以确保。

反过来，对于 OOP 编程而言，由于这 4 个类的代码在功能上的确具有很大的相似性，因此，我们可以发挥抽象的特质，把这 4 个类"提炼"出来一个父类 Shape，然后这 4 个类继承于父类，如下图所示。

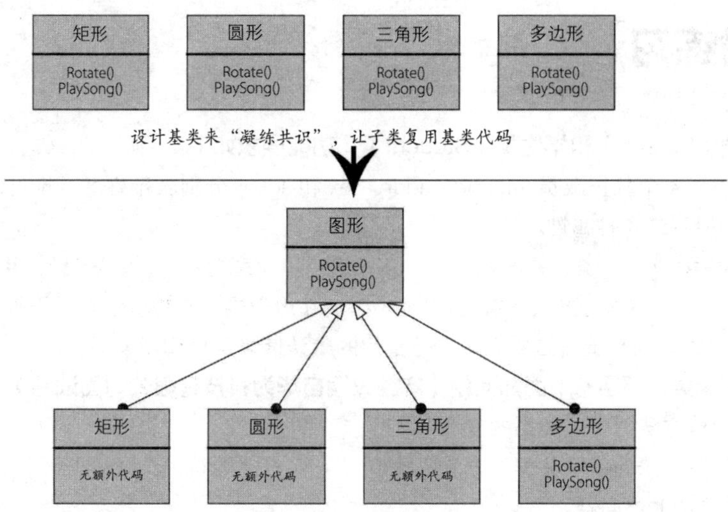

由上图可知，在 OOP 中，我们可以设计基类来“凝练共识”，然后让子类复用基类代码。由于矩形、圆形和三角形是规则图形，它们的 Rotate( ) 和 PlaySong( ) 是通用的，那么矩形、圆形和三角形这 3 个子类，可以从父类“图形”那里直接继承父类中的两个方法，而无需添加额外的代码，这才是真正的代码简洁！如果把 Rotate( ) 和 PlaySong( ) 想象为成千上万行代码的汇集，这种代码的复用带来的简洁更是“叹为观止”。

但是问题来了，POP 会质疑，对于“不规则图形”，它的 Rotate( ) 和 PlaySong( ) 不同于父类，OOP 无法复用父类的方法，怎么办？这难不倒 OOP，因为在子类“不规则图形”中，我们可以利用“覆写（override）”父类的方法，来达到完成子类中比较有个性化特性的方法。

更重要的是，OOP 可以用“多态”的概念完成同一个接口，多个性化操作，显得更加简洁化。如下图所示，在这个代码图中，其核心地方可以用 8 个字形容：“指哪打哪”“统一接口”。具体来说，父类可以通过向上类型转换达到“指哪打哪”，父类对象可以指向它的每一个子类对象，然后用户可用“统一接口”来完成不同子类个性化功能的调用，这减轻了用户的开发和维护负担。

这样看来，OOP 似乎大胜 POP 了！但“大胜”并不代表“完胜”，客观来讲，任何事情都有两面性，在某种应用场景下，OOP 付出的代价是，其执行效率并不如 POP 高。

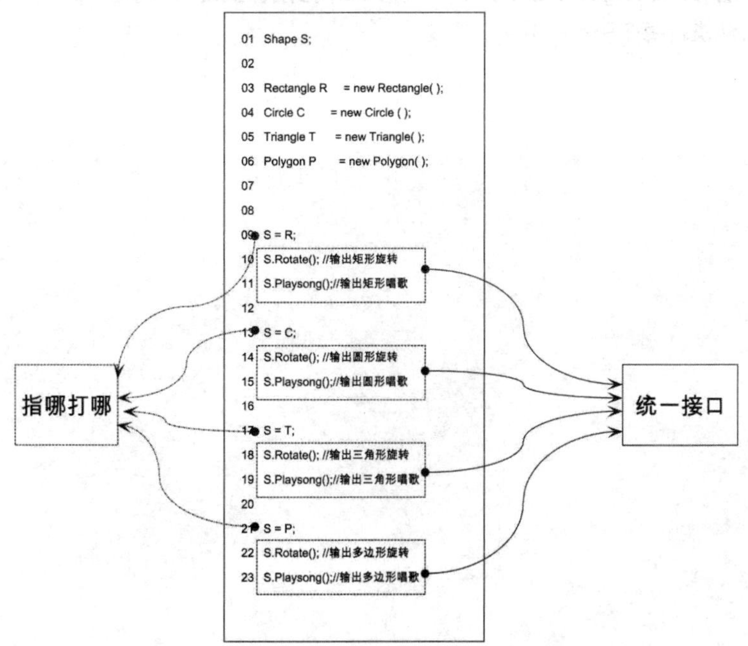

8.8 实战练习

1. 建立一个人类（Person）和学生类（Student），功能要求如下。

（1）Person 中包含 4 个数据成员：name、addr、sex 和 age，分别表示姓名、地址、性别和年龄。设计一个输出方法 talk() 来显示这 4 种属性。

（2）Student 类继承 Person 类，并增加成员 Math、English 存放数学与英语成绩。用一个六参构造方法、一个两参构造方法、一个无参构造方法和覆写输出方法 talk() 用于显示 6 种属性。对于构造方法参数个数不足以初始化 4 个数据成员时，在构造方法中采用自己指定的默认值来实施初始化。

2. 观察下面的两个类，请回答下面的问题（本题改编自华为科技有限公司面试题）。

（1）在子类中哪些方法隐藏了父类的方法？

（2）在子类中哪些方法覆盖了父类的方法？

并通过编程实践验证上述问题。

```
class classA
{
   void methodOne(int i) { System.out.println("ClassA: methodOne, i = " + i); }
   void methodTwo(int i){ System.out.println("ClassA: methodTwo, i = " + i); }
   static void methodThree(int i){ System.out.println("ClassA: methodThree, i = " + i); }
   static void methodFour(int i){ System.out.println("ClassA: methodFour, i = " + i); }
}
class classB extends classA
{
   static void methodOne() { System.out.println("ClassB: methodOne, i = " + i); }
   void methodTwo(int i){ System.out.println("ClassB: methodTwo, i = " + i); }
   void methodThree(int i){ System.out.println("ClassB: methodThree, i = " + i); }
   static void methodFour(int i){ System.out.println("ClassB: methodFour, i = " + i); }
}
```

3. 定义一个 Instrument（乐器）类，并定义其公有方法 play()，再分别定义其子类 Wind（管乐器），Percussion（打击乐器），Stringed（弦乐器），覆写 play 方法，实现每种乐器独有的 play 方式。最后在测试类中使用多态的方法执行每个子类的 play() 方法。

第 9 章

凝练才是美
——抽象类、接口与内部类

抽象类、接口和内部类为我们提供了一种将接口与实现分离的更加结构化的方法。正是由于这些机制的存在，才赋予 Java 强大的面向对象的能力。本章讲述抽象类的基本概念、具有多继承特性的接口和内部类。

本章要点（已掌握的在方框中打钩）

□ 熟悉抽象类的使用
□ 掌握抽象类的基本概念
□ 掌握抽象类实例的应用
□ 掌握接口的基本概念
□ 熟悉 Java 8 中接口的新特性
□ 熟悉接口实例的应用
□ 熟悉内部类的使用

在前面的章节中，我们反复强调一个概念：在 Java 面向对象编程领域，一切都是对象，并且所有的对象都是通过“类”来描述的。但是，并不是所有的类都是来描述对象的。如果一个类没有足够的信息来描述一个具体的对象，还需要其他具体的类来支撑它，那么这样的类我们称为抽象类。比如 new Person( )，但是这个“人类”——Person( ) 具体长成什么样子，我们并不知道。他 / 她没有一个具体人的概念，所以这就是一个抽象类，需要一个更为具体的类，如学生、工人或老师类，来对它进行特定的“具体化”，我们才知道这人长成啥样。

9.1 抽象类

9.1.1 抽象类的定义

Java 中有一种类，派生出很多子类，而自身是不能用来产生对象的，这种类称为“抽象类”。抽象类的作用有点类似于“模板”，其目的是要设计者依据它的格式来修改并创建新的子类。

抽象类实际上也是一个类，只是与之前的普通类相比，内部新增了抽象方法。

所谓抽象方法，就是只声明而未实现的方法。所有的抽象方法必须使用 abstract 关键字声明，而包含抽象方法的类就是抽象类，也必须使用 abstract class 声明。

抽象类定义规则如下。

- 抽象类和抽象方法都必须用 abstract 关键字来修饰。
- 抽象类不能直接实例化，也就是不能直接用 new 关键字去产生对象。
- 在抽象类中定义时抽象方法只需声明，而无需实现。
- 含有抽象方法的类必须被声明为抽象类，抽象类的子类必须实现所有的抽象方法后，才能不叫抽象类，从而可以被实例化，否则这个子类还是个抽象类。

```
abstract class 类名称                //定义抽象类
{
  声明数据成员；
  访问权限 返回值的数据类型 方法名称（参数…）
  {
     //定义一般方法
  }
  abstract 返回值的数据类型 方法名称（参数…）；
  //定义抽象方法，在抽象方法里没有定义方法体
}
```

例如以下形式。

```
abstract class Book              //定义一个抽象类
{
  private String title = "Java 开发 "; // 属性
  public void print()
  {                    //普通方法，用“{}”表示有方法体
    System.out.println(title) ;
  }
  public abstract void fun() ;              //没有方法体，是一个抽象方法
}
```

由上例可知，抽象类的定义只是比普通类多了一些抽象方法的定义而已。虽然定义了抽象类，但是抽象类却不能直接使用。

```
  Book book = new Book() ;          //错误 : Book 是抽象的 ; 无法实例化
```

9.1.2 抽象类的使用

如果一个类可以实例化对象，那么这个对象可以调用类中的属性或方法，但是抽象类中的抽象方法没有

方法体，没有方法体的方法无法使用。

所以，对于抽象类的使用原则如下。

- 抽象类必须有子类，子类使用 extends 继承抽象类，一个子类只能够继承一个抽象类。
- 产生对象的子类，则必须实现抽象类之中的全部抽象方法。也就是说，只有所有抽象方法不再抽象了，做实在了，才能依据类（图纸），产生对象（具体的产品）。
- 如果想要实例化抽象类的对象，则可以通过子类进行对象的向上转型来完成。

提示

在 Java 中，当子类继承父类时，子类可由此得到父类的方法。但不愿“墨守成规”的子类，可在子类中重新改写继承于父类的同名方法，我们称这个过程为覆盖重写，简称覆写（override）。

从抽象类的设计理念可知，抽象类生来就是被继承的。在其内的抽象方法通常是没有方法体的，因为有了也没用，抽象方法的本意就是期望其“子孙后代”类重新定义这个方法，并赋予新的内涵。这样一来，虽然在 Java 英文文档中依然用“override”来表明子类重新定义来自父类的抽象方法，但如果还将“override”翻译为“覆写”，就达不到“信达雅”的要求。

六祖惠能大师有句名言：“本来无一物，何处惹尘埃。”

在这里，我们也可说一句：“本无方法体，何处来覆写。”

因此，在本书中，对抽象类和接口中的抽象方法，在其子类中给予具体定义时，我们用“实现”而非“覆盖”来描述这个过程。用“实现”，相当于在子类中，将来自父类的抽象方法“给予”生命。这样可能更有韵意。

范例 9-1　抽象类的用法案例（AbstractClassDemo.java）

```
abstract class Person       // 定义一抽象类 Person
{
   String name ;
   int age;
   String occupation ;
   public abstract String talk( ) ; // 声明一抽象方法 talk( )
}
class Student extends Person    // Student 类继承自 Person 类
{
   public Student(String name,int age,String occupation)
   {
     this.name = name ;
     this.age = age ;
     this.occupation = occupation ;
   }

   @Override
   public String talk( )  // 实现 talk( ) 方法
   {
     return " 学生——> 姓名：" + name+"，年龄：" + age+"，职业：" + occupation ;
   }
}
class Worker extends Person    // Worker 类继承自 Person 类
{
```

```
25    public Worker(String name,int age,String occupation)
26    {
27      this.name = name ;
28      this.age = age ;
29      this.occupation = occupation ;
30    }
31    public String talk()    // 实现 talk( ) 方法
32    {
33      return " 工人——> 姓名：" + name + ", 年龄：" + age  + ", 职业 :" + occupation ;
34    }
35  }
36  public class AbstractClassDemo
37  {
38    public static void main(String[] args)
39    {
40      Student s = new Student(" 张三 ",20," 学生 "); // 创建 Student 类对象 s
41      Worker w = new Worker(" 李四 ",30," 工人 ");  // 创建 Worker 类对象 w
42      System.out.println(s.talk( )) ;         // 调用被实现的方法
43      System.out.println(w.talk( )) ;
44    }
45  }
```

程序运行结果如下图所示。

```
Problems  @ Javadoc  Declaration  Console
<terminated> AbstractClassDemo [Java Application] C:\Program Files\Java\jre1.8.0_112\bin\ja
学生——>姓名：张三，年龄：20，职业：学生
工人——>姓名：李四,年龄：30,职业:工人
```

代码详解

第 01~07 行声明了一个名为 Person 的抽象类，在 Person 中声明了 3 个属性和一个抽象方法——talk( )。

第 08~22 行声明了一个 Student 类，此类继承自 Person 类，因为此类不为抽象类，所以需要 “实现” Person 类中的抽象方法——talk( )。

类似的，第 23~35 行声明了一个 Worker 类，此类继承自 Person 类，因为此类不为抽象类，所以需要 “实现” Person 类中的抽象方法——talk( )。

第 40 行和第 41 行分别实例化 Student 类与 Worker 类的对象，并调用各自的构造方法初始化类属性。因为 Student 类与 Worker 类继承自 Person 类，所以 Person 类的数据成员 name、age 和 occupation，也会自动继承到 Student 类与 Worker 类。因此这两个类的构造方法，需要初始化这 3 个数据成员。

第 42 行和第 43 行分别调用各自类中被实现的 talk( ) 方法。

【范例分析】

可以看到 Student 和 Worker 两个子类都分别按各自的要求，在子类实现了 talk( ) 方法。上面的程序可由下图表示。

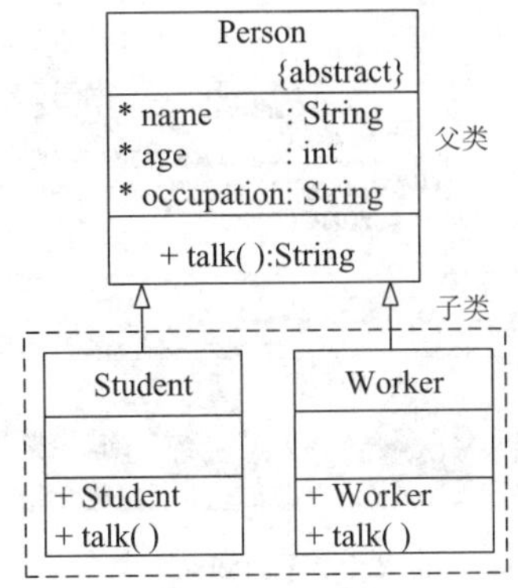

抽象类的特征如下所示。

（1）抽象类中可以拥有构造方法。

与一般类相同，抽象类也可以拥有构造方法，但是这些构造方法必须在子类中被调用，并且子类实例化对象的时候依然满足类继承的关系，先默认调用父类的构造方法，而后再调用子类的构造方法，毕竟抽象类之中还是存在属性的，但抽象类的构造方法无法被外部类实例化对象调用。

范例 9-2 抽象类中构造方法的定义使用（AbstractConstructor.java）

```
abstract class Person                          // 定义一抽象类 Person
{
  String name ;
  int age ;
  String occupation ;
  public Person(String name,int age,String occupation) // 定义构造函数
  {
    this.name = name ;
    this.age = age ;
    this.occupation = occupation ;
  }
   public abstract String talk() ;  // 声明一个抽象方法
 }
class Student extends Person      // 声明抽象类的子类
{
  public Student(String name,int age,String occupation)
  { // 在这里必须明确调用抽象类中的构造方法
    super(name,age,occupation);
  }
  public String talk()          // 实现 talk() 方法
  {
  return " 学生——> 姓名：" + name + "，年龄：" + age + "，职业：" + occupation;
  }
}
class AbstractConstructor
{
  public static void main(String[] args)
  {
    Student s = new Student(" 张三 ",18," 学生 ") ;// 创建对象 s
    System.out.println(s.talk()) ; // 调用实现的方法
  }
}
```

保存并运行程序，结果如下图所示。

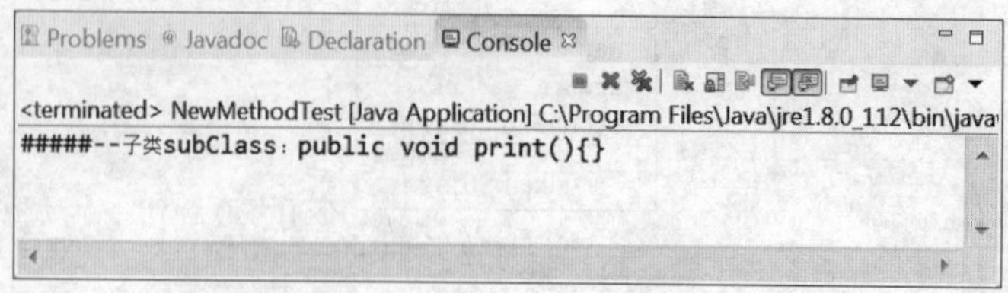

代码详解

第 01~13 行声明了一个名为 Person 的抽象类，在 Person 中声明了 3 个属性、一个构造函数和一个抽象方法——talk( )。

第 14~24 行声明了一个 Student 类，此类继承自 Person 类，因为此类不为抽象类，所以需要在子类中实现 Person 类中的抽象方法——talk( )。

第 18 行，使用 super( ) 方法，显式调用抽象类中的构造方法。

第 29 行实例化 Student 类，建立对象 s，并调用父类的构造方法初始化类属性。

第 30 行调用子类中实现的 talk( ) 方法。

【范例分析】

从程序中可以看到，抽象类也可以像普通类一样，有构造方法、一般方法和属性，更重要的是还可以有一些抽象方法，需要子类去实现，而且在抽象类中声明构造方法后，在子类中必须明确调用。

（2）抽象类不能使用 final 定义，因为使用 final 定义的类不能有子类，而抽象类使用的时候必须有子类，这是一个矛盾的问题，所以抽象类上不能出现 final 定义。

（3）抽象类之中可以没有抽象方法，但即便没有抽象方法的抽象类，其“抽象”的本质不会发生变化，所以也不能够直接在外部通过关键字 new 实例化。

9.2 接口

9.2.1 接口的基本概念

对 C 语言有所了解的读者就会知道，在 C 语言中，有种复合的数据类型——structure（结构体），结构体可视为纯粹是把一系列相关数据汇集在一起（the collections of data），比如说，我们可以把“班级”“学号”“姓名”“性别”“成绩”等数据属性，构成一个名为“学生”的结构体。

Java 提供了一种机制，把对数据的通用操作（也就是方法），汇集在一起（the collections of common operation），形成一个接口（interface），以形成对算法的复用。所谓算法，就是一系列相关操作指令的集合。

接口，是 Java 所提供的另一种重要技术，它可视为一种特殊的类，其结构和抽象类非常相似，是抽象类的一种变体。

在 Java 8 之前，接口的一个关键特征是，它既不包含方法的实现，也不包含数据。换句话说，接口内定义的所有方法，都默认为 abstract，即都是“抽象方法”。现在，在 Java 8 中，接口的规定有所松动，它内部允许包括数据成员，但这些数据必须是常量，其值一旦被初始化后，是不允许更改的，这些数据成员通常为全局变量。

所以，当我们在一个接口定义一个变量时，系统会自动把“public ”“static”“final”这 3 个关键字添加在变量前面，如以下代码所示。

```
public interface faceA
{
```

```
    int NORTH = 1;
}
```

上面的代码等效为以下代码。

```
public interface faceA
{
    public static final int NORTH = 1;
}
```

接口的设计宗旨在于，定义由多个继承类共同遵守的 “契约”。所以接口中的所有成员，其访问类型都必须为 public，否则不能被继承，就失去了“契约”内涵。

为了避免在接口中添加新方法后而要修改所有实现类，同时也是为了支持 Lambda 新特性的引入，从 JDK 8 开始，Java 的接口也放宽了一些限制，接口中还可以“有条件”地对方法进行实现。例如，允许定义默认方法（即 default 方法），也可称为 Defender 方法。

default 方法是指，允许在接口内部实现一些默认方法（也就是说，在接口中可以包含方法体，这打破了 Java 8 版本之前对接口的语法限制），从而使得接口在进行扩展的时候，不会破坏与接口相关的实现类代码。

在 Java 中使用 interface 关键字来定义一个接口。接口定义的语法如下所示。

```
interface 接口名称        // 定义接口
{
    final 数据类型 成员名称 = 常量 ;          // 数据成员必须赋初值
    abstract 返回值的数据类型 方法名称 ( 参数… ) ; // 抽象方法，抽象方法没有方法体
    default  返回值的数据类型 方法名称 ( 参数… ) // 默认方法，包含方法体
    {
        …方法体…
    }
}
```

接口的定义范例如下所示。

```
interface  A  // 定义一个接口 A
{
    public static final String INFO = "Hello World ！  " ; // 全局常量
    public abstract void print() ;                 // 抽象方法
}
```

带默认方法的接口定义范例如下。

```
interface B  // 定义一个接口 B
{
    public static final String INFO = "Hello World ." ;    // 全局常量，public、static、final 可省略
    public abstract void print() ;                   // 抽象方法
    default public void otherprint()              // 带方法体的默认方法
    {
        System.out.println("default methods!");        // 默认方法的方法体
    }
}
```

虽然定义了接口，但在所定义的接口 A 和接口 B 中，因接口内存在抽象方法，因此这些接口都不能被用户直接使用，必须在其子类中“实现”这些抽象方法，把“抽象的”方法“务实”了，变为实实在在的可用方法，才可以用之实例化对象。

9.2.2 使用接口的原则

使用接口时，注意遵守如下原则。

- 接口必须有子类，子类依靠 implements 关键字可以同时实现多个接口。

- 接口的子类（如果不是抽象类）必须实现接口之中的全部抽象方法，才能实例化对象。
- 利用子类实现对象的实例化，接口可以实现多态性。

接口与一般类一样，本身也拥有数据成员与方法，但数据成员一定要赋初值，且此值不能再更改，方法也必须是“抽象方法”或 default 方法。也正因为接口内的方法除 default 方法外必须是抽象方法，而没有其他一般的方法，所以在接口定义格式中，声明抽象方法的关键字 abstract 是可以省略的。

同理，因接口的数据成员必须赋初值，且此值不能再被更改，所以声明数据成员的关键字 final 也可省略。

简写的接口定义范例如下。

```
interface A //定义一个接口
{
  public static String INFO = "Hello World ." ;            //全局常量
  public void print() ;                    //抽象方法
  default public void otherprint()
  {                    //带方法体的默认方法
    System.out.println("default methods!");
  }
}
```

在 Java 中，由于禁止多继承（通俗来讲，就好比一个“儿子”只能认一个“老爸”），而接口做了一点变通，一个子类可以“实现”多个接口，实际上，这是“间接”实现多继承的一种机制，这也是 Java 设计中的一个重要环节。

既然接口中除了 default 方法，只能有抽象方法，所以这类方法只需声明，而无需定义具体的方法体，于是自然可以联想到，接口没有办法像一般类一样，用它来创建对象。利用接口创建新类的过程称为接口的实现（implementation）。

以下为接口实现的语法。

```
class 子类名称 implements 接口 A, 接口 B…            //接口的实现
{
…
}
```

范例 9-3　带default方法接口的实现（Interfacedefault.java）

```
interface InterfaceA                         //定义一个接口
{
  public static String INFO = "static final." ; //全局常量
  public void print( ) ;                    //抽象方法

  default public void otherprint( )            //带方法体的默认方法
  {
    System.out.println("print default1 methods InterfaceA!");
  }
}

class subClass implements InterfaceA        //子类 InterfaceA 实现接口 InterfaceA
{
  public void print( )                  //实现接口中的抽象方法 print( )
  {
    System.out.println("print abstract methods InterfaceA!");
    System.out.println(INFO);
  }
```

```
19 }
20 public class Interfacedefault
21 {
22     public static void main(String[ ] args)
23     {
24         subClass subObj = new subClass( );        //实例化子类对象
25         subObj.print( );                  //调用"实现"过的抽象方法
26         subObj.otherprint( );               //调用接口中的默认方法
27         System.out.println(InterfaceA.INFO);      //输出接口中的常量
28     }
29 }
```

保存并运行程序，结果如下图所示。

```
Problems  Javadoc  Declaration  Console
<terminated> Interfacedefault [Java Application] C:\Program Files\Java\jre1.8.0_112\bin\javaw
print abstract methods InterfaceA!
static final.
print default1 methods InterfaceA!
static final.
```

代码详解

第 01~10 行定义接口 InterfaceA，其中定义全局静态变量 INFO、抽象方法 print() 及默认方法 otherprint()。

第 12~19 行定义子类 subClass，实现接口 InterfaceA，"实现"从接口 InterfaceA 继承而来的方法 print()。

第 24 行实例化子类对象，并调用在子类实现的抽象方法（第 25 行）和默认方法（第 26 行），输出接口 InterfaceA 的常量 INFO（第 27 行）。

【范例分析】

上例中定义了一个接口，接口中定义常量 INFO，省略了关键词 final，定义抽象方法 print()；，也省略了 Abstract，定义带方法体的默认方法。

第 17 行和第 27 行分别引用接口中的常量。

在 Java 8 中，允许在一个接口中只定义默认方法，而没有一个抽象方法，下面举例说明。

范例 9-4　仅有default方法接口的使用（InterfacedefaultOnly.java）

```
interface InterfaceA                    //定义一个接口
{
    default public void otherprint( )     //带方法体的默认方法
    {
        System.out.println("print default1 methods only in InterfaceA!");
    }
}
class subClass implements InterfaceA      //子类 subClass 实现接口 InterfaceA
{
    //do nothing
}
```

```
12  public class InterfaceDefaultOnly
13  {
14      public static void main(String[ ] args)
15      {
16          subClass subObj = new subClass( );  // 实例化子类对象
17          subObj.otherprint();                // 调用接口中的默认方法
18      }
19  }
```

保存并运行程序，结果如下图所示。

```
Problems  Javadoc  Declaration  Console
<terminated> InterfaceDefaultOnly [Java Application] C:\Program Files\Java\jre1.8.0_112\bin\
print default1 methods only in InterfaceA!
```

代码详解

第 01~07 行定义接口 InterfaceA，其中定义默认方法 otherprint()。
第 08~11 行定义子类 subClass，实现接口 InterfaceA。
第 16~17 行实例化子类对象 subObj，并调用由接口 InterfaceA 继承而来的默认方法 otherprint()。

【范例分析】

由于接口 InterfaceA 中并无抽象方法，因此无抽象方法需要在子类中“实现”，所以子类 subClass 的主体部分什么也没有做，但这部分的工作是必需的，因为接口是不能（通过 new 操作）实例化对象的，即使子类 subClass 什么也没有做，其实也实现了一个功能，即由 subClass 可以实例化对象。

接口与抽象类相比，主要区别就在于子类上，子类的继承体系中，永远只有一个父类，但子类却可以同时实现多个接口，变相完成“多继承”，如下例所示。

范例 9-5　子类继承多个接口的应用（InterfaceDemo.java）

```
interface faceA   // 定义一个接口
{
    public static final String INFO = "Hello World!" ; // 全局常量
    public abstract void print( ) ; // 抽象方法
}
interface faceB   // 定义一个接口
{
    public abstract void get( ) ;
}
class subClass implements faceA,faceB
{   // 一个子类同时实现了两个接口
    public void print( )
    {
        System.out.println( INFO ) ;
```

```
15     }
16     public void get( )
17     {
18         System.out.println(" 你好！ ") ;
19     }
20 }
21 public class InterfaceDemo
22 {
23     public static void main(String args[])
24     {
25         subClass subObj = new subClass() ; // 实例化子类对象
26 
27         faceA fa = subObj ;  // 为父接口实例化
28         fa.print() ;
29 
30         faceB fb = subObj ;  // 为父接口实例化
31         fb.get() ;
32     }
33 }
```

保存并运行程序，结果如下图所示。

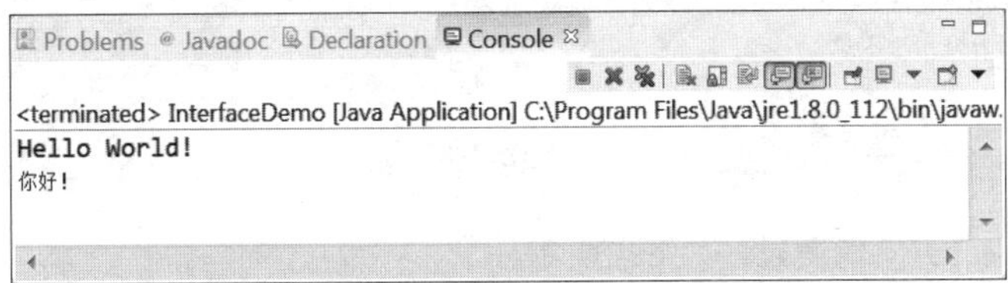

代码详解

第 01~05 行定义接口 faceA，其中定义全局变量 INFO 和抽象方法 print( )。

第 06~09 行定义接口 faceB，并定义了抽象方法 get( )。

第 10~20 行定义子类 subClass，同时实现接口 faceA 和 faceB，并分别对接口 faceA 和 faceB 中的抽象方法进行实现。

【范例分析】

由上例可以发现接口与抽象类相比，主要区别就在于子类上，子类可以同时实现多个接口。

但在 Java 8 中，如果一个类实现两个或多个接口，即“变相”的多继承，但是若其中两个接口中都包含一个名字相同的 default 方法，如下例中的 faceA 和 faceB 中有同名的默认方法 DefaultMethod( )，但方法体不同。

范例 9-6 同时实现含有两个相同默认方法名的接口（Interfacsamedefaults.java）

```
interface faceA                // 定义接口 faceA
{
    void someMethod( );
    default public void DefaultMethod( )// 定义接口中的默认方法
    {
```

```
06          System.out.println("Default method in the interface A");
07      }
08  }
09  interface faceB                  // 定义接口 faceB
10  {
11      default public void DefaultMethod( )// 定义接口 InterfaceB 中同名的默认方法
12      {
13          System.out.println("Default method in the interface B");
14      }
15  }
16  class DefaultMethodClass implements faceA,faceB  // 子类同时实现接口 faceA 和 faceB
17  {           public void someMethod( )            // 实现接口 InterfaceA 的抽象方法
18  {
19          System.out.println("Some method in the subclass");
20      }
21  }
22  public class Interfacsamedefaults
23  {
24      public static void main(String[] args)
25      {
26          DefaultMethodClass def = new DefaultMethodClass( );
27          def.someMethod();           // 调用抽象方法
28          def.DefaultMethod();          // 调用默认方法
29      }
30  }
```

保存程序并运行，编译并不能通过，如下图所示。

```
Problems  Javadoc  Declaration  Console
<terminated> Interfacsamedefaults [Java Application] C:\Program Files\Java\jre1.8.0_112\bin\javaw.exe (2016年11月23日 下午4:15:58)
Exception in thread "main" java.lang.Error: Unresolved compilation problem:
	Duplicate default methods named DefaultMethod with the parameters () and () are inherited from the types faceB and faceA

	at DefaultMethodClass.<init>(Interfacsamedefaults.java:17)
	at Interfacsamedefaults.main(Interfacsamedefaults.java:27)
```

代码详解

代码第 01~08 行定义了一个接口 faceA，其中定义抽象方法 someMethod( ) 和默认方法 DefaultMethod( )，请注意，someMethod( ) 前面的 public 和 abstract 关键字可以省略，这是因为在接口内的所有方法（除了默认类型方法），都是“共有的”和“抽象的”，所以这两个关键字即使省略了，“智能”的编译器也会替我们把这两个关键字加上。

代码第 09~15 行定义了另外一个接口 faceB，其中定义了一个和接口 faceA 同名的默认方法 DefaultMethod( )，其实这两个默认方法的实现部分并不相同。

第 16~21 行定义了子类 DefaultMethodClass，同时实现接口 faceA 和 faceB，并对接口 faceA 中的抽象方法 someMethod( ) 给予实现。

代码第 26 行，实例化子类 DefaultMethodClass 的对象。

【范例分析】

如果编译以上代码，编译器会报错，因为在实例化子类 DefaultMethodClass 的对象时，编译器不知道应该在两个同名的default方法——DefaultMethod中选择哪一个（Duplicate default methods named DefaultMethod），因此产生了二义性。因此，一个类实现多个接口时，若接口中有默认方法，不能出现同名默认方法。

事实上，Java之所以禁止多继承，就是想避免类似的二义性。但在接口中允许实现默认方法，似乎又重新开启了“二义性”的灾难之门。

在“变相”实现的多继承中，如果说在一个子类中既要实现接口，又要继承抽象类，则应该采用先继承后实现的顺序完成。

范例 9-7　子类同时继承抽象类，并实现接口（ExtendsInterface.java）

```
interface faceA
{  //定义一个接口
   String INFO = "Hello World." ;
   void print( ) ; //抽象方法
}
interface faceB
{  //定义一个接口
   public abstract void get( ) ;
}
abstract class abstractC
{ //抽象类
   public abstract void fun( ) ;   //抽象方法
}
class subClass extends abstractC implements faceA,faceB
{ //先继承后实现
   public void print( )
   {
      System.out.println(INFO) ;
   }
   public void get( )
   {
      System.out.println(" 你好！ ") ;
   }
   public void fun( )
   {
      System.out.println(" 你好！ JAVA") ;
   }
}
public class ExtendsInterface
{
   public static void main(String args[])
   {
      subClass subObj = new subClass( ) ; // 实例化子类对象
      faceA fa = subObj ;  // 为父接口实例化
      faceB fb = subObj ;  // 为父接口实例化
      abstractC ac = subObj ;  // 为抽象类实例化

      fa.print() ;
      fb.get() ;
      ac.fun();
   }
}
```

保存并运行程序，结果如下图所示。

```
Problems  Javadoc  Declaration  Console
<terminated> ExtendsInterface [Java Application] C:\Program Files\Java\jre1.8.0_112\b
Hello World.
你好!
你好! JAVA
```

代码详解

第 01~05 行声明了一个接口 faceA，然后在里面声明了 1 个常量 INFO 并赋初值 "Hello World."，同时定义了一个抽象方法 print( )。

第 06~09 行声明了一个接口 faceB，在其内定义了一个抽象方法 get()。

第 10~13 行声明抽象类 abstractC，在其内定义了抽象方法 fun()。

第 14~28 行声明子类 subClass，它先继承（extends）抽象类 B，随后实现（implements）接口 faceA 和 faceB。

第 33 行实例化了子类 subClass 的对象 subObj。

第 34~35 行实现父接口实例化。第 36 行实现抽象类实例化。

【范例分析】

如果我们非要“调皮地”把第 14 行代码，从原来的“继承在先，实现在后”，如下所示。

```
class subClass extends abstractC implements faceA,faceB
```

改成“实现在先，继承在后”，如下所示。

```
class subClass implements faceA,faceB extends abstractC
```

编译器是不会答应的，它会报错，如下图所示。

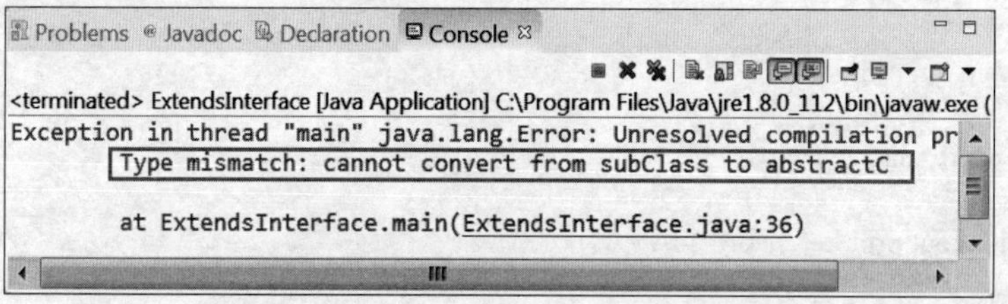

9.2.3 接口的作用——Java 的回调机制

回调（callback）是 Java 中很重要的一个概念，在后面章节讲解的 Spring、Hibernate 等计算框架中，都大量使用了回调技术，所以有必要了解一下这个机制。

在设计模式中，有个较新的模式，叫控制反转（Inversion of Control，IoC），它是一个重要的面向对象编程的法则，用来削减计算机程序的耦合问题，也是轻量级的 Spring 框架的核心。

由于概念相对较新，在 Erich Gamma 等四人组合著的《Design Patterns》（设计模式）中，并没有体现这一模式。控制反转的本质，就是 Java 中的回调机制。“回调”，其英文“call back”的原意是“回电话”，这最早源于“好莱坞原则（Hollywood principle）”：“Don't call me, we will call you（不要给我打电话，我们会打给你）”。也就是说，如果好莱坞明星想演节目，不用自己去找好莱坞公司，而是由好莱坞公司主动去找他们（当然，之前这些明星必须要在好莱坞登记过）。言外之意，虽然我们之间有通电话的需求，但是我们会在需要的时候，再确定下来通电话的对象。

在某些面向过程（事件驱动）的编程语言（如 C 语言）中，开发人员可以通过传递函数指针（function

pointer）直接实现回调机制，回调的对象可能是一段代码块（方法块）。但Java作为一门面向对象的编程语言，并不支持方法指针（method pointer，在 Java 中，方法的地位等同于 C 中的函数），所以想实现回调机制，必须通过“对象（object）”来完成，这似乎妨碍了回调机制的完成。

Java“关上了一扇门，必然会为你开启另一扇窗”，而这扇窗就是“接口”。在 Java 中，回调流程通常要从声明一个接口开始。下面我们举例说明。

范例 9-8 Java回调机制的演示（Caller.java）

```
01 interface CallBack
02 {
03    void methodToCallBack( );
04 }
05 class CallBackImpl implements CallBack
06 {
07    public void methodToCallBack( )
08    {
09       System.out.println("I'"ve been called back");
10    }
11 }
12 public class Caller
13 {
14    public void register(CallBack callback)
15    {
16       callback.methodToCallBack( );
17    }
18    public static void main(String[] args)
19    {
20       Caller caller = new Caller( );
21       CallBack callBack = new CallBackImpl( );
22       caller.register(callBack);
23    }
24 }
```

保存并运行程序，结果如下图所示。

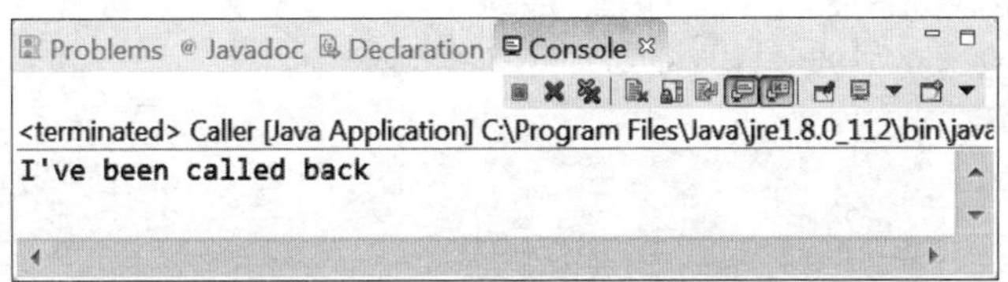

代码详解

第 01~04 行，声明了一个接口 CallBack，在这个接口中声明了一个抽象方法 methodToCallBack( )。

第 05~11 行，用一个名为 CallBackImpl 的类，实现了接口 CallBack。

第 12~24 行，设计了一个主调类 Caller，其中第 14~17 行声明了一个注册方法 register()，特别需要注意的是，这个方法的参数是接口对象 CallBack 的引用。

第 20 行，新建了一个 Caller 对象，第 21 行新建了一个 CallBackImpl 的对象，它是接口 CallBack 的具体实现者。

第 22 行，调用注册方法 register()，实参就是 CallBackImpl 的对象 callBack，因为 CallBackImpl 实现（某种程度上可以说是继承）了抽象接口，所以在 register() 方法中，callBack 可以调用 methodToCallBack() 方法。

或许，读者会困惑，为什么不在第 21 行之后这么做。

```
callback.methodToCallBack()
```

这样岂不是更加简便？的确如此。

但这段代码不在于如何用最短的代码实现具体功能，而是为了给我们展示一下，如何在 Java 环境下实现一个回调机制。

我们知道，回调机制的真正意图，其实是为了实现“控制反转（Inversion of Control）”。通过控制反转，对象在被创建的时候（如第 21 行），由一个能够调控系统内所有对象的外界实体（如第 20 行的 caller），将其所依赖的对象的引用传递给功能方法块（如第 22 行的 callBack，被送入到 register() 中）。

我们知道，同一个接口，可以有不同的实现类，从而使得这些不同的实现类，可以定义众多不同的对象，而这些对象会被按需“注入”功能方法块 register()。在被调用前，这些对象永远处于等待调用状态，直到有一天被回调（callback）。

由上分析可知，控制反转可以用来降低计算机代码之间的耦合度。

在控制反转的设计模式提出之后，引起了很大的关注和争议。于是，资深程序员马丁 • 福勒（Martin Fowler）发表了一篇经典文章《Inversion of Control Containers and the Dependency Injection pattern》（控制容器的反转和依赖注入模式），终于算是平息了争论。于是，“控制反转”又获得了一个新的名字：“依赖注入（Dependency Injection）”。“依赖注入”的确更加准确地描述了这种设计理念。所谓依赖注入，就是指组件之间的依赖关系由容器在运行期决定，在注入之前，对象之间的耦合关系是松散的。

下面，我们再列举一个更加实用的案例，来说明 Java 中的回调机制。

范例 9-9 利用接口实现Java中的回调机制（callBackDemo.java）

```
import java.awt.Rectangle;
interface Measurer
{
  double measure(Object anObject);
}
class AreaMeasurer implements Measurer
{
  public double measure(Object anObject)
  {
    Rectangle aRectangle = (Rectangle) anObject;
    double area = aRectangle.getWidth() * aRectangle.getHeight();
    return area;
  }
}
class Car
{
  private double price;
  private double taxRate;
  Car(double price, double taxRate)
  {
    this.price = price;
    this.taxRate = taxRate;
  }
  public double getPrice()
  {
```

```
        return price;
    }
    public double getRate()
    {
        return taxRate;
    }
}
class CarMeasurer implements Measurer
{
    public double measure(Object anObject)
    {
        Car aCar = (Car) anObject;
        double totalPrice = aCar.getPrice() * (1 + aCar.getRate());
        return totalPrice;
    }
}
class Data
{
    public static double average(Object[] objects, Measurer meas)
    {
        double sum = 0.0;
        for (Object obj : objects)
        {
            sum = sum + meas.measure(obj);
        }
        if (objects.length > 0)
        {
            return sum / objects.length;
        } else {
            return 0;
        }
    }
}
public class callBackDemo
{
    public static void main(String[] args)
    {
        Measurer areaMeas = new AreaMeasurer();
        Rectangle[] rects = new Rectangle[]
        {
            new Rectangle(5, 10, 20, 30),
            new Rectangle(10, 20, 30, 40),
            new Rectangle(20, 30, 5, 15)
        };
        double averageArea = Data.average(rects, areaMeas);
        System.out.println(" 平均面积为 : " + averageArea);

        Measurer carMeas = new CarMeasurer();
        Car[] cars = new Car[]
        {
            new Car(20000, 0.12),
```

```
77            new Car(30000, 0.16),
78            new Car(90000, 0.18),
79        };
80        double averagePrice = Data.average(cars, carMeas);
81        System.out.println(" 平均价格为 : "+ averagePrice);
82    }
83 }
```

保存并运行程序，结果如下图所示。

```
Problems  @ Javadoc  Declaration  Console
<terminated> callBackDemo [Java Application] C:\Program Files\Java\jre1.8.0_112\b
平均面积为: 625.0
平均价格为: 54466.666666666664
```

代码详解

在第 02~05 行，声明了如下一个测量器的接口 Measurer，在这个接口里，声明了一个 measure( ) 方法，很明显，这是一个抽象方法，只有方法声明，而没有实现方法体。此外，还应该注意到，在这个 measure 方法内，测量的是某个对象（Object），这个对象到目前为止，并不明确。不明确的用意在于，先不绑定任何特定的对象。

第 06~14 行，通过 AreaMeasurer 类来实现（implement）Measurer 接口。这时，把抽象的方法 measure( ) 具体化，把抽象的对象明确化（Rectangle aRectangle = (Rectangle) anObject），才能使用。需要注意的是，在 Java 的继承体系中，由于 Object 对象是所有对象的“鼻祖”，因此，Object 对象可以“化身”为任何类型对象的引用。

第 42~58 行，定义了一个 Data 类，这个类负责求某个对象属性的均值。但需要注意的是，这个方法 average( ) 所代表的算法，和其操作的对象是松耦合的。因为这个 average( ) 方法的第一个参数是抽象的对象（Object）类型数组，第二个参数是抽象的测量接口 Measurer 类型。其特别之处在于，把求均值这个方法和求均值的对象暂时分割开（也可以认为是解耦）。

随后，当我们遇到对象是矩形，那么我们就求矩形面积的均值（第 06~14 行）。如果后期我们遇到对象是汽车，那么我们就求这些汽车售价的均值（第 15~41 行）。显然，这种延后确定对象，之后“有的放矢”地求均值机制，让这个方法更具有一般性和通用性。

虽然求均值的方法是一样的：各对象值求和 / 对象个数。

但不同的对象，有不同的测量方法，而这些不同的个性化测算方法，则是来自于对接口 Measurer 的不同实现版本，即不同的对象，实现不同版本的 measure( ) 方法。第 06~14 行显示的是矩形的测算方法，而第 33~41 行则显示的求汽车价格的测算方法。

【范例分析】

上面代码中第 63 行，明确测量的对象为面积测量，第 64~69 行定义一些列的矩形对象。然后调用 Data 类的静态方法 average( )，实参 rects（矩形对象数组）给这个方法中的第一个参数——形参 objects 赋值，第二个参数的实参 areaMeas，实际上是一个面积测量的对象，被赋值给形参 meas。前面涉及几个类和接口之间的 UML 关系，如下图所示。

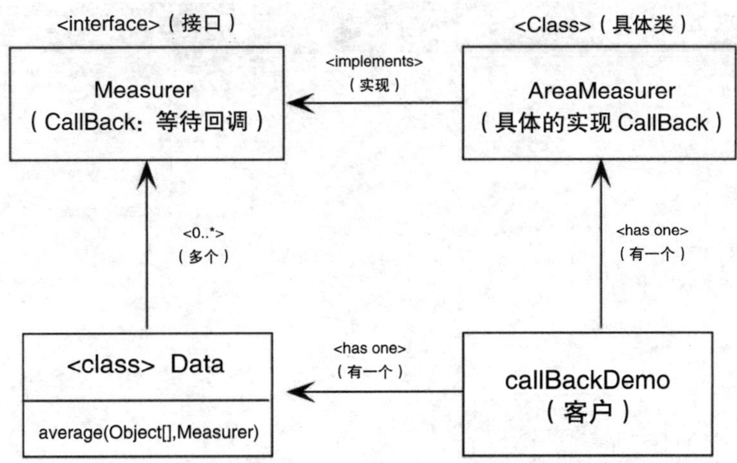

类似的，第 73 行，明确测量的对象为计算汽车销售价格均值，第 74~79 行定义一些列的矩形对象（即对象数组）。然后调用 average( ) 方法，实参 cars（汽车对象数组），给这个方法中的第一个参数——形参 objects 赋值，第二个参数的实参 carMeas，实际上是一个价格计算的对象，被赋值给形参 meas。

由上分析可知，Data 类中的 average() 方法，从 Rectangle、Car 等类中解耦出来。Rectangle 类和 Car 类，也不再和其他类耦合，取而代之的是，我们提供了一个诸如 AreaMeasure、CarMeasure 等小助手（即接口 Measurer 的一个具体实现）。这个助手类存在的唯一目的，就是告诉 average 方法，如何来测量对象的某种属性值的平均值。

我们知道，控制反转关注的是，一个对象如何获取他所依赖的对象的引用，这是责任的反转。请读者参照范例 9-8，分析一下，在范例 9-9 中，控制反转（或者是角色注入）体现在什么地方呢?

9.3 内部类

所谓的内部类，就是指在一个类的内部又定义了其他类。

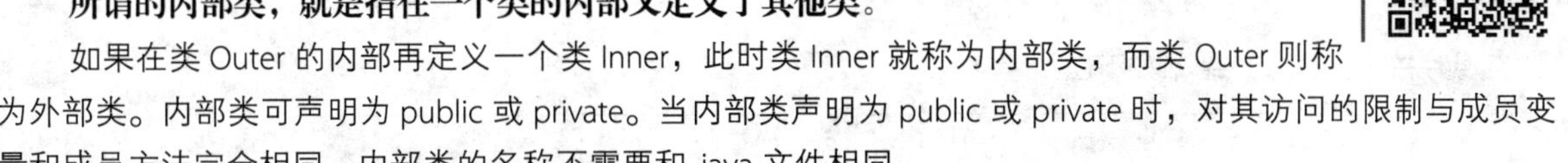

如果在类 Outer 的内部再定义一个类 Inner，此时类 Inner 就称为内部类，而类 Outer 则称为外部类。内部类可声明为 public 或 private。当内部类声明为 public 或 private 时，对其访问的限制与成员变量和成员方法完全相同。内部类的名称不需要和 .java 文件相同。

9.3.1 内部类的基本定义

内部类的定义格式如下所示。

```
标识符 class 外部类的名称
{
  // 外部类的成员
  标识符 class 内部类的名称
  {
    // 内部类的成员
  }
}
```

内部类主要有如下作用。

（1）内部类提供了更好的封装，可以把内部类隐藏在外部类之内，不允许同一个包中的其他类访问该类。

（2）内部类成员可以直接访问外部类的私有数据，因为内部类被当成其外部类成员，同一个类的成员之间可以相互访问。但外部类不能访问内部类的实现细节，例如，内部类的成员变量。

（3）匿名内部类适合用于创建那些仅需要一次的类。

范例 9-10　内部类的使用（ObjectInnerDemo.java）

```
01 class Outer
02 {
03    int score = 95;
04    void inst()
05    {
06       Inner in = new Inner();
07       in.display();
08    }
09    public class Inner
10    {
11    // 在内部类中声明一个 name 属性
12       String name = " 张三 ";
13       void display()
14       {
15          System.out.println(" 成绩 : score = " + score);// 输出外部类中的属性
16       }
17    }
18 }
19 public class ObjectInnerDemo
20 {
21    public static void main(String[] args)
22    {
23       Outer outer = new Outer();
24       outer.inst();
25    }
26 }
```

保存并运行程序，结果如下图所示。

Problems　Javadoc　Declaration　Console

<terminated> ObjectInnerDemo [Java Application] C:\Program Files\Java\jre1.8.0_112\bin\javaw.exe

成绩: score = 95

代码详解

第 04~08 行声明了一个 inst() 方法，用于实例化内部类的对象 in。

第 09~17 行，在 Outer 类的内部声明了一个 Inner 类，此类中有一个 display() 方法，用于打印外部类中的 score 属性。

【范例分析】

从程序中可以看到，内部类 Inner 可以直接调用外部类 Outer 中的 score 属性，现在如果把内部类拿到外面来单独声明，那么在使用外部类 Outer 中的 score 属性时，则需要先产生 Outer 类的对象，再由对象通过点操作（“.”），调用 Outer 类中的公有接口（也就是公有方法），然后再由这些公有接口“间接”地访问 score 属性。

由此可以看到，由于使用了内部类操作，程序在访问 score 属性的时候，减少了创建对象的操作，从而省去了一部分的内存开销。

```
YHMacBookPro:ObjectInnerDemo yhilly$ javac ObjectInnerDemo.java
YHMacBookPro:ObjectInnerDemo yhilly$ ls
ObjectInnerDemo.class   Outer$Inner.class
ObjectInnerDemo.java    Outer.class
YHMacBookPro:ObjectInnerDemo yhilly$ java ObjectInnerDemo
成绩: score = 95
YHMacBookPro:ObjectInnerDemo yhilly$
```

3个类文件

需要读者注意的是，内部类是一个编译时的概念，一旦编译成功，事实上，就会生成完全不同的两个类（类个数总和取决于内部类的个数加上外部类个数）。对于一个名为 Outer 的外部类和名为 Inner 的内部类，编译完成后出现 Outer.class 和 Outer$Inner.class 两个类，以及包含主方法的测试类 ObjectInnerDemo，如上图所示，其中 Outer$Inner.class 就是一个编译好的内部类，而“$”就表示隶属关系。在运行时需要注意的是，只能用 java 来解析含有主方法的类 ObjectInnerDemo。

9.3.2 在方法中定义内部类

内部类不仅可以在类中定义，也可以定义在方法体或作用域内（即由“{ }”括起来的区域）。这样的内部类作用范围仅局限于方法体或特定的作用域内，因此也称为局部内部类。下面举例说明。

范例 9-11 在方法中定义内部类（ObjectInnerClass.java）

```
class InnerClassTest
{
   int score = 95;
   void inst( )
   {
      class Inner
      {
         void display( )
         {
            System.out.println(" 成绩 : score = " + score);
         }
      }
      Inner in = new Inner( );
      in.display( );
   }
}
public class ObjectInnerClass
{
   public static void main(String[] args)
   {
      InnerClassTest outer = new InnerClassTest();
      outer.inst( );
   }
}
```

保存并运行程序，结果如下图所示。

```
Problems  Javadoc  Declaration  Console
<terminated> ObjectInnerClass [Java Application] C:\Program Files\Java\jre1.8.0_112\bin\javaw.exe
成绩: score = 95
```

代码详解

在 InnerClassTest 类中的第 04~15 行声明了一个 inst( ) 方法，在此方法中又声明了一个名叫 Inner 的内部类，同时产生了 Inner 的内部类实例化对象（第 13 行），调用其内部的方法 display( )（第 14 行）。

第 21 行产生了一个 InnerClassTest 类的实例化对象 outer，并在第 22 行调用 Outer 类中的 inst( ) 方法。

【范例分析】

在命令行下运行 Java 程序，可以显示更多细节，如下图所示。

```
YHMacBookPro:ObjectInnerClass yhilly$ javac ObjectInnerClass.java
YHMacBookPro:ObjectInnerClass yhilly$ ls
InnerClassTest$1Inner.class      ObjectInnerClass.class
InnerClassTest.class             ObjectInnerClass.java
YHMacBookPro:ObjectInnerClass yhilly$ java ObjectInnerClass
成绩: score = 95
YHMacBookPro:ObjectInnerClass yhilly$
```

像上一个类一样，编译完成后出现多个类，而且只能用 java 来解析含有主方法的类 ObjectInnerClass。

像其他类一样，局部内部类也可以进行编译，所不同的是，作用域不同而已，局部内部类只在该方法或条件的作用域内才能使用，出了这些作用域后，便无法引用。读者可以把局部内部类想象成一个普通的数据类型，普通的数据类型在某个方法体内或作用域内，定义了一个局部变量，出了它所定义的作用域范围，它的生命周期就到头了，其他地方自然也就无法引用它。

9.4 匿名内部类

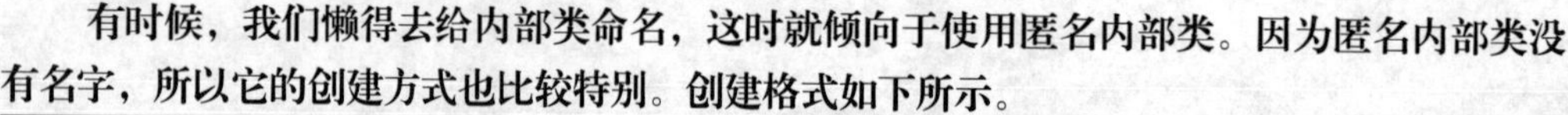

有时候，我们懒得去给内部类命名，这时就倾向于使用匿名内部类。因为匿名内部类没有名字，所以它的创建方式也比较特别。创建格式如下所示。

```
new 父类构造器（参数列表）| 实现接口 ()
{
//匿名内部类的类体部分
}
```

这里，我们可以看到，使用匿名内部类，我们必须要继承一个父类或实现一个接口。需要注意：①匿名内部类是没有 class 关键字做修饰的；② 匿名内部类是直接使用 new 来生成一个对象的引用。在 new 之前，这个匿名内部类是要先定义的。

范例 9-12 匿名内部类使用实例（AnonymousInnerClass.java）

```
abstract class Bird
{
   private String name;
   public String getName()
   {
      return name;
   }
```

```
08      public void setName(String name)
09      {
10          this.name = name;
11      }
12      public abstract int fly();
13  }
14
15  public class AnonymousInnerClass
16  {
17      public void birdBehaviour(Bird bird)
18      {
19          System.out.println(bird.getName() + “最高能飞 " + bird.fly() + " 米 ");
20      }
21      public static void main(String[] args)
22      {
23          AnonymousInnerClass AnonyObjObj = new AnonymousInnerClass();
24          AnonyObjObj.birdBehaviour(new Bird()
25              {
26                  public int fly()
27                  {
28                      return 1000;
29                  }
30                  public String getName()
31                  {
32                      return " 小鸟 ";
33                  }
34              });
35      }
36  }
```

保存并运行程序，结果如下图所示。

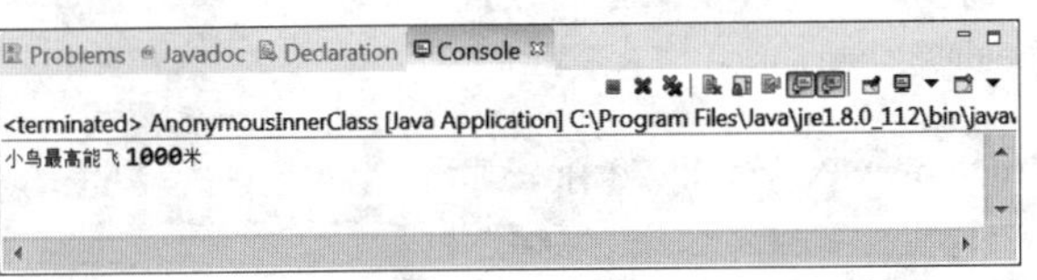

代码详解

代码第 01~13 行，定义了一个抽象类 Bird，里面有个仅有方法声明而无方法体的抽象方法——fly( )。根据前面学习到的知识，我们知道，如果抽象类 Bird 内部的抽象方法没有具体化，永远都是抽象类，没有办法用 new 关键字，创建一个实例。

第 17 行，在 birdBehaviour 方法的参数列表中，bird 仅仅作为方法体的形参——也就是形式上的参数，换句话说，它天生就是来接纳实参（实际上的参数）来赋值的，所以参数列表中并不涉及生成新对象。

在第 23 行，生产一个 AnonymousInnerClass 类的对象 AnonyObjObj。

接着，重点来了，在第 24 行，对象 AnonyObjObj 使用自己类的公有方法 birdBehaviour( )，此刻，这个方法的参数要做实了，它需要一个实实在在的 Bird 对象。而我们知道，Bird 本身还是一个抽象类，想定义对象，必须先把这个类中的抽象方法变得不抽象（也就是设计实现部分）。

假设这个抽象类的非抽象化仅仅就用一次，那么这个类定义出来的实例对象叫什么名字也无所谓，索性就不给它取名字，用一个匿名类好了。于是，在第 25~35 行，实际上，就重新定义了抽象类，主要目的还是让抽象方法 fly( ) 不再抽象了。然后，第 24 行用 new 操作，创建了一个无名小鸟 bird，当作实参，传递给 birdBehaviour( )。

由此可以看到，第24~35行代码的目的就是要生产出来一个“一次性”的、用完就扔的Bird类实例而已。但因为这种“偷懒”的方法，让代码的可读性变得较差，所以并不推荐。请读者思考，在这个范例中，如何改成可读性较好的非匿名类实现同样的功能？

提示

匿名内部类存在一个缺陷，就是它仅能被使用一次，创建匿名内部类时，它会立即创建一个该类的实例，该类的定义会立即消失，所以匿名内部类不能够被重复使用。

9.5 匿名对象

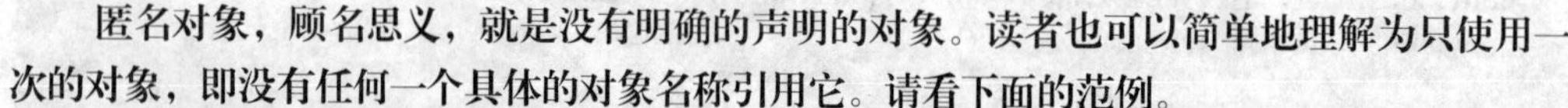

匿名对象，顾名思义，就是没有明确的声明的对象。读者也可以简单地理解为只使用一次的对象，即没有任何一个具体的对象名称引用它。请看下面的范例。

范例 9-13 匿名对象的使用（AnonymousObject.java）

```
01 class Person
02 {
03    private String name = " 张三 ";
04    private int age = 25;
05    public String talk( )
06    {
07       return " 我是：" + name + "，今年：" + age + " 岁 ";
08    }
09 }
10 public class AnonymousObject
11 {
12 public static void main(String[] args)
13    {
14       System.out.println(new Person( ).talk( ));
15    }
16 }
```

保存并运行程序，结果如下图所示。

Problems Javadoc Declaration Console

<terminated> AnonymousObject [Java Application] C:\Program Files\Java\jre1.8.0_112\bin\javaw.ex

我是：张三，今年：25岁

代码详解

第 01~09 行声明了一个 Person 类，里面有 name 和 age 两个私有属性，并分别赋了初值。

第 14 行声明了一个 Person 匿名对象，通过“new Person( )”产生一个匿名对象，然后再通过“对象 . 方法名”的 Java 语法格式，调用 Person 类中的 talk( ) 方法。

【范例分析】

从程序中可以看到，用“new Person( )”声明的对象，它并没有赋给任何一个 Person 类对象的引用，所以此对象只使用了一次，用完之后，就会被 Java 的垃圾收集器回收。

现在总结一下匿名对象的特点。

（1）匿名对象不会被其他对象所引用。

（2）匿名对象是“一次性（disposable）”的对象产品，使用一次就变成垃圾了，被垃圾回收器收回了。有意思的是，英文单词中的“disposable”，有“可任意处理的”和“用完即可丢弃的”这两层含义，都可以用于形容“匿名对象”。

9.6 高手点拨

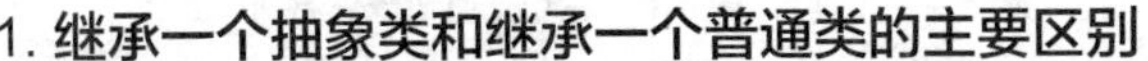

1. 继承一个抽象类和继承一个普通类的主要区别

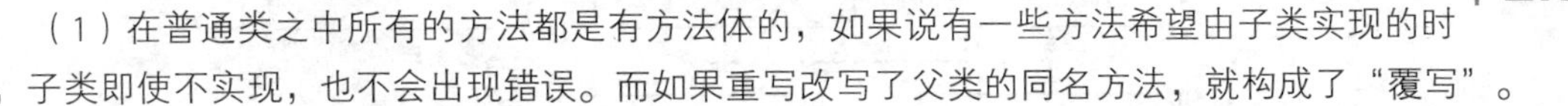

（1）在普通类之中所有的方法都是有方法体的，如果说有一些方法希望由子类实现的时候，子类即使不实现，也不会出现错误。而如果重写改写了父类的同名方法，就构成了“覆写”。

（2）如果使用抽象类的话，那么抽象类之中的抽象方法，在语法规则上就必须要求子类给予实现，这样就可以强制子类做一些固定操作。

2. 接口不能实例化对象

我们可以声明一个接口对象的变量（引用），假设我们定义一个接口 faceA 。

```
interface  faceA  //定义一个接口 A
{
   void doSomething( );
}
```

下面的定义是合法的。

```
faceA  myface;
```

但是，我们不能用接口构造一个对象，如下代码是错误的。

```
faceA  myface = faceA( );// 错误
```

原因很简单，接口不是一个类，接口中的方法基本上都是抽象的，所以不能用它构造（通过 new 操作）一个对象。但一个接口变量（即引用）却可以指向它的子类对象（也就是通过“实现”这个接口的类的对象），如下所示。

```
class  myClass implements faceA  //定义一个接口 A
{
   @Override
   void doSomething( )
   {
      Doing something;
   }
   void doNewSomething( )
   {
      Doing new thing;
   }
}
faceA  myface = new myClass();  //正确，但只能访问 myClass 从接口 faceA“实现”的方法
```

3. 接口、抽象类、类、对象的关系

（1）基本类：也就是一般的类（一般所说的类就是基本类），是对象的模板，是属性和方法的集合。可以继承其他的基本类（继承一个）、抽象类（继承一个）、实现接口（实现多个）。

（2）抽象类：有抽象方法的类（抽象方法就是该方法必须由继承来实现，本身只定义，不实现）。抽象

类可以有一个或多个抽象方法，它是基本类和接口类的过渡。

（3）接口：接口中的所有方法除默认方法（带方法体）外都是抽象方法，抽象方法本身只定义，不实现，用来制定标准。

四者间的关系如下图所示。

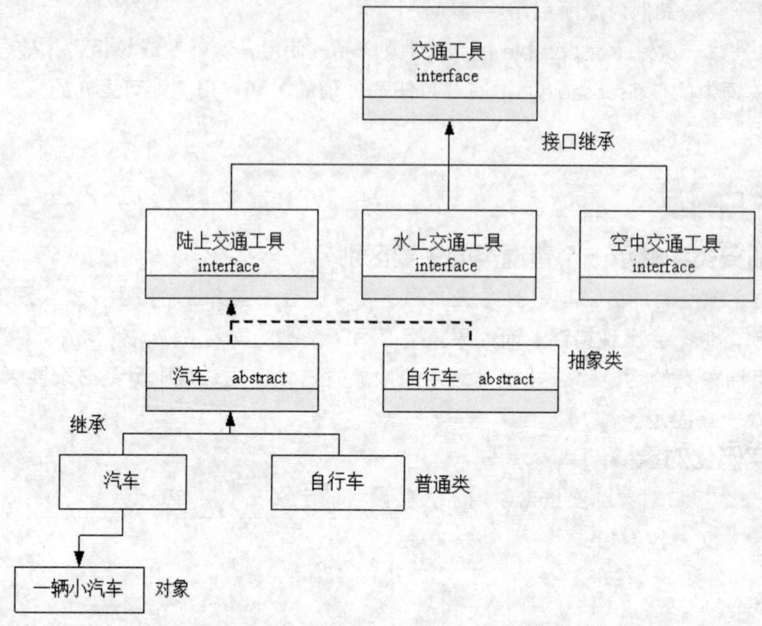

实际上，所谓的接口就是指在类的基础上的进一步抽象（抽离数据，保留行为）。而很多时候在开发之中，也会避免抽象类的出现，因为抽象类毕竟存在单继承的局限。类与类之间的共性就成了接口的定义标准。

类、抽象类、接口之间的角色扮演，可以用如下的例子来做类比。比如说，在一个公司里，有老板、老板聘用的经理和员工 3 种角色。普通类就好比是员工，抽象类就好比是经理，接口就好比是老板。在接口里，“老板”就是动动嘴皮子，光提方法，但他自己不去实现。比如，老板说我要那个文件，给我定个机票，我要那个策划方案等，都是手下的人去实现。

在抽象类中，它给出的方法，有的是他自己做，有的是其他人做（即继承于它这个类的子类）。比如经理说我要那个文档，员工就要发给他，但是他自己也要做点事，比如拿方案给老板看。一言蔽之，经理（抽象类）需要又说又做。相比而言，普通类“脚踏实地”，自己给出的方法要非常具体，什么都要实现，亲力亲为。

4. 接口和抽象类的应用

抽象类（abstract）在 Java 语言中体现了一种继承关系，要想使继承关系合理，父类和派生类之间必须存在“IS A”关系，即父类和派生类在概念本质上应该是相同的。对于 interface 来说则不然，并不要求 interface 的实现者和 interface 定义在概念本质上是一致的，仅仅是实现了 interface 定义的契约而已。

考虑这样一个例子，假设建立一个关于 Door 的抽象概念，一般认为 Door 可执行两个动作：open 和 close，若通过 abstract class 或 interface 来定义一个表示该抽象概念的类型，定义方式分别如下所示。

使用 abstract 类方式定义 Door。

```
abstract class Door
{
  abstract void open();
  abstract void close();
}
```

使用 interface 方式定义 Door。

```
interface Door
```

```
{
  void open();
  void close();
}
```

其他具体子类，比如说子类——木门类（WoodDoor）或铁门类（IronDoor）等可以通过 extends（扩展）继承抽象类 Door 中定义的两个方法 open() 和 close()。

类似地，木门类或铁门类也可以通过关键字 implements，同样继承使用接口 Door 中的两个方法。这样看起来，使用 abstract class 和 interface 好像没有太大的区别。

事实上，并非如此。比如说，如果用户的需求发生变化，现在要求所有的 Door 都要具备报警的功能，那该如何设计这个类结果呢？

解决方案一

简单地在抽象类 Door 中新增加一个 alarm 的方法如下所示。

```
abstract class Door
{
  abstract void open();
  abstract void close();
  abstract void alarm(); //新添加一个抽象方法
}
```

那么，具有报警功能的子类 AlarmDoor 继承上述变更的父类即可，具体代码如下所示。

```
class AlarmDoor extends Door
{
  void open() { … } //实现继承而来的方法 open()
  void close() { … } //实现继承而来的方法 close ()
  void alarm() { … } //实现继承而来的方法 alarm ()
}
```

另外一种修改方式是利用 interface 实现，如下所示。

```
interface Door
{
  void open();
  void close();
  void alarm(); //新添加一个报警接口 alarm
}
```

那么，具有报警功能的子类 AlarmDoor 通过 implements 继承接口添加新方法，具体代码如下所示。

```
class AlarmDoor implements Door
{
  void open() { … }
  void close() { … }
  void alarm() { … }
}
```

然而，直接在抽象类或接口中新增加 alarm 方法，其实是违反了面向对象设计中的一个核心原则——接口隔离原则（Interface Segregation Principle，ISP）。前面的行为，即把 Door 概念本身固有的行为方法（如 close 和 open）和另外一个概念“报警器”的行为方法混在了一起。

这样就会引起一个问题，那些仅仅依赖于 Door 这个概念的模块，会因为抽象类（父类）“添加报警器”这个方法的改变而被迫改变，并不是所有的子类都需要报警功能的。

在一个接口中添加一个新方法，也会导致所有使用这个接口的子类被迫使用这个它可能不需要的方法。此外，这种不断地在接口中添加新方法的策略，也会使原来的Door接口变得越来越“胖”，这就是所谓的“接口污染”。

解决方案二

事实上，我们还有第二种方法。显然，open、close 和 alarm 属于两个不同的概念，前两个（open、close）是必备功能，而 alarm 是附加功能。根据 ISP 原则，应该把它们分别定义在代表这两类概念的两个抽象类中。

定义的可能方式有 3 种。

（1）这两个概念都使用 abstract class 方式定义。

点评：因为 Java 语言不支持多重继承，所以两个概念都使用 abstract class 方式定义是不可行的，因为其子类不可能同时继承“Door”和“Alarm”两个类，从而达成 AlarmDoor 功能的汇集。

（2）两个概念都使用 interface 方式定义。

点评：在概念本质上，无法明确体现 AlarmDoor，到底是 Door，还是报警器，无法反映 AlarmDoor 在概念本质上和 Door 是一致的。

（3）一个概念使用 abstract class 方式定义，另一个概念使用 interface 方式定义。

```
abstract class Door
{
    abstract void open();
    abstract void close();
}
interface Alarm
{
    void alarm();
}
class AlarmDoor extends Door implements Alarm
 {
    void open() { … }
    void close() { … }
    void alarm() { … }
}
```

点评：这是一个“中庸”的方案，比较符合我们的要求，在概念上继承了“Door”的所有特性，同时，又通过实现接口，在功能上完成了“扩展”。抽象类在 Java 语言中表示一种继承关系，而继承关系在本质上是“is a”关系，对于 Door 这个概念，我们应该使用 abstract class 方式来定义。interface 表示的是“like a”关系，AlarmDoor 又具有报警功能，说明它又能够完成报警概念中定义的行为。

9.7 实战练习

1. 设计一个限制子类访问的抽象类实例，要求在控制台输出如下结果。

教师——> 姓名：刘三，年龄：50，职业：教师

工人——> 姓名：赵四，年龄：30，职业：工人

2. 利用接口及抽象类设计实现。

（1）定义接口圆形 CircleShape()，其中定义常量 PI，默认方法 area 计算圆面积。

（2）定义圆形类 Circle 实现接口 CircleShape，包含构造方法和求圆周长方法。

（3）定义圆柱继承 Circle 实现接口 CircleShape，包含构造方法、圆柱表面积、体积。

（4）从控制台输入圆半径，输出圆面积及周长。

（5）从控制台输入圆柱底面半径及高，输出圆柱底面积、圆柱表面积及体积。

3. 定义一个包含“name”“age”和“sex”的对象，使用匿名对象输出对象实例。

4. 完成一个统计 Book 类产生实例化对象的个数。

第 10 章 更灵活的设计——泛型

JDK 5.0 以后增加了泛型，泛型可以通过一种类型或方法操作各种不同的类型，其提供了编译时类型的安全性。这是一个比较大的改动，甚至有些 Java 的 API 都进行了重写，泛型的引入方便了我们的开发。通过本章的学习，读者将理解并掌握泛型的概念和使用方法，包括泛型类和泛型方法。

本章要点（已掌握的在方框中打钩）

- □ 泛型概念
- □ 泛型类、泛型方法和泛型接口
- □ 泛型使用的限制
- □ 泛型通配符
- □ 泛型继承

10.1 泛型的概念

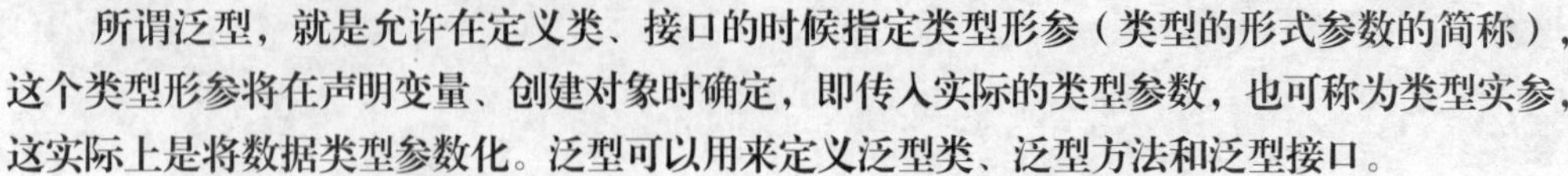

所谓泛型，就是允许在定义类、接口的时候指定类型形参（类型的形式参数的简称），这个类型形参将在声明变量、创建对象时确定，即传入实际的类型参数，也可称为类型实参，这实际上是将数据类型参数化。泛型可以用来定义泛型类、泛型方法和泛型接口。

在 JDK 5.0 之后的代码中，如果定义了泛型，但是没有使用泛型的话，为了兼容之前版本的 JDK，会给出一个警告错误，但不影响编译和运行。

范例 10-1　JDK版本中有关泛型向下兼容的警告错误

```
01  public class Base<T> {
02      T m;
03      Base(T t) {
04          m = t;
05      }
06
07      public void print() {
08          System.out.println("base print ： " + m);
09      }
10  }
11  Base<String> base=new Base<String>
12  Base<String> base1=new Base("aa");
```

第 11 行不会报警告错误，第 12 行会报“Base is a raw type”的错误。

10.2 泛型类的定义

泛型类的定义语法如下所示。

[访问修饰符] class 类名称 <T>

泛型类的定义主要作用在于在类被实例化后，方便传入具体的参数对类的成员属性和成员方法进行替换。

范例 10-2　泛型类定义

```
public class Base<T> {
    T m;
    Base(T t) {
        m = t;
    }
    public T getM(){
        return m;
    }
    public void print() {
        System.out.println("base print ： " + m);
    }
    public static void main(String[] args) {
        Base<String> base=new Base<String>("base class is general");
        System.out.println(base.getM());
    }
}
```

第 01 行定义了泛型类 Base，并通过 T 来定义成员变量 *m*，定义了 getM 方法的返回值和构造方法的参数 *t*，13 行实例了一个对象 base，并传入 String 类作为 T 的类型，这个被称为泛型类的实例化，有点类似于类的实例化。之后 *m*、*t* 的类型就变成了 String，getM 的返回值也是 String。其实，是把 T 作为参数来定义这几个变量的类型和方法的参数类型。

T 可以用任何一种引用类型，但是不允许使用基本类型，如 int、double、char、boolean 等是不允许的。类型类被定义后，可以使用 T 来定义其成员变量和成员方法的返回值与参数。

10.3 泛型方法的定义

泛型方法主要用于容器类，Java 中任何方法，包括静态的（注意，和泛型类不一样，泛型类不允许在静态环境中使用）和非静态的，均可以用泛型来定义，而且和所在类是否是泛型没有关系，下面是泛型方法的定义。

```
[public] [static] <T> 返回值类型 方法名（T 参数列表）
```

范例 10-3 泛型方法定义

```
public class GeneralMethod {
    public static <U> void print(U[] list) {
        System.out.println();
        for (int i = 0; i < list.length; i++) {
            System.out.print(" " + list[i]);
        }
        System.out.println();
    }
    public static void main(String[] args) {
        String a[]={"a","b","c","d","e"};
        Character b[]={'1','2','3','4','5'};
        GeneralMethod.print(a);
        GeneralMethod.print(b);
    }
}
```

输出结果如下所示。

```
a b c d e
1 2 3 4 5
```

使用泛型方法时，至少返回值或参数有一个是泛型定义的，而且应该保持一致，否则可能会受到各种限制，因此，这里建议保持一致。

10.4 泛型接口的定义

接口也可以定义为泛型的，语法如下所示。

```
[public] interface <T>
```

范例 10-4 泛型接口定义

```
public class GeneralInterface {
  public static void main(String[] args) {
     System.out.println(new TestIBase().getA());
  }
}
```

```
interface IBase<T>{
  public T getA();
  public T getB();
}
class TestIBase implements IBase<String>{
  public String getA() {
      return "A";
  }
  public String getB() {
      return "B";
  }
}
```

按照泛型接口的语法规定，不能在接口中使用泛型来定义成员属性，下面的定义方法是不被允许的，这一点和泛型类是不同的。

```
01 interface IBase<T>{
02     T m;
03     public T getA();
04     public T getB();
05 }
```

第 02 行会报“Cannot make a static reference to the non-static type T”错误，这表示在接口中直接定义泛型成员属性是不被允许的。

10.5 泛型的使用限制和通配符的使用

在泛型的使用过程中，有些情况是不能使用泛型的，有时开发者对泛型实例化也想进行一些限制，这些都可以通过泛型的使用限制来完成，尽管它们是有限的。另外，在泛型的定义过程中，还可以使用通配符来提高泛型定义的灵活性。

10.5.1 泛型的使用限制

这里泛型的使用限制有两种含义：其一是什么情况下不能使用泛型，其二是开发者想限制泛型的实例化过程。

以下几种情况泛型是不被允许的。

（1）不能使用泛型的形参创建对象。下面的语句是错误的。

```
T o=new T();
```

（2）不能在静态环境中使用泛型类的类型参数，下面的用法是错误的。

```
public class A<T>{
  public static T t;// 错误
  public T getA（）{// 允许
  …
  }
}
```

（3）异常类不能是泛型的，换句话说，泛型类不能继承 java.lang.Throwable 类。如类 D 的定义 public class D <T> extends java.lang.Throwable 就是不被允许的。

（4）泛型不能初始化一个数组，但是可以声明数组。下面的用法是错误的。

```
T [ ] b=new T[10];
```

如果开发者想限制泛型的实例化，则可以通过下面的方法。

```
泛型类名 <T extends 超类 >
```

范例 10-5 泛型类的实例化限制

```
01 public class Base<T extends supA> {
02     T m;
03     Base(T t) {
04             m = t;
05     }
06     public T getM(){
07             return m;
08     }
09     public void print() {
10             System.out.println("base print : " + m);
11     }
12     public static void main(String[] args) {
13             B bb=new B("test B");
14             Base<B> base=new Base<B>(bb);// 允许
15             Base<String> base=new Base<String>("base class is general"); // 不允许
16             System.out.println(base.getM());
17     }
18 }
19 class supA{
20     public String toString(){
21             return "supA";
22     }
23 }
24 class B extends supA{
25     String b;
26     public B(String b){
27             this.b=b;
28     }
29     public String toString(){
30             return "subB";
31     }
32 }
```

通过 T extends supA 将泛型实例化的对象限制到必须是 supA 的子类，所以第 14 行是允许的，而第 15 行是不允许的。

supA 可以是接口，但是 extends 不能换成 implements，必须使用 extends。

10.5.2 通配符的使用

引入通配符可以在泛型实例化时更加灵活地控制，也可以用在方法中控制方法的参数。语法如下所示。

```
泛型类名 <? extends T> 或泛型类名 <? super T>
```

extends 规定了“? ”的上限，super 规定了“? ”的下限，还有一种做法是省略了 extends，看起来是下面的形式。

```
泛型类名 <? >
```

这表示泛型实例化对象可以是任何允许的类型。

范例 10-6 通配符在泛型类创建泛型对象中使用

```
01 class gent <T>{
02 }
03 public class testa {
04     public static void main(String[] args) {
05         gent <? extends String> o;
06         o=new gent<String>();// 正确
07         o=new gent<Number>();// 错误
08     }
09 }
```

第 05 行的 o 对象声明中“? extends String”决定了泛型的实例化对象只能是 String 类或它的子类，所以第 06 行正确，而第 07 行是错误的。

范例 10-7 通配符在方法参数中的使用

```
01 class supC{
02     public String toString(){
03         return "supA";
04     }
05 }
06 class Bc extends supC{
07     String b;
08     public Bc(String b){
09         this.b=b;
10     }
11     public String toString(){
12         return "subB";
13     }
14     public void test(gent<? extends supC> o){
15     }
16     public static void main(String[] args) {
17         Bc bc=new Bc("test");
18         gent<Bc> oGent=new gent<Bc>();
19         bc.test(oGent);
20     }
21 }
```

第 14 行定义了方法 test 的参数 o，指明泛型参数必须是 supC 类或其子类，第 19 行是调用，oGent 是 supC 的子类对象。

10.6 泛型的继承和实现

泛型类和泛型接口被定义后，是可以被继承和实现的。下面举例说明泛型类的继承和泛型接口的实现过程。

范例 10-8 泛型类的继承

```
public class A<E>{
    E t;
}
public class B<T,T1> extends A<T>{

}
```

子类 B 在定义的时候，如果省略了 A 后的 <T>，那么 B 的 T 自动变成 Object，建议定义时加上 <T> 以保留父类的类型参数。B 类还可以增加新的泛型 T1。

范例 10-9 泛型接口的实现

```
interface IT<T>{
    public T dis();
}
public class testIT<E> implements IT<E>{
    E e;
    public testIT(E e){
        this.e=e;
    }
    public E dis() {
        return e;
    }
    public static void main(String[] args){
        testIT<String> tt=new testIT<String>("test");
        System.out.println(tt.dis());
    }
}
```

实现类 testIT 不能省略 <E>，必须和普通实现类一样，实现 IT 接口中的所有方法。

10.7 高手点拨

1. 泛型的使用大大增加了程序设计的灵活性，必要时，方法的名字可以用泛型替代，如下所示。

```
public class SupGent {
    public class A<E>{
        E t;
        public A(E t){
            this.t=t;
        }
        public E E(){
            return t;
        }
    }
    public class B<E> extends A<E>{
        public B(E t){
            super(t);
        }
```

```
15      }
16      public static void main(String[] args){
17          SupGent.B<String> b=(new SupGent()).new B<String>("test");
18          System.out.println(b.E());
19      }
20  }
```

第 07 行采用了泛型 E，碰巧方法的名字也是 E，只不过不要弄混，上例输出结果为 test。

2. 在进行数据库 DAO 封装操作时，采用泛型可以简化开发。

```
public class BaseDAO <T>{
    public void Save(T t){        }
    public void Del(T t){         }
    public void Update(T t){      }
    public void Search(T t){      }
}
class TeacherDao extends BaseDAO<Teacher>{
    public void Save(Teacher t){}
    public void newOperator(Teacher t){   }
}
class StudentDao extends BaseDAO<Student>{
    public void Save(Student t){ }
    public void newOperator2(Student t){  }
}
class Teacher{}
class Student{}
```

BaseDAO 定义了基本的数据库增删改查，之后可以继承该泛型类，实现各自的增删改查，或者使用超类的增删改查，同时每个继承类还可以增加自己的操作。

▶10.8 实战练习

参照高手点拨中的第 2 题，完善例子中的代码，实现教师或学生的增删改查，尝试给 TeacherDao、StudentDao 增加新的数据库操作。

第 11 章

更强大和方便的功能——注解

JDK 5.0 以后增加了注解，注解不但增强了程序编写的方便性，而且程序员可以通过反射机制，完成对编程信息的访问。本章介绍注解的用法、自定义注解、通过反射访问注解及通过注解生成注释等内容。

本章要点（已掌握的在方框中打钩）

- □ 注解概述
- □ 常用内置注解
- □ 自定义注解
- □ 通过反射访问注解

11.1 注解概述

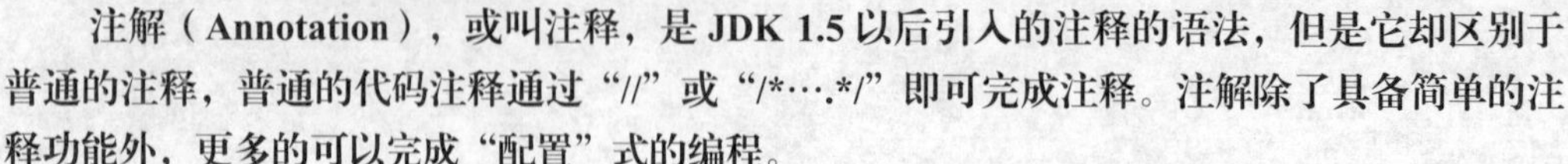

注解（Annotation），或叫注释，是 JDK 1.5 以后引入的注释的语法，但是它却区别于普通的注释，普通的代码注释通过“//”或“/*….*/”即可完成注释。注解除了具备简单的注释功能外，更多的可以完成“配置”式的编程。

通过注解可以配置一些编程的元数据，比如对类、方法、变量、属性等的声明，通过注解的声明可以在编译时、类加载时和运行时实现对这些声明的访问，从而完成更加灵活的程序设计。实际上，注解是一种接口定义，通过该接口定义，再利用 Java 的反射机制来完成其信息的访问。一般来讲，通过 JDK 内置的 Annotation 和自定义的 Annotation 主要可以完成以下几个功能。

- 控制 JavaDoc 文档的生成。
- 跟踪代码的依赖性，实现配置式编程。
- 运行时访问编程元数据。
- 编译时实现格式检查。

注解被广泛应用到各种开发环境中，目前流行的开发框架 SSH（Struts、Spring、Hibernate）中就大量地使用了注解，比如在 Spring 的开发配置中，既可以通过编写 XML 配置文件来实现各种 Bean 的管理和注入，同时可以利用注解的方式，直接在编程时实现 Bean 的声明和注入，这些实际上就是利用注解和反射机制，访问了编程元数据来实现的。

本章接下来讲解一下 JDK 内置的一些常用注解用法，自定义注解方法和注解较为复杂的一些用法。

11.2 常用内置注解

在 JDK 5.0 中，内置了一些注解，通过这些注解方便我们对程序的控制和编写，方便 JavaDoc 的输出控制。内置注解分为两类，一类是元注解，另一类是普通注解。所谓的元注解就是对注解的注解，这个我们在本章的自定义注解小节讲解，下面主要介绍普通注解。常见的普通注解有 @Override、@Deprecate、@SuppressWarnings 等。

注解的特殊使用方法就是必须在关键字前面加上“@”，无论是内置注解还是自定义注解均是这样。@Override 注解用来告诉编译器，@Override 声明的方法是覆盖超类方法的。@Deprecate 注解告诉编译器本方法不建议使用。@SuppressWarnings 注解用来抑制警告信息的显示。@Documented 注解则用来将自定义的注解设置成文档说明。下面一一举例说明。

范例 11-1　通过@Override覆盖超类方法

```
package chapter11;
public class ch11_1 {
    public void test(){
      System.out.println("ok");
    }
}
class subCh11_1 extends ch11_1{
    @Override
    public void Test(){
     System.out.println("ok");
    }
}
```

代码详解

第 09 行的本意是要覆盖超类 ch11_1 的方法 test，但是名字 Test 的首字母写成了大写，这样就无法实现对超类方法的覆盖，因为覆盖必须方法名相同，返回值相同，参数也相同。这时候可以加上第 08 行的 @Override 注解，该注解指明 Test 方法是对超类方法的覆盖，因此编译器会检查是否有覆盖错误。本例编译通不过，只有把 Test 的首字母改成小写后，方可运行。

范例 11-2 通过@SuppressWarnings关闭警告信息

```
01 package chapter11;
02 public class ch11_2 {
03    public static void main(String args[]){
04      @SuppressWarnings("unused")
05      int a;
06      String bString="ok";
07      System.out.println("@SuppressWarnings description");
08    }
09 }
```

代码详解

第 05 行和第 06 行分别定义了 2 个局部变量，编译时，第 06 行会报一个警告错误“The value of the local variable bString is not used”，意思是说本地变量 bString 虽然定义了却没有被使用，这个警告错误是不影响运行的，为了避免出现这种错误提示，可以像第 04 行一样，加入 @SuppressWarnings("unused") 注解，这样就可以避免警告错误的提示。@SuppressWarnings 可以标注在类、字段、方法、参数、构造方法，以及局部变量上，除了 unused 外，还可以用 unchecked、serial、deprecation 等忽略对应的警告信息。

范例 11-3 通过@Deprecate告知编译器被标注的元素是不希望被使用的

```
package chapter11;
public class ch11_3 {
   public static void main(String[] args) {
     ch11_3_1.test1();
     ch11_3_1.test2();
   }
}
class ch11_3_1{
   @Deprecated
   public static void test1(){
     System.out.println("test1 method is deprecated");
   }
```

```
13    public static void test2(){
14       System.out.println("test1 method is pray");
15    }
16 }
```

代码详解

第 09 行加入 @Deprecated 注解后，第 04 行调用时，系统会弹出警告信息，告知 test1 方法已经不再使用了。JDK 为了兼容老版本的 API，很多方法都加入了 @Deprecated，使用这些老的方法时都会提示警告信息，但不影响运行。

11.3 自定义注解

自定义注解允许开发者开发自己的注解，从而实现更加灵活和复杂的编程思想。自定义注解的语法如下所示。

```
[public] @interface 自定义注解的名称 {
    [ 数据类型 变量名称 ();]
}
```

注意 @interface 的写法，必须加上“@”，另外就是注解的变量声明，每个变量后面加上“()”，定义注解时，一般还要指明注解的作用范围，通过 @Retention 注解来指明，也就是说 @Retention 注解时定义注解的注解，我们称为元注解，常见的元注解有 @Target、@Retention、@Documented、@Inherited。因此在定义注解时，往往配合元注解来丰富和完善注解的定义。

@Retention 表示在什么级别保存该注解信息。可选的参数值在枚举类型 RetentionPolicy 中，该枚举类型的值如下表所示。

枚举值	说明
RetentionPolicy.SOURCE	注解将被编译器丢弃
RetentionPolicy.CLASS	注解在 class 文件中可用，但会被 JVM 丢弃
RetentionPolicy.RUNTIME	JVM 将在编译、加载、运行期均保留注解，因此可以通过反射机制读取注解的信息

提示

若没有指定 @Retention，默认的编译器认为 @Retention 指定的是 RetentionPolicy.CLASS。

@Target 表示该注解用于什么地方，可能的值在枚举类 ElemenetType 中，如下表所示。

枚举值	说明
ElemenetType.CONSTRUCTOR	构造器声明
ElemenetType.FIELD	域声明（包括 enum 实例）
ElemenetType.LOCAL_VARIABLE	局部变量声明
ElemenetType.ANNOTATION_TYPE	作用于注解量声明
ElemenetType.METHOD	方法声明
ElemenetType.PACKAGE	包声明
ElemenetType.PARAMETER	参数声明
ElemenetType.TYPE	类，接口（包括注解类型）或 enum 声明

@Documented 将此注解包含在 javadoc 中，它代表着此注解会被 javadoc 工具提取成文档。在 doc 文档中的内容会因为此注解的信息内容不同而不同。@Inherited 允许子类继承父类中的注解。

范例 11-4　自定义注解TestAnnoaction0

```
01 package chapter11;
02 @interface testAnnoation0{
03     public String name() default "methodname";
04     public String unit() default "unit";
05 }
06 public class ch11_4 {
07     public static void main(String[] args) {
08     }
09     @testAnnoation0(name = " 电池 SOC", unit = "%")
10     public void testAnnoation(){
11     }
12 }
```

代码详解

第 02~05 行自定义了一个注解 testAnnoation0。
第 03 行指定了注解的属性 name，默认值为字符串 “methodname” 。
第 04 行指定了注解的属性 unit，默认值为字符串 “unit” 。
第 09 行使用了该注解，并将注解的 name 属性设置为“电池 SOC”，unit 的值为 “%” 。

范例 11-5　自定义注解TestAnnoation1，指定注解的作用对象

```
package chapter11;
import java.lang.annotation.ElementType;
import java.lang.annotation.Target;
@Target(ElementType.METHOD)
@interface testAnnoation1{
    public String name() default "methodname";
    public String unit() default "unit";
}
public class ch11_5 {
    public static void main(String[] args) {
    }
    @testAnnoation1(name = " 电池 SOC", unit = "%")
    public void testAnnoation(){
    }
}
```

代码详解

第 05 行指定了注解 testAnnoation 用于方法的声明。如果用在非方法的元素上，比如成员属性，那么编译是通不过的。

范例 11-6 自定义注解TestAnnoation2，并指定什么级别保存该注解信息

```
01 package chapter11;
02 import java.lang.annotation.ElementType;
03 import java.lang.annotation.Retention;
04 import java.lang.annotation.RetentionPolicy;
05 import java.lang.annotation.Target;
06 @Retention(RetentionPolicy.RUNTIME)
07 @Target(ElementType.METHOD)
08 @interface testAnnoation2{
09     public String name() default "methodname";
10     public String unit() default "unit";
11 }
12 public class ch11_6 {
13     public static void main(String[] args) {
14     }
15     @testAnnoation2(name = " 电池 SOC", unit = "%")
16     public void testAnnoation(){
17     }
18 }
```

代码详解

第 06 行指定了注解 testAnnoation 的保留级别为 RetentionPolicy.RUNTIME，这就意味着该注解在编译、加载、运行期均保留注解信息。

范例 11-7 通过@Document控制JavaDoc的输出

```
package chapter11;
import java.lang.annotation.Documented;
import java.lang.annotation.ElementType;
import java.lang.annotation.Retention;
import java.lang.annotation.RetentionPolicy;
import java.lang.annotation.Target;
@Documented
@Retention(RetentionPolicy.RUNTIME)
```

```
09 @Target(ElementType.METHOD)
10 @interface testAnnoation{
11     public String name() default "methodnam"”  ;
12     public String unit() default "unit";
13 }
14 public class ch11_7 {
15     public static void main(String[] args) {
16     }
17     @testAnnoation(name = " 电池 SOC", unit = "%")
18     public void testAnnoation(){
19     }
20 }
```

代码详解

从第 07~13 行自定义了一个注解 testAnnoation（关于如何自定义注解将在下一小节讲解），在第 18 行使用了该注解，注意如果在第 07 行不写 @Documented 注解，那么生成 JavaDoc 文档时，关于类 ch11_4 中 testAnnoation 方法的说明如下。

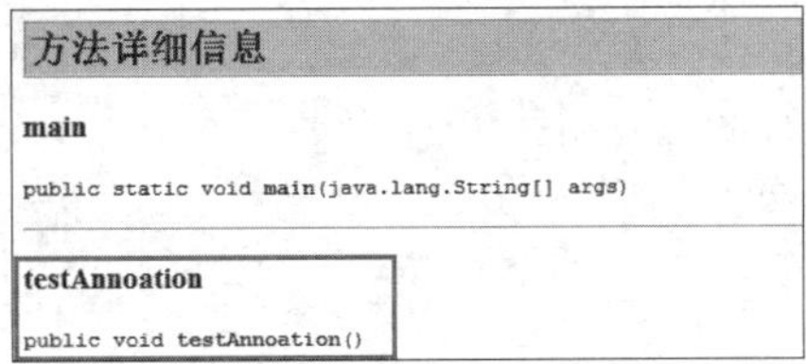

细心的读者会发现，没有关于注解 @testAnnoation 的任何信息，但是当我们加上第 07 行的 @Documented 注解后，再生成的 JavaDoc 文档如下。

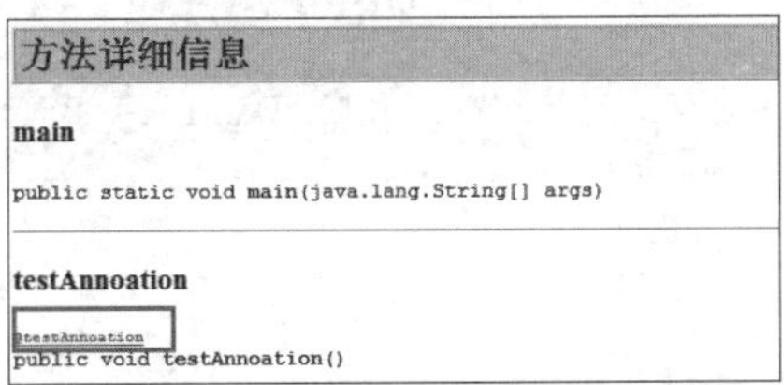

@testAnnoation 注解信息显示出来了，也就是说 @Documented 在定义注解的时候，控制了是否在生成文档的时候生成有关注解的信息。

11.4 通过反射访问注解信息

利用 Java 的反射机制，可以访问注解的信息。比如在调用某个方法时，我们需要知道该方法的一些基本信息，而这些信息又需要动态获取时，利用反射获取注解信息是一个比较理想的处理方式，当然，我们直接了解某个类的某个方法的功能，了解返回数据的类型是较为常规的做法，但这种做法的前提是要先了解再调用。

反射首先要获取该类的类型信息，然后通过该类型信息就可以完成对注解信息的访问。假设实例化的类名为 ch8，获取类型信息如下。

```
Class class1=ch8.getClass();
```

class1 的 getAnnotation 方法和 getAnnotations 方法可以直接访问 ch8 类上的注解信息。getAnnotation 获取指定注解信息，getAnnotations 获取所有注解信息。

通过 Class1 的 getField 方法访问 ch8 的成员属性，根据返回的 Field 类型的对象的 getAnnotation 方法和 getAnnotations 方法访问成员属性的注解信息。

通过 Class1 的 getMethod 方法访问 ch8 的成员方法，根据返回的 Method 类型的对象的 getAnnotation 方法和 getAnnotations 方法访问成员属性的注解信息。

范例 11-8 访问类的某个成员方法的注解信息

```
package chapter11;
import java.lang.annotation.Annotation;
import java.lang.annotation.Documented;
import java.lang.annotation.ElementType;
import java.lang.annotation.Retention;
import java.lang.annotation.RetentionPolicy;
import java.lang.annotation.Target;
import java.lang.reflect.Method;
@Documented
@Retention(RetentionPolicy.RUNTIME)
@Target(ElementType.METHOD)
@interface testAnnoation8{
    public String name() default "methodname";
    public String unit() default "unit";
}
public class ch11_8 {
    public String aString;
    public static void main(String[] args) {
        try {
            ch11_8 ch8=new ch11_8();
            Method method=ch8.getClass().getMethod("getData1");
            Annotation ans[]=method.getAnnotations();
            for (Annotation annotation : ans) {
                System.out.println(annotation);
            }
            Annotation annotation=method.getAnnotation(testAnnoation8.class);
            System.out.println(annotation);
        } catch (Exception e) {
            e.printStackTrace();
        }
    }
    @Deprecated
    @testAnnoation8(name = " 电池 SOC", unit = "%")
    public void getData1(){
    }
}
```

代码详解

从第 09~15 行自定义了一个注解 testAnnoation。

第 16~36 行定义了类 ch11_8。

第 32~35 行定义方法 getData1，方法上有两个注解 @Deprecated 和 @testAnnoation8(name = " 电池 SOC", unit = "%")。

第 20 行定义了 ch11_8 的对象 ch8。

第 21 行访问 ch8 的成员方法 getData1。

第 22~25 行访问 getData1 方法上的所有注解。

第 26~27 行访问了指定注解 testAnnoation8，注意指定注解传递的参数是 testAnnoation8.class，也就是类的类型信息对象。

范例 11-8 的输出结果如下所示。

```
@java.lang.Deprecated()
@chapter11.testAnnoation8(unit=%, name= 电池 SOC)
@chapter11.testAnnoation8(unit=%, name= 电池 SOC)
```

范例 11-9 访问类的某个成员方法的注解信息

```
package chapter11;
import java.lang.annotation.Annotation;
import java.lang.annotation.Documented;
import java.lang.annotation.ElementType;
import java.lang.annotation.Retention;
import java.lang.annotation.RetentionPolicy;
import java.lang.annotation.Target;
import java.lang.reflect.Method;
@Documented
@Retention(RetentionPolicy.RUNTIME)
@Target(ElementType.METHOD)
@interface testAnnoation9{
   public String name() default "methodname";
   public String unit() default "unit";
}
public class ch11_9 {
   public String aString;
   public static void main(String[] args) {
      try {
         ch11_9 ch9=new ch11_9();
         Method method=ch9.getClass().getMethod("getData1");
         Annotation annotation=method.getAnnotation(testAnnoation9.class);
         testAnnoation9 t9=(testAnnoation9)annotation;
         System.out.println("name value is "+t9.name()+"; unit is "+t9.unit());
```

```
25        } catch (Exception e) {
26            e.printStackTrace();
27        }
28    }
29    @Deprecated
30    @testAnnoation9(name = " 电池 SOC", unit = "%")
31    public void getData1(){
32    }
33 }
```

代码详解

第 23 行将注解强制转换为 testAnnoation9。

第 24 行访问了 testAnnoation9 注解的 name 属性和 unit 属性，并打印其值。

输出结果如下所示。

```
name value is 电池 SOC; unit is %
```

11.5 高手点拨

当调用大量方法，且每个方法返回值和类型较多时，可以使用反射和注解简化编程。我们对范例 11-9 进行改造，假设范例 11-9 的 getData 方法有很多，而且每个方法参数的个数和返回值都不同，如范例 11-10 所示。

范例11-10 访问类的某个成员方法的注解信息

```
package chapter11;
import java.lang.annotation.Annotation;
import java.lang.annotation.Documented;
import java.lang.annotation.ElementType;
import java.lang.annotation.Retention;
import java.lang.annotation.RetentionPolicy;
import java.lang.annotation.Target;
import java.lang.reflect.Method;
import java.util.ArrayList;

@Documented
@Retention(RetentionPolicy.RUNTIME)
@Target(ElementType.METHOD)
@interface testAnnoation10{
```

```
15   public String name() default "methodname";
16   public String unit() default "unit";
17 }
18 public class ch11_10 {
19   public static void main(String[] args) throws Exception{
20     ch11_10 ch9=new ch11_10();
21     Method method[]=ch9.getClass().getMethods();
22     for (Method method2 : method) {
23       Annotation annotation=method2.getAnnotation(testAnnoation10.class);
24       Class<?> ts[]=method2.getParameterTypes();
25       if (method2.getName().indexOf("getData")==-1) continue;
26       ArrayList<Object> params=new ArrayList<Object>();
27       for (Class<?> class1 : ts) {
28         if (class1.getSimpleName().equals("int")){
29           params.add(10);
30         }
31         if (class1.getSimpleName().equals("String")){
32           params.add("100");
33         }
34       }
35       if (annotation!=null){
36         testAnnoation10 t9=(testAnnoation10)annotation;
37   System.out.println(t9.name()+" is "+method2.invoke(ch9, params.toArray())+" "+t9.unit());
38       }
39     }
40   }
41   @testAnnoation10(name = "SOC", unit = "%")
42   public int getData1(int a){
43     return a;
44   }
45   @testAnnoation10(name = "Electricity", unit = "Ah")
46   public String getData2(String b){
47     return b;
48   }
49   @testAnnoation10(name = "Tempreture", unit = "℃ ")
50   public int getData3(int a,int b){
51     return a+b;
52   }
53 }
```

代码详解

第 11~17 行定义了注解 testAnnoation10。

第 41~42 行使用了注解 testAnnoation10，并分别给每个注解的属性赋予了不同值，getData1 是“SOC”，getData2 是“Electricity”，getData3 是“Tempreture”。

第 21 行获取 ch9 上的所有方法。

第 23 行获取每个方法上的 testAnnoation10 注解信息。

第 24 行获取每个方法的参数类型。

第 27~32 行给每个方法的参数赋值。

第 37 行利用注解信息，打印每个方法（getData1、getData2、getData3）执行的结果，注解中的 name 和 unit 是不同的。

输出结果如下所示。

```
SOC is 10 %
Electricity is 100 Ah
Tempreture is 20 ℃
```

11.6 实战练习

参照范例 11-10，修改注解，使得调用者可以利用注解对方法进行分类，打印每个分类信息和每个分类下的方法及方法执行的结果。（提示：给注解加上 category 属性，在使用注解的时候给每个 category 赋予类别值即可）。

第 12 章 设计实践——常用的设计模式

通过前面的学习，大家对 Java 的基本知识有了一定的了解。理论与实践相结合是最好的学习方法之一。这时借鉴比较成熟的开发经验，就显得非常重要。把常见的问题和经典解决模式放在一起，就是所谓的设计模式。在本章我们简要地介绍一些常用的设计模式，如工厂模式、集成设计模式等。

本章要点（已掌握的在方框中打钩）

- □ 熟悉设计模式的概念
- □ 了解设计模式的分类
- □ 掌握几种常用的设计模式的使用

12.1 设计模式概述

12.1.1 设计模式的背景

在前面的章节中，我们把有关 Java 的基本知识大致介绍了一下。在面向对象程序设计层面，我们讲到了“封装”，这主要解决“信息隐藏”的问题，这也可以使代码更加模块化；我们还讲到了“继承”，它可以通过扩展已存在的代码模块（类），解决“代码复用”的问题；我们也讲解了“多态”，多态除了进一步提升代码的复用性之外，还可以解决项目中紧耦合的问题，从而提高程序的可扩展性。

前面所学的 Java 知识，用个比喻来讲，就是具备了练成一名合格士兵的基本条件。但很显然，光有兵，并不能确保一定打胜仗。用兵也得有谋略。擅长打仗的将军会把一些经典的战局和应对策略汇集在一起，这就是所谓的兵法。孙武所著的《孙子兵法》及克劳塞维茨的《战争论》，就是典型的范例。

那在 Java 程序设计中，有没有类似的“兵法”呢？还真有！那就是设计模式（Design Patterns）。

这里，首先要搞清楚一个概念，什么是“模式”？所谓模式，就是指问题和问题的解决方案成对出现的场景。“设计模式”一词，最早出现在著名建筑设计学家克里斯托弗·亚历山大（Christopher Alexander）的著作《模式语言》（A pattern Language）中。

在这本著作中，亚历山大指出，“每一种模式，都描述了在我们周边反复出现的问题，以及描述了解决这一问题的本质要害。以至于利用这样的模式，我们可以套用这样的解决方案，数以百万次，而非寥寥数次。”

类似的，对于软件开发来说，所谓设计模式，就是针对某些问题场景，能够复用的成功的软件构架和设计方案。请读者注意，设计模式并不是“代码复用”，而是更高层面的“方案/策略”的复用，有时候也是“接口”的复用。设计模式，在某种程度上，就可以理解为“有经验的面向对象程序员的最佳设计实践（the best practices of experienced object-oriented software developers）”。

在本章，我们主要介绍一些常见的设计模式，让读者对设计模式有个大致的理解。说到“设计模式”，就不能不提一本经典著作——由四人组（GangOf Four，GOF）所著的《Design Pattern》，但这本经典著写得比较抽象，因此，可读性不是十分高。

就如道德经、四书五经等经典著作，都有很多注解版一样，这本书也有很多注解版，其中 Freeman 等人所著的《Head First 设计模式》就是其中一本很好的注解版。感兴趣的读者，可以找来一读。

12.1.2 设计模式的分类

1995 年，四人组（GOF）第一次将设计模式提升到理论高度，并将之规范化。在著作《Design Pattern》一书中，他们共提出了 23 种基本的设计模式。

总体来说，这些设计模式可分为三大类。

（1）创建型模式（Creational Patterns）

创建型模式共有 5 种，包括工厂方法模式、抽象工厂模式、单例模式、建造者模式、原型模式。这类模式主要用于处理对象的创建，高效便捷地实例化对象。

（2）结构型模式（Structural Patterns）

结构型模式共有 7 种，包括：适配器模式、装饰器模式、代理模式、外观模式、桥接模式、组合模式、享元模式。这类模式主要处理类或对象间的组合。

（3）行为型模式（Behavioral Patterns）

行为型模式共有 11 种，包括策略模式、模板方法模式、观察者模式、迭代子模式、责任链模式、命令模式、备忘录模式、状态模式、访问者模式、中介者模式、解释器模式。这类模式，主要用于描述类或对象之间，如何进行交互和职责分配。

因为本书并非是专门介绍设计模式的书籍，所以这里仅仅从这三大分类的每个子类中，抽取至少一个模式来简单介绍，让读者有个感性认识，倘若要更为深入地理解设计模式，请读者自行查阅相关书籍。

还有一点需要读者注意，虽然四人组提出的23种设计模式非常经典，但随着软件设计理论的不断发展，一些新的设计理论也会如雨后春笋般涌现。例如，在第9章我们提到利用Java的回调机制实现的“反转控制”，就是一种新兴的设计模式，在Spring设计框架中被广泛采用，读者应该敞开胸怀，迎接更多新“经典”的出现。

12.2 创建型模式

概括来说，创建型模式解决的是对象的有无问题。如果把对象比拟为“士兵”，那么创建型模式主要完成的是如何高效地创造（create）合格的“士兵”。下面我们分别讲解单例设计模式、多例设计模式和工厂模式。

12.2.1 单例设计模式

单例模式（singleton）的设计意图在于，“保证一个类仅有一个实例，并提供一个访问它的全局访问点。”而在数学与逻辑学中，“singleton”就表示“有且仅有一个元素的集合”。

在讲解单例设计模式案例之前，请读者先思考如下问题，下面两种情况，哪种情况适合使用单例模式呢？

（1）一颗苹果树上有很多苹果，每一个苹果都可以看成一个实例。

（2）一个公司只有一个老板，任何职员都需要和老板会话。

聪明如你，很明显，你的答案会是第（2）种情况，原因很简单：一棵苹果树上可以有很多苹果，也就是说有多个实例，而一个公司通常只有一个老板，这才是一个单实例。

下面让我们先来看一段没有用到单例设计模式的代码，对比感受一下，如果没有单例解决方案，会发生什么情况。

范例 12-1 实例化对象（noSingleton.java）

```
class Boss
{
  public void findBoss ( )
  {
    System.out.println(" 你好，我是老板！ ");
  }
}
public class noSingleton
{
  public static void main(String[] args)
  {
    Boss boss1 = null;// 声明对象
    boss1 = new Boss( );// 实例化老板对象
    boss1. findBoss ( );

    Boss boss2 = new Boss( );// 又实例化另外一个老板对象
    boss2. findBoss ( );
    // 还可以定义其他老板
  }
}
```

程序运行结果如下图所示。

Problems Javadoc Declaration Console
<terminated> noSingleton [Java Application] C:\Program Files\Java\jre1.8.0_112\bin\
你好，我是老板！
你好，我是老板！

代码详解

第 01~07 行，定义了一个老板类，作为模拟，类中仅仅给出了一个 findBoss ( ) 方法，用户输出演示的效果。

第 13 行，实例化一个老板 Boss 类对象 boss1。现在，问题来了，我们知道一个公司里，只能有一个老板，可是第 16 行，又实例化一个 Boss 类对象 boss2。又多了一个老板，我们还可以接着 new 操作下去，这样老板的数量就更多了……这是不符合要求的！

一个类，其设计目的通常就是用来实例化对象的。

但现在的问题是，我们要控制一个类只能生产一个对象，如何能“管控”到这点？

我们不能寄希望于假定所有程序员都是“听话”的，即只让一个程序员用 Boss 类实例化一个对象，而让其他程序员都不要这么去做。我们只能基于 Boss 类的内部逻辑设计来确保这样。这就好比为了防止犯罪，我们不能寄希望于所有人都是善良的，而是基于制度设计，把罪恶扼杀在制度监管下的摇篮当中。

【范例分析】

从表面上看，范例 12-1 所示的 Boss 类中，只有一个 findBoss ( ) 方法。但实际上，所有没提供构造方法的类，编译器都会“自动”为它配备一个无参数的构造方法，比如说，在本例中，会为 Boss 类配备的无参构造函数是 Boss ( )。所有的构造方法，其功能都只有一个，那就是在创建新对象时，通过编译器给这个对象“张罗”分配内存空间，让对象有“住”的地方，并初始化这个对象的数据成员。

在默认情况下，为了创建新对象，构造方法的访问权限都是公有的。但在特殊情况下，比如，如果不希望外界调用这个构造方法来生产对象，就可以把这个构造方法声明为私有类型（private）。现在，我们显式定义 Boss 类中的构造方法，但是规定访问权限变为 private 类型，如下所示。

```
private Boss()
{
   // 此时的构造方法什么都不做，但访问权限是私有的
}
```

此时，如果我们重新运行范例 12-1，就出现错误：“The constructor Boss() is not visible”，意思就是“构造方法 Boss() 不可见”，这就表明，一旦一个类的构造方法被声明为 private 类型后，它只能在类内部使用，在一个类的内部，由于大家都是“自己人”，方法或数据成员都不受访问权限的限制，彼此可以根据需求，自由无碍地调用对方。

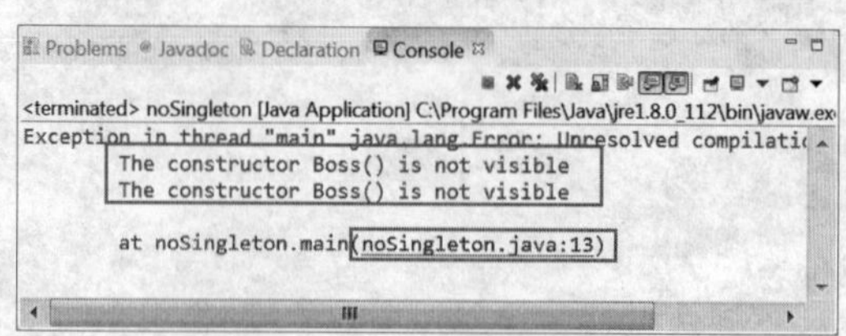

上面讲到，通过私有化构造方法，外界就不能“任性”地创建对象了。那么对象的创建，只能在类中完成。但如何保证创建的对象只有一个呢？我们知道，把问题局部化，问题就成功解决了一半。其解决方案就是下面要讲到的单例设计模式（Singleton）。

（1）面临问题

怎样确保一个特殊类的实例是独一无二的（它是这个类的唯一实例），并且这个实例易于被访问呢?

（2）解决方案

实现单例模式，通常有3个步骤。

① 声明一个私有的静态变量，用它来记录需要单一实例的对象（如在范例12-1中，就是Boss类的实例boss）。

② 将这个需要单一实例的类（如Boss类）的构造函数，显式声明出来，并将访问权限设置为私有。

③ 创建公开的方法（如findBoss()），实例化那个私有静态变量（如boss）。在这个方法内要做出相应的判断，如果这个唯一实例不存在，则利用私有构造方法产生一个，并将它赋值给那个私有静态变量（如boss）。如果已经存在一个实例，就返回这个实例的引用。当然，如果我们不需要这样的实例，不调用这个类的公开方法（如findBoss()），那么这个类的实例永远不会被创建，这个过程就叫“延迟实例化（Lazy Instantiaze）”。

上面3个步骤说来还是比较抽象，现在我们对范例12-1用单实例模式改写一下，通过代码来讲解，读者就会更加容易理解了。

范例 12-2　使用单例模式实例化对象（Singleton.java）

```
class Boss
{
  private static Boss instance;// 静态成员变量，用来保存唯一创建的对象实例
  private Boss ()
  {
    // 利用私有化构造方法，阻止外部创建对象
  }
  public static Boss findBoss() // 检查并确保只有一个实例
  {
    if (instance == null)
    {
      System.out.println(" 当前没有老板，马上指派一个！ ");
      instance = new Boss();
    } else {
      System.out.println(" 已经有老板了！ 直接来汇报吧。");
    }
    return instance;
  }
}
public class Singleton
{
  public static void main(String[] args)
  {
    Boss boss1 = null; // 声明对象 boss1，但没有创建
    Boss boss2 = null; // 声明对象 boss2，但没有创建
    boss1 = Boss.findBoss();// 实例化对象
    boss2 = Boss.findBoss();// 实例化对象
  }
}
```

程序运行结果如下图所示。

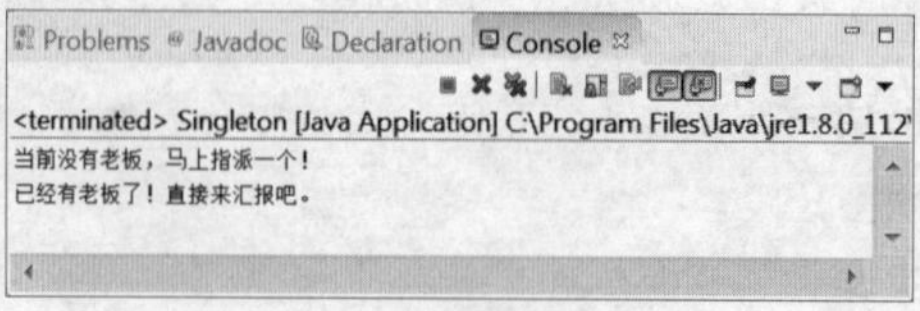

代码详解

第 03 行定义一个私有静态属性 instance，即步骤①里提到的私有的指向自身的字段。

第 04 行明确将无参的构造方法定义为 private 类型，这样一来，在别的类里将不能调用此构造方法，这是实现单例模式的步骤②。

第 08~18 行实现步骤③，即定义一个公开（public 类型）的对私有字段访问的实例化方法，此方法仅仅在第一次被调用时，会产生一个对象并返回此对象。在非第一次调用的情况下，都会返回第一次调用时生产的对象。

第 24~25 行，分别声明对象 boss1 和 boss2，但并没有创建它们，因为创建新对象唯一的方法就是使用 new 操作。而在主类 Singleton 中，调用 Boss 类的构造方法，势必连编译都无法通过（错误：“构造方法 Boss() 不可见”）。

在第 26~27 行，分别通过调用了共有方法 findBoss() 来生产一个 Boss 实例。静态的方法可以在这个类不产生任何对象的情况下进行调用，调用方式是“类名 . 方法名”。

【范例分析】

实现单例模式的 3 个步骤，每一个步骤都非常关键。首先来说说单例模式的含义和为什么需要用到单例模式。我们知道，在生活中，很多时候是属于一山不能容二虎的情况，比如一个公司里不能有两个 CEO，一支军队里不能有两个总司令等。

而在范例 12-2 中，首先我们定义了一个 static 类型的私有静态变量，static 关键字表明 Boss 类产生的所有对象都将共同占有这一个属性。然后，我们将无参的构造方法定义为 private 类型，这样就保证在别的类（比如主类 Singleton）中，不能通过调用该构造方法来实例化对象。可是，我们总得定义一个公开（public 类型）的对私有字段进行实例化的方法吧！否则一点也不和外界打交道，那么这个类就是“自娱自乐”的“废物“类。

更重要的是，我们还要保证这个公有方法，只能被实例化对象一次，否则就不能达到一个公司内只有一个老板的规定。那该怎么做呢?

这时，就要用到单例设计模式的第 3 个步骤了，定义一个静态的 findBoss() 方法，而在 findBoss() 方法内部，读者可以看到，存在一个“if...else”的分支结构，当 instance 为 null 时，我们会调用私有的无参构造方法来新建一个实例，并赋值给 instance，最后返回这个实例。那么如果在主类这个方法两次被调用时，将会执行分支结构的 else 分支，因为此时的 instance 不再为空。而在 else 分支里，我们并没有创建新的实例，而是单纯地输出了一条提示语句，最后返回的 instance，依然是第一次调用 findBoss() 方法时创建的实例。就这样，我们是不是做到了让 Boss 类能且只能产生一个老板呢?

答案是的确如此！记住这样的设计模式叫单例设计模式。

上面我们用“一个公司只有一个老板”的比喻来说明单例设计模式的应用。在实际软件开发中，单例设计模式也是有很多应用场景的，比如说，缓存（Cache）、线程池（thread pool）、注册表（registry）、打印机和显卡的驱动程序，以及交易所的核心交易引擎，在这些场所下的对象只能存在一个。否则，一旦有多个实例对象，反而会导致很多异常情况。试想一下，如果一支军队同时出现了多个地位平等的元帅，同时指挥，那场景肯定会乱成一团。

12.2.2 多例设计模式

前面讲到的单例设计模式，能够确保一个类只存在一个实例化对象，这是一种极端的情况。但实际上，我们也需要控制生产实例的个数，但不是一个，而是多个（比如7个），如何达成这个目的呢？这就用到了多例设计模式。

多例设计模式是指，一个类可以定义实例化 *n* 个对象（这里“*n*”的大小是事先可知而确定下来的）。实际上，多例设计能够体现在很多方面，例如，现在要定义一个表示一周天数的类，那么这个类只能够有7个对象（周一到周日）。如果要定义一个表示性别的类，那么这个类只能有两个对象（男和女）。如果要定义颜色基色的类，那它只能有3个对象（RGB），即 Red（红色），Green（绿色）和 Blue（蓝色），这些场景，都属于多例设计模式。

不管是单例设计模式还是多例设计模式，类的构造方法都不能设计为公有（public）访问类型，因为一旦设置为共有，外部类就可以调用这个类实例化对象，那么生产对象的个数就会失控，且不可预知。所以，为了控制对象的个数，我们只能在类的内部设计上做文章。下面看一个多例设计的例子。

范例 12-3 多例设计（TestMultiton.java）

```
enum  Sex { 男性 , 女性 };
class sexClass
{
  private String title ; // 保存信息
  private static final sexClass MALE = new sexClass(" 男 ") ;
  private static final sexClass FEMALE = new sexClass(" 女 ") ;

  private sexClass(String title) // 私有构造方法
  {
    this.title = " 创造的对象性别为：  " + title ;
  }
  public static sexClass getInstance(Sex sex)//static 方法
  {
    switch (sex)
    {
      case 男性 :
        return MALE ;
      case 女性 :
        return FEMALE ;
      default:
        return null ;
    }
  }
  @Override
  public String toString( )
  {
    return this.title ;
  }
}
public class TestMultiton
{
  public static void main(String args[])
  {
    System.out.println(sexClass.getInstance(Sex. 男性 ));
    System.out.println(sexClass.getInstance(Sex. 女性 )) ;
  }
}
```

保存并运行程序，结果如下图所示。

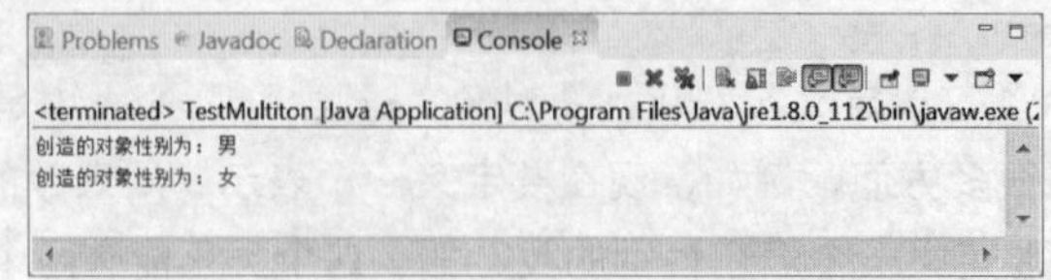

代码详解

第 01 行声明了一个枚举类型 Sex。

第 05~06 行声明了两个静态的、私有的常量对象 MALE 和 FEMALE。“静态类型”表明这个对象的访问者只能是静态方法，这个和后面的方法 getInstance( ) 是静态类型的，相互照应。“私有”访问类型，表明外界不可访问，只能通过共有接口“间接”访问。final 关键字表明这个对象“一锤定音”，一旦定义了，就不能再被更改。

第 08~11 行，定义了一个私有的构造方法。理由和“单例设计模式”一样，不然外界利用类来实例化对象。

第 12~23 行，定义了一个共有的方法 getInstance( )，以便外界以“可控”的方式，生产数量可控的对象。在这个方法中，利用了 switch 多支判断，除了“男性”和“女性”之外的对象，其他都不予响应（返回一个空引用 null）。

第 34~35 行输出这个创建对象的信息。需要特别说明的是，getInstance( ) 返回的是一个 sexClass 类的实例对象，如果在 println( ) 方法中，直接输出一个对象，那么就会调用默认的 toString( ) 方法，而这个方法就会输出这个类定义的对象在内存中的位置（指针），如下图所示。

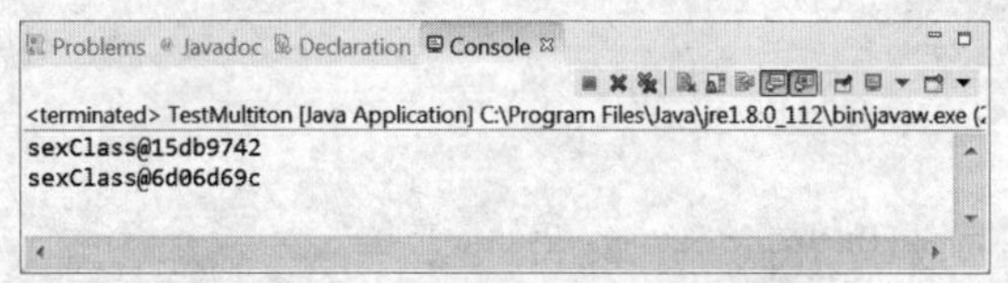

比如，第 34 行生产的对象，就“住”在内存编号为 15db9742 的地方，而第 35 行生产的对象，就“住”在内存编号为 6d06d69c 的地方。但我们普通用户，对这些内存编号是无感的，所以，有时候更希望能输出一下定制化的提示信息，这时我们就需要“覆写（Override）” 系统默认的 toString( ) 方法（如第 24~28 行所示）。如果把第 24~28 行所示的代码注释掉，就会出现上述的运行结果。

【范例分析】

从上面的分析可以发现，多例设计模式，实际上就是“单例设计模式”的扩展版。设计思想和实现步骤都非常的类似。

提示

如果希望实例化的对象，在数量上是固定的、可控的，就需要避免在类内部对象可能会被重复实例化，因此不论是单例设计模式，还是多例设计模式，都建议在实例化对象时，加上一个关键字 final 以确保对象不可变更。

12.2.3 工厂模式

前面两个小节介绍的单例设计模式和多例设计模式都可以归纳为创建型设计模式。所谓创建型设计模式，就是解决在某些情况下如何创建对象的方案集合。这一节再来为大家介绍一种在软件设计中比较常用的，同样属于创建型的设计模式——工厂设计模式。

在面向对象程序设计时产生一个对象实例，常用的方法是使用 new 操作符，这个操作符就是用来构造对象实例的。

但是在一些情况下直接用 new 操作符生成对象，也会带来不便。举例来说，许多类型对象的创造不是一蹴而就的，它需要一系列的步骤：用户可能需要计算或取得对象的初始设置，或在生成所需对象之前，先生成一些辅助功能的对象。

在这些情况下，新对象的建立已不仅仅是一个孤立的操作，而是一个“过程”，就像一个产品的出厂一样，牵动了一系列车间的配合和联动。

（1）面临问题

如何能便捷地构造对象实例，而不必关心构造对象实例的细节和复杂过程呢？

（2）解决方案

从生活实践中获得启示，建立一个工厂来创建对象。这就是工厂设计模式。

01 简单的工厂模式

从简入繁，循序渐进，我们先介绍简单工厂模式（Simple Factory Pattern），它是通过专门定义一个类来负责创建其他类的实例，被创建的实例通常都具有共同的父类。

很多人都玩过那款经典的小游戏——俄罗斯方块，下面我们通过一个俄罗斯方块的例子来理解一下简单的工厂模式。

范例 12-4 简单的工厂模式（TestSimpleFactory.java）

```
interface Block
{
  public void print( );
}
class IBlock implements Block
{
  public void print( )
  {
    System.out.println(" 我是一个 I 形的方块！ ");
  }
}
class LBlock implements Block
{
  public void print( )
  {
    System.out.println(" 我是一个 L 形的方块！ ");
  }
}
class Factory
{
  public static Block getInstance(String className)
  {
    switch (className)
    {
      case "IBlock" :
        return new IBlock();
      case "LBlock" :
        return new LBlock();
      default :
        return null;
    }
  }
}
public class TestSimpleFactory
{
  public static void main(String[] args)
  {
    Block iBlock = Factory.getInstance("IBlock");// 用工厂生产一个 I 形方块
```

```
39          iBlock.print( );
40          Block lBlock = Factory.getInstance("LBlock");// 用工厂生产一个 L 形方块
41          lBlock.print( );
42      }
43  }
```

保存并运行程序，结果如下图所示。

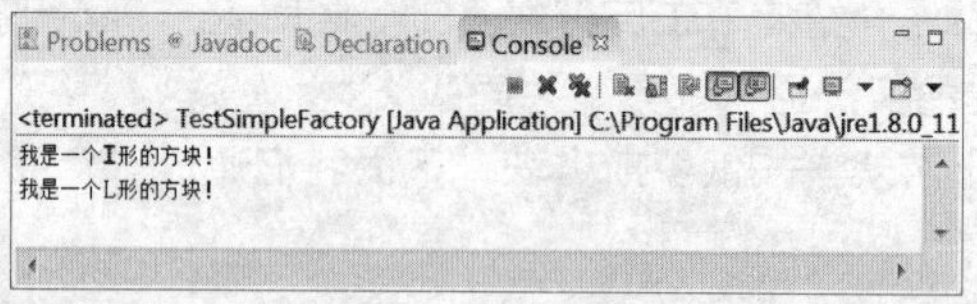

代码详解

第 01~04 行定义一个 Block 接口，在接口仅仅给出了一个方法 print( ) 的声明。

第 05~11 行定义了一个类 IBlock，实现了 Block 接口，也就是给出了具体化的 print( ) 方法。

类似于类 IBlock，第 12~18 行定义了一个类 Lblock，实现了 Block 接口。

第 19~33 行定义了一个工厂类 Factory，在这个工厂里有两个模拟的“车间”，根据用户的需求（用 switch 语句实现），提供给对应的对象产品。

第 38 行，通过 Factory 类的 getInstance( ) 方法，定制一个 IBlock 对象，然后由 Factory 类生产出来（在“厂内”实例化一个 IBlock 对象）。

类似地，在第 40 行，也定制了一个 LBlock 对象。

【范例分析】

现在我们来总结一下简单工厂模式中包含的角色及其相应的职责，如下图所示。

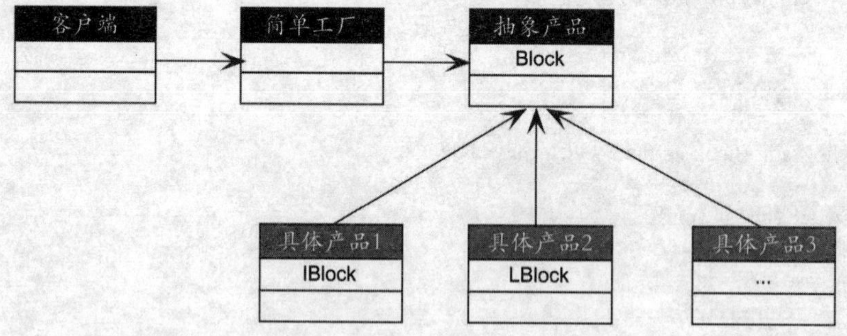

（1）工厂（Factory）角色

这是简单工厂模式的核心所在，由它来负责创建所有具体产品类的内部生产逻辑。当然这个工厂类（如本例中的 Factory）必须能够被外界调用，例如，在本例中提供了公有方法 getInstance( )，从而让外界可以“定制”所需要的产品对象。

（2）抽象产品（Abstract Product）角色

这个角色，其实就是简单工厂模式所需创建的所有对象的父类（如本例的接口 Block），请读者注意，这里的父类既可以是接口，还可以是一个抽象类，它负责描述所有实例所公有的公共接口。

（3）具体产品（Concrete Product）角色

简单工厂所创建的具体产品类（如本例中的子类 IBlock 和 LBlock），这些具体的“产品类”，往往都拥有共同的父类（如本例中的接口 Block）。

从上面的分析可知，简单工厂模式的核心思想就是：由一个专门的类（如 Factory）来负责创建实例的过程。

具体来讲，把产品看成是一系列的类的集合，这些类是由某个抽象类或接口派生出来的一个对象树。而工厂类通过产生一个合适的对象来满足客户的要求。

如果生产涉及的各个具体产品之间并没有共同的逻辑，那么就可以使用接口来扮演抽象产品的角色；如果具体产品之间还有功能上的逻辑组合，就需要把这些共同的东西提取出来，放在一个抽象类中，然后让具体产品继承并实现这个抽象类。

这个例子使用了简单的工厂模式，利用这个设计模式可以比较方便地创建不同的实例。但任何一个设计模式都有其适用范围，都有其优缺点。

优点：客户端（在本例中，就是主体类 TestSimpleFactory）使用简单，不需要修改代码。

缺点：当需要增加新的运算类的时候，不仅需新加运算类，还要修改工厂类。

我们想要增加新的产品，不仅需要添加新的子类，还一定要修改工厂类，因为工厂类之中需要使用关键字 new 来进行实例化，在这种情况下，关键字 new 就会造成工厂类和子类之间的耦合，这就或多或少违反了软件工程中的开闭原则（Open Close Principle，OCP）。

怎么解决这个问题呢？可行的方案有两种，一种是利用反射机制的简单工厂模式，另一种则使用高级工厂模式。前者涉及有关反射的知识，我们还没有介绍，所以这里不再深入探讨。下面我们主要讲解一下后者——更为常用的高级工厂模式。

02 高级工厂模式

在大规模集中化生产模式创立之前，如果一个客户想要一辆汽车（假设那个时候有这样的需求和这样的产品），一般的做法是，需要客户亲自动手去做一款汽车，这个过程涉及轮胎、发动机和车厢等零部件的生产、加工和组装，过程非常繁琐。

随着技术的进步，简单工厂模式诞生了。用户不用亲自去做一款汽车。因为有一个专门的工厂来帮客户，他想要什么类型的车，给个型号，这个工厂就可以帮他打造心仪的产品。客户当然会很喜欢这种模式。

可是，随着时代的变化，简单工厂模式又有点跟不上时代的节奏。为了满足客户的多元化的需求，汽车的系列也越来越多，比如说，梅赛德斯 - 奔驰就有入门级车型 C-class、中级车型 E-class、高级车型 S-class、跑车型号 CLS 和 CLK 等，每一个级别的车型还有很多款，这样，单独一个工厂是无法创建所有的奔驰系列的车的。

于是，就会由一个总厂“裂变”，分出来多个单独的具体工厂。每个具体的工厂都仅仅创建一种系列的车型，即每一个具体工厂类，只能创建一种具体的产品。这就是工厂模式。

这个小节的标题带有“高级”二字，实际上，这种模式已经是工厂模式的标配，因此去掉这两个字才是这个模式的真正名字。

下面依然用大家熟悉的游戏——俄罗斯方块，来说明工厂模式的使用。

范例 12-5 使用高级工厂模式（TestAdvancedFactory.java）

```java
interface Block
{
   public void print( );
}
class IBlock implements Block
{
   @Override
   public void print( )
   {
      System.out.println(" 我是一个 I 形的方块！ ");
```

```
    }
}
class LBlock implements Block
{
    @Override
    public void print( )
    {
        System.out.println(" 我是一个 L 形的方块！ ");
    }
}
interface Factory
{
    public Block getInstance( );
}
class IBlockFactory implements Factory
{
    @Override
    public Block getInstance( )
    {
        return new IBlock( );
    }
}
class LBlockFactory implements Factory
{
    @Override
    public Block getInstance( )
    {
        return new LBlock( );
    }
}
public class TestAdvancedFactory
{
    public static void main(String[] args)
    {
        // 创建一个生产 I 形方块的工厂
        Factory iBlockFactory = new IBlockFactory( );
        // 用工厂生产一个 I 形方块
        Block iBlock = iBlockFactory.getInstance( );
        iBlock.print();
        // 创建一个生产 L 形方块的工厂
        Factory LBlockFactory = new LBlockFactory( );
        // 用工厂生产一个 L 形方块
        Block lBlock = LBlockFactory.getInstance( );
        lBlock.print();
    }
}
```

保存并运行程序，结果如下图所示。

Problems Javadoc Declaration Console
<terminated> TestAdvancedFactory [Java Application] C:\Program Files\Java\jre1.8.0_112\
我是一个I形的方块！
我是一个L形的方块！

代码详解

第 01~04 行定义一个 Block 接口，其中定义了一个方法的接口 print( )。

第 05~12 行定义了一个类 IBlock，实现了 Block 中的方法 print( )。

第 13~20 行定义了一个类 LBlock，也重新实现了 Block 中的方法 print( )。

前面的代码和简单工厂模式没有区别，区别在于如下的代码。

第 21~24 行定义了一个 Factory 接口，在这个接口中，声明了一个抽象方法 getInstance( );。

第 25~32 行定义了一个类 IBlockFactory，它实现了 Factory 接口，这个 IBlockFactory 专门用于生产 I 形的方块。

第 33~40 行定义了一个类 IBlockFactory，实现了 Factory 接口，这个 IBlockFactory 专门用于生产 L 形的方块。

第 46 行创建了一个 IBlockFactory 对象，然后第 48 行用 IBlockFactory 对象创建了一个 I 形方块。

第 51 行创建了一个 LBlockFactory 对象，接着第 53 行用 LBlockFactory 对象创建了一个 L 形方块。

【范例分析】

虽然范例 12-5 和范例 12-4 的运行结果完全一样，但是运行机制已经大有不同了。我们先来看看例子中各个类之间的关系吧。

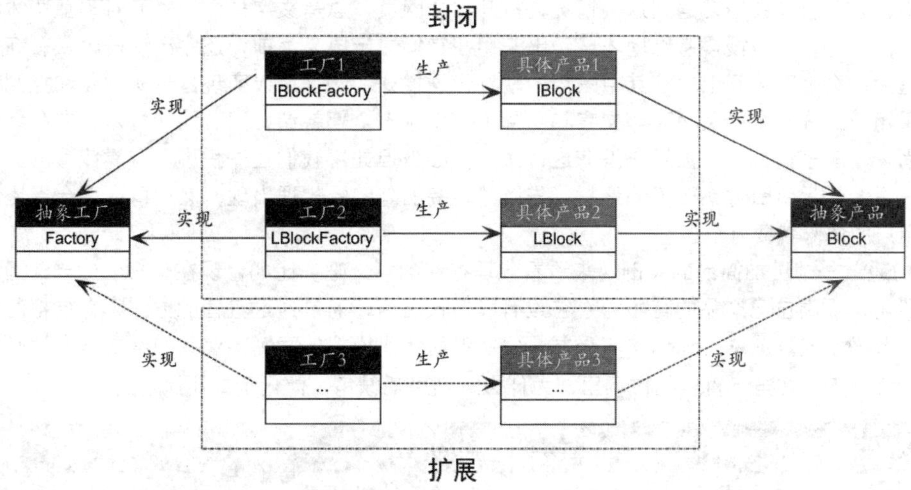

可以看出来，倘若用户想要增加一个新的方块子类（SBlock），这个子类只需新实现一个 Block 接口，并新创建一个新的相应工厂类（如 SBlockFactory）来实现 Factory 接口即可。这就非常符合软件工程里的“开闭原则”。

我们知道，客户的需求是不断变化的，软件的功能也是不断迭代更新的，这些情况都是软件开发中的常态。如何能较好地应对这种改变，“以不变应万变”的姿态，使得软件开发保持相对稳定的节奏呢?

按照 Robert Martin 在《敏捷软件开发: 原则、模式与实践》一书中的建议，这就需要程序员较好地遵循“开闭原则”。所谓开闭原则（Open Close Principle，OCP），说的就是“对扩展开放（Open for Extension），对修改关闭（Closed for Mofification）。”

针对本例来说，我们对已经开发好的 IBlock 和 IBlockFactory，以及 LBlock 和 IBlockFactory 这些模块是“封闭”的，对这些已经“行之有效”的功能，我们不去招惹它们，要做到“静若处子”。但新需求和新功能，我们采用“扩展”的方式，“动如脱兔”。本质上，我们在设计模式所做的一切，不过是为了让软件代码更容易地修改与维护。遵循开闭原则，能让我们的软件开发更好地做到这一点。

12.3 结构型模式

在学习完前面的 3 个设计模式之后，相信读者对“设计模式”这个概念，已经不会感到

抽象与陌生了。有没有发现，其实这些所谓的“设计模式”都跟生活极其相似？

在本书一开始的章节里，我们就提到，所谓的程序设计思想，其实就是人类思维的一种物化形式。某种程度上，编程就是一门艺术，而艺术的灵感恰恰是来自于生活。

在本小节，我们继续来为大家介绍设计模式，但是这节所说的代理设计模式跟前面的介绍有些不一样，它属于三大类设计模式中的结构型模式。

所谓结构型模式，是指那些用来从程序的结构上解决模块之间的耦合问题的方案集合。耦合是指模块间关联程度的度量，耦合度越低，程序越容易维护。大家可以这么理解，一个程序写出来以后，后期是需要维护的，经常需要变动修改。如果模块之间的关联程度太高，一个模块被修改以后，很可能会影响到另外一个模块，使其发生一些错误。这种事情是我们不愿意看到的，所以我们在设计程序的过程中，希望各个功能模块之间能够独立开来，这样就算有一个模块变动，别的模块也可以安然无恙。

结构型设计模式就是用来解决这个问题的，其中代理设计模式和桥接模式就是两种比较有代表性的结构型设计模式，下面分别进行介绍。

12.3.1 代理设计模式

说到“代理（proxy）”，相信读者对这个词并不感到陌生，因为在生活中到处都有“代理”，如各种商品的代理商，经销商，中介等都属于代理工作。

再比如说，在网络时代，上网冲浪应该是司空见惯的事儿。但在网速还不是太好的那些年头，较早接触互联网的读者，以前可能会经常遇到这种情况，打开一个网页，总是文字先显示，而对于那些体积较大的资源，如图片、视频等，总是慢慢悠悠地才显示出来，在它们显示出来之前，还会出现一个带有红叉的框框作为代表，这是为什么呢？实际上，这其中采用的就是代理模式。代理可以实现延迟实例化和控制访问等。试想一下，如果用户打开一个网页，要等文字和图片（或视频）全部就绪，网页才能显示，在此之前，都是空空如也的页面，一般来说，大多数用户没有这么大的耐心。但如果我们让体积小，容易传输的文字先显示，让用户先有得看，让耗费资源比较多的素材，先以“轻装上阵”的代理出现，然后再在后台慢慢传送真正的对象，这样用户的体验就要好很多。

下面我们通过一个更加简易的案例，来看看代理存在的意义吧。比如，现在有一个生产红酒的厂商，为了降低营销费用，提高自己产品的竞争力，它没有雇佣代理商，而是通过直营的方法，直接把酒卖给客户。表面上看来，节省了代理成本，让消费者受益。但从下面代码模拟的案例，让我们看看这样做有什么不便之处。并顺便思考一下，在当下真实的市场里，为什么直销凤毛麟角，而代销却比比皆是？

范例 12-6 没有代理的酒商（NoProxytest.java）

```
class RealSubject // 真实角色（红酒厂商）
{
  public void sell()
  {
    System.out.println(" 我是红酒厂商，欢迎品尝购买 ");
  }
}
public class NoProxytest
{
  public static void main(String[] args)
  {
    RealSubject sub = new RealSubject();
    sub.sell();
  }
}
```

保存并运行程序，结果如下图所示。

Problems Javadoc Declaration Console

<terminated> NoProxytest [Java Application] C:\Program Files\Java\jre1.8.0_112\

我是红酒厂商，欢迎品尝购买

代码详解

第 01~07 行定义一个 RealSubject 类，表示红酒厂商。

第 12 行，创建一个真实的红酒厂商对象，通过调用 sell( ) 方法，它自己直接向顾客销售红酒（第 13 行）。

【范例分析】

从表面上看来，没有使用代理的红酒厂商，其销售逻辑更加清晰，实现起来确实也比较简单。可是现在出现一个问题：由于酒厂刚刚开业不久，顾客较少，现在需要进行广告宣传，怎么办?

由于现在红酒厂商的类已经写好了，如果随意改动，便违背了“开闭原则”，可能会造成一些问题，比如说，如果在别的地方也使用这个类，那么我们对该类的改动，将会影响到这个调用模块。这就好比顾客都习惯了跟酒厂直接买酒，现在酒厂为营销装修门面，对于那些老顾客而言，他们并不能实时感知酒厂装修了，还按照原来的模式来打酒，这时发现，连酒厂的门都找不到，这给酒厂和顾客都造成极大的不便。

于是，我们就想，能不能在不修改原来代码的基础上进行扩展? 这时，使用代理模式就可以很好地解决这个问题——酒厂找一个代理商，让代理商帮酒厂进行宣传，还可以让代理商处理一些售后的工作，这样酒厂就轻松多了，它专注于生产酒就好了。

范例 12-7 使用代理的酒商（ProxyDemo.java）

```
abstract class Subject // 抽象类，真实角色与代理角色共同继承
{
  abstract public void sell( );
}
class RealSubject extends Subject // 真实角色（红酒厂商）
{
  public void sell( ) // 覆写抽象方法
  {
    System.out.println(" 我是红酒厂商，欢迎品尝购买 ");
  }
}
class ProxySubject extends Subject // 代理角色（代理商）
{
  private RealSubject realSubject; // 持有真实角色的引用
  public void sell( ) // 该方法封装了真实对象的 sell 方法
  {
    presell( );
    if (realSubject == null)
    {
      realSubject = new RealSubject();
    }
    realSubject.sell(); // 此处执行真实对象的 sell 方法
    postsell();
  }
  private void presell()// 执行实际角色的方法之前可以进行一些预处理
  {
    System.out.println(" 广告宣传，免费品尝 ");
```

```
28     }
29     private void postsell()// 执行实际角色的方法之后可以进行一些后续工作
30     {
31         System.out.println(" 售后处理 ");
32     }
33 }
34 public class Proxytest
35 {
36     public static void main(String[] args) // 客户直接找代理商
37     {
38         Subject sub = new ProxySubject();
39         sub.sell();
40     }
41 }
```

保存并运行程序，结果如下图所示。

```
Problems  Javadoc  Declaration  Console
<terminated> proxyDemo [Java Application] C:\Program Files\Java\jre1.8.0_112\
广告宣传，免费品尝
我是红酒厂商，欢迎品尝购买
售后处理
```

代码详解

第 01~04 行定义一个 Subject 抽象类，由真实角色与代理角色共同继承，这样可以统一真实角色与代理角色对外开放的接口。

第 05~11 行定义 RealSubject 类，继承 Subject 抽象类，为真实角色，即红酒厂商。

第 12~24 行定义了 ProxySubject 类，继承 Subject 抽象类，为代理角色，即代理商；特别需要注意的是第 14 行，定义了一个 RealSubject 类的对象 realSubject，这样代理商就持有真实角色的引用。这样，代理商就有机会在合适的场合为真实角色“代言”（第 22 行）。

【范例分析】

本例中的类关系图如下图所示。

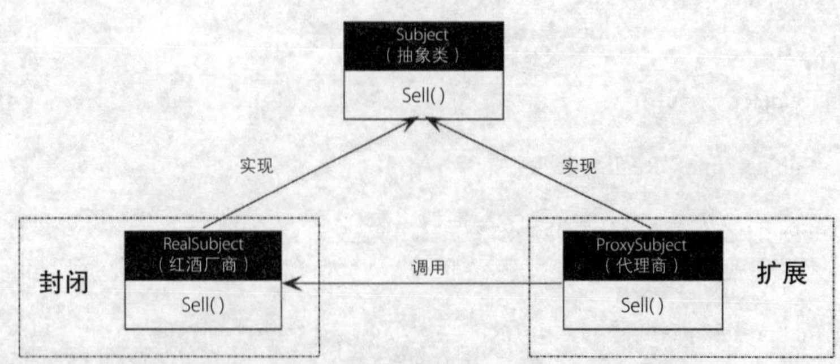

例子中定义了一个 Subject 抽象类，由真实角色与代理角色共同继承，分别实现了抽象的 sell 方法，这样可以统一两个角色的对外接口，让用户觉得代理角色就是真实角色，那么用户调用起来会觉得更加方便（例

如，在代码第 39 行，依然调用的是 sell( ) 方法，并没有因为换了代理商，就改变了外部访问的接口）。当然读者也可以把 Subject 定义成接口。

可以发现，其实代理角色（代理商）在执行 sell 方法的过程中实际上调用了真实角色（红酒厂商）的 sell( ) 方法，从代码层面上可以看出，在不修改真实角色（红酒厂商）的 sell( ) 方法的前提下（对修改关闭），代理角色（代理商）的 sell( ) 方法还添加了我们想要的功能（对拓展开放），例如，广告宣传和售后处理，这不正是我们想要实现的效果吗？

其实，代理模式的主要好处就是前面提到的“开闭原则”（对扩展开放，对修改关闭），即可以在不修改原来写好的代码的基础上，对原来的类进行功能上的扩展。利用这个原则，可以避免造成一些可能的错误，这对于程序的维护和升级是非常重要的。

12.3.2 桥接设计模式

01 概念的引入

在前面的章节中，我们提到了面向对象的一个核心特征——继承。继承的优点在于可以实现代码的复用，也就是说，父类已有的方法，子类可以采取“拿来主义”，为我所用。

但是，我们也要知道一个事实，那就是在本质上，继承是一种强耦合模式。也就是说，父类实现中的任何变化必然会导致子类的发生变化。当我们在子类复用父类的方法时，如果继承下来的都不适合解决新的问题，那么父类必须重写或用其他更适合的类替换。这种强依赖的关系，在很大程度上，其实降低了功能设计的灵活性并限制了代码的复用性。

强耦合在很多情况下，并不是什么好事。在现实生活中，我们也常说“君子之交淡如水”，其实这种“淡如水”就是一种弱耦合，为什么说这样的关系，是一种世人比较推崇的人际关系呢？那是因为在这样的人群之间，没有太多的利益输送（耦合度低），从而每个人都有独立的人格，可以无羁绊地发展。在类的设计中，人们也在追求一种低耦合境界。

在类的设计中，我们可能会遇到这样的问题：当某个类具有两个或两个以上的维度变化时，如果仅用继承机制来实现，将无法满足这种需要，一方面，Java 仅仅支持单继承，无法同时继承多个纬度的类；另一方面，如果非要把多个纬度的变化硬塞到一个类中，那么会使类的设计变得臃肿（见下图），同时也违反了类设计当中的“单一职责”原则，即一个类应该只有一个引起它变化的原因。这也是 Java 强推“单一继承”理念的原因。针对下面所示的继承关系图，我们该如何来进行简化呢？

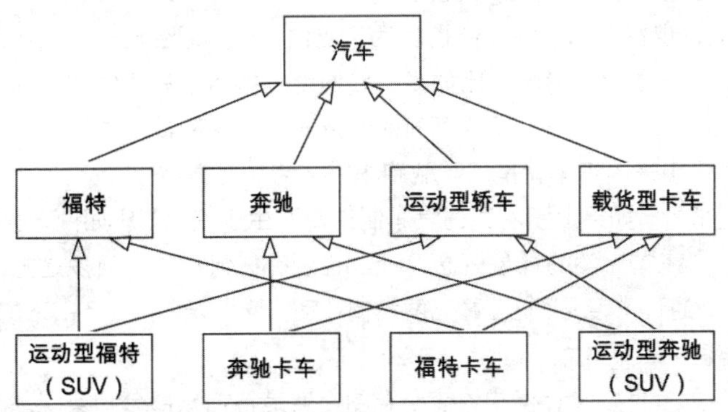

有人提出这样一种解决方案：基于类的最小设计原则，尽量少用继承，多用组合（Composition）或聚合（Aggregation），来让不同的类承担不同的责任，责任明确，尽量互不干扰。

“组合（Composition）”是一种强“拥有”关系，体现了严格的部分和整体的关系，二者的生命周期是等同的。比如说胳膊和人体的关系，胳膊是人体的一部分，这种关系就是组合。

相比而言，聚合（Aggregation）是一种弱“拥有”关系，比如说同学和班级之间就是聚合关系。班级的确是由每个同学构成，但是如果少了某同学，班级依然是班级，基本性质不会改变。

使用组合 / 聚合的好处在于，能够保持每个类都被封装在单个任务中。比如说，头、手、胳膊、腿及大脑等各个“元部件”组合成一个人，这样，类及它的继承层次，“血统”就彼此“纯洁”，从而保持较小的规模，不会形成难以控制的庞然大物。

“桥接模式”就是组合 / 聚合原则的体现者，它“将抽象化（Abstraction）与实现化（Implementation）解耦，从而可以保持各部分的独立性及应对它们的功能扩展”。

那么，什么叫将“抽象化”与它的“实现化”分离呢？这并不是说，让抽象类和它的派生类分离，因为这样做意义不大。对于上图所示的关系图，我们可用如下的“桥接模式”进行改造，然后对应解释上面提到的 3 个核心概念：“抽象化”“实现化”和“解耦”。

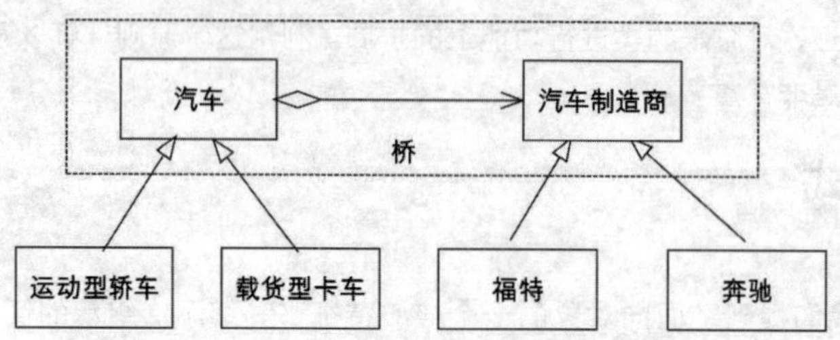

这里所言的“抽象化”，是指存在于多个实体中的共同的概念性联系。作为一个过程，抽象化就是忽略一些信息，从而把不同的实体当做同样的实体对待。比如说汽车，每一辆具体的汽车其实都是不同的，但是每辆汽车都有轮胎、发动机、车厢等这些共同特征，我们把这些概念的东西抽取出来，形成一个“汽车”类，这个流程就是“抽象化”。

这里所说的“实现化”，是指对概念化的东西给出具体实现方式。比如说，根据汽车这个抽象概念，不同的汽车制造商，如福特、奔驰等，就可以把汽车生产出来。只要生产出来的汽车符合抽象化的汽车定义，都是合格的。

在这里，所谓的解耦，是指将抽象化和实现化之间的耦合分离开，或者说将它们之间的强关联（继承）改换成弱关联（组合或聚合），从而使这二者可以相对独立地变化。

还用上面的图作例子，抽象化和实现化分开，就是把汽车的概念设计和汽车的具体生产分割开来，这样一来，汽车这个抽象概念和汽车生产商的具体实现，都可以独立继续变化。

比如说，汽车类派生出“运动型轿车”“载货型汽车”等，通过“实现”这座桥的关联，把“运动型轿车”发给制造商，如果制造商是福特，生产出来的汽车就是“福特运动型轿车”。反之，如果制造商是奔驰，生产出来的汽车就是“奔驰运动型轿车”。诸如此类。

随着市场需求的变化，现在汽车类的设计也发生了变化，比如派生出一个新的子类“跑车”。但汽车类的变化，对汽车制造商而言基本没有影响。比如说，我们就维持两个具体的制造商不变，通过“实现”这座桥的关联，当我们把新的“跑车型轿车”发给不同的制造商，如果制造商是福特，生产出来的汽车就是“福特跑车”；发给奔驰，生产出来的汽车就是“奔驰跑车”。诸如此类。

再从“实现”的角度来看，如果上图右边的汽车制造商发生了变化（比如说，增加了一个新的制造商“沃尔沃”），对左边的关于“汽车”类的抽象概念设计，也没有任何影响，顶多是把“运动型轿车”和“载货型轿车”等这些抽象概念，通过“实现”这座桥，发给制造商“沃尔沃”，生产出来的是“沃尔沃运动型轿车”和“沃尔沃”载货型轿车。

由上面的案例分析可见，桥接设计模式的核心意图，就是把抽象部分和实现部分独立出来，让它们可以独自变化，彼此的变化不至于过多影响对方，从而可以适应更多的变化需要。

02 桥接模式的代码实现

桥接这个概念确实比较抽象，我们先给出桥接模式的一般统一建模语言（Unified Modeling Language，UML）图，然后再用具体的代码来做进一步的说明。

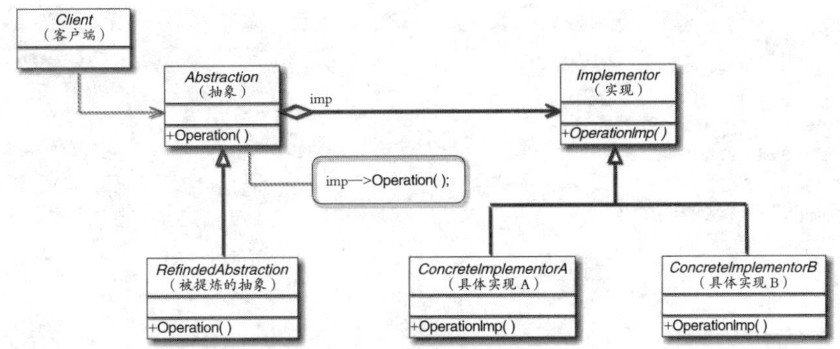

下面，我们通过一个更为形象的例子来理解桥接模式。比如说，有个顾客来餐馆吃饭，顾客看到的是一个菜谱（饭菜的一个抽象表现），而厨房才是真正加工饭菜的地方。同样的饭菜，也会有不同风格的做法，比如说美国菜或意大利菜。而这些饭菜并非事先就做好，而是根据顾客点菜的要求进行现做的。下面我们来看看这个场景下的 UML 图，如下图所示。

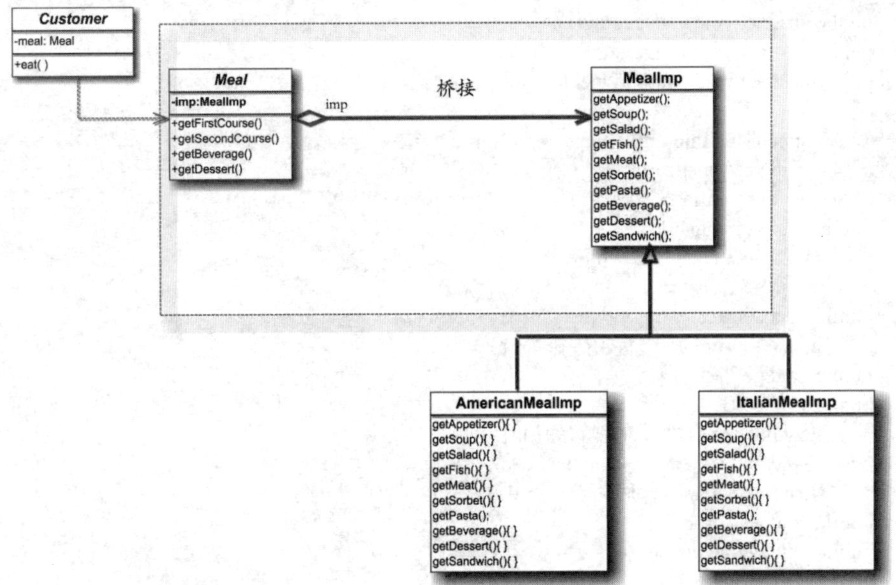

范例 12-8　使用桥接模式餐馆（CustomerBridgeDemo.java）

```
class Meal {
    protected MealImp imp;
    public Meal() {
        imp = new AmericanMealImp();
    }
    public Meal(String type) {
        if (type.equals("American"))
            imp = new AmericanMealImp();
        if (type.equals("Italian"))
            imp = new ItalianMealImp();
    }
    public void getFirstCourse() {
        imp.getAppetizer();
    }
    public void getSecondCourse() {
```

```
        imp.getMeat();
    }
    public void getBeverage() {
        imp.getBeverage();
    }
    public void getDessert() {
        imp.getDessert();
    }
}
interface MealImp {
    public abstract void getAppetizer();
    public abstract void getSoup();
    public abstract void getSalad();
    public abstract void getFish();
    public abstract void getMeat();
    public abstract void getSorbet();
    public abstract void getPasta();
    public abstract void getBeverage();
    public abstract void getDessert();
    public abstract void getSandwich();
}
class AmericanMealImp implements MealImp {
    public void getAppetizer()  {
        System.out.println(" 开胃菜：烤干酪 "); }
    public void getSoup() {}
    public void getSalad() {}
    public void getFish() {}
    public void getMeat() {
        System.out.println(" 肉食：牛排 "); }
    public void getPasta() {}
    public void getBeverage() {
        System.out.println(" 酒水：啤酒 "); }
    public void getDessert() {
        System.out.println(" 餐后甜点：苹果派 "); }
    public void getSorbet() {}
    public void getSandwich() {}
}
class ItalianMealImp implements MealImp {
    public void getAppetizer() {
        System.out.println(" 开胃菜：意大利蔬菜拼盘 "); }
    public void getSoup() {}
    public void getSalad() {}
    public void getFish() {}
    public void getMeat() {
        System.out.println(" 肉食：意大利柠檬香煎鸡排 "); }
    public void getPasta() {}
    public void getCheesePlate() {}
    public void getBeverage() {
        System.out.println(" 酒水：卡布奇诺咖啡 "); }
    public void getDessert() {
        System.out.println(" 餐后甜点：冰淇淋 "); }
    public void getSorbet() {}
    public void getSandwich() {}
}
public class CustomerBridgeDemo {
    private Meal meal;
```

```
72     public CustomerBridgeDemo(Meal aMeal) { meal = aMeal; }
73     public void eat() {
74         meal.getFirstCourse();
75         meal.getSecondCourse();
76         meal.getBeverage();
77         meal.getDessert();
78     }
79     public static void main(String[] args) {
80         Meal aMeal = null;
81         if (args.length == 0) {  // 如果没有参数，则常用默认构造方法 Meal() 定制美国菜
82             aMeal = new Meal();
83         }
84         else if (args.length == 1) {// 判断输入的参数是 American 还是 Italian，判断菜系
85             if (!(args[0].equals("American")) && !(args[0].equals("Italian")) ) {
86                 System.err.println(" 输入参数有误！ ");
87                 System.err.println(" 正确用法 : java Customer [American|Italian]");
88                 System.exit(1);
89             }
90             else {
91                 aMeal = new Meal(args[0]);
92             }
93         }
94         else {   // 如果参数个数出错，给出提示信息
95             System.err.println(" 输入参数有误！ ");
96             System.err.println(" 正确用法 : java Customer [American|Italian]");
97             System.exit(1);
98         }
99         CustomerBridgeDemo cus = new CustomerBridgeDemo(aMeal);
100          cus.eat();
101     }
102 }
```

保存并运行程序，结果如下图所示（因为 Eclipse 直接输出默认值，所以建议使用控制台模式查看运行结果）。

```
YHMacBookPro:Bridge yhilly$ java CustomerBridgeDemo
开胃菜    : 烤干酪
肉食        :牛排
酒水        :啤酒
餐后甜点:苹果派
YHMacBookPro:Bridge yhilly$ java CustomerBridgeDemo American
开胃菜    : 烤干酪
肉食        :牛排
酒水        :啤酒
餐后甜点:苹果派
YHMacBookPro:Bridge yhilly$ java CustomerBridgeDemo Italian
开胃菜: 意大利蔬菜拼盘
肉食:       意大利柠檬香煎鸡排
酒水:  卡布奇诺咖啡
餐后甜点:    冰淇淋
YHMacBookPro:Bridge yhilly$
```

代码详解

代码第 01~24 行，定义了一个 Meal 类，里面有各种菜的获取方法。和传统的类设计不同的是，这个类的各种方法，并没有给出具体的实现（换句话说，它们是抽象的）。而是通过一个接口 MealImp 的“引用”，像伸出一座桥一样，把具体的实现部分连接起来了。

代码第 25~36 行，定义了一个关于做菜的“实现”接口 MealImp。在这个接口里面，各种菜的做法都是抽象的。一般来说，接口里面的方法都是抽象的和公开的，所以每个方法前面的“public abstract”关键字，是可以省略的。

第 37~52 行，给出了接口的第一个实现类 AmericanMealImp。在这个类中，给出了美国菜的具体做法，如果某道菜在美国菜系中没有，我们就给予一个空实现，也就是仅仅有方法体“{ }”，如第 56~58 行所示。哪怕是一个空的方法体，也表明我们实现了这个方法体，这个方法就不是抽象方法。要知道含抽象方法的类就是抽象类，而抽象类是不能定义对象的。所以这些仅仅含有一个空方法体的方法，意义也很重要。

类似的，第 53~69 行，给出了接口的第二个实现类 ItalianMealImp。在这个类中，给出了意大利菜的具体做法，如果某道菜在美国菜系中没有，我们也给予一个空实现。

第 70~102 行，给出一个客户 CustomerBridgeDemo，他来选择吃饭。所以在第 71 行，定义了一个菜系类（Meal）对象 meal，这个顾客吃饭，和他人无关，故此，这个对象的访问权限为 private。在这里，这个 meal 还是一个空引用，它的赋值（new 操作得到的对象地址）依赖于用户的输入。

第 72 行，定义了一个构造方法。构造方法有个 Meal 类型的参数，用于接纳顾客的选择。

第 81~98 行，实际上就是处理在命令行模式下，分析输入的参数。在命令行中，除了解释器（java）和这个可解释的字节码文件 CustomerBridgeDemo 之外，第一个用空格隔开的就是第一个参数（args[0]），第二个用空格隔开的就是第二个参数（args[1]），这些读入的参数都是字符串类型的，而在 Java 中，字符串实际上是字符串对象，而字符串对象可以利用 equals() 方法，比较两个对象的内容是不是相同（记得不要用“==”做逻辑判断，因为这样做比较的是两个对象的引用，也就是它们在内存中的位置，而不是对象的内容）。

第 99 行，定义了一个顾客对象 cus，然后根据用户的输入，选择不同的菜系。

第 100 行，对象 cus 调用 eat( ) 方法开吃。

【范例分析】

在这个案例中，我们可以看到，桥接模式有一个很重要的特点，抽象部分（菜谱）和它的实现部分（做菜）是分开的。不管厨师是如何实现的，只要做菜部分遵循统一的接口即可。从代码层面来说，就是保证方法的签名（包括方法名、方法内的参数个数及类型）一致，至于方法体具体是如何实现的，抽象部分（点菜部分）是不干涉的。

类似的还有在电脑及各个设备的连接上，各种设备所用的通用串行总线（Universal Serial Bus，USB）插口，就是一个标准的接口，只要大家遵循的对外接口是一致的，不同的外设生产商，可以任意发挥创意，设计生产不同的 USB 设备（比如说不同厂商的 U 盘），这些都是不同的实现。由此可见，使抽象化层次和实现化层次解耦，正是桥接模式的精髓所在。

现在还有一个问题，需要更为深入的讨论，那就是，如果顾客的需求变了，传统的菜谱也必须变，父类 Meal 满足不了需求，就需要派生出更多的子类，比如说派生出甜点类 Snack、午餐类 Lunch 及大餐类 FiveCourseMeal，也就是说抽象部分发生“巨变”，实现部分会不会也要发生影响？如果是传统的设计模式就会发生变化，而桥接设计模式则不会，对应的 UML 图如下图所示。

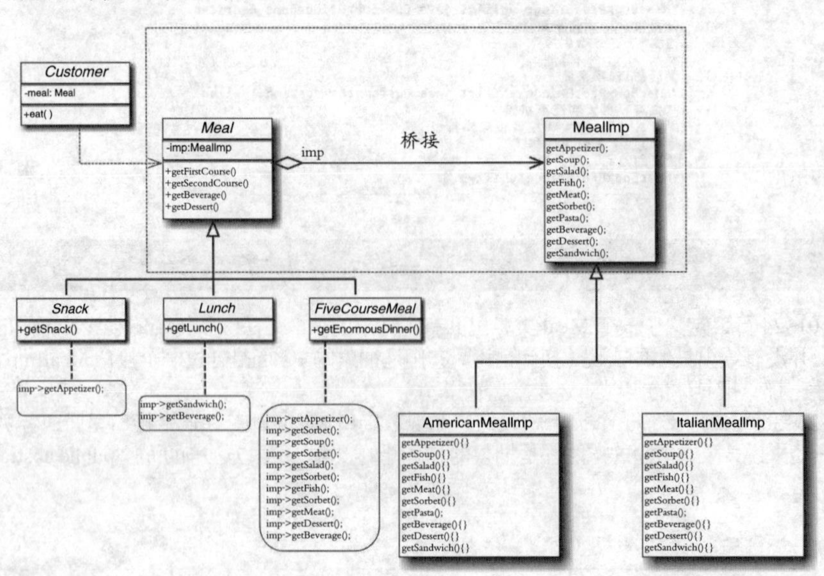

范例 12-9 升级版本的餐馆（CustomerBridgeDemo2.java）

```
// 其他代码同范例 12-8
class Snack extends Meal {
    Snack(){super();}
    Snack(String type){super(type);}
    public void getSnack() {   // 甜点
        imp.getAppetizer();
    }
}

class Lunch extends Meal {
    Lunch(){super();}
    Lunch(String type){super(type);}
    public void getLunch() {  // 午餐
        imp.getSandwich();    // 三明治
        imp.getBeverage();    // 饮品
    }
}
class FiveCourseMeal extends Meal {
    FiveCourseMeal(){super();}
    FiveCourseMeal(String type){super(type);}
    public void getEnormousDinner() {  // 大餐
        imp.getAppetizer();  // 开胃菜
        imp.getSorbet();     // 果汁冰水
        imp.getSoup();       // 汤
        imp.getSorbet();     // 果汁冰水
        imp.getSalad();      // 沙拉
        imp.getSorbet();     // 果汁冰水
        imp.getFish();       // 鱼
        imp.getSorbet();     // 果汁冰水
        imp.getMeat();       // 肉
        imp.getDessert();    // 果汁冰水
        imp.getBeverage();   // 酒水
    }
}

public class CustomerBridgeDemo2 {
    private FiveCourseMeal bigMeal;
    public CustomerBridgeDemo2(FiveCourseMeal meal) { this.bigMeal = meal; }
    public void eat() {
        bigMeal.getEnormousDinner();
        bigMeal.getDessert(); // 单点一个甜点，老菜谱依然有效
    }
    public static void main(String[] args) {
        FiveCourseMeal aMeal = null;
        if (args.length == 0) {
            aMeal = new FiveCourseMeal();
        }
        else if (args.length == 1) {
            if (!(args[0].equals("American")) && !(args[0].equals("Italian")) ) {
                System.err.println(" 输入参数有误！ ");
                System.err.println(" 正确用法 : java Customer [American|Italian]");
                System.exit(1);
            }
            else {
                aMeal = new FiveCourseMeal(args[0]);
```

```
55              }
56          }
57          else {
58              System.err.println(" 输入参数有误！ ");
59              System.err.println(" 正确用法 : java Customer [American|Italian]");
60              System.exit(1);
61          }
62          CustomerBridgeDemo2 cus = new CustomerBridgeDemo2(aMeal);
63          cus.eat();
64      }
65  }
```

保存并（在命令行下）运行程序，结果如下图所示。

```
YHMacBookPro:Bridge yhilly$ javac CustomerBridgeDemo2.java
YHMacBookPro:Bridge yhilly$ java CustomerBridgeDemo2
开胃菜     : 烤干酪
肉食        :牛排
餐后甜点:苹果派
酒水        :啤酒
餐后甜点:苹果派
YHMacBookPro:Bridge yhilly$ java CustomerBridgeDemo2 American
开胃菜     : 烤干酪
肉食        :牛排
餐后甜点:苹果派
酒水        :啤酒
餐后甜点:苹果派
YHMacBookPro:Bridge yhilly$ java CustomerBridgeDemo2 Italian
开胃菜: 意大利蔬菜拼盘
肉食:       意大利柠檬香煎鸡排
餐后甜点:   冰淇淋
酒水:  卡布奇诺咖啡
餐后甜点:   冰淇淋
YHMacBookPro:Bridge yhilly$
```

代码详解

第 01~07 行，声明了派生类 Snack，并用 super 调用了父类的构造方法，初始化父类的成员 MealImp 接口对象 imp。

类似的，第 09~16 行，声明了派生类 Lunch，并用 super 调用了父类的构造方法。第 17~33 行声明了派生类 FiveCourseMeal。

因为菜谱发生了变化，所以顾客点菜的方法也发生了变化。假设顾客点的是大餐，在第 36 行声明了 FiveCourseMeal 的对象，并且吃的方法 eat() 也发生了变化（第 39~40 行），这是理所当然的事情，因为点菜不一样。后面代码逻辑基本和范例 12-8 是一致的，都是正确读取用户的输入，指定是哪个地域的菜。

【范例分析】

在这个范例的最开始，我们省略了大部分代码，因为这部分代码和范例 12-8 是完全相同的。这至少可以表明 3 个问题：① 对父类的修改是“关闭的”，我们没有修改任何父类代码；② 对扩展是开放的，从多个派生类所用的关键字 extends，就多少可以看出些“端倪”；③ 在范例 12-9 中，居然没有对实现部分的代码修改一句，这充分说明“抽象部分”和“实现部分”是分离的。也就是说，抽象部分的巨大变化（派生了 3 个子类），在“实现部分”没有引起丝毫波澜。究其原因，主要是因为 Meal 类的派生类，不论是 FiveCourseMeal 还是 Lunch，都是用一种“组合”的方式（弱耦合）来进行构建的。由于已有的实现部分（各种菜的做法）已经成形了，自然就无需改动。

但是，如果我们要点一个“红烧肉”，这是一个全新的需求，那么不管是抽象部分（修订菜谱），还是具体实现（聘请新的厨师，或者培训老厨师），都会发生变化。由此，我们也可以看出，每一种设计模式有其优势，同时也存在着一定的局限性，我们应该根据具体的情况选用合适的设计模式。

12.4 行为型模式

12.4.1 行为型模式概述

假设我们创建了士兵对象，也有了班、排、团等高效结构组织，但如果这些士兵想打胜仗，一盘散沙是不行的，得互相协调，一致对外。而协调工作，势必涉及通信（communication）问题。为了通信，就会有各式各样的行为模式。行为型模式描述了类或对象是如何交互及如何分配职责的，它主要是通过合理的处理方法，达到提高系统升级性和维护性的目的。

下面，我们将在行为型模式中挑选“责任链（Chain of Responsibility）”设计模式，进行简要介绍。

在责任链模式里，每一个对象都通过持有其下家的引用，彼此连接起来，从而形成一条链。请求在这个链上传递，直到链上的某一个对象决定处理此请求。发出这个请求的客户端，其实也不知道链上的哪一个对象会最终处理这个请求，这使得系统可以在不影响客户端的情况下，动态地重新组织和分配责任，如下图所示，图中 h1、h2 和 h3 是责任链上的对象。

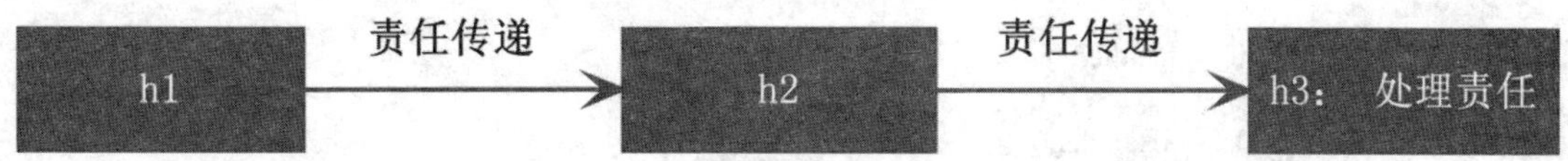

这种模式可以解除请求的发送者和接收者之间的耦合，从而使多个对象都有机会处理这个请求。责任链的“链”，其拓扑结构可能是一条直线、一个环链，甚至是一个树结构的一部分。

这个责任链模式有点像我们小时候玩的一个游戏——丢手绢。在这个游戏中，小朋友们围成一圈坐下，其中一个小朋友 A 站起来，拿着手绢，开始在小朋友们身后绕外圈走。蹲着的小朋友开始唱歌“丢，丢，丢手绢，轻轻地放在小朋友的后面，大家不要告诉他”，丢手绢的小朋友 A 悄悄把手绢放在某个小朋友 B 的身后，然后快速回到自己原本的位置。被选中的小朋友 B 需要第一时间发现手绢在他后面，并拿起手绢追上丢手绢的小朋友 A，算是胜利，否则就是失败，需要表演一个节目。

丢手绢的过程，便是责任链模式的应用，那个拿起手绢追小朋友的 B，就是事件的处理者。

12.4.2 责任链设计模式

在责任链设计模式中，主要涉及 2 个重要的角色，如下图所示。

（1）抽象处理者（handler）：定义一个处理请求的接口。如果需要，接口可以定义出一个方法，以设定和返回对下一个继任者（successor）的引用。这个角色通常由一个 Java 抽象类或者 Java 接口来实现。在下图中，Handler 类的聚合关系给出了具体子类对继任对象的引用，抽象方法 HandleRequest() 则规范了子类处理请求的操作。

（2）具体处理者（concreteHandler）：具体处理者接到请求后，根据职责或能力，可以选择立即将请求处理掉，也可以选择将请求传给下一个继任对象。由于具体处理者持有对继任对象的引用（即知道下一个对象住在哪里），因此，如果有必要，当前对象可以很容易地把责任“抛给”下家。

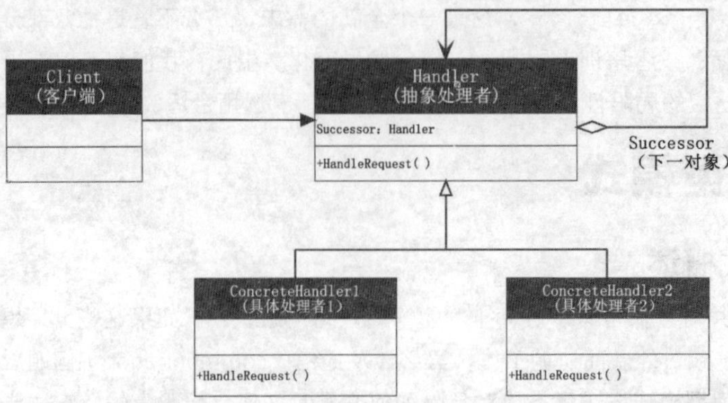

下面我们用详细的代码来说明责任链的应用。

范例12-10　责任链设计模式（TestChainOfResponsibility.java）

```
abstract class AbstractHandler
{
   private Handler Handler = null;// 持有责任链中下一个责任处理者的引用
   public void setHandler(Handler handler)
   {
      this.Handler = handler;
   }
   public Handler getHandler()
   {
      return Handler;
   }
}
interface Handler
{
   public void operator(); // 处理份内工作的方法
}
class MyHandler extends AbstractHandler implements Handler
{
   private String name;
   public MyHandler(String name)
   {
      this.name = name;
   }
   @Override
   public void operator()
   {
      System.out.println(name + ": 责任经过我头上！！");
      if (getHandler() != null)
      {
         System.out.println(name + ": 我把责任交给了 " + getHandler());
         getHandler().operator();
      } else
      {
         System.out.println(name + " 我处理了责任！！");
      }
   }
   @Override
   public String toString()
   {
```

```
40          return name;
41      }
42  }
43  public class TestChainOfResponsibility
44  {
45      public static void main(String[] args)
46      {
47          MyHandler h1 = new MyHandler("h1");// 新建一个名字为 h1 的事务处理者
48          MyHandler h2 = new MyHandler("h2");// 新建一个名字为 h2 的事务处理者
49          MyHandler h3 = new MyHandler("h3");// 新建一个名字为 h3 的事务处理者
50          h1.setHandler(h2);// h1 的上级设为 h2，那么 h1 可以把责任交给 h2
51          h2.setHandler(h3);// h2 的上级设为 h3，那么 h2 可以把责任交给 h3
52          h1.operator();// 调用 h1 的事务处理函数
53      }
54  }
```

保存并运行程序，结果如下图所示。

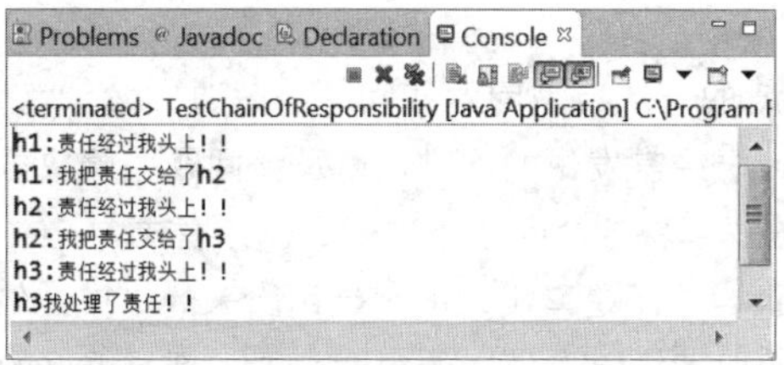

代码详解

第 01~12 行定义一个抽象类 AbstractHandler。
第 13~16 行定义了一个 Handler 接口。
第 18~42 行定义了一个 MyHandler 类继承于抽象类 AbstractHandler 并实现了 Handler 接口。
第 47~49 行新建了三个事务处理者。
第 50 行将 h1 的下级事务处理者设为 h2。
第 51 行将 h2 的下级事务处理者设为 h3。
第 52 行调用 h1 的事务处理函数。

【范例分析】

本范例中的类关系如下图所示。

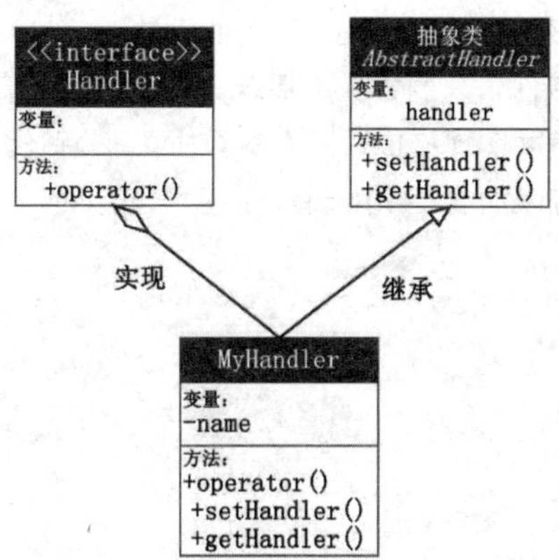

通过范例中的运行流程，可以体会到，责任链设计模式的核心意图，就是让每个责任处理者在接收到需要处理的请求以后，可以根据自身的责任处理范围，选择处理或把请求交给下一个责任处理者进行处理。就像公司里的等级制度一样，不同级别的领导拥有不同的权限，他们可以根据自己的权限，来选择处理事务或者把事务交给拥有更高权限的领导来处理，这样就实现了责任的分配。比如说，某个员工申请加薪或请假，不同级别的领导，对申请加薪的多少或请假的天数多少，其批准权限是不同的，当基层员工发起申请时，责任就逐级上报，领导则根据自己的权限，能处理的，自己就处理了，超出自己权限的，就继续上报。

责任链模式同样也体现了“开闭原则”，当责任处理者的责任范围变更时，我们只需要修改责任处理者的责任处理函数，即 operate() 方法，而无需修改主类（即客户端）。

这就好比，当基层员工发起加薪或请假申请时，他（她）的申请流程一点都没有变化，即使中间的审批环节发生改变，比如处理者由董事长变成首席执行官，因为申请者和处理者之间是解耦的，所以执行者发生改变，作为基层员工的请求者，是不会受到影响的（或者说是无感的）。这样，一方面，使得我们的应用程序在内部能应对更加多变的业务逻辑，但对客户还是“温馨如故”，应用程序对外保持的稳定性，能够降低用户的学习成本，相对而言，也就提升了用户的体验。

12.5 高手点拨

设计模式的核心问题

在进行程序设计时，逐渐形成的一些典型问题和问题的解决方案，就是软件模式；每一个模式描述了一个在我们程序设计中经常发生的问题，以及该问题的解决方案；当我们遇到模式所描述的问题，就可以直接用相应的解决方法去解决这个问题，这就是设计模式。

设计模式就是抽象出来的东西，它不是学出来的，是用出来的；或许你根本不知道任何模式，不考虑任何模式，却写着优秀的代码，即使以“模式专家”的角度来看，都是很好的设计，不得不说是“最佳的模式实践”，这是因为你积累了很多的实践经验，知道“在什么场合代码应该怎么写”，这本身就是设计模式。

12.6 实战练习

1. 我们知道，现在市面上的手机很多都采用了电池不可拆卸的设计，但其实这种设计在某个方面来说，并不如可拆卸电池灵活。假如市面上有两种电池，一种容量为 2000 毫安，另一种容量为 3000 毫安。现在假设手机生产商 A 公司和 B 公司都要推出新的手机产品，要求同时支持 2000 毫安的电池和 3000 毫安的电池。现在有两种设计方案，第一种是采取不可拆卸电池的设计，那么每款手机都将推出两个版本，一个版本支持 2000 毫安电池，另一个版本支持 3000 毫安电池。另一种版本是采取可拆卸电池的设计，这样每款手机只需要一个版本，这个版本同时支持两种电池。请用普通继承的方式实现第一种方案，用桥接模式实现第二种方案。完成以后请注意比较两种设计方式的区别，以便更好地理解桥接模式。

2. 使用责任链模式完成一个处理学生请假的程序。要求如下。

定义一个抽象类，拥有获取和设置下一个责任处理者的方法。

定义一个接口，拥有如何处理责任请求的方法（提示：可以把学生请假的天数作为参数）。

定义一个或多个类，继承抽象类并实现接口，创建 3 个对象，分别代表班主任、辅导员和系主任，其中，班主任可以批准 1~3 天假，辅导员可以批准 4~10 天假，系主任可以批准 10~30 天假。

第 13 章 存储类的仓库——Java 常用类库

Java 类库就是 Java API（应用程序接口），是系统提供的已实现的标准类集合，使用 Java 类库可以完成涉及字符串处理、图形、网络等多方面的操作。本章将讲解 API 的相关概念、基本数据类型和包装类、字符串类及其他几种常见类使用的相关知识。

本章要点（已掌握的在方框中打钩）

- □ 掌握 Java 类库的相关概念
- □ 熟悉 System 类和 Runtime 类
- □ 掌握 String 类
- □ 熟悉 Math 和 Random 类

13.1 API 概念

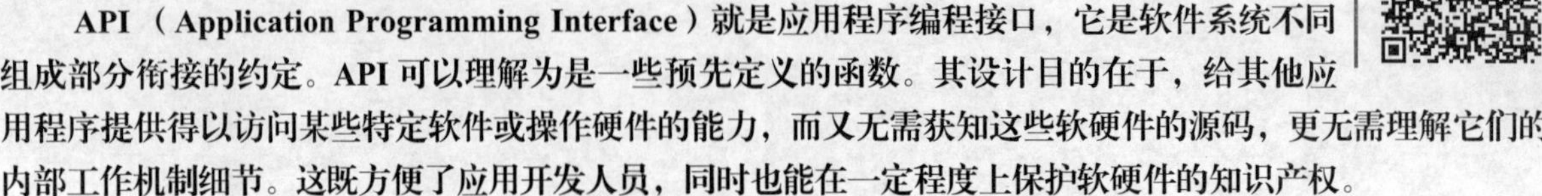

API（Application Programming Interface）就是应用程序编程接口，它是软件系统不同组成部分衔接的约定。API 可以理解为是一些预先定义的函数。其设计目的在于，给其他应用程序提供得以访问某些特定软件或操作硬件的能力，而又无需获知这些软硬件的源码，更无需理解它们的内部工作机制细节。这既方便了应用开发人员，同时也能在一定程度上保护软硬件的知识产权。

假设现在要编写一个机器人程序，去控制一个机器人踢足球，程序需要向机器人发出向前跑、向后转、射门、拦截等命令，没有编过程序的人很难想象，如何能编写这样的程序。

但对于有编程经验的人来说，就会知道，一般来说，机器人厂商都会提供一些控制这些机器人的 API，这些 API 分门别类汇集在一起，就形成了不同的类库，只要按照类库提供的接口，就可以方便地开发出机器人控制程序。这样，就大大减轻了用户的开发负担。

减轻了用户的负担，实际上，就是找到了用户的痛点所在。相对于 C/C++，Java 之所以能更加流行，就是因为 Java 的开发效率高。比如，开发一个 GUI 的弹出小窗口，在 Java 中，10 行左右的代码就能完成（在后续的章节中，读者就能体会到这一点）。而在 C/C++ 中，想完成类似的功能，没有上百行的代码，估计难以成行。

但 Java 为什么能高效呢？原因其实很简单，那就是 Java 提供了非常丰富的类库——这些类库都是 Java 开发社区的“牛”程序员写出来的、久经考验的代码。牛顿很“牛”，但他却说了一句很谦卑的名言：“如果说我看得更远一点的话，那是因为我站在巨人的肩膀上。”

Java 开发也是这样。很多时候，我们在写 Java 代码时，是没有必要重造轮子的。不重造轮子，至少有两层含义，一是代码复用，别人开发好的类库，采用“拿来主义”就好，没有必要再花大量时间重写了。二是别人提供的类库，特别是收录进 Java 类库的，通常都是“牛”程序员写出来的，我们站在这些资深程序员的肩膀上，可以更加高效地开发出更好的 Java 应用。

这正是本章的学习目的。

13.2 基本数据类型的包装类

在 Java 中，本质上就存在两种类型的系统，一种是基本数据类型（即包括 int、double、float 等 8 种原生态的数据类型），另外一种就是类（class）类型。使用基本数据类型的目的，自然在于它们非常高效，可以改善系统的性能，也能够满足大多数的应用需求。

但是，在很多时候，我们也需要使用类来创建实例，因为对象可以携带更多的信息，对象本身还可以附着更多方便的方法，为我所用。

由于基本数据类型不具有对象的特性，因此不能满足某些特殊的需求。在 Java 中，很多类的方法的参数类型都是对象。也就是说，这些方法接收的参数都是对象，同时，又需要用这些方法来处理基本数据类型的数据，这时就要用到包装类。

如果想让基本数据类型的数据也能像使用对象一样操作，这就需要使用 Integer、Double、Float 等类，来“包装打扮”这些基本类型，使其成为对象。

诸如 Integer、Double、Float 等类，就是所谓的打包器（wrapper）。正如这些类的名称所蕴含的意义，这些类的主要目的，就是提供对象实例作为外壳，将基本数据类型打包在对象之中，这样就可以操作这些对象。例如，可以用 Integer 类打包一个 int 类型的数据，Double 类可以打包一个 double 类型的数据，以此类推。

从前面的章节中读者应该已经了解到，Java 中的基本数据类型共有 8 种，那么与之相对应的基本数据类型包装类也同样有 8 种，表中列出了其对应关系。

基本数据类型	基本数据类型包装类
int	Integer
char	Character
float	Float
double	Double
byte	Byte
long	Long
short	Short
boolean	Boolean

基本类型打包器所用到的类，都归属于 java.lang 包中，因为这个类包是 Java 默认加载的，所以无需显式的“import”。下面举一个具体的例子来学习如何使用这些包装类。

范例 13-1 使用包装类（IntegerDemo.java）

```
01 class IntegerDemo
02 {
03     public static void main(String[] args)
04     {
05         String a = "123";              // 定义一个字符串
06         int i = Integer.parseInt(a);     // 将字符串转换成整型
07         i++;                            // 将 i 在原有数值上加 1
08         System.out.println("i = " + i);    // 输出 i 的值
09     }
10 }
```

保存并运行程序，结果如下图所示。

```
Problems  Javadoc  Declaration  Console
<terminated> IntegerDemo [Java Application] C:\Program Files\Java\jre1.8.0_1
i = 124
```

代码详解

第 05 行定义一个字符串“123”。请注意，在 Java 中，字符串是一个对象。这条语句的含义是，把字符串“123”这个无名对象的引用，赋值给字符对象 a。

第 06 行声明了一个整型数 i，请注意，此处的 i 是基本数据类型，而字符串对象 a 是不能给一个基本数据类型的变量 i 赋值的。因为它们分属于不同维度的世界。所以想赋值，必须通过转换。这里调用的是 Integer 类中的 parseInt 方法。这个方法中“parse”一词就代表语法分析的意思。这个方法的目的就是把一个字符串（确切来说，是含数字 ASCII 码的字符串），转换为一个普通整型，然后，赋值运算符“=”左右两边类型一致了，“地位”平等了，才能相互赋值。

第 07 行，i 是一个值为“123”普通的整型数据（占 4 个字节），可以做普通的四则运算，i++ 就表示在原有数值的基础上加 1，因此，第 08 行输出 i 的值：124。

13.2.1 装箱与拆箱

如果想要把 int 类型的数据打包成 Integer 对象，方法之一就是使用 new 来创建新对象，而把 int 类型的数据作为构造方法的参数传进去。进去的是基本数据类型，出来的就是对象。

除此之外，Java 还提供了另外一种打包技术，那就是装箱（Auto Boxing）。所谓装箱，就是把基本类型用它们相对应的引用类型包起来，使它们可以具有对象的特质，例如，我们可以把 int 型包装成 Integer 类的对象，或者把 double 包装成 Double 等。

有装箱，就有反操作——拆箱。所谓拆箱，就是将 Integer 及 Double 这样的引用类型的对象重新简化为值类型的数据。JDK 1.5 之前使用手动方式进行装箱和拆箱的操作，JDK 1.5 之后，使用自动进行的装箱（Auto Boxing）和拆箱（Auto Unboxing）的操作。下面举例说明。

范例 13-2　使用包装类（boxingAndUnboxing.java）

```
01 public class boxingAndUnboxing
02 {
03   public static void main(String args[])
04   {
05     Integer intObj = new Integer(10);     // 基本类型变为包装类，装箱
06     int temp = intObj.intValue();         // 包装类变为基本类型，拆箱
07     System.out.println(" 乘法结果为： " + temp * temp);
08
09     int temp2 = 20;
10     intObj = temp2;            // 自动装箱
11     int foo = intObj;          // 自动拆箱
12     System.out.println(" 乘法结果为： " + foo * foo);
13
14     Boolean foo = true;            // 自动装箱
15     System.out.println(foo && false);  // 自动拆箱
16   }
17 }
```

保存并运行程序，结果如下图所示。

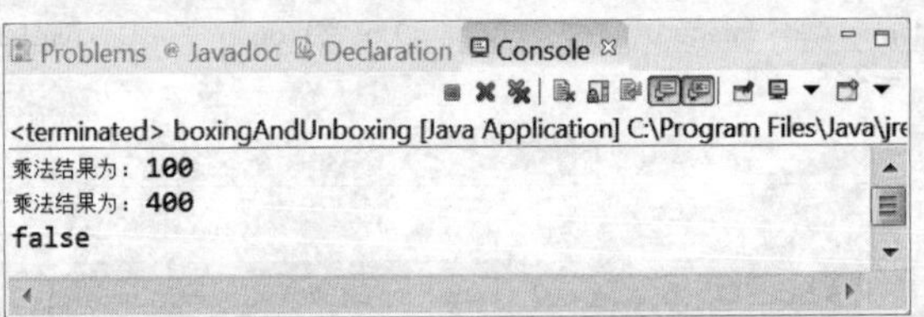

代码详解

第 05 行将基本类型数据“10”，通过 new 操作，手动通过包装类 Integer 的构造方法，将其变为 Integer 类的对象 intObj，整个过程为装箱操作。

第 06 行实施反操作，将包装类 Integer 的对象 intObj 还原为基本类型，并赋值整型变量 temp，整个过程为拆箱操作。

第 07 行输出 temp 与 temp 的乘积。

第 09 行，有意思的是，赋值运算符（=）左右两侧的类型并不匹配，左侧是 Integer 类对象 intObj，而右侧则是基本数据类型——int 类型，二者不匹配，为什么还能相互赋值呢？这就涉及 Java 的自动装箱技术。

类似的，第 10 行使用了自动拆箱技术，把 Integer 类对象 intObj 还原为基本数据类型。

第 14 行，也使用了自动装箱技术。而在第 15 行，在进行 && 操作时，&& 右边的 false 是普通数据类型——布尔类型，而左边是 Boolean 对象，这时又涉及自动拆箱，将 Boolean 对象还原为普通布尔类型。

【范例分析】

装箱操作：将基本数据类型变为包装类，利用各个包装类的构造方法完成。

拆箱操作：将包装类变为基本数据类型，利用 Number 类的 xxxValue() 方法完成（xxx 表示基本数据类型名称）。

事实上，自动装箱和自动拆箱功能，在编译上，使用了编译蜜罐（Compiler Sugar）技术。这项技术在本质上，是让程序员编写程序时吃点甜头，而编译器在幕后做了大量的技术支持。比如说，在第10行中，“intObj = temp2;”，遇到这个语句，在编译阶段，编译器会自动将这条语句扩展如下形式。

```
intObj = Integer.valueOf(temp2);
```

类似的，第 11 行，编译器在编译时，会自动替换如下形式。

```
int foo = intObj.intValue();
```

也就是说，不经意间，我们程序员使用的“便利”，其实是编译器的“辛苦”换来的。这世界上哪有什么免费的午餐，不过是看谁来买单罢了。

13.2.2 基本数据类型与字符串的转换

使用包装类有这么一个操作特点：可以将字符串变为指定的基本类型，使用的方法如下（以部分为例）。

```
Integer 为例：public static int parseInt(String s);
Double 为例：public static double parseDouble(String s);
Boolean 为例：public static Boolean parseBoolean(String s);
```

但是以上的操作方法形式对于字符类型（Character）是不存在的，因为 String 类有一个 charAt() 方法可以取得指定索引的字符。下面的范例说明的是字符串和基本数据类型的装箱与转换。

范例 13-3 将字符串变为double型数据（BoxingString.java）

```
public class BoxingString
{
  public static void main(String args[])
  {
    String str = "123.6";          // 定义一个字符串
    double x = Double.parseDouble(str); // 将字符串变为 double 型
    System.out.println(x);

    int num = 100;
    str = num + ""; // 任何类型与字符串相加之后就是字符串
    System.out.println(str);

    str = "true";                  // 定义一个字符串
    boolean flag = Boolean.parseBoolean(str); // 将字符串转化为 boolean 型数据
    if (flag)                      // 如果条件为真输出相应提示
    {
      System.out.println(" 条件满足！ ");
    } else                         // 如果条件为假输出相应提示
    {
      System.out.println(" 条件不满足！ ");
    }
  }
}
```

保存并运行程序，结果如下图所示。

```
Problems  Javadoc  Declaration  Console
<terminated> BoxingString [Java Application] C:\Program Files\Java\jre1.8.0_11
123.6
100
条件满足！
```

代码详解

第 05 行定义一个字符串“123.6”。第 06 行通过 Double 类中的 parseDouble 方法将字符串 str 转换为 double 型，并赋值变量 *x*。第 07 行输出 *x* 的值。需要注意的是，在将字符串变为数值型数据时需要注意一下，字符串的组成必须全部由数字组成。

第 09 行定义整型数 num。

第 10 行，通过将 num 与空字符串相加（这里的“相加”实际上是连接操作），将 num 转换为字符串类型。

第 11 行将 str 输出。需要注意的是，这种方式将其他数值型的数据，转换为必须使用一个字符串，所以一定会产生垃圾，并不建议使用。

第 13 行定义一个字符串“true”，包括 4 个字符，但整体上，这个字符串是一个对象。

第 14 行通过 Boolean 类中的 parseBoolean 方法，将字符串 str 还原为普通布尔类型，并赋值给 flag。第 15~21 行判断 flag 的逻辑值是 true 还是 false，并输出相应的提示信息。

【范例分析】

请注意，如果第 13 行的字符串内容不是“true”或“false”，那么程序也不会出错，会按照默认值“false”的情况进行处理。读者可以尝试把“true”改成“true1”，来尝试一下运行结果。

通过以上的操作可以将字符串变为基本数据类型，那么反过来，如何将一个基本类型变为字符串呢？为此在 Java 之中提供了两种做法。

（1）任何的基本数据类型遇见 String 之后自动变为字符串。

（2）利用 String 类之中提供的一系列 valueOf() 方法完成。

范例 13-4　将基本类型变为字符串（BasicTypeToStr.java）

```
public class BasicTypeToStr
{
  public static void main(String args[])
  {
    int intValue = 100;
    String str = String.valueOf(intValue); // int 变为 String
    System.out.println(str);

    double Pi = 3.1415926;
    str = String.valueOf(Pi); // double 变为 String
    System.out.println(str);

  }
}
```

保存并运行程序，结果如下图所示。

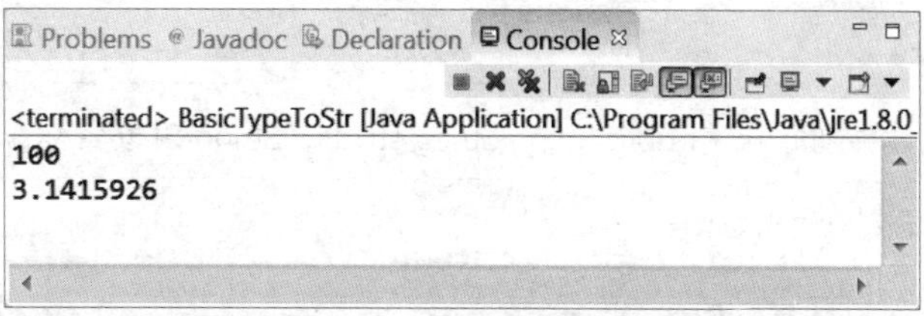

代码详解

第 05 行定义整型数 intValue。第 06 行通过 String.valueOf(intValue)，将整型变量 intValue 转换成字符串型。第 07 行将 str 输出。

类似的，第 09 行定义双精度类型 Pi。第 10 行通过 String.valueOf(intValue)，将 double 变量 Pi 转换成字符串型。第 11 行将 str 输出。

【范例分析】

很明显，该例中的做法更方便使用，所以日后开发之中，遇见基本类型变为 String 的操作，建议使用本例呈现的方式来完成。

13.3 String 类

String 类是 Java 最常用的类之一。在 Java 中，通过在程序中建立 String 类可以轻松地管理字符串。什么是字符串呢？简单地说，字符串就是一个或多个字符组成的连续序列（如"How do you do!""有志者事竟成"等）。程序需要存储的大量文字和字符都使用字符串进行表示、处理。

Java 中定义了 String 和 StringBuffer 两个类来封装对字符串的各种操作，它们都被放到了 java.lang 包中，import java.lang 是默认加载的，所以不需要显式地用"import java.lang"导入这个包。

String 类用于比较两个字符串，查找和抽取串中的字符或子串，进行字符串与其他类型之间的相互转换等。String 类对象的内容一旦被初始化，就不能再改变，对于 String 类的每次改变（如字符串连接等），都会生成一个新的字符串，比较浪费内存。

StringBuffer 类用于内容可以改变的字符串，可以将其他各种类型的数据增加、插入到字符串中，也可以转置字符串中原来的内容。一旦通过 StringBuffer 生成了最终想要的字符串，就应该使用 StringBuffer.toString() 方法将其转换成 String 类，随后，就可以使用 String 类的各种方法操纵这个字符串了。StringBuffer 每次都改变自身，不生成新的对象，比较节约内存。

13.3.1 字符串类的声明

字符串声明的常见方式如下所示。

```
String str;
```

声明一个字符串对象 str，分配了一个内存空间，因为没有进行初始化，所以没有存入任何对象。str 作为局部变量是不会自动初始化的，必须显式地赋初始值。如果没有赋初始值，在用 System.out.println(s1) 时会报错。

在 Java 中，用户可以通过创建 String 类来创建字符串，String 对象既可以隐式地创建，也可以显式地创建，具体创建形式取决于字符串在程序中的用法，为了隐式地创建一个字符串，用户只要将字符串字符放在程序中，Java 则会自动地创建 String 对象。

（1）使用字符串常量直接初始化，String 对象名称 = “字符串” 。

```
String s=" 有志者事竟成 ";
```

（2）使用构造方法创建并初始化（public String(String str)），String 对象名称 = new String(" 字符串 ")。

```
String s = new String(" 有志者事竟成 ") ;
```

范例 13-5　下面通过一个范例来讲解String类实例化方式（NewString.java）

```
01  public class NewString
02  {
03    public static void main(String args[])
04    {
05      String str1= "Hello World!";              // 直接赋值建立对象 str1
06      System.out.println("str1:" + str1) ;      // 输出
07
08      String str2 = new String(" 有志者事竟成！ ") ;        // 构造法创建并初始化对象 str2
09      System.out.println("str2:" + str2) ;
10
11      String str3 = "new" + "string";       // 采用串联方式生成新的字符串 str3
12      System.out.println("str3:" + str3) ;
13    }
14  }
```

程序运行结果如下图所示。

```
Problems  Javadoc  Declaration  Console
<terminated> NewString [Java Application] C:\Program Files\Java\jre1.8.0_112\
str1:Hello World!
str2:有志者事竟成!
str3:newstring
```

代码详解

程序第 05 行使用直接赋值的方式建立并初始化对象，第 08 行采用构造法创建并初始化对象，第 11 行采用串联方式产生新的对象，三种方式都完成了 String 对象的创建及初始化。

【范例分析】

对于 String 对象，也可以先声明再赋值。例如以下形式。

```
String str1;          // 声明字符串对象 str1
str1="Hello World!";    // 字符串对象 str1 赋值为 "Hello World!"
```

构造法也可先建立对象，再赋值。

```
String str2 = new String() ; // 构造法创建一个字符串对象 str2，内容为空字符串
                             // 等同于 String str2 = new String("") ;
str2=" 有志者事竟成！ ";    // 字符串对象 str2 赋值为 " 有志者事竟成！ "
```

13.3.2 String 类中常用的方法

用户经常需要判断两个字符串的大小或相等，比如可能需要判定输入的字符串和程序中另一个编码字符串是否相等。

序号	方法名称	类型	描述
1	public boolean equals(String anObject)	普通	区分大小写比较
2	public boolean equalsIgnoreCase(String anotherString)	普通	不区分大小写比较
3	public int compareTo(String anotherString)	普通	比较字符串大小关系

01 Java 中判定字符串一致的方法有两种。

（1）调用 equals(object) 方法

string1.equals(string2) 的含义是，比较当前对象（string1）包含的字符串值与参数对象（string2）所包含的字符值是否相等，若相等，则 equals( ) 方法返回 true，否则返回 false，equals( ) 比较时考虑字符中字符大小写的区别。

当然，也可以忽略大小写的进行两个字符串的比较，这时，就需要使用一个新的方法 equalsIgnoreCase( )，例如以下形式。

```
String str1="Hello Java!";                    // 直接赋值实例化对象 str1
Boolean result=str1.equals("Hello Java!");        //  result=true
Boolean result=str1.equals("Hello java!");        // result=false
Boolean result=str1.equalsIgnoreCase("Hello java!"); //  result=true
```

（2）使用比较运算符（==）

运算符“==”用于比较两个对象是否引用同一个实例，如果把Java中的“引用”理解为一个“智能指针”，这里的逻辑判断，实际上，就是判断某两个对象在内存中的位置是否一样，例如以下形式。

```
String str1="Hello World!";             // 直接赋值实例化对象 str1
String str2="Hello World!";             // 直接赋值实例化对象 str2
Boolean result1= (str1==str2);          //  result=true
String str3 = new String("Hello World!") ;      // 构造方法赋值
Boolean result2= (str1==str3);          //result=false
```

02 str1 和 str3 不相等，原因需要结合内存图的分析。

由于 String 是一个类， str1 就是这个类的对象，对象名称一定要保存在栈内存之中，那么字符串“Hello World!”一定保存在堆内存之中（见图（a））。栈内存和堆内存的区别，可以看作“老师的点名册”和“上课的学生”，老师通过点名册的学号（即学生的引用），来找到学生本身（对象）。“老师的点名册”和“上课的学生”，作为物理实体，都占空间，但所占的空间是完全不同的。一个胖胖的同学和一个瘦瘦的同学，他（她）们在教室里（“堆内存”），所占据的空间大小是不同的。但是他（她）们在老师的点名册上（“栈内存”）都是一行，毫无大小的区别。

如果两个字符串完全一样，为了节省内存，编译器会“智能”地把它们归属到一起，如图（b）所示。这就好比同一个同学有两个名一样，一个大名，一个是绰号。老师不会给同一个同学分两个座位一样。

在任何情况下，使用关键字 new，一定会开辟一个新的堆内存空间，如图（c）所示。这就好比，一个教室里“新”来了一个同学，哪怕他和别人长得一样。由于有“new”这个关键词做保证，也得重新给他（她）分一个新位置。

String 类的对象是可以进行引用传递的，引用传递的最终结果就是不同的栈内存将保存同一块堆内存空间的地址。

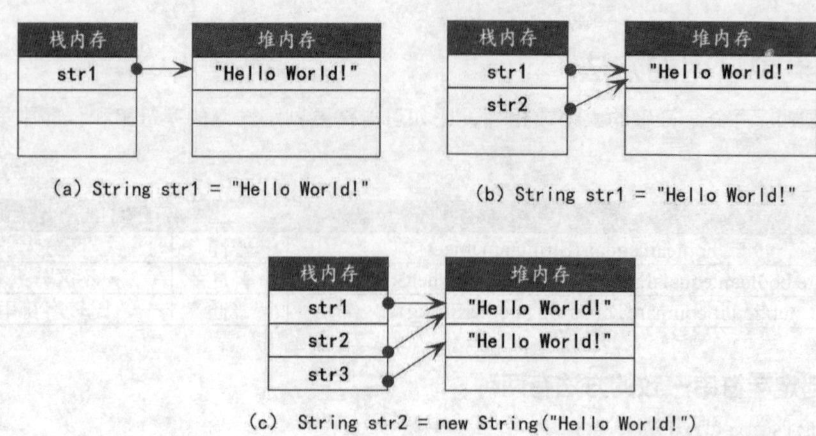

(a) String str1 = "Hello World!"　　(b) String str1 = "Hello World!"

(c) String str2 = new String("Hello World!")

根据上例可发现，针对于“==”，在本次操作之中实际上是完成了它的相等判断功能，只是它完成的是两个对象的堆内存地址（好比教师的点名册学号）的相等判断，属于地址的数值相等比较，并不是真正意义上的字符串内容的比较。如果现在要想进行字符串内容的比较，可以使用 equals()，如下面的范例所示。

范例 13-6　下面通过一个范例来分析字符串对象相等判断（StringEquals.java）

```
public class StringEquals
{
  public static void main(String args[])
  {
    String str1 = "Hello World!" ; // 直接赋值
    String str2 = "Hello World!" ; // 直接赋值
    String str3 = "Hello World1" ; // 直接赋值

    String str4 = new String("Hello World!") ; // 构造方法赋值
    String str5 = str2 ;   //引用传递

    System.out.println(str1 == str2) ; // true
    System.out.println(str1 == str3) ; // false
    System.out.println(str1 == str4) ; // false
    System.out.println(str2 == str5) ; // true

    System.out.println(str1.equals(str2)) ; // true
    System.out.println(str1.equals(str3)) ; // false
    System.out.println(str2.equals(str5)) ; // true
  }
}
```

程序运行结果如下图所示。

```
<terminated> StringEquals [Java Application] C:\Program Files\Java\jre1.8.0_112\
true
false
false
true
true
false
true
```

代码详解

第 05~07 行，通过直接赋值的方式，分别给 str1、str2 及 str3 赋值。注意，str3 最后一个字符是“1”，而前两个字符则完全相同。

第 12~14 行，字符串对象 str1 和不同方法创建的字符串对象进行一致性判断。

【范例分析】

在 Java 中，若字符串对象使用直接赋值方式完成，如 str1，那么首先在第一次定义字符串的时候，会自动地在堆内存之中定义一个新的字符串常量“Hello World!”，如果后面还有其他字符串的对象（如 str2），采用的也是直接赋值的方式实例化，并且此内容已经存在，那么 Java 编译器就不会开辟新的字符串常量，而是让 str2 指向了已有的字符串内容，即 str1 和 str2 指向同一块内存，所以第 12 行（str1 == str2）比较的结果是 true。这样的设计在开发模式上，称为共享设计模式。

所谓的共享设计模式指的是，在 JVM 底层（如果是用户自己实现，就依靠动态数组）准备出一个对象池（即多个对象汇集的集合，共享一个区域的内存），如果现在按照某一个特定方式进行对象实例化的操作，那么该对象的内容会保存到对象池之中，而后如果还有其他的对象也采用固定的方式声明了与之相同的内容，则此时将不会重新保存新对象到对象池之中，而是从对象池中取出已有的对象内容继续使用，这样一来可以有效地减少垃圾空间的产生。

相比而言，str3 与前面两个字符对象 str1 和 str2 的内容有所差别，哪怕差一个字符，编译器也会在对象池中给 str3 分配一个新对象，不同的对象，对应不同的地址，自然 str3 的引用值也是不同于 str1 和 str2，因此，第 13 行的“（str1 == str3）”判断返回值为假，于是输出为“false”。

第 09 行，通过关键词 new 创建了一个新的字符对象 str4，因为 new 的作用就是创建全新的对象，所以哪怕 str4 的内容和 str1 及 str2 完全相同，也会在堆内存中开辟一块新空间。所以 str1 和 str4 的地址是不同的，因此第 14 行输出为“false”。

第 10 行，通过“str5 = str2”的引用传递，让 str5 也指向与 str2 相同的位置，换句话说，此时，str1、str2 及 str5 指向的都是同一个字符串。

由于 equals( ) 方法用于判断字符串对象的内容（而非引用值）是否相等，结果很明显，因为 str1，str2，str5 内容相同，它们之间的判断全为 true（第 17 行和第 19 行），而 str3 的内容是不同的字符串，str1 和 str5 之间的内容相比较，输出为“false”（第 18 行）。

我们知道，String 是在 Java 开发中最常用的类之一，基本上所有的程序都会包含字符串的操作，因此，String 也定义了大量的操作方法，这些方法均能在 Oracle 的官网文档中查询到。就如同我们没有必要把一本字典中的所有字都认识一样，只要懂得在用的时候，会查会用即可。

13.4 System 类与 Runtime 类

Java 程序在不同的操作系统上运行时，可能需要取得与该平台相关的属性，或者调用平台命令来完成特定功能。Java 提供了 System 类和 Runtime 类，主要用于 Java 程序与所运行平台进行交互。本节主要介绍这两个类的使用。

13.4.1 System 类

我们知道，Java 不支持全局性的方法和变量，于是，Java 语言的设计者将一些系统相关的重要方法和变量收集到了一个统一的类中，这就是 System 类。

关于 System 类，有两点需要我们注意。

（1）System 类：有类无象

由于 System 类中的所有成员都是静态的，而静态成员都是属于全类的，而不是属于某个对象的。因此 System 类是不允许创建对象的。而要引用这些变量和方法，可直接使用 System 类名作为前缀（System.），然后在后面加上要引用的方法名或对象名称。例如，在前面章节中，我们已经频繁使用到了标准输入和输出对象 in 和 out，其实它们都是 System 类中的静态对象，而我们引用的格式都是诸如“System.out”之类的。

（2）问系统属性，找 System 类

System 类提供了代表标准输入、标准输出和错误输出的类变量，并提供了一系列的静态方法用于访问环境变量、系统属性的方法，还提供了加载文件和动态链接库的方法。

下面举例说明通过 System 类来访问操作系统的环境变量和系统属性。

范例 13-7　使用System类访问系统属性（SystemClassDemo.java）

```
import java.util.Map;
public class SystemClassDemo
{
  public static void main(String[] args)
  {
    Map<String, String> env = System.getenv( );
    for (String name : env.keySet())
    {
      System.out.println(name + " = " + env.get(name));
    }
  }
}
```

在 Windows 操作系统下运行的结果如下图所示。

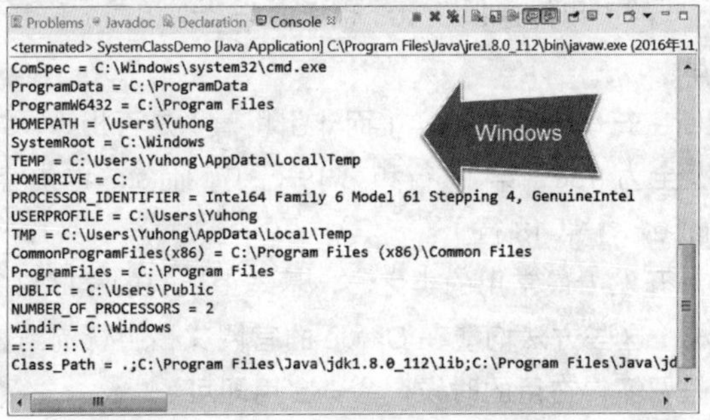

在 macOS 操作系统下运行的结果如下图所示。

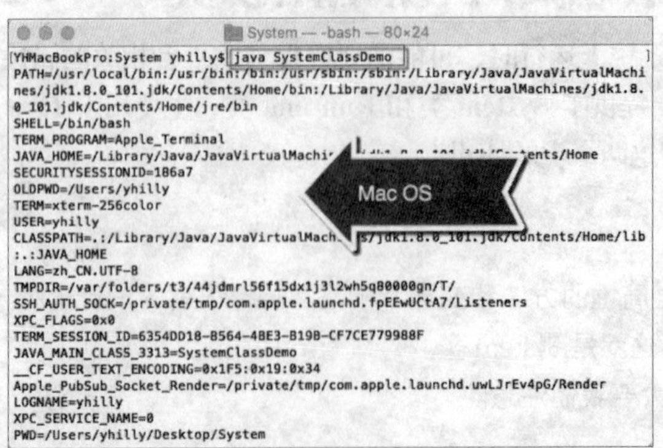

在 Linux（Cent OS）操作系统下运行的结果如下图所示。

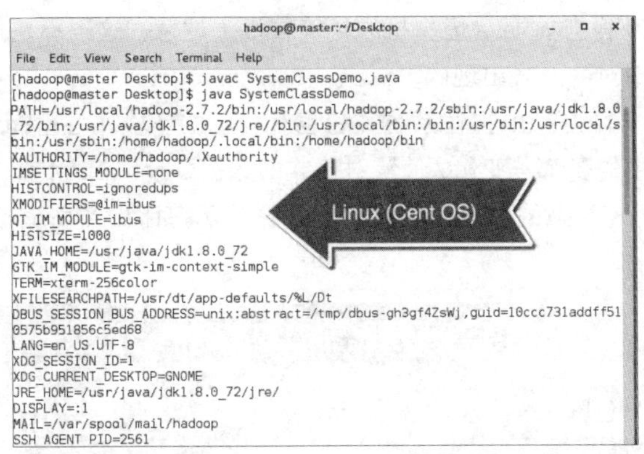

代码详解

第 01 行，导入类集框架——映射（Map）所在的包。它主要是为第 06 行赋值运算符左边服务的。方法 getenv () 的功能，就是获得系统环境变量，它是成对出现的，一个环境变量（如 Path），对应一个值，所以非常适合用 Map 这样的数据结构来存储。

第 07 行是增强型的 for 循环，这样的循环，只能遍历输出环境变量及其对应的环境变量值。请注意，不能在这类增强型 for 循环体内修改变量值（比如，在内部有个赋值“x = 5;”等）。倘若非要修改，改成传统的 for 循环即可。

第 09 行，以 name 作为 key，通过 get() 方法，获取其对应的值（value）——环境变量值。

比如，在 Linux 环境下，name（key）为 JAVA_HOME，其对应的值（value）就是“C:\Program Files\Java\jdk1.8.0_112”。

【范例分析】

在上面的范例中，有两个环节需要注意。

（1）要正确理解 Map

在 java.util 中的映射（Map），在本质上是一个存储关键字和值的关联，或者说是“关键字 / 值”对的对象，即给定一个关键字（key），可以得到它的值（value）。关键字和值都是对象，关键字必须是唯一的，但是可以存在相同的值。

可以将 Map 视为双对象保存接口。Map 中的对象两两保存，而且这对对象一定是按照“Key = Value”的形式保存，也就是说，可以通过 Key 找到对应的 Value，那么这就好比使用电话本一样。

- Key = 张三，Value = 110；
- Key = 李四，Value = 120；

如果说现在要想找到张三的电话，那么首先应该通过张三这个 Key，然后找到其对应的 Value——110，如果现在保存的数据之中没有对应的 Key，那么就返回 null。

（2）体会 Java 的“一次编写，到处运行”

从上面的运行结果图来看，相同的代码，无需做任何修改，可以分别在 Windows、macOS 和 Linux 下编译运行，这就是 Java 一直鼓吹的“Write once, run everywhere ”（WORE）。当然这个口号还存在争议，这不在本节的讨论范围之内。由于操作系统不一样，各自的环境变量是不同的，因此结果肯定不一样。

下面再介绍 System 类中的几个方法，其他的方法读者可以参阅 JDK 文档资料。

① exit(int status) 方法，提前终止虚拟机的运行。对于发生了异常情况而想终止虚拟机的运行，传递一个非零值作为参数。若在用户正常操作下终止虚拟机的运行，则传递零值作为参数。

② CurrentTimeMillis 方法，返回自 1970 年 1 月 1 日 0 点 0 分 0 秒起至今的以毫秒为单位的时间，这是一个 long 类型的大数值。在计算机内部只有数值，没有真正的日期类型及其他各种类型，也就是说，平常用到的日期实质上就是一个数值，但通过这个数值能够推算出其对应的具体日期时间。

③ getProperties 方法是获得当前 Java 虚拟机的环境属性（注意，这里不是操作系统本身的环境变量），每一个属性都是变量与值以成对的形式出现的。

同样的道理，Java 作为一个虚拟的操作系统，它也有自己的环境属性。Properties 是 Hashtable 的子类，正好可以用于存储环境属性中的多个“变量 / 值”对格式的数据，getProperties 方法返回值是包含了当前虚拟机的所有环境属性的 Properties 类型的对象。下面的例子将演示打印出当前虚拟机的所有环境属性的变量和值。

范例 13-8　打印当前虚拟机的所有环境属性的变量和值（SystemInfo.java）

```
01  import java.util.Enumeration;
02  import java.util.Properties;
03
04  public class SystemInfo
05  {
06      public static void main(String[] args)
07      {
08          Properties sp = System.getProperties(); // 获得当前虚拟机的环境属性
09          Enumeration e = sp.propertyNames(); // 获得环境属性中所有的变量
10          // 循环打印出当前虚拟机的所有环境属性的变量和值
11          while (e.hasMoreElements())
12          {
13              String key = (String) e.nextElement();
14              System.out.println(key + " = " + sp.getProperty(key));
15          }
16      }
17  }
```

保存并运行程序，结果如下图所示。

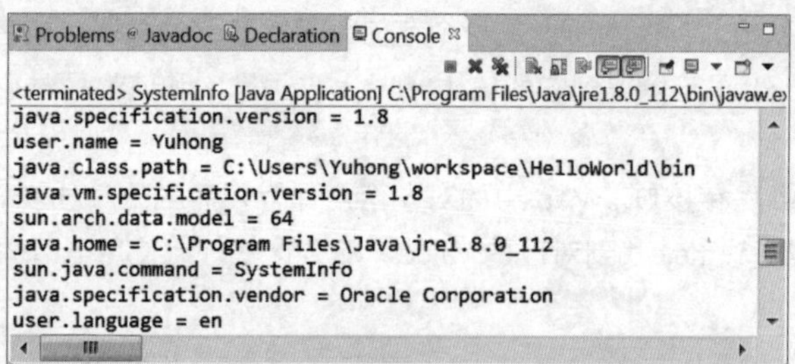

代码详解

第 08 行通过方法 getProperties( ) 获得当前 Java 虚拟机的环境属性。它和前一个案例不同的是，方法 getenv( ) 获取的是 Java 应用程序所运行的操作系统的环境属性，而非 JVM 的信息。

第 09 行，用枚举对象巧妙地存储了所有虚拟机环境变量名称。

第 11~15 行，输出所有环境变量和其对应的值，中间用等号分隔开。由于 Properties 是 Hashtable 的子类，因此，可以通过 map 的取出方式（keySet 和 entrySet）取出元素。该集合存储的都是字符串。其中第 13 行，枚举类型中的对象并不是字符串对象，所以要用强制类型转换。

13.4.2　Runtime 类

Runtime 类代表 Java 程序的运行时环境。在 Java 程序运行时，每个执行的 Java 应用程序（实质上是 JVM 进程），都会有一个与之对应的唯一的 Runtime 类对象，应用程序通过该对象与其运行时的环境相连。

很明显，这个类使用的是单例设计模式，也就是说，在此类中将构造方法私有化。既然是单例设计模式，应用程序不能在类外部创建自己的 Runtime 实例，而是会在类的内部提供一个 static 定义的方法，用于取得本类的实例化对象，如下所示。

```
public static Runtime getRuntime( ); // 取得 Runtime 类对象
```

取得了 Runtime 类的实例化对象之后，可以利用以下方法取得一些内存、处理器的相关信息。

```
public long maxMemory( )  // 最大可用内存数
public long totalMemory( )  // 总共的可用内存数
public long freeMemory( );        // 空闲内存数
public long availableProcessors( );  // 空闲内存数
```

如果在程序之中出现了过多的垃圾，则一定会影响性能，那么此时可以利用 Runtime 类的如下方法清除垃圾：public void gc()。

范例 13-9 取得内存值（GetRuntimeInfo.java）

```
public class GetRuntimeInfo
{
  public static void main(String args[])
  {
    Runtime run = Runtime.getRuntime(); // 单例设计
    String str = "";                  // 定义一个字符串
    for (int x = 0; x < 5000; x++)
    {
      str += x;                       // 垃圾产生
    }
    System.out.println("1、最大可用内存： " + run.maxMemory());
    System.out.println("1、总共可用内存： " + run.totalMemory());
    System.out.println("1、最大可用内存： " + run.freeMemory());
    System.out.println("1、可用处理器数： " + run.availableProcessors());

    run.gc();                         // 清除垃圾
    System.out.println("-----------------------------------");
    System.out.println("2、最大可用内存： " + run.maxMemory());
    System.out.println("2、总共可用内存： " + run.totalMemory());
    System.out.println("2、最大可用内存： " + run.freeMemory());
    System.out.println("2、可用处理器数： " + run.availableProcessors());
  }
}
```

保存并运行程序，结果如下图所示。

```
Problems  Javadoc  Declaration  Console
<terminated> GetRuntimeInfo [Java Application] C:\Program Files\Java\jre1.8.0_112\bin\java
1、最大可用内存：514850816
1、总共可用内存：101711872
1、最大可用内存：49387104
1、可用处理器数：2
-----------------------------------
2、最大可用内存：514850816
2、总共可用内存：101711872
2、最大可用内存：99647352
2、可用处理器数：2
```

代码详解

第 05 行通过静态方法 Runtime.getRuntime，获得正在运行的 Runtime 对象的引用。

第 06 行定义了一个空字符串。字符串有个特性，其他类型的数据通过加号（“+”）连接，就都变成了字符串。第 06 行主要是配合其后的 for 循环。

第 07~10 行通过一个循环产生垃圾。这个垃圾，实际上就是一个超大数字字符串“012345678911…5000”。

第 11~14 行调用 Runtime 中的方法，获取内存和处理器的使用情况，并输出。

第 16 行，调用 gc( ) 方法回收不用的垃圾。这里的 gc 就是“Garbage Collection”的简写。

然后在第 18~21 行输出清除垃圾后内存的使用情况。由输出结果可以看出，可用内存在垃圾回收后，果然变大了。但请读者思考的是，内存变大的数量，就是第 07~10 行产生的垃圾大小吗?

【范例分析】

Runtime 类代表的是 Java 程序运行时环境，可以通过这个类访问 JVM 的相关信息，如处理器数量，内存信息等。与 System 类似的是， Runtime 类也提供了 gc() 方法和 runFinalization() 方法，来通知系统进行垃圾回收、清理系统资源，并提供了 load(String filename) 和 loadLibrary(String libname) 方法，来加载文件和动态链接库。在用到这些方法时，请读者自行查询相关文档，这里就不再赘述。

13.5 日期操作类

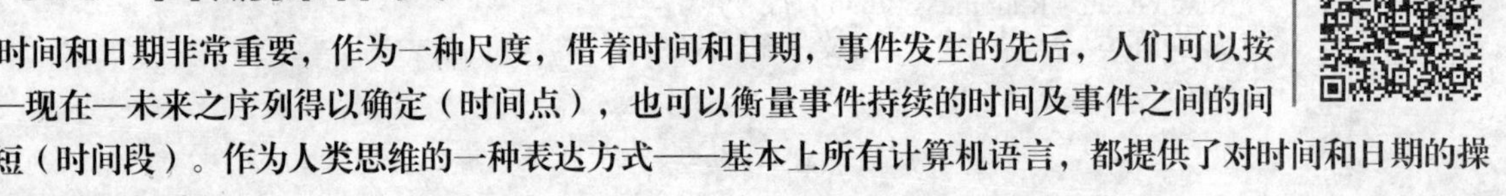

时间和日期非常重要，作为一种尺度，借着时间和日期，事件发生的先后，人们可以按过去—现在—未来之序列得以确定（时间点），也可以衡量事件持续的时间及事件之间的间隔长短（时间段）。作为人类思维的一种表达方式——基本上所有计算机语言，都提供了对时间和日期的操作。Java 也不例外。

由于版本协调失控等历史原因，在 Java 8 之前，有关时间操作的 API 比较混乱，在最早的 java.util.Date 类之后，还有 JDBC（Java Data Base Connectivity，一种用于执行 SQL 语句的 Java API）中使用的 java.sql.Date，以及随后增加用于本地化时间的 Calendar 类，Calendar 类的使用比较复杂，并且出现反“人性”的地方。所以，对于 Java 程序员而言，关于时间、时间戳、格式化及解析，并没有一些明确定义的类。

为了解决原先有关时间 API 接口不统一，且不够易用的问题，吸收了 Joda-Time 库（一个面向 Java 平台的易于使用的开源时间 / 日期库）的经验，使得 Java 处理时间和日期变得比较“人性化”了。Java 8 中设计了 java.time 包，来彻底改变那个以往让人讨厌的时间 API。

但需要注意的是，由于历史的惯性，很多 Java 应用还保留老版本的用法，为了维护 Java 社区的兼容性，那些老版本的用法也不得不保留，这就导致 Java 越来越“尾大不掉”，日趋臃肿。

在 Java 8 中的新时间类，都是不可改变并且线程安全的。而且，为了更好地处理问题，Java 8 中所有的日期类都使用了工厂模式和策略模式，一旦程序员使用了其中某个类的方法，与其他类协同并不困难，因为它们都在“工厂”里预处理过了。

下面来看一下如何表示日期和时间。

13.5.1 日期类

类名	说明
LocalDateTime	存储了日期和时间，如：2017-03-27T14:43:14.539
LocalDate	存储了日期，如：2017-08-25
LocalTime	存储了时间，如：14:43:14.539

上面的类可以由下面的类组合：Year 表示年份，Month 表示月份，YearMonth 表示年月，MonthDay 表示月日，DayOfWeek 存储星期的一天。

范例13-10　取得当前的日期时间（GetDatetime.java）

```
01 import java.time.*;
02 public class GetDatetime
03 {
04   public static void main(String[] args)
05   {
06     // 创建时间对象，获取当前时间
07     LocalDateTime timePoint = LocalDateTime.now( );
08     System.out.println("-- 当前时间 ----");
09     System.out.println(timePoint);
10 
11     System.out.println("-- 获取时间的各个部分 ----");
12     System.out.println(timePoint.toLocalDate( ));
13     System.out.println(timePoint.getMonth( ));
14     System.out.println(timePoint.getDayOfMonth( ));
15     System.out.println(timePoint.getSecond( ));
16   }
17 }
```

保存并运行程序，结果如下图所示。

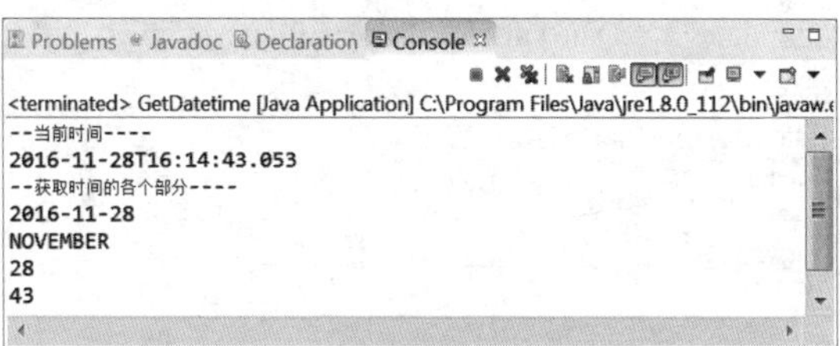

代码详解

第 07 行新建了一个 LocalDateTime 对象 timePoint，用于存储 now( ) 方法返回的当前时间。
第 09 行直接输出这个时间对象。
第 12~15 行，分别输出当地时间、月份、日期和秒。

【范例分析】

相较于 Java 7 中的日期类 java.util.Date，此处输出的结果更加清晰易懂，符合中国人习惯。Java 8 在 java.time 中提供了许多实用方法，如判断是否为闰年、同月日关联到另一年份等。

Java.time 的 API 提供了大量相关的方法。

方法	说明
of ( )	静态工厂方法关注与所属关系，如 Year.of(2012)
parse( )	静态工厂方法，关注于解析
get( )	获取某些东西的值
is ( )	检查某些东西是否是 true
with ( )	不可变的 setter 等价物
plus ( )	加一些量到某个对象
minus ( )	从某个对象减去一些量
to ( )	转换到另一个类型
at ( )	把这个对象与另一个对象组合起来

13.5.2 日期格式化类

在某些情况下，开发者可能要对日期对象进行转换。譬如，程序中用的另外一个类的方法要求一个 LocalDate 类型的参数。有时，要将用 LocalDate 对象表示的日期以指定的格式输出，或是将用特定格式显示的日期字符串转换成一个 LocalDate 对象，java.time.format 包是专门用来格式化输出时间 / 日期的。

范例13-11 将时间对象格式化为字符串（DateFormatDemo.java）

```
01 import java.time.*;
02 import java.time.format.*;
03 public class DateFormatDemo
04 {
05     public static void main(String[] args)
06     {
07         // 获取当前时间
08         LocalDate locDate = LocalDate.now();
09         // 指定格式化规则
10         DateTimeFormatter dateF1 = DateTimeFormatter.ofPattern("dd/MM/uuuu");
11         // 将当前时间格式化
12         String str1 = locDate.format(dateF1);
13         System.out.println(" 时间格式 1 : " + str1);
14 
15         DateTimeFormatter dateF2 = DateTimeFormatter.ofPattern("yyyy 年 MM 月 dd 日 ");
16         // 将当前时间格式化
17         String str2 = locDate.format(dateF2);
18         System.out.println(" 时间格式 2 : " + str2);
19     }
20 }
```

保存并运行程序，结果如下图所示。

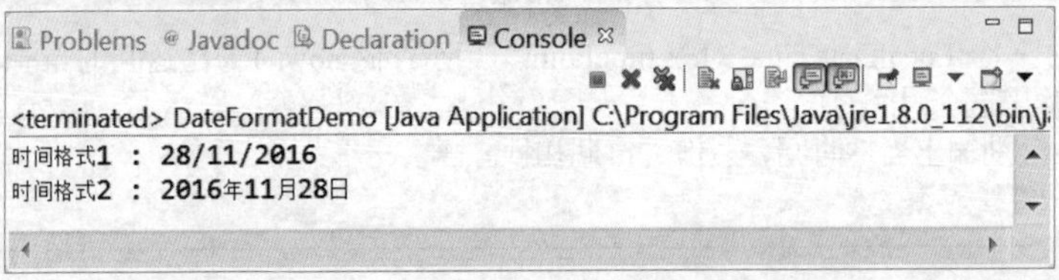

```
Problems  Javadoc  Declaration  Console
<terminated> DateFormatDemo [Java Application] C:\Program Files\Java\jre1.8.0_112\bin\j
时间格式1 : 28/11/2016
时间格式2 : 2016年11月28日
```

代码详解

第 08 行，通过 now() 方法获取当前时间。

第 10 行，通过 ofPattern() 方法指定格式化规则。其中“uuuu”表示 4 位数年份，“MM”表示 2 位数月份，“dd”表示 2 位数日期。日期类提供了非常多样的输出格式，感兴趣的读者可以到 Oracle 网站查询相关的字母含义，以输出不同格式的日期。

第 12 行将日期按照指定的规则格式化为字符串，第 13 行将指定格式的时间输出。

第 15~18 行则换了一种日期格式，完成的功能和第 10~13 行是类似的。

13.6 正则表达式

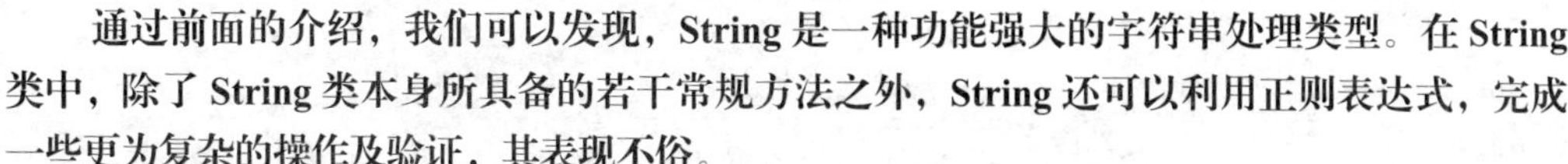

通过前面的介绍，我们可以发现，String 是一种功能强大的字符串处理类型。在 String 类中，除了 String 类本身所具备的若干常规方法之外，String 还可以利用正则表达式，完成一些更为复杂的操作及验证，其表现不俗。

我们知道，在程序开发中，难免会遇到字符串匹配、查找、替换、判断等功能需求，而这些情况有时又非常复杂，如果单纯用传统的编码方式解决，往往会非常费时费力。因此，学习及使用正则表达式，就成了解决这一矛盾的利器。

所谓正则表达式，就是一种可以用于模式匹配和替换的规范。一个正则表达式就是由普通的字符（如字符 a 到 z）及特殊字符（元字符）组成的文字模式，它用以描述在查找文字主体时待匹配的一个或多个字符串。正则表达式作为一个模板，将某个字符模式与所搜索的字符串进行匹配。

正则表达式并不仅限于某一种语言，但是在每种语言中有细微的差别。Java 的正则表达式和 Perl 语言的正则表达式最为相近。

13.6.1 正则的引出

在正式讲解正则表达式操作之前，首先来看一下下面的常规程序，其功能很简单，即判断一个字符串是否由数字组成。

范例13-12 判断字符串是否由数字组成（JudgeString.java）

```
public class JudgeString
{
  public static void main(String[] args) throws Exception
  {
    if (isNumber("123abc"))           // 判断字符串是否由数字组成
    {
      System.out.println(" 由数字组成！ ");
    } else
    {
      System.out.println(" 不是由数字组成！ ");
    }
  }
  public static boolean isNumber(String str)
  {
    char data[ ] = str.toCharArray( );     // 将字符串转化成 char 数组
    for (int x = 0; x < data.length; x++)  // 循环遍历该数组
    {
      if (data[x] < '0' || data[x] > '9')  // 判断数组中的每个元素是否是数字
      {
        return false;
      }
    }
    return true;
  }
}
```

保存并运行程序，结果如下图所示。

Problems　Javadoc　Declaration　Console
<terminated> JudgeString [Java Application] C:\Program Files\Java\jre1.8.0_112\
不是由数字组成！

代码详解

第 05~11 行用方法 isNumber() 判断字符串“123abc”是否由数字组成，并输出相应的结果。

第 13~24 行定义了一个方法：isNumber( )。

第 15 行，使用 String 的 toCharArray( ) 方法，将接收的字符串转化为 Char 数组。

第 16 行循环遍历数组，第 18 行判断数组中的元素是否是由数字组成，如果不是返回 false，否则返回 true。

【范例分析】

对于上面的例子有一个问题，这只是一个非常简单的验证，但是发现却写了 12 行代码（第 13~24 行），如果是一些更为复杂的验证，那么所需要编写的代码肯定更多。

所以此时，如果利用正则表达式，那么代码就可以简化为如下形式。

范例13-13　应用正则表达式（RegExp.java）

```
01 public class RegExp
02 {
03    public static void main(String[] args) throws Exception
04    {
05       if ("123abc".matches("\\d+"))// 利用正则表达式
06       {
07          System.out.println(" 由数字组成！ ");
08       } else
09       {
10          System.out.println(" 不是由数字组成！ ");
11       }
12    }
13 }
```

保存并运行程序，结果如下图所示。

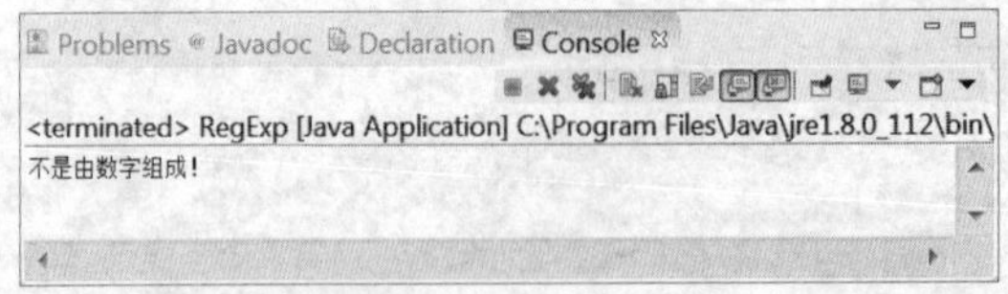

代码详解

由上面的代码及运行结果可以看出，范例 13-13 中一行（第 05 行）实现的功能，和范例 13-12 的 12 行代码（第 13~24 行）实现的功能，是完全一致的。

我们知道，在 Java 中，字符串就是对象，所以“123abc”也是一个对象，所以可以用点操作（“.”）来调用 String 类中的方法——match( )。而这个方法的参数，就是一个有关数字的正则表达式。

【范例分析】

在范例 13-13 程序之中出现的“\\d+”，实际上就属于正则表达式的概念，我们发现使用正则表达式，可以简化我们的程序。

在 JDK 1.4 之后，Java 开始支持正则，同时给出了 java.util.regex 开发包，包中主要包括以下 3 个类。

（1）Pattern 类

Pattern 对象是一个正则表达式的编译表示。Pattern 类没有公共构造方法。要创建一个 Pattern 对象，用户需要首先调用其公共静态编译方法，它返回一个 Pattern 对象。该方法接受一个正则表达式作为它的第一个参数。

（2）Matcher 类

Matcher 对象是对输入字符串进行解释和匹配操作的引擎。与 Pattern 类一样，Matcher 也没有公共构造方法。用户需要调用 Pattern 对象的 matcher 方法来获得一个 Matcher 对象。

（3）PatternSyntaxException 类

PatternSyntaxException 是一个非强制异常类，它表示一个正则表达式模式中的语法错误，进而抛出一个异常，以便系统捕获。

java.util.regex 包括如下几个常用方法，用来支持正则操作，如下表所示。

方法名称	描述
public boolean matches(String regex)	将字符串与给出的正则进行匹配验证
public String replaceAll(String regex, String replacement)	按照指定的正则全部替换
public String replaceFirst(String regex, String replacement)	按照指定的正则替换首个
public String[] split(String regex)	按照指定的正则拆分
public String[] split(String regex, int limit)	拆分为指定长度的字符串数组

而如果想要操作这些方法，就必须首先清楚正则标记。

13.6.2 正则标记

在使用 String 类中的正则操作之前，能正确使用一系列的标记符号，是一件非常重要的任务。不仅是 Java，只要是支持正则操作的程序，都支持类似的正则表达式。在 Java 中，所有这些特定的标记符号都由 java.util.regex.Pattern 类提供，下面给出一些核心的正则标记。

字符，表示单个字符，只能出现 1 位。

正则表达式符号	意义
x	x 表示任意一位字符，例如，编写一个 a，就表示是字母 a
\	转义字符。将下一字符标记为特殊字符、文本、反向引用或八进制转义符。例如，“n”匹配字符“n”。但“\n”匹配换行符

字符范围，在指定的字符范围之中选 1 位，只能出现 1 位。

正则表达式符号	意义
[abc]	表示可以是 a、b、c 中的任意一位
[^abc]	表示不是 a、b、c 中的任意一位
[a-z]	表示是任意一位小写字母
[A-Z]	表示是任意一位大写字母
[a-zA-Z]	表示是任意一位字母（大写或小写）
[^a-z]	反向范围字符。匹配不在指定的范围内的任何字符。如“[^a-z]”匹配任何不在“a”到“z”范围内的任何字符
[0-9]	表示是任意一位数字

简洁表达式，表示 1 位。

正则表达式符号	意义
.	表示任意的一位字符
\d	数字字符匹配，表示一位数字，等价于“[0-9]”
\D	非数字字符匹配，表示一位非数字，等价于“[^0-9]”
\s	匹配任何空白字符，包括空格、制表符、换页符等。与 [\f\n\r\t\v] 等效
\S	匹配任何非空白字符。与 [^ \f\n\r\t\v] 等效
\w	匹配任何字类字符，包括下划线。与“[A-Za-z0-9_]”等效
\W	匹配任意一位非字母、数字、下划线，等价于“[^a-zA-Z0-9_]”

边界匹配。

正则表达式符号	意义
^	表示正则的开头，例如，“^Java.*”，表示查找以 Java 开头，任意结尾的字符串
$	表示正则的结尾

数量表示，之前的正则每个符号只表示 1 位，如果要表示多位，则必须使用以下的数量关系。

逻辑操作。

正则表达式符号	意义
正则 1 正则 2	正则 1 之后紧跟正则 2 操作
正则 1| 正则 2	表示或的关系，有一套正则标记匹配即可，例如，x|y 匹配 x 或 y。例如，‘z|food’匹配“z”或“food”。‘(z|f)ood’匹配“zood”或“food”
(正则)	表示按照一组来使用

13.6.3 利用 String 进行正则操作

在了解上面正则表达式符号的含义之后，现在我们再来解析一下范例 13-13 程序之中第 05 行出现的“\\d+”的含义：第一个“\”表示转义字符，“\\”才表示一个“\”。而“\d”表示 [0-9] 中的任意一个数字，其后紧跟的“+”，表示前面的数字出现 1 次或多次。综合起来，“\\d+”表示这个字符串是由 1 个或多个数字构成的。

在 String 类中提供了与正则直接有关的操作方法，下面的案例将演示如何使用这些方法，进行正则标记的验证。

范例13-14　字符串替换（SubString.java）

```
public class SubString
{
  public static void main(String[] args) throws Exception
  {
    String str = "a1b22c333d4444e55555f6666666g";
    String regex = "[0-9]+"; // 数字出现 1 次或多次
    //String regex = "\\d+"; // 数字出现 1 次或多次
    System.out.println(str.replaceAll(regex, ""));
  }
}
```

保存并运行程序，结果如下图所示。

```
Problems  Javadoc  Declaration  Console
<terminated> SubString [Java Application] C:\Program Files\Java\jre1.8.0_112\bi
abcdefg
```

代码详解

第 05 行定义一个长字符串 str，数字和字母混合。

第 06 行和注释起来的第 07 行，都是数字出现 1 次或多次。

第 08 行，利用正则表达式，将所有数字都用空字符串 “” 代替，也就是说，去除所有的数字只剩下字母。最后将转化后的字符串输出。

【范例分析】

在第 06 行，对于 “[0-9]” 的这个标记，实际上也可以使用 “\\d” 表示，如注释起来的第 07 行所示。如果不用正则表达式，这个程序的实现要复杂得多。

我们知道，在很多网站注册用户，网站都会验证邮箱的有效性，除了发一封邮件到注册信箱验证外，在此之前，还会大致检测用户输入的信箱是不是有效的，有一个简单的原则：有效的邮箱必须含有 “@” 和 “.” 。如果在一个用户的输入字符串中，这些字符串长短不一，如何能在这样的字符串中，快速地达到检测目的呢?下面的程序给出了一个示范。

范例13-15 验证邮箱格式（EmailValidation.java）

```
import java.util.*;
public class EmailValidation
{
  public static void main(String[] args) throws Exception
  {
    String str = null;
    String regex = "\\w+@\\w+.\\w+";
    Scanner reader = new Scanner(System.in);

    do
    {
      System.out.print(" 请输入一个有效的邮件地址：");
      str = reader.next();
    } while (!str.matches(regex));

    System.out.println(" 邮件地址有效！ 谢谢注册！ ");
    reader.close();
  }
}
```

保存并运行程序，结果如下图所示。

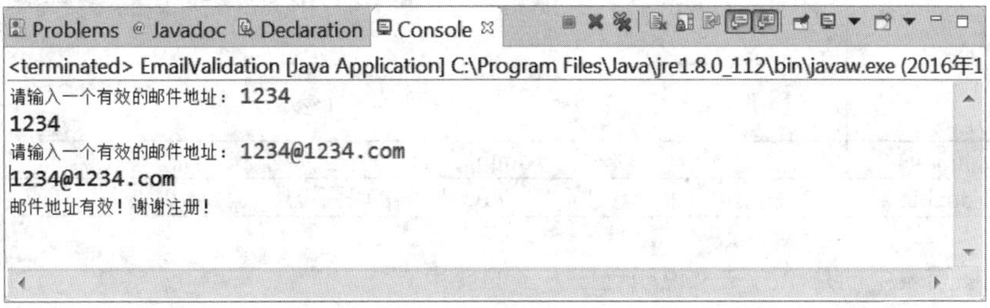

```
Problems @ Javadoc Declaration Console
<terminated> EmailValidation [Java Application] C:\Program Files\Java\jre1.8.0_112\bin\javaw.exe (2016年1
请输入一个有效的邮件地址：1234
1234
请输入一个有效的邮件地址：1234@1234.com
1234@1234.com
邮件地址有效！谢谢注册！
```

代码详解

第 06 行定义一个字符串 str，暂时没有指向任何引用（null）。

第 07 行利用正则表达式，描述符合邮箱格式的字符串，即“@”符号前面有 1 个或多个字符，随后还有若干个字母（大于一个），紧跟着一个符号“.”，其后再跟 1 个或多个字符。

第 08 行，构建一个键盘输入对象 reader，这里用到了 Scanner 类。

第 13 行，读入一个新字符串。在第 14 行 do...while 的逻辑判断中，比较输入的字符串和描述邮箱格式的字符串正则表达式是否匹配。如果匹配，则输出“邮件地址有效！谢谢注册！”，否则重新输入。

【范例分析】

事实上，上面代码对邮箱的验证并不完备，很多条件都没有考虑，例如，邮箱用户名的长度，比如说至少为 6 位，该如何修改上面的代码呢？请读者自行思考。

13.7 Math 与 Random 类

13.7.1 Math 类的使用

在 Math 类中提供了大量的数学计算方法，所以涉及数学相关的处理时，读者应该首先查查这个类是不是已经提供了相关的方法，而不是重造轮子。

Math 类包含了所有用于几何和三角的浮点运算方法，但是，这些方法都是静态的，也就是说 Math 类不能定义对象，如下面的代码就是错误的。

```
Math mathObject = new Math(); // 静态类不能定义对象
```

Math 类中的数学方法很多，下表仅仅列举出部分常用的数学计算方法。

方法名	功能描述
static double abs(double a)	此方法返回一个 double 值的绝对值。基于重载技术，方法内的参数还可以是 int、float 等
static double acos(double a)	此方法返回一个值的反余弦值，返回的角度范围从 0.0 到 π
static double asin(double a)	此方法返回一个值的反正弦，返回的角度范围在 -π/2 到 π/2
static double atan(double a)	此方法返回一个值的反正切值，返回的角度范围在 -π/2 到 π/2
static double cos(double a)	此方法返回一个角的三角余弦
static double ceil(double a)	此方法返回最小的（最接近负无穷大）double 值，大于或等于参数，并等于一个整数
static double floor(double a)	此方法返回最大的（最接近正无穷大）double 值，小于或等于参数，并等于一个整数
static double log(double a)	此方法返回一个 double 值的自然对数（以 e 为底）
static double log10(double a)	此方法返回一个 double 值以 10 为底
static double max(double a, double b)	此方法返回两个 double 值较大的那一个。基于重载技术，方法内的参数类型可以是 int、float 等
static double min(double a, double b)	此方法返回两个较小的 double 值。基于重载技术，方法内的参数类型可以是 int、float 等
static double pow(double a, double b)	此方法返回的第一个参数的值提升到第二个参数的幂
static double random()	该方法返回一个无符号的 double 值，大于或等于 0.0 且小于 1.0
static double sqrt(double a)	此方法返回正确舍入的一个 double 值的正平方根

下面的范例使用表中的几个方法来说明这些方法的使用。

范例13-16　Math类中的数学方法的使用（MathDemo.java）

```
01 public class MathDemo
02 {
03     public static void main(String args[])
04     {
05         //abs 求绝对值
06         System.out.println(" 绝对值：  " + Math.abs(-10.4));
07         //max 两个数中返回最大值
08         System.out.println(" 最大值：  " + Math.max(-10.1, -10));
09         // 两个数中返回最小值
10         System.out.println(" 最小值：  " + Math.max(1, 100));
11 
12         //random 取得一个大于或者等于 0.0 小于不等于 1.0 的随机数
13         System.out.println("0~1 的随机数 1：  " + Math.random());
14         System.out.println("0~1 的随机数 2：  " + Math.random());
15 
16         //round 四舍五入，float 时返回 int 值，double 时返回 long 值
17         System.out.println(" 四舍五入值为：  " + Math.round(10.1));
18         System.out.println(" 四舍五入值为：  " + Math.round(10.51));
19 
20         System.out.println("2 的 3 次方值为：  " +  Math.pow(2,3));
21         System.out.println("2 的平方根为：  " + Math.sqrt(2));
22     }
23 }
```

保存并运行程序，结果如下图所示。

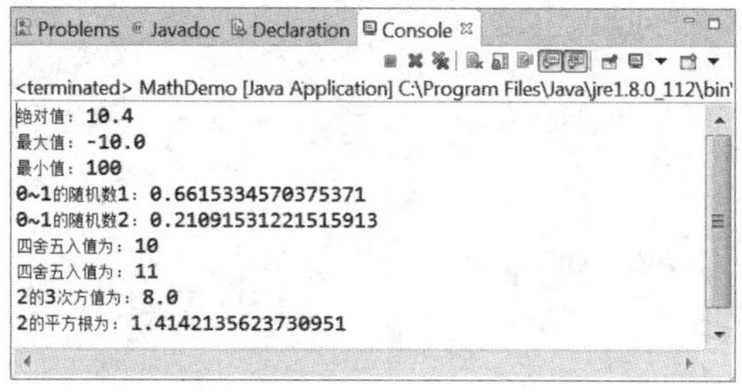

【范例分析】

因为 Math 中的方法都是静态的，不能定义对象，所以只能通过“类名 . 方法名 ()”的模式来使用。比如说产生一个随机数，就是 Math.random()（第 13~14 行），这两行的随机数值肯定是不一样的。但如果为了操作方法，我们需要产生一个随机对象，又该怎么办呢？这时候就需要用到下一小节讲到的 Random 类了。

13.7.2 Random 类的使用

Random 类是一个随机数产生器，随机数是按照某种算法产生的，一旦用一个初值（俗称种子）创建 Random 对象，就可以得到一系列的随机数。但如果用相同的“种子”创建 Random 对象，得到的随机数序列是相同的，这样的话就起不到“随机”的作用。针对这个问题，Java 设计者在 Random 类的 Random() 构造方法中，使用当前的时间来初始化 Random 对象，因为时间是单纬度的一直在流逝，多次运行含有 Random 对象的程序，在不考虑并发的情况下，程序中调用 Random 对象的时刻是不相同的，这样就可以最大程度避免产生相同的随机数序列。

为了产生一个随机数，需要先构造一个 Random 类的对象，然后利用如下方法。

方法名	功能
nextInt(n)	返回一个大于等于 0，小于 n（不包括 n）的随机整数
nextDouble()	返回一个大于等于 0，小于 1（不包括 1）的随机浮点数

比如，如果我们要模拟掷骰子，就需要随机产生 1~6 的随机整数（simuDie），代码如下。

```
Random generator = new Random();
int simuDie = 1 + generator.nextInt(6);
```

注意，方法 nextInt(6) 产生随机整数的范围是 0~5，所以对于产生 1~6 的随机整数，上面第 2 行代码要“+1”操作。下面的程序就是利用 Random 类来模拟掷骰子。

范例13-17 利用Random类来模拟掷骰子（RandomDieSimulator.java）

```
import java.util.Random;
class RandomDie
{
   private int sides;
   private Random generator;
   public RandomDie(int s)
   {
      sides = s;
      generator = new Random( );
   }
   public int cast( )
   {
      return 1 + generator.nextInt(sides);
   }
}
public class RandomDieSimulator
{
   public static void main(String[] args)
   {
      int Num;
      RandomDie die = new RandomDie(6);
      final int TRIES = 15;

      for (int i = 1; i <= TRIES; i++)
      {
         Num = die.cast();
         System.out.print(Num + " ");
      }
      System.out.println();
   }
}
```

保存并运行程序，结果如下图所示。

```
Problems  Javadoc  Declaration  Console
<terminated> RandomDieSimulator [Java Application] C:\Program Files\Java\jre1
2 1 1 5 1 6 5 5 6 2 5 4 6 3 5
```

代码详解

第 05 行声明了一个私有的随机类对象引用 generator（此时这个引用的值为 null），第 09 行，利用 new 操作生产一个真正的 Random 对象，赋值给 generator，用于生成随机数（第 13 行）。在类 RandomDie 中，以公有接口的形式，例如，RandomDie(int s) 方法，其参数 s 作为输入信息——指定随机数的范围，而 cast( ) 方法，则直接给用户返回一个合格的随机整数。整个流程的细节无需外漏给用户，采用工厂模式，封装在一个类中。

第 21 行指定随机整数的范围为 6，第 24~28 行利用 for 循环输出 15 个随机整数。

【范例分析】

利用 Random 随机产生一组数列，这种方式得到的结果事先是未知的。每次运行的结果都和上一次不同。

此外，我们一直强调，程序员编写的代码要能自我注释（self-documentating code），在这个程序中的命名中，英文“die”除了有常规的“死亡”含义外，作为名词，它还有“骰子”的含义，请读者注意这点。

13.8 高手点拨

1. 包装类型（如 Integer 类等）不能够随便使用关系运算符比较大小

下面以 Integer 为例针对 3 种创建对象的方法进行说明。

首先，对于 new 关键字创建的包装类对象，两次 new 得到的对象引用地址是不同的，不能使用“==”关键字做大小比较（即使相互比较，也仅仅比较的是对象的地址，而非对象本身）。

而使用“<”和“>”等运算符时，包装类型会调用 valueOf 方法，将运算符两边的对象都转换为基本类型后再做比较。这就是为何“==”不能使用，而“<”“>”“<=”“>=”这几个符号可以使用的原因。

其次，使用 valueOf 方法创建的 Integer 对象，使用“==”符号时，运行结果有时候正确，有时候不正确。查看 valueOf 方法的源码，如下所示。

```
public static Integer valueOf(int i)
{
  if(i >= -128 && i <= IntegerCache.high)
    return IntegerCache.cache[i + 128];
  else
    return new Integer(i);
}
```

通过看源码能够知道，整数类型在 -128 ~ 127 之间时，会使用缓存，如果已经创建了一个相同的整数，使用 valueOf 创建第二次时，不会使用 new 关键字，而用已经缓存的对象。所以使用 valueOf 方法创建两次对象，若对应的数值相同，且数值在 -128 ~ 127 之间时，两个对象都指向同一个地址。

最后，使用 Integer i = 400 这样的方式来创建 Integer 对象，与 valueOf 方法的效果是一样的，不再赘述。

总之，包装类对象不可使用“==”符做比较运算，如果要进行比较运算时，建议使用 Java 类库中的 compareTo 方法。

2. 字符串对象的本质

```
String str = new String("Java");
```

上面这条语句，实际上，创建 String 对象有两个：一个是在堆内存的“Java”字符串对象，而另外一个是指向“Java”这个对象的引用 str。读者可以把对象的引用理解为一个智能指针（也就是内存地址）。

这个语句的理解，可以用一个比喻来说明。比如我们来一个宾馆住宿，宾馆管理人员（好比编译器）会给你发一个房间号，与此同时，也会分配一个真正的房间（堆内存）供你使用。这里，房间号就好比对象的引用，而你就是住在房间内的对象。宾馆管理人员是通过房间号来感知和操作对象的。

3. Java 中堆内存与栈内存的区别

① 栈内存“小而速度快”，存取速度仅次于寄存器，栈内存里面的数据可共享，但是其中数据的大小和生存期必须在运行前确定。所以，一些静态成员和常量都“住在”堆内存。

② 堆内存“大而速度慢”，它是运行时可动态分配的数据区，堆内存里面的数据不共享，大小和生存期都可以在运行时再确定。所以动态内存分配，就用这个区域的内存。

③ 使用 new 关键字创建对象时。每一次 new 操作（即使创建的对象是一模一样的），都一定会在堆内存中开辟一块新空间，以存储新建对象，因为堆内存中的数据是不共享的。对象本身是“住在”堆内存之中的，但堆内存中对象的地址（即引用，它也是一个数据），集中放到“小而快”的栈内存统一管理。

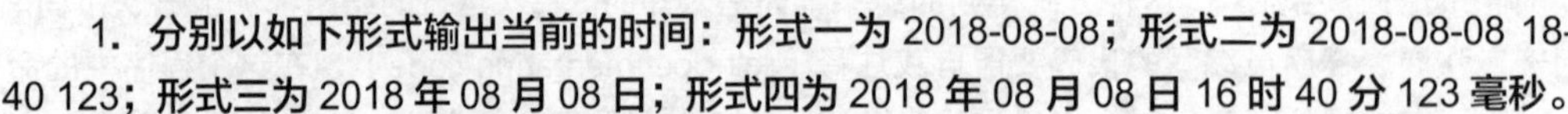

13.9 实战练习

1. 分别以如下形式输出当前的时间：形式一为 2018-08-08；形式二为 2018-08-08 18-40 123；形式三为 2018 年 08 月 08 日；形式四为 2018 年 08 月 08 日 16 时 40 分 123 毫秒。

2. 编写一个 Java 程序，完成以下功能。

（1）声明一个名为 name 的 String 对象，内容是“Java is a general-purpose computer programming language that is concurrent, class-based, object-oriented.”。

（2）输出字符串的长度。

（3）输出字符串的第一个字符。

（4）输出字符串的最后一个字符。

（5）输出字符串的第一个单词。

（6）输出字符串 object-oriented 的位置（从 0 开始编号的位置）。

3. 使用 String 类中的正则表达式完成图书序列号（ISBN）的识别。ISBN 号的范例是 978-7-115-37512-4，每个短杠“-”之间的数字个数是固定的，不符合规定的字符串，即为错误的。

4. 使用蒙特卡罗方法估算 π 值（提示：利用 Random 类产生随机数的方法完成）。

提示：1777 年，法国数学家布丰提出用投针实验的方法求圆周率 π，这被认为是蒙特卡罗方法的起源。本题中的蒙特卡罗方法求 π 的思想是在一个单位正方形内随机投点，因为面是由点构成的，随机投射大量的点，当投点数量足够大的时候，单位正方形的面积和 1/4 圆的面积比值，应该等于面积之比，如下图所示。

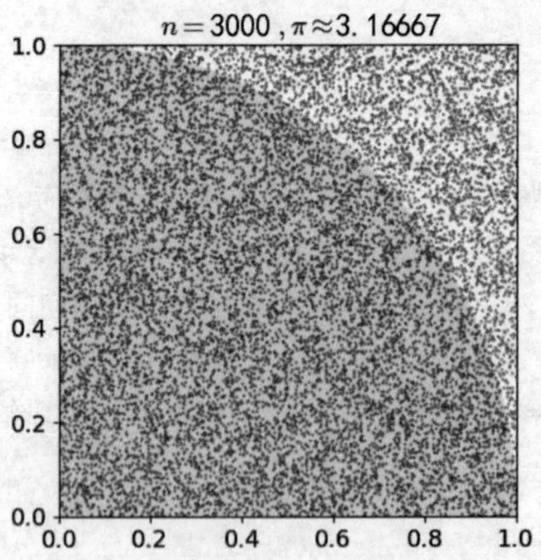

公式推导为正方形面积是 1*1=1；圆形面积是 1/4 * π * 12 = π/4。

圆形与正方形面积比为（π/4）/ 1= π/4。

现在程序的核心就要求统计点在 1/4 圆内的点数，其中满足的条件是 x2+y2<=1。

第 14 章

防患于未然
——异常的捕获与处理

不管使用哪种计算机语言进行程序设计，都会产生各种各样的错误。Java 有强大的异常处理机制。在 Java 中，所有的异常被封装到一个类中，程序出错时会将异常抛出。本章讲解 Java 中异常的基本概念、异常的处理、异常的抛出以及怎样编写自己的异常类。

本章要点（已掌握的在方框中打钩）

- □ 掌握异常的基本概念
- □ 掌握异常的处理机制
- □ 熟悉如何在程序和方法中抛出异常
- □ 了解如何编写自己的异常类

应用程序能在正常情况下正确地运行，这是程序的基本要求。但一个健壮的程序，还需要考虑很多会使程序失效的因素，即它要在非正常的情况下，也能进行必要的处理。

程序是由程序员编写的，而程序员是存在思维盲点的，一个合格的程序员能保证 Java 程序不会出现编译错误，但却无法“考虑完备”，确保程序在运行时一定不会发生错误，而这些运行时发生的错误，对 Java 而言就是一种“异常”。

有了异常，就应有相应的手段来处理这些异常，这样才能确保这些异常不会导致丢失数据或破坏系统运行等灾难性后果。

14.1 异常的基本概念

正如“天有不测风云，人有旦夕祸福”。在特定环境下 Java 程序代码也会发生某些不测情况，即使安排了专业的软件测试人员，这仅仅能减少错误，而非避免错误，也就是说，在理论上，在软件使用过程中，发生不可预测的异常在所难免。因此，在代码编写过程中，程序员要做到两点：第一，尽自己所能，减少错误。第二，发挥主观能动性，考虑在发生异常后，该如何处理，防患于未然。前者依赖于程序员的日积月累，后者则是一种较为成熟的“灾后处理”范式，也是本章将讲解的内容。

所谓异常（exception），是指所有可能造成计算机无法正常处理的情况，如果事先没有做出妥善安排，严重的话会使计算机宕机。

异常处理是一种特定的程序错误处理机制，它提供了一种标准的方法，用以处理错误，发现可预知和不可预知的问题以及允许开发者识别、查出和修改错漏之处。

处理错误的方法有如下几个特点。

（1）不需要打乱原有的程序设计结构，如果没有任何错误产生，那么程序的运行不受任何影响。

（2）不依靠方法的返回值，来报告错误是否产生。

（3）采用集中的方式处理错误，能够根据错误种类的不同来进行对应的错误处理操作。

下面列出的是 Java 中几个常见的异常，括号内所注的英文是对应的异常处理类名称。

算术异常（ArithmeticException）：当算术运算中出现了除以零这样的运算就会出现这样的异常。

空指针异常（NullPointerException）：没有给对象开辟内存空间却使用该对象时会出现空指针异常。

文件未找到异常（FileNotFoundException）：当程序试图打开一个不存在的文件进行读写时将会引发该异常。经常是由于文件名错读，或者要存储的磁盘、CD-ROM 等被移走，没有放入等原因造成。

数组下标越界异常（ArrayIndexOutOfBoundsException）：对于一个给定大小的数组，如果数组的索引超过上限或低于下限都造成越界。

内存不足异常（OutOfMemoryException）：当可用内存不足以让 Java 虚拟机分配给一个对象时抛出该错误。

Java 的异常处理机制，也秉承着面向对象的基本思想。在 Java 中，所有的异常处理都是以某种异常类的类型存在。除了内置的异常类之外，Java 也可以自定义异常类。

14.1.1 为何需要异常处理

在程序编制过程中，有一个 80/20 原则， 即 80% 的精力花费在 20% 的事情上，而这 20% 的事情，就是要处理各种可能出现的错误或异常。如果想编制一个完善的高容错运行程序，且没有使用异常处理机制的话，那么程序中将充斥着各种 if...else 语句，如果这样的话，整个程序的逻辑结构就会变得非常臃肿而混乱。而事实上，由于程序员本身存在思维盲点，即使很简单的程序，要穷举所有可能出现的错误，都是不现实的。

Java 通过面向对象的方法，来处理异常。在一个方法的运行过程中如果发生了异常，这个方法就会生成代表这异常的一个对象，并把它交给运行时系统，由运行时系统（runtime system）再寻找一段合适的代码，来处理这一异常。

我们把生成异常对象并把它提交给运行时系统的过程，称为异常的抛出（throw）。运行时系统在方法的调用栈中查找，并从生成异常的方法开始进行回溯，直到找到包含相应异常处理的方法为止，这一过程称为异常的捕获（catch）。

14.1.2 简单的异常范例

Java 本身已有较为完善的机制来处理异常的发生。下面我们先来“牛刀小试”，看看 Java 是如何处理异常的。下面所示的 TestException 是一个错误的程序，它在访问数组时，下标值已超过了数组下标所容许的最大值，因此会有异常发生。

范例 14-1 数组越界异常范例（TestException.java）

```
01 public class TestException
02 {
03   public static void main( String args[] )
04   {
05       int[] arr = new int[5];     // 容许 5 个元素
06       arr[10] = 7;    // 下标值超出所容许的范围
07       System.out.println( "end of main() method !!" );
08   }
09 }
```

代码详解

在编译的时候，这个程序不会发生任何错误。但是，在执行到第 06 行时，因为它访问的数组的下标为 10，超过了 arr 数组所能允许的最大下标值 4（数组下标从 0 开始计数），于是，就会产生如下图所示的错误信息。

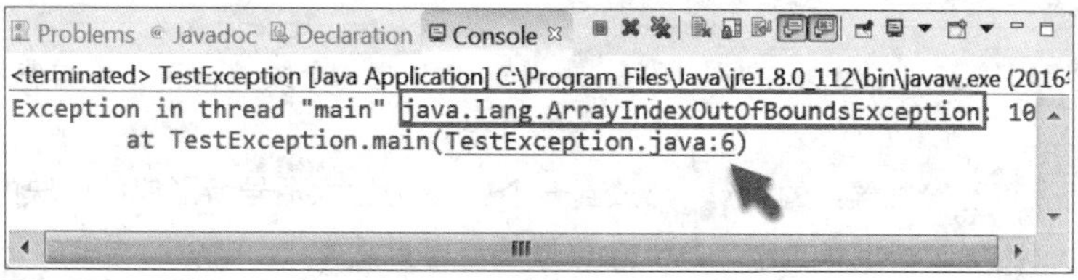

```
Problems  Javadoc  Declaration  Console
<terminated> TestException [Java Application] C:\Program Files\Java\jre1.8.0_112\bin\javaw.exe (2016
Exception in thread "main" java.lang.ArrayIndexOutOfBoundsException: 10
        at TestException.main(TestException.java:6)
```

异常产生的原因在于，数组的下标值超出了最大允许的范围。Java 虚拟机在检测到这个异常之后，便由系统抛出“ArrayIndexOutOfBoundsException”，用来表示错误的原因，并停止运行程序。如果没有编写相应的处理异常的程序代码，Java 的默认异常处理机制会先抛出异常，然后停止运行程序。

需要读者注意的是，所谓的异常，都是发生在运行时的。凡是能运行的，自然都是没有语法错误的。在命令行模式下（见下图），能更清楚地看到这个情况，我们使用 javac 编译的代码时，并没有发现错误。比如说，“100/0”，即使是除数为 0，但这个语句本身也是没有语法错误的，因此在编译阶段，不会出错。但是到了运行阶段，Java 虚拟机就不干了，它会抛出异常。

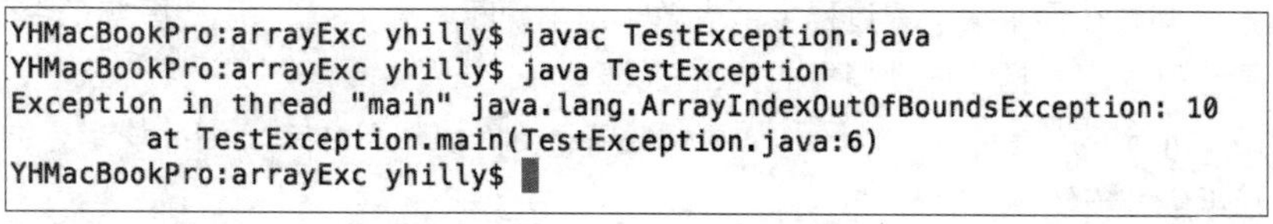

```
YHMacBookPro:arrayExc yhilly$ javac TestException.java
YHMacBookPro:arrayExc yhilly$ java TestException
Exception in thread "main" java.lang.ArrayIndexOutOfBoundsException: 10
        at TestException.main(TestException.java:6)
YHMacBookPro:arrayExc yhilly$
```

在出现异常之后，异常语句之后的代码（如果不使用 finally 处理的话），将不再执行，而是直接结束程序的运行，那么这种状态，就表示该程序处于一种“不健康”的状态。这好比如果一个人偶尔发生点不可预测的“感冒发烧肚子痛”，就要把整个人“宣布死亡”，这是非常不合理的。对于一个大型程序，也是这样，我们不能因为软件运行过程出现一点点小问题，就把整个系统关掉。为了保证程序出现异常之后，依然可以“善始善终”地运行，就需要引入异常处理机制。

14.1.3 异常的处理

在范例 14-1 的异常发生后，Java 便把这个异常抛了出来，可是抛出来之后，并没有相应的程序代码去捕捉它，所以程序到第 06 行便结束，因此第 07 行根本就没有机会执行。

如果加上捕捉异常的代码，则可针对不同的异常，做出妥善的处理，这种处理的方式称为异常处理。

异常处理是由 try、catch 与 finally 等 3 个关键字所组成的程序块，其语法如下所示（方括号内的部分是可选部分）。

```
try{
  要检查的程序语句；
  …
}
catch( 异常类 对象名称 ){
  异常发生时的处理语句；
}
[
catch( 异常类 对象名称 ){
  异常发生时的处理语句；
}
catch( 异常类 对象名称 ){
  异常发生时的处理语句；
}
…
]
[ finally{
  一定会运行到的程序代码；
} ]
```

Java 提供了 try（尝试）、catch（捕捉）及 finally（最终）这 3 个关键词来处理异常。这 3 个动作描述了异常处理的 3 个流程。

首先，我们把所有可能发生异常的语句，都放到一个 try 之后由大括号所形成的区块内，称其为“try 区块”（try block）。程序通过 try{ } 区块准备捕捉异常。try 程序块若有异常发生，则中断程序的正常运行，并抛出“异常类所产生的对象”。

抛出的对象，如果属于 catch() 括号内欲捕获的异常类，则这个 catch 块就会捕捉此异常，然后进入 catch 的块里继续运行。

无论 try{} 程序块是否捕捉到异常，或者捕捉到的异常，是否与 catch() 括号里的异常相同，最终一定会运行 finally{} 块里的程序代码。这是一个可选项。finally 代码块运行结束后，程序能再次回到 try-catch-finally 块之后的代码，继续执行。

由上述的过程可知，在异常捕捉的过程中至少做了两个判断：第 1 个是 try 程序块是否有异常产生，第 2 个是产生的异常是否和 catch() 括号内欲捕捉的异常相同。

值得一提的是，finally 块是可以省略的。如果省略了 finally 块，那么在 catch() 块运行结束后，程序将跳到 try-catch 块之后继续执行。

根据这些基本概念与运行的步骤，可绘制出如下图所示的流程。

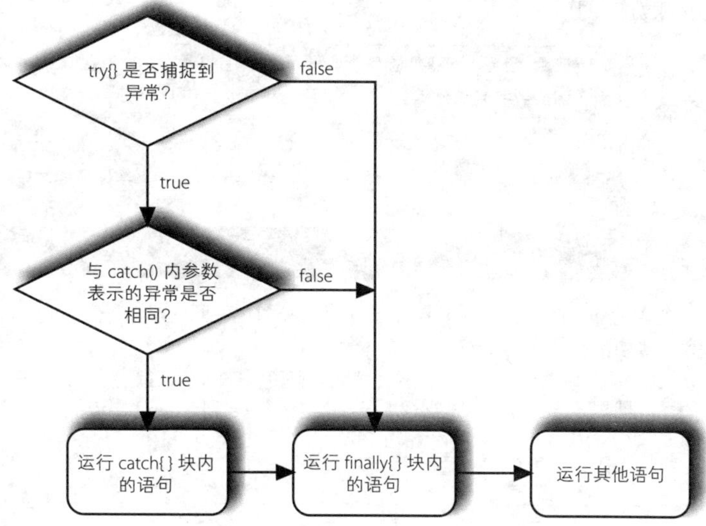

从上面的流程图可以看出，异常处理格式可以分为 3 类。

（1）try { } …catch { } 。

（2）try { } …catch { } …finally { } 。

（3）try { } …finally { } 。

处理各种异常，需要用到对应的“异常类”，“异常类”指的是由程序抛出的对象所属的类。这个异常类如果是通用的，则会由 Java 系统提供。如果是非常个性化的，则需要程序员自己提供。例如，范例 14-1 中出现的“ArrayIndexOutOfBoundsException（数组索引越界异常）”就是众多异常类的一种，是由 Java 提供的异常处理类。

下面的程序代码是对范例 14-1 的改善，其中加入了 try 与 catch，使得程序本身具有了捕捉异常与处理异常的能力，因此，当程序发生数组越界异常，也能保证程序以可控的方式运行。

范例 14-2 异常处理的使用（DealException.java）

```
public class DealException
{
   public static void main( String[] args )
   {
      try
      // 检查这个程序块的代码
      {
         int arr[] = new int[5];
         arr[10] = 7;   // 在这里会出现异常
      }
      catch( ArrayIndexOutOfBoundsException  ex )
      {
         System.out.println( " 数组超出绑定范围！ " );
      }
      finally
      // 这个块的程序代码一定会执行
      {
         System.out.println( " 这里一定会被执行！ " );
      }

      System.out.println( “main() 方法结束！” );
   }
}
```

保存并运行程序，结果如下图所示。

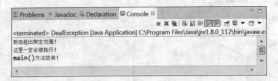

```
Problems  Javadoc  Declaration  Console
<terminated> DealException [Java Application] C:\Program Files\Java\jre1.8.0_112\bin\javaw.e
数组超出绑定范围！
这里一定会被执行！
main()方法结束！
```

代码详解

第 08 行声明了一个名为 arr 的数组，并开辟了一个包含 5 个整型数据的内存空间，由于数组的下标是从 0 开始计数的，显然，数组 arr 能允许的最大合法下标为 4。

第 09 行尝试为数组中的下标为 10 的元素赋值，此时，这个下标值已经超出了该数组所能控制的范围，所以在运行时会发生数组越界异常。发生异常之后，程序语句转到 catch 语句中去处理，最后程序通过 finally 代码块统一结束。

【范例分析】

程序的第 05~10 行的 try 块是用来检查花括号 { } 内是否会有异常发生。若有异常发生，且抛出的异常是属于 ArrayIndexOutOfBoundsException 类型，则会运行第 11~14 行的代码块。因为第 09 行所抛出的异常正是 ArrayIndexOutOfBoundsException 类，所以第 13 行会输出“数组超出绑定范围！”字符串。由本例可看出，通过异常处理机制，即使程序运行时发生问题，只要能捕捉到异常，程序便能顺利地运行到最后，而且还能适时地加入对错误信息的提示。

在范例 14-2 里的第 11 行，如果程序捕捉到了异常，则在 catch 括号内的异常类 ArrayIndexOutOfBoundsException 之后生成一个对象 ex，利用此对象可以得到异常的相关信息。下例说明了异常类对象 ex 的应用。

范例 14-3 异常类对象ex的使用（excepObject.java）

```
public class excepObject
{
  public static void main( String args[] )
  {
    try
    {
      int[] arr = new int[5];
      arr[10] = 7;
    }
    catch( ArrayIndexOutOfBoundsException  ex ){
      System.out.println( " 数组超出绑定范围！ " );
      System.out.println( " 异常：" + ex );          // 显示异常对象 ex 的内容
    }
    System.out.println( "main() 方法结束！ " );
  }
}
```

保存并运行程序，结果如下图所示。

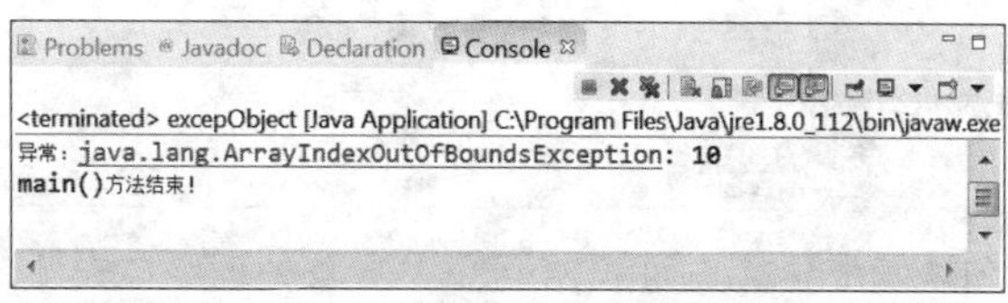

代码详解

本例代码基本上和范例 14-2 类似，所不同的是，在第 12 行，输出了所捕获的异常对象 ex。

在第 10 行中，可以把 catch() 视为一个专门捕获异常的方法，而括号内的内容可视为方法的参数，而 ex 就是 ArrayIndexOutOfBoundsException 类所实例化的对象。

对象 ex 接收到由异常类所产生的对象之后，就进到第 11 行，输出“数组超出绑定范围！”这一字符串，然后在第 12 行输出异常所属的种类——java.lang.ArrayIndexOutOfBoundsException，其中 java.lang 是 ArrayIndexOutOfBoundsException 类所属的包。

值得注意的是，如果想得到详细的异常信息，则需要使用异常对象的 printStackTrace() 方法。例如，如果我们在第 12 行后增加如下代码。

```
ex.printStackTrace();
```

则运行的结果如下图所示。

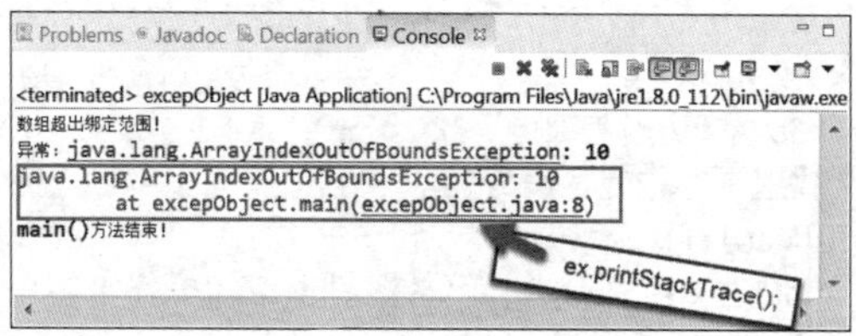

由运行结果可以看出，printStackTrace() 方法给出了更为详细的异常信息，不仅包括异常的类型，还包括异常发生在哪个所属包、哪个所属类、哪个所属方法及发生异常的行号。

【范例分析】

需要说明的是，finally{} 代码块的本意是，无论是否发生异常，这段代码最终（finally）都是要执行的。注意到在本例中，因为逻辑简单，finally{ } 代码块属于非必需的，所以省略了这部分代码块。

但在一些特殊情况下，这样做是危险的。比如说，假设某个程序前面的代码申请了系统资源，在运行过程中发生异常，然后整个程序都跳转去执行异常处理的代码，异常处理完毕后，就终止程序。这样就会导致一种非常不好的后果，即后面释放系统资源的代码就没有机会执行，于是就发生“资源泄露”（即占据资源，却没有使用，而且其他进程也没有机会使用，就好像资源减少了一样）。例如以下形式。

```
01 PrintWriter out = new PrintWriter(filename);
02 writeData(out);
03 out.close();    // 可能永远都无法执行这里
```

在上述代码中，第 01 行首先开辟一个有关文件的打印输出流（这是需要系统资源的），第 02 行，开始向这个文件写入数据，假设在这个过程中发生异常，整个程序被异常处理器接管，那么第 03 行，可能永远都没有机会去执行，系统的资源也就没有办法释放。解决的方法就是使用 finally 块。

```
01 PrintWriter out = new PrintWriter(filename);
02 try
03 {
04     writeData(out); // 输出文件信息
05 }
06 finally
```

```
07 {
08    out.close(); // 关闭输出文件流
09 }
```

这样一来，即使 try{ } 语句块发生异常（如第 04 行），异常处理照样去做，但 finally{ } 中的代码也必须执行完毕。

范例 14-3 示范的是，如何操作一个异常处理，而事实上，在一个 try 语句之后，可以跟上多个异常处理 catch 语句，来处理多种不同类型的异常。请观察下面的范例。

范例 14-4 通过初始化参数传递操作数字，使用多个catch捕获异常（arrayException.java）

```
01 public class arrayException
02 {
03    public static void main(String args[])
04    {
05       System.out.println("-----A、计算开始之前 ") ;
06       try {
07          int arr[] = new int[5];;
08          arr[0] = 3;
09          arr[1] = 6;
10          //arr[1] = 0; // 除数为 0，有异常
11          //arr[10] = 7; // 数组下标越界，有异常
12          int result = arr[0] / arr[1] ;
13          System.out.println("------B、除法计算结果：" + result) ;
14       } catch (ArithmeticException  ex)
15       {
16          ex.printStackTrace() ;
17       } catch (ArrayIndexOutOfBoundsException  ex)
18       {
19          ex.printStackTrace() ;
20       } finally {
21          System.out.println("----- 此处不管是否出错，都会执行！！！ ") ;
22       }
23       System.out.println( "-----C、计算结束之后。" ) ;
24    }
25 }
```

保存并运行程序，结果如下图所示。

```
Problems  Javadoc  Declaration  Console
<terminated> arrayException [Java Application] C:\Program Files\Java\jre1.8.0_112\bin\javaw.e
-----A、计算开始之前
------B、除法计算结果：0
-----此处不管是否出错，都会执行！！！
-----C、计算结束之后。
```

代码详解

第 14~20 行，使用了两个 catch 块，来捕捉算术运算异常和数组越界异常，并使用异常对象的 printStackTrace() 将对异常的栈跟踪信息全部显示出来，这对调试程序非常有帮助，也是常见的编程语言的集成开发环境（如 Eclipse 等）常用的手段。

一开始，我们将导致异常的两行语句注释起来（第 10~11 行），这样程序运行起来就没有任何问题，运行结果如上图所示。但是我们也可看到，即使没有任何异常，finally { } 块内的语句还是照样运行了，其实这并非是必需的模块，这就告诉我们，要有取舍地决定是否使用 finally { } 块。

如果我们取消第 10 行开始处的单行注释符号“//”，然后重新运行这个程序，其运行结果如下图所示。

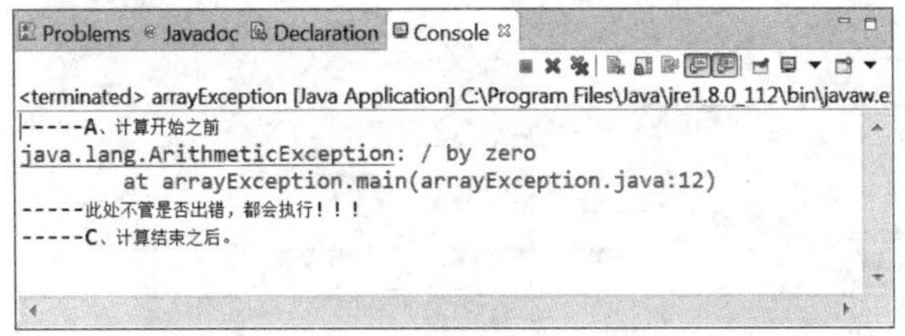

运行结果表明，如果令 arr[1] = 0，那么第 12 行就会产生“除数为 0”的异常，但即使出现了异常，从第 23 行输出结果可以看到，程序仍能全部正常运行。如果没有异常处理程序，程序运行到第 12 行，就会终止，第 12 行前运行的中间结果就不得不全部抛弃（如果读者把 12 行想象成 120 行、1200 行……就更能理解在某些情况下，这种被迫放弃中间计算结果可能是一种浪费）。

如果注释第 10 行，而取消第 11 行开始处的单行注释符号“//”，然后重新运行这个程序，其运行结果如下图所示。

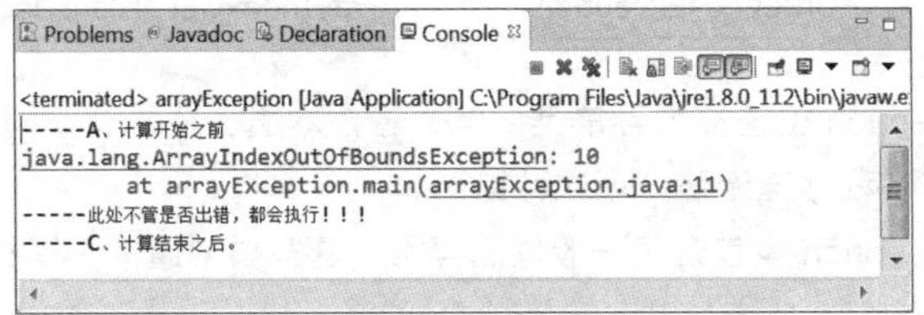

运行结果表明，如果令 arr[10] = 7，10 超过了数组的下标上限（4），因此也发生异常，但程序也能正确运行完毕。由此，我们可以看到，范例程序使用了多个 catch，根据不同的异常分类，有的放矢地处理它们。

14.1.4 异常处理机制的小结

当异常发生时，通常可用两种方法来处理，一种是交由 Java 默认的异常处理机制做处理。但这种处理方式，Java 通常只能输出异常信息，接着便终止程序的运行。

另一种处理方式是用自行编写的 try-catch-finally 块来捕捉异常，如范例 14-3 与范例 14-4。自行编写程序代码来捕捉异常，其好处在于，可以灵活操控程序的流程，且做出适当的处理。下图绘出了异常处理机制的选择流程。

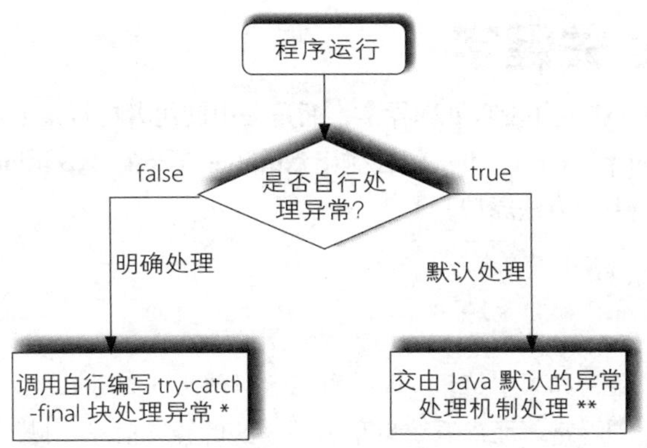

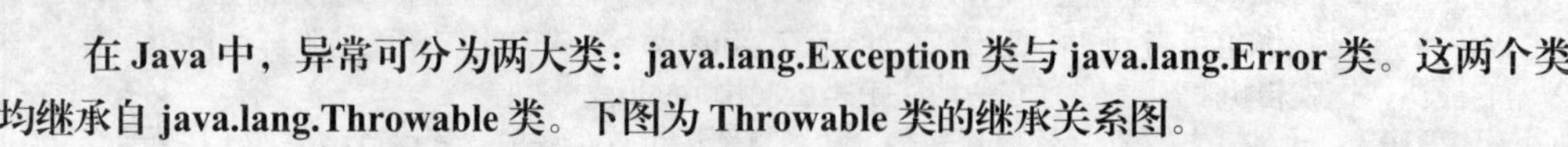

14.2 异常类的处理流程

在 Java 中，异常可分为两大类：java.lang.Exception 类与 java.lang.Error 类。这两个类均继承自 java.lang.Throwable 类。下图为 Throwable 类的继承关系图。

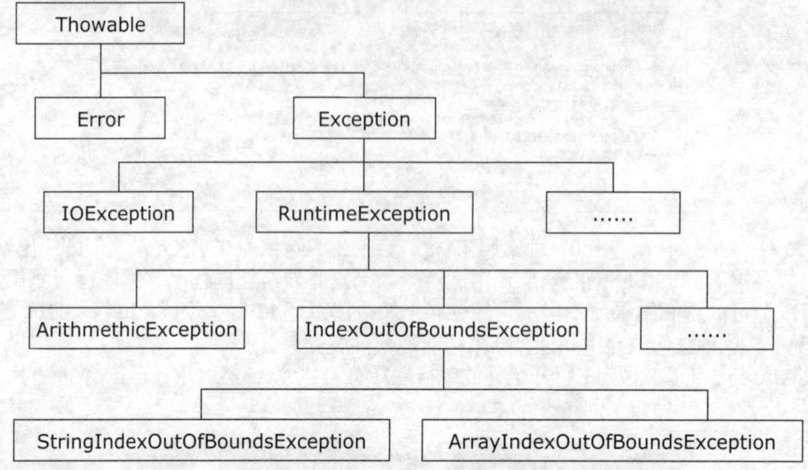

习惯上将 Error 类与 Exception 类统称为异常类，但二者在本质上还是有不同的。Error 类通常指的是 Java 虚拟机（JVM）出错了，用户在程序里无法处理这种错误。

不同于 Error 类的是，Exception 类包含了一般性的异常，这些异常通常在捕捉到之后便可做妥善的处理，以确保程序继续运行。如范例 14-2 所示的“ArrayIndexOutOfBoundsException”就是属于这种异常。在日后进行异常处理的操作之中，默认是针对 Exception 进行处理，而对于 Error 而言，无需普通用户关注。为了更好地说明 Java 之中异常处理的操作特点，下面给出异常处理的流程。

（1）如果程序之中产生了异常，那么会自动地由 JVM 根据异常的类型，实例化一个指定异常类的对象；如果这个时候程序之中没有任何的异常处理操作，则这个异常类的实例化对象将交给 JVM 进行处理，而 JVM 的默认处理方式就是进行异常信息的输出，而后中断程序执行。

（2）如果程序之中存在了异常处理，则会由 try 语句捕获产生的异常类对象；然后将该对象与 try 之后的 catch 进行匹配，如果匹配成功，则使用指定的 catch 进行处理，如果没有匹配成功，则向后面的 catch 继续匹配，如果没有任何的 catch 匹配成功，则这个时候将交给 JVM 执行默认处理。

（3）不管是否有异常，都会执行 finally 程序，如果此时没有异常，执行完 finally，则会继续执行程序之中的其他代码，如果此时有异常没有能够处理（没有一个 catch 可以满足），那么也会执行 finally，但是执行完 finally 之后，将默认交给 JVM 进行异常的信息输出，并且程序中断。

14.3 throws 关键字

在 Java 标准库的方法中，通常并没有处理异常，而是交由使用者自行来处理，如判断整数数据格式是否合法的 Integer.parseInt() 方法就会抛出 NumberFormatException 异常。这是怎么做到的？看一下 API 文档中的方法原型，

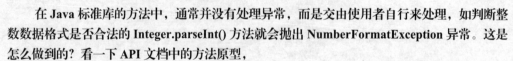

```
public static int parseInt(String  s)
throws NumberFormatException
```

就是这个“throws”关键字，如果字符串 s 中没有包含可解析的整数，就会“抛出”异常。使用 throws 声明的方法，表示此方法不处理异常，而由系统自动将所捕获的异常信息“抛给”上级调用方法。throws 使用格式如下。

```
访问权限 返回值类型 方法名称（参数列表） throws 异常类
{
  // 方法体;
}
```

上面的格式包括两个部分：① 一个普通方法的定义，这个部分和以前学习到的方法定义，在模式上没有任何区别。② 方法后紧跟“throws 异常类”，它位于方法体 { } 之前，用来检测当前方法是否有异常，若有，则将该异常提交给直接使用这个方法的方法。

范例 14-5 关键字throws的使用（throwsDemo.java）

```
01  public class throwsDemo
02  {
03     public static void main( String[] args )
04     {
05        int[ ] arr = new int[5];
06        try{
07          setZero( arr, 10 );
08        }
09        catch( ArrayIndexOutOfBoundsException e ){
10             System.out.println( " 数组超出绑定范围！ " );
11             System.out.println( " 异常： " + e ); // 显示异常对象 e 的内容
12        }
13        System.out.println( "main() 方法结束！ " );
14     }
15     private static void setZero( int[ ] arr, int index )
16     throws ArrayIndexOutOfBoundsException
17     {
18        arr[ index ] = 0;
19     }
20  }
```

保存并运行程序，结果如下图所示。

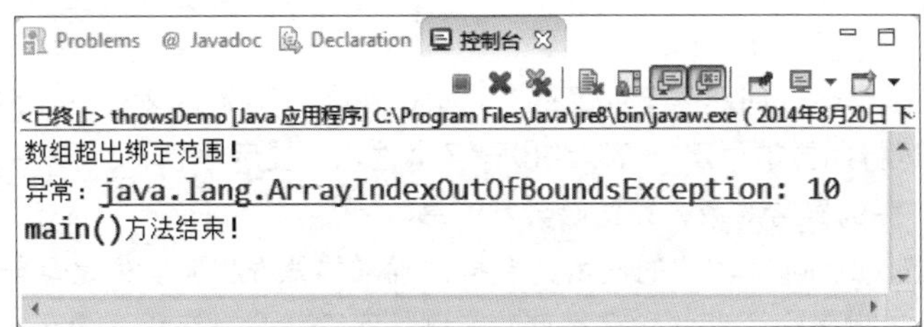

【范例分析】

在第 15~19 行，定义了私有化的静态方法 setZero()，用于将指定的数组的指定索引赋值为 0，因为没有检查下标是否越界（当然，并不建议这样做，这里只是显示一个抛出方法异常的例子），所以使用 throws 关键字抛出异常，“ArrayIndexOutOfBoundsException”表明 setZero() 方法可能存在的异常类型。

一旦方法出现异常，setZero() 方法自己并不处理，而是将异常提交给它的上级调用者 main() 方法。而在 main 方法中，有一套完善的 try-catch 机制来处理异常。第 07 行中，调用 setZero() 方法，并有意使下标越界，用来验证异常检测与处理模块的运行情况。

14.4 throw 关键字

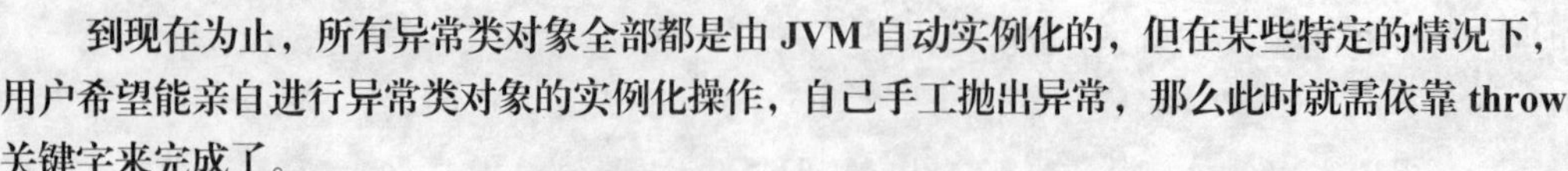

到现在为止，所有异常类对象全部都是由 JVM 自动实例化的，但在某些特定的情况下，用户希望能亲自进行异常类对象的实例化操作，自己手工抛出异常，那么此时就需依靠 throw 关键字来完成了。

与 throws 不同的是，throw 可直接抛出异常类的实例化对象。throw 语句的格式如下所示。

```
throw 异常类型的实例;
```

执行这条语句时，将会“引发”一个指定类型的异常，也就是抛出异常。

范例 14-6　关键字throw的使用（throwDemo.java）

```
01 public class throwDemo
02 {
03   public static void main( String[] args )
04   {
05     try{
06       // 抛出异常的实例化对象
07       throw new ArrayIndexOutOfBoundsException( "\n 我是个性化的异常信息：\n 数组下标越界 " );
08     }
09     catch( ArrayIndexOutOfBoundsException ex )
10     {
11       System.out.println( ex );
12     }
13   }
14 }
```

保存并运行程序，结果如下图所示。

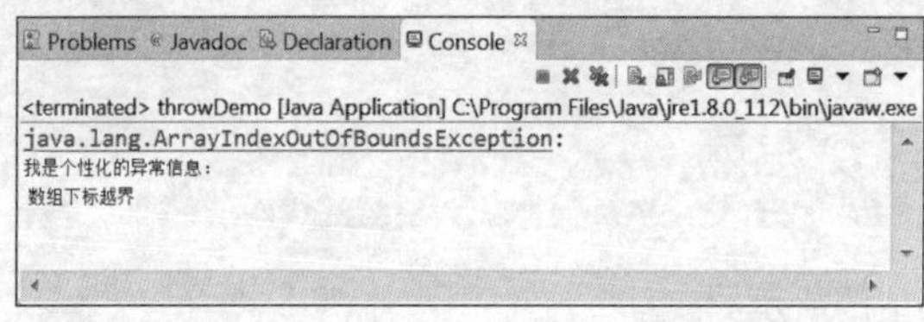

【范例分析】

第 07 行，通过 new 关键字，创建一个匿名的 ArrayIndexOutOfBoundsException 类型的异常对象，并使用 throw 关键字抛出。引发运行期异常，用户可以给出自己个性化的提示信息。

第 09~12 行，捕获产生的异常对象，并输出异常信息。

这里首先要说明的是，throw 关键字的使用完全符合异常的处理机制。但是，一般来讲，用户都在避免异常的发生，所以不会手工抛出一个新的异常类型的实例，而往往会抛出程序中已经产生的异常类实例。这点从下一节异常处理的标准格式中可以发现。

14.5 异常处理的标准格式

通过上面的学习，我们可以看到，throw 和 throws 虽然都是抛出异常，但是是有差别的。

throw 语句用在方法体内部，表示抛出异常对象，由方法体内的 catch 语句来处理异常对象。

对比而言，throws 语句用在方法声明的后面，表示一旦抛出异常，由调用这个方法的上一级方法中的语句来处理。throw 抛出异常，内部消化；throws 抛出异常，领导（调用者）解决。

实际上，try…catch…finally、throw 及 throws 经常联合使用。例如，现在要设计一个将数组指定下标的元素置零的方法，同时要求在方法的开始和结束处都输出相应信息。

范例 14-7　关键字throws与throw的配合使用（throwDemo02.java）

```
01 public class throwDemo02
02 {
03     public static void main( String[] args )
04     {
05         int[] arr = new int[5];
06         try{
07             setZero( arr, 10 );
08         }
09         catch( ArrayIndexOutOfBoundsException e ){
10             System.out.println( " 异常： " + e ); // 显示异常对象 e 的内容
11         }
12 
13         System.out.println( "main() 方法结束！ " );
14     }
15 
16     private static void setZero( int[] arr, int index )
17     throws ArrayIndexOutOfBoundsException
18     {
19         System.out.println( "------- 方法 setZero 开始 -------" );
20 
21         try{
22             arr[index] = 0;
23         }
24         catch( ArrayIndexOutOfBoundsException  ex ){
25             throw ex;
26         }
27         finally{
28             System.out.println( “------- 方法 setZero 结束 -------” );
29         }
30     }
31 }
```

保存并运行程序，结果如下图所示。

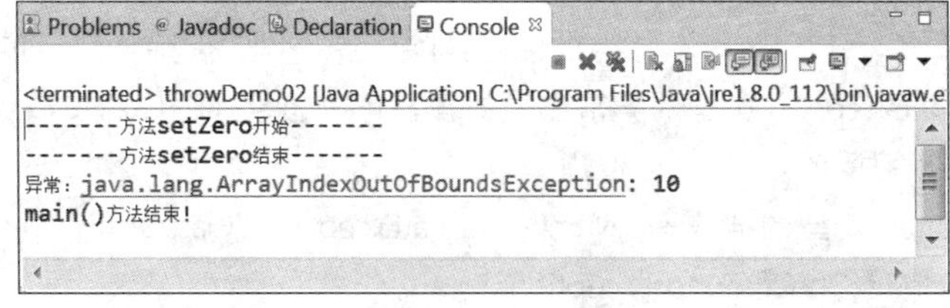

【范例分析】

第 16~30 行定义了私有化的静态方法 setZero()，定义为静态方法的原因在于，这个方法不用生成对象即可调用，这样是为了简化代码，更清地说明当前问题。在第 17 行使用 throws 关键字，将 setZero() 方法中的异常，传递给它的“上级”——调用者 main() 方法，由 main() 方法提供解决异常的方案。事实上，在 main 方法中的第 09 行开始，的确就有一个专门的异常处理模块。

第 25 行使用 throw 抛出异常。throw 总是出现在方法体中，一旦它抛出一个异常，程序会在 throw 语句后立即终止，后面的语句就没有机会再接着执行，然后在包含它的所有 try 块中（也可能在上层调用方法中）从里向外，寻找含有与其异常类型匹配的 catch 块，然后加以处理。

第 19 行和第 28 行分别输出了方法开始和方法结束。

14.6 RuntimeException 类

在 Java 实战中，除了可以用 Exception 类来处理异常，还有一个与之类似的 RuntimeException（运行时异常）类，也可以处理异常。二者有什么区别呢，在回答这个问题之前，请读者先看如下一段代码。

```
public class RuntimeExceptionDemo
{
    public static void main(String args[])
    {
        String str = "123" ;
        int temp = Integer.parseInt(str) ; // 将字符串变为 int
        System.out.println(temp * 2) ;
    }
}
```

上面这段代码，一般情况下运行起来没有问题，代码中没有任何有关异常检测的语句。现在来观察一下 Integer 类之中的 parseInt() 方法定义。

```
public static int parseInt(String s)  throws  NumberFormatException;
```

通过查看 parseInt() 方法的原型，就可以发现，parseInt() 使用了 throws 抛出一个异常，按照之前所学，现在应该强制性地使用 try...catch 语句块处理才对，可是程序并没有这样的强制性要求。在 API 中查一下 NumberFormatException 类的继承体系。

```
java.lang.Object
  |- java.lang.Throwable
     |- java.lang.Exception
        |- java.lang.RuntimeException
           |- java.lang.IllegalArgumentException
                |- java.lang.NumberFormatException
```

可以发现，NumberFormatException 类继承自 RuntimeException 类，而在 Java 中明确规定，对于 RuntimeException 的异常类型，可以有选择性地来进行处理，如果用户程序不予处理，则在出现异常时，将交给 JVM（Java 虚拟机）默认处理。

为什么会这样呢？试想一下，在程序中经常会用到除法等操作，而除法有可能产生 ArithmeticException 类型的异常，如果 RuntimeException 类型的异常必须处理，可以想象那程序将变成什么样了。那就会频繁地弹出异常信息，用户是难以忍受的。

常见的 RuntimeException 类型的异常有：NumberFormatException、ClassCastException、NullPointerException、ArithmeticException、ArrayIndexOutOfBoundsException。

提示

请解释 Exception 和 RuntimeException 的区别，请说出几个你常见的 RuntimeException 子类（面试题）。

· Exception：强制性要求用户必须处理。

· RuntimeException：是 Exception 的子类，由用户选择是否进行处理。当出现这样的异常时，总是由虚拟机接管。

14.7 编写自己的异常类

在 Java 中，虽然其本身已经提供了大量的异常类型，但是在程序开发中，这些异常类型可能还不能满足个性化的需求，特别是在做一些软件的架构设计的时候，这些系统提供的异常类是不够用的。为了处理各种异常，Java 还运用通过继承的方式，让用户编写自己的异常类。

因为所有可处理的异常类，均继承自 Exception 类，所以自定义异常类也不例外。自定义编写异常类的语法如下所示。

```
class 异常名称 extends Exception
{
  …
}
```

读者可以在自定义异常类里编写方法来处理相关的事件，甚至不编写任何语句也可以正常工作，这是因为父类 Exception 已提供相当丰富的方法，通过继承，子类均可复用这些异常处理方法。

下面用一个范例来说明如何定义自己的异常类，以及如何使用它们。

范例 14-8 定义自己的异常类（userDefinedException.java）

```
public class userDefinedException
{
  public static void main( String[] args )
  {
    try{
      throw new MyException( " 自定义异常 -- 仅为测试演示！ " );
    }
    catch( MyException e ){
      System.out.println( e );
    }
  }
}

class MyException extends Exception
{
  public MyException( String msg )
  {
    super( msg );  // 调用 Exception 类的构造方法，存入异常信息
  }
}
```

保存并运行程序，结果如下图所示。

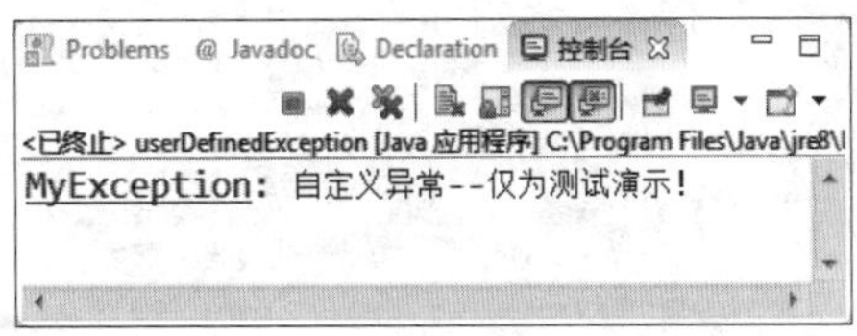

代码详解

第 14~20 行声明了一个 MyException 类，此类继承自 Exception 类，所以此类为自定义异常类。第 18 行调用 super 关键字，调用父类（Exception）的一个参数的构造方法，传入的为异常信息。

Exception 构造方法如下所示。

```
public Exception(String message)
```

第 06 行用 throw 抛出一个 MyException 异常类的实例化对象。

【范例分析】

在 JDK 中，Java 官方提供的大量 API 方法中，都包括大量的异常类，但这些类，在实际开发中，往往并不能完全满足设计者对程序异常处理的需要，在这个时候就需要用户自己去定义所需的异常类，用一个类清楚地写出所需要处理的异常。

14.8 高手点拨

1. 异常类型的继承关系

异常类型的最大父类是 Throwable 类，其分为两个子类，分别为 Exception 和 Error。Exception 表示程序可处理的异常，而 Error 表示 JVM 错误，一般无需程序开发人员自己处理。

2. RuntimeException 和 Exception 的区别

RuntimeException 类是 Exception 类的子类，Exception 定义的异常必须处理，而 RuntimeException 定义的异常，可以选择性地进行处理。

14.9 实战练习

（1）编写应用程序，从命令行输入两个整数参数，求它们的商。要求程序中捕获可能发生的异常。

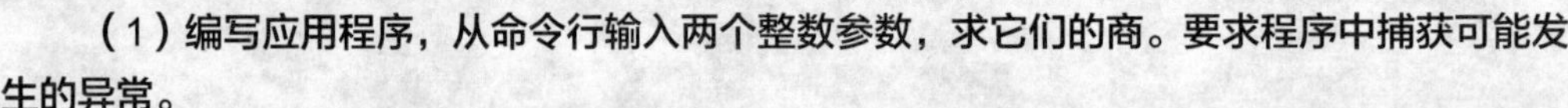

（2）自定义一个银行类，若用户取钱时，取钱金额数大于余额，需要做异常处理（提示：定义一个异常类 fundsException。在取钱方法 withdrawal( ) 中可能产生异常，异常触发的条件是余额小于取款额。在调用 withdrawal( ) 方法时处理异常，也就是说该方法声明抛出异常，而由它的上一级调用方法处理异常）。

人邮云课堂

Java编程技术大全

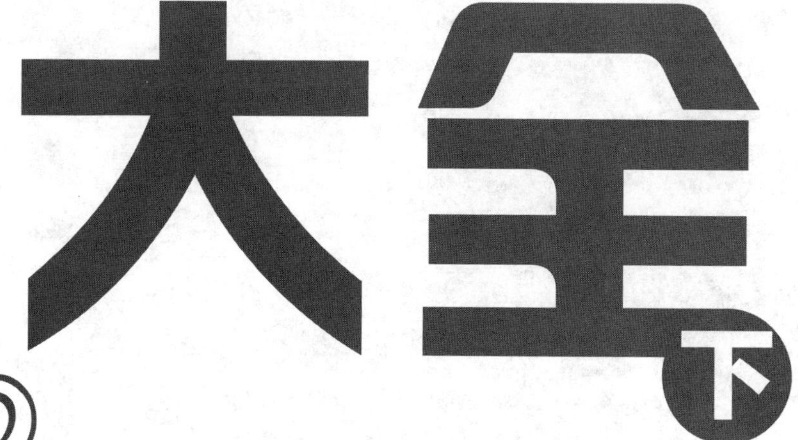

下

◉ 魔乐科技（MLDN）软件实训中心 编著

◉ 张玉宏 主编　周喜平 副主编

人民邮电出版社

北京

目录

CONTENTS

下册

第 III 篇

高级应用

第15章 齐头并进，并发任务的处理——多线程

15.1 感知多线程 357

15.1.1 现实生活中的多线程 357

15.1.2 进程与线程 357

15.1.3 多线程的优势 358

15.2 体验多线程 359

15.2.1 通过继承 Thread 类实现多线程 360

15.2.2 通过 Runnable 接口实现多线程 362

15.2.3 两种多线程实现机制的比较 364

15.2.4 Java 8 中运行线程的新方法 367

15.3 线程的状态 369

15.4 线程操作的一些方法 373

15.4.1 取得和设置线程的名称 373

15.4.2 判断线程是否启动 376

15.4.3 守护线程与 setDaemon 方法 377

15.4.4 线程的联合 378

15.4.5 如何中断一个线程 380

15.5 多线程的同步 383

15.5.1 同步问题的引出 383

15.5.2 同步代码块 385

15.5.3 同步方法 386

15.5.4 死锁 388

15.6 线程间通信 391

15.6.1 问题的引出 391

15.6.2 问题如何解决 392

15.7 线程池技术及其应用 400

15.7.1 线程池的概念 400

15.7.2 线程池的用法 401

15.8 高手点拨 407

15.9 实战练习 408

第16章 文件 I/O 操作

16.1 输入 / 输出的重要性 410

16.2 读写文本文件 411

16.2.1 File 类 411

16.2.2 文本文件的操作 414

16.2.3 字符编码问题 417

16.3 文本的输入和输出 420

16.3.1 读入文本单词 420

16.3.2 读入单个字符 421

16.3.3 判断字符分类的方法 421

16.3.4 读入一行文本 422

16.3.5 将字符转换为数字 423

16.4 字节流与字符流 424

16.4.1 字节输出流——OutputStream 425

16.4.2 字节输入流——InputStream 425

16.4.3 字符输出流——Writer 428

16.4.4 字符输入流——Reader 429

16.4.5 字节流与字符流的转换 431

16.5 命令行参数的使用 434

16.5.1 System 类对 I/O 的支持 434

16.5.2 Java 命令行参数解析 434

16.6 高手点拨 438

16.7 实战练习 438

第17章 数据持久化方法——对象序列化

17.1 对象序列化的基本概念 440
17.2 序列化与对象输出流 ObjectOutputStream 441
17.3 反序列化与对象输入流 ObjectInputStream 442
17.4 序列化对象的版本号 serialVersionUID 444
17.5 transient 关键字 445
17.6 Externalizable 接口 445
17.7 高手点拨 448
17.8 实战练习 448

第18章 绚丽多彩的图形界面——GUI 编程

18.1 GUI 概述 450
18.2 GUI 与 AWT 450
18.3 AWT 容器 451
18.3.1 Frame 窗口 452
18.3.2 Panel 面板 456
18.3.3 布局管理器 457
18.4 AWT 常用组件 462
18.4.1 按钮与标签组件 463
18.4.2 TextField 文本域 465
18.4.3 图形控件 467
18.5 事件处理 468
18.5.1 事件处理的流程 468
18.5.2 常用的事件 469
18.5.3 小案例——会动的乌龟 474
18.6 高手点拨 477
18.7 实战练习 478

第19章 Swing GUI 编程

19.1 Swing 概述 480
19.2 Swing 的基本组件 481
19.2.1 JTable 表格 481
19.2.2 JComboBox 下拉列表框 483
19.2.3 组件常用方法 485
19.3 Swing 的应用 486
19.3.1 小案例——简易的学籍管理系统 486
19.3.2 小案例——简易随机验证码的生成 489
19.4 高手点拨 492
19.5 实战练习 492

第20章 打通数据的互联——Java Web 初步

20.1 Web 开发的发展历程 494
20.1.1 静态 Web 处理阶段 494
20.1.2 动态 Web 处理阶段 495
20.2 JSP 的运行环境 497
20.2.1 安装 Tomcat 497
20.2.2 配置虚拟目录 500
20.2.3 编写第 1 个 JSP 程序 502
20.2.4 Tomcat 执行流程 503
20.3 基础语法 503
20.3.1 显式注释与隐式注释 504
20.3.2 Scriptlet 505
20.3.3 Page 指令 507
20.3.4 包含指令 509
20.3.5 跳转指令 513
20.4 高手点拨 515
20.5 实战练习 516

第21章 JSP 进阶——内置对象与 Servlet

21.1 内置对象 518
21.1.1 request 对象 518
21.1.2 response 对象 521
21.1.3 session 对象 528
21.1.4 其他内置对象 532
21.2 Servlet 535
21.2.1 Servlet 简介 535

21.2.2 第 1 个 Servlet 程序 535
21.2.3 Eclipse 中的 Servlet 配置 539
21.3 高手点拨 545
21.4 实战练习 546

第22章 高效开发的利器——常用 MVC 设计框架

22.1 框架的内涵 548
22.2 Struts 开发基础 549
22.2.1 Struts 简介 549
22.2.2 MVC 的基本概念 550
22.2.3 Struts 2 的工作原理 550
22.2.4 下载 Struts 2 类库 551
22.2.5 从 Struts 2 的角度理解 MVC 552
22.2.6 第 1 个 Struts 2 实例 553
22.2.7 运行测试 StrutsDemo 工程 562
22.2.8 小结 563
22.3 高手点拨 564
22.4 实战练习 564

第23章 高效开发的利器——Spring 框架

23.1 Spring 快速上手 566
23.1.1 Spring 基本知识 566
23.1.2 Spring 框架模块 566
23.1.3 Spring 开发准备 567
23.1.4 Spring 框架配置 567
23.2 Spring 开发实例 570
23.3 Spring 和 Struts 结合 575
23.4 高手点拨 576
23.5 实战练习 576

第24章 让你的数据库记录像操作变量一样方便——Hibernate

24.1 Hibernate 开发基础 578
24.2 Hibernate 开发准备 578
24.2.1 下载 Hibernate 开发包 578
24.2.2 在 Eclipse 中部署 Hibernate 开发环境 579
24.2.3 安装部署 MySQL 驱动 579
24.3 Hibernate 开发实例 580
24.3.1 开发 Hibernate 项目的完整流程 581
24.3.2 创建 HibernateDemo 项目 581
24.3.3 创建数据表 USER 583
24.3.4 编写 POJO 映射类 User.java 584
24.3.5 编写映射文件 User.hbm.xml 586
24.3.6 编写 hibernate.cfg.xml 配置文件 586
24.3.7 编写辅助工具类 HibernateUtil.Java 588
24.3.8 编写 DAO 接口 UserDAO.java 590
24.3.9 编写 DAO 层实现类 591
24.3.10 编写测试类 UserTest.java 593
24.4 高手点拨 596
24.5 实战练习 596

第25章 移动互联的精彩——Android 编程基础

25.1 Android 简介 598
25.1.1 Android 系统架构 598
25.1.2 Android 已发布的版本 598
25.1.3 Android 应用开发特色 599
25.2 搭建开发环境 599
25.2.1 准备所需要的软件 599
25.2.2 开发环境的搭建 599
25.3 创建第 1 个 Android 项目 601
25.3.1 创建 HelloWorld 项目 601
25.3.2 运行 HelloWorld 602
25.3.3 解析第 1 个 Android 程序 603
25.4 详解基本布局 605
25.4.1 线性布局 606
25.4.2 相对布局 610
25.4.3 帧布局 613
25.4.4 TableLayout 614
25.5 常见控件的使用方法 616
25.5.1 TextView 616
25.5.2 EditText 617
25.5.3 Button 619

25.5.4 ProgressDialog 622
25.5.5 ImageView 624
25.6 Activity 详细介绍 624
25.6.1 Activity 生命周期 625
25.6.2 Activity 状态 625
25.6.3 Activity 启动模式 626
25.7 高手点拨 626
25.8 实战练习 626

第 IV 篇 项目实战

第26章 Android 项目实战——智能电话回拨系统

26.1 系统概述 629
26.1.1 背景介绍 629
26.1.2 运行程序 629
26.1.3 系统需求分析 630
26.1.4 详细功能设计 630
26.2 系统实现 630
26.2.1 主界面 630
26.2.2 修改密码 632
26.2.3 意见反馈 634
26.3 项目功能用到的知识点讲解 638
26.3.1 读取通讯录 638
26.3.2 读取联系人头像 642
26.3.3 读取短信 642
26.4 高手点拨 644
26.5 实战练习 644

第27章 Android 进阶项目实战——理财管理系统

27.1 系统概述 646
27.1.1 背景介绍 646
27.1.2 运行程序 646
27.1.3 系统需求分析 647
27.2 系统数据存储的设计和实现 647
27.2.1 数据分析和设计 647
27.2.2 数据库设计和实现 649
27.2.3 SharedPreferences 存储方式 655
27.2.4 文件存储方式 656
27.3 系统详细设计和实现 657
27.3.1 欢迎界面模块设计和实现 657
27.3.2 用户注册登录模块设计和实现 660
27.3.3 随时查看记录模块设计和实现 669
27.3.4 查看记录模块设计和实现 674
27.3.5 预算模块设计和实现 680
27.3.6 写心情模块设计和实现 684
27.4 系统开发经验和技巧 694
27.4.1 项目经验 694
27.4.2 项目技巧 694
27.5 高手点拨 694
27.6 实战练习 694

第28章 Java Web 项目实战——我的饭票网

28.1 系统分析 696
28.1.1 需求分析 696
28.1.2 编写项目计划书 696
28.2 系统设计 697
28.2.1 系统目标 697
28.2.2 系统功能设计 697
28.3 数据库设计 697
28.3.1 功能分析 697
28.3.2 基本表设计 698
28.4 用户注册模块设计 701
28.4.1 用户注册模块概述 702
28.4.2 与用户注册有关的数据库连接及操作类 702
28.4.3 用户注册界面设计 708
28.4.4 用户注册事件处理页面 711
28.5 用户登录模块设计 713

28.5.1 用户登录模块概述 713
28.5.2 与用户登录有关的数据库连接及操作类 713
28.5.3 用户登录界面设计 714
28.5.4 用户登录验证处理页面 716
28.6 用户主页面模块设计 718
28.6.1 用户主页面模块概述 718
28.6.2 用户主页面有关的数据库连接及操作类 718
28.6.3 用户主页面界面设计 723
28.7 高手点拨 726
28.8 实战练习 726

第29章 Java Web 项目实战——客户关系管理项目

29.1 系统概述 728
29.1.1 系统开发背景 728
29.1.2 项目开发环境的搭建 728
29.2 系统分析和设计 729
29.2.1 系统需求分析 729
29.2.2 数据库分析和设计 730
29.3 系统架构分析和设计 734
29.3.1 分层结构和 MVC 模式 734
29.3.2 模式一转为模式二的过程：登录例子 734
29.3.3 程序的分层及层次间的关系 735
29.3.4 接口的设计和实现 736
29.3.5 VO 的设计和实现 740
29.4 用户登录模块设计 742
29.4.1 模块需求细化 742
29.4.2 模块相关数据库实现细节 743
29.4.3 用户登录界面设计 743
29.4.4 模块详细设计和实现 746
29.5 客户管理模块设计 750
29.5.1 模块需求细化 750
29.5.2 模块相关数据库实现细节 751
29.5.3 客户管理界面设计 751
29.5.4 模块详细设计和实现 757
29.6 公告管理模块设计 766
29.6.1 模块需求细化 766
29.6.2 模块相关数据库实现细节 766
29.6.3 公告管理界面设计 767
29.6.4 模块详细设计和实现 771
29.7 高手点拨 780
29.8 实战练习 780

第30章 大数据项目实战——Hadoop 下的数据处理

30.1 认识 Hadoop 782
30.1.1 初识 Hadoop 782
30.1.2 Hadoop 平台构成 783
30.2 理解 MapReduce 编程范式 784
30.3 第 1 个 Hadoop 案例——WordCount 代码详解 785
30.3.1 WordCount 基本流程 785
30.3.2 WordCount 代码详解 786
30.3.3 运行 WordCount 790
30.4 面向 K-Means 聚类算法的 Hadoop 实践 796
30.4.1 K-Means 聚类算法简介 796
30.4.2 基于 MapReduce 的 K-Means 算法实现 798
30.5 高手点拨 806
30.6 实战练习 806

附录 全分布式 Hadoop 集群的构建

安装 CentOS 7 807
安装 Java 并配置环境变量 808
安装 Hadoop 810
下载 Hadoop 包 810
安装 Hadoop 811
Hadoop 的运行模式 811
Hadoop 集群构建 811
在 Windows 操作系统下克隆虚拟机 812

配置虚拟机 MAC 地址 812
设置静态 IP 地址 813
安装和配置 SSH 服务 815
安装 SSH 815
SSH 免密码登录 815
修改 hosts 文件 818
虚拟机的同步配置 818
SSH 免密码登录配置过程 819
全分布模式下配置 Hadoop 819
同步配置文件 824
创建所需目录 825
关闭防火墙 825
格式化文件系统 825
启动 Hadoop 守护进程 825
验证全分布模式 826
默认配置文件所在位置 826
关闭 Hadoop 826

第 III 篇

高级应用

第 15 章 齐头并进，并发任务的处理——多线程

第 16 章 文件I/O操作

第 17 章 数据持久化方法——对象序列化

第 18 章 绚丽多彩的图形界面——GUI编程

第 19 章 Swing GUI编程

第 20 章 打通数据的互联——Java Web初步

第 21 章 JSP进阶——内置对象与Servlet

第 22 章 高效开发的利器——常用MVC设计框架

第 23 章 高效开发的利器——Spring框架

第 24 章 让你的数据库记录像操作变量一样方便——Hibernate

第 25 章 移动互联的精彩——Android编程基础

第 15 章

齐头并进，并发任务的处理

——多线程

在 Java 中，采用多线程机制可以使计算机资源得到更充分的使用，多线程可以使程序在同一时间内完成很多操作。本章讲解进程与线程的共同点和区别、实现多线程的方法、线程的状态、线程的操作方法、多线程的同步、线程间的通信以及线程生命周期的控制等内容。

本章要点（已掌握的在方框中打钩）

☐ 了解进程与线程
☐ 掌握实现多线程的方法
☐ 熟悉线程的状态
☐ 熟悉线程操作的方法
☐ 熟悉线程同步的方法
☐ 熟悉线程间通信的方法

1995 年，在 Java 诞生之初，James Gosling 等 Java 的主要设计者就非常明智地选择让 Java 内置支持“多线程”，这使得 Java 与同一时期的其他编程语言相比，有着非常明显的优势。

线程是操作系统任务调度的最小单位。多线程可让更多任务并发执行，从而使程序的运行性能显著提升，特别是在多核（muti-core）或众核（many-core）环境下，其表现得就更加抢眼。

15.1 感知多线程

15.1.1 现实生活中的多线程

任何抽象的理论（本质）都离不开具体的现象。通过现象比较容易看清楚本质，在讲解 Java 的多线程概念之前，我们先从现实生活中体会一下“多线程”。

在高速公路收费匝道上，经常会看到排成长龙的车队。如果让你来缓解这一拥塞的交通状况，你的方案是什么？很自然地，你会想到多增加几个收费匝道，这样便能同时通过更多的车辆。如果把进程比作一个高速公路的收费站，那么这个地点的多个收费匝道就可以比作线程。

再举一个例子，在一个行政收费大厅里，如果只有一个办事窗口，等待办事的客户很多，如果排队序列中前面的一个客户没有办完事情，后面的客户再着急也无济于事，一个较好的方案就是在行政大厅里多开放几个窗口，更一般的情况是，每个窗口可以办理不同的事情，这样客户可以根据自己的需求来选择服务的窗口。如果把行政大厅比喻为一个进程，那么每一个办事窗口都是一个线程。

现在的浏览器都支持多窗口、多标签，这其实也是多线程的一个表现，试想一下，如果没有多线程，那么每次只能打开一个网页，如果连接不是很好的话，只能苦等，这是何等的痛苦。而有了多线程技术，情况得以改善，如果一个多标签的网页打不开，我们很容易切换至其他可打开的网页，稍等一会再来浏览原来打开的网页。此外，我们经常为网络流读取、IO 读取及下载等一些任务量比较巨大的、耗时比较长的任务单独开发一个线程（如迅雷的多线程下载等）。

由此我们可以发现，多线程技术就在我们身边，且占据着非常重要的地位。多线程是实现并发机制的一种有效手段，其应用范围很广。Java 的多线程是一项非常基本和重要的技术，在偏底层和偏技术的 Java 程序中不可避免地要使用到它，因此，我们有必要学习好这一技术。

15.1.2 进程与线程

这里，我们首先回顾一下操作系统中的两个重要概念：什么是进程？什么是线程？

简单来讲，进程就是一个执行中的程序。它是一个动态的概念。当我们安装一个 Word 程序（微软出品的 Office 办公软件）时，程序是静态不变的，而当我们开启 3 个 Word 窗口时，实际上就是开启了 3 个 Word 进程。由此可见，一个程序是可以对应多个进程的。

每一个进程都有自己独立的一组系统资源（包括处理机、内存等）。在进程的概念中，每一个进程的内部数据和状态都是完全独立的。这是容易理解的，回到前面的例子，当我们开启 3 个 Word 窗口书写文档时，3 个 Word 进程处理的文字都是不同的。

进程是操作系统的资源分配单位，创建并执行一个进程的系统开销是比较大的。相比而言，线程是进程的一个执行路径。多线程（multithread）指的是，在单个进程中同时运行多个不同的线程，执行不同的任务。多线程意味着一个程序的多行语句块并发执行。

同属一个进程的多个线程，是共享一块内存空间和一组系统资源，属于线程本身的数据通常只有寄存器和栈内的数据。所以，当进程生产一个线程，或者在各个线程之间切换时，负担要比进程小得多，正因如此，线程也称为轻量的进程（light-weight process），如下图所示。

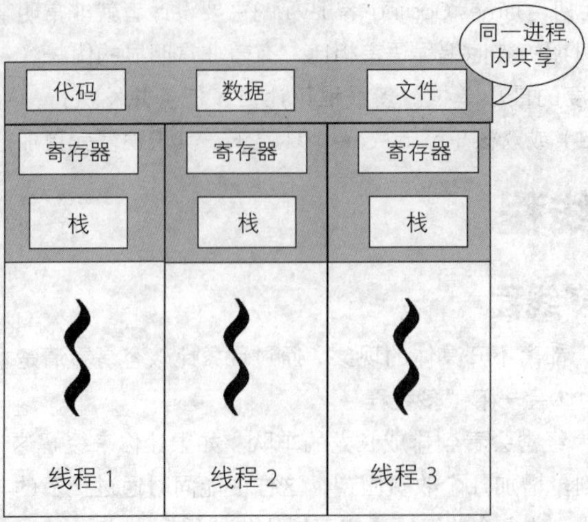

进程的调度是带资源调度的，而线程的调度是不带资源的。就如同参加接力赛跑一样，对于进程来说，它们就是背着书包（资源）跑，故此运动员（进程）在交接资源时，比较慢。而对于线程来说，它就好比轻装上阵，线程间的切换更加便捷，这就好比跑步过程中，迈左脚和迈右脚之间的切换。

但是需要注意的是，在单核处理器中，多线程的“同时”执行，给人的其实是一种“幻觉”。实际上，多个线程轮换在 CPU 上执行，只不过多个线程之间切换延迟足够短，给人的感觉好像是同时执行一样。

多线程的优势当然不仅仅是给人一种同时执行的“幻觉”，下面我们简单介绍一下。

15.1.3 多线程的优势

正确使用多线程，能给开发人员和用户带来很多好处，其优势主要体现在如下 3 个方面。

（1）更快的响应时间。目前，在一个相对复杂的应用程序中部署多线程，已经非常普遍了。例如，在编写 Java 程序常用的 Eclipse 软件中，在编辑区编写代码时，编辑器是需要一个线程来维持的，而当我们敲入了非法的 Java 语句，编译器立马就报错了（出现红线或有提示框），之所以会这样便捷，是因为有多线程来支撑，一个线程完成代码编辑，而另外一个线程对即时输入的代码实施语法分析（事实上，Eclipse 软件远远不止使用两个线程）。

倘若在单线程状态下，情况就变得很糟糕：要么等待编辑代码完毕，然后再做语法检查；要么等语法分析结束后，再继续编辑代码。

可试想一下，如果每编写一段代码，编辑区就会卡死一会，直到语法分析结束才能编辑代码，这样的集成开发环境是不会有人用的。

在复杂应用场景下，使用多线程的好处在于，缩短了响应时间，提升了用户的体验。在体验为王的时代，这一点的改善非常重要。

（2）更好地利用多核处理器。随着处理器技术的进步，处理器的核心（core）也越来越多。处理器的性能提升方式也从提高 CPU 主频，演变到提高更多的处理器核心数。因此，如何更好地利用这些处理器核心，成为人们研究的热点。

我们知道，线程是大多数操作系统调度的基本单元，一个进程可以创建多个线程，但在任意时刻，一个线程只能运行在一个处理器核心上。试想一下，如果多个线程只能轮流在一个处理器核心上执行，而其他处理器核心还是在空转，这是多么大的浪费。所以，研究多线程技术，把计算逻辑分配到不同的处理器核心上，就能显著提高程序的处理效率。

（3）更实用的编程模型。目前，Java 已经为多线程编程提供了非常友好的一致性编程模型，使开发人员能够更加专注于解决问题本身，而不是绞尽脑汁地并行化（或线程化）计算问题。一旦开发人员建立好合适的模型，稍作修改，就可以方便地把计算问题的高效解决方案，映射到多线程的编程模型之上。

15.2 体验多线程

在传统的编程语言里，运行总是顺着程序的流程走，遇到 if 语句就加以判断，遇到 for 等循环就会反复执行几次，最后程序还是按照一定的流程走，且一次只能执行一个程序块。

Java 中的“多线程”，打破了这种传统的束缚。所谓的线程（thread）是指程序的运行流程——可以看作进程的一个执行路径。“多线程”的机制则是指，可以同时运行多个程序块（进程的多条路径），可克服传统程序语言所无法解决的问题。例如，有些循环可能运行的时间比较长，此时便可让一个线程来做这个循环，另一个线程做其他事情，比如与用户交互。

范例 15-1　单一线程的运行流程（ThreadDemo.java）

```
public class ThreadDemo
{
  public static void main( String args[] )
  {
    new TestThread().run();
    // 循环输出
    for( int i = 0; i < 5; ++i )
    {
      System.out.println( "main 线程在运行 " );
    }
  }
}

class TestThread
{
  public void run()
  {
    for( int i = 0; i < 5; ++i )
    {
      System.out.println( "TestThread 在运行 " );
    }
  }
}
```

保存并运行程序，结果如下图所示。

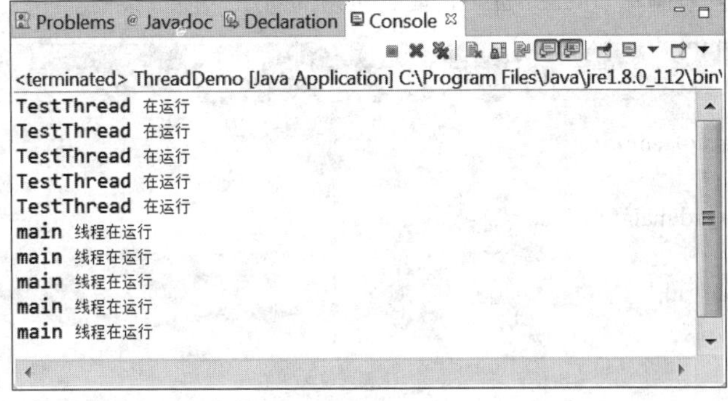

代码详解

第 16~22 行定义了 run() 方法，用于循环输出 5 个连续的字符串。

在第 05 行中，使用 new 关键词，创建了一个 TestThread 类的无名对象，之后这个类名通过点操作符“.”调用这个无名对象的 run() 方法，输出“TestThread 在运行”，最后执行 main 方法中的循环，输出“main 线程在运行”。

【范例分析】

从本例中可看出，如果要想运行 main 方法中的 for 循环（第 06~10 行），必须要等 TestThread 类中的 run() 方法执行完，假设 run() 方法不是一个简单的 for 循环，是一个运行时间很长的方法，那么即使后面的代码块（如 main 方法后面的 for 循环块），不依赖于前面的代码块的计算结果，它也“无可奈何”地必须等待。这便是单一线程的缺陷。

在 Java 里，是否可以并发运行第 09 行与第 20 行的语句，使得字符串“main 线程在运行”和“TestThread 在运行”交替输出呢？答案是肯定的，其方法是在 Java 里激活多个线程。下面我们就开始学习在 Java 中如何激活多个线程。

15.2.1 通过继承 Thread 类实现多线程

Thread 类存放于 java.lang 类库里。java.lang 包中提供常用的类、接口、一般异常、系统等编程语言的核心内容，如基本数据类型、基本数学函数、字符串处理、线程、异常处理类等，正因为这个类库非常常用，所以 Java 系统默认加载（import）这个包，因此我们可以直接使用 Thread 类，而无需显式加载。

由于在 Thread 类中已经定义了 run() 方法，因此，用户要想实现多线程，必须定义自己的子类，该子类继承于 Thread 类，同时要覆写 Thread 类的 run 方法。也就是说要使一个类可激活线程，必须按照下面的语法来编写。

```
class 类名称 extends Thread          // 从 Thread 类扩展出子类
{
  属性…
  方法…
  修饰符 run()// 覆写 Thread 类里的 run() 方法
  {
    程序代码 ;// 激活的线程，将从 run 方法开始执行
  }
}
```

然后再使用用户自定义的线程类生成对象，并调用该对象的 start() 方法，从而来激活一个新的线程。下面我们按照上述的语法来重新编写 ThreadDemo，使它可以同时激活多个线程。

范例 15-2 同时激活多个线程（ThreadDemo.java）

```
01 public class ThreadDemo
02 {
03   public static void main( String args[] )
04   {
05     new TestThread().start();   // 激活一个线程
06     // 循环输出
07     for( int i = 0; i < 5; ++i )
08     {
09       System.out.println( "main 线程在运行 " );
10       try {
```

```
11              Thread.sleep(1000);              // 休眠 1 秒
12          } catch( InterruptedException e ) {
13              e.printStackTrace( );
14          }
15      }
16    }
17 }
18 class TestThread extends Thread
19 {
20    public void run( )
21    {
22      for( int i = 0; i < 5; ++i )
23      {
24          System.out.println( "TestThread 在运行 " );
25          try {
26              Thread.sleep(1000);              // 休眠 1 秒
27          }  catch( InterruptedException e ) {
28              e.printStackTrace( );
29          }
30      }
31    }
32 }
```

保存并运行程序，结果如下图所示。

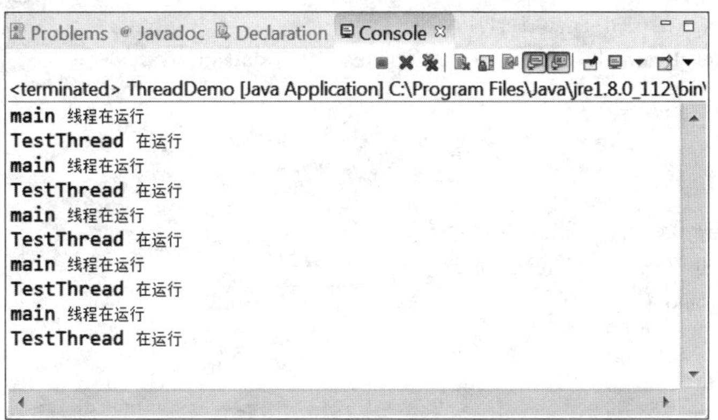

代码详解

第 18~32 行定义的 TestThread 类，它继承自父类 Thread，并覆写了父类的 run() 方法（第 20 行）。因此，可以使用这个类创建一个新线程对象。在 run() 方法中，使用了 try-catch 模块，用来捕获可能产生的异常。

在第 27 行中的 InterruptedException，表示中断异常类， Thread.sleep() 和 Object.wait()，都可能抛出这类中断异常。一旦发生异常，printStackTrace() 方法会输出详细的异常信息。

第 05 行创建了一个 TestThread 类的匿名对象，并调用了 start() 方法创建一个新的线程。

第 11 行和第 26 行使用 Thread.sleep(1000) 方法使两个线程休眠 1000 毫秒，以模拟其他的耗时操作。如果省略了这两条语句，这个程序的运行结果可能和范例 15-1 一样（类似），具体的原因会在 15.3 节讲解。

需要注意的是，读者运行本例程的结果，可能和书中提供的运行结果不一样，这是容易理解的，因为多线程的执行顺序存在不确定性。

15.2.2 通过 Runnable 接口实现多线程

从前面的章节中，我们已经学习到，在 Java 中不允许多继承，即一个子类只能有一个父类，因此如果一个类已经继承了其他类，那么这个类就不能再继承 Thread 类。此时，如果一个其他类的子类又想采用多线程技术，那么这时就要用到 Runnable 接口来创建线程。我们知道，一个类是可以继承多个接口的，而这就间接实现了多继承。

通过实现 Runnable 接口，实现多线程的语法如下所示。

```
class 类名称 implements  Runnable                                  // 实现 Runnable 接口
{
  属性…
  方法…
  public void run()   // 实现 Runnable 接口里的 run 方法
  {       // 激活的线程将从 run 方法开始运行
    程序代码…
  }
}
```

需要注意的是，激活一个新线程，需要使用 Thread 类的 start() 方法。

范例 15-3　用Runnable接口实现多线程使用实例（RunnableThread.java）

```
public class RunnableThread
{
  public static void main( String args[] )
  {
    TestThread newTh = new TestThread( );
    new Thread( newTh ).start( );   // 使用 Thread 类的 start 方法启动线程
    for( int i = 0; i < 5; i++ )
    {
      System.out.println( "main 线程在运行 " );
      try {
        Thread.sleep(1000);    // 休眠 1 秒
      } catch( InterruptedException e ) {
        e.printStackTrace( );
      }
    }
  }
}
class  TestThread  implements  Runnable
{
  public void run( ) // 覆写 Runnable 接口中的 run( ) 方法
  {
    for( int i = 0; i < 5; i++ )
    {
      System.out.println( "TestThread 在运行 " );
      try
      {
        Thread.sleep(1000);    // 休眠 1 秒
      }
      catch( InterruptedException e )
```

```
30            {
31                e.printStackTrace( );
32            }
33        }
34    }
35 }
```

保存并运行程序，结果如下图所示。

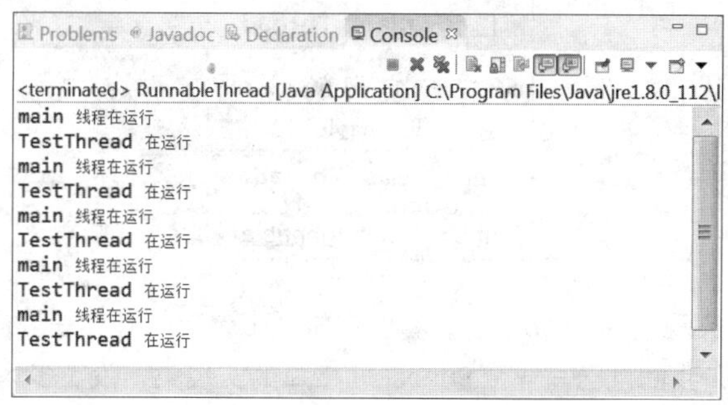

代码详解

第 18 行中的 TestThread 类实现了 Runnable 接口，同时覆写了 Runnable 接口之中的 run() 方法（第 20~34 行），也就是说，TestThread 类是一个多线程 Runnable 接口的实现类。

第 05 行实例化了一个 TestThread 类的对象 newTh。

第 06 行实例化一个 Thread 类的匿名对象，然后将 TestThread 类的对象 newTh，作为 Thread 类构造方法的参数，之后再调用这个匿名 Thread 类对象的 start() 方法，启动多线程。

【范例分析】

可能读者会不理解，为什么 TestThread 类实现了 Runnable 接口后，还需要调用 Thread 类中的 start() 方法才能启动多线程呢？查找 Java 开发文档就可以发现，在 Runnable 接口内，仅仅只有一个 run 方法，如下所示。

方法摘要：void run()，实现 Runnable 接口的具体类，它定义一个线程对象时，通过线程的 start() 方法启动线程时，运行的线程内容是在 run() 方法定义的。

也就是说，在 Runnable 接口中，run() 方法代表的是算法，它是程序员想让某个线程执行的功能，并不是现在就让线程运行起来，读者千万不要被这个单词本身的含义迷惑了。

让线程运行起来，进入 CPU 队列中执行，则需要调用 Thread 类的 start() 方法。对于这一点，我们通过查找 JDK 文档中的 Thread 类可以看到，在 Thread 类之中有这样一个构造方法。

```
public Thread( Runnable  target )
```

由此构造方法可以看到，可以将一个 Runnable 接口（或其子类）实例化对象。可以这么理解，Runnable（严格来说，是 Runnable 的实现子类）只负责线程的功能设计，从“Runnable”的字面意思来看，它表示“可运行的”部分，这还仅仅是一个“算法”层面的设计。如果想让它运行起来，还必须把算法以参数的形式传递给 Thread 类。在这里，Thread 更像一个提供运行环境的舞台，而 Runnable 是登台表演的大戏。大戏的设计主要在 Runnable 中的 run() 方法里完成。

15.2.3 两种多线程实现机制的比较

从前面的分析得知，不管实现了 Runnable 接口，还是继承了 Thread 类，其结果都是一样的，那么这两者之间到底有什么关系？

通过查阅 JDK 文档可知，Runnable 接口和 Thread 类二者之间的联系如下图所示。

由上图可知，Thread 类实现了 Runnable 接口。即在本质上，Thread 类是 Runnable 接口众多的实现子类中的一个，它的地位，其实和我们自己写一个 Runnable 接口的实现类，没有多大区别。所不同的是，Thread 不过是 Java 官方提供的设计罢了。

通过前面章节的学习可以知道，接口是功能的集合，也就是说，只要实现了 Runnable 接口，就具备了可执行的功能，其中 run() 方法的实现就是可执行的表现。

Thread 类和 Runnable 接口都可以实现多线程，那么两者之间除了上面这些联系之外，还有什么区别呢？下面通过编写一个应用程序来比较分析。范例是模拟一个铁路售票系统，实现 4 个售票点发售某日某次列车的车票 5 张，一个售票点用一个线程来模拟，每卖出一张票，总票数减 1。下面，首先用继承 Thread 类来实现上述功能。

范例 15-4 使用Thread实现多线程模拟铁路售票系统（ThreadDemo.java）

```
public class ThreadDemo
{
  public static void main( String[] args )
  {
    TestThread newTh = new TestThread( );
    // 一个线程对象只能启动一次
    newTh.start( );
    newTh.start( );
    newTh.start( );
    newTh.start( );
  }
}
class TestThread extends Thread
{
  private int tickets = 5;
  public void run( )
  {
    while( tickets > 0 )
    {
      System.out.println( Thread.currentThread().getName( ) + " 出售票 " + tickets );
```

```
21            tickets -= 1;
22        }
23    }
24 }
```

保存并运行程序，结果如下图所示。

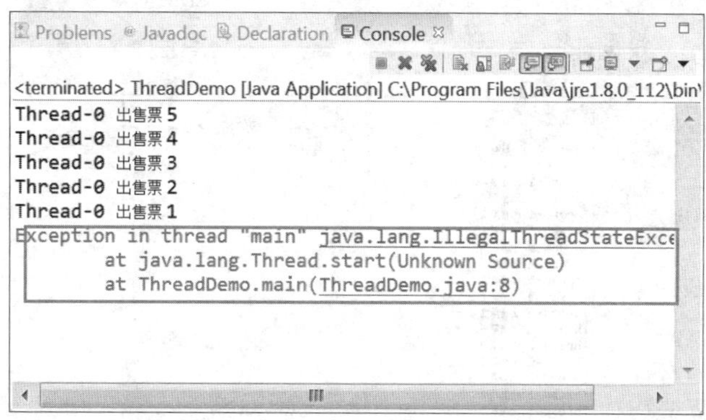

代码详解

第 05 行创建了一个 TestThread 类的实例化对象 newTh，之后调用了 4 个此对象的 start() 方法（第 07~10 行）。但从运行结果可以看到，程序运行时出现了“异常（Exception）”，之后却只有一个线程在运行。这说明一个类继承了 Thread 类之后，这个类的实例化对象（如本例中的 newTh），无论调用多少次 start() 方法，结果都只有一个线程在运行。

另外，在第 20 行可以看到这样一条语句 "Thread.currentThread().getName()"，此语句表示取得当前运行的线程名称（在本例中为“Thread-0”），此方法还会在后面讲解，此处仅作了解即可。

下面修改范例 15-4 程序，让 main 方法这个进程产生 4 个线程。

范例 15-5 修改范例15-4，使main方法里产生4个线程（ThreadDemo.java）

```
public class ThreadDemo
{
  public static void main(String[]args)
  {
    // 启动了 4 个线程，分别执行各自的操作
    new TestThread( ).start( );
    new TestThread( ).start( );
    new TestThread( ).start( );
    new TestThread( ).start( );
  }
}
class TestThread extends Thread
{
  private int tickets = 5;
  public void run( )
  {
    while (tickets > 0)
```

```
18        {
19            System.out.println(Thread.currentThread().getName() + " 出售票 " + tickets);
20            tickets -= 1;
21        }
22    }
23 }
```

保存并运行程序，结果如下图所示。

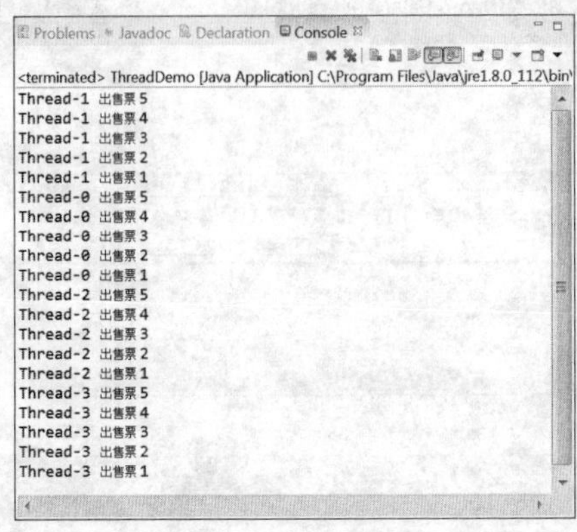

代码详解

第 06~09 行，使用 4 次 new TestThread()，创建 4 个 TestThread 匿名对象，然后分别调用这 4 个匿名对象的 start()，终于成功创建 4 个线程对象。

从输出结果可以看到，这 4 个线程对象各自占有自己的资源。例如，这 4 个线程的每个线程都有自己的私有数据 tickets（第 14 行）。但我们的本意是，车站一共有 5 张票（即这 4 个线程的共享变量 tickets），每个线程模拟一个售票窗口，它们相互协作把这 5 张票卖完。

但从运行结果可以看出，每个线程都卖了 5 张票（tickets 成为每个线程的私有变量），这样就卖出了 4×5=20 张票，这不是我们所需要的。因此，用线程的私有变量难以达到资源共享的目的。变通的方法是，把私有变量 tickets 变成静态（static）成员变量，即可达到资源共享。

那么如果我们实现 Runnable 接口会如何呢？下面的这个范例也是修改自范例 15-4，读者可以观察输出的结果。

范例 15-6　使用Runnable接口实现多线程，并实现资源共享（RunnableDemo.java）

```
public class RunnableDemo
{
    public static void main( String[] args )
    {
        TestThread newTh = new TestThread( );
        // 启动了 4 个线程，并实现了资源共享的目的
        new Thread( newTh ).start( );
        new Thread( newTh ).start( );
        new Thread( newTh ).start( );
        new Thread( newTh ).start( );
```

```
11      }
12  }
13  class TestThread implements Runnable
14  {
15      private int tickets = 5;
16      public void run( )
17      {
18          while( tickets > 0 )
19          {
20              System.out.println( Thread.currentThread().getName() + " 出售票 " + tickets );
21              tickets -= 1;
22          }
23      }
24  }
```

保存并运行程序，结果如下图所示。

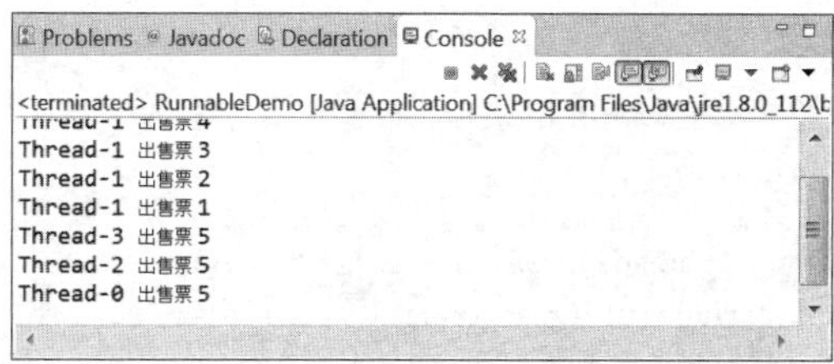

代码详解

第 07~10 行启动了 4 个线程。从程序的输出结果来看，尽管启动了 4 个线程对象，但结果它们共同操纵同一个资源（即 tickets=5），也就是说，这 4 个线程协同把这 5 张票卖完了，达到了资源共享的目的。

可见，实现 Runnable 接口相对于继承 Thread 类来说，有如下几个显著的优势。

（1）避免了由于 Java 的单继承特性带来的局限。

（2）可使多个线程共享相同的资源，以达到资源共享的目的。

【范例分析】

细心的读者如果多运行几次本程序，就会发现，程序的运行结果不唯一，事实上，就是产生了与时间有关的错误。这是“共享”付出的代价，比如在上面的运行结果中，第 5 张票就被线程 0、线程 2 和线程 3 卖了 3 次，出现“一票多卖”的现象。这是因为当 tickets=1 时，线程 0、线程 2 和线程 3 都同时看见了，满足条件 tickets > 0，当第一个线程把票卖出去了，tickets 理应减 1（参见第 21 行），当它还没有来得及更新，当前的线程的运行时间片就到了，必须退出 CPU，让其他线程执行，而其他线程看到的 tickets 依然是旧状态（tickets=1），所以，依次也把那张已经卖出去的票再次“卖”出去了。

事实上，在多线程运行环境中，tickets 属于典型的临界资源（Critical Resource），而第 19~22 行就属于临界区（Critical Section）。

15.2.4 Java 8 中运行线程的新方法

在 Java 8 中新引入了 Lambda 表达式，使得创建线程的形式有所变化。这里提到的 Lambda 表达式，相当于大多数动态语言中常见的闭包、匿名函数的概念。使用方法有点类似于 C/C++ 语言中的一个函数指针，这个指针可以把一个函数名作为一个参数传递到另外一个函数中。

利用 Lambda 表达式，创建新线程的示范代码如下所示。

```
Thread  thread = new Thread(() -> {System.out.println("Java 8");}).start();
```

可以看到，这段代码比前面章节学习的创建线程的代码精简多了，也有较好的可读性，下面对这个语句进行分析。

() -> {System.out.println("Java 8");} 就是 Lambda 表达式，这个语句就等同于创建了 Runnable() 接口的一个匿名子类，并用 new 操作创建了这个子类的匿名对象，然后再把这个匿名对象当作 Thread 类的构造方法中的一个参数。

由此可见，Lambda 表达式的结构可大体分为 3 部分。

（1）最前面的部分是一对括号，里面是参数，这里无参数，就是一对空括号。

（2）中间的是 ->，用来分隔参数和主体部分。

（3）主体部分可以是一个表达式或一个语句块，用大括号括起来。如果是一个表达式，表达式的值会被作为返回值返回。如果是语句块，需要用 return 语句指定返回值。

范例 15-7　利用Lambda表达式创建新线程（LambdaDemo.java）

```
01  public class LamdaDemo
02  {
03      public static void main( String[] args )
04      {
05          Runnable task = () -> {
06              String threadName = Thread.currentThread().getName();
07              System.out.println("Hello " + threadName);
08          };
09
10          task.run();
11          Thread thread = new Thread(task);
12          thread.start();
13
14          System.out.println("Done!");
15      }
16  }
```

保存并运行程序，结果如下图所示。

```
Problems  Javadoc  Declaration  Console
<terminated> LamdaDemo [Java Application] C:\Program Files\Java\jre1
Hello main
Done!
Hello Thread-0
```

代码详解

第 05~08 行，用 Lambda 表达式实现了 Runnable，同时定义了 run() 方法，并定义了一个 Runnable 接口的对象 task。其中，用大括号括起来的第 06~07 行，就是 run() 方法的内容。第 10 行，调用了这个 run() 方法。请读者注意的是，此时只有一个 main 线程在运行，在第 10 行调用这个 run() 方法，和调用其他对象的方法没有任何区别，它的作用是显示“Hello”加上当前线程的名字，而当前的线程就是 main。

第 11 行是 Runnable 的对象 task，以参数传递的形式，传递给一个 Thread 对象 thread。然后通过 start() 启动这个线程（第 12 行），从此刻开始，系统中有两个线程，一个是 main，一个就是刚刚创建的 thread，而这个 thread 的功能，就是由 task 决定的，确切来说，是由 task 的 run() 方法的功能决定的。而这个方法，它的作用就是显示“Hello”加上当前线程的名字，此时当前线程就是新线程 thread，它的名字，如果用户不显式指定，就是“Thread-0”，如果再调用一次 start() 方法，这个新线程的名称就是“Thread-0”，以此类推。

第 14 行，是主线程 main 输出“Done”。上图输出的结果可能不唯一，这就取决于是 thread 线程还是 main 线程，哪个先运行完毕。事实上，我们可以在 15.4.4 节学习线程联合 join() 方法，来控制线程的执行顺序。

15.3 线程的状态

每个 Java 程序都有一个默认的主线程，对于 Java 应用程序，主线程是 main 方法执行的线程。要想实现多线程，必须在主线程中创建新的线程对象。

正如一条公路会有它的生命周期，例如，规划、建造、使用、停用、拆毁等状态，而一个线程也有类似的这几种状态。线程具有创建、运行（包括就绪、运行）、等待（包括一般等待和超时等待）、阻塞、终止等 7 种状态。线程状态的转移与转移原因之间的关系如下图所示。

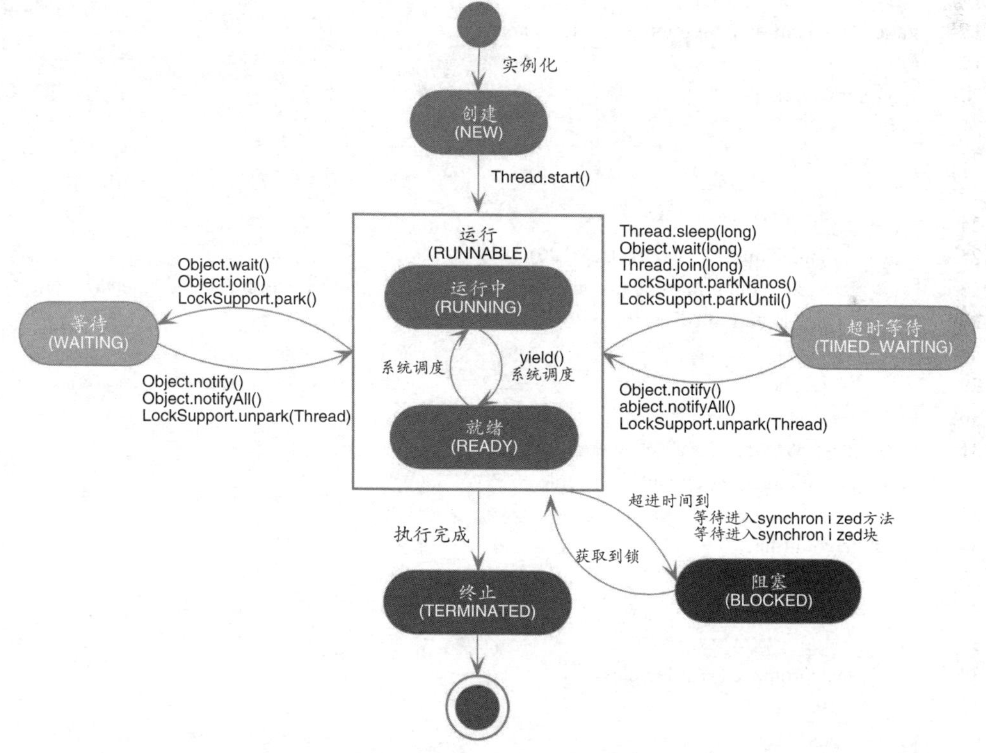

在给定时刻，一个线程只能处于一种状态（详见 JDK 文档 Thread.State）。

（1）NEW（创建态）：初始状态，线程已经被构建，但尚未启动，即还没有被调用 start() 方法。

（2）RUNNABLE（运行态）：正在 Java 虚拟机中执行的线程处于这种状态。在 Java 的线程概念中，将操作系统中的“就绪（READY）”和“运行（RUNNING）”这两种状态，统称为“可运行态（RUNNABLE）”。

（3）BLOCKED（阻塞态）：受阻塞，并等待于某个监视锁。

（4）WAITING（无限等待态）：无限期的等待，表明当前线程需要等待其他线程执行某一个特定操作（如通知或中断等）。

（5）TIMED_WAITING（超时等待态）：与 WAITING 状态不同，它可以在指定的等待时间后，自行返回。

（6）TERMINATED（终止态）：表示当前线程已经执行完毕。

范例 15-8　演示线程的生命周期（ThreadStatus.java）

```
import java.util.concurrent.locks.Lock;
import java.util.concurrent.locks.ReentrantLock;
import java.util.concurrent.TimeUnit;
public class ThreadStatus
{
   private static Lock lock = new ReentrantLock();
   public static void main(String[] args)
   {
      new Thread(new TimeWaiting(), "TimeWaitingThread").start();
      new Thread(new Waiting(), "WaitingThread").start();
      // 使用两个 Blocked 线程，一个获取锁，一个被阻塞
      new Thread(new Blocked(), "BThread-1").start();
      new Thread(new Blocked(), "BThread-2").start();
      new Thread(new Sync(), "SyncThread-1").start();
      new Thread(new Sync(), "SyncThread-2").start();
   }
   // 该线程不断地进入休眠
   static class TimeWaiting implements Runnable
   {
      public void run()
      {
         while (true)
         {
            try {
               TimeUnit.SECONDS.sleep(100);
               System.out.println("I am TimeWaiting Thread: "+ Thread.currentThread().getName());
            } catch (InterruptedException e) { }
         }
      }
   }
   // 该线程在 Waiting.class 实例上等待
   static class Waiting implements Runnable
   {
      public void run( )
      {
         while (true)
         {
            synchronized (Waiting.class)
            {
               try {
                        System.out.println("I am Waiting Thread: "+ Thread.currentThread().getName());
                        Waiting.class.wait( );
               } catch (InterruptedException e) {
                  e.printStackTrace( );
               }
            }
         }
```

```
        }
    }
    // 该线程在 Blocked.class 实例上加锁后，不会释放该锁
    static class Blocked implements Runnable
    {
      public void run( )
      {
        synchronized (Blocked.class)
        {
          while (true)
          {
            try {
                System.out.println("I am Blocked Thread: "+ Thread.currentThread().getName());
                TimeUnit.SECONDS.sleep(100);
            } catch (InterruptedException e) {}
          }
        }
      }
    }
    // 该线程用于同步锁
    static class Sync implements Runnable
    {
      public void run( ) {
        lock.lock( );
        try {
          System.out.println("I am Sync Thread: "+ Thread.currentThread().getName());
          TimeUnit.SECONDS.sleep(100);
        } catch (InterruptedException e) { }
        finally {
          lock.unlock();
        }
      }
    }
}
```

保存并运行程序，结果如下图所示。

Problems @ Javadoc Declaration Console
ThreadStatus [Java Application] C:\Program Files\Java\jre1.8.0_112\bin\javaw.exe (2(
I am Waiting Thread: WaitingThread
I am Blocked Thread: BThread-2
I am Sync Thread: SyncThread-2
I am Blocked Thread: BThread-2
I am Sync Thread: SyncThread-1
I am TimeWaiting Thread: TimeWaitingThread
I am Blocked Thread: BThread-2
I am TimeWaiting Thread: TimeWaitingThread
I am Blocked Thread: BThread-2

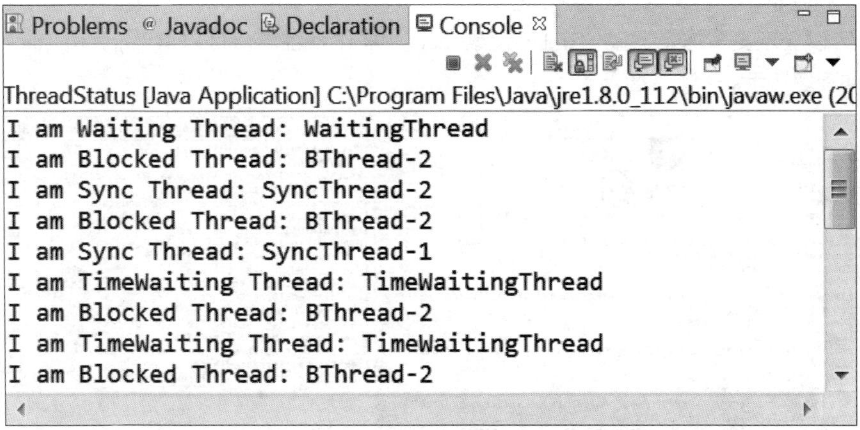

代码详解

第 01~03 行代码，导入 java.util 包下面的有关并发计时类和 ReentrantLock 锁类，如果想"偷懒"的话，这 3 行代码可以用"import java.util.* "来代替，其中"*"通配符表示 java.util 包下的所有类，全部导入，对于这个小程序，这样做，显然很"浪费"。

第 06 行，新建了一个 ReentrantLock 锁对象 lock。java.util.concurrent.lock 中的 Lock 框架是锁定的一个抽象，它允许把锁定的实现作为 Java 类。ReentrantLock 类实现了 Lock，它拥有与 synchronized 相同的并发性和内存语义，但是添加了类似锁投票、定时锁等候和可中断锁等候的一些特性。ReentrantLock 中的"reentrant"锁意味着什么呢？简单来说，它有一个与锁相关的获取计数器，如果拥有锁的某个线程再次得到锁，那么获取计数器就加 1，然后锁需要被释放两次才能获得真正的释放。

第 09~15 行，创建了 6 个不同功能的新线程。这里使用的 Thread 的构造方法原型为：

```
public Thread(Runnable target, String name)
```

这种构造方法与 Thread(null, target, name) 具有相同的作用。

参数：target 表示当线程开启后，run 方法调用的对象。name 表示新线程的名称。

其中，new TimeWaiting()（第 09 行），new Waiting()（第 10 行），new Blocked()（第 12~13 行）和 new Sync()（第 14~15 行）分别创建了"超时等待"线程对象，"等待"对象，"阻塞"对象，"同步"（本质上还是阻塞）对象，这些线程刚创建出来时，都是匿名的，所以，后面分别给它们赋予一个名称，如"WaitingThread"、"BThread-1"及"SyncThread-1"等。最后利用各自线程的 start() 方法，开启这些线程。

随后的代码是分别实现不同功能的线程类，它们都是 ThreadStatus 类的内部类。例如，第 18~30 行定义了 TimeWaiting 线程类，第 32~49 行定义了 Waiting 线程类，第 51~66 行定义了 Blocked 线程类，第 68~80 行定义了 Sync 线程类，这些线程类都是接口 Runnable 的实现类。

在这些线程类中，为了显示各类线程的存在，分别在第 26 行、第 41 行、第 60 行和第 73 行加入了输出信息，但在实际应用环境中，这些输出语句并不是必需的。

为了模拟线程的耗时或延迟，代码中第 25 行、第 61 行和第 74 行，分别使用了 TimeUnit.SECONDS.sleep() 方法其实这个方法和前面范例用到的方法 Thread.sleep() 的核心功能是类似的，都是让线程进入休眠若干时间。前者是后者的二次封装，封装后的方法"TimeUnit.SECONDS.sleep()"多了时间单位转换和验证功能。

【范例分析】

从输出结果可以看出，线程创建以后（通过 new 操作），需要调用 start() 方法启动运行，当线程执行 wait() 方法，线程就进入等待状态。进入等待状态的线程需要依赖其他线程的通知，才能返回运行状态。相比而言，超时等待状态则相当于在等待状态的基础上，又增加了超时限制，也就是说，超时时间达到后，会重新返回运行状态。

当线程调用同步方法时，在没有获取到锁的情况下，线程会进入阻塞状态。当线程执行 Runnable 的 run() 方法后，运行完毕，就会进入到终止状态。

在命令行可以显示更多信息，我们在 Linux 或 macOS 操作系统下，可以借助 jps 和 jstack 命令看到更多运行的细节，如下图所示。

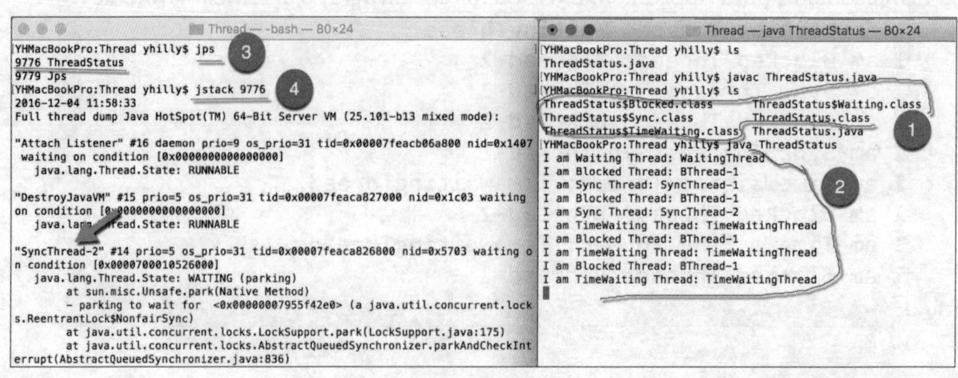

下面对图中的标号部分进行说明。

● 因为 TimeWaiting、Waiting、Blocked 和 Sync 等线程类，都是 ThreadStatus 类的内部子类，所以编译通过后，会出现一堆带“$”符号的子类名称。

● 用 Java 来解释已经编译好的类 ThreadStatus，注意此时不能用 Java 来解释子类。

● 重新开启另外一个命令行窗口，用 jps 命令查看 Java 相关的进程状态。jps（Java Virtual Machine Process Status Tool）是一个显示当前所有 Java 进程 pid 的命令，适用于 在 Linux/UNIX/macOS 平台上简单查看当前 Java 进程的一些情况。由上图可以看出，目前除了 jps 本身这个进程外，ThreadStatus 进程豁然在列，其进程号为 9776。

● 利用“jstack 9776”来跟踪编号为 9776 的 Java 进程内部运行情况。Jstack 可以用于打印出给定的 Java 进程 ID 栈信息（包括线程的状态、线程的调用栈及线程的当前锁住的资源等）。请读者注意，这里的 9776 是动态变化的，不同的运行环境，这个值是不同的，读者保证和自己在命令行键入 jps 得出的 Java 进程 ID 一致即可。

由上面的分析可见，线程在自身的生命周期中，并不是固定处于某个状态，而是随着程序的不断执行，在不同的状态之间进行切换。

15.4 线程操作的一些方法

操作线程的主要方法在 Thread 类中，下表列出了 Thread 类中的主要方法，读者可以查阅 SDK 文档获得更多线程方法的信息。

方法名称	方法说明
public static int activeCount()	返回线程组中目前活动的线程的数目
public static Thread currentThread()	返回当前正在执行的线程的引用
public static int enumerate(Thread[] tarray)	将当前和子线程组中的活动线程复制至指定的线程数组
public final String getName()	返回线程的名称
public final int getPriority()	返回线程的优先级
public final ThreadGroup getThreadGroup()	返回线程的线程组
public static boolean interrupted()	判断目前线程是否被中断
public final boolean isAlive()	判断线程是否在活动
public boolean isInterrupted()	判断线程是否被中断
public final void join() throws InterruptedException	等待该线程死亡，直到该线程结束了才往下继续执行。也就是说把两个交替执行的线程合并为顺序执行的线程
public final synchronized void join(long millis) throws InterruptedException	等待该线程终止的时间最长为 millis 毫秒。也就是说如果该线程在 millis 毫秒后还没有结束，就不再等待，直接向下执行
public final synchronized void join(long millis, int nanos) throws InterruptedException	等待该线程终止的时间最长为 millis 毫秒 +nanos 纳秒
public void run()	执行线程
public final void setName(String name)	设定线程名称
public final void setPriority(int newPriority)	设定线程的优先级
public static native void sleep(long millis) throws InterruptedException;	使目前正在执行的线程休眠 millis 毫秒
public static void sleep (long millis, int nanos) throws InterruptedException	使目前正在执行的线程休眠 millis 毫秒 +nanos 纳秒
public synchronized void start()	开始执行线程
public String toString()	返回代表线程的字符串
public static native void yield()	将目前正在执行的线程暂停，并执行其他线程

在下面的章节中，我们介绍一些常用的线程处理方法。

15.4.1 取得和设置线程的名称

在 Thread 类中，可以通过 getName() 方法取得线程的名称，通过 setName() 方法设置线程的名称。线程的名称一般在启动线程前设置，但也允许为已经运行的线程设置名称。虽然也允许两个 Thread 对象有相同的名称，但为了清晰，应尽量避免这种情况的发生。如果程序并没有为线程制定名称，系统会自动为线程分配名称。此外，Thread 类中的 currentThread() 也是个常用的方法，它是个静态方法，该方法的返回值是执行该方法的线程实例。

范例 15-9　线程名称的操作（GetNameThreadDemo.java）

```
public class GetNameThreadDemo extends Thread{
   public void run( ){
      for( int i = 0; i < 3; ++i ){
         printMsg();
         try{
            Thread.sleep(1000);    // 休眠 1 秒
         }catch( InterruptedException e ){
            e.printStackTrace();
         }
      }
   }

   public void printMsg( ){
      // 获得运行此代码的线程的引用
      Thread  t = Thread.currentThread();
      String name = t.getName();
      System.out.println( "name = " + name );
   }

   public static void main( String[] args ){
      GetNameThreadDemo t1 = new GetNameThreadDemo();
      t1.start( );
      for( int i = 0; i < 3; ++i ){
         t1.printMsg();
         try{
            Thread.sleep(1000);    // 休眠 1 秒
         }catch( InterruptedException e ){
            e.printStackTrace();
         }
      }
   }
}
```

保存并运行程序，结果如下图所示。

Problems　Javadoc　Declaration　Console

<terminated> GetNameThreadDemo [Java Application] C:\Program Files\Java\jre1.8

```
name = main
name = Thread-0
name = main
name = Thread-0
name = main
name = Thread-0
name = main
name = Thread-0
name = main
name = Thread-0
```

代码详解

第 01 行声明了一个 GetNameThreadDemo 类，此类继承自 Thread 类，之后第 02~11 行覆写（Override）了 Thread 类中的 run 方法。

第 13~18 行声明了一个 printMsg 方法，此方法用于取得当前线程的信息。第 15 行，通过 Thread 类中的 currentThread( ) 方法，返回一个 Thread 类的实例化对象。因为 currentThread( ) 是静态方法，所以它的访问方式是“类名 . 方法名”，此方法返回当前正在运行的线程及返回正在调用此方法的线程。第 16 行通过 Thread 类中的 getName( ) 方法，返回当前运行的线程的名称。

第 04 行和第 24 行分别调用了 printMsg( ) 方法，但第 04 行是从多线程的 run( ) 方法中调用的，而第 24 行则是从 main( ) 方法中调用的。

为了捕获可能发生的异常，在使用线程的 sleep( ) 方法时，要使用 try{ } 和 catch{ } 代码块。try{ } 块内包括的是可能发生异常的代码，而 catch{ } 代码块包括的是一旦发生异常，捕获并处理这些异常的代码，其中 printStackTrace( ) 方法的用途是输出异常的详细信息。

提示

有些读者可能不理解，为什么程序中输出的运行线程的名称中会有一个 main 呢？这是因为 main( ) 方法运行起来，本身也是一个线程，实际上在命令行中运行 java 命令时，就启动了一个 JVM 的进程，默认情况下，此进程会产生多个线程，如 main 方法线程，垃圾回收线程等。

下面我们看一下如何在线程中设置线程的名称。

范例15-10 设置与获取线程名称（GetSetNameThreadDemo.java）

```
01  public class GetSetNameThreadDemo implements Runnable
02  {
03     public void run( )
04     {
05        Thread temp = Thread.currentThread( );   // 获取执行这条语句的线程实例
06        System.out.println(" 执行这条语句的线程名字 :" + temp.getName( ));
07     }
08     public static void main(String[] args)
09     {
10        Thread  t = new Thread(new GetSetNameThreadDemo( ));
11        t.setName(" 线程 _ 范例演示 ");
12        t.start( );
13     }
14  }
```

保存并运行程序，结果如下图所示。

代码详解

第 01 行声明了一个 GetSetNameThreadDemo 类，它实现了 Runnable 接口，同时覆写了 Runnable 接口之中的 run( ) 方法（第 03~07 行）。

在第 10 行，用 new GetSetNameThreadDemo() 创建一个 GetSetNameThreadDemo 类的无名对象，然后这个无名对象作为 Thread 类的构造方法中的参数，创建一个新的线程对象 t。

第 11 行，使用了 setName ( ) 方法，用以设置这个线程对象的名称为“线程 _ 范例演示”。

第 12 行，用 start( ) 方法开启了这个线程，新线程在运行状态时，会自动执行 run( ) 方法。

【范例分析】

这里，请注意区分 Thread 中的 start( ) 和 run( ) 方法的联系和不同。

（1）start( ) 方法

它的作用是启动一个新线程，有了它的调用，才能真正实现多线程运行，这时无需等待 run 方法体代码执行完毕，而是直接继续执行 start( ) 后面下面的代码。读者可以这样理解，start( ) 的调用，使得主线程“兵分两路”——创建了一个新线程，并使得这个线程进入“就绪状态”。“就绪状态”其实就是“万事俱备，只欠 CPU”。读者可参见第 15.3 节中的线程状态图。如果主线程执行完 start( ) 语句后，它的 CPU 时间片还没有用完，那么它就会很自然地接着运行 start( ) 后面的语句。

一旦新的线程获得到 CPU 时间片，就开始执行 run( ) 方法，这里 run( ) 方法称为线程体，它包含了这个线程要执行的内容，一旦 run( ) 方法运行结束，那么此线程随即终止。

此外，要注意 start( ) 不能被重复调用。例如，范例 15-4 调用了多次 start( )，除了得到一个异常中断外，并没有多创建新的线程。

（2）run( ) 方法

run( ) 方法只是类的一个普通方法而已，如果直接调用 run( ) 方法，程序中依然只有主线程这一个线程，其程序的执行路径依然只有一条，也就是说，一旦 run( ) 方法被调用，程序还要顺序执行，只有 run( ) 方法体执行完毕后，才可继续执行其后的代码，这样并没有达到多线程并发执行的目的。

因为 run( ) 方法和普通的成员方法一样，所以，很自然地，它可以被重复调用多次。每次单独调用 run( )，就会在当前线程中执行 run( )，而并不会启动新线程。

15.4.2 判断线程是否启动

在下面的程序中，我们可以通过 isAlive( ) 方法来测试线程是否已经启动，而且仍然在运行。

范例15-11　判断线程是否启动（StartThreadDemo.java）

```
public class StartThreadDemo extends Thread{
   public void run() {
      for( int i = 0; i < 5; ++i ){
         printMsg();
      }
   }
   public void printMsg()      {
      // 获得运行此代码的线程的引用
      Thread t = Thread.currentThread();
      String name = t.getName();
      System.out.println( "name = " + name );
   }
   public static void main( String[] args )              {
      StartThreadDemo t = new StartThreadDemo();
      t.setName( "test Thread" );
      System.out.println( " 调用 start() 方法之前 , t.isAlive() = " + t.isAlive() );
      t.start();
      System.out.println( " 刚调用 start() 方法时 , t.isAlive() = " + t.isAlive() );
      for( int i = 0; i < 5; ++i ){
```

```
20            t.printMsg();
21        }
22        // 下面语句的输出结果是不固定的，有时输出 false，有时输出 true
23        System.out.println( "main() 方法结束时 , t.isAlive() = " + t.isAlive() );
24    }
25 }
```

保存并运行程序，结果如下图所示。

```
Problems  Javadoc  Declaration  Console
<terminated> StartThreadDemo [Java Application] C:\Program Files\Java\jre1.8.0_112\bin\
调用start()方法之前，t.isAlive() = false
刚调用start()方法时，t.isAlive() = true
name = main
name = main
name = main
name = main
name = main
main()方法结束时，t.isAlive() = true
name = test Thread
name = test Thread
name = test Thread
name = test Thread
name = test Thread
```

代码详解

第 16 行在线程运行之前调用 isAlive( ) 方法，判断线程是否启动，但在此处并没有启动，所以返回 false。第 17 行，开启新线程。

第 18 行在启动线程之后调用 isAlive( ) 方法，此时线程已经启动，所以返回 true。

第 23 行在 main 方法快结束时调用 isAlive( ) 方法，此时的状态不再固定，有可能是 true，也有可能是 false。

15.4.3 守护线程与 setDaemon 方法

在 Java 虚拟机（JVM）中，线程分为两类：用户线程和守护线程。用户线程也称作前台线程（一般线程）。对 Java 程序来说，只要还有一个用户线程在运行，这个进程就不会结束。

守护线程（Daemon）也称为后台线程。顾名思义，守护线程就是守护其他线程的线程，通常运行在后台，为用户程序提供一种通用服务（如后台调度、通信检测）的线程。例如，对于 JVM 来说，其中垃圾回收的线程就是一个守护线程。这类线程并不是用户线程不可或缺的部分，只是用于提供服务的“服务线程”。当线程中只剩下守护线程时，JVM 就会自动退出，反之，如果还有任何用户线程存在，JVM 都不会退出。

查看 Thread 源码可以知道这么一句话。

```
private boolean  daemon = false;
```

这就意味着，默认创建的线程，都属于普通的用户线程。只有调用 setDaemon(true) 之后，才能转成守护线程。下面看一下进程中只有后台线程在运行的情况。

范例15-12 setDaemon()方法的使用(ThreadDaemon.java)

```
public class ThreadDaemon{
  public static void main( String args[] )
  {
    ThreadTest t = new ThreadTest();
```

```
05      Thread tt = new Thread( t );
06      tt.setDaemon( true ); // 一定要在 start() 之前，设置为守护线程
07      tt.start();
08      try
09      {       // 休眠 10 毫秒，避免可能出现的没有输出的现象
10          Thread.sleep( 10 );
11      }catch( InterruptedException e ){
12          e.printStackTrace();
13      }
14    }
15  }
16  class ThreadTest implements Runnable{
17      public void run(){
18          for( int i=0; true; ++i ){
19          System.out.println( i + "  " + Thread.currentThread().getName()+ " is running." );
20          }
21      }
22  }
```

保存并运行程序，结果如下图所示。

```
Problems  Javadoc  Declaration  Console
<terminated> ThreadDaemon [Java Application] C:\Program Files\Java\jre1.8.0_112\bin\jav
21  Thread-0 is running.
22  Thread-0 is running.
23  Thread-0 is running.
24  Thread-0 is running.
25  Thread-0 is running.
26  Thread-0 is running.
27  Thread-0 is running.
28  Thread-0 is running.
29  Thread-0 is running.
30  Thread-0 is running.
```

代码详解

第 06 行，一定要在 start( ) 之前，将线程 tt 设置为守护线程。

从程序和运行结果图中可以看到，虽然创建了一个无限循环的线程（第 18 行将 for 循环退出的条件设置为 true，即永远都满足 for 循环条件），但因为它是守护线程，当整个进程在主线程 main 结束时，没有线程需要它的“守护”，使命结束，它也就自动随之终止运行了。这验证了前面的说法：进程中在只有守护线程运行时，进程就会结束。

这里需要读者注意的是，设置某个线程为守护线程时，一定要在 start( ) 方法调用之前设置，也就是说在一个线程启动之前，设置其属性（参见代码第 06 行和第 07 行）。

15.4.4 线程的联合

在 Java 中，线程控制提供了 join( ) 方法。该方法的功能是把指定的线程加入（join）到当前线程，从而实现将两个交替执行的线程，合并为顺序执行的线程。比如说，在线程 A 中调用了线程 B 的 join() 方法，线程 A 就会立刻挂起（suspend），一直等下去，直到它所联合的线程 B 执行完毕为止，A 线程才重新排队等待 CPU 资源，以便恢复执行。这种策略通常用在 main( ) 主线程内，用以等待其他线程完成后，再结束 main( ) 主线程。

范例15-13　演示线程的联合运行（ThreadJoin.java）

```
public class ThreadJoin{
  public static void main( String[] args ){
    ThreadTest  t = new ThreadTest();
    Thread  pp = new Thread( t );
    pp.start();
    int flag = 0;
    for( int x = 0; x < 5; ++x ){
      if(flag == 3 ){
        try{
          pp.join();      // 强制运行完 pp 线程后，再运行后面的程序
        }
        catch( Exception e ) // 会抛出 InterruptedException{
          System.out.println( e.getMessage() );
        }
      }
      System.out.println( "main Thread " + i );
      flag += 1;
    }
  }
}
class ThreadTest implements Runnable{
  public void run(){
    int i = 0;
    for( int x = 0; x < 5; ++x ){
      try{
        Thread.sleep( 1000 );
      }
      catch( InterruptedException e ){
        e.printStackTrace();
      }
      System.out.println( Thread.currentThread().getName() + " ---->> " + i );
      i += 1;
    }
  }
}
```

保存并运行程序，结果如下图所示。

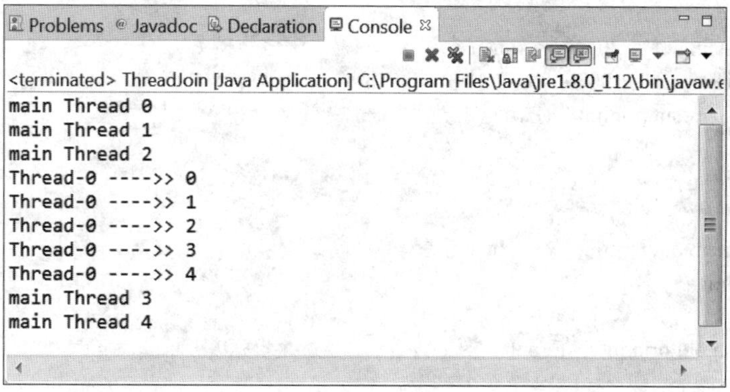

```
Problems  Javadoc  Declaration  Console
<terminated> ThreadJoin [Java Application] C:\Program Files\Java\jre1.8.0_112\bin\javaw.e
main Thread 0
main Thread 1
main Thread 2
Thread-0 ---->> 0
Thread-0 ---->> 1
Thread-0 ---->> 2
Thread-0 ---->> 3
Thread-0 ---->> 4
main Thread 3
main Thread 4
```

代码详解

本程序启动了两个线程，一个是 main 线程，另一个是 pp 线程。

在 main 线程中，如果 for 循环中的变量 flag=3，则在第 10 行调用了 pp 线程对象的 join( ) 方法，所以 main 线程暂停执行，直到 pp 线程执行完毕。所以输出结果和没有这句代码完全不一样。虽然 pp 线程需要运行 10 秒钟，但是它的输出结果还是在一起。也就是说 pp 线程没有运行完毕，main 线程是被挂起，不被执行的。由此可以看到，join 方法可以用来控制某一线程的运行。

【范例分析】

由此可见，pp 线程和 main 线程原本是交替执行的，执行 join 操作后（第 10 行），线程合并为顺序执行的线程，就好像 pp 和 main 是一个线程，也就是说 pp 线程中的代码不执行完，main 线程中的代码就只能一直等待。

查看 JDK 文档可以发现，除了无参数的 join 方法外，还有两个带参数的 join( ) 方法，分别是 join(long millis) 和 join(long millis, int nanos)，它们的作用是指定最长等待时间，前者精确到毫秒，后者精确到纳秒，意思是如果超过了指定时间，合并的线程还没有结束，就直接分开。读者可以把上面的程序修改一下，再看看程序运行的结果。

15.4.5 如何中断一个线程

中断（interrupt）一个线程，意味着在该线程完成任务之前，停止它正在进行的一切当前的操作。

在 Java 多线程编程中，常会遇到需要中止线程的情况。例如，启动多个线程在数据库中搜索，如果有一个线程返回了需要的搜索结果，则其他线程就可以取消了。

在实施中断线程过程中，有 3 个函数比较常用的成员方法。

- interrupt( )：当一个正在线程 A 运行时，可以调用线程 B 对应的 interrupt( ) 方法来中断线程 B。这个方法的核心功能是，将线程 B 的中断标识位属性设置为 true。
- isInterrupted( )：通过该方法来判断某个线程是否处于中断状态。
- interrupted( )：这是一个静态方法，用来获取当前线程的中断状态，并清除中断状态。其获取的是清除之前的值，也就是说连续两次调用此方法，第二次一定会返回 false。

范例15-14 线程中断的使用范例（SleepInterrupt.java）

```
public class SleepInterrupt implements Runnable
{
  public void run( )
  {
    try
    {
      System.out.println( " 在 run( ) 方法中 ——这个线程休眠 10 秒 " );
      Thread.sleep( 10000 );
      System.out.println( " 在 run( ) 方法中 —— 继续运行 " );
    }
    catch( InterruptedException x )
    {
      System.out.println( " 在 run( ) 方法中 - 中断线程 " );
      return;
    }
    System.out.println( " 在 run( ) 方法中 - 休眠之后继续完成 " );
```

```
17        System.out.println( " 在 run( ) 方法中 - 正常退出 " );
18     }
19     public static void main( String[] args )
20     {
21        SleepInterrupt si = new SleepInterrupt();
22        Thread newThd  = new Thread( si );
23        newThd.start();
24        // 在此休眠是为确保线程能运行一会
25        try
26        {
27           System.out.println( " 在 main( ) 方法中——休眠 2 秒！  " );
28           Thread.sleep( 2000 );
29        }
30        catch( InterruptedException e )
31        {
32           e.printStackTrace();
33        }
34        System.out.println( " 在 main( ) 方法中——中断 newThd 线程 " );
35        newThd .interrupt();
36        System.out.println( " 在 main( ) 方法中 ——退出 " );
37     }
38  }
```

保存并运行程序，结果如下图所示。

```
Problems  Javadoc  Declaration  Console
<terminated> SleepInterrupt [Java Application] C:\Program Files\Java\jre1.8.0_112\bin\java
在main()方法中—休眠2秒！
在run()方法中 —这个线程休眠10秒
在main()方法中—中断newThd  线程
在main()方法中 —退出
在run()方法中 -  中断线程
```

代码详解

第 28 行调用了 sleep( ) 方法，将主线程休眠 2 秒。这样做的目的在于，保证新开辟的线程 newThd，在开启 start( ) 方法后，自动运行 run( ) 方法，让这个方法的内容能够多执行一段时间。在这个方法中，也休眠了 10 秒（第 08 行）。

第 35 行调用线程 newThd 的 interrupt( ) 方法，将 newThd 线程中断，使 newThd 线程产生一个 InterruptedException 异常（第 13 行），输出“在 run( ) 方法中 - 中断线程”，从而退出休眠状态。

需要注意的是，调用 interrupt( ) 方法并不会使正在执行的线程停止执行，它只对调用 wait、join、sleep 等方法或由于 I/O 操作等原因受阻的线程产生影响，使其退出暂停执行的状态（详见 JDK 文档）。

换句话说，它对正在运行的线程是不起作用的，只对阻塞的线程有效。

当然，正在执行的线程可以通过 isInterrupted( ) 方法，来判断某个线程（包括自己）是否处于中断状态，以决定是否需要执行某些操作。

范例15-15　检测线程的中断状态（InterruptCheck.java）

```java
public class InterruptCheck
{
  public static void main(String[] args) throws Exception
  {
    // sleepThread 不停尝试休眠
    Thread sleepThread = new Thread(new SleepRunner( ), "SleepThread");
    sleepThread.setDaemon(true);
    // busyThread 一直运行
    Thread busyThread = new Thread(new BusyRunner( ), "BusyThread");
    busyThread.setDaemon(true);
    sleepThread.start();
    busyThread.start();
    // 让主线程 main 休眠 5 秒，从而让 sleepThread 和 busyThread 充分运行
    Thread.sleep( 5000);
    sleepThread.interrupt();
    busyThread.interrupt();
    System.out.println(" 休眠线程中断标识位为：  " + sleepThread.isInterrupted());
    System.out.println(" 忙碌线程中断标识位为：  " + busyThread.isInterrupted());
    // 防止 sleepThread 和 busyThread 立刻退出，让主线程 main 休眠 2 秒
    Thread.sleep( 2000 );
  }
  static class SleepRunner implements Runnable
  {
    public void run()
    {
      try{
        while (true)
        {
          Thread.sleep( 10000 );// 休眠 10 秒
        }
      } catch (InterruptedException e) { }

    }
  }
  static class BusyRunner implements Runnable
  {
    public void run()
    {
      while (true) ;//do nothing
    }
  }
}
```

保存并运行程序，结果如下图所示。

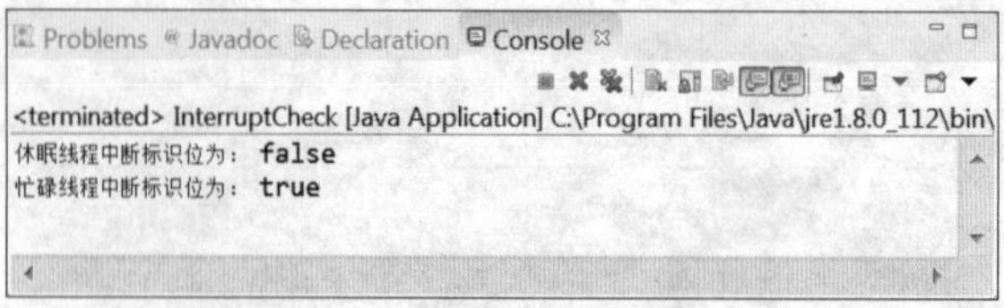

```
Problems  Javadoc  Declaration  Console
<terminated> InterruptCheck [Java Application] C:\Program Files\Java\jre1.8.0_112\bin\
休眠线程中断标识位为： false
忙碌线程中断标识位为： true
```

代码详解

第 06 行和第 09 行分别创建两个线程“SleepThread”和“BusyThread”，第 07 行和第 10 行将这两个线程分别设置为守护线程，可以一直在后台运行。二者的区别在于，SleepThread 时不时地休眠，而 BusyThread 一直运行。

第 15 行和第 16 行，分别中断这两个线程“SleepThread”和“BusyThread”，这里的中断，严格来说，实际上是试图设置了一个中断标识位，其他线程可以凭借这个标识位实施中断操作。

第 24~33 行，在静态类 SleepRunner 中，实现了从 Runnable 继承的 run( ) 方法。

类似的，第 37~41 行，在静态类 BusyRunner 中，也实现了从 Runnable 继承的 run( ) 方法。值得注意的是，第 39 行 while 语句后面的分号（;），其实它表示空语句，地位和用大括号括起来的复合语句是一样的，这表明这个永真的 while 循环体，什么都不做。

从运行的结果来看，抛出 InterruptedException 中断异常的线程（SleepThread），Java 虚拟机先将它这些即将抛出的线程中断标识位清除（即让 isInterrupted( ) 返回 false），然后再中断这个线程。而一直处于忙碌的线程 BusyThread，中断标识位一直保持有效（即 isInterrupted() 返回 true）。

15.5 多线程的同步

本小节介绍多线程的同步，具体介绍同步代码块、同步方法和死锁等内容。

15.5.1 同步问题的引出

在前面讲解过的卖票程序中（如范例 15-5），很有可能碰到一种意外，就是同一个票号被打印两次或多次，也可能出现打印出的票号为 0 或负数的情况。这种意外（运行结果不唯一）出现的原因在于这部分代码。

```
01 while ( tickets > 0 )
02 {
03     System.out.println( Thread.currentThread().getName() + " 出售票 " + tickets );
04     tickets -= 1;
05 }
```

假设 tickets 的值为 1 的时候，线程 1 刚执行完 if(tickets > 0) 这行代码，正准备执行下面的代码（第 03 行以后的代码），操作系统将 CPU 切换到了线程 2 上执行（这可能因为线程 1 在 CPU 中运行的时间片结束了），此时 tickets 的值没有来得及更新，其值仍为 1。线程 2 执行完上面几行代码（第 01~05 行），tickets 的值变为 0，这时 CPU 重新切换回线程 1 上执行，但此时线程 1 不会再判断 tickets 是否大于 0，而是直接执行下面两行代码。

```
System.out.println( Thread.currentThread().getName() + " 出售票 " + tickets );
tickets -= 1;
```

而此时 tickets 的值也变为 0，屏幕打印出来的仍然是 0。就这样，仅剩下的 1 张票被线程 1 和线程 2 “一票两卖”，显然，这是不正确的。如果读者再多运行几次这段代码，就会发现，运行的结果可能完全不一样。例如，如果线程 1 完全运行完毕，这时才轮到线程 2 执行，那么最终的结果就是 0，且“一票一卖”，但对于一个稳定的票务系统来说，我们不能赌运气。

为了模拟上面描述的这种情况，我们可以在程序中调用 Thread.sleep( ) 方法，来刻意造成线程间的这种切换。Thread.sleep( ) 方法将迫使线程执行到该处后暂停，让出 CPU 给别的线程，在指定的时间后的某个时刻，CPU 才会回到刚才暂停的线程上执行。修改后的代码如下所示。

范例15-16 线程没有同步出现的问题（threadNoSynchronization.java）

```java
public class threadNoSynchronization
{
  public static void main( String[] args )
  {
    TestThread newThd = new TestThread();
    // 启动了 4 个线程，实现了资源共享的目的
    new Thread( newThd ).start();
    new Thread( newThd ).start();
    new Thread( newThd ).start();
    new Thread( newThd ).start();
  }
}
class TestThread implements Runnable
{
  private int tickets = 20;
  @Override
  public void run()
  {
    while( tickets > 0 )
    {
      try
      {
        Thread.sleep( 100 );
      }
      catch( Exception e )
      {
        e.printStackTrace();
      }
      System.out.println( Thread.currentThread().getName() + " 出售票 " + tickets );
      tickets -= 1;
    }
  }
}
```

保存并多次运行程序，结果可能不一样，如下图所示。

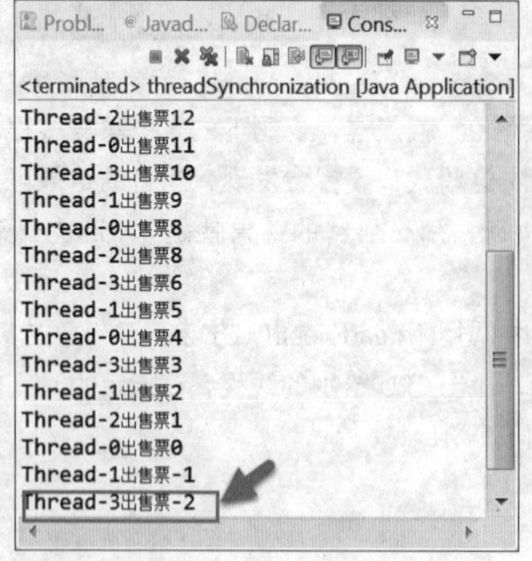

代码详解

第 04~10 行，利用 start() 方法，共启动了 4 个新线程，本意是想实现并发多线程“售票”的目的。从运行结果可以看到，打印出了负数的票号及几张票号相同的票，比如说，上面左图所示的“Thread-0 出售票 8”和“Thread-2 出售票 8”，这说明有几张票被重复卖了出去。此外多次运行这个程序，得到的运行结果也是不唯一的，如上面右图所示。

造成这种意外的根本原因在于，没有对这些线程在访问临界资源（即多线程共享变量——tickets）做必要的控制。那么该如何去解决这个问题呢？下面我们就介绍使用线程的同步来解决此类问题。

15.5.2 同步代码块

为了避免上述情况的发生，就要涉及线程间的同步问题。要解决上面的问题，必须保证下面这段代码的原子性操作。所谓原子性是指，一段代码要么被执行，要么不被执行，不存在执行一部分被中断的情况。言外之意，这段代码的执行，就像原子一样，不可拆分。回到上面提到的代码。

```
while( tickets > 0 )
{
   System.out.println( Thread.currentThread.getName() + " 出售票 " + tickets );
   tickets -= 1;
}
```

这段代码就好比一座独步桥，任何时刻都只能有一个人在桥上行走，即程序中不能有多个线程同时访问临界区，这就是线程的互斥——一种在临界区执行的特殊同步。一般意义上的同步是指，多线程（进程）在代码执行的关键点上，互通消息、相互协作，共同把任务正确地完成。同步代码块定义语法如下所示。

```
synchronized( 对象 )
{
  需要同步的代码 ;
}
```

下面我们修改范例 15-16 程序中的 TestThread 类，使程序具有同步性，修改后的代码如下所示。

范例15-17 同步代码块的使用（ThreadSynchronization.java）

```
public class threadSynchronization
{
   public static void main( String[] args )
   {
      TestThread t = new TestThread();
      // 启动了 4 个线程，实现资源共享
      new Thread( t ).start();
      new Thread( t ).start();
      new Thread( t ).start();
      new Thread( t ).start();
   }
}
class TestThread implements Runnable
{
   private int tickets = 5;
   @Override
```

```
17    public void run()
18    {
19        while( true )
20        {
21            synchronized( this )
22            {
23                if( tickets <= 0 )
24                    break;
25                try
26                {
27                    Thread.sleep( 100 );
28                }
29                catch( Exception e )
30                {
31                    e.printStackTrace();
32                }
33                System.out.println( Thread.currentThread().getName() + " 出售票 " + tickets );
34                tickets -= 1;
35            }
36        }
37    }
38 }
```

保存并运行程序，结果如下图所示。

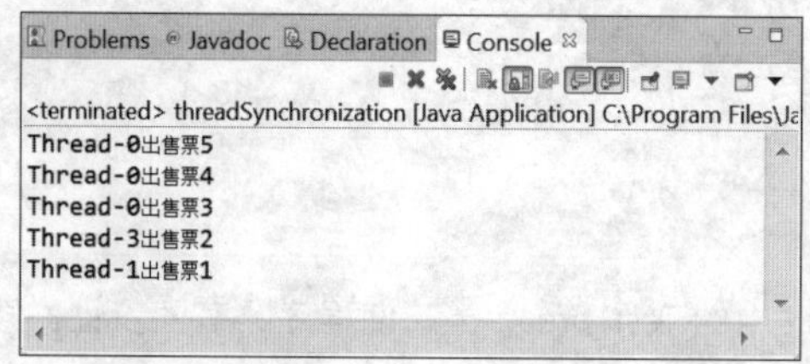

代码详解

将第 21~35 行的代码（即临界区代码）放入 synchronized 语句块中保护起来（第 21 行所示的 this，表示本线程），形成了同步代码块。这样，就可以保证在同一时刻，只能有一个线程进入同步代码块内运行，只有当这个线程离开同步代码块后，其他线程才能被许可进入同步代码块内运行。

从上面的运行结果来看，无论运行多少次，虽然每个线程干的活不一样，但 5 张票均实现了“一票一卖”的效果。但是，此时我们也注意到一个新情况，就是可能会出现负载不均衡，即有的线程卖了 3 张票（如上图所示的线程 0），而有的线程压根就没票可卖（如线程 2 和线程 4）。这是另外一个层面的问题，至少现在我们解决了正确卖票（数据正确）的问题。

15.5.3 同步方法

除了上面介绍的对代码块进行同步外，也可以对完整的方法实现同步。其涉及的语法也很简单，只要在需要同步的方法定义前面加上 synchronized 关键字即可。同步方法定义语法如下所示。

```
访问控制符 synchronized 返回值类型方法名称 ( 参数 )
{
```

```
    …;
}
```

根据上述格式，我们再次修改范例 15-17 中的 TestThread 类，得到如下代码。

范例15-18 同步方法的使用（threadSynchronization.java）

```
public class threadSynchronization
{
  public static void main( String[] args )
  {
    TestThread t = new TestThread();
    // 启动了 4 个线程，实现了资源共享的目的
    new Thread( t ).start();
    new Thread( t ).start();
    new Thread( t ).start();
    new Thread( t ).start();
  }
}
class TestThread implements Runnable
{
  private int tickets = 20;

  public void run()  {
    while( tickets > 0 )  {
      sale();
    }
  }

  public synchronized void sale()  {
    if( tickets > 0 )  {
      try  {
        Thread.sleep( 100 );
      } catch( Exception e ) {
        e.printStackTrace();
      }
      System.out.println( Thread.currentThread().getName() + " 出售票 " + tickets );
      tickets -= 1;
    }
  }
}
```

保存并运行程序，结果如下图所示。

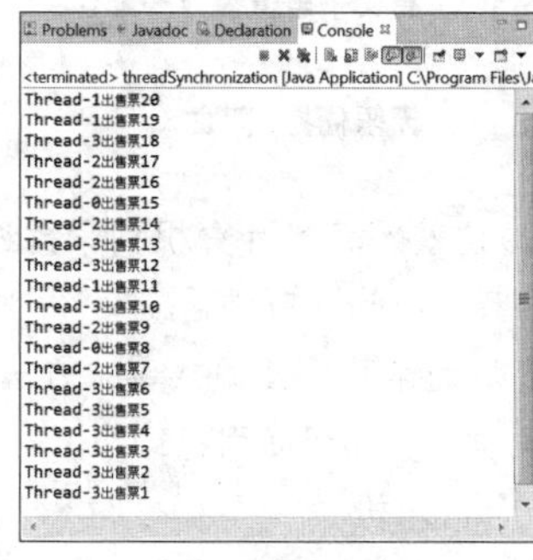

代码详解

代码第 23~33 行中，把对临界变量（多线程共享变量）操作的代码封装成一个方法 sale()。在第 23 行用关键字 synchronized 表明了这个方法的原子性——对于一个线程而言，要么执行完毕这个方法，要么不执行这个方法。由上面的运行可见，该程序的效果（售票结果）与范例 15-17 的同步代码块的运行结果类似（有一点不同之处在于，在第 15 行，我们把买票的任务设置为 20，为了防止任务太少，一个线程就把所有工作完成，而其他线程闲置），也就是说在方法定义前用 synchronized 关键字也能够很好地实现线程间的同步。

同步方法相当于下面形式的同步代码块。

```
访问控制符 返回值类型 方法名称 ( 参数 )
{
  synchronized( this ) // 下面大括号内的为同步代码块
  {
    …;
  }
}
```

由此可见，同步方法锁定的也是对象，而不是代码段。也就是说，在同一个类中，使用 synchronized 关键字定义的若干方法，当有一个线程进入了由 synchronized 修饰的方法时，其他线程就不能进入这个使用 synchronized 修饰的方法，直到这个线程执行完这个方法为止。

15.5.4 死锁

在讲解死锁的概念之前，我们先体会一下这个概念在生活中的影子：假设有甲乙两个人在就餐，每个人就餐必须同时拥有一把餐刀和一把叉子。但目前餐具不足，只有一把餐刀和一把叉子。现在，甲拿到了一把餐刀，乙拿到了一把叉子，因为各自的资源不足，他们都无法吃到饭。于是，就有了下面的对话。

甲："乙，你先给我叉子，我再给你餐刀！"

乙："甲，你先给我餐刀，我才给你叉子！"

……

如果甲乙双方都不让步，那么局面就会一直僵持下去，他们只能一直等下去，直到死亡——这就是"死锁"在生活中的影子，如下图所示。

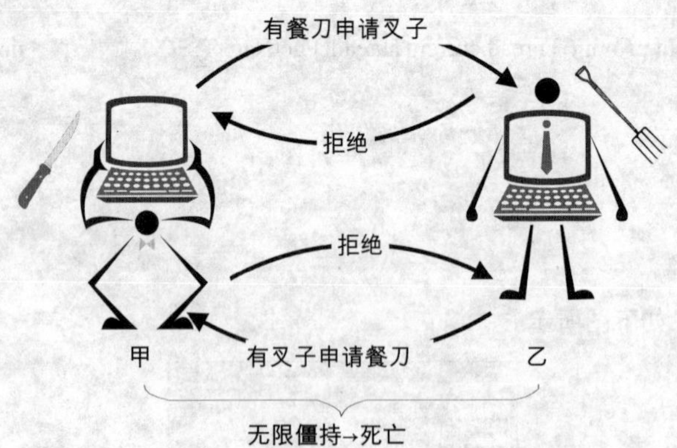

如果将上面案例的人数扩展到 5 人，这就是著名计算机科学家迪科斯彻（Dijkstra）于 1965 年提出的经典的同步问题——"哲学家进餐（Dining Philosophers Problem）"。

在操作系统中，计算资源不足是常态。通常我们使用共享的方法来解决资源不足的问题，例如，操作系统中有很多执行中的程序——进程（或线程），都想使用打印机，在一般情况下，我们不会为每个执行中的程序配备一台打印机，而是让它们共享一台打印机。

但有些设备（如打印机）是独占设备，即一个进程（或线程）在使用该设备时，其他进程（或线程）是不能使用的。为了达到这个目的，操作系统使用了“锁”的概念，来保证对某个设备的独占访问。独占设备其实也可以实现资源共享，但这种共享是通过“时间片复用”完成的——“你完全不用时，我再用”来实现的。

进程或线程在执行过程中，通常需要不止一种计算资源来支撑运行，一旦有多个进程或线程已经分配部分独占设备，同时又想申请其他进程或线程占据的独占设备，那么就有可能发生死锁。

具体到 Java 中的多线程编程，常见的死锁形式是当线程 1 已经占据资源 R1，并持有资源 R1 上的锁，而且还在等待资源 R2 的开锁；而线程 2 已经占据资源 R2，并持有资源 R2 上的锁，却正在等待资源 R1 的开锁。如果两个线程不释放自己占据的资源锁，而且还申请对方资源上的锁，申请不到时就只能等待，而且它们只能永远等待下去——因为发生了死锁现象。

预防死锁的方法有多种，其中一种就是利用有序资源分配策略：把系统的所有资源排列成一个顺序。例如，系统若共有 n 个线程，共有 m 个资源，用 $R_i(1 \leqslant i \leqslant m)$ 表示第 i 个资源，于是这 m 个资源的分配策略是这样的：如果线程 i 在占用资源 R_i 时，不得再申请 $R_j(i > j)$，即在申请多项资源时，这种策略要求线程申请资源按必须以编号上升的次序依次申请——这样做，在本质上破坏了死锁的必要条件——循环等待。

回到刚才的例子，如果按照有序资源分配的策略，线程 1 必须先得到资源 R1，然后再申请资源 R2。而线程 2 也必须先得到资源 R1，才能申请资源 R2，即使它需要先使用资源 R2，在线程 2 得到 R1 之前，它是被禁止申请资源 R2 的。虽然一开始线程 2 可能因为等待 R1 且不占据 R2 而浪费一些时间，但是这种等待和“奉献精神”，换来了避免死锁的发生。

在下面的例子中模拟了死锁的发生，在真实程序中，死锁是较难发现的。

范例15-19 模拟死锁的发生(DeadLockDemo.java)

```
public class DeadLockDemo
{
  /** knife 锁 */
  private static String knife = " 餐刀 "; // 临界资源
  /** fork 锁 */
  private static String fork = " 叉子 "; // 临界资源

  public static void main(String[] args)
  {
    DaemonThread daemonTh = new DaemonThread();
    Thread newDaemon = new Thread(daemonTh);
    newDaemon.setDaemon(true);
    newDaemon.start();

    new DeadLockDemo().deadLock();
  }

  private void deadLock()
  {
    Thread t1 = new Thread(new Runnable() {
      @Override
      public void run()
      {
        synchronized (knife) {
          System.out.println(Thread.currentThread().getName() + " 拿起了 " + fork + ", 等待 " + knife + ".....");
```

```
                try {
                    Thread.sleep(2000);
                } catch (InterruptedException e) {
                    e.printStackTrace();
                }
                synchronized (fork) {
                    System.out.println(Thread.currentThread().getName() + " 又拿起了 " + knife + ", 吃饭中 ...");
                }
            }
        }
    });

    Thread t2 = new Thread(new Runnable() {
        @Override
        public void run() {
            synchronized (fork) {
                 System.out.println(Thread.currentThread().getName() + " 拿起了 " + knife + ", 等待 " + fork + "......");
                synchronized (knife) {
                    System.out.println(Thread.currentThread().getName() + " 又拿起了 " + fork + ", 吃饭中 ...");
                }
            }
        }
    });

    t1.start();
    t2.start();
  }
}
class DaemonThread implements Runnable
{
@Override
  public void run()
  {
    while(true)
    {
      try {
        Thread.sleep(1000);
      }catch (InterruptedException e) {
          e.printStackTrace();
      }
      System.out.println(" 守护线程：程序仍在运行中 ...");
    }
  }
}
```

保存并运行程序，结果如下图所示。

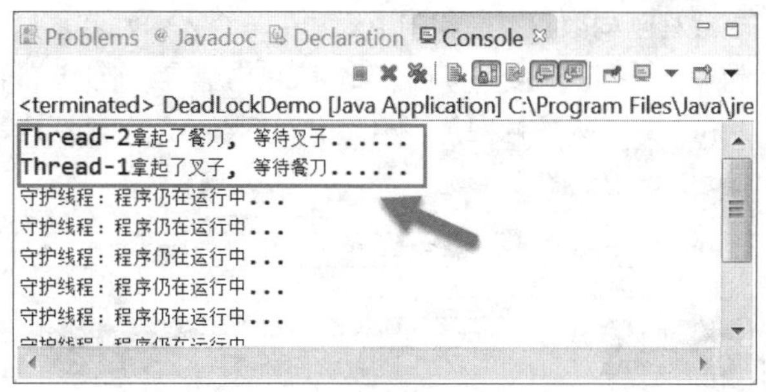

代码详解

在主类 DeadLockDemo 中，我们定义了 knife 和 fork 两个临界资源（第 04 行和第 06 行），之所以说它们是临界资源，是因为它们会被多个线程所共享，为了避免出现“结果不统一”的现象，我们使用了 synchronized( ) 资源的方法来控制任何时刻，只有一个线程访问同步代码块（也就是临界区）。

在第 54~69 行，定义了一个守护线程类 DaemonThread，这个守护线程的目的是每隔 1 秒钟，输出“守护线程：程序仍在运行中 ...”。通过前面学习的知识可知，当 Java 虚拟机只剩下守护线程一个“孤家寡人”时，这个守护线程无守护对象，就会自我了断，结束自己。但本范例使用守护线程的目的在于，陷于死锁的两个线程，相互永远等待对方的资源锁，也就是说永远都不会结束。换句话说，如果不手动结束，这个守护线程将会永远工作下去，不断地输出“守护线程：程序仍在运行中 ...”。

在第 10~13 行，定义并设置守护线程特性，启动这个守护进程。

有时候，我们懒得去给某个类命名（特别是只用一次的类），这时就倾向于使用匿名内部类。在 deadLock() 方法中（第 18~52 行）定义了两个新的线程，这两个线程都使用了匿名类的方法，创建了两个线程 t1 和 t2。

线程 t1 用以模拟甲占据资源“餐刀”，而去申请资源“叉子”。类似地，线程 t2 用以模拟占据资源“叉子”，而去申请资源 “餐刀”。

第 27 行使用了 sleep() 方法，让相应的线程休眠一会儿，来让对方有机会获得部分资源，从而强制死锁条件出现。第 62 行也使用了 sleep 方法，目的在于，每隔 1 秒（即 1000 毫秒）输出一下守护线程的状态。

【范例分析】

从运行结果可以看到，守护线程一直在执行，说明用户线程 t1 和 t2 一直在运行（更确切地说，是处于无限忙等状态），否则，如果没有用户线程，守护线程会自动终止。因为线程 t1 和 t2 产生了死锁，所以这个程序永远不会完成。因为 A 和 B 都不释放自己的所占资源，所以第 32 行和第 44 行代码永远不会执行到。

其实死锁的预防也是容易实现的。比如，采用静态资源分配的模式，一次性地把资源分配到位，在本例中，如果规定线程 A 和 B 都必须先拿起餐刀，然后再拿起叉子，就不会发生死锁，但这种资源分配方式很明显降低了资源的利用率。

15.6 线程间通信

我们在讲解线程和进程的区别时已经提到，同属于一个进程的多个线程，是共享地址空间的，它们可以拥有自己的栈空间，一起协作来完成指定的任务。但协作的基础来自线程间的通信，否则光有多线程，各自“孤军奋战”，难以整体提高系统的性能。在本节中我们将介绍线程间通信，具体介绍线程间通信问题的引出及解决方案。

15.6.1 问题的引出

下面通过一个应用案例，来讲解线程间的通信。把一个数据存储空间划分为两部分：一部分用于存储用户的姓名，另一部分用于存储用户的性别。这个案例包含两个线程：一个线程向数据存储空间添加数据（生产者），另一个线程从数据存储空间中取出数据（消费者）。这个程序可能有两种意外，需要读者考虑。

第一种意外：假设生产者线程刚向数据存储空间中添加了一个人的姓名（如“李四”），还没有来得及添加这个人的性别（比如“女”），由于调度等原因，此时 CPU 就切换到了消费者线程，那么消费者线程则把这个人的姓名（“李四”）和上一个人的性别（“男”）联系到一起，显然这是不正确的。这个过程可用下图表示。

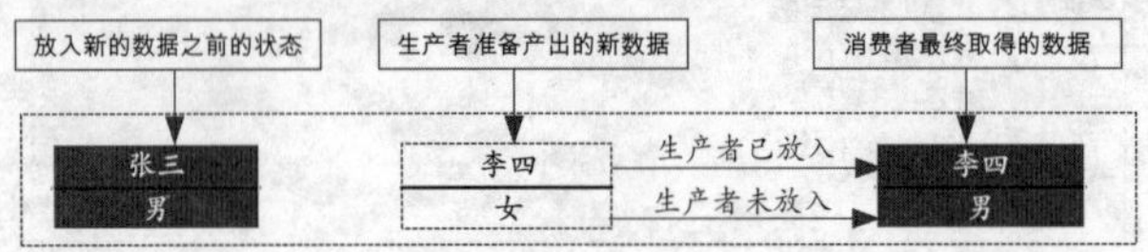

第二种意外：当生产者线程放入了若干次数据，消费者才开始取数据，或者是，消费者线程取完一个数据后，还没等到生产者放入新的数据，又重新取出已取过的数据。在操作系统里，上面的案例属于经典的同步问题——生产者—消费者问题，下面我们通过线程间的通信来解决上面提到的意外。

15.6.2 问题如何解决

下面先来构思这个程序，程序中的生产者线程和消费者线程运行的是不同的代码，因此这里需要编写两个包含 run 方法的类来完成这两个线程，一个是生产者类 Producer，另一个是消费者类 Consumer。

```
class Producer implements Runnable
{
  public void run()
  {
    while(true)
    {
      // 编写往数据存储空间中放入数据的代码
    }
  }
}
```

如下是消费者线程的代码。

```
class Consumer implements Runnable
{
  public void run()
  {
    while(true)
    {
      // 编写从数据存储空间中读取数据的代码
    }
  }
}
```

当程序写到这里，还需要定义一个新的类 Person，Producer 和 Consumer 线程中的 run() 方法都需要操作类 Person 的同一对象实例。接下来，对 Producer 和 Consumer 这两个类做如下修改，顺便写出程序的主调用类 ThreadCommunation。

范例15-20　进程间的通信（ThreadCommunation.java）

```
class Producer implements Runnable
{
  private Person person = null;
  public Producer( Person person )
```

```
    {
        this.person = person;
    }
    @Override
    public void run()
    {
        for( int i = 0; i < 20; ++i )
        {
            if( i % 2 == 0 )
            {
                person.setName(" 张三 ");
                try{
                    Thread.sleep(1000);
                } catch (InterruptedException e){
                    e.printStackTrace();
                }
                person.setSex(" 男 ");
            }
            else
            {
                person.setName(" 李四 ");
                try{
                    Thread.sleep(1000);
                } catch (InterruptedException e){
                e.printStackTrace();
                }
                person.setSex(" 女 ");
            }
        }
    }
}
class Consumer implements Runnable
{
    private Person person = null;
    public Consumer( Person person )
    {
        this.person = person;
    }
    @Override
    public void run()
    {
        for( int i = 0; i < 20; ++i  )
        {
            System.out.println( person.getName( ) + " ---->" + person.getSex( )  );
            try{
                Thread.sleep(1000);
            } catch (InterruptedException e){
                e.printStackTrace();
            }
        }
    }
```

```
}
class Person
{
   private String name;
   private String sex;

Person (String name, String sex)
   {
      this.name = name;
      this.sex  = sex;
   }
   public String getName( )
   {
      return name;
   }
   public String getSex( )
   {
      return sex;
   }
   public void setName(String name)
   {
      this.name = name;
   }
   public void setSex(String sex)
   {
      this.sex = sex;
   }
}
public class ThreadCommunation
{
   public static void main( String[] args )
   {
      Person person = new Person(" 李四 ", " 女 ");
      new Thread( new Producer( person ) ).start();
      new Thread( new Consumer( person ) ).start();
   }
}
```

保存并运行程序，结果如下图所示。

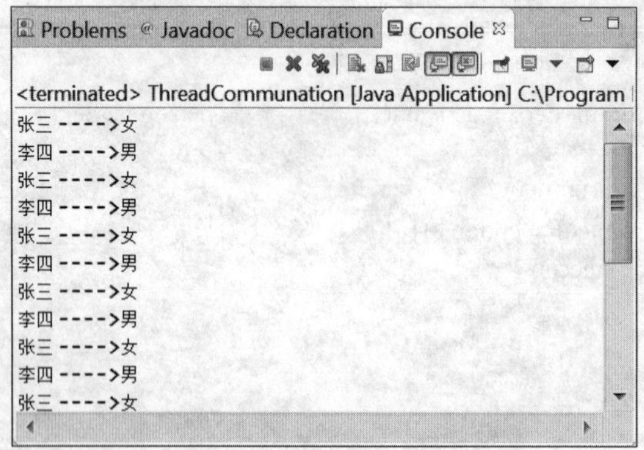

【范例分析】

从输出结果可以看到，原本“李四 ----> 女”“张三 ----> 男”，现在却打印了“李四 ----> 男”“张三 ----> 女”，这种奇怪现象是什么原因导致的？从程序中可以看到，Producer 类对象（第 89 行）和 Consumer 类对象（第 90 行）共同操纵了一个 Person 类对象 person（第 88 行产生的），这就有可能导致 Producer 类线程还未操纵完 person 对象的数据更新，而 Consumer 类线程就已经将 person 中的内容取走了，这就是生产者和消费者不同步的原因。

程序为了模拟生产者和消费者的生产（消费）耗时，分别使用了 sleep(1000) 方法做了模拟（第 16~20 行、第 26~30 行及第 49~53 行）。为了避免这类“生产者没有生产完，消费者就来消费”或“消费者没有消费完，生产者又来生产，覆盖了还没有来得及消费的数据”情况。

下面我们来改造 Person 类，在对临界资源（Person 类的两个数据成员）进行操作的过程中，使用同步方法块的功能，这两个方法都使用了 synchronized 关键字，从而保证了某个特定对象在生产或消费操作过程的原子性，即正在生产过程中不能消费，或消费过程中不能生产，不能生产或消费一半的时候撂挑子。具体代码如下范例所示。

范例15-21 线程同步使用（ThreadCommunation.java）

```
01 class Producer implements Runnable
02 {
03    private Person person = null;
04    public Producer( Person person )
05    {
06       this.person = person;
07    }
08    @Override
09    public void run()
10    {
11       for( int i = 0; i < 20; ++i )
12       {
13          if( i % 2 == 0 )
14          {
15             person.setValue(" 张三 ", " 男 ");
16             try{
17                Thread.sleep(1000);
18             } catch (InterruptedException e){
19                e.printStackTrace();
20             }
21          }
22          else
23          {
24             person.setValue(" 李四 ", " 女 ");
25             try{
26                Thread.sleep(1000);
27             } catch (InterruptedException e){
28             e.printStackTrace();
29             }
30          }
31       }
32    }
33 }
34 class Consumer implements Runnable
35 {
```

```
    private Person person = null;
    public Consumer( Person person )
    {
        this.person = person;
    }
    @Override
    public void run()
    {
        for( int i = 0; i < 20; ++i  )
        {
            person.getValue( );
        }
    }
}
class Person
{
    private String name;
    private String sex;

    Person (String name, String sex)
    {
        this.name = name;
        this.sex  = sex;
    }
    public synchronized void getValue( )
    {
       System.out.println(this.name + " ---->" + this.sex );
            try{
                Thread.sleep(1000);
            } catch (InterruptedException e){
                e.printStackTrace();
            }
    }
    public synchronized void setValue(String name, String sex)
    {
        this.name = name;
        this.sex = sex;
    }
}
public class ThreadCommunation
{
    public static void main( String[] args )
    {
        Person person = new Person(" 李四 ", " 女 ");
        new Thread( new Producer( person ) ).start();
        new Thread( new Consumer( person ) ).start();
    }
}
```

保存并运行程序，结果如下图所示。

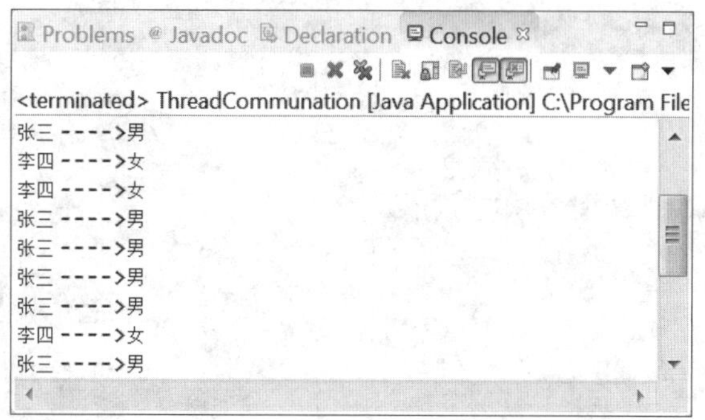

【范例分析】

在类 Person 中，我们对 name 和 sex 的设值和取值，用同步方法块方式打包进行（代码第 60~68 行和第 69~73 行），它们用 synchronized 关键字来约束，同一个 Person 类对象，不可以同时处于两个状态，要么执行完 setValue 方法，要么执行完 getValue 方法。

从上图的输出结果可以看出，程序的确能够保证“李四 ----> 女”“张三 ----> 男”等数据的正确性。但另外一个问题又产生了，从程序的执行结果来看，Consumer 线程对 Producer 线程放入的一次数据连续地读取了多次，例如，多次输出“李四 ----> 女”，或多次输出“张三 ----> 男”，这并不符合实际的要求。合理的结果应该是，Producer 生产一次数据，Consumer 就取一次；反之，Producer 也必须等到 Consumer 取完后，才能再放入新的数据，而解决这一问题需要使用下面讲到的线程间的通信。

Java 是通过 Object 类的 wait()、notify ()、notifyAll () 这几个方法来实现线程间通信的，又因为所有的类都是从 Object 类继承而来的，所以任何类都可以直接使用这些方法。下面是这 3 个方法的简要说明。

- wait()：通知当前线程进入休眠状态，直到其他线程进入并调用 notify() 或 notifyAll() 为止。在当前线程休眠之前，该线程会释放所占有的“锁标志”，即其占有的所有 synchronized 标识的代码块，都可被其他线程使用。
- notify()：唤醒在该同步代码块中第 1 个调用 wait() 的线程。这类似于排队买票，一个人买完之后，后面的人才可以继续买。
- notifyAll()：唤醒该同步代码块中调用 wait 的所有线程，具有最高优先级的线程，首先被唤醒并执行。

如果想让范例 15-21 的程序符合预先的设计需求，就必须在类 Person 中定义一个新的成员变量 bFull 来表示数据存储空间的状态。当 Consumer 线程取走数据后，bFull 值为 false，当 Producer 线程放入数据后，bFull 值为 true。只有 bFull 为 true 时，Consumer 线程才能取走数据，否则就必须等待 Producer 线程放入新的数据后的通知；反之，只有 bFull 为 false，Producer 线程才能放入新的数据，否则就必须等待 Consumer 线程取走数据后的通知。修改后的 P 类的程序代码如下所示。

范例15-22 线程间通信问题的解决（ThreadCommunation.java）

```
class Producer implements Runnable
{
  private Person person = null;
  public Producer( Person person )
  {
    this.person = person;
  }
  @Override
  public void run()
  {
    for( int i = 0; i < 20; ++i )
```

```
        {
          if( i % 2 == 0 )
          {
            person.setValue(" 张三 ", " 男 ");
          }
          else
          {
            person.setValue(" 李四 ", " 女 ");
          }
        }
    }
}
class Consumer implements Runnable
{
    private Person person = null;
    public Consumer( Person person )
    {
        this.person = person;
    }
    @Override
    public void run()
    {
        for( int i = 0; i < 20; ++i  )
        {
            person.getValue( );
        }
    }
}
class Person
{
    private String name;
    private String sex;
    private boolean bFull;

Person (String name, String sex, boolean flag)
    {
        this.name = name;
        this.sex  = sex;
        this.bFull = flag;
    }
    public synchronized void getValue( )
    {
        if(bFull == false)
        {
            try{
                wait(); // 后来的线程要等待
            } catch( InterruptedException e ){
                e.printStackTrace();
            }
        }
        System.out.println(this.name + " ---->" + this.sex );
```

```
        bFull = false;
        notify(); // 唤醒最先到达的线程
    }
    public synchronized void setValue(String name, String sex)
    {

        if(bFull == true)
        {
            try{
                wait(); // 后来的线程要等待
            } catch( InterruptedException e ){
                e.printStackTrace();
            }
        }
        this.name = name;
        this.sex = sex;

        bFull = true;
        notify(); // 唤醒最先到达的线程
    }
}
public class ThreadCommunation
{
    public static void main( String[] args )
    {
        Person person = new Person(" 李四 ", " 女 ", true);
        new Thread( new Producer( person ) ).start();
        new Thread( new Consumer( person ) ).start();
    }
}
```

保存并运行程序，结果如下图所示。

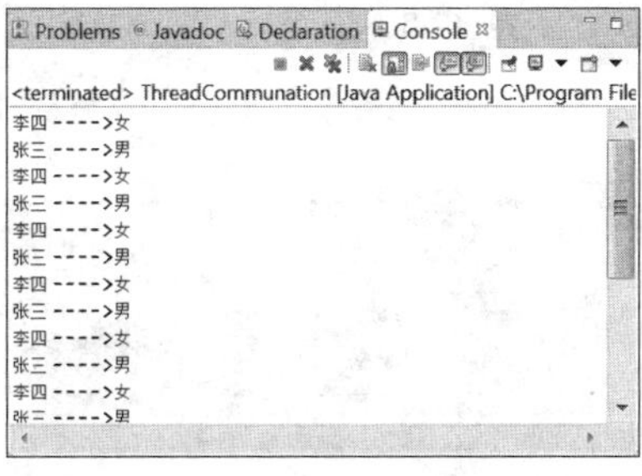

【范例分析】

由运行结果可知，程序终于满足了设计的需求，解决了线程间通信的问题。

但在使用 wait()、notify()、notifyAll() 这 3 个方法时，有些细节需要读者注意。

（1）使用 wait()、notify()、notifyAll() 这 3 个方法之前，需要先对调用的对象加锁。所谓加锁，就是对临界资源实施同步 synchronized 操作。

（2）调用 wait() 方法之后，线程的状态由运行态（RUNNING）变为等候状态（WAITING），并将当前等待线程放置到等候队列之中。

（3）调用 notify()、notifyAll() 方法后，等待线程并不会自动从 wait() 中返回，而是调用 notify()、notifyAll() 的线程释放锁之后，被等待的线程才能有机会从等候队列中唤醒。

（4）无论线程调用的是 wait() 还是 notify() 方法，该线程必须先得到该对象的所有权。这样，notify() 就只能唤醒同一对象监视器中调用 wait() 的线程。而使用多个对象监视器，就可以分别有多个 wait()、notify() 的情况，同组里的 wait() 只能被同组的 notify() 唤醒。

15.7 线程池技术及其应用

15.7.1 线程池的概念

在面向对象编程中，对象的创建和销毁是非常浪费时间的。在 Java 中更是如此，Java 虚拟机（JVM）试图跟踪每一个对象，以便能够在对象销毁后，自动进行垃圾回收。所以，倘若想提高服务程序效率，其中一个常见的手段，就是尽可能减少创建和销毁对象的次数，特别是一些很耗资源的对象创建和销毁。如何利用现存的对象来为新请求提供服务，就是一个很有价值亟须解决的问题，其实这就是一些"池化资源"技术产生的根源。

在实际工作中，我们可能会遇到这样的场景，对于一些服务端的程序，经常会面临海量爆发式的请求，这些请求的特征是，执行时间短、任务内容单一，需要服务端快速给予处理并返回结果，比如说"双十一"购物节，商品促销期间，会有很多类似的刷单请求。

如果每个这样的请求，服务端都创建一个新的线程为之服务。当请求很少时，这种方法还是可行的，但是对于海量暴增的请求，服务端就难以承受海量请求之重。虽然，线程被称为"轻量级进程"，但这个"轻量级"，也需要进行线程的创建、销毁（这两个过程消耗大量系统资源）、上下文切换，特别是架不住这个"海量"二字。

如果我们提前创建太多线程备用，由于每个线程都会消耗一定的资源，而有些线程可能得不到"物尽其用"，就会浪费很多宝贵的系统资源（比如 CPU 时间片、内存大小等）。而销毁太多线程，又会导致用到的时候，线程不足时，还要花费时间再次创建它们，如果创建线程太慢，还将会导致服务请求长时间的等待，整体的性能（比如说响应时间）变差。同时，销毁线程如果过慢，资源来不及回收，也会导致其他线程因缺少资源而"饥饿"。因此，线程增加达到一定级别，生产对象或销毁对象，很可能让系统崩溃。

线程池（Thread Pool）就是为这一应用场景设计的解决方案。线程池可以看做容纳线程的容器，它通过有限的数量相对稳定的线程，为大量的请求提供共享式的服务，从而减少了创建、销毁线程及上下文切换所需的时间，从而提高了整个系统的效率，示意图如下所示。

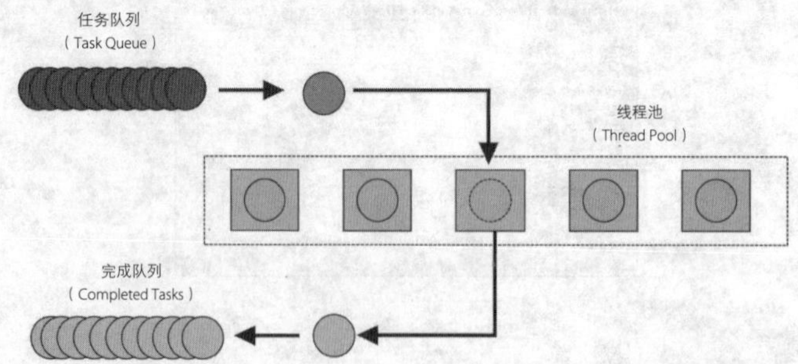

在前面的章节中，我们一直在强调一个概念，所谓的程序或算法，其实就是人类思维的一种物化形式。线程池这个概念，看起来很抽象，其实在我们生活中，也能找到类似的影子。现在我们把服务时间的尺度放大，比如说在银行的服务大厅里，会有顾客来咨询业务，对于银行来说，他们有两种策略来满足这种服务。

第一种方案：每当来一名客人咨询时，银行的人力资源部门（HR）就在"路边"临时招聘一名大堂经理，为客人服务，这样一对一的服务，客人感觉很好，等待服务一结束，银行不能留任闲人，就把这名大堂经理解聘。这种服务模式，在咨询客人较少、请求服务频度较低时，尚可接受。

但当需要咨询的客人多起来，银行的 HR 就忙开了，招人，招人，招人……等大批咨询服务完毕后，银行的 HR 又开始忙了，解聘，解聘，解聘……这样一来，银行的大部分精力，很可能就会被“招人”与“解聘”这种繁杂的工作占据了，正常的“咨询”服务，反而被无奈耽搁了，因为毕竟银行能提供的资源也是有限的。

第二种方案：银行招聘数名专职的大堂经理，一旦招聘进来以后，即使工作不太忙的时候，也不轻易解聘他们，他们一起构成一个稳定的服务咨询团队。

很明显，第二种方案更适用于我们日常的工作场景。其实，这个人员数量相对稳定的服务咨询团队，就好比本节讲到的“线程池”。线程池的伸缩性对性能有较大的影响。很明显，我们使用多线程的目的是希望能够提高并行度和效率，但是并不是线程越多就越好，就如同银行也不是招聘的大堂经理越多就越好一样。

由上面的分析，我们总结一下，合理利用线程池，至少能够带来 3 个方面的好处。

（1）降低系统资源消耗。通过重复利用已创建的线程，从而降低线程创建（申请内存）和销毁造成（虚拟机的垃圾回收）的系统消耗。

（2）提高响应速度，某种程度上，改善了用户（客户端）的体验。当请求任务到达时，由于现有线程已经整装待发，提交的任务就能立即执行。

（3）提高线程的可管理性。使用线程池可以对系统资源进行统一的分配，调优和监控。倘若不用线程池，任由线程无限制地创建，不仅会额外消耗大量系统资源，更会占用过多资源而阻塞系统，从而降低系统的稳定性。

但任何事情都有两面性，线程池也有其不太适用的地方，在如下 3 种情况下，线程池的优势就难以发挥出来。

（1）一个线程的运行时间比较长。

（2）需要为线程指定详细的优先级。

（3）在执行过程中需要对线程进行操作，比如休眠、挂起、终止等。

15.7.2 线程池的用法

通过前面章节的学习，我们知道，Runnable 用来定义具体的可执行流程（也就是算法），及操作相关的可用数据。相比而言，Thread 是用来执行 Runnable 的。下面我们来看前面案例的一个语句。

```
new Thread( new Producer( person ) ).start();
```

在这个语句里“new Producer(person)”生成的对象，实际上是 Runnable 的某个实现版本，我们可以把这个具体的实现看作“算法设计”或功能设计。而“new Thread(new Producer(person))”则可以看作把这个算法或功能以“插拔式”（用参数形式）传递给具体的线程。最后通过这个线程的 start() 方法启动这个线程的运行。

这样看来，线程本身的运行和线程所执行的部分，其实是分处于两个不同的设计层面。这种非捆绑式方式给线程池的设计提供了便利。因为所谓的线程池，就是一大堆已经创建好的“候命”线程，以插拔式的方式，“伺候”不同的对象——各类版本的 Runnable 实现体。

前面也提到，线程的创建和销毁与系统资源息息相关。因此，如何创建线程、是否启用线程、何时销毁线程及何时将指定的 Runnable 实体，以“插拔式”的方式让某个 Thread 执行，这都是一个系统性工作，相当繁琐。于是，我们就想，能不能利用“工厂设计模式”，把这些繁琐的工作标准化、流程化?

答案当然是，能！事实上，自从 JDK 5 版本以后，Java 就专门定义了 java.util.concurrent.Executors 接口。这个执行器（Executor）接口的设计目的就在于，将 Runnable 的功能设计与线程的执行分割开来。这种执行器（Executor），在客户端和执行任务之间提供了一个间接层，代替客户端执行任务。Executor 还允许异步执行任务的管理，而无需用户显式地管理线程的生命周期，从而简化了并发编程。

在 Executor 接口中，源码非常简单，仅仅提供了一个 execute() 方法，如下所示。

```
public interface Executor
```

```
{
  void execute(Runnable command);
}
```

对于执行已提交的 Runnable 线程对象，该接口提供一种机制，将任务提交与每个任务将如何运行的（包括线程使用的细节、调度等）分离开来。

我们知道，接口本质的目的就是提供服务的，但这个接口显然太过简单，肯定满足不了很多个性化的需求，好在这个 Executor 接口就是一个顶层设计，天生就是用来做“祖先”（被继承）的，它有很多后代接口，其部分继承关系如下图所示。

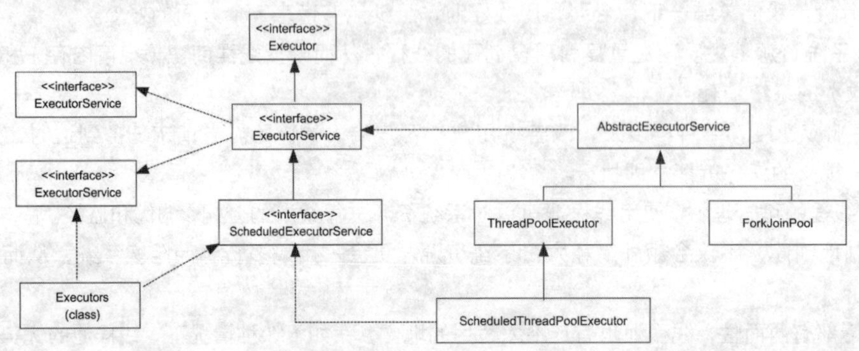

在 Java SE API 中，类似于线程池这类服务行为，实际上是定义在 Executor 的子接口 java.util.concurrent.ExecutorService 之中。如果需要线程池的服务功能，则可以使用它的子类 java.uitl.concurrent.ThreadPoolExecutor，这个类是提供线程池服务最核心的类之一。

虽然 ThreadPoolExecutor类拥有 4 个不同的构造方法，不过人们通常还是常用 Executor 类的 4 个静态的方法来创建线程池，它们分别是 newCachedThreadPool()、newFixedThreadPool()、newScheduledThreadPool() 和 newSingleThreadExecutor()，因为这些方法利用了工厂设计模式，把很多线程创建的细节包裹起来了，所以这样写出来的程序，逻辑看起来会更加清晰。

例如，我们可以用 newSingleThreadExecutor() 创建一个单线程的线程池。

范例15-23 使用newSingleThreadExecutor创建一个只包含一个线程的线程池（executorDemo.java）

```
import java.util.concurrent.*;
public class executorDemo
{
  public static void main( String[] args )
  {
    ExecutorService executor = Executors.newSingleThreadExecutor( );
    executor.submit(( ) -> {
      String threadName = Thread.currentThread( ).getName( );
      System.out.println("Hello " + threadName);
    });
  }
}
```

保存并运行程序，结果如下图所示。

```
Problems  Javadoc  Declaration  Console
LamdaDemo [Java Application] C:\Program Files\Java\jre1.8.0_112\bin\java
Hello pool-1-thread-1
```

代码详解

第 06 行，定义了一个 ExecutorService 接口的引用 executor，它指向这个接口的子类 Executors 对象，这个对象就是调用 newSingleThreadExecutor() 方法返回的单线程线程池。

第 07~10 行，用 Lambda 表达式定义了这个线程的执行体（事实上，就是 Runnable 的 run() 方法体），第 07 行利用 submit() 方法提交执行这个线程。

这个线程的运行结果，和范例 15-7 的运行结果非常类似，但内部机制有明显不同，那就是，在本例中，即使"Hello pool-1-thread-1"的结果已经输出，这个程序还是永不停止的（如果是用 Eclipse 编译这个程序，运行窗口那个红色的运行按钮一直是开启的，如果是命令行运行，则一直处于运行状态，即没有回到命令提示符状态）。这说明，线程功能部分已执行完毕，但这个线程池里的线程，其生命并没有结束，而是等待另一个需要执行的使命抵达，然后为之服务。直到我们调用 shutdown() 或 shutdownNow() 方法，来终止这个 Excutor 的执行。shutdown() 和 shutdownNow() 的区别在于，前者可以等待当前线程结束后，才关闭执行器，而且这个等待时间也是可以设置的，如果逾时，则强制关闭，而后者则是立即结束。我们修改上面的案例，加上关闭操作，代码如下所示。

范例15-24　含有终止方法的线程池（executorShutdownDemo.java）

```java
import java.util.concurrent.*;
public class executorShutdownDemo
{
  public static void main( String[] args )
  {
    ExecutorService executor = Executors.newSingleThreadExecutor();
    executor.submit(() -> {
    String threadName = Thread.currentThread().getName();
    System.out.println("Hello " + threadName);
    });
    try {
      TimeUnit.SECONDS.sleep(3);
      System.out.println(" 尝试关闭线程执行器 ...");
      executor.shutdown();
      executor.awaitTermination(5, TimeUnit.SECONDS);
    }
    catch (InterruptedException e) {
      System.err.println(" 关闭任务被中断！ ");
    }
    finally {
    if (!executor.isTerminated( )) {
      System.err.println(" 取消未完成的任务 ");
    }
      executor.shutdownNow( );
      System.out.println(" 任务关闭完成 ");
    }
  }
}
```

保存并运行程序，结果如下图所示。

```
Problems  Javadoc  Declaration  Console
<terminated> executorShutdownDemo [Java Application] C:\Program Files
Hello pool-1-thread-1
尝试关闭线程执行器...
任务关闭完成
```

代码详解

第 11~27 行，除了有一套完整的 try-catch-finally 异常处理流程外，主要是代码第 14 行关系执行器，第 15 行给出关闭延时是 5 秒钟。第 24 行表示立即关闭执行器。在第 13 行中增加一个延时操作，主要是让主线程 main 等一下线程池的线程，否则线程还没有输出“Hello pool-1-thread-1”，就要关闭执行器。

【范例分析】

相信我们有这样类似的对话体验：“老板，我要一份黄焖鸡米饭，打包带走，先给你钱，待会来拿！”此时，可以把我们自己想象成一个线程，而老板给我们做黄焖鸡米饭也是一个线程，当我们把任务提交时（如第 07 行的 submit() 方法），有两点状况和以往的线程不一样：① 我们需要这个老板线程返回一个值——打包好的黄焖鸡米饭，以前讲到的接口 Runnable 在创建线程实体时，其内的 run() 方法的返回值都是 void（空值类型），这点不符合我们的要求。② 在我们把任务提交时，我们心里是有合理预期的，老板不可能瞬间就把黄焖鸡米饭做好，而是过一段时间才能完工，这时，我们把点餐任务提交后，就可以干点别的，比如到附近的超市买点饮料什么的，在未来 10 分钟后，再去餐馆取餐。

这种在我们日常生活中司空见惯的场景，在 Java 中，同样也提供类似的操作。

Callable 接口：和 Runnable 用法类似，其内定义 call() 方法可以有返回值，因为可能返回多种不同类型的值，所以使用泛型设计，这个 call() 方法的地位等同于 Runnable 内的 run() 方法。

Future 接口：就是在未来得到 Callable 的返回值。或者直接使用 Future 来代替 Callable 执行线程，过些时候，再调用 Future 的 get() 方法获取结果。也可以使用 Future 的 isDone() 方法来检测线程是否执行完毕，然后再调用 get() 方法获取数值。

Future 和 Callable 等接口及其子类之间的继承关系如下图所示。

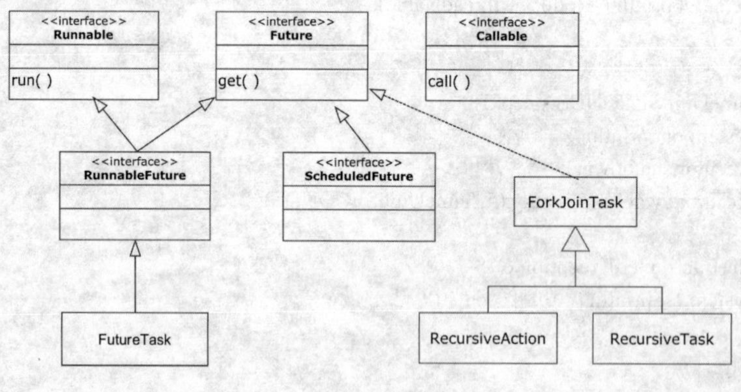

其中 Callable 接口的定义如下所示。

```
public interface Callable<V>
{
  V call() throws Exception;
}
```

这里的 V 代表某个泛型，注意这里的 V 不能是基本数据类型，比如说 int、double、long 等都是错误的，可以用 Integer、Double 和 Long 等这样的包装类代替。

下面我们列举一个使用 Future 与 Callable 的案例。

范例15-25　使用Future与Callable来计算达斐波那契数列（FutureCallableDemo.java）

```
01 import java.util.concurrent.*;
02 public class FutureCallableDemo
03 {
04   static long fibonacci(long n)
05   {
06     if (n == 1 ||n == 2)
07       return 1;
08     else
09       return fibonacci(n - 1) + fibonacci(n - 2);
10   }
11   public static void main( String[] args) throws Exception
12   {
13     Callable<Long> task = () -> fibonacci(30);
14     ExecutorService executor = Executors.newFixedThreadPool(1);
15     Future<Long>  future = executor.submit(task);
16     System.out.println(" 计算第 10 个斐波那契级数，过会来取 ...") ;
17     while (future.isDone() == false)
18     {
19       System.out.println(" 忙别的去吧，结果还在计算中 ...") ;
20     }
21     System.out.printf(" 计算完毕，第 10 个斐波那契级数是 :%d %n", future.get()) ;
22   }
23 }
```

保存并运行程序，结果如下图所示。

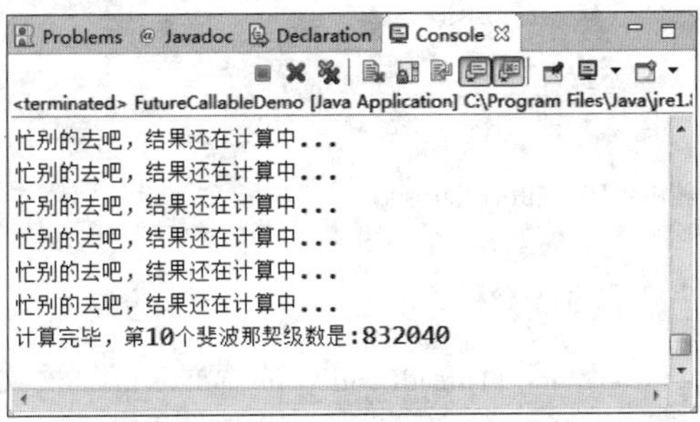

代码详解

第 04~10 行，定义一个静态方法 fibonacci()，用来求斐波那契级数。

第 13 行，用 Callable 接口和 Lambda 表达式，定义了一个具有返回值的线程体 task，由此可以看到，使用 Lamda 表达式，可以像使用函数指针（->）一样，非常方便地把一个线程的执行体（某个方法，这里是指 fibonacci()），“嫁接”到一个线程的执行体上。

第 14 行，使用 newFixedThreadPool 方法，创建只有一个线程的数量固定的线程池执行体 executor。

第 15 行，将线程体 task 提交（submit）线程池中执行，并定义一个 Future<Long> 对象 future 来接收线程池运行的结果，其中尖括号内是泛型 Long，注意不能是基本数据类型 long。

第 17~20 行，定义了一个 while 循环，使用接口 Future 中的 isDone() 方法，来判断线程是否执行完毕。

第 21 行，使用接口 Future 中的 get() 方法，获取在 Callable 定义线程的返回结果。

下面我们以 newCachedThreadPool( ) 方法为例，来说明创建线程池的流程。

范例15-26　将无符号数a右循环移n位，即将a中原来左面(16-n)位右移n位，原来右端n位移到最左面n位（BasicThreadPoolExecutorExample .java）

```
import java.util.concurrent.Executors;
import java.util.concurrent.ThreadPoolExecutor;
import java.util.concurrent.TimeUnit;
class Task implements Runnable
{
   private String name;

   public Task(String name)
   {
      this.name = name;
   }
   public String getName() {
      return name;
   }
   @Override
   public void run()
   {
      try
      {
         Long duration = (long) (Math.random() * 100);
         System.out.println(" 正在做工中，执行者 : " + name);
         TimeUnit.SECONDS.sleep(duration);
      }
      catch (InterruptedException e)
      {
         e.printStackTrace();
      }
   }
}
public class BasicThreadPoolExecutorExample
{
   public static void main(String[] args)
   {
      ThreadPoolExecutor executor = (ThreadPoolExecutor) Executors.newCachedThreadPool();
      for (int i = 0; i <= 5; i++)
      {
         Task task = new Task("Task " + i);
         System.out.println(" 新任务添加成功 : " + task.getName());
         executor.execute(task);
      }
      executor.shutdown();
   }
}
```

保存并运行程序，结果如下图所示。

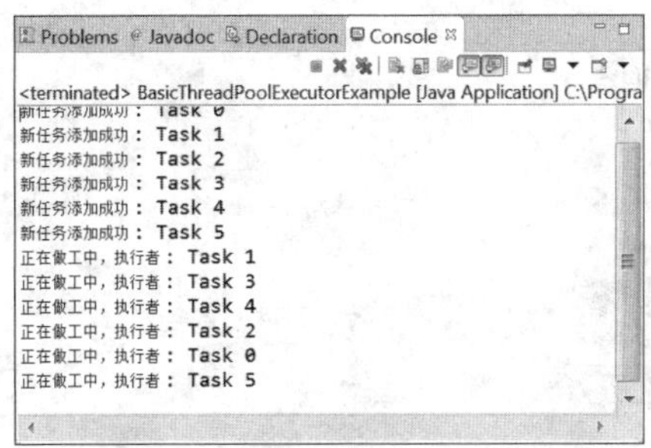

代码详解

第 01~03 行，导入创建线程池必要的类库。

第 04~29 行，就是一个普通的线程执行体 Task。其中，第 22 行，让线程随机休眠一段时间，用以模拟线程运行时间。

第 34 行，利用 Executors 类中的静态方法 newCachedThreadPool( )，创建一个线程池对象 executor。newCachedThreadPool( ) 创建的线程池，可根据系统资源，动态决定线程池线程的线程数量。如果线程池中没有可用的线程，则创建一个新线程并添加到池中。如果线程池内有 60 秒钟未被使用的线程，它还会将这样的线程终止并从缓存中移除。因此，长时间保持空闲的线程，是不会占据系统资源的。

在 for 循环中的第 37 行，不断创建新的线程。这里需要说明的是，在 Task 中的参数，如果一个字符串通过加号（+）连接一个整型，它会自动把整型数变成字符串的一部分（相当于字符串连接符），比如说当 i = 1 时，得到“Task 1”，然后再把这个字符串当作新线程的名称。

第 39 行，使用 execute( ) 方法来执行这个线程。

在本例中，第 16~28 行的 run( ) 方法是线程的执行体，这里仅仅做演示。在实际工作中，这个 run( ) 方法应该放置一些多线程的算法。而在第 39 行添加新线程时，也可以添加完全不同的任务。当然，也可以利用 Lamda 表达式改写本例，从而写出更为简洁的代码。

15.8 高手点拨

1. 线程的几个特点

（1）同步代码块和同步方法锁的是对象，而不是代码。即如果某个对象被同步代码块或同步方法锁住了，那么其他使用该对象的代码必须等待，直到该对象的锁被释放。

（2）如果一个进程只有后台线程，则这个进程就会结束。

（3）每一个已经被创建的线程在结束之前均会处于就绪、运行、阻塞状态之一。

2. 另一种多线程同步的锁机制

在实际工作中，多线程的同步经常被使用到，但在 Java 中，在同一时刻，synchronized 方法只能被一个线程调用，性能表现很差。从 JDK 1.5 开始，Java 的官方 API 引入了另一种锁的机制，包含在 java.util.concurrent.locks 包中。下面以案例说明。

```
import java.util.concurrent.locks.Lock;
import java.util.concurrent.locks.ReadWriteLock;
import java.util.concurrent.locks.ReentrantReadWriteLock;

public class TestLock
{
  ReadWriteLock lock = new ReentrantReadWriteLock();// 创建读写锁
  Lock readLock = lock.readLock();// 获取读锁
  Lock writeLock = lock.writeLock();// 获取写锁

```

```
//以前的做法
public synchronized void load()
{
  //一些操作
}
//最新的做法
public void new_load()
{
  readLock.lock();//读上锁
  //读取内容
  readLock.unlock();//读解锁

  writeLock.lock();
  //写内容
  writeLock.unlock();
}
}
```

这种模式类似于操作系统中的 P（signal）、V（wait）等同步操作，但比之更加直观。当系统中出现不同的读、写线程同时访问某一资源时，需要考虑共享互斥问题，可使用 synchronized 解决问题。若对性能要求较高，可考虑使用 ReadWriteLock 接口及其 ReentrantReadWriteLock 实现类。此外，为了在高并发情况下获取较高的吞吐率，建议使用 Lock 接口及其 ReentrantLock 实现类来替换以前的 synchronized 方法或代码块。

15.9 实战练习

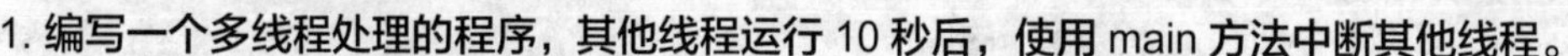

1. 编写一个多线程处理的程序，其他线程运行 10 秒后，使用 main 方法中断其他线程。

2. 设计一个生产电脑和搬运电脑类，要求生产出一台电脑就搬走一台电脑，如果新的电脑没有生产出来，则搬运工就要等待；如果生产出的电脑没有搬走，则要等待电脑搬走之后再生产。在 main 方法中结束其他线程，然后输出生产的电脑数量。

3. 利用 newCachedThreadPool 方法，创建一个可缓存线程池，如果线程池长度超过处理需要，可灵活回收空闲线程，若无可回收，则新建线程。线程池内的线程显示自己的名称，并在任务完成后关闭线程池。

第 16 章 文件 I/O 操作

Java 提供的 I/O 操作可以把数据保存到多种类型的文件中。本章讲解文件 I/O 操作的 File 类、各种流类、字符的编码及对象序列化的相关知识。

本章要点（已掌握的在方框中打钩）

- □ 掌握文件 I/O 操作的相关概念
- □ 熟悉 Java 中的各种流类
- □ 了解字符的编码
- □ 掌握对象的序列化

16.1 输入 / 输出的重要性

绝大多数应用程序都由三大逻辑块构成：输入数据（input）、计算数据（compute）和输出数据（output）。所以，利用输入 / 输出（I/O）进行数据交换，基本上是所有程序不可或缺的功能之一。

在 Java 中，I/O 机制都是基于“数据流”方式进行输入 / 输出的。这些“数据流”可视为流动数据序列。如同水管里的水流一样，在水管的一端一点一滴地供水，而在水管的另一端看到的是一股连续不断的水流。

Java 把这些不同来源和目标的数据，统一抽象为“数据流”。当 Java 程序需要读取数据时，就会开启一个通向数据源的流，这个数据源可以是文件、内存，也可以是网络连接。而当 Java 程序需要写入数据时，也会开启一个通向目的地的流。这时，数据就可以想象为管道中“按需流动的水”。流为操作各种物理设备提供了一致的接口。通过打开流操作将流关联到文件，通过关闭流操作解除流和文件之间的关联，如下图所示。

这些流序列中的数据通常有两种形式：文本流和二进制流。文本流每一个字节存放一个 ASCII 码，代表一个字符（而对于Unicode编码来说，每两个字节表示一个字符）。使用文本流时，可能会发生一些字符转换。例如，在 Windows 操作系统中，当输出换行字符的时候，它可以被转换为回车和换行序列。

二进制流也称字节流，它是把数据按其内存中存储的以字节形式“原封不动”地输出或存储。二进制流形式与文本流形式的区别与联系可以用下面的例子（以 ASCII 码为例）来说明。例如，有一个整型数 12345，其在内存当中仅需要 2 字节，因为系统为整型数据分配 4 字节，所以其高位两个字节均为 0，而按文本流形式输出则占用 5 字节，分别是“12345”这 5 个字符对应的 ASCII 码，如下图所示。

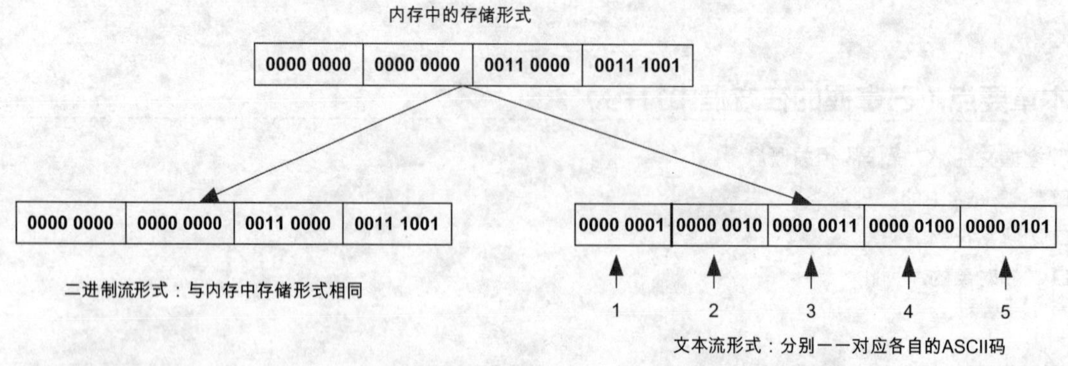

文本流形式与字符一一对应，因而便于对字符进行逐个处理，也便于输出显示，但一般占用的内存空间较多，且花费的转化时间（二进制形式与编码之间的转换）较长。需要注意的是，在 Java 中使用的是

Unicode 编码，这是一种定长编码，每个字符都是 2 字节，因此在存储 ASCII 码时会额外浪费一个字节的空间。

而用二进制流形式输出数值，可以节省内存空间和转化时间，但一个字节并不对应一个字符，不能直接输出字符形式。两种形式各有其优缺点，一般来讲，对于纯文本信息（比如字符串），以文本流形式存储较佳；而对于数值信息，则用二进制流形式较好。

I/O 流的优势在于简单易用，缺点是效率较低。Java 的 I/O 流提供了读 / 写数据的标准方法。Java 语言中定义了许多类，专门负责各种方式的输入 / 输出，这些类都被放在 java.io 包中。在 Java 类库中，有关 I/O 操作的内容非常庞大：有标准输入 / 输出、文件的操作、网络上的数据流、字符串流和对象流。

16.2 读写文本文件

16.2.1 File 类

尽管在 java.io 包这个大家族中，大多数类都是针对数据实施流式操作的，但 File 类是个例外，它仅用于处理文件和文件系统，是唯一一个与文件本身有关的操作类。也就是说，File 类没有指定数据怎样从文件读取或如何把数据存储到文件之中，它只描述了文件本身的属性。

File 类定义了一些与平台无关的方法来操作文件，通过调用 File 类提供的各种方法，能够完成创建、删除文件，重命名文件，判断文件的读写权限及文件是否存在，设置和查询文件创建时间、权限等操作。File 类除了对文件进行操作外，还可以将目录当作文件进行处理——Java 中的目录当成 File 对象对待。

要想使用 File 类进行操作，就必须设置一个操作文件的路径。下面的 3 个构造方法都可以用来生成 File 对象。

```
File(String directoryPath)            //创建指定文件或目录路径的 File 对象
File(String directoryPath,String filename) //创建指定路径名和指定文件名的 File 对象
File(File dirObj, String filename)        //创建指定文件目录路径和文件名的 File 对象
```

在这里，“directoryPath”表示的是文件的路径名，filename 是文件名，而 dirObj 是一个指定目录的 File 对象。

Java 能正确处理 UNIX 和 Windows/DOS 约定路径分隔符。如果在 Windows 版本的 Java 下用斜线（/），路径处理依然正确。请注意：如果要在 Windows 操作系统下使用反斜线（\）来做为路径分隔符，则需要在字符串内使用它的转义序列（即两个反斜线“\\”）。Java 约定是用 UNIX 和 URL 风格的斜线“/”来做路径分隔符的。

File 类中定义了很多获取 File 对象标准属性的方法。例如，getName() 用于返回文件名；getParent() 返回父目录名；exists() 方法在文件存在的情况下返回 true，反之返回 false。但 File 类的方法是不对称的，意思是说虽然存在可以验证一个简单文件对象属性的很多方法，但是没有相应的方法来改变这些属性。下表给出了部分常用的 File 类方法。

方 法	功能描述
boolean canRead()	测试应用程序是否能从指定的文件中读取
boolean canWrite()	测试应用程序是否能写当前文件
boolean delete()	删除当前对象指定的文件
boolean equals(Object)	比较该对象和指定对象
boolean exists()	测试当前 File 是否存在
String getAbsolutePath()	返回由该对象表示的文件的绝对路径名
String getCanonicalPath()	返回当前 File 对象的路径名的规范格式
String getName()	返回表示当前对象的文件名
String getParent()	返回当前 File 对象路径名的父路径名，如果此名没有父路径，则为 null
String getPath()	返回表示当前对象的路径名
boolean isAbsolute()	测试当前 File 对象表示的文件是否是一个绝对路径名
boolean isDirectory()	测试当前 File 对象表示的文件是否是一个路径
boolean isFile()	测试当前 File 对象表示的文件是否是一个“普通”文件
boolean lastModified()	返回当前 File 对象表示的文件最后修改的时间

续表

方　法	功能描述
long length()	返回当前 File 对象表示的文件长度
String list()	返回当前 File 对象指定的路径文件列表
String list(FilenameFilter)	返回当前 File 对象指定的目录中满足指定过滤器的文件列表
boolean mkdir()	创建一个目录，它的路径名由当前 File 对象指定
boolean mkdirs()	创建一个目录，它的路径名由当前 File 对象指定，包括任一必需的父路径
boolean renameTo(File)	将当前 File 对象指定的文件更名为给定参数 File 指定的路径名

下面的范例演示了 File 类的几个方法的使用。

范例 16-1　File类中方法的使用（FileDemo.java）

```
import java.io.File ;
import java.util.Date;
public class FileDemo
{
  public static void main(String[] args)
  {
    File f = new File("C:\\Users\\Yuhong\\Desktop\\1.txt") ;
    if (f.exists() == false)
    {
      try
      {
        f.createNewFile() ;
      }
      catch (Exception e)
      {
        System.out.println(e.getMessage()) ;
      }
    }
    // getName() 方法，取得文件名
    System.out.println(" 文件名：" + f.getName()) ;
    // getPath() 方法，取得文件路径
    System.out.println(" 文件路径：" + f.getPath()) ;
    // getAbsolutePath() 方法，得到绝对路径名
    System.out.println(" 绝对路径：" + f.getAbsolutePath()) ;
    // getParent() 方法，得到父文件夹名
    System.out.println(" 父文件夹名称：" + f.getParent()) ;
    // exists()，判断文件是否存在
    System.out.println(f.exists() ? " 文件存在 " : “文件不存在” ) ;
    // canWrite()，判断文件是否可写
    System.out.println(f.canWrite() ? " 文件可写 " : " 文件不可写 ") ;
    // canRead()，判断文件是否可读
    System.out.println(f.canRead() ? " 文件可读 " : " 文件不可读 ") ;
    // / isDirectory()，判断是否是目录
    System.out.println(f.isDirectory() ? " 是 " : " 不是 " + " 目录 ") ;
    // isFile()，判断是否是文件
    System.out.println(f.isFile() ? " 是文件 " : " 不是文件 ") ;
    // isAbsolute()，是否是绝对路径名称
    System.out.println(f.isAbsolute() ? " 是绝对路径 " : " 不是绝对路径 ") ;
    // lastModified()，文件最后的修改时间
    long millisec = f.lastModified();
```

```
41        // 日期和时间
42        Date dt = new Date(millisec);
43        System.out.println(" 文件最后修改时间：" + dt );
44        // length()，文件的长度
45        System.out.println(" 文件大小：" + f.length() + " Bytes");
46    }
47 }
```

保存并运行程序，结果如下图所示。

```
Problems  Javadoc  Declaration  Console
<terminated> FileDemo [Java Application] C:\Program Files\Java\jre1.8.0_1
文件名：1.txt
文件路径：C:\Users\Yuhong\Desktop\1.txt
绝对路径：C:\Users\Yuhong\Desktop\1.txt
父文件夹名称：C:\Users\Yuhong\Desktop
文件存在
文件可写
文件可读
不是目录
是文件
是绝对路径
文件最后修改时间：Mon Dec 12 21:01:14 CST 2016
文件大小：6 Bytes
```

代码详解

第 07 行，调用 File 的构造方法来创建一个 File 类对象 f。其中第 07 行中路径的分隔符用两个“\\”表示转义字符，这一句完全可用下面的语句代替。

```
File f=new File("c:/1.txt");
```

第 08~18 行判断文件是否已经存在。如果不存在，则创建之，为了防止创建过程中发生意外，用了 try-catch 块来捕获异常。第 19~47 行对文件的属性进行了操作，注释部分已经非常清楚地解释了。

需要特别注意的是第 40 行的方法 lastModified()，它返回的是文件最后一次被修改的时间值。但这个值并不是人类可读的（human-readable），因为该值是用修改时间与历元（1970 年 1 月 1 日，00:00:00 GMT）的时间差来计算的（以毫秒为单位）。因此需要将该值用 Date 类加工处理一下（第 42 行）。

在 File 类中还有许多方法，读者没有必要去死记这些用法，只要记住在需要的时候去查 Java 的 API 手册就可以了。

File 类只能对文件进行一些简单操作，如读取文件的属性、创建、删除和更名等，但并不支持文件内容的读 / 写。如果想达到对文件进行读写操作的目的，就必须通过输入 / 输出流。

【范例分析】

上述程序完成了文件的基本操作，但是在本操作之中可以发现以下几个问题。

问题一：在进行操作的时候出现了延迟，因为文件的管理肯定还是由操作系统完成的，那么程序通过 JVM（Java 虚拟机）与操作系统进行交互，凭空多了一层操作，所以势必会产生一定的延迟。

问题二：在 Windows 中路径的分隔符使用“\”，而在 Linux 中分隔符使用“/”，Java 程序如果想要具备可移植性，就必须考虑分隔符的问题。因此，为了解决这样的困难，在 File 类中提供了一个常量 public static final String separator。

```
File file = new File("c:" + File.separator + "1.txt"); // 要定义的操作文件路径
```

在日后的开发之中，只要遇见路径分隔符的问题，都可用 separator 常量来解决，separator 会自动根据当前运行的系统，确定使用何种路径分隔符甚是方便。

16.2.2 文本文件的操作

在 Java 中，读入文本的方便的机制，莫过于使用 Scanner 类。在前面的章节里，我们主要使用 Scanner 类来处理控制台的输入，比如使用 System.in 作为 Scanner 构建方法的参数。事实上，这种方法也适用于前面提及的 File 类对象。为了做到这一点，我们首先需要一个文件名（如 input.txt），来构造一个 File 文件对象。

```
File inputFile = new File("input.txt");
```

然后将这个文本文件当作参数，构建 Scanner 对象。

```
Scanner in = new Scanner(inputFile);
```

于是，Scanner 对象就可以把文件作为数据输入源，然后使用 Scanner 的方法（比如 nextInt()、nextDouble() 和 next() 等方法）。例如，如果想读入 input.txt 中的所有浮点数，可以使用如下模式。

```
while (in.hasNextDouble()) // 如果还有下一个 double 类型的值
{
  double value = in.nextDouble(); // 读入这个值
  // 处理这个数值
}
```

而将数据输出到一个文件中有很多方法，其中使用 PrintWriter 类较为常见。例如：

```
PrintWriter out = new PrintWriter("output.txt");
```

这里“output.txt”就是这个输出文件的名称。如果这个文件已经存在，则会清空文件内容，再写入新内容。如果不存在，则创建一个名为“output.txt”。

PrintWriter 是 PrintStream 的一个功能增强类，而 PrintStream 类，其实我们并不陌生，因为前面章节大量使用的 System.out 和 System.in 都算是这个类的对象，而我们熟悉的 print、println 和 printf 等方法，都适用于 PrintWriter 的对象，例如：

```
out.println("Hello Java!");
out.printf("value: %6.2f\n", value);
```

处理完毕数据的输入和输出时，一定要记得关闭这两个对象，以免它们继续占据系统资源。

```
in.close();
out.close();
```

下面我们用一个完整的案例来说明对文本文件的操作。假设我们有一个文本文件 input.txt，其内有若干数据（说是数据，实际上是一个个以空格隔开的数字字符串），如下图所示。

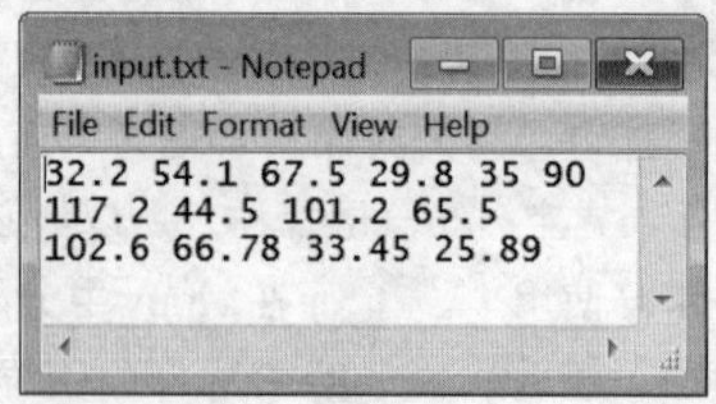

现在我们要做的是，将这些看似是浮点数实则为字符串的数据，重新以 double 类型的格式分别一一读取出来，并将这批数据一行一个地输出到文本文件 output.txt 当中，文件末端给出所求的总和及平均值。下面的代码示范了整个处理流程。

范例 16-2　对文本的操作（InputOutputDemo.java）

```
import java.io.File;
import java.io.FileNotFoundException;
import java.io.PrintWriter;
import java.util.Scanner;
public class InputOutputDemo
{
   public static void main(String[] args) throws FileNotFoundException
   {
      Scanner console = new Scanner(System.in);
      System.out.print(" 输入文件名为 : ");
      String inputFileName = console.next();
      System.out.print(" 输出文件名为 : ");
      String outputFileName = console.next();

      // 创建 Scanner 对象和 PrintWriter，用以处理输入数据流和输出数据流
      File inputFile = new File(inputFileName);
      Scanner in = new Scanner(inputFile);
      PrintWriter out = new PrintWriter(outputFileName);

     int count = 0;
     double value;
     double total = 0.0;
      while (in.hasNextDouble())
      {
         value = in.nextDouble();
         out.printf("%6.2f\r\n", value);
         total = total + value;
         count++ ;
      }
      out.printf(" 总和为  : %8.2f\r\n", total);
      out.printf(" 均值为  : %8.2f\r\n", total / count);
      in.close();
      out.close();
   }
}
```

保存并运行程序，结果如下图所示。

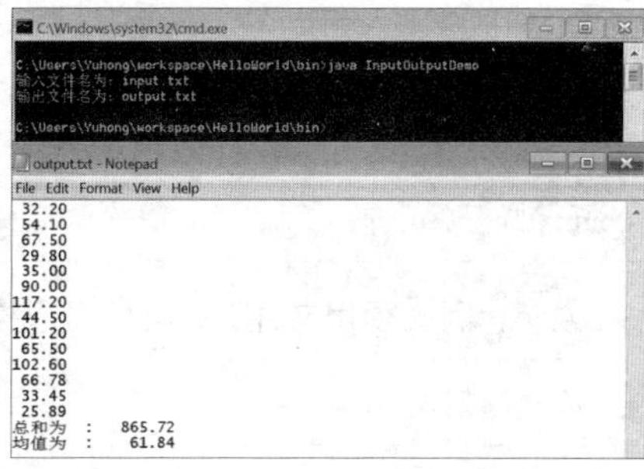

代码详解

第 09 行，依然用 System.in 作为 Scanner 的输入参数，代表输入的来源是键盘（控制台），这里用来读取用户的输入。

第 11 行用 Scanner 的 next() 方法，读取控制台输入的下一个字符串对象，这里表示输入文件名 inputFileName。

第 12~13 行完成与第 10~11 行类似的功能，读取输出的文件名。

第 16 行，创建一个文件名为 inputFileName 的文件对象 inputFile。

第 17 行，把 inputFile 作为输入对象，创建一个 Scanner 对象 in。之所以用 Scanner 创建对象，主要是 Scanner 能提供非常好用的方法，"Scanner" 本身含义就是"扫描器"，它对输入的数据进行"扫描"，或者说预处理，可以把字符串类型的数据变成数值型的。比如第 25 行的 nextDouble() 方法，就是把诸如"32.2"这个由 4 个字符构成的字符串，转换成为双精度的数值"32.20"。

第 18 行，创建了一个 PrintWriter 类对象 out。这个对象支持格式化输出，也就是使用诸如 printf() 等方法，这里"printf()"中的字符"f"，就是"format"（格式）的含义，这个方法的格式用百分号"%"加上对应的字母表示，比如"%6.2f"就表示输出为浮点数，这个浮点数总宽度为 6 个字符，小数点后保留 2 位。而"%d"表示输出格式为整数。

这里特别需要注意的是，向文件输出"换行符"的操作。如果是在 Windows 操作系统，换行符是由两个不同的字符"\r\n"，其中"\r"表示返回到（return）行首，而"\n"表示换行（也就是回车符）。如果少了"\r"，在文件输出时，就达不到换行的目的。如果读者使用的是 Windows 操作系统，可以把第 26 行、第 30 行和第 31 行中的"\r"删除，再次运行，看看 output.txt 的输出效果是什么。

而在 macOS 操作系统里，换行符号就是一个"\n"，也就是说，在第 26 行、第 30 行和第 31 行中仅仅用"\n"就可以完成在文件中的换行，运行结果如下图所示。相比而言，在 Linux 操作系统里是"\r"，请读者注意这个细节，否则会困惑于为什么换行总是失败。

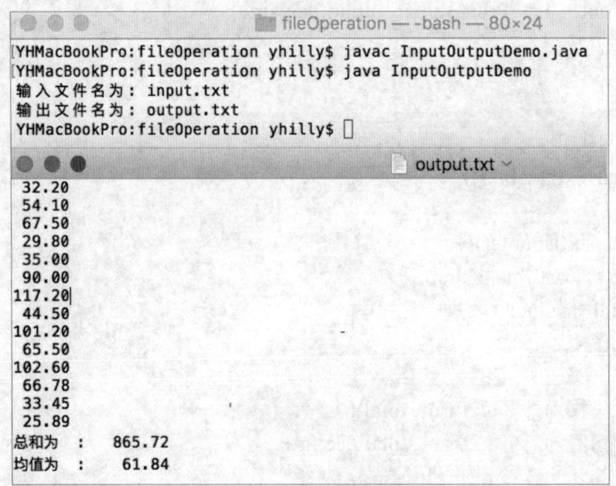

第 32 行和第 33 行，分别关闭了 in 和 out 这两个对象，以免它们一直占据系统资源。

【范例分析】

需要说明的是，如果输入文件 input.txt 与 .class 文件不在同一个目录下，系统会抛出异常。可以在输入时，给出 input.txt 的绝对路径。

还需要注意的是，PrintWriter 类的输出对象 out 可以直接用文件名（比如 output.txt）来构建，例如以下形式。

```
PrintWriter out = new PrintWriter("output.txt");   // 正确
```

但是，用 Scanner 类构建的输入对象 in，则必须用文件 File 类的对象构建。例如，如下代码就是错误的。

```
Scanner in = new Scanner("input.txt");   // 语义错误
```

上面的代码在编译时是没有错误的，但是存在语义错误，也就是它并没有达到将一个名为“input.txt”的文件当作数据输入来源的目的，而是利用 in.next() 方法简单地读入一个由“input.txt”这 9 个字符构成的字符串而已。如果想操作简便，可以创建一个 File 类的匿名对象，把这个匿名对象当作 Scanner 类的构造方法的参数，如下所示。

```
Scanner in = new Scanner(new File("input.txt"));    // 正确
```

16.2.3 字符编码问题

人类能识别的是字符，所以，在输出设备上显示的或在输入设备输入的也都是人类可读的字符（比如，英文字符“A”，中文字符“中”，希腊字母“π”等）。但是，对计算机来说，它能“感知”的或存储的都是一个个二进制数。这里就存在字符和二进制数一一对应的问题。

由于历史原因，计算机最早是在美国发明并慢慢普及的，当时美国人所能用到的字符，也就是现在普通键盘上的一些符号（比如 A~Z、a~z、0~9 等）和少数几个特殊的符号（比如回车、换行等控制字符），如果一个字符用一个数字来表示，一个字节所能表示的数字范围（0~255）内足以容纳所有的字符，实际上表示这些字符的对应字节的最高位（bit）都为 0，也就是说这些数字都在 0~127，如字符 a 对应数字 97，字符 b 对应数字 98 等，这种字符与数字对应的编码固定下来后，这套编码规则称为 ASCII 码（American Standard Code for Information Interchange，美国标准信息交换码），如下图所示。

字符	二进制	十进制
…	…	…
a	01100001	97
b	01100010	98
…	…	…

但随着计算机在其他国家和地区的应用和普及，许多国家和地区都把本地的字符集引入了计算机，这大大地扩展了计算机中字符的范围。一个字节所能表示的字符数量（仅仅 256 个字符）是远远不够的。比如，在中文中，仅《汉语大字典》就收录超过 50000 个汉字，这还不包括一些生僻字。

每一个中文字符都用两个字节的数字来表示，这样在理论上可以表示 256×256=65536 个汉字。在这个编码机制里，原有的 ASCII 码字符的编码保持不变，仍用一个字节表示。

为了将一个中文字符与两个 ASCII 码字符区分开，中文字符的每个字节的最高位（bit）都为 1，每一个中文字符都指定了一个对应的数字，因为两个字节的最高位都被占用，所以两个字节所能表示的汉字数量理论数为 27×27=16384（因此，有些生僻的汉字就没有被编码，因而计算机就无法显示和打印），这套编码规则称为 GBK（国标扩展码，GBK 就是“国标扩”的汉语拼音首字母），后来又在 GBK 的基础上对更多的中文字符（包括繁体）进行了编码，新的编码系统就是 GB2312，而 GBK 则是 GB2312 的子集（事实上，GB2312 也只收录了 6763 个常用汉字，仅适用于简体中文字）。

使用中文的国家和地区很多，同样的一个字符，如“电子”的“子”字，在中国大陆地区的编码是十六进制的 5551，而在中国台湾地区的编码则是十六进制的 A46C，台湾地区对中文字符集的编码规则称为 BIG5（大五码），如下图所示。

字符	GB2312	BIG5
…	…	…
电（電）	2171	B971
子（子）	5551	A46C
…	…	…

在一个本地化系统中出现的正常可见字符，通过电子邮件传送到另外一个国家或地区的本地化系统中，由于使用的编码机制不一样，对方看到的可能就是乱码。如果每个国家或地区都使用"各自为政"的本地化字符编码，那么就会严重制约国家或地区之间的计算机通信。

为了解决本地化字符编码带来的不便，人们很希望将全世界所有的符号进行统一编码。在 1987 年，这个编码被完成，称为 Unicode 编码。

在 Unicode 编码中，所有的字符不再区分国家或地区，都是人类共有的符号，如"中国"的"中"这个符号，在全世界的任何一个角落，始终对应的都是一个十六进制的编码"4E2D"。这样一来，在中国的本地化系统中显示的"中"这个符号，发送到德国的本地化系统中，显示的仍然是"中"这个符号，至于德国人能不能认识这个符号，那就不是计算机所要解决的问题了。Unicode 编码的字符都占用两个字节。Java 中的字符使用的都是 Unicode 编码，这也是 char 类型在 Java 中占据两个字节的原因。

利用 Unicode 编码，在理论上，所能处理的字符个数不会超过 2^{16}（65536），很明显，这还是不够用的，但已经能处理绝大部分的常用字符。工程学不同于数学，数学追求完备性，而工程学追求实用性。Unicode 编码就是一个非常实用的工程问题。

但到目前为止，Unicode 一统天下的局面还没有形成。因此，在相当长的一段时期内，人们看到的局面是，本地化字符编码与 Unicode 编码共存。

既然本地化字符编码与 Unicode 编码共存，那就少不了涉及两者之间的转换问题。

除了上面讲到的 GB2312/GBK 和 Unicode 编码外，常见的编码方式还有以下几种。

- ISO-8859-1 编码：国际通用编码，单一字节编码，理论上可以表示出任意文字信息，但对双字节编码的中文表示，需要转码。
- UTF-8 编码：UTF 是 Unicode Transformation Format 的缩写，意为 Unicode 转换格式。它结合了 ISO-8859-1 和 Unicode 编码所产生的适合于现在网络传输的编码。考虑到 Unicode 编码不兼容 ISO-8859-1 编码，而且容易占用更多的空间，因为对于英文字母，Unicode 也需要两个字节来表示。因此，产生了 UTF 编码，这种编码首先兼容 ISO-8859-1 编码，同时也可以用来表示所有语言的字符，但 UTF 编码是不等长编码，每一个字符的长度从 1~6 字节不等。一般来讲，英文字母还是用一个字节表示，而汉字则使用三个字节。此外，UTF 编码还自带了简单的校验功能。

在弄清楚了编码之后，需要解释一下什么叫乱码了。所谓乱码，就是"编码和解码不统一"。如果要想处理乱码，首先就需要知道在本机默认的编码是什么。通过下面的程序来看一下到底什么是字符乱码问题。这里使用 String 类中的 get Bytes() 方法对字符进行编码转换。

范例 16-3　字符编码使用范例（EncodingDemo.java）

```
import java.io.* ;
public class EncodingDemo
{
  public static void main(String args[]) throws Exception
  {
    // 使用 getBytes() 方法将字符串转换成 byte 数组，编码标准为 GB2312
    byte b[] = " 大家一起来学 Java 语言 ".getBytes("GB2312") ;
    OutputStream out = new FileOutputStream(new File("encoding.txt")) ;
    out.write(b) ;
    out.close() ;
  }
}
```

保存并运行程序，打开 encoding.txt 文件，如下图所示。

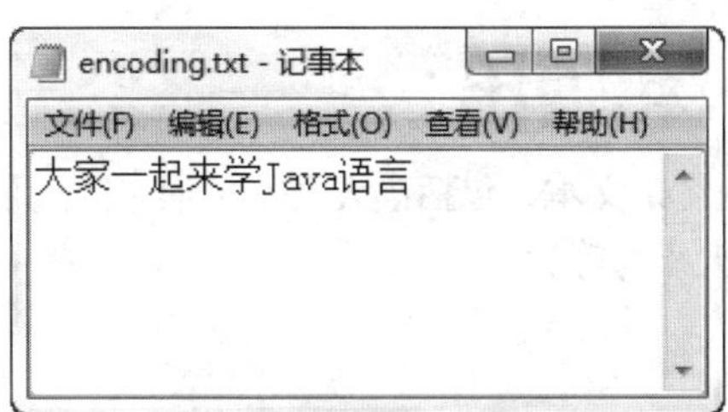

代码详解

第 07 行使用 getBytes() 方法将字符串转换成 byte 数组的时候，这里用到了"GB2312"编码。这里我们再强调一次，在 Java 中，字符串是作为一个对象存在的，所以"大家一起来学 Java 语言"这个字符串是一个匿名对象，因此可以通过点操作符"."使用 String 类的方法 getBytes()。

第 08 行，如果要通过程序把字节流输出内容到文件之中，则需要使用 OutputStream 类定义对象。这个类的构造方法也需要一个文件类对象作为其参数，所以这里用 new File("encoding.txt") 创建一个匿名 File 对象。

看到这里，读者可能还是无法体会到字符编码问题，那么现在修改一下 EncodingDemo 程序，将字符编码转换成 ISO-8859-1，形成范例 16-4。

范例 16-4　字符编码使用范例（EncodingDemo.java）

```
01 import java.io.* ;
02 public class EncodingDemo
03 {
04   public static void main(String args[]) throws Exception
05   {
06     // 在这里将字符串通过 getBytes() 方法，编码成 ISO-8859-1
07     byte b[] = " 大家一起来学 Java 语言 ".getBytes("ISO-8859-1") ;
08     OutputStream out = new FileOutputStream(new File("encoding.txt")) ;
09     out.write(b) ;
10     out.close() ;
11   }
12 }
```

保存并运行程序，打开 encoding.txt，如下图所示。

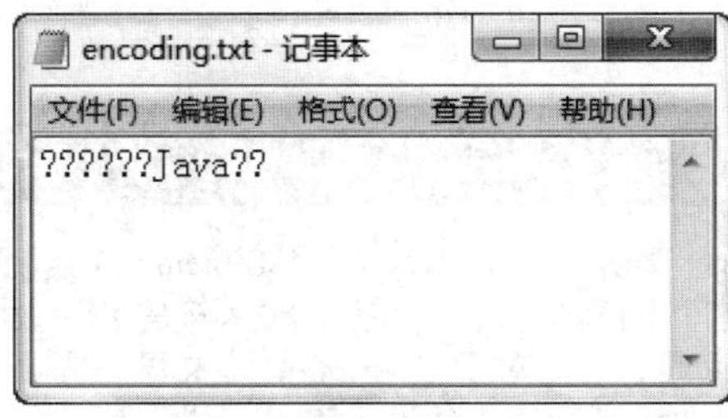

由上图可以看到，非英文部分的字符，输出结果出现了乱码，这是为什么呢？这就是本节要讨论的字符编码问题。之所以会产生这样的问题，是因为 ISO-8859-1 编码规则属于单字节编码，所能表示的字符范围是 0~255，主要应用于西文字符系列，而对于双字节编码的汉字，当然就"解码"无力，因而出现中文字符乱码。

16.3 文本的输入和输出

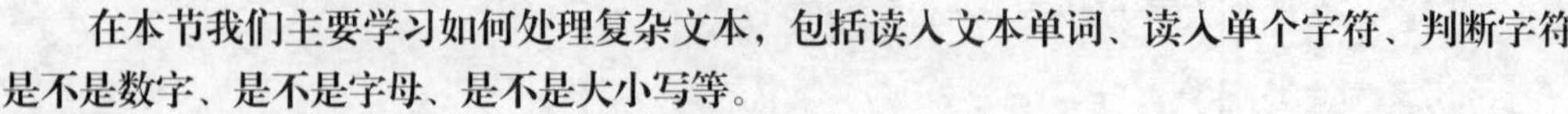

在本节我们主要学习如何处理复杂文本，包括读入文本单词、读入单个字符、判断字符是不是数字、是不是字母、是不是大小写等。

16.3.1 读入文本单词

这里的文本单词，仅仅是指用空格隔开的字符串。为了读取这些单词，比较简便的方法就是使用 Scanner 的 next( ) 方法，它可以用来读取下一个字符串。在用这个方法前，建议用 hasNext( ) 判断一下是否还有下一个可读取的字符串，以免抛出异常。参见如下代码。

范例 16-5　读取文本单词（InputWordsDemo.java）

```
01 import java.util.Scanner;
02 public class InputWordsDemo
03 {
04     public static void main(String[] args)
05     {
06         Scanner console = new Scanner(System.in);
07         while (in.hasNext())
08         {
09             String input = in.next();
10             System.out.println(input);
11         }
12         console.close();
13     }
14 }
```

保存并运行程序，再次打开 encoding.txt，如下图所示。

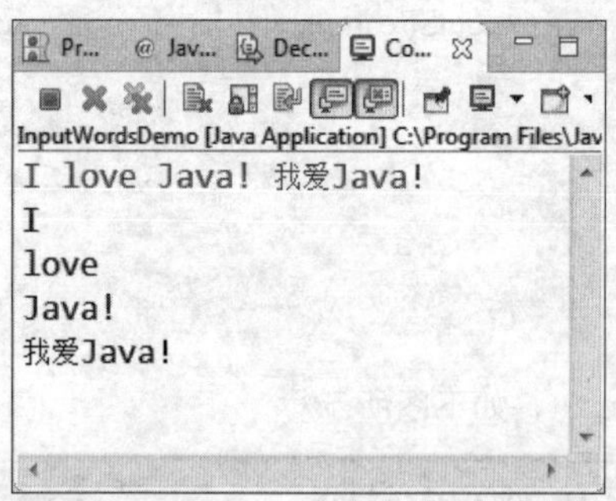

代码详解

第 01 行导入文件找到 Scanner 类所在的包。第 06 行用 System.in（控制台）作为数据来源。第 09 行读入下一个单词输入，第 10 行将这个单词输出。这里单词的分隔符是空格，由上图输入的参数可知，这对处理西方的文字来说，没有太大问题，但是对于中文来说，中文没有明显的分词手段（比如，将“我爱 Java！”当作一个单词输出了），所以这种方式存在一定的局限性。

上面这段程序还有一个小问题，那就是没有把紧跟单词后面的标点符号去掉，如把“Java!”当作一个单词，其实我们仅仅想要“Java”，这时，就可以用到前面学到的正则表达式，比如，我们可以在第 06 行之后，使用分隔符方法 useDelimiter( )。Delimiter 英文意思为分隔符；useDelimiter( ) 方法默认以空格作为分隔符。现在我们将其修改为以下形式。

```
console.useDelimiter("[^A-Za-z]+");
```

这个语句的含义是，以所有非大小写字母组成的若干字符集（即反向字符集），作为分隔符。分词的结果，自然就不会有惊叹号了，但也把“无辜”的中文部分当成非英文字母过滤掉了，如下图所示，请读者思考如何解决这个问题。

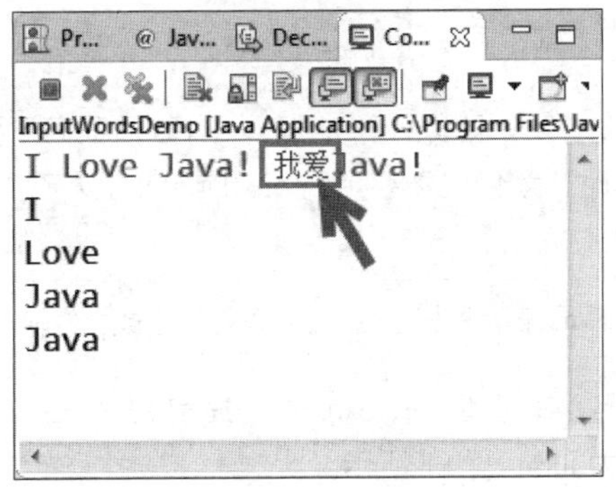

16.3.2 读入单个字符

在有些应用场景下，我们需要从文件中一次读入字符，而不是一次读入一个单词（以空格隔开的那种字符串），在这种情况下（比如说加密字符），我们该如何处理呢？这时，我们还是可以借助 useDelimiter( ) 方法，但是过滤参数是空字符串。

```
Scanner  in = new Scanner(…);  //Scanner 中的参数对象可以是控制台，也可以是文件
in.useDelimiter("");
```

现在，我们再调用 Scanner 类的 next() 方法，返回的字符串就是仅仅包含 1 个字符的字符串。请读者注意，包含 1 个字符的字符串，它也是一个对象，不是一个普通的字符（char）类型的普通变量，可以用点（.）操作符，使用相应的方法，比如说，charAt(0)，就表示返回这个字符串的第 0 个字符，这里的“0”表示字符串从起始位置的偏移地址（offset），实际上，就是这个字符串的第一个字符。

```
while (in.hasNext())
{
   char ch = in.next().charAt(0);
    // 加工处理 ch 变量
}
```

16.3.3 判断字符分类的方法

当我们从控制台或从文件中读取一个字符时，我们可能会想知道某个字符串中的某个字符是哪一类字符，比如说是数字、字母，还是空白字符（WhiteSpace，即空格、Tab 和 Enter 键），是大写字母，还是小写字母。这时，我们就需要用到 Character 类中的一些静态方法，这些方法中的参数，就是一个普通的 char 类型字符，判断的结果返回一个 boolean，也就是 false 或 true。例如以下形式。

```
Character.isDigit(ch);
```

如果 ch 是数字 0~9 中间的一个，那么返回 true，否则就返回 false。这样的方法有 5 个，如下表所示。

方法名称	方法功能	返回为 true 的字符范例
isDigit(char)	判断指定的 char 值是否为数字	0, 1, 2, 3, …, 9
isLetter(char)	判断指定的 char 值是否为字母	A, B, C, a, b, c
isUpperCase(char)	判断指定的 char 值是否为字母	A, B, C
isLowerCase(char)	判断指定的 char 值是否为字母	a, b, c
isWhiteSpace(char)	判断指定的 char 值是否为空白字符	空格，TAB 和回车

16.3.4 读入一行文本

上面我们学习了如何每次读入一个单词或一个字符，但有时，我们需要一次读入一行，因为在很多文件中，一行代码一个完成的记录。这时，我们就需要用到 nextLine( ) 方法了。

例如以下形式。

```
String line = in.nextLine(); // 这里的 in 表示事先定义后的处理控制台或文件输入的对象
```

为了确保每次都能读入一行，最好用 hasNextLine( ) 提前判断一下。当还能读入一行或多行字符时 hasNextLine( ) 方法返回 true，否则为 false，如下所示。

```
while (in.hasNextLine())
{
  String line = nextLine();
// 处理这一行
}
```

假设某个文本文件中包含了某只股票的信息，如下图所示。

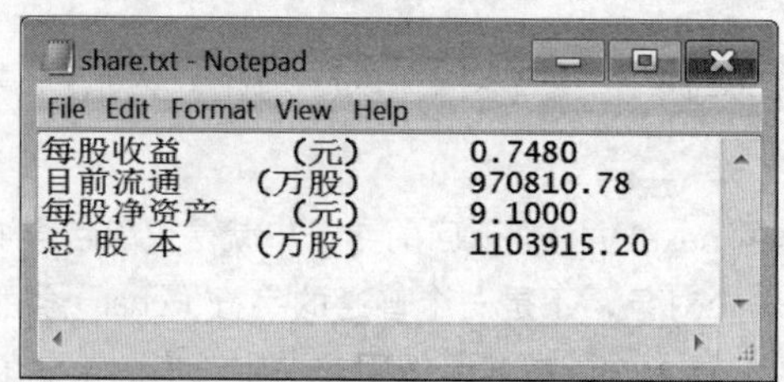

由于每一行的股票信息都不止一个单词（粗略空格分开），比如第一行的“每股收益（元）”，为了使文本对齐，这中间就包括很多空格，之后才是相应的数字信息。现在问题是，如何把这些数字提取出来呢？这时我们就用上一节表格中提及的方法找到第一个字符，代码如下所示。

```
int i = 0;
while (Character.isDigit(line.charAt(i)) == false)
{
  i++;
}
```

在找到这个数字的真实位置后，我们就可以用处理字符串的字符串方法来处理了，如下所示。

```
String shareName = line.substring(0, i); // 从 0 到 i（包括 i）的子字符串为股票信息
String shareValue = line.substring(i); // 从 i 开始到字符串结束的子字符串为股票信息的值
```

我们可以看到，股票的分项信息和它的值之间，有若干空白字符（即空格、TAB 或回车），这个时候，我们就可以利用 trim( ) 方法，把一个字符串的前面或最后面的空白字符全部“剪掉”。

```
shareName = shareName.trim();
shareValue = shareValue.trim();
```

16.3.5 将字符转换为数字

我们注意到，前面提及的 shareValue，即使它的值抽取出来，例如为“0.7480”，实际上还是一个长度为6的字符串，这是不能进行运算的。所以，我们需要把字符串转换为一个对应的数值（比如double类型的值）。这时，在前面学习到的基本数据类型的包装类 Integer、Double 和 Float 等，就派上了用场。

使用 Integer.parseInt() 方法就可以分析输入的字符是不是整型，如果是，就转换为对应的数值，例如以下形式。

```
int aIntValue = Integer.parseInt("123");// 将字符串“123”转换为整数 123
double shareValue =Double.parseDouble("0.7480"); // 将字符串“0.7480”转换为浮点数 0.748
```

综合前面讲解的知识点，下面给出一个综合的应用范例。

范例 16-6 分析读入文本文件的每一行（InputLineDemo.java）

```
import java.io.File;
import java.io.FileNotFoundException;
import java.util.Scanner;
public class InputLineDemo
{
  public static void main(String[] args) throws FileNotFoundException
  {
    File inputFile = new File("share.txt");
    Scanner in = new Scanner(inputFile);

    while (in.hasNextLine())
    {
      String line = in.nextLine();
      int i = 0;
      while (Character.isDigit(line.charAt(i)) == false) i++;
      String shareName = line.substring(0, i);
      String shareValue = line.substring(i);
      shareName = shareName.trim();
      shareValue = shareValue.trim();
      double  share =Double.parseDouble(shareValue);
      System.out.printf("%s\t:\t%-10.4f\n", shareName, share);
    }
    in.close();
  }
}
```

保存并运行程序，结果如下图所示。

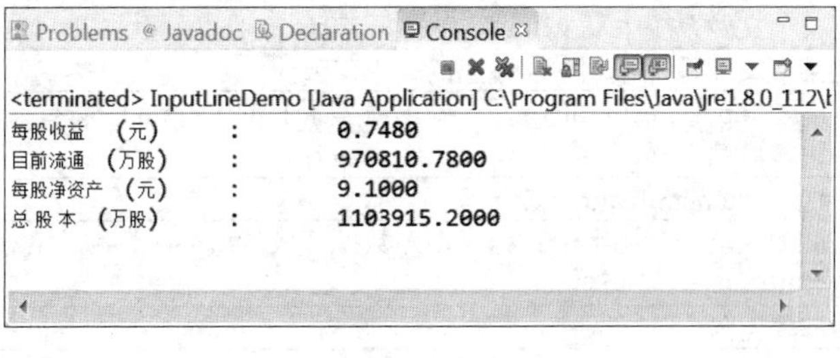

```
Problems  Javadoc  Declaration  Console
<terminated> InputLineDemo [Java Application] C:\Program Files\Java\jre1.8.0_112\
每股收益  (元)      :      0.7480
目前流通  (万股)    :      970810.7800
每股净资产  (元)    :      9.1000
总 股 本  (万股)    :      1103915.2000
```

代码详解

由于大部分知识点前面已经提及，不再赘言。这里需要读者注意的是第 21 行，System.out 对象中的 printf() 方法，其用法完全等同于在 C 语言中的 printf() 用法。其中，作为格式化输出的指示符“-10.4f ”，“f ”表示浮点数，“10.4”表示输出的总宽度（包括整数、小数和小数点）为 10，其中小数点后保留 4 位，“-”表示左对齐（默认是右对齐的）。

16.4 字节流与字符流

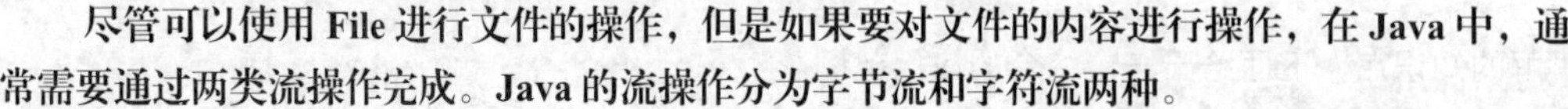

尽管可以使用 File 进行文件的操作，但是如果要对文件的内容进行操作，在 Java 中，通常需要通过两类流操作完成。Java 的流操作分为字节流和字符流两种。

字符流处理的对象单元是 Unicode 字符，每个 Unicode 字符占据 2 个字节，而字节流输入输出的数据是以单个字节（Byte）为读写单位。字符流是由 Java 虚拟机将单个字节转化为 2 个字节的 Unicode 字符，所以它对多国语言支持较好。

字节流的操作方式给操作一些双字节字符带来了困扰。但如果要将一段二进制数据，如音频、视频及图像等，写入某个设备，或者从某个设备中读取一段二进制数据，使用字节流操作进行读写，则更为方便。

由此可见，字符流和字节流都有其存在的合理之处。在一些应用场所，需要将二者进行转换。例如，接受字符流的输入，并在底层将字符转换为字节。

Java 的流式输入 / 输出建立在 4 个抽象类的基础之上，即 InputStream、OutputStream、Reader 和 Writer。它们用来创建具体的流式子类。尽管程序通过具体子类进行输入 / 输出操作，但顶层类的设计定义了所有流类的通用基本功能。

InputStream 和 OutputStream 被设计成字节流类，而 Reader 和 Writer 则被设计成字符流类。字节流类和字符流类形成分离的层次结构。通常来说，处理字符或字符串时应使用字符流类，处理字节或二进制对象时应使用字节流类。

一般在操作文件流时，不管是字节流还是字符流，都可以按照如下的流程进行。

- 使用 File 类找到一个要操作的文件。
- 通过 File 类的对象去实例化字节流或字符流的子类。
- 进行字节（字符）的读 / 写操作。
- IO 流属于资源操作，操作的最后必须关闭。

字节流包含两个顶层抽象类：InputStream 和 OutputStream。所有的读操作都继承自一个公共超类 java.io.InputStream 类。所有的写操作都继承自一个公共超类 java.io.OutputStream 类。这两个抽象类都有不同的子类，来具体实现某项“个性化”的功能，完成不同类型设备的输入和输出。下表列出常用的字节流名称及对应功能的简单介绍。

类名称	功能简介
AudioInputStream	以特定格式和长度的音频作为流输入源。这里的长度单位不是字节，而是“帧（frame）”
ByteArrayInputStream	从字节数组读取的输入流
FileInputStream	在某个文件系统中从文件读入的输入字节流，这里原始的字节流可以是图像等
FileOutputStream	在某个文件系统中从文件输出的输出字节流
FilterInputStream	实现了 InputStream Interface，该类覆盖了 InputStream 的所有方法，使之用于向基本输入流发出各种请求
FilterOutputStream	实现了 OutputStream Interface
BufferInputStream	缓冲输入流：使用字节数组来作为数据读入的缓冲区，减少对硬盘的存取，增加文件存取的效率
BufferOutputStream	缓冲输出流

16.4.1 字节输出流——OutputStream

下面我们就从字节输出流 OutputStream 开始讨论。如果要通过程序把内存中的数据写回到文件之中，就需要借助 OutputStream 类来完成，如前文所述，它是一个抽象类，它主要定义了流式字节的输出模式，该类的所有方法都返回一个 void（空）值，如果发生错误，就会抛出一个 IOException 异常。

因为 OutputStream 是一个抽象类，所以，如果一个抽象类要想实例化对象，必须通过子类完成（子类将所有父类的抽象方法均给与实现）。例如，如果要操作文件的输出，就可以使用其子类 FileOutputStream 完成。FileOutputStream 创建了一个可以向文件写入字节的类 OutputStream，它常用的构造方法如下所示。

```
FileOutputStream(String filePath)  // 创建新的文件输出
FileOutputStream(File fileObj)     // 创建新的文件输出
FileOutputStream(String filePath, boolean append) // 在原有文件基础上追加数据
```

如果发生打开文件失败等意外，它们都可以引发 IOException 或 SecurityException 异常。在这里，filePath 是文件的绝对路径，fileObj 是描述该文件的 File 对象。如果参数 append 为 true，文件则是以设置搜索路径模式打开，在原有文件基础上追加数据。

FileOutputStream 的创建不依赖于文件是否存在。在创建对象时，FileOutputStream 会在打开输出文件之前就创建它。在这种情况下如果试图打开一个只读文件，则会引发一个 IOException 异常。

16.4.2 字节输入流——InputStream

类似于 OutputStream，InputStream 定义了一个输入模式的抽象类，该类的所有方法在出错时都会引发一个 IOException 异常。下表中显示了 InputStream 的方法。

方法	描述
int available( )	返回当前可读的输入字节数
void close( )	关闭输入流。关闭之后若再读取，则会产生 IOException 异常
void mark(int readlimit)	在输入流的当前点放置一个标记。该流在读取 readlimit 个 Bytes 字节前都保持有效
boolean markSupported( )	如果调用的流支持 mark( )/reset( ) 就返回 true
abstract int read( )	如果下一个字节可读，则返回一个整型，遇到文件尾时返回 -1
int read(byte buffer[ ])	试图读取 buffer.length 个字节到 buffer 中，并返回实际成功读取的字节数。遇到文件尾时返回 -1
int read(byte buffer[ ], int offset,int numBytes)	试图读取 buffer 中从 buffer[offset] 开始的 numBytes 个字节，返回实际读取的字节数。遇到文件结尾时返回 -1
void reset( )	重新设置输入指针到先前设置的标志处
long skip(long numBytes)	忽略 numBytes 个输入字节，返回实际忽略的字节数

FileInputStream 类是 InputStream 的子类，它负责创建一个能从文件读取字节的文件输入流对象，其常用的构造方法有两个。

```
FileInputStream(String filepath) // 构造方法 1
FileInputStream(File fileObj)    // 构造方法 2
```

创建对象失败时，这两个构造方法都能引发 FileNotFoundException 异常。在这里 filepath 是文件的绝对路径，fileObj 是描述文件的 File 对象。

下面的代码示范了 FileInputStream 类的两个构造方法的使用。

```
InputStream f0 = new FileInputStream("d:\\test.txt") ;
File f = new File("d:\\test.txt");
InputStream f1 = new FileInputStream(f);
```

尽管第 1 个构造方法更为普遍（第 01 行），但第 2 个构造方法（第 02~03 行）允许在把文件赋给输入流之前，用 File 类的构造方法更进一步检查文件。

在下面的综合例子中，首先用 FileOutputStream 类向文件中写入一个字符串，然后用 FileInputStream 读出写入的内容。

下面以 InputStream 的子类 FileInputStream（文件输入流）为例说明上述部分方法的使用。

范例 16-7 向文件中写入字符串并读出（StreamDemo.java）

```
//import java.io.* ;
import java.io.InputStream ;
import java.io.OutputStream ;
import java.io.FileInputStream ;
import java.io.FileNotFoundException ;
import java.io.FileOutputStream ;
import java.io.IOException ;
import java.io.File ;

public class StreamDemo{
   public static void main(String args[]){
      File  f = new File("d:\\temp.txt") ;
      OutputStream  out = null ;
      try{
         out = new FileOutputStream(f) ;
      }
      catch (FileNotFoundException e){
         e.printStackTrace() ;
      }
      // 将字符串转成字节数组
      byte b[] = "Hello World!!!".getBytes() ;
      try{
         // 将 byte 数组写入到文件之中
         out.write(b) ;
      } catch (IOException e1) {
         e1.printStackTrace() ;
      }
      try{
         out.close() ;
      } catch (IOException e2) {
         e2.printStackTrace() ;
      }
      // 以下为读文件操作
      InputStream in = null ;
      try{
         in = new FileInputStream(f) ;
      } catch (FileNotFoundException  e3) {
         e3.printStackTrace() ;
      }
      // 开辟一个空间用于接收文件读进来的数据
      byte b1[] = new byte[1024] ;
      int byteCount = 0 ;
      try{
      // 将 b1 的引用传递到 read() 方法之中，此方法返回读入数据的个数
```

```
45             byteCount = in.read(b1) ;
46         } catch (IOException e4) {
47             e4.printStackTrace() ;
48         }
49         try{
50             in.close() ;
51         } catch (IOException e5) {
52             e5.printStackTrace() ;
53         }
54         // 将 byte 数组转换为字符串输出
55         System.out.println(new String(b1, 0, byteCount)) ;
56     }
57 }
```

保存并运行程序，结果如下图所示。

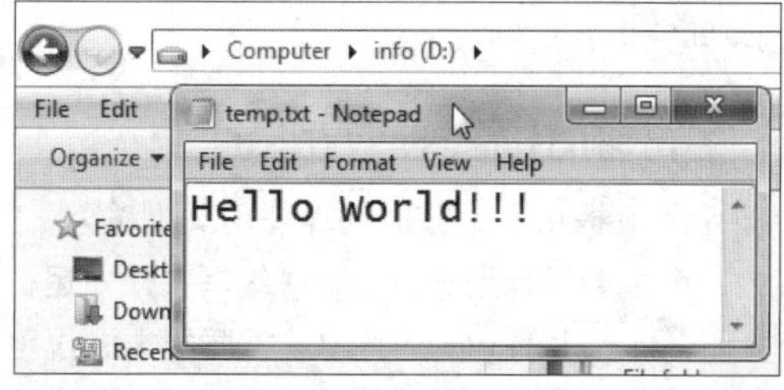

代码详解

因为要用到 OutputStream 和 InputStream 及其子类，同时要用到异常处理的部分类，所以在第 02~08 行导入相应的类库。事实上，为了“方便”起见，也可用代码的第 01 行代替第 02~08 行的功能。“import java.io.*”中的“*”是通配符，此处代表的是与 I/O 操作的所有包库。

其后的程序分为两个部分，一部分是向文件中写入内容（第 12~32 行），另一部分是从文件中读取内容（第 34~55 行）。

① 第 12 行通过创建一个 File 类对象 f，找到 D 盘下的一个 temp.txt 文件，如果没有这个文件，则创建之。

② 向文件写入内容。

第 13~19 行通过 File 类的对象 f 作为参数创建 OutputStream 的对象 out（第 13 行），然后再通过新创建子类 FileOutputStream，来实例化这个 OutputStream 对象 out（第 15 行），这属于对象的向上类型转型。

因为字节流主要以操作 byte 数组为主，所以第 21 行通过 String 类中的 getBytes() 方法，将字符串转换成一个 byte 数组。需要注意的是，在 Java 里，一切皆为对象，字符串“Hello World!!!”也是一个字符串对象，所以它也有相应的方法可用，使用一个对象的方法的格式是：“对象名 . 方法名”。这里 getBytes() 方法的对象就是字符串“Hello World!!!”。

第 22~27 行调用 OutputStream 类中的 write() 方法，将 byte 数组中的内容写入到文件中。

第 28~32 行调用 OutputStream 类中的 close() 方法，关闭数据流操作。

③ 从文件中读入内容。

第 34~39 行通过 File 类的对象 f 来作为参数，创建 InputStream 的对象 in（第 36 行），然后通过新创建的子类 FileInputStream 对象，来实例化这个 InputStream 对象 in，这里属于对象的向上类型转型。

因为字节流主要以操作 byte 数组为主，所以第 41 行声明了一个 1024 大小的字节（byte）数组，此数组用于存放读入的数据。

第 43~48 行调用 InputStream 类中的 read() 方法，将文件中的内容读入到 byte 数组中，读取字节的数量取决于参数中字节数组的大小，最后返回的是实际读入数据的字节数。

第 49~53 行调用 InputStream 类中的 close() 方法，关闭数据流操作。
第 55 行将 byte 数组转成字符串输出。

【范例分析】

从本范例中可以看到，大部分的方法操作时都进行了异常处理，这是因为所使用的方法处都用 try-catch 关键字进行 I/O 异常捕捉。

还有一点需要读者注意，Java 中，变量的使用都遵循一个原则：先定义，并初始化后，才可以使用。但有时，在我们定义一个引用类型变量时，并无法给出一个确定的值，这时，我们可以先给变量指定一个 null 值。

在 Java 中，null（空引用）常用来标识一个不确定的对象。因此可将 null 赋给引用类型变量，但不可以将 null 赋给基本类型变量。

比如，int a = null; 是错误的，Object o = null 是正确的。

程序的第 13 行和第 34 行，均使用了 null 来初始化 out 和 in 这两个对象。随后，这两个对象才被真正有意义地赋值（分别参见第 15 行和第 36 行）。学习过 C/C++ 的读者，可以将 null 理解为 C/C++ 中的 NULL(必须大写)，即空指针。

16.4.3 字符输出流——Writer

尽管字节流提供了足够的处理任何类型输入 / 输出操作的功能，但它们不能直接操作 Unicode 字符。既然 Java 的一个主要目标是支持“一次编写，处处运行”，那么支持多国语言字符的直接输入 / 输出是必要的。在这个方面，Java 中的 Writer 类起着重要的支撑作用。

下面将从 Writer 抽象类开始，介绍字符输出流及其相关子类的一些方法。Writer 是定义流式字符输出的抽象类，所有该类的方法都返回一个 void 值并在出错的条件下引发 IOException 异常。表中给出了 Writer 类中的方法。

方法	描述
abstract void close( )	关闭输出流。关闭后的写操作会产生 IOException 异常
abstract void flush( )	定制输出状态以使每个缓冲器都被清除。也就是刷新输出缓冲
void write(int c)	向输出流写入单个字符。注意参数是一个整型，它允许设计者不必把参数转换成字符型就可以调用 write( ) 方法
write(char[] cbuf)	向一个输出流写一个完整的字符数组
abstract void write(char[] cbuf, int off, int len)	向调用的输出流写入数组 cbuf 以 cbuf [off] 为起点的 len 个 Chars 区域内的内容
void write(String str)	向调用的输出流写 str
void write(String str, int off, int len)	写数组 str 中以指定的 off 为起点的长度为 len 个字符区域内的内容

FileWriter 是抽象类 Writer 的子类，下面来说明它的一些特性。FileWriter 创建一个可以写文件的对象，常用的 3 个构造方法如下所示。

```
FileWriter(String fileName)
FileWriter(File file)
FileWriter(String fileName, boolean append)
```

当发生错误时，这些构造方法可以抛出 IOException 或 SecurityException 异常。在这里 fileName 是包括文件名的绝对路径，file 是描述该文件的 File 类的对象。如果布尔类型的 append 为 true，则输出的内容附加到文件尾。FileWriter 类的创建不依赖于文件存在与否。如果试图打开一个只读文件，无法执行写入操作，会引发一个 IOException 异常。

16.4.4 字符输入流——Reader

Reader 是定义 Java 的流式字符输入模式的抽象类。Reader 是专门进行输入数据的字符操作流，这个类的定义如下所示。

```
public abstract class Reader
extends Object
implements Readable, Closeable
```

在 Reader 类之中也定义了若干个读取数据的方法，该类的所有方法在出错的情况下都将引发 IOException 异常。下表给出了 Reader 类中的主要方法。

方法	描述
abstract void close( )	关闭输入源。进一步的读取将会产生 IOException 异常
void mark(int numChars)	在输入流的当前位置设立一个标志。该输入流在 numChars 个字符被读取之前有效
boolean markSupported( )	该流支持 mark( )/reset( ) 则返回 true
int read( )	如果调用的输入流的下一个字符可读，则返回一个整型。遇到文件尾时返回 -1
int read(char[ ] cbuf)	试图读取 cbuf 中的 cbuf.length 个字符，返回实际成功读取的字符数。遇到文件尾返回 -1
read(char[] cbuf, int off, int len)	试图读取 cbuf 中从 cbuf [off] 开始的 len 个字符，返回实际成功读取的字符数。遇到文件尾返回 -1
boolean ready( )	如果下一个输入请求不等待，则返回 true，否则返回 false
long skip(long numChars)	跳过 numChars 个输入字符，返回跳过的字符设置输入指针到先前设立的标志处

因为 Reader 类是抽象类，所以要通过文件读取时，需要使用它的子类 FileReader，该类创建了一个可读取文件内容的 Reader 类。它常用的构造方法如下所示。

```
FileReader(String filePath) throws FileNotFoundException;
FileReader(File fileObj) throws FileNotFoundException;
```

每一个构造方法在无法找到要打开的文件时，都会引发一个 FileNotFoundException 异常。在这里 filePath 是一个文件的完整路径，fileObj 是描述该文件的 File 对象。

下面的例子将范例 16-7 进行改写，用字符流解决同样的问题，先来看一下代码。

范例 16-8 字符流的使用（CharDemo.java）

```
import java.io.* ;
public class CharDemo {
  public static void main(String args[]){
    File f = new File("d:\\temp.tx"" ) ;
    Writer out = null ;
    try{
      out = new FileWriter(f) ;
    } catch (IOException e) {
      e.printStackTrace() ;
    }
    // 声明一个 String 类型对象
    String str = "Hello World!!!" ;
    try{
      // 将 str 内容写入到文件之中
      out.write(str) ;
```

```
16          }catch (IOException e1){
17             e1.printStackTrace() ;
18          }
19          try{
20             out.close() ;
21          }catch (IOException e2){
22             e2.printStackTrace() ;
23          }
24
25          // 以下为读文件操作
26          Reader in = null ;
27          try{
28             in = new FileReader(f) ;
29          } catch (FileNotFoundException e3) {
30             e3.printStackTrace() ;
31          }
32          // 开辟一个空间用于接收文件读进来的数据
33          char c1[] = new char[1024] ;
34          int byteCount = 0 ;
35          try{
36             // 将 c1 的引用传递到 read() 方法之中，同时此方法返回读入数据的个数
37             byteCount = in.read(c1) ;
38          } catch (IOException e4) {
39             e4.printStackTrace() ;
40          }
41          try{
42             in.close() ;
43          } catch (IOException e5) {
44             e5.printStackTrace() ;
45          }
46          // 将字符数组转换为字符串输出
47          System.out.println(new String(c1, 0, byteCount)) ;
48       }
49    }
```

保存并运行程序，结果如下图所示。

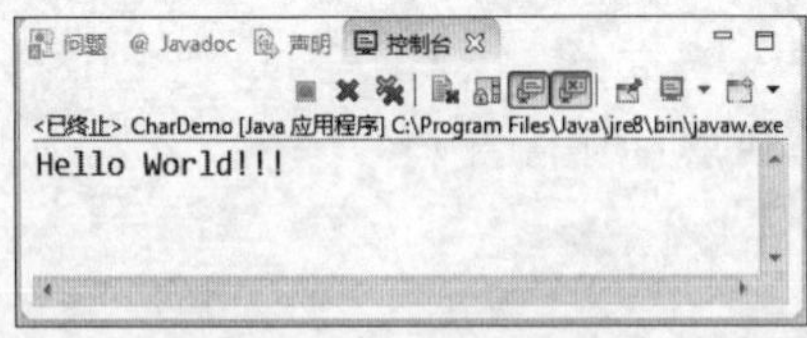

代码详解

此程序与上面范例的程序类似，也同样分为两部分，一部分是向文件中写入内容（第 06~23 行），另一部分是从文件中读取内容（第 26~45 行）。

（1）第 04 行通过一个 File 类找到 d 盘下的一个 temp.txt 文件。

（2）向文件写入内容。

第 05~07 行通过 File 类的对象去实例化 Writer 的对象 out，此时是通过其子类 FileWriter 实例化的 Writer 对象，属于对象的向上转型（第 07 行）。

因为字符流主要以操作字符为主，所以第 12 行声明了一个 String 类的对象 str。

第 13~18 行调用 Writer 类中的 write() 方法将字符串中的内容写入到文件中。

第 19~23 行调用 Writer 类中的 close() 方法，关闭数据流操作。

（3）从文件中读入内容。

① 第 26~31 行通过 File 类的对象去实例化 Reader 的对象，此时是通过其子类 FileReader 实例化的 Reader 对象，属于对象的向上转型。

② 因为字节流主要以操作 char 数组为主，所以第 33 行声明了一个 1024 大小的 char 数组，此数组用于存放读入的数据。

③ 第 34~40 行调用 Reader 类中的 read() 方法将文件中的内容读入到 char 数组中，同时返回读入数据的个数。

④ 第 41~45 行调用 Reader 类中的 close() 方法，关闭数据流操作。

⑤ 第 47 行将 char 数组转成字符串输出。

代码详解

读者可以将范例 CharDemo 中的第 19~23 行注释掉，也就是说在向文件写入内容之后不关闭文件，然后直接打开文件，可以发现文件中没有任何内容，这是为什么？从 JDK 文档之中查找 FileWriter 类，如下图所示。

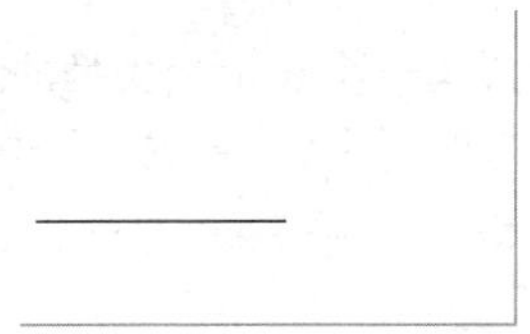

由上图可以看到，FileWriter 类并不是直接继承自 Writer 类，而是继承了 Writer 的子类（OutputStreamWriter），此类为字节流和字符流的转换类，后面会介绍。也就是说真正从文件中读取进来的数据还是字节，只是在内存中将字节转换成了字符。

第 20 行的“out.close()”的“关闭字符流”功能，可以完成将内存缓冲区的转换好的字符流，刷新输出至（外存储器的）文件中。

由上面的两个例程，可得出一个结论：字符流的操作多了一个中间环节——用到了缓冲区，而字节流没有用到缓冲区，直接对文件“实时”操作。另外，也可以用 Writer 类中的 flush() 方法强制清空缓冲区，也就是说，将第 20 行换成“out.flush();”，也可以保证 D 盘的“temp.txt”有输出的数据。

16.4.5 字节流与字符流的转换

前面已经讲过，对于数据操作，Java 支持字节流和字符流，但有时需要在字节流和字符流之间转换。为此，有以下两个类。

字节输入流变为字符输入流：InputStreamReader。

字节输出流变为字符输出流：OutputStreamWriter。

InputStreamReader 用于将一个字节流中的字节解码成字符，OutputStreamWriter 用于将写入的字符编码成字节后写入一个字节流。

InputStreamReader 有两个主要的构造方法。

```
InputStreamReader(InputStream in)
// 用默认字符集创建一个 InputStreamReader 对象
```

```
InputStreamReader(InputStream in,String CharsetName)
// 接收已指定字符集名的字符串，并用该字符集创建对象
```

OutputStreamWriter 也有对应的两个主要的构造方法。

```
OutputStreamWriter(OutputStream in)
// 用默认字符集创建一个 OutputStreamWriter 对象
OutputStreamWriter(OutputStream in,String CharsetNarme)
// 接收已指定字符集名的字符串，并用该字符集创建 OutputStreamWriter 对象
```

为了达到较高的转换效率，避免频繁地进行字符与字节间的相互转换，建议不要直接使用这两个类来进行读写，而应尽量使用 BufferedWriter 类包装 OutputStreamWriter 类，用 BufferedReader 类包装 InputStreamReader 类。

```
BufferedWriter out=new BufferedWriter(new OutputStreamWriter(System.out));
BufferedReader in=new BufferedReader(new InputStreamReader(System.in));
```

然后，从一个实际的应用中来了解 InputStreamReader 的作用。怎样用一种简单的方式一下子就读取到键盘上输入的一整行字符呢？只要用下面的两行程序代码就可以解决这个问题。

```
BufferedReader in=new BufferedReader(new InputStreamReader(System.in));
String strLine = in.readLine();
```

可见，构建 BufferedReader 对象时，必须传递一个 Reader 类型的对象作为参数，而键盘对应的 System.in 是一个 InputStream 类型的对象，所以这里需要用到一个 InputStreamReader 的转换类，将 System.in 转换成字符流之后，放入到字符流缓冲区之中，之后从缓冲区中每次读入一行数据。

```
import java.io.*;
public class class_name  //类名
{
  public static void main(String args[]) throws IOException
  {
    BufferedReader buf; // 声明 buf 为 BufferedReader 类的对象
    String str;               // 声明 str 为 String 类型的对象
    ...

    buf = new BufferedReader(new InputStreamReader(System.in));
    str = buf.readLine();               // 读入字符串至 buf
    ...
  }
}
```

下面用范例来说明这一应用流程。

范例 16-9　字节流与字符流的转换使用（BufferDemo.java）

```
import java.io.*;
public class BufferDemo
{
  public static void main(String args[])
  {
    BufferedReader buf = null;
```

```
07      buf = new BufferedReader(new InputStreamReader(System.in));
08      String str = null;
09      while (true)
10      {
11        System.out.print(" 请输入数字：");
12        try
13        {
14          str = buf.readLine();
15        } catch (IOException e)
16        {
17          e.printStackTrace();
18        }
19        int i = -1;
20        try
21        {
22          i = Integer.parseInt(str);
23          i++;
24          System.out.println(" 输入的数字修改后为：" + i);
25          break;
26        }
27        catch (Exception e)
28        {
29          System.out.println(" 输入的内容不正确，请重新输入！ ");
30        }
31      }
32    }
33  }
```

保存并运行程序，结果如下图所示。

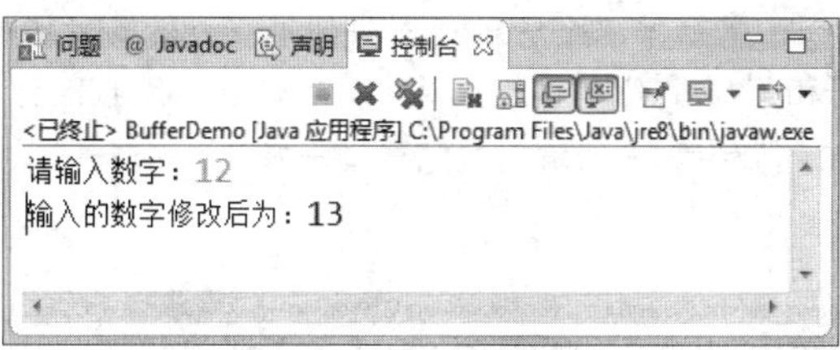

代码详解

第 06 行和第 07 行对 BufferedReader 对象实例化。因为现在需要从键盘输入数据，所以需要使用 System.in 进行实例化，但 System.in 属于 InputStream 类型，所以使用 InputStreamReader 类将字节流转换成字符流，之后将字符流放入到 BufferedReader 中。

第 14 行通过 BufferedReader 类中的 readLine() 方法，等待键盘的输入数据。

第 22 行通过 Integer 类将输入的字符串转换成基本数据类型中的整型。

第 23 行将输入的数字进行加 1 操作。

第 24 行输出修改后的数据。

16.5 命令行参数的使用

16.5.1 System 类对 I/O 的支持

为了支持标准输入输出设备，Java 定义了 3 个特殊的流对象常量。

- 错误输出：public static final PrintStream err。
- 系统输出：public static final PrintStream out。
- 系统输入：public static final InputStream in。

System.in 通常对应键盘，属于 InputStream 类型，程序使用 System.in 可以读取从键盘上输入的数据。System.out 通常对应显示器，属于 PrintStream 类型，PrintStream 是 OutputStream 的一个子类，程序使用 System.out 可以将数据输出到显示器上。键盘可以被当做一个特殊的输入流，显示器可以被当做一个特殊的输出流。System.err 则是专门用于输出系统错误的对象，它可视为特殊的 System.out。

按照 Java 原本的设计，System.err 输出的错误是不希望用户看见的，而 System.out 的输出是希望用户看见的。

观察下面的程序段。

```
01  public class SystemTest
02  {
03      public static void main(String[] args) throws Exception {
04          try {
05              Integer.parseInt("abc");
06          } catch (Exception e) {
07              System.err.println(e);
08              System.out.println(e);
09          }
10      }
11  }
```

【代码分析】

由于第 05 行，“abc”是一个字符串，不是 Integer.parseInt() 方法的合法参数，因此会抛出异常，第 06 行则是捕获这个异常，第 07 行和第 08 行则是输出这两个异常信息，用 Eclipse 调试，得到如下所示的调试结果图，从下图中可以发现，第 07 行和第 08 行输出的结果是一样的。

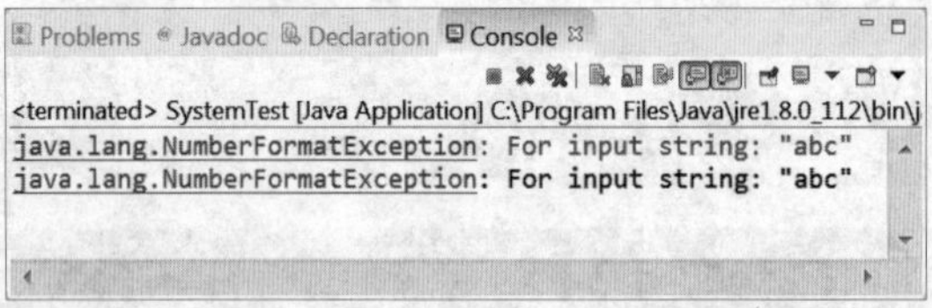

```
Problems  Javadoc  Declaration  Console
<terminated> SystemTest [Java Application] C:\Program Files\Java\jre1.8.0_112\bin\j
java.lang.NumberFormatException: For input string: "abc"
java.lang.NumberFormatException: For input string: "abc"
```

16.5.2 Java 命令行参数解析

根据操作系统和 Java 部署环境的不同，运行 Java 程序有多种方法。有双击图标的方法启动程序，也有利用命令行运行程序。在后一种方法中（特别是在类 UNIX 操作系统中），不可避免地要利用命令行输入一些用户指定的参数，这时，如何解析用户的参数，就不可避免了。例如以下形式

```
java  ProgramClass  -v  input.txt
```

这里，java 就是解释器，不能算是 Java 参数的一部分。ProgramClass 就是编译好的字节码（也就是 .class 文件，但在运行时，不能带 .class），“-v”代表可选项，是这个程序的第一个参数，“input.txt”是第二个参

数。

从控制台输入这些参数时，由程序的哪部分来接收它们呢？这就离不开我们常见的一句代码。

```
public static void main(String[] args)
```

这些参数都分别存在 main 方法中的字符串数组 args 中。我们知道，args 作为数组，它的下标（也可以说是偏移量）是从 0 开始的，所以上述参数的存储布局为以下形式。

```
args[0]:  "-v"
args[1]:  "input.txt"
```

下面，我们考虑以下一个应用场景，2000 年的恺撒大帝首次发明了密码，用于军队的消息传递。消息加密的办法是对消息明文中的所有字母都在字母表上向后（或向前）按照一个固定数目（用变量 n 表示）进行偏移后，被替换成密文。例如，当偏移量是 n=3 的时候，所有的字母 A 将被替换成 D，B 变成 E，以此类推，X 将变成 A，Y 变成 B，Z 变成 C。解密过程就是加密过程的反操作。由此可见，位数 n 就是恺撒密码加密和解密的密钥。

我们现在的任务就是，利用 Java 完成恺撒密码的加密和解密。这个程序有如下几个命令行参数。

-d：如果有这个可选项，表示启动解密（decryption），否则就是加密。

```
输入文件名
输出文件名
```

比如以下形式。

```
java CaesarCode input.txt encrypt.txt
```

上述代码表示加密 input.txt 中的信息，并把加密结果输出到 encrypt.txt 文件中。

```
java CaesarCode -d encrypt.txt output.txt
```

上述代码表示将 encrypt.txt 中的加密信息解密出来并存放于 output.txt 文件中。假设需要加密的数据文本如下图所示。

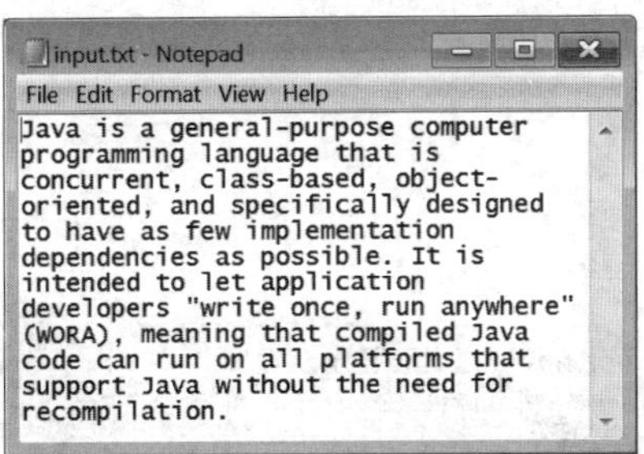

下面就是这个文本文件的加密和解密程序，是否加密与解密，取决于是否有“-d”选项。

范例16-10 命令行参数的使用（CaesarCode.java）

```
import java.io.File;
import java.io.FileNotFoundException;
import java.io.PrintWriter;
import java.util.Scanner;
public class CaesarCode
{
```

```
    public static void main(String[] args) throws FileNotFoundException
    {
      final int DEFAULT_KEY = 3;
      int key = DEFAULT_KEY;
      String inFile = "";
      String outFile = "";
      int files = 0;
      for(String arg : args)
      {
        if(arg.charAt(0) == '’ ') {      // 命令行可选项判断
          if(arg.charAt(1) == 'd') {
            key = -key;
          } else {
            usage();
            return;
          }
        } else {
          files++;
          if(files == 1){
            inFile = arg;
          } else if(files == 2) {
            outFile = arg;
          }
        }
      }
      if(files == 1){
        // 当只输入源文件参数时，自动生成默认输出文件名
        String[] strs = inFile.split("\\."); //”.”之前需要加”//”，否则理解为任意字符
        if(strs.length == 1){
          outFile = strs[0] + "_Caesar";
        } else {
          outFile = strs[0] + "_Caesar." + strs[1];
        }
      }
      else if(files == 0) {
        usage();
        return;
      }
      Scanner in = new Scanner(new File(inFile));
      in.useDelimiter(""); // 需要处理每一个字符，所以分隔符用空字符
      PrintWriter out = new PrintWriter(outFile);
      while(in.hasNext())
      {
        char from = in.next().charAt(0);
        char to = encrypt(from, key);
        out.print(to);
      }
      in.close();
      out.close();
    }

```

```
    public static char encrypt(char ch, int key)
    {
        int base = 0;
        if('A' <= ch && ch <= 'Z'){
            base = 'A';
        }
        else if('a' <= ch && ch <= 'z'){
            base = 'a';
        } else {
            return ch;
        }
        int offset = ch - base + key;
        final int LETTERS = 26;
        if(offset > LETTERS){
            offset = offset - LETTERS;
        }
        else if(offset < 0)
        {
            offset = offset + LETTERS;
        }
        return (char) (base + offset);
    }

    public static void usage()
    {
        System.out.println("Usage: java CaesarCode [-d] infile outfile");
    }
}
```

保存并运行程序，结果如下图所示。

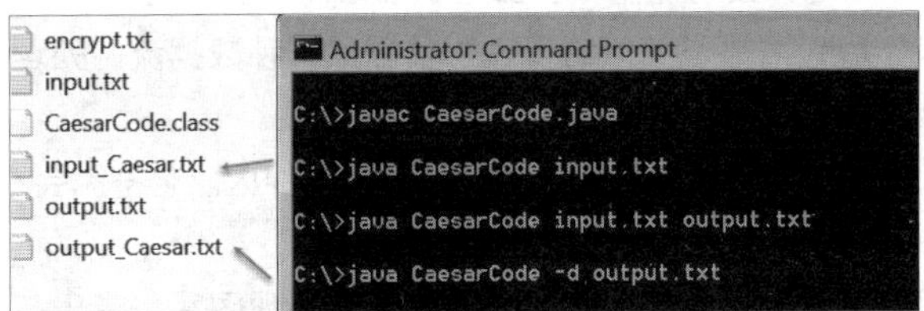

加密与解密的文件如下图所示。

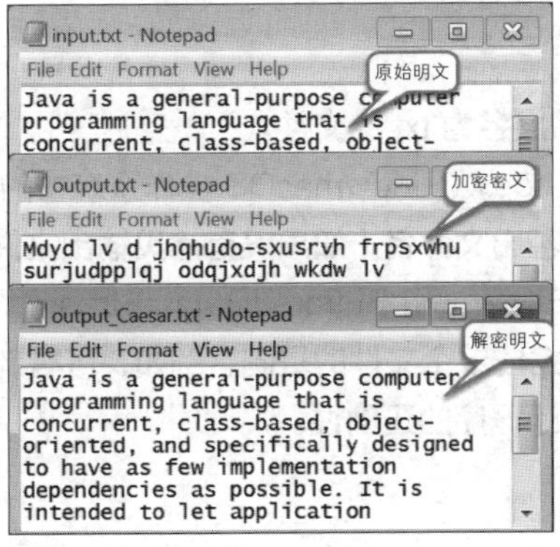

代码详解

第 09 行，设定加密和解密的偏移量为 3。

第 14~44 行，对命令行参数进行分析。其中第 17 行，读取第一个参数（事实上是 arg[0]）第一个字符（从 0 计数），看是否为字母“d”，如果是，则说明解密程序（key = -key），如果不是，则说明是加密程序。

第 32~40 行，如果命令行文件个数仅为 1 个时，就用扩展名分隔符“.”作为标记符，来分割输入文件名，即提取扩展名（.）前面的子字符串，这里“.”之前需要加两个反斜杠（//）表示转义，否则 Java 系统会理解为这个点（.）是一个通配符，能代替任意字符。分割之后，扩展名之前的子字符串被提取出来作为“原始文件名”，然后利用它拼接一个新的输出文件名，其格式为“原文件名 _Caesar.txt”。如果命令行文件个数有 2 个，那么就采纳用户指定的文件名，即前者为输入文件名，后者为输出文件名。

第 58~79 行，定义了一个加密 encrypt() 方法，采用恺撒循环移位加密，因为加密和解密的密钥是一样的，所以可以共用一个程序。

16.6 高手点拨

1. 使用缓冲流的作用

使用字节流对磁盘上的文件进行操作的时候，是按字节把文件从磁盘中读取到程序中来，或者是从程序写入到磁盘中。相比操作内存而言，操作磁盘的速度要慢很多。因此，我们可以考虑先把文件从硬盘读到内存里面，把它缓存起来，然后再使用一个缓冲流对内存里面的数据进行操作，这样就可以提高文件的读写速度。读者可以同时比较 InputStream 与 BufferedInputStream 在速度上的差异，从而深入理解缓冲流的优势所在。此外，对文件的操作完成以后，不要忘了关闭流，否则会产生一些不可预测的问题。

2. 字节流和字符流的区别是什么（面试题）

对于现在相同的功能发现有两组操作类可以使用，那么在开发之中到底该使用哪种会更好呢？

关于字节流和字符流的选择没有一个明确的定义，但是有如下的选择参考。

- Java 最早提供的实际上只有字节流，而在 JDK 1.1 之后才增加了字符流。
- 字符数据可以方便诸如中文的双字节编码处理。
- 在网络传输中或数据保存时，数据操作单位都是字节，而不是字符。
- 字节流和字符流在操作形式上都是类似的，只要掌握某一种数据流的处理方法，另外一种数据流的处理方式是类似的。
- 字节流操作时没有使用到缓冲区，但字符流操作时需要缓冲区。字符流会在关闭时，默认清空缓冲区。如果没有关闭，用户可用 flush() 方法手工清空缓冲区。

在开发之中，尽量使用字节流进行操作，因为字节流可以处理图片、音乐、文字，也可以方便地进行传输或文字的编码转换。在处理中文的时候可考虑字符流。

16.7 实战练习

1. 递归列出指定目录下的所有扩展名为 txt 的文件。

2. 模拟 Windows 操作系统中的 copy（Linux/macOS 操作系统中的 cp）命令，在命令行模式实现文件拷贝，允许用户不提供输出文件名（如果没有拷贝输出文件名，则提供默认的文件名）。提示：利用字节数组 byte[]、BufferedInputStream 和 BufferedOutputStream 两个缓冲区的输入或输出类，先从一个文件中读取，再写进另一个文件，完成单个文件的复制。例如，可复制图片、文本文件，复制后打开文件，对比两个文件是否内容一致，从而判断程序的正确性。

第 17 章 数据持久化方法——对象序列化

如何把内存中的对象保存成文件，并等下一次启动计算机的时候，能够还原到内存中，实现数据的持久化操作，或者把本机的对象通过网络发送到远端的计算机？这时候把对象序列化成为理想的解决方法。本章讲解对象序列化的相关知识，通过本章的学习，可以掌握对象序列化、反序列化的方法。

本章要点（已掌握的在方框中打钩）

- □ 掌握对象序列化的相关概念
- □ 熟悉 Java 中序列化的各种流类
- □ 掌握对象的序列化
- □ 掌握对象的反序列化
- □ 掌握 transien 关键字和 Externalizable 接口用法

有时我们需要将内存中的对象保存起来，以便进行进一步操作，这便要用到对象序列化（Serialization）。有些地方称之为数据的持久化，也就是说内存中的对象可以保留下来，其生命周期超过了启动它的程序的存活周期。

17.1 对象序列化的基本概念

所谓对象序列化（在某些书籍中也叫串行化），是指在内存之中把对象转化为二进制数据流的形式的一种操作。通过将对象序列化，可以方便地实现对象的传输及保存。比如，某个玩家打网络游戏时，打到一半时有事需要回家，这时就要保存游戏中人物的所有特征（包括住处、服装、经验值、武器装备等），以便回到家能接着玩这个游戏（而不是重新开始打这个游戏）。在这种场景下，就可以将这个对象进行序列化保存。

但在 Java 之中，并不是所有类的对象都可以被序列化。如果一个类对象需要被序列化，那么该类一定要实现 java.io.Serializable 接口。实际上，在这个接口里面，没有定义任何的方法，因此，该接口属于标识接口，标识一种能力。

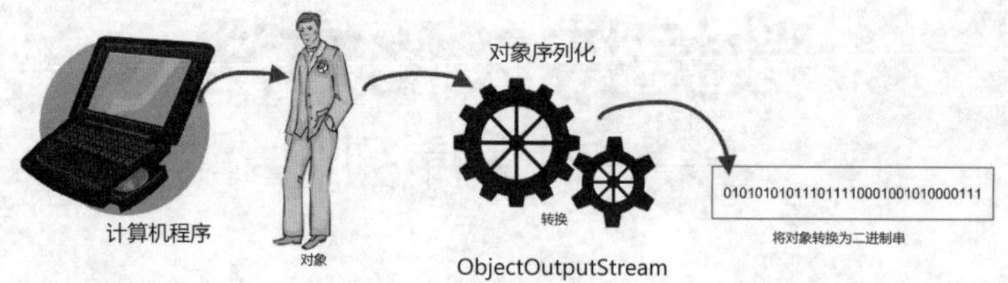

要想完成对象的输出或导入，还必须依靠对象输出流（ObjectOutputStream）和对象输入流（ObjectInputStream）为之辅助。

使用 ObjectOutputStream 输出序列化对象的步骤，就是前面提到的对象序列化，而其逆过程使用 ObjectInputStream 读入对象的过程，重构对象，称为反序列化。

为了完成保存和读取对象，如前所述，ObjectInputStream 与 ObjectOutputStream 类必须实现 Serializable 接口，但 Serializable 接口中没有定义任何方法，仅仅被用做一种标记，以便被编译器作特殊处理，如下范例所示。

范例 17-1　对象序列化使用范例（Person.java）

```
import java.io.Serializable;
public class Person implements Serializable
{                              // 此类的对象可以被序列化
  public static final long serialVersionUID = 42L;
  private String name;         // 声明 name 属性
  private int age;   // 声明 age 属性
  String country = "China";
  public Person(String name, int age ,String country)
  {                        // 通过构造方法设置属性内容
    this.name = name;
```

```
11        this.age  = age;
12        this.country = country;
13     }
14     public String toString()
15     {                     // 覆写 toString() 方法
16        return " 姓名：" + this.name + "；年龄：" + this.age + "；国籍：" + this.country;
17
18     }
19  }
```

代码详解

因为本例没有定义 main 方法，所以不能单独运行。作为一个完整的 Person 类，它和以往的类定义没有太多的区别。第 08~13 行定义了一个构造方法。在第 14~18 行覆写了 toString() 方法。特别之处在于，在第 01 行导入一个特殊的包 Serializable。在第 02 行中，类 Person 实现了 Serializable 接口。

至此，该类所定义的对象就有一种“特权”——可以被序列化。为了使序列化和反序列对象的版本号具有一致性，在第 04 行，给这个类的对象固化了一个序列化版本号（serialVersionUID）42L，这个值在这里并没有特殊的含义，读者完全可以指定 32L、22L，只要不同的类，有唯一的标识即可。

17.2 序列化与对象输出流 ObjectOutputStream

虽然某个类已实现 Serializable 接口，就表示这个类定义的对象可以被序列化。但如果想达到这个目的，还要有进一步的工作要做。我们前面提到，所谓的序列化，就是把这个对象以一个特殊的二进制文件存储起来，这还需要一个特殊的输出类为之服务。这个类就是 ObjectOutputStream，该类的继承关系如下所示。

```
java.lang.Object
   |- java.io.OutputStream
     |- java.io.ObjectOutputStream
```

观察上面的继承关系，可以发现，ObjectOutputStream 是前面提到的字节输出类 OutputStream 的子类，因为对象序列化之后，以二进制形式存储，所以只能够依靠字节流来操作。在 ObjectOutputStream 类中定义了以下两个方法。

- 构造方法：public ObjectOutputStream(OutputStream out) throws IOException。
- 输出对象：public final void writeObject(Object obj) throws IOException。

ObjectOutputStream 主要用于将对象序列化，下面举例说明。

范例 17-2　对象序列化（SerDemo01.java）

```
import java.io.File;
import java.io.FileOutputStream;
import java.io.ObjectOutputStream;
import java.io.OutputStream;
public class SerDemo01
```

```
06 {
07     public static void main(String[] args) throws Exception
08     {
09         File f = new File("SerTest.txt");
10         ObjectOutputStream oos = null;
11         OutputStream out = new FileOutputStream(f);              // 文件输出流
12         oos = new ObjectOutputStream(out);        // 为对象输出流实例化
13         oos.writeObject(new Person("Tom", 25, "America")); // 保存对象到文件
14         oos.close();                              // 关闭输出
15     }
16 }
```

保存并运行程序，输出的对象保存在 SerTest.txt 文件中，打开后如下图所示。

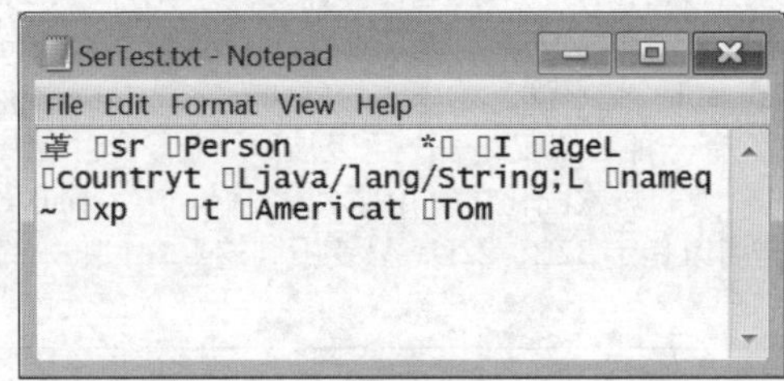

代码详解

第 09 行，实例化一个 File 类对象，被序列化的对象将保存在 SerTest.txt 文件中。

第 11 行，用 ObjectOutputStream 创建一个字节输出流对象 out。

第 12 行，将 out 对象作为 ObjectOutputStream 构造方法的实参，创建一个对象输出流对象 oos。

第 13 行，创建一个 Person 类的匿名对象，并利用 writeObject( ) 方法，将这个 Person 类对象写入到指定的文件当中。这里要用到 Person 类的定义。

第 14 行，关闭对象输出流对象 oos。

【范例分析】

从打开的序列化文件 SerText.txt 可以看到，里面有部分信息的确是 Person 类对象的。但还有部分乱码无法识别，但这对普通用户来说，则无需关心。我们只需关注能从这个文件中，把对象重构起来就好，具体这个对象是以什么格式存储的，可以让 Java 的设计者考虑。

17.3 反序列化与对象输入流 ObjectInputStream

如果希望把已被序列化的对象，再反序列化（重构）出来，就需要借助 ObjectInputStream 类，它用于读取将序列化的对象（文件）。此类继承关系如下所示。

```
java.lang.Object
  |- java.io.InputStream
     |- java.io.ObjectInputStream
```

在 ObjectInputStream 类之中，主要使用如下两个方法。

- 构造方法：public ObjectInputStream(InputStream in) throws IOException。
- 对象输入：public final Object readObject() throws IOException, ClassNotFoundException。

实现对象的反序列化（读取对象）操作，请参阅如下范例。

范例 17-3 对象的反序列化操作（SerDemo02.java）

```
01 import java.io.File;
02 import java.io.FileInputStream;
03 import java.io.InputStream;
04 import java.io.ObjectInputStream;
05 public class SerDemo02
06 {
07   public static void main(String[] args) throws Exception
08   {
09     File f = new File("SerTest.txt");
10     ObjectInputStream ois = null;
11     InputStream input = new FileInputStream(f); // 文件输入流
12     ois = new ObjectInputStream(input);      // 为对象输出流实例化
13     Object obj = ois.readObject();          // 读取对象
14     ois.close();                  // 关闭输出
15     System.out.println(obj);
16   }
17 }
```

保存并运行程序，从序列化文件 SerTest.txt 获取的反序列化对象信息，如下图所示。

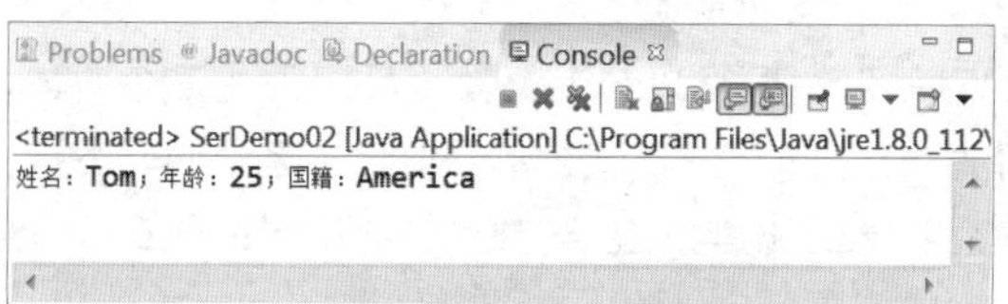

代码详解

第 09 行，定义一个 File 类对象 f，构建 f 的核心参数，就是存储序列化对象的文件“SerTest.txt”。虽然这也是一个文本文件，从范例 17-2 的运行结果可以看出，被序列化的对象被特殊化处理了，否则不会出现所谓的乱码（所谓的乱码，就是解码不匹配而已）。因此，需要专门的解码类（反序列化类）来处理。这里的反序列化类，就是 ObjectInputStream。

第 12 行，ObjectInputStream 声明了一个 input 对象。构建该对象的核心参数，就是包括序列化文件“SerTest.txt”的 File 类对象 f。

在把序列化文件完整读入以后，如果想把该对象完整输出，就得用到 ObjectInputStream 的专用读取对象方法 readObject( ) 读取被序列化的对象，并将这个对象的引用赋值给 obj（第 13 行）。

第 14 行，关闭输入对象流。

第 15 行，用 System.out.println( ) 输出 obj。这里需要注意的是，如果没有在范例 17-1 中覆写的方法 toString( )，用 println( ) 直接输出对象，仅仅会输出该对象的引用信息（也就是对象在内存中的地址），而不会输出这个对象的内容。用 println( ) 方法直接输出对象，会自动调用该类的 toString( ) 方法。

【范例分析】

从运行的结果图来看，的确可以从一个保存好的对象序列化文件中，完整地复原对象。其实，在日后的实际开发之中，这些序列化和反序列化的功能，都会由相关的容器标准化完成。

最后，需要读者注意的是，虽然在这个程序中，并没有一行代码是有关 Person 类的显式引用，但是在编译过程中，如果没有添加范例 17-1 定义的 Person 类进行联合编译，会无法编译通过。因为没有 Person 类做参考，就不知道重构的对象是什么样的。

▶17.4 序列化对象的版本号 serialVersionUID

在序列化对象时，为保证在被反序列化时仍具有唯一性，就需要给每个参与序列化的类发一个唯一的“身份证号码”——序列化版本号。比如，在范例 17-1 中第 04 行，我们就指定了这个 Person 类的 serialVersionUID 为 42L，那么这个类无论在后期怎么修改，它的“终生代码”都是 42L。

为什么会在反序列化时，出现对象的序列化版本不一致的情况呢？这是因为，假设一个对象被序列化后，程序员还是有可能继续改写这个已经产生对象的类（如前面定义的 Person 类），比如说在 Person 类中添加一个属性或一个方法，改变某个属性的访问权限（如原来的 public 改为 private），诸如此类的修订，都让一个类发生了变化。但这个类的类名并没有改变，这时，被反序列化（被重构）的对象，到底还算不算这个“更新”类的对象了呢？ serialVersionUID 就是为了解决这个问题而诞生的。

在进行反序列化时，Java 虚拟机（JVM）会把读取过来的字节流中的 serialVersionUID，与本地相应实体（类）的 serialVersionUID 进行比较，如果相同，就认为是一致的，可以进行反序列化，否则，就会抛出一个序列化版本不一致的异常（InvalidCastException）。

当实现 java.io.Serializable 接口的实体（类）时，类的设计者没有显式定义一个类型为 long、名称为 serialVersionUID 的变量时，Java 序列化机制会自动根据 class 信息（如类名、方法名、属性名等诸多因素），计算得到哈希值，作为一个类的序列版本号。在这种设计机制下，一般来说，每个类都会有个唯一的 serialVersionUID 与之对应。如果 class 文件（类名、方法名等）等基本信息没有发生变化，就算多次编译，这个版本序列号也不会变化的。

下面举例说明，如果我们不人为指定某个类的 serialVersionUID，而是采取 JVM 自己输出的值（通常这个值在没有抛出异常时，对普通用户是不可见的）。

我们先用 Person 类序列化对象，然后修改这个类，再反序列化这个对象，看结果会怎样。不同于范例 17-1 代码的是，把第 04 行注释掉，这样的话，serialVersionUID 由系统自动生成。

然后，我们利用这个修改后的 Person 类，配合范例 17-2 所示的代码，联合编译后，生成序列化对象文件 SerTest.txt。

```
01 import java.io.Serializable;
02 public class Person implements Serializable
03 {                                    // 此类的对象可以被序列化
04    //public static final long serialVersionUID = 42L;
05   /* private 步骤   */ String name;           // 声明 name 属性
06    private int age;                          // 声明 age 属性
07    String country = "China";
08    public Person(String name, int age ,String country)
09    {                                       // 通过构造方法设置属性内容
10       this.name = name;
11       this.age  = age;
12       this.country = country;
13    }
14
15    public String toString()
16    {                                            // 覆写 toString() 方法
17       return " 姓名：" + this.name + "；年龄："
18                + this.age + "；国籍：" + this.country;
19    }
20 }
```

接着，我们再次修改 Person 类，比如，将 name 的访问权限 private 删除（即由私有访问权限，变为包内公有访问），这样一来，这个 Person 类的 serialVersionUID 势必会变。然后，我们再配合范例 17-3 所示的代码，反序列化对象 SerTest.txt，运行结果如下图所示。

17.5 transient 关键字

在默认情况下，当一个类对象序列化时，会将这个类之中的全部属性都保存下来，如果不希望类中的某个属性被序列化（或某些属性不希望被保存），则可以在声明属性之前加上 transient 关键字。下面的代码修改自范例 17-1，在声明属性时，前面多加了一个 transient 关键字。

```
private transient String name ;
private int age ;
```

再次运行范例 17-3 程序时，其输出结果如下图所示。

```
Problems  Javadoc  Declaration  Console
<terminated> SerDemo02 [Java Application] C:\Program Files\Java\jre1.8.0_112\bin\javaw.exe (2
姓名：null；年龄：25；国籍：America
```

从输出结果可以看到，Person 类中的 name 属性并没有被保存下来，输出时，是直接输出了这个属性的默认值 null。如果是整型数据，则返回 0。

17.6 Externalizable 接口

被 Serializable 接口声明的类，其对象的内容全部都被序列化。有时候，如果我们希望自己指定序列化的内容，Serializable 接口就无能为力了。这时就要使用我们设计的类实现 Externalizable 接口，此接口定义如下所示。

```
public interface Externalizable extends Serializable
{
   public void writeExternal(ObjectOutput  out) throws IOException ;
   public void readExternal(ObjectInput  in) throws IOException,ClassNotFoundException ;
}
```

从上面的定义可知，Externalizable 继承自 Serializable，并重新定义了两个方法 writeExternal( ) 和 readExternal( )，前者用于指定要保存的属性信息，对象序列化时调用，后者用于读取被保存的信息，对象反序列化时调用。

这两个方法的参数类型分别是 ObjectOutput 和 ObjectInput，这二者都是接口类型，其定义分别如下。

ObjectOutput 接口定义：

```
public interface ObjectOutput extends DataOutput
```

ObjectInput 接口定义：

```
public interface ObjectInput extends DataInput
```

可以看到，以上两个接口分别继承自类 DataOutput 和类 DataInput，因此，在这两个方法中就可以像 DataOutputStream 和 DataInputStream 那样，直接输出和读取各种类型的数据。

在序列化对象方面，Externalizable 比 Serializable 更加个性化，但这需要付出代价的，其代价就是需要程序员“自己动手”——实现一些序列化和反序列化方法，才能“丰衣足食”——完成有选择性的序列化。

范例 17-4 使用Externalizable接口实现有选择的序列化对象内容

下面是 Person.java 的代码。

```
import java.io.*;
public class Person implements Externalizable // 此类的对象可以被序列化
{
  private String name;
  private int age;
  private String country
  public Person()                    // 必须定义无参构造
  {
  }
  public Person(String name, int age, String country)
  {
    this.name = name;
    this.age  = age;
    this.country = country;
  }
  // 覆写 toString() 方法
  public String toString()
  {
    return " 姓名：" + this.name + " 年龄：" + this.age  +  " 国家：" + this. country ;
  }
  // 覆写此方法，根据需要读取内容，反序列化时使用
  public void readExternal(ObjectInput  in) throws IOException
  {
    this.name = (String)in.readObject() ;   // 读取姓名属性
    this.age  = in.readInt() ;              // 读取年龄
  }
  // 覆写此方法，根据需要，可选择性保存属性，序列化时使用
  public void writeExternal(ObjectOutput  out) throws IOException
  {
    out.writeObject(this.name) ;        // 保存姓名属性
    out.writeInt(this.age) ;            // 保存年龄属性
  }
}
```

下面是 SerDemo03.java 的代码。

```
34 import java.io.*;
35 public class SerDemo03
36 {
37   public static void main(String[] args) throws Exception
38   {
39     ser();                          // 序列化
40     dser();                         // 反序列化
41   }
42   public static void ser() throws Exception      // 序列化操作
43   {
44     File f = new File( "SerTest.txt" );
45     ObjectOutputStream oos = null;
46     OutputStream out = new FileOutputStream(f);        // 文件输出流
47     oos = new ObjectOutputStream(out);              // 对象输出流实例化
48     oos.writeObject(new Person( "Tom" , 20, "American" )); // 保存对象到文件
49     oos.close();                          // 关闭输出
50   }
51   public static void dser() throws Exception     // 反序列化操作
52   {
53     File f = new File( "SerTest.txt" );
54     ObjectInputStream ois = null;
55     InputStream input = new FileInputStream(f);   // 文件输出流
56     ois = new ObjectInputStream(input);         // 为对象输出流实例化
57     Object obj = ois.readObject();            // 读取对象
58     System.out.println(obj);               // 输出对象
59     ois.close();                   // 关闭输出
60   }
61 }
```

保存并运行程序，从序列化文件 SerTest.txt 获取的反序列化对象信息，如下图所示。

```
Problems  Javadoc  Declaration  Console
<terminated> SerDemo03 [Java Application] C:\Program Files\Java\jre1.8.0_112\bin\javaw.exe (2
姓名：Tom   年龄：20   国家： null
```

代码详解

第 02 行，Person 类实现了 Externalizable，这表明 Person 类具备序列化对象的能力，但序列化和反序列化的方法，则需要程序员自己提供。

第 07~09 行，定义了无参构造方法。如果一个类要使用 Externalizable 实现对象的序列化，那么，在该类中必须存在一个无参构造方法。这是因为在反序列化时会默认调用无参构造实例化对象，如果无此无参构造，则运行时将会出现异常。在这一方面的实现机制，与 Serializable 接口是有所不同的。

第 28~32 行，覆写 Externalizable 接口中的 writeExternal 方法，这里根据需要，可选择性序列化 Person 类的部分属性（name 和 age），country 则没有序列化。

第 22~26 行，覆写 Externalizable 接口中的 readExternal 方法，在反序列化过程中，读取被序列化 Person 类的部分属性（name 和 age）。

第 42~50 行，定义一个方法 ser( )，进行序列化操作。其中，第 48 行将一个无名对象 new Person("Tom", 20, "American") 进行序列化。

第 51~60 行，定义一个方法 dser( )，进行反序列化操作（即重建对象）。从输出的结果可以看出，country 这个属性并没有参与序列化操作，因此反序列化操作的结果自然是 null（空）。

【范例分析】

在实现序列化方面，Externalizable 与 Serializable 的区别主要体现在如下 3 个方面。

在实现复杂度方面，Serializable 实现简单，Java 对其有内建（Build-in）支持，而对于 Externalizable 来说，实现起来相对复杂，序列化和反序列化方法，均由开发人员自己完成。

在执行效率方面，针对所有对象，Serializable 均由 JVM 统一部署保存对象、提取对象，性能相对较低。对比而言，Externalizable 比较灵活，开发人员可以自己决定序列化哪个对象（或对象的哪些属性），因此，对这些简化版的序列化对象的处理速度会有所提升。

在保存信息方面，Serializable 需要保存对象的全部信息，因此，保存时占据的空间相对较大。相对而言，Externalizable 仅仅保存部分信息，存储占据的空间较少。

一言蔽之，借助 Externalizable，程序员花费了额外的时间来进行开发，换回来在执行效率和存储空间等方面的性能提升。

▶17.7 高手点拨

除了 Java 本身自带的对象序列化方案之外，还有哪些对象序列化方法，各有什么特色（面试题）？

Java 自带的序列化方案，是 Java 内置的、原生态支持的对象序列化方案，但序列化和反序列化速度较慢，效果并不是十分理想。

除了 Java 自带的序列化方案之外，谷歌公司也开发了 Protocol Buffer（简称 PB）序列化反序列化工具。PB 序列化速度快，体积小巧，非常适用于移动互联的场景。但需要格式验证、实现复杂度高，支持的编程语言相对较少，被 PB 序列化的二进制对象数据，存储后无法和现有的检索引擎配合使用，也就是说，无法明文解析被 PB 序列化的二进制数据，而 Java 序列化的对象文件，虽然有乱码存在，但是大部分信息是人类可读的（human-readable），这些缺点也导致 PB 目前的适用范围较为有限，但是作为一种前沿的技术趋势，是值得期待的。

▶17.8 实战练习

1. 有一个 Student 类，有学号（id）、姓名（name）、各科成绩（Math、OS、Java）。从控制台输入信息创建两个学生对象，并将该类序列化到文件。注意要进行简单的输入验证。

2. 编写程序，在功能上要完成同时写入和读取多个对象。（提示：定义一个序列化对象数组，如 Object[]，数组元素保存多个不同对象，对该对象数组实施序列化。反序列化时，readObject 返回值为 Object 对象，该对象实际上是对象数组。当得到对象数组后，我们读取数组元素即可，这样就可以实现多个对象的序列化和反序列化。）

3. 当将一个对象连续两次进行序列化时，它会使序列号的文件大小加倍吗？而且反序列化出来的两个对象完全一致？请写程序验证。

4. RMI（远程接口调用）技术是完全基于 Java 序列化技术的，服务器端接口调用所需要的参数对象来自于客户端，它们通过网络相互传输。这就涉及 RMI 的安全传输的问题。一些敏感的字段，如用户名和密码（用户登录时需要对密码进行传输），我们希望对其进行加密，我们如何在客户端对密码进行加密，在服务器端进行解密，确保数据传输的安全性？

第 18 章

绚丽多彩的图形界面——GUI 编程

本章讲解 Java 中的图形化编程，包含组件、容器、事件处理。Java 提供了功能强大的类包 AWT 和 Swing，它们为构建绚丽多彩的图形界面提供了强有力的支持，使我们能用简单的几行代码，完成复杂的构图。

本章要点（已掌握的在方框中打钩）

- ☐ 掌握常用 AWT 组件的使用
- ☐ 掌握 AWT 事件处理机制
- ☐ 掌握 Graphics 类提供的基本绘图方法

18.1 GUI 概述

本章，我们将讲解比较“有意思”的内容，之所以说“有意思”，是因为我们终于可以自己实现平时喜闻乐见的图形用户界面（Graphics User Interface，GUI），包括窗口、按钮和动画等效果。GUI 是指使用图形方式显示的计算机操作用户界面之一，是计算机与其使用者之间的对话接口，是计算机系统的重要组成部分。

相比而言，前些章节的程序都是基于控制台的。在早期，计算机给用户提供的都是单调、枯燥、出自控制台的“命令行界面（Command Line Interface， CLI）”。CLI 是在 GUI 得到普及之前，使用最为广泛的用户界面之一，它通常不支持鼠标，用户通过键盘输入指令，计算机接收到指令后予以执行。

例如，以前非常流行的磁盘操作系统（Disk Operating System，DOS），现在 Windows 操作系统自带的 CMD，macOS 操作系统的 Bash，都是一种命令行界面。复杂的命令，功能也很强大，但让许多普通用户却无从下手。

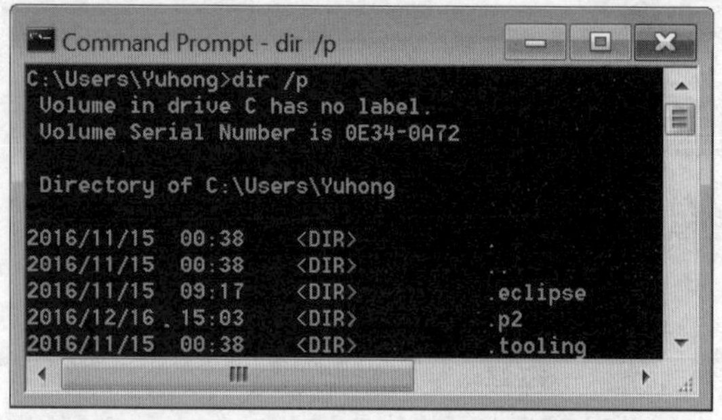

Windows 控制台

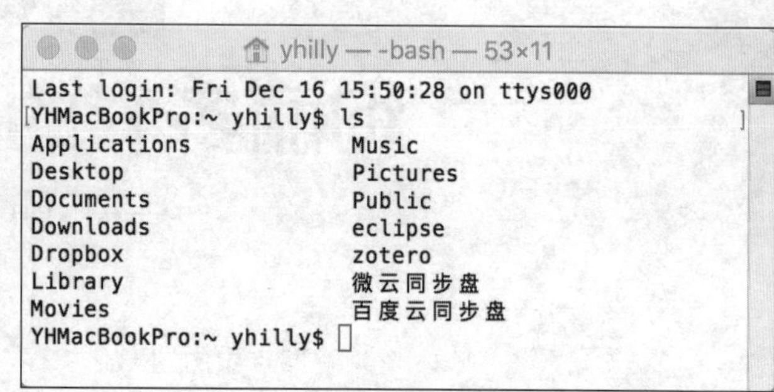

macOS 控制台

后来，取而代之的是通过窗口、菜单、按键等方式来方便地进行操作。20 世纪 70 年代，施乐帕罗奥多研究中心（Xerox Palo Alto Research Center，PARC）的研究人员，开发了第一个 GUI 图形用户界面，开启了计算机 GUI 的新纪元。在这之后，操作系统的界面设计经历了众多变迁，OS/2、 Macintosh、Windows、Linux、macOS、Symbian OS、 Android、 iOS 等各种操作系统，逐步将 GUI 的设计带进新时代。

现如今，在各个领域，我们可以看到 GUI 的身影，如电脑操作平台、智能移动 App、游戏产品、智能家居、车载娱乐系统等，GUI 几乎无处不在。

18.2 GUI 与 AWT

相比而言，在前面章节中，我们所学的程序，都是基于控制台的命令行界面，这样的界面对专业用户（如大公司的程序员运维人员），影响不大。但是，我们开发出来的应用程序，绝大部分是给普通用户使用的。对于视觉青睐的普通大众，他们更需要一个所见（点）即所得的图形界面。

在设计之初，Java 就非常重视 GUI 的实现。在 JDK 1.0 发布时，Sun 公司就提供了一个基本的 GUI 类库，这个 GUI 类库希望在所有操作系统平台下都能运行，这套基本类库称为“抽象窗口工具集（Abstract Window Toolkit，AWT）”，它为 Java 应用程序提供了基本的图形组件。

java.awt 包中提供了 GUI 设计所用的类和接口，下图描述了主要类库之间的关系。

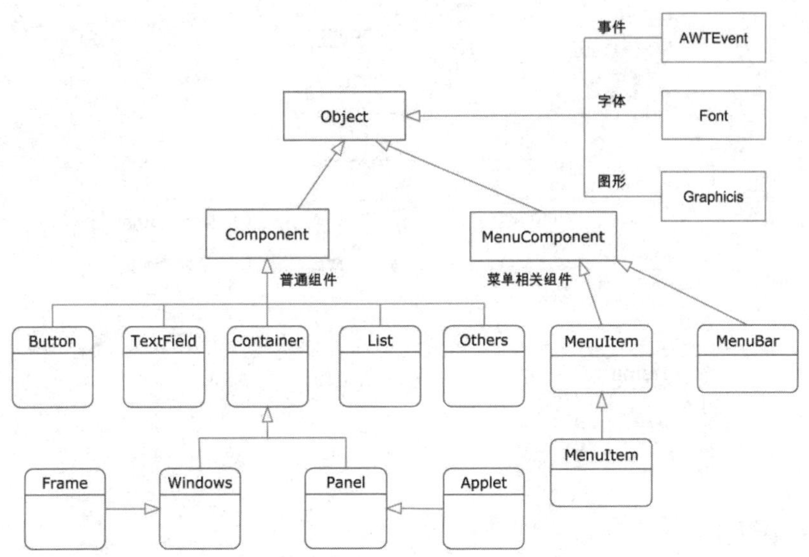

学习 GUI 编程，重点是掌握 Component 类的一些重要的子类，如 Button、Canvas、Dialog、Frame、Label、Panel、TextArea 等。下面是 GUI 开发的常用流程。

Java 把 Component 类的子类或间接子类创建的对象，构成一个个组件。

Java 把 Container 的子类或间接子类创建的对象，构成一个个容器。

向容器添加组件。Container 类提供了一个 public 方法 add( )，一个容器可以调用这个方法，将组件添加到该容器中。

容器调用 remove（component c）方法移除置顶组件。也可以调用 removeAll( ) 方法，将容器中的全部组件移除。

容器本身也是一个组件，因此可以把一个容器，添加到另一个容器来实现容器嵌套。

接下来，我们介绍容器及一些常用的组件，通过一些小例子、小项目，让大家对 GUI 编程有一定的认识，让我们的 Java 程序真正地绚丽多彩起来。

18.3 AWT 容器

我们首先介绍 AWT 中的容器，因为容器是放置组件的场所，是图形化用户界面的基础，没有它，各个组件就像一团散沙，无法呈现在用户面前，所以明白容器的创建与使用至关重要。

实际上，GUI 编程并不复杂，它有点类似于小朋友们爱玩的拼图游戏。容器就相当于拼图用的母版，其他普通组件，如 Button（按钮）、List（下拉列表）、Label（标签）、文本框等，就相当于形形色色的拼图小模块，创建图形用户界面的过程，就是完成一幅拼图的过程。

AWT 主要提供了两种容器。

Window（窗口）：可作为独立存在的顶级窗口。

Panel（面板）：可作为容器容纳其他组件，但本身不能独立存在，必须被添加到其他容器之中，如 Window、Panel 或 Applet（Java 小程序）。

下图显示了 AWT 容器的继承关系。其中 Frame、Dialog、Panel 及 ScrollPanel 等容器较为常用，Applet 是嵌套于网页的 Java 小程序，曾经风靡一时，但随着移动互联网时代的来临，其运行耗时、耗流量的特性，让它逐步淡出历史的舞台。

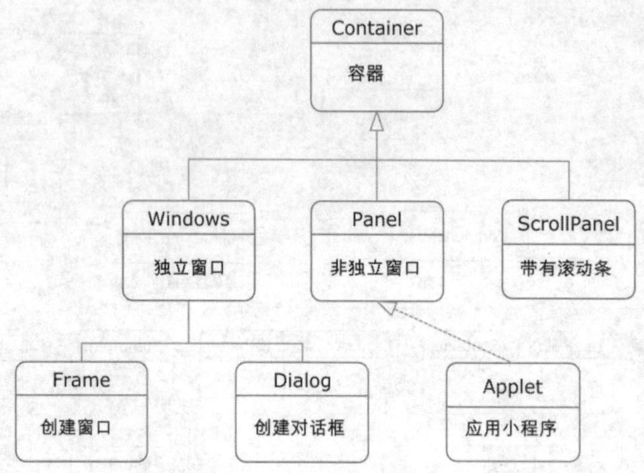

18.3.1 Frame 窗口

一个基于 GUI 的应用程序，应当提供一个能和操作系统直接交互的容器，该容器可以直接显示在操作系统所控制的平台上，比如显示器上。这样的容器，在 GUI 设计中属于非常重要的底层容器。

Frame 就是一个这样的底层容器，也就是我们通常所说的窗口，其他组件只有添加到底层容器中，才能方便地和操作系统进行交互。从前面的继承关系图可知，Frame 是 Window 类的子类，它具有如下几个特征。

- Frame 对象有标题，标题可在代码中用 setTitle( ) 设置，允许用户通过拖拉来改变窗口的位置和大小。
- Frame 窗口默认模式是不可见的，必须显式地通过 setVisible(true)，使其显示出来。

默认情况下，使用 BorderLayout 作为它的布局管理器。

下面举例说明 Frame 的用法。

范例 18-1　创建一个Frame窗口（TestFrame.java）

```
import java.awt.Frame;
public class TestFrame
{
   public static void main(String[] args)
   {
      Frame frame = new Frame();
      //frame.setSize(500, 300);
      frame.setBounds(50,50, 500,300);
      frame.setTitle("Hello Java GUI");
      frame.setVisible(true);
   }
}
```

保存并运行程序，Windows 操作系统下运行结果如下图所示。

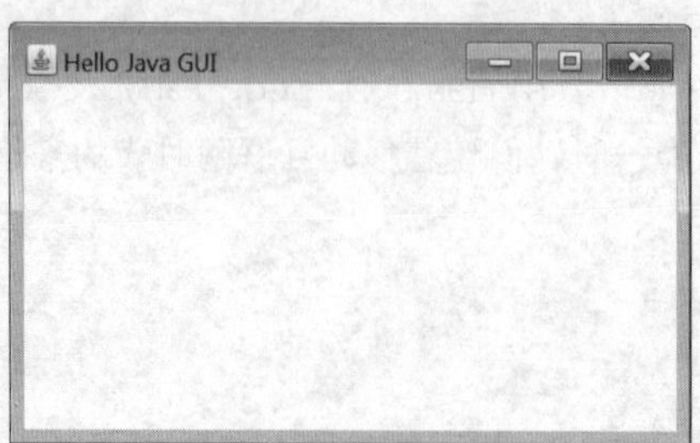

代码详解

第 01 行，导入创建 frame 的必要的图形包。

第 06 行，为 frame 对象的创建，使用默认构造函数构造一个初始不可见的新窗体。

第 08 行，用 setBounds 设置窗口的大小为 500 × 300，起始坐标为（50,50），这里需要说明的是，通常是以屏幕的左上角为坐标原点（0,0），如下图所示。如果仅仅用 setSize(500, 300) 来确定窗口大小的话（第 07 行），那么该窗口的起始坐标，默认为屏幕原点（0,0）。

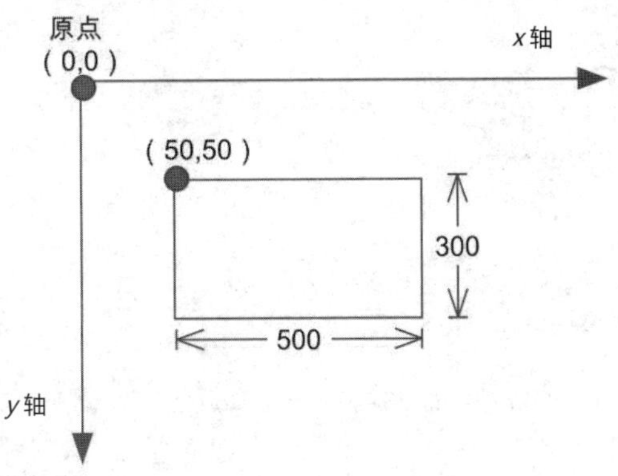

第 09 行，设置了窗口的标题为“Hello java GUI”。

第 10 行为设置窗口可见。

若将本范例在 macOS 和 Linux 操作系统下运行，从下图可以看出，在不同平台下运行，窗口的样式并不相同（包括窗口标题，是居左还是居中，关闭窗口的按钮，居左还是居右等）。因为 AWT 运行过程中，实际上调用的是所在操作系统平台的图形系统，所以才会出现不同的窗口类型。

macOS 操作系统下运行结果

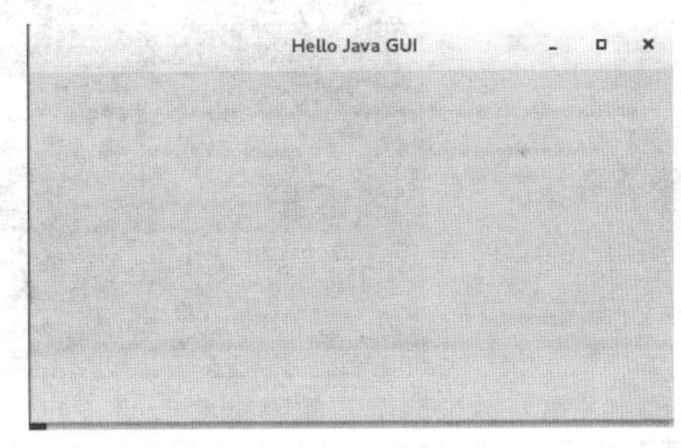

Linux 操作系统下运行结果

从本范例可以看出，我们的第一个 Java 窗口创建只需简单地调用 java.awt.Frame 包，强大的 Java 已经为我们编写好了复杂的创建窗口的方法，可以运行在不同平台上，而我们要做的仅仅是调用它。有了 Frame，我们就可以在其上面自由发挥，将软件交互界面一一实现。

如果 Java 提供的 Frame 并不能满足我们的需求，那么我们可以通过继承的方式，或复用 Frame 中的方法，或覆写部分方法，下面的范例就是演示简单的继承模式。

范例 18-2 能设置背景色的窗口（TestFrameColor.java）

```
import java.awt.Color;
import java.awt.Frame;
class TestFrameColor extends Frame
{
```

```
05     public TestFrameColor() {
06     // 设置标题
07     this.setTitle( "Hello Java GUI" );
08     // 设置大小可更改
09     this.setResizable( true );
10     // 设置大小
11     this.setSize(300,200);
12     // 设置大小及窗口顶点位置
13     this.setBounds(50,50,500,300);
14     // 设置背景颜色为绿色
15     this.setBackground(Color.green);
16     // 显示窗口
17     this.setVisible(true);
18     }
19     public static void main(String[] args)
20     {
21         TestFrameColor colorFrame = new TestFrameColor();
22     }
23 }
```

保存并运行程序，运行结果如下图所示。

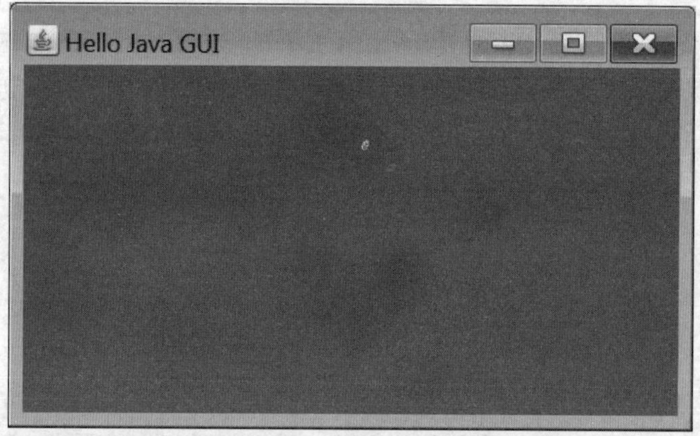

代码详解

第 01 行，导入创建 frame 的必要的有关色彩的包，用于和第 15 行配合，设置窗口的背景色。

第 09 行，通过 setResizable(true)，设置大小可更改。如果将其中的参数由“true”改为“false”，那么窗口的大小就不通过鼠标的拖拉改变形状。

第 21 行，创建了窗口对象 colorFrame。

运行前面两个程序的读者，很快就会发现一个“恼人”的问题，那就是创建的窗口无法关闭（单击窗口上的“×”，并不能关闭窗口）。这是因为我们并没有为窗口的关闭功能配写相应的代码。

修改范例 18-1，下面的范例演示了具备关闭功能的窗口。

范例 18-3 能关闭的窗口（CloseFrame .java）

```
01 import java.awt.Frame;
02 import java.awt.event.WindowAdapter;
03 import java.awt.event.WindowEvent;
04 public class CloseFrame
05 {
06   public static void main(String[] args)
07   {
08     Frame frame = new Frame();
09     frame.setSize(500, 300);
10     frame.setTitle("Hello Java GUI");
11     frame.addWindowListener(new WindowAdapter( )
12       {
13         public void windowClosing(WindowEvent e)
14         {
15           System.exit(0);
16         }
17       });
18     frame.setVisible(true);
19   }
20 }
```

保存并运行程序，运行结果如下图所示。

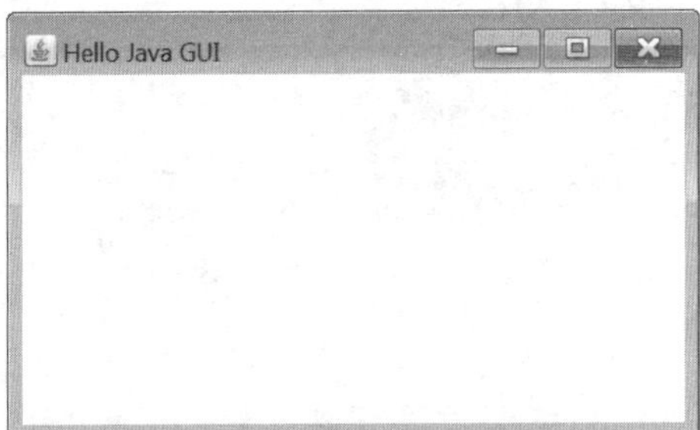

代码详解

本例运行的结果与范例 18-1 没有区别，但本例运行出来的窗口，单击关闭标志“×”，可以正常关闭程序。相比于范例 18-1，代码的区别在于，第 02~03 行，增加了 AWT 的事件处理 awt.event.WindowAdapter，这是接收窗口事件的抽象适配器类。此类存在的目的是方便创建侦听器对象。

使用扩展的类可以创建侦听器对象，然后使用窗口的 addWindowListener ( ) 方法向该窗口注册侦听器（第 11 行）。当通过打开、关闭、激活或停用、图标化或取消图标化而改变了窗口状态时，将调用该侦听器对象中的相关方法，并将 WindowEvent 传递给该方法。

第 12~17 行，实际上是定义了一个内部类 WindowAdapter，类中定义了一个对窗口关闭事件的处理方法 windowClosing( )。

第 15 行，System 是一个 Java 类（常用的 out.println( ) 就是来自这个类），调用 exit(0) 方法，表明要终止虚拟机，也就是退出正在运行的 Java 程序，括号里面的参数 0 是进程结束的返回值。

18.3.2 Panel 面板

Panel 也称为面板，它是 AWT 中的另一种常用的经典容器。与 Frame 不同的是，它是透明的，既没标题，也没边框。同时它不能作为外层容器单独存在，必须作为一个组件放置到其他容器中。

Panel 容器存在的主要意义，就是为其他组件提供空间，默认使用 FlowLayout 作为其布局管理器。下面的范例使用 Panel 作为容器来装一个按钮和一个文本框。

范例 18-4　创建一个包含文本框和按钮的Panel面板（TestPanel.java）

```
01 import java.awt.Frame;
02 import java.awt.Panel;
03 import java.awt.Button;
04 import java.awt.TextField;
05
06 public class TestPanel
07 {
08     public static void main(String[] args)
09     {
10         Frame frame = new Frame("Hello Java GUI");
11         Panel panel = new Panel();
12         // 向 Panel 中添加文本框和按钮
13         panel.add(new TextField(20));
14         panel.add(new Button("Click me!"));
15         // 将 Panel 添加到 Frame 中
16         frame.add(panel);
17         frame.setBounds(50, 50, 400, 200);
18         frame.setVisible(true);
19     }
20 }
```

保存并运行程序，结果如下图所示。

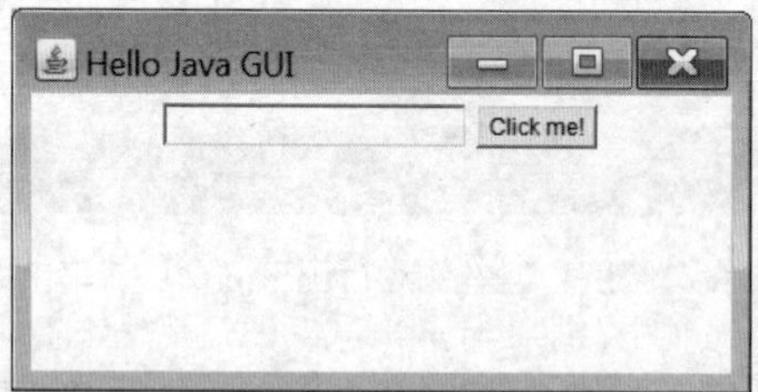

代码详解

第 01~04 行分别导入 Frame、Panel、按钮和文本框所在包。

第 11 行，使用默认构造方法创建 Panel 对象 panel。

第 13~14 行，利用 add( ) 方法，向容器 panel 中添加两个对象：文本框（第 13 行）和标题为“Click me！”的按钮（第 14 行）。

由于 panel 作为容器不能独立存在，还需要把这个容器添加到能独立存在的窗口 Frame 中（第 16 行）。

第 17 行，设置 Frame 的起始坐标和长度、宽度。

第 18 行，让 Frame 可见（在默认情况下，Frame 对象是不可见的）。

18.3.3 布局管理器

通过范例 18-1 在不同平台上的运行结果得知，跨平台运行时，Java 程序的界面样式也会有微妙的变化，那么当一个窗体中既有文本控件，又有标签控件，还有按钮等，我们该如何控制它们在窗体中的排列顺序和位置呢，Java 的设计者们早已为我们准备了布局管理器这个工具，帮助我们来处理这个看似简单而又棘手的问题。

为什么说布局管理比较棘手呢？下面我们举例说明，假设我们通过下面的语句定义了一个标签（Label）。

```
Label MyLabel = new Label("Hello, GUI!");
```

为了让 Label 的宽度能刚刚好容纳“Hello, GUI!”，可能需要程序员折腾一番。比如说在 Windows 操作系统下，MyLabel 的最佳尺寸为 60×20（单位：像素）。可是同样的程序，切换到 macOS 操作系统下，这个最佳尺寸可能就是 55×18，如此一来，Java 的跨平台特性就会大打折扣，因为程序员除了要确保功能在不同的平台上一致，还要费时费力地调整运行窗口的各个组件的大小和所在容器的位置。

各个组件的最佳尺寸，与 Java 应用程序运行在何种平台上，深度耦合。如何免除程序员的这种低效的工作呢？于是就提供了 Java 来代替程序员完成类似的工作。

Java 提供了 FlowLayout、BorderLayout、CardLayout、GridLayout、GridBagLayout 等 5 个常用的布局管理器。下面，我们就从开发过程经常用到的 FlowLayout 开始，讨论布局管理器的用法。

01 FlowLayout（流式布局）

FlowLayout（流式布局），是 Panel 的默认布局管理方式。在流式布局中，组件按从左到右，而后从上到下的顺序，如流水一般，碰到障碍（边界）就折回，重头排序，简单来说，一行放不下，则折到下一行。

其实，在我们撰写文档时，用到的就是流式布局。它把每个字符当作一个组件，当一行写不下时，文档编辑器就会自动换行。所不同的是，文档排列的是文字，而在 AWT 中，排列的是组件。

FlowLayout 有如下 3 个构造方法。

（1）FlowLayout()：创建一个新的流布局管理器，该布局默认是居中对齐的，默认的水平和垂直间隙是 5 个像素。

（2）FlowLayout(int align)：创建一个新的流布局管理器，该布局可以通过参数 align 指定对齐方式，默认的水平和垂直间隙是 5 个像素。

align 参数值及含义如下所示。

- 0 或 FlowLayout.LEFT：控件左对齐。
- 1 或 FlowLayout.CENTER ：居中对齐。
- 2 或 FlowLayout.RIGHT ：右对齐。
- 3 或 FlowLayout.LEADING：控件与容器方向开始边对应。
- 4 或 FlowLayout.TRAILING：控件与容器方向结束边对应。
- 如果是 0、1、2、3、4 之外的整数，则为左对齐。

（3）FlowLayout(int align,int hgap,int vgap)：创建一个新的流布局管理器，布局具有指定的对齐方式及指定的水平和垂直间隙。

需要注意的是，当容器的大小发生变化时，用 FlowLayout 管理的组件大小是不会发生变化的，但是其相对位置会发生变化，请参见如下范例。

范例 18-5 使用流式布局管理器设置组件布局（FlowLayoutDemo.java）

```
import java.awt.Frame;
import java.awt.Button;
import java.awt.FlowLayout;
```

```
04 public class FlowLayoutDemo
05 {
06     public static void main(String[] args) {
07         Frame FlowoutWindow = new Frame();
08         FlowoutWindow.setTitle(" 流式布局 ");
09         FlowoutWindow.setLayout(new FlowLayout(FlowLayout.LEFT, 20, 5));
10         for (int count = 0 ; count < 11; count++)
11         {
12             FlowoutWindow.add (new Button(" 按钮 " + count));
13         }
14         // 依据放置的组件设定窗口的大小，使之正好能容纳放置的所有组件
15         FlowoutWindow.pack();
16         FlowoutWindow.setVisible(true);
17     }
18 }
```

保存并运行程序，结果如下图所示。

不用重新运行程序，用鼠标改变窗口的边界大小时，窗口内的组件会随之变化，如下图所示。

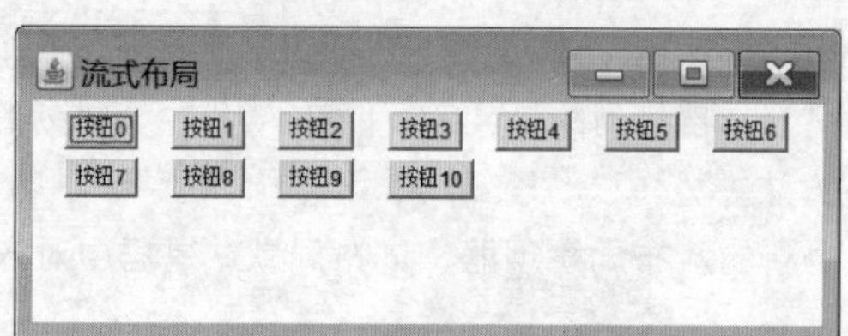

代码详解

第 03 行，导入流式布局管理的包。

第 10~13 行，用 for 循环在窗口中添加 11 个按钮。其中第 12 行，设置布局管理器的格式为左对齐。

值得注意的是第 15 行，使用了 pack( ) 方法，该方法依据放置的组件设定窗口的大小，自动调整窗口大小，使之正好能容纳放置所有的组件。在编写 Java 的 GUI 程序时，通常我们很少直接设置窗口的大小，而是通过 pack( ) 方法，将窗口大小自动调整到最佳配置。

02 BorderLayout

BorderLayout（边界布局）是 Frame 窗口的默认布局管理方式，它将版面划分成东（EAST）、西（WEST）、南（SOUTH）、北（NORTH）、中（CENTER）等 5 个区域，将添加的组件按指定位置放置，常用的 5 个布局静态变量如下所示。

```
BorderLayout.EAST
BorderLayout.WEST
BorderLayout.SOUTH
BorderLayout.NORTH
BorderLayout.CENTER
```

使用边界布局时，需要注意如下几点。

（1）当向这 5 个布局部分添加组件时，必须明确指定要添加到这 5 个布局的哪个部分。这 5 个部分不必全部使用，如果没有指定布局部分，则采用中间布局（CENTER）。

（2）在中间部分的组件会自动调节大小（在其他部位则没有这个效果）。

（3）如果向同一个布局部分添加多个组件，后面放入的组件会覆盖前面放入的组件。

（4）Frame、Dialog 和 ScrollPane 窗口，默认使用的都是边界布局。

边界布局有两个构造方法。

BorderLayout()：构造一个组件之间没有间距（默认间距为 0 像素）的新边框布局。

BorderLayout(int hgap, int vgap)：构造一个具有指定组件（hgap 为横向间距，vgap 为纵向间距）间距的边框布局。

范例 18-6 使用边界布局管理器设置组件布局（BorderLayoutDemo.java）

```
import java.awt.Frame;
import java.awt.BorderLayout;
import java.awt.Button;
public class BorderLayoutDemo
{
  public static void main(String[] args)
  {
    Frame BorderWindow = new Frame();
    BorderWindow.setTitle(" 边界布局 ");
    BorderWindow.setLayout(new BorderLayout( 40, 10));

    BorderWindow.add (new Button(" 东 "), BorderLayout.EAST);
    BorderWindow.add (new Button(" 南 "), BorderLayout.SOUTH);
    BorderWindow.add (new Button(" 西 "), BorderLayout.WEST);
    BorderWindow.add (new Button(" 北 "), BorderLayout.NORTH);
    BorderWindow.add (new Button(" 中 "), BorderLayout.CENTER);

    BorderWindow.pack();
    BorderWindow.setVisible(true);
  }
}
```

保存并运行程序，结果如下图所示。

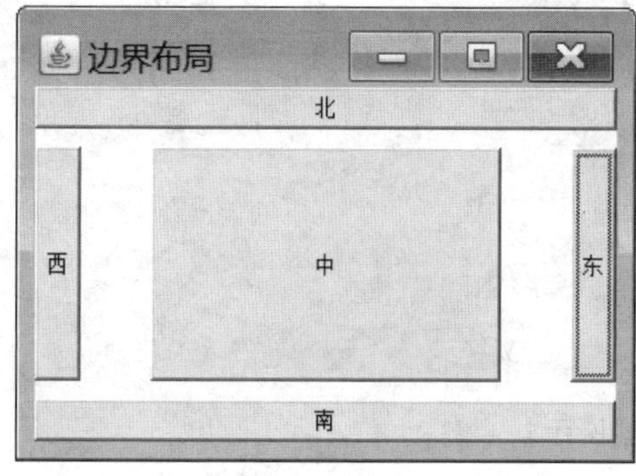

代码详解

第 02 行，导入边界布局管理的包。

第 10 行，设置窗口的边界布局管理器。BorderLayout(40, 10) 中的数字 40，代表水平间距为 40 个像素，10 代表垂直间距为 10 个像素。

第 12~16 行，添加了东、南、西、北、中等 5 个布局组件，其实这 5 个组件并不需要全部添加，而是按需添加。

【范例分析】

通过分析这个范例，读者可能会困惑，如果 BorderLayout 最多可以容纳 5 个组件，而且位置还是那么固定，这不是太不实用了吗?

其实，情况并不完全是这样。的确，BorderLayout 最多可以容纳 5 个组件，但是如果某个组件是 Panel 呢? Panel 这个容器，其实也可以看作一个组件。要知道，Panel 里面可以容纳非常多的组件。BorderLayout 仅仅提供了一个大致的宏观布局，个性化的布局还是需要在 Panel 里面细化的。请参阅下面改进版的范例。

范例 18-7 可容纳多个组件的边界布局管理器 (BorderLayoutDemo2.java)

```
import java.awt.Frame;
import java.awt.BorderLayout;
import java.awt.Panel;
import java.awt.Button;
import java.awt.TextField;
public class BorderLayoutDemo2
{
  public static void main(String[] args)
  {
    Frame BorderWindow = new Frame();
    BorderWindow.setTitle(" 边界布局 ");
    BorderWindow.setLayout(new BorderLayout( 50, 30));

    BorderWindow.add (new Button(" 南 "), BorderLayout.SOUTH);
    BorderWindow.add (new Button(" 北 "), BorderLayout.NORTH);

    Panel panel = new Panel();
    panel.add(new TextField(25));
    panel.add(new Button(" 我是按钮 1"));
    panel.add(new Button(" 我是按钮 2"));
    panel.add(new Button(" 我是按钮 3"));
    BorderWindow.add(panel);

    BorderWindow.pack();
    BorderWindow.setVisible(true);
  }
}
```

保存并运行程序，结果如下图所示。

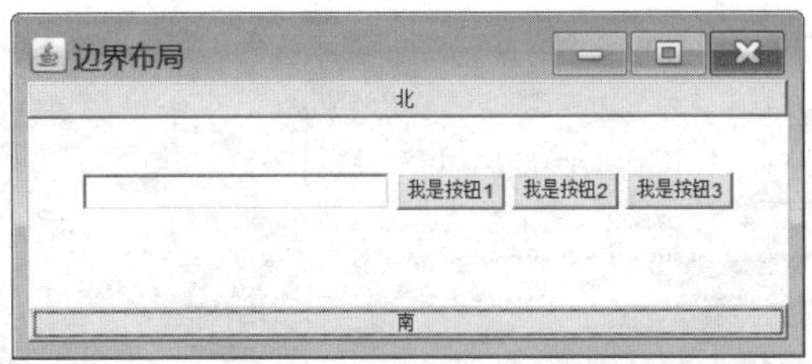

代码详解

第 14~15 行，添加了南和北两个布局按钮组件，实际上这里仅仅作为演示，并不是必需的。

第 17~21 行，添加了一个 Panel 容器，在这个容器了添加了一个文本框，3 个按钮。

第 22 行，将这个 Panel 容器，作为一个组件添加到窗口中，这里并没有用到静态变量参数：BorderLayout.CENTER，因为这是组件的默认值，如果不明确指定，就会启用这个值。

综上可见，合理地利用 Panel，完全可以不受 BorderLayout 只能添加 5 个组件的限制。

03 GridLayout

GridLayout（网格布局）将整个容器非常规整地纵横分割成 *M* 行 ×*N* 列的网格（Grid），每个网格所占区域大小均等。各组件的排列方式是从上到下，从左到右。组件放入容器的次序，决定了它在容器中的位置。容器大小改变时，组件的相对位置不变，大小会改变。

网格布局有 3 个构造方法，分别如下。

（1）GridLayout()。创建具有默认值的网格布局，即每个组件占据一行一列。

（2）GridLayout(int rows,int cols)。创建具有指定行数和列数的网格布局。rows 为行数，cols 为列数。

（3）GridLayout(int rows,int cols,int hgap,int vgap)。创建具有指定行数（rows）、列数（cols）及组件水平（hgap）、纵向一定间距（vgap）的网格布局。

下面的范例就是结合 BorderLayout 和 GridLayout 开发的一个计算器的可视化窗口。

范例 18-8　网格布局管理器（GridFrameDemo.java）

```
import java.awt.Frame;
import java.awt.BorderLayout;
import java.awt.GridLayout;
import java.awt.Panel;
import java.awt.Button;
import java.awt.TextField;
class GridFrameDemo
{
  public static void main(String[] args)
  {
    Frame frame = new Frame(" 网格布局之计算器 ");
    Panel panel  =new Panel( );
    panel.add(new TextField(40));
    frame.add(panel, BorderLayout.NORTH);
    // 定义面板
    Panel gridPanel = new Panel( );
```

```
17          // 并设置为网格布局
18          gridPanel.setLayout(new GridLayout(4, 4, 3, 3));
19          String name[ ]={"7","8","9","/","4","5","6","*",
20                      "1","2","3","-","0",".","=","+"};
21          // 循环定义按钮，并将其添加到面板中
22          for(int i=0;i<name.length;i++)
23          {
24             gridPanel.add(new Button(name[i]));
25          }
26
27          frame.add(gridPanel, BorderLayout.CENTER);
28          frame.pack();
29          frame.setVisible(true);
30      }
31  }
```

保存并运行程序，结果如下图所示。

代码详解

第 01~06 行，导入必要的类包，其中第 03 行导入有关网格布局管理器的类包。其实这 6 行代码，可用“偷懒”的方式代替：“import java.awt.*”，这里星号“*”是通配符，表示 awt 下所有的类包。

第 11 行声明一个 Frame 窗口，该窗口默认的布局管理器是 BorderLayout，于是我们在第 14 行和第 27 行，分别添加了两个容器 Panel，第一个 Panel 在 NORTH 区域，第二个 Panel 在 CENTER 区域。在第二个 Panel 区中，我们利用 for 循环添加了 16 个按钮。需要说明的是，这里仅仅显示了计算器的布局，因为没有写关于计算的代码，所以无法实施正常计算。

【范例分析】

由前面的代码分析可知，一个包含了多个组件的容器，其本身也可以作为一个组件，添加到另一个容器中去，容器再添加容器，这样就形成了容器的嵌套。我们可以将多种布局管理方式，通过容器的嵌套，整合到一种容器当中去。容器嵌套让本来就丰富的布局管理方式变得更多种多样，千变万化的布局方式，不同的组合，可以满足我们多样的 GUI 设计需求。

18.4 AWT 常用组件

AWT 提供了基本的 GUI 组件，可用在所有的 Java 应用程序中。GUI 组件根据作用可以分为两种：基本组件和容器组件（如 Frame 和 Panel 等）。容器组件在前面已经有所介绍，这里不再赘言。下面列出常见的 AWT 组件。

Button：按钮，可接收单击操作。

TextField：单行文本框。

TextArea：多行文本域，它允许编辑的多行文本。

Label：标签，用于放置提示性文本。

Checkbox：复选框，它可以在一个打开（真）或关闭（假）的状态进行切换。

CheckboxGroup：用于将多个 Checkbox 组件组合成一组，一组 Checkbox 组件将只有一个可以被选中，即全部变成单选框组件。

Choice：下拉式选择框组件。用于控制显示弹出菜单选择，所选选项将显示在顶部的菜单。

List：列表框组件，可以添加多项条目，为用户提供一个滚动的文本项列表。

Scrollbar：滑动条组件。如果需要用户输入位于某个范围的值，就可以使用滑动条组件。

ScrollPane：带水平及垂直滚动条的容器组件。

Canvas：主要用于绘图的画布。

Dialog：对话框，它是一个用于采取某种形式的用户输入的标题和边框的顶层窗口。

File Dialog：代表一个对话框窗口，用户可以选择一个文件。

Image：图像组件，是所有图形图像的超类。

下面我们选取几个常用的组件，说明其用法。其他组件和布局管理器的使用方法，读者可以查询 Java 的开发文档，来逐渐熟悉它们的用法，一旦掌握这些用法之后，就可以借助 IDE 工具，来更为便捷地设计 GUI 界面。

18.4.1 按钮与标签组件

按钮（Button）是 Java 图形用户界面的基本组件之一，前面的案例也多次用到按钮组件。

Button 有两个构造方法。

（1）public Button()：构造一个不带文字标签的按钮。

（2）public Button(String Label)：构造一个带文字标签的按钮。

Button 是一个主动型控制组件，当按下或释放按钮时，AWT 就会激发一个行为事件（ActionEvent）。如果要对这样的行为事件做出响应，就需要为这个组件注册一个新的侦听器（Listener），然后要利用 ActionListener 方法，做出合适的响应。

标签（Label）是一种被动型控制组件，因为它不会因用户的访问而产生任何事件。Label 组件就是一个对象标签，它只能显示一行文本。然而，这个文本内容可由应用程序改变。因此，我们可以用 Label 组件，方便地显示、隐藏、更新标签内容。

Label 有 3 个构造方法。

（1）Label()：构造一个不带文字的标签。

（2）Label(String text)：构造一个文字内容为 text、左对齐的标签。

（3）Label(String text, int alignment)：构造一个文字内容为 text、对齐方式为 alignment 的标签。

Label 类从 Component 继承而来，所以 alignment 的取值可以为 java.awt.Component 类的静态字段。

- static int CENTER：标签中心对齐。
- static int LEFT：标签左对齐。
- static int RIGHT：标签右对齐。

下面举例说明这两个组件的使用。

范例 18-9　按钮与标签按钮的使用（AWTButtonLabel.java）

```
import java.awt.*;
import java.awt.event.*;
public class AWTButtonLabel
{
```

```
private Frame myFrame;
private Label headerLabel;
private Label statusLabel;
private Panel controlPanel;
private Font font;
public AWTButtonLabel()
{
   myFrame = new Frame("Java 按钮与标签案例 ");
   myFrame.setLayout(new GridLayout(3, 1));
   myFrame.addWindowListener(new WindowAdapter() {
     public void windowClosing(WindowEvent windowEvent){
     System.exit(0);
     }
   });
   font = new Font(" 楷体 ", Font.PLAIN, 30);
   headerLabel = new Label();
   headerLabel.setAlignment(Label.CENTER);
   headerLabel.setFont(font);
   statusLabel = new Label();
   statusLabel.setAlignment(Label.CENTER);
   statusLabel.setSize(200,100);
   controlPanel = new Panel();
   controlPanel.setLayout(new FlowLayout());

   myFrame.add(headerLabel);
   myFrame.add(controlPanel);
   myFrame.add(statusLabel);
   myFrame.setVisible(true);
}

private void showButtonDemo()
{
   headerLabel.setText(" 按钮单击动作监控 ");
   Button okButton = new Button(" 确定 ");
   Button submitButton = new Button(" 提交 ");
   Button cancelButton = new Button(" 取消 ");

   font = new Font(" 楷体 ", Font.PLAIN, 20);
   statusLabel.setFont(font);
   okButton.addActionListener(new ActionListener() {
      public void actionPerformed(ActionEvent e) {
         statusLabel.setText(" 确定按钮被单击 !");
      }
   });
   submitButton.addActionListener(new ActionListener() {
      public void actionPerformed(ActionEvent e) {
         statusLabel.setText(" 提交按钮被单击 !");
      }
   });
   cancelButton.addActionListener(new ActionListener() {
```

```
55             public void actionPerformed(ActionEvent e) {
56                statusLabel.setText(" 取消按钮被单击 !");
57                }
58             });
59          controlPanel.add(okButton);
60          controlPanel.add(submitButton);
61          controlPanel.add(cancelButton);
62          myFrame.pack();
63          myFrame.setVisible(true);
64       }
65       public static void main(String[] args)
66       {
67          AWTButtonLabel  awtButtonDemo = new AWTButtonLabel();
68          awtButtonDemo.showButtonDemo();
69       }
70    }
```

保存并运行程序，结果如下图所示。

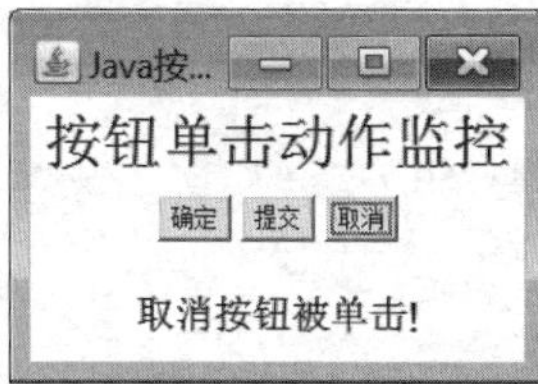

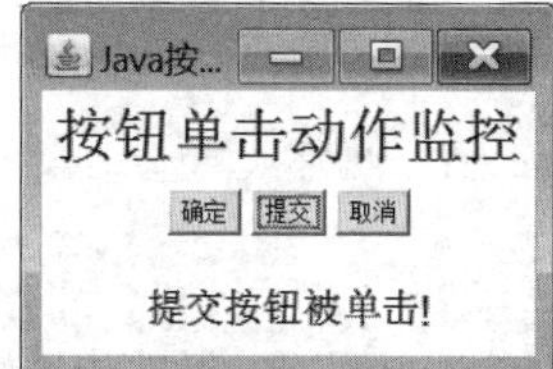

代码详解

第 02 行，把 AWT 有关事件处理的类包导入。

第 06~07 行，构建两个 Label 对象。第 08 行创建一个 Panel 容器，它作为一个容器，负责装载后面声明的“确定”“提交”和“取消”3 个按钮对象（第 59~61 行）。

第 09 行，声明了一个关于字体（Font）的对象引用，用来设置“按钮单击动作监控”和诸如“取消按钮被单击”等标签的字体大小，因为这些标签没有采用默认字体大小。

这个案例并没有太难理解的部分，和前面范例有所差别的是，为 4 个对象添加了 4 个事件处理，它们分别是窗口的关闭（即单击“×”，第 14~18 行）、“确定”按钮被单击（第 44~48 行）、“提交”按钮被单击（第 49~53 行）及“取消”按钮被单击（第 54~58 行）。

18.4.2 TextField 文本域

文本域是一个单行的文本输入框，是允许用户输入和编辑文字的一种线性区域。文本域从文本组件继承了一些实用的方法，可以很方便地实现选取文字、设置文字，设置文本域是否可以编辑，设置字体等功能。

TextField 拥有 4 种构造方法。

（1）public TextField()：构造一个空文本域 。

（2）public TextField(String text)：构造一个显示指定初始字符串的文本域，String 型参数 text 指定要显示的初始字符串。

（3）public TextField(int columns)：构造一个具有指定列数的空文本域，int 型参数指定文本域的列数。

（4）public TextField(String text, int columns)：构造一个具有指定列数、显示指定初始字符串的文本域，String 型参数指定要显示的初始字符串，int 型参数指定文本域的列数。

范例18-10　文本域测试（TestTextField.java）

```
01 import java.awt.*;
02 import java.awt.event.*;
03 public class TestTextField
04 {
05    public static void main(String[] args)
06    {
07       Frame frame = new Frame();
08       frame.addWindowListener(new WindowAdapter() {
09          public void windowClosing(WindowEvent windowEvent){
10          System.exit(0);
11          }
12       });
13
14       Label message = new Label(" 请输入信息 ");
15       TextField text = new TextField(10);
16       Panel centerPanel = new Panel();
17       Button enter = new Button(" 确认 ");
18       enter.addActionListener(new ActionListener()
19       {
20          public void actionPerformed(ActionEvent e)
21          {
22             message.setText(" 输入信息为："+text.getText());
23          }
24       });
25       frame.add(message, BorderLayout.NORTH);
26       centerPanel.add(text);
27       centerPanel.add(enter);
28       frame.add(centerPanel, BorderLayout.CENTER);
29       frame.setSize(300, 200);
30       frame.setTitle(" 文本域范例 ");
31       frame.pack( );
32       frame.setVisible(true);
33    }
34 }
```

保存并运行程序，结果如下图所示。

代码详解

第 08~12 行，为窗口的关闭按钮“×”添加了一个用匿名内部类实现的监听器，当单击“×”，就会关闭整个窗口（本质上，就是终止 JVM 运行本范例的进程），如果没有这个监听器，这个运行窗口的结束只能在任务管理器中终止，于用户而言，非常不便。

第 15 行，用带参构造函数创建了一个宽度为 10 的文本域。

第 18~24 行，为 button 添加了一个行为监视器，当按下按钮，就会改变 Label 的文本值（将文本框输入的值和 Label 的值合并）。

第 22 行，通过 getText() 方法获取文本域内输入的文本，并通过标签类的 setText( ) 方法，传送给 Label。

18.4.3 图形控件

因为图片（图形）能更好地表达程序运行结果，所以绘图在 GUI 程序设计中是一种非常重要的技术。

Graphics 是所有图形控件的抽象基类，它允许应用程序在组件上进行绘制。它还封装了 Java 支持的基本绘图操作所需的状态信息，主要包括颜色、字体、画笔、文本、图像等。它提供了绘图的常用方法，利用这些方法可以实现直线（drawLine()）、矩形（drawRect()）、多边形（drawPolygon t()）、椭圆（drawOval t()）、圆弧（drawArc t()）等形状和文本、图片的绘制操作。另外还可以使用相对应的方法，设置绘图的颜色、字体等状态属性。

范例18-11 绘图测试——画三个圆形（DrawCircle.java）

```
import java.awt.*;
public class DrawCircle
{
  public DrawCircle()
  {
    Frame frame = new Frame("DrawCircle");
    DrawCanvas draw = new DrawCanvas();
    frame.add(draw);
    frame.setSize(260, 250);
    frame.setVisible(true);
  }
  public static void main(String[] args)
  {
    new DrawCircle();
  }
  class DrawCanvas extends Canvas
  {
    public void paint(Graphics g)
    {
      g.setColor(Color.BLUE);
      g.drawOval(10, 10, 80, 80);
      g.setColor(Color.BLACK);
      g.drawOval(80, 10, 80, 80);
      g.setColor(Color.RED);
      g.drawOval(150, 10, 80, 80);
      g.setColor(Color.YELLOW);
      g.setFont(new Font(" 楷体 ", Font.BOLD, 20));
      g.drawString(" 好好学习、天天向上 ", 45, 200);
    }
  }
}
```

保存并运行程序，结果如下图所示。

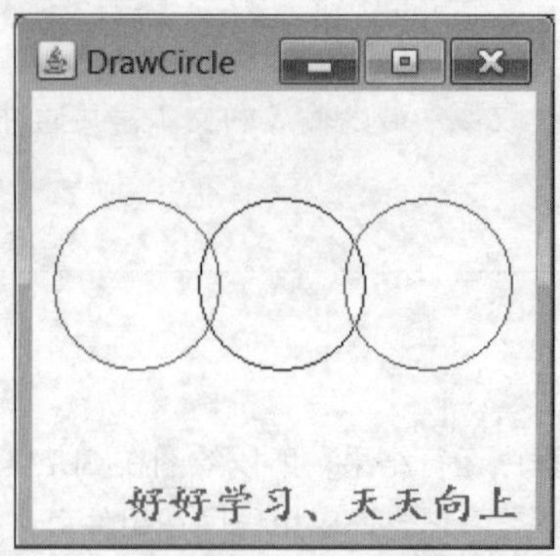

代码详解

第 07 行，创建了一个 Canvas 画布对象 draw，可在其上进行绘图。

第 08 行，将这个画布添加到窗口 frame 中。

第 18 行覆写了 paint( ) 方法，创建画布时默认用此方法进行绘图。

第 18~26 行，设置画笔颜色并绘制 3 个圆形。其中第 23 行 drawOval( )，4 个参数分别为绘制的坐标和图形大小。

第 27~28 行设置字体，画出字符。

【范例分析】

在本例中，我们并没有为窗口的关闭按钮“×”添加一个监听器，用于关闭窗口。读者可以模仿前面的案例自行添加。

18.5 事件处理

通过前面几个小节的学习，我们能大致构建出丰富多彩的图形界面，但这些界面 “徒有其表”，大多还不能响应用户的任何操作。前面有些范例中的小程序，甚至都不能够关闭窗口，用户体验很差，究其原因，就是因为没有用到事件处理机制，程序并不知道我们单击了哪里，自然也就没有办法做出合适的响应了。在 AWT 编程模型中，所有事件的感知，必须由特定对象（事件监听器）来处理。Frame 窗口和各个组件本身是没有事件处理能力的。

18.5.1 事件处理的流程

我们把一个对象的状态变化称为事件，即事件描述源状态的变化。呈现给用户的丰富多彩的图形界面，这并不够。用户看到图形界面后，会据此和界面互动，例如，单击一个按钮，移动鼠标，从列表中选择一个项目，通过鼠标滑轮滚动页面，通过键盘输入一个字符，诸如此类，这些都能促使一个事件发生。我们需要为每个 GUI 中的组件添加一个监听器，监控这样的事件，然后给出响应，只有这样，才能构造出与用户交互的效果。

在事件处理过程中，需要涉及 3 类对象。

（1）事件（Event）：一个对象，它描述了发生什么事情。事件封装了 GUI 组件上发生的特定行为（通常是用户的某种操作，如单击某个按钮，滑动鼠标，按下某个键等）。

（2）事件源（Event Source）：产生事件的组件，这是事件发生的场所。这个场所通常是按钮、窗口、菜单等。

（3）事件监听器（Event Listener）：也称为事件处理程序。监听器接收、解析和处理事件类对象、实现和用户交互的方法。监听器一致处于“备战”状态，也就是说，当事件没有发生，它会一直等下去，直到它接收到一个事件。一旦收到事件，监听器进程的事件就能给出响应，于用户而言，就是有了交互效果。

需要注意的是，不同于 VB、JavaScript 等编程语言，一个事件通常就对应一个函数或方法，Java 是纯粹面向对象的编程语言，从实现的角度来看，监听器也是一个对象，被称为事件处理器（Event Handler）。

利用事件监听器的好处是，它可以与产生用户界面的逻辑解耦开来，独立生成该事件的逻辑。在这个模型中，事件源对象只有通过注册监听器，才能使本对象的侦听器能够接收事件通知。这是一个有效的方式事件处理模型，因为这样做，可以让事件响应更加“有的放矢”。这就好比如果教务处发个通知，如果学生对象注册了监听器，就可以接收到这个通知，如果老师对象注册了监听器，也可以接收到这个通知。但如果这个通知仅仅有关老师，那学生就没有必要注册这个监听器。

AWT 的事件处理流程示意图如下所示。当外部用户发生某个行为，导致某一事件发生，例如，单击鼠标左键，按下某个按钮等，我们要找到是哪个组件上所发生的这个事件，也就是找到事件源，然后通知该事件源的监视器，监视器再找到处理该事件的方法并执行它，这样一个简单的事件处理就完成了。

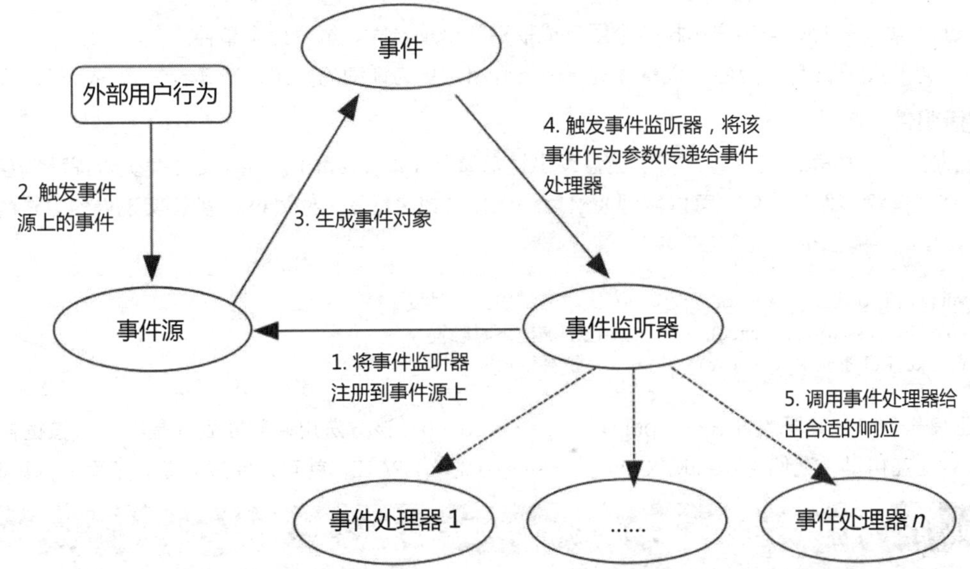

结合上图，我们把 AWT 事件机制中涉及的 3 个要素：事件源、事件和事件监听器，再次分别给与简要介绍。事件源比较容易创建，主要通过 new 创建诸如按钮、文本框等 AWT 组件，该组件就是事件产生的源头。事件是由系统自动创建的，程序员无需关注。所以实现事件机制的核心所在，就是实现事件的监听器。

事件监听器必须实现事件监听器接口。需要读者注意的是，在 AWT 中，提供了非常丰富的事件类接口，用以实现不同类型的事件监听器。例如，按下键盘、移动鼠标光标、单击按钮等，分别对应不同的事件监听器接口，所以会有多种监听器。

18.5.2 常用的事件

在 AWT 中，所有相关事件类都继承自 java.awt.AWTEvent 类，事件可分为两大类：低级事件和高级事件。

低级事件是指基于组件和容器的事件，当一个组件发生事件，如鼠标进入、单击、拖放或组件的窗口开关，当组件获得或失去焦点时，触发了组件事件。具体来说，有如下几大类。

ComponentEvent：组件事件，当组件尺寸发生变化、位置发生移动、显示或隐藏状态发生变化时，触发该类事件。

ContainerEvent：容器事件，当容器内发生组件增加、删除或移动时，触发该类事件。

WindowEvent：窗口事件，当窗口状态发生变化，如打开、关闭、最大化、最小化窗口时，触发该类事件。

FocusEvent：焦点事件，当组件获得和丢失焦点时，触发该类事件。

KeyEvent：键盘事件，当按键被按下、松开时，触发该类事件。

MouseEvent：鼠标事件，当鼠标进行单击、按下、松开或移动时，触发该类事件。

PaintEvent：组件绘制事件，这是一个特殊的事件类型，当 GUI 组件调用 update（更新）、paint（绘制）方法来呈现自身时，触发该类事件。该事件并不是专用于事件处理模型。

高级事件是基于语义的事件，它可以不和特定的动作相关联，而是依赖于触发此事件的类。比如，在 TextField 中按下“Enter”键，会触发 ActionEvent 事件。当滑动滚动条时，会触发 AdjustmentEvent 事件。选中列表的某一条就会触发 ItemEvent 事件。具体来说，有如下几类事件。

ActionEvent：动作事件，当按钮按下，菜单项被单击或在文本框（TextField）中按下 Enter 键时，触发此类事件。

AdjustmentEvent：调节事件，当滚动条上移动滑块以调节数值时，触发此类事件。

TextEvent：文本事件，当文本框、文本域中的文本发生改变时，触发此类事件。

ItemEvent：项目事件，当用户选择某个项目或取消某个项目时，触发此类事件。

接下来，我们就把几种常用的低级事件进行简要介绍，更为详细的介绍，请读者参阅 Java 开发文档。

01 键盘事件

当我们向文本框中输入内容时，将向键盘发出键盘事件（KeyEvent）。KeyEvent 类负责捕获键盘事件。监听器要完成对键盘事件的响应，可以实现 KeyListener 接口或者继承 KeyAdapter 类，实现操作方法的定义。KeyListener 接口中共有 3 个方法。

```
public void keyTyped(KeyEvent e);          //发生击键事件时触发
public void keyPressed(KeyEvent e);        //按键被按下时触发
public void keyReleased(KeyEvent e);       //按键被释放时触发
```

这里还有一个非常重要的方法——public int getKeyCode()，该方法用来判断到底是哪一个按键被按下或释放，如是否是空格键，我们用 e.getKeyCode() == KeyEvent.VK_SPACE，就可以完成判断，下面举例说明。

范例18-12 键盘事件检测实现（TestKeyEvent.java）

```
import java.awt.*;
import java.awt.event.*;
public class TestKeyEvent
{
    public static void main(String[] args)
    {
        Frame frame = new Frame("TestKeyEvent");
        Label message = new Label(" 请按任意键 ", Label.CENTER);
        Label keyChar = new Label("", Label.CENTER);
        frame.setSize(300, 200);
        frame.requestFocus();
        frame.add(message, BorderLayout.NORTH);
        frame.add(keyChar, BorderLayout.CENTER);
```

```
14          frame.addKeyListener(new KeyAdapter()
15             {
16                public void keyPressed(KeyEvent e)
17                {
18                keyChar.setText(KeyEvent.getKeyText(e.getKeyCode()) + " 键被按下 ");
19                }
20             });
21          frame.addWindowListener(new WindowAdapter()
22          {
23             public void windowClosing(WindowEvent e)
24             {
25                System.exit(0);
26             }
27          });
28          frame.setVisible(true);
29       }
30    }
```

保存并运行程序，结果如下图所示。

代码详解

有了事件处理机制，就有了 GUI 程序和用户操作的交互的能力。若想运用到它，需要使用到 java.awt.event 这个包中的类，所以在第 02 行，添加了这个包的所有类（用通配符“*”表示这个包下的所有事件类）。

第 09 行，构建一个标题为空，居中对齐的标签组件。这是为后面显示用户按键信息做准备。

第 11 行，requestFocus() 方法获取焦点，当打开 frame 窗口时就能捕获键盘事件。

第 14~20 行，为 frame 添加键盘监听器 addKeyListener。其中，第 16~19 行覆写 keyPressed() 方法，当某个按键（如键盘的“A”）被按下时，则执行此方法，获取按键名称并显示在标签上（第 18 行）。

第 21~27 行，添加窗口事件监听器，响应关闭窗口按键“×”，并退出程序。

【范例分析】

读者可能会注意到第 14 行和第 21 行有 addxxxListener 字样的方法，在这样的方法中，创建了一个匿名内部类 xxxAdapter，这些都是什么意思呢？事实上，前者是为事件源（如按钮、窗口等）增加一个监听器，不同的事件源，拥有不同类型的事件监听器，比如，针对窗口的行为（如关闭、最大化或最小化等），其添加的监听器方法是 addWindowListener()，而对于按键，其添加的监听器方法是 addKeyListener ()。

有了这些监听器并不够，还需要与之配套的事件适配器（Adapter）。在本例中，使用匿名类的方法来实现一个新的事件适配器，用来真正响应监听器捕获的事件，其流程如下图所示。

Java 为一些事件监听器接口提供了适配器类（Adapter）。我们可以通过继承事件所对应的 Adapter 类，重写所需要的方法，无关的方法则不用实现。事件适配器为我们提供了一种简单的实现监听器的手段，可以缩短程序代码。

Java.awt.event 包中定义的事件适配器类包括以下 7 类。

- MouseAdapter（鼠标适配器）。
- MouseMotionAdapter（鼠标运动适配器）。
- KeyAdapter（键盘适配器）。
- WindowAdapter（窗口适配器）。
- ComponentAdapter（组件适配器）。
- ContainerAdapter（容器适配器）。
- FocusAdapter（焦点适配器）。

02 鼠标事件

所有组件都能发出鼠标事件（MouseEvent），MouseEvent 类负责获取鼠标事件。若想监听鼠标事件并响应，可以实现 MouseListener 接口或者继承 MouseAdapter 类，来实现操作方法的定义。

MouseListener 接口共有 5 个抽象方法，分别在光标移入（mouseEntered）或移出（mouseExited）组件时、鼠标按键被按下（mousePressed）或者释放（mouseReleased）时和发生单击事件（mouseClicked）时触发。所谓单击事件，就是按键被按下并释放。需要注意的是，如果按键是在移除组件之后才被释放，则不会触发单击事件。

MouseEvent 有 3 个常用方法，分别是 getSource() 用来获取触发此次事件的组件对象，返回值为 Object 类型；getButton() 用来获取代表触发此次按下、释放或者单击事件的按键的 int 型值（常量值为 1 代表鼠标左键，2 代表鼠标滚轮，3 代表鼠标右键）；getClickCount() 用来获取单击按键的次数，返回值为 int 类型，数值代表次数。

此外还有 MouseMotionListener 接口，实现对鼠标光标移动和拖曳的捕捉，也称为鼠标运动监听器，因为许多程序不需要监听鼠标光标移动，把两者分开也可起到简化程序，提高性能的作用。

范例18-13　鼠标事件检测实现（TestMouseEvent.java）

```
import java.awt.*;
import java.awt.event.*;
public class TestMouseEvent
{
   private int x, y;
   public static void main(String[] args)
   {
      new TestMouseEvent();
   }
```

```
    public TestMouseEvent()
    {
        Frame frame = new Frame(" 鼠标事件演示 ");
        Label actionLabel = new Label(" 当前鼠标操作 :");
        Label location = new Label(" 当前鼠标光标位置为 ");
        frame.setSize(300, 200);
        frame.add(actionLabel, BorderLayout.CENTER);
        frame.add(location, BorderLayout.NORTH);
        frame.setVisible(true);
        frame.addWindowListener(new WindowAdapter()
        {
            public void windowClosing(WindowEvent e)
            {
                System.exit(0);
            }
        });
        actionLabel.requestFocus();
        actionLabel.addMouseListener(new MouseAdapter()
        {
            public void mouseEntered(MouseEvent e)
            {
                actionLabel.setText(" 当前鼠标操作 : 进入标签 ");
            }
            public void mousePressed(MouseEvent e)
            {
                actionLabel.setText(" 当前鼠标操作 : 按下按键 ");
            }
            public void mouseReleased(MouseEvent e)
            {
                actionLabel.setText(" 当前鼠标操作 : 按键释放 ");
            }
            public void mouseClicked(MouseEvent e)
            {
                actionLabel.setText(" 当前鼠标操作 : 单击按键 ");
            }
            public void mouseExited(MouseEvent e)
            {
                actionLabel.setText(" 当前鼠标操作 : 移出标签 ");
            }
        });
        actionLabel.addMouseMotionListener(new MouseMotionAdapter()
        {
            public void mouseMoved(MouseEvent event)
            {
                x = event.getX();
                y = event.getY();
                location.setText(" 当前鼠标光标位置为    X 坐标：" + x + "，Y 坐标：" + y);
            }
        });
    }
}
```

保存并运行程序，结果如下图所示。

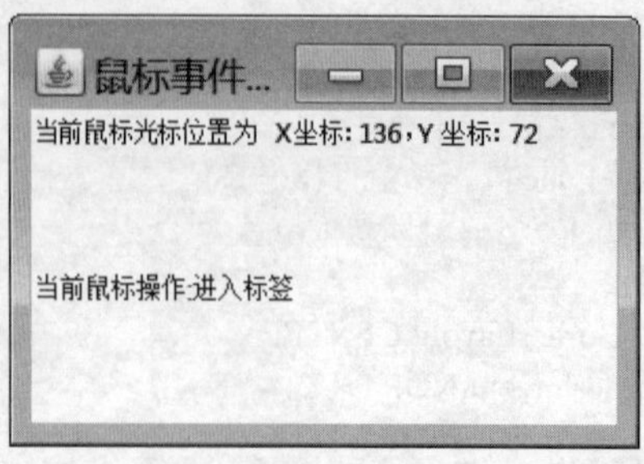

代码详解

第 26 行，通过 requestFocus() 方法，使 actionLabel 标签获取焦点，以捕获鼠标行为。

第 27 行，添加鼠标事件监听器。这个监听器的参数是一个鼠标适配器 MouseAdapter，用于接收鼠标事件。MouseAdapter 是一个抽象类，所以，这个类的所有方法都是空的。这里通过一个匿名内部类，分别实现里面的所有方法。

第 29~48 行，分别覆写 MouseListener 接口的 5 个抽象方法，告诉程序鼠标事件发生时该干什么。例如，第 29~32 行，mouseEntered() 方法是当鼠标移动到 actionLabel 这个标签上，输出“当前鼠标操作：进入标签”。

第 50 行，添加鼠标运动监听器 addMouseMotionListener，用以感知鼠标在当前窗口的相对位置（*X* 和 *Y* 坐标）。

第 52~57 行，通过 mouseMoved 方法捕获鼠标移动，并获取位置信息，然后通过 setText() 方法，将鼠标相应的坐标信息显示在 location 标签上。

18.5.3 小案例——会动的乌龟

通过前面的学习，我们掌握了基本的 GUI 绘制方法。下面我们来完成综合小案例，在这个小案例里，我们首先绘制出一个小乌龟（这里需要用到图形绘制方法），然后让这个图形响应键盘方向键的操作（用到键盘响应事件），这样，这只小乌龟就可以随着方向键的指挥而动起来，这难道不是 GUI 小游戏的雏形吗?

范例18-14 绘制会动的小乌龟（DrawTurtle.java）

```
import java.awt.*;
import java.awt.event.*;
public class DrawTurtle
{
  private int x, y;

  public static void main(String[] args)
  {
    new DrawTurtle();
  }

  public DrawTurtle()
  {
    x = 100;
    y = 10;
    Frame frame = new Frame(“DrawTurtle”);
    DrawLittleTurtle  turtle = new DrawLittleTurtle();
```

```
        frame.add(turtle);
        frame.setSize(500, 500);
        frame.setVisible(true);
        frame.addWindowListener(new WindowAdapter()
        {
            public void windowClosing(WindowEvent e)
            {
                System.exit(0);
            }
        });
        turtle.requestFocus();
        turtle.addKeyListener(new KeyAdapter()
        {
            public void keyPressed(KeyEvent e)
            {
                if (e.getKeyCode() == KeyEvent.VK_UP)
                {
                    y -= 10;
                }
                if (e.getKeyCode() == KeyEvent.VK_LEFT)
                {
                    x -= 10;
                }
                if (e.getKeyCode() == KeyEvent.VK_RIGHT)
                {
                    x += 10;
                }
                if (e.getKeyCode() == KeyEvent.VK_DOWN)
                {
                    y += 10;
                }
                turtle.repaint();
            }
        });
    }

class DrawLittleTurtle extends Canvas
{
    public void paint(Graphics g)
    {
        g.setColor(Color.YELLOW);         //绘制乌龟四条腿
        g.fillOval(x + 0, y + 40, 30, 30);
        g.fillOval(x + 90, y + 40, 30, 30);
        g.fillOval(x + 0, y + 110, 30, 30);
        g.fillOval(x + 90, y + 110, 30, 30);
        g.fillOval(x + 50, y + 130, 20, 50);    //绘制乌龟尾巴
        g.fillOval(x + 40, y + 0, 40, 70);      //绘制乌龟头
        g.setColor(Color.BLACK);
        g.fillOval(x + 50, y + 15, 5, 5);
        g.fillOval(x + 65, y + 15, 5, 5);
        g.setColor(Color.GREEN);          //绘制乌龟壳
```

```
69            g.fillOval(x + 10, y + 30, 100, 120);
70            g.setColor(Color.BLACK);
71            g.drawLine(x + 24, y + 50, x + 40, y + 67);
72            g.drawLine(x + 97, y + 50, x + 80, y + 67);
73            g.drawLine(x + 24, y + 130, x + 40, y + 113);
74            g.drawLine(x + 97, y + 130, x + 80, y + 113);
75            g.drawLine(x + 40, y + 67, x + 80, y + 67);
76            g.drawLine(x + 40, y + 113, x + 80, y + 113);
77            g.drawLine(x + 10, y + 90, x + 110, y + 90);
78            g.drawLine(x + 60, y + 30, x + 60, y + 150);
79        }
80    }
81 }
```

保存并运行程序，结果如下图所示。

代码详解

第 17 行，创建了一个画小乌龟的对象 turtle，类 DrawLittleTurtle 是 Canvas（画布）类的子类。

第 54~80 行，给出了 DrawLittleTurtle 类的具体定义，它继承自 Canvas 类，实现画布的定义。

第 56 行，覆写了 Canvas 类的 paint() 方法，在主类 DrawTurtle 创建匿名对象时（第 09 行），会执行此方法用以绘制乌龟。需要注意的是，在这个 paint() 方法中，参数是一个 Graphics 类的对象 g，可以利用该对象进行绘图。

Graphics 类有很多绘图方法，主要有两类，一类是画，即以 draw 打头，另一类是填充，以 fill 打头。例如，drawLine（画线）、drawRect（画矩形）、drawString（画字符串）、drawImage（画位图）等。fillRect（填充矩形）、fillArc（填充圆弧）、fillOval（填充椭圆）等用事先设置的颜色，填充封闭的图形区域。

第 58 行，利用 setColor(Color c) 方法，设置画笔的颜色。YELLOW、GREEN 及 BLACK 等都是 Color 类中的静态常量。

在整个画布中，Graphics 类的对象 g，在画的时候，我们称之为是画笔，在填充的时候，我们称之为画刷。

第 58~78 行中，多次调用 setColor()、fillOval()、drawLine() 等方法，分别用来换色、填充及绘制直线。

在第 28 行中，通过 requestFocus() 方法，让 DrawLittleTurtle 画布获取焦点，用以捕获键盘事件。

第 31~48 行判断键值，分别对坐标进行调整。

而后，在第 49 行调用 repaint() 进行图形重绘，实现乌龟的移动。这里需要注意的是，主动调用 repaint() 方法，就是程序控制重画的唯一手段。用户调用 repaint() 时，这个方法会主动调用 update() 方法。对于容器类组件，像 Panel、Canvas（画布）等的更新（或重画），首先需要将容器中的组件全部擦除，然后再调用各个组件的 paint 重画其中的组件。

【范例分析】

在实现画乌龟的过程中，首先要明白怎么画，按照什么步骤画，可以在有标尺的软件（如 Visio 或 SmartDraw 等）中把这个图形的草图构思出来，我们把乌龟分成腿，头，尾巴，龟壳四个部分，尺寸和比例合理布局（如果图形复杂，则可能需要美工配合），如下图所示。

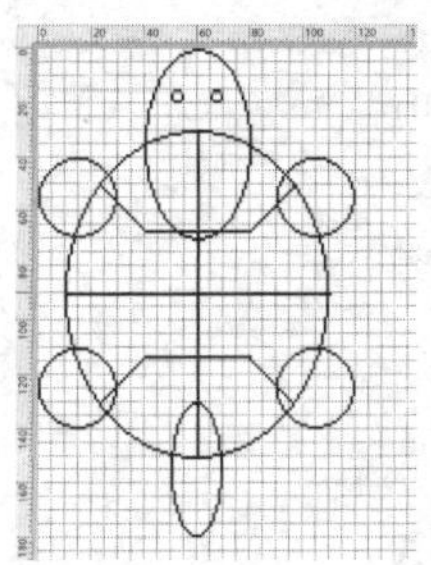

细分之后，再调用 fillOval() 和 drawLine() 方法进行绘制，这样，图像就会清晰而丰满起来。

18.6 高手点拨

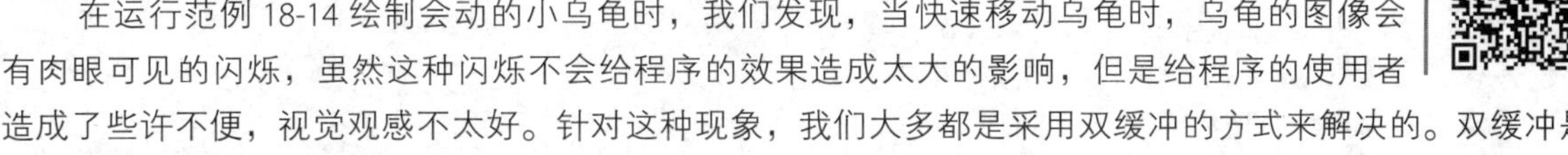

在运行范例 18-14 绘制会动的小乌龟时，我们发现，当快速移动乌龟时，乌龟的图像会有肉眼可见的闪烁，虽然这种闪烁不会给程序的效果造成太大的影响，但是给程序的使用者造成了些许不便，视觉观感不太好。针对这种现象，我们大多都是采用双缓冲的方式来解决的。双缓冲是计算机动画处理中的传统技术。

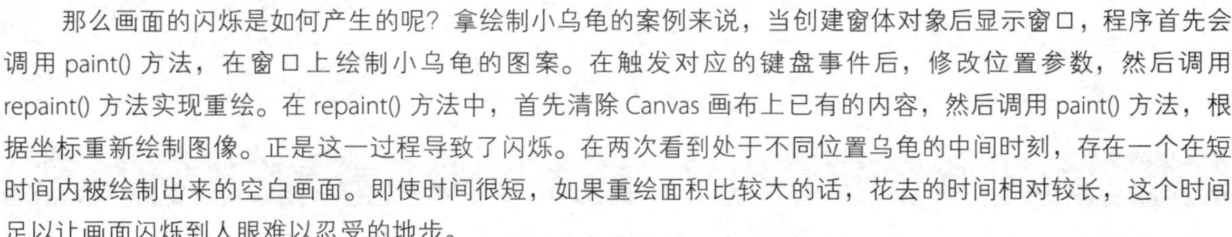

那么画面的闪烁是如何产生的呢？拿绘制小乌龟的案例来说，当创建窗体对象后显示窗口，程序首先会调用 paint() 方法，在窗口上绘制小乌龟的图案。在触发对应的键盘事件后，修改位置参数，然后调用 repaint() 方法实现重绘。在 repaint() 方法中，首先清除 Canvas 画布上已有的内容，然后调用 paint() 方法，根据坐标重新绘制图像。正是这一过程导致了闪烁。在两次看到处于不同位置乌龟的中间时刻，存在一个在短时间内被绘制出来的空白画面。即使时间很短，如果重绘面积比较大的话，花去的时间相对较长，这个时间足以让画面闪烁到人眼难以忍受的地步。

双缓冲技术就是先在内存中分配一个和我们动画窗口一样大的空间，然后利用 getGraphics() 方法获得双缓冲画笔，接着利用双缓冲画笔在缓冲区中绘制我们想要的东西，最后将缓冲区一次性地绘制到窗体中显示出来，这样在动画窗口上面显示出来的图像就非常流畅了。

在 Swing 中，组件本身就提供了双缓冲的功能，我们只需要进行简单的方法调用，就可以实现组件的双缓冲（重写组件的 paintComponent() 方法）。在 AWT 中，却没有提供此功能。下面，我们就为范例 18-14 添加双缓冲技术来消除屏幕闪动，改动部分代码，其余不变。

范例18-15　绘制会动的小乌龟改进版（DrawTurtle.java）

```
class DrawLittleTurtle extends Canvas
{
   private Image image;
   public void paint(Graphics  g)
   {
      drawBufferedImage();
      g.drawImage(image, 0, 0, this);
   }
   private void drawBufferedImage()
   {
      image = createImage(this.getWidth(), this.getHeight());
      Graphics g = image.getGraphics();
      g.setColor(Color.YELLOW); // 乌龟四条腿
      g.fillOval(x + 0, y + 40, 30, 30);
      g.fillOval(x + 90, y + 40, 30, 30);
```

```
16         g.fillOval(x + 0, y + 110, 30, 30);
17         g.fillOval(x + 90, y + 110, 30, 30);
18         g.fillOval(x + 50, y + 130, 20, 50); // 乌龟尾巴
19         g.fillOval(x + 40, y + 0, 40, 70); // 乌龟头
20         g.setColor(Color.BLACK);
21         g.fillOval(x + 50, y + 15, 5, 5);
22         g.fillOval(x + 65, y + 15, 5, 5);
23         g.setColor(Color.GREEN); // 乌龟壳
24         g.fillOval(x + 10, y + 30, 100, 120);
25         g.setColor(Color.BLACK);
26         g.drawLine(x + 24, y + 50, x + 40, y + 67);
27         g.drawLine(x + 97, y + 50, x + 80, y + 67);
28         g.drawLine(x + 24, y + 130, x + 40, y + 113);
29         g.drawLine(x + 97, y + 130, x + 80, y + 113);
30         g.drawLine(x + 40, y + 67, x + 80, y + 67);
31         g.drawLine(x + 40, y + 113, x + 80, y + 113);
32         g.drawLine(x + 10, y + 90, x + 110, y + 90);
33         g.drawLine(x + 60, y + 30, x + 60, y + 150);
34     }
35 }
```

代码详解

第 11 行，利用 createImage() 方法，创建缓冲区图像对象。该方法用于创建一幅用于双缓冲绘制的图像，这些图像包括按钮，对话框，窗体，下拉选择框等图形组件。该方法的两个参数是要绘制的图形组件对象的高度和宽度，其返回的是一个 Image 对象。

第 12 行，利用 getGraphics() 方法，获取当前图像。

第 13~33 行，在缓冲区上绘制内容，即绘制小乌龟。

第 07 行，利用 Graphics 类中的 drawImage() 方法，将缓冲区内容绘制到画布中。

18.7 实战练习

利用所学知识，编写一个图形化的俄罗斯方块游戏，并实现计分功能（为了表明是自己写的程序，可以在方块中加上自己的姓氏），运行的界面如下图所示。

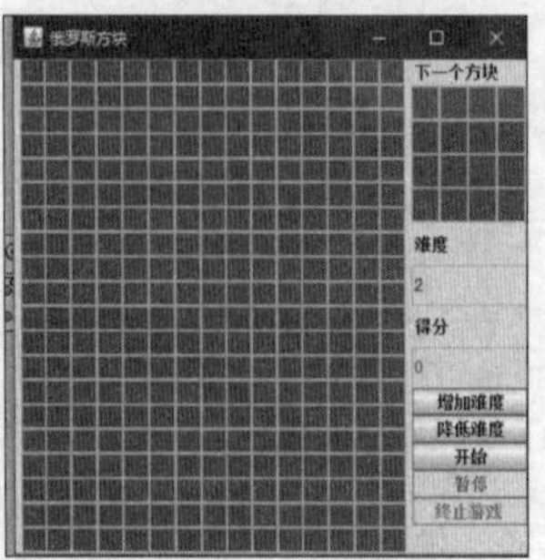

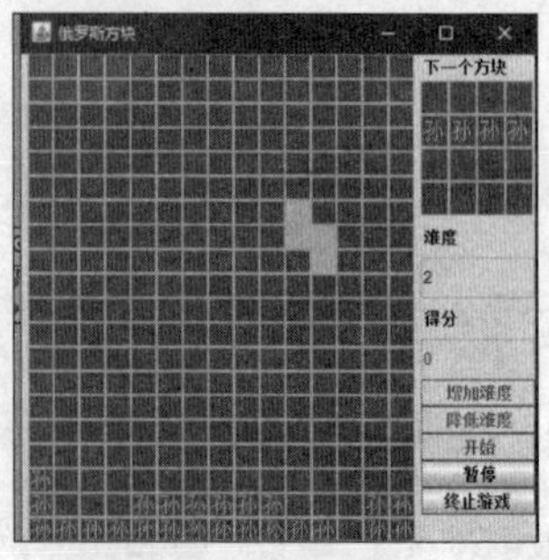

提示：游戏画布的设计是整个游戏 UI 设计的核心，可以使用 JPanel 来作为容器，使用 20 × 15 个控件（如文本框）来填满交互界面的容器，为了美观，文本框设计为正方形，单个文字能够把这个方形的文本框填充满。循环创建 300 个文本框实例，使用布局管理器进行画布容器的布局（20 行 15 列），然后添上 300 个文本框即可。

第 19 章 Swing GUI 编程

Swing 作为 AWT 组件的“强化版”，它的产生主要是为了克服 AWT 构建的 GUI 无法在所有平台都通用的问题。允许编程人员跨平台时指定统一的 GUI 显示风格，也是 Swing 的一大优势，Swing 是 AWT 的补充。本章主要讲解利用 Java 的 Swing API 完成界面元素更加丰富的 GUI 编程。

本章要点（已掌握的在方框中打钩）

- □ 了解 Swing
- □ 掌握 Swing 基本组件的使用方法
- □ 掌握 JTable 组件的使用方法
- □ 掌握 JComboBox 组件的使用方法

19.1 Swing 概述

AWT 是 Java 早期的开发图形用户界面的技术。AWT 中的图形方法与操作系统提供的图形函数有着一一对应的关系。也就是说，当我们利用 AWT 组件绘制图形用户界面时，实际上是利用本地操作系统的图形库来实现的。

然而，不同的操作系统（如 Windows、Linux 或 macOS 等），其图形库的功能可能不一样，在一个平台上存在的图形功能，可能在另外一个平台上并不存在。为了实现 Java 语言所宣称的“一次编译，到处运行”的理念，AWT 不得不通过牺牲功能，来实现所谓的平台无关性。因此，实际上，AWT 的图形功能，是各类操作系统所提供图形功能的“交集”。因为 AWT 是依靠本地操作系统的内置方法来实现图形绘制功能的，所以也称 AWT 控件为“重量级控件”。

接下来，我们介绍一个新的轻量级的图形界面类库 Swing。Swing 是 AWT 的扩展，它不仅提供了 AWT 的所有功能，而且还用纯粹的 Java 代码对 AWT 的功能进行了大幅度的扩充。例如，除了前面我们已经介绍过的按钮，标签，文本框等功能外，Swing 还包含许多新的组件，如选项板、滚动窗口、树形控件、表格等。

Swing 作为 AWT 组件的“强化版”，它的产生主要是为了克服 AWT 构建的 GUI 无法在所有平台都通用的问题。允许编程人员跨平台时指定统一的 GUI 显示风格，也是 Swing 的一大优势。

但是，Swing 是 AWT 的补充，而非取代者，比如说，Swing 依然采用了 AWT 的事件处理模型，Swing 的很多类都是以 AWT 中的类为基类的，也就是说，某种程度上，AWT 是 Swing 的基石。

前面提到，Swing 为所有的 AWT 组件提供了对应实现（Canvas 组件除外），为了区分起见，Swing 组件名基本上是在 AWT 组件名前面添加一个字母“J”。例如，JFrame（窗体）是 Swing 的窗体容器，而 Frame 是来自 AWT 的容器。再例如，JPanel 面板和 JScrollPane 带滚动条面板容器，其分别对应 AWT 的 Panel 面板和 ScrollPane 带滚动条面板，以此类推。

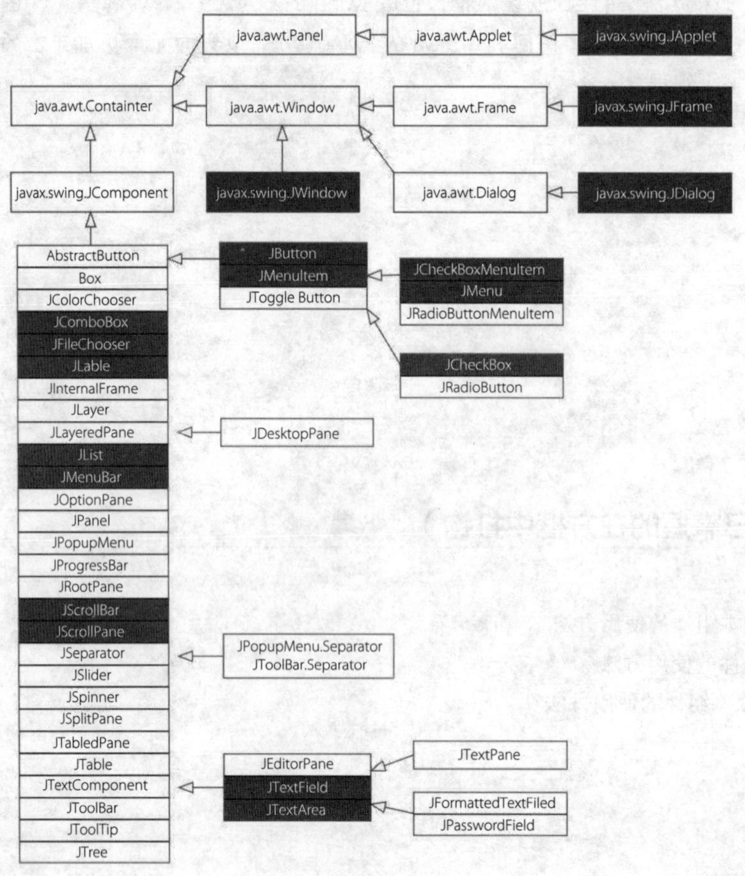

但也有几个例外，例如，JComboBox对应于AWT的Choice组件，但比Choice组件功能更加丰富。再例如，JfileChooser对应于AWT的FileDialog，这些例外，其实都是早期Java的设计者没有严格按照命名规范"遗留"下来的小问题。上图显示了Swing组件的继承层次图，从图中可以看出，绝大部分Swing组件类继承了Container类，而Container类来自于AWT，图中黑底白字标识的Swing组件，都可以在AWT中找到对应的类。

范例 19-1　第1个Swing应用（TestSwing.java）

```
01 import javax.swing.JFrame;
02 public class TestSwing
03 {
04   public static void main(String[] args)
05   {
06     JFrame frame = new JFrame("Hello Swing");
07     frame.setSize(300, 200);
08     frame.setVisible(true);
09     frame.setDefaultCloseOperation(JFrame.EXIT_ON_CLOSE);
10   }
11 }
```

保存并运行程序，结果如下图所示。

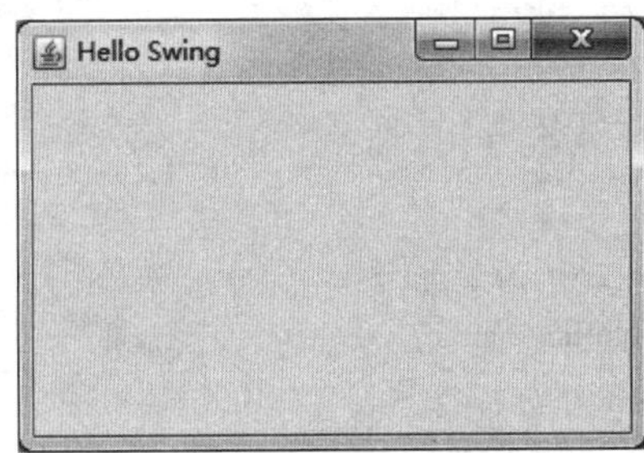

【范例分析】

通过代码分析，我们可以发现，Swing与AWT的窗口并没有太大区别，只是在Frame前面加上一个字母"J"，代表Swing图形组件，我们可以轻松从先前所学的AWT组件中过渡过来。

运行程序可以发现，不用添加控制窗口关闭的语句，窗口也可以在单击关闭按钮后消失，不过此时，程序并未真正退出，只是窗口不可见而已，JVM进程还没有终止，此时关闭的窗口只是个假象。所以，在程序的第09行，加上一句setDefaultCloseOperation(JFrame.EXIT_ON_CLOSE)，这条语句实际上使用了System的exit( )方法退出应用程序。

19.2 Swing的基本组件

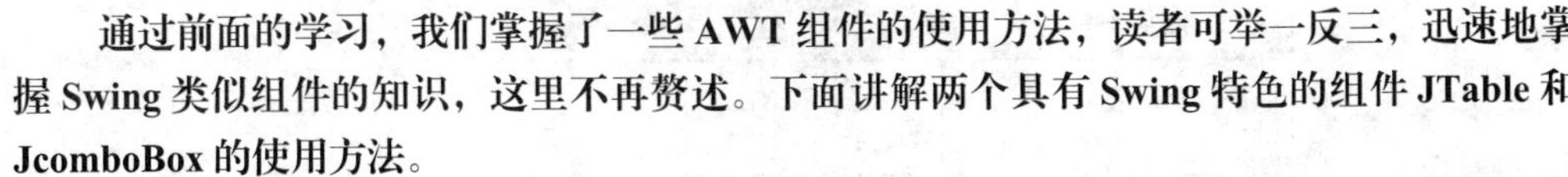
通过前面的学习，我们掌握了一些AWT组件的使用方法，读者可举一反三，迅速地掌握Swing类似组件的知识，这里不再赘述。下面讲解两个具有Swing特色的组件JTable和JcomboBox的使用方法。

19.2.1 JTable表格

我们可以使用JTable创建一个表格对象。除了默认构造方法外，还提供了利用指定表格列名和表格数据数组创建表格的构造方法：JTable(Object data[ ][ ],Object columnName[ ])，表格的视图将以行和列的形式显示数组data每个单元中对象的字符串，也就是说表格视图对应着data单元中对象的字符串。参数columnName则是用来指定表格的列名。

表格 JTable 的常用方法如下所示。

toString()：得到对象的字符串表示。

repaint()：刷新表格的内容。

我们同样也可以对表格显示出来的外观做出改变，对其进行定制，下面列举一些常用的定制表格的方法。

```
setRowHeight(int rowHeight); // 设置表格行高，默认为 16 像素
setRowSelectionAllowed(boolean sa);// 设置表格是否允许被选中，默认为允许
setSelectionMode(int sm);// 设置表格的选择模式
setSelectionBackground(Colr bc);// 设置表格选中行的背景色
setSelectionForeground(Color fc);// 设置表格选中行的前景色，通常为字体颜色
```

范例 19-2 第1个Swing应用（TestJTable.java）

```
import java.awt.Color;
import javax.swing.*;
public class TestJTable
{
    public static void main(String[] args)
    {
        Object[][] unit = {
            { " 张三 ", "86", "94", "180" },
            { " 李四 ", "92", "96", "188" },
            { " 王五 ", "66", "80", "146" },
            { " 赵六 ", "98", "94", "192" },
            { " 刘七 ", "81", "83", "164" },
        };
        Object[ ] name = { " 姓名 ", " 语文 ", " 数学 ", " 总成绩 " };
        JTable table = new JTable(unit, name);
        table.setRowHeight(30);
        table.setSelectionBackground(Color.LIGHT_GRAY);
        table.setSelectionForeground(Color.red);
        JFrame frame = new JFrame(" 表格数据处理 ");
        frame.add(new JScrollPane(table));
        frame.setSize(350, 200);
        frame.setVisible(true);
        frame.setDefaultCloseOperation(JFrame.EXIT_ON_CLOSE);
    }
}
```

保存并运行程序，结果如下图所示。

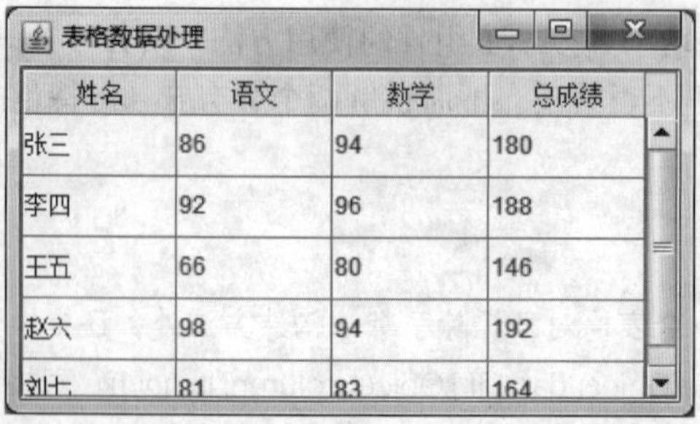

表格数据处理

姓名	语文	数学	总成绩
张三	86	94	180
李四	92	96	188
王五	66	80	146
赵六	98	94	192
刘七	81	83	164

代码详解

第 06~13 行，用一个字符串数组 unit，定义表格每个单元内容。

第 14 行，定义每一列的名称。

第 15 行，创建了一个 JTable 对象。

第 16 行，设置表格对象的行高为 30。

第 17 行，设置表格被选中后背景为灰色。

第 18 行，设置备选行前景颜色为红色，这里用到 Color 类的静态常量 Color.red，所以我们在第 01 行，导入这个类包，这个类包来自于 java.awt 下属的类包。

第 19 行，定义一个 Jframe 的窗体 frame。

第 20 行将表格添加进一个匿名的 JScrollPane 对象，它为表格提供了可选的垂直滚动条及列标题显示。因为面板类容器不能作为独立窗口来显示，所以再将这个匿名的面板容器对象添加进能独立显示的窗口 frame 之中。

【范例分析】

通过上面的分析可知，Swing 提供了更为丰富的组件功能，但同时也需要 AWT 做一些辅助支持（比如说颜色类 Color），二者相互配合，相得益彰。

19.2.2 JComboBox 下拉列表框

Swing 中的下拉列表框（JComboBox）与 Windows 操作系统中的下拉框类似，它是一个带条状的显示区，具有下拉功能，在下拉列表框右方存在一个倒三角形的按钮，当单击该按钮时，其中的内容将会以列表的形式显示出来，供用户选择。

下拉列表框是 javax.swing.JCompoent 中的子类，其构造方法有如下 4 种类型。

- JComboBox()：创建具有默认数据模型的 JComboBox。
- JComboBox(ComboBoxModel aModel)：创建一个 JComboBox，其可选项的值项取自现有的 ComboBoxModel 对象之中。
- JComboBox(Object[ ] items)：创建一个包含指定数组中的元素的 JComboBox。
- JComboBox(Vector<?> items)：创建包含指定 Vector 中的元素的 JComboBox。

我们可以获取下拉列表框当前选择元素的索引值，也可以为之添加监听器，用以及时更新信息，下拉列表框包含有如下常用方法。

- getSize()：返回列表的长度。
- getSelectedIndex()：返回列表中与给定项匹配的第一个选项。
- getElementAt(int index)：返回指定索引处的值。
- removeItem(Object anObject)：从项列表中移除项。
- addActionListener(ActionListener l)：添加 ActionListener。
- addItem(Object anObject)：为项列表添加项。

范例 19-3 JComboBox应用（TestJComboBox.java）

```
import java.awt.*;
import java.awt.event.*;
import javax.swing.*;
public class TestJComboBox
{
   static String[] str = {" 中国 "," 美国 "," 日本 ",
                     " 英国 "," 法国 "," 意大利 "," 澳大利亚 " };
```

```
08     public static void main(String[] args)
09     {
10        JFrame frame = new JFrame("TestJComboBox");
11        JLabel message = new JLabel();
12        JComboBox combo = new JComboBox(str);
13        combo.setBorder(BorderFactory.createTitledBorder(" 你最喜欢去哪个国家旅游 ?"));
14        combo.addActionListener(new ActionListener() {
15           public void actionPerformed(ActionEvent e)
16           {
17              message.setText( "你选择了 :" + str[combo.getSelectedIndex()]);
18           }
19        });
20        frame.setLayout(new GridLayout(1, 0));
21        frame.add(message);
22        frame.add(combo);
23        frame.setSize(400, 100);
24        frame.setVisible(true);
25        frame.setDefaultCloseOperation(JFrame.EXIT_ON_CLOSE);
26     }
27  }
```

保存并运行程序，结果如下图所示。

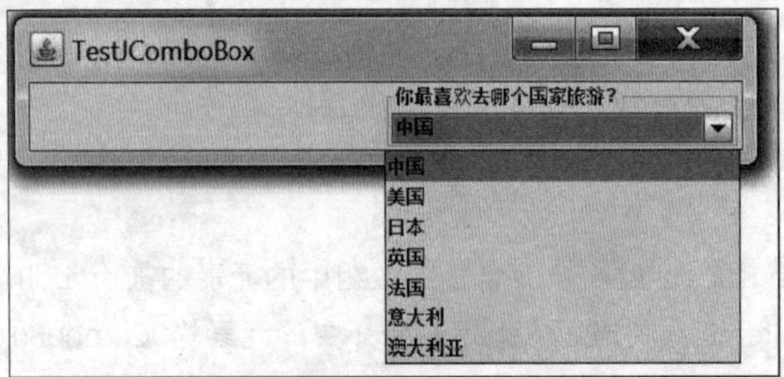

代码详解

第 06~07 行，定义了下拉框的字符串内容。

第 10 行，创建了一个 JFrame 窗体对象 frame。

第 11 行，创建了一个 JLable 标签对象 message。

第 12 行，定义下拉框 JComboBox 对象 combo，并将字符串数组 str 的内容，当作 JComboBox 的构造方法的参数，这样一来，字符串数组 str 的各个字符串，分别作为 combo 的各个下列选项值。

第 13 行，设置下拉框 combo 的标题。

第 15~19 行，为下拉列表框 combo，添加行为监听器，获取选择的信息，并通过 setText() 显示在标签 message 上。其中 getElementAt()，返回的是下拉列表选项的索引值，而这个索引值，恰好是字符串数组 str 的下标索引值，从而可以把这个值方便地提取出来。

19.2.3 组件常用方法

在学习了一些不同组件的用法之后，细心的读者可能会发现其中的相似之处，例如，可以使用同样的方法设置组件大小，颜色等，其原因很简单，从前面的 Swing 继承关系图可以看出，就是基本上所有组件类的父类都是 JComponent，各个组件子类从 Jcomponent 继承很多相同功能的方法。为了更方便地使用各个组件，下面我们就来介绍一下 JComponent 类的几个常用方法。

01 组件的颜色

设置组件的前、后景颜色及获取组件的前、后景颜色的方法如下所示。

```
public void setBackground(Color c)// 设置组件的背景
public void setForeground(Color c)// 设置组件的前景
public Color getBackground()// 获取组件的背景
public Color getForeground()// 获取组件的前景
```

上面的方法都涉及 Color 类，其是 java.awt 中的类，该类创建的对象称为颜色对象。用 Color 的构造方法 public Color(int red,int green,int blue)，可以创建一个 RGB 值为传入参数的颜色对象。另外，Color 类中还有 RED、BLUE、GREEN、ORANGE、CYAN、YELLOW、PINK 等常用的静态常量。

02 组件的边框

组件默认的边框是一个黑边的矩形，我们可以自定义成自己想要的颜色与大小，常用方法如下。

```
public void setBorder(Border border) // 设置组件的边框
public Border getBorder()        // 获取组件的边框
```

组件调用 setBorder() 方法来设置边框，该方法的参数是一个接口，因此必须向该参数传递一个实现接口的 Border 类的实例，如果传递 null，组件则取消边框。可以使用 BorderFactory 类的方法来取得一个 Border 实例，例如，用 BorderFactory.createLineBorder(Color.GRAY) 将会获得一个灰色的边框。

03 组件的字体

Swing 组件默认显示文字的字号为 11 号。这对于英文显示毫无问题，但是如果用这个字号显示中文的话，这么小的字号就会使程序的界面显得难以辨认。Java 为我们提供了修改组件字体的方法。

```
public void setFont(Font f)  // 设置组件上的字体
public Font getFont()        // 获取组件上的字体
```

上面的方法都用到了 java.awt 中的 Font 类，该类的实例称为字体对象，其构造方法如下所示。

```
public Font(String name,int style,int size)
```

其中，name 是字体的名字，如果是系统不支持的字体名字，那么就创建默认字体的对象。style 决定字体的样式，是一个整数，取值常用的有四种，分别是 Font.PLAIN（普通）、Font.BOLD（加粗）、Font.ITALIC（斜体）、Font.BOLD+Font.ITALIC（粗斜体）。参数 size 决定字体大小，单位是磅（pt）。

04 组件的大小与位置

组件可以通过布局管理器来指定其大小与位置，不过我们也可以手动精确设置，以确保组件所处位置完全符合自己的设计思路。常用方法如下。

```
public void setSize(int width,int height) // 设置组件的大小，参数分别为宽和高，单位是像素
public void setLocation(int x,int y) // 设置组件在容器中的位置，x 和 y 为坐标
public Point getLocation() // 返回一个 Point 对象，Point 内包含该组件左上角在容器中的坐标
public void setBounds(int x,int y,int width,int height) // 设置组件在容器中的坐标与大小
```

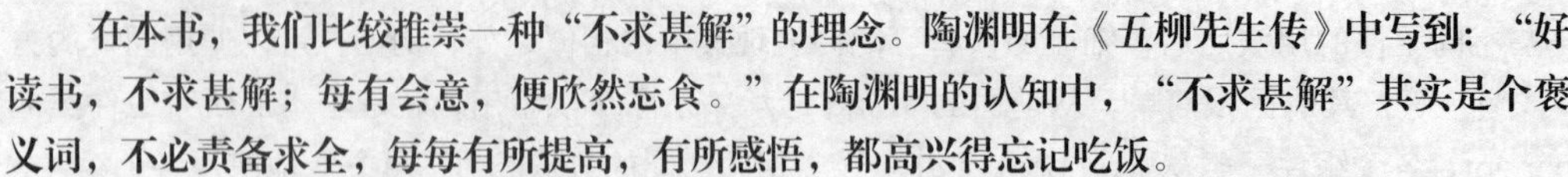

19.3 Swing 的应用

在本书，我们比较推崇一种“不求甚解”的理念。陶渊明在《五柳先生传》中写到：“好读书，不求甚解；每有会意，便欣然忘食。”在陶渊明的认知中，“不求甚解”其实是个褒义词，不必责备求全，每每有所提高，有所感悟，都高兴得忘记吃饭。

其实，学习 Java 也是如此。Java 是个非常庞大的技术体系，如果试图一下子全部掌握，是非常困难的，也是没有必要的。就如同我们没有必要一下子背会一整本字典一样。我们推荐的方式是，在掌握一个基础后，按需求“学”，在实践中学，项目驱动是非常有效的自我提升方式。

下面我们就用简单的小案例来综合前面所学知识，案例本身并不完美，读者可以自行完善它们，在这过程中，读者也能提升自己的动手能力。

19.3.1 小案例——简易的学籍管理系统

下面的案例是模拟一个简易的学籍管理系统。运行界面首先让用户在一个文本框中输入管理的学生人数，比如 8 人，按“Enter”键后，据此生成一个 8 行的表格，双击表格的某一个单元格，就可以输入对应列的成绩，当全部成绩输入完毕后，单击“计算成绩”按钮，可以计算学生的总成绩。单击“保存学生信息”按钮，就可以把表格中的数据保存到一个文本文件中。

范例 19-4　模拟学生管理（TestStudentManager.java）

```
import java.awt.*;
import java.awt.event.*;
import java.io.*;
import javax.swing.*;
public class TestStudentManager
{
   private int rows = 0;
   private String[][] unit = new String[rows][5];
   private String[] name = { " 姓名 ", " 语文 ", " 数学 ", " 外语 ", " 总分 " };
   public static void main(String[] args)
   {
      new TestStudentManager();
   }
   TestStudentManager()
   {
      JFrame frame = new JFrame(" 模拟学生管理系统 ");
      JTable table = new JTable(unit, name);
      JPanel southPanel = new JPanel();
      southPanel.add(new JLabel(" 添加学生数 "));
      JButton calc = new JButton(" 计算成绩 ");
      JButton save = new JButton(" 保存学生信息 ");
      JTextField input = new JTextField(5);
      southPanel.add(input);
      southPanel.add(calc);
      southPanel.add(save);
      frame.add(new JLabel(" 欢迎访问学生管理系统 "), BorderLayout.NORTH);
      frame.add(southPanel, BorderLayout.SOUTH);
      frame.add(new JScrollPane(table), BorderLayout.CENTER);
      frame.setSize(400, 400);
      frame.setVisible(true);
```

```

        frame.setDefaultCloseOperation(JFrame.EXIT_ON_CLOSE);
        input.addActionListener(new ActionListener() {
            public void actionPerformed(ActionEvent e)
            {
                rows = Integer.valueOf(input.getText());
                unit = new String[rows][5];
                table = new JTable(unit, name);
                frame.getContentPane().removeAll();
                frame.add(new JScrollPane(table), BorderLayout.CENTER);
                frame.add(southPanel, BorderLayout.SOUTH);
                frame.add(new JLabel(" 欢迎访问学生管理系统 "), BorderLayout.NORTH);
                frame.validate();
                table.setRowHeight(25);
            }
        });
        calc.addActionListener(new ActionListener() {
            public void actionPerformed(ActionEvent e)
            {
                for (int i = 0; i < rows; i++)
                {
                    double sum = 0;
                    boolean flag = true;
                    for (int j = 1; j <= 3; j++)
                    {
                        try {
                            sum += Double.valueOf(unit[i][j].toString());
                        } catch (Exception ee) {
                            flag = false;
                            table.repaint();
                        }
                        if (flag)
                        {
                            unit[i][4] = "" + sum;
                            table.repaint();
                        }
                    }
                }
            }
        });
        save.addActionListener(new ActionListener() {
            public void actionPerformed(ActionEvent e)
            {
            try {
                write();
            } catch (IOException e1) {
                e1.printStackTrace();
                }
            }
        });
    }
    void write() throws IOException
```

```
83   {
84     File f = new File(" 学生信息 .txt");
85     FileWriter fw = new FileWriter(f);
86     for (int i = 0; i < 5; i++)
87     {
88       fw.write(name[i] + "\t");
89     }
90     fw.write("\r\n");
91     for (int i = 0; i < rows; i++)
92     {
93       for (int j = 0; j < 5; j++)
94       {
95         fw.write(unit[i][j] + "\t");
96       }
97
98       fw.write("\r\n");
99     }
100     fw.close();
101     JOptionPane.showMessageDialog(null, " 保存成功，存放至：学生信息 .txt");
102   }
103 }
```

保存并运行程序，结果如下图所示。

输入成绩

计算成绩

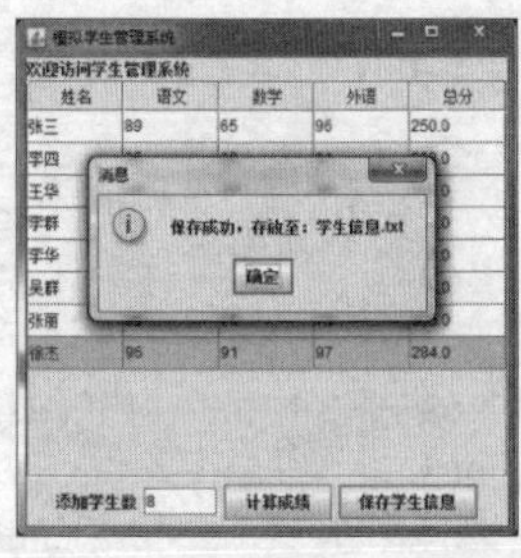

保存成绩

代码详解

第 03 行，导入有关输入输出的包，主要用于将学生信息成绩存储到文本文件中。

第 16 行，创建一个能独立显示的 JFrame 窗体 frame。

第 17 行，创建一个 JTable 对象，用于输入并显示学生的成绩。

第 18 行，创建一个 JPanel 对象 southPanel。

第 20~21 行，创建两个 JButton 对象，分别用于“计算成绩”和“保存学生信息”两个按钮。

第 22 行，创建一个 JTextField 对象 input，用于接纳“添加学生数”。JTextField 是一个轻量级组件，它允许编辑单行文本。JTextField(5) 的参数“5”，表示这个输入框的长度为 5 列（即只能显示 5 个字符）。

第 23~25 行，将 JButton 对象 calc 和 save 及 JTextField 对象 input，一起添加到容器 southPanel 中。

第 27~28 行，在窗体 frame 的北部（NORTH）、南部（SOUTH）及中部（CENTER）区域，分别添加匿名 JLabel 对象（用以显示字符串“欢迎访问学生管理系统”）、面板容器 southPanel 和一个以 table 为内嵌组件的带有滑动轴的匿名容器面板。这 3 个部分就构成了成绩管理系统的主体显示界面。

第 33~46 行，为文本输入框 input 配备一个事件监听器，用以感知用户的输入。并根据用户的输入，重新生成一个表格 table（第 38 行），然后将窗体 frame 的北部（NORTH）、南部（SOUTH）及中部（CENTER）区域重新添加一次。在添加之前，需要把旧的 GUI 组件删除（第 39 行）。

在前面的范例中，我们使用 pack() 这个方法，就是根据窗口里面的布局及组件推荐大小，来确定窗体的最佳大小。在第 43 行，我们使用 validate() 来验证 frame 中的所有组件，它并不会调整 frame 的大小。其目的在于，动态添加或者删除某些控件后，实时展现操作后的结果。如果使用不当，会导致容器重新布局时出现闪烁。

第 47~70 行，为按钮 calc 添加一个监听器，如果用户单击该按钮，则计算表格每一行的成绩总和，每次计算总成绩，需要 repaint（重绘）表格。

第 82~102 行，利用前面所学有关 I/O 操作的知识，将表格的数据写入到一个文本文件中。其中第 101 行，利用消息提示框组件 JOptionPane，弹出一个提示信息对话框。

【范例分析】

为了节省篇幅，本范例删去了与 GUI 无关的数据库管理部分（仅仅用文本文件存储了数据），算是一个模拟版本的学生管理系统，用 JTable 搭建了学生管理系统的主体，添加 JTextField，JButton，JLabel 等控件，添加事件监听器以进行程序控制，用到了 BorderLayout 布局管理，容器嵌套内容，对前面所学也是一个综合体，读者可以发挥自己的想象力，再结合前面章节所学的知识，做出一个完全自己定制的可执行的学生管理系统。

19.3.2 小案例——简易随机验证码的生成

我们知道，在网站和 App 中，验证码被广泛应用于防止恶意注册、登录、刷票、论坛灌水等场景中。所谓验证码（CAPTCHA），是“Completely Automated Public Turing test to tell Computers and Humans Apart”（全自动区分计算机和人类的图灵测试）的缩写，是一种区分用户是计算机还是人的公共全自动程序。通常，验证码是由计算机生成并评判，但是通常只有人类才能正确解答。因为计算机无法解答 CAPTCHA 的问题，所以能回答出问题的“用户”，就以很高的概率被认为是人类。在本案例中，我们利用特殊字体加上复杂背景（画出很多随机线条），来模拟 CAPTCHA，有一定的现实意义。

范例 19-5 随机验证码的识别（TestVerificationCode.java）

```
import java.awt.*;
import java.awt.event.*;
import java.util.Random;
import javax.swing.*;
public class TestVerificationCode
{
  public static void main(String[] args)
  {
    JFrame frame = new JFrame(" 登录测试 ");
    JButton b1 = new JButton(" 登录 ");
    JButton b2 = new JButton(" 注册 ");
    JPanel center = new JPanel();
    center.setLayout(new GridLayout(0, 1, 5, 5));
    JPanel center1 = new JPanel();
    JPanel center2 = new JPanel();
    JPanel center3 = new JPanel();
    JPanel west = new JPanel();
    JTextField t1 = new JTextField(10);
    JPasswordField t2 = new JPasswordField(10);
    JTextField t3 = new JTextField(5);
    center1.setLayout(new GridLayout(1, 0));
    center2.setLayout(new GridLayout(1, 0));
```

```
        center3.setLayout(new GridLayout(1, 0, 5, 5));
        center1.add(t1);
        center2.add(t2);
        center3.add(t3);
        ValidCode valid = new ValidCode();
        center3.add(valid);
        center.add(center1);
        center.add(center2);
        center.add(center3);
        west.setLayout(new GridLayout(0, 1));
        west.add(new JLabel(" 账    号 :"));
        west.add(new JLabel(" 密    码 :"));
        west.add(new JLabel(" 验证码 :"));
        JPanel south = new JPanel();
        b1.addActionListener(new ActionListener() {
            public void actionPerformed(ActionEvent e)
            {
                if (t3.getText().equals(valid.getCode()))
                    JOptionPane.showMessageDialog(null, " 验证成功 ");
                else {
                    JOptionPane.showMessageDialog(null, " 验证失败 ");
                    valid.nextCode();
                }
    private Random random = new Random();

    public ValidCode()
    {
        setSize(100, 40);
        this.addMouseListener(new MouseAdapter() {
            public void mouseClicked(MouseEvent  e)
            {
                setSize(100, 40);
                nextCode();
            }
        });
    }
    public String getCode()
    {
        return code;
    }
    void generateCode()
    {
        char[] codes = new char[5];
        for (int i = 0; i < 5; i++
)
        {
            if (random.nextBoolean()){
                codes[i] = (char) (random.nextInt(26) + 65);
            } else {
                codes[i] = (char) (random.nextInt(26) + 97);
            }
        }
```

```
        this.code = new String(codes);
    }
    public void paint(Graphics g)
    {
        if (this.code == null)
        {
            generateCode();
        }
        Font myFont = new Font("Arial", Font.BOLD | Font.ITALIC, 25);
        g.setFont(myFont);
        g.setColor(Color.WHITE);
        g.fillRect(0, 0, 100, 40);
        g.setColor(Color.BLACK);
        g.drawRect(0, 0, 99, 39);
        g.setColor(Color.LIGHT_GRAY);
        for (int i = 0; i < 100; i++)
        {
            int x = random.nextInt(100 - 1);
            int y = random.nextInt(40 - 1);
            int x1 = random.nextInt(100 - 10) + 10;
            int y1 = random.nextInt(40 - 4) + 4;
            g.drawLine(x, y, x1, y1);
        }
        g.setColor(Color.RED);
        for (int i = 0; i < 5; i++)
        {
            g.drawString(code.charAt(i) + "", 16 * i + 10, 25);
        }
    }
    public void nextCode()
    {
        generateCode();
        repaint();
    }
}
```

保存并运行程序，结果如下图所示。

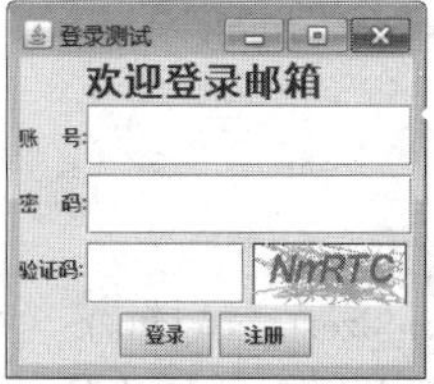

当验证码输入正确时提示成功，否则，提示错误信息并更新验证码，如下图所示。

代码详解

第 07~59 行，主要用于登录框架的搭建，运用多种布局管理方式。

第 69~75 行，添加鼠标事件监听器，监控鼠标单击事件（MouseEvent），当用户单击验证码图片后，刷新验证码。

第 81~93 行，设计 generateCode( ) 方法，在该方法中，运用 Random 类产生随机数，以用来生成随机验证码。

第 100 行，设置 ITALIC 字体 (Font.ITALIC)，加粗斜体 (Font.BOLD)，使字母较难识别。

第 101~106 行，设置 CAPTCHA 随机字符的显示已域，并画出背景色与边框。

第 107~114 行，画出很多随机线段作为验证码背景，以增加字母被识别的难度。

第 116~119 行，通过 drawString() 方法，画出验证码。

【范例分析】

本范例仅仅是对登录过程的模拟，主要实现随机验证码的生成，Random 类生成随机数为本范例核心，生成的随机验证码用 Arial 字体显示，并附上背景增加验证码识别难度，读者也可以更换字体并设置随机颜色来加大识别难度，以更趋完善。如果读者具备图像处理的背景知识，还可以将字符进行扭曲，能进一步增加识别码的机器识别难度。

19.4 高手点拨

1. 设置 JTable 中某一列不可编辑

```
DefaultTableModel tableModel = new DefaultTableModel (columnNamesVector, 0){
    public boolean isCellEditable(int row, int column){
        if(column == 1){ // 第 2 列不能编辑
            return false;
        }
        return true;
    }
};
```

2. 把 JcomboBox 加入到表格 Jtable 的单元格中

```
JComboBox comboBox = new JComboBox(array);
jTable.getColumnModel().getColumn(2).setCellEditor(new DefaultCellEditor(comboBox));
```

3. JTable 单元格失去焦点前提交

```
jtable.putClientProperty("terminateEditOnFocusLost", true);
```

4. 弹出窗口屏幕居中

```
JFrame jframe =new JFrame();
int width = Toolkit.getDefaultToolkit().getScreenSize().getWidth();
int height = Toolkit.getDefaultToolkit().getScreenSize().getHeight();;
jframe.setLocation((width - window.getWidth()) / 2, (height - window.getHeight()) / 2);
```

19.5 实战练习

改写第 18 章实战练习，通过 swing 来编写一个图形化的俄罗斯方块游戏。

第 20 章 打通数据的互联——Java Web 初步

通过前面的学习，相信大家对 Java SE（Java 标准版）的相关知识已经有了一定的掌握。Java SE 是整个 Java 家族的基础，掌握好它，意义重大。但在互联网时代，Java EE（Java 企业版）同样值得我们去好好探究一番。本章，我们将简要地介绍有关 JSP 的基础语法，从而为读者开发网络应用程序打下基础。

本章要点（已掌握的在方框中打钩）

- ☐ 掌握 Tomcat 的安装与配置方法
- ☐ 掌握 JSP 基础语法
- ☐ 掌握 JSP 常用的内置对象

20.1 Web 开发的发展历程

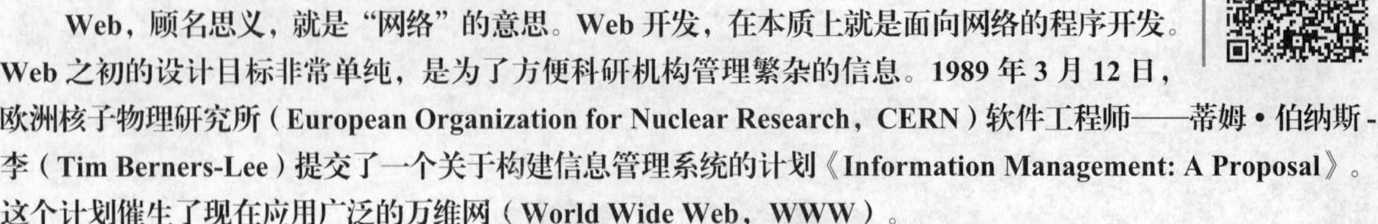

Web，顾名思义，就是“网络”的意思。Web 开发，在本质上就是面向网络的程序开发。Web 之初的设计目标非常单纯，是为了方便科研机构管理繁杂的信息。1989 年 3 月 12 日，欧洲核子物理研究所（European Organization for Nuclear Research，CERN）软件工程师——蒂姆•伯纳斯-李（Tim Berners-Lee）提交了一个关于构建信息管理系统的计划《Information Management: A Proposal》。这个计划催生了现在应用广泛的万维网（World Wide Web，WWW）。

万维网的设计目的就在于，让分处于不同物理位置的计算机节点，通过网络互连，彼此共享信息。如果想让这些计算机节点能相互通信，就得让它们遵守一定的规范，“说”一门彼此都能“听”得懂的语言，这套语言就叫超文本标记语言（Hyper Text Mark-up Language，HTML），它是 WWW 的描述性语言。最早期的语言版本，就是由前面提到的那位蒂姆•伯纳斯•李提出的。

20.1.1 静态 Web 处理阶段

在早期，网络用户所能接触到的，只是一些非常简单的静态 Web 页面。静态 Web 的特点就是，所有的用户看见的信息都是一样的，这就是 Web 1.0 时代。在这个时代里，只有 Web 页面的发布方，才有权限生产内容、发布页面。一旦页面加工完毕，所有终端用户只有看的份，而且所有人看到的内容都是一样的。Web 1.0 时代，网络是信息提供者，单向性的提供和单一性理解，它有点像广播，在信息的传播过程中，只有播音员可以自由发声，而所有听众只有听的份，且所有听众听到的内容全部都是一样的。

在 Web 1.0 时代，Web 开发，基本等同于 HTML 开发。在 Web 服务器和客户端互访过程中，为了确认不同计算机的身份，需要给它们颁发一个独一无二的“身份证号码”——这就是 IP 地址。正是由于这种地址的唯一性，才能确保用户从成千上万台计算机中，高效选出自己所需服务的对象。

HTML 页面设计完毕后，当然不能“孤芳自赏”，它的使命在于传播，发送到全世界千千万万台网络设备上，这就需要一套确保 HTML 页面能正确传输的行之有效的规范。这套规范就是超文本传输协议（HyperText Transfer Protocol，HTTP）。如果把 HTML 页面比喻成需要发送出去的包裹的话，那么 HTTP 就有点像物流公司的运送协议了。

比如说，当用户发送这样的请求：http://192.168.1.1/hello.htm，其含义就是请把“hello.htm”这个页面，遵循 http 运输协议，从编号为“192.168.1.1”的计算机（服务器）上，帮我传输过来。

基于生活的常识，一般来说，除了我们自己，别人很难将自己的身份证号背下来。因此，通常我们每个人除了有个身份证号码之外，还都会有一个相对好记的名字。

类似的，在网络上注册的计算机，除了有高效但难记的 IP 地址外，通常还可以配备一个好记的名称，这就是域名系统（Domain Name System，DNS）。比如说，我们把“192.168.1.1”的域名定义为“aaa.com”，那么“http://aaa.com/hello.htm”和“http://192.168.1.1/hello.htm”是等价的，但明显前者是更容易记忆的。

当客户端（Client）通过网络浏览器（Web Browser）发出一个 HTTP 请求（request）时，能够处理用户这种请求的是一个 Web 服务器（Web Server），这个服务器要可以接收用户的请求类型，如下图所示。

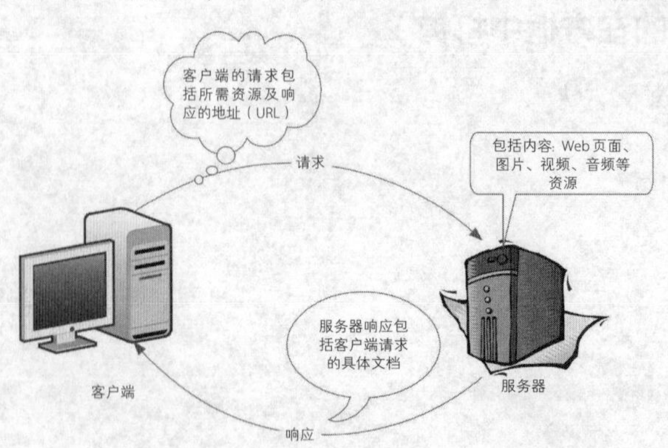

而后，Web 服务器要根据用户的需求，从本地文件系统（File System）或数据库系统中，加载指定的页面内容发送给用户。而浏览器（比如 Chrome 或 Firefox）在接收到数据之后，会将相应的 HTML 数据转换为用户可理解的页面展示出来。当请求的资源不存在或是服务器无法回应时，就会出现编号为 404 的错误："404 Not Found"。

在开发静态 Web 页面时，就是用 HTML 来描述页面应该是什么样子，以及它有怎样的表现。在 HTML 中，它包括了几十种不同的标记（HTML tag），还有数以千计的属性。在本质上，HTML 就是一个纯文本文档，但是通过添加一些特殊的标记，用以告诉浏览器，如何对这个文档按照"约定俗成"的格式显示出来，这就是"超文本"的内涵。

HTML 标签是由尖括号包围的关键词，比如 <html>。HTML 标签通常是成对出现的，比如 <b> 和 </b>。标签对中的第一个标签是开始标签，第二个标签是结束标签，开始和结束标签也称为开放标签和闭合标签。

下面我们列举后面章节可能会用到的常见标记，如果想更为全面地了解 HTML，读者可自行查阅相关网站，进行学习。

标签	功能描述
<html> …</html>	二者之间的文本描述网页，<html> 标签定义了整个 HTML 文档
<body> …</body>	二者之间的文本是可见的页面内容。<body> 标记定义了 HTML 文档的主体
<title>…</title>	<title> 元素可定义文档的标题。 浏览器会以特殊的方式来使用标题，并且通常把它放置在浏览器窗口的标题栏或状态栏上
<!-- … -->	这两个标记之间的文本，将被作为注释插入 HTML 代码中，这样可以提高其可读性，使代码更易被人理解。浏览器会忽略注释，也不会显示它们
<h1> …</h1>	二者之间的文本被显示为一级标题。这里数字"1"，可以更改为 2,3,4 等数字，分别代表二级、三级、四级标题
<p> …</p>	二者之间的文本被显示为段落
 	这个标记，表示可插入一个简单的换行符。 标签是空标签（这意味着，它没有结束标签，因此 …</br> 成对匹配是错误的）
<a> …</a>	二者之间的文本表示一个锚点，通常用来放一个超级链接
<img>…</img>	img 元素向网页中嵌入一幅图像。 请注意，从技术上讲，<img> 标签并不会在网页中插入图像，而是从网页上链接图像。 <img> 标签创建的是被引用图像的占位空间
<table> … </table>	二者之间定义 HTML 表格。 简单的 HTML 表格由 table 元素及一个或多个 <tr>、<th> 或 <td> 元素组成。 tr 元素定义表格行，th 元素定义表头，td 元素定义表格单元
<form>…</form>	<form> 标签用于为用户输入创建 HTML 表单。 表单能够包含 input 元素，比如文本字段、复选框、单选框、提交按钮等
<input type>	<input> 标签用于搜集用户信息。 根据不同的 type 属性值，输入字段拥有很多种形式。输入字段可以是文本字段、复选框、掩码后的文本控件、单选按钮、按钮等
<center>…</center>	对其所包括的文本进行水平居中

20.1.2 动态 Web 处理阶段

静态 Web 是从服务器的文件系统（File System）或数据库系统中，加载指定的页面内容返回给用户。其指定的页面，通常是已经固定下来的存放到服务器端的。这对一个不常更新、访问量较小的访问，问题不大。

但是，如果利用静态 Web 来构建一个信息流动量很大的网站时，就会很困难。例如，在构建某个论坛时，如果使用静态 Web 来构建论坛的话，当有新的帖子发布时，就需要后台程序员为其建立新的页面。当某个帖子有新回帖时，也需要程序员来更新相应的页面。每天都会有非常多的新帖出现，而每个帖子每天也有很多新的回帖。在这种情况下，如果还用静态 Web 方案，估计难以成行。因为这会造成大量的人力、物力甚至财力的消耗。

为了节省人力、物力等资源，就需要一种新的技术来应对信息流动量很大的网站。这种新的技术就是动态 Web 处理技术。动态 Web 技术，同时催生了 Web 2.0 时代。在这个时代，网络就是一个平台，用户提供信息，通过网络，其他用户获取信息。各种论坛、博客、维基百科等就是这个时代的代表者。Web 2.0 时代，有点相当于菜市场，在市场里，大家的需求各异，各说各话，各自寻找自己喜欢的菜，这里面的主要特征，就是“交互性”。

在组织静态 Web 时，网站设计方会根据网站的规则，也就是页面的排版、组织信息的方式来动态编写每一个 HTML 页面。纵使某个网站的信息流动变化很快，但是网站里的一些固定规则还是不变的。例如，在论坛中每个子论坛、每个帖子、每个回帖的样式、排版方式都几乎是一样的。

动态 Web 设计就是抓住这些不变的规则，把这些不变的规则写成程序，将程序放到服务端的 Web 容器（Web Container）中。当用户访问网站时，让程序根据制定的规则来排版、组织信息，然后重新生成 HTML 页面，返回给用户。其流程如下图所示。

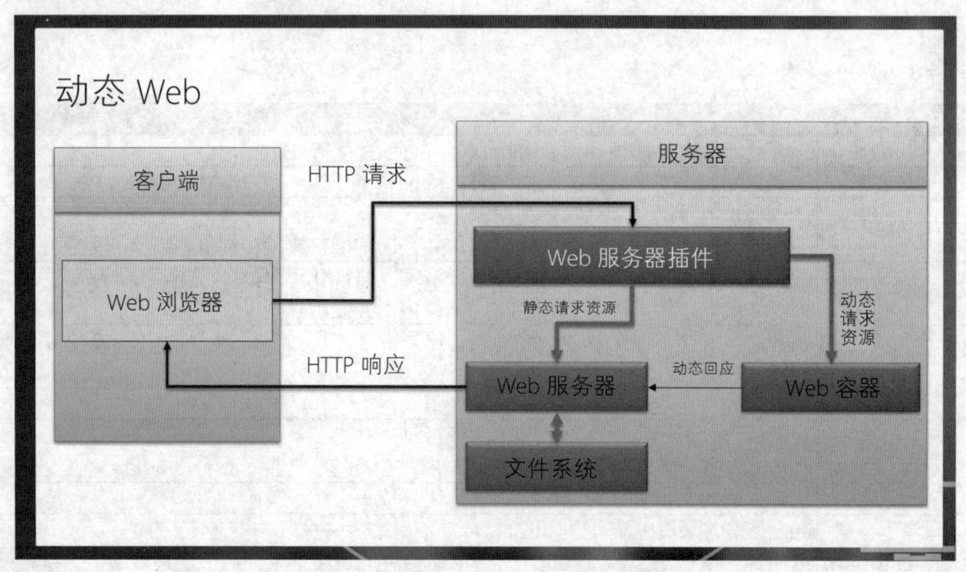

为了提升 Web 页面的图形显示及交互功能，在早期，Sun 公司（已被 Oracle 公司收购）提供了 Java Applet 开发模式。Applet 是用 Java 语言编写的一些小应用程序（即一些 .class 文件）。在命名规则上，“App”来自于 Application（应用程序）的简写，而词根“let”本身就蕴含“小的”含义。因此，Applet 常被称作“小应用程序”。它在很大程度上提高了 Web 页面的交互能力和动态执行能力。由于 Applet 程序能跨平台、跨操作系统运行，因此，一度风靡一时，在互联网中得到了广泛的应用。

但 Applet 有个很大的“痛点”，即它不能单独运行，必须通过 HTML 调入后方能执行。含有 Applet 网页的 HTML 文件，其代码中带有诸如 <applet> 和 </applet> 这样的一对标记，标记之内嵌套 Java 代码，当支持 Java 的网络浏览器遇到这对标记时，就将下载相应的小应用程序（.class 文件），并在本地计算机上执行该 Applet。

Applet 虽然极大提升了 Web 的交互能力，但也面临一个问题：整个页面加载过程中，需要花费更多的时间去传递 *.class 文件，并在客户端上启动 JVM（Java 虚拟机）花费更多的时间。这些额外的“花费”，进而导致 Applet 的执行速度相对较慢，在以“响应时间”为体验用户最高标准的（移动）互联时代，这套 Applet 规范已经渐行渐远了。

后来，由 Sun 公司倡导、许多公司参与一起建立了一种新的动态网页技术标准——JSP（Java Server Pages），JSP 是当今 Web 开发中最重要的部分之一。对于构建企业级网站来说，JSP 显得尤其重要。

在 HTML 文件中，以特定的规则加入 Java 程序代码，就构成了 JSP 网页。Web 服务器在遇到访问 JSP 网页的请求时，首先执行其中的 Java 程序代码，然后将执行结果以 HTML 形式返回给客户端。Java 代码的解析在服务器端（也称之为后端），客户端（也称之为前端）只用于显示。

事实上，JSP 技术并不是唯一的动态网页技术，在 JSP 技术出现之前或同时代，也有几种比较流行的动态网页技术，下面给予简要介绍。

（1）CGI

CGI 英文全称是 Common Gateway Interface（通用网关接口）。如其全称所示，CGI 是 HTTP 服务器与其他程序进行通信的一个标准接口。大多数 CGI 程序，都是用 Perl 脚本写出来的。当 HTTP 服务器收到访问请求时，将会启动一个新的 CGI 解释进程，而不是一个静态页面。由 CGI 动态构造一个新的 HTML 页面，返回给服务器，然后再由服务器返回给客户端。但是，这样一来，当有大量用户请求时，服务器会启动执行多个 CGI 进程，这将导致服务器的负荷激增，从而会严重影响服务器系统的性能。

（2）ASP

ASP 英文全称是 Active Server Page，它是由 Microsoft 公司开发的一种处理动态页面的技术。ASP 把 Web 上的请求转入到服务器中，并在服务器中对所有的 ASP 脚本语言进行解释执行。同时，它允许在 HTML 中内嵌一些脚本语言，如 JavaScript 等。ASP 是一种比较流行的技术（现在的版本是 ASP.net），其主要不足之处在于，它只能在微软公司的 Windows 平台下运行，并用 IIS（Internet Information Services，互联网信息服务）搭建 Web 应用服务器，因此跨平台性相对较差。

（3）PHP

PHP 英文全称是 Personal Home Page，它是一种跨平台的服务器端的嵌入式脚本语言。PHP 大量借鉴了 C、Java 和 Perl 语言的语法，并创建 PHP 独属的特性，使 Web 开发者能够高效地写出动态页面。其优点在于，支持目前绝大多数数据库，而且是完全免费的，可自由下载。正如其名称所言，对于个人（Personal）的小企业项目，它是一个十分适合的开发动态页面的语言。但对于性能（比如并发性）要求较高的中大型企业级项目，PHP 的功能就显得有点薄弱。比如说，淘宝网在初创时，就是使用 PHP 来开发的，但当卖家和买家数量激增时，淘宝网就不得不换成对并发性能有更高支撑的 Java（也就是 JSP）来开发。

20.2 JSP 的运行环境

在着手开发动态 Web 之前，我们首先需要有一个 Web 容器。对于 Web 容器，支持 JSP 的有很多，比如 Tomcat、WebLogic、WebSphere。下面我们主要讲解较为常用的 Web 容器——Tomcat。Tomcat 是由 Apache 基金组织开发的一款免费开源的 Web 应用服务器，属于轻量级应用服务器，在中小型系统和并发访问用户不是很多的场合下被普遍使用。对于初学者来说，更为重要的是，它是开发和调试 JSP 程序的首选服务器。

20.2.1 安装 Tomcat

在安装 JSP 的运行环境之前，首先需要安装 JDK（Java 的开发、运行环境），这个过程在前面的章节中，我们已经有详细的介绍，这里不再赘言。接下来要下载并安装 Tomcat。Apache 的官网提供 Tomcat 服务器的下载。读者可以根据自己使用的操作系统，下载对应的版本。本书使用 Windows 64 位版本，版本号为 8.5.9，如下图所示。

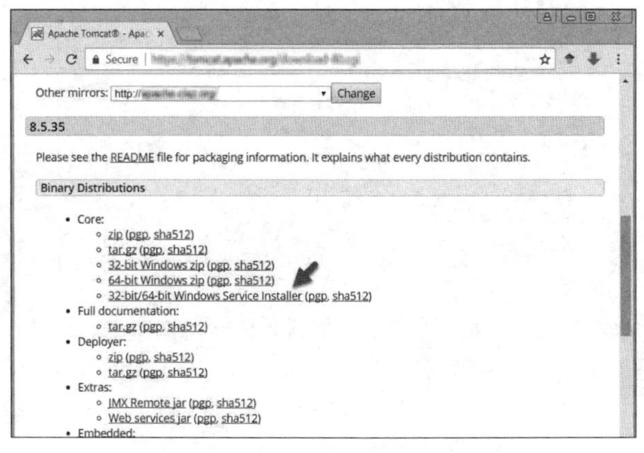

当下载了 Tomcat 之后，通过双击安装包，按照安装流程，进行安装即可。

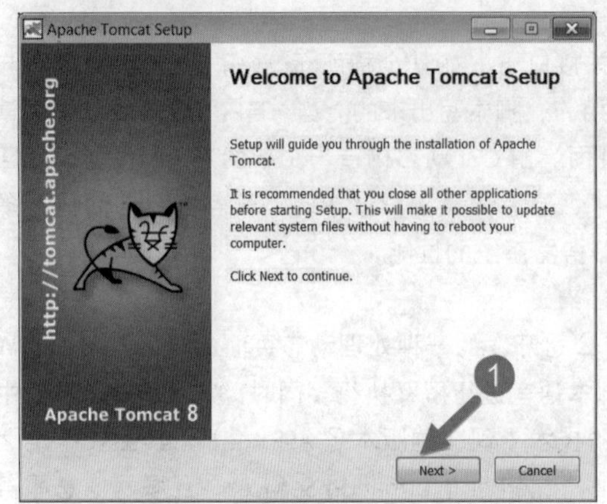

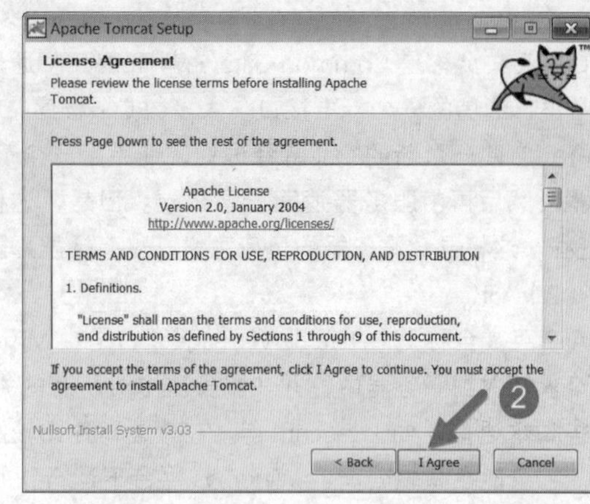

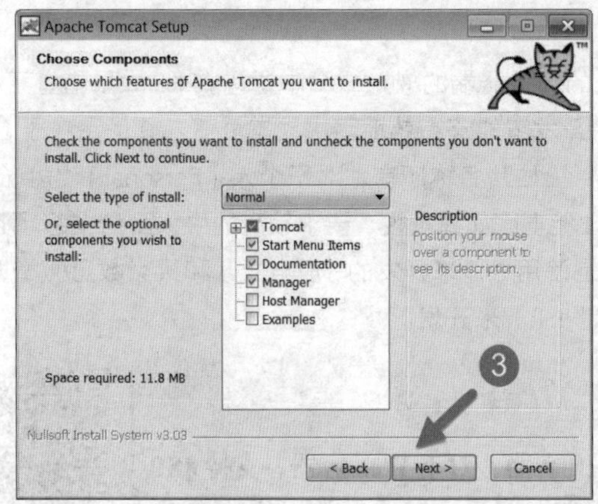

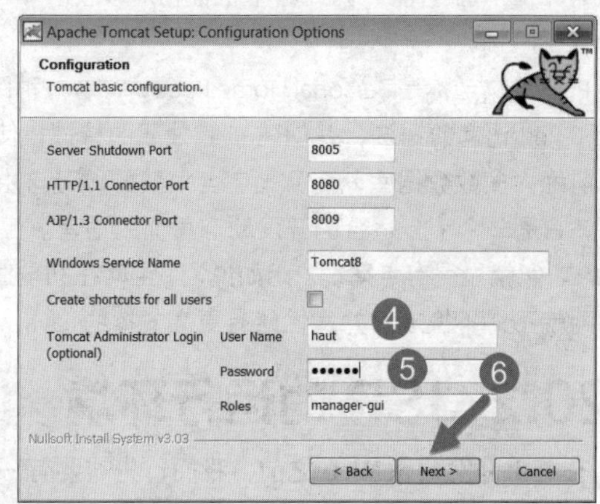

在安装编号④和⑤所示的过程中，其他配置采用默认值即可，只需增加一个管理员的用户名和密码，比如说账号为 haut，密码为 123456（也可以现在不添加，后期补上）。

因为 Tomcat 是用 Java 编写的，所以它的运行需要 Java 运行时环境的支持，这里需要配置 Java 的安装路径。这个路径通常 Tomcat 会自动找到，如果找不到的话，则需要用户自己单击“…”按钮，手动配置，如下图所示。

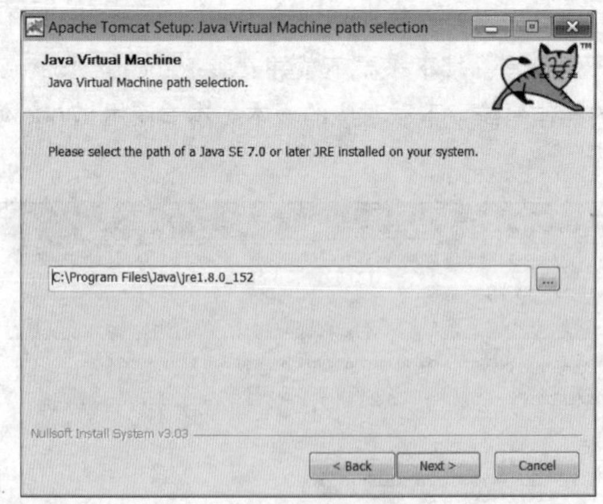

接下来，我们设置 Tomcat 的安装目录，通常采用默认路径即可，如果选择其他路径，可以单击“Browse”按钮手动配置目录，然后是安装过程，如下图所示。

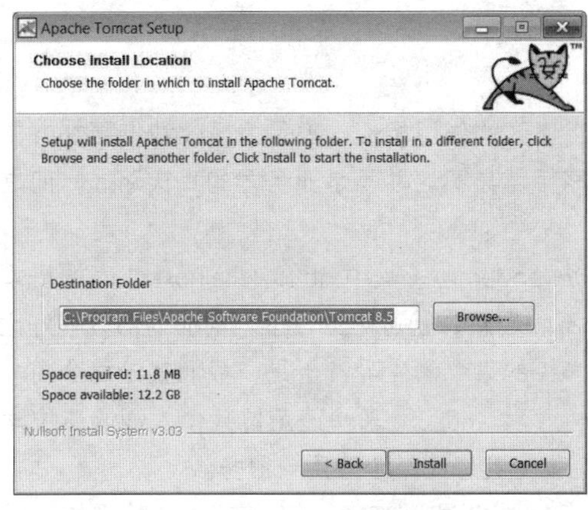

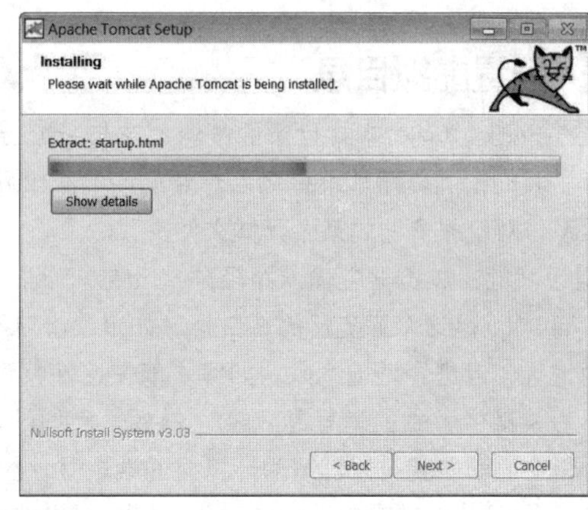

成功安装后的页面如下图所示。

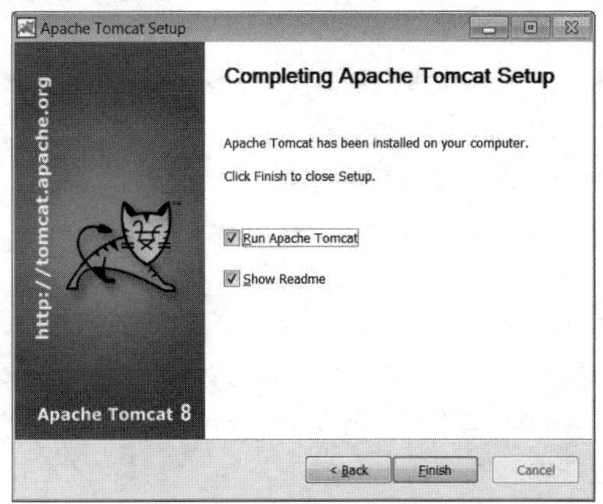

当 Tomcat 安装完成之后，会在其安装目录中出现以下文件夹。

bin：这个文件夹存储了所有的可执行程序，比如说，在这里可以找到 Tomcat 的启动程序。

conf：保存 Tomcat 的配置文件信息。

lib：是一个 CLASSPATH 路径，可以将开发过程中所需要的 jar 文件保存在此目录中。

logs：保存所有的日志信息。

webapps：服务的热部署目录，项目直接拷贝到此目录中，就可以通过浏览器来访问该项目。

work：保存所有的临时文件信息。

保证服务器打开的前提下，打开浏览器，输入 http://localhost:8080，如果出现 Tomcat 的主页，也就是下图所示的页面，则说明 Tomcat 成功安装。

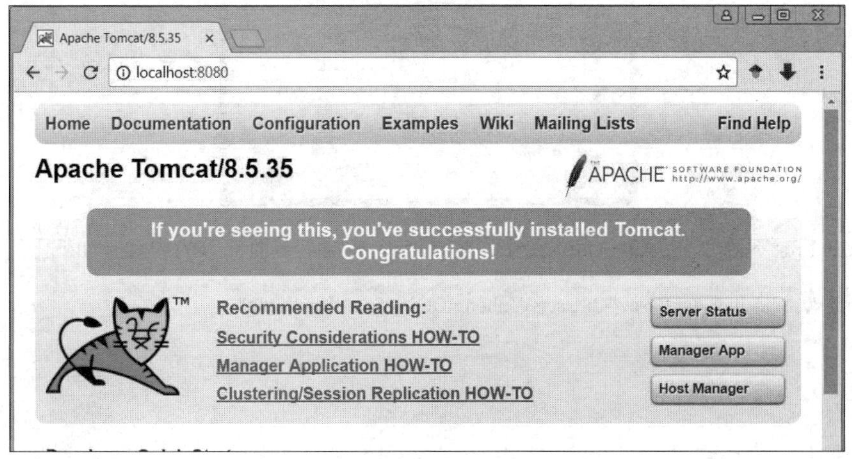

20.2.2 配置虚拟目录

在 Tomcat 中有个虚拟目录的概念，它与 Eclipse 中的工作区的作用相似，都是为了让我们更加方便地管理项目。我们在浏览器地址栏输入想要访问的某个网站的路径，其实这并不是服务器的真实路径，而是通过映射关系，对应服务器的某个具体文件夹。

假设我们在浏览器中输入路径是：http://localhost:8080/webdemo/，其中 http://localhost 代表的是本地计算机，而 8080 是这个服务器的端口号。如果读者对端口号不太理解，就可想象一下，前面的部分就好比一个学校的地址，但这个地址太大，如何才能快速地找到这个学校的某个学生呢？于是，我们就给每个同学编个学号，假设某个学生的学号是 8080，然后，我们就用“xxx 大学：8080”来快速定位某个大学的这位学生，而这个学生的学号就可以理解为计算机的端口号，这个学生本身就好比某个应用或服务。

常用的服务和其对应的端口号为，SOCKS 代理协议服务器端口号为 1080，FTP（文件传输）协议代理服务器端口号为 21，SSH（安全登录）、SCP（文件传输）默认的端口号为 22，HTTP 协议代理服务器常用端口号有 80/8080/8081 等。

http://localhost:8080/ 在整体上可理解为本机的 HTTP 服务，而其后的“/webdemo”可视为 HTTP 服务器下的子文件夹。而这个路径“http://localhost:8080/webdemo/”是给用浏览器访问的客户端看的，这个子文件夹“/webdemo”，在服务器中有个与之对应的绝对路径，这就是创建虚拟目录。

假设我们有一个绝对路径为“C:\Users\Yuhong\Documents\WebDemo”，在这个文件夹里存放了服务器的所有文件。

然后，我们在这个路径下添加配置文件 web.xml。每一个项目都需要有一个配置文件 web.xml 与之对应，这个配置文件在 Tomcat 安装目录 /webapps/ROOT/WEB-INF 文件夹中。我们要把整个 WEB-INF 文件夹拷贝到 WebDemo 目录下，注意是整个 WEB-INF 文件夹，而非单个 web.xml 文件，因为配置文件必须在 WEB-INF 下，否则，Tomcat 无法找到这个配置文件。

接着，我们要修改配置虚拟路径。这里需要修改两个文件。

（1）server.xml

打开 Tomcat 安装目录 /conf/server.xml 文件进行配置。

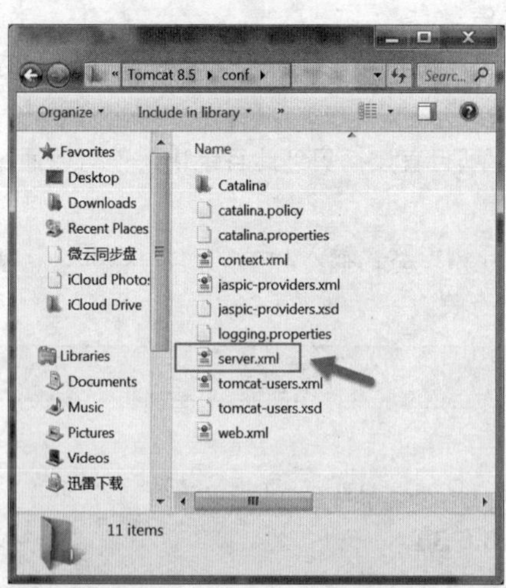

打开 Tomcat 目录下的 /conf/server.xml 文件，在 Host 之前加入下面部分的内容（如下图所示）。

```
<Context path="/webdemo" docBase="C:\Users\Yuhong\Documents\WebDemo"/>
```

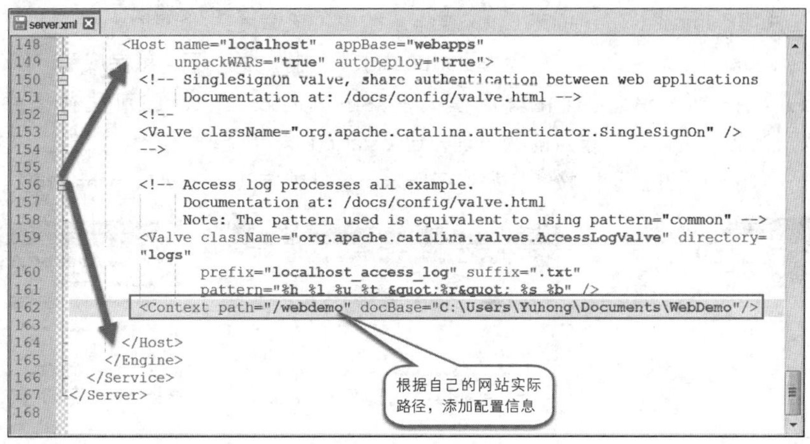

这里解释一下这两个参数的含义。

path：表示浏览器的访问路径。假设本例的 path 设置为“/webdemo”，那么通过浏览器地址栏输入的访问地址就是 http://localhost:8080/webdemo。当访问这个目录下的文件时，实则访问 docBase 目录下的文件。

docBase：表示了真实的文件目录所在位置。浏览器地址栏输入的访问地址就是 http://localhost:8080/webdemo。实际访问的是 docBase 设置的“文档大本营”，在 C:\Users\Yuhong\Documents\WebDemo”目录下面。浏览器地址栏的地址和实际访问的服务器本地目录有着一一对应的关系。

特别需要读者注意的有两点：① 由于这里示范的目录位于 C 盘，这是一个系统盘，在修改某些重要的文档内容时，可能需要管理员权限，而且这个网站在服务器上的真实目录不能是只读（readonly）属性。如果是在 macOS 或 Linux 下，则可能需要获取 root 用户的权限。② path 设置的路径是区分大小写的，例如，如果在 server.xml 文件中，设置为 path="/WebDemo"，那么在地址栏里就需要输入 http: //localhost:8080/webDemo，否则 Tomcat 是不“答应”的，读者可以试试看。

（2）web.xml

打开 Tomcat 目录下的 /conf/web.xml，将如下代码中第 10 行的 listings 的属性值，由原来默认的 false 改为 true，并保存。

```
01    <servlet>
02        <servlet-name>default</servlet-name>
03        <servlet-class>org.apache.catalina.servlets.DefaultServlet</servlet-class>
04        <init-param>
05            <param-name>debug</param-name>
06            <param-value>0</param-value>
07        </init-param>
08        <init-param>
09            <param-name>listings</param-name>
10            <param-value>true</param-value>
11        </init-param>
12        <load-on-startup>1</load-on-startup>
13    </servlet>
```

修改上述配置文件后，需要重启 Tomcat。这时有两个办法，一个是在命令行方式下完成（按“⊞ +R 组合键”，在弹出的对话框中输入“CMD”），进入 Tomcat 的安装目录的可执行子文件 bin 下，输入如下两条指令（批处理指令）。

```
C:\Program Files\Apache Software Foundation\Tomcat 8.5\bin>shutdown.bat
C:\Program Files\Apache Software Foundation\Tomcat 8.5\bin>startup.bat
```

第一条指令是关闭 Tomcat（在 macOS/Linux 操作系统中，该命令为 shutdown.sh），第二条指令是开启 Tomcat（在 macOS/Linux 操作系统中，该命令为 startup.sh）。这样一关一开，就完成了一次 Tomcat 的重启。

第二种办法是，在 Windows 可视化窗口模式下，还是进入 Tomcat 的可执行文件目录 bin，找到 Tomcat8w.exe，双击该文件执行，如果当前状态是开启（started），则单击“Stop（停止）”按钮，在 Tomcat 停止执行后，再单击“Start（开启）”按钮，如下图所示，这样就完成了一次 Tomcat 的重启。

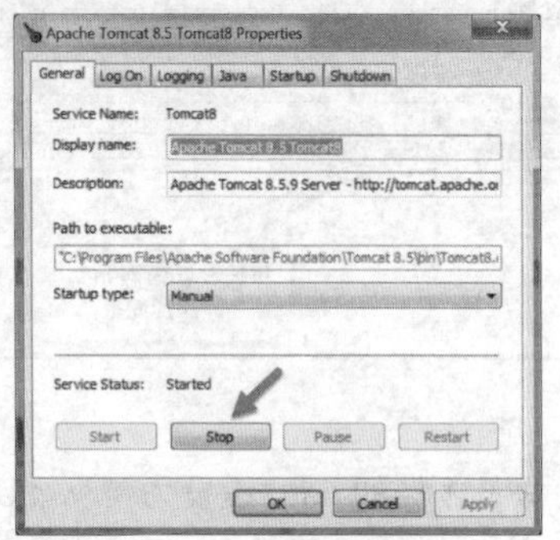

最后，在浏览器中输入路径：http://localhost:8080/webdemo/，如果出现如下图所示的页面，则说明虚拟目录配置成功。

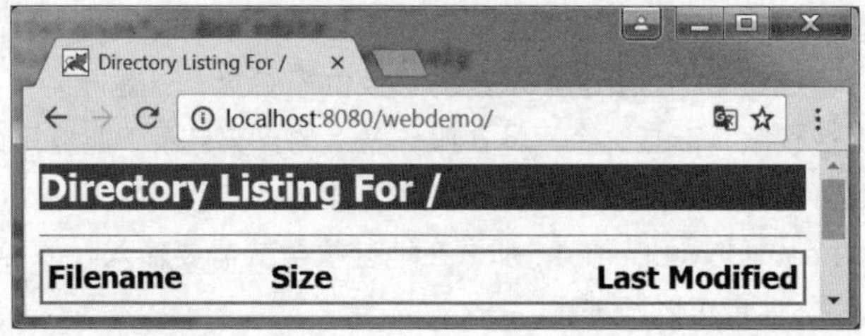

20.2.3 编写第 1 个 JSP 程序

现在我们已经具备了开发 JSP 的条件。接下来用一个简单程序演示如何创建并且在浏览器上访问 JSP 文件。首先我们在虚拟目录（C:\Users\Yuhong\Documents\WebDemo）所在的路径下建立一个 hello.jsp 的文件。其代码如下所示。

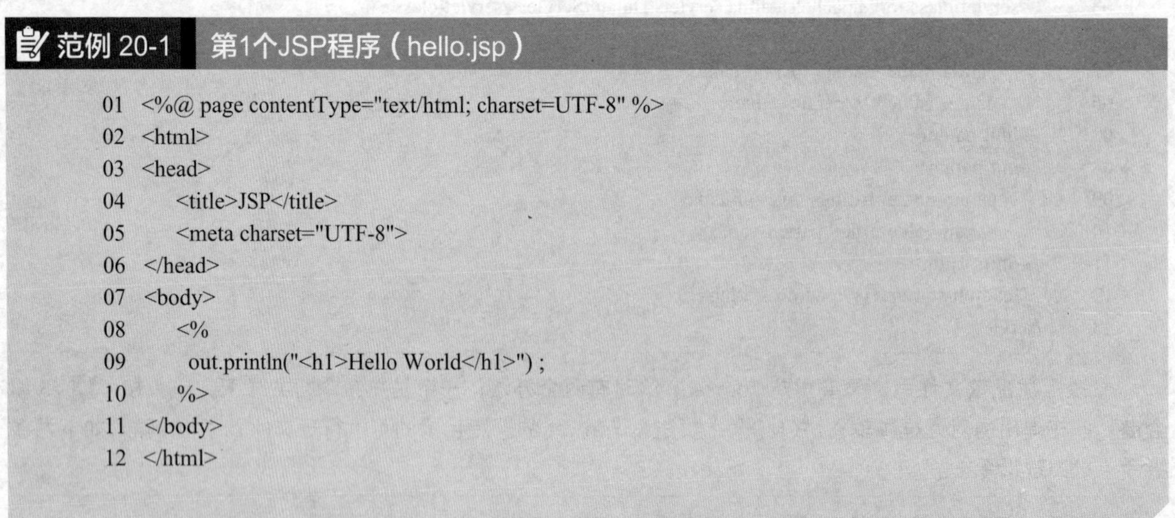

范例 20-1　第1个JSP程序（hello.jsp）

```
<%@ page contentType="text/html; charset=UTF-8" %>
<html>
<head>
    <title>JSP</title>
    <meta charset="UTF-8">
</head>
<body>
    <%
      out.println("<h1>Hello World</h1>") ;
    %>
</body>
</html>
```

这段代码的作用是在页面中显示出 Hello World。在浏览器输入 hello.jsp 文件对应的路径为 http://localhost:8080/WebDemo/hello.jsp。

保存并运行程序，结果如下图所示。

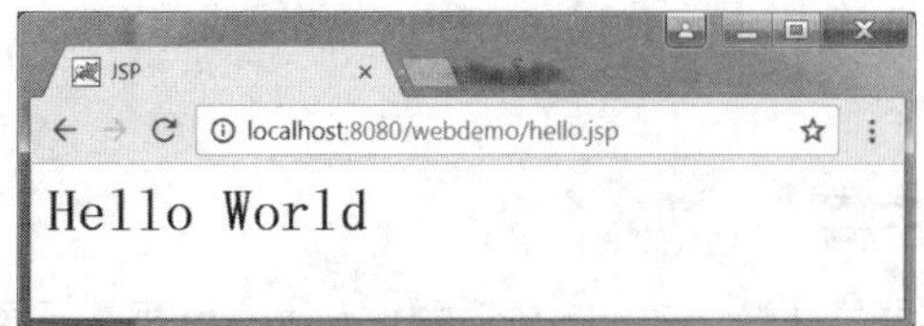

代码详解

第 01 行使用 page 定义了这个页面的类型和编码格式。

第 02~07 行和第 11~12 行是 HTML 的代码，其中定义了页面头部和主题。第 04~05 行定义了 HTML 页面的标题和编码格式。有关具体 HTML 的用法，请读者查阅 HTML 相关书籍。

第 08~10 行使用 out 对象将 println() 中的字符串，写到生成的 HTML 文件中的对应位置，也就是生成的 HTML 文件中的 <body></body> 标签之间。

【范例分析】

所谓的 JSP，就是在 HTML 代码里面嵌入了一系列的 Java 程序，而 Java 程序要编写在 "<%...%>" 之间，同时还需要注意的是，JSP 可以输出 HTML 与 JavaScript 代码。所有的 out.println() 输出结果，最终都是输出 HTML 代码。

有一点需要说明的是，在 JSP 学习初期，我们并不提倡读者直接安装高效的集成开发环境 MyEclipse。MyEclipse 的大包大揽，的确可以提高我们的开发效率，但对于初学者来说，这或许并非好事，只有当初学者经历了开发过程中的"磕磕绊绊"，才能更加体会到 JSP 的要义。在本章，我们就用"小米加步枪"——Nodepad++（一种文本编辑器）和浏览器，来完成所示范例的学习。等读者对 JSP 有了较为深入的理解，再用上诸如 MyEclipse 的集成开发环境，才能达到锦上添花的效果。

20.2.4 Tomcat 执行流程

当用户向浏览器发出一个请求，也就是在浏览器的地址栏中进入某一个链接，或者单击某一个链接时，服务器会根据这个链接找到对应的 JSP 文件，并由这个 JSP 生成一个 Java 文件，然后将 Java 文件编译成 Class 文件，再执行这个 Class 文件，最后再将执行后的结果返回给用户，其流程如下图所示。

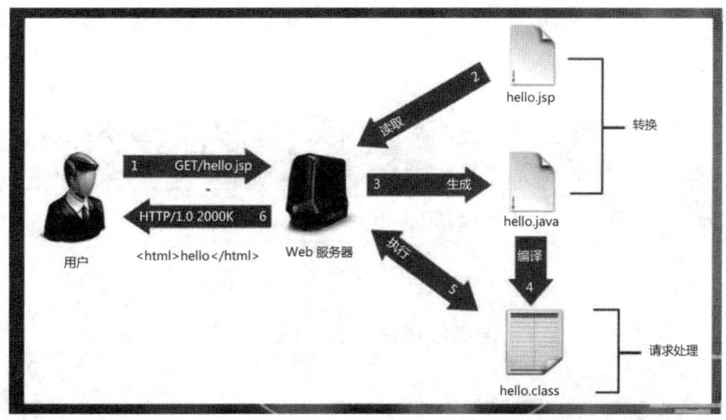

20.3 基础语法

千里之行，始于足下，下面我们开始学习 JSP 的基础语法。需要说明的是，想成为一名合格的 Java Web 工程师，需要学习很多知识，远不是这一个章节能完成的。本章的目的在于，让读者对 JSP 开发有个初步的了解。

JSP 本意就是 Java 服务器页面，它是 Java Web 的核心。在范例 20-1 中做第 1 个 Java Web 小程序时，我们已经初步接触了 JSP 文件。JSP 文件由 Java 代码和 HTML 代码组成。因此，下面的语法介绍通常会涉及这两个层面的知识。

20.3.1 显式注释与隐式注释

首先，我们来了解 JSP 文件中的注释。在 JSP 文件中，可以使用两类不同的注释形式。

显式注释：HTML 风格的注释，格式为 "<!-- 注释内容 -->"，有时我们希望注释生成的是 HTML 文件中的内容，则需用到此类注释。在显式注释中，注释部分可以使用表达式，因为显式注释会被 JSP 引擎解释。

隐式注释：有 Java 风格的注释和 JSP 自己的注释两种，其格式为："<% // 注释内容 %>" 和 "<% /* 注释内容 */ %>"。Java 风格的注释在 JSP 生成 Java 文件时，也会带入到 Java 文件中。以上两个注释都将由浏览器忽略，只会存在于 JSP 文件中。

范例 20-2　JSP的两种注释风格（comment.jsp）

```
<%@ page contentType="text/html; charset=UTF-8" %>
<html>
  <head>
    <title>JSP 的注释演示 </title>
    <meta charset="UTF-8">
  </head>
  <body>
    <!-- 这里是 HTML 风格的注释示例，会出现在客户端源代码中 -->
    <%
      // 开始写 JSP 代码，这里的单行注释也不会出现在客户端源代码中 !
      out.print("<p align=center>JSP 注释测试 !<br><br> 下面的注释将不会出现在面中 <br>");
      /*
      这里是 Java 风格的多行注释，
      我是多行注释
      */
     %>
  </body>
</html>
```

程序运行结果如下图所示。

在显示的界面中单击鼠标右键，单击查看网页源代码，如下图所示。从图中可知，Java 风格的隐式注释都没有在客户端中显示出来，代码显得更加简洁。

JSP的注释演示　view-source:localho

view-source:localhost:8080/webdemo/comment.js

```
<html>
    <head>
        <title>JSP的注释演示</title>
        <meta charset="UTF-8">
    </head>
    <body>
        <!—这里是HTML风格的注释示例，会出现在客户端源代码中-->
        <p align=center>JSP注释测试!<br><br>下面的注释将不会出现在面
中<br>
    </body>
</html>
```

20.3.2 Scriptlet

JSP 的本质，就是在 HTML 代码之中插入 Java 代码，为了区分 Java 代码和 HTML 代码，需要使用一些特殊的标记来标记 Java 代码段。在 JSP 中，大部分都是由脚本小程序组成，所谓的脚本小程序，就是里面直接包含了 Java 代码。

Scriptlet 就是用来标记 Java 代码的标志（这里 Script 就是“脚本”的意思，而“let”作为后缀，表示“小的”）。服务器在解析 JSP 文件时会识别 Scriptlet，并将在 Java 代码段生成一个 Java 文件。JSP 中有 3 种常用的 Scriptlet 标记。

（1）<% %>

这种 Scriptlet 的主要功能是定义局部变量和程序语句。我们可以在这个标记中写入要执行的 Java 代码，由于 Jsp 最终都要转换为 Java 程序文件，而在 Java 文件里面只有方法可以定义局部变量。而所有的程序语句也只能够出现在方法之中。

<% %> 中的代码在生成 java 文件后，位于生成的类中的处理请求的方法中。在这个标签中写代码等于在 Java 类中的处理请求方法中写代码。该类 Scriptlet 可以支持的定义结构包括：局部变量、程序语句、逻辑操作，这种 Scriptlet 比较常用。下面是关于此类 Scriptlet 操作的范例。

两个 Scriptlet	合并为一个 Scriptlet

<%
int num = 10 ; // 局部变量
%>
<% // 可以将这两个 Scriptlet 写为一个
if (num > 10) {
out.println("<h1>" + num ++ + "</h1>") ;
} else {
out.println("<h1>error</h1>") ;
}
%>
	<%
	int num = 10 ; // 局部变量
	// 现在合并为一个 Scriptlet
	if (num > 10) {
	out.println("<h1>" + num ++ + "</h1>")
	;
	} else {
	out.println("<h1>error</h1>") ;
	}
	%>

（2）<% = %>

此类 Scriptlet 可以简单地理解为表达式输出，它可以输出变量、常量、方法的返回值，并将变量的值输出并生成到 HTML 文件中，相当于替代了 out.println()。

（3）<%!%>

定义全局变量，可以编写类、方法。一般情况下都会使用此 Scriplet 定义一个全局变量，全局变量是无论怎么刷新，都只声明一次，只有很少的情况下才会用此语句去定义一个方法。

范例 20-3　测试scriptlet的用法

```
01 <%@ page contentType="text/html; charset=UTF-8"%>
02 <html>
03   <head>
04     <title>Scriplet 应用 </title>
05     <meta charset="UTF-8">
06   </head>
07   <body>
08     <%!          // 全局常量
09     public static final String MSG = "Hello World!" ;
10     %>
11     <%
12     int num = 0 ;    // 局部变量
13     for (int i = 0; i < 10; i++)
14     {
15       num += i;
16     }
17     %>
18     <h3><%=MSG%></h3>
19     <h2>0+1+2+…+9 的和为：<%= num %></h2>
20   </body>
21 </html>
```

保存并运行程序，结果如下图所示。

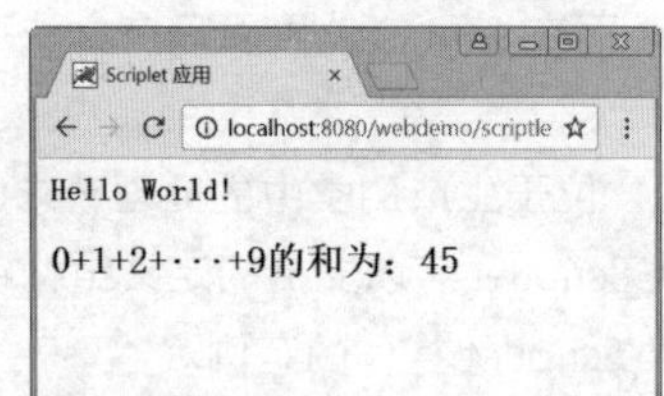

代码详解

这段代码的功能是，先显示一个常量字符串“Hello World！”，然后计算 0+1+2+…+9 的和，并显示在网页上。

第 08~10 行，使用第 3 种 Scriptlet<%!%>，定义了一个字符串常量 MSG。

第 11~17 行，使用第 1 种 Scriptlet<%%> 创建了一个变量 num 和一个 for 循环，用来计算 0~9 的和并将结果保存到 num 中。

第 18 行和第 19 行，使用第 2 种 Scriptlet<%=%>，来分别读取 MSG 和 num 的值，并分别以标题 3 和标题 2 的格式，写入到生成的网页中。

【范例分析】

对于第 2 种 Scriptlet，读者可能会疑惑，到底是使用 out.println()，还是使用 <%=%> 呢？要知道，JSP 中使用 out.println() 输出和“<%=%>”输出，最终的 Java 输出效果完全是一样的。对于这个问题，这里只能给出一个经验之谈，利用“<%=%>”输出模式，比较适合于设计工具调整，而且输出的代码也有缩进。但是也有缺点，Scriptlet 太多了。通常，很少有人在代码中使用 out.println() 输出。

现在小结一下，所谓 Scriptlet，就是 JSP 中编写 Java 代码的区域。在这个区域内，通常使用 <%...%> 区域定义局部变量、编写逻辑代码。在“<%!...%>”区域都是定义全局常量，通常使用“<%=...%>”替代 out.println() 语句。

20.3.3 Page 指令

JSP 中的 Page 就好比 java.lang.Object 类的作用一样，表示的是整个页面，可以使用 Page 指令来定义页面属性。Page 指令有许多的选项，下面以常用的页面乱码解决、MIME 风格展示、导包操作等选项，分别进行简介。

（1）pageEncoding

pageEncoding 用于指定 .jsp 文件的编码格式。有时候用这个指令解决中文乱码的问题，例如，假设我们将范例 20-2 中的有关“UTF-8”字样的语句删除（第 01 行和第 05 行），运行的结果就如下图所示，也就是说中文部分出现了乱码。所谓乱码，其实就是编码和解码不一致所致。jsp 页面文件默认的字符编码是 ISO-8859-1，这套编码通常也叫 Latin-1，主要包括所有西方拉丁语系的字符，并不包含汉字，如果在 JSP 输出汉字时，将导致无法用这个编码进行解析，自然就会出现乱码。

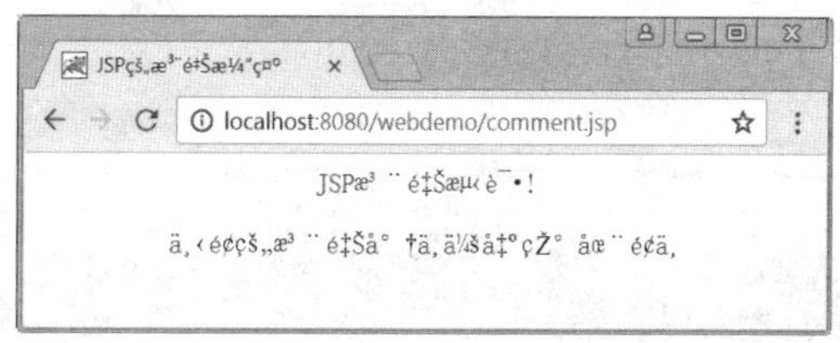

通常，我们将文件编码格式设为 "UTF-8"，就能来解决中文乱码问题。使用格式如下所示。

```
<%@page pageEncoding="UTF-8"%>
<h1>JSP 中文乱码问题解决方案 </h1>
```

（2）contentType

这个 page 属性用于指定 .jsp 文件生成的文件的内容类型及其编码方式，让浏览器知道什么格式，什么编码去解析。一般指定格式 "text/html"。编码格式按需采取。例如，设置生成的文件格式为 "text/html"，设置生成的文件编码格式为 "UTF-8"，如下所示。

```
<%@ page contentType="text/html; charset=UTF-8" %>
```

（3）import

jsp 文件最后会生成 Java 程序，有时在生成的 Java 程序实现某一功能时需要导入相关的包，这时就会用到 import 来导入包。下面是一个使用 import 导入相关包，在浏览器中输出一个时间的一段简单的代码。

范例 20-4　page指令中的import属性使用（import.jsp）

```
<%@ page pageEncoding="UTF-8"mport="java.util.*" %>
<%@ page import="java.text.*,java.util.regex.*"%>
<html>
  <head>
    <title>page 指令的 import 属性 </title>
    <meta charset="UTF-8">
  </head>
  <body>
    <%
    String str = "2016-12-23 11:11:11" ;
```

```
11          Date date = new SimpleDateFormat("yyyy-MM-dd HH:mm:ss").parse(str) ;
12          %>
13          输出日期 <%= str %><br>
14          <h3><%= date %></h3>
15      </body>
16  </html>
```

保存并运行程序，结果如下图所示。

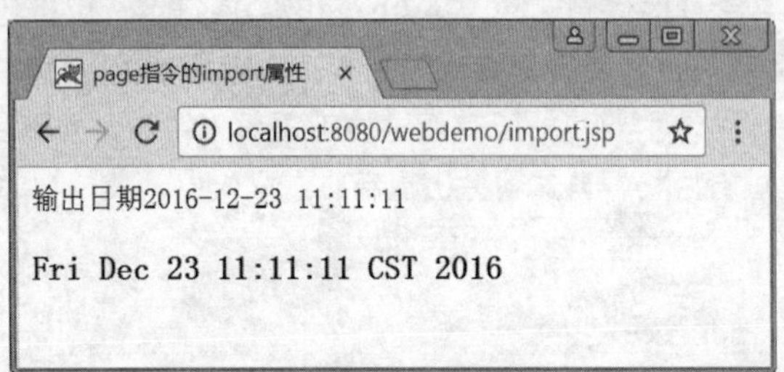

代码详解

这段代码的作用是将字符串“2016-12-23 11:11:11”转化成日期，并以日期格式输出。其中要使用到“java.util.*”“java.text.*”“java.util.regex.*”三个包。

第 01~02 行，导入要使用的 3 个包，可以看出 page 指令既可以分开写多个 page 指令，也可以包含在一条 page 指令中。

第 10 行，创建一个日期字符串的对象。

第 11 行，利用字符串使用指定的格式创建出一个日期对象。

第 13 行，将字符串的值写到生成的 html 文件，以显示在客户端。

第 14 行，将生成的日期写到生成的 html 中。

（4）language

设置解释该 JSP 时采用的语言。默认开发语言为 Java。

```
<%@page language="java"%>
```

（5）session

该属性指定 JSP 页面是否使用 HTTP 的 session 会话对象。它的属性值是 Boolean 类型的，可选择是 true 和 false。默认值为 true。如果设置为 false，则当前 JSP 页面将无法使用 session 会话对象。

```
<%@page session="false"%>
```

session 是 JSP 内置对象之一，后面的章节还会介绍这个内置对象。

（6）contentType

在网络开发时，我们有时会需要设置文档的“内容类型（contentType）”，常用于设置网络文件的类型和网页的编码，决定文件接收方将以什么形式、什么编码读取这个文件，这就是经常看到一些 JSP 网页，单击的结果却是下载到一个文件或一张图片的原因。

在设置“内容类型”时，会涉及一个概念 MIME。所谓的 MIME（Multipurpose Internet Mail Extensions），就是多用途互联网邮件扩展类型。它是设定某种扩展名的文件用一种应用程序来打开的方式类型，当该扩展名文件被访问的时候，浏览器会自动使用指定应用程序来打开，多用于指定一些客户端自定义的文件名，以及一些媒体文件打开方式。用在 JSP 开发上，MIME 类型实质上指的就是当前的 JSP 页面到底按照什么样的风格显示。

例如，如果是一个网页文件，扩展名为 *.htm 和 *.html 是完全一样的，因为这两个的 MIME 类型相同，我们可以打开 conf/web.xml 文件查看。

```
<mime-mapping>
  <extension>htm</extension>
  <mime-type>text/html</mime-type>
</mime-mapping>
<mime-mapping>
  <extension>html</extension>
  <mime-type>text/html</mime-type>
</mime-mapping>
```

通过分析可以发现，*.htm 与 *.html 两个文件的 MIME 映射处理类型完全相同。实际上每一个 JSP 页面，默认的显示风格也是 html。

在开发中，我们还可以利用 contentType 设置文档的编码。

```
<%@ page contentType="text/html;charset=UTF-8"%>
```

20.3.4 包含指令

在很多的项目开发之中，往往会出现一个页面有多个模块，一个模块被多个页面使用的情况。比如，在一个项目中可能有多个页面都包含相同的头部信息、工具栏和尾部信息，但是每个页面的具体内容的展示方式不同。面对这种情况，有两种解决方案。

方案一：把每个页面的头部信息、尾部信息、工具栏和具体内容的代码都写入到一个文件中，如下图所示。

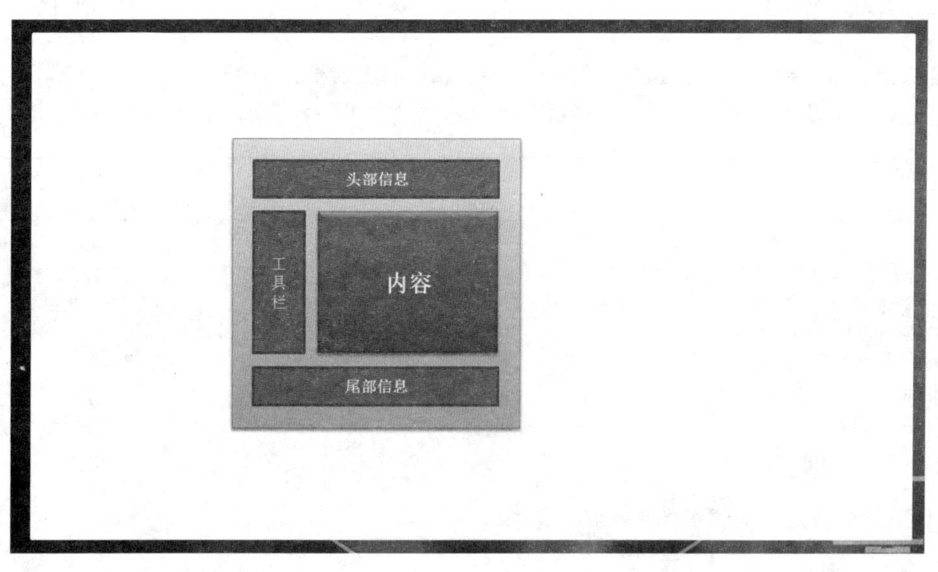

方案二：将头部信息、尾部信息、工具栏单独定义到一个独立的文件之中，在需要头部信息、尾部信息、工具栏的代码的页面中导入这个独立的文件，如下图所示。

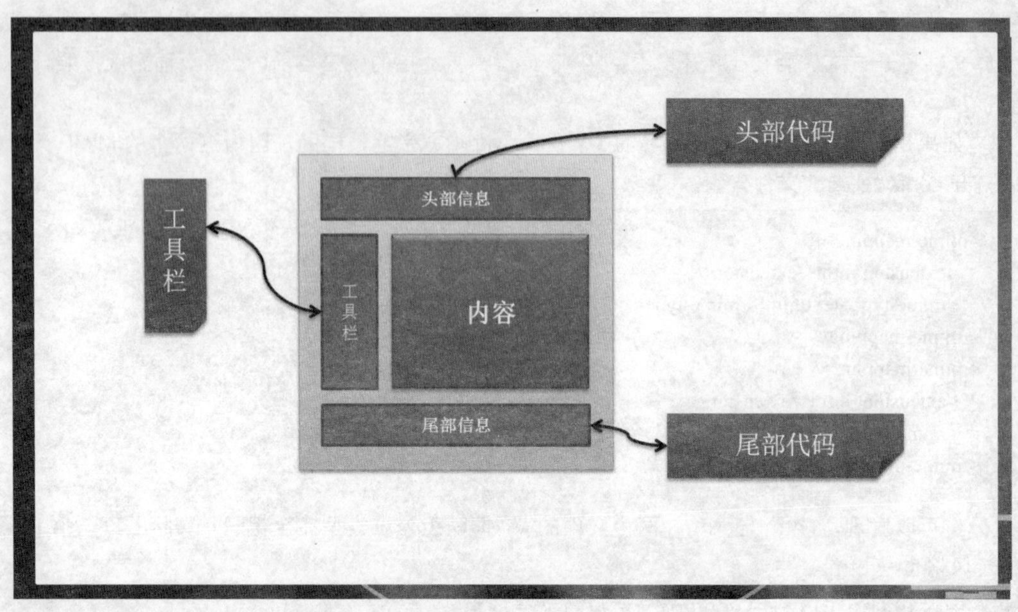

第一种方案的缺陷十分明显。如果要修改头部信息、尾部信息、工具栏的代码，就要修改每一个页面的代码，如果这样的页面非常多，做这样重复性的工作，显然是非常麻烦的。在方案二中，由于头部信息、尾部信息、工具栏都单独定义到一个独立的文件之中，在修改的时候只需修改头部信息、尾部信息、工具栏对应的独立的文件就行了。

由此可见，第二种方案更利于代码的维护。但这样的操作形式需要导入的命令完成，而导入的操作有两种方式：静态导入和动态导入。

01 静态导入

如果要想进行静态导入操作，可以使用如下语法。

```
<%@ include file=" 路径 "%>
```

这个语法和 page 指令类似，里面要设置一个 file 的属性，表示要加载的路径。

假设已经有 3 个设计好的文件（为了方便起见，每个文件只有一行代码），如下表所示。

info.html	info.txt	info.inc
<h1>info.htm</h1>	<h1>info.txt</h1>	<h1>info.inc</h1>

下面再单独定义一个文件，导入以上的 3 个内容，如下所示。

```
<%@ page pageEncoding="UTF-8"%>
<%@ include file="info.htm"%>
<%@ include file="info.txt"%>
<%@ include file="info.inc"%>
<h1> 好好学习 </h1>
```

这样就实现了预先设计好页面的导入。

02 动态导入

动态导入要用到 JSP 中的包含指令：jsp:includepage。针对传递参数与否，在使用中有两类语法。

（1）针对普通静态页面（包括文本文件、htm 或 jsp 文件等），不需要传递参数，所以形式相对简单。

```
<jsp:include page=" 导入路径 "/>
```

范例：实现静态导入的操作。

```
<%@ page pageEncoding="UTF-8"%>
<jsp:include page="info.ht"/>
<jsp:include page="info.jsp"/>
```

（2）针对于动态页面（jsp），需要将被导入的 jsp 文件传递参数，格式相对复杂，下面是包含指令的格式。

```
<jsp:include page=" 导入路径 ">
  <jsp:param name=" 参数名称 " value=" 参数内容 "/>
  <jsp:param name=" 参数名称 "value=" 参数内容 "/>
  ...
  <jsp:param name=" 参数名称 " value=" 参数内容 "/>
</jsp:include>
```

其中 jsp:param 中就是要传递的参数，name 指的是传递的参数的名字，value 指的是传递的参数的值。在被插入的页面可以通过被传递参数的名字“name”的值来找到传递的参数的值“value”。而被导入的页面，可以使用 request.getParameter() 来接收传递的参数内容。

然后，在另外一个页面（假设文件名为 param.jsp），负责接收参数，其代码形式如下所示。

```
<%@ page pageEncoding="UTF-8"%>
<h1> 参数一：<%=request.getParameter("vara")%></h1>
<h1> 参数二：<%=request.getParameter("varb")%></h1>
```

这个时候在运行页面（比如说 testInclude.jsp）中会将所需要的内容传递到被包含页面。如果此时没有传递对应的参数，那么被包含页面中的参数将是 null。但如果说要向被包含页面传递变量，那么就必须利用表达式输出的 Scriptlet 格式 <%=%> 来进行处理。

范例 20-5 包含指令的演示（testInclude.jsp）

```
<%@ page pageEncoding="UTF-8" contentType="text/html" %>
<html>
  <head>
    <title>JSP 包括指令的使用 </title>
    <meta charset="UTF-8">
  </head>
  <body>
    <%
      String msg = "WORLD" ;
    %>
    <jsp:include page="include_no_param.jsp"/>
```

```
12         <hr>
13         <jsp:include page="include_param.jsp">
14             <jsp:param name="var1" value="HELLO"/>
15             <jsp:param name="var2" value="<%=msg%>"/>
16         </jsp:include>
17     </body>
18 </html>
```

代码详解

第 08~10 行，定义一个字符串变量 msg，用以给其他被导入的页面赋值。

第 11 行，静态导入页面 staticInclude.jsp。

第 12 行，用一个分割线把前后两个导入的页面分隔开（此处仅作演示，非必需）。

第 13~16 行，行动态导入页面 dynamicInclude.jsp，可以看到静态导入以 "/>" 结束导入，而动态导入（带有参数）以 "</jsp:include>" 结束导入。这里的参数赋值是指当前页面的某个变量值赋值给被导入到本页面的外部变量。

第 14 行，给 var1 赋值，赋值的内容为 "HELLO"。

第 15 行，给 var2 赋值，赋值的内容是当前 testInclude.jsp 文件中定义的字符串 msg 的值，注意此处用到了 Scriptlet 的 <%=%> 来读取某一对象的值。

变量 var1 和 var2 都是来自 include_param.jsp，在这个 jsp 文件被赋值后，就显示出相应的提示，并把显示的页面整体打包成为 testInclude.jsp 页面的一部分。

范例 20-6　在不传递参数时被包含的页面（include_no_param.jsp）

```
<%@ page pageEncoding="UTF-8" contentType="text/html"%>
<html>
<head>
    <title>JSP</title>
    <meta charset="UTF-8">
</head>
<body>
    <h3> 我是没有参数的包含 </h3>
</body>
</html>
```

范例 20-7　在传递参数时被包含的页面（include_param.jsp）

```
<%@ page pageEncoding="UTF-8" contentType="text/html" %>
<html>
<head>
    <title>JSP</title>
    <meta charset="UTF-8">
</head>
<body>
```

```
08        <h3> 我是有参数的包含 </h3>
09        接收到的第一个参数：<%=request.getParameter("var1")%><br>
10        接收到的第二个参数：<%=request.getParameter("var2")%>
11    </body>
12    </html>
```

程序运行结果如下图所示。

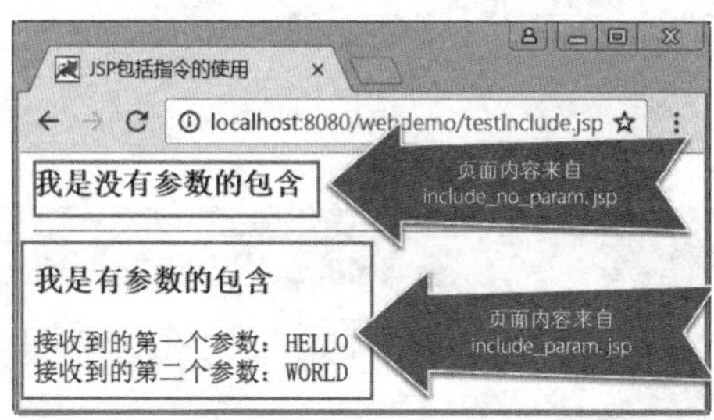

代码详解

第 09~10 行，使用 <%=request.getParameter(" 参数名 ")%> 来获取传递的参数 var1 和 var2。事实上，获取外部 jsp 文件传递过来的参数，仅用 request.getParameter(" 参数名 ") 就够了。但如果还想把这个参数显示出来，就要用到 Scriptlet 的表达式输出“<%=...%>”，它的功能就是用来替代 out.println() 语句的。

20.3.5 跳转指令

我们在上网的时候经常会看到某个页面提示正在跳转。JSP 中可以由一个页面自动跳转到另外一个页面，这就是跳转指令。使用的语法如下所示。

```
<jsp:forward page=" 导入路径 ">
    <jsp:param name=" 参数名称 " value=" 参数值 "/>
    <jsp:param name=" 参数名称 " value=" 参数值 "/>
            ...
    <jsp:param name=" 参数名称 " value=" 参数值 "/>
</jsp:forward>
```

跳转指令中的 jsp:param 和包含指令中的用法是类似的。其中，name 指的是传递参数的名字，value 指的是传递参数的值。在被跳转之后的页面，通过被传递参数的名字“name”一一匹配，接收各个参数的值“value”。当然，在跳转指令中也可以不传递任何参数。

下面是一个用来演示跳转指令的小例子。使用跳转指令跳转到另一个页面，并将当前页面的值传递到跳转后的页面中。

范例 20-8　当前页面包含有跳转页面（mainForward.jsp）

```
<%@ page pageEncoding="UTF-8"contentType="text/html" %>
<html>
  <head>
    <title>JSP 跳转指令演示 </title>
    <meta charset="UTF-8">
```

```
06      </head>
07      <body>
08          <h1>******************************</h1>
09          <jsp:forward page="forward_para.jsp">
10              <jsp:param name="vara" value="Hello"/>
11              <jsp:param name="varb" value="World"/>
12          </jsp:forward>
13      </body>
14  </html>
```

代码详解

第 08 行，显示一行星号，但这行星号在运行时基本是没有机会看到的，因为页面很快就跳转到第 09 行所指引的页面 forward_para.jsp。

第 09~12 行，在跳转页面 forward_para.jsp 时，携带两个参数 vara 和 varb 及其值“Hello”和“World”，这两个值将会传递 forward_para.jsp 页面中的同名参数。

范例 20-9 跳转的页面（forward_para.jsp）

```
<%@ page pageEncoding="UTF-8" contentType="text/html"%>
<html>
    <head>
        <title>JSP 跳转指令演示 </title>
        <meta charset="UTF-8">
    </head>
    <body>
        <h1> 这是跳转后的页面 </h1>
        <h1> 参数一：<%=request.getParameter("vara")%></h1>
        <h1> 参数二：<%=request.getParameter("varb")%></h1>
    </body>
</html>
```

保存并运行程序，结果如下图所示。

代码详解

第 09~10 行，使用 <%=request.getParameter(" 参数名 ") %> 来接收参数并显示之。在浏览器的地址栏中可以看到访问的是定义的第一个页面，也就是跳转前的页面，但是显示的内容是跳转后的页面中的内容。由此可见完成了跳转。

事实上，forward_para.jsp 这个跳转的页面是可以独立运行的，但如果没有接受来自 mainForward.jsp 页面传递过来的参数，在第 08~09 行显示参数的地方就会显示 null，如下图所示。

20.4 高手点拨

1. 请解释 JSP 中两种包含的区别（面试题）

在 JSP 页面中使用包含语句可以很好地对页面结构进行控制，同时将代码拆分为若干个文件也方便进行代码的维护操作，对于包含指令，在 JSP 中会存在两类包含：静态包含和动态包含。

静态包含：先将代码包含进来，而后一起进行编译的处理，但是这样容易造成包含页面与被包含页面的定义结构冲突，例如，变量相同。语法如下所示。

```
<%@include file=" 包含的路径 "%>
```

动态包含：如果包含的是静态页面，那么会按照静态包含的方式来处理，只是将内容简单地包含进来，而如果包含的是动态页面，那么会采用先分别处理页面程序，而后将显示结果汇总到一起进行显示。

只包含不传递参数的语法如下所示。

```
<jsp:include page=" 包含的路径 "/>
```

包含的同时传递参数的语法如下所示。

```
<jsp:include page=" 包含路径 ">
<jsp:param name=" 参数名称 " value=" 参数内容 "/>
....
</jsp:include>
```

2. 请解释 JSP 中两种跳转的区别（面试题）

客户端跳转：跳转之后地址栏发生改变，不能够传递 request 属性，有以下实现技术。

JSP：response.sendRedirect(String path)。

HTTP 头信息：response.setHeader("refresh"," 时间间隔 ;URL= 路径 ")。

HTML 超链接：<a href=" 跳转路径 "></a>。

JavaScript 跳转：window.location = " 路径 "。

服务器端跳转：跳转之后地址栏不发生改变，可以传递 request 属性。

需要特定的容器才可以完成，JSP 支持 <jsp:forward> 语法。

```
<jsp:forward page=" 路径 ">
<jsp:param name=" 参数名称 " value=" 参数内容 "/>
</jsp:forward>
```

▶20.5 实战练习

用 JSP 编写一个用户登录检测程序，当用户输入用户名和密码正确时，显示欢迎页面，当用户名和密码不匹配时，页面重定向到错误页面，并显示 10 秒，然后重新返回用户登录界面。

第 21 章

JSP 进阶
——内置对象与 Servlet

在本章中，我们将简要介绍有关 JSP 的内置对象，包括 request、response、session 等，同时也将简单介绍 Servlet，从而为读者开发网络应用程序打下更加坚实的基础。

本章要点（已掌握的在方框中打钩）

- □ 掌握 JSP 常用的内置对象
- □ 掌握 Servlet 的基本开发流程
- □ 掌握在 Eclipse 下开发 Java Web 的流程

21.1 内置对象

在 JSP 中，Java 充当脚本语言的作用。凭借 Java，JSP 将具有强大的对象处理能力，并且可以动态创建 Web 页面的内容。但是，按照 Java 语法的规定，任何一个对象在使用之前，需要先实例化这个对象，而实例化对象是一个比较繁琐的事情。

为了简化 JSP 的开发，JSP 的设计者们提出了内置对象的概念。内置对象又叫隐含对象，即不需要预先声明，就可以在脚本代码和表达式中随意使用的对象。这些内置对象起到简化页面的作用，不需要由开发人员进行实例化，它们由容器实现和管理。

比如，在前面范例中出现的语句 request.getParameter(" 参数 ")，其中，request 就是一个内置对象，getParameter () 本身是一个方法，但是现在能够调用方法的在 Java 中只有对象，所以 request 就属于一个对象。但是这个对象并没有 new 过，因为它是一个内置对象，所谓的内置，指的就是容器帮助用户提供好的可以直接使用的对象，并且对象的名字是固定的。

在整个 JSP 之中一共存在有 9 个内置对象。这 9 个内置对象如下所示。

No.	对象名称	类型
1	request	javax.servlet.http.HttpServletRequest 接口
2	response	javax.servlet.http.HttpServletResponse 接口
3	session	javax.servlet.http.HttpSession 接口
4	application	javax.servlet.ServletContext 接口
5	pageContext	javax.servlet.jsp.PageContext 类
6	config	javax.servlet.ServletConfig 接口
7	out	javax.servlet.jsp.JspWriter 类
8	exception	java.lang.Throwable 类
9	page	java.lang.Object 类

21.1.1 request 对象

对于动态 Web 而言，交互性是其十分重要的特点，而在整个交互性的处理里面，服务器端必须能够接收客户端的请求参数，而后才可以针对于数据进行处理，而服务器端只能够通过 request 对象接收客户端发送的所有内容。

request 是 javax.servlet.http.HttpServletRequest 接口的实例化对象，而现在来观察此接口的定义结构。

```
public interface HttpServletRequest extends ServletRequest
```

由此可以发现，HttpServletRequest 有一个父接口 ServletRequest，而且 ServletRequest 接口中也只有一个 HttpServletRequest 子接口，这样设计是为了方便日后新协议的扩充。

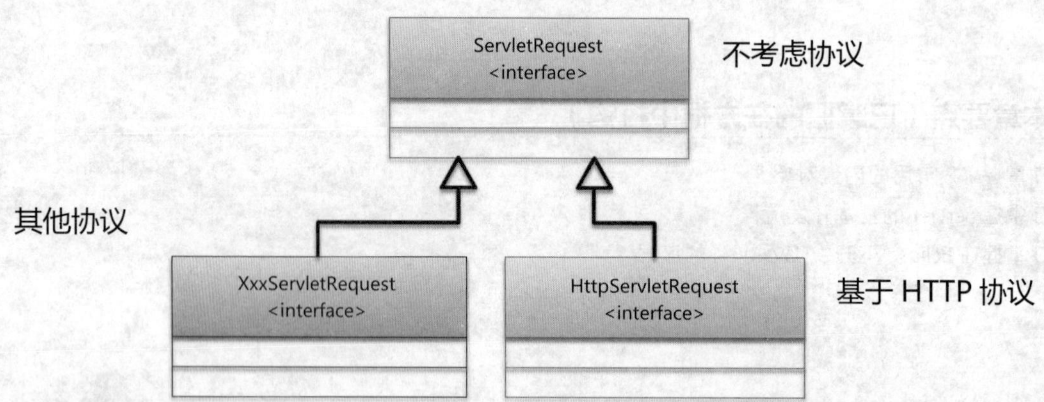

以后如果发现程序代码里面出现的是 ServletRequest，从这个图中就可以知道，它可直接向下转型为

HttpServletRequest。

对于 request 对象，在前面的范例中，其实我们已经使用过多次了。我们常用 request 对象来接受请求信息中的参数。比如在跳转指令和包含指令中使用 request 对象，从而在跳转和被包含页面中获取参数。实际上，页面在跳转或者被包含时，会向服务器发送请求信息，服务器将请求信息封装到 request 对象中，然后使用 request 对象获取请求信息，也就是传递参数。

事实上，我们还可以使用 request 对象来获取用户提交的表单信息，然后对用户使用表单提交的信息进行处理。下面是一个使用 request 对象将表单信息显示出来的程序。

范例 21-1　定义表单页面（input.html）

```
01 <%@ page contentType="text/html; charset=UTF-8" %>
02 <html>
03   <head>
04     <title>Request 使用范例 </title>
05     <meta charset="UTF-8">
06   </head>
07   <body>
08     <form action="input_do.jsp" method="post">
09       <!-- id 是给 JavaScript 使用的、name 是给 JSP 使用的 -->
10       请输入信息：<input type="text" name="msg" id="msg">
11     <input type="submit" value=" 发送 ">
12     </form>
13   </body>
14 </html>
```

可以通过访问该 JSP 文件的方式访问 HTML 页面，程序运行结果如下图所示。

代码详解

第 01 行，使用 page 定义了这个页面的类型和编码格式。

第 04~05 行，定义了 HTML 页面的标题，编码格式。

第 08~12 行，定义了一个表单（用法请查阅 HTML 相关资料），其中第 08 行使用 action 定义了处理这个表单信息的页面为 input_do.jsp。也就是说，这个表单中的信息提交后会交给 input_do.jsp 来处理。使用 method 定义的该表单的提交方式为 post。

第 10 行，定义了一个输入框，type 定义了输入框要输入的内容为文本（text），name 定义了这个文本框的名字，使得处理登录信息的 jsp 文件可以通过 name 的值来取得该文本框中的值。id 是这个文本框的唯一编号（类似于身份证号码），这个 id 在有些场所是非常有用的，例如，通过 id 中的值可以使有些脚本程序（如 JavaScript）来控制对应的输入框。

第 11 行，定义了一个提交按钮。

下面是 input_do.jsp 页面代码，我们再看看另外一个页面是如何获取这些提交的数据的。

范例 21-2 定义input_do.jsp页面（input_do.jsp）

```
01 <%@ page contentType="text/html; charset=UTF-8" %>
02 <html>
03     <head>
04         <title>JSP</title>
05         <meta charset="UTF-8">
06     </head>
07     <body>
08         <%
09         request.setCharacterEncoding("UTF-8");
10         String msg = request.getParameter("msg") ;
11         out.println("<h1> 输入内容为："+msg+"</h1>") ;
12         %>
13     </body>
14 </html>
```

保存并运行程序，结果如下图所示。

代码详解

第 09 行，使用了 request 对象，通过调用 request 对象的 setCharacterEncoding() 方法，将信息的传输编码格式设为 UTF-8。JSP 传输数据的默认编码是 ISO-8859-1，但该编码格式不支持中文。如果要传输中文，则需要将生成的 html 文件的编码格式改为“UTF-8”，并且将 request 解析请求时所使用的译码格式也设为相应的格式。

第 10 行，通过 request 对象的 getParameter() 方法，获取参数 msg 的值，而 msg 在 input.html 中代表表单的 name（也就是用户输出文本框）。通过 msg 来获取在表单中对应的表格的数据，并将其值赋给 msg。

第 11 行，将 msg 的值写到生成的 HTML 文件中。

其他内容，前面范例已有提过，在此不再赘述。

【范例分析】

在 ServletRequest 接口里面提供有接收参数的方法。

接收参数：public String getParameter(String name)。

这个方法可以接收的参数来源有如下 3 种。

- “<jsp:include>”“<jsp:forward>”标签里面可以利用“<jsp:param>”传递参数。
- 利用表单实现参数的传递，接收的是表单控件中的 name 的内容。
- 利用地址重写传递参数。

在使用 getParameter() 操作的时候如果没有传递参数内容，那么返回的结果就是 null，但是有些时候如果是通过表单提交，但是表单没有输入数据，那么内容就是空字符串“""”，所以，在判断是否有参数内容的时候往往会两个一起判断。

getParameter() 只能够接收单一的请求参数。所以如果想接收一组的参数，则需要更换方法。

接收一组参数：public String[ ] getParameterValues(String name)

在 request 对象之中，虽然接收参数是其主要的目的，但是也可以取得或设置一些其他信息，其主要方法如下所示（详细用法需要用户自己参阅文献）。

isUserInRole(String role)：判断认证后的用户是否属于逻辑的 role 中的成员。

getAttribute(String name)：返回由 name 指定的属性值。若不存在则为空。

getAttributes()：返回 request 对象的所有属性的名字集合，其结果是一个枚举的实例。

getCookies()：返回客户端的所有 Cookie 对象，结果是一个 Cookie 数组。

getCharacterEncoding()：返回请求中的字符编码方式。

getContentLength()：返回请求的 Body 的长度，如果不确定长度，返回 -1。

getHeader(String name)：获得 HTTP 协议定义的文件头信息。

getHeaders(String name)：返回指定名字的 request Header 的所有值，其结果是一个枚举。

getHeaderNames()：返回所有 request Header 的名字，其结果是一个枚举实例。

getInputStream()：返回请求的输入流，用于获得请求中的数据。

getMethod()：获得客户端向服务器端传送数据的方法，如 GET，POST，HEADER，TRACE 等。

getParameterNames()：获得客户端传送给服务器端的所有参数名字，其结果是一个枚举的实例。

getParameterValues(String name)：获得指定参数的所有值。

getProtocol()：获取客户端向服务器端传送数据所依据的协议名称。

getQueryString()：获得查询字符串，该字符串是由客户端以 GET 方式向服务器端传送的。

getRequestURI()：获取发出请求字符串的客户端地址。

getRemoteAddr()：获取客户端 IP 地址。

getRemoteHost()：获取客户端名字。

getSession([Boolean create])：返回和请求相关的 session。create 参数是可选的。当有参数 create 且这个参数值为 true 时，如果客户端还没有创建 session，那么将创建一个新的 session。

getServerName()：获取服务器的名字。

getServletPath()：获取客户端所请求的脚本文件的文件路径。

getServerPort()：获取服务器的端口号。

removeAttribute(String name)：删除请求中的一个属性。

setAttribute(String name, java.lang.Object obj)：设置 request 的参数值。

21.1.2 response 对象

response 对象和 request 对象的功能正好相反。request 对象的特点主要是服务器端取得客户端所发来的信息，而 response 主要是服务器端对客户端的回应，在 JSP 页面中的所有内容输出都表示的是回应。实现过程中，response 内置对象对应的类型是 javax.servlet.http.HttpServletResponse 接口的实例，如下图所示。

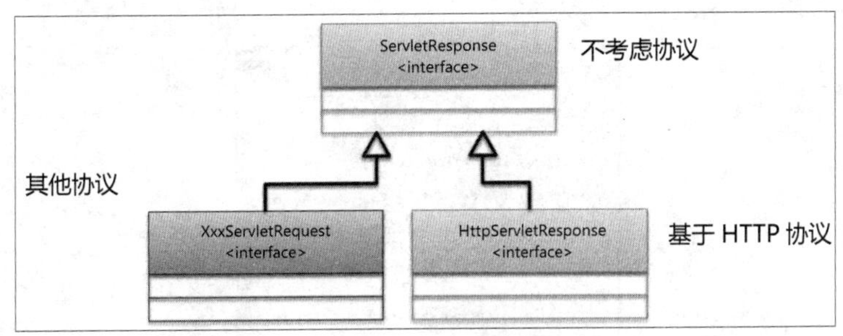

ServletRequest、ServletResponse 的设计完全都是针对不同协议请求回应标准的设计。那么也就是说，在现阶段，ServletResponse 完全可以直接向 HttpServletResponse 转型。

在前面的章节中，我们讲解 JSP 的 page 指令中，曾提到使用过一个“contentType”属性，这个属性可以设置回应的 MIME 类型，而这样的功能，response 也有支持设置的方法：public void setContentType(String type)。

同样，在 response 里面也可以设置请求编码：public void setCharacterEncoding(String charset)。

在 response 对象里面，除了以上的操作之外，较为重要的使用有 3 点：设置头信息、请求重定向和操作 Cookie。

01 设置头信息

在一般的请求和回应过程之中，除了关心表单及请求参数之外，如果要想正常进行沟通，还需要有一些附加的信息，那么这些附加的信息就称为头信息，所有的头信息都会随着用户的每次请求，发送到服务器端。通过 respone 对象，可以设置 HTTP 响应报头，其中常用的功能有禁用缓存、定时跳转网页和设置自动刷新页面等。

在 HttpServletRequest 接口里面定义有如下的可以接收头信息的操作方法。

- 得到头信息的名字：public Enumeration getHeaderNames()。
- 取得头信息的内容：String getHeader(String name)。

范例 21-3　取得请求的头信息（httpHead.jsp）

```
<%@ page contentType="text/html; charset=UTF-8" %>
<%@ page import="java.util.*"%>
<html>
   <head>
      <title>Respone 对象 </title>
      <meta charset="UTF-8">
   </head>
   <body>
      <%
         Enumeration<String> enu = request.getHeaderNames() ;
         while (enu.hasMoreElements()) {
            String headName = enu.nextElement() ;
      %>
            <h3><%=headName%> = <%=request.getHeader(headName)%></h3>
      <%
         }
      %>
   </body>
</html>
```

程序运行结果如下图所示。

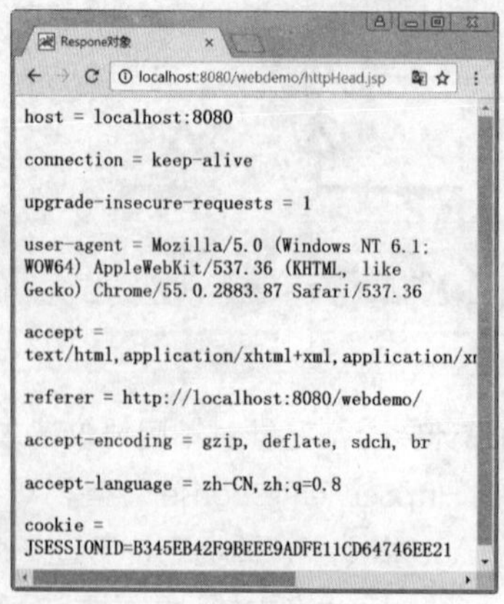

代码详解

第 10 行，通过 request 对象的 getHeaderNames() 方法，获得 HTTP 协议定义的文件头信息，返回的结果是一个字符串枚举。

第 11~16 行，利用 while 循环，逐个将文件头部信息输出。

【范例分析】

这个范例，在本质上，还是属于 request 对象的应用，这里举例的目的在于，文件头部信息比较多。但实际上，头部信息常用的功能并不多，定时刷新是比较常用的功能之一。使用 refresh 刷新头信息，如果想设置头信息，就要使用 HttpServletResponse 接口里面的方法：public void setHeader(String name, String value)。

范例 21-4 设置定时刷新（refresh.jsp）

```
01 <%@ page contentType="text/html; charset=UTF-8" %>
02 <%@ page import="java.util.*"%>
03 <html>
04     <head>
05         <title> 设置页面自动刷新 </title>
06         <meta charset="UTF-8">
07     </head>
08     <body>
09         <%@ page pageEncoding="UTF-8"%>
10         <%!
11             int num = 1 ;
12         %>
13         <%
14             response.setHeader("refresh","2") ;
15         %>
16         <h1> 现在是第 <%=num++%> 次刷新 ...</h1>
17     </body>
18 </html>
```

程序运行结果如下图所示。

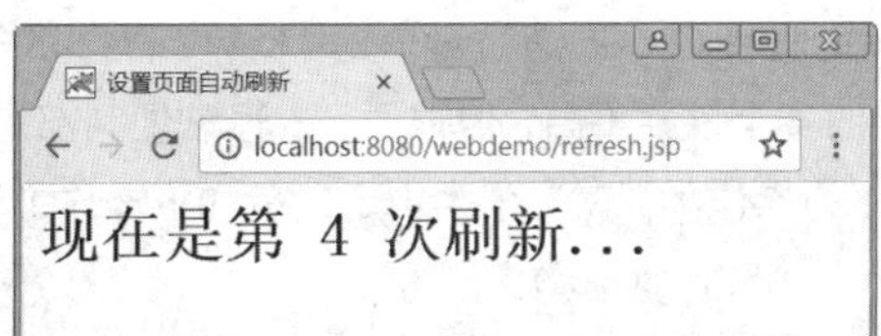

代码详解

第 14 行，实现了页面的定时（每 2 秒）刷新操作。自然，刷新的频率越高，越有可能造成负载过重的情况。一般情况下的刷新，往往都会使用 2 秒的间隔。

我们也可以将刷新进一步修改，变为 5 秒后跳转，核心代码如下所示。

范例 21-5 设置定时跳转（jump.jsp）

```
01 <%@ page contentType="text/html; charset=UTF-8" %>
02 <%@ page import="java.util.*"%>
03 <html>
04     <head>
05         <title> 设置页面自动刷新 </title>
06         <meta charset="UTF-8">
07     </head>
08     <body>
09     <%
10         response.setHeader("refresh","5; URL=hello.jsp") ;
11     %>
12     <h1> 登录成功，五秒后跳转到首页！ </h1>
13     <h1> 如果没有跳转，请按 <a href="hello.jsp"> 这里 </a> ！ </h1>
14     </body>
15 </html>
```

程序运行结果如下图所示。

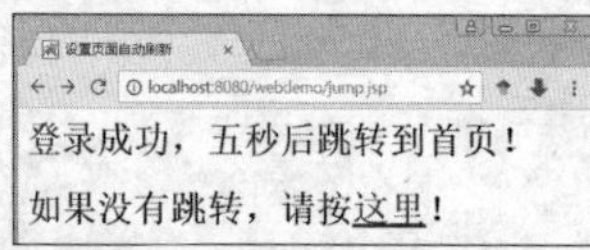

跳转前界面

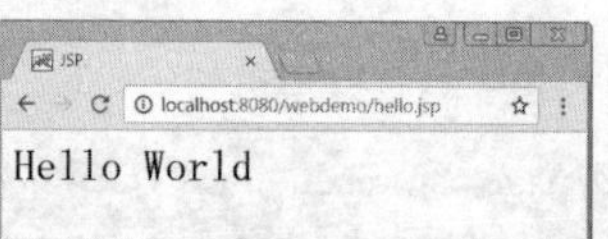

跳转后界面

代码详解

第 10 行，通过 setHeader( ) 方法，设置了 5 秒钟后跳转的页面。此时跳转后的地址栏发生了改变，所以属于客户端跳转。

02 操作 Cookie

Cookie 的本意是“小甜饼”，然后在互联网上，只能用其寓意了，它指的是在客户端计算机上保存的浏览器最爱“吃”的一小段文本。这段文本在网络服务器上生存，并发给浏览器。可以通过 Cookie 识别用户身份，记录用户名和密码，跟踪重复用户等。浏览器将 Cookie 通过键值对（Key/Value）的形式，保存到客户端的某个指定的目录之中。但需要注意的是，Cookie 的安全性并不高，但很便利。通常便利都是牺牲安全换来的。

在 JSP 中，有一个专门的 Cookie 的操作类，在这个类中定义有如下操作方法。

构造方法：public Cookie(String name, String value)。

取得 Cookie 的名字：public String getName()。

取得 Cookie 的内容：public String getValue()。

修改 Cookie 的内容：public void setValue(String newValue)。

设置 Cookie 的保存路径：public void setPath(String uri)。

如果要想将 Cookie 加入到客户端，则可以使用 response 对象的方法。

保存 Cookie：public void addCookie(Cookie cookie)。

有一点需要说明的是，在使用 Cookie 时，应确保客户端允许使用 Cookie。如果使用的是 IE 浏览器，则选择“Internet Options”（Internet 选项）命令，选择“Private（隐私）”按钮，设置为“Medium（中）”，单击

"Advanced（高级）"按钮。

在打开的对话框中选中"Override automatic cookie handling（替代自动 cookie 处理）"复选框，选中"Always allow session cookies（总是允许会话 Cookie）"复选框，最后单击"OK"按钮确定，这样浏览器的 Cookie 功能就启用了，如下图所示。

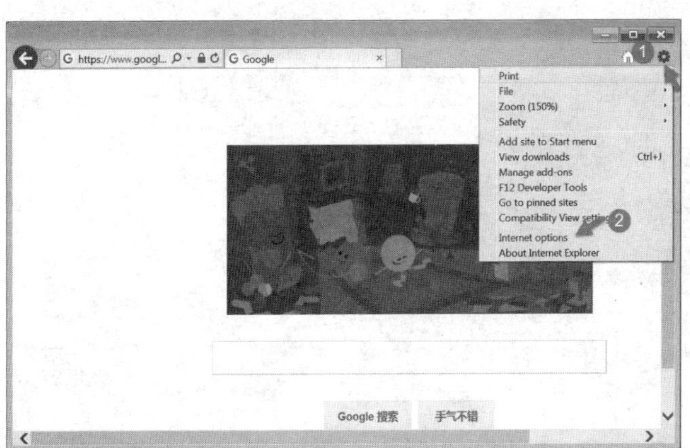

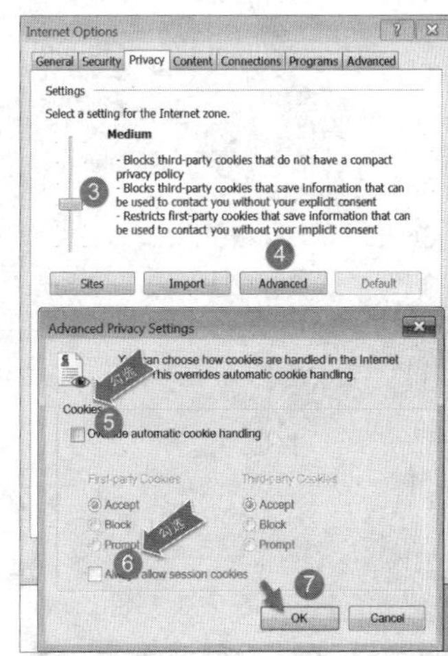

范例 21-6　通过Cookie保存并读取用户的登录信息（login.jsp）

```
<%@ page contentType="text/html; charset=UTF-8" pageEncoding="UTF-8"%>
<html>
  <head>
    <meta http-equiv="Content-Type" contentType="text/html; charset=UTF-8">
    <title>Cookie 使用范例 </title>
  </head>
  <body>
  <%
    Cookie[] cookies = request.getCookies();
    String user = "";
    String pwd = "";
    String date = "";
    if (cookies != null)
    {
      for (int i = 0; i < cookies.length; i++)
      {
        if(cookies[i].getName().equals("uid"))
          user = cookies[i].getValue();
        if(cookies[i].getName().equals("password"))
          pwd = cookies[i].getValue();
        if(cookies[i].getName().equals("date"))
          date = cookies[i].getValue();
      }
    }
    if ("".equals(user) && "".equals(date)){
  %>
  游客您好，欢迎您的到来！请您注册。
```

```
28      <form name="form1" method="post" action="cookieDeal.jsp">
29        用户名： <input name="name" type="text" id="name" style="width: 120px"><br>
30        密  码： <input name="pwd" type="password" id="pwd" style="width: 120px"> <br>
31        <br>
32        <input type="submit" name="Submit" value=" 提交 ">
33      </form>
34    <%
35      }else{
36    %>
37      欢迎您 [<b><%=user%></b>] 再次光临 <br>
38      您注册时间是： <%=date%>
39    <%}%>
40    </body>
41  </html>
```

代码详解

第 09 行，通过 request 对象，获取所有 Cookie。

第 13 行，如果 Cookie 集合不为空，则通过 for 循环遍历，找到设置好的 Cookie。并从这些 Cookie 中获取用户名、密码及注册时间，再根据获取的结果，显示不同的提示信息。

第 25 行，如果用户名 user 为空并且注册时间 date 也为空，则显示第一次注册的界面。这里需要注意的是，在 Java 中，空字符串依然是个对象，可以用方法 equals()。

第 27~33 行是一个普通 HTML 表单，用以提示用户注册。

如果用户名 user 不为空并且注册时间 date 也不为空，则执行第 37~38 行，说明用户是老用户。

【范例分析】

所有的 Cookie 都是随着头信息一起发送给服务器端的，所以要想取得 Cookie，那么一定要通过 request 对象完成。因为 Cookie 属于 HTTP 协议范畴，所以可以使用 HttpServletRequest 接口中的方法。

取得 Cookie 的方法是：public Cookie[] getCookies()，以对象数组的形式返回 Cookie 的信息。

范例 21-7 向Cookie中写入信息（cookieDeal.jsp）

```
<%@ page contentType="text/html; charset=UTF-8" pageEncoding="UTF-8"%>
<%@ page import="java.util.*"%>
<%@ page import="java.text.*"%>
<html>
  <head>
    <meta charset="UTF-8">
    <title> 写入 Cookie</title>
  </head>
  <body>
  <%
   String datetime=new SimpleDateFormat("yyyy-MM-dd").format(Calendar.getInstance().getTime());
    request.setCharacterEncoding("UTF-8");
```

```
13        String user = request.getParameter("name");
14        String pwd = request.getParameter("pwd");
15        Cookie c1 = new Cookie("uid",user) ;
16        Cookie c2 = new Cookie("password",pwd) ;
17        Cookie c3 = new Cookie("date",datetime) ;
18        response.addCookie(c1) ;
19        response.addCookie(c2) ;
20        response.addCookie(c3) ;
21        c1.setMaxAge(60*60*24*10);
22        c2.setMaxAge(60*60*24*10);
23        c3.setMaxAge(60*60*24*10);
24     %>
25     <script type "text/javascript">window.location.href="login.jsp"</script>
26     </body>
27   </html>
```

程序运行结果如下图所示。

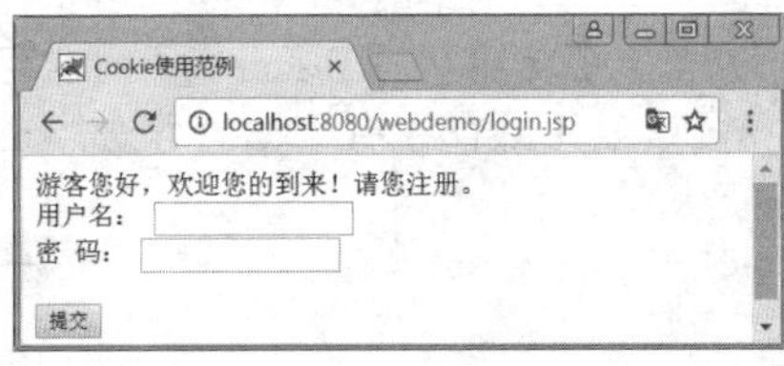

第一次运行的结果

第二次的运行结果

代码详解

第 11 行，获取当前的系统时间。

第 12 行，设置 request 对象的编码方式。

第 13~14 行，获取 login.jsp 传递过来的参数值。

第 15~17 行，创建 3 个 Cookie 对象，第 18~20 行，通过 response 对象的 addCookie() 方法，添加 3 个 Cookie 对象，用来保存客户端的用户信息。

第 25 行，利用 JavaScript 语句，在添加了 3 个 Cookie 对象后，自动换回登录界面 login.jsp。

03 response 对象的其他方法

除了上述案例中涉及的 response 对象的方法之外，还有其他常用的方法，如下所示。

addHeader(String name,String value)：添加 HTTP 文件头信息。该 Header 信息将传达到客户端，如果已经存在同名的，则会覆盖。

containsHeader(String name)：判断指定字句的 Header 是否已经存在，返回真假。

encodeURL()：使用 sessionId 封装 URL。如果没有封装 URL，则返回原值。

getBufferSize()：返回缓冲区的大小。

flushBuffer()：强制把当前缓冲区的内容发送到客户端。

getOutputStream()：返回到客户端的输出流。

sendError(int)：向客户端发送错误信息。如 404 是指网页不存在。

sendRedirect(String location)：把响应发送到另一个位置进行处理，即请求重定向。

getWriter()：此方法返回一个 PrintWriter 对象。

setContent(String contentType)：设置响应的 MIME 类型。

getCharacterEncoding()：该方法获得此时响应所采用的字符编码类型。

setDateHeader(String name,heaername,long date)：把指定的头名称及日期设置为响应头信息，其值是从新纪元算起的毫秒数。

setHeader(String name,String value)：设置指定名字的 HTTP 文件头的值，若存在，则会覆盖。

21.1.3 session 对象

在网络中，session 被称为会话。不同于 TCP/IP 协议，HTTP 协议是一种无状态的协议，也就是说，当一个客户端向服务器发出请求，服务器接收请求，并返回响应，这样一来一回之后，这个连接就结束了，服务器并不保存任何相关信息。

为了弥补这个缺陷，HTTP 协议提出了 session 的概念。通过 session，在 Web 页面间进行跳转时，可以保存用户的状态，比如，在购物网站的不同商品页面跳转时，网站并不会让用户重复登录，因为用户的会话一直保存着，直到用户关闭浏览器。

但是，如果客户端长时间不向服务器发出请求，那么这个会话对象也会自动销毁，这个时间取决于服务器的设置，对应于 Tomcat 而言，这个默认值为 30 分钟。当然，这个值也可以通过程序进行修改。

事实上，只有在 HTTP 协议之中，才会存在有 session 的概念，所以观察 session 对应的接口：javax.servlet.http.HttpSession，因此 HttpSession 接口没有任何的继承操作关系存在。

首先必须明确一点，session 是客户端保留在服务器端的信息。而服务器端为了区分出不同的客户端，用户都会自动地为其分配一个 session id 的数据，在 HttpSession 接口里面就存在有这样的方法：public String getId()。

```
<%@ page pageEncoding="UTF-8"%>
<%
  String id = session.getId() ;
%>
<h1><%=id%>，<%=id.length()%></h1><hr>
<%
  Cookie c[] = request.getCookies() ;
  for (int x = 0 ; x < c.length ; x ++) {
%>
<h2><%=c[x].getName()%> = <%=c[x].getValue()%></h2>
<%
  }
%>
```

前面小节讲解到有关 Cookie 的知识点，其实，有一个 Cookie 是由服务器自动设置到客户端上的，自动设置到客户端上的内容实际上就是 session id。

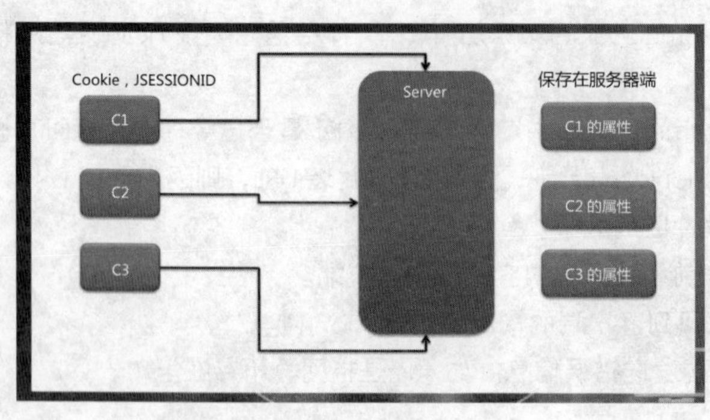

所以，本节讲到的 Session 与前面小节提到的 Cookie 是不可分的。Session 要用到 Cookie 的处理机制，才可以正常完成。

用户第一次访问服务器的时候，不会发送 JSESSIONID 数据，因为此时还没有设置 Cookie 在客户端。当第二次访问的时候，因为之前已经设置了 Cookie 数据，所以之后就可以通过 JSESSIONID 与服务器端的 SessionID 进行比较，从而确定每一个用户，也就是说如果要想判断用户是否是第一次访问，那么通过 Cookie 就可以实现，也可以简化使用“public boolean isNew()”方法来判断。如下代码所示。

```
<%@ page pageEncoding="UTF-8"%>
<%
    if(session.isNew()) {
%>
            <h1> 第一次访问，还没有 Cookie！ </h1>
<%
    } else {
%>
            <h1> 您已经访问过了！ </h1>
<%
    }
%>
```

范例：观察 isNew() 方法

以后如果假设有某些操作是第一次访问的时候才进行统计，那么就可以通过如上方法进行判断。在实际的开发之中，session 对象使用最多的操作实际上就是属性操作，session 属性范围的特征在于，不管是客户端跳转还是服务器端跳转，所设置的内容都会被保留，除非浏览器关闭，那么在实际的开发之中，往往会利用此特性实现用户的登录验证。在 session 对象中有一个注销操作：public void invalidate()。

类似于上一个案例，下面我们利用用户登录验证来说明 session 的使用，login.jsp 提供表单及登录验证，如果登录成功显示欢迎界面（welcome.jsp），如果登录验证失败，出现注销界面（logout.jsp），这 3 个 jsp 之间的逻辑关系如下图所示。

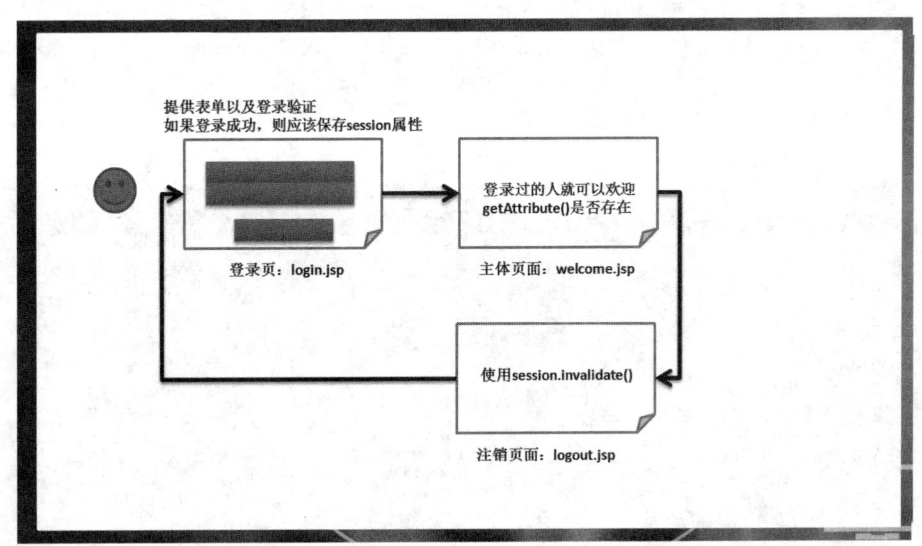

范例 21-8 编写登录页面（login.jsp）

```
01 <%@ page pageEncoding="UTF-8"%>
02 <form action="login.jsp" method="post">
03 用户名：<input type="text" name="username" id="username"><br>
04 密   码：<input type="text" name="password" id="password"><br>
05 <input type="submit" value=" 登录 ">
06 <input type="reset" value=" 重置 ">
07 </form>
08 <%
09 String username = request.getParameter("username") ;
10 String password = request.getParameter("password") ;
11 if (!(username == null || "".equals(username) || password == null || "".equals(password))) {
12     if ("haut".equals(username) && "java".equals(password)) {
13         session.setAttribute("uid",username) ;          // 设置 session 属性
14 %>
15         <h2> 用户登录成功，进入到 <a href="welcome.jsp"> 首页 </a> ！ </h2>
16 <%
17     } else {
18 %>
19         <h2> 用户登录失败，错误的用户名或密码！ </h2>
20 <%
21     }
22 }
23 %>
```

代码详解

代码第 12 行，字符串“haut”和“java”是对象，所以可以用 equal 方法，和用户输出的字符串（也是一个对象）进行比较，从而达成了用户名和密码的比较。

如果用户输入的账号和密码都正确，进入代码第 13 行，使用 session 对象的 setAttribute 方法，将用户输入的 uid 和 username 保存起来，这样即使页面跳转到其他页面（如 welcome.jsp），用户输入的信息依然有效。

范例 21-9 欢迎界面（welcome.jsp）

```
<%@ page pageEncoding="UTF-8"%>
<%
if (session.getAttribute("uid") != null) {
%>
    <h1> 登录成功欢迎光临！ <a href="logout.jsp"> 注销 </a></h1>
<%
} else {
%>
    <h2> 对不起，您还未登录，请先 <a href="login.jsp"> 登录 </a> ！ </h2>
<%
}
%>
```

代码详解

第 03 行，使用 session 对象的 getAttribute() 方法获取 uid 信息，如果不为 null，显示欢迎提示语，并给出注销页面的链接。

如果还没有登录，在第 09 行给出登录界面的链接。

范例 21-10 注销页面（logout.jsp）

```
01 <%@ page pageEncoding="UTF-8"%>
02 <%
03 session.invalidate() ;          // 所有保存的 session 信息都没了
04 %>
05 <script type="text/javascript">
06 alert(" 注销成功，拜拜 ") ;
07 window.location = "login.jsp" ;
08 </script>
```

代码详解

第 03 行，使用 session 对象的 invalidate() 方法来销毁 session 对象。然后利用 JavaScript 脚本，弹出一个提示对话框（第 06 行），并返回登录界面（第 07 行）。

虽然当客户端长时间不向服务器发送请求后，session 对象会自动消失（通常默认为 30 分钟），但对于某些实时统计在线人数的网站（例如，聊天室、论坛等），每次都等 session 过期后，才能统计出准确的人数，这是非常低效的。所以，在某些场景下，还需要手动地销毁 session。

通过 session 对象的 invalidate() 方法可以销毁 session。session 对象被销毁后，就不可以再使用该 session 对象了。如果在 session 被销毁后，再调用 session 对象的任何方法，都将报出 "Session already invalidated（会话已经终止）" 异常。

程序运行结果如下图所示。

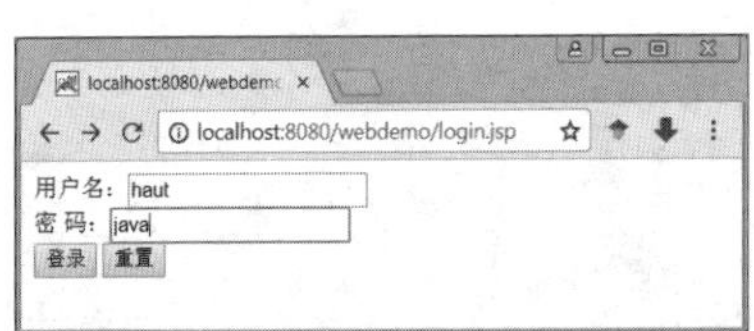

❶ 登录界面

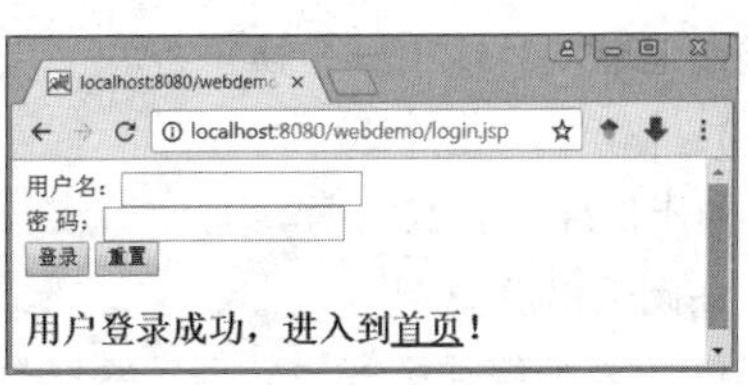

❷ 登录成功

❸ 进入欢迎页面

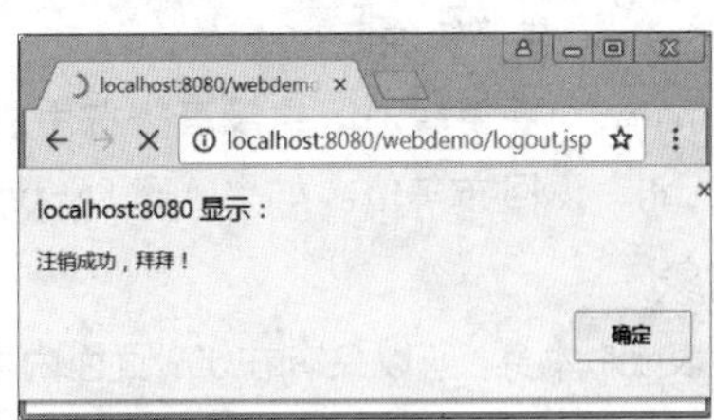

❹ 注销

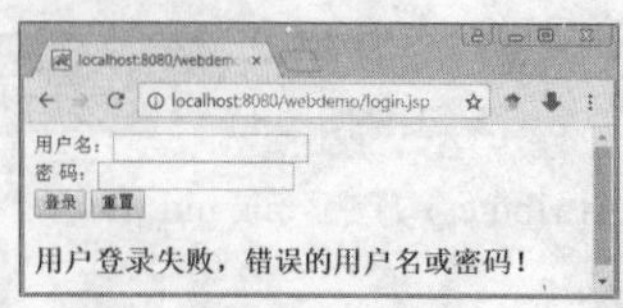

❺ 登录失败页面

【范例分析】

我们知道，session 主要用于临时性保存客户端信息的对象。对于存储在 session 会话中的对象（可视为会话的某个属性），如果想将其从 session 会话中移除，可以使用 session 对象的 removeAttribute() 方法，该方法的语法格式如下所示。

```
removeAttribute(String name)
```

其中字符串类型的 name 用于指定作用域在 session 范围内的变量名。一定要保证该变量在 session 范围内有效，否则将抛出异常。

除了前面介绍的几个方法，还有几个常用的方法，如下所示。

getAttributeNames()：获取会话中的某个对象（即属性）名称。

getCreateTime()：返回会话的创建时间，最小单位为千分之一秒。

getId()：返回唯一的标识，每个会话的 ID 都是独一无二的。

getLastAccessedTime()：返回上一次会话的访问时间。

setMaxInactiveInterval(int number)：设定保存会话失效的最大时长，参数 number 的时长以秒为单位。

getMaxInactiveInterval()：获取当前会话的最大失效时长，如果返回是负值，表示会话永远不会过期。

21.1.4 其他内置对象

01 out 对象

out 对象实际上是一个输出流的对象。out 对象主要用来向客户端输出各种数据类型内容，并负责管理应用服务器上的输出缓冲区。out 在输出非字符串类型的数据时，会自动转换为字符串进行输出。

可以用 out.write(html 语句) 这样的形式，在 jsp 文件中写 html 代码，所有 html 代码是以字符串的形式，输出到生成的 html 文件中，并传送给客户端。

out 对象内置的主要方法如下。

out.print()：输出信息。

println()：输出信息，并输出一个换行符。

out.newLine()：输出一个换行符。

out.flush()：输出缓冲区里的数据。

out.close()：关闭输出流。

out.clearBuffer()：清除缓冲区里的数据，并把数据输出到客户端。

out.clear()：清除缓冲区里的数据，但不会把数据输出到客户端。

out.getBufferSize()：获得缓冲区大小。

out.getRemaining()：获得缓冲区中没有被占用的空间大小。

out.isAutoFlush()：返回布尔值。如果 AutoFlush 为真，则返回真。

02 page 对象

page 对象代表 JSP 本身，所以只有在 JSP 页面内才是合法的。在本质上，page 对象是执行应答请求和设置的 Servlet 类的实体，这个隐含对象包含当前 Servlet 接口引用的变量，可以看作是 this（本）对象的别名，因此该对象对于开发 JSP 比较有用。page 对象常用的方法如下所示。

page.getClass()：获得 page 对象的类。

page.hashCode()：获得 page 对象的 hash 码。

page.toString()：将此 page 对象转换为 String 类对象。

page.notify()：唤醒一个等待的进程。

page.notifyAll()：唤醒所有等待的进程。

page.wait()：使一个线程处于等待直到被唤醒。

page.wait(long timeout)：使一个线程处于等待直到 timeout 或被唤醒。

page.equals(Object o)：比较本对象和指定对象是否相等。

03 application 对象

application 对象用于保存所有应用程序中的公有数据，它在服务器启动时而自动创建，服务器停止时而自动销毁。在 application 对象存续期间，所有用户都可以共享这个 application 对象。与 session 相比，application 对象的生命周期更长，有点类似于系统的“全局变量”。

与 session 对象相同，也可以在 application 对象中设置属性。与 session 对象不同的是，session 只是在当前客户的会话范围内有效，当超过保存时间，session 对象就被收回；而 application 对象在整个应用区域中都有效。application 对象管理应用程序环境属性的方法分别介绍如下。

getAttribute(String name)：返回指定名字的 application 对象的属性的值。

getAttributeNames()：返回所有应用程序级对象的属性的名字，其结果为枚举的实例。

getInitParameter(String name)：返回由指定名字的 application 对象的某个属性的初始值。

getServletInfo()：返回 Servlet 编译器的当前版本的信息。

setAttribute(String name,Object obj)：设置指定名字的 application 对象的属性的值。

removeAttribute(string Key)：通过关键字来删除一个对象的信息。

getRealPath(String path)：返回虚拟路径的真实路径。

getContext(String URLPath)：返回执行 Web 应用的 application 对象。

getMajorVersion()：返回服务器支持的 Servlet API 最大版本号。

getMinorVersion()：返回服务器支持的 Servlet API 最小版本号。

getMimeType(String file)：返回指定文件的 MIME 类型。

getResource(String path)：返回指定资源的输入流。

getResourceDispathcher(String URLPath); 返回指定资源的 RequestDispathcher。

getServlet(String name): 返回指定名称的 servlet。

getServlets()：返回所有的 Servlet，返回类型为枚举型。

getServletNames()：返回所有的 Servlet 名称，返回类型为枚举型。

log(String msg)：把指定信息写入到 Servlet 的日志文件中。

log(String msg,Throwable throwable)：把指定信息及 Throwable 类型的可抛出的异常信息写入 Servlet 的日志文件。

04 pageContext 对象

pageContext 对象主要用来获取页面的上下文（context），这是一个特殊的对象，此对象对应的类型为 javax.servlet.jsp.PageContext 类型。通过它，可以获取 JSP 页面的 request、response、session、application 及 exception 等对象。pageContext 对象的创建和初始化都是由容器来完成的。

JSP 中有两类内置对象。

只能够在 JSP 中使用的对象：exception、page、out、pageContext。

通用对象：request、response、session、application、config。

对于 pageContext 对象，它只能够在 JSP 页面中使用，在 PageContext 类中利用 getXXX()、setXXX() 和 findXXX() 三大类方法获取、设置或查询对象的属性，从而实现对这些对象的管理。pageContext 对象常用的方法如下。

forward(String UriPath)：重定向，即服务器端跳转。

getAttribute(String name,[int scope])：在页面范围内查找与 name 相关的属性，找到返回就返回对象，找不到就返回 null，其中参数 scope 是可选的。还可以通过 getAttributeNamesInScope() 方法获取特定范围的参数名称的集合，返回值为 Enumeration（枚举）对象。

getException()：返回当前的 exception 对象。

getRequest()：返回当前的 request 对象。

getResponse()：返回当前的 response 对象。

getServletConfig()：返回当前页面的 ServletConfig 对象。

getServletContext()：返回 ServletContext 对象。这个对象对所有页面都是共享的。

getSession()：返回当前的 session 对象。

findAttribute()：可以用来按照页面，请求，会话及应用程序范围顺序实现对某个已经命名的属性的搜索。

setAttribute()：可以用来设置默认页面范围或特定范围之中的已命名对象。

removeAttribute()：可以用来删除默认范围或特定范围内的已命名对象。

05 config 对象

config 对象的主要作用是读取服务器的配置信息。通过 pageContext 对象中的 getServletContext() 方法，可以返回一个 ServletContext 对象。

当一个 servlet 初始化时，容器把某些信息通过此对象传递给 Servlet，开发人员可以在 web.xml 文件中，为 Servlet 程序和 JSP 页面提供初始化参数，而 config 对象可以从 web.xml 读取这些参数。

config 对象对应的类型是 javax.servlet.ServletConfig 接口实例，在这个接口里面有如下方法。

```
取得初始化配置参数：public String getInitParameter(String name);
```

需要注意的是，如果要想使用这个方法，程序必须通过 web.xml 文件映射的路径才可以访问。

下面是一个简单的范例。

```
<%
  String driver = config.getInitParameter("driver") ;
  String url = config.getInitParameter("url") ;
%>
<h1><%=driver%></h1>
<h1><%=url%></h1>
```

config 对象中还有如下常用方法。

getServletContext()：返回执行者的 Servlet 上下文。

getServletName()：返回 Servlet 的名字。

getInitParameter(String name)：返回名字为 name 的初始参数的值。

getInitParameterNames()：返回这个 JSP 的所有的初始参数的名字。

06 exception 对象

在 Java 中，可以利用 try-catch 代码块来处理异常情况（exception）。如果 JSP 页面在执行过程中，发生错误或异常，同样会生成一个 exception 对象，并把这个 exception 对象传送到在 page 指令中设定的错误页面中，然后在错误提示页面中处理该 exception 对象。

需要注意的是，exception 对象只有在错误页面（在页面指令里有 isErrorPage=true 的页面）才可以使用。该对象中常用的方法如下。

getMessage()：获取异常消息字符串。

getLocalizeMessage()：获取本地化语言的异常错误。

printStackTrace()：显示异常的栈跟踪轨迹。

toString()：返回关于异常错误的简单消息描述。

fillInStackTrace()：重写异常错误的栈执行轨迹。

21.2 Servlet

21.2.1 Servlet 简介

使用传统的 JSP 直接进行开发，的确可以完成程序功能，但是其最终的结果是，Java 代码与 HTML 完全混合在一起，这种高耦合使得程序的逻辑结构不甚清晰，这对后期的程序维护是非常不便的。所以，从现实的开发来讲，既然是 Java 代码，建议写在 Java 程序里面，而非 Scriptlet（代码段）中。这时就会用到 Servlet 开发技术。

在 Java 的程序划分有两个开发模式。

- Application：普通的 Java 程序，使用主方法 main() 执行。
- Applet（应用小程序）：嵌入在网页中的 Java 小程序，它不使用主方法运行。这里的“let”表示“小程序”。

Servlet=Server+Applet，指的就是服务器（server）端小程序（let）。Servlet 程序，严格来讲是使用 Java 程序实现的 CGI 开发。前文已经提到，CGI 指的是公共网关接口标准，理论上，可以使用任何的编程语言实现，但是传统 CGI 有一个非常严重的问题：它采用了重量级的多进程的方式进行处理，而 Servlet 与传统 CGI 的主要区别在于，它使用了轻量级多线程的方式处理。

从整个技术发展历史来讲，Servlet 程序是在 JSP 之前产生的，但是最早的 Servlet 程序有以下问题。

最早的时候 Servlet 必须利用 out.println() 来输出 HTML 代码。

Servlet 的配置复杂，不适合于刚刚接触的人群。

后来 SUN 公司的开发人员，受到了微软推出的 ASP 技术的启发，也改进了自己的 JSP 技术，使 JSP 与 Servlet 互相合作，实现更为便捷的开发模式。

Servlet 的主要优势在于，它是由 Java 编写的，不仅继承了 Java 语言的优点，还进一步对 Web 的相关应用进行了一定程度上的封装和扩充。因此，无论在功能、性能还是安全等方面，都比早期的 JSP 更为出色。

21.2.2 第 1 个 Servlet 程序

在 Java 中，通常所说的 Servlet 是指 HttpServlet 对象，即在声明一个 Servlet 对象时，需要继承 HttpServlet 类。HttpServlet 类是 Servlet 接口的一个实现类，在继承此类后，就可以重写 HttpServlet 类中的方法，对 HTTP 请求进行深度处理。

Servlet 的创建十分简单，主要有两种创建方法。第一种方法为创建普通的 Java 类，使这个类继承 HttpServlet 类，再通过手动配置 web.xml 文件，来注册 Servlet 对象。此方法操作比较繁琐，在快速开发中通常不被采纳，第二种方法是直接通过 IDE 集成开发工具进行创建，这里，我们建议读者先用第一种方式折腾一番，这种折腾更能让你了解 Servlet 的开发流程，等有一定的感性认知后，再用 IDE 环境开发，提高效率。

如果是第一种方式，Servlet 的开发编写，使用记事本（或 Notepad++、Vim 等）手工编写，然后用浏览器调试即可。这时，就需要配置 servlet-api.jar 包到 CLASSPATH 之中（在本书中，这个 jar 的位置在 C:\Program Files\Apache Software Foundation\Tomcat 9.0\lib\servlet-api.jar，这个路径根据读者安装 Tomcat 位置不同而有变化），在 Tomcat 中还存在有一个 jsp-api.jar，这里面包含了 JSP 相关的类库。

下面我们利用第一种方式，来快速演示一下一个简单的 Servlet 程序是如何运行起来的。

（1）建立一个项目目录树

项目名称可以自拟（建议不要将这个目录放置于 Tomcat 安装路径下，比如说 C:\Users\Yuhong\

Documents\ServletDemo），然后在 ServletDemo 目录下创建 WEB-INF 和 src 两个子文件夹，在 WEB-INF 文件下创建子文件夹 classes。请注意，WEB-INF 和 classes 文件夹的名称是不能任意的，Tomcat 服务器就是靠这些固定的文件名，来感知系统的配置文件和类（.class）文件，其结构如下图所示。

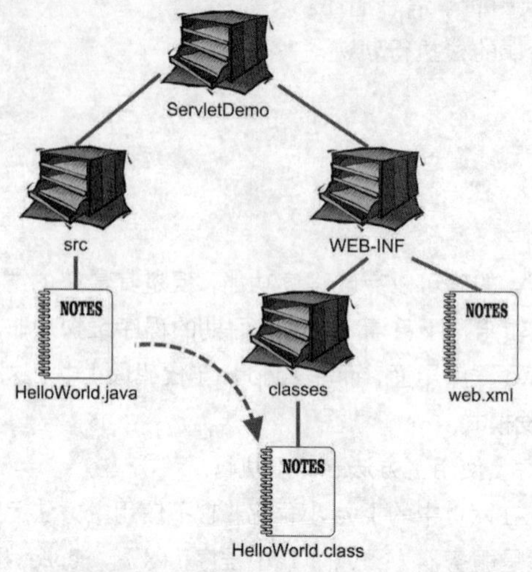

（2）编写一个名为 HelloWorld.java 的 Servlet 程序

把该程序 HelloWorld.java 放置于 src 目录下。在这个程序中，其功能尽量简单，就是在页面上实现输出一个字符串“Hello World!”。

范例 21-11 第1个Servlet程序（HelloWorld.java）

```
import java.io.*;
import javax.servlet.*;
import javax.servlet.http.*;
public class HelloWorld extends HttpServlet
{
   public void doGet(HttpServletRequest request, HttpServletResponse response)
   throws IOException, ServletException
   {
      response.setContentType("text/html");
      PrintWriter out = response.getWriter();
      out.println("<html>");
      out.println("<head>");
      out.println("<title>Hello Servlet!</title>");
      out.println("</head>");
      out.println("<body>");
      out.println("<h1>Hello World!</h1>");
      out.println("</body>");
      out.println("</html>");
      out.close();
   }
}
```

代码详解

第 01 行，导入有关输入输出的包。
第 02~03 行，导入有关 HTTP 和 Servlet 相关的包。
第 04 行，说明 HelloServlet 继承了 HttpServlet，所以这是一个 Servlet 程序。
第 06 行，处理 get 请求操作，实现信息的输出（HTML 代码）。
第 09~18 行，用 out 对象的 println( ) 方法，输出 HTML 代码。
第 19 行，关闭输出流。

【运行程序】

在命令行下输入如下指令（安装路径不同，下面的命令的参数也会有所不同）。

```
javac -classpath "C:\Program Files\Apache Software Foundation\Tomcat 9.0\lib\servlet-api.jar" -d .\WEB-INF\classes .\src\HelloWorld.java
```

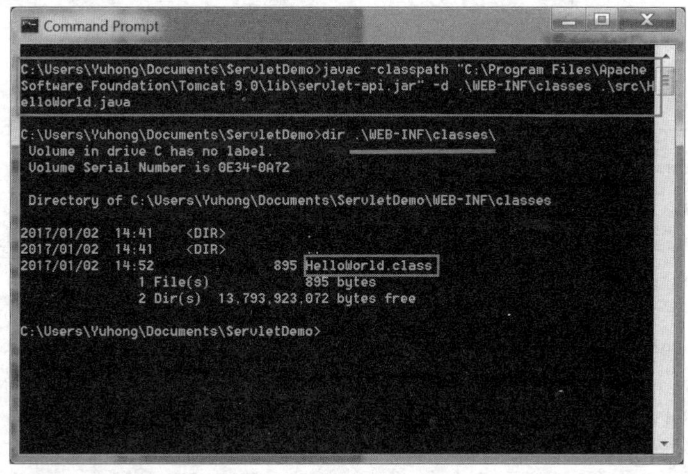

这里解释一下上面命令行参数的含义。

-classpath：指定参与编译的 jar（已经发布的类文件）的路径。这里是："C:\Program Files\Apache Software Foundation\Tomcat 9.0\lib\servlet-api.jar"，之所以还用引号（""）把这个路径引起来，因为这个路径里有空格，为了避免编译器把路径中的空格当作另外一个参数变量，就用引号把路径引起来。

-d：这里指定编译通过后，生成的 .class 类文件放在何处。这里是".\WEB-INF\classes"。这里给出了相对路径，"."代表当前路径，这里的当前路径就是"C:\Users\Yuhong\Documents\ServletDemo"。需要说明的是，这是一个约定俗成的路径，不能更改。

最后一个参数给出的是 Java 源文件的所在地，这里给出的也是相对路径".\src\HelloWorld.java"。

【范例分析】

因为没有 main 方法，上面程序即使编译通过了，也是不能直接运行的。本质上，Servlet 是一个 Java 的 CGI 程序。如果想让 Servlet 对象能正常运行，还需要进行适当的配置，以告知 Web 容器，哪一个请求调用哪一个 Servlet 对象处理。这有点类似于 Windows 中的注册表，需要先对 Servlet 进行一个"登记造册"。而这个"册"就是 web.xml 文件。

（3）创建 web.xml

web.xml 是一个部署描述文件（Deployment Descriptor，DD），把它放置在 WEB-INF 目录下。

范例 21-12 web.xml配置文件

```
01 <web-app xmlns="http://xmlns.jcp.org/xml/ns/javaee"
02   xmlns:xsi="http://www.w3.org/2001/XMLSchema-instance"
03   xsi:schemaLocation="http://xmlns.jcp.org/xml/ns/javaee
04             http://xmlns.jcp.org/xml/ns/javaee/web-app_4_0.xsd"
05   version="4.0">
06     <servlet>
07         <servlet-name>servletDemo</servlet-name>
08         <servlet-class>HelloWorld</servlet-class>
09     </servlet>
10     <servlet-mapping>
11         <servlet-name>servletDemo</servlet-name>
12         <url-pattern>/hello.do</url-pattern>
13     </servlet-mapping>
14 </web-app>
```

代码详解

在 web.xml 文件中，第 01~05 行是 XML 本身的一些配置，我们暂时不需要去关注这个。第 06~13 行，才是需要我们专注的。

第 06~09 行，首先通过 <servlet> 和 </servlet> 标签，来声明一个 Servlet 对象 servletDemo。这个标签名用于把一个特定的 Servlet 对象，绑定到随后的 <servlet-mapping> 元素上。

在 <servlet> 标签下，包括两个主要子元素，分别为 <servlet-name>（第 07 行）和 <servlet-class>（第 08 行）。其中 <servlet-name> 元素用于指定 Servlet 的名称，这个名称对服务器端是可以自定义的，且对客户端的用户是不可见的。<servlet-class> 元素用于指定 Servlet 的包名和类名（注意不要带 .class 后缀名）。需要注意的是，第 08 行类名要和范例 21-11 中所示的 Java 代码生成的类名保持一致。

接下来，在声明了 Servlet 对象之后，我们还需要把这个对象映射到 Servlet 的 URL 上。这样，用户可以通过浏览器访问到这个对象。这个操作在 <servlet-mapping> 和 </servlet-mapping> 标签中完成（第 10~13 行）。<servlet-mapping> 标签下包括两个子元素，分别为 <servlet-name> 和 <url-pattern>。

需要注意的是，在 <servlet-mapping> 标签下的 <servlet-name>（第 11 行）和 <servlet> 标签下的 <servlet-name>（第 07 行），必须保持一致，不可随意命名。如果要随意，也要一起随意。

<url-pattern> 是给终端用户看到（并使用）的 Servlet 名称，但这是一个虚构的名字，并不是具体的 Servlet 类的名字。而且这个元素还可以使用通配符，比如说星号（*）。

比如说，第 12 行给出的 url-pattern 的相对路径为：/serv，然后和主机名（这里是 http://localhost:8080）拼接，就形成了地址栏中完整的 URL。

（4）修改 server.xml

类似于 20.2.2 小节所示的操作，在 C:\Program Files\Apache Software Foundation\Tomcat 9.0\conf 路径下，修改服务器配置文件 server.xml。

在 <Host> 标签下添加子标签 Context，其内容如下所示。

```
<Context path="/servdemo" docBase="C:\Users\Yuhong\Documents\ServletDemo"/>
```

通过这个设置，在浏览器地址栏中，http://localhost:8080/servdemo/ 就是这个 Web 应用的根，再结合 web.xml 中第 12 行的设置，那么在浏览器访问这个 Web 应用的地址就是：http://localhost:8080/servdemo/

hello.do。

（5）重启 Tomcat 服务器

因为每次部署 Servlet 类或更新部署描述文件（如 web.xml 和 server.xml），都必须重启 Tomcat 服务器，所以在 C:\Program Files\Apache Software Foundation\Tomcat 9.0\bin 下，双击 Tomcat9w.exe，如果 Tomcat 是关闭状态，再开启即可。如果 Tomcat 是开启状态，则需要先关闭后启用，总之，让 Tomcat 重新加载配置好的文件。

（6）运行 Web

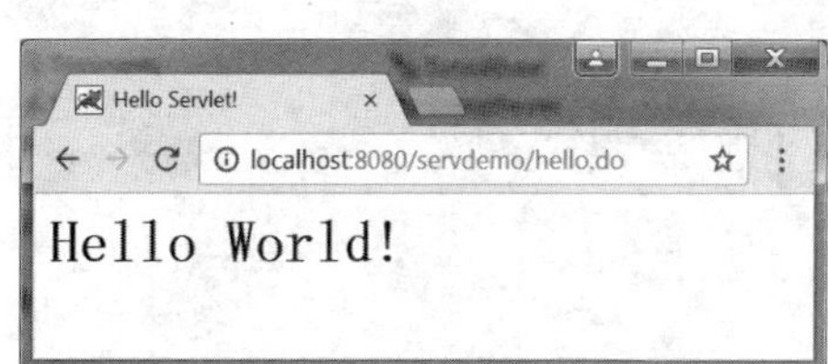

成功运行结果图　　　　查看客户端源代码

在浏览器中查看源代码，可以看到，在客户端输出的 HTML 代码，和范例 21-11 所示的 Java 程序要想输出的一样。

21.2.3 Eclipse 中的 Servlet 配置

01 开发前准备

使用集成开发工具开发 Servlet 非常方便，下面介绍在 Eclipse EE（企业版）中开发 Servlet 的创建过程。Eclipse EE 的安装过程和普通版本 Eclipse 基本相同，仅仅在一开始时，在 Eclipse 安装器的选择上有所不同，选择“Eclipse IDE for Java EE Developers”即可，其余就按部就班即可，如下图所示。这里不再赘言。

读者还可以去自行下载 Eclipse 插件集合版——MyEclipse，但这是一个付费软件。就本章所示的案例，Eclipse EE 足够用了。下面，我们开始介绍在 Eclipse 中部署 Tomcat，这样就把 Eclipse 和 Tomcat 完美地结合在一起。在 Eclipse 中部署 Tomcat 及其插件的步骤如下所示。

❶ 在 Eclipse 中选择“Window（窗口）→ Preferences（首选项）”命令，打开 Eclipse 的“Preferences”（首选项）对话框，然后依次单击“Server（服务器）→ Runtime Environments（运行时环境）”节点选项，如下图所示。

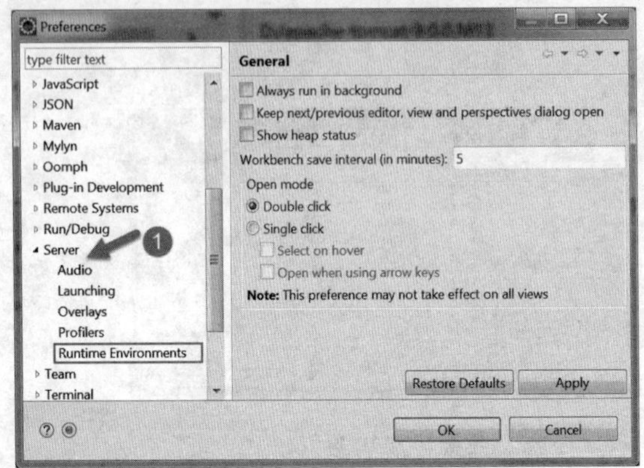

❷ 单击下图中右侧的“Add”按钮添加 Tomcat 服务器。

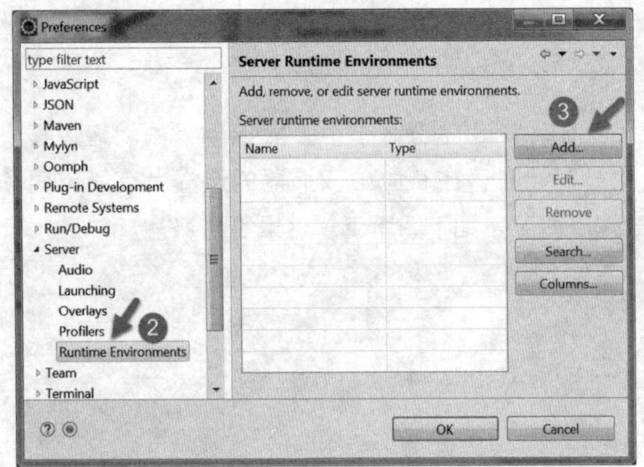

❸ 弹出“New Server Runtime Environment”（新服务器运行时环境）窗口，选择“ApacheTomcat v9.0”选项（安装 Tomcat 的版本不同，读者的选项可做适当调整），单击“Next”按钮，如下图所示。

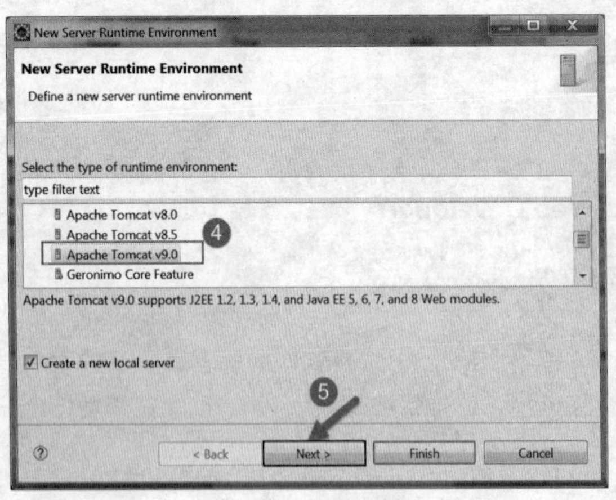

❹ 打开指定 Tomcat 安装目录的窗口，单击下图所示页面中“Tomcat installation directory”（Tomcat 安装目录）对应的“Browse”（浏览）按钮，将提示选择 Tomcat 的安装目录，如下图所示。

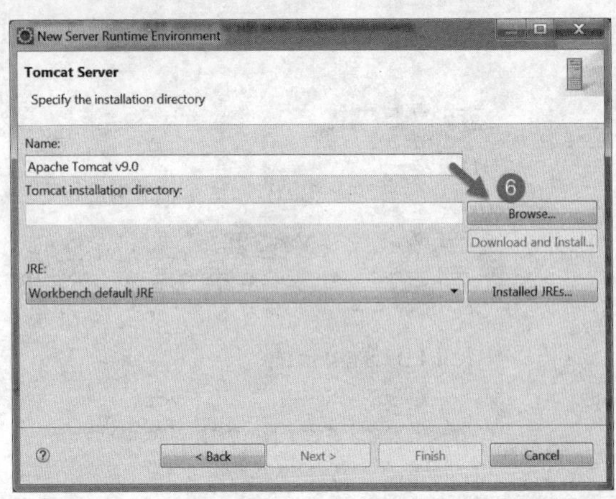

❺ 此时，需指定 Tomcat 的安装目录，如下图所示。

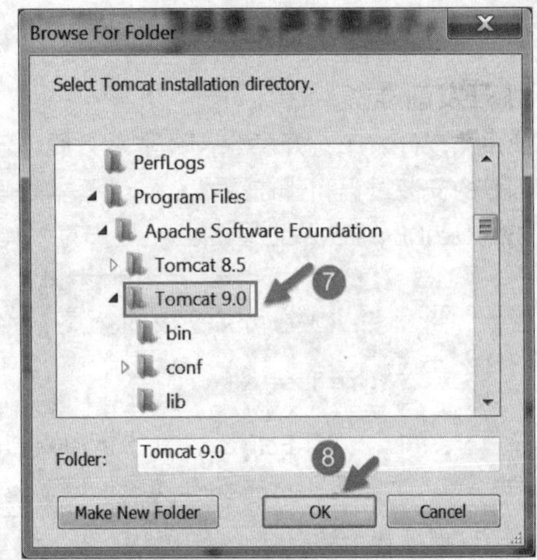

❻ 指定完 Tomcat 目录后，单击“Finish”（完成）按钮，完成 Tomcat 服务器的配置。

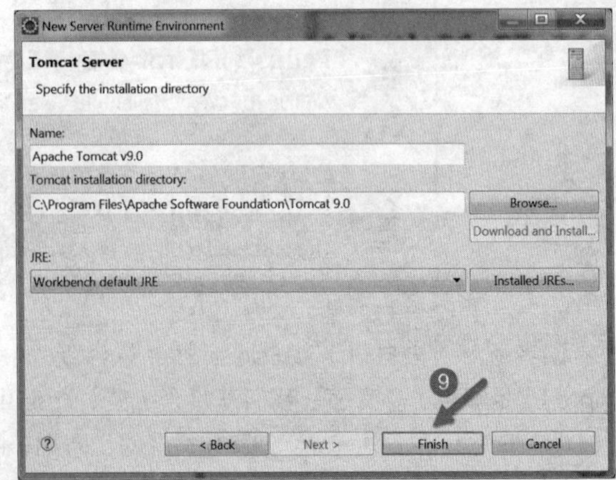

❼ 回到“Preferences”（首选项）对话框，单击“OK”按钮，完成 Tomcat 的配置，如下图所示。

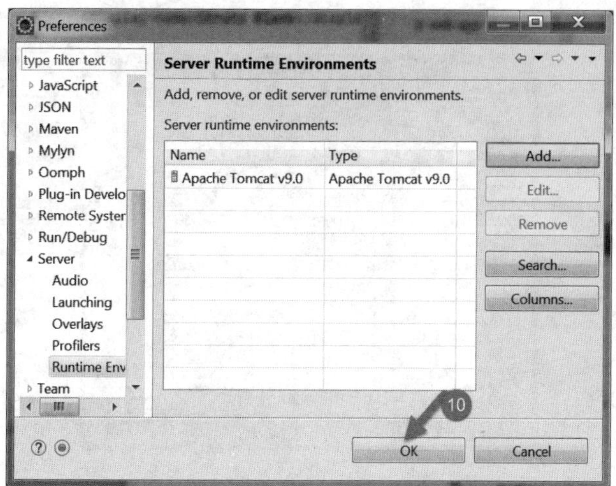

在完成 Eclipse 和 Tomcat 服务器的集成之后，就可以进行 Web 项目的开发，但是有两个细节问题还应该注意，为开发 Web 项目指定浏览器和指定 Eclipse 中 JSP 页面的编码方式。下面进行这两方面的设置。

（1）为 Eclipse 指定浏览器

默认情况下，Eclipse 使用它自带的浏览器，但是在开发过程中，使用 Eclipse 自带的浏览器不太方便，所以通常指定一个外部浏览器。指定浏览器的方法是单击 Eclipse 菜单中的“Window → Preferences”选项，在打开的“Preferences”窗口中再依次打开“General → Web Browser”窗口，在“Web Browser”窗口中单击选中“Use external web browser”（使用外部浏览器）复选框，然后选中读者喜欢用的浏览器选项，这里我们选择了“Chrome”浏览器，如果不想切换调试窗口，选择默认的系统浏览器（Default system web browser）也可，最后单击“OK”按钮，完成配置，如下图所示。

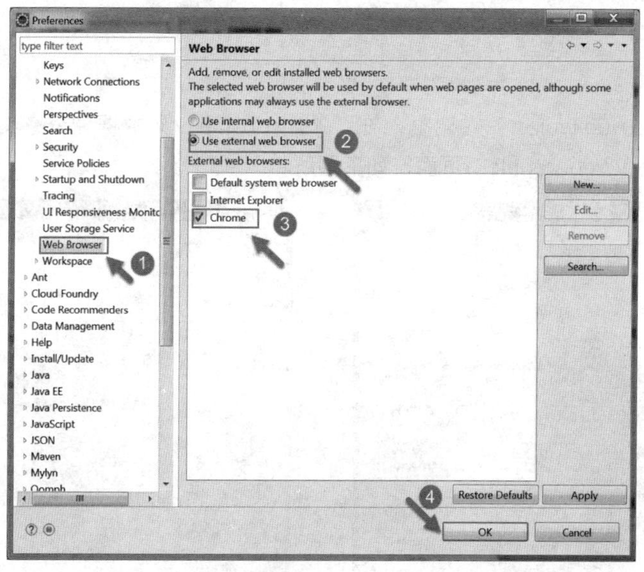

（2）指定 JSP 页面的编码方式

默认情况下，在 Eclipse 中创建的 JSP 页面是 ISO-8859-1 的编码方式。此编码方式不支持中文字符集，编写中文会出现乱码现象，所以需要指定一个支持中文的字符集。指定 JSP 页面的编码方式的方法如下。

选择 Eclipse 菜单中的“Window → Preferences”选项，依次展开“Web → JSP Files”选项。

在“JSP Files”窗口的“Encoding”下拉列表框中选择“ISO 10646/Unicode (UTF-8)”选项，将JSP页面编码设置为UTF-8，最后单击“OK”按钮完成设置，如下图所示。

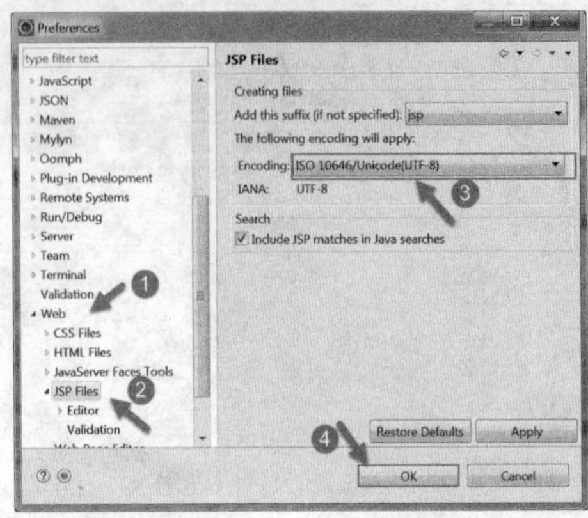

02 使用 Eclipse 开发 Servlet

（1）创建 Servlet 工程 ServletDemo

首先，创建一个工程 ServletDemo。打开 Eclipse，依次单击 Eclipse 菜单中的“File → New”选项，然后在弹出的选项菜单中单击选中“Dynamic Web Project”，单击“Next”按钮，如下图所示。

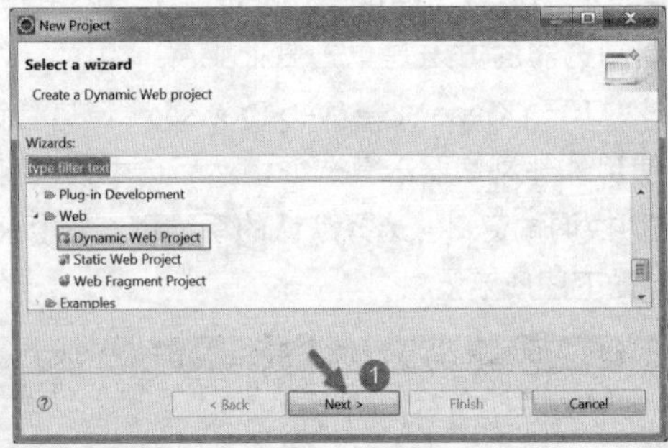

弹出“New Dynamic Web Project”对话框，在“Project name”文本框输入“ServletDemo”，然后单击“Next”按钮，直到出现“Web Module”页面，如下图所示。

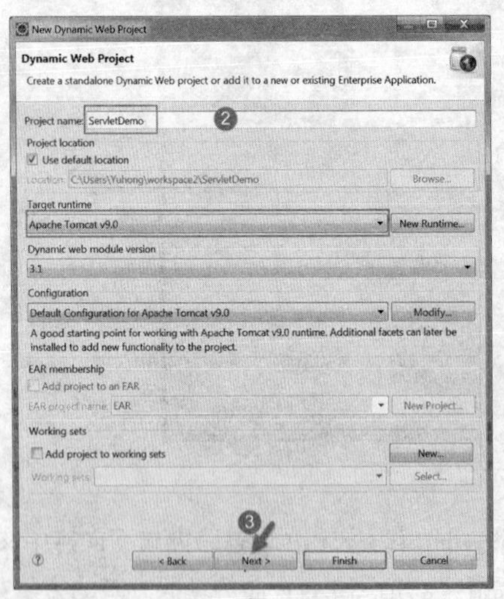

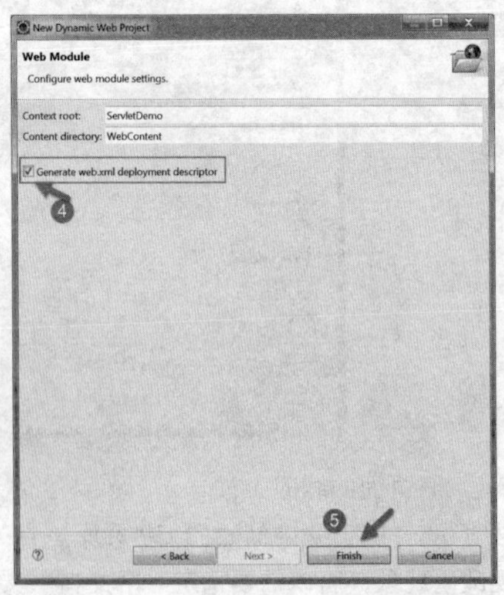

（2）设置 Java 类名称

在工程的“Java ReSources”（Java 资源）下属的“src”文件上，单击鼠标右键，新建一个“Servlet”文件，如下图所示。在弹出的对话框中，在“Java Package”中输入包的名称“servlet”（这个名称用户可自定义），在“Class name”中输入类名“HelloWorld”（这个名称用户可自定义）。如果后面的设置采用系统的默认值，则可单击“Finish”按钮完成，如果想自定义部分设置，则可以单击“Next”按钮。

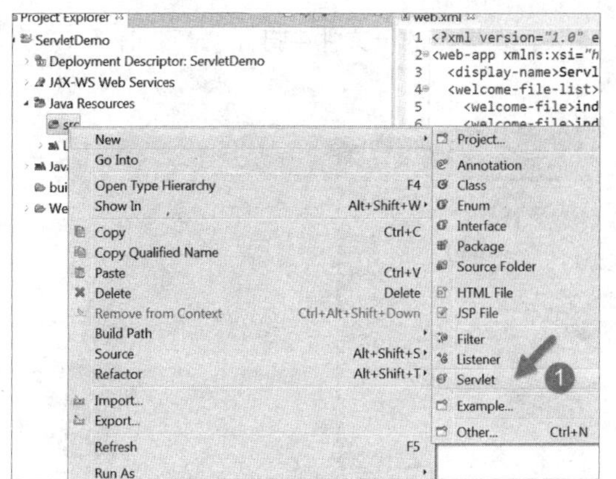

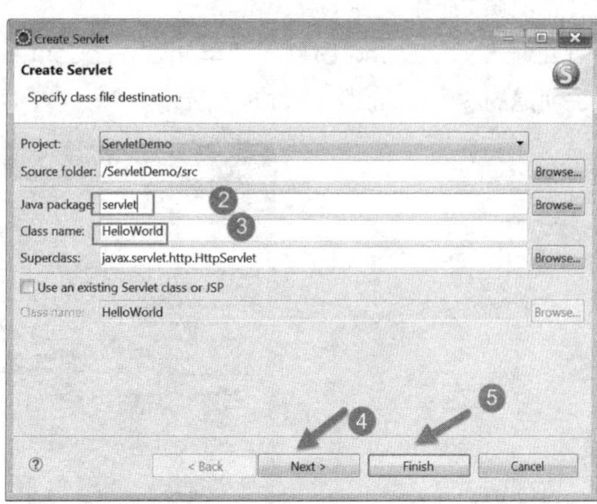

如果单击“Next”按钮，我们会看到如下图所示界面，由于我们的案例比较简单，为了不造成不必要的干扰，我们仅仅选择自动“doGet”方法，然后单击“Finish”按钮。

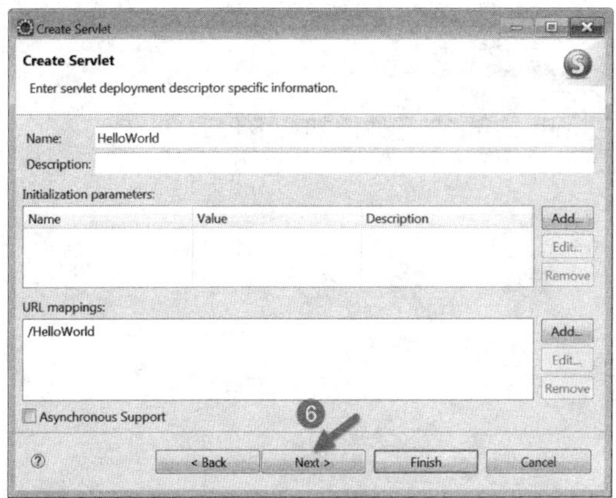

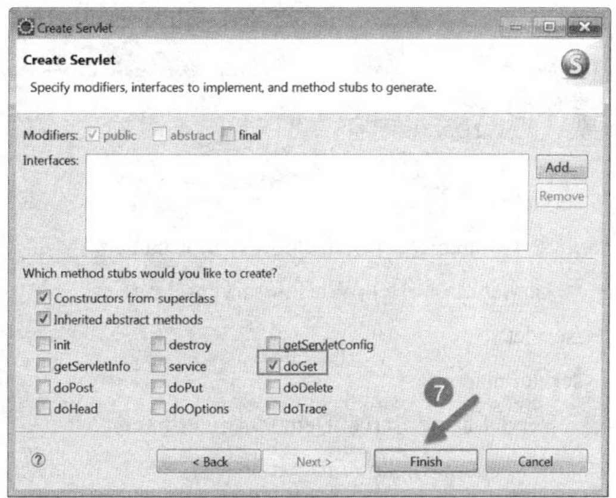

（3）修改 Servlet 源代码

Servlet 源代码，在本质上就是 Java 代码，Eclipse EE 已经帮我们搭建了大部分代码的框架，提高了开发的效率。但还是需要我们根据自己的需求，添加一些个性化的代码。例如，我们要用到 PrintWriter 类，就必须在一开始的地方导入如下所示的包。

```
import java.io.PrintWriter;
```

然后我们把 doGet 方法体中的代码换成如下代码。

```
response.setContentType("text/html");
PrintWriter out = response.getWriter();
out.println("<html>");
out.println("<head>");
out.println("<title>Hello Servlet!</title>");
out.println("</head>");
out.println("<body>");
out.println("<h1>Hello World!</h1>");
out.println("</body>");
out.println("</html>");
```

```
out.close() ;
```

（4）修改配置文件 web.xml

在工程 ServletDemo 项目下，单击“WebContent”文件夹，在展开的子文件中打开“WEB-INF”，可以找到系统创建的“web.xml”，如下图所示。

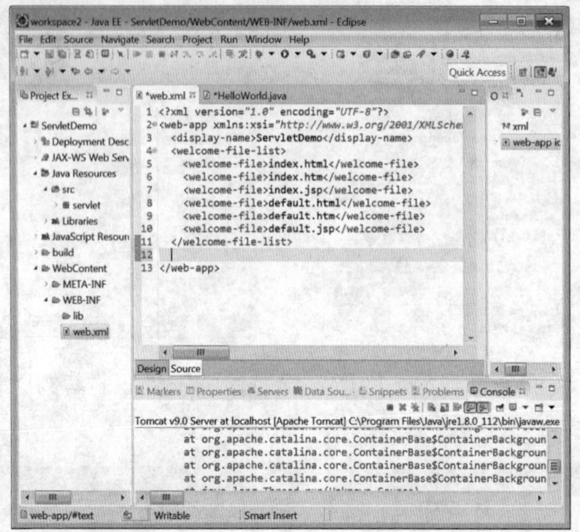

默认的 web.xml 内容，可以暂时不用关注。我们在上图所示的第 12 行处添加如下代码。

```
<servlet>
    <servlet-name>servletDemo</servlet-name>
    <servlet-class>HelloWorld</servlet-class>
</servlet>
<servlet-mapping>
    <servlet-name>servletDemo</servlet-name>
    <url-pattern>/hello </url-pattern>
</servlet-mapping>
```

（5）运行程序

右键单击 JavaResources\src\servlet\HelloServlet.java，在弹出的快捷菜单中依次选择“Run As → Run on Server”命令，打开“Run on Server”对话框，最后单击“Finish”按钮，如下图所示。

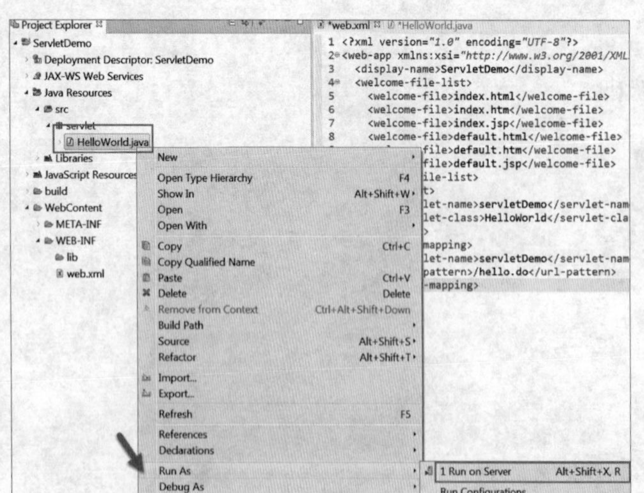

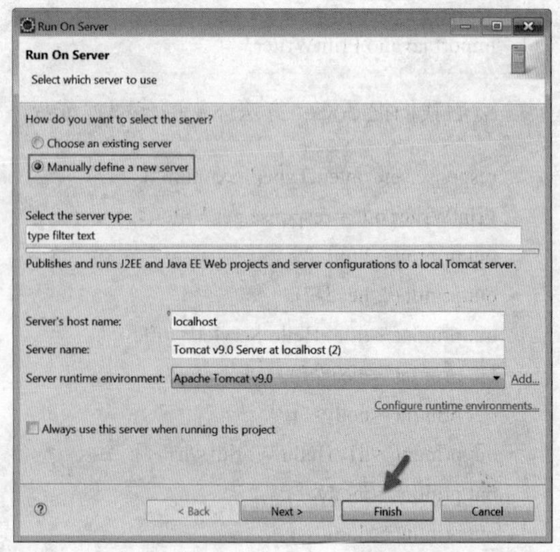

然后运行，得到如下运行结果。至此，第 1 个基于 Eclipse 开发的 Servlet 程序开发成功。

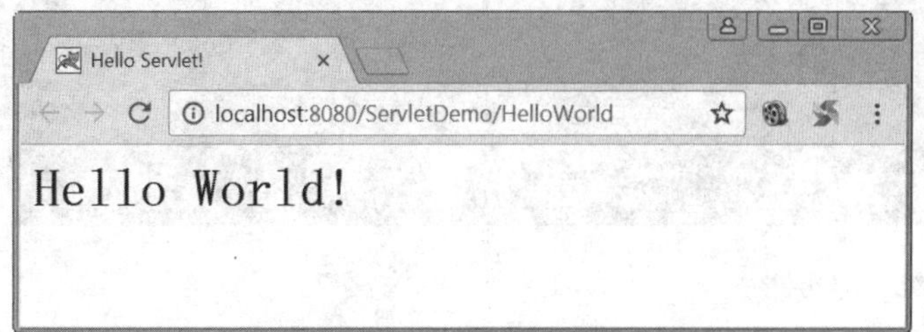

21.3 高手点拨

Tomcat 经常报错，如何处理

（1）在用 Eclipse 开发 Java Web 时，经常发生各种莫名的 Tomcat 报错，其中一种如下图所示。

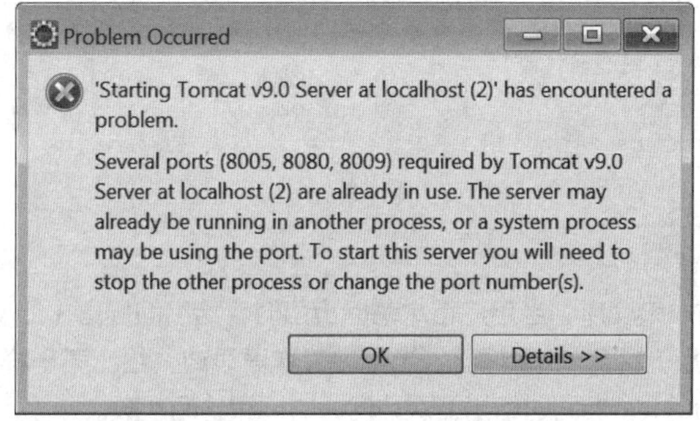

这时，说明 Tomcat 的某个进程已经开启，占用了 8080 端口，但我们却不知道具体是哪个进程占用，这时我们以管理员身份运行 CMD 命令行界面，输入如下命令。

Windows 上结束进程的详细过程如下所示。

```
netstat -ano|findstr 8080
```

这条指令用于查看占用 8080 端口的所有进程，如下图所示（请注意，每次出现该问题时，进程号都是变化的）。

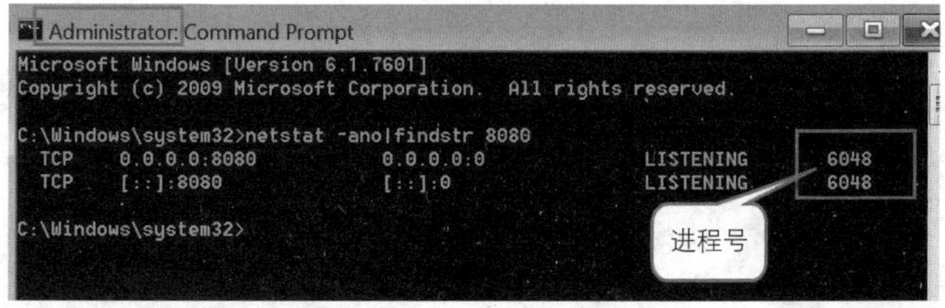

然后利用 Windows 操作系统自带的 taskkill 命令（这条指令需要超级管理员权限），将上面显示的进程号“杀掉”。

```
taskkill /pid 6048 /f
```

如下图所示。

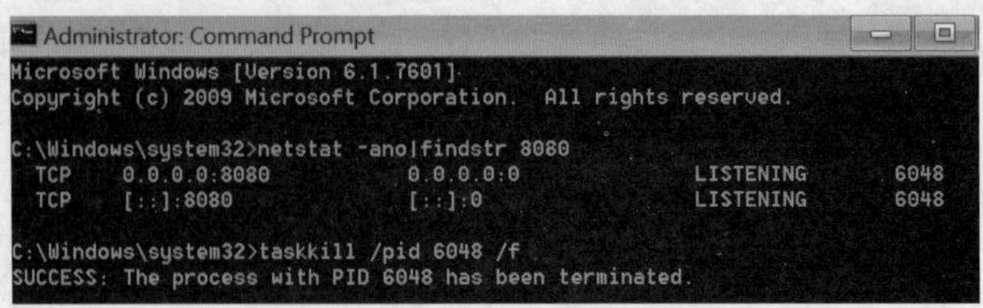

（2）在 Eclipse 中终止服务器。

在与“Console”(控制台)同一个窗口里，选择“Servers”(服务器)选项，然后单击鼠标右键，选择“Delete”，类似前面介绍的方法，在包含主方法的 Java 源文件上，单击鼠标右键，依次选择“Run As → Run on Server”命令，打开“Run on Server”对话框，最后单击“Finish”按钮，尝试解决。

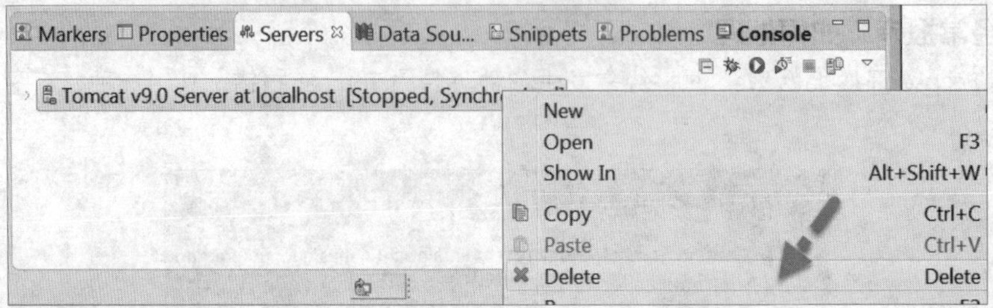

21.4 实战练习

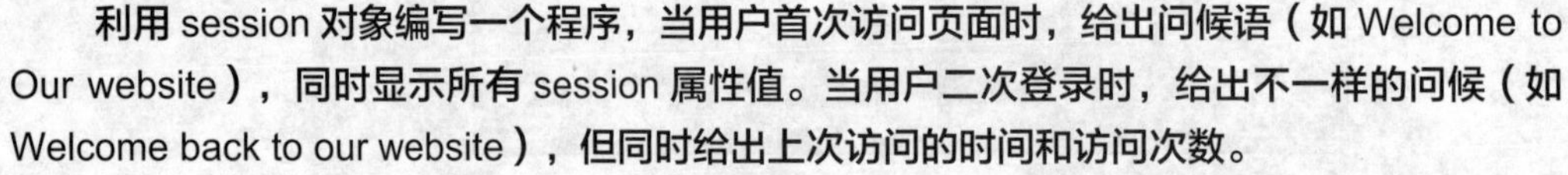

利用 session 对象编写一个程序，当用户首次访问页面时，给出问候语（如 Welcome to Our website），同时显示所有 session 属性值。当用户二次登录时，给出不一样的问候（如 Welcome back to our website），但同时给出上次访问的时间和访问次数。

第22章

高效开发的利器——常用 MVC 设计框架

本章简要介绍 Java 开发中的主流 MVC 框架 Struts，Struts 的含义是“支柱，枝干”，它的目的是减少程序开发时间，JSP、Servlet 的存在虽然可以解决大部分问题，但是由于它们的编码对项目的开发带来了许多不便，可重用性差，于是 Struts 应运而生。Struts 的产生就是帮助用户在最短的时间内解决这些问题，Struts 框架能帮助开发人员更加高效地开发 Java 应用程序。

本章要点（已掌握的在方框中打钩）

- ☐ 掌握框架的内涵
- ☐ 掌握 Struts 开发基础

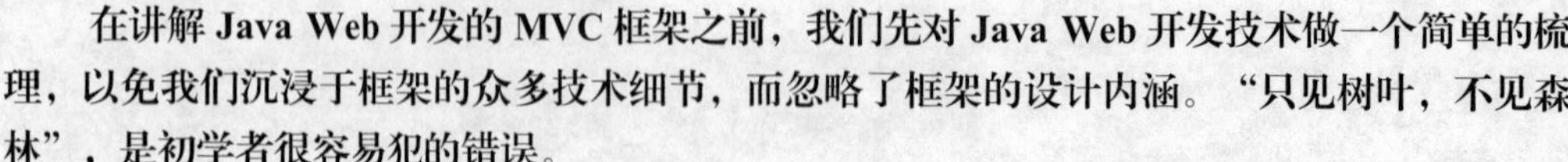

22.1 框架的内涵

在讲解 Java Web 开发的 MVC 框架之前，我们先对 Java Web 开发技术做一个简单的梳理，以免我们沉浸于框架的众多技术细节，而忽略了框架的设计内涵。“只见树叶，不见森林”，是初学者很容易犯的错误。

首先要对超文本传输协议（HyperText Transfer Protocol，HTTP）有所理解。HTTP 是一个属于应用层的面向对象的协议，它非常适用于分布式超媒体信息系统。HTTP 于 1990 年提出，经过多年的完善和扩展，目前在 WWW 中使用的是 HTTP/1.0 的第六版，HTTP/1.1 的规范化工作也在进行之中。如果想要深入了解，推荐阅读 David Gourley 等人所著的《HTTP 权威指南》。

Web 的设计初衷是，构建一个静态的信息资源发布媒介，通过超文本标记语言（HyperText Markup Language，HTML）来描述信息资源。然后通过统一资源标识符（Uniform Resourse Locator，URL）来定位信息资源。最终，通过超文本传输协议来请求信息资源。就这样，HTML、URL 和 HTTP 这 3 个规范构成了 Web 的核心体系结构，到目前为止，依然是支撑着 Web 运行的基石。

用通俗一点的话来说，客户端（多为浏览器）通过 URL 找到网站，发出 HTTP 请求，服务器收到请求后返回 HTML 页面。从 HTTP 传送的文本解析可知，其实在服务器发送给浏览器的响应中，并没有诸如 JavaScript（一种直译式脚本语言），层叠样式表（Cascading Style Sheets，CSS），图片及视频等外部资源的请求，浏览器是在解析响应时才会再次请求这些资源，这里会出现一些静态资源请求不到的问题。

Web 运行于 HTTP 上，这套协议在网络上来来回回传递的都是字符串，但做字符串解析可是个费功夫的活。于是 Java Web 就提供了一套诸如 JSP、Servlet 的语言标准和底层标准，它们可以将构成 HTTP 协议的字符串，高效地解析成 Java 代码可以处理的对象。

JSP 可以简单看作是在 HTML 代码之中插入 Java 代码，也就是 Scriptlet（代码段），它们会被 Web 容器编译成 Servlet，然后 Servlet 会输出 HTML 代码，经过浏览器解析后，最终形成我们看到的页面。

直接使用 JSP 开发 Web，的确也能胜任工作。但其后果就是，Java 代码与 HTML 完全混合在一起，这种耦合，使得程序的逻辑结构不甚清晰，从而使得程序的后期维护非常不便。所以，我们就需要对这二者进行解构。既然是 Java 代码，写在 Java 程序中最好，而非混杂于 Scriptlet（代码段）中。这就是 Servlet 技术诞生的驱动力。

有了 Servlet 技术之后，浏览器发送一个 HTTP 请求，接到 HTTP 请求的服务器，把这个请求转给 Web 容器，由它分配给特定的 Servlet 进行处理，在本质上，Servlet 是一个 Java 对象，这个对象拥有一系列的方法来处理 HTTP 请求。其经典的方法有 doGet()，doPost() 等。一个 Web 容器中可以包含多个 Servlet，特定的 HTTP 请求由哪一个 Servlet 来处理，是由 Web 容器中的 web.xml 来决定的。

事实上，Servlet 使用起来并不总是那么便利，当 Web 工程较大时，开发人员经常要考虑在哪种情况下才让用户看哪些页面，这些控制逻辑与页面显示，都是写在 Java 类里面的，因此存在所谓的 V 和 C 耦合问题。这里的 V，指的是想让用户看到的具体页面视图（View），这里的 C 是指程序运行的逻辑控制（Controller）。

这种表现与业务逻辑代码混合在一起，就给前期开发与后期维护带来很大的复杂度。有了问题，就会有人探索解决方案，而这个方案就是 Struts 框架。Struts 就是通过 M（一个抽象出来的业务模型，Model）在 V 和 C 之间进行信息传递、沟通协调，从而达到 M 和 C 解耦的目的。这 3 个元素合璧被称为“模型 – 视图 – 控制器（MVC）”设计模式。2000 年，Craig McClanahan 采用了 MVC 的设计模式开发 Struts，就是把业务逻辑代码从表现层中清晰地分离出来。

Rickard Oberg（WebWork 和 JBoss 的创造者）曾经说：“框架的强大之处，不是源自它能让你做什么，而在于它不能让你做什么。”言外之意，使用框架进行开发，可以让我们遵循标准化流程，从而避免无序 JSP 开发带来的混乱。

目前，SSH（Struts，Spring，Hibernate）成为主流的框架开发模式，其中 Struts 主要负责流程控制实现 MVC，Spring 负责复杂业务流转，而 Hibernate 则负责数据库操作的封装。

我们会在接下来的两章中讲解 Spring 和 Hibernate。但需要说明的是，第一，技术总是向前发展的，今日所谓流行的框架，很可能在不久的将来，就会被取而代之，掌握前面章节介绍的基础性知识，似乎更为重要。第二，限于篇幅，本章仅仅是对三大框架进行概略性的介绍，以给读者一些感性认知，倘若想对三大框架有更为深入的理解，还需要读者查阅更多的文献。

22.2 Struts 开发基础

22.2.1 Struts 简介

Struts 这个名字，来源于在建筑和旧式飞机中使用的金属支架。它最初是 Jakarta 项目中的一个子项目，并在 2004 年 3 月成为 ASF 的顶级项目。它通过采用 Java Servlet/JSP 技术，实现了基于 Java EE Web 应用的 MVC 设计模式的应用框架。

Struts 1 是第一个广泛流行的 MVC 框架。但随着技术的不断发展，尤其是 JSF、AJAX 等技术的兴起，Struts 1 已显露疲态，跟不上时代的步伐，以及其本身在设计上的一些硬伤，也阻碍了它的发展。

同时，大量新的 MVC 框架（如 Spring MVC）开始涌现，尤其是 WebWork，非常抢眼。WebWork 是 OpenSymphony 组织开发的（遗憾的是，OpenSymphony 在完成一系列伟大开源产品后，其网站已经关闭了）。Webwork 实现了更加优美的设计，更加强大而易用的功能。

后来，Struts 和 Webwork 两大社区决定合并两个项目，完成 Struts 2。事实上，Struts 2 并不是 Strut 1 的升级版，它是以 WebWork 为核心开发的，更加类似于 WebWork 框架，其技术和 Struts 1 相差甚远。在 WebWork 框架中，Action 对象不再与 Servlet API 相耦合，而且 WebWork 还提供了自己的控制反转（Inversion of Control，IoC）容器，从而增加了程序的灵活性，通过 IoC，也使得程序的测试变得更加简单。

Struts 2 是 Struts 的下一代产品，它以 WebWork 为核心，采用拦截器的机制来处理用户的请求，这样的设计也使得业务逻辑控制器能够与 Servlet API 完全脱离开，所以 Struts 2 可以理解为 WebWork 的更新产品。

倘若想要高效地进行 Java Web 开发，自然离不开各种工具的支持。这里我们需要轻量级 Web 应用服务器——Tomcat，此外，我们还需要一个好用的 IDE（集成开发环境），这里我们推荐使用 Eclipse EE（企业版），我们假设读者已经将这两个工具安装完毕，并在 Eclipse 中部署了 Tomcat，前面已经介绍过该步骤，这里不再赘言。

Struts 2 是当今最为流行的 MVC 框架之一，已在众多项目中使用，它的优势如下。

（1）实现了 MVC 模式，层次结构清晰，使程序员只需关注业务逻辑的实现。

（2）丰富的标签库，提高了开发的效率。

（3）提供丰富的拦截器实现。

（4）通过配置文件，就可以掌握整个系统各个部分之间的关系。

（5）异常处理机制，只需在配置文件中配置异常的映射，即可对异常做相应的处理。

（6）Struts 2 的可扩展性高。如果用户自己开发了插件，只要很简单地配置，就可以和 Struts 2 框架融合，实现框架对插件的可插拔的特性。

（7）面向切面编程（Aspect Oriented Programming，AOP）的思想在 Struts 2 中也有了很好的体现。这种在运行时，动态地将代码切入到类的指定方法、指定位置上的编程思想，就是面向切面的编程。

AOP 针对业务处理过程中的切面进行提取，它所面对的是处理过程中的某个步骤或阶段，从而把逻辑代码和处理琐碎事务的代码分离开，以便能够分离复杂度。这样一来，可让程序员在特定时间，只用思考代码逻辑或者琐碎事务。

我们知道，框架可以大大提高我们的开发效率。但因为框架是一种主动式的设计，所以我们使用框架时，必须遵守框架制定好的开发流程。Struts 2 是遵循 MVC 设计理念的开源 Web 框架，下面我们来介绍一下 MVC 的基本概念。

22.2.2 MVC 的基本概念

MVC 是 3 个单词的缩写，分别对应模型（Model）、视图（View）和控制器（Controller）。MVC 模式的目的就是实现 Web 系统的高效职能分工，如下图所示。

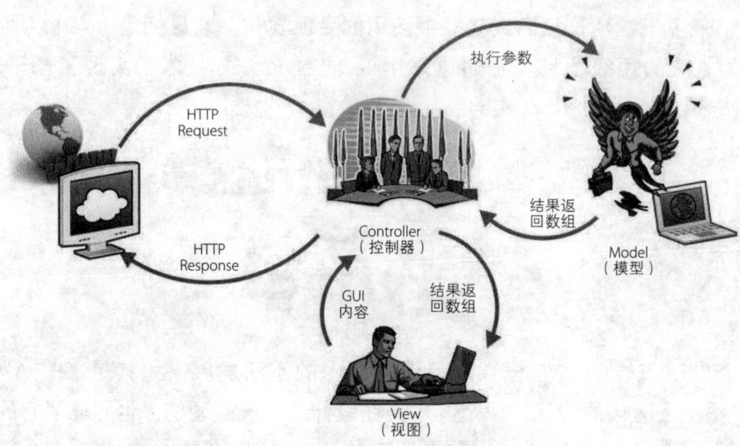

模型：负责封装应用的状态，并实现应用的功能。通常又分为数据模型和业务逻辑模型，数据模型用来存放业务数据，比如订单信息、用户信息等；而业务逻辑模型包含应用的业务操作，比如订单的添加或者修改等。

视图：用来将模型的内容展现给用户，用户可以通过视图来请求模型进行更新。视图从模型获得要展示的数据，然后用自己的方式展现给用户，相当于提供界面来与用户进行人机交互；用户在界面上操作或者填写完成后，会单击提交按钮或是以其他触发事件的方式，来向控制器发出请求。

控制器：用来控制应用程序的流程和处理视图所发出的请求。当控制器接收到用户的请求后，会将用户的数据和模型的更新相映射，也就是调用模型来实现用户请求的功能；然后控制器会选择用于响应的视图，把模型更新后的数据展示给用户。

Model 层实现系统中的业务逻辑，通常可以用 JavaBean 或 EJB 来实现。

View 层用于与用户的交互，通常用 JSP 来实现。

Controller 层是 Model 与 View 之间沟通的桥梁，它可以分派用户的请求并选择恰当的视图以用于显示，同时它也可以解释用户的输入并将它们映射为模型层可执行的操作。

22.2.3 Struts 2 的工作原理

具体来说，Struts 2 框架处理一个用户请求大致可分为如下几个步骤，如下图所示（在图中没有底色的部分，是由开发者自定义的文件）。

（1）用户发出一个 HttpServletRequest 请求。

（2）这个请求经过一系列的过滤器链（Filter）来传送。如果 Struts 2 与 Site Mesh 插件（一个网页布局和修饰的框架）及其他框架进行了集成，则请求首先要经过可选的 ActionContextCleanUp 过滤器。

（3）调用过滤分配器（FilterDispatcher）。FilterDispatcher 是控制器的核心，它通过询问 ActionMapper 来确定该请求是否需要调用某个 Action 对象。如果需要调用某个 Action，则 FilterDispatcher 就把请求转交给动作代理（ActionProxy）来处理。

（4）ActionProxy 通过配置管理器（Configuration Manager）询问框架的配置文件 struts.xml，从而找到需

要调用的 Action 对象。

（5）ActionProxy 创建一个 ActionInvocation 的实例，该实例使用命名模式来调用。在 Action 执行的前后，ActionInvocation 实例根据配置文件加载与 Action 相关的所有拦截器。拦截器和过滤器的原理相似，但两次的执行顺序是相反的。

（6）当 Action 处理请求后，将返回响应的结果视图（如 JSP、FreeMarker 等），在这些视图中可以使用 Struts 标签来显示数据，并对数据逻辑进行控制，最后 HTTP 返回响应给浏览器，在回应的过滤中，同样经过过滤器链。

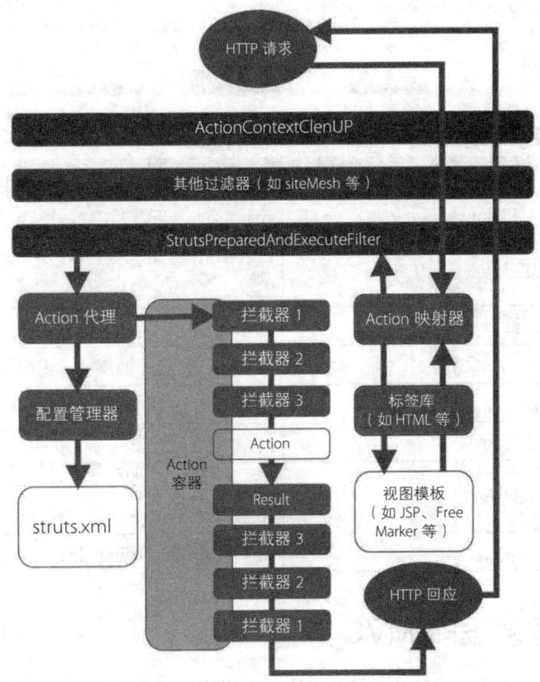

在 Struts 2 框架中，过滤器 StrutsPrepareAndExecuteFilter 至关重要，它是 Web 应用与 Struts 2 API 之间的入口，它在 Struts 2 应用中起到非常巨大的作用。

22.2.4 下载 Struts 2 类库

本书采用的 Struts 2 开发包的版本是 Struts 2.3.31，读者可以自行下载，如下图所示。需要说明的是，不同的版本，网址稍有不同，将后面的版本号变更一下即可，还有就是不要盲目追求“最新”版本，因为经验告诉我们，最新的版本可能和其他配套的软件（如 Eclipse）配合得并不是那么“融洽”，从而导致配置失败。

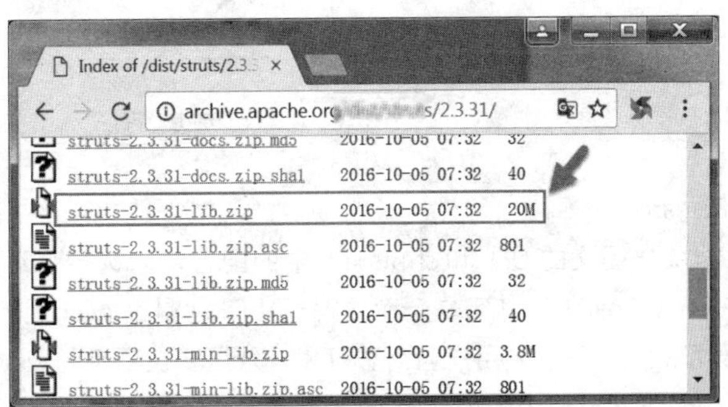

单击 stmts-2.3.11-lib.zip 下载。下载成功后，将压缩包解压到自定义的文件夹下。解压后文件夹下的所有 jar 包就是开发 Struts 项目所必需的。我们现在把所有 jar 包添加到项目的 CLASSPATH 路径下。通常情况下，这些 jar 包并不是都需要添加到工程中，而是按需所取。

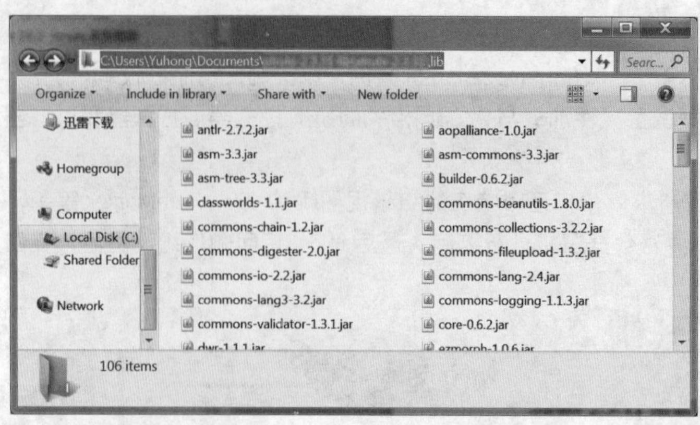

Struts 2.3.11 所依赖的主要 jar 包介绍如下表所示。

jar 包名称	作用说明
struts2-core-2.3.31.jar	struts 2 的核心类库
freemarker-2.3.23.jar	FreeMarker 是一个模板引擎，一个基于模板生成文本输出的通用工具
ognl-3.1.12.jar	ognl 表达式类库
commons-fileupload-1.3.2.jar	文件上传支持类库，2.1.6 版本后必须添加该类包
commons-logging-1.1.3.jar	Jakarta 的通用日志记录类库
commons-io-2.4.jar	处理 I/O 操作的工具类包
xwork-core-2.3.31.jar	xwork-core 的核心库，struts 2 构建的重要基础（注意：在 struts 2.5 以后的版本中，这个库合并到 struts2-core 库中）
javassist-3.11.0.GA.jar	分析、编辑和创建 Java 字节码的类库

22.2.5 从 Struts 2 的角度理解 MVC

从前面的介绍我们知道，Struts 2 是一种基于 MVC 的 Web 应用框架，下面我们看看 Struts 2 类库和 MVC 的对应关系，其中一些名词所代表的具体功能，比如前端控制器（FilterDispatcher）、动作（Action）、结果（Result）等。

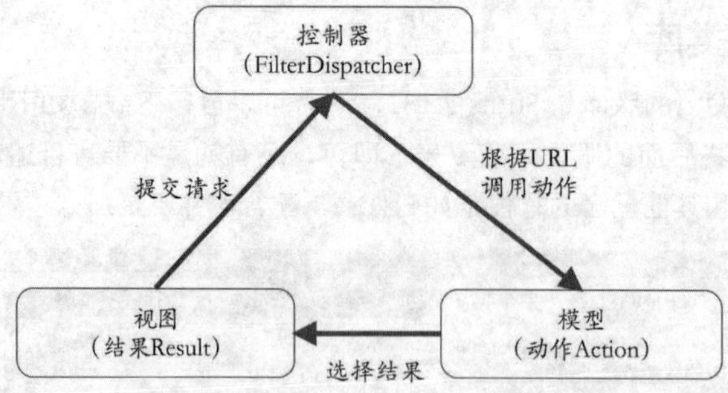

（1）控制器——FilterDispatcher

FilterDispatcher 负责根据用户提交的 URL 和 struts.xml 中的配置，来选择合适的动作（Action），让这个 Action 来处理用户的请求。FilterDispatcher 其实是一个过滤器（Filter 是 Servlet 规范中的一种 Web 组件），它是 Struts 2 核心包里已经开发好的类，不需要用户自行去开发，只是要在项目的 web.xml 中配置一下即可使用。FilterDispatcher 体现了 J2EE 核心设计模式中的前端控制器模式。

（2）动作——Action

在经过 FilterDispatcher 之后，用户请求被分发到了不同的动作 Action 对象。Action 负责把用户请求中的参数组装成合适的数据模型，并调用相应的业务逻辑进行真正的功能处理，获取下一个视图展示所需要的数据。相比于其他 Web 框架的动作处理，Struts 2 中的 Action 更加彻底地实现了与 Servlet API 的解耦，使得 Action 里面不需要再直接去引用和使用 HttpServletRequest 与 HttpServletResponse 等接口。因而使得 Action 的单元测试更加简便，而且强大的类型转换也使得开发者少做了很多重复的工作。

（3）视图——Result

视图结果用来把 Action 中获取到的数据展现给用户。在 Struts 2 中有多种结果展示方式，例如，常规的 JSP，模板 Freemarker、Velocity，还有各种其他专业的展示方式，如图表 JFreeChart、报表 JasperReports、将 XML 转化为 HTML 的 XSLT 等。而且各种视图结果在同一个工程里面可以混合出现。

通过上面的介绍，相信读者大致了解到 Struts 2 的运行机理，接下来，我们通过一个简单的案例来说明如何使用 Struts 2。

22.2.6 第 1 个 Struts 2 实例

在前面几小节中，我们介绍 Struts 2 的基础理论知识和开发工具的准备，在本节将演示 Struts 2 实例开发的全过程，让读者有一个更感性的认识。

我们当前的目标是，构建一个简单的用户密码验证功能，如果验证正确，则显示欢迎界面（显示：“登录成功！ <用户账户名>”）。如果验证失败，则显示失败界面（显示：“登录失败！ <用户账户名>”）。麻雀虽小，五脏俱全，通过这个简单的界面，我们将讲解 Struts 2 中的 MVC 思想。

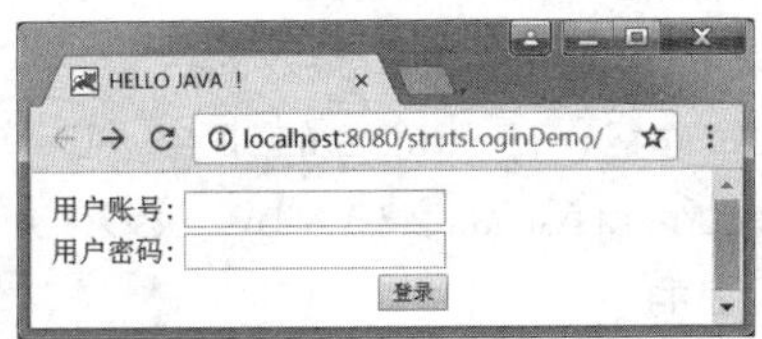

为了达到上述目标，我们需要完成如下 4 个步骤。

① 创建一个类来存储欢迎、错误等信息（模型，Model）。

② 创建 3 个服务器页面（index.jsp、success.jsp 和 error.jsp）来显示欢迎或错误等信息（视图，Views）。

③ 创建一个 Action（行为）类（LoginAction.java），来控制用户、模型和视图的交互（控制，Controller）。

④ 创建一个映射（如 struts.xml、web.xml），来实现 Action 类和视图之间的对应关系。

下面我们一步一步来完成这些工作（我们假设读者已经安装了 Tomcat 服务器，如果还没有熟悉这部分知识，可以参阅第 17 章的内容）。

01 前期准备 -1：创建 Struts 工程 StrutsDemo

首先，创建一个工程 StrutsDemo。打开 Eclipse，依次单击 Eclipse 菜单中的“File → New ”选项，然后在弹出的选项菜单中单击选中“Dynamic Web Project”，单击“Next”按钮，如下图所示。

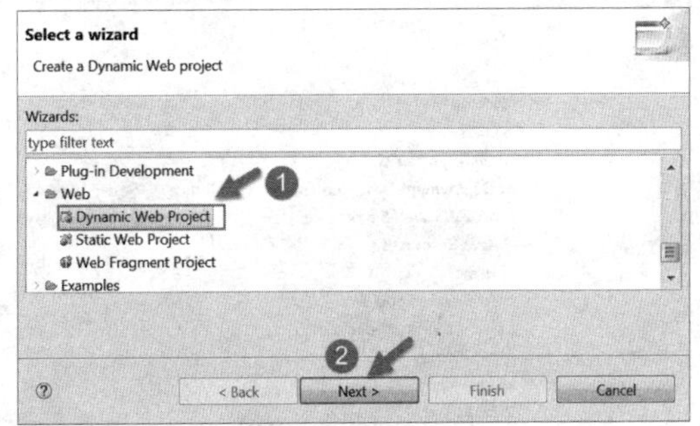

然后，弹出“New Dynamic Web Project ”对话框，在 Project name 文本框输入“strutsLoginDemo”，单击“Next”按钮接受所有默认设置，直到出现“Generate web.xml deployment descriptor”选项，选中它，并单击“Finish”按钮，如下图所示。

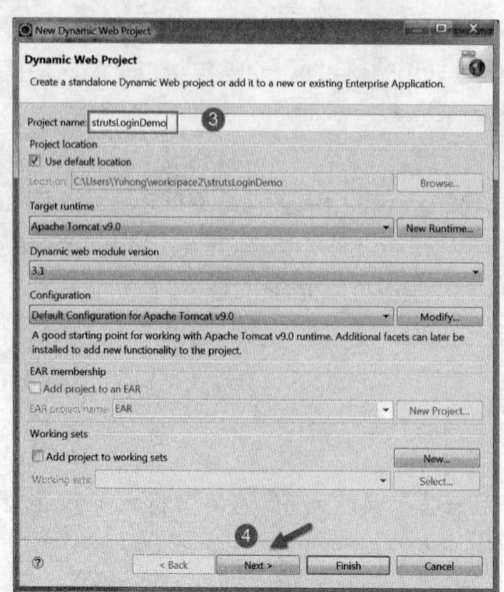

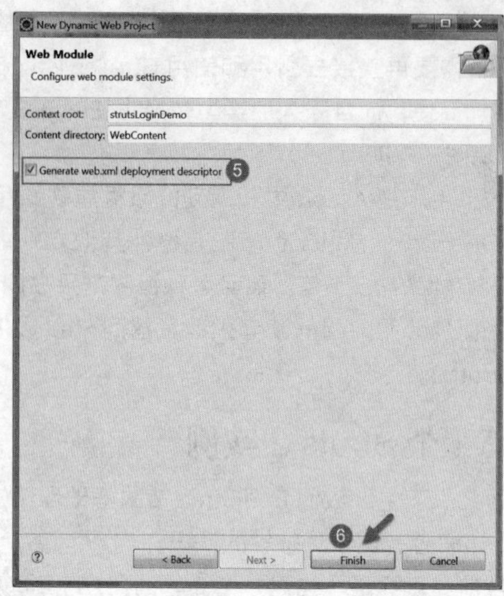

因为 Struts 的入口点是 ActionServlet，所以我们需要创建一个 web.xml 来配置这个 Servlet。

02 前期准备 -2：在 Eclipse 中部署 Struts 开发包

接下来，我们在 Eclipse 中部署 Struts 开发包，其步骤如下。

在前面小节中，我们下载了 Struts 库包，在 Struts 2 的 lib 中，选择性地将如下 jar 包复制到当前工程的 lib 路径下（本书为 C:\Users\Yuhong\Documents\struts-2.3.31-lib\struts-2.3.31\lib）即可（这里列出了常用的 jar 包，事实上，在本范例中有些 jar 包是用不上的）。

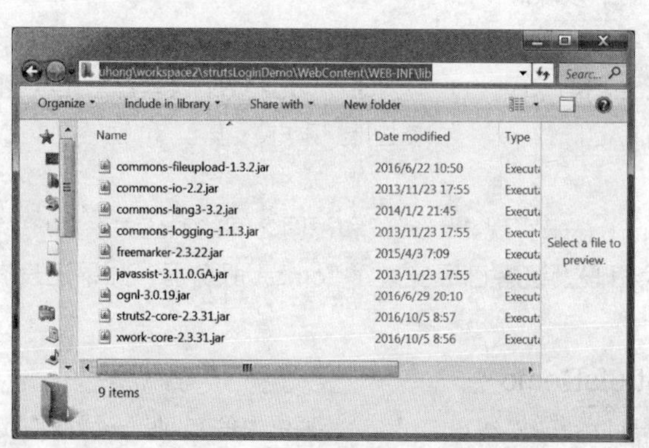

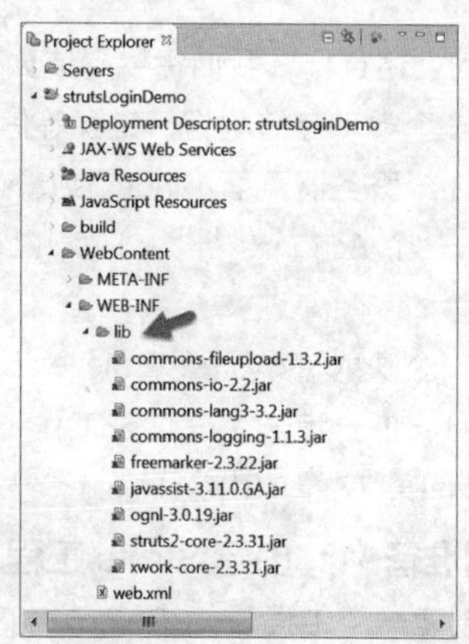

然后在 Eclipse 中，展开“WebContent\WEB-INF\lib”，就可以看到这些库包，如果没有出现，则可以按“F5”键刷新。

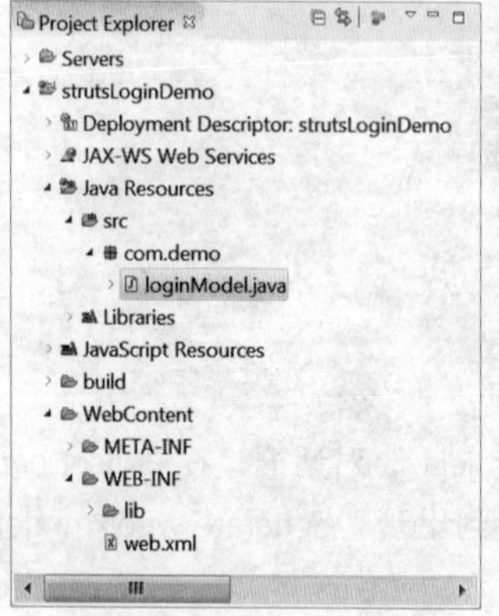

03 创建模型类

首先我们创建一个包（名为 com.demo），然后创建一个名为 loginModel 的类，如下图所示。在这个简易的模型中，把信息的存取分为两类：成功返回和错误返回，分别给出了相应的 getter 方法和 setter 方法。

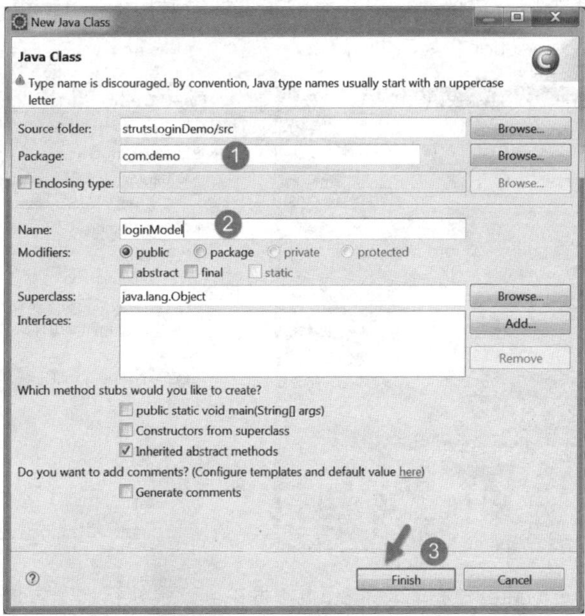

范例 22-1　模型类（loginModel.java）

```
public class loginModel {
    private String msgSuccess;
    private String msgError;

    public loginModel(String success, String error){
        this.msgSuccess = success;
        this.msgError = error;
    }
    public String getSuccessMessage() {
        return msgSuccess;
    }
    public void setSuccessMessage(String message) {
        this.msgSuccess = message;
    }
    public String getErrorMessage() {
        return msgError;
    }
    public void setErrorMessage(String message) {
        this.msgError = message;
    }
}
```

04 创建行为（Action）类

Struts 2 框架中的 Action 是一个 POJO（Plain Ordinary Java Object）。POJO 就是简单的 Java 对象，它是为避免和 EJB（Java EE 服务器端组件模型）混淆所创造的简称。POJO 直接使用 Action 来封装 HTTP 请求参数，因此 Action 类应该包含与请求相对应的属性，并为该属性提供对应的 setter 和 getter 方法。我们在包 com.demo 里创建一个 Action 类 loginAction，如下图所示。

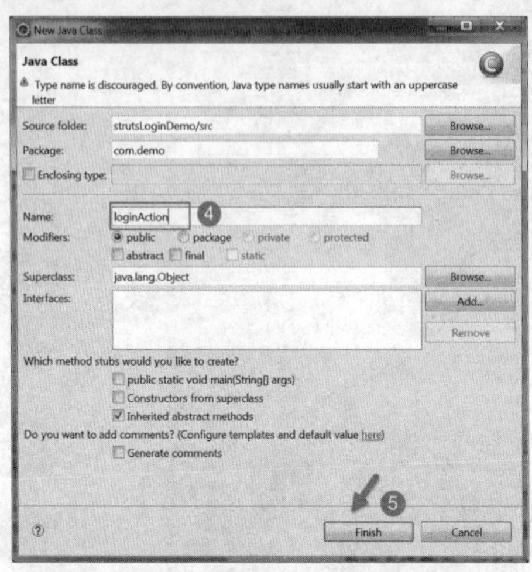

在 Action 类里增加一个 execute 方法，因为 Struts 2 框架默认会执行这个方法。这个方法本身并不做业务逻辑处理，而是调用其他业务逻辑组件完成这部分工作。Struts 2 中的 Action 的 execute 方法不依赖于 servlet API，改善了 Struts1 中耦合过于紧密，极大方便了单元测试。Struts 2 的 Action 无须用 ActionForm 封装请求参数。

范例 22-2　Action类文件（loginAction.java）

```
package com.demo;
import com.opensymphony.xwork2.ActionSupport;

public class loginAction extends ActionSupport
{
  private static final long serialVersionUID = 1L;
  private String userName;  // action 属性
  private String password;  // action 属性
  private loginModel loginMsg;  // action 属性

  public String execute() throws Exception {
    loginMsg = new loginModel(" 登录成功！ "," 登录失败！ ");
    if (userName.equals("HAUT") && password.equals("123456")) {
      return "success"; // 如果账号密码正确，跳到 success.jsp 页面
    } else {
      return "error";  // 如果账号密码不正确，跳到 error.jsp 页面
    }
  }
  public String getUserName() {  // getter 方法
    return userName;
  }
  public void setUserName(String userName) {   // setter 方法
```

```
23         this.userName = userName;
24     }
25     public String getPassword() {   // getter 方法
26         return password;
27     }
28     public void setPassword(String password) {    // setter 方法
29         this.password = password;
30     }
31     public loginModel getLoginMsg() {   // getter 方法
32         return loginMsg;
33     }
34     public void setLoginMsg(loginModel loginMsg) {    // setter 方法
35         this.loginMsg = loginMsg;
36     }
37 }
```

代码详解

Action 类返回一个标准的字符串，该字符串是一个逻辑视图名，该视图名对应实际的物理视图。Struts 2.x 的动作类是从 com.opensymphony.xwork2.ActionSupport 类继承而来，从上面的代码可以看出，动作类一个典型的特征，就是要覆盖 execute( ) 方法（第 11~18 行），该方法返回一个字符串，不同的字符串，代表不同的结果，拦截这样的字符串，就可以执行不同动作。

在本例中，提供用户名、密码和登录提示对象等 3 个属性。

如果用户密码正确，返回字符串“success”，否则返回“error”。返回不同的字符串，我们要找对应 URL（网页视图）来处理，这里就需要 struts.xml 来做对应的配对映射（下文即将介绍）。

代码第 09 行，把模型 loginModel 引入到 Action 类中，在第 12 行，实例化 loginModel 类对象 loginMsg。

第 19~37 行，对第 07~09 行所示的 3 个 action 属性，分别实现其 getter() 和 setter() 方法。这是为后面读取或设置在 JSP 视图页面的 Action 值栈中的属性服务的。

05 创建视图

下面要创建视图部分。在项目浏览器的“WebContent”文件下选择“New → JSP File”，分别创建前端页面 index.jsp、success.jsp 和 error.jsp。

在下图所示的“strutsLoginDemo”下的“WebContent”节点中创建文件“index.jsp”，如下图所示。

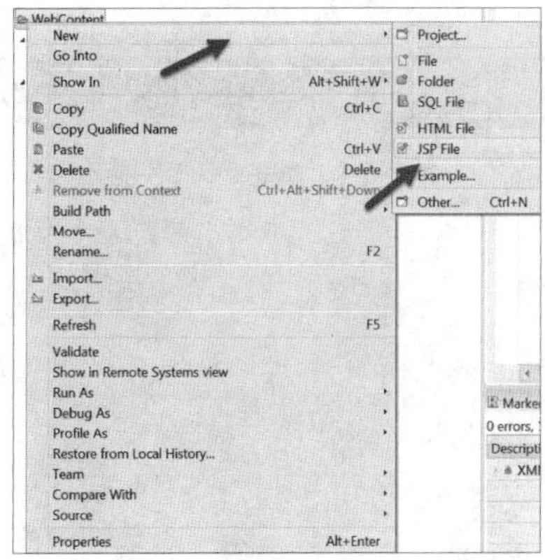

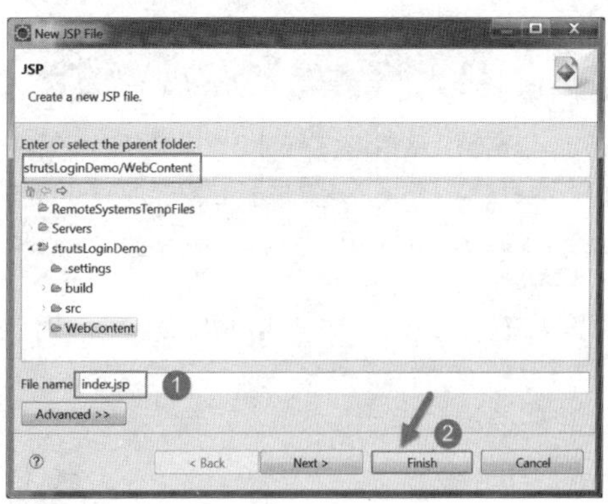

类似的流程，在“WebContent”节点中创建“success.jsp”和“error.jsp”，如下图所示（需要注意的是，这 3 个 .jsp 文件是在“WebContent”文件下，而不是在“WEB-INF”文件下）。

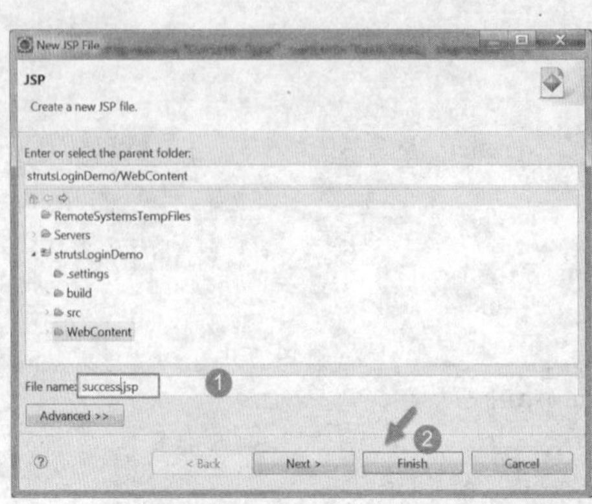

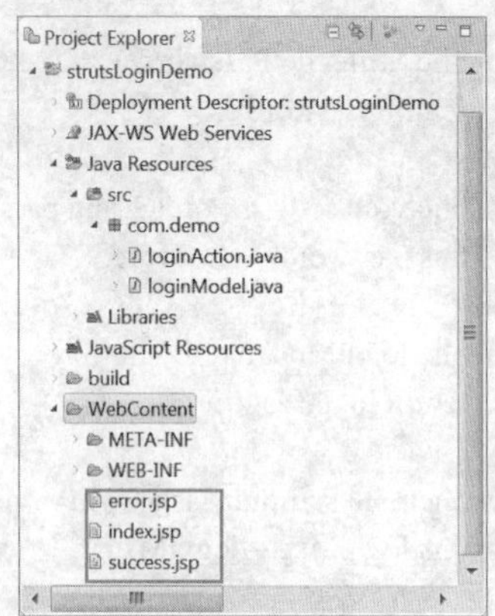

下面分别改写这 3 个视图文件的代码。

范例 22-3 视图文件（index.jsp）

```
01 <%@ page language="java" contentType="text/html; charset=UTF-8"
02    pageEncoding="UTF-8"%>
03    <%@taglib prefix="s" uri="/struts-tags"%>
04 <!DOCTYPE html PUBLIC "-//W3C//DTD HTML 4.01 Transitional//EN" "http://www.w3.org/TR/html4/loose.dtd">
05 <html>
06 <head>
07 <meta http-equiv="Content-Type" content="text/html; charset=UTF-8">
08 <title>Struts Demo！ </title>
09 </head>
10 <body>
11    <s:form action="login">
12    <s:textfield name="userName" label=" 用户账号 "></s:textfield>
13    <s:textfield name="password" label=" 用户密码 "></s:textfield>
14    <s:submit value=" 登录 "></s:submit>
15    </s:form>
16 </body>
17 </html>
```

代码详解

第 03 行非常重要，引入 struts 2 的标签库，在 Struts 2 中，只有一个标签库 s。这个语句表示从地址 /struts-tags 下面寻找标签库 s。后面凡是想读取 Action 值栈中的属性，都需要加上这一句。

第 11~15 行，在 index.jsp 页面中显示 2 个用于输入“用户账号”“用户密码”的文本框和 1 个用于单击“登录”的提交按钮。

其中第 11 行的 action 名称非常重要，它的名称必须和 struts.xml 中的设置保持一致。

在 success.jsp 中输入以下代码。

范例 22-4 页面视图（success.jsp）

```
01 <%@ page language="java" contentType="text/html; charset=UTF-8"
02     pageEncoding="UTF-8"%>
03 <%@ taglib prefix="s" uri="/struts-tags" %>
04 <!DOCTYPE html PUBLIC "-//W3C//DTD HTML 4.01 Transitional//EN" "http://www.w3.org/TR/html4/loose.dtd">
05 <html>
06 <head>
07 <meta http-equiv="Content-Type" content="text/html; charset=UTF-8">
08 <title> 登录成功 </title>
09 </head>
10 <body>
11 <h2><s:property value="loginMsg.getSuccessMessage()"/> 欢迎 <s:property value="userName"/></h2>
12 </body>
13 </html>
```

代码详解

在这个 JSP 文件中，只有第 03 行和第 11 行代码是需要我们自己添加的。第 03 行的作用前面已经介绍，这里不再赘言。

下面我们重点解释第 11 行的含义。在前面我们介绍了，运行本程序，需要导入 ognl-x.y.z.jar，在这个 jar 中，在 ognl 中表示是“Object Graph Navigation Language”（对象图导航语言），这种表达式能协助我们访问 Action 值栈值（其前提是，要有这些属性值的 getter 或 setter 方法）。常见格式如下。

- 访问 Action 值栈中的普通属性。

<s:property value="attrName"/>

- 访问值栈中对象属性的方法。

<s:property value="obj.methodName()"/>

第 11 行，loginMsg 和 userName 都是 Action 类 loginAction 的属性。其中 loginMsg 是对象，要获取对象中的属性值，需要调用其对应的方法。

在 error.jsp 中输入以下代码。

范例 22-5 页面视图（error.jsp）

```
01 <%@ page language="java" contentType="text/html; charset=UTF-8"
02     pageEncoding="UTF-8"%>
03 <%@ taglib prefix="s" uri="/struts-tags" %>
04 <!DOCTYPE html PUBLIC "-//W3C//DTD HTML 4.01 Transitional//EN" "http://www.w3.org/TR/html4/loose.dtd">
05 <html>
06 <head>
07 <meta http-equiv="Content-Type" content="text/html; charset=UTF-8">
08 <title> 登录失败 </title>
09 </head>
10 <body>
11     <h2><s:property value="loginMsg.getErrorMessage()"/></h2>
12 </body>
13 </html>
```

代码详解

类似于 success.jsp，只有第 03 行和第 11 行代码是需要我们自己添加的。其含义都是类似的，这里不再赘述。

06 编写工程配置文件

（1）web.xml

任何 MVC 框架都需要与 Web 应用整合，这就不得不借助于 web.xml 文件，只有配置在 web.xml 文件中 Servlet 才会被应用加载。因为在前面，我们已经让系统自动创建这个文件，所以在 StrutsDemo 工程下的 WEB-INF 节点，我们能找到这个 web.xml。如果没有提前创建，也可以选中 StrutsDemo 工程下的 WEB-INF 节点，新建该文件。

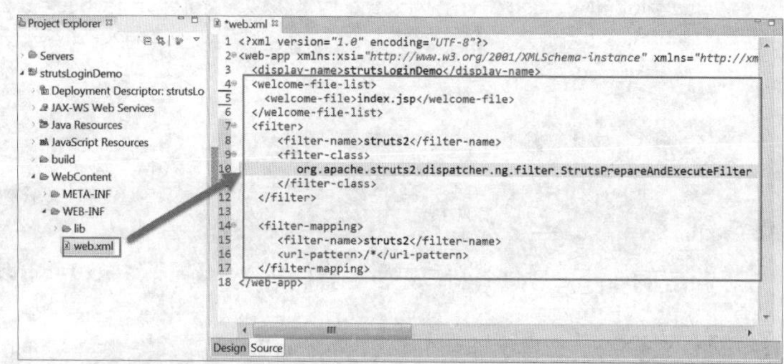

打开 web.xml，在 Source 区域的 <web-app> 和 </web-app> 区域增加如下具体核心的配置信息。

范例 22-6 配置文件（web.xml）

```
01 <welcome-file-list>
02   <welcome-file>index.jsp</welcome-file>
03 </welcome-file-list>
04 <filter>
05     <filter-name>struts2</filter-name>
06     <filter-class>
07         org.apache.struts2.dispatcher.ng.filter.StrutsPrepareAndExecuteFilter
08     </filter-class>
09   </filter>
10
11   <filter-mapping>
12     <filter-name>struts2</filter-name>
13     <url-pattern>/*</url-pattern>
14   </filter-mapping>
```

代码详解

第 01~03 行，指定了默认的欢迎页面 index.jsp。

第 04~09 行，定义了过滤器的信息，其中有两个子项，filter-name 给出了过滤器的名称为 struts2（05 行），第 03 行给出了过滤器类 filter-class 为：org.apache.struts2.dispatcher.ng.filter.StrutsPrepareAndExecuteFilter，这是 Struts 2 推荐使用的过滤器类。

第 11~14 行，定义了 Struts 2 的过滤器映射，其中子项 filter-name 给出了过滤器拦截的名称（这个要与 02 行的名称保持一致），子项 url-pattern 给出了过滤器拦截 URL 的模式，这里给出的值是“/*”，这是一个通配符，表明该过滤器拦截所有的 HTTP 请求。

（2）编写 struts.xml

编写 struts.xml 是为了和 Action 类相匹配，这个文件是基于 Struts 2 框架开发利用率最高的文件之一。在 Web 项目的源代码“src”文件夹下创建“struts.xml”文件，如下图所示。

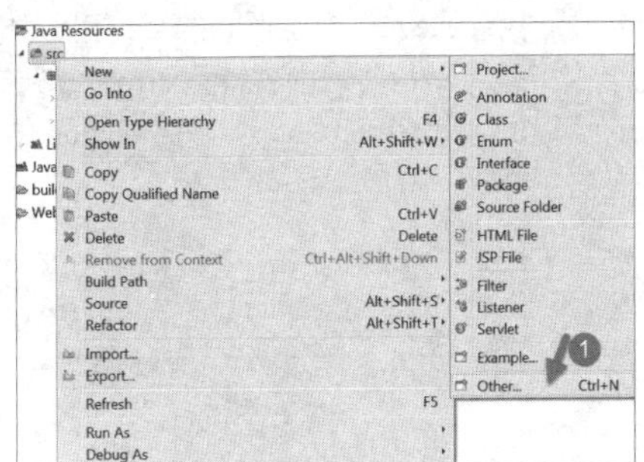

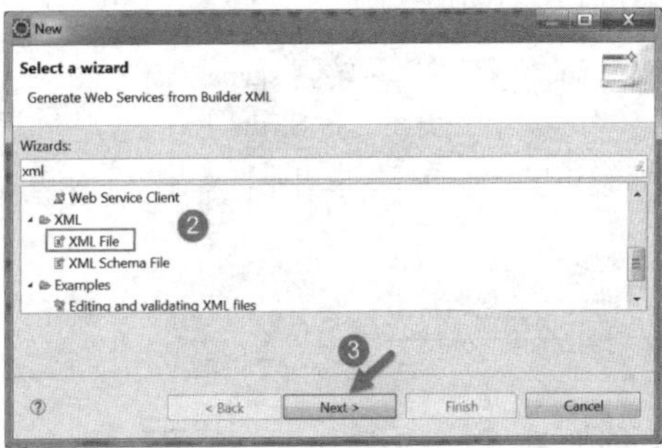

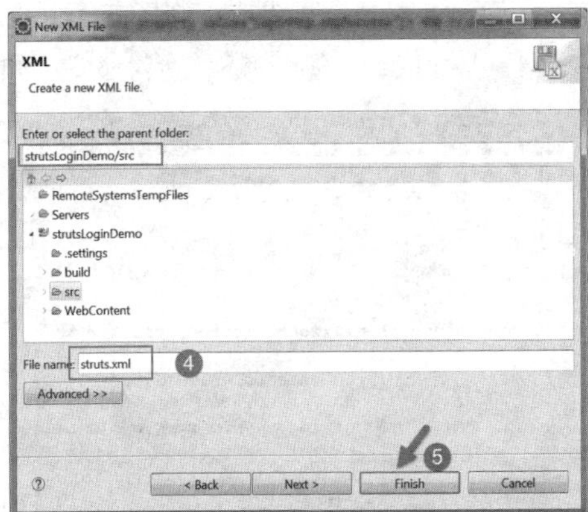

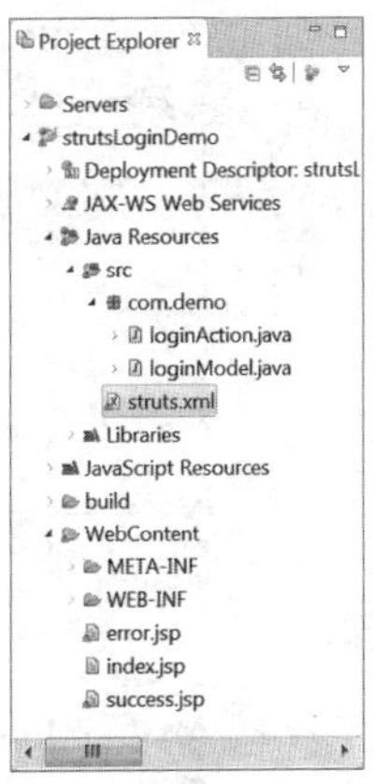

打开“struts.xml”文件，输入如下代码。

范例 22-7　配置文件（struts.xml）

```
<?xml version="1.0" encoding="UTF-8" ?>
<!DOCTYPE struts PUBLIC
    "-//Apache Software Foundation//DTD Struts Configuration 2.5//EN"
    "http://struts.apache.org/dtds/struts-2.5.dtd">
<struts>
    <package name="default" namespace="/" extends="struts-default">
        <action name="login" class="com.demo.loginAction">
            <result name="success">/success.jsp</result>
            <result name="error">/error.jsp</result>
        </action>
    </package>
</struts>
```

代码详解

第 05~12 行，属于 <struts> 的配置区，在这个标签下，有不同的子元素或子标签。其中，子标签 < package> 是声明一个包（package），这里 package 名称是 default，当然也可以是自定义的名称，并通过 extends 属性，指定此包继承于 struts-default 包（第 06 行）。

第 07~10 行，子标签 <action> 定义了动作对象，其中 name 属性定义了动作名称，class 属性定义了动作类名。需要特别注意的是，action 的名称（第 07 行）要和视图（index.jsp）文件中的 action 名称保持一致（范例 22-3 第 11 行），只有这样，Action 类才能和视图部分关联起来。

还有一个地方需要注意的就是，第 07 行的 class 名称，就是 Action 类文件（即 loginAction.java）生成的类，其中前面 com.demo 表示包的名称，不同的包名，不同的类名，在这个地方的名称，要做相应的调整。

第 08 行，< result> 标签的 name，实际上就是 loginAction 类中的 execute 方法返回的字符串，如果字符串返回的是“success”，则跳转到 success.jsp；如果返回的字符串是“error”，则跳转到 error.jsp。

最后，需要读者注意的是，Struts 1.x 动作一般是以 .do 结尾的，而 Structs 2.x 都是以 .action 结尾。事实上，此后缀名也并非绝对，也可以通过相应的设置自由更改。

22.2.7 运行测试 StrutsDemo 工程

在前面这几节中，创建好了 StmtsDemo 工程，下面来测试是否成功。选择工程中的“strutsLoginDemo”节点，单击鼠标右键，在弹出的快捷菜单中依次选择“Run As → Run on Server”命令，如下图所示。

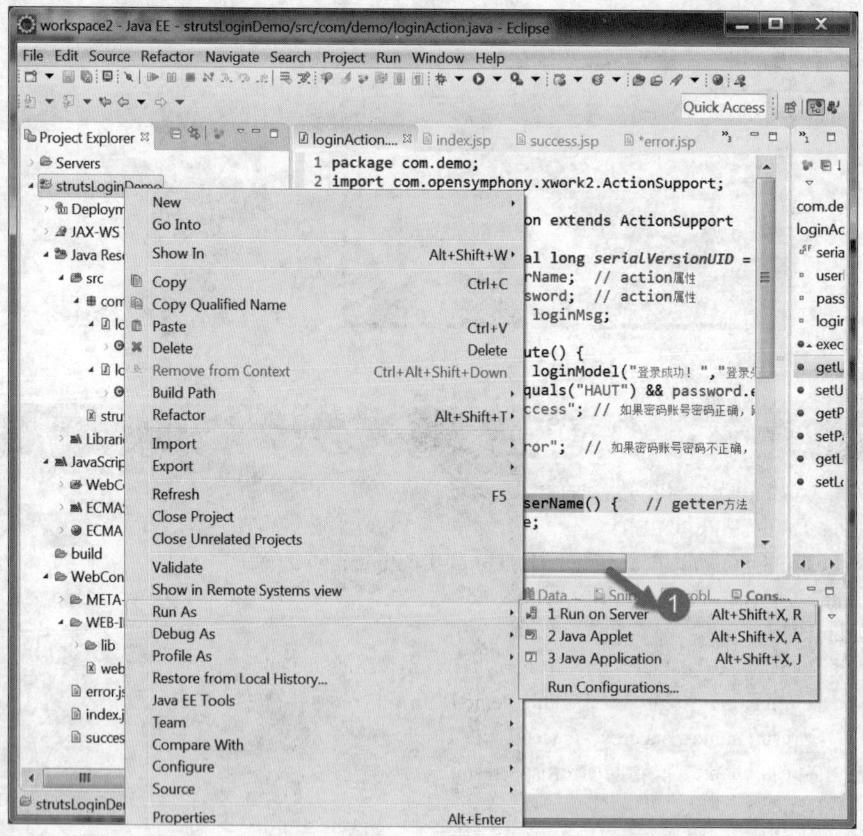

打开“Run on Server”对话框，最后单击“Finish”按钮，如下图所示。

运行结果如下图所示（❶表示初始界面，❷表示输入正确的账号密码，❸表示登录成功界面，❹表示在❷输入错误后的界面）。

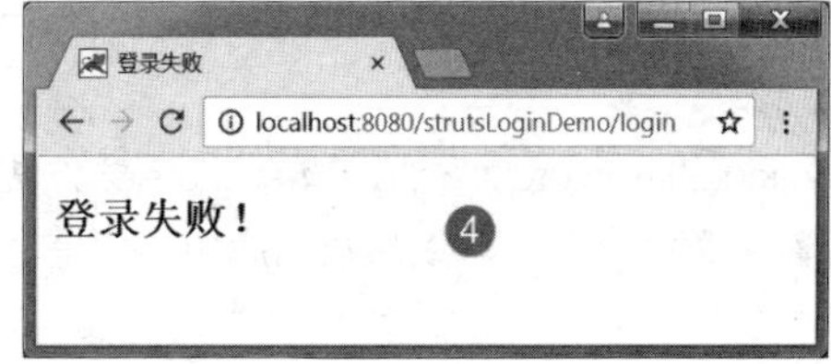

22.2.8 小结

本节介绍了 Struts 2 框架的基础知识，通过 MVC 思想，Web 服务器的应用，以及 Struts 2 项目开发的一个实践，让读者对 Struts 2 有了一个初步的了解。学习本章，读者应该重点理解 MVC 思想的基本概念，Tomcat 服务器的应用，Struts 2 项目开发的基本流程。下面对本章的一些重点知识进行回顾。

（1）在前面小节中导入了开发 Struts 项目所需的 jar 包，这些包都是开发所必需的。

注意，这些包只是开发所需要的一部分，Struts 2 提供了更多的功能在其他的一些包里面，读者可以根据需要查阅资料学习。

（2）在 strutsLoginDemo 工程中，用户单击 index.jsp 链接，发送 HTTP 请求，服务器端接收到 HTTP 请求后，调用 web.xml 文件中配置的过滤器的具体方法，通过一系列的内部处理机制，它判断出这个 HTTP 请求和 loginAction 类所对应的 Action 对象相匹配，最后调用 loginAction 对象中的 execute() 方法，处理后返回相应的值“success”或“error”，然后 Struts 2 通过这个值可找到对应的页面，即 success.jsp 或 error.jsp，最后返回给浏览器。

（3）在 Struts 框架中，web.xml、struts.xml 这些文件都是存放 Struts 2 开发的配置信息的配置文件。

在 web.xml 文件中，配置了 Struts 2 的核心 Filter 及进入 Web 页面后的首页 index.jsp。

在 strats.xml 文件中，配置了 Action 和对应请求之间的对应关系。

（4）关于 index.jsp、success.jsp 和 error.jsp 属于视图层（View），二者利用 Struts 2 的标签库来表示信息。

（5）在 loginAction .java 文件中给出了类 loginAction，在视图 index.jsp 中所有访问名为 login 的 action，都将会把信息转到这个类 loginAction 来处理。Struts 2 的 Action 类通常都继承 ActionSupport 基类。

（6）MVC 是现在软件开发的一个主流思想，Struts 2 框架的架构就是 MVC 思想的实现。MVC 思想将软件开发的繁冗复杂变得更为简洁，各层之间各司其职，耦合度低，极大地简化了程序员的工作，也对软件的可维护性起到了极大的简化作用。

22.3 高手点拨

1. 对 MVC 的理解

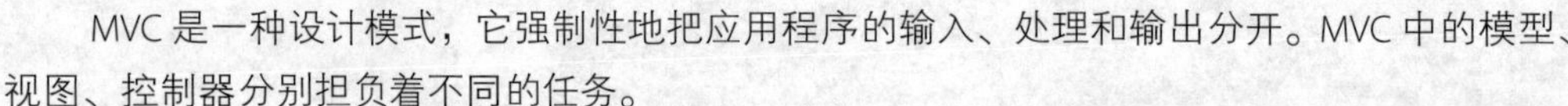

MVC 是一种设计模式，它强制性地把应用程序的输入、处理和输出分开。MVC 中的模型、视图、控制器分别担负着不同的任务。

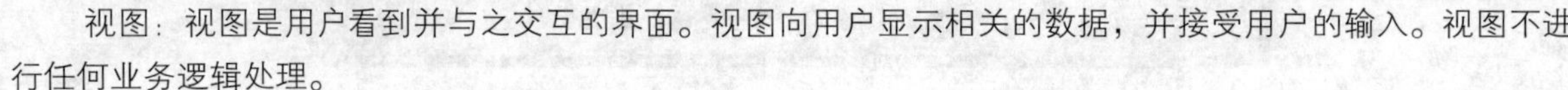

视图：视图是用户看到并与之交互的界面。视图向用户显示相关的数据，并接受用户的输入。视图不进行任何业务逻辑处理。

模型：模型表示业务数据和业务处理。相当于 JavaBean。一个模型能为多个视图提供数据。这提高了应用程序的重用性。

控制器：当用户单击 Web 页面中的提交按钮时，控制器接受请求并调用相应的模型去处理请求。然后根据处理的结果调用相应的视图来显示处理的结果。

MVC 的处理过程：首先控制器接受用户的请求，调用相应的模型来进行业务处理，并返回数据给控制器。控制器调用相应的视图来显示处理的结果，并通过视图呈现给用户。

2. Struts 2 框架的大致处理流程

浏览器发送请求，例如，请求 /mypage.action、/reports/myreport.jsp 等。核心控制器 FilterDispatcher 根据请求决定调用合适的 Action。WebWork 的拦截器链自动对请求应用通用功能，例如，workflow、validation 或文件上传等功能。

回调 Action 的 execute() 方法，该 execute 方法先获取用户请求参数，然后执行某种数据库操作，既可以是将数据保存到数据库，也可以从数据库中检索信息。实际上，因为 Action 只是一个控制器，它会调用业务逻辑组件来处理用户的请求。

Action 的 execute 方法处理结果信息将被输出到浏览器中，可以是 HTML 页面、图像，也可以是 PDF 文档或其他文档。

22.4 实战练习

编写在 JSP 页面输出“HelloWorld”的 Struts 2 的程序，回顾一下使用 Struts 2 的开发流程。

思路：配置好 myStruts2 项目，先编写实现输出的 HelloWorldjsp，接着编写控制器 HelloWorld.java，然后编写 Struts 2 配置文件 struts.xml 和 struts.properties，再编写 myStruts2 项目目录结构 web.xml 文件，最后运行这个示例。

第23章 高效开发的利器——Spring框架

Spring 框架是一个轻量级的容器框架，通过 Spring 更加容易组合对象之间的关系，通过面向接口进行编程，可以低耦合开发，更加容易进行功能扩展。Spring 默认对象的创建为单例的，我们不需要再使用单例的设计模式来开发单体类。本章主要介绍利用 Spring 来实现项目开发中的基本概念和基础知识，讲述利用 Spring 开发的基本配置方法和过程。

本章要点（已掌握的在方框中打钩）

- □ 掌握 Spring 的基础知识
- □ 掌握 Spring 配置的基本方法
- □ 掌握 Spring 开发项目的基本过程和方法

早期，企业级的 Java Web 开发主要依赖于 EJB，EJB 是“Enterprise JavaBeans”的缩写，它是 Java 企业级的服务器端组件模型，其设计目标与核心应用都是部署分布式应用程序。

但 J2EE 和 EJB 的学习曲线较陡，很多技术都无法轻易理解。而且，EJB 要严格实现各种不同类型的接口，类似的或者重复的代码大量存在，同时 EJB 的配置也很复杂和单调。实际上，大多数的 Web 应用，并不需要采用分布式的解决方案，这就使得用 EJB 显得过于臃肿。

这些问题的存在，促使诸如 Spring 这样轻量级框架的诞生。Spring 最大的目的之一，就是使 J2EE 的开发更加容易，它为 JavaBean 提供了一个更好的应用配置框架。其实，可以这样理解所谓的框架，就是把一些比较常用、通用问题的解决方案抽象出来，由一些资深 Java 开发者把它们实现了，并加以标准化和流程化，然后让普通 Java 开发者稍加配置即可使用的解决程序模块。

23.1 Spring 快速上手

Spring 框架是一个企业级开发的轻量级应用框架，因其功能强大且性能卓越，受到众多开发人员的喜爱。Spring 框架具有整合功能，这使其能够与其他框架结合使用，从而为开发人员进行企业级开发提供了一个一站式的解决方案。

23.1.1 Spring 基本知识

Spring 框架创始人 Rod Johnson 在 2002 年编写的《Expert One-to-One J2EE Design and Development》一书中，对 Java EE 正统框架臃肿、低效、脱离现实的种种现状提出了质疑，并积极寻求探索革新之道。以此书为指导思想，Johnson 编写了 Interface21 框架，这是一个从实际需求出发，着眼于轻便、灵巧，易于开发、测试和部署的轻量级开发框架。Spring 框架以 Interface21 框架为基础，经过重新设计，于 2004 年 3 月 24 日发布了 1.0 正式版。

Spring 是一个开源的基于控制反转（Inversion of Control，IoC）和面向切面编程（Aspect Oriented Programming，AOP）技术的容器框架，它的主要目的是简化企业级开发。控制反转就是应用本身不负责依赖对象的创建及维护，依赖对象的创建及维护是由外部容器负责的。这样控制权就由应用转移到了外部容器，控制权的转移就是所谓的反转。依赖注入（Dependency Injection，DI）是指，在运行期间，由外部容器动态地将依赖对象注入到组件中。

23.1.2 Spring 框架模块

Spring 框架是一种分层架构，由 7 个定义良好的模块组成。组成 Spring 框架的每个模块（或组件）都可以单独存在，也可以与其他一个或多个模块联合实现。每个模块的功能简介如下。

（1）Core 模块。Spring Core 模块是 Spring 的核心容器，它实现了 IoC 模式，提供了 Spring 框架的基础功能。此模块中包含的 BeanFactory 类是 Spring 的核心类，负责 JavaBean 的配置与管理。它采用 Factory 模式实现了 IoC，即控制反转。JavaBean 是一种 Java 类，它遵从一定的设计模式，使它们易于与其他开发工具和组件一起使用。

（2）Context 模块。Spring Context 模块继承 BeanFactory 类（或者说 Spring 核心类），并且添加了事件处理、国际化、资源装载、透明装载及数据校验等功能。它还提供了框架式的 Bean 访问方式和很多企业级的功能，如 JNDI 访问、支持 EJB、远程调用、集成模板框架、电子邮件和定时任务调度等。

（3）AOP 模块。Spring 集成了所有 AOP 功能。通过事务管理可以使任意 Spring 管理的对象 AOP 化。Spring 提供了用标准 Java 语言编写的 AOP 框架，它的大部分内容都是基于 AOP 联盟的 API 开发的。

（4）DAO 模块。DAO 是 Data Access Object（数据访问对象）的缩写。DAO 模式的思想是将业务逻辑代码与数据库交互代码分离，降低两者耦合。通过 DAO 模式可以使结构变得更为清晰，代码更为简洁。DAO 模块提供了 JDBC 的抽象层，简化了数据库厂商的异常错误（不再从 SQLException 继承大批代码），大幅减少代码的编写，并且提供了对声明式事务和编程式事务的支持。

（5）ORM 映射模块。Spring ORM 模块提供了对现有 ORM 框架的支持。ORM 是 Object Relation Mapping（对象关系映射）的缩写，这种程序技术用于实现面向对象编程语言里不同类型系统的数据之间的转换。目前，各种流行的 ORM 框架已经做得非常成熟，Spring 没有必要开发新的 ORM 工具，它对 Hibernate 提供了不错的整合功能，同时也支持其他 ORM 工具。

（6）Web 模块。Web 模块建立在 Spring Context 基础之上，它提供了 Servlet 监听器的 Context 和 Web 应用的上下文。对现有的 Web 框架，如 JSF、Tapestry、Struts 等，提供了集成。Struts 是建立在 MVC 模式上的，Struts 在 M、V 和 C 上均有涉及，但它主要是提供一个好的控制器和一套定制的标签库，也就是说它的着力点在 C 和 V 上。

（7）MVC 模块。Spring Web MVC 模块建立在 Spring 核心功能之上，这使它能拥有 Spring 框架的所有特性，能够适应多种多视图、模板技术、国际化和验证服务，实现控制逻辑和业务逻辑的清晰分离。MVC 模式为大型程序的开发及维护提供了巨大便利。

23.1.3 Spring 开发准备

本节将介绍 Spring 框架的开发包的获取及 Spring 框架的配置过程。这些内容是使用 Spring 开发实际项目的前期准备工作，是必不可少的。下面我们下载 Spring 开发包和 commons-logging 包，这两个包是基于 Spring 开发的必不可少的依赖包。

01 下载 Spring 开发包

读者可以通过 Spring 官方网站下载 Spring 开发包，也可直接在搜索引擎搜索进行下载。

本书选择当前应用比较广泛的 spring-framework- 3.2.9，读者直接搜索“spring-framework-3.2.9.RELEASE-dist.zip”即可获得下载链接或下载方法。

下载完成后，再将下载的压缩包解压缩到自定义的文件夹中。

02 下载 commons-logging 包

同 spring 开发包的下载方式类似，读者可以在 Apache 官方网站下载 commons-logging 包，也可以直接搜索进行下载。本书选择的版本是 commons-logging-1.1.1，读者可搜索“ commons-logging-1.1.1-bin.zip”获取相关下载链接或下载方法。

commons-logging 压缩包下载完成后，再将下载的压缩包解压到自定义文件夹中。

23.1.4 Spring 框架配置

在下载完 Spring 框架开发所需要的开发包后，下面来介绍 Spring 框架的配置。

❶ 打开 Spring 开发包，解压到目录下的 libs 文件夹，可以看到 Spring 开发所需的 jar 包，如下图所示。这些包各自对应着 Spring 框架的某一模块，选择所有包，将其复制到自定义文件夹下，此处将其复制到名为 SpringJar 的文件夹下。

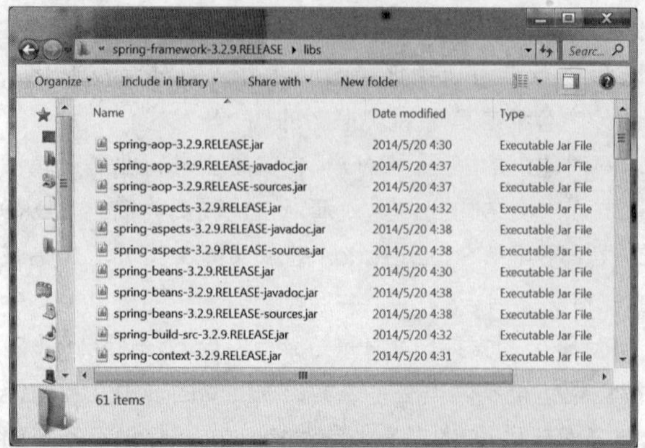

❷ 打开 commons-logging 压缩包解压缩目录，可以看到其所有文件，如下图所示。

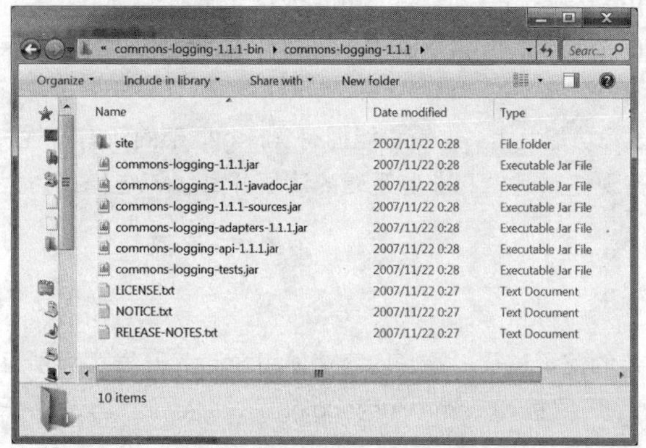

❸ 将 commons-logging-1.1.1 目录下的所有 jar 文件，也复制到 SpringJar 文件夹中，实现两处 jar 的合并，这样 Spring 开发所需要的所有包就组织好了。

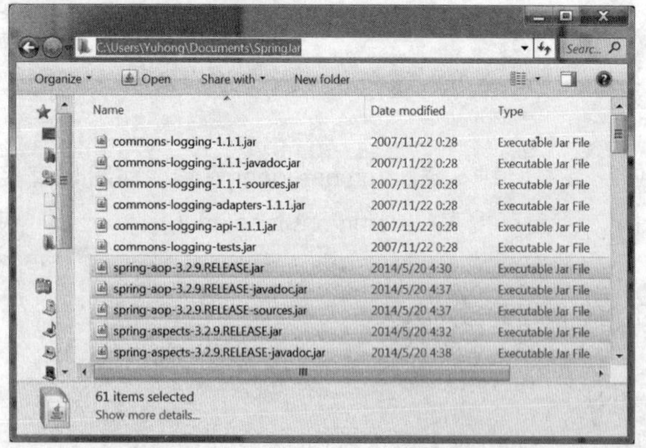

❹ 打开 Eclipse EE，新建一个 Java Project 工程，名为“SpringDemo”，如下图所示。

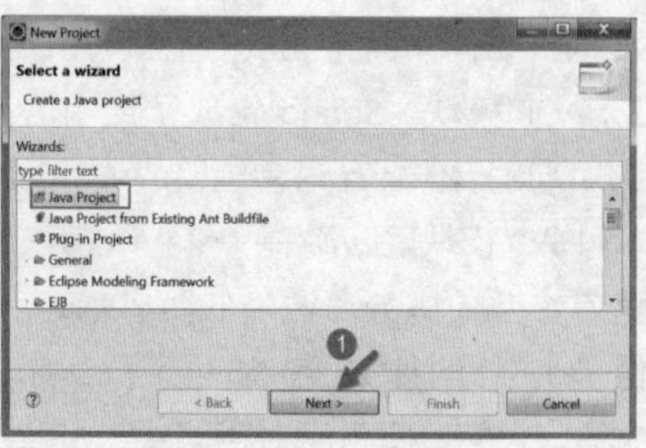

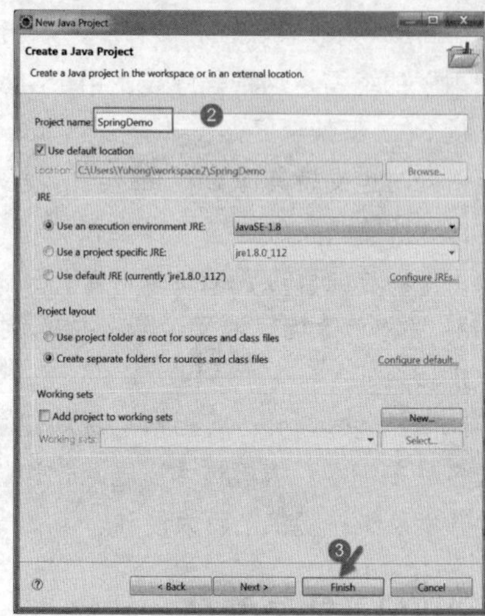

❺ 下面为项目添加 Spring 支持。在 Eclipse 左侧导航栏中，在新建的工程“SpringDemo”上单击鼠标右键，在弹出的快捷菜单中选择“Build Path → Configure Build Path”菜单项，操作过程如下图所示。

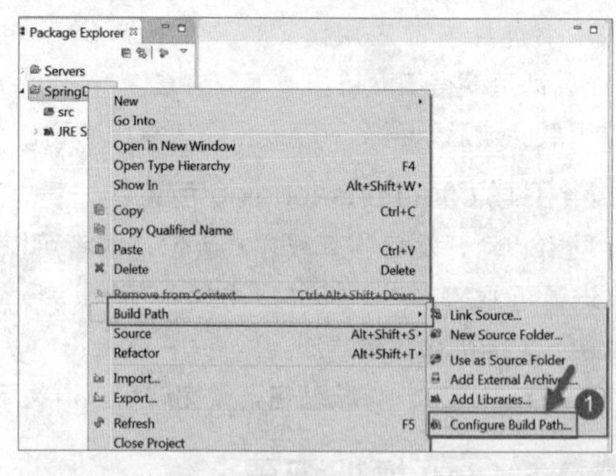

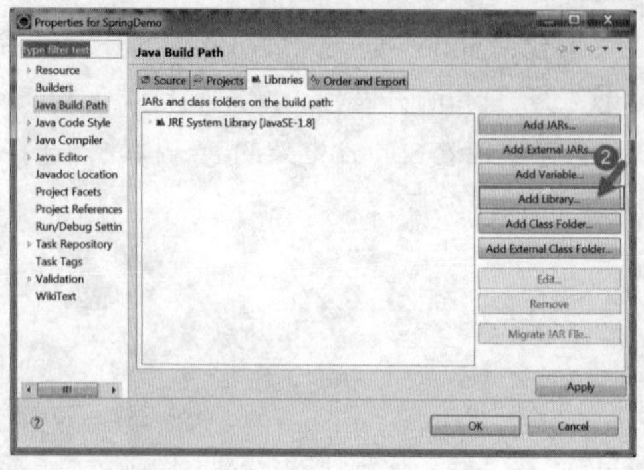

❻ 在弹出的“Add Library”对话框中，选择“User Library”选项，单击“Next”按钮进入下一步，在“User Library”对话框中，单击“User Libraries”按钮配置用户库，如下图所示。

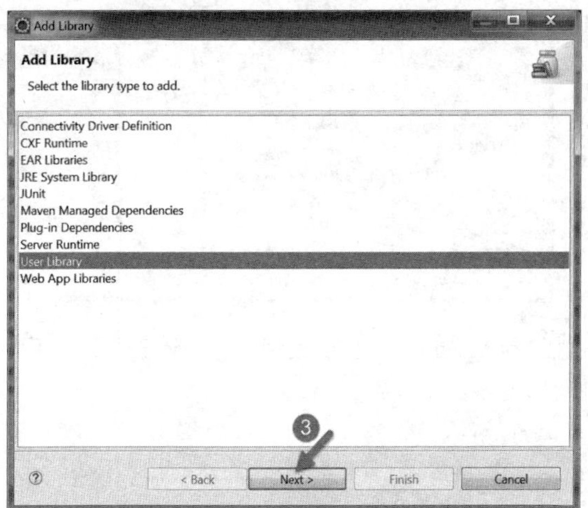

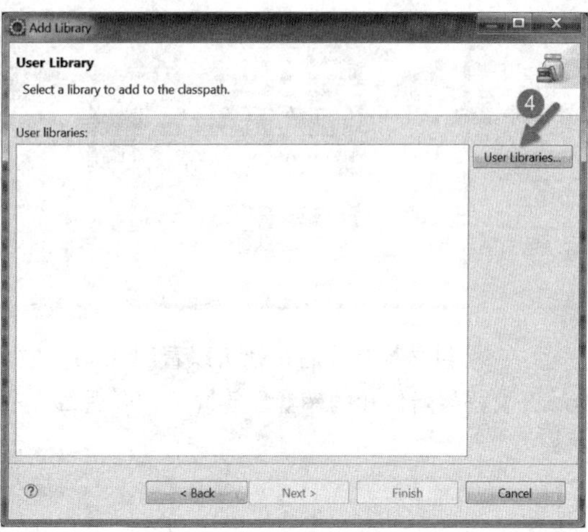

❼ 在弹出的“Preferences（Filtered）”对话框中，单击“New”按钮，添加 jar 开发包，在“New User Library”对话框中，输入库自定义的名称（如“SpringJar”），单击“OK”按钮进入下一步，如下图所示。

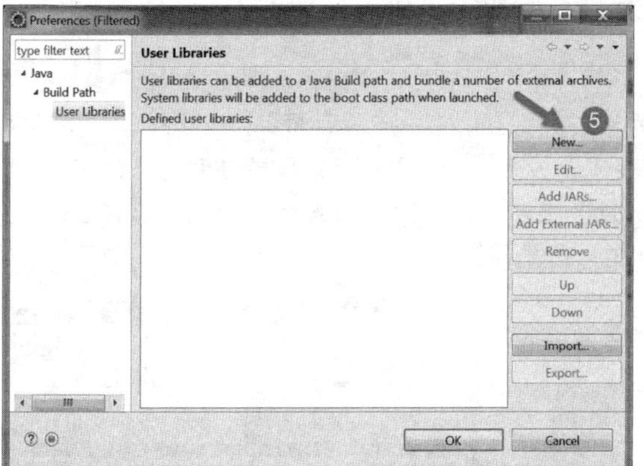

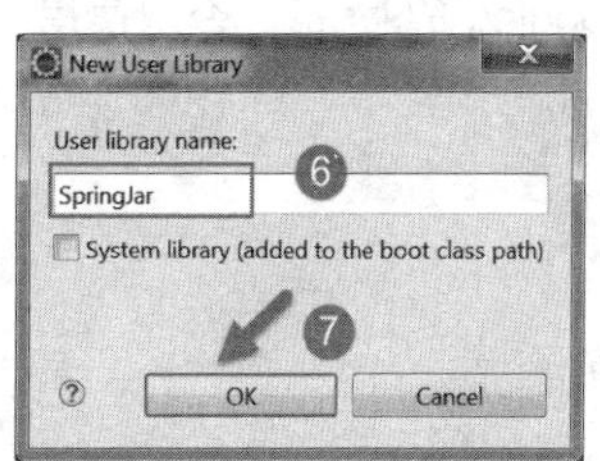

❽ 在“Preferences（Filtered）”对话框中，选择“SpringJar”选项，单击右侧的“Add External JARs”按钮，选择刚才建好的文件夹“Springjar”中的所有 jar 包，单击“Open”按钮，添加 jar 包，如下图所示。

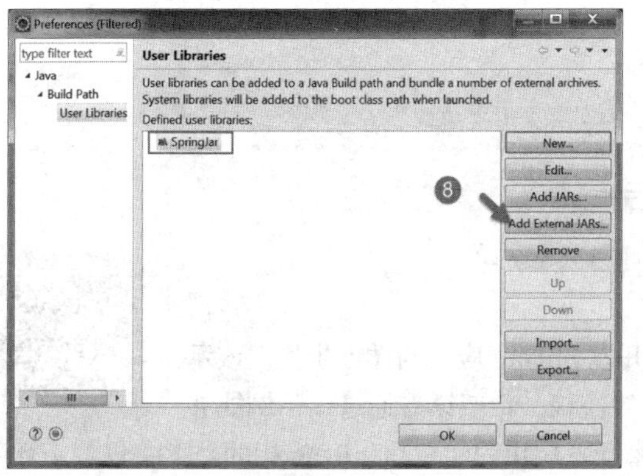

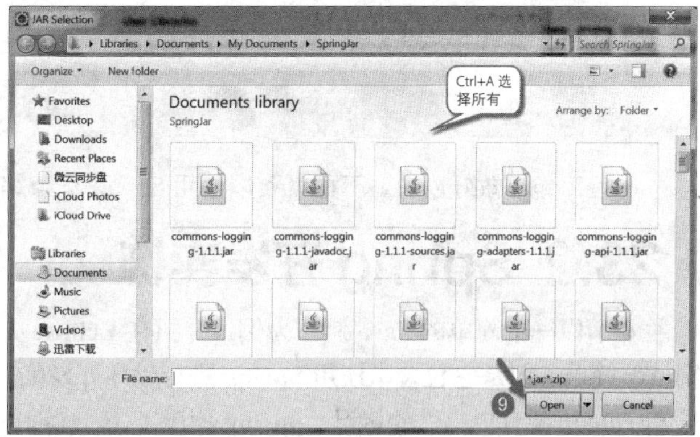

❾ 在“Preferences（Filtered）”对话框中，单击“OK”按钮，可以看到添加进来的所有 jar 包，如下图所示。

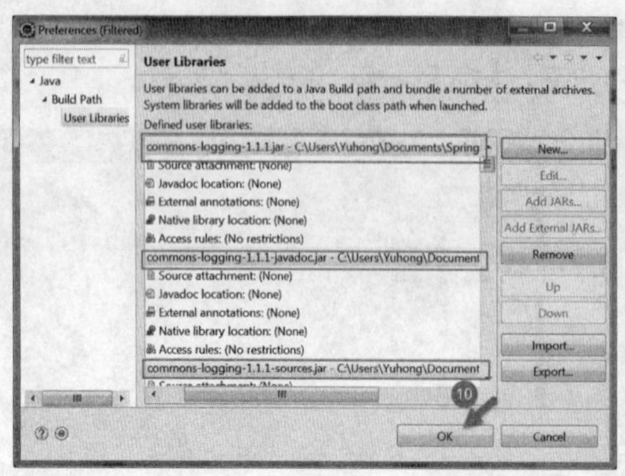

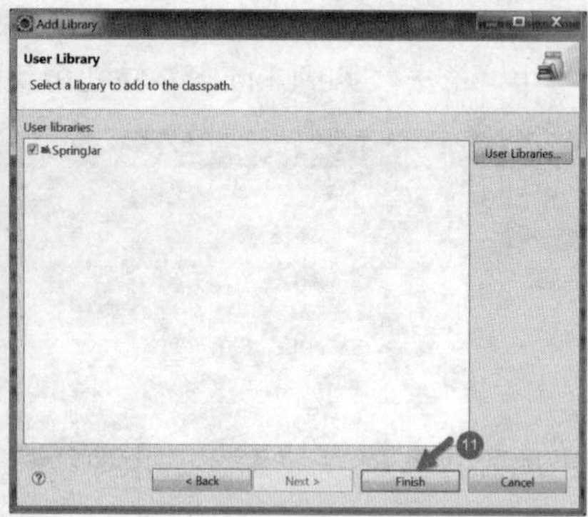

⑩ 在 jar 包添加完成后，就可以看到 Eclipse 左侧导航栏 SpringDemo 项目中出现了 Spring 开发库，现在，Spring 开发框架所依赖的库就配置好了，以后每个项目都可以使用该用户库。

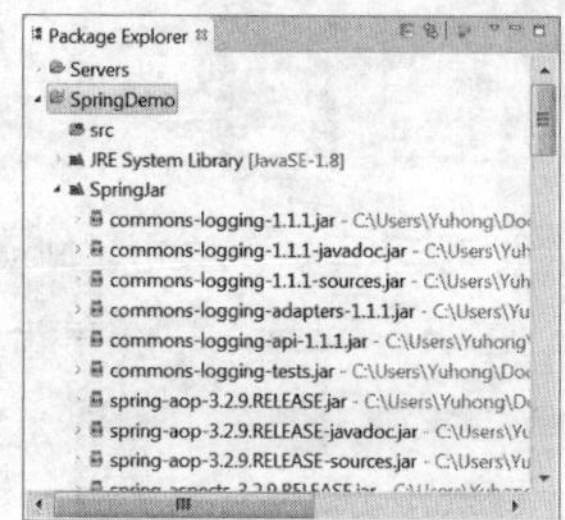

为了方便程序测试，还可以加入 JUnit 来辅助测试。Eclipse 本身自带 JUnit，因此，在“Add Library”对话框中加入 JUnit 即可，单击“Next”按钮，接受默认设置，如下图所示。需要注意的是，使用 JUnit 时一定要添加 common-logging 的 jar 包，否则使用 JUnit 时会报错。在上面的步骤中，我们已经把 common-logging-1.1.1 的 jar 包添加到用户库 SpringJar 中了，故此处无需再添加。

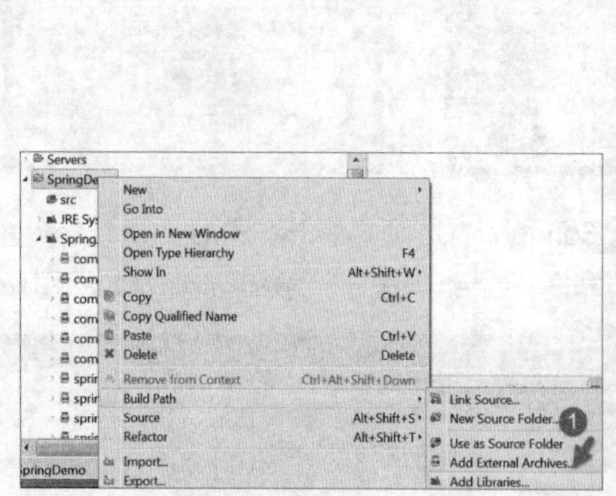

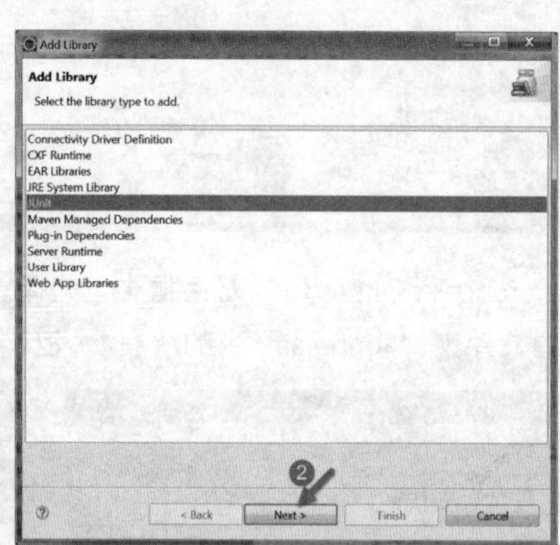

准备工作都做好以后，下面就可以使用 Spring 框架编写程序了。

23.2 Spring 开发实例

本节以一个简单的 Java 应用为例，介绍在 Eclipse 中开发 Spring 应用的详细步骤。该示例虽然简单，但是它包含了使用 Spring 进行程序开发的一般流程，希望读者通过该示例能够对 Spring 框架有更感性的认识。Spring 使用了 JavaBean 来配置应用程序。JavaBean 指的是类中包含 getter 和 setter 方法的 Java 类。

下面通过实例来介绍 Spring 框架程序的一般构建方式。

（1）在 SpringDemo 工程的 src 目录下创建 com.bean 包，在该包下分别创建 Person.java、ChineseImpl.java 和 AmericanImpl.java 等 3 个文件（下图给出了接口 Person 的构建，其他 2 个文件的构建与此类似，不再

赘述）。

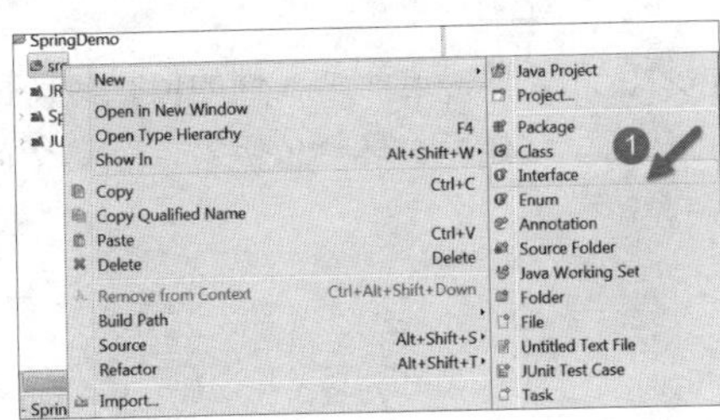

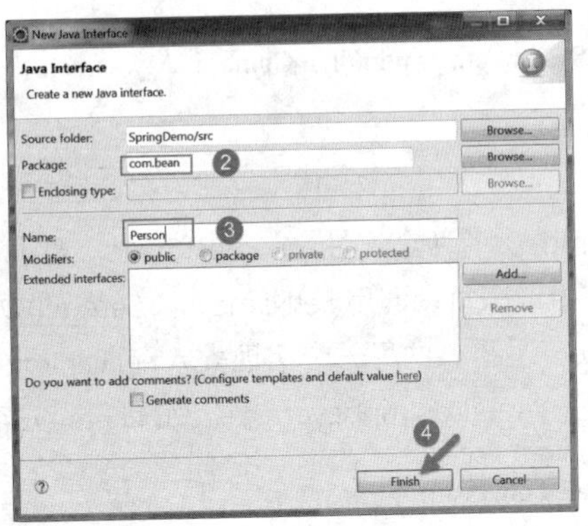

打开 Person.java 文件，编辑代码如下所示。

```
package com.bean;

public interface Person
{
    public void Speak(); // 接口中包含一个 Speak() 方法
}
```

上面代码定义了一个 Person 接口，通过该接口规定了一个 Person 的规范。

（2）ChineseImpl 类是 Person 接口的实现。在写代码时建议将接口与其实现相分离。打开 ChineseImpl.java 文件，编辑代码如下所示。

```
package com.bean;

public class ChineseImpl implements Person
{
    private String name;
    private int age;

    public String getName()
    {
        return name;
    }
    public void setName(String name)
    {
        this.name = name;
    }
    public int getAge()
    {
        return age;
    }
    public void setAge(int age)
    {
        this.age = age;
    }
    @Override
```

```
    public void Speak()
    {
        System.out.println("I'm Chinese,  My name is "+ this.name + ", I'm "+ this.age + "years old!");
    }
}
```

ChineseImpl 类有两个属性：name 和 age。当调用 Speak() 方法时，这两个属性的值被打印出来。那么在 Spring 中应该由谁来负责调用 SetName() 和 SetAge() 方法，从而设置这两个属性值呢？回答这个问题之前我们先来看一下 Person 接口的另一个实现类 AmericanImpl。

（3）打开 AmericanImpl.java 文件，编辑代码如下所示。

```
package com.bean;

public class AmericanImpl implements Person
{
    private String name;
    private int age;

    public String getName()
    {
        return name;
    }
    public void setName(String name)
    {
        this.name = name;
    }
    public int getAge()
    {
        return age;
    }
    public void setAge(int age)
    {
        this.age = age;
    }
    @Override
    public void Speak()
    {
        System.out.println("I'm American, My name is " + this.name + ", I'm "+ this.age + " years old!");
    }
}
```

AmericanImpl 也实现了 Person 接口，同样有两个属性 name 和 age。当调用 Speak() 方法时，这两个属性的值也会被打印出来。现在 AmericanImpl 类也面临了和 ChineseImpl 类同样的问题，即其 SetName() 和 SetAge() 方法应该由谁来调用。

在 Spring 中，显然应该让 Spring 容器来负责调用这两个类的 setter 方法，以设置实例中属性的值。这在 Spring 中是如何实现的呢？根据前面的经验，我们可以想到应该使用 XML 配置文件来实现。下面我们在 Spring 中使用配置文件 applicationContext.xml 来告知容器该如何对 AmericanImpl 类和 ChineseImpl 类进行配置。

（4）鼠标右键单击工程名 SpringDemo，选择“New → Others”，在 src 目录下创建 applicationContext.xml 文件，如下图所示。

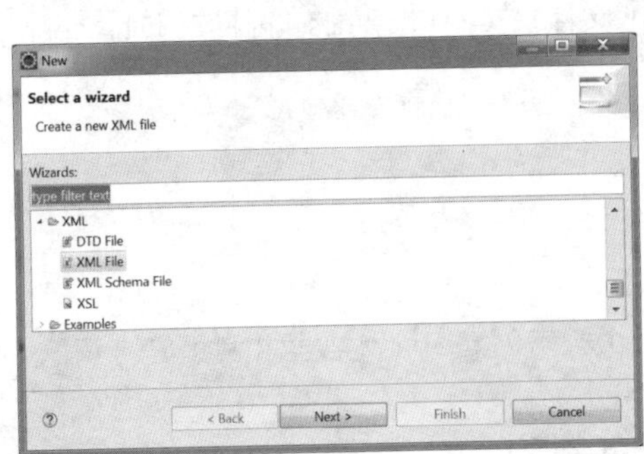

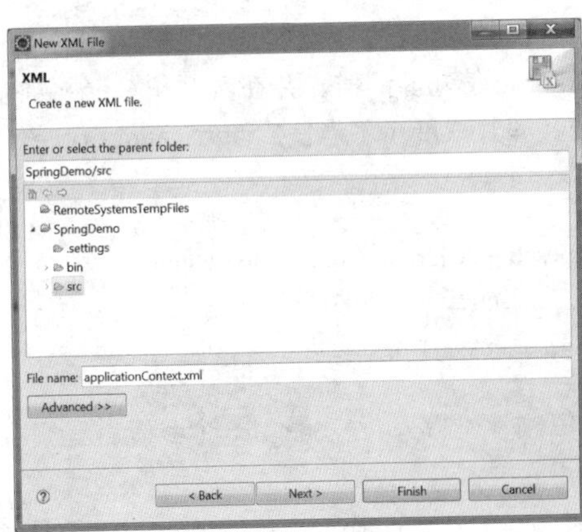

打开编辑代码如下所示。

```
<?xml version="1.0" encoding="UTF-8"?>
<beans
  xmlns="http://www.springframework.org/schema/beans"
  xmlns:xsi="http://www.w3.org/2001/XMLSchema-instance"
  xmlns:p="http://www.springframework.org/schema/p"
  xmlns:aop="http://www.springframework.org/schema/aop"
  xsi:schemaLocation="http://www.springframework.org/schema/beans
    http://www.springframework.org/schema/beans/spring-beans-3.0.xsd
    http://www.springframework.org/schema/aop
    http://www.springframework.org/schema/aop/spring-aop-3.0.xsd">
  <bean id="chinese" class="com.bean.ChineseImpl">
    <property name="name">
      <value> 小明 </value>
    </property>
    <property name="age">
      <value>10</value>
    </property>
  </bean>
  <bean id="american" class="com.bean.AmericanImpl">
    <property name="name">
      <value>Tom</value>
    </property>
    <property name="age">
      <value>15</value>
    </property>
  </bean>
</beans>
```

上面的 XML 文件，在 Spring 容器中声明了一个 ChineseImpl 实例 chinese 和一个 AmericanImpl 实例 american，并将“小明”赋值给 chinese 的 name 属性，将“Tom”赋值给 american 的 name 属性。为了更进一步理解配置文件的含义，下面对 XML 文件的细节解释一下。

上述 XML 文件中的 <beans> 是根元素，同时也是任何 Spring 配置文件的根元素。<bean> 元素用来在 Spring 容器中定义一个类及该类的相关配置信息。配置 <bean> 元素时通常会指定其 id 属性和 class 属性。例如，配置文件中第一个 <bean> 元素的 id 属性表示 Chinese Bean 的名字，class 属性表示 Bean 的全限定类名。

而 <bean> 元素的子元素 <property> 则用来设置实例中属性的值，而且是通过调用实例中的 setter 方法来设置其各个属性的值的。在这个例子中使用 <property> 元素分别设置了 ChineseImpl 实例和 AmericanImpl 实例各自的 name 值和 age 值，并在实例化 ChineseImpl 和 AmericanImpl 时传递了属性值。

下面的代码片段展示了当使用 applicationContext.xml 文件来实例化 ChineseImpl 实例时，Spring 容器所做的工作。

```
ChineseImpl Chinese = new ChineseImpl();
Chinese. setName (" 小明 ");
Chinese.setAge(10);
```

上面的工作都做完以后，最后一个步骤就是建立一个类来创建 Spring 容器并利用它来获取 ChineseImpl 实例和 AmericanImpl 实例。

（5）在 src 目录下创建包 com.spring，在该包下创建 Test.java 文件。

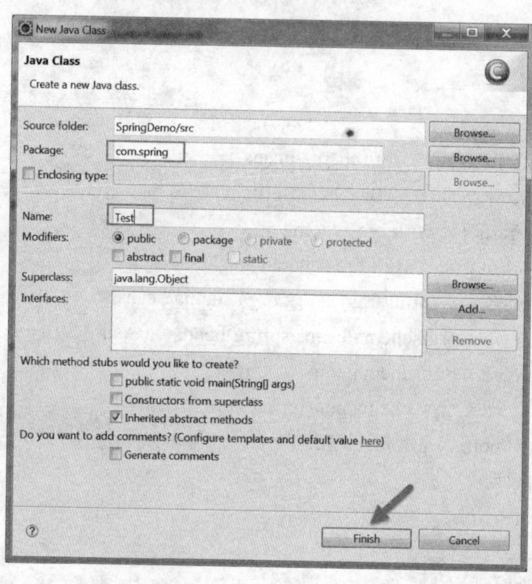

打开编辑代码如下所示。

```
package com.spring;

import org.springframework.context.ApplicationContext;
import org.springframework.context.support.ClassPathXmlApplicationContext;
import com.bean.Person;

public class Test
{
  public static void main(String[] args)
  {
    ApplicationContext context=new ClassPathXmlApplicationContext("applicationContext.xml");// 创建 Spring 容器

    Person person=(Person)context.getBean("chinese"); // 获取 ChineseImpl 实例的引用
    person.Speak();                    // 调用 ChineseImpl 实例的 Speak() 方法

    person=(Person)context.getBean("american");   // 获取 AmericanImpl 实例的引用
    person.Speak();                    // 调用 AmericanImpl 实例的 Speak() 方法
  }
}
```

上面的程序中第 11 行代码用来创建 Spring 容器。将 applicationContext.xml 文件装载进容器后，调用其 getBean() 方法来获得对 ChineseImpl 实例和 American Impl 实例的引用。然后容器使用这两个引用来调用各自的 setter 方法，这样，ChineseImpl 实例和 AmericanImpl 实例中的属性就在 Spring 容器的作用下被赋值了。当分别调用这两个实例的 Speak() 方法时，就可以正确地打印出各自的属性值。

（6）选择左侧导航栏中的“Testjava”，单击鼠标右键并选择“Run As→Java Application”，运行该程序，可在控制台看到输出结果，如下图所示。

```
Problems  Javadoc  Declaration  Console
<terminated> Test [Java Application] C:\Program Files\Java\jre1.8.0_112\bin\javaw.exe (2017年1月13日 上午
INFO: Pre-instantiating singletons in org.springframework.beans.factory.supp
I'm Chinese,  My name is 小明, I'm 10 years old!
I'm American, My name is Tom, I'm 15 years old!
```

在上面的 SpringDemo 工程中，创建了 ChineseImpl 类和 AmericanImpl 类，这两个类都实现了 Person 接口，在 applicationContext.xml 文件中分别配置了 ChineseImpl 类和 AmericanImpl 类的实例，最后从测试类 Test 中的 main() 方法来执行整个程序。

注意：ChineseImpl 和 AmericanImpl 类的实例并不是 main() 方法创建的，而是通过将 applicationContext.xml 文件加载后，交付给 Spring 框架。当执行 getBean() 方法时，就可以得到要创建实例的引用，因此，调用者并没有创建实例，而是通过 Spring 框架将创建好的实例注入调用者中。这实际上就是 Spring 的核心机制——依赖注入，而 Spring 强大的地方就在于，它可以使用依赖注入将一个 Bean 注入到另一个 Bean 中。

23.3 Spring 和 Struts 结合

在某种情况下，利用 struts 来实现基于 MVC 的开发，再通过 Spring 来管理对象和各种 bean，可能是一种较好的方式。把 Spring 和 Struts 结合的方式不止一种，这里介绍利用 struts2-spring-plgin 插件的方式使二者结合。

在范例 22-7 中有如下配置。

```
07          <action name="login" class="com.demo.loginAction">
08      <result name="success">/success.jsp</result>
09      <result name="error">/error.jsp</result>
10    </action>
```

第 07 行的 class 指向的是 com.demo.loginAction，该类可以通过 Spring 来实现管理。这样做的好处是 Spring 对 Bean 的管理更加灵活，可以实现对象注入、事务管理等。

首先需要增加 struts2-spring-plugin-2.2.1.1.jar 文件，注意版本的兼容性，作者在 Struts 2.1 和 Spring 3.1 上使用 struts2-spring-plugin-2.2.1.1.jar 已通过测试。

接下来，按照 Spring 配置方法，打开 applicationContext.xml，增加 com.demo.loginAction 的类的描述。

```
01 <beans>
02          <bean id="loginAction " class=" com.demo.loginAction"/>
03 </beans>
```

修改 struts.xml 文件，将第 07 行的 com.demo.loginAction 换成 loginAction 即可。这样一来，com.demo.loginAction 就交给 Spring 管理了，实现实例注入、事务管理等也就方便了。

```
07          <action name="login" class=" loginAction ">
08      <result name="success">/success.jsp</result>
09      <result name="error">/error.jsp</result>
```

```
10      </action>
```

如果进行 Web 应用程序的开发，必须先在 web.xml 文件中配置好 Struts 和 Spring，之后的配置方式是类似的。

23.4 高手点拨

（1）Spring 框架的核心思想可以用两个字来描述，那就是“解耦”。应用程序的各个部分之间（包括代码内部和代码与平台之间）尽量形成一种松耦合的结构，使得应用程序有更多的灵活性。应用内部的解耦主要通过一种称为控制反转（IoC）的技术来实现。

（2）控制反转的基本思想就是本来由应用程序本身来主动控制的调用等逻辑，转变成由外部配置文件来被动控制。对 Spring 来说，就是由 Spring 来负责控制对象的生命周期和维护对象间的关系。

（3）在 Spring 框架中，在配置文件中设定 bean 的依赖关系是一个很好的机制，Spring 容器还可以自动装配合作关系 bean 之间的关联关系。这意味着 Spring 可以通过向 Bean Factory 中注入的方式自动搞定 bean 之间的依赖关系。自动装配可以设置在每个 bean 上，也可以设定在特定的 bean 上。下面的 XML 配置文件表明了如何根据名称将一个 bean 设置为自动装配。

```
<bean id="testDAO" class="com.sias.testDAOImpl" autowire="byName" />
```

除了 bean 配置文件中提供的自动装配模式，还可以使用 @Autowired 注解来自动装配指定的 bean。在使用 @Autowired 注解之前，需要按照如下的配置方式在 Spring 配置文件中进行配置，才可以使用。

```
<context:annotation-config />
```

也可以通过在文件中配置 AutowiredAnnotationBeanPostProcessor 达到相同的效果。

```
<bean class ="org.springframework.beans.factory.annotation.AutowiredAnnotationBeanPostProcessor"/>
```

在配置好以后，就可以使用 @Autowired 来标注了。

```
@Autowired
public testDAOImpl ( Teacher teacher ) {
    this. teacher = teacher;
}
```

23.5 实战练习

1. 什么是 Spring 框架？Spring 框架有哪些主要模块？

2. 编写一个 Web 应用程序，使 Spring 和 Struts 结合，并通过 Spring 向 Struts 调用的 action 类注入对象（比如数据库连接）。

第 24 章 让你的数据库记录像操作变量一样方便——Hibernate

Hibernate 可以将对象自动地生成数据库中的信息，使得开发更加地面向对象。这样作为程序员就可以使用面向对象的思想来操作数据库，而不用关心繁琐的 JDBC。它可以使用在 Java 的任何项目中，大大减少数据库开发的代码量且方便移植。本章介绍有关 Hibernate 的相关知识。

本章要点（已掌握的在方框中打钩）

- □ 掌握 Hibernate 基本概念
- □ 掌握 Hibernate 基本安装配置过程
- □ 掌握利用 Hibernate 开发项目的过程

程序员用 Java 语言直接操作数据库，需要用到 JDBC 技术，但这个流程过于繁琐，于是 Hibernate 技术就应运而生，它对数据库提供了较为完整的封装。程序员往往只需定义好了 POJO 到数据库表的映射关系，就可通过 Hibernate 提供的方法完成持久层操作。这里的 POJO 是“Plain Ordinary Java Object”的简写，即简单的 Java 对象，实际就是普通的 JavaBeans，它是为了避免和 EJB 混淆而所创造的简称。

通过 Hibernate，程序员甚至不需要对 SQL 有比较深入的掌握，Hibernate 会根据制定的存储逻辑，自动生成对应的 SQL 并调用 JDBC 接口加以执行。

其实，对于初学者而言，Hibernate 也不是轻易就能上手的，为了改善 Hibernate 操作的繁琐性，于是就诞生了 MyBatis 技术。MyBatis 的着力点在于改善 POJO 与 SQL 之间的映射关系。然后通过映射配置文件，将 SQL 所需的参数及返回的结果字段映射到指定的 POJO。因此，MyBatis 可以进行更为细致的 SQL 优化，从而可减少查询字段。

相比而言，MyBatis 比 Hibernate 的入手快速，但其功能相对简陋些。而 Hibernate 已经流行一段时间，开发社区相对成熟，也就是说生态环境比 MyBatis 要好，支持的工具也要多一些。

Hibernate 是主流的持久层框架之一，我们从持久化的概念入手了解 Hibernate，在掌握了持久层的相关概念以后，介绍 Hibernate 的下载、安装和配置方法。最后通过实例详解使用 Hibernate 进行持久层开发的全过程。

24.1 Hibernate 开发基础

Hibernate，本意是“冬眠”，这里对于对象来说就是“持久化”。所谓持久化（Persistence），就是把数据（如内存中的对象）保存到可永久保存的存储设备中（如磁盘）。持久化的主要应用是将内存中的对象存储在关系型的数据库中，当然也可以存储在磁盘文件中、XML 数据文件中等。持久化是将程序数据在持久状态和瞬时状态间转换的机制。JDBC 就是一种持久化机制。文件 IO 也是一种持久化机制。

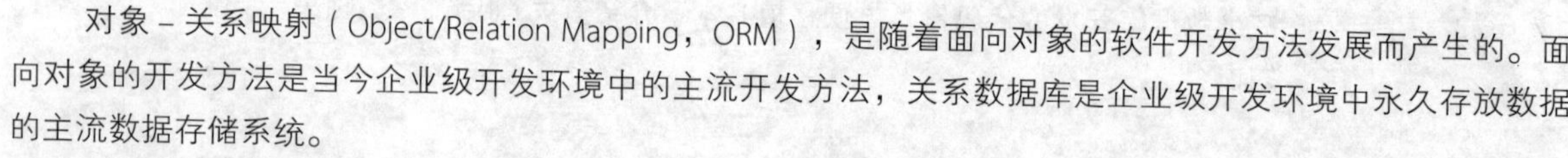

对象 – 关系映射（Object/Relation Mapping，ORM），是随着面向对象的软件开发方法发展而产生的。面向对象的开发方法是当今企业级开发环境中的主流开发方法，关系数据库是企业级开发环境中永久存放数据的主流数据存储系统。

面向对象是在软件工程基本原则（如耦合、聚合、封装）的基础上发展起来的，而关系数据库则是从数学理论发展而来的，两套理论存在显著的区别。为了解决这个不匹配的现象，对象关系映射技术应运而生。

ORM 的作用就是在关系型数据库和对象之间做了一个映射。从对象（Object）映射到关系（Relation），再从关系映射到对象。这样，我们在操作数据库的时候，不需要再去和复杂 SQL 打交道，而是只要像操作对象一样操作它就可以了（把关系数据库的字段在内存中映射成对象的属性）。将关系数据库中的数据转化成对象，这样，开发人员就可以以一种完全面向对象的方式来实现对数据库的操作。

一般而言，Java 对象的数据要存入数据库，就需要通过 JDBC 进行繁琐的转换，反之亦然。对比而言，ORM 框架，比如说 Hibernate，就是将这部分工作进行了封装，简化了我们的操作。

24.2 Hibernate 开发准备

使用 Hibernate 开发之前，先要下载 Hibernate 开发包，然后将 Hibernate 类库引入到项目中。为了简化项目开发，还可以使用 Hibernate 的相关插件来辅助开发。下面就介绍使用 Hibernate 开发前需要做的一些准备工作。

24.2.1 下载 Hibernate 开发包

本书使用的 Hibernate 的版本是 3.6.7.Final，有关代码也是基于该版本测试通过的。读者可以下载 Hibernate 的发布版（读者可以下载更新的版本尝试）。

下载后对压缩包解压，解压后的文件夹下包含 Hibernate3.jar，它是 Hibernate 中最主要的 jar 包之一，包含了 Hibernate 的核心类库文件。

将 Hibernate3.jar 复制到需要使用 Hibernate 的应用中，如果需要使用第三方类库，还需要复制相关的类库，这样就可以使用 Hibernate 的功能了。

24.2.2 在 Eclipse 中部署 Hibernate 开发环境

在 Eclipse 中使用 Hibernate 时，可以借助于一些插件来辅助开发，如 Synchronizer、Hibernate Tools 等。使用插件可以提高开发人员的开发效率。

下面以 Hibernate 官方提供的 Hibernate Tools 为例，介绍在 Eclipse 中如何进行 Hibernate 开发。Hibernate Tools 是由 JBoss 推出的一个 Eclipse 集成开发工具插件，该插件提供了一些 project wizard，可以方便构建 Hibernate 所需的各种配置文件，同时支持 mapping 文件、annotation 和 JPA 的逆向工程及交互式的 HQL/JPA-QL/Criteria 的执行，从而简化 Hibernate、JBoss Seam、EJB3 等的开发工作。Hibernate Tools 是 JBoss Tools 的核心组件，也是 JBoss Developer Studio 的一部分。

Hibernate Tools 插件可以进行在线安装和离线安装。在线安装适合网络环境比较好的用户且可以选择最新版本进行安装，手动安装则需要先下载 Hibernate Tools 的安装包，并确保下载的插件版本与 Eclipse 版本能够兼容。

（1）运行 Eclipse，选择主菜单 “Help → Install New Software” 选项，弹出 “Install” 对话框，单击 “Add” 按钮，弹出 “Add Repository” 对话框，如下图所示。

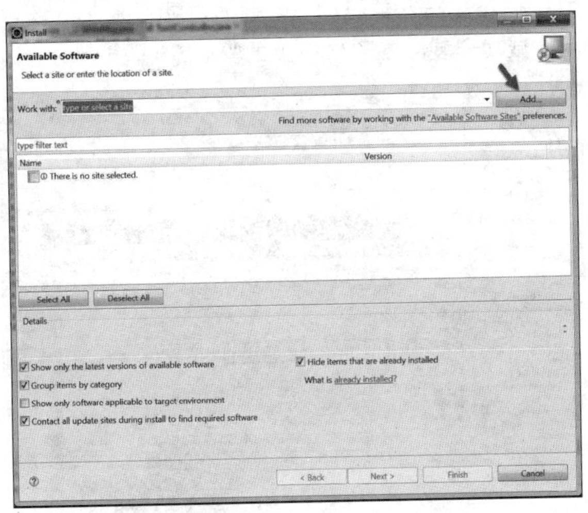

（2）在该对话框的 Name 文本框中输入插件名，该名字是任意的，主要起标识作用，此处命名为 “jbosstools”。在 Location 文本框中输入插件所在的网址，此处选择 Jboss Tools 3.3 的里程碑版（M4），将下载地址粘贴到 Location 文本框中，然后单击 “OK” 按钮。

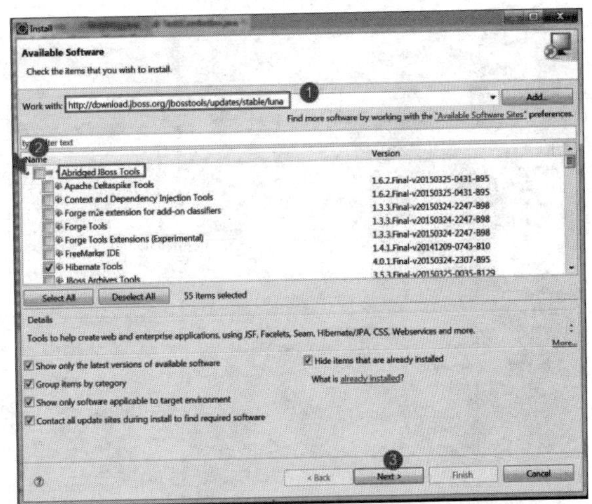

（3）之后将返回下图所示对话框，等待一会儿，就会在空白处显示插件的所有可安装的功能列表，如下图所示，根据需要选择相关功能。此处选中 “Abridged JBoss Tools” 下的 “Hibernate Tools” 选项，单击 “Next” 按钮，并接受协议，开始安装，安装完毕后会提示重新启动 Eclipse。

24.2.3 安装部署 MySQL 驱动

下载 MySQL JDBC 驱动 mysql-connector-java-5.1.18.zip，然后在 Eclipse 的项目中安装部署该驱动。具体步骤如下。

❶ 将下载后的 mysql-connector-java-5.1.21.zip 压缩包解压，将解压后获得的 mysql-connector-java-5.1.18-bin.jar 包复制到需要连接 MySQL 数据库的项目的 Webroot\WEB-INF\lib 目录下。同时，在 Web App Libraries 文件夹下面也会出现新添加的 jar 包。下图显示了为 MyProject 项目添加 MySQL 驱动后的结构。

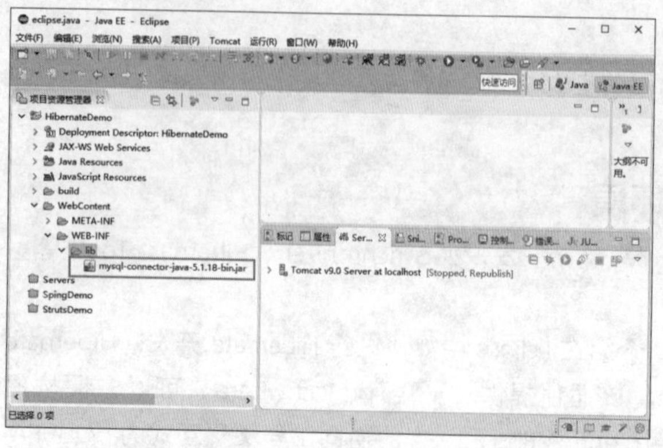

❷ 在 Eclipse 中的 MyProject 上单击鼠标右键，在弹出的快捷菜单中选择“Build Path → Configure Build Path”菜单项，弹出“Properties for HibernateDemo”对话框，如下图所示。

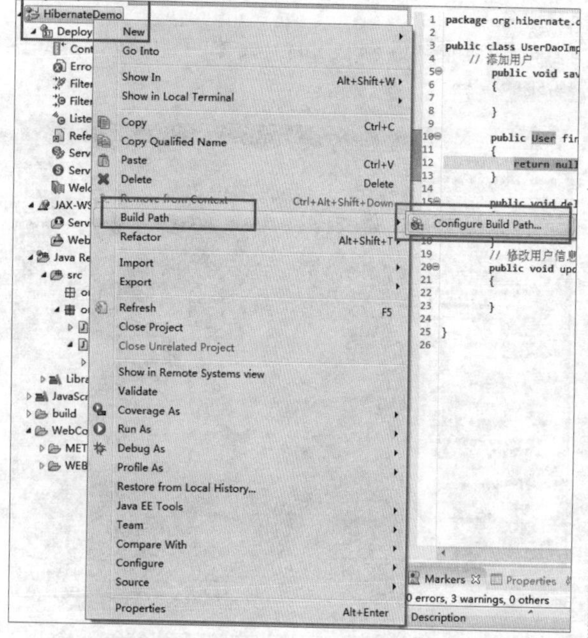

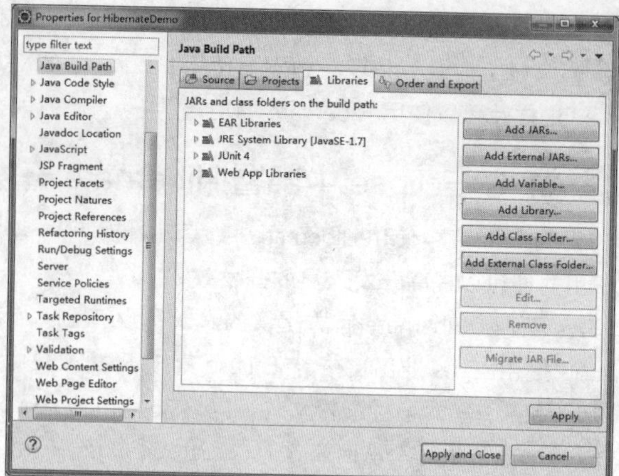

❸ 在“Properties for HibernateDemo”对话框的“Java Build Path”界面中选择“Libraries”选项卡，单击“Add External JARs”按钮，弹出“JAR Selection”对话框。在该对话框中指定 mysql-connector-java-5.0.8-bin.jar 包所在的位置，单击“打开”按钮，如下图所示，返回“Properties for HibernateDemo”对话框。单击“OK”按钮，则将 jar 包所在路径写入类路径下。此时，就在 Eclipse 的项目中成功安装部署了 MySQL 的驱动。

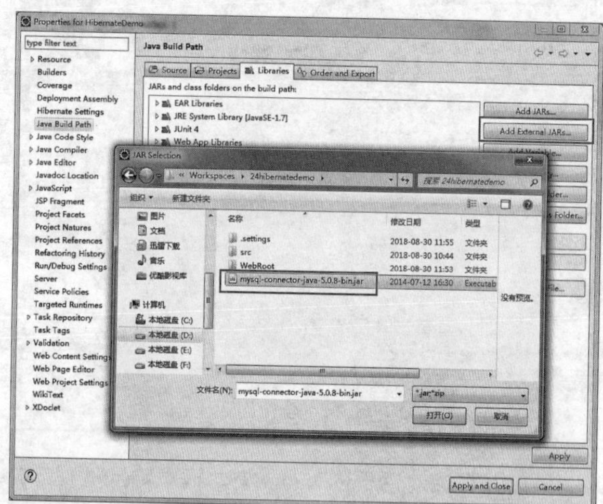

注意

如果只将 jar 包复制到项目的 Webroot\WEB-INF\lib 目录下，Eclipse 不会自动将此 jar 包添加到类路径中，必须通过上面②和③步中介绍的才能将 jar 包添加到类路径中，此时 jar 包才能被项目所使用。

24.3 Hibernate 开发实例

在前面几节中，我们讲解了使用 Hibernate 开发的基础知识，并在 Eclipse 中配置好了 Hibernate 的开发环境，本节将通过具体的开发实例来介绍 Hibernate 框架的开发流程。

在本节中我们将开发第一个 Hibernate 项目，这个项目使用 Hibernate 向 MySQL 数据库中插入一条用户记录，介绍使用 Hibernate 开发项目的完整流程。在现阶段，读者应该将注意力放到项目的具体开发过程上，而不要过多地关注 Hibernate 中的细节知识。

24.3.1 开发 Hibernate 项目的完整流程

使用 Hibernate 开发项目，需要完成下面几步。

❶ 准备开发环境，创建 Hibernate 项目。

❷ 在数据库中创建数据表。

❸ 创建持久化类。

❹ 设计映射文件，使用 Hibernate 映射文件将 POJO 对象映射到数据库。

❺ 创建 Hibernate 的配置文件 Hibernate.cfg.xml。

❻ 编写辅助工具类 HibernateUtils 类，用来实现对 Hibernate 的初始化并提供获得 Session 的方法，此步可根据情况取舍。

❼ 编写 DAO 层类。

❽ 编写 Service 层类。

❾ 编写测试类。

24.3.2 创建 HibernateDemo 项目

在 Eclipse 中创建一个名称为“HibernateDemo”的项目，创建的详细步骤如下。

❶ 使用前面小节中介绍过的 Eclipse 创建“Dynamic Web Project”的方法，新建一个名为“HibernateDemo”的项目。

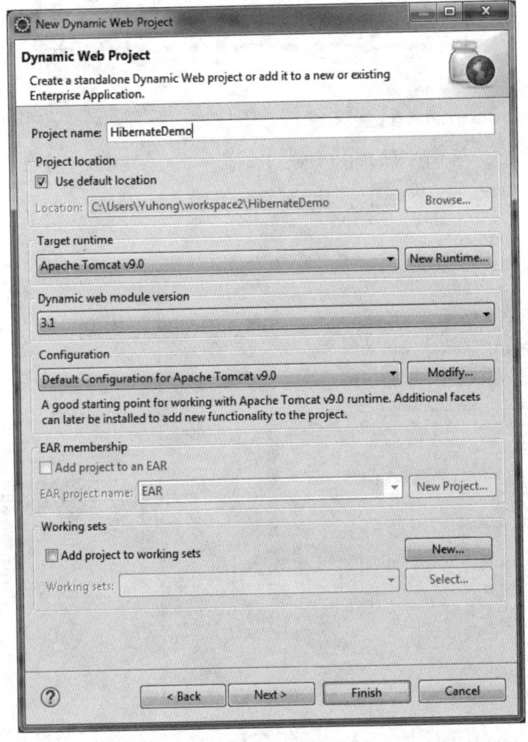

❷ 使用前面小节中介绍的方法将 MySQL 驱动部署在 HibernateDemo 项目中。

❸ 将 Hibernate tools 引入项目。在 HibernateDemo 项目上单击鼠标右键，在快捷菜单中选择“New→Other”，弹出“选择向导”对话框。在该对话框中单击“Hibernate”节点前的“>”，展开“Hibernate”节点，该节点下有 4 个选项，如下图所示。

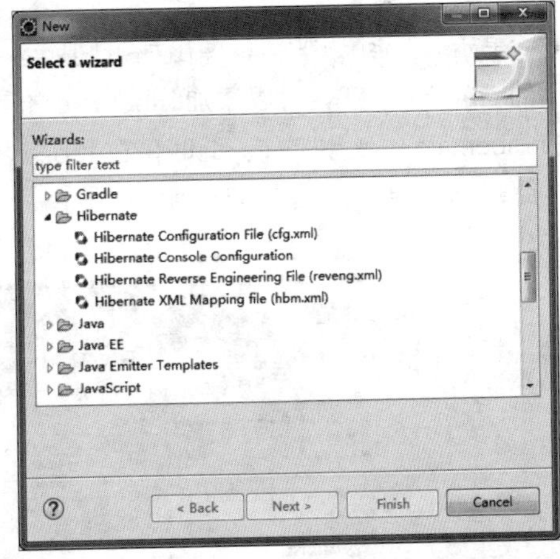

❹选择“Hibernate Configuration File（cfg.xml）”选项，单击“Next”按钮，进入如下图所示的新建配置文件对话框。“Enter or select the parent folder”文本框用于设置配置文件的保存位置，常常保存在 src 文件夹下，在“File name”对话框中输入配置文件的名字，一般使用默认的“hibernate.cfg.xml”即可。

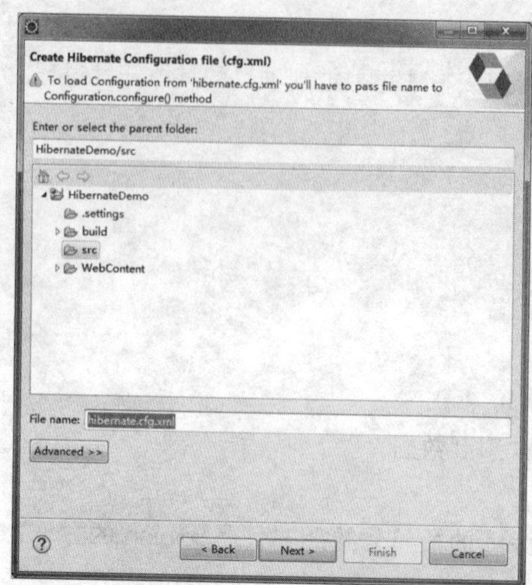

❺ 单击“Next”按钮，进入如下图所示的对话框。在该对话框中设置 Hibernate 配置文件的各项属性，hibernate.cfg.xml 文件就是根据这些属性生成的。注意 Database dialect 选项指的是数据库方言，即项目中所选用的是何种数据库。

如果选用的是 Oracle 数据库，则需要在 Default Schema 对话框中输入对应的 Schema 值。驱动器类（Driver Class）填写：com.mysql.jdbc.Driver，链接（Connection URL）填写：jdbc:mysql://localhost:3306/mysqldb。这里，3306 为 MySQL 的端口号（如果启用其他端口号，这里要做对应修改），mysqldb 为数据库名称，如果该数据库不存在，可以在 MySQL 命令行下创建，如下图所示。

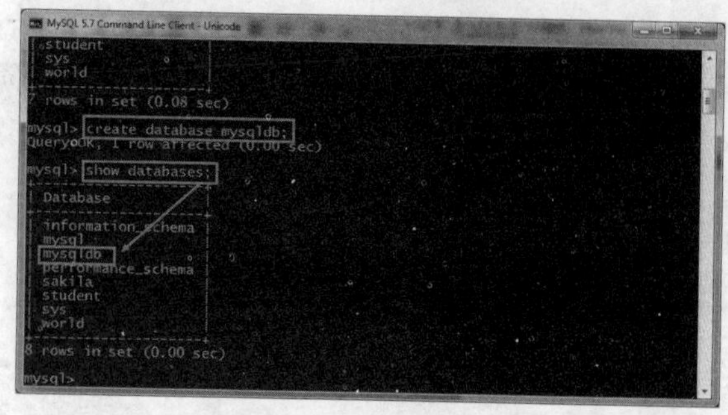

MySQL 的用户名（Username）和密码（Password）根据安装时的设置做相应的调整。

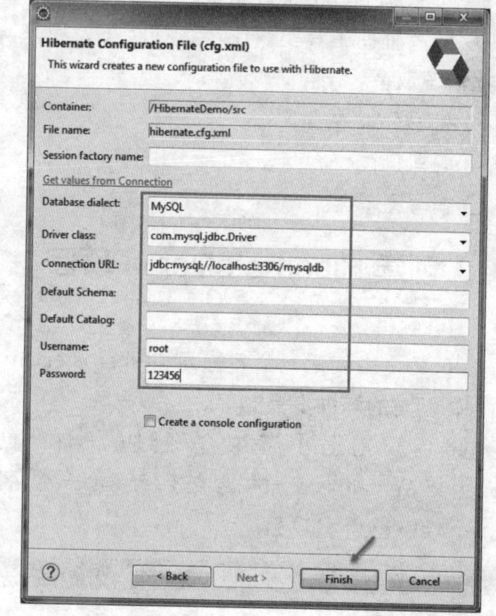

❻ 单击“Finish”按钮，弹出如下图所示界面，表示 Hibernate 配置文件成功创建。单击“Properties”标签下的“Add”按钮，可以添加 Hibernate 的其他配置属性，单击“Mappings”标签下的“Add”按钮，可以添加 Hibernate 的映射文件。此时，在 HibernateDemo 项目的 src 节点下就出现了新建的 hibernate.cfg.xml 文件。至此，HibernateDemo 项目创建完毕。

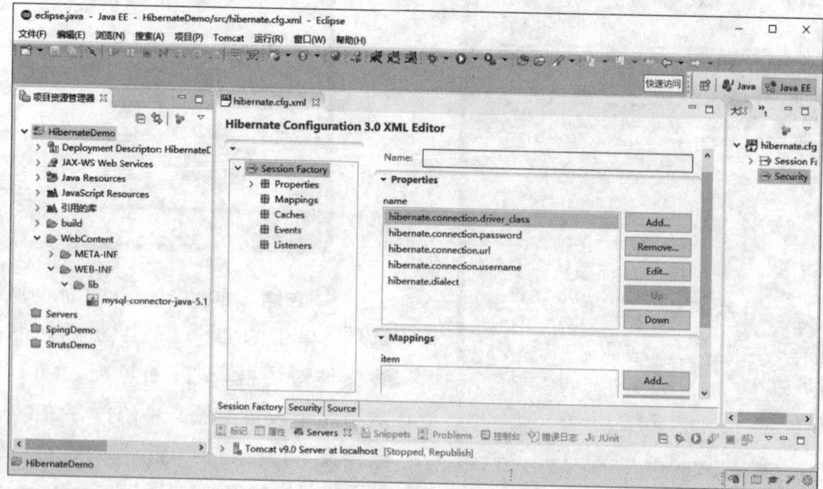

24.3.3 创建数据表 USER

假定有一个名为 mysqldb 的数据库，该数据库中有一张名为 USER 的数据表。这张表有 4 个字段，分别为 USERJD、NAME、PASSWORD 和 TYPE，其中主键为 USER_ID。

各个字段的含义如下表所示。

（1）在 MySQL 中创建 USER 表的语句如下所示。

```
CREATE TABLE USER
(
USER_ID  INT    PRIMARY KEY    NOT NULL,
NAME VARCHAR(20),
PASSWORD VARCHAR(12),
TYPE VARCHAR(6)
);
```

如下图所示。

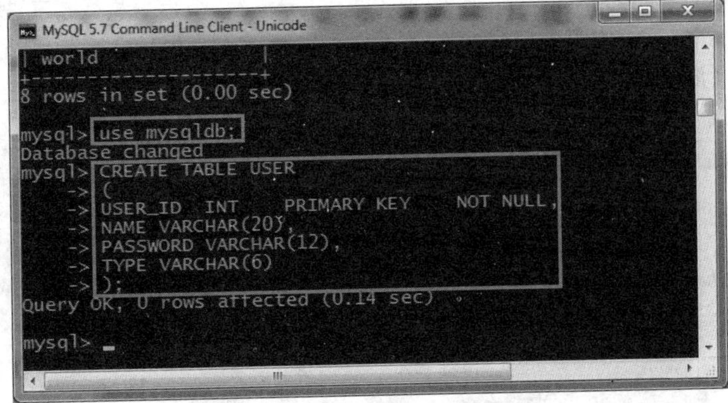

（2）查看数据表结构（DESC 表名称）

```
DESC USER ;
```

如下图所示。

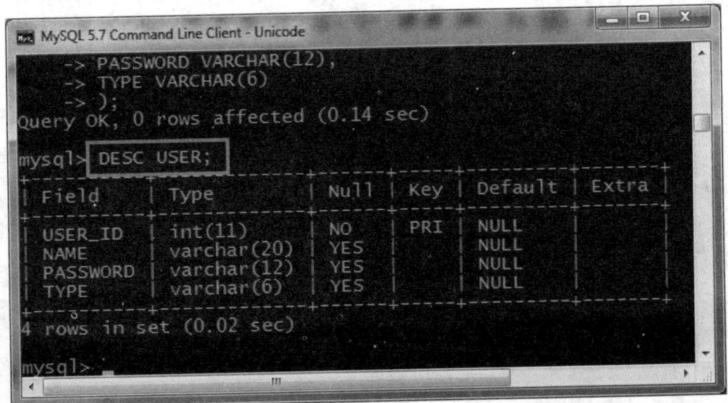

（3）插入数据并查询数据

```
INSERT INTO USER  VALUES(1,"YANGQING", "123","admin");
SELECT * FROM USER;
```

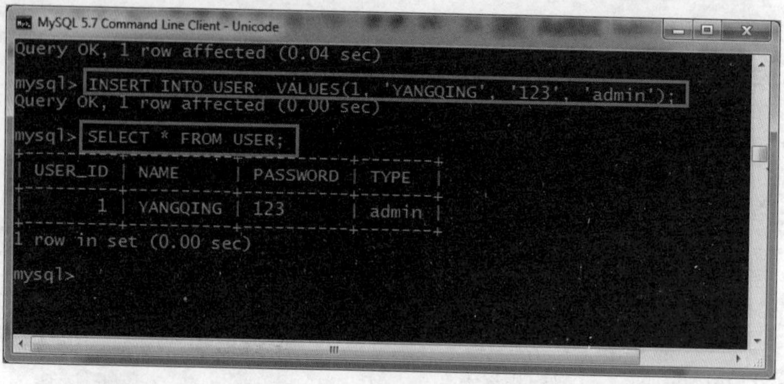

```
MySQL 5.7 Command Line Client - Unicode
Query OK, 1 row affected (0.04 sec)

mysql> INSERT INTO USER  VALUES(1, 'YANGQING', '123', 'admin');
Query OK, 1 row affected (0.00 sec)

mysql> SELECT * FROM USER;
+---------+----------+----------+-------+
| USER_ID | NAME     | PASSWORD | TYPE  |
+---------+----------+----------+-------+
|       1 | YANGQING | 123      | admin |
+---------+----------+----------+-------+
1 row in set (0.00 sec)

mysql>
```

24.3.4 编写 POJO 映射类 User.java

持久化类是应用程序中的业务实体类。这里的持久化指的是类的对象能够被持久化，而不是指这些对象处于持久状态（一个持久化类的对象也可以处于瞬时状态或托管状态）。持久化类的对象会被持久化（保存）到数据库中。

Hibernate 使用普通的 Java 对象（Plain Old Java Objects），即 POJO 的编程模式来进行持久化。一个 POJO 类不用继承任何类，也无须实现任何接口 POJO 类中包含与数据库表中相对应的各个属性，这些属性通过 getter 和 setter 方法来访问，对外部隐藏了内部的实现细节。

范例 24-1　用户User的持久化映射类（User.java）

```
package org.hibernate.entity;

public class User
{
   // User 类的属性
   private int id;        // 用户 ID
   private String name;    // 用户姓名
   private String password; // 用户密码
   private String type;    // 用户类型

   // 默认构造方法
   public User()
   {
   }

   // 完整构造方法
   public User(int id, String name, String password, String type)
   {
      this.id = id;
      this.name = name;
      this.password = password;
      this.type = type;
   }
   // 获得属性
   public int getId()
   {
```

```
        return this.id;
    }
    public void setId(int id)
    {
        this.id = id;
    }

    public String getName()
    {
        return this.name;
    }
    public void setName(String name)
    {
        this.name = name;
    }

    public String getPassword()
    {
        return this.password;
    }
    public void setPassword(String password)
    {
        this.password = password;
    }

    public String getType()
    {
        return this.type;
    }
    public void setType(String type)
    {
        this.type = type;
    }
}
```

【范例分析】

持久化类遵循以下 4 个主要规则。

（1）所有的持久化类都需要拥有一个默认的构造方法。只有这样，Hibernate 才能运用 Java 的反射机制，调用 java.lang.reflect.Constructor.newInstance() 方法来实例化持久化类。为了使 Hibernate 能够正常地生成动态代理，建议默认构造方法的访问权限至少定义为包访问权限。

（2）持久化类中应该提供一个标识属性。该属性用于映射到底层数据库表中的主键列，其类型可以是任何基本类型。如 User 类中的 id 属性就是该持久化类的标识属性。

（3）建议不要将持久化类声明为 final。这是由于 Hibernate 的延迟加载要求定义的持久化类或者是非 final 的，或者是该持久化类实现了某个接口。如果确实需要将一个持久化类声明为 final，且该类并未实现某个接口，则必须禁止生成代理，即不采用延迟加载。

（4）为持久化类的各个属性声明 getters 方法和 setters 方法。Hibernate 在加载持久化类时，需要对其进行初始化，即访问各个字段并赋值。Hibernate 可以直接访问类的各个属性，但默认情况下它访问的是各个属性的 getXXX 和 setXXX 方法。为了实现类的封装性，建议为持久化类的各个属性添加 getXXX 和 setXXX 方法。

24.3.5 编写映射文件 User.hbm.xml

为了完成对象到关系数据库的映射，Hibernate 需要知道持久化类的实例应该被如何存储和加载，可以使用 XML 文件来设置它们之间的映射关系。在 HibernateDemo 项目中，创建了 User.hbm.xml 映射文件，在该文件中定义了 User 类的属性如何映射到 USER 表的列上。

范例 24-2　映射文件（User.hbm.xml）

```
<?xml version="1.0" encoding="UTF-8"?>
<!DOCTYPE hibernate-mapping PUBLIC "-//Hibernate/Hibernate Mapping DTD 3.0//EN"
"http://hibernate.sourceforge.net/hibernate-mapping-3.0.dtd">
<hibernate-mapping>
  <class name="org.hibernate.entity.User" table="USER">

    <id name="id" type="java.lang.Integer" column="USER_ID">
      <generator class="increment" />
    </id>

    <property name="name" type="java.lang.String">
        <column name="NAME" length="20"></column>
    </property>

    <property name="password" type="java.lang.String" >
    <column name="PASSWORD" length="12"></column>
    </property>

    <property name="type" type="java.lang.String" >
    <column name="TYPE" length="6"></column>
    </property>

  </class>
</hibernate-mapping>
```

【范例分析】

通过映射文件可以告诉 Hibernate，User 类被持久化为数据库中的 USER 表。User 类的标识属性 id 映射到 USER_ID 列，name 属性映射到 NAME 列，password 属性映射到 PASSWORD 列，type 属性映射到 TYPE 列。

根据映射文件，Hibernate 可以生成足够的信息以产生所有 SQL 语句，即 User 类的实例进行插入、更新、删除和查询所需要的 SQL 语句。

按照上面给出的内容创建一个 XML 文件，命名为 User.hbm.xml，将这个文件同 User.java 放到同一个包 org.hibernate.entity 中。hbm 后缀是 Hibernate 映射文件的命名惯例。大多数开发人员都喜欢将映射文件与持久化类的源代码放在一起。

24.3.6 编写 hibernate.cfg.xml 配置文件

由于 Hibernate 的设计初衷是能够适应各种不同的工作环境，因此它使用了配置文件，并在配置文件中提供了大量的配置参数。这些参数大都有直观的默认值，在使用时，用户所要做的是，根据特定环境，修改配置文件中特定参数的值。

Hibernate 配置文件主要用来配置数据库连接及 Hibernate 运行时所需要的各个属性的值。Hibernate 配置文件的格式有两种：一种是 properties 属性文件格式的配置文件，使用键值对的形式存放信息，默认文件名为 hibernate.properties。还有一种是 XML 格式的配置文件，默认文件名为 hibernate.cfg.xml。两种格式的配置文件是等价的，具体使用哪个可以自由选择。

XML 格式的配置文件更易于修改，配置能力更强。当改变底层应用配置时不需要改变和重新编译代码，只修改配置文件的相应属性就可以了。而且它可以由 Hibernate 自动加载，而 properties 格式的文件则不具有这个优势。下面介绍如何以 XML 格式来创建 Hibernate 的配置文件。

在前面我们已经使用 Hibernate 的配置文件向导，生成了一个 Hibernate 的配置文件 hibernate.cfg.xml。我们将该文件列在下面，除了向导中生成的与数据库连接相关的属性外，文件中还增加了其他的一些属性。配置文件如下。

范例 24-3 配置文件（hibernate.cfg.xml）

```
<?xml version="1.0" encoding="UTF-8"?>
<!DOCTYPE hibernate-configuration PUBLIC
      "-//Hibernate/Hibernate Configuration DTD 3.0//EN"
      "http://hibernate.sourceforge.net/hibernate-configuration-3.0.dtd">
<hibernate-configuration>
   <session-factory>
      <property name="hibernate.connection.driver_class">com.mysql.jdbc.Driver</property>
      <property name="hibernate.connection.username">root</property>
      <property name="hibernate.connection.password">123456</property>
      <property name="hibernate.connection.url">jdbc:mysql://localhost:3306/mysqldb</property>

      <property name="hibernate.dialect">org.hibernate.dialect.MySQLDialect</property>
      <property name="connection.pool_size">1</property>
      <!-- 配置数据库方言 -->
      <property name="dialect">org.hibernate.dialect.MySQLDialect</property>
      <!-- 输出运行时生成的 SQL 语句 -->
      <property name="show_sql">true</property>
      <!-- 列出所有的映射文件 -->
      <mapping resource="org/hibernate/entity/User.hbm.xml"/>

   </session-factory>
</hibernate-configuration>
```

在 hibernate.cfg.xml 配置文件中设置了数据库连接的相关属性及其他一些常用属性，下面对这些属性进行简要的介绍。

01 Hibernate JDBC 属性

在访问数据库之前，首先要获得一个 JDBC 连接。要获得 JDBC 连接，则需要向 Hibernate 传递一些 JDBC 连接属性。所有的 Hibernate 属性名及其语义都在 org.hibernate.cfg.Environment 类中定义。下面给出 JDBC 连接配置中一些重要的属性，如下表所示。如果在配置文件中设置了这些属性，Hibernate 就会使用 java.sql.DriveManager 来获得或缓存这些连接。

Property name	Purpose
hibernate.connection.driver_class	JDBC 驱动类
hibernate.connection.url	JDBC URL
hibernate.connection.usemame	数据库用户名
hibernate.connection.password	数据库用户密码
hibernate.connection.pool_size	最大的池连接数

02 hibernate.dialect 属性

建立数据库连接时所使用的方言。虽然各个关系数据库使用的都是 SQL 语言，但不同数据库的 SQL 语句之间，还是存在些差异的。为了使 Hibernate 能够针对特定的关系数据库生成适合的 SQL 语句，就要选择适合的数据库方言。大部分情况下，Hibernate 可以根据 JDBC 驱动返回的 JDBC metadata 来选择正确的 org.hibernate.dialect.Dialect 方言。

03 hibernate.show_sql 属性

该属性可以将 SQL 语句输出到控制台。它的作用主要是方便调试，可在控制台中看到 Hibernate 执行的 SQL 语句。

04 映射文件列表

为了使 Hibernate 能够处理对象的持久化，还需要将对象的映射信息加入到 Hibernate 配置文件中。加入的方法是在配置文件中添加如下语句。

```
〈mapping resource*" 包名 /User.hbm.xml"/>
```

其中，resource 属性指定了映射文件的位置和名称。如果项目中有多个映射文件，则需要使用多个 mapping 元素来分别指定每个映射文件的位置和名称。在配置文件中指定了项目中所有的映射文件后，每次 Hibernate 启动时就可以自动装载映射文件，而无须手动处理。

24.3.7 编写辅助工具类 HibernateUtil.Java

如果要启动 Hibernate，需要创建一个 org.hibernate.SessionFactory 对象。org.hibernate.Session Factory 是一个线程安全的对象，只能被实例化一次。使用 org.hibernate.SessionFactory 可以获得 org.hibernate.Session 的一个或多个实例。

本小节将创建一个辅助类 HibernateUtil，它既负责 Hibernate 的启动，也负责完成存储和访问 SessionFactory 的工作。使用 HibernateUtil 类来处理 Java 应用程序中 Hibernate 的启动是一种常见的模式。下面是 HibernateUtil 类的基本实现代码。

范例 24-4 辅助工具类（HibernateUtil.java ）

```
package org.hibernate.entity;

import org.hibernate.*;
import org.hibernate.cfg.*;

public class HibernateUtil
{
    private static SessionFactory sessionFactory;
    private  static Configuration configuration = new Configuration();
    // 创建线程局部变量 threadLocal，用来保存 Hibernate 的 Session
    private static final ThreadLocal<Session> threadLocal = new ThreadLocal<Session>();
    // 使用静态代码块初始化 Hibernate
```

```
static
{
    try
    {
        Configuration cfg=new Configuration().configure(); // 读取配置文件 hibernate.cfg.xml
        sessionFactory=cfg.buildSessionFactory();                   // 创建 SessionFactory
    }
    catch (Throwable ex)
    {
        throw new ExceptionInInitializerError(ex);
    }
}
// 获得 SessionFactory 实例
public static SessionFactory getSessionFactory()
{
    return sessionFactory;
}
// 获得 ThreadLocal 对象管理的 Session 实例
public static Session getSession() throws HibernateException
{
    Session session = (Session) threadLocal.get();
    if (session == null || !session.isOpen())
    {
        if (sessionFactory == null)
        {
            rebuildSessionFactory();
        }
        // 通过 SessionFactory 对象创建 Session 对象
        session = (sessionFactory != null) ? sessionFactory.openSession(): null;
        // 将新打开的 Session 实例保存到线程局部变量 threadLocal 中
        threadLocal.set(session);
    }
    return session;
}
// 关闭 Session 实例
public static void closeSession() throws HibernateException
{
// 从线程局部变量 threadLocal 中获取之前存入的 Session 实例
    Session session = (Session) threadLocal.get();
    threadLocal.set(null);
    if (session != null)
    {
        session.close();
    }
}
```

```
    // 重建 SessionFactory
    public static void rebuildSessionFactory()
    {
        try
        {
            configuration.configure("/hibernate.cfg.xml");          // 读取配置文件 hibernate.cfg.xml
            sessionFactory = configuration.buildSessionFactory();              // 创建 SessionFactory
        }
        catch (Exception e)
        {
            System.err.println("Error Creating SessionFactory ");
            e.printStackTrace();
        }
    }
    // 关闭缓存和连接池
    public static void shutdown()
    {
        getSessionFactory().close();
    }
}
```

【范例分析】

在 HibernateUtil 类中，首先编写了一个静态代码块来启动 Hibernate，这个块只在 HibernateUtil 类被加载时执行一次。在应用程序中第一次调用 HibernateUtil 时会加载该类，建立 SessionFactory。

有了 HibernateUtil 类，无论何时想要访问 Hibernate 的 Session 对象，都可以从 HibernateUtil.getSessionFactory().openSession() 中很轻松地获取到。

24.3.8 编写 DAO 接口 UserDAO.java

DAO 指的是数据库访问对象，J2EE 的开发人员常常使用 DAO 设计模式将底层的数据访问逻辑和上层的业务逻辑隔离开，这样可以更加专注于数据访问代码的编写工作。

DAO 模式是标准的 J2EE 设计模式之一，一个典型的 DAO 实现需要下面几个组件。

- 一个 DAO 接口。
- 一个实现 DAO 接口的具体类。
- 一个 DAO 工厂类。
- 数据传递对象或称值对象，这里主要指 POJO。

DAO 接口中定义了所有的用户操作，如添加、修改、删除和查找等操作。由于是接口，因此其中定义的都是抽象方法，还需要 DAO 实现类去具体地实现这些方法。

DAO 实现类负责实现 DAO 接口，当然就实现了 DAO 接口中所有的抽象方法，在 DAO 实现类中是通过数据库的连接类来操作数据库的。

可以不创建 DAO 工厂类，但此时必须通过创建 DAO 实现类的实例来完成对数据库的操作。使用 DAO 工厂类的好处在于，当需要替换当前的 DAO 实现类时，只需要修改 DAO 工厂类中的方法代码，而不需要修改所有操作数据库的代码。

有了 DAO 接口后，用户不需要关心底层的具体实现细节，只需要操作接口就足够了。这样就实现了分层处理且有利于代码的重用。当用户需要添加新的功能时，只需要在 DAO 接口中添加新的抽象方法，然后在其对应的 DAO 实现类中实现新添加的功能即可。

在该项目中我们会创建 DAO 接口及其对应的实现类。下面代码创建了用于数据库访问的 DAO 接口。

范例 24-5 DAO接口（UserDAO.java）

```
package org.hibernate.dao;

import java.util.List;
import org.hibernate.entity.User;

public interface UserDAO    // 创建 UserDAO 接口
{
    void save(User user);          // 添加用户
    User findById(int id);  // 根据用户标识查找指定用户
    void delete(User user); // 删除用户
    void update(User user); // 修改用户信息
}
```

上面这段代码通过 DAO 模式对各个数据库对象进行了封装，这样就对业务层屏蔽了数据库访问的底层实现，使得业务层仅包含与本领域相关的逻辑对象和算法，对于业务逻辑的开发人员（以及日后专注于业务逻辑的代码阅读者）而言，面对的就是一个简洁明快的逻辑实现结构，使得业务层的开发和维护变得更加简单。

24.3.9 编写 DAO 层实现类

完成了持久化类的定义及配置工作后，下面开始编写 DAO 层实现类 UserDAOImpl.java。

范例 24-6 DAO层实现类（UserDAOImpl.Java）

```
package org.hibernate.dao;

import org.hibernate.*;
import org.hibernate.entity.*;
public class UserDAOImpl implements UserDAO
{
    // 添加用户
    public void save(User user)
    {
        Session session= HibernateUtil.getSession(); // 生成 Session 实例
        Transaction tx = session.beginTransaction(); // 创建 Transaction 实例
        try
        {
            session.save(user);       // 使用 Session 的 save 方法将持久化对象保存到数据库
            tx.commit();              // 提交事务
        }
        catch(Exception e)
        {
            e.printStackTrace();
            tx.rollback();                      // 回滚事务
        }
```

```
    finally
    {
      HibernateUtil. closeSession();              // 关闭 Session 实例
    }
  }
  // 根据用户标识查找指定用户
  public User findById(int id)
  {
    User user=null;
    Session session= HibernateUtil.getSession();  // 生成 Session 实例
    Transaction tx = session.beginTransaction();  // 创建 Transaction 实例
    try
    {
      user=(User)session.get(User.class,id); // 使用 Session 的 get 方法获取指定 id 的用户到内存中
      tx.commit();                                                              // 提交事务
    } catch(Exception e)
    {
      e.printStackTrace();
      tx.rollback();                                          // 回滚事务
    }
    finally
    {
       HibernateUtil. closeSession();                         // 关闭 Session 实例
    }
    return user;
  }
  // 删除用户
  public void delete(User user)
  {
    Session session= HibernateUtil.getSession();  // 生成 Session 实例
    Transaction tx = session.beginTransaction();  // 创建 Transaction 实例
    try
    {
      session.delete(user);          // 使用 Session 的 delete 方法将持久化对象删除
      tx.commit();                                                              // 提交事务
    }
    catch(Exception e)
    {
      e.printStackTrace();
      tx.rollback();                                                              // 回滚事务
    }
    finally
    {
      HibernateUtil. closeSession();                          // 关闭 Session 实例
    }
  }
  // 修改用户信息
```

```
    public void update(User user)
    {
       Session session= HibernateUtil.getSession(); // 生成 Session 实例
       Transaction tx = session.beginTransaction(); // 创建 Transaction 实例
       try
       {
          session.update(user);                    // 使用 Session 的 update 方法更新持久化对象
          tx.commit();                                                            // 提交事务
       }
       catch(Exception e)
       {
          e.printStackTrace();
          tx.rollback();                                                                  // 回滚事务
       }
       finally
       {
          HibernateUtil. closeSession();          // 关闭 Session 实例
       }
    }
}
```

在 UserDAOImpl 类中分别实现了 UserDAO 接口中定义的 4 个抽象方法，实现了对用户的添加、查找、删除和修改操作。

24.3.10 编写测试类 UserTest.java

在软件开发过程中，需要有相应的软件测试工作。依据测试的目的不同，可以将软件测试划分为单元测试、集成测试和系统测试。其中单元测试尤为重要，它在软件开发过程中进行的是最底层的测试，易于及时发现问题并解决问题。

Junit 就是一种进行单元测试的常用方法，下面简单介绍 Eclipse 中 JUnit 4 的用法，便于读者自己进行方法测试。这里要测试的 UserDAOImpl 类中有 4 个方法，我们以 save( ) 方法为例，对 save 方法完成测试的步骤如下。

❶ 建立测试用例。将 JUnit4 单元测试包引入项目中。在项目节点上单击鼠标右键，在弹出的快捷菜单中选择“Properties”菜单项，弹出属性窗口，如下图所示。在属性窗口左侧的节点中选中“Java Build Path”节点，在右侧对应的“Java Build Path”栏目下选择“Libraries”选项卡，然后单击右侧的“Add Library”按钮，弹出“Add Library”对话框。最后在“Add Library”对话框中选中“Junit”，并单击“Next”按钮。

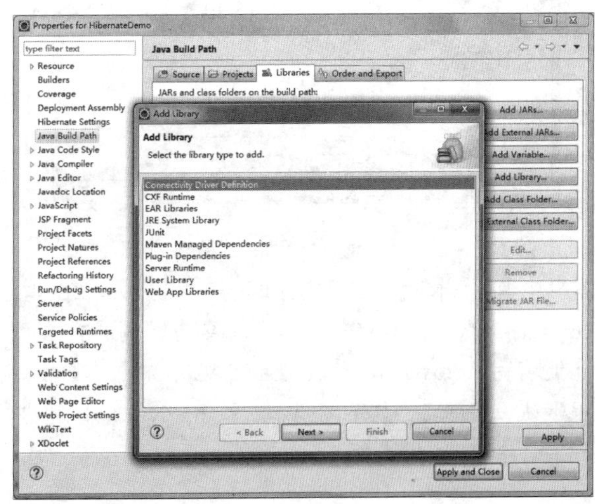

❷ 在“Add Library”对话框中选择“Junit”的版本，如下图所示，此处我们选择“Junit4”。单击“Finish”按钮退出并返回到属性窗口，在属性窗口中单击“OK”按钮，则 Junit 4 包便引入到项目中了。

❸ 在使用 Junit 4 测试时，不需要 main 方法，可以直接用 IDE 进行测试。在 org.hibernate.test 包上单击鼠标右键，在弹出的快捷菜单中选择“New → JunitTestCase”菜单项，如下图所示，单击“Next”按钮，弹出“New Junit Test Case ”窗口。

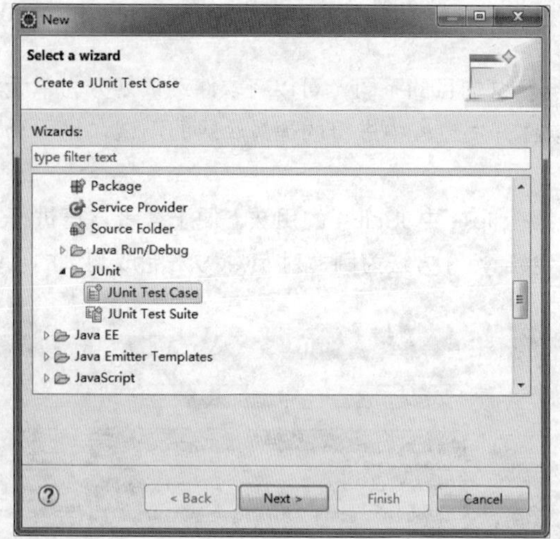

❹ 在“New Junit Test Case”窗口的“Name”文本框中填写测试用例的名称，此处填写“UserTest”，在“Class under test”文本框中填写要进行测试的类，此处填写“org.hibernate.dao.UserDAOImpl”，其他采用默认设置即可，如下图所示。单击“Next”按钮进行下一步配置。

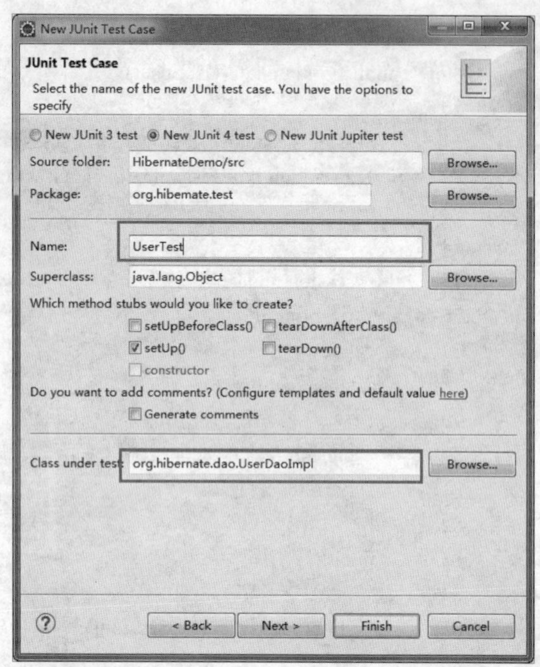

❺ 该步骤进行测试方法的选择，在下图中选择“UserDAOImpl”节点下需要测试的方法，此处选择 save(User) 方法。单击“Finish”按钮完成配置。

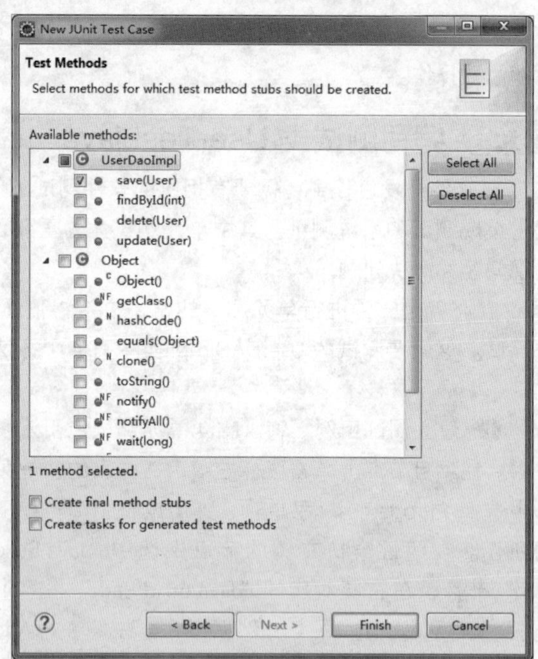

❻ 配置完成后，系统会自动生成类 UserTest 的框架，里面包含一些空的方法，我们将 UserTest 类补充完整即可。

范例 24-7 测试用例（UserTest.java）

```
package org.hibernate.test;

import org.hibernate.dao.*;
import org.hibernate.entity.User;
import org.junit.Before;
import org.junit.Test;

public class UserTest
{
    @Before
    public void setUp() throws Exception
    {
    }
    @Test                       // test 注释表明该方法为一个测试方法
    public void testSave()
    {
        UserDAO userdao=new UserDAOImpl();
        try
        {
            User u=new User();                  // 创建 User 对象

            u.setId(20);            // 设置 User 对象中的各个属性值
            u.setName("Yancy");
            u.setPassword("789");
            u.setType("admin");

            userdao.save(u);                    // 使用 userdaoimpl 的 save 方法将 User 对象存入数据库
        }
        catch(Exception e)
        {
            e.printStackTrace();
        }
    }
}
```

【范例分析】

在 UserTestjava 中包含 T@Before、@Test 等字样，它们称为注解。在测试类中，并不是每个方法都用来测试的，我们可以使用注解 @Test 来标明哪些方法是测试方法。如此处的 testSave() 方法为测试方法。@Before 注解的 setup 方法为初始化方法，该方法为空。

在 testSave() 方法中使用 User 类的 setters 方法设置了 user 对象的各个属性值，然后调用 UserDAOImpl 类（UserDAOImpl 类实现了 UserDAO 接口）中的 save() 方法，将该 user 对象持久化到数据库中。

❼ 在“UserTest.java”节点上单击鼠标右键，在弹出的快捷菜单中选择“Run As → Junit Test”选项来运行测试。

```
Hibernate: select max(USER_ID) from USER
Hibernate: insert into USER (NAME, PASSWORD, TYPE, USER ID) values (?, ?, ?, ?)
```

至此，我们使用 Junit4 完成了 UserDAOImpl 类中 save 方法的测试，在 UserTest 类中还可以完成 UserDAOImpl 类中其他 3 个方法的测试，其他方法的测试读者可类似处理。

测试程序执行后，在 MySQL 数据库中查询 USER 表中的数据，结果如下图所示。

由下图可见，新记录已经成功地插入到 USER 表中了。

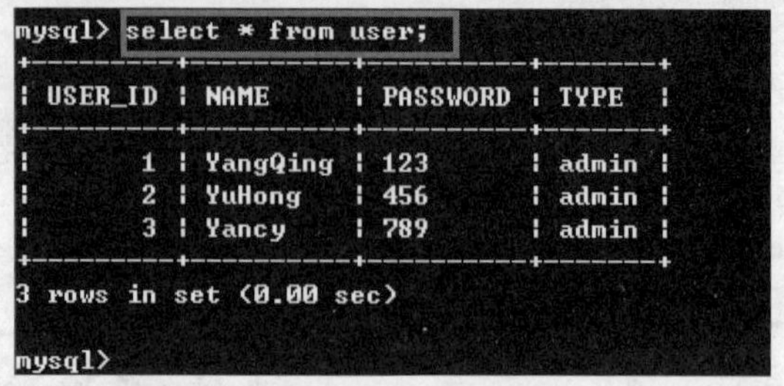

24.4 高手点拨

Hibernate 是一个开放源代码的对象关系映射框架，它对 JDBC 进行了非常轻量级的对象封装，使得 Java 程序员可以比较便捷地使用面向对象编程的思维来操纵数据库。

Hibernate 的核心接口一共有 5 个，分别为 Session、SessionFactory、Transaction、Query 和 Configuration。这 5 个核心接口在任何开发中都会用到。通过这些接口，不仅可以对持久化对象进行存取，还能够进行事务控制。

Session 接口：Session 接口负责执行被持久化对象的 CRUD 操作（CRUD 的任务是完成与数据库的交流，包含了很多常见的 SQL 语句）。但需要注意的是，Session 对象是非线程安全的。同时，Hibernate 的 session 不同于 JSP 应用中的 HttpSession。这里当使用 session 这个术语时，其实指的是 Hibernate 中的 session，而以后会将 HttpSession 对象称为用户 session。

SessionFactory 接口：SessionFactory 接口负责初始化 Hibernate。它充当数据存储源的代理，并负责创建 Session 对象。这里用到了工厂模式。需要注意的是，SessionFactory 并不是轻量级的，因为一般情况下，一个项目通常只需要一个 SessionFactory 就够，当需要操作多个数据库时，可以为每个数据库指定一个 SessionFactory。

Configuration 接口：Configuration 接口负责配置并启动 Hibernate，创建 SessionFactory 对象。在 Hibernate 的启动过程中，Configuration 类的实例首先定位映射文档位置、读取配置，然后创建 SessionFactory 对象。

Transaction 接口：Transaction 接口负责事务相关的操作。它是可选的，开发人员也可以设计编写自己的底层事务处理代码。

Query 和 Criteria 接口：Query 和 Criteria 接口负责执行各种数据库查询。它可以使用 HQL 语言或 SQL 语句两种表达方式。

24.5 实战练习

用 JSP 编写一个用户登录检测程序，当用户输入用户和密码正确时，显示欢迎页面，当用户名和密码不匹配时，页面重定向到错误页面，并显示 10 秒钟，然后重新返回用户登录界面。要求用户名和密码保存到数据库中，必须通过 Hibernate 来访问数据库。

第 25 章

移动互联的精彩
——Android 编程基础

本章讲解 Android 编程基础，包括 Android 系统简介和开发环境搭建、创建第 1 个 Android 项目、Android 常见控件的使用及 4 种基本布局方式。本章是 Android 开发的基础介绍，读者如果对 Android 开发感兴趣，可以在学习完本章后继续深入学习 Android 的其他知识。

本章要点（已掌握的在方框中打钩）

- □ 掌握 Android 开发环境搭建
- □ 掌握创建第 1 个 Android 项目
- □ 掌握 Android 常用控件
- □ 掌握 4 种基本布局方式

Android 是谷歌于 2007 年 11 月 5 日宣布的基于 Linux 平台的开源手机操作系统的名称，该平台由操作系统、中间件、用户界面和应用软件组成。Android 的生态系统是目前移动终端中数一数二的，Android 为用户提供一个开放的生态系统，用户可以个性化定制自己的 Android 设备，基于这一特性呈现出了百花齐放的 Android 世界。在进入 Android 世界之前，我们先看看 Android 世界是怎样运转的。

25.1 Android 简介

从 Beta 版本到目前的 9.0，Android 共发布了二十几个版本。谷歌一直致力于建立完整的 Android 生态体系。用户、开发者、手机厂商之间相互依存，共同推进着 Android 生态的蓬勃发展。开发者就是整个生态系统的建筑工人，再优秀的操作系统，如果没有开发者来制作丰富的应用程序，也难以得到用户的喜爱。

那我们就站在一个 Android 开发者的角度，去了解这个操作系统吧。下面我们将简要介绍 Android 的相关知识。这些知识体系和后面的开发工作息息相关。

25.1.1 Android 系统架构

为了在后续开发中能够更好地理解相关内容，我们先看一下 Android 的系统架构。它大致可以分为如下四层架构。

（1）Linux 内核层

Android 平台的基础是 Linux 内核。它提供了一个抽象层次之间的设备硬件，并且它包含所有必要的硬件驱动程序（如摄像头、键盘、显示器等）。并且，Linux 内核处理网络和设备驱动程序。

（2）系统运行库层

在这一层通过 C/C++ 库来为 Android 系统提供主要的接口支持，比如小型关系数据库 SQLite、3D 图像支持库 OpenGL|ES、WebKit 库提供了浏览器内核支持等。

同时这一层还有 Android 运行时库 Android Runtime， 简称 ART。ART 是为了通过执行 DEX 文件在低内存设备上运行多个虚拟机，DEX 文件是一种专为 Android 设计的字节码格式，经过优化，使用的内存很少。

（3）应用框架层

这一层提供了应用程序可能用到的各种 API。这些 API 全部通过 Java 语言编写，用户可以在构建自己的应用程序时调用这些 API。比如可以通过调用 android.app.Activity 来构建一个自定义的活动（Activity）。

（4）应用层

Android 系统上的所有应用程序都属于这一层，包括系统自带应用和用户自己安装的应用。

25.1.2 Android 已发布的版本

2008 年 9 月，Google 发布了 Android 1.0 系统并将其开源，这是 Android 系统最早公开发行的版本。随着 Android 生态系统的不断完善，Android 2.1、2.2、2.3 系统的推出使 Android 占据了大量的移动用户市场。之后的 Android 4.1 更一步巩固了 Android 在移动终端的霸主地位。但是在 2011 年 2 月的时候谷歌发布的 Android 3.0 是 Android 为数不多的失败版本，这个版本专门为平板电脑设计，但是推出后一直没有得到用户的认可。

下表是市场上一些主要的 Android 系统版本信息，读者可以访问相关网站查看最新数据。

版本号	系统代号	API 版本	市场占有率
2.2	Froyo	8	0.1
2.3.3-2.3.7	Gingerbread	10	1.7%
4.03-4.04	Ica Cream Sandwich	15	1.6%
4.1.x	Jelly Bean	16	6.0%
4.2.x		17	8.3%
4.3		18	2.4%
4.4	KitKat	19	29.2%
5.0	Lollipop	21	14.1%
5.1		22	21.4%
6.0	Marshmallow	23	15.2%

25.1.3 Android 应用开发特色

接下来我们即将进入实际的开发环节，在进入之前我们先看看 Android 应用开发的特色。Android 系统给我们提供了四大组件：活动（Activity）、服务（Service）、广播接收器（BroadcastReceiver）和内容提供器（Content Provider）。

这其中活动是应用程序的展示层，所以我们能看到的东西都要由活动展示。服务是一直默默工作在后台的进程，即使应用程序退出了，服务仍然可以运行。广播接收器可以应用接收来自各处的广播消息，比如电话、短信等，当然我们的应用同样也可以向外发出广播消息。内容提供器则为应用程序之间共享数据提供了可能。比如，如果我们想要读取系统电话簿中的联系人，就需要通过内容提供器来实现。

另一方面，Android 提供丰富的系统组件供开发者使用，并且还提供轻量级关系数据库 SQLite。同样 Android 在地理位置信息和多媒体、传感器方面有着很好的支持。

25.2 搭建开发环境

俗话说，工欲善其事，必先利其器。那么接下来我们就一步步地搭建起 Android 开发环境。

25.2.1 准备所需要的软件

Java 基础是 Android 程序员必须掌握的技能，因为 Android 程序都是使用 Java 语言编写。如果读者没有完成前面章节的 Java 基础部分学习，那阅读本章节应该会有一定的困难，建议读者回到本书前面的章节，学会 Java 的基本语法和特性。如果读者已经掌握 Java 的基本用法，下面我们就看一看开发 Android 程序需要准备哪些工具。

- JDK：它是 Java 语言的软件开发工具包，其包含了 Java 的运行环境、工具集合、基础类库等内容。需要注意的是，本书中的 Android 程序必须使用 JDK 8 或以上版本才能进行开发。
- Android SDK：它是谷歌提供的 Android 开发工具包，在开发 Android 程序时，我们需要通过引入该工具包来使用 Android 相关的 API。
- Android Studio：在早期，开发 Android 项目的 IDE 环境都是 Eclipse。而自 2013 年起，谷歌推出了一款官方的 IDE 工具 Android Studio，由于不再是以插件的形式存在，Android Studio 在开发 Android 程序方面要远比 Eclipse 强大和方便。但是，因为早期版本的 Android Studio 并不是特别稳定，所以 Android Studio 的市场占有率并不高，但是随着不断的完善和修复，现在的 Android Studio 已经成为开发 Android 程序的首选。

25.2.2 开发环境的搭建

到谷歌中国的 Android 官网，读者就可以下载最新版的开发工具 Android Studio，选择“DOWNLOAD ANDROID STUDIO”选项下载即可，如下图所示。

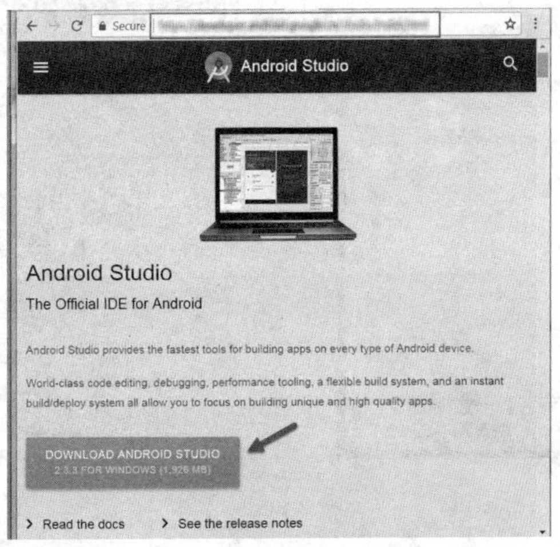

❶ 在接受谷歌的许可协议后，即可下载安装包。之后的安装过程非常简单，选择默认安装选项就可以了（即一直单击“Next”按钮），其中选择安装组件时建议全部选择，如下图所示。

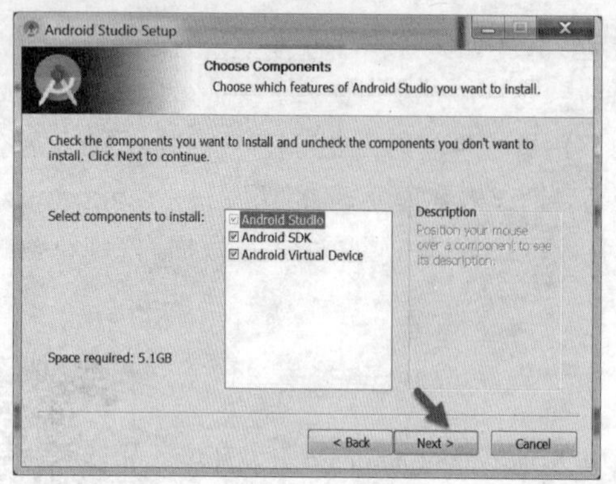

❷ 接下来的安装过程，会让用户选择 Android Studio 的安装目录和 Android SDK 的安装目录，需要注意的是，Android SDK 安装路径中是不能带有空格的，这些地址根据个人习惯和自己计算机的实际情况选择就行了，不想改动就保持默认，如下图所示。

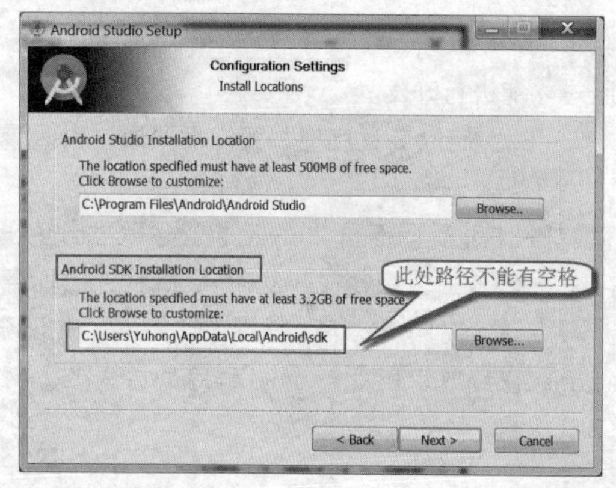

❸ 后面全部保持默认项，一直单击“Next”按钮即可完成安装，如下图所示。

❹ 完成安装后，可以选择单击“Finish”按钮启动 Android Studio，第一次启动，会让读者选择是否导入之前的 Android Studio 版本的配置，由于这是我们首次安装，这里选择不导入就可以了，如下图所示。

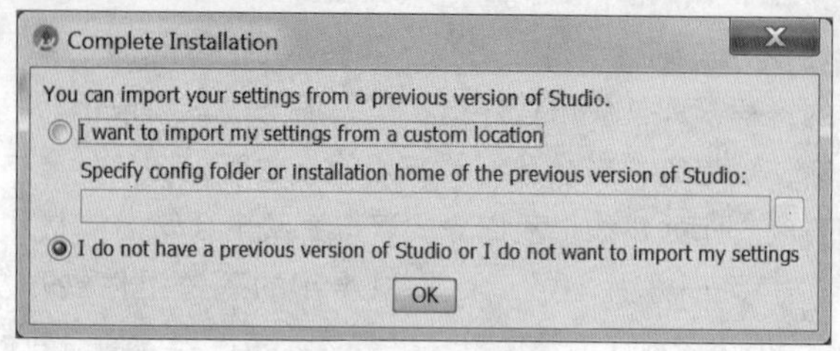

❺ 单击“OK”按钮进入 Android Studio 的配置界面，如下图所示。

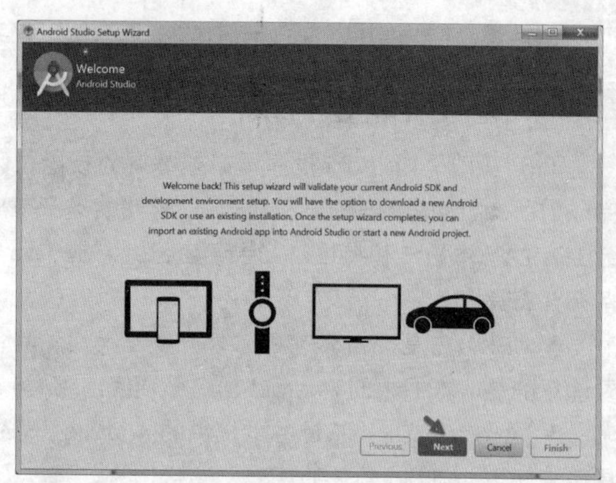

❻ 单击“Next”按钮开始配置具体的配置，如下图所示。这里我们可以选择 Android Studio 的安装类型，它有 Standard（标准版）和 Custom（定制版）两种类型。Standard 类型表示一切都使用默认的配置选项，比较方便；Custom 则可以根据用户特殊的需求进行自定义。简单起见，这里我们选择 Standard，继续单击“Next”按钮完成配置工作，如下图所示。

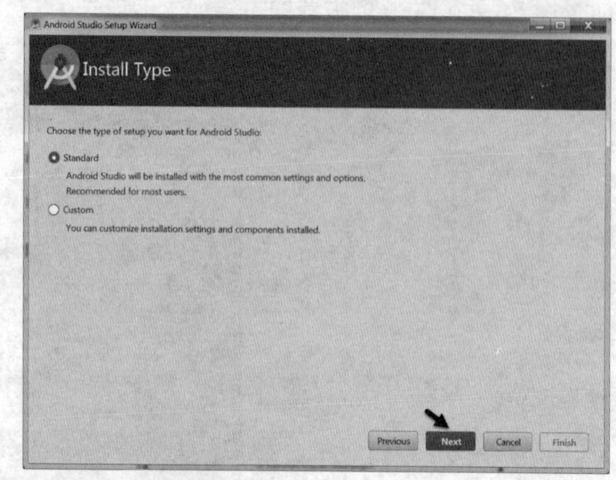

❼ 单击“Next”按钮后，会出现配置信息的预览页面，如果希望修改安装类型或者配置信息可以选择“Previous”按钮，回退到上一步操作。如果希望完成安装单击“Finish”按钮，就会进入 Android Studio 的欢迎界面，如下图所示。

目前为止，Android 开发环境就已经全部搭建完成了。那么现在就继续下一节内容，开始我们的第 1 个 Android 项目吧。

25.3 创建第 1 个 Android 项目

基本上，任何编程语言写出来的第 1 个程序，都是经典的 Hello World，这已经是 20 世纪 70 年代以来一个不变的传统了。Android 的第 1 个程序也不例外。

25.3.1 创建 HelloWorld 项目

在运行 Android Studio 后，单击 Start a new Android Studio project，出现如下图所示界面。

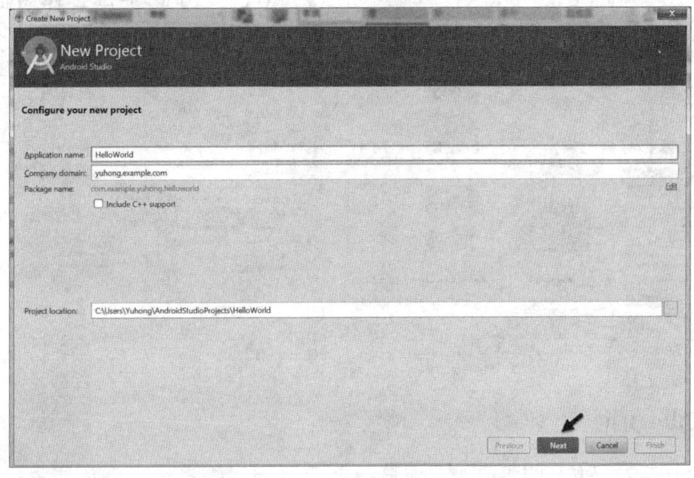

下面我们一一介绍项目创建中的内容。可以参照下图进行 HelloWorld 项目的填写。

- Application name：应用程序的名称。它是 App 在设备上显示的应用程序名称，也是 Android Studio Project 的名称。
- Company domain：公司域名。影响下面的 Package name（包名称）。默认为计算机主机名称，当然我们也可以单独设置 Package name。
- Package name：应用程序包名。每个 App 都有一个独立的包名，如果两个 App 的包名相同，Android 会认为它们是同一个 App。因此，需要尽量保证，不同的 App 拥有不同的包名。
- Project location：Project 存放的本地目录。

单击下一步进入 Android 运行设备参数选项页面，如下图所示。

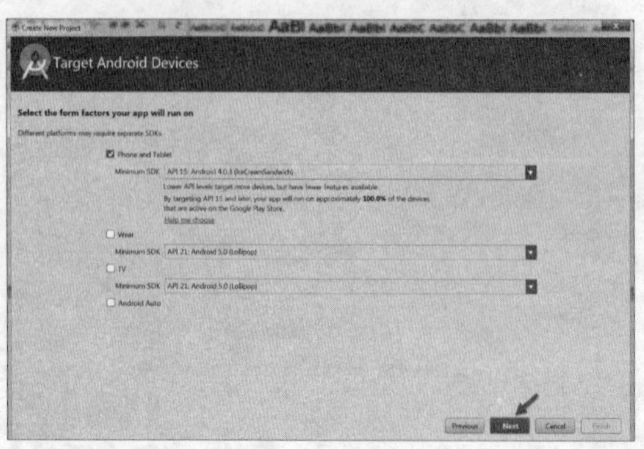

在这里，读者可以自己设置 Project 中 Module 的类型及支持的最低版本。

- Phone and Tablet：表示 Module 是一个手机和平板项目。
- TV：表示 Module 是一个 Android TV 项目。
- Wear：表示 Module 是一个可穿戴设备（如手表）项目。
- Glass：表示 Module 是一个 Google Glass 项目。

这里，我们选择开发一个手机应用，最小 SDK 版本是选择开发的应用会在最小 API 版本上运行，目前一般选择 API 15 即可。然后单击“Next”按钮进入下一页面，如下图所示。

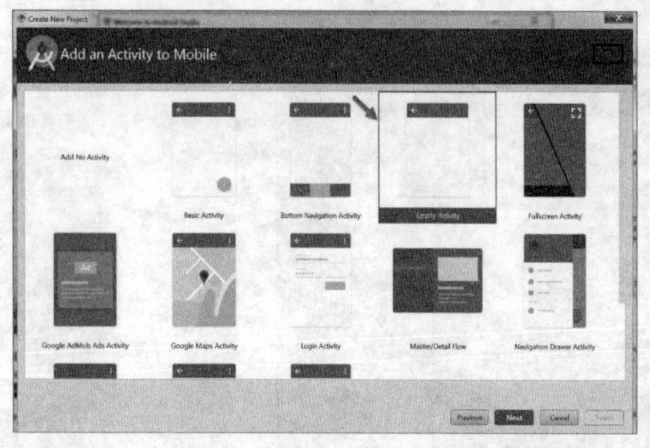

这里让我们选择要创建的应用程序的模板，可以看到 Android Studio 给我们提供了很多模板，这里我们选择创建一个空模板（Empty Activity），单击“Next”按钮进入下一步。

然后，在新出现的界面中，我们填写“Activity Name”为默认的“MainActivity”，填写“Layout Name”为默认的“activity_main”，这里读者无需知道这两个内容是什么意思，我们会在后续的章节中进行讲解。然后单击“Finish”按钮完成 HelloWorld 的创建，如下图所示。

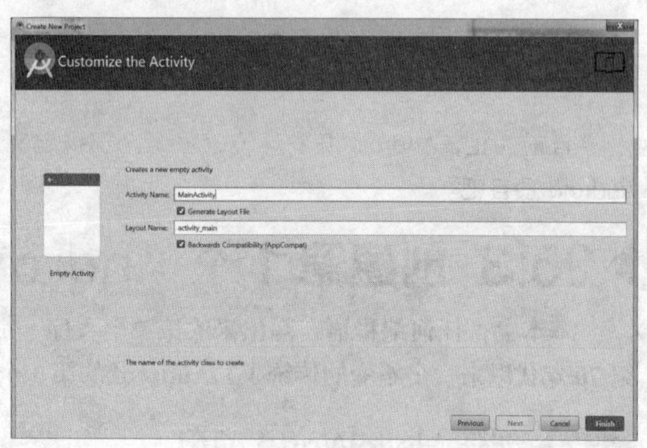

至此，我们已经完成了 HelloWorld 工程的创建，待 Android Studio 完成工作后出现如下界面，则表明我们已经顺利地构建好了第一个 Android 应用。

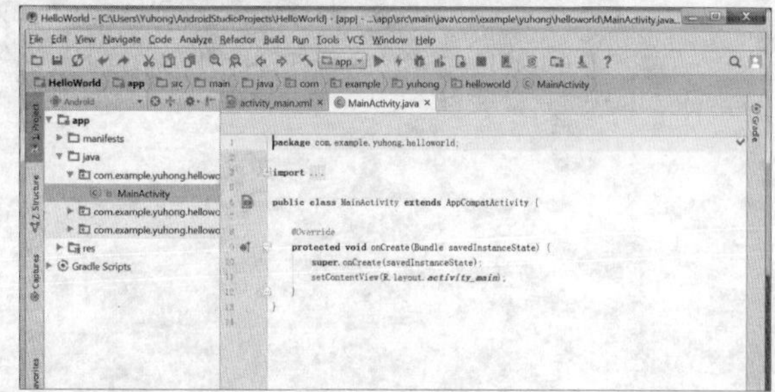

25.3.2 运行 HelloWorld

前面我们已经顺利地搭建好了 HelloWorld 项目。下面我们一起来将它运行起来。在 Android Studio 主界面的顶部菜单栏选择“Run→Run‘App’”选项，弹出运行设备选择框如下图所示。

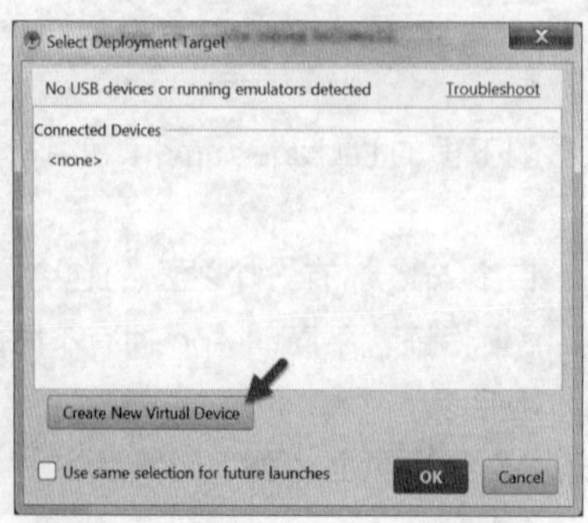

然后选择“Create New Virtual Device”新建一个 Android 虚拟机。

这里选择创建手机类型的虚拟机，依次选择 Phone（手机类型），然后单击“Next”按钮，在弹出的界面中，选择“Nougat”，这是 Android 7.0 的系统镜像，单击“Download”下载，完毕后单击“Next”按钮，跳转后直接选择“Finish”按钮即可。这里需要说明的是，Recommended 标签会列出推荐的系统映像。其他标签包含更完整的列表。x86 映像在模拟器中运行得非常快。

完成后在设备选择对话框中会有一个 Nexus API 24 的设备，单击“OK”按钮，使用该虚拟设备运行我们的 HelloWorld 程序。下图是 HelloWorld 在虚拟设备上的运行结果。

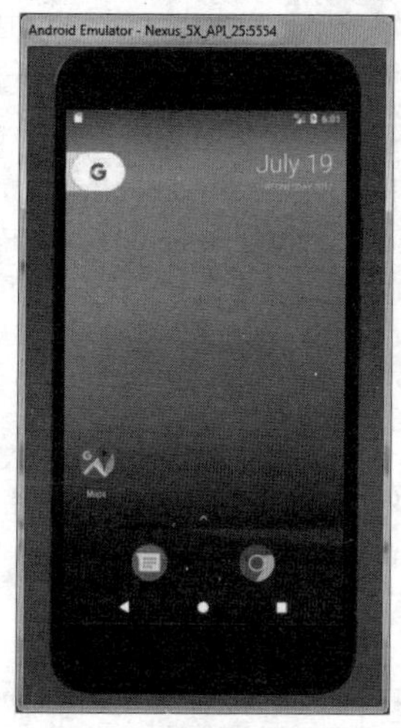

25.3.3 解析第 1 个 Android 程序

既然我们已经成功地运行 HelloWorld 项目，接下来认识整个 HelloWorld 项目的文件结构。读者可以在 Android Studio 的主界面左边看到如下内容，这里展示了整个 HelloWorld 工程的文件目录结构。

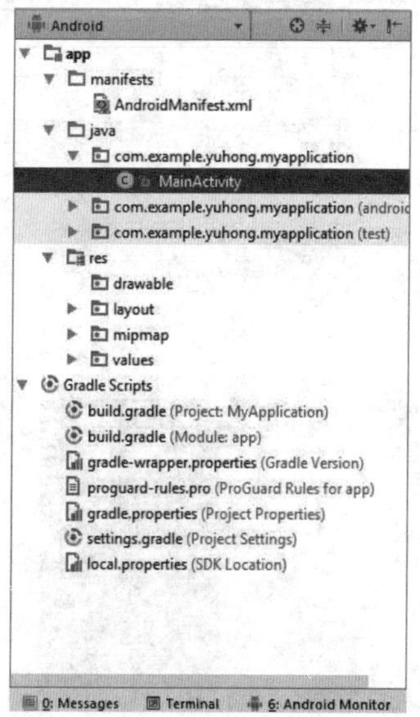

下面我们一一介绍文件的用途。

- app/manifests AndroidManifest.xml：配置文件目录。
- app/java：源码目录。
- app/res：资源文件目录。
- Gradle Scripts gradle：编译相关的脚本。

我们再具体来看 AndroidManifest.xml 文件。首先打开 AndroidManifest.xml 文件，从中可以找到如下代码。

```
<activity android:name=".MainActivity">
    <intent-filter>
        <action android:name="android.intent.action.MAIN" />
        <category android:name="android.intent.category.LAUNCHER" />
    </intent-filter>
</activity>
```

代码详解

这段代码表示对 MainActivity 这个活动进行注册，没有在 AndroidManifest.xml 里注册的活动是不能使用的。其中 intent-filter 里的两行代码非常重要，<action android:name= "android.intent.action.MAIN" /> 和 <category android:name="android.intent.category.LAUNCHER" /> 表示 MainActivity 是这个项目的主活动，在手机上单击应用图标，首先启动的就是这个活动。

介绍完项目文件结构之后，我们再来看看 HelloWorld 是怎样显示出来的，找到 app/java/android.helloworld.MainActivity 及 app/res/layout/activity_main.xml 这两个文件，如下图所示。

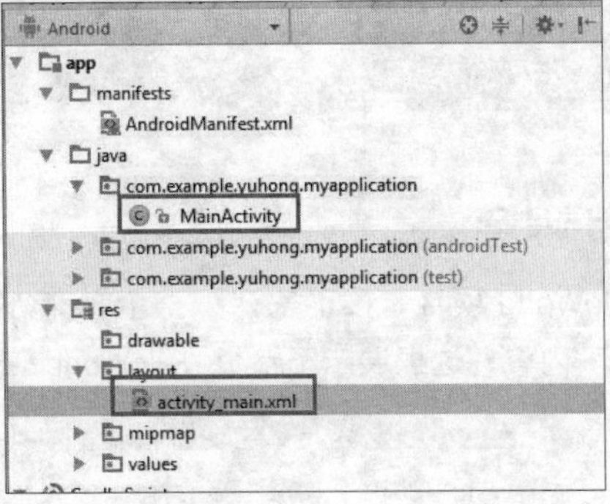

我们先查看 activity_main.xml，这个文件是布局文件，用来设置显示 HelloWorld 的布局格式。打开后可看到如下内容，这是 Android Studio 的可视化设计界面，我们直接选择左下角的 Text 切换到源码模式。

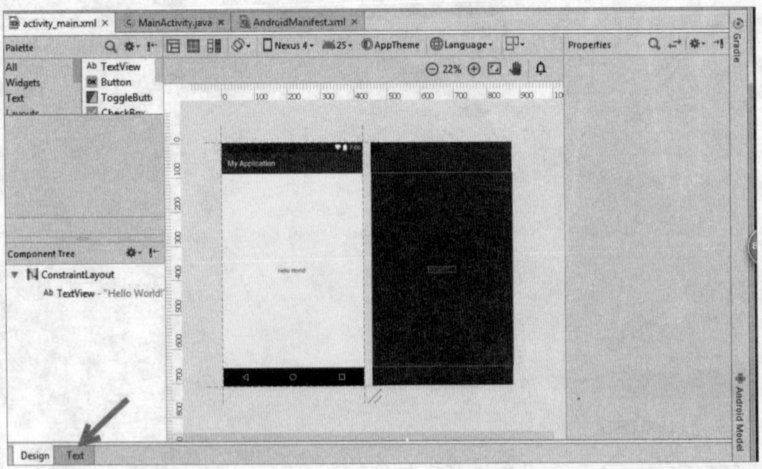

切换到源码模式后看到如下代码。

```
<?xml version="1.0" encoding="utf-8"?>
<RelativeLayout xmlns:android=http://schemas.android.com/apk/res/android
xmlns:tools=http://schemas.android.com/tools
    android:id="@+id/activity_main"
    android:layout_width="match_parent"
    android:layout_height="match_parent"
    android:paddingBottom="@dimen/activity_vertical_margin"
    android:paddingLeft="@dimen/activity_horizontal_margin"
    android:paddingRight="@dimen/activity_horizontal_margin"
    android:paddingTop="@dimen/activity_vertical_margin"
    tools:context="android.helloworld.MainActivity">

    <TextView
        android:layout_width="wrap_content"
        android:layout_height="wrap_content"
        android:text="Hello World!" />
</RelativeLayout>
```

这里我们可以看到 Android 布局设计师使用的 xml 文件，在根目录节点下有 RelativeLayout 节点，这是一个相对布局，我们会在后面详细讲解。在根节点下面有一个 TextView，这是 Android 用来显示文字内容的控件，我们看到的“Hello World！”就是通过这个控件中的 text 属性显示出来。

了解完布局管理，我们再看看 MainActivity.java，应用程序启动时会首先启动 MainActivity，因为我们在 AndroidManifest.xml 中已经声明过。MainActivity.java 的代码如下所示。

```
package android.helloworld;

import android.support.v7.app.AppCompatActivity;
import android.os.Bundle;

public class MainActivity extends AppCompatActivity {

    @Override
    protected void onCreate(Bundle savedInstanceState) {
        super.onCreate(savedInstanceState);
        setContentView(R.layout.activity_main);
    }
}
```

首先可以发现，MainActivity 继承自 AppCompatActivity，并且覆写了 onCreate 方法，Android 启动一个活动时，会首先调用 onCreate 方法，在 onCreate 方法中我们能看到 setContentView(R.layout.activity_main) 这样一行代码，它用来将 MainActivity 与 activity_main 这个布局文件进行绑定。

HelloWorld 项目介绍到这里就基本上差不多了，请读者试试，看能否写出一个应用程序显示自己的名字。

25.4 详解基本布局

Android 系统给我们提供了丰富的 UI 控件，那么这些控件需要怎样排布呢？其实这个问

题之前已经看到过解决方案。Android 除了提供丰富的控件，还提供了布局管理器。在前面，我们在 XML 文档中看到的 LinearLayout 和 RelativeLayout，它们均是 Android 的基本布局。

布局管理器就相当于一个大容器，用来盛装各种各样的 UI 控件和子容器。Android 中有六大布局，分别是 LinearLayout(线性布局)，RelativeLayout(相对布局)，TableLayout(表格布局)， FrameLayout(帧布局)，AbsoluteLayout(绝对布局)，GridLayout(网格布局)。通过下图可以看到 Android 中各个布局管理器之间的关系。

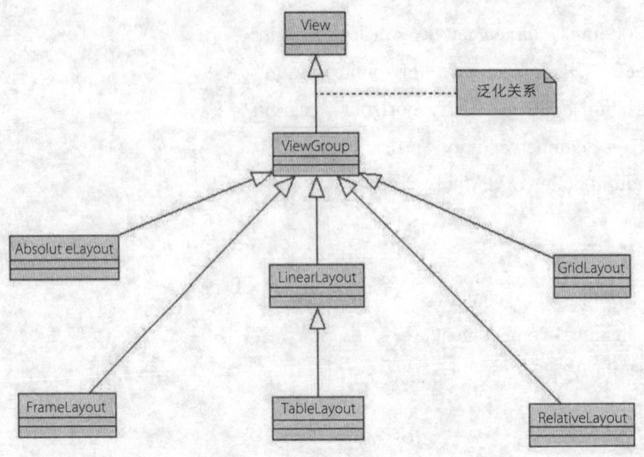

25.4.1 线性布局

LinearLayout 又称作线性布局，是一种非常常用的布局。正如它的名字所描述的一样，这个布局将它所有的控件在线性方向上依次排列。

既然是线性排列，就不仅只有一个方向，那如何修改线性布局的排列方向呢？在布局文件中的 LinearLayout 中有 android:orientation 属性，该属性有 vertical 和 horizontal 两个值，vertical 代表线性布局中的全部控件均以垂直方向线性排列，horizontal 则是水平方向排列。设置该属性后控件就会以特定的方向排列。下面我们来实战一下，新建一个 Android Studio 项目，单击“File→Close Project”回到 Android Studio 欢迎界面。新建项目“LinearLayoutDemo”，如下图所示。

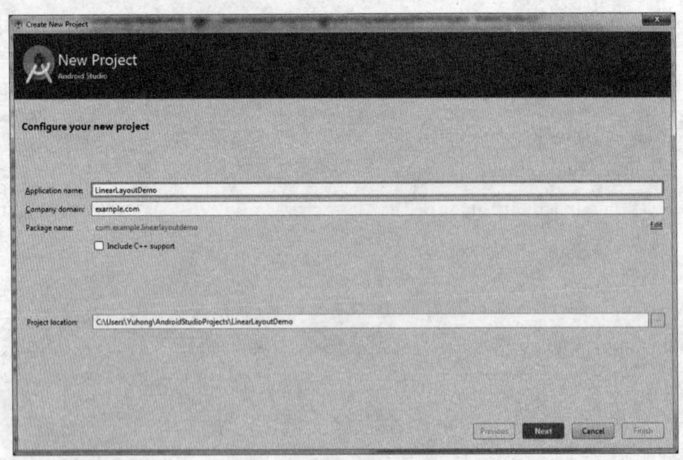

修改 activity_main.xml 中的代码，如下所示。

```
<LinearLayout xmlns:android="http://schemas.android.com/apk/res/android"
    android:layout_width="match_parent"
    android:layout_height="match_parent"
```

```
    android:orientation="vertical">

    <Button
        android:id="@+id/button_1"
        android:layout_width="wrap_content"
        android:layout_height="wrap_content"
        android:text="Button 1" />

    <Button
        android:id="@+id/button_2"
        android:layout_width="wrap_content"
        android:layout_height="wrap_content"
        android:text="Button 2" />

    <Button
        android:id="@+id/button_3"
        android:layout_width="wrap_content"
        android:layout_height="wrap_content"
        android:text="Button 3" />

    <Button
        android:id="@+id/button_4"
        android:layout_width="wrap_content"
        android:layout_height="wrap_content"
        android:text="Button 4" />
</LinearLayout>
```

我们在 LinearLayout 中添加了 4 个 Button，每个 Button 的长和宽都是 wrap_content，每个空间和布局都有 android:layout_width 和 android:layout_height 属性，它们分别是用来设置空间或布局的长和宽的，可以给这两个属性设置 wrap_content、match_parent 和固定像素值，wrap_content 是自适应长或宽，match_parent 是充满父容器，而固定像素值就只显示该空间为指定像素值的大小。现在运行一下程序，效果如下图所示。

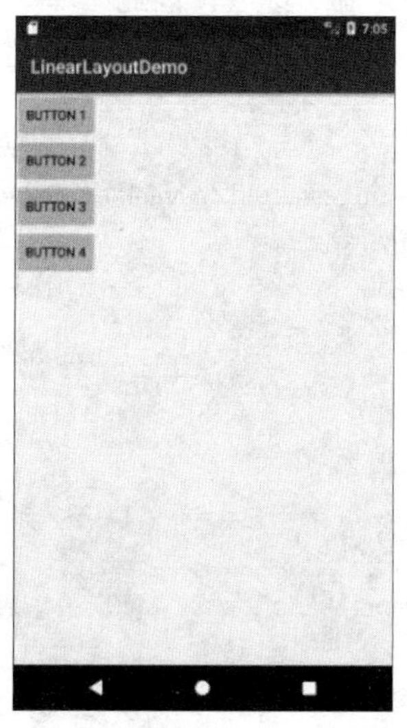

然后我们修改一下 LinearLayout 的排列方向，代码如下所示。

```
<LinearLayout xmlns:android="http://schemas.android.com/apk/res/android"
    android:layout_width="match_parent"
    android:layout_height="match_parent"
    android:orientation="horizontal">
</LinearLayout>
```

将 android:orientation 的属性值改成了 horizontal，这就会使 LinearLayout 中的控件在水平方向排列。如果不指定 android:orientation 属性的值，默认的排列方向就是 horizontal，重新运行程序，效果如下图所示。

这里需要注意的是，如果 LinearLayout 的排列方向是 horizontal，则内部控件的 android:layout_width 属性值，不能指定为 match_parent。因为如果这样的话，单独一个控件就会将整个水平方向占满，其他的控件就没有可放的位置了。同样的道理，LinearLayout 的排列方向是 vertical，内部控件的 android:layout_height 就不能指定为 match_parent。

下面，我们来看 android:layout_gravity 属性，它用于指定控件在布局中的对齐方式。android:layout_gravity 的可选值比较多，这里不展开介绍，但需要注意的是，LinearLayout 的 Orientation（方位）的属性值是 LinearLayout（即排列方向是水平）时，只有垂直方向的对齐方式才会生效，因为此时水平方向上的长度固定的，每添加一个控件，水平方向上的长度都会改变，因此无法知道该方向上的对齐方式。同样道理，当 LinearLayout 排列方式为垂直方向时，只有水平方向对齐方式才会生效。我们修改 activity_main.xml，如下代码所示。

```
<LinearLayout xmlns:android="http://schemas.android.com/apk/res/android"
    android:layout_width="match_parent"
    android:layout_height="match_parent"
    android:orientation="horizontal">

    <Button
        android:id="@+id/button_1"
        android:layout_width="wrap_content"
        android:layout_height="wrap_content"
        android:layout_gravity="top"
        android:text="Button 1" />

```

```
    <Button
        android:id="@+id/button_2"
        android:layout_width="wrap_content"
        android:layout_height="wrap_content"
        android:layout_gravity="center"
        android:text="Button 2" />

    <Button
        android:id="@+id/button_3"
        android:layout_width="wrap_content"
        android:layout_height="wrap_content"
        android:layout_gravity="bottom"
        android:text="Button 3"/>

    <Button
        android:id="@+id/button_4"
        android:layout_width="wrap_content"
        android:layout_height="wrap_content"
        android:layout_gravity="center_vertical"
        android:text="Button 4" />
</LinearLayout>
```

由于目前 LinearLayout 排列方式为水平，因此，我们只能指定垂直方向的排列方向才会生效。将 Button 1 的对齐方式指定为 top， Button 2 的对齐方式指定为 center，Button 3 的对齐方式设置为 bottom， Button 4 的对齐方式设置为 center_vertical，效果如下图所示。

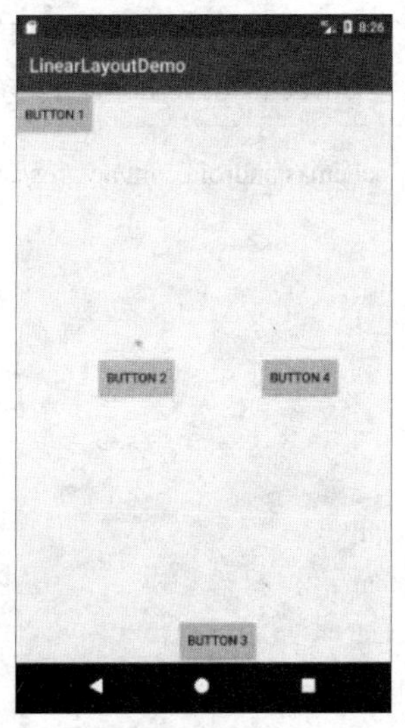

这时，我们会发现 Button 2 和 Button 4 是一样的效果，这是因为 center 包含了水平和垂直方向的居中，由于水平方向的值不会生效，因此垂直居中和 Button 4 效果一样。

接下来我们学习 LinearLayout 另外一个重要的属性 android:layout_weight，这个属性允许我们使用比例的方式来指定控件的大小。比如我们编写一个模拟消息发送界面，需要一个文本编辑框和一个发送按钮，修改 activity_main.xml 中的代码，如下所示。

```
<LinearLayout xmlns:android="http://schemas.android.com/apk/res/android"
```

```
    android:layout_width="match_parent"
    android:layout_height="match_parent"
    android:orientation="horizontal">

    <EditText
        android:id="@+id/et_input"
        android:layout_width="0dp"
        android:layout_height="wrap_content"
        android:layout_weight="2" />

    <Button
        android:id="@+id/btn_send"
        android:layout_width="0dp"
        android:layout_height="wrap_content"
        android:layout_weight="1"
        android:text=" 发送 "/>
</LinearLayout>
```

这里将宽度属性值设置为 0dp，这是一种比较规范的写法，然后将 android:layout_weight 设置为自己想要的值，其意就是通过设置控件的权重值来规定控件在排列方向上的比例，这里我们将输入框的权重设置为 2，发送按钮的权重设置为 1，那么会将整个水平方向平均分为 3 部分，输入框占 2/3。

25.4.2 相对布局

RelativeLayout 又称作相对布局，也是一种非常常用的布局。和 LinearLayout 的排列规则不同，RelativeLayout 显得更加随意一些，它可以通过相对定位的方式让控件出现在布局的任何位置。也正因为如此，RelativeLayout 中的属性非常多，不过这些属性都是有规律可循的，其实并不难理解和记忆。

我们还是通过实践来体会一下，新建 RelativeLayoutDemo 项目，修改 activity_main.xml 中的代码，如下所示。

```
<RelativeLayout xmlns:android="http://schemas.android.com/apk/res/android"
    android:id="@+id/activity_main"
    android:layout_width="match_parent"
    android:layout_height="match_parent">

    <Button
        android:id="@+id/button_1"
        android:layout_width="wrap_content"
        android:layout_height="wrap_content"
        android:layout_alignParentLeft="true"
        android:layout_alignParentTop="true"
        android:text="Button 1" />

    <Button
        android:id="@+id/button_2"
        android:layout_width="wrap_content"
        android:layout_height="wrap_content"
        android:layout_alignParentRight="true"
        android:layout_alignParentTop="true"
```

```
        android:text="Button 2" />

    <Button
        android:id="@+id/button_3"
        android:layout_width="wrap_content"
        android:layout_height="wrap_content"
        android:layout_centerInParent="true"
        android:text="Button 3" />

    <Button
        android:id="@+id/button_4"
        android:layout_width="wrap_content"
        android:layout_height="wrap_content"
        android:layout_alignParentLeft="true"
        android:layout_alignParentBottom="true"
        android:text="Button 4" />

    <Button
        android:id="@+id/button_5"
        android:layout_width="wrap_content"
        android:layout_height="wrap_content"
        android:layout_alignParentRight="true"
        android:layout_alignParentBottom="true"
        android:text="Button 5" />
</RelativeLayout>
```

以上代码比较简单，就不做过多解释，我们让 Button 1 和父布局的左上角对齐，Button 2 和父布局的右上角对齐，Button 3 居中显示，Button 4 和父布局的左下角对齐，Button 5 和父布局的右下角对齐。虽然 android:layout_alignParentLeft、android:layout_alignParentTop、android:layout_alignParentRight、android:layout_alignParentBottom、android:layout_centerInParent，这几个属性我们之前都没接触过，可是它们的名字已经完全说明了它们的作用。重新运行程序，效果如下图所示。

上面例子中的每个控件都是相对于父布局进行定位的，那控件可不可以相对于控件进行定位呢？当然是

可以的，修改 activity_main.xml 中的代码，如下所示。

```
<RelativeLayout xmlns:android="http://schemas.android.com/apk/res/android"
  android:id="@+id/activity_main"
  android:layout_width="match_parent"
  android:layout_height="match_parent">

  <Button
    android:id="@+id/button_3"
    android:layout_width="wrap_content"
    android:layout_height="wrap_content"
    android:layout_centerInParent="true"
    android:text="Button 3" />
  <Button
    android:id="@+id/button_1"
    android:layout_width="wrap_content"
    android:layout_height="wrap_content"
   android:layout_above="@id/button_3"
    android:layout_toLeftOf="@id/button_3"
    android:text="Button 1" />

  <Button
    android:id="@+id/button_2"
    android:layout_width="wrap_content"
    android:layout_height="wrap_content"
    android:layout_above="@id/button_3"
    android:layout_toRightOf="@id/button_3"
    android:text="Button 2" />



  <Button
    android:id="@+id/button_4"
    android:layout_width="wrap_content"
    android:layout_height="wrap_content"
    android:layout_below="@id/button_3"
    android:layout_toLeftOf="@id/button_3"
    android:text="Button 4" />

  <Button
    android:id="@+id/button_5"
    android:layout_width="wrap_content"
    android:layout_height="wrap_content"
    android:layout_below="@id/button_3"
    android:layout_toRightOf="@id/button_3"
    android:text="Button 5" />
</RelativeLayout>
```

这次的代码稍微复杂一点，不过仍然是有规律可循的。android:layout_above 属性可以让一个控件位于另一个控件的上方，需要为这个属性指定相对控件 id 的引用，这里我们填入了 @id/button3，表示让该控件位于 Button 3 的上方。其他的属性也都是相似的，android:layout_below 表示让一个控件位于另一个控件的下方，android:layout_toLeftOf 表示让一个控件位于另一个控件的左侧，android:layout_toRightOf 表示让一个控件位于另一个控件的右侧。注意，当一个控件去引用另一个控件的 id 时，该控件一定要定义在引用控件的后面，不然会出现找不到 id 的情况。重新运行程序，效果如下图所示。

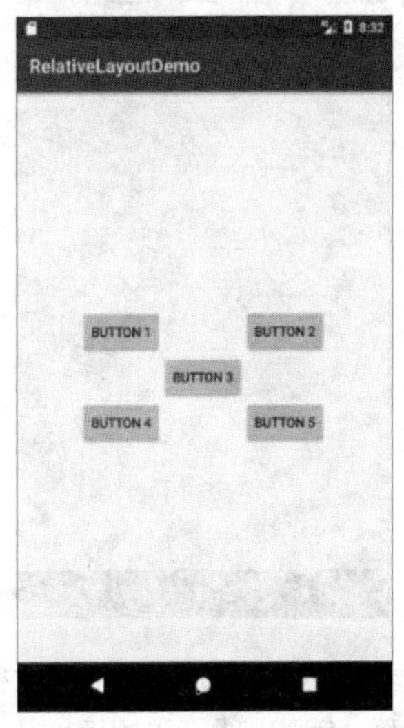

RelativeLayout 中还有另外一组相对于控件进行定位的属性，android:layout_alignLeft 表示让一个控件的左边缘和另一个控件的左边缘对齐，android:layout_alignRight 表示让一个控件的右边缘和另一个控件的右边缘对齐，还有 android:layout_alignTop 和 android:layout_alignBottom，道理都是一样的，不再赘言。这几个属性就留给读者自己去尝试一下。

25.4.3 帧布局

FrameLayout 相比于前面两种布局，就显得简单多了，因此它的应用场景也少了很多。这种布局没有任何的定位方式，所有的控件都会摆放在布局的左上角，让我们通过例子来看一看吧。新建 FrameLayoutDemo 并修改 activity_main.xml 中的代码，如下所示。

```
<FrameLayout xmlns:android="http://schemas.android.com/apk/res/android"
  android:id="@+id/activity_main"
  android:layout_width="match_parent"
  android:layout_height="match_parent">

  <Button
    android:id="@+id/button"
    android:layout_width="wrap_content"
    android:layout_height="wrap_content"
    android:text="Button"
    />
  <ImageView
    android:id="@+id/image_view"
    android:layout_width="wrap_content"
    android:layout_height="wrap_content"
```

```
    android:src="@mipmap/ic_launcher"
    />
</FrameLayout>
```

FrameLayout 中只是放置了一个按钮和一张图片，重新运行程序，效果如下图所示。

可以看到，按钮和图片都是位于布局的左上角。读者可能会觉得，这个布局能有什么作用呢？确实，它的应用场景并不多，不过在使用碎片的时候，我们还是可以用到它的。本书就不再展开讲解碎片的相关内容。

25.4.4 TableLayout

TableLayout 允许我们使用表格的方式来排列控件，这种布局也不是很常用，我们只需要了解一下它的基本用法就可以了。既然是表格，那就一定会有行和列，在设计表格时我们应该尽量让每一行都拥有相同的列数。不过有时候事情并非总会顺从我们的心意，当表格的某行一定要有不相等的列数时，就需要通过合并单元格的方式来应对。比如我们正在设计一个登录界面，允许用户输入账号和密码后登录，新建项目 TableLayoutDemo，就可以将 activity_main.xml 中的代码改成如下所示。

```
<TableLayout xmlns:android="http://schemas.android.com/apk/res/android"
  android:layout_width="match_parent"
  android:layout_height="match_parent">

  <TableRow>

    <TextView
      android:layout_height="wrap_content"
      android:text=" 账  号 :" />

    <EditText
      android:id="@+id/account"
      android:layout_height="wrap_content"
      android:hint=" 输入你的账号 " />
  </TableRow>

  <TableRow>
```

```

        <TextView
            android:layout_height="wrap_content"
            android:text=" 密  码 :" />

        <EditText
            android:id="@+id/password"
            android:layout_height="wrap_content"
            android:inputType="textPassword" />
    </TableRow>

    <TableRow>

        <Button
            android:id="@+id/login"
            android:layout_height="wrap_content"
            android:layout_span="2"
            android:text=" 登录 " />
    </TableRow>
</TableLayout>
```

在 TableLayout 中每加入一个 TableRow ，就表示在表格中添加了一行，然后在 TableRow 中每加入一个控件，就表示在该行中加入了一列，TableRow 中的控件是不能指定宽度的。这里我们将表格设计成了三行两列的格式，第一行有一个 TextView 和一个用于输入账号的 EditText ，第二行也有一个 TextView 和一个用于输入密码的 EditText ， 我们通过将 android:inputType 属性的值指定为 textPassword，把 EditText 变为密码输入框。可是第三行只有一个用于登录的按钮，前两行都有两列，第三行只有一列，这样的表格就会很难看，而且结构也非常不合理。这时就需要通过对单元格进行合并来解决这个问题， 使用 android:layout_span="2" 让登录按钮占据两列的空间，就可以保证表格结构的合理性了。运行程序，效果如下图所示。

不过从图中可以看出，当前的登录界面并没有充分利用屏幕的宽度，右侧还空出了一块区域，这也难怪，因为在 TableRow 中我们无法指定控件的宽度。这时使用 android:stretchColumns 属性就可以很好地解决这个问题，它允许将 TableLayout 中的某一列进行拉伸，以达到自动适应屏幕宽度的作用。修改 activity_main.xml 中的代码，如下所示。

```
<TableLayout xmlns:android="http://schemas.android.com/apk/res/android"
```

```
android:layout_width="match_parent"
android:layout_height="match_parent"
android:stretchColumns="1">
…
</TableLayout>
```

这里将 android:stretchColumns 的值指定为 1，表示如果表格不能完全占满屏幕宽度，就将第二列进行拉伸。没错！指定成 1 就是拉伸第二列，指定成 0 就是拉伸第一列，不要以为这里写错了。重新运行程序，效果如下图所示。

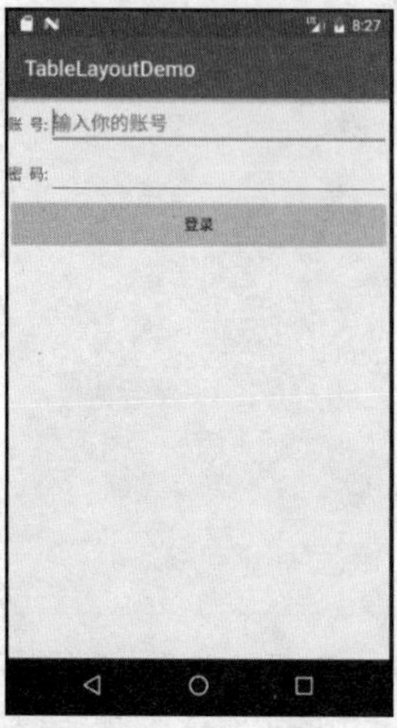

▶25.5 常见控件的使用方法

在本章的前面两节我们学习了如何新建一个 Android 工程和 Android 中的布局管理器，接下来这一节，我们通过一个登录页面的编写来实际学习 Android 中的 UI 控件。在 Android Studio 中选择“File → New → New Project”选项，新建一个名为 LoginDemo 的工程。

25.5.1 TextView

在登录页面中用户需要输入账户、密码。Android 提供了 TextView 控件用来向用户展示信息，在 LoginDemo 中我们在 activity_main.xml 中编写登录界面。

首先，在界面中间显示一个“LoginDemo”的字样，配置信息如下所示。

```
<RelativeLayout xmlns:android="http://schemas.android.com/apk/res/android"
    android:id="@+id/activity_main"
    android:layout_width="match_parent"
    android:layout_height="match_parent">

    <TextView
        android:id="@+id/tv_logo"
        android:layout_width="match_parent"
        android:layout_height="wrap_content"
        android:layout_margin="20dp"
        android:background="@color/colorPrimary"
        android:gravity="center_horizontal"
```

```
        android:text="LoginDemo"
        android:textColor="#FFFFFF"
        android:textSize="30sp" />

</RelativeLayout>
```

这里我们添加了一个 TextView，用来当做登录界面的 Logo。运行效果如下图所示。

有关 RelativeLayout 的知识，在前面一节已经详细介绍过，这里不再赘述。在 TextView 中我们使用 android:id 给当前控件定义了一个唯一标识符。然后使用 android:layout_width 指定了控件的宽度，使用 android:layout_height 指定了控件的高度。Android 中所有的控件都具有这 2 个属性，可选值有 3 种：match_parent、fill_parent 和 wrap_content，其中 match_parent 和 fill_parent 的意义相同，现在官方更加推荐使用 match_parent。match_parent 表示让当前控件的大小和父布局的大小一样，也就是由父布局来决定当前控件的大小。wrap_content 表示让当前控件的大小能够刚好包含住里面的内容，也就是由控件内容决定当前控件的大小。所以上面的代码就表示让 TextView 与和父布局一样宽，高度自适应。也就是手机屏幕的宽度，让 TextView 的高度足够包含住里面的内容就行。

当然，除了使用上述值，我们也可以对控件的宽和高指定一个固定的大小，但是这样做有时会在不同手机屏幕的适配方面出现问题。接下来我们通过 android:text 指定 TextView 中显示的文本内容。

仔细观察就会发现，上面的 TextView 的宽并未占满整个手机屏幕的宽，这是因为我们这里设置了 android:layout_margin 属性值，这个值存在的意义在于，它让该控件"上下左右"每个方向相对于其他控件都保持一定的距离。我们这里设置了 20dp。我们还使用 android:gravity 来指定文字的对齐方式，可选值有 top、bottom、left、right、center 等，可以用"|"来同时指定多个值，这里我们指定的"center"，效果等同于"center_vertical | center_horizontal"，表示文字在垂直和水平方向都居中对齐。

除了上面介绍的属性外，我们还设置了 android:textSize 字体大小属性、android:textColor 属性，android:textColor 属性是用来设置字体颜色的属性，通过给其指定 RGB 颜色值，就可改变字体颜色。android:background 属性是该控件的背景属性，可以设置为颜色值，也可设置为一个图片资源。

25.5.2 EditText

前面我们介绍了，如何在屏幕上显示一个"LoginDemo"的字样，接下来，我们要给登录页面设置账号、密码输入框。在 Android 系统中提供 EditText 用作接收用户输入，从面向对象的角度来说，EditText 继承自 TextView，所以 EditText 拥有 TextView 所有的属性。我们继续在 activity_main.xml 中完成登录界面。如下代码所示。

```
<RelativeLayout xmlns:android="http://schemas.android.com/apk/res/android"
```

```
android:id="@+id/activity_main"
android:layout_width="match_parent"
android:layout_height="match_parent">

    …

<LinearLayout
    android:id="@+id/layout_input"
    android:layout_width="match_parent"
    android:layout_height="wrap_content"
    android:layout_below="@+id/tv_logo"
    android:layout_marginLeft="10dp"
    android:layout_marginRight="10dp"
    android:orientation="vertical">

    <EditText
        android:id="@+id/et_username"
        android:layout_width="match_parent"
        android:layout_height="wrap_content"
        android:hint=" 请输入账号 " />

    <EditText
        android:id="@+id/et_password"
        android:layout_width="match_parent"
        android:layout_height="wrap_content"
        android:hint=" 请输入密码 "
        android:inputType="textPassword" />

</LinearLayout>

</RelativeLayout>
```

在这里，为了更加方便地进行空间操作，我们在账号和密码输入框外面嵌套一层垂直布局的 LinearLayout，并通过 android:layout_below="@+id/tv_logo" 将 LinearLayout 设置为在 id 为 tv_logo 的下方。通过 android:hint 为输入框设置提示信息，这样便于提示用户输入信息。在密码输入框中通过设置 android:inputType 属性将这个输入框设置为文本密码输入框。接下来我们要在 MainActivity.java 中定义两个 TextView 并将其与之绑定。

```
private TextView et_ username;
private TextView et_ password;

@Override
protected void onCreate(Bundle savedInstanceState) {
    super.onCreate(savedInstanceState);
    setContentView(R.layout. activity_main);

    et_ username = (TextView) findViewById(R.id.et_username);
```

```
        et_ password = (TextView) findViewById(R.id.et_password);

    }
```

其实学习到这里，读者应该可以总结出 Android 控件的使用规律了，基本上用法都很相似，给控件定义一个 id，再指定下控件的宽度和高度，然后再适当加入些控件特有的属性就差不多了。所以使用 XML 来编写界面其实一点都不难，完全可以不用借助任何可视化工具来实现。现在重新运行一下程序，EditText 就已经在界面上显示出来了，并且我们是可以在里面输入内容的，如下图所示。

25.5.3 Button

Button 是程序用于和用户进行交互的一个重要控件，相信读者对这个控件已经比较熟悉了，因为我们在上一节的案例中大量使用了 Button 控件。它可配置的属性和 TextView 是差不多的。

在前面，我们已经完成了账号和密码输入框的设计，接下来就应该为登录界面添加登录按钮了，继续在 activity_main.xml 中修改代码。

```
<RelativeLayout xmlns:android="http://schemas.android.com/apk/res/android"
  android:id="@+id/activity_main"
  android:layout_width="match_parent"
  android:layout_height="match_parent">

…
  <LinearLayout
    android:id="@+id/layout_login_button"
    android:layout_width="match_parent"
    android:layout_height="wrap_content"
    android:layout_below="@+id/layout_input"

    android:gravity="center_horizontal"
    android:orientation="horizontal">

    <Button
      android:id="@+id/btn_login"
      android:layout_width="wrap_content"
      android:layout_height="wrap_content"
      android:layout_marginRight="50dp"
```

```
        android:text=" 登录 " />

    <Button
        android:id="@+id/btn_register"
        android:layout_width="wrap_content"
        android:layout_height="wrap_content"
        android:layout_marginLeft="50dp"
        android:text=" 注册 " />
  </LinearLayout>

</RelativeLayout>
```

加入 Button 之后的界面可在 Design 模式下看到下图界面。

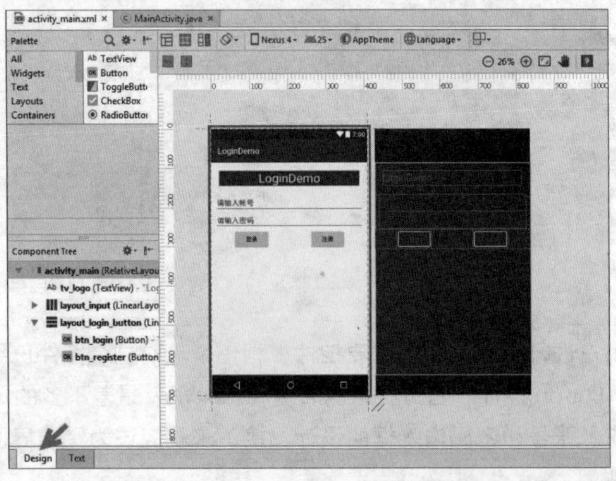

我们在界面中添加了两个按钮，但是到目前为止，我们还未对按钮进行任何操作，所以运行程序后单击按钮无任何反应，接下来我们就要给按钮添加点击事件监听器，以便于按钮能在被点击时做出相应的反应。

在 MainActivity.java 中，我们将 Button 对象与 UI 界面中的按钮进行绑定，然后给按钮添加监听事件，当单击的是登录按钮时，我们将用户名和密码打印出来。

```
public class MainActivity extends AppCompatActivity {

  // 定义两个 TextView
  private TextView et_username;
  private TextView et_password;
  // 定义两个 Button
  private Button btn_login;
  private Button btn_register;
  // 声明一个事件监听器并实现 View.OnClickListener 接口
  private View.OnClickListener onClickListener = new View.OnClickListener() {
    @Override
    public void onClick(View view) {
      // 取得 view 的 ID 号
      int id = view.getId();
      // 通过 switch 判断是哪一个控件被点击了，并执行相应的动作
      switch (id) {
```

```
                case R.id.btn_login:
                    String username = et_username.getText().toString();
                    String password = et_password.getText().toString();
                    Log.d("Username:", username);
                    Log.d("Password:", password);
                    break;
                case R.id.btn_register:
                    break;
            }
        }
    };

    @Override
    protected void onCreate(Bundle savedInstanceState) {
        super.onCreate(savedInstanceState);
        setContentView(R.layout.activity_main);

        // 将 UI 控件进行绑定
        et_username = (TextView) findViewById(R.id.et_username);
        et_password = (TextView) findViewById(R.id.et_password);

        btn_login = (Button) findViewById(R.id.btn_login);
        btn_register = (Button) findViewById(R.id.btn_register);
        // 给按钮设置单击事件监听器
        btn_login.setOnClickListener(onClickListener);
        btn_register.setOnClickListener(onClickListener);

    }

}
```

程序运行结果如下图所示。

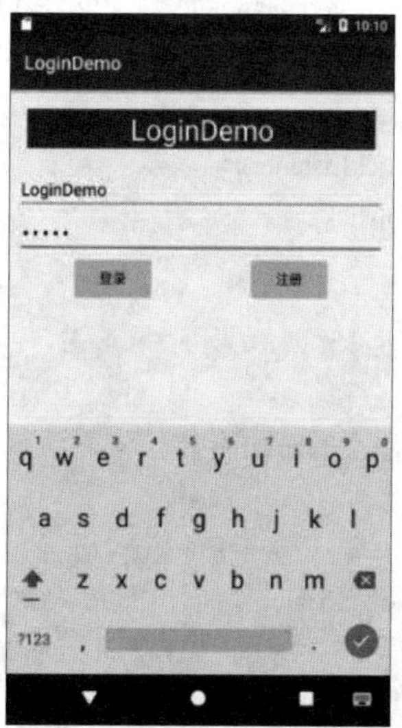

在账号和密码输入框中输入内容时，可以看到，在密码输入框中的文字会自动显示为“……”，这就是通过设置输入框的 inputType 后的效果。然后单击登录按钮，系统会打印日志提示，可以通过单击 Android Studio 左下角的 Android Monitor 显示日志界面，看到如下图所示的结果。

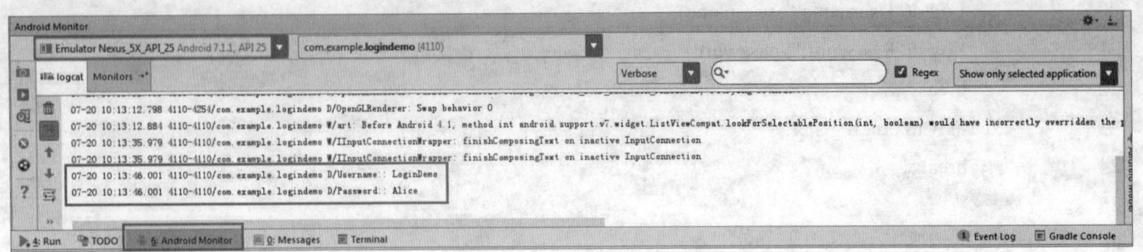

这里可以看到系统已经打印出来输入的用户名和密码。

25.5.4 ProgressDialog

通过上面的步骤，我们已经顺利地编写完成登录界面的 UI 并取得用户名和密码了，那么如果是一个实际的应用程序，它的登录需要在网络中的服务器进行判断，大家都知道网络操作是一个耗时操作，难道这时我们让用户一直毫无反馈地等待吗?

如果没有提示的情况下让用户一直等待，大部分用户会再次点击登录按钮，这样就会产生第二次连接浪费网络资源，所以当用户点击登录后我们需要弹出一个提示框，以达到提示用户的效果。这时 ProgressDialog 就起到了作用。ProgressDialog，顾名思义，就是带进度条的对话框，在很多需要用户等待的耗时操作时弹出 ProgressDialog 提示用户等待。下面我们继续完善我们的登录界面。

在登录按钮的点击事件方法中弹出对话框提示用户等待。首先在 MainActivity.java 中声明 ProgressDialog，主要代码如下所示。

```
public class MainActivity extends AppCompatActivity {
            …
    private ProgressDialog progressDialog;
    @Override
    protected void onCreate(Bundle savedInstanceState) {
            …
        progressDialog = new ProgressDialog(this);
        progressDialog.setMessage(" 正在登录，请稍等 ...");
        progressDialog.setProgressStyle(ProgressDialog.STYLE_SPINNER);

        // 给按钮设置点击事件监听器
        btn_login.setOnClickListener(onClickListener);
        btn_register.setOnClickListener(onClickListener);
    }

}
```

设置完以上代码后，我们需要设置当点击按钮时显示该对话框。在监听事件方法中调用 show 方法进行显示。

```
public void onClick(View view) {
    // 取得 view 的 ID 号
    int id = view.getId();
```

```
        // 通过 switch 判断是哪一个控件被点击了，并执行相应的动作
        switch (id) {
            case R.id.btn_login:
                String username = et_username.getText().toString();
                String password = et_password.getText().toString();
                Log.d("Username:", username);
                Log.d("Password:", password);
                progressDialog.show();
                break;
            case R.id.btn_register:
                break;
        }
    }
```

这里通过 setMessage 方法设置提醒的文字信息，通过 setProgressStyle 设置进度条的风格，系统自带两种风格。其中，ProgressDialog.STYLE_SPINNER 表示一直是旋转风格的圆形进度条，而 ProgressDialog.STYLE_HORIZONTAL 则是水平带百分百的进度条，水平进度条效果如下图所示。

水平带百分比进度条一般用于明确知道进度的场景，我们这里不知道登录需要多久才能完成所有使用圆形不带百分比进度条。

运行程序，看到如下效果图。

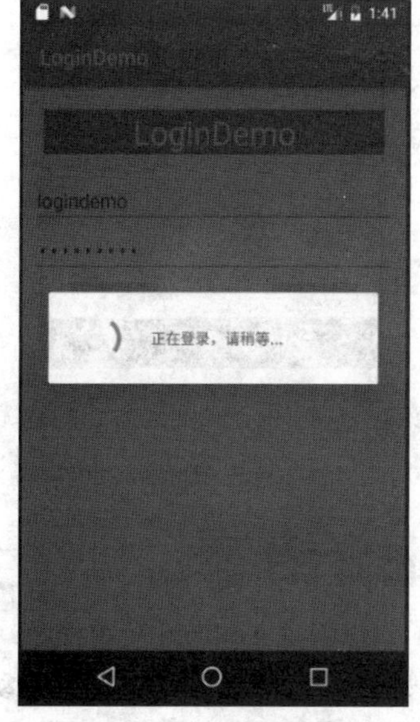

你学会了 ProgressDialog 的使用吗？自己动手试试吧。

25.5.5 ImageView

ImageView 是用于在界面上展示图片的一个控件，通过它可以让我们的程序界面变得更加丰富多彩。学习这个控件需要提前准备好一些图片，由于目前 mipmap 文件夹下已经有一张 ic_launcher.png 图片了，那我们就先在界面上展示这张图吧，修改 LoginDemo 的 activity_main.xml，如下所示。

```
<?xml version="1.0" encoding="utf-8"?>
<RelativeLayout xmlns:android="http://schemas.android.com/apk/res/android"
  android:id="@+id/activity_main"
  android:layout_width="match_parent"
  android:layout_height="match_parent">
        …
  <ImageView
    android:layout_width="wrap_content"
    android:layout_height="wrap_content"
    android:layout_below="@+id/layout_login_button"
    android:layout_centerHorizontal="true"
    android:src="@mipmap/ic_launcher" />

</RelativeLayout>
```

可以看到，这里使用 android:src 属性给 ImageView 指定了一张图片，并且因为图片的宽和高都是未知的，所以将 ImageView 的宽和高都设定为 wrap_content，这样保证了不管图片的尺寸是多少，都可以完整地展示出来。重新运行程序，效果如下图所示。

我们还可以在程序中通过代码动态地更改 ImageView 中的图片。通过调用 ImageView 的 setImageResource() 方法改变显示的图片。

25.6 Activity 详细介绍

通过前面的讲解，我们已经学习了如何创建 Android 应用程序、基本布局以及常用控件的使用。不过，仅仅满足于此显然是不够的。下面我们将介绍有关活动（Activity）的知识。

活动（Activity）是一个非常容易吸引到用户的地方之一，它是一种可以包含用户界面的组件，主要用于和用户进行交互。一个应用程序中可以包含零个或多个活动，不包含任何活动的应用程序很少见，毕竟，谁也不想让自己的应用永远无法被用户看到。

25.6.1 Activity 生命周期

掌握活动的生命周期对任何 Android 开发者来说都非常重要，只有当我们深入理解活动的生命周期之后，才有可能写出更加连贯流畅的程序，并在如何合理管理应用资源方面做到游刃有余，我们的应用程序将会拥有更好的用户体验。

经过前面几节的学习，可以感知到一点，Android 中的活动是可以层叠的。每启动一个新的活动，就会覆盖在原活动之上，然后单击“Back”键会销毁最上面的活动，下面的一个活动就会重新显示出来。

其实 Android 是使用任务（Task）来管理活动的，一个任务就是一组存放在栈里的活动的集合，这个栈也被称作返回栈（Back Stack）。栈是一种后进先出的数据结构，在默认情况下，每当我们启动了一个新的活动，它会在返回栈中入栈，并处于栈顶的位置。而每当我们按下“Back ”键或调用 finish() 方法去销毁一个活动时，处于栈顶的活动会出栈，这时前一个入栈的活动就会重新处于栈顶的位置。系统总是会显示处于栈顶的活动给用户。如下示意图展示了返回栈是如何管理活动入栈出栈操作的。

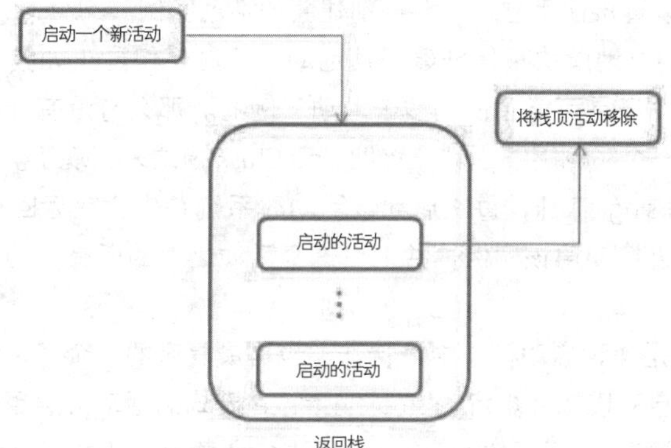

25.6.2 Activity 状态

每个活动在其生命周期中最多可能会有 4 种状态。

01 运行状态

当一个活动位于返回栈的栈顶时，这时活动就处于运行状态。Android 系统十分不愿意回收处于运行状态的活动，因为这会带来非常差的用户体验。

02 暂停状态

当一个活动不再处于栈顶位置，但仍然可见时，这时活动就进入了暂停状态。我们可能会觉得既然活动已经不在栈顶了，还怎么会可见呢？这是因为并不是每一个活动都会占满整个屏幕的，比如对话框形式的活动只会占用屏幕中间的部分区域，很快就会在后面看到这种活动。处于暂停状态的活动仍然是完全存活着的，系统也不愿意去回收这种活动（因为它还是可见的，回收可见的东西都会在用户体验方面有不好的影响），只有在内存极低的情况下，系统才会去考虑回收这种活动。

03 停止状态

当一个活动不再处于栈顶位置，并且完全不可见的时候，就进入了停止状态。系统仍然会为这种活动保存相应的状态和成员变量，但是这并不是完全可靠的，当其他地方需要内存时，处于停止状态的活动有可能会被系统回收。

04 销毁状态

当一个活动从返回栈中移除后就变成了销毁状态，系统会倾向于回收处于这种状态的活动，从而保证手机的内存充足。

25.6.3 Activity 启动模式

在实际项目中，我们应该根据特定的需求为每个活动指定恰当的启动模式。启动模式一共有 4 种，分别是 standard、singleTop、singleTask 和 singleInstance，可以在 AndroidMainfest.xml 中通过给 <activity> 标签指定 android:launchMode 属性来选择启动模式。下面我们来逐个进行简单解释。

standard 是活动默认的启动模式，在不进行显式指定的情况下，所有活动都会自动使用这种启动模式。因此，到目前为止我们写过的所有活动都是使用的 standard 模式。经过上一节的学习，我们已经知道了 Android 是使用返回栈来管理活动的，在 standard 模式（即默认情况）下，每当启动一个新的活动，它就会在返回栈中入栈，并处于栈顶的位置。对于使用 standard 模式的活动，系统不会在乎这个活动是否已经在返回栈中存在，每次启动都会创建该活动的一个新的实例。

在有些情况下，我们可能会觉得 standard 模式不太合理。活动明明已经在栈顶了，为什么再次启动的时候，还要创建一个新的活动实例呢？这只是系统默认的一种启动模式而已，我们完全可以根据自己的需要进行修改，比如说使用 singleTop 模式。当活动的启动模式指定为 singleTop，在启动活动时如果发现返回栈的栈顶已经是该活动，则认为可以直接使用它，不会再创建新的活动实例。

使用 singleTop 模式可以很好地解决重复创建栈顶活动的问题，但是正如我们在上一节所看到的，如果该活动并没有处于栈顶的位置，还是可能会创建多个活动实例的。那么有没有什么办法可以让某个活动在整个应用程序的上下文中只存在一个实例呢？这就要借助 singleTask 模式来实现了。

当活动的启动模式指定为 singleTask，每次启动该活动时系统首先会在返回栈中检查是否存在该活动的实例，如果发现已经存在，则直接使用该实例，并把在这个活动之上的所有活动统统出栈，如果没有发现，就会创建一个新的活动实例。

singleInstance 模式应该算是 4 种启动模式中最特殊，也是最复杂的一个了，我们也需要多花点功夫来理解这个模式。不同于以上 3 种启动模式，指定为 singleInstance 模式的活动会启用一个新的返回栈来管理这个活动（其实如果 singleTask 模式指定了不同的 taskAffinity，也会启动一个新的返回栈）。

那么这样做有什么意义呢？想象以下场景，假设我们的程序中有一个活动是允许其他程序调用的，如果想实现其他程序和我们的程序可以共享这个活动的实例，应该如何实现呢？使用前面 3 种启动模式肯定是做不到的，因为每个应用程序都会有自己的返回栈，同一个活动在不同的返回栈中入栈时必然是创建了新的实例。而使用 singleInstance 模式就可以解决这个问题，在这种模式下会有一个单独的返回栈来管理这个活动，不管是哪个应用程序来访问这个活动，都共用的同一个返回栈，也就解决了共享活动实例的问题。

25.7 高手点拨

Android 应用程序开发的学习是一个循序渐进的过程，当我们掌握了 Java 基础后，自己寻找一个合适的小项目，以项目驱动型 Android 学习方式，会让自己在学习途中更有动力和成就感。通过不断地阅读其他的开源代码，会加速自己的学习步伐。在 Android 开发学习初期，读者需要系统地了解四大组件、基本布局、常用控件等。当我们对这些内容有一定了解后，就可以以项目为导向，练习 Android 应用程序开发了。

25.8 实战练习

编写程序，设计完成一个简易的 Android 计算器。

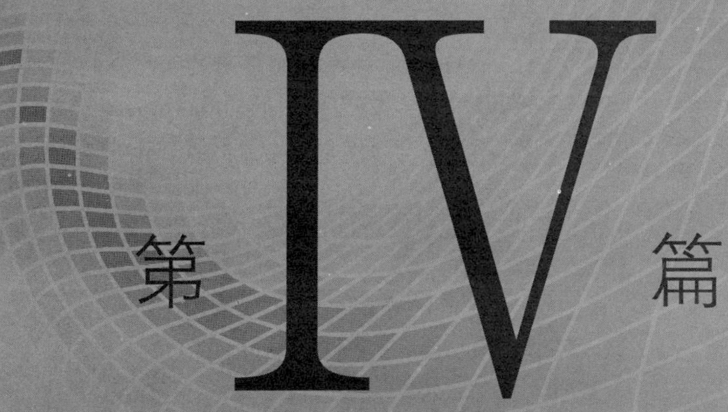

第 IV 篇

项目实战

第 26 章 Android项目实战——智能电话回拨系统

第 27 章 Android进阶项目实战——理财管理系统

第 28 章 Java Web项目实战——我的饭票网

第 29 章 Java Web项目实战——客户关系管理项目

第 30 章 大数据项目实战——Hadoop下的数据处理

第 26 章 Android 项目实战——智能电话回拨系统

通过前面对 Android 基础的学习，本章以智能电话回拨系统为案例，深入学习基于 Android 的应用程序开发。本章内容包括系统需求分析方法、系统开发步骤、Android 界面设计、Android 多线程等知识。通过本章的学习，读者将对 Android 应用程序的开发流程有一定的了解，并且熟练掌握 Android 的界面设计。

本章要点（已掌握的在方框中打钩）

- □ 掌握 Android 应用程序开发的需求分析方法
- □ 掌握 Android 应用程序开发流程
- □ 熟练使用 Android 控件进行界面设计

26.1 系统概述

本系统是一个教学案例，请勿投入商业运行。读者可以先试运行本书提供的源码，以对需要开发的程序的功能有一个大致的了解。

26.1.1 背景介绍

智能电话目前已经成为人们生产生活中必不可少的通信工具。中国手机用户量巨大，但国内手机资费并不算便宜。而且，在手机最初普及时，手机通话是双向收费，即拨打电话要进行收费，接听电话也要进行收费。最近几年手机单向收费基本普及，即只有拨打电话才会收费，而接听电话不会收费。Android 网络电话就是利用手机，将拨打电话的行为，变成接听电话，让通话免费，从而达到节省电话费的目的。

26.1.2 运行程序

首先，我们导入本书给出的源码，在 Android Studio 中选择“File → Open”选项，找到本书给出的源码项目（chb）。单击“OK”按钮，如下图所示。

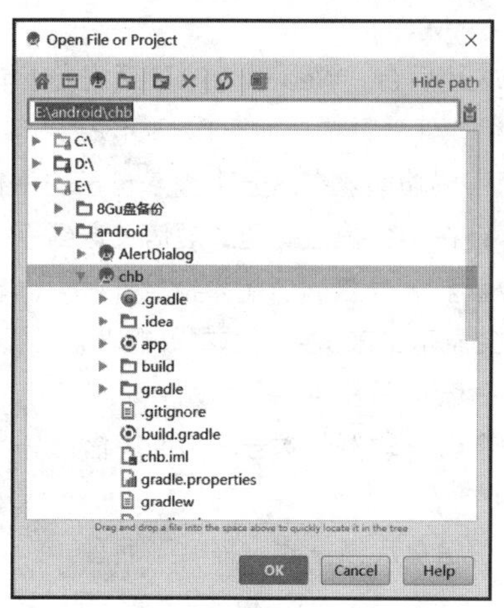

等待 Gradle 加载完成后，单击 Android Studio 菜单栏的“Run → Run 'app'”选项，弹出模拟器选择界面，如下图所示。

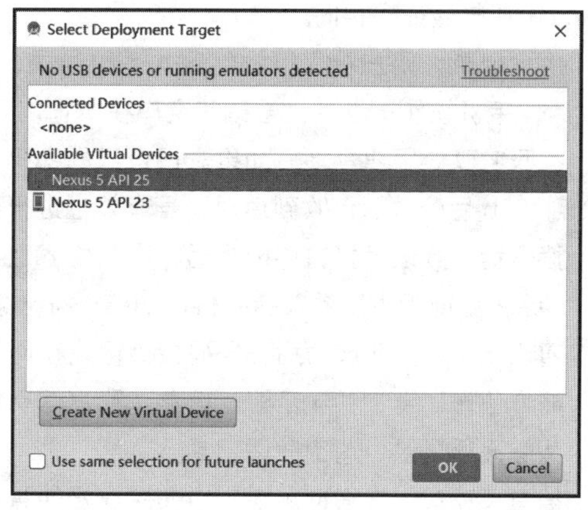

上图演示的是有两个版本的 Android 模拟器，这里我们选择 API 为 23 的模拟器，然后单击“OK”按钮启动模拟器，待模拟器启动后应用程序自动执行。执行结果如下图所示。

26.1.3 系统需求分析

Android 智能网络电话回拨系统有如下几个功能需求。

① 注册：通过软件注册成功网络电话会员。

② 登录：输入用户账号和密码，对用户进行认证。

③ 找回密码：输入账号，Web 后台把密码发送到手机号码。

④ 呼叫电话：输入要呼叫的电话进行呼叫。

⑤ 通讯录查询：输入用户简码，查询通讯录并呼叫。

⑥ 通话记录：记录每次通话，可以查看通话记录并呼叫。

⑦ 意见反馈：录入意见，提交反馈信息。

26.1.4 详细功能设计

下面我们分别给出各个功能的详细设计。

用户注册：手机终端软件中输入手机号码，通过 3G 网络向 Web 后台请求短信验证码，手机收到短信验证码后，把手机号码和验证码提交到 Web 后台，Web 后台进行认证，验证通过，注册成功，用户账号为手机号码，密码与验证码相同。

用户登录：用户在手机软件输入手机号码、密码，提交到 Web 后台，Web 后台收到后进行验证，验证通过后，手机软件记录手机号码和密码在本地以备以后使用，手机软件登录成功，可以开始使用呼叫业务。

找回密码：用户登录后如果忘记自己的密码，可以使用找回密码功能。在账号中输入自己的手机号码，提交到 Web 后台，后台收到后对账号有效性进行判断，如果账号存在，会把密码通过短信发送到手机号码。

拨号盘：登录手机软件成功后，进入主界面，第一项为拨号盘。拨号盘的功能为拨号并呼号。在拨号过程中，会去查询手机联系人的手机，如果有符合条件的联系人，会显示出来供用户选择并呼叫。

通话记录：呼叫成功后，号码会被记录在通话记录中，供以后查询后呼叫。

账户信息：查询并显示账户信息。账户信息包括手机号码、余额、软件版本号、帮助等信息。

清除通话记录：清空通话记录。

信息反馈：用户在使用过程中如果有好的意见建议，可以通过信息反馈把建议提交到后台。

修改密码：用户可以输入自己的当前密码，进行密码修改。

26.2 系统实现

整个程序实现了上面的全部功能，但由于处于测试状态，为了方便测试，直接跳过了注册和登录页面，跳转到主页面，注册和登录页面不再做介绍。可参考前面的实战练习。

26.2.1 主界面

应用程序是以拨打电话为主，那么在主界面我们选择将拨号功能放置在用户最容易看到的地方，在主页面使用了一个 TabHost 作为其他控件的父容器。

主程序的顶部使用 TabWidget 设置 4 个部分，并且将拨号、通话记录、联系人、账户信息设置为 4 个标签。

核心代码如下所示。

范例 26-1 主界面核心代码（mainform.java）

```
public void getdata2()
{
    if (callededit.getText().length() < 4)
    return;

    dataarray_bh.clear();

     String jm = callededit.getText().toString();

     ContentResolver cr = getContentResolver();
     Cursor phone = cr.query(ContactsContract.CommonDataKinds.Phone.CONTENT_URI, null, ContactsContract.CommonDataKinds.Phone.NUMBER + " like ‘" + jm + "%’ ", null, "_id ASC LIMIT 20 OFFSET 0");
     while (phone.moveToNext())
     {
        // 取得联系人的号码
        int numberIndex = phone.getColumnIndex(ContactsContract.CommonDataKinds.Phone.NUMBER);
        String number = phone.getString(numberIndex);

        // 取得联系人 ID
         numberIndex = phone.getColumnIndex(ContactsContract.CommonDataKinds.Phone.CONTACT_ID);
        String id = phone.getString(numberIndex);

        String name = "";
        Cursor cursor = cr.query(ContactsContract.Contacts.CONTENT_URI, null, ContactsContract.Contacts._ID + "=" + id, null, "sort_key_alt LIMIT 1 OFFSET 0");
        if (cursor.moveToFirst())
        {
            numberIndex = phone.getColumnIndex(ContactsContract.)CommonDataKinds.Phone.DISPLAY_NAME);
            name = phone.getString(numberIndex);
        }
        cursor.close();

        HashMap<String, String> map = new HashMap<String, String>();
        map.put("ItemTitle", name);
        map.put("ItemText", number);
        dataarray_bh.add(map);
    }
    phone.close();

    Adapter_bh.notifyDataSetChanged();
}
```

代码详解

因为在 Android 系统里面，数据库是私有的。一般情况下，外部应用程序没有权限读取其他应用程序的数据。如果想公开自己的数据，设计者有两个选择：一是可以创建自己的内容提供器（一个 ContentProvider 子类）；二是可以给已有提供器添加数据。

第 10 行，外界的程序通过 ContentResolver 接口可以访问 ContentProvider 提供的数据，在 Activity 当中，通过 getContentResolver() 可以得到当前应用的 ContentResolver 实例，这个实例的 query() 方法可以提供查询数据（第 11 行）。

第 38 行，notifyDataSetChanged 方法通过一个外部的方法来控制如下情况，如果适配器的内容改变时，需要强制调用 getView 来刷新每个 Item 的内容。

26.2.2 修改密码

在 Android Studio 的 Design 模式中查看修改密码界面，如下图所示。

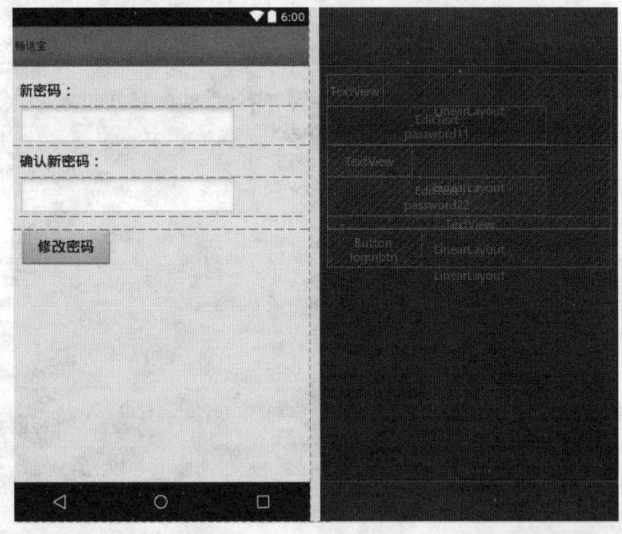

软件中通过两次输入读取用户修改的密码，以达到验证用户输入密码的正确性。具体实现如下所示。

范例 26-2　修改的密码核心代码（changepasswordform.java）

```
// 由于版面有限，导包部分代码省略，可在配套资源中查看源码

public class changepasswordform extends Activity
{
    private EditText password11;
    private EditText password22;

    private Handler handler;
    private String info;
    private ProgressDialog progressDialog;

    @Override
    public void onCreate(Bundle savedInstanceState)
```

```
{
    super.onCreate(savedInstanceState);
    setContentView(R.layout.changpasswordform);

    password11 = (EditText) findViewById(R.id.password11);
    password22 = (EditText) findViewById(R.id.password22);

    Button loginbtn = (Button) findViewById(R.id.loginbtn);
    loginbtn.setOnClickListener(onlogin);

    initHandler();
}

private OnClickListener onlogin = new OnClickListener()
{
    public void onClick(View v)
    {
        if ((password11.getText().length() == 0) || (password22.getText().length() == 0))
        {
            showinfo(" 密码不能为空 ");
            return;
        }

        if (!(password11.getText().toString().equals(password22.getText().toString())))
        {
            showinfo(" 两次输入的密码不相同 ");
            return;
        }

        progressDialog = ProgressDialog.show(changepasswordform.this, "", " 正在处理，请稍候 ...", true,
false);
        new Thread()
        {
            public void run()
            {
                info = userlogin();
                handler.sendEmptyMessage(2000);
            }
        }.start();

    }
};
// 由于版面有限，省略部分代码
}
```

代码详解

第 01 行，关键字 extends 是继承的意思，表明我们设计的子类 changepasswordform 是继承了父类 activity，从父类中继承的方法，如果需要改写，通常加上注解标识符号“@Override”，例如，第 10 行加上该标识，说明第 11 行的 OnCreate 方法，在 changepasswordform 类中，需要改写。onCreate 的方法是在 Activity 创建时被系统调用，是一个 Activity 生命周期的开始。onCreate 方法的参数 saveInstanceState，是一个 Bundle 类型的参数。Bundle 类型的数据与 Map 类型的数据相似，都是以 key-value 的形式存储数据的。

第 25 行，OnClickListener 是一种处理点击事件的接口。

第 42~49 行，创建一个新的线程，相关的知识我们在多线程章节中已经做了详细介绍。

26.2.3 意见反馈

在意见反馈模块，我们需要配置 feedbackform.xml，其主要代码如下所示。

范例 26-3 意见反馈模块的配置文件（feedbackform.xml）

```
<?xml version="1.0" encoding="utf-8"?>
<LinearLayout xmlns:android="http://schemas.android.com/apk/res/android"
  android:layout_width="fill_parent"
  android:layout_height="fill_parent"
  android:background="@drawable/bkgcolor"
  android:orientation="vertical" >
  <LinearLayout
    android:layout_width="fill_parent"
    android:layout_height="fill_parent"
    android:gravity="center"
    android:orientation="vertical"
    android:padding="6dip" >
    <EditText
      android:id="@+id/feedbackedit"
      android:layout_width="fill_parent"
      android:layout_height="fill_parent"
      android:layout_weight="1"
      android:gravity="top"
      android:maxLength="200"
      android:text="" />
    <LinearLayout
      android:layout_width="fill_parent"
      android:layout_height="wrap_content"
      android:gravity="center"
      android:orientation="horizontal"
      android:padding="6dip">
      <Button
        android:id="@+id/feedbackbtn"
        android:layout_width="120dip"
        android:layout_height="wrap_content"
```

```
            android:text=" 提交 "
            android:textSize="18sp" />
        <Button
            android:id="@+id/closebtn"
            android:layout_width="120dip"
            android:layout_height="wrap_content"
            android:text=" 取消 "
            android:textSize="18sp"/>
      </LinearLayout>
    </LinearLayout>
</LinearLayout>
```

在配置 XML 文件后，下面我们给出意见反馈模块的主要源代码，由于版面有限，导包部分代码省略，可在配套资源中查看全部代码。

范例 26-4 意见反馈模块核心代码（feedbackform.java）

```
public class feedbackform extends Activity
{
  private EditText mobilenum;
  private EditText password1;
  private Handler handler;
  private String info;
  private ProgressDialog progressDialog;
  @Override
  public void onCreate(Bundle savedInstanceState)
  {
    super.onCreate(savedInstanceState);
    setContentView(R.layout.feedbackform);
    mobilenum = (EditText) findViewById(R.id.feedbackedit);

    Button postbtn = (Button) findViewById(R.id.feedbackbtn);
    postbtn.setOnClickListener(onpostfeed);

    Button closebtn = (Button) findViewById(R.id.closebtn);
    closebtn.setOnClickListener(onclose);
    initHandler();
  }
  private OnClickListener onclose = new OnClickListener()
  {
    public void onClick(View v)
    {
      feedbackform.this.finish();
    }
  };
  private OnClickListener onpostfeed = new OnClickListener()
```

```
{
    public void onClick(View v)
    {
        if (mobilenum.getText().length() == 0)
        {
            showinfo(" 请填写意见和建议 ");
            return;
        }
        progressDialog = ProgressDialog.show(feedbackform.this, "", " 正在处理，请稍候 ...", true, false);
        new Thread()
        {
            public void run()
            {
                info = getregcode();
                handler.sendEmptyMessage(2000);
            }
        }.start();
    }
};
private String getregcode()
{
    try
    {
        String usernum = ReadIni("usernum");
        String memo = mobilenum.getText().toString();
        try
        {
            memo = URLEncoder.encode(mobilenum.getText().toString(), "UTF-8");
        }
        catch (Exception e)
        {
            e.printStackTrace();
        }
        String uri = getString(R.string.serverip).toString() + "?info=107%7C"+ usernum + “%7C” + memo;
        functionLib.showmsg(" 意见 URL： " + uri);
        String Ret = functionLib.HttpGet(uri);
        if (Ret.length() < 2)
            info = " 网络通讯错误 ";
        else
        {
            info = Ret;
        }
        return info;
    }
    finally
    {
    }
```

```
}
private void initHandler()
{
    handler = new Handler()
    {
        @Override
        public void handleMessage(Message msg)
        {
            switch (msg.what)
            {
                case 2000:
                    if (info.indexOf(" 感谢 ") >= 0)
                    {
                        feedbackform.this.finish();
                    }
                    showinfo(info);
                    break;
            }
        }
    };
}
public boolean WriteIni(String fvar, String fvalue)
{
    try
    {
        SharedPreferences store = getSharedPreferences("curr_usernum", MODE_PRIVATE);
        SharedPreferences.Editor editor = store.edit();
        editor.putString(fvar, fvalue);
        editor.commit();
        return true;
    }
    catch (Exception e)
    {
        Log.e("lwp", " 写文件错误：" + e.getMessage());
        return false;
    }
}
public String ReadIni(String fvar)
{
    try
    {
        SharedPreferences store = getSharedPreferences("curr_usernum", MODE_PRIVATE);
        return store.getString(fvar, "");
    }
    catch (Exception e)
    {
        e.printStackTrace();
```

```
124             return "";
125         }
126     }
127     private void showinfo(String flog)
128     {
129         if ((progressDialog != null) && (progressDialog.isShowing()))
130             progressDialog.dismiss();
131         Toast.makeText(this, flog, Toast.LENGTH_LONG).show();
132     }
133     @Override
134     protected void onResume()
135     {
136         super.onResume();
137     }
138     @Override
139     protected void onPause()
140     {
141         super.onResume();
142     }
143     @Override
144     protected void onStop()
145     {
146         super.onStop();
147     }
148 }
```

代码详解

第 12 行，使用 setContentView 方法，可以在 Activity 中动态切换显示的 View，这样，不需要多个 Activity 就可以显示不同的界面，因此不再需要在 Activity 间传送数据，变量可以直接引用。

第 13 行，由于 Android 的用户界面一般需要使用配置文件（XML 文件），而对应的 XML 文件在 layout 包下，如果 XML 里放了个按钮什么的，在 activity 中要获取该按钮，就用 findViewById。R.id.xml 文件中对应的 id。

第 80 行，在 Android 中，当某个应用程序启动时，会开启一个主线程（也就是 UI 线程），由它来监听用户点击、响应用户并分发事件等。所以，一般在主线程中不要执行比较耗时的操作，如联网下载数据等，否则出现 ANR 错误。因此就将这些操作放在子线程中，但是又因为 AndroidUI 线程是不安全的，所以只能在主线程中更新 UI。Handler 就是用于子线程和创建 Handler 的线程进行通信的。第 80 行，就是创建一个 Handler 对象。

Handler 的使用分为两部分：一部分是创建 Handler 实例，重载 handleMessage 方法来处理消息（第 83 行）。另一部分是分发 Message 或者 Runable 对象到 Handler 所在的线程中，一般 Handler 在主线程中。

26.3 项目功能用到的知识点讲解

26.3.1 读取通讯录

在 Android 开发中，读取手机通讯录中的号码是一种基本操作，但是因为 Android 的版本众多，所以手机通讯录操作的代码比较纷杂。Android 1.5 是现在的 Android 系统中最低的版本，首先来说一下适用于 Android 1.5 及以上版本（含 2.X，3.X）的代码实现。

范例 26-5 读取通讯录核心代码（Android 1.5版本）

```
01 // 获得所有的联系人
02 Cursor cur = context.getContentResolver().query(
03      Contacts.People.CONTENT_URI, null, null, null,
04      Contacts.People.DISPLAY_NAME +" COLLATE LOCALIZED ASC");
05 // 循环遍历
06 if (cur.moveToFirst()) {
07    int idColumn = cur.getColumnIndex(Contacts.People._ID);
08    int displayNameColumn = cur.getColumnIndex(Contacts.People.DISPLAY_NAME);
09    do {
10        // 获得联系人的 ID 号
11        String contactId =cur.getString(idColumn);
12       // 获得联系人姓名
13        String disPlayName =cur.getString(displayNameColumn);
14        // 获取联系人的电话号码
15         CursorphonesCur = context.getContentResolver().query(
16             Contacts.Phones.CONTENT_URI,null,
17              Contacts.Phones.PERSON_ID+ "="+ contactId, null, null);
18                if (phonesCur.moveToFirst()) {
19                   do {
20                      // 遍历所有的电话号码
21                      StringphoneType = phonesCur.getString(phonesCur
22                      getColumnIndex(Contacts.PhonesColumns.TYPE));
23                      String phoneNumber =phonesCur.getString(phonesCur
24                       getColumnIndex(Contacts.PhonesColumns.NUMBER));
25                        // 自己的逻辑处理代码
26                   }while(phonesCur.moveToNext());
27                }
28    }while (cur.moveToNext());
29 }
30 cur.close();
```

代码详解

第 06 行，利用 cur.moveToFirst() 方法，指向查询结果的第一个位置。一般通过判断 cur.moveToFirst() 的值为 true 或 false 来确定查询结果是否为空。

第 07~08 行，getColumnIndex 方法的功能是，根据参数联系人的名称，获得它的列索引，因为后面使用的 getstring，getint 等方法需要的是列索引。

第 28 行，cur.moveToNext() 是用来做循环的，一般这样来用：while(cur.moveToNext()){ }cur.moveToPrevious() 是指向当前记录的上一个记录，是和 moveToNext 相对应的。

【范例分析】

使用这段代码可以在各种版本的 Android 手机中，读取手机通讯录中的电话号码，而且可以读取一个姓名下的多个号码，但是由于使用该代码在 2.x 版本中的效率不高，读取的时间会稍长一些，而且 2.x 现在是 Android 系统的主流，至少占有 80% 以上的 Android 手机份额，所以可以使用高版本的 API 进行高效的读取。适用于 Android 2.0 及以上版本的读取通讯录的代码如下所示。

范例 26-6 读取通讯录核心代码（Android 2.0以上版本）

```
01 //读取手机本地的电话
02 ContentResolver cr =context.getContentResolver();
03 //取得电话本中开始一项的光标，必须先 moveToNext()
04 Cursor cursor =cr.query(ContactsContract.Contacts.CONTENT_URI,null, null, null, null);
05 while(cursor.moveToNext()){
06 //取得联系人的名字索引
07 int nameIndex  =cursor.getColumnIndex(PhoneLookup.DISPLAY_NAME);
08 String name = cursor.getString(nameIndex);
09 //取得联系人的 ID 索引值
10 String contactId =cursor.getString(cursor.getColumnIndex(ContactsContract.Contacts._ID));
11 //查询该位联系人的电话号码，类似的可以查询 email，photo
12 //第一个参数是确定查询电话号，第三个参数是查询具体某个人的过滤值
13 Cursor phone =cr.query(ContactsContract.CommonDataKinds.Phone.CONTENT_URI, null,
14   ContactsContract.CommonDataKinds.Phone.CONTACT_ID+ "= "+ contactId, null, null);
15 //一个人可能有几个号码
16 while(phone.moveToNext()){
17   String phoneNumber =phone.getString(phone.getColumnIndex
18      (ContactsContract.CommonDataKinds.Phone.NUMBER));
19          listName.add(name);
20          listPhone.add(phoneNumber);
21       }
22       phone.close();
23   }
24   cursor.close();
```

代码详解

从 Android 2.0 SDK 开始，有关联系人 provider 的类变成了 ContactsContract，虽然老的 android.provider.Contacts 仍然能用，但在 SDK 中，已经标记为 deprecated，也就是说，将被放弃不推荐的方法。

从 Android 2.0 及 API Level 为 5 开始，新增了 android.provider.ContactsContract 来代替原来的方法（第14行）。

ContactsContract 的子类 ContactsContract.Contacts 是一张表，代表了所有联系人的统计信息。比如联系人 ID(—ID)，查询键 (LOOKUP_KEY)，联系人的姓名 (DISPLAY_NAME_PRIMARY), 头像的 id(PHOTO_ID) 及群组的 id 等。

我们可以通过如下方法取得所有联系人的表的 Cursor 对象。

（1）获取 ContentResolver 对象查询在 ContentProvider 里定义的共享对象。

ContentResolver contentResolver=getContentResolver();

（2）根据 URI 对象 ContactsContract.Contacts.CONTENT_URI 查询所有联系人。

Cursor cursor=contentResolver.query(ContactsContract.Contacts.CONTENT_URI, null, null, null, null)；

从 Cursor 对象里我们关键是要取得联系人的 _id。通过它，再通过 ContactsContract.CommonDataKinds 的各个子类，查询该 _id 联系人的电话（ContactsContract.CommonDataKinds.Phone）,email(ContactsContract.CommonDataKinds.Email) 等。

范例 26-7 读取SIM卡信息

如果需要读取 SIM 卡里面的通讯录内容，则可以使用“content://icc/adn”进行读取，代码如下所示。

```
01 try{
02     Intent intent = new Intent();
03     intent.setData(Uri.parse("content://icc/adn"));
04     Uri uri = intent.getData();
05     ContentResolvercr = context.getContentResolver();
06     Cursor cursor =context.getContentResolver().query(uri, null, null, null, null);
07     if (cursor != null) {
08         while(cursor.moveToNext()){
09             // 取得联系人的名字索引
10             int nameIndex  = cursor.getColumnIndex(PhoneLookup.DISPLAY_NAME);
11             String name = cursor.getString(nameIndex);
12           // 取得联系人的 ID 索引值
13    String contactId =cursor.getString(cursor.getColumnIndex(ContactsContract.Contacts._ID));
14             // 查询该位联系人的电话号码，类似的可以查询 email，photo
15      Cursor phone =cr.query(ContactsContract.CommonDataKinds.Phone.CONTENT_URI, null,
16       ContactsContract.CommonDataKinds.Phone.CONTACT_ID+ " = " + contactId, null, null);
17         // 第一个参数是确定查询电话号，第三个参数是查询具体某个人的过滤值
18         // 一个人可能有几个号码
19             while(phone.moveToNext()){
20                 String phoneNumber =phone.getString(phone.getColumnIndex
21                 (ContactsContract.CommonDataKinds.Phone.NUMBER));
22                 // 自己的逻辑代码
23             }
24             phone.close();
25         }
26         cursor.close();
27     }
28 }catch(Exception e){}
```

代码详解

第 02 行，创建一个 Intent 对象，Intent 负责对应用中一次操作的动作、动作涉及数据、附加数据进行描述，Android 则根据此 Intent 的描述，负责找到对应的组件，将 Intent 传递给调用的组件，并完成组件的调用。

第 03 行，intent.setData() 方法表示获取数据，被系统用来寻找匹配目标组件。Uri.parse() 返回的是一个 URI 类型，通过这个 URI 可以访问一个网络上或者本地的资源。其中数据来源是“content://icc/adn”（SIM）。这里解释一下“adn”的含义。

URI 匹配可以得到 3 种类型的号码。

- AND（Abbreviated dialing number）：就是常规的用户号码，用户可以存储 / 删除。
- FDN（Fixed dialer number）：固定拨号，固定拨号功能让用户设置话机的使用限制，当用户开启固定拨号功能后，只可以拨打存储的固定拨号列表中的号码。固定号码表存放在 SIM 卡中。能否使用固定拨号功能取决于 SIM 卡类型及网络商是否提供此功能。
- SDN（Service dialing number）：系统拨叫号码，网络服务拨号，固话的用户不能编辑。

26.3.2 读取联系人头像

在日常 Android 手机的使用过程中，有时候会需要根据电话号码获得联系人头像。读取联系人头像的代码如下所示。

范例 26-8　读取联系人头像

```
01 private Bitmap getContactHead(long contactId)
02 {
03   Bitmap bitmap = null;
04   try
05   {
06     ContentResolver cr = callingform.this.getContentResolver();
07     Uri uri = ContentUris.withAppendedId(Contacts.CONTENT_URI, contactId);
08     InputStream input = Contacts.openContactPhotoInputStream (callingform.this.getContentResolver(), uri);
09     if (input != null)
10     {
11     bitmap = BitmapFactory.decodeStream(input);
12     }
13     else
14     {
15       bitmap = BitmapFactory.decodeResource(callingform.this.getResources(), R.drawable.head);
16     }
17   }
18   catch (Exception e)
19   {
20       bitmap = BitmapFactory.decodeResource(callingform.this.getResources(), R.drawable.head);
21       e.printStackTrace();
22   }
23   return bitmap;
24 }
```

【范例分析】

根据电话号码获得联系人头像，主要流程如下。

首先，通过 ContentProvider，可以访问 Android 中的联系人等数据（第 06 行）。

然后，提供了根据电话号码获取 data 表数据，返回一个数据集。再通过数据集获得该联系人的 contact_id，根据 contact_id 打开头像图片的 InputStream（第 08 行，打开头像图片的 InputStream），最后，用 BitmapFactory.decodeStream() 获得联系人的头像（第 20 行，从 InputStream 获得联系人的位图图像）。

26.3.3 读取短信

读取手机短信也是常见的功能，其实现代码如下所示。

范例 26-9　读取短信

```
public String getSmsInPhone() {
  final String SMS_URI_ALL = "content://sms/";
```

```
        final String SMS_URI_INBOX = "content://sms/inbox";
        final String SMS_URI_SEND = "content://sms/sent";
        final String SMS_URI_DRAFT = "content://sms/draft";
        final String SMS_URI_OUTBOX = "content://sms/outbox";
        final String SMS_URI_FAILED = "content://sms/failed";
        final String SMS_URI_QUEUED = "content://sms/queued";
        StringBuilder smsBuilder = new StringBuilder();

        try {
            Uri uri = Uri.parse(SMS_URI_ALL);
            String[] projection = new String[] { "_id", "address", "person", "body", "date", "type" };
            Cursor cur = getContentResolver().query(uri, projection, null, null, "date desc");
            // 获取手机内部短信
            if (cur.moveToFirst()) {
                int index_Address = cur.getColumnIndex("address");
                int index_Person = cur.getColumnIndex("person");
                int index_Body = cur.getColumnIndex("body");
                int index_Date = cur.getColumnIndex("date");
                int index_Type = cur.getColumnIndex("type");

                do {
                    String strAddress = cur.getString(index_Address);
                    int intPerson = cur.getInt(index_Person);
                    String strbody = cur.getString(index_Body);
                    long longDate = cur.getLong(index_Date);
                    int intType = cur.getInt(index_Type);

                    SimpleDateFormat dateFormat = new SimpleDateFormat("yyyy-MM-dd hh:mm:ss");
                    Date d = new Date(longDate);
                    String strDate = dateFormat.format(d);

                    String strType = "";
                    if (intType == 1) {
                        strType = " 接收 ";
                    } else if (intType == 2) {
                        strType = " 发送 ";
                    } else {
                        strType = "null";
                    }

                    smsBuilder.append("[ ");
                    smsBuilder.append(strAddress + ", ");
                    smsBuilder.append(intPerson + ", ");
                    smsBuilder.append(strbody + ", ");
                    smsBuilder.append(strDate + ", ");
                    smsBuilder.append(strType);
                    smsBuilder.append("]\n\n");
                } while (cur.moveToNext());

                if (!cur.isClosed()) {
                    cur.close();
```

```
54                  cur = null;
55              }
56          } else {
57              smsBuilder.append("no result!");
58          } // end if
59
60          smsBuilder.append("getSmsInPhone has executed!");
61
62      } catch (SQLiteException ex) {
63          Log.d("SQLiteException in getSmsInPhone", ex.getMessage());
64      }
65
66      return smsBuilder.toString();
67  }
68 }
```

代码详解

第 02~08 行，说明了在 Android 系统中获取短信的常见 URI。

- content://sms/——所有短信
- content://sms/inbox——收件箱
- content://sms/sent——已发送
- content://sms/draft——草稿
- content://sms/outbox——发件箱
- content://sms/failed——发送失败
- content://sms/queued——待发送列表

第 09 行，创建一个面向短信的 StringBuilder 对象 smsBuilder，这个对象主要是解决对字符串做频繁修改操作时的性能问题，它通常先分配好一定的内存，在字符串长度达到上限之前，全部在此内存中操作，不涉及内存的重新分配和回收。

26.4 高手点拨

在实际开发中，一个良好的开发习惯及一个规范，可能会让开发者少走很多弯路，也一定程度提高了代码的可读性，可维护性和可扩展性。当随着需求不断变更，需要维护项目的时候，当随着项目代码量的提升，需要重构的时候，开发人员就会明白一个好的开发规范的重要性。

例如，在定义变量名的时候全局成员变量使用 m（member）为前缀，类静态变量前缀为 s（static）。控件变量添加组件前缀，顺序在所有者前缀之后，控件缩写 button → btn,textview → txw,listview → st 等。良好的编码习惯，将让阅读代码的人（可能就是你团队的合作者）感到愉悦和便利。

26.5 实战练习

尝试编写一个简单的通讯录搜索程序，通过读取通讯录并展示通讯录，让用户能够轻松地搜索到自己想要的电话号码。

第 27 章 Android 进阶项目实战——理财管理系统

本章以理财管理系统为案例，深入讲解如何基于 SQLite 来开发 Android 数据库应用。本章内容包括系统分析和设计、数据存储知识、照片加载、界面布局等知识。通过本章的学习，读者将对涉及多方面数据存储的 Android 应用程序的开发流程有一定的了解，并且熟练掌握 Android SQLite 数据库的设计和访问。

本章要点（已掌握的在方框中打钩）

- □ 掌握 Android 应用程序数据分析和设计方法
- □ 掌握 SQLite 数据库操作相关模块的设计和实现
- □ 掌握 Android 应用程序不同形式数据存储的设计和实现方式
- □ 掌握 ListView 和适配器来进行列表性质界面的设计和实现
- □ 熟练使用 Android 控件进行界面的设计和特效设计

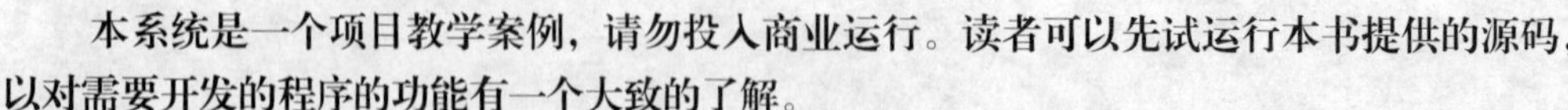

27.1 系统概述

本系统是一个项目教学案例，请勿投入商业运行。读者可以先试运行本书提供的源码，以对需要开发的程序的功能有一个大致的了解。

27.1.1 背景介绍

随着市场经济的发展，财务管理目前已经成为人们生活不可或缺的一部分。作为手机终端用户，我们需要经常随时随地记录自己的财务收支情况。所以本章研究开发一个财务管理系统，可以按天记录、按天查看财务收入情况，还可以查看每周收入情况，以及本月的消费情况，在此基础上我们还可以对本月消费进行预算且查看本月余额等，从而方便用户了解本月自己的消费和收入情况。为了保护用户收入敏感信息，本软件在安装时可以让用户进行注册并设置密码，这些功能都是服务于用户，比较人性化，用户不必担心敏感财务信息的泄露。

27.1.2 运行程序

首先，读者会注意到，我们在第 26 章所开发的项目环境是在 Android Studio 下，为了使大家能够看到如何通过 Eclipse 的 ADT 进行项目的开发，下面我们介绍通过 Eclipse 下 ADT 插件来导入项目的过程。首先，在 Eclipse 中选择 "File->Import" 选项，选择 "Existing Projects into Workspace"，单击“Next”按钮，之后单击右边的“browser”按钮，找到本书给出的源码项目（CaiWuGuanLi），通过选中“Copy projects into workspace”复选框复制代码到工作目录，单击“Finish”按钮完成导入，如下图所示。

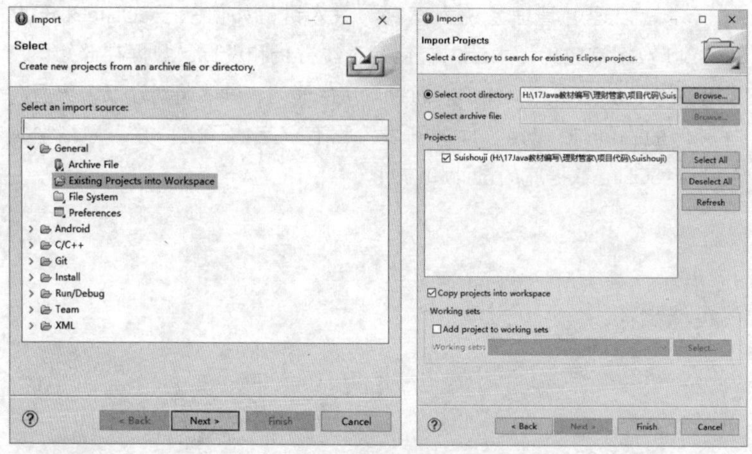

等待 ADT 导入完成后，选择项目图标，单击鼠标右键，在弹出的菜单下，单击“Run As → 1Android Application”选项，然后等待虚拟器的加载和运行，菜单选择如下图所示。

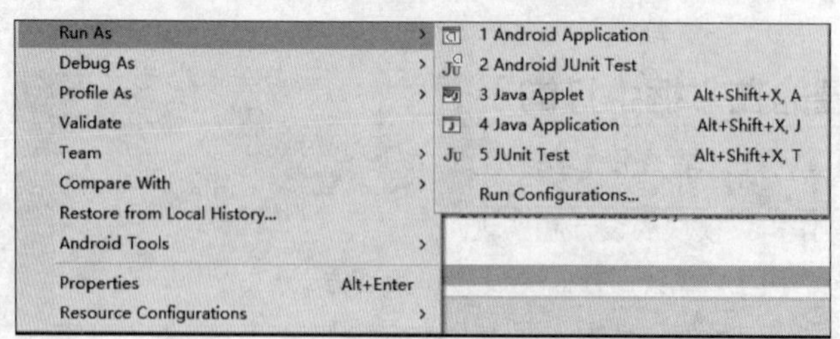

由于项目在 Android SDK 2.1 版本上开发，上图演示在导入后，如果读者的 ADT 已经下载相关 SDK 开发包，可以直接执行，如果没有下载 SDK Level 7，也可以在 project.properties 文件中把 target 设置为此版本后的某一个 SDK Level，项目即可向下兼容性地进行模拟程序的执行。第一次执行时会问是否注册，然后，进入应用后会直接进入登录界面，如左下图所示，登录后进入用户的主界面，如右下图所示。

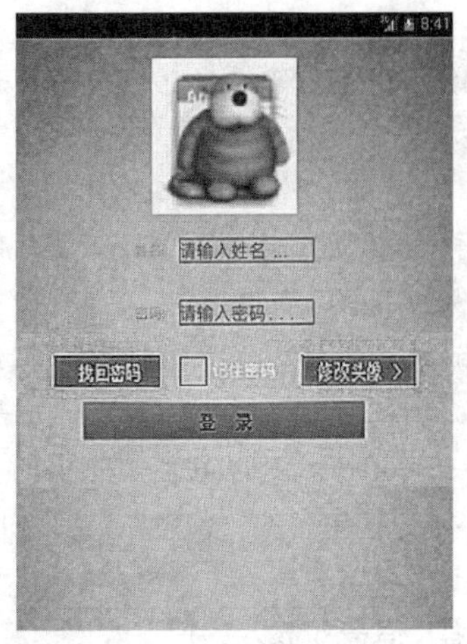

27.1.3 系统需求分析

Android 财务管理系统总共需要四大功能，每个功能下面还有些子功能。

（1）注册登录：能够实现用户注册和登录来保证个人财务的独立管理；子功能有注册功能、密码修改功能、添加头像功能、登录功能。

（2）记录查看：能够查看财务记录，便于随时记录和了解财务动态；子功能有记录支出情况、记录收入情况、查看记录功能

（3）财务预算：能够进行个人财务的预算，便于用户根据预算查看剩余金额。

（4）写心情：能够进行个人日间心情的记录，便于用户能够了解自身理财心理；子功能有书写功能、查看心情记录功能、查看详细记录。

系统的功能可以扩展，目前实现了基本的理财功能，其模块结构图如下所示。

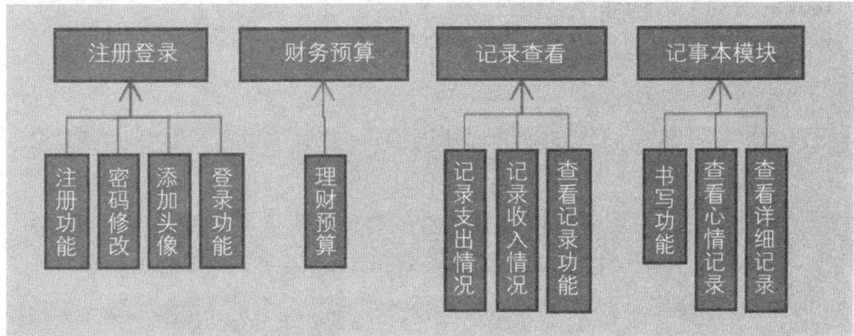

27.2 系统数据存储的设计和实现

在财务管家中我们用到最多的就是数据的存储。读者需要注意，在 Android 开发下面常用的数据存储在一般情况下有 3 种形式，它们分别是 SQLite 数据库、SharedPreferences、文件存储。在本系统中，分别应用了此 3 种存储方式，下面会先介绍数据分析和设计过程，然后再对开发中用到的存储数据的方式进行详细讲解。

27.2.1 数据分析和设计

根据本系统的需求分析和功能设定，需完成注册登录、财务预算、记录查看、写心情基本功能。经过分析，本系统数据库包括的主要实体有消费类别（Expenditure_Category）、收入类别（Income_Category）、账户（Account）、账户类型（Account-Category）、消费场合（Store）、记账项目（Item）等实体，根据实体的含义，可以具体化出来它们所包含的值的实例，下面是具体化的过程。

（1）消费类别（Expenditure_Category）和子类别（Sub_Category）的确定

消费类别表示日常的支出，保存用户各种类型的消费，其内容会比较复杂，故分成 11 类。例如，消费类型经过分析有：金融保险、医疗保健、人情往来、学习进修、休闲娱乐、交通通信、行车交通、居家物业、食品酒水、衣服饰品、其他杂项等。

上述为消费大类，其每个类别下面可以有若干个子类，例如，在金融保险下面，有赔偿罚款、利息支出、消费税收、按揭还款、投资亏损、银行手续；在医疗保健下面，有治疗费、美容费、保健费、药品费；在人情往来下面，有送礼请客、慈善捐款、还人钱物、孝敬家长；另外，其他消费类别都有其子类别，在此不再一一叙述。

（2）收入类别（Income_Category）和子类别（Sub_Category）的确定

收入类别表示日常的收入，保存用户各种类型的收入，其内容主要分为2类。例如，收入类型经过分析有：职业收入和其他收入。上述为收入大类，其每个类别下面可以有若干个子类，例如，在职业下面，有经营所得、意外来钱、中奖收入、礼金收入；在其他收入下面，有兼职收入、投资收入、奖金收入、加班收入、利息收入。

（3）账户类别（Account_Category）和子类别（Sub_Category）

账户类别表示资金账户类别，保存用户各种类型的资金账户分类，其内容主要分为 5 类。例如，账户类型经过分析有：现金账户、金融账户、虚拟账户、负债账户、债券账户。上述为账户类别大类，其每个类别下面又可以有若干个子类，例如，现金账户下面有现金口袋；在金融账户下面，有银行卡、存折、理财产品；在虚拟账户下面，有在线支付、现金券、储值卡；在负债账户下面，有应付款项、信用卡；在债权账户下面，有应收款项。

（4）账户（Account）

账户表示具体账户，保存可以进行收支的客户账户，当前系统设计其内容主要为 7 个，分别为银行卡、公交、饭卡、支付宝、财付通、现金、其他。

（5）消费场合（Store）

消费场合表示具体消费的地点，保存可以进行消费的位置信息，当前系统设计其内容主要为 6 个，分别为饭堂、银行、商场、超市、公交、其他。

（6）记账项目（Item）

记账项目表示具体记账项目种类，保存可以记账的项目类别，当前系统设计其内容主要为 5 类，分别为活动、旅游、装修、公司报账、出差。

因为 Android 手机系统对资源管理要求以资源文件的方式保存，所以会以字符串数组的方式把上述实体具体化的信息存储在 xml 资源文件中，在项目的 Values 目录下，有一个对应资源文件的 arrays.xml 来保存数据模型信息，其代码如下所示。

范例 27-1 数据资源文件主要代码（arrays.xml）

```
<?xml version="1.0" encoding="UTF-8"?>
<resources>
   <string-array name="TBL_EXPENDITURE_CATEGORY">
        <item> 其他杂项 </item>
        <item> 金融保险 </item>
        <item> 医疗保健 </item>
        <item> 人情往来 </item>
        <item> 学习进修 </item>
        <item> 休闲娱乐 </item>
```

```
10         <item> 交流通信 </item>
11         <item> 行车交通 </item>
12         <item> 居家物业 </item>
13         <item> 食品酒水 </item>
14         <item> 衣服饰品 </item>
15 </string-array>
16 <string-array name="TBL_EXPENDITURE_SUB_CATEGORY_1">
17         <item> 烂账损失 </item>
18         <item> 意外丢失 </item>
19         <item> 其他支出 </item>
20         </string-array>
21 <string-array name="TBL_EXPENDITURE_SUB_CATEGORY_2">
22        <item> 赔偿罚款 </item>
23        <item> 利息支出 </item>
24        <item> 消费税收 </item>
25        <item> 按揭还款 </item>
26        <item> 投资亏损 </item>
27         <item> 银行手续 </item>
28 </string-array>
29 <!-- 中间省略了大部分配置信息 -->
30 <string-array name="TBL_ITEM">
31        <item> 活动 </item>
32        <item> 旅游 </item>
33        <item> 装修 </item>
34        <item> 公司报销 </item>
35        <item> 出差 </item>
36 </string-array>
37 </resources>
```

代码详解

读者可以看出来，上述资源文件，对于每个类分别通过<string-array>标签组去保存一个具体实体信息，其 name 属性表示该实体的名称。其中第 03~15 行代码是对于消费类别数据的定义，第 16~28 行是对于消费子类别 1 和 2 数据的定义，第 30~36 行是对于记账项目数据的定义。第 29 行处由于篇幅原因，省略了大部分实体数据的配置信息。

27.2.2 数据库设计和实现

01 SQLite 的优点

要开发一个数据存储比较频繁的系统，推荐读者使用 SQLite，其具有很多优点，主要有轻量级、独立性、隔离性、跨平台、多语言接口、安全性等。SQLite 数据库中所有的信息（比如表、视图、触发器等）都包含在一个文件内，十分方便管理和维护。

SQLite 数据库通过数据库级上的独占性和共享锁来实现独立事务处理。这意味着多个进程可以在同一时间从同一数据库读取数据，但只有一个可以写入数据。在某个进程或线程向数据库执行操作之前，必须获得独占锁定。在发出独占锁定以后，其他的读或写操作将不会再发生。鉴于上述优点，本项目应用了 SQLite 作为数据库存储的技术。

本项目所有数据库相关代码都放在了 com.cwgl.db 包下，具体实现见下文。

02 数据库信息类的设计实现

为了便于数据字典元数据的存储，本系统设计了一个数据库信息类，该模块以静态字符串数组的形式封装了上述数据模型的元数据。在设计中，每个表名都带有英文前缀“TBL”，其表名和包含具体实体数据的 Arrays.xml 中字符数组的名称是一致的，如消费类型 Expenditure_Category 的表名是“TBL_EXPENDITURE_CATEGORY”，收入类型 Income_Category 的表名是“TBL_INCOME_CATEGORY”，该类在上述包中，文件名是 MyDBInfo.java。

范例 27-2　数据库信息类MyDbInfo主要代码（MyDbInfo.java）

```
package com.cwgl.db;
public class MyDbInfo {
  private static String TableNames[] = {
    "TBL_EXPENDITURE_CATEGORY",
    "TBL_EXPENDITURE_SUB_CATEGORY",
    "TBL_INCOME_CATEGORY",
    "TBL_INCOME_SUB_CATEGORY",
    "TBL_ACCOUNT_TYPE",
    "TBL_ACCOUNT_SUB_TYPE",
    "TBL_ACCOUNT",
    "TBL_STORE",
    "TBL_ITEM",
    "TBL_EXPENDITURE",
    "TBL_INCOME",
    "TBL_TRANSFER"
  };// 表名
  private static String FieldNames[][] = {
      {"ID","NAME","BUDGET"},
      {"ID","NAME","PARENT_CATEGORY_ID"},
      {"ID","NAME"},
      {"ID","NAME","PARENT_CATEGORY_ID"},
      {"ID","NAME","POSTIVE"},
      {"ID","NAME","PARENT_TYPE_ID"},
      {"ID","NAME","TYPE_ID","SUB_TYPE_ID","ACCOUNT_BALANCE"},
      {"ID","NAME"},
      {"ID","NAME"},
      {"ID", "AMOUNT", "EXPENDITURE_CATEGORY_ID",
     "EXPENDITURE_SUB_CATEGORY_ID", "ACCOUNT_ID",
       "STORE_ID", "ITEM_ID", "DATE", "MEMO"},
      {"ID", "AMOUNT", "INCOME_CATEGORY_ID",
     "INCOME_SUB_CATEGORY_ID", "ACCOUNT_ID", "ITEM_ID", "DATE", "MEMO"},
      {"ID", "AMOUNT", "ACCOUNT_ID", "ITEM_ID", "DATE", "MEMO"}


  };// 字段名
  private static String FieldTypes[][] = {
      {"INTEGER PRIMARY KEY AUTOINCREMENT","text","DOUBLE"},
```

```
35        {"INTEGER PRIMARY KEY AUTOINCREMENT","TEXT","INTEGER"},
36        {"INTEGER PRIMARY KEY AUTOINCREMENT","TEXT"},
37        {"INTEGER PRIMARY KEY AUTOINCREMENT","TEXT","INTEGER"},
38        {"INTEGER PRIMARY KEY AUTOINCREMENT","TEXT","INTEGER","DOUBLE"},
39        {"INTEGER PRIMARY KEY AUTOINCREMENT","TEXT","INTEGER"},
40        {"INTEGER PRIMARY KEY AUTOINCREMENT",
        "TEXT","INTEGER","INTEGER","DOUBLE"},
41        {"INTEGER PRIMARY KEY AUTOINCREMENT","TEXT"},
42        {"INTEGER PRIMARY KEY AUTOINCREMENT","TEXT"},
43        {"INTEGER PRIMARY KEY AUTOINCREMENT","DOUBLE",
        "INTEGER","INTEGER","INTEGER","INTEGER","INTEGER","TEXT","TEXT"},
44        {"INTEGER PRIMARY KEY AUTOINCREMENT","DOUBLE",
        "INTEGER","INTEGER","INTEGER","INTEGER","TEXT","TEXT"},
45        {"INTEGER PRIMARY KEY AUTOINCREMENT","DOUBLE",
        "INTEGER","INTEGER","TEXT","TEXT"}
46    };// 字段类型
47 }
```

代码详解

第 03 行 TableNames[] 定义表名数组，第 17 行 FieldNames[][] 定义字段名数组，第 33 行 FieldTypes[][] 定义字段类型数组。读者要注意的是，3 个数组的长度是一致的，3 个数组索引值是一一对应的，也就是说后两个二维数组所存储的每个行元素，对应的是第一个数组中每个表的若干个字段名和字段类型。

03 数据库主模块的设计实现

读者需要注意，一个项目对于数据操作，要创建个专门的数据库主模块，例如，数据库打开和关闭、SQL 语句的执行、数据的增删改查等操作都被封装到这个类中了。在本项目中该数据库类是 MyDbHelper，该类在上述 db 包中，文件名是 MyDbHelper.java。

范例 27-3　数据库主模块MyDbHelper类（MyDbHelper.java）

```
package com.cwgl.db;
import android.content.ContentValues;
import android.content.Context;
import android.database.Cursor;
import android.database.SQLException;
import android.database.sqlite.SQLiteDatabase;
import android.database.sqlite.SQLiteOpenHelper;

public class MyDbHelper{
    private DatabaseHelper mDbHelper;    //SQLiteOpenHelper 实例对象
    private SQLiteDatabase mDb;   // 数据库实例对象
    private static MyDbHelper openHelper = null;// 数据库调用实例
    private static int version = 1;// 数据库版本号
```

```
private static String myDBName = "mydb";
private static String TableNames[];// 表名
private static String FieldNames[][];// 字段名
private static String FieldTypes[][];// 字段类型
private static String NO_CREATE_TABLES = "no tables";
private static String message = "";
private final Context mCtx;   // 上下文实例
private MyDbHelper(Context ctx) {
     this.mCtx = ctx;
}
public static MyDbHelper getInstance(Context context){
  if(openHelper == null){
    openHelper = new MyDbHelper(context);
    TableNames = MyDbInfo.getTableNames();
    FieldNames = MyDbInfo.getFieldNames();
    FieldTypes = MyDbInfo.getFieldTypes();
  }
  return openHelper;
}
private static class DatabaseHelper extends SQLiteOpenHelper {
  // 代码见下面的数据库辅助类的例子
}
public void insertTables(String[] tableNames,String[][] fieldNames,String[][] fieldTypes){
  TableNames = tableNames;
  FieldNames = fieldNames;
  FieldTypes = fieldTypes;
}
public MyDbHelper open() throws SQLException {
   mDbHelper = new DatabaseHelper(mCtx);
   mDb = mDbHelper.getWritableDatabase();
   return this;
 }
 public void close() {
   mDbHelper.close();
 }
public void execSQL(String sql) throws java.sql.SQLException
{
  mDb.execSQL(sql);
}
public Cursor rawQuery(String sql,String[] selectionArgs)
{
  Cursor cursor = mDb.rawQuery(sql, selectionArgs);
  return cursor;
}
public Cursor select(String table, String[] columns,
    String selection, String[] selectionArgs, String groupBy,
    String having, String orderBy)
{
  Cursor cursor = mDb.query
  (
      table, columns, selection, selectionArgs,
```

```
65                groupBy, having, orderBy
66            );
67            return cursor;
68        }
69        public long insert(String table, String fields[], String values[])
70        {
71            ContentValues cv = new ContentValues();
72            for (int i = 0; i < fields.length; i++)
73            {
74                cv.put(fields[i], values[i]);
75            }
76            return mDb.insert(table, null, cv);
77        }
78        public int delete(String table, String where, String[] whereValue)
79        {
80            return mDb.delete(table, where, whereValue);
81        }
82        public int update(String table, String updateFields[],
83                String updateValues[], String where, String[] whereValue)
84        {
85            ContentValues cv = new ContentValues();
86            for (int i = 0; i < updateFields.length; i++)
87            {
88                cv.put(updateFields[i], updateValues[i]);
89            }
90            return mDb.update(table, cv, where, whereValue);
91        }
92        public String getMessage()
93        {
94            return message;
95        }
96    }
```

代码详解

第 10 行通过 DatabaseHelper 数据库辅助类声明的 mDbHelper 变量引用其实例；第 11 行定义 mDb 会引用数据库实例，下面定义的静态成员中，version 存储版本号，当前值是 1，myDBName 定义数据库名为“mydb”；第 15~17 行定义了 3 个字符串数组，用来存表名、字段名、字段类型等元数据；第 18 行和第 19 行定义消息相关属性值；第 20 行 mCtx 定义上下文实例；在第 21 行的构造器中通过该上下文来创建对象；第 24 行通过 getInstance() 方法实现数据库辅助类实例的生产操作；通过第 25 行的空引用判断确保只有一个 MyDbHelper 实例被创建出来，其是单例模式的应用；第 27~29 行，通过数据库信息类 MyDbInfo 的相关 get 方法把数据传给上述对应的 3 个字符串数组，注意此 3 个数组是静态的，其目的是便于直接传值给下面的静态数据库辅助类中去用。

第 33 行以静态内部类方式定义了数据库辅助类，此处省略多行代码，其详细代码解释见下一个点的介绍；第 41 行 open() 是最重要的数据库打开方法，会通过送入当前上下文创建上述辅助类对象，通过辅助类对象的 getWritableDatabase() 方法创建或打开一个读写的数据库，该方法会返回当前数据库主模块的一个实例；第 46 行 close() 方法关闭数据库；

下面是数据的增、删、改、查操作读者需要注意，下述方法中都会通过已获取的数据库读写对象 mDb 对象进行操作。第 49 行 execSQL 会执行一个带占位符的 SQL 语句；第 53 行 rawQuery() 方法会执行一个带占位符的 SQL 查询；第 58 行 select() 方法会查询数据，其参数 columns 代表列名数据、selection 代表查询条件、selectionArgs 代表查询参数值、groupby 代表分组、having 代表聚合函数、以及 orderby 代表排序；上述两个查询操作相关方法都是返回 Cursor 类的对象，实现结果表数据的操作；第 69 行 insert() 方法会实现添加记录的操作，其参数 table 代表表名、fields 代表列名，values 代表列值，方法内执行 mDb 的 insert() 进行记录的插入；第 78 行 delete() 方法实现删除记录的操作，其参数 table 代表表名、whereClause 代表筛选语句、whereValue 是值，方法内执行 mDb 的 delete() 进行记录的删除；第 82 行 update() 方法实现更新记录的操作，其参数 table 代表表名、updateFields 代表更新的列集合、updateValues 是对应值的集合，方法内先通过循环把要更新的列和值保存在 ContentValues 的对象中，然后执行 mDb 的 update() 进行记录的更新；第 92 行 getMessage() 方法是获取消息的方法。

04 数据库辅助模块的设计实现

Android 系统推荐使用 SQLiteOpenHelper 的子类来创建和更新数据库，因此需要创建一个继承 SQLiteOpenHelper 类，重写 onCreate() 和 onUpdate() 方法，在 onCreate() 方法中执行创建数据库命令的操作，在本项目中数据库组件 MyDbHelper 类中定义了 DatabaseHelper 类，该类就是这样的一个子类，其作用是数据库辅助模块，其实现代码如下。

范例 27-4　数据库辅助模块DatabaseHelper类（静态内部类）

```
private static class DatabaseHelper extends SQLiteOpenHelper {
    DatabaseHelper(Context context) {
        super(context, myDBName, null, version);
    }
    @Override
    public void onCreate(SQLiteDatabase db)
    {
        if (TableNames == null)
        {
            message = NO_CREATE_TABLES;
            return;
        }
        for (int i = 0; i < TableNames.length; i++)
        {
            String sql = "CREATE TABLE " + TableNames[i] + " (";
            for (int j = 0; j < FieldNames[i].length; j++)
            {
                sql += FieldNames[i][j] + " " + FieldTypes[i][j] + ",";
            }
            sql = sql.substring(0, sql.length() - 1);
            sql += ")";
            db.execSQL(sql);
```

```
23            }
24        }
25        @Override
26        public void onUpgrade(SQLiteDatabase db, int arg1, int arg2)
27        {
28          for (int i = 0; i < TableNames[i].length(); i++)
29            {
30              String sql = "DROP TABLE IF EXISTS " + TableNames[i];
31              db.execSQL(sql);
32            }
33          onCreate(db);
34        }
35    }
```

代码详解

读者需要注意，该类由于是在数据库主模块的外部类中，有一些外部类的成员可以按需要被访问到；第 02 行构造器送入上下文对象，并把外部类的 myDBName 和 version 变量值传过来，指定使用库名和版本号，其中第 06 行代码覆盖了父类的 onCreate() 方法，当数据库第一次被创建时会自动调用该方法。

第 08 行中，TableNames 字符串数组为外部类中变量，存储表名数据，通过判断是否为空，如果为空，返回无表数据信息，如果不为空，则通过 for 循环遍历该字符串数组，实现创建每个表的操作，循环内，第 15 行通过表名称来合并一个创建表的 sql 语句字符串；在第 16 行中，通过一个内层 for 循环遍历列名称的数组，同样依次把表的所有列名和类型合并到 sql 串上，第 20 行的作用是去掉最后合并列信息所多出的那个“，”号；第 22 行执行数据库 sql 语句。

第 26 行，定义了 onUpgrade() 方法，该方法会在数据库版本号增加时被调用，如果版本号不增加，该方法不会被调用。

27.2.3 SharedPreferences 存储方式

SharedPreferences 字面意思是“共享的偏好设置”，其提供了一种轻量型的数据存储方式，它的本质是基于 XML 文件存储 key-value 键值对数据，通常用来存储一些简单的配置信息。其存储位置在 /data/data/< 包名 >/shared_prefs 目录下。SharedPreferences 对象本身只能获取数据而不支持存储和修改，存储修改是通过 Editor 对象实现的。

01 重要方法

（1）public abstract boolean contains (String key)：检查是否已存在该文件，其中 key 是 xml 的文件名。

（2）getAll()：返回 preferences 里面的所有数据。

（3）getBoolean(String key, boolean defValue)：获取 Boolean 型数据。

（4）getFloat(String key, float defValue)：获取 Float 型数据。

（5）getInt(String key, int defValue)：获取 Int 型数据。

（6）getLong(String key, long defValue)：获取 Long 型数据。

（7）getString(String key, String defValue)：获取 String 型数据。

（8）registerOnSharedPreferenceChangeListener(SharedPreferences.OnSharedPreferenceChangeListener listener)：注册一个当 preference 发生改变时被调用的回调函数。

（9）unregisterOnSharedPreferenceChangeListener(SharedPreferences.OnSharedPreferenceChangeListener

listener)：删除当前回调函数。

编辑数据的相关主要方法如下。

（1）edit()：为 preferences 创建一个编辑器 Editor，通过创建的 Editor 可以修改 preferences 里面的数据，但必须执行 commit() 方法。

（2）clear()：清除内容。

（3）commit()：提交修改。

（4）remove(String key)：删除 preference。

02 重要接口

该类定义有个内部的接口 SharedPreferences.Editor，它主要用于修改 SharedPreferences 对象的内容，所有更改都是在编辑器所做的批处理，而不是复制回原来的 SharedPreferences 或持久化存储，直到你调用 commit()，才将持久化存储。

03 实现 SharedPreferences 存储的步骤

（1）根据 Context 获取 SharedPreferences 对象。

（2）利用 edit() 方法获取 Editor 对象。

（3）通过 Editor 对象存储 key-value 键值对数据。

（4）通过 commit() 方法提交数据。

SharedPreferences 对象与 SQLite 数据库相比，免去了创建数据库，创建表，写 SQL 语句等诸多操作，相对而言更加方便，简洁。但是 SharedPreferences 也有其自身缺陷，比如其只能存储 boolean，int，float，long 和 String 等 5 种简单的数据类型，比如其无法进行条件查询等。所以不论 SharedPreferences 的数据存储操作是如何简单，它也只能是存储方式的一种补充，而无法完全替代如 SQLite 数据库这样的数据存储方式。

读者需要注意，由于用户需要经常在登录或注册时填写相同的登录信息，可以在 Activity 类中通过 SharedPreferences 实例，保存这些简单数据，具体内容见详细设计实现部分。

27.2.4 文件存储方式

文件可用来存放大量数据，如文本、图片、音频等。用于写入文件的方法是 openFileOutput() 方法。该方法的第一参数用于指定文件名称，不能包含路径分隔符“/”，如果文件不存在，Android 会自动创建它。创建的文件保存在 /data/data/ 包名 / 目录下，如：/data/data/tiancai.com/files/aa.txt，通过单击 Eclipse 菜单“Window → Show View → Other”，在对话窗口中展开 android 文件夹，选择下面的 File Explorer 视图，然后在 File Explorer 视图中展开 /data/data/tiancai.com/files 目录就可以看到该文件。openFileOutput() 方法的第二参数用于指定操作模式，有 4 种模式，分别为如下。

- Context.MODE_PRIVATE = 0 。
- Context.MODE_APPEND = 32768 。
- Context.MODE_WORLD_READABLE = 1。
- Context.MODE_WORLD_WRITEABLE = 2 。

Context.MODE_PRIVATE 为默认操作模式，代表该文件是私有数据，只能被应用本身访问，在该模式下，写入的内容会覆盖原文件的内容，如果想把新写入的内容追加到原文件中，可以使用 Context.MODE_APPEND，Context.MODE_APPEND 模式会检查文件是否存在，存在就往文件中追加内容，否则就创建新文件。

Context.MODE_WORLD_READABLE 和 Context.MODE_WORLD_WRITEABLE 用来控制其他应用是否有权限读写该文件。MODE_WORLD_READABLE 表示当前文件可以被其他应用读取；MODE_WORLD_WRITEABLE 表示当前文件可以被其他应用写入。

例如，如果希望文件被其他应用读和写，可以传入 openFileOutput("aa.txt", Context.MODE_WORLD_READABLE + Context.MODE_WORLD_WRITEABLE)；。android 有一套自己的安全模型，当应用程序（.apk）在安装时，系统就会分配给它一个 userid，当该应用要去访问其他资源（比如文件）的时候，就需要 userid 匹配。

默认情况下，任何应用创建的文件，sharedpreferences，数据库都应该是私有的（位于 /data/data/ 包名 / files），其他程序无法访问。

除非在创建时指定了 Context.MODE_WORLD_READABLE 或者 Context.MODE_WORLD_WRITEABLE，只有这样其他程序才能正确访问。

最后一种是网络存储 Network 通过网络来获取和保存数据资源，这个方法需要设备保持网络连接状态，所以相对存在一些限制。具体使用在这里就不再多说。

27.3 系统详细设计和实现

通过上述系统需求分析，经过需求的精化，进行如下模块的设计和实现，首先我们在开发程序时必须先建立一个名为 CaiWuGuanLi 的应用项目，之后我们建立 com.cwgl.activity，这个包主要存放我们的 activity 类。

27.3.1 欢迎界面模块设计和实现

01 界面设计

在加载程序时提供了一个欢迎界面，这个类就是本项目启动类，主要作用是显示欢迎界面并加载数据。我们先展示欢迎界面，效果图如下所示。

其布局界面十分简单，主要有一个空间 Textview 组成用来显示理财管家和最终版权的公司文字信息，这里就不显示其布局文件源码了，读者有兴趣可参考相应源代码。

02 Activity 类的实现

WelcomeActivity 类，该类继承 Activity，这个类中主要有实现触摸进入登录界面，如果没有注册过，会提示先注册信息后才能登录，其次就是实现加载数据的功能。在实现这个类之前我们应该已经建立一个数据库主模块类 MyDbHelper，这个类已经在上文介绍过了，主要存放 SQLite 的资源管理和增、删、改、查的基本操作，下面就看下 WelcomeActivity 的主要代码。

范例 27-5 WelcomeActivity类（WelcomeActivity.java）

```
public class WelcomActivity extends Activity {
  public static MyDbHelper db = null;
  @Override
  public void onCreate(Bundle savedInstanceState) {
    super.onCreate(savedInstanceState);
```

```
        setContentView(R.layout.splash_screen_activity);
        initialDBData();
        CommonData.getInstance().load(this);
    }
    @Override
    // 触摸事件
    public boolean onTouchEvent(MotionEvent event) {
        // TODO Auto-generated method stub
        //activity jump
        Intent i=new Intent(WelcomActivity.this,DengLuActivity.class);
        startActivity(i);
        this.finish();
        return super.onTouchEvent(event);
    }
    // 向数据库中导入数据
    private void initialDBData() {
        // 建立数据库
        db = MyDbHelper.getInstance(this.getApplicationContext());
        Resources res = this.getResources();
        // 打开数据库
        db.open();
        Cursor cursor = db.select("TBL_EXPENDITURE_CATEGORY", new String[] {
                "ID", "NAME", "BUDGET" }, null, null, null, null, null);
        if (cursor.moveToNext()) {
            cursor.close();
            return;
        }
        // 插入消费类别
        String[] arr = res.getStringArray(R.array.TBL_EXPENDITURE_CATEGORY);
        for (int i = 0; i < arr.length; i++) {
            db.insert("TBL_EXPENDITURE_CATEGORY", new String[] { "NAME",
                    "BUDGET" }, new String[] { arr[i], "0" });
        }
        // 插入消费具体子类别 1，省略了其他子类别
        arr = res.getStringArray(R.array.TBL_EXPENDITURE_SUB_CATEGORY_1);
        for (int i = 0; i < arr.length; i++) {
            db.insert("TBL_EXPENDITURE_SUB_CATEGORY", new String[] { "NAME",
                    "PARENT_CATEGORY_ID" }, new String[] { arr[i], "1" });
        }
        // 插入收入类别
        arr = res.getStringArray(R.array.TBL_INCOME_CATEGORY);
        for (int i = 0; i < arr.length; i++) {
            db.insert("TBL_INCOME_CATEGORY", new String[] { "NAME" },
                    new String[] { arr[i] });
        }
        // 插入收入子类别 1，省略了其他子类别
        arr = res.getStringArray(R.array.TBL_INCOME_SUB_CATEGORY_1);
        for (int i = 0; i < arr.length; i++) {
            db.insert("TBL_INCOME_SUB_CATEGORY", new String[] { "NAME",
                    "PARENT_CATEGORY_ID" }, new String[] { arr[i], "1" });
        }
```

```
57      // 插入账户类别
58      arr = res.getStringArray(R.array.TBL_ACCOUNT_TYPE);
59      for (int i = 0; i < arr.length; i++) {
60        db.insert("TBL_ACCOUNT_TYPE", new String[] { "NAME", "POSTIVE" },
61            new String[] { arr[i].substring(0, arr[i].indexOf(",")),
62            arr[i].substring(arr[i].indexOf(",") + 1) });
63      }
64      // 插入账户子类别 1，省略了其他子类别
65      arr = res.getStringArray(R.array.TBL_ACCOUNT_SUB_TYPE_1);
66      for (int i = 0; i < arr.length; i++) {
67        db.insert("TBL_ACCOUNT_SUB_TYPE", new String[] { "NAME",
68            "PARENT_TYPE_ID" }, new String[] { arr[i], "1" });
69      }
70      // 插入账户
71      arr = res.getStringArray(R.array.TBL_ACCOUNT);
72      for (int i = 0; i < arr.length; i++) {
73        db.insert("TBL_ACCOUNT", new String[] { "NAME", "TYPE_ID",
74            "SUB_TYPE_ID", "ACCOUNT_BALANCE" }, arr[i].split(","));
75      }
76      // 插入商家
77      arr = res.getStringArray(R.array.TBL_STORE);
78      for (int i = 0; i < arr.length; i++) {
79        db.insert("TBL_STORE", new String[] { "NAME" },
80            new String[] { arr[i] });
81      }
82      // 插入项目
83      arr = res.getStringArray(R.array.TBL_ITEM);
84      for (int i = 0; i < arr.length; i++) {
85        db.insert("TBL_ITEM", new String[] { "NAME" },
86            new String[] { arr[i] });
87      }
88    }
89  }
```

代码详解

由于数据库初始化过程需要通过数据库主模块中 MyDbHelper 类中定义的若干操作，上文中已介绍这些操作，第 02 行通过静态形式定义一个其引用变量，实际的数据库初始化操作是在第 21 行的 initialDBData() 方法中进行的，首先在第 23 行通过当前应用上下文获取数据库主模块类的单例对象；第 24 行获取当前资源对象；第 27 行执行主模块 select 方法查询消费类别表，通过第 29~32 行的判断功能发现如果有记录，则不用重复再执行下述数据库初始化步骤，如果第 29 行判断为假，继续执行；第 34~44 行通过资源文件 Strings.xml 中的相关字符串数组作为值去填充消费类别和子类别表中的值，下述步骤类似，依次通过资源文件中的字符串数组去分别填充收入类别和子类别表、账户类别和账户子类别表、账户表、消费场合表及记账项目表等。

27.3.2 用户注册登录模块设计和实现

在这个模块中具体功能可以分为登录功能、注册功能、照片添加功能、密码修改功能。注册功能主要是第一次安装该款软件的时候会弹出注册框，提示先注册，密码修改主要是对原有密码修改，添加照片功能主要是从媒体库中添加照片，最后登录功能在用户和密码都正确的前提下进入到主界面。首先建立一个继承 Activity 的类并将其命名为 DengLuActivity，登录模块的界面效果图如下所示。

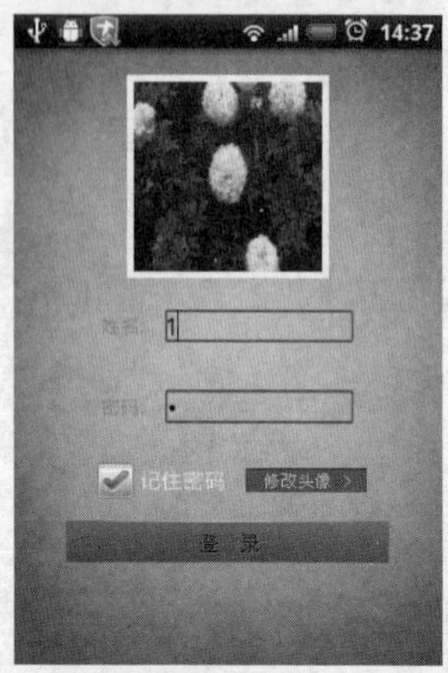

登录模块的布局界面 denglu.xml 主要是通过 Imageview 来显示照片，EditText 用来输入用户名和密码，checkBox 主要是用来记住密码，以及一个登录 Imageview 组成。其中 denglu.xml 布局代码清单如下。

范例 27-6 登录模块的布局文件（denglu.xml）

```
<LinearLayout xmlns:android="http://schemas.android.com/apk/res/android"
  xmlns:tools="http://schemas.android.com/tools"
  android:layout_width="fill_parent"
  android:layout_height="fill_parent"
  android:orientation="vertical"
  android:background="@drawable/bgdenglu"
   >
  <LinearLayout
    android:layout_width="fill_parent"
    android:layout_height="wrap_content"
    android:layout_marginTop="20dp"
    android:orientation="horizontal" >
    <include layout="@layout/imagetup" >
    </include>
  </LinearLayout>
  <LinearLayout
    android:layout_width="fill_parent"
    android:layout_height="50dp"
    android:layout_marginTop="10dp"
    android:gravity="center"
    android:orientation="horizontal" >
    <TextView
      android:id="@+id/textView1"
```

```
            android:layout_width="wrap_content"
            android:layout_height="wrap_content"
            android:layout_gravity="center"
            android:text=" 姓名 :" />
        <EditText
            android:background="@drawable/kuang_03"
            android:id="@+id/editTextxingming"
            android:layout_width="140dp"
            android:layout_height="wrap_content"
            android:hint=" 请输入姓名 ..."
            android:layout_marginLeft="15dp" >
        </EditText>
    </LinearLayout>
    <LinearLayout
        android:layout_width="fill_parent"
        android:layout_height="50dp"
        android:layout_marginTop="10dp"
        android:gravity="center"
        android:orientation="horizontal" >
        <TextView
            android:id="@+id/textView2"
            android:layout_width="wrap_content"
            android:layout_height="wrap_content"
            android:text=" 密码 :" />
        <EditText
            android:id="@+id/editTextmima"
            android:layout_width="140dp"
            android:layout_height="wrap_content"
            android:hint=" 请输入密码 ..."
            android:password="true"
            android:background="@drawable/kuang_03"
            android:layout_marginLeft="15dp" >
        </EditText>
    </LinearLayout>
    <LinearLayout
        android:layout_width="fill_parent"
        android:layout_height="wrap_content"
        android:layout_marginTop="5dp"
        android:gravity="center"
        android:orientation="horizontal" >
        <CheckBox
            android:id="@+id/checkBox1"
            android:layout_width="wrap_content"
            android:layout_height="wrap_content"
            android:layout_gravity="center"
            android:text=" 记住密码 " />
        <ImageView
```

```
71           android:id="@+id/imageViewtianjiazp"
72           android:layout_width="wrap_content"
73           android:layout_height="wrap_content"
74           android:layout_gravity="center"
75         android:layout_marginLeft="15dp"
76           android:src="@drawable/xgtx_03" />
77     </LinearLayout>
78     <LinearLayout
79       android:layout_width="fill_parent"
80       android:layout_height="wrap_content"
81       android:layout_marginTop="5dp"
82       android:gravity="center"
83       android:orientation="horizontal" >
84       <ImageView
85         android:id="@+id/imageView2"
86         android:layout_width="wrap_content"
87         android:layout_height="wrap_content"
88         android:layout_gravity="center"
89         android:src="@drawable/login_03" />
90     </LinearLayout>
91 </LinearLayout>
```

代码详解

布局主要采用线性布局 LinearLayout，大的线性布局采用了垂直方向，包含小的线性布局则采用水平方向；其中第 06 行，设置了背景图片；第 13 行，设置了照片显示布局；布局中 EditText 控件主要是提供文字输入使用，其中第 33 行的 EditText 的属性中的 hint 主要是提示用户输入相关内容；第 70 行的 ImageView 定义的是修改头像的按钮；第 84 行的 ImageView 定义的是一个登录按钮。

denglu.xml 的布局难度不大，这里就不再一一赘述，接下来我们看看 DengLuActivity 类，由于这个类代码比较多，类中的不同功能方法我们就分开讲解，首先是该类的成员变量和创建方法部分。

范例 27-7 DengLuActivity类的成员变量和创建方法（DengLuActivity.java）

```
private ImageView dengluImageView;
private ImageView zhaopImageView, tianjiaImageView, zhaohuiImageView;
private Bitmap bitMap;
private String path2;
private static final int PHOTO_PICKED_WITH_DATA = 1;
private CheckBox checkBox;
private SharedPreferences preferences;
private SharedPreferences.Editor editor;
private EditText xingmingEditText, mimaEditText;
private Button wanchengButton, quxiaoButton, tuichuButton;
private EditText yuanmimaEditText, xinmimaEditText;
```

```
12 private MyDbHelper db = null;
13 private EditText zhucemimaEditText, zhucenameEditText;
14 public HuoQuZhaoP huoquzhaop;
15
16 @Override
17 public void onCreate(Bundle savedInstanceState) {
18   super.onCreate(savedInstanceState);
19   setContentView(R.layout.denglu);
20   db = WelcomActivity.db;
21   zhaopImageView = (ImageView) findViewById(R.id.imageViewzhaop);
22   ZhaoPchuLi pchuLi = new ZhaoPchuLi();
23   huoquzhaop = new HuoQuZhaoP();
24   preferences = getSharedPreferences("dengluxinxi", Context.MODE_PRIVATE);
25   editor = preferences.edit();
26   String names = preferences.getString("name", "");
27   String mimas = preferences.getString("mima", "");
28   if (names.length() == 0 && mimas.length() == 0) {
29     zhuche();
30   }
31   String path = preferences.getString("imageurl", "");
32   Bitmap bitmap = huoquzhaop.showImage(path);
33   if (bitmap == null || bitmap.equals("")) {
34     Bitmap bm = BitmapFactory.decodeStream(getResources()
35     .openRawResource(R.drawable.cat));
36     Bitmap newBm = pchuLi.scaleImg(bm, 100, 100);
37     zhaopImageView.setImageBitmap(newBm);
38
39   } else {
40     Bitmap newBm = pchuLi.scaleImg(bitmap, 100, 100);
41     zhaopImageView.setImageBitmap(newBm);
42   }
43   denglu();
44 }
```

代码详解

在成员变量中，定义了 View 的引用，第 06 行定义了复选框组件用于保存是否记忆密码，第 07~08 行定义了 SharedPreferences 对象的引用，第 12 行定义数据库主模块组件的引用，第 14 行定义获取照片类的引用。

在第 17 行定义了 Activity 创建事件处理的方法，该方法定义了 Activity 执行创建时加载的代码，其中第 19 行设置布局文件为上述介绍的 denglu.xml；由于在先前 WelcomeActivity 加载时已获取了数据库主模块对象，在第 20 行，通过成员 db 引用该对象用于数据库操作；第 22~23 行实例化照片处理、获取照片的两个工具类对象；第 24~25 行则先获取 sharedPreference 对象，然后通过该对象获取其 editor 对象。第 26~30 行，通过 preferences 对象执行其相关取值方法取登录信息，如果用户名和密码信息为空，则执行注册方法，注册新用户。第 31~42 行是加载图片的过程，首先通过 preferences 对象取得 imageurl 路径，然后通过工具类获取照片，第 33~39 行则判断图片是否存在，如不存在，则默认加载一个资源中猫咪的图片，如存在，则加载相应照片文件。最后第 43 行调用 denglu() 方法继续执行登录操作。

因为第一次打开程序后进入登录界面，还没有用户注册的情况下会跳出用户注册的对话框，所以下面介绍一下用户注册 zhuche() 的方法，其代码如下所示。

范例 27-8 DengLuActivity类的用户注册方法（DengLuActivity.java）

```
public void zhuche() {
  Builder builder = new AlertDialog.Builder(DengLuActivity.this);
    LayoutInflater inflater = LayoutInflater.from(this);
    View view = inflater.inflate(R.layout.zhuce, null);
    builder.setView(view);
    builder.setTitle(" 请先注册账户 ");
    final AlertDialog dialog = builder.create();
    dialog.show();
    zhucenameEditText = (EditText) view.findViewById(R.id.editTextxingming);
    zhucemimaEditText = (EditText) view.findViewById(R.id.editTextmima);
    wanchengButton = (Button) view.findViewById(R.id.buttonwancheng);
    wanchengButton.setOnClickListener(new OnClickListener() {
      @Override
      public void onClick(View v) {
        String name = zhucenameEditText.getText().toString();
        String mima = zhucemimaEditText.getText().toString();
        if (name.length() == 0 || mima.length() == 0) {
          Toast.makeText(DengLuActivity.this, " 姓名和密码都不能为空 ",
          Toast.LENGTH_SHORT).show();
        }
        if (name.length() != 0 && mima.length() != 0) {
          editor.putString("name", name);
          editor.putString("mima", mima);
          editor.commit();
          Toast.makeText(DengLuActivity.this, " 注册成功 ",
          Toast.LENGTH_SHORT).show();
          dialog.cancel();
        }
      }
    });
}
```

【知识讲解】

注册功能中主要用到了对话框 AlertDialog 和 SharedPreferences 这两个类，AlertDialog 的构造方法全部是 Protected 的，所以不能直接通过 new 一个 AlertDialog 来创建出一个 AlertDialog，要创建一个 AlertDialog，就要用到 AlertDialog.Builder 中的 create() 方法。另外，使用 AlertDialog.Builder 创建对话框需要了解以下几个方法：setTitle 为对话框设置标题，setIcon 为对话框设置图标，setMessage 为对话框设置内容，setView 给对话框设置自定义样式，setItems 设置对话框要显示的一个 list，一般用于显示几个命令时，setMultiChoiceItems 用来设置对话框显示一系列的复选框，setNeutralButton 用来设置普通按钮，setPositiveButton 用来给对话框添加“Yes”按钮，setNegativeButton 用于给对话框添加“No”按钮，create 用于创建对话框，show 用于显示对话框。

代码详解

在代码中，第 02 行就是把当前 Activity 作为上下文创建 AlertDialog 对象；第 04~06 行，通过布局文件 zhuce.xml 加载 view 对象，然后设置 builder 加载布局为 view 对象，再设置标题名；第 07~08 行，创建 dialog 对象，并显示 dialog 窗体，第 12~20 行，定义了“完成“按钮”的点击事件处理方法，其中首先获取用户名和密码串，第 17 行，如果姓名和密码为空，则显示错误消息提示；第 21 行，判断输入用户名和密码是否为非空，如果是，则通过上文介绍的 preferences 对象所关联的 editor 对象把数据保存下来，第 22~24 行，保存数据需要用到其 putString 方法，并需要通过其 commit 方法进行提交。最终第 27 行，退出对话框。

读者注意，如果加载 DengluActivity 的创建过程，正常情况下，会执行登录处理过程，其中负责用户名和密码的验证与用户修改图片的操作，所以下面介绍登录 denglu() 方法，其代码如下所示。

范例 27-9 DengLuActivity类的用户登录方法（DengLuActivity.java）

```
public void denglu() {
 zhaohuiImageView = (ImageView) findViewById(R.id.imageViewchaxunmima);
 checkBox = (CheckBox) findViewById(R.id.checkBox1);
 xingmingEditText = (EditText) findViewById(R.id.editTextxingming);
 mimaEditText = (EditText) findViewById(R.id.editTextmima);
 String names = preferences.getString("name", "");
 String mimas = preferences.getString("mima", "");
 String ss = preferences.getString("biaozhi", "");
 if (ss.equals("ss")) {
  xingmingEditText.setText(names);
  mimaEditText.setText(mimas);
  checkBox.setChecked(preferences.getBoolean("zhuangtai", false));
 } else {
  xingmingEditText.setText("");
  mimaEditText.setText("");
  checkBox.setChecked(preferences.getBoolean("zhuangtai", false));
 }
 tianjiaImageView = (ImageView) findViewById(R.id.imageViewtianjiazp);
 dengluImageView = (ImageView) findViewById(R.id.imageView2);
 dengluImageView.setOnClickListener(new OnClickListener() {
  @Override
  public void onClick(View v) {
   // TODO Auto-generated method stub
   String name = xingmingEditText.getText().toString();
   String mima = mimaEditText.getText().toString();
   if (name.length() == 0 || mima.length() == 0) {
    Toast.makeText(DengLuActivity.this, " 姓名或用户都不能为空 ",
      Toast.LENGTH_SHORT).show();
   }
   if ((name.length() != 0 && name.equals(preferences.getString(
     "name", "")))
     && (mima.length() != 0 && mima.equals(preferences
       .getString("mima", "")))) {
    Intent intent = new Intent(DengLuActivity.this,
```

```
            ImageActivity.class);
            startActivity(intent);
        }
    }
});
tianjiaImageView.setOnClickListener(new OnClickListener() {
    @Override
    public void onClick(View v) {
        // TODO Auto-generated method stub
        Intent localIntent = new Intent();
        localIntent.setType("image/*");
        localIntent.setAction("android.intent.action.GET_CONTENT");
        Intent localIntent2 = Intent.createChooser(localIntent, " 选择图片 ");
        startActivityForResult(localIntent2, PHOTO_PICKED_WITH_DATA);
    }
});
checkBox.setOnCheckedChangeListener(new OnCheckedChangeListener() {
    public void onCheckedChanged(CompoundButton buttonView,
            boolean isChecked) {
        // TODO Auto-generated method stub
        if (isChecked) {
            String name = xingmingEditText.getText().toString();
            String mima = mimaEditText.getText().toString();
            String names = preferences.getString("name", "");
            String mimas = preferences.getString("mima", "");
            if (!name.equals(names) || !mima.equals(mimas)) {
                Toast.makeText(DengLuActivity.this,
                        " 密码或姓名有误 " + isChecked, Toast.LENGTH_SHORT)
                        .show();
            }
            if (name.equals(names) && mima.equals(mimas)) {
                editor.putString("name", name);
                editor.putString("mima", mima);
                editor.putString("biaozhi", "ss");
                editor.putBoolean("zhuangtai", isChecked);
                editor.commit();
            }
        } else {
            editor.putString("biaozhi", "");
            editor.putBoolean("zhuangtai", isChecked);
            editor.commit();
        }
    }
});
}
```

代码详解

首先第 06~08 行通过 preferences 对象获取保存的用户名和密码值，判断自动记录的 ss 标志是否正确，如果是，则加载已保存的用户名和密码到对应的编辑框中，实现用户名和密码的自动填充；第 20~39 行设置登录按钮按下的验证操作，其中第 26 行判断用户名和密码是否为空，第 30 行判断用户名和密码是否为非 0 长度值，以及是否和 preferences 对象中的相关信息相等，上述两个判断都满足，则通过 intent 启动另外一个 Activity。

第 40~50 行，定义在登录模块进入媒体库中选择头像的功能，其中在按钮点击操作中，第 44 行，定义进入媒体库的 intent 对象，第 45~48 行设置其类型和活动，以及创建选择器来选择图片，最后启动图片选择 Activity 并返回选择结果。

第 51~78 行，定义了记住密码复选框选中后的操作，其中在选择状态改变处理方法中，第 55 行，如果是选择状态，则获取两个框中的值和 preferences 对象获得的两个值，第 60 行判断前后的值是否一致，如果发现密码或用户名错，则提示错误；第 65 行，如果判断前后的用户名和密码都一致，则通过 preferences 相关联的 editor 对象保存用户名和密码、保存标志信息和选择状态信息，最终第 70 行提交数据。

在媒体库中选择图片显示在 ImageView 中的方法定义在 gg 方法中了，其代码如下所示。

范例 27-10 DengLuActivity类的选择图片方法（DengLuActivity.java）

```
public void gg(Intent data, ImageView imageView) {
  if (bitMap != null && !bitMap.isRecycled()) {
    bitMap.recycle();
  }
  Uri selectedImageUri = data.getData();
  if (selectedImageUri != null) {
    ContentResolver resolver= getContentResolver();
    String[] proj1 = { MediaStore.Images.Media.DATA };
          Cursor cursor2 = managedQuery(selectedImageUri, proj1,
         null, null,  null);
          int urlid = cursor2.getColumnIndexOrThrow(
               MediaStore.Images.Media.DATA);
    cursor2.moveToFirst();
    dfdfa dfdfa = new dfdfa();
      BitmapFactory.Options options = new
               BitmapFactory.Options();
    options.inJustDecodeBounds = true;
          options.inSampleSize = dfdfa.computeSampleSize(
             options, -1,
         128 * 128);
    options.inSampleSize = 4;
    path2 = cursor2.getString(urlid);
    editor.putString("imageurl", path2);
    editor.commit();
    Bitmap bmp = BitmapFactory.decodeFile(path2, options);
    ZhaoPchuLi pchuLi = new ZhaoPchuLi();
    Bitmap bitmap2 = pchuLi.scaleImg(bmp, 100, 100);
    imageView.setImageBitmap(bitmap2);
  }
}
@Override
protected void onActivityResult(int requestCode, int resultCode, Intent data) {
```

```
33 if (resultCode != RESULT_OK)
34   return;
35 switch (requestCode) {
36 case PHOTO_PICKED_WITH_DATA:
37   gg(data, zhaopImageView);
38   break;
39  }
40 }
```

【知识讲解】

知识点一：可以通过 BitmapFactory.Options 设置 inJustDecodeBounds 为 true，获取到 outHeight(图片原始高度)和 outWidth(图片原始宽度)，然后计算一个 inSampleSize(缩放值)，就可以取图片了。这里要注意的是，inSampleSize 可能等于 0，必须做判断。也就是说先将 Options 的属性 inJustDecodeBounds 设为 true，先获取图片的基本大小信息数据(信息没有保存在 bitmap 里面，而是保存在 options 里面)，通过 options. outHeight 和 options. outWidth 获取的大小信息及自己想要得到的图片大小计算出来缩放比例 inSampleSize，然后紧接着将 inJustDecodeBounds 设为 false，就可以根据已经得到的缩放比例得到自己想要的图片缩放图了。

知识点二：关于 Cursor 在理解和使用 Android Cursor 的时候，你必须先知道关于 Cursor 的几件事情，Cursor 是每行的集合，使用 moveToFirst() 可定位到第一行，必须知道每一列的名称，以及必须知道每一列的数据类型。Cursor 是一个随机的数据源，所有的数据都是通过下标取得。

关于 Cursor 的重要方法有：close() 是关闭游标，释放资源，copyStringToBuffer(int columnIndex, CharArrayBuffer buffer) 是在缓冲区中检索请求的列的文本，将其存储，getColumnCount() 是返回所有列的总数，getColumnIndex(String columnName) 是返回指定列的名称，如果不存在返回 -1，getColumnIndexOrThrow(String columnName) 是从零开始返回指定列名称，如果不存在将抛出 IllegalArgumentException 异常。getColumnName(int columnIndex) 是从给定的索引返回列名，getColumnNames() 是返回一个字符串数组的列名，getCount() 是返回 Cursor 中的行数，moveToFirst() 是移动光标到第一行，moveToLast() 是移动光标到最后一行，moveToNext() 是移动光标到下一行，moveToPosition(int position) 是移动光标到一个绝对的位置，moveToPrevious() 是移动光标到上一行。

代码详解

第 02~03 行，如果图片对象不为空并且未被释放，则释放图片；第 07 行，通过外界的程序访问 ContentProvider 所提供数据，可以通过 ContentResolver 接口；在第 09 行，查询获取 cursor 对象，Cursor 是一个随机的数据源；第 14 行，用 dfdfa 类实例化对象，主要是对图片进行处理；第 17~20 行设置 options 选项中的 inJustDecodeBounds 为 true。此设置将不返回实际的 bitmap，也不给其分配内存空间，这样就避免内存溢出了；第 18~20 行对图片进行缩放比例计算，取得一个合适的缩放比例；第 21 行设置图片压缩时的采样率；第 23 行，保存选择的照片地址，下载进入的时候用来显示已经设置的图片；第 27 行，pchuLi. scaleImg() 对照片大小设置返回 Bitmap 类型；下面在返回结果回调方法中，第 37~38 行，判断从本地选择图片情况下，执行上述 gg 图片处理方法。

除了以上的几个功能方法外，在 DengLuActivity 类中，还实现有关于软件、退出登录的功能，分别在 guanyu() 和 tuichu() 方法中实现，由于其不太复杂以及篇幅原因，在此略去，有兴趣的读者可以参考源代码学习。在当前模块中，由于要负责照片处理和加载，需要辅助类 HuoQuZhaoP、ZhaoPchuLi 和 dfdfa，这 3 个类主要是对进行获取、照片的处理、以及防止图片过大、内存溢出等问题而创建的，读者需要具体理解的话也可以参考项目源码。

27.3.3 随时查看记录模块设计和实现

随时记录查看模块主要是实现随时随地记录自己当天的收入和支出，以及查看每天；每周，每月的支出收入情况，以便我们了解某一时间段内的收支。为此建立一个继承 Activity 的类为 ImageActivity。读者可以先看下 main.xml 主界面效果图。

ImageActivity 这个类首先是对布局 main.xml 的介绍，在这个布局中我们用到了 3D 倒影的知识。main.xml 布局代码清单如下。

范例27-11 随时记录查看的布局文件（main.xml）

```
<?xml version="1.0" encoding="utf-8"?>
<LinearLayout xmlns:android="http://schemas.android.com/apk/res/android"
  xmlns:pj="http://schemas.android.com/apk/res/com.cwgl.activity"
  xmlns:bm="com.carouseldemo.main"
  android:layout_width="fill_parent"
  android:layout_height="fill_parent"
  android:background="@drawable/bg_02"
  android:orientation="vertical" >
  <LinearLayout
    android:layout_width="fill_parent"
    android:layout_height="fill_parent"
    android:layout_weight="1"
    android:animationDuration="200"
    android:orientation="vertical" >
    <LinearLayout
      android:layout_width="fill_parent"
      android:layout_height="36dp"
      android:orientation="horizontal" >
      <ImageView
        android:id="@+id/imageViewyusuan"
        android:layout_width="wrap_content"
        android:layout_height="wrap_content"
        android:layout_weight="0.5"
        android:src="@drawable/yusuan_07" />
      <TextView
        android:id="@+id/textView1"
```

```
            android:layout_width="wrap_content"
            android:layout_height="wrap_content"
            android:layout_gravity="center"
            android:layout_weight="2"
            android:gravity="center"
            android:text=" 轻松帮您理财 "
            android:textColor="#000000" />
        <ImageView
            android:id="@+id/imageViewzhanghao"
            android:layout_width="wrap_content"
            android:layout_height="wrap_content"
            android:layout_marginLeft="30dp"
            android:layout_marginRight="20dp"
            android:layout_weight="0.5"
            android:background="#00000000" />
    </LinearLayout>
    <LinearLayout
        android:layout_width="fill_parent"
        android:layout_height="wrap_content"
        android:orientation="horizontal" >
        <LinearLayout
            android:layout_width="fill_parent"
            android:layout_height="36dp"
            android:layout_weight="1"
            android:orientation="horizontal" >
            <TextView
                android:id="@+id/textViewriqis"
                android:layout_width="wrap_content"
                android:layout_height="wrap_content"
                android:layout_gravity="center"
                android:layout_marginLeft="16dp"
                android:text=" 日期 :"
                android:textColor="#000000" />
            <TextView
                android:id="@+id/textViewriqi"
                android:layout_width="wrap_content"
                android:layout_height="wrap_content"
                android:layout_gravity="center"
                android:layout_marginLeft="10dp"
                android:text="sdfsd"
                android:textColor="#000000" />
        </LinearLayout>
        <LinearLayout
            android:layout_width="fill_parent"
            android:layout_height="36dp"
            android:layout_weight="1"
            android:orientation="horizontal" >
```

```
            <TextView
                android:id="@+id/textView2"
                android:layout_width="wrap_content"
                android:layout_height="wrap_content"
                android:layout_gravity="center"
                android:layout_marginLeft="16dp"
                android:text=" 欢迎你 :"
                android:textColor="#000000" />
            <TextView
                android:id="@+id/textViewname"
                android:layout_width="wrap_content"
                android:layout_height="wrap_content"
                android:layout_gravity="center"
                android:layout_marginLeft="10dp"
                android:text="TextView"
                android:textColor="#000000" />
        </LinearLayout>
    </LinearLayout>
    <!---- 总收入 ( 支出 ), 预算与结余布局部分类似，略 ---><LinearLayout
        android:layout_width="fill_parent"
        android:layout_height="50dp"
        android:layout_marginTop="10dp"
        android:gravity="center" >
        <ImageButton
            android:id="@+id/imageButtonjilu"
            android:layout_width="wrap_content"
            android:layout_height="wrap_content"
            android:background="@drawable/xiexinqing" />
      </LinearLayout>
  </LinearLayout>
  <LinearLayout
    android:layout_width="fill_parent"
    android:layout_height="fill_parent"
    android:layout_weight="1"
    android:gravity="top"
    android:padding="5dip" >
    <com.carouseldemo.controls.Carousel
      android:id="@+id/carousel"
      android:layout_width="fill_parent"
      android:layout_height="fill_parent"
      android:animationDuration="200"
      pj:Items="@array/entries"
      pj:SelectedItem="0"
      pj:UseReflection="true" />
  </LinearLayout>
</LinearLayout>
```

代码详解

首先布局还是主要采用线性布局 LinearLayout，大的线性布局采用了垂直方向，包含小的线性布局则采用水平方向；第 19~24 行定义了预算按钮，该按钮引用资源是一个图片，点击该按钮可以打开预算 Activity；第 47~91 行，定义了理财信息第一行，包括 4 个 TextView 的定义，即日期、日期值、欢迎你、人员；在第 92 行处，总收入 (支出), 预算与结余布局和日期欢迎代码相似，就省略了其中的代码；第 97~101 行，定义了写心情按钮，该按钮引用资源是一个图片，点击该按钮可以打开写心情 Activity，第 110 行定义了 3D 倒影图片布局，Items 代表要加载的图片，第 114 行设置动画切换周期是 200 毫秒，第 115~118 行，通过第 03 行设置的命名空间 pj 来设置 carouse 组件的参数，其中参数设置有：items 是项目，引用 array.xml 文件的一个字符串数组 entries 的值，selectedItem 初始选中项目为第一个，useReflection 是否有倒影，为 true。

main.xml 这个布局中的 Carousel 类是 3D 倒影布局的主要实现类，其他的都是我们常见的基本控件的属性的结合使用。

在界面中我们需要加载收入、支出、预算等数据显示在 textview 中。这个都需要在 ImageActivity 类中完成。ImageActivity 中主要实现数据加载和控件的初始化，首先实现加载数据的方法如下。

范例27-12　ImageActivity类的主要方法（ImageActivity.java）

```
protected void onActivityResult(int requestCode, int resultCode, Intent data) {
    super.onActivityResult(requestCode, resultCode, data);
    if (resultCode == RESULT_OK) {
        initInfo();
    }
}
private void initInfo() {
    db = WelcomActivity.db;
    monthtextview.setText(data().toString());
    Cursor cursor = db.rawQuery("select sum(AMOUNT) from TBL_INCOME", null);
    if (cursor.moveToNext()) {
        zongshourutext.setText(" ¥" + cursor.getDouble(0));
    }
    cursor = db.rawQuery("select sum(AMOUNT) from TBL_EXPENDITURE", null);
    if (cursor.moveToNext()) {
        zongzhichu.setText(" ¥" + cursor.getDouble(0));
    }
    cursor = db.rawQuery(
      "select sum(BUDGET) from TBL_EXPENDITURE_CATEGORY", null);
    if (cursor.moveToNext()) {
        zongyusuan.setText(" ¥" + cursor.getDouble(0));
    }
    yuejieyu.setText(" ¥" + jieyu());
    cursor.close();
}
    @Override
public void onCreate(Bundle savedInstanceState) {
    super.onCreate(savedInstanceState);
    setContentView(R.layout.main);
    init();
    initDate();
```

```
    initInfo();
    preferences = getSharedPreferences("dengluxinxi", Context.MODE_PRIVATE);
    name = preferences.getString("name", "");
    textViewname.setText(name);
    Carousel carousel = (Carousel) findViewById(R.id.carousel);
    final long curtime = getCurrentTime();
    carousel.setOnItemClickListener(new OnItemClickListener() {
      @Override
      public void onItemClick(CarouselAdapter<?> parent, View view,
        int position, long id) {
          Toast.makeText(ImageActivity.this, "Position=" + position,
          Toast.LENGTH_SHORT).show();
          if (position == 0) {
            showNavExpenseActivity(curtime, curtime,
             getString(R.string.text_title_today),
             DataRiQiActivity.mode_day);
          }
          if (position == 1) {
            showNavExpenseActivity(getFirstOfWeek(curtime),
            getLastOfWeek(curtime),
            getString(R.string.text_title_week),
            DataRiQiActivity.mode_week);
          }
          if (position == 2) {
            showNavExpenseActivity(getFirstOfMonth(curtime),
            getLastOfMonth(curtime),
            getString(R.string.text_title_month),
            DataRiQiActivity.mode_month);
          }
          if (position == 3) {
            Intent intent = new Intent(ImageActivity.this,
            TransactionTabActivity.class);
            startActivity(intent);
            overridePendingTransition(R.anim.scale_translate,
            R.anim.my_alpha_action);
          }
      }
    });
  }
  private void showNavExpenseActivity(long startTime, long endTime,
  String title, int mode) {
    Intent intent = new Intent(this, DataRiQiActivity.class);
    intent.putExtra(DataRiQiActivity.str_startTime, startTime);
    intent.putExtra(DataRiQiActivity.str_endTime, endTime);
    intent.putExtra(DataRiQiActivity.str_title, title);
    intent.putExtra(DataRiQiActivity.str_mode, mode);
    startActivity(intent);
    overridePendingTransition(R.anim.scale_translate,
    R.anim.my_alpha_action);
  }
```

【知识讲解】

overridePendingTransition 主要应用于 Activity 的切换动画，指的是从一个 activity 跳转到另外一个 activity 时的动画。它包括两个部分：一部分是第一个 activity 退出时的动画；另外一部分是第二个 activity 进入时的动画。在 Android 的 2.0 版本之后，有了一个函数来帮我们实现这个动画。这个函数就是 overridePendingTransition。该函数有两个参数，一个参数是第一个 activity 退出时的动画，另外一个参数则是第二个 activity 进入时的动画。这里需要特别说明的是，关于 overridePendingTransition 这个函数，有两点需要注意：①它必需紧挨着 startActivity() 或者 finish() 函数之后调用；②它只在 android 2.0 及以上版本适用。

以上都是 ImageActivity 类中的主要方法，其中用到了 TransactionTabActivity 这个类，这个类主要是用来输入支出和收入的钱数，以及具体使用方向。TransactionTabActivity 类在这里就不再多讲，因为主要涉及数字的输入。具体的代码读者可以参考项目源码，其中有详细描述。

代码详解

第 01 行，定义 Activity 的返回结果的回调方法，其中第 03 行如果结果标志是 RESULT_OK，则调用 initInfo 从数据库中获取已有的信息；第 07 行，定义的 initInfo 方法的作用是从数据库中读取支出，收入，预算的数据，第 10 行，从数据库查询总收入的数据，第 14 行，从数据库查询总支出的数据，第 19 行，从数据库查询月结余的数据，第 23 行，调用 jieyu 方法计算月结余，第 27~70 行定义了 Activity 创建事件方法，其中，第 30~32 行分别进行控件的初始化，数据的初始化，以及上述 initInfo 方法；第 33~34 行，通过 preferences 对象获取名称属性；第 36 行，Carousel 自定义控件是带 3D 倒影的控件，需要自定义；第 38~68 行，定义了 3D 控件每一项按钮的监听事件，在该事件处理方法中，第 44 行，监听点击第一张图片的事件，点击后会执行查看日记录的功能，第 49 行，监听点击第二张图片的事件，点击后会执行查看周记录功能，第 55 行，监听点击第三张图片的事件，点击后会执行查看月记录功能，第 61 行，监听点击第四张图片的事件，跳转到记录支出和收入的 activity 的；第 71~81 行 showNavExpenseActivity 方法，实现到 DataRiQiactivity 的跳转，根据不同的关键字加载不同的数据，第 79~80 行，实现 activity 跳转样式效果。

27.3.4 查看记录模块设计和实现

查看记录模块主要分为 3 个部分，分别是日记录，周记录和月记录，这样可以方便用户随时查看本周及本月的收入支出情况，进而方便为以后的消费做规划。在 onCreate 方法中我们通过对 Carouse 监听事件，当 position 等于 1，2，3 的时候跳转到 DataRiQiActivity 中对应时段区间，去查看日记录，周记录和月记录。首先本系统中建立了一个 DataRiQiActivity 类，该类继承 Activity。首先看下界面布局效果图。

从图中可以看到这 3 个布局完全相同，只是加载的数据不同。所以，读者需了解可以通过不同标识符来加载对应的数据，并显示在上面。接下来看下 yuezhouri.xml 的布局文件。

范例27-13 查看记录的布局文件（yuezhouri.xml）

```
<?xml version="1.0" encoding="UTF-8"?>
<LinearLayout xmlns:android="http://schemas.android.com/apk/res/android"
 style="@style/common_bg"
 android:layout_width="fill_parent"
 android:layout_height="fill_parent"
 android:orientation="vertical" >
 <TextView
    android:id="@+id/title_tv"
    style="@style/common_title"
    android:background="@drawable/common_title_bg_no_shadow"
    android:text=" 流水清单 " />
 <LinearLayout
    android:id="@+id/switch_time_ly"
    android:layout_width="fill_parent"
    android:layout_height="80.0dip"
    android:orientation="vertical" >
    <LinearLayout
       android:layout_width="fill_parent"
       android:layout_height="wrap_content"
       android:background="@drawable/ri1"
       android:gravity="center"
       android:orientation="horizontal" >
       <Button
          android:id="@+id/pre_btn"
          android:layout_width="wrap_content"
          android:layout_height="wrap_content"
          android:layout_gravity="center"
          android:layout_marginLeft="2.0dip"
          android:layout_marginTop="1.0dip"
          android:background="@drawable/sanjiao1_03" />
       <TextView
          android:id="@+id/time_interval_tv"
          android:layout_width="wrap_content"
          android:layout_height="wrap_content"
          android:layout_weight="1.0"
          android:background="@color/transparent"
          android:gravity="center"
          android:text=" 月份 "
          android:textColor="@color/white"
         android:textSize="14.0dip" />
       <Button
          android:id="@+id/next_btn"
          android:layout_width="wrap_content"
          android:layout_height="wrap_content"
          android:layout_gravity="center"
          android:layout_marginRight="2.0dip"
          android:layout_marginTop="1.0dip"
          android:background="@drawable/sanjiao2_03" />
    </LinearLayout>
    <LinearLayout
```

```
        android:layout_width="fill_parent"
        android:layout_height="wrap_content"
        android:background="@drawable/ri2"
        android:orientation="horizontal" >
        <LinearLayout
            android:layout_width="fill_parent"
            android:layout_height="wrap_content"
            android:layout_weight="1.0"
            android:orientation="horizontal" >
            <TextView
                style="@style/list_all_income_title_tv"
                android:text=" 收入 " />
            <TextView
                android:id="@+id/income_amount_tv"
                style="@style/list_all_income"
                android:text=" 计算中 ..." />
        </LinearLayout>
        <LinearLayout
            android:layout_width="fill_parent"
            android:layout_height="wrap_content"
            android:layout_weight="1.0"
            android:orientation="horizontal" >
            <TextView
                style="@style/list_all_exp_title_tv"
                android:text=" 支出 " />
            <TextView
                android:id="@+id/payout_amount_tv"
                style="@style/list_all_exp"
                android:text=" 计算中 ..." />
        </LinearLayout>
    </LinearLayout>
</LinearLayout>
<FrameLayout
    android:layout_width="fill_parent"
    android:layout_height="fill_parent"
    android:layout_weight="1.0" >
    <ImageView
        android:id="@+id/lv_empty_iv"
        style="@style/common_lv_empty_for_expense"
        android:visibility="gone" />
    <ListView
        android:id="@+id/expense_lv"
        style="@style/Widget.ListView"
        android:layout_width="fill_parent"
        android:layout_height="fill_parent" />
    <TextView
        android:id="@+id/listview_loading_tv"
        style="@style/common_lv_loading_tv" />
</FrameLayout>
</LinearLayout>
```

【知识讲解】

读者需要注意，yuezhouri.xml 布局文件中，在添加文字的时候我们可以把要加载的文字生成在 xml 文件中。然后再通过路径加载数据，如 android:text="@String/xxx"，其次，我们还可以使用 android:text="×××" 来加载，也不会错误，但建议写成 xml 文件加载的形式，这样更方便项目的国际化。

代码详解

首先布局还是主要采用线性布局 LinearLayout，大的线性布局采用了垂直方向，包含小的线性布局则采用水平方向；第 17~49 行的 LinearLayout 中，定义了两个按钮和一个文本，两个三角就是向前和向后按时间段查看，文本显示当前时间段；第 50~81 行的 LinearLayout 中，定义了显示收入和支出的两个文本，定义计算过程中的文本，为“计算中”的信息。定义在第 91~95 行的 ListView 会显示数据适配后的列表内容。下面介绍该布局文件对应的 DataRiQiActivity 类。

范例27-14 DataRiQiActivity类（DataRiQiActivity.java）

```
public class DataRiQiActivity extends Activity implements
    View.OnClickListener, AdapterView.OnItemClickListener,
    AdapterView.OnItemLongClickListener {
    // 创建对象省略，可以参考源码
    @Override
    protected void onCreate(Bundle savedInstanceState) {
        // TODO Auto-generated method stub
        super.onCreate(savedInstanceState);
        setContentView(R.layout.yuezhouri);
        db = WelcomActivity.db;
        title_tv = (TextView) findViewById(R.id.title_tv);
        time_interval_tv = (TextView) findViewById(R.id.time_interval_tv);
        expense_lv = (ListView) findViewById(R.id.expense_lv);
        empty_tips=((LayoutInflater)getSystemService(LAYOUT_INFLATER_SERVICE))
        .inflate(R.layout.common_lv_empty_tips, null);
        findViewById(R.id.pre_btn).setOnClickListener(this);
        findViewById(R.id.next_btn).setOnClickListener(this);
        expense_lv.setOnItemClickListener(this);
        expense_lv.setOnItemLongClickListener(this);
        Intent intent = getIntent();
        start_time = intent.getLongExtra(str_startTime, 0);
        end_time = intent.getLongExtra(str_endTime, 0);
        title = intent.getStringExtra(str_title);
        mode = intent.getIntExtra(str_mode, mode_none);
        if (start_time == 0 || end_time == 0 || TextUtils.isEmpty(title)
        || mode == mode_none) {
            Toast.makeText(this, getString(R.string.error_system_message),
            0).show();
            finish();
        }
        setTimeIntervalText();
        expense_lv.setEmptyView(empty_tips);
        title_tv.setText(title);
```

```
    }
    @Override
    protected void onActivityResult(int requestCode, int resultCode, Intent data) {
        super.onActivityResult(requestCode, resultCode, data);
        if (requestCode == 0) {
            refreshTransactions();
        }
    }
    @Override
    protected void onResume() {
        super.onResume();
        refreshTransactions();
    }
    @Override
    public boolean onItemLongClick(AdapterView<?> parent, View view,
        int position, long id) {
        class NavItemLongClickListener implements
            DialogInterface.OnClickListener {
            DataRiQiActivity nav;
            TransactionData data;
            public NavItemLongClickListener(DataRiQiActivity nav,
                    TransactionData data) {
                this.nav = nav;
                this.data = data;
            }
            public void onClick(DialogInterface dialog, int which) {
                if (data != null) {
                    if (which == 0) {
                        Intent intent = new Intent(nav,TransactionTabActivity.class);
                        intent.putExtra("mode",TransactionTabActivity.EDIT_MODE);
                        Bundle mBundle = new Bundle();
                        mBundle.putParcelable("data", data);
                        intent.putExtras(mBundle);
                        intent.putExtra(str_mode, mode);
                        nav.startActivityForResult(intent, 0);
                    } else {
                        AlertDialog.Builder builder = new AlertDialog.Builder(nav);
                        builder.setTitle(R.string.delete_title);
                        builder.setMessage(R.string.message_error_system);
                        builder.setPositiveButton(R.string.delete,
                            new DialogInterface.OnClickListener() {
                            @Override
                                public void onClick(DialogInterface dialog,int which) {
                                nav.deleteTransaction(data);
                                Toast.makeText(nav,getString(R.string.message_delete_ok),
                                0).show();}
                            });
                        builder.setNegativeButton(R.string.delete_cancel, null);
                        builder.create().show();
                    }
                } else {
```

```
                Toast.makeText(nav, getString(R.string.message_error_edit),0).show();
            }
        }
    }
    TransactionData data = (TransactionData) view.getTag();
    AlertDialog.Builder builder = new AlertDialog.Builder(this);
    builder.setItems(R.array.setting_listview_item_operation,
            new NavItemLongClickListener(this, data));
    builder.create().show();
    return false;
}
@Override
public void onItemClick(AdapterView<?> parent, View view, int position,long id) {
    TransactionData data = (TransactionData) view.getTag();
    if (data != null) {
        Intent intent = new Intent(this, TransactionTabActivity.class);
        intent.putExtra("mode", TransactionTabActivity.EDIT_MODE);
        intent.putExtra("data", data);
        startActivityForResult(intent, 0);
    }
}
private void setTimeIntervalText() {
    if (start_time == end_time) {
        SimpleDateFormat sdf = new SimpleDateFormat(datefmt);
    time_interval_tv.setText(sdf.format(new Date(start_time)));
    } else {
        Date date1 = new Date(start_time);
        Date date2 = new Date(end_time);
        SimpleDateFormat sdf = new SimpleDateFormat(datefmt);
        time_interval_tv.setText(sdf.format(date1) + "-"
        + sdf.format(date2));
    }
}
private void refreshTransactions() {
    new TransactionListAsyncTask().execute(this);
}
public void deleteTransaction(TransactionData data) {
    int id = 0;
    if (data.type == 0) {
        id = 10;
    } else {
        id = 9;
    }
    db.delete(MyDbInfo.getTableNames()[id], "ID=?",
        new String[] { String.valueOf(data.infoId) });
    refreshTransactions();
}
}
```

代码详解

第 04 行，成员和静态字段声明与赋值代码在此省略，有兴趣的读者可以参考源码；在第 06~34 行的 Activity 创建事件处理方法中，第 10 行，获取数据库，第 11 行，获取控件进行初始化，第 16~17 行，对上述布局向前和向后三角按钮注册点击的监听器，this 表示接口方法在本类中，第 18~19 行，对列表视图 ListView 中点击和长点击分别注册监听器，第 20 行，根据传过来的值判断添加的是加载日数据还是加载每周，或每月的数据记录；第 36 行，定义返回值的回调方法。

第 48 行，定义了列表项目长点击执行的事件处理方法，在此方法中第 50~88 行，定义了一个内部类 NavItemLongClickListener 类，其功能执行列表中某条项目长点击的操作；在第 54~58 行此类构造器中通过成员变量传入当前外部类对象本身和事务数据；第 59~88 行定义了点击方法，作用是对长点击后出现的对话框进行进一步的单击选择；在此方法中，如果事务数据为非空，即长点击某个项目的情况，则会出现一个二选一的判断，即“编辑”和“删除”。继续判断传入 which 值，如值为 0，即编辑，会把事务数据获取过来，直接通过 intent 把数据传给 TransactionTabActivity，并且进入消费记账信息的编辑状态下；如果 which 为其他值，即删除，会通过 AlertDialog.Builer 定义一个对话框，第 73 行设置确认按钮所执行的操作为送入数据并执行删除的事务操作，第 81 行设置取消按钮为不执行操作，第 82 行则通过 builder 对象创建对话框并显示。

第 97~105 行，定义了列表项目点击执行的事件处理方法，第 97 行，首先把事务数据获取过来，如果事务数据不为空，则直接通过 intent 把数据传给 TransactionTabActivity，并且进入消费记账信息的编辑状态下。

第 106 行，定义在文本 time_interval_tv 组件下时间间隔信息的显示格式，如果开始和结束时间一样，则是日信息并显示是某具体日，否则通过年月日的格式串格式开始和结束时间并合并后输出到组件上。

第 121~130 行，定义了删除事务方法，参数 date 是事务数据对象，传入此对象到方法中，在第 128 行，通过数据库模块的 delete 方法执行实际的删除操作。

27.3.5 预算模块设计和实现

预算模块主要是做每月各个方面的消费支出的计划和规划，并用来计算本月的预算总额。读者需要了解，预算模块不是特别复杂，主要是对消费支出方面进行预算输入，首先我们应建立一个 BudgetActivity 类继承 Activity，这个布局文件为 budget_activity.xml，首先看下布局效果图。

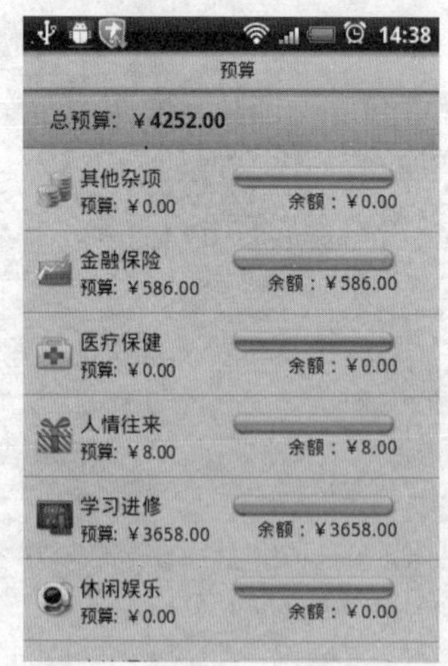

通过效果图可以明显看出界面有 ListView，在其中又包含 textview 和 Imageview，该 listview 主要用来显示预算的基本支出方向，具体布局代码如下所示。

范例27-15 预算布局文件（budget_activity.xml）

```
<?xml version="1.0" encoding="UTF-8"?>
<FrameLayout xmlns:android="http://schemas.android.com/apk/res/android"
  style="@style/common_bg"
  android:layout_width="fill_parent"
  android:layout_height="fill_parent"
  android:orientation="vertical" >
  <LinearLayout
    android:id="@id/main_ly"
    android:layout_width="fill_parent"
    android:layout_height="fill_parent"
    android:orientation="vertical" >
    <TextView
      style="@style/common_title"
      android:text=" 预算 "
      android:gravity="center"
       />
    <FrameLayout
      android:layout_width="fill_parent"
      android:layout_height="fill_parent"
      android:layout_weight="1.0" >
      <ImageView
        android:id="@+id/lv_empty_iv"
        style="@style/common_lv_empty"
        android:visibility="gone" />
      <LinearLayout
        android:layout_width="fill_parent"
        android:layout_height="fill_parent"
        android:orientation="vertical" >
        <!-- 预算头标题布局加载 -->
        <include
          android:id="@+id/header_empty_iv"
          android:layout_width="wrap_content"
          android:layout_height="wrap_content"
          layout="@layout/budget_lv_header" />
          <!-- listview 显示预算种类 -->
        <ListView
          android:id="@+id/budget_category_lv"
          style="@style/Widget.ListView"
          android:layout_width="fill_parent"
          android:layout_height="fill_parent"
          android:headerDividersEnabled="true" />
      </LinearLayout>
      <TextView
        android:id="@+id/listview_loading_tv"
        style="@style/common_lv_loading_tv"
        android:background="@drawable/bgyusuan" />
    </FrameLayout>
  </LinearLayout>
</FrameLayout>
```

【知识讲解】

ListView 以垂直列表的形式，显示所有列表项。创建 ListView 有两种形式：①直接使用 ListView，②让 Activity 继承 ListActivity。关于 ListView 的使用，我们重点要讲一下 ListView 上下滑动的时候，背景会出现黑色的界面，与设置的背景颜色不一致，这在我们使用 ListView 中经常会遇到，其解决的方法是把 listview 中的属性 android:cacheColorHint 值设置为 "#00000000"， android:fadingEdge 的值设置为 "none"。这两个属性可以解决背景颜色问题。

代码详解

其中第 07~48 行通过 LinearLayout 的垂直方式定义外层，第 12 行定义最上面的“预算”标题；第 17~47 行是主体内容，在第 31~35 行中通过 include 引入外部布局文件 budget_lv_header.xml 的内容，该文件中定义总预算金额的统计区的布局；第 36~41 行中，定义了显示预算种类列表的 listview；第 43~46 行的 textview 是定义了正在加载数据的文本。BudgetActivity 主要是对预算进行保存，以及进行分种类预算的功能，BudgetActivity 代码清单如下。

范例27-16　BudgetActivity 类（BudgetActivity .java）

```
public class BudgetActivity extends Activity implements OnItemClickListener{
    ListView budget_lv;
    private View empty_tips;
    private String  value="0";
    private int editId = -1;
    CommonData commondata = CommonData.getInstance();
    @Override
     protected void onActivityResult(int requestCode, int resultCode, Intent data) {
          super.onActivityResult(requestCode, resultCode, data);
           if (resultCode == RESULT_OK){
                Bundle extras = data.getExtras();
                value = extras.getString("value");
                refreshBudget();
                updataBudget();
           }
    }
    @Override
     protected void onCreate(Bundle savedInstanceState) {
        super.onCreate(savedInstanceState);
        setContentView(R.layout.budget_activity);
        empty_tips=((LayoutInflater)getSystemService(LAYOUT_INFLATER_SERVICE))
        .inflate(R.layout.common_lv_empty_tips, null);
        budget_lv = (ListView)findViewById(R.id.budget_category_lv);
        budget_lv.setOnItemClickListener(this);
        budget_lv.setEmptyView(empty_tips);
        refreshBudget();
    }
    public void updataBudget() {
       if(editId != -1){
       BudgetData bData = commondata.budgetcategory.get(editId);
       bData.balance = Double.valueOf(value);
       commondata.updateBudget(bData);
```

```
            Toast.makeText(this, getString(R.string.budget_ok), 0).show();
            editId = -1;
        }
    }
    public void refreshBudget() {
        new BudgetListAsyncTask().execute(this);
    }
    @Override
    public void onItemClick(AdapterView<?> parent, View view, int position,long id) {
        BudgetData data = (BudgetData)view.getTag();
        if(data.balance>0){
            value = String.valueOf(data.balance);
        }
        editId = data.id;
        Intent i=new Intent(this,KeyPad.class);
        i.putExtra("value", value);
        startActivityForResult(i, 0);
    }
    public void onBackPressed() {
        setResult(RESULT_OK, this.getIntent());
        finish();
    }
}
```

【知识讲解】

在 BudgetActivity 类中我们用到了一些辅助类，例如，CommonData 和 BudgetListAsyncTask 这两个类，Commondata 中的 updateBudget() 主要是用来更新数据的，而 BudgetListAsyncTask 则继承了 AsyncTask 类。下面我们具体讲解一下 AsyncTask 这个抽象类。

AsyncTask 主要是为了解决实现很繁杂，频繁更换 UI 的问题，它使创建需要与用户界面交互的长时间运行的任务变得更简单。相对来说，AsyncTask 是轻量级的，适用于简单的异步处理，不需要借助线程和 Handler 即可实现。AsyncTask 的执行分为 2 个步骤，每一步都对应一个回调方法，这些方法不应该由应用程序调用，开发者需要做的就是实现这些方法。

（1）子类化 AsyncTask；

（2）实现 AsyncTask 中定义的下面一个或几个方法。

① onPreExecute(): 该方法将在执行实际的后台操作前被 UI thread 调用。可以在该方法中做一些准备工作，如在界面上显示一个进度条。

② doInBackground(Params…)： 将在 onPreExecute 方法执行后马上执行，该方法运行在后台线程中。这里将主要负责执行那些很耗时的后台计算工作。可以调用 publishProgress 方法来更新实时的任务进度。该方法是抽象方法，子类必须实现。

③ onProgressUpdate(Progress…)：在 publishProgress 方法被调用后，UI thread 将调用这个方法，从而在界面上展示任务的进展情况，例如，通过一个进度条进行展示。

④ onPostExecute(Result)：在 doInBackground 执行完成后，onPostExecute 方法将被 UI thread 调用，后台的计算结果将通过该方法传递到 UI thread。

为了正确地使用 AsyncTask 类，以下是几条必须遵守的准则。

① Task 的实例必须在 UI thread 中创建。

② execute 方法必须在 UI thread 中调用。

③ 不要手动地调用 onPreExecute()，onPostExecute(Result)，doInBackground(Params…)，onProgressUpdate (Progress…) 这几个方法。

④该 task 只能被执行一次，否则多次调用时将会出现异常。

⑤ doInBackground 方法和 onPostExecute 的参数必须对应，这两个参数在 AsyncTask 声明的泛型参数列表中指定，第一个为 doInBackground 接受的参数，第二个为显示进度的参数，第三个为 doInBackground 返回和 onPostExecute 传入的参数。

AsyncTask 这个类在 andriod 开发中会经常用到，特别是做一些大型的程序项目，做一些繁杂的耗时的操作是必不可少的。

代码详解

第 01 行该类实现 OnItemClickListener，其中定义项目点击执行的相关操作，第 06 行，通过 CommonData 类 getInstance 方法获得其单例对象，第 07~16 行是结果处理的回调方法，如果结果码是 RESULT_OK，则获取 value 值，并调用 refreshBudget 和 updateBudget 方法执行刷新和更新预算数据操作；在 Activity 的创建方法内，第 22 行，获取 listView 控件，进行初始化，第 23 行，设置列表项目的监听器为当前类对象，第 24 行，设置空提示的 views；第 27~35 行，定义了更新预算方法，该方法根据 editId 标志判断是否编辑过，如果编辑过，则通过辅助类 commonData 对象执行其 get 方法获取预算数据，第 30 行，设置其金额为 Activity 返回的 value 值，并通过辅助类对象执行实际更新操作，最后显示“更新成功”信息，并设置 editId 为负号 1；第 40~49 行，定义监听器点击事件，其中第 41 行，通过 view 对象获得当前点击项目的金额数据 data，如果大于 0，则设置当前 value 值为该值，设置 editID 为当前点击项目的 id 值，第 46 行，定义 intent 目标为 KeyPad，KeyPad 是个辅助类，功能会提供一个数字输入的界面，有些类似计算器的数字键盘，并把刚才获取的 value 值传给 KeyPad，并运行该 Activity。第 50~53 行，定义了返回当前 Activity 的操作代码。

27.3.6 写心情模块设计和实现

写心情模块主要就是记事本的功能，主要是记录我们当天的心情，以及认为比较有意义的事情，为便于读者理解，大家可认为类似于写日记功能，例如，啥时候，在某些场合做了什么消费的日志，以方便我们今后能够查看，该模块在 XieXinQinActivity 类中实现。这个 Activity 使用并加载了布局文件 xinqinglan.xml，首先我们看下效果图。

xinqinglan.xml 中的布局很简单，都是我们常用的 TextView、Button 及 EditView 这三个控件，下面让我们看下 xinqinglan.xml 的布局文件代码，xinqinglan.xml 代码清单如下所示。

范例27-17 写心情的布局文件（xinqinglan.xml）

```
<?xml version="1.0" encoding="UTF-8"?>
<LinearLayout xmlns:android="http://schemas.android.com/apk/res/android"
  android:layout_width="fill_parent"
  android:layout_height="wrap_content"
  android:orientation="vertical" >
  <LinearLayout
    android:id="@+id/liner"
    android:layout_width="fill_parent"
    android:layout_height="wrap_content"
    android:orientation="vertical" >
    <LinearLayout
      android:layout_width="fill_parent"
      android:layout_height="40dp"
      android:background="@drawable/xinqing" >
      <LinearLayout
        android:layout_width="fill_parent"
        android:layout_height="wrap_content"
        android:layout_gravity="center"
        android:layout_weight="1" >
        <TextView
          android:id="@+id/textView1"
          android:layout_width="wrap_content"
          android:layout_height="wrap_content"
          android:layout_marginLeft="10dp"
          android:gravity="center"
          android:text=" 欢迎你 :" />
        <TextView
          android:id="@+id/textViewxingming1"
          android:layout_width="wrap_content"
          android:layout_height="wrap_content"
          android:layout_gravity="center"
          android:text="" />
      </LinearLayout>
      <LinearLayout
        android:layout_width="fill_parent"
        android:layout_height="wrap_content"
        android:layout_gravity="center"
        android:layout_weight="1" >
        <TextView
          android:id="@+id/textViewxinqinglan"
          android:layout_width="wrap_content"
          android:layout_height="wrap_content"
          android:layout_gravity="center"
          android:layout_marginLeft="20dp"
          android:text=" 心情栏 :" />
        <EditText
          android:id="@+id/textViewxinqing2"
          android:layout_width="90dp"
          android:layout_height="wrap_content"
          android:background="@drawable/xinqingbeijing1"
```

```
                android:hint=" 填写心情 :"
                />
        </LinearLayout>
    </LinearLayout>
    <LinearLayout
        android:layout_width="fill_parent"
        android:layout_height="50dp"
        android:background="@drawable/xinqing2"
        android:gravity="center" >
        <EditText
            android:id="@+id/editTextbiaoti"
            android:layout_width="wrap_content"
            android:layout_height="wrap_content"
            android:background="@drawable/xinqingzhuti"
            android:hint=" 请写入标题 ..." />
    </LinearLayout>
    <LinearLayout
        android:layout_width="fill_parent"
        android:layout_height="wrap_content" >
        <EditText
            android:id="@+id/editText1"
            android:layout_width="fill_parent"
            android:layout_height="300dp"
            android:background="@drawable/xinqing3"
            android:hint=" 请输入内容 :"
            android:gravity="top" >
        </EditText>
    </LinearLayout>
    <LinearLayout
        android:layout_width="fill_parent"
        android:layout_height="64dp"
        android:background="@drawable/beijingitem"
        android:gravity="center" >
        <ImageButton
            android:id="@+id/imageButtonbaocun"
            android:layout_width="wrap_content"
            android:layout_height="wrap_content"
            android:background="@drawable/baocun3" />
        <ImageButton
            android:id="@+id/imageButtonquxiao"
            android:layout_width="wrap_content"
            android:layout_height="wrap_content"
            android:layout_marginLeft="60dp"
            android:background="@drawable/qingkong2" />
    </LinearLayout>
  </LinearLayout>
</LinearLayout>
```

【知识讲解】

xinqinglan.xml 的布局文件主要是以线性布局为主，其中日志输入框中需要明确地说一下，EditView 的焦点初始化建议放到顶部，不要选择默认的，把 EditView 属性的值设置为 android:gravity="top"，就可以实现焦点置顶的效果。

代码详解

外层 LinearLayout 采用了垂直布局方法，在内层第 11~54 行的 LinearLayout 中，定义欢迎栏信息，在第46~52行的文本控件中，通过android:hint属性设置其默认填入的提示信息，第55~66行的LinearLayout中，定义了填入心情栏标题的部分；第 67~78 行 LinearLayout 定义了心情的内容输入框，也设置了其初始提示信息；第 79~95 行 LinearLayout 则定义了按钮区域，其中用 ImageButton 分别定义了保存和清空两个按钮。以上就是 xinqinglan.xml 的布局文件，接下来，请读者看下 XieXinQingActivity 这个类的主要方法。

范例27-18 XieXinQingActivity类（XieXinQingActivity.java）。

```
public class XieXinQingActivity extends Activity {
    private ImageButton buttonbaocun, buttonquxiao;
    private EditText wenbeneEditText, editTextbiaoti;
    private String imageurl = "mnt/sdcard/jishiben";
    private EditText xinqingTextView;
    private int h;
    private TextView textViewname;
    public SharedPreferences preferences, preferences2, preferences3,
    preferences4, preferences5;
    public SharedPreferences.Editor editor, editor2, editor3, editor4;
    private Calendar calendar = Calendar.getInstance();
    @Override
    public void onCreate(Bundle savedInstanceState) {
        super.onCreate(savedInstanceState);
        setContentView(R.layout.xinqinglan);
        preferences5=getSharedPreferences("dengluxinxi",Context.MODE_PRIVATE);
        String name = preferences5.getString("name", "");
        preferences=getSharedPreferences("rizhixinqing",Context.MODE_PRIVATE);
        editor = preferences.edit();
        preferences2=getSharedPreferences("rizhibiaoti",Context.MODE_PRIVATE);
        editor2 = preferences2.edit();
        preferences3 = getSharedPreferences("rizhishijian",
        Context.MODE_PRIVATE);
        editor3 = preferences3.edit();
        preferences4 = getSharedPreferences("rizhishanchu",
        Context.MODE_PRIVATE);
        editor4 = preferences4.edit();
        int num = preferences.getInt("num", 0);
        h = num;
        textViewname=(TextView) findViewById(R.id.textViewxingming1);
        textViewname.setText(name);
        buttonbaocun = (ImageButton) findViewById(R.id.imageButtonbaocun);
```

```
        buttonquxiao = (ImageButton) findViewById(R.id.imageButtonquxiao);
        wenbeneEditText = (EditText) findViewById(R.id.editText1);
        editTextbiaoti = (EditText) findViewById(R.id.editTextbiaoti);
        xinqingTextView = (EditText) findViewById(R.id.textViewxinqing2);
        buttonbaocun.setOnClickListener(new OnClickListener() {
            @Override
            public void onClick(View v) {
                baocun();
                createwenben();
            }
        });
        buttonquxiao.setOnClickListener(new OnClickListener() {
            @Override
            public void onClick(View v) {
                wenbeneEditText.getText().clear();
            }
        });
    }
    public boolean onCreateOptionsMenu(Menu menu) {
        menu.add(0, 0, 0, " 查看心情记录 ");
        return true;
    }
    public boolean onOptionsItemSelected(MenuItem item) {
        switch (item.getItemId()) {
        case 0:
            Intent intent = new Intent(XieXinQingActivity.this, Listviews.class);
            startActivity(intent);
            break;
        }
        return false;
    }
    public void createwenben() {
        String status = Environment.getExternalStorageState();
        if (status.equals(Environment.MEDIA_MOUNTED)) {
            File file = new File(imageurl);
            if (!file.exists()) {
                file.mkdirs();
            }
            File file2 = new File(imageurl + "/" + data2() + ".txt");
            editor.putString("dd" + (h - 1), data2() + ".txt");
            editor.commit();
            try {
                String wenben = wenbeneEditText.getText().toString();
                FileOutputStream fos = new FileOutputStream(file2);
                OutputStreamWriter streamWriter = new OutputStreamWriter(fos,
                "GB2312");
                streamWriter.write(wenben);
```

```
                streamWriter.close();
            } catch (Exception e1) {
                e1.printStackTrace();
            }
        } else {
            Toast.makeText(XieXinQingActivity.this, "sd 卡不可用 ", Toast.LENGTH_SHORT).show();
        }
    }
    public void baocun() {
        if (preferences4.getString("true", "").equals("true")) {
            h = preferences4.getInt("nums", 0);
            editor4.putString("true", "dd");
            editor4.commit();
        }
        h = h + 1;
        editor.putInt("num", h);
        String xinqing = xinqingTextView.getText().toString();
        String biaoti = editTextbiaoti.getText().toString();
        editor.putString("aa" + (h - 1), xinqing);
        editor2.putString("bb" + (h - 1), biaoti);
        editor3.putString("cc" + (h - 1), data());
        editor3.commit();
        editor.commit();
        editor2.commit();
    }
    @SuppressWarnings("static-access")
    public String data() {
        int year = calendar.get(calendar.YEAR);
        int month = calendar.get(calendar.MONTH);
        int day = calendar.get(calendar.DAY_OF_MONTH);
        int time = calendar.get(calendar.HOUR_OF_DAY);
        String riqi = year + " 年 " + (month + 1) + " 月 " + day + " 日 " + time + " 时 ";
        return riqi;
    }
    @SuppressWarnings("static-access")
    public String data2() {
        int year = calendar.get(calendar.YEAR);
        int month = calendar.get(calendar.MONTH);
        int day = calendar.get(calendar.DAY_OF_MONTH);
        int time = calendar.get(calendar.HOUR_OF_DAY);
        int miuse = calendar.get(calendar.MINUTE);
        String riqi = year + " 年 " + (month + 1) + " 月 " + day + " 日 "
        + time + " 时 "+ miuse + " 分 ";
        return riqi;
    }
}
```

代码详解

第02~11行中，定义了Activity的各种成员，有各种view控件的引用，有保存记事本数据的SD卡路径，有若干SharedPreferences对象，用于配置数据的保存，第11行通过工具类Calendar获取封装当前日期信息的日历对象。关于通过sharedPreferences进行数据保存的操作，前面已经介绍过，此处不再赘述。

第13~50行的Activity创建方法中，分别通过sharedPreferences对象来保存数据，例如，第16行，保存登录信息；第18行，保存心情信息；第20行，保存日志标题；第22行，保存日志时间；第25行，保存是否删除标识符；第30行，获取显示姓名文本控件，进行初始化；第37~43行，注册保存按钮的事件处理监听器，通过baocun方法保存日志方法到sdcard中；第44~50行，注册清空按钮的事件处理监听器，清空日志内容。

第51~54行，定义menu菜单，添加查看全部心情（日志）菜单项；第55~63行，定义菜单项操作，进入查看心情记录界面；第64~87行，定义了在sdcard中创建txt文本保存心情记录相关操作，其中，第66行，判断sd卡是否存在，第68行，判断文件是否存在，不存在就创建，第71行，根据时间来命名文件名，在此调用data2处理方法；第75~80行，把心情内容写入到txt文档中；第85行，如果sd卡不存在就提示；第88行，保存心情记录；第106行，获取时间精确到小时；第115行，获取时间精确到分钟。

读者注意，在XieXinQinActivity的第55~63行中，点击菜单menu中的查看记录，会跳转到心情记录模块Listviews这个类中，类Listviews继承Activity，这个类主要是为显示之前保存的心情记录，我们先看下listview.xml布局显示的效果图。

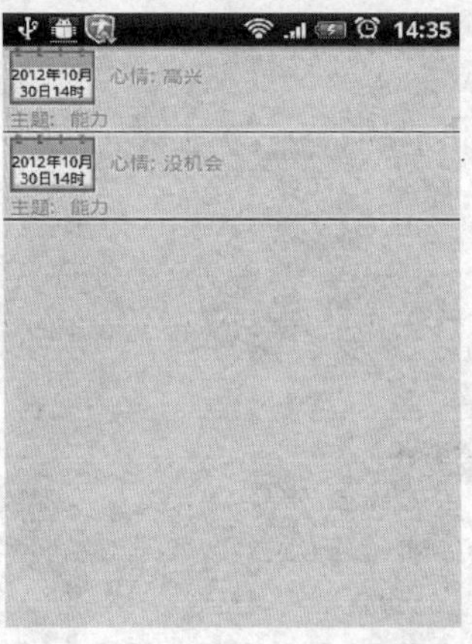

listview.xml主要是由Listview组成布局文件，代码就不再展示，有需要的可以查看项目源码。下面我们先看下Listviews这个类。

范例27-19 心情列表视图布局文件（listview.xml）

```
public class Listviews extends Activity {
private ListView listView;
private Adapter adapter;
private List<Map<String, String>> list;
private SharedPreferences preferences, preferences2, preferences3;
    private String imageurl = "mnt/sdcard/jishiben/";
    private SharedPreferences preferences4,preferences5;
    private SharedPreferences.Editor editor4,editor5;
```

```
09      @Override
10      public void onCreate(Bundle savedInstanceState) {
11          super.onCreate(savedInstanceState);
12          setContentView(R.layout.listview);
13          list = new ArrayList<Map<String, String>>();
14          listView = (ListView) findViewById(R.id.listView1);
15          preferences=getSharedPreferences("rizhixinqing",Context.MODE_PRIVATE);
16          preferences2=getSharedPreferences("rizhibiaoti",Context.MODE_PRIVATE);
17          preferences3=getSharedPreferences("rizhishijian",Context.MODE_PRIVATE);
18          preferences4=getSharedPreferences("rizhishanchu",Context.MODE_PRIVATE);
19          editor4 = preferences4.edit();
20          preferences5 = getSharedPreferences("rizhigeshu",
21          Context.MODE_PRIVATE);
22          editor5 = preferences5.edit();
23          for (int i = 0; i < preferences3.getAll().size(); i++) {
24              Map<String, String> map = new HashMap<String, String>();
25              map.put("xinqing", preferences.getString("aa" + i, ""));
26              map.put("biaoti", preferences2.getString("bb" + i, ""));
27              map.put("riqi", preferences3.getString("cc" + i, ""));
28              list.add(map);
29          }
30          adapter = new Adapter(Listviews.this, list);
31          adapter.notifyDataSetChanged();
32          listView.setAdapter(adapter);
33          listView.setOnItemClickListener(new OnItemClickListener() {
34              @Override
35              public void onItemClick(AdapterView<?> arg0, View arg1, int arg2,
36              long arg3) {
37                  String path = preferences.getString("dd" + arg2, "");
38                  String xinqing = preferences.getString("aa" + arg2, "");
39                  String biaoti = preferences2.getString("bb" + arg2, "");
40                  String shijian = preferences3.getString("cc" + arg2, "");
41                  Intent intent = new Intent(Listviews.this, RiZhiActivity.class);
42                  intent.putExtra("dd", path);
43                  intent.putExtra("aa", xinqing);
44                  intent.putExtra("bb", biaoti);
45                  intent.putExtra("cc", shijian);
46                  startActivity(intent);
47              }
48          });
49      }
50  }
```

代码详解

第 02~08 行定义了成员变量，其中，第 03 行，定义了 ListView 所使用的适配器类的引用，第 04 行，定义了列表所存储的数据容器 List，第 06 行，定义需要访问的文件夹路径，第 05~08 行，分别定义 sharedPreferences 引用来保存数据。

第 15~22 行，通过 sharedPreferences 对象分别取出日志心情、日志标题、日志事件、日志删除标志、日志个数等信息；第 23~29 行，把所有相关日志数据放到 map 中，再放入 List 容器里；第 30~32 行，实例化适配器类，把 list 容器内容，就是多组心情数据通过适配器对象进行适配，并最终以列表方式显示出来。

Listviews 这个类不是很复杂，主要是 Listview 加载数据，以及对 ListView 的选项中的 Item 的监听事件。当点击 Listview 中的一项时会进入查看具体的某一天的心情记录，会把当天所记录的所有信息展示出来，这个类命名为 RiZhiActivity，继承 Activity，加载布局是 rizhi.xml，这个布局文件和 xinqinglan.xml 的布局大致相同，在这里就不再展示，如有需要请参考源码。接下来我们看下 RiZhiActivity 这个类，首先看下布局效果图。

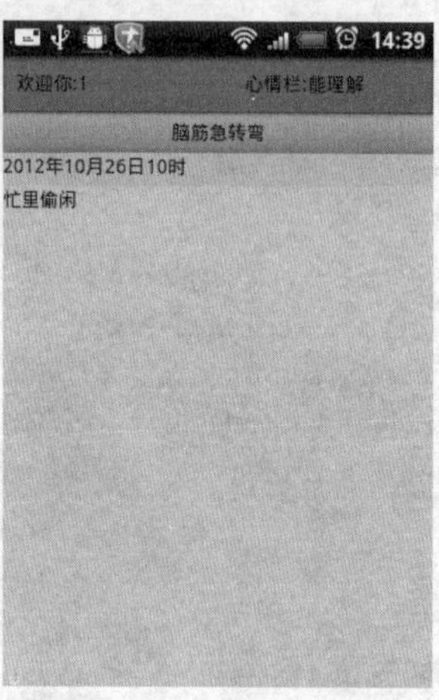

范例27-20 RiZhiActivity 类（RiZhiActivity .java）

```
public class RiZhiActivity extends Activity {
    private TextView xinqingTextView, biaotiTextView,
    shijianTextView,neirTextView,textViewxingming;
    private String imageurl = "mnt/sdcard/jishiben/";
    private SharedPreferences preferences;
    @Override
    public void onCreate(Bundle savedInstanceState) {
        super.onCreate(savedInstanceState);
        setContentView(R.layout.rizhi);
        textViewxingming=(TextView) findViewById(R.id.textViewxingming1);
        xinqingTextView = (TextView) findViewById(R.id.textViewxinqing2);
        biaotiTextView = (TextView) findViewById(R.id.Textbiaoti);
        shijianTextView = (TextView) findViewById(R.id.Textshijian);
        neirTextView = (TextView) findViewById(R.id.neirText1);
        preferences=getSharedPreferences("dengluxinxi",Context.MODE_PRIVATE);
        String name = preferences.getString("name", "");
        textViewxingming.setText(name);
        Intent intent = getIntent();
        String path = intent.getExtras().getString("dd");
        String xinqing = intent.getExtras().getString("aa");
        String biaoti = intent.getExtras().getString("bb");
        String shijian = intent.getExtras().getString("cc");
        xinqingTextView.setText(xinqing);
```

```
24            biaotiTextView.setText(biaoti);
25            shijianTextView.setText(shijian);
26            try {
27                String neir = readSDFile(path).toString();
28                neirTextView.setText(neir);
29            } catch (IOException e) {
30                e.printStackTrace();
31            }
32        }
33        public String readSDFile(String fileName) throws IOException {
34            File file = new File(imageurl, fileName);
35            FileInputStream inStream = new FileInputStream(file);
36            InputStreamReader isr = new InputStreamReader(inStream, "gb2312");
37            Reader in = new BufferedReader(isr);
38            int ch;
39            StringBuffer buffer = new StringBuffer();
40            while ((ch = in.read()) > -1) {
41                buffer.append((char) ch);
42            }
43            in.close();
44            isr.close();
45            inStream.close();
46            return buffer.toString();
47        }
48    }
```

【知识讲解】

（1）在程序中我们用到的是 FileInputStream，它是文件输入流，它有以下构造方法：FileInputStream(File file)，参数 file 指定文件的数据源；FileInputStream(String name)，参数 name 指定文件数据源。在参数 name 中包含了文件路径信息。

（2）我们在这里需要详细地比较一下 FileInputStream 和 BufferedInputStream 的不同，以及 FileInputStream 和 FileReader 的区别。FileInputStream 是字节流，BufferedInputStream 是字节缓冲流，使用 BufferedInputStream 读资源比使用 FileInputStream 读取资源的效率高（BufferedInputStream 的 read 方法会读取尽可能多的字节），且 FileInputStream 对象的 read 方法会出现阻塞；FileInputStream 与 FileReader 的区别如下：FileInputStream 是字节流，FileReader 是字符流，用字节流读取中文的时候，可能会出现乱码，而用字符流则不会出现乱码，而且用字符流读取的速度比字节流要快。

代码详解

第 01~05 行，定义成员变量，包括上述所提到的 imageurl 路径、各种控件的引用，以及 sharedPreferences 对象；第 10~14 行获取各种控件对象，第 15~17 行，获取 name 值，并在姓名文本控件中显示；第 18~25 行，通过 intent 获取从 Listviews 传过来的数据，并在相对应控件上显示出来；第 27~32 行，内容文本控件显示日志详情，在第 27 行上调用 readSDFile 方法，通过路径读出文件内的数据。

第 33~47 行，定义执行从 sd 卡中读出 txt 文件的 readSDFile 方法，处理读出文件数据；其中，第 34 行，根据 imageurl 路径建立文件，第 35 行，创建文件输入流对象，第 36 行，通过输入流 Reader 类对象，以中文国标码读入数据，第 39~42 行，以缓冲流方式读出文件内容，并存入 buffer 字符串对象中，直到读完为止；最终，第 43~46 行，关闭一系列资源对象并返回。

27.4 系统开发经验和技巧

27.4.1 项目经验

读者可以了解到，在开发财务管家项目中我们用到了很多关于数据存储的方法和类，有 SQLite 和 SharedPreferences 这两个数据存储方式，它们在 android 开发中会被经常使用，较小的数据建议保存在 SharedPreferences 中，这两种存储方式都保存到项目中会占用系统的内存资源，因此不用的数据一定不要忘记删除，这样会有利于我们系统内存资源的优化。在开发过程中，我们也要学会如何自定义控件，这也是 android 开源的体现，可以通过在程序中自定义控件来达到我们想要的效果。

27.4.2 项目技巧

在财务管家项目中我们用 SQLite 数据库来存放数据，在 Activity 之间能够很方便地获取数据，只需要从数据库中取出，onActivityResult 这些回调方法的利用能够及时地更新数据信息。在开发中如果碰到需要经常存储的而且数据比较大的，我们可以把它们存放在外部 SD 卡中，然后再去读取，这样会有利于项目系统的流畅。

27.5 高手点拨

经过本章的学习，相信读者对 Android 项目中进行不同数据存储的开发有了一定的认识，同时能更加深入理解 SQLite 技术，SharedPreference，ListView 适配类，Carouse 组件，以及一些工具类在 App 中的运用。用户可根据自身能力和兴趣对本章的项目加以改进和完善，在 Android 开发的实战中提高自己的编程水平，假以时日一定能成为一名 Android 开发高手。

27.6 实战练习

1. 尝试改进和完善本章的项目。例如，登录和注册部分，找回密码功能并没有实现，大家可以通过代码实现；还有读者可以模仿添加心情功能的设计，自行设计并实现心情记录的删除部分功能。

2. 因为本项目代码是结合教材开发的，所以还有很多界面不完善的地方，大家可以通过对那些界面的重新设计，并改写相关的 xml 文件和相关 Activity 代码，提高界面的界面效果和用户体验。

3. 开发一个电子记事本管理系统 App，实现对个人信息和日常事务进行管理，个人信息与事务信息可以通过 SQLite 或 SD 文件形式存储，大家自己设计实现。

第 28 章 Java Web 项目实战——我的饭票网

前面各章详细介绍了 Java Web、数据库连接 JDBC 等相关知识，本章将综合前面所学的各种基础知识及高级开发技巧来开发一个有关招聘信息的 Java Web 项目——我的饭票网（招聘信息系统）。

通过本章的学习，相信读者将对 Java Web 与 JDBC 的有关知识和操作有更深入的认识。跟随本章的思路一步一步走，读者也将对开发一个 Java 项目的具体流程有一定的了解。

本章要点（已掌握的在方框中打钩）

- □ 掌握数据库系统设计的需求分析方法
- □ 掌握 Java 项目开发的具体流程
- □ 熟悉 Java 数据库的连接方法
- □ 熟悉 Java 数据库连接的相关类
- □ 熟悉 MySQL 数据库的应用
- □ 熟悉 Java Web 的开发技巧

28.1 系统分析

28.1.1 需求分析

随着互联网技术的不断发展，目前网上求职或招聘已经非常普遍。网上求职或招聘具有成本低、容量大、速度快和个性化服务等优势。它允许更加灵活的交互方式，提供更丰富的信息资源。本系统要求设计一个网上求职、招聘系统，以方便求职者查阅招聘信息，并辅助人事部门发布招聘信息，提高求职者的找工作效率，同时也能让公司找到满意的人才。

28.1.2 编写项目计划书

根据《GB8567-88 计算机软件产品开发文件编制指南》中的项目开发要求，结合实际情况后，项目计划书如下所示。

（1）编写目的

为了保证团队按时保质地完成目标，便于项目开发人员更好地了解项目实际情况，按照合理的顺序开展工作，于是以文件化的形式把在项目生命周期内的工作任务范围、各项工作任务分解、项目团队组织结构、各团队人员的工作责任、团队内外沟通协作方式、开发进度、资金预算等内容描述出来。作为项目团队成员及项目干系人之间的共识与约定，项目生命周期内的所有项目活动的行动基础，项目团队开展和检查项目工作的依据。

（2）项目背景

“我的饭票网”项目是本公司与 ×× 公司签订的待开发项目，项目性质为人才招聘网络管理类型，可以方便求职者对招聘信息进行匹配，同时人力资源部门对求职信息进行管理。项目周期为两个月，规划表如下所示。

项目背景规划图

项目名称	签订项目单位	项目负责人	开发参与部门
我的饭票网	甲方：×× 公司	甲方：王经理	设计部门、开发部门、测试部门
	乙方：B 科技公司	乙方：张经理	

（3）项目目标

项目应该符合 SMART 原则，把该项目需要完成的工作以清晰的语言描述出来。×× 公司主要目标是为公司提供一个高效的基于互联网的人才招聘网。

（4）应交付结果

项目完成之后，应该交付的内容如下。

- 以电子资源形式提供“我的饭票网”的源码，系统数据库文件、系统打包文件、操作说明。
- 该项目发布之后，无偿维护半年，半年后有偿维护。

（5）项目开发环境

本项目开发环境操作系统如下。

操作系统：Windows 7 及以上版本。

IDE 开发工具：Eclipse EE。

Web 服务器：Tomcat 9.0。

数据库：MySQL 5.1。

（6）项目验收方式和依据

项目验收分为内部验收和外部验收，项目完成之后，由内部测试人员根据需求和项目目标进行内部验收，通过内部验收之后，交付给用户进行外部验收，验收主要依据需求规格说明书。

28.2 系统设计

28.2.1 系统目标

系统需要达到如下目标。

- 操作简单，界面美观。
- 实现对招聘信息的管理功能。
- 每次点击都能快速响应。
- 数据库可备份，可恢复。
- 系统安全稳定。
- 系统方便维护。

28.2.2 系统功能设计

本项目是一个简易版的招聘信息系统，是一个包括普通应聘用户与企业用户的双用户系统。普通应聘用户登录后可查看所有企业用户发布的招聘信息，并针对招聘信息提交申请；企业用户可以发布招聘信息，并查看所有关于企业的岗位申请。

“我的饭票网”的功能结构如下所示。

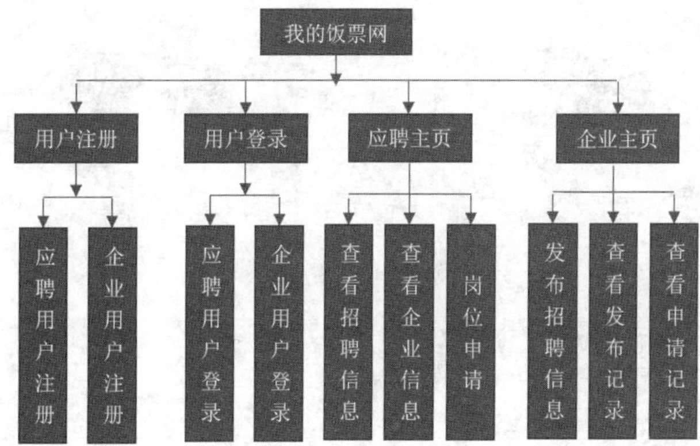

本项目平台设计简单，适合作为初学者入门项目。通过本章内容向读者详细阐述 Java 项目的开发流程，在实战中向读者展示 Java Web 与数据库的有关操作，给读者留有足够的自由发挥空间。

本章项目需使用 Tomcat 服务器与 MySQL 数据库，有关 Tomcat 服务器与 MySQL 数据库的安装与配置，在前面已经有所介绍，请读者参阅相关知识，建立起系统所需的 Tomcat 与 MySQL 环境。

28.3 数据库设计

本节将从项目需求分析出发，向读者展示软件工程项目的数据库设计方法。

28.3.1 功能分析

根据本系统的功能设定，需完成企业招聘信息发布、应聘岗位申请等基本功能。因此本系统设定 3 个实体：应聘人员、企业与岗位。

应聘人员实体为具体的某个待就业者，具有一个普通人的全部属性，加上系统的招聘信息平台的设定，需要加上与就业有关的信息，如工种、职称、工龄、专业、学历等。因此对于应聘人员实体而言，其具有的全部属性为：应聘人员账户、应聘人员账户密码、应聘人员编号、姓名、性别、出生年月、工作类别、职称、工作年限、专业及学历。

企业实体需要具备一个企业的全部属性，同时其本身还作为平台的企业登录账号，因此一个企业实体的全部属性应该包括：企业账号、企业账号密码、企业编号、企业名称、企业性质、联系人姓名及联系电话。

岗位实体是一个企业发布的招聘信息的载体，包含一个工作岗位的全部需求，同时还包含作为一条招聘信息所具备的属性，如招聘人数、最低工资等。因此一个岗位实体的全部属性包括：岗位编号、岗位名称、学历要求、职称要求、工种、工龄限制、招聘人数、最低工资等。

除了实体的包含属性外，一个数据库设计还需要考虑实体之间的联系。在本系统中，应聘人员与岗位之间的申请关系应该是多对多的关系，这意味着，一个应聘人员可以申请多个就业岗位，同样的一个岗位也能被许多应聘人员申请。

但是企业与岗位的需求应该是一对多的关系，一个企业可以发布多个岗位需求，但是每个岗位需求只对应一个企业。

应聘人员、企业与岗位三者之间存在一个上岗关系，由上面的应聘人员与岗位、企业与岗位的关系分析可得，这个上岗关系应该是 1：1：1。

3 个实体之间的关系如下图所示。

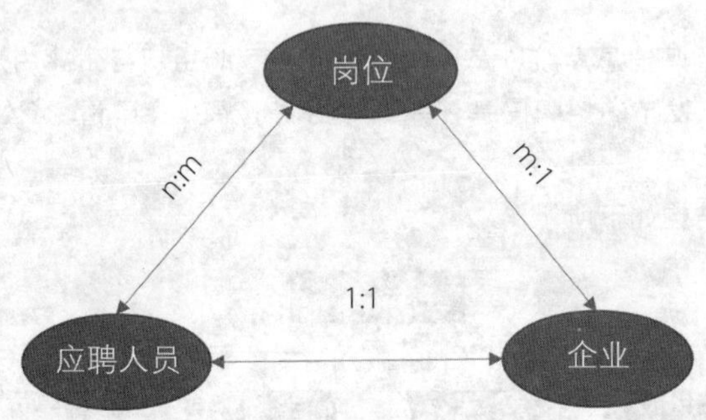

28.3.2 基本表设计

针对以上的分析，本系统设计 8 张基本表来存储有关数据。

首先是与应聘人员账户有关的基本表，共两个，包括存储应聘人员账户信息的应聘人员账户表，以及存储应聘人员个人信息的应聘人员表。

（1）worker（应聘人员表）

应聘人员表结构如下表所示。

字段名称	数据类型	是否主键	说明
wID	INT	主键	自动编号
wName	CHAR(20)	—	应聘人员姓名
sex	CHAR(2)	—	应聘人员性别
birth	DATE	—	出生年月
wType	CHAR(50)	—	工作类别
title	CHAR(30)	—	职称
years	SMALLINT	—	工作年限
major	CHAR(30)	—	专业
education	CHAR(30)	—	学历

worker 表的建表 SQL 语句如下所示。

```
CREATE TABLE worker
(wID INT PRIMARY KEY AUTO_INCREMENT,
wName CHAR(20) NOT NULL,
sex CHAR(2) NOT NULL,
birth DATE NOT NULL,
wType CHAR(50) NOT NULL,
```

```
title CHAR(30) NOT NULL,
years SMALLINT NOT NULL,
major CHAR(30) NOT NULL,
education CHAR(30) NOT NULL);
```

（2）workuser（应聘人员账户表）

应聘人员账户表的结构如下表所示。

字段名称	数据类型	是否主键	说明
wuser	CHAR(40)	主键	应聘人员账号
wpassword	CHAR(50)	—	MD5 加密存储
wID	INT	—	关联应聘人员编号

workuser 表的建表 SQL 语句如下所示。

```
CREATE TABLE workuser
(wuser CHAR(40) PRIMARY KEY,
wpassword CHAR(50) NOT NULL,
wID INT NOT NULL,
FOREIGN KEY(wID) REFERENCES worker(wID));
```

同样，与企业账户有关的基本表也有两个，分别是存储企业账户信息的企业账户表，以及存储企业有关信息的企业表。

（3）company（企业表）

企业表的结构如下表所示。

字段名称	数据类型	是否主键	说明
cID	INT	主键	自动编号
cName	CHAR(30)	—	企业名称
cType	CHAR(30)	—	企业性质
leader	CHAR(20)	—	联系人姓名
tel	VARCHAR(11)	—	联系电话

company 表的建表 SQL 语句如下。

```
CREATE TABLE company
(cID INT PRIMARY KEY AUTO_INCREMENT,
cName CHAR(30) NOT NULL,
cType CHAR(30) NOT NULL,
leader CHAR(20) NOT NULL,
tel VARCHAR(11) NOT NULL);
```

（4）companyuser（企业账户表）

企业账户表结构如下表所示。

字段名称	数据类型	是否主键	说明
cuser	CHAR(40)	主键	企业账号
cpassword	CHAR(50)	—	MD5 加密存储
cID	INT	—	关联企业编号

workUser 表的建表 SQL 语句如下所示。

```
CREATE TABLE companyuser
(cuser CHAR(40) PRIMARY KEY,
cpassword CHAR(50) NOT NULL,
```

```
cID INT NOT NULL,
FOREIGN KEY(cID) REFERENCES company(cID));
```

与岗位有关的基本表也有两个，分别是存储岗位信息的岗位表，以及存储企业招聘信息的需求表。

（5）job（岗位表）

岗位表的结构如下表所示。

字段名称	数据类型	是否主键	说明
jID	INT	主键	自动编号
jName	CHAR(30)	—	岗位名称
educationReq	CHAR(30)	—	学历要求
titleReq	CHAR(30)	—	职称要求
jType	CHAR(30)	—	工种限制
yearsReq	SMALLINT	—	工作年限

job 表的建表 SQL 语句如下所示。

```
CREATE TABLE job
(jID INT PRIMARY KEY AUTO_INCREMENT,
 jName CHAR(30) NOT NULL,
educationReq CHAR(30) NOT NULL,
titleReq CHAR(30) NOT NULL,
jType CHAR(30) NOT NULL,
yearsReq SMALLINT NOT NULL);
```

（6）need（需求表）

需求表的结构如下表所示。

字段名称	数据类型	是否主键	说明
jID	INT	主键	岗位编号
cID	INT	主键	企业编号
putDate	DATE	—	发布日期
people	SMALLINT	—	需求人数
payment	INT	—	最低薪酬

workUser 表的建表 SQL 语句如下所示。

```
CREATE TABLE need
(jID INT,
cID INT,
putDate DATE NOT NULL,
people SMALLINT NOT NULL,
payment INT,
PRIMARY KEY(jID, cID),
FOREIGN KEY(jID) REFERENCES job(jID),
FOREIGN KEY(cID) REFERENCES company(cID));
```

另外，还有存储应聘人员与岗位申请关系的申请表。

（7）apply（申请表）

申请表的结构如下表所示。

字段名称	数据类型	是否主键	说明
applyNum	INT	主键	自动编号
wID	INT	—	申请应聘人员的编号
jID	INT	—	所申请岗位的编号
applyDate	DATE	—	申请日期
other	CARCHAR(100)	—	特别要求

apply 表的建表 SQL 语句如下所示。

```
CREATE TABLE apply
(applyNum INT PRIMARY KEY AUTO_INCREMENT,
wID INT NOT NULL,
jID INT NOT NULL,
applyDate DATE NOT NULL,
other VARCHAR(100),
FOREIGN KEY(wID) REFERENCES worker(wID),
FOREIGN KEY(jID) REFERENCES job(jID));
```

最后还有一个存储应聘人员、企业与岗位三者之间上岗关系的基本表，称为上岗表。

（8）pair（上岗表）

上岗表的结构如下表所示。

字段名称	数据类型	是否主键	说明
wID	INT	主键	应聘人员编号
jID	INT	主键	岗位编号
cID	INT	主键	企业编号
pairDate	DATE	—	上岗日期

pair 表的建表 SQL 语句如下所示。

```
CREATE TABLE pair
(wID INT,
 jID INT,
cID INT,
pairDate DATE NOT NULL,
PRIMARY KEY(wID, jID, cID),
FOREIGN KEY(wID) REFERENCES worker(wID),
FOREIGN KEY(jID) REFERENCES job(jID),
FOREIGN KEY(cID) REFERENCES company(cID));
```

到这里，就把本项目需要的数据库设计完毕了，读者可根据自己的理解和需要对数据库的基本表进行适当的修改和调整。

28.4 用户注册模块设计

饭票网设计为应聘人员用户与企业用户双系统登录，因此注册模块也需要两套。由于篇幅限制，这里着重为读者示范应聘人员账户的注册模块设计，企业账户的注册模块设计与之基本相同，读者可参考应聘人员账户的注册模块自行设计完成企业账户的注册模块。

在正式开始之前，读者需参考前一小节的内容，完成数据库的构建。

28.4.1 用户注册模块概述

下面将介绍应聘人员账户的注册模块的设计。应聘人员账户的注册涉及应聘人员表与应聘人员账户表，由于应聘人员表的主键应聘人员编号为自动编号，因此注册时，需先将应聘人员信息写入应聘人员表，成功向应聘人员表写入应聘人员信息后，再将新写入的应聘人员记录编号与用户输入的账户和密码信息写入应聘人员账户表。

特别说明的是，出于账户安全考虑，应聘人员账户表记录的密码信息为经过 MD5 加密处理后的密文，因此每次涉及应聘人员账户的密码字段操作时，都需要将用户输入密码字段信息经过同样的 MD5 加密算法处理后，再与数据库的数据进行比对。

28.4.2 与用户注册有关的数据库连接及操作类

创建名称为 Worker 与 Workuser 的类，用于封装应聘人员个人信息与账号信息，关键代码如下。

首先创建 Worker 类，用于封装个人信息。

范例 28-1　Worker类（Worker.java）

```java
package com.lyq.bean;

import java.util.Date;

public class Worker {
    private int wID;            // 应聘人员编号字段
    private String wName;       // 应聘人员姓名字段
    private String sex;         // 性别字段
    private Date birth;         // 出生年月字段
    private String wType;       // 工种字段
    private String title;       // 职称字段
    private int years;          // 工龄字段
    private String major;       // 专业字段
    private String education;   // 学历字段

    // 应聘人员编号字段的 get 方法
    public int getwID() {
        return wID;
    }

    // 应聘人员编号字段的 set 方法
    public void setwID(int wID) {
        this.wID = wID;
    }

    // 其余字段的 get 和 set 方法请自行补充
}
```

之后创建 Workuser 类，用于封装应聘人员账户信息。

范例 28-2 Workuser类（WorkUser.java）

```
package com.lyq.bean;

public class WorkUser {
   private String wUser;      // 应聘人员账户名字段
   private String wPassword;  // 应聘人员账户的密码字段
   private int wID;           // 关联应聘人员编号字段

   // 应聘人员账户名字段的 get 方法
   public String getwUser() {
      return wUser;
   }

   // 应聘人员账户名字段的 set 方法
   public void setwUser(String wUser) {
      this.wUser = wUser;
   }

   // 其余字段的 get 和 set 方法请自行补充
}
```

由于应聘人员账户表中的密码字段存储的是经过 MD5 加密后的密文，因此，除了上述两个用于封装应聘人员个人信息与应聘人员账户信息的类之外，还需要一个工具类，用来将用户输入的密码字段信息转换为经过 MD5 加密后的密文。下面创建名称为 MD5Util 的类。

范例 28-3 MD5Util的类（MD5Util.java）

关键代码如下。

```
package com.lyq.bean;

import java.security.MessageDigest;

public class MD5Util {
   public static String md5Encode(String inStr) throws Exception{
      MessageDigest md5 = null;
      //MessageDigest 对象接收任意大小的数据，并输出固定长度的哈希值
      try {
         md5 = MessageDigest.getInstance('MD5');
         // 对 getInstance 对象初始化，设定为 MD5 算法
      } catch(Exception e) {
         System.out.println(e.toString());
         e.printStackTrace();
         return ""; // 失败时返回空字符串
      }
      byte[] byteArray = inStr.getBytes('UTF-8');
      // 将需要加密的字段转换为字节数组，指定 UTF-8 编码格式
```

```
        byte[] md5Bytes = md5.digest(byteArray);
        // 使用填充式操作完成哈希计算
        StringBuffer hexValue = new StringBuffer();
        // 定义一个 StringBuffer 来存储加密字符
        for(int i = 0; i < md5Bytes.length; i++){
            int val = ((int) md5Bytes[i]) & 0xff;
            if(val < 16){
                hexValue.append("0");
            }
            hexValue.append(Integer.toHexString(val));
            // 转换为十六进制存储到 StringBuffer 中
        }
        return hexValue.toString();
        // 返回经过 MD5 加密后的密文
    }
}
```

上述代码为 MD5 加密的经典算法，主要使用 MessageDigest 类对象完成计算，MessageDigest 类为应用程序提供信息摘要算法的功能，如 MD5 或 SHA 算法。信息摘要是安全的单向哈希函数，它接收任意大小的数据，并输出固定长度的哈希值。

完成这些准备工作之后，就可以开始编写数据库连接及操作的类了。

首先是操作存储应聘人员个人信息的 worker 表的类 WorkerDAO。

范例 28-4　操作存储应聘人员个人信息的worker表的类（WorkerDAO.java）

```
package com.lyq.bean;

import java.io.IOException;
import java.sql.CallableStatement;
import java.sql.Connection;
import java.sql.DriverManager;
import java.sql.PreparedStatement;
import java.sql.ResultSet;
import java.sql.SQLException;
import java.util.ArrayList;
import java.util.Date;
import java.util.List;

public class WorkerDAO {
    // 获取数据库连接，返回一个 Connection 对象的实例
    public Connection getConnection(){
        Connection connection = null;  // 声明 Connection 对象的实例
        try {
            Class.forName('org.gjt.mm.mysql.Driver');
            // 装载数据库驱动，若连接报错，可尝试将参数替换为 "com.mysql.jdbc.Driver"
            String url = "jdbc:mysql://localhost:3306/work?characterEncoding=gbk";
```

```
            //"characterEncoding=gbk 为指定数据库连接的编码格式，防止写入时中文乱码
            String username = "root";
            String password = "";     // 账号密码信息根据自己 MySQL 系统的设定填写
            connection = DriverManager.getConnection(url, username, password);
            // 建立与数据库的连接
        } catch (ClassNotFoundException e) {
            e.printStackTrace();
        } catch (SQLException e) {
            e.printStackTrace();
        }
        return connection; // 返回 Connection 对象实例
    }

    // 添加一条待就业应聘人员记录，返回一个 boolean，根据返回值确定是否添加成功
    public boolean insertWorker(Worker worker){
        Connection connection = getConnection();   // 获取数据库连接
        boolean flag = false;
        try {
            String sql = "insert into worker(wName, sex, birth, wType, title, years,"
            + "major, education) value(?, ?, ?, ?, ?, ?, ?, ?)";
            // 这里不需要填写 wID 字段，因为该字段为自动编号，数据库系统将自动添加编号
            PreparedStatement pStatement = connection.prepareStatement(sql);
            pStatement.setString(1, worker.getwName());
            // 向 PreparedStatement 对象添加数据
            pStatement.setString(2, worker.getSex());
            java.util.Date date = worker.getBirth();
            // 由于 sql 有关的日期类为 java.sql.Date 类
            // 而本地获取的为 java.util.Date 类，因此需要转换
            java.sql.Date sqlDate = new java.sql.Date(date.getTime());
            pStatement.setDate(3, sqlDate);
            pStatement.setString(4, worker.getwType());
            pStatement.setString(5, worker.getTitle());
            pStatement.setInt(6, worker.getYears());
            pStatement.setString(7, worker.getMajor());
            pStatement.setString(8, worker.getEducation());
            int row = pStatement.executeUpdate();  // 添加数据
            if(row > 0){
                // 返回值为成功添加记录的条数，当返回值大于 0 时，表示添加成功
                flag = true;
            }
            pStatement.close(); // 关闭 PreparedStatement 对象实例
            connection.close(); // 关闭 Connection 对象实例
        } catch (Exception e) {
            e.printStackTrace();
        }
        return flag;
    }
```

```

// 通过性别与出生年月查询应聘人员编号
public int findWorkerID(String name, Date birth){
    List<Worker> list = new ArrayList<Worker>();
    // 用来存储查询记录
    Connection connection = getConnection();
    try {
        CallableStatement cStatement = connection.prepareCall
        ("{call findWorkerByNameAndBirth(?, ?)}");
        // 调用存储过程，存储过程写法将在后文提到
        cStatement.setString(1, name); // 添加数据
        java.sql.Date sqlDate = new java.sql.Date(birth.getTime());
        cStatement.setDate(2, sqlDate);
        ResultSet resultSet = cStatement.executeQuery();
        while(resultSet.next()){
            Worker worker = new Worker();
            worker.setwID(resultSet.getInt("wID"));
            worker.setwName(resultSet.getString("wName"));
            worker.setSex(resultSet.getString("sex"));
            worker.setBirth(resultSet.getDate("birth"));
            worker.setwType(resultSet.getString("wType"));
            worker.setTitle(resultSet.getString("title"));
            worker.setYears(resultSet.getInt("years"));
            worker.setMajor(resultSet.getString("major"));
            worker.setEducation(resultSet.getString("education"));
            list.add(worker);  // 从 ResultSet 对象中读取值
        }
        connection.close();
        cStatement.close();
        resultSet.close(); // 释放资源
    }
    catch (Exception e) {
        e.printStackTrace();
    }
    if(list == null || list.size() < 1){
        // 判断是否查询成功
        return 0;
    } else {
        // 若查询成功，则将 list 中的第一个值的 wID 字段返回
        return (list.get(0).getwID());
    }
  }
}
```

代码详解

由于应聘人员个人信息与应聘人员账户信息分别存储在 worker 与 workuser 表中，因此添加一条应聘人员记录需要首先向 worker 表中添加一条应聘人员个人信息记录，添加成功后再通过姓名与出生日期的组合查询获得其应聘人员编号，之后再向 workuser 表中添加应聘人员账户记录，因此 WorkerDAO 类中除了用于添加一条应聘人员信息记录的 insertWorker 方法以外，还需要一个通过应聘人员姓名与出生日期查询应聘人员编号的 findWorkerID 方法。

在 findWorkerID 方法中的第 76 行有这样的代码。

```
CallableStatement cStatement = connection.prepareCall ("{call findWorkerByNameAndBirth(?, ?)}");
```

这行代码中使用到了 CallableStatement 类，CallableStatement 类对象提供了一种以标准形式调用已存储过程的方法，调用形式如下。

```
{call <procedure-name>[(<arg1>, <arg2>,…)]}
```

第 76 行代码中的 findWorkerByNameAndBirth 即为事先写入数据库系统的存储过程，它有两个参数，用 (?, ?) 表示。而存储过程是在大型数据库系统中，一组为了完成特定功能的 SQL 语句类，存储在数据库中，经过第一次编译后再次调用不需要再次编译，用户通过指定存储过程的名字并给出参数来执行它，一个设计良好的数据库应用程序应当使用到存储过程。这里用到的存储过程 findWorkerByNameAndBirth 的具体定义如下。

```
DELIMITER $$
CREATE PROCEDURE findWorkerByNameAndBirth(name CHAR(20), birth DATE)
BEGIN
SELECT * FROM worker WHERE worker.wName = name AND worker.birth = birth;
END $$
DELIMITER;
```

除了 WorkerDAO 类，还需要一个完成应聘人员账户表 workuser 的连接与操作功能，即 WorkUserDAO 类。

范例 28-5　WorkUserDAO类（WorkUserDAO.java）

```
package com.lyq.bean;

import java.sql.CallableStatement;
import java.sql.Connection;
import java.sql.DriverManager;
import java.sql.PreparedStatement;
import java.sql.ResultSet;
import java.sql.SQLException;
import java.util.ArrayList;
import java.util.List;

public class WorkUserDAO {
  // 获取数据库连接
  public Connection getConnection(){
    Connection connection = null;  // 声明 Connection 对象的实例
    try {
```

```
17            Class.forName("org.gjt.mm.mysql.Driver");
18            // 装载数据库驱动，若连接报错，可尝试将参数替换为 "com.mysql.jdbc.Driver"
19            String url = "jdbc:mysql://localhost:3306/work?characterEncoding=gbk";
20            //"characterEncoding=gbk 为指定数据库连接的编码格式，防止写入时中文乱码
21            String username = "root";
22            String password = "";      // 账号密码信息根据自己 MySQL 系统的设定填写
23            connection = DriverManager.getConnection(url, username, password);
24            // 建立与数据库的连接
25        } catch (ClassNotFoundException e) {
26            e.printStackTrace();
27        } catch (SQLException e) {
28            e.printStackTrace();
29        }
30        return connection; // 返回 Connection 对象实例
31    }
32
33    // 添加一条待业应聘人员账户记录
34    public boolean insertWorkUser(WorkUser workUser){
35        Connection connection = getConnection();   // 获取数据库连接
36        boolean flag = false;
37        try {
38            String sql = "insert into workuser"
39                    + "(wuser, wpassword, wID) value(?, ?, ?)";
40            PreparedStatement pStatement = connection.prepareStatement(sql);
41            pStatement.setString(1, workUser.getwUser());
42            String password = MD5Util.md5Encode(workUser.getwPassword());
43            // 对用户输入的密码字段信息进行 MD5 加密处理，workuser 表的密码字段存储密文
44            pStatement.setString(2, password);
45            pStatement.setInt(3, workUser.getwID());
46            int row = pStatement.executeUpdate();
47            if(row > 0){
48                // 判断是否添加成功，若 row 为 0，则表示添加失败
49                flag = true;
50            }
51        } catch (Exception e) {
52            e.printStackTrace();
53        }
54        return flag;
55    }
56 }
```

由于 workuser 表中存储的密码字段为密文，因此在代码第 42 行对用户输入的密码字段进行 MD5 加密处理，使用到的 MD5 加密算法为之前所写的工具类 MD5Util 的 md5Encode 方法。

到这里，与应聘人员用户注册模块有关的数据库连接及操作类就设计完成了。

28.4.3 用户注册界面设计

本节同样只演示应聘人员用户的注册界面设计，企业用户的注册界面与之基本相同，读者可自行设计编

码。应聘人员用户注册界面如下图所示。

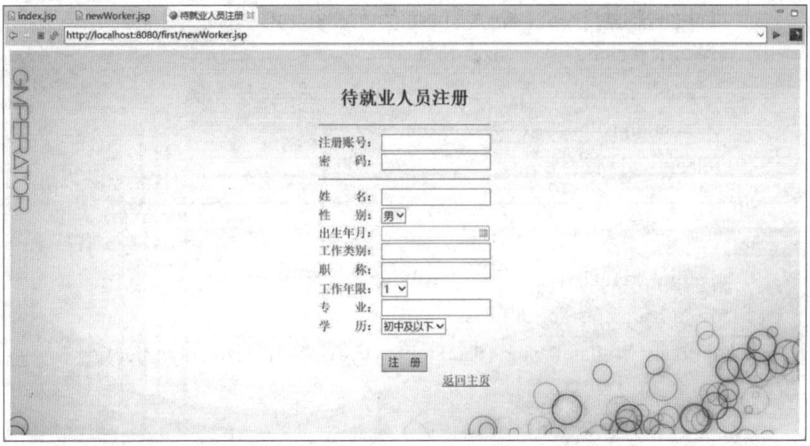

界面用 JSP 编写，应聘人员注册页面的代码是 newWorker.jsp 文件，关键代码如下所示。

范例 28-6　应聘人员注册页面（newWorker.jsp）

```
<body>
  <div style="background-image: url('images/backmm.jpg');">
    <form action="addWorker.jsp" method="post">
      <table align="center">
        <tr>
          <td align="center"colspan="2">
            <h2>
              <b><br> 应聘人员注册 </b>
            </h2>
            <hr>
          </td>
        </tr>
        <tr>
          <td align="right"> 注册账号：</td>
          <td><input type="text" name="wuser"></td>
        </tr>
        <tr>
          <td align="right"> 密      码：</td>
          <td><input type="password" name="wpassword"></td>
        </tr>
        <tr>
          <td align="center" colspan="2"><hr></td>
        </tr>
        <tr>
          <td align="right"> 姓      名：</td>
          <td><input type="text" name="wName"></td>
        </tr>
        <tr>
```

```
        <td align="right"> 性      别：</td>
        <td><select name="sex" size="1">
                <option value=" 男 "> 男 </option>
                <option value=" 女 "> 女 </option>
        </select></td>
    </tr>
    <tr>
        <td align="right"> 出生年月：</td>
        <td><input name="birth" class="Wdate"
          onfocus="WdatePicker({dateFmt:"yyyy-MM-dd",readOnly:true})">
        </td>
    </tr>
    <tr>
        <td align="right"> 工作类别：</td>
        <td><input type="text" name="wType"></td>
    </tr>
    <tr>
        <td align="right"> 职      称：</td>
        <td><input type="text" name="title"></td>
    </tr>
    <tr>
        <td align="right"> 工作年限：</td>
        <td><select name="years" size="1">
                <%
                for (int i = 0; i < 20; i++) {
                %>
                <option value="<%=i + 1%>"><%=i + 1%></option>
                <%
                }
                %>
        </select></td>
    </tr>
    <tr>
        <td align="right"> 专      业：</td>
        <td><input type="text"name="major"></td>
    </tr>
    <tr>
        <td align="right"> 学      历：</td>
        <td><select name="education" size="1">
                <option value=" 初中及以下 "> 初中及以下 </option>
                <option value=" 高中 "> 高中 </option>
                <option value=" 专科 "> 专科 </option>
                <option value=" 本科 "> 本科 </option>
                <option value=" 硕士研究生 "> 硕士研究生 </option>
```

```
73                      <option value=" 博士研究生 "> 博士研究生 </option>
74                  </select></td>
75              </tr>
76              <tr>
77                  <td><br></td>
78              </tr>
79              <tr>
80                  <td align="center" colspan="2"><input type="submit"
81                  value=" 注      册 "></td>
82              </tr>
83              <tr>
84                <td align="right" colspan="2"><a href="index.jsp"> 返回主页 </a></td>
85              </tr>
86              <tr>
87                  <td><br> <br> <br></td>
88              </tr>
89            </table>
90          </form>
91      </div>
92  </body>
```

代码详解

代码核心是一个 form 表单，提交后，在 addWorker.jsp 页面完成相关的添加工作。需要特别强调的是，代码第 38 行中的 WdatePicker 使用了开源项目 My97DatePicker，这是一个 js 项目，可以将 input 变为一个日期选择器。使用该组件需先将 My97DatePicker 文件拷贝到项目中，读者可自行搜索该项目文件。拷贝到项目中后，需要添加以下代码。

```
<script language="javascript" type="text/javascript"
    src="My97DatePicker/WdatePicker.js"></script>
```

src 中的路径为 My97DatePicker 文件的路径，读者可根据自己的情况做出相应的修改。

代码第 02 行中的 url 参数为背景图片地址，读者可以根据自己的喜好添加其他背景图片。

代码第 52~58 行为 java 代码与 HTML 代码结合的形式，可以实现循环向下拉框中填充数据，修改 for 循环条件，可添加不同的数据。

28.4.4 用户注册事件处理页面

在用户注册页面输入用户信息之后，单击注册按钮，将跳转到 addWorker.jsp 页面进行相关数据库操作。关键代码如下。

范例 28-7 用户注册页面（addWorker.jsp）

```
<body>
  <%
  SimpleDateFormat sdf = new SimpleDateFormat("yyyy-MM-dd");
  Worker worker = new Worker();  // 用于存储用户输入信息
  worker.setwName(new String(request.getParameter("wName").getBytes("ISO-8859-1"), "gbk"));
  // 设计编码格式问题，将从 newWorker.jsp 页面中提取到的数据转码为 gbk 格式
  worker.setSex(new String(request.getParameter("sex").getBytes("ISO-8859-1"), "gbk"));
  worker.setBirth(sdf.parse(request.getParameter("birth")));
  worker.setwType(new String(request.getParameter("wType").getBytes("ISO-8859-1"), "gbk"));
  worker.setTitle(new String(request.getParameter("title").getBytes("ISO-8859-1"), "gbk"));
  worker.setYears(Integer.parseInt(request.getParameter("years")));
  worker.setMajor(new String(request.getParameter("major").getBytes("ISO-8859-1"), "gbk"));
  worker.setEducation(new String(request.getParameter("education").getBytes("ISO-8859-1"), "gbk"));
  if (worker.getwName().equals("") || worker.getwType().equals("")
    || worker.getTitle().equals("") || worker.getMajor().equals("")
    || worker.getEducation().equals("")) {
    // 判断是否存在空字段，若存在空字段，则提示错误
  %>
    所有个人信息不能放空！
  <a href="newWorker.jsp"> 重新填写注册信息 </a>
  <%
  } else {
    boolean flag = new WorkerDAO().insertWorker(worker);
    // 首先写入应聘人员个人信息表，成功后再写入应聘人员账户表
    if (flag) {
      WorkUser workUser = new WorkUser();
      workUser.setwUser(new String(request.getParameter("wuser").getBytes("ISO-8859-1"), "gbk"));
      workUser.setwPassword(new String(request.getParameter("wpassword").    getBytes("ISO-8859-1"), "gbk"));
      workUser.setwID(new WorkerDAO().findWorkerID(worker.getwName(), worker.getBirth()));
      // 从应聘人员表中查询得到其应聘人员编号
      boolean userFlag = new WorkUserDAO().insertWorkUser(workUser);
      // 写入应聘人员账户表
      if (flag) {
        out.print(" 应聘人员注册成功！您的应聘人员编号为 :" + workUser.getwID());
        } else {
          out.print(" 应聘人员注册失败！ ");
        }
      } else {
        out.print(" 添加数据失败！ ");
      }
    %>
  <a href="index.jsp"> 返回主页 </a>
  <%
  }
  %>
</body>
```

应聘人员用户注册事件处理页面主要为 Java 代码，调用相应的数据库连接及操作类完成添加功能。在添加记录之前，需要对用户输入的数据进行验证，防止有空字段或不合法字段。验证成功后才可以进行添加操作。

28.5 用户登录模块设计

用户登录模块主要由登录页面 index.jsp 与登录验证页面 checkup.jsp 组成。由于系统存在应聘人员账户与企业账户两套登录机制，因此登录验证时，需根据用户的账户类型选项分别验证。

登录部分涉及应聘人员与企业用户，但前面只介绍了应聘人员用户的注册模块设计，因此需读者自行参照应聘人员用户的注册模块完成企业用户的注册模块设计。

28.5.1 用户登录模块概述

下面介绍用户登录模块的设计。登录的具体流程是：用户在登录页面 index.jsp 中输入账户与密码信息，通过 form 表单将输入的账号与密码字段数据提交到用户登录验证页面 checkup.jsp 中，通过账号字段信息查询应聘人员账户表或企业账户表，将查询到的密码字段信息与用户输入的密码字段信息进行比对，验证账户及密码是否有效。验证成功后，跳转到相应的主页。

读者需特别注意，应聘人员账户表与企业账户表中存储的密码字段为经过 MD5 加密处理后的密文，因此验证时也需要将用户输入的密码字段信息经过同样的 MD5 加密算法处理后再进行比对。Java 的字符串比对不能使用“==”，必须使用对象方法 equals( ) 进行比对。

28.5.2 与用户登录有关的数据库连接及操作类

与前一节用户注册模块介绍相同，这里只介绍与应聘人员账户登录有关的数据库连接及操作类，企业账户登录与之基本相同，读者可参考应聘人员账户登录模块自行设计企业账户登录的数据库连接及操作类。

与应聘人员账户登录有关的数据库连接及操作类为 WorkUserDAO，这个类在前面已经介绍过了，这里将把与应聘人员用户登录有关的方法添加到 WorkUserDAO 类中。关键代码如下。

范例 28-8 用户登录有关的数据库连接及操作（WorkUser.java）

```
// 通过应聘人员账户名查询应聘人员账号
public WorkUser findWorkUserByID(String user){
   List<WorkUser> list = new ArrayList<WorkUser>();
   // 用来暂存查询结果的数组
   Connection connection = getConnection();
   // 获取数据库连接
   try {
      CallableStatement cStatement = connection.prepareCall
      ("{call findWorkUserByID(?)}");
      // 调用数据库存储过程 findWorkUserByID，参数为应聘人员账户名字段
      cStatement.setString(1, user); // 添加参数
      ResultSet resultSet = cStatement.executeQuery();
      // 执行查询语句
      while(resultSet.next()){
         WorkUser workUser = new WorkUser();
         workUser.setwUser(resultSet.getString("wuser"));
         workUser.setwPassword(resultSet.getString("wpassword"));
         workUser.setwID(resultSet.getInt("wID"));
         list.add(workUser);
```

```
20                // 将查询结果存储到 list 中
21            }
22            connection.close(); // 关闭数据库连接
23            cStatement.close();
24            resultSet.close();
25        } catch (Exception e) {
26            e.printStackTrace();
27        }
28        if(list == null || list.size() < 1){
29            // 判断是否查询成功
30            return null;
31        } else {
32            // 若查询成功，则将结果从 list 中取出并返回
33            return list.get(0);
34        }
35    }
```

为 WorkUserDAO 添加的是一个通过应聘人员账户名字段从应聘人员账户表中查询应聘人员账户信息的方法。代码第 08 行使用了数据库存储过程 findWorkUserByID，其 SQL 语句如下所示。

```
DELIMITER $$
CREATE PROCEDURE findWorkUserByID(user CHAR(40))
BEGIN
SELECT * FROM workuser WHERE workuser.wuser = user;
END $$
DELIMITER;
```

企业账户的数据库连接及操作类对应的方法与之相同，请读者自行编写。

28.5.3 用户登录界面设计

应聘人员账户登录与企业账户登录共用一套登录界面。登录界面如下图所示。

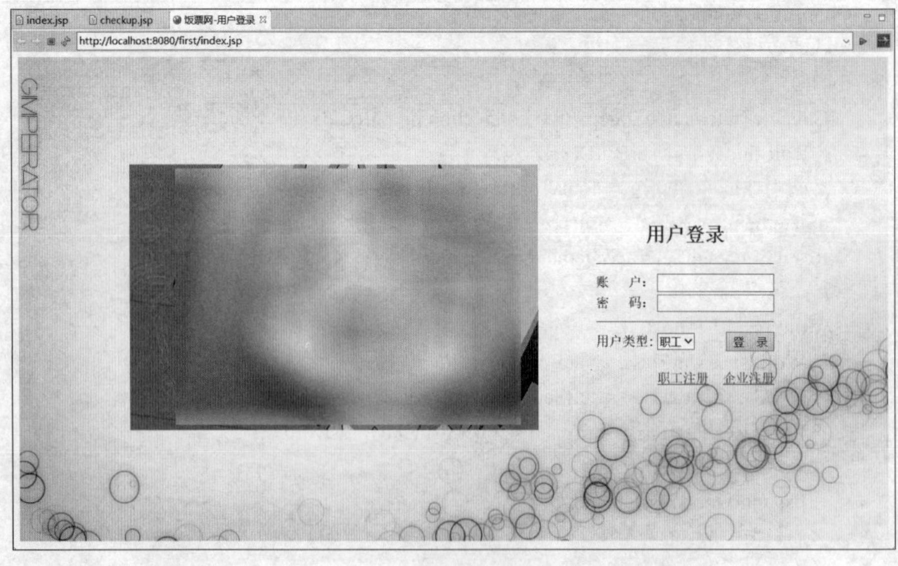

用户登录页面为 index.jsp 文件。在界面上用户可选登录的用户类型是应聘人员还是企业，同时下方提供应聘人员注册链接和企业注册链接。index.jsp 的关键代码如下所示。

范例 28-9　用户登录界面（index.jsp）

```
<body>
  <div
    style="background-image: url("images/backmm.jpg");
    width: 100%; height: 100%;">
    <form action="checkup.jsp" method="post">
      <table align="center">
        <tr>
          <td colspan="2">
            <div style="height: 155px;"></div>
          </td>
        </tr>
        <tr>
          <td><img alt=""src="images/haha.jpg"></td>
          <td>
                    
          </td>
          <td>
            <table align="center">
              <tr>
                <td align="center"colspan="3"><h2>
                  <b> 用户登录 </b></h2><hr>
                </tr>
              <tr>
                <td align="right"> 账     户：</td>
                <td colspan="2">
                  <input type="text" name="user">
                </td>
              </tr>
              <tr>
                <td align="right"> 密     码：</td>
                <td colspan="2">
                  <input type="password" name="password">
                </td>
              </tr>
              <tr>
                <td colspan="3"><hr></td>
              </tr>
              <tr>
                <td align="right"> 用户类型 :</td>
                <td><select name="usertype" size="1">
                    <option value=" 应聘人员 "> 应聘人员 </option>
                    <option value=" 企业 "> 企业 </option>
                </select></td>
                <td align="right">
```

```
45                          <input type="submit" value=" 登　录 ">
46                       </td>
47                    </tr>
48                    <tr>
49                       <td colspan="3"><br></td>
50                    </tr>
51                    <tr>
52                       <td></td>
53                       <td align="center">
54                          <a href="newWorker.jsp"> 应聘人员注册 </a>
55                       </td>
56                       <td align="right">
57                          <a href="newCompany.jsp"> 企业注册 </a>
58                       </td>
59                    </tr>
60                 </table>
61              </td>
62           </tr>
63           <tr>
64              <td colspan="2"><div style="height: 160px;"></div></td>
65           </tr>
66        </table>
67     </form>
68   </div>
69 </body>
```

代码详解

通过一个 form 表单将用户输入的账户名与密码信息提交到用户登录验证页面。

代码第 03 行的 url 参数为背景图片，读者可根据自己的喜好更换。代码第 13 行的 src 参数为登录框左侧配图，也可随意更换，但是需要注意图片大小，图片过大或过小都会造成页面的不和谐。代码第 40 行设置了用户类型选择，本质是一个下拉框，登录验证页面是通过这个下拉框的参数决定登录类型验证的。

28.5.4 用户登录验证处理页面

应聘人员账户登录验证与企业账户登录验证均放在 checkup.jsp 页面中处理。该页面涉及企业账户数据库链接及操作类的方法，读者可参照应聘人员账户数据库连接及操作类自行设计，两者基本相同。checkup.jsp 的关键代码如下所示。

范例28-10　用户登录验证处理页面（checkup.jsp）

```
<body>
  <%
  String user =
```

```
        new String(request.getParameter("user").getBytes("ISO-8859-1"),"gbk");
    String password =
        new String(request.getParameter("password").getBytes("ISO-8859-1"),"gbk");
    password = MD5Util.md5Encode(password);
    String type =
        new String(request.getParameter("usertype").getBytes("ISO-8859-1"),"gbk");
    if(user == null || user.equals("")
        || password == null || password.equals("")){
    %>
      账号或密码不能为空!
    <a href="index.jsp"> 返回登录页面 </a>
    <%
    } else {
      if(type.equals(" 应聘人员 ")){
        WorkUser workUser =
            new WorkUserDAO().findWorkUserByID(user);
        if(workUser == null){
          %>
      未找到该账号!
    <a href="index.jsp"> 返回登录页面 </a>
    <%
    } else if(password.equals(workUser.getwPassword())){
      %>
      应聘人员编号：<%=workUser.getwID() %><br> 登录成功!
    <a href="home.jsp?workerPage1=<%=workUser.getwID() %>"> 进入主页 </a>
    <%
    } else {
        %>
      账号或密码错误!
    <a href="index.jsp"> 返回登录页面 </a>
    <%
    }
        } else {
          CompanyUser companyUser =
              new CompanyUserDAO().findCompanyUserByID(user);
          if(companyUser == null){
            %>
      未找到该账号!
    <a href="index.jsp"> 返回登录页面 </a>
    <%
    } else if(password.equals(companyUser.getcPassword())){
      %>
      企业编号：<%=companyUser.getcID() %><br> 登录成功!
    <a href="cHome.jsp?workerPage2=<%=companyUser.getcID() %>"> 进入主页 </a>
    <%
    } else {
      %>
```

```
        账号或密码错误!
    <a href="index.jsp"> 返回登录页面 </a>
    <%
    }
            }
        }
%>
</body>
```

【范例分析】

算法实质是一组 if...else 条件判断语句的组合。首先判断用户输入字段是否合法，即是否存在空字段，之后根据用户选择的用户类型分别从应聘人员账号表或企业账户表中使用用户输入的账户名查询用户账号密码字段信息，最后将用户输入的密码字段经过 MD5 加密处理后与查询到的密码字段比对。需要注意的是，Java 的字符串比对不能用“==”，而需要用对象的 equals( ) 方法进行比对。

验证成功后，提供连接让用户进入各自主页，同时将用户的应聘人员或企业编号作为参数传到主页中，使主页可根据不同的用户进行不同的操作。

28.6 用户主页面模块设计

用户登录时可选应聘人员账户登录或企业账户登录，因此针对不同的登录账户类型需要提供不同的主页面。出于篇幅限制，本节只演示应聘人员账户主页面的设计，企业用户主页面的设计与之基本相同，读者可参考应聘人员账户主页面自行设计企业用户主页面。

项目主页面功能设计简单，便于初学者模仿学习，读者阅读完本节内容后，可根据自己的理解与喜好自行修改和设计主页面样式与功能。

28.6.1 用户主页面模块概述

本节内容介绍应聘人员用户的主页面设计。应聘人员用户主页面提供查看与检索岗位信息、查看所有企业信息及提交岗位申请的功能。其中应聘人员用户查看的岗位信息由企业用户发布，读者可自行设计企业用户主界面及岗位招聘信息发布功能，或参考本书配套资源中本章项目资料的 cHome.jsp 文件 。

28.6.2 用户主页面有关的数据库连接及操作类

应聘用户主页面提供查看与检索岗位信息、查看所有企业信息及提交岗位申请的功能，涉及岗位表 job、需求表 need、企业表 company 及申请表 apply。出于篇幅限制，本节只介绍查看与索引岗位信息的功能。

其余功能读者可参照本节内容自行设计，或参考本书配套资源中的本章节项目资料。

首先建立 Job 类，用来封装岗位信息。Job 类的关键代码如下所示。

范例28-11　用户主页面有关的数据库连接及操作（Job.java）

```
package com.lyq.bean;

public class Job {
    private int jID;            //存储岗位编号字段
    private String jName;           //存储岗位名称字段
```

```
    private String educationReq;  // 存储岗位学历要求字段
    private String titleReq;      // 存储岗位职称要求字段
    private String jType;         // 存储岗位工种限制字段
    private int yearsReq;         // 存储岗位工龄限制字段

    // 岗位编号字段的 get 方法
    public int getjID() {
        return jID;
    }

    // 岗位编号字段的 set 方法
    public void setjID(int jID) {
        this.jID = jID;
    }

    // 其余 get 与 set 方法请自行补充
}
```

还需要一个 Need 类用来封装企业需求信息。Need 类的关键代码如下所示。

范例28-12 企业需求信息类（Need.java）

```
package com.lyq.bean;

import java.util.Date;

public class Need {
    private int jID;              // 存储岗位编号字段
    private int cID;              // 存储企业编号字段
    private String jName;         // 存储岗位名称字段
    private String cName;         // 存储企业名称字段
    private String educationReq;  // 存储岗位学历要求字段
    private String titleReq;      // 存储岗位职称要求字段
    private String jType;         // 存储岗位工种限制字段
    private int yearsReq;         // 存储岗位工龄限制字段
    private Date putDate;         // 存储需求发布日期字段
    private int people;           // 存储需求人数字段
    private int payment;          // 存储最低薪酬字段
    private String leader;        // 存储企业负责人姓名字段
    private String tel;           // 存储企业联系电话字段

    // 岗位编号的 get 方法
    public int getjID() {
        return jID;
    }

```

```
    // 岗位编号的 set 方法
    public void setjID(int jID) {
        this.jID = jID;
    }

    // 其余 get 与 set 方法请自行补充
}
```

之后，开始编写数据库连接与操作类。首先是 job 表的连接与操作类 JobDAO。根据需求，该类应该提供查询所有工作岗位与通过最低工资条件限制查询工作岗位的方法。关键代码如下所示。

范例28-13 数据库连接与操作类（JobDAO.java）

```
package com.lyq.bean;

import java.io.IOException;
import java.sql.CallableStatement;
import java.sql.Connection;
import java.sql.DriverManager;
import java.sql.PreparedStatement;
import java.sql.ResultSet;
import java.sql.SQLException;
import java.util.ArrayList;
import java.util.List;

import javax.swing.JPanel;

public class JobDAO {
    // 获取数据库连接
    public Connection getConnection(){
        Connection connection = null;  // 声明 Connection 对象的实例
        try {
            Class.forName("org.gjt.mm.mysql.Driver");
            // 装载数据库驱动，若连接报错，可尝试将参数替换为 "com.mysql.jdbc.Driver"
            String url = "jdbc:mysql://localhost:3306/work?characterEncoding=gbk";
            //"characterEncoding=gbk 为指定数据库连接的编码格式，防止写入时中文乱码
            String username = "root";
            String password = "";      // 账号密码信息根据自己 MySQL 系统的设定填写
            connection = DriverManager.getConnection(url, username, password);
            // 建立与数据库的连接
        } catch (ClassNotFoundException e) {
            e.printStackTrace();
        } catch (SQLException e) {
            e.printStackTrace();
        }
        return connection; // 返回 Connection 对象实例
```

```
    }

    // 查询所有岗位信息
    public List<Need> findAllJob() throws IOException{
      List<Need> list = new ArrayList<Need>();
      // 用来存储查询结果
      Connection connection = getConnection();
      // 获取数据库连接
      try {
        CallableStatement cStatement =
        connection.prepareCall("{call findAllJob()}");
        // 调用数据库存储过程 findAllJob
        ResultSet resultSet = cStatement.executeQuery();
        while(resultSet.next()){
          Need need = new Need();
          need.setjID(resultSet.getInt("jID"));
          need.setjName(resultSet.getString("jName"));
          need.setcName(resultSet.getString("cName"));
          need.setEducationReq(resultSet.getString("educationReq"));
          need.setTitleReq(resultSet.getString("titleReq"));
          need.setjType(resultSet.getString("jType"));
          need.setYearsReq(resultSet.getInt("yearsReq"));
          need.setPutDate(resultSet.getDate("putDate"));
          need.setPeople(resultSet.getInt("people"));
          need.setPayment(resultSet.getInt("payment"));
          need.setLeader(resultSet.getString("leader"));
          need.setTel(resultSet.getString("tel"));
          list.add(need);
          // 将结果添加到 list 中
        }
        connection.close(); // 释放数据库连接
        cStatement.close();
        resultSet.close();
      } catch (Exception e) {
        e.printStackTrace();
      }
      return list;  // 返回查询结果
    }

    // 通过最低工资查询所有工作岗位
    public List<Need> findAllJobByPay(int min) throws IOException{
      List<Need> list = new ArrayList<Need>();
      Connection connection = getConnection();
      // 获取数据库连接
      try {
        CallableStatement cStatement =
        connection.prepareCall("{call findAllJobByPay(?)}");
```

```
81          // 调用数据库存储过程 findAllJobByPay
82          cStatement.setInt(1, min); // 添加查询参数
83          ResultSet resultSet = cStatement.executeQuery();
84          while(resultSet.next()){
85             Need need = new Need();
86             need.setjID(resultSet.getInt("jID"));
87             need.setjName(resultSet.getString("jName"));
88             need.setcName(resultSet.getString("cName"));
89             need.setEducationReq(resultSet.getString("educationReq"));
90             need.setTitleReq(resultSet.getString("titleReq"));
91             need.setjType(resultSet.getString("jType"));
92             need.setYearsReq(resultSet.getInt("yearsReq"));
93             need.setPutDate(resultSet.getDate("putDate"));
94             need.setPeople(resultSet.getInt("people"));
95             need.setPayment(resultSet.getInt("payment"));
96             need.setLeader(resultSet.getString("leader"));
97             need.setTel(resultSet.getString("tel"));
98             list.add(need); // 将查询结果添加到 list 中
99          }
100           connection.close(); // 释放数据库连接
101           cStatement.close();
102           resultSet.close();
103        } catch (Exception e) {
104           e.printStackTrace();
105        }
106        return list;   // 返回查询结果
107     }
108 }
```

JobDAO 类查询结果通过 Need 类对象存储，因为显示时需要显示的数据较多，Job 类对象不足以存储所有数据，故设计 Need 类来存储所有要显示的字段信息。

代码第 43 行调用了数据库存储过程 findAllJob，这是一个涉及多表查询的存储过程。首先通过需求表中的岗位编号字段与企业编号字段查询出相应的岗位信息与企业信息，再将查询到的结果返回。存储过程 findAllJob 的 SQL 语句如下所示。

```
DELIMITER $$
CREATE PROCEDURE findAllJob()
BEGIN
SELECT need.jID, job.jName, company.cName, job.educationReq,
job.titleReq, job.jType, job.yearsReq, need.putDate,
need.people, need.payment, company.leader, company.tel
FROM company, job, need
WHERE need.jID = job.jID
AND need.cID = company.cID
ORDER BY jID ASC;
END $$
```

```
DELIMITER;
```

代码第 79 行使用了数据库存储过程 findAllJobByPay，该存储过程与存储过程 findAllJob 基本相同，区别在于多添加了一个最低薪酬的限制条件，其 SQL 语句如下所示。

```
DELIMITER $$
CREATE PROCEDURE findAllJobByPay(min INT)
BEGIN
SELECT need.jID, job.jName, company.cName, job.educationReq,
job.titleReq, job.jType, job.yearsReq, need.putDate,
need.people, need.payment, company.leader, company.tel
FROM company, job, need
WHERE need.jID = job.jID
AND need.cID = company.cID
AND need.payment > min
ORDER BY jID ASC;
END $$
DELIMITER;
```

到这里，查看和索引岗位信息功能所需的数据库连接与操作类就编写完毕了。

28.6.3 用户主页面界面设计

本节只介绍应聘用户界面的岗位信息查看与检索功能，其基本界面如下图所示。

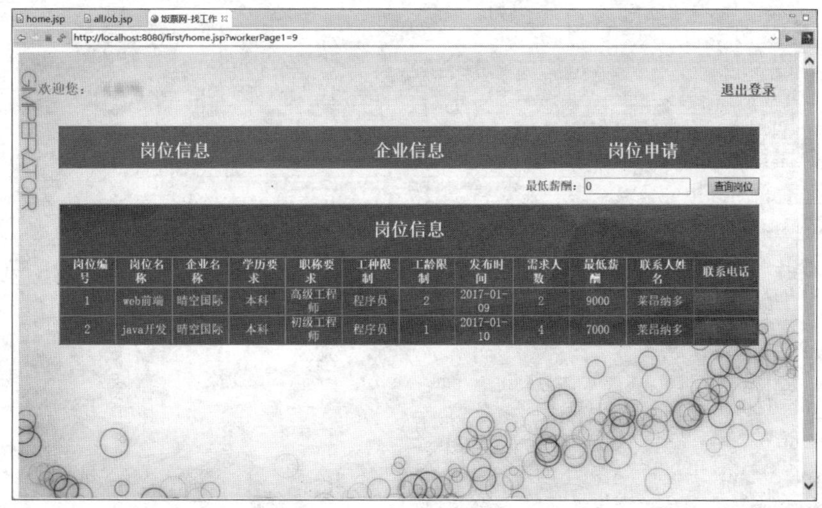

应聘用户主页面在 home.jsp 文件中，岗位信息显示界面在 allJob.jsp 文件中。

home.jsp 的关键代码如下所示。

范例28-14　用户主页面（home.jsp）

```
<head>
<meta http-equiv="Content-Type" content="text/html; charset=ISO-8859-1">
<title> 饭票网 - 找工作 </title>
<style type="text/css">
#content {
   width: 1200px;
   height: 620px;
   text-align: center;
}

#tab_bar {
   width: 1200px;
   height: 70px;
   float: left;
   color: white;
}

#tab_bar ul {
   padding: 0px;
   margin: 0px;
   height: 20px;
   text-align: center;
}

#tab_bar li {
   list-style-type: none;
   float: left;
   width: 400px;
   height: 70px;
   background-color: orange;
}

.tab_css {
   width: 1200px;
   height: 620px;
   display: none;
   float: left;
}
</style>
<script type="text/javascript">
var myclick = function(v) {
   var llis = document.getElementsByTagName("li");
   for (var i = 0; i < llis.length; i++) {
      var lli = llis[i];
      if (lli == document.getElementById("tab" + v)) {
         lli.style.backgroundColor = "#FF0099";
```

```
            } else {
                lli.style.backgroundColor = "orange";
            }
        }

    var divs = document.getElementsByClassName("tab_css");
    for (var i = 0; i < divs.length; i++) {

        var divv = divs[i];

        if (divv == document.getElementById("ab" + v + "_content")) {
            divv.style.display = "block";
        } else {
            divv.style.display = "none";
        }
        }
    }
</script>
</head>
<body>
    <div
        style="background-image: url("images/backmm.jpg");
        width: 100%; height: 100%;">
    <%
    String idStr = request.getParameter("workerPage1");
    int id = Integer.parseInt(idStr);
    Worker worker = new WorkerDAO().findWorkerByID(id);
    %>
    <div style="color: orange;">
        <br>
            <table style="width: 95%; margin-left: 30px;">
                <tr>
                    <td align="left"><h3>
                        <b> 欢迎您： <%=worker.getwName()%></b></h3></td>
                    <td align="right">
                        <a href="index.jsp"><h3><b> 退出登录 </b></h3></a></td>
                </tr>
            </table>
        </div>

        <div align="center" style="margin-top: 20px">
            <div id="content">
                <div id="tab_bar">
                    <ul>
                        <li id="tab1" onclick="myclick(1)"
                        style="background-color: #FF0099;"><h2> 岗位信息 </h2></li>
                        <li id="tab2" onclick="myclick(2)"><h2> 企业信息 </h2></li>
```

```
94                  <li id="tab3" onclick="myclick(3)"><h2> 岗位申请 </h2></li>
95              </ul>
96          </div>
97          <div class="tab_css" id="tab1_content" style="display: block"
98              align="center">
99              <div><%@include file="allJob.jsp"%></div>
100           </div>
101           <div class="tab_css" id="tab2_content" align="center">
102               <div><%@include file="allCompany.jsp"%></div>
103           </div>
104           <div class="tab_css" id="tab3_content" align="center">
105               <div><%@include file="newApply.jsp"%></div>
106           </div>
107         </div>
108     </div>
109   </div>
110 </body>
```

代码详解

代码第 05~38 行为 div 的样式。通过一段 js 代码实现 3 个单击框，通过选择来显示不同的页面，3 个页面分别是 allJob.jsp、allCompany.jsp 及 newApply.jsp，读者可在本书配套资源中的本章项目资料中获得这 3 个文件。

28.7 高手点拨

经过本章的学习，相信读者对 Java Web 项目的开发有了一定的认识，同时能更加深入地学习 MySQL 数据库的连接与操作。用户可根据自身能力和兴趣对本章的项目加以改进和完善，在实战中提高自己的编程水平，假以时日一定能成为一名编程高手。

28.8 实战练习

1. 尝试改进和完善本章的项目，模仿本章对应聘用户的设计，自行设计企业用户的部分功能。

2. 开发一个网页版雇员照片管理系统，实现对企业雇员的照片以网页方式进行管理，照片与雇员详细信息统一放置。

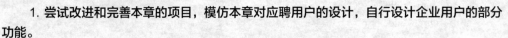

第 29 章 Java Web 项目实战——客户关系管理项目

前面为读者介绍过一个入门的 Web 项目。在本章中，将综合前面所学的各种基础知识、MVC 设计典范及高级开发技巧来开发一个 Java Web 项目——客户关系管理项目（MVC）。

通过本章的学习，相信读者将对通过 MVC 开发企业级的 Web 项目会有更深入的认识。跟随本章的项目思路一步一步走，读者也将对开发一个企业 MVC 项目的具体流程有深入的了解和掌握。

本章要点（已掌握的在方框中打钩）

- □ 掌握 CRM 相关数据库系统分析和设计
- □ 掌握 MVC 系统架构分析和设计
- □ 熟悉 MVC 系统详细实施和部署
- □ 熟悉 MVC 实现的系统多层次组件的设计和配置
- □ 了解和掌握 MVC 项目开发中的问题和解决方法

29.1 系统概述

29.1.1 系统开发背景

随着信息科技的演进与产业竞争环境的发展，客户资源变得极为重要；一套行之有效的客户关系管理（Customer Relationship Management，CRM）系统的开发是关系着企业未来的发展的重点。本系统是基于MVC开发的一套CRM系统，其目的在于管理与新老顾客的关系，从而满足顾客个性化需求，提高顾客的忠诚度，留住率和利润贡献度，并同时有效率地选择性地吸引更多新顾客。

客户关系管理项目（MVC）是涉及CRM若干模块的案例项目，本项目的引入介绍对读者开发基于MVC的类似的企业级项目有着切实的指导作用，通过本项目也可以实现管理员、业务管理、权限管理、任务管理和公告管理等主要CRM功能。更关键的是，通过若干功能的开发，读者可以了解和掌握企业级MVC项目的要领，便于其他类似企业项目的分析、设计和开发等工作。

29.1.2 项目开发环境的搭建

01 本项目开发环境配置信息

操作系统：Windows 7 及以上版本。

IDE 开发工具：Eclipse EE 或 MyEclipse 10。

Web 服务器：Tomcat 7.0。

数据库：MySQL 5.5。

02 开发包准备工作

本项目附带一个初始代码工具包，名字叫“工具包 .rar”，里面包含有数据库驱动、js 脚本、JSP 基本脚本（错误页）、css 样式、plugins 插件（用于分页处理）、资源文件（配置好的 properties）、上传脚本、MD5 加密代码、Bean 操作工具、c 标签及需要的部分图片等。任何的项目开发都不可能离开一些属于自己的工具类，下面步骤将解释如何把这些工具组织到项目代码中。

（1）建立一个 CRMProject 项目。

（2）编写的代码要求在 cn.mldn.crm 包中保存，工具类放在 cn.mldn.util 包中。

（3）将工具程序类拷贝到项目之中。

（4）将 c 标签的开发文件拷贝到 WEB-INF 目录下。

（5）打开 web.xml 文件进行相应的配置。

```
<jsp-config>
<taglib>
    <taglib-uri>http://www.ptpress.com.cn/c</taglib-uri>
            <taglib-location>/WEB-INF/c.tld</taglib-location>
        </taglib>
    </jsp-config>
```

（6）项目的目录：pages/back 目录中。

（7）把相关的 js 及 css 文件拷贝过去。

（8）用户拥有照片的处理操作，所以现在所有用户的照片将保存在 upload/member 目录下，建立此目录，并且将 nophoto.jpg 文件拷贝到此目录中。

（9）在 mysql 数据库之中建立数据库。

（10）执行数据库脚本。

（11）准备出数据库连接工具类，在 cn.mldn.util.dbc 目录下创建。

（12）将 mysql 的驱动程序拷贝到项目之中。

（13）所有的项目开发都一定要有一个 IDAO 公共接口，将此接口拷贝到 cn.mldn.util.dao 包中。

其中工具包文件中有些资源的放置未能一一列出来，本项目代码中专门提供一个经过上述步骤后，配置完成的项目资源代码，名字为“00_CRMProject（搭建项目开发环境）.rar”。读者可以通过这个代码部署初始的项目资源。

29.2 系统分析和设计

本 MVC 项目平台设计难度适中，是适合 Web 开发进阶的一个项目。通过本章内容向读者详细阐述 CRM 项目的开发流程，在实战中向读者展示开发环境搭建，MVC 各个部分配置和组织，以及数据库的相关配置，给读者留有足够的自由发挥空间。

29.2.1 系统需求分析

本项目是一个基于 MVC 实现的客户管理 CRM 系统，预先设置了 3 个角色，即系统管理员、信息管理员和客服人员。本系统主要包括五大模块功能，即权限管理、业务信息、任务管理、公告管理和客户管理，默认情况下系统管理员负责权限管理、客户管理、公告管理；信息管理员负责公告管理和客户管理，客服人员负责业务信息、任务管理及公告管理等。在测试例子的数据库中，本系统建立了 3 个用户：admin，mldn 和 mermaid，即分别分配了超级管理员，信息管理员和前台客服角色的 3 个用户，超级管理员可以不受到任何的权限限制，可以添加用户，浏览用户，以及删除用户等；前台客服和信息管理员都将处于同一个界面级别；信息管理员可以查看所有的客户信息及任务信息，可以发布公告信息，所有的用户都必须观看，并且要提醒用户观看（在用户登录之后要进行提醒）；前台用户可以管理自己的客户信息和查看相关任务信息，可以查看公告信息。读者在实际测试中可以通过超级管理员建立新的用户和角色，按照其需要灵活地进行权限的分配。

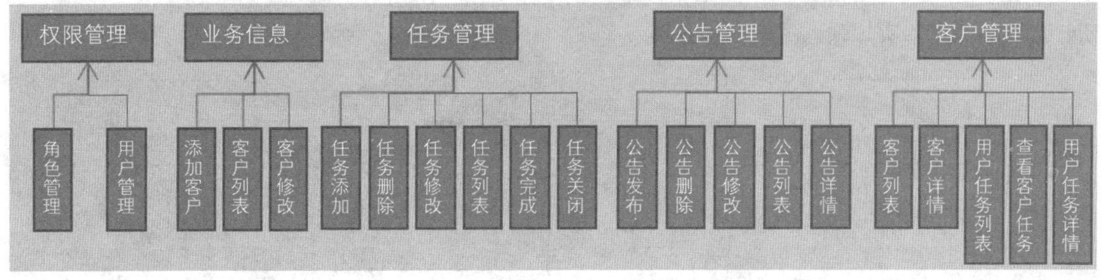

（1）权限管理

角色管理：系统用户是基于角色分配权限的，首先，权限即是可以执行的操作，具有操作的路径，若干权限分配到若干权限组中；然后，若干权限组可以分配给不同角色。

用户管理：一个用户可以分配为某个角色，某个角色也可以分配给多个用户。具有某个角色的用户就具有该角色所对应权限组的若干权限。添加用户可以设置该用户的电话、角色类型及图片等信息。

（2）业务管理

添加客户：需要保存客户的电话、邮箱、QQ、客户状态、备注等信息。其中客户状态可以记录客户是否初步咨询，有无意向，有无签约等信息。

客户列表：需要以列表形式，列出已有客户的信息和登记时间，另外还包括客户信息修改，添加任务，任务列表等操作执行的入口。

（3）任务管理

添加任务：需要登记主题、客户编号、优先级别、预计安排时间和备注等。另外还包括回访状态和回访方式，统计回访任务的反馈信息，回访状态可了解客户是否初步咨询，有无意向，有无签约等信息，回访方式可以是网络咨询、上门回访和电话回访。

删除任务：在列表中勾选后，可删除某些任务，删除的任务无法找到，这个操作要和任务状态区分，任务可以有正常、完成和关闭状态，后两者只是对其状态属性进行设置，任务信息还能检索到。

修改任务：需要能够修改已添加过的任务信息，上述信息基本都能修改。

任务列表：需要以列表形式，列出任务信息。管理员和前台客服的操作还不同，管理员会列出所有前台客服的任务信息，并且仅仅显示任务状态信息。而前台客服仅仅包含其所建立的客户任务信息，另外会包括修改任务，以及修改状态的操作入口。

任务完成和任务关闭：如上述，一般由前台经理对其任务进行设置，完成的任务即已经正常结束，关闭的任务即中断其进行的过程，但还需暂时查阅。

（4）公告管理

公告发布：管理员具有公告的发布、修改、删除查询等所有操作权限，具有发布权限的用户，如信息管理员，他可以进行公告的发布，发布公告时可以设置其类型为重要或一般，并设置通知内容。

公告修改：具有公告修改权限的用户，可以进行公告的修改，可以修改其重要性和通知内容。

公告删除：具有公告修改权限的用户，可以进行公告的删除。

公告列表：具有公告列表权限的用户，可以进行公告的列表。一般用户可以看到公告的查看状态，管理员的列表不显示查看状态的已读和未读。

公告详情：用户登录后可以在页面右上角的消息通知处看到未读公告的个数，单击列表中的某个公告项目可以浏览公告的详情。

本章项目需使用 Tomcat 服务器与 MySQL 数据库，有关 Tomcat 服务器与 MySQL 数据库的安装与配置，在前面已经有所介绍，请读者参阅有关知识，建立起系统所需的 Tomcat 与 MySQL 环境。

29.2.2 数据库分析和设计

本节将从项目需求分析出发，向读者展示软件工程项目的数据库设计方法。

01 概念模型分析

根据本系统的功能设定，需完成权限管理、业务信息管理、客户管理、任务管理、公告管理等基本功能。因此本系统设定 8 个注意实体，主要实体有权限、权限组、角色、用户、客户、任务、公告、登录，分析的结果初步可以通过如下实体联系图进行描述。

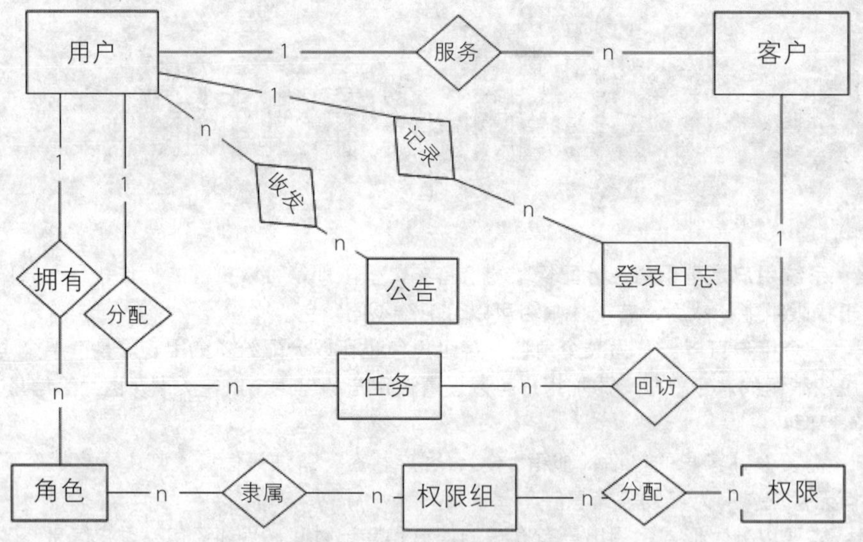

权限实体为若干操作的列表，一个权限可以属于某几个权限组，通过给权限组分配某个权限，意味着能够获取相关操作的执行路径；其具有的全部属性为：权限 ID，名称，菜单标记，路径。

权限组实体为若干权限的列表，一个权限组包含若干可执行的功能的权限，是功能的集合，权限组可以分配给角色，角色可以设置权限组；其具有的全部属性为：权限组 ID，名称，图片，类型。

角色实体为分配了若干权限组的列表，一个角色可以分配给用户，角色的全部属性为：角色 ID，名称。

用户实体为使用系统的用户列表，一个用户可以设定若干角色，相关角色的权限组功能就会适用于该用户，用户的全部属性为：用户 ID，角色 ID，密码，电话，最后访问日期，照片，管理员标记，锁定标志。

客户实体为企业所提供产品和服务的受众，一个客户是客服人员设定服务任务的接收者，客户的全部属性为：客户 ID，姓名，性别，E-mail，电话，QQ 号，类型，登记时间，备注。

任务实体为客户所提供客户服务的任务，一个任务是针对某个客户所提供的，服务方式可以为电话、网络和上门形式 3 种。任务的全部属性为：任务 ID，用户 ID，客户 ID，标题，任务时间，回访方式，回访状态，备注，完成状态，重要等级。

公告实体为企业内部用户接收的内部消息，一个公告可以理解为公司最近重要的新闻或通知，默认为管理员和信息管理员发出公告，公告的全部属性为：公告 ID，用户 ID，标题，类型，通知时间，备注。

登录实体为登录系统的统计信息列表，一个登录信息记载登录用户名和登录的时间，登录的全部属性为：登录 ID，登录用户，登录时间。

02 关系模型分析和设计

通过以上的概念模型的分析，在关系模型分析中为了能够建立权限组和权限、角色和权限组，以及客户和公告之间多对多的联系，会引入 3 个新的关系。本项目关系较多，首先，以权限管理部分介绍相关关系模型的分析，经过分析，可以设计出与权限管理有关的基本关系，一共有 5 个，包括权限、权限组、权限组 _ 权限、角色、角色 _ 权限组关系。

在整个项目设计过程里面，去除了一些特别复杂的功能；本次比较麻烦的在于权限处理。

（1）权限分配。

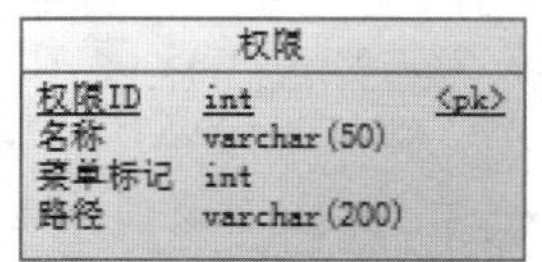

权限指的是一个用户在整个登录之后所具备的功能，但是有的权限是要求显示在菜单上的，有些权限是显示在功能里面的。为了可以区分出不同的权限风格，使用了一个菜单标记。

在设置地址的时候，有一个前提：一个 *.jsp 绝对不允许直接连接到另外一个 *.jsp，要经过 Servlet 之后跳转到指定的 JSP 页面。

（2）权限组。

一个权限组具有多个权限，一个权限属于多个权限组；权限和权限组两者通过权限组 _ 权限关系建立了多对多的关联关系。

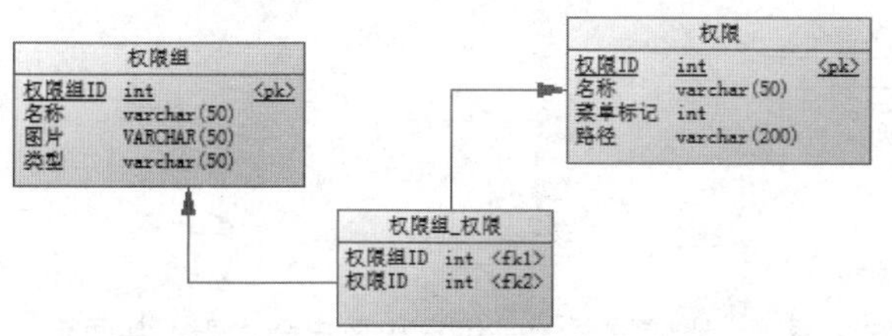

整个项目开发里面权限组与权限信息是绝对不允许修改的。

（3）权限是跟角色靠拢的。

一个角色具备多个权限组，一个权限组属于多个角色；角色和权限组两者通过角色组 _ 权限组关系建立了多对多的关联关系。

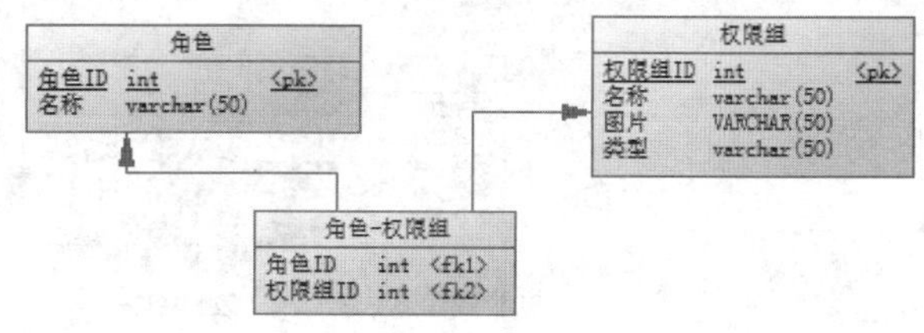

（4）一个角色下拥有多个用户，属于一对多关系；角色和用户通过角色 ID 作为外键建立一对多的关联关系。

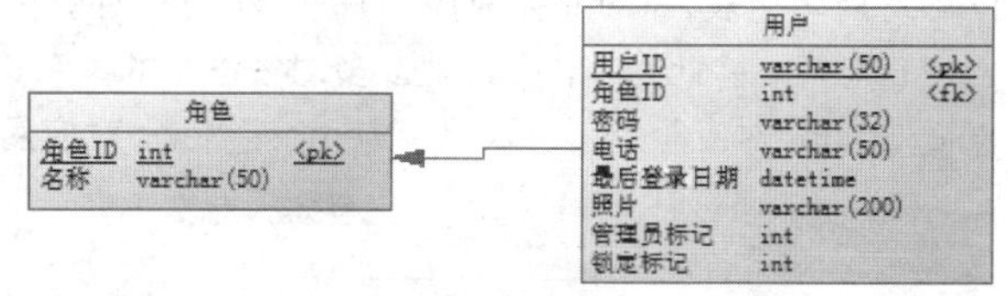

（5）不管是前台还是后台，都是放在用户表里面的；除了基本信息，用户表包括管理员标记和锁定标记；管理员标记值域是 {0,1}，取值为 1 表示管理员，0 表示一般用户；锁定标记值域是 {0,1}，当取值为 0 表示正常，1 表示锁定，被锁定的用户无法进行登录。

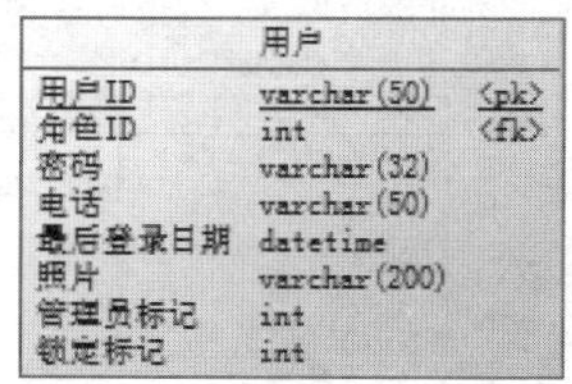

（6）一个用户（客服人员），可以有多个自己的客户；两者之间通过用户 ID 作为外键建立一对多的联系。

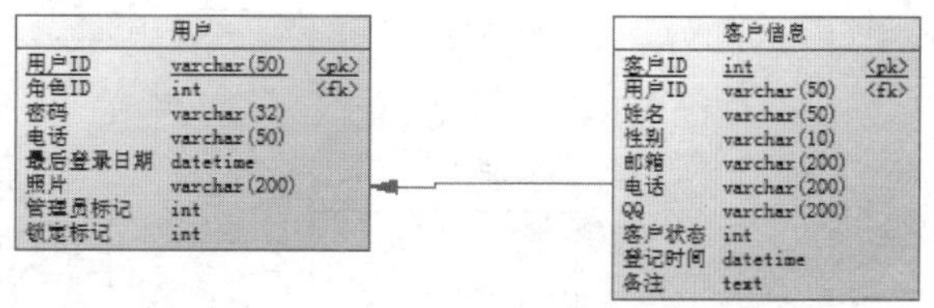

（7）一个用户可能针对一个客户有多次的联系操作。

联系之前需要定义好相关的任务。

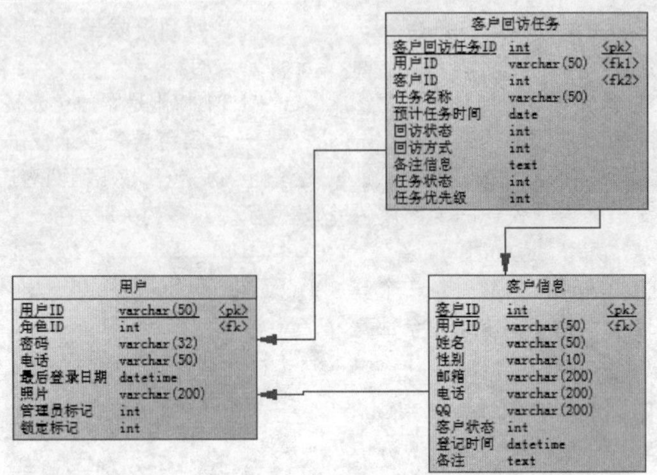

通过上述关系模型的分析，可以对于上述关系建立其物理模型，本项目通过 MySQL Navicat 工具下进行建模和建表。在物理模型中，上述关系量化为若干基本表，如 Action 对应权限表，Groups 对应权限组表，Role 对应角色表，Member 对应用户表，Client 对应客户信息表，Task 对应任务表，News 对应公告表，Logs 对应日志表。除此之外，上述建立多对多联系的关系也量化为基本表，如 Groups_Action 对应权限组 _ 权限、Role_Groups 对应角色 _ 权限组、Member_News 对应用户消息表，具体物理模型的实现如下图所示。

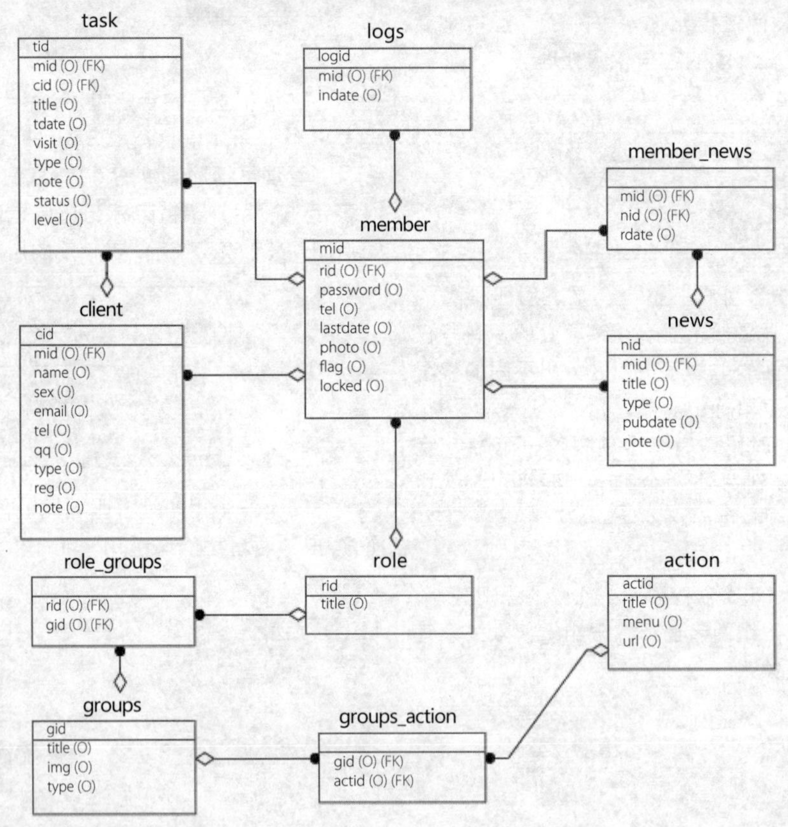

03 基本表设计

针对以上的分析，本系统 8 张基本表（除多对多引入关系），比较重要的是用户和客户基本表，共两个，包括存储用户和客户信息，这两个表是本系统的核心，其数据的操作是比较频繁的。

（1）Member（用户表）

用户表结构如下表所示。

字段名称	数据类型	是否主键	说明
mID	VARCHAR(50)	主键	用户编号
rID	INT(11)	—	角色编号
password	VARCHAR(32)	—	密码（MD5）
tel	VARCHAR(50)	—	电话
lastdate	DATETIME	—	最后登录时间
photo	CHAR(30)	—	照片
flag	INT(11)	—	管理员标记
locked	INT(11)	—	锁定标记

Member 表的建表 SQL 语句如下。

```
CREATE TABLE member (
  mid              VARCHAR(50) NOT NULL,
  rid              INT,
  password         VARCHAR(32),
  tel              VARCHAR(50),
  lastdate         DATETIME,
  photo            VARCHAR(200),
  flag             INT,
  locked           INT,
  CONSTRAINT pk_mid PRIMARY KEY (MID) ,
  CONSTRAINT fk_rid FOREIGN KEY(rid) REFERENCES role(rid) ON DELETE CASCADE
);
```

（2）Client（客户表）

客户表结构如下表所示。

字段名称	数据类型	是否主键	说明
cID	INT(11)	主键	客户编号
mID	VARCHAR(50)	—	用户编号
name	VARCHAR(50)	—	姓名
sex	VARCHAR(10)	—	性别
email	VARCHAR(200)	—	邮箱
tel	VARCHAR(200)	—	电话
qq	VARCHAR(200)	—	QQ
type	INT(11)	—	客户状态
reg	DATETIME	—	登录时间
note	TEXT	—	备注

Client 表的建表 SQL 语句如下所示。

```
CREATE TABLE client (
  cid            INT      AUTO_INCREMENT ,
  mid            VARCHAR(50),
  name           VARCHAR(50),
  sex            VARCHAR(10),
  email          VARCHAR(200),
  tel            VARCHAR(200),
  qq             VARCHAR(200),
  type           INT,
  reg            DATETIME,
  note           TEXT,
```

```
    CONSTRAINT pk_cid PRIMARY KEY (cid) ,
    CONSTRAINT fk_mid9 FOREIGN KEY(mid) REFERENCES member(mid) ON DELETE SET NULL
);
```

29.3 系统架构分析和设计

对于整个 Web 项目开发，分为两种模式：模式一为 JSP + JavaBean（DAO），由于 JSP 放置了控制逻辑和部分业务逻辑，整个程序的页面部分非常混乱；模式二（MVC）为 JSP + Servlet + DAO，由于控制逻辑被放置在中间层，可以实现页面和程序的分离，有比较好的开发扩展性和伸缩性。这两种开发模式是根据项目规模大小选择的，在前面章节中已经介绍了通过模式一所开发的一个 Web 应用，这一节，我们会介绍如何通过 MVC 设计模式来搭建本 Web 应用。

29.3.1 分层结构和 MVC 模式

在模式一“JSP+JavaBean”架构中，JSP 负责控制逻辑、表现逻辑、业务对象（JavaBean）的调用；JavaBean 用于封装业务数据。由于 JSP 既负责处理用户请求，又负责显示数据，故“JSP+JavaBean”模式适合开发业务逻辑不太复杂的 Web 应用程序。本项目根据模式二的优势采用 MVC 设计模式。

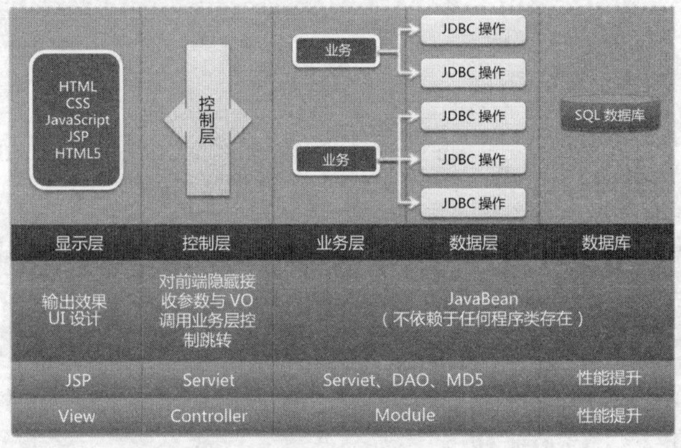

如图所示，所谓的 MVC 设计模式，从开发的角度来说，是划分了 3 个不同的部分，核心组成如下。

- 模型层（Model）：包括业务层组件、数据库 DAO 和工具组件等，指的是一些完全独立的 Java 程序，不依赖于任何环境存在，可以有效地移植到其他平台同种项目中，模型层组件按照其目标细分为业务层和数据层。
- 显示层（View）：包括 JSP，HTML/HTML 5，CSS，JavaScript 和客户端其他组件等，指的是进行页面的处理显示操作，是人机交互的界面，可以通过美工进行设计；在显示层的 JSP 页面里面，较好的情况是没有任何 Scriptlet 编写的痕迹，但是这是比较难做到的，可以借助于标签库去掉大多 Scriplet 脚本。另外，需要注意的是，页面里最多允许出现的逻辑有接收属性、判断、迭代输出，不能体现过多复杂逻辑，从软件工程管理角度来说，目的是为了让更多页面设计人员负责显示层的设计，这样可以大大降低开发复杂度。
- 控制层（Controller）：用户的请求首先要提交给控制器，控制器需要对请求数据进行接收、数据的验证、调用业务层操作，根据业务层的处理结果进行合理页面的跳转，跳转时可以传递属性内容给 JSP（request 属性范围）。

29.3.2 模式一转为模式二的过程：登录例子

传统的 JSP + JavaBean 开发的登录操作，用户登录表单提交的数据会送给一个 check.jsp 页面，该 JSP 页面负责完成了大部分的操作功能，它负责信息的提示，转发数据给业务组件（IMemberService）处理，业务组件再把相关的数据提交给数据层组件（IMemberDAO）进行数据库的存取操作。如果发现数据库有对应的用户记录，check.jsp 会发出是否成功的提示，并转到成功后的 index.jsp 页面，如果失败，会发出错误提示，并重新转回 index.jsp 进行再次登录。

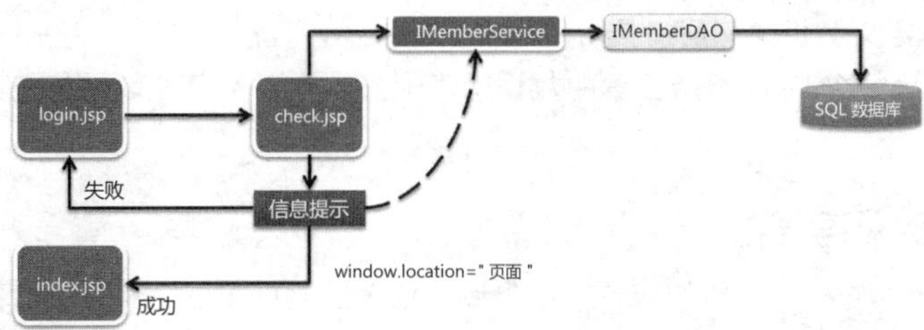

通过上述过程介绍读者会发现，check.jsp 除了显示信息提示外，负责了控制逻辑和部分业务逻辑。这在模式二中，应该放置在控制层（Controller）组件中；因此，现在 check.jsp 页面中的内容可以直接包含到相关的 Servlet 程序里面，如下图所示。

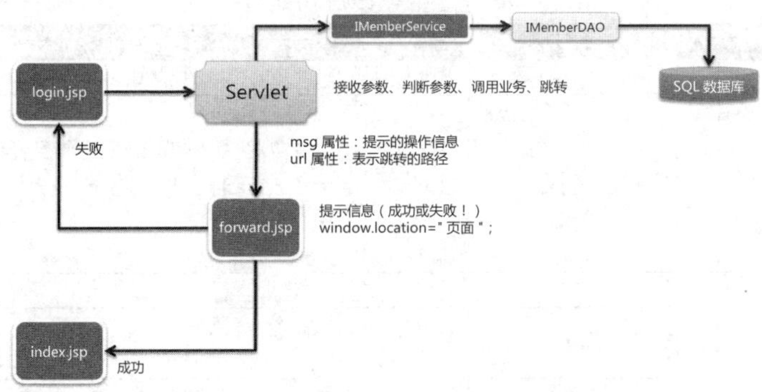

29.3.3 程序的分层及层次间的关系

读者需要注意，上述内容说明整个系统细分为 4 层，即显示层（View）、控制层（Controller）、业务领域层（Services&Domain）、数据层（DAO）。

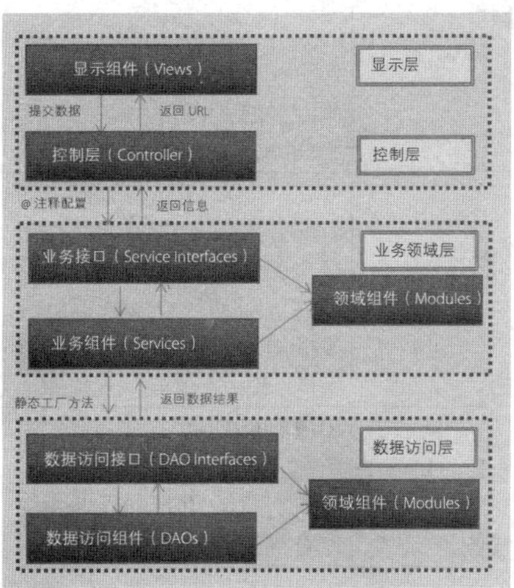

其中，各个层之间关系如下所述。

（1）在进行业务层和数据访问层的设计时，要先明确系统的数据实体来设计相关领域模型（Domain modules），并确定对应服务层的上层接口，在领域模型基础上设计数据库访问层组件。

（2）只允许相邻两个层次间的调用，不允许跨层次的调用，如显示层不可以直接访问业务层组件，以及控制层不可以直接访问数据层组件。

（3）同层次的组件可以通过内部接口互相调用，但不能够调用该层对象提供给上层的接口，否则说明层次中类的设计还有问题存在。

（4）在系统设计时，应该自顶向下地开展，如体系结构搭建需要从控制层开始，分析概括需求并确定业务层的接口，再依次设计下面业务领域层和数据访问层。

（5）在数据库访问层的设计上，先定义一个父接口，包含主要 DAO 的公共操作接口，其中包含可能出现的常用操作方法，再定义数据访问层子接口。

（6）另外，要明确每个 DAO 类所负责的数据库表部分，需要尽可能地避免交叉访问，从而降低数据存储出错情况的发生。

29.3.4 接口的设计和实现

读者一定注意到要首先设计上层的接口，即先设计业务层接口，然后再设计数据访问层接口；业务层根据需求分析，把对应不同实体的操作抽象到对应接口中，接口的作用和主要相关功能操作的列表如下。

（1）针对目前业务层的需求分析情况，业务层共定义了 9 个接口，定义在 cn.mldn.crm.service.back 包中（back 意思为后台）。

业务层主要接口功能表

接口名称	接口作用	定义的相关功能
IActionServiceBack	权限的业务操作	实现权限的数据列表处理操作
IClientServiceBack	客户业务操作	实现客户信息的增加处理操作 根据用户及类型实现数据的查询处理操作 查询属于某一个用户的客户信息 更新某一个用户的客户信息 删除指定用户的客户信息
IDefaultServiceBack	默认业务操作	用户工作台的统计信息
IGroupsServiceBack	权限组业务操作	列出全部的权限组信息 根据权限组编号查询权限组的详情及对应的权限信息
IManagerClientServiceBack	客户管理业务操作	根据客户类型查询客户的信息，并且进行分页显示 根据客户编号查询出客户的完整信息
IMemberServiceBack	用户管理业务操作	实现用户的登录操作 密码修改操作 增加用户前的数据查询处理 用户数据的添加处理 数据的分页列表显示 修改前的数据查询处理 数据的修改操作 删除指定的用户信息
INewsServiceBack	公告管理业务操作	实现新闻数据的追加操作 实现数据的分页查询处理操作 查看公告信息详情 数据更新前的查询处理 数据更新操作 执行公告的删除处理操作
IRoleServiceBack	角色管理业务操作	角色增加处理 角色创建前的准备操作 实现所有角色的列表显示 查看角色详情信息 角色更新前的查询处理操作 执行角色的更新处理操作 进行数据的删除处理操作
ITaskServiceBack	任务管理业务操作	进行指定客户的任务创建，需要客户的编号 根据用户名称查询指定客户的所有回访任务信息 查询指定任务编号的任务详情 查询指定用户的全部数据，分页显示控制 数据更新前的显示查询 任务的更新处理操作 任务关闭操作 任务完成操作 执行任务信息的删除处理操作

（2）针对目前数据层的需求分析情况，数据层共定义了10个接口，其中一个父接口IDAO，定义了DAO的公共操作接口，其中包含可能出现的常用操作方法，定义在cn.mldn.util.dao包中；9个数据层接口对应相关业务层不同业务的数据层接口，这些接口定义在cn.mldn.crm.dao包中，另外它们都继承了IDAO父接口。

数据层主要接口功能表

接口名称	接口作用	定义的相关功能
IDAO	父接口，其中定义了DAO的公共操作接口	实现数据的增加操作，要执行INSERT语句 数据的修改操作，执行UPDATE语句 执行数据的删除操作，主要以批量删除为主，利用IN进行SQL的拼凑删除 数据的全部列表显示 根据ID查询一条完整的记录，并且将记录信息转换为VO类对象返回 执行数据的分页查询 统计满足于模糊查询的数据量，使用COUNT()函数统计
IActionDAO	权限数据操作	根据权限组的编号查询出对应的所有权限信息 根据权限组编号查询出所有的权限信息 根据指定的角色编号及权限编号查询该权限内容是否存在
IClientDAO	客户数据操作	根据指定的用户编号分页显示该用户所有的客户信息 统计一个用户的所有客户量 将针对指定用户的信息进行更新处理 必须保证根据指定的用户名来查询出该用户的客户信息 删除指定用户的客户信息 根据用户类型查看所有的用户信息 根据客户类型统计出客户的数量 根据指定的用户名及客户编号，来判断该客户是否属于指定的用户 根据一组客户ID信息查询所有的客户信息 根据用户名称及任务的状态统计出数据量
IGroupsDAO	权限组数据操作	根据角色编号查询出所有的权限组信息 查询权限组的全部信息
IMemberDAO	用户管理数据操作	实现用户的登录检测，登录的时候只允许登录活跃用户（locked为0），但是随后要求将用户的管理员标记取出 更新指定ID的最后一次的登录日期时间 更新用户密码
IMemberNewsDAO	公告管理数据操作	统计出指定用户对于指定公告的阅读记录数 统计出指定用户未读取的消息数量 通过member_news表中查询出所有未读的消息的编号，结果通过Map集合保存
IRoleDAO	角色管理数据操作	取得最后一次增长的rid数据 传递一个Role对象，里面一定要包含有角色编号及对应的权限组编号 查询role_groups表，而后根据此表中角色编号查询出所有的权限组编号 删除role_groups表中指定角色对应的所有权限组的关系

续表

接口名称	接口作用	定义的相关功能
ITaskDAO	任务管理业务操作	根据用户及指定的客户编号查询出一个客户的所有的任务信息，但是查询的时候是按照任务的完成时间倒序排列
		根据用户及指定的客户编号查询出一个客户的所有的任务信息，但是查询的时候是按照任务的完成时间倒序排列
		根据用户的编号、客户编号、任务编号查询详情
		根据指定的用户名及任务编号查询出任务的具体信息
		进行指定用户的任务列表显示处理操作
		指定类型任务的数据量统计
		进行指定用户的任务列表显示处理操作
		指定类型任务的数据量统计
		更新指定用户的任务信息，更新的时候要求同时判断 mid 与 tid
		根据指定的用户编号更新指定任务的状态值
		删除指定用户的任务信息
		统计出该日期之前未完成的任务量
		统计出该日期之后待完成的任务量

备注：日志管理 ILogsDAO 只是在其实现类中实现了其继承的父接口中的方法，没有定义其他新的方法，所以在列表中略去

（3）对应上述业务层接口和数据层，其实现类分别放置在 cn.mldn.crm.service.back.impl 包和 cn.mldn.crm.dao.impl 包中，由于用户管理和客户管理是项目中比较重要的模块，其实现类要实现对应的功能性抽象方法，下面针对这两个模块对应的接口，以及接口中定义的重要方法进行解释。

范例 29-1　IClientServiceBack接口（IClientServiceBack.java）

```
01 package cn.mldn.crm.service.back;
02 import java.util.Map;
03 import java.util.Set;
04 import cn.mldn.crm.vo.Client;
05
06 public interface IClientServiceBack {
07     public boolean add(Client vo) throws Exception;
08
09     public Map<String, Object> listByMemberAndType(String mid, Integer type,
10     String column, String keyWord, Integer currentPage, Integer lineSize)
11     throws Exception;
12
13     public Client editPre(String mid,Integer id) throws Exception ;
14
15     public boolean edit(Client vo) throws Exception ;
16
17     public boolean rmByMember(String mid,Set<Integer> cids) throws Exception ;
18 }
```

代码详解

第 07 行 add() 方法实现客户信息的添加处理操作，本操作要执行如下功能：①判断当前处理用户是否具备指定的权限，②如果权限存在，那么就需要进行数据的保存；参数 vo 是包含有客户的信息的 VO 类，返回值是布尔值，为是否成功增加。

第 09 行 listByMemberAndType() 方法是根据用户及类型实现数据查询处理操作，本操作将执行如下调用：①调用 IClientDAO.findAllByMemberAndType() 方法查询数据，②调用 IClientDAO.getAllCountBy

MemberAndType() 方法统计数据量；参数 mid 为用户编号，type 为客户类型，返回内容包括以下数据：a. key = allClients、value = IClientDAO.findAllByMemberAndType(), b. key = clientCount、value = IClientDAO.getAllCountByMemberAndType。

第 13 行 editPre() 方法是查询属于某个用户的客户信息，在进行查询前一定要针对当前用户的权限进行验证处理，参数 mid 为用户的编号，id 为客户编号，返回值为该用户的指定的客户信息，如果没有则返回 null。

第 15 行 edit() 方法是更新一个用户的客户的信息，需要进行权限的验证处理操作，参数 vo 包含有客户信息的内容，返回值为是否更新成果。

第 17 行 rmByMember() 方法是删除指定用户的客户信息，删除之前需要进行相关的权限的判断，参数 mid 为用户的编号，cids 为要删除的客户的编号集合，返回值为是否删除成功。

范例 29-2 IMemberServiceBack接口（IMemberServiceBack.java）

```
01 package cn.mldn.crm.service.back;
02 import java.util.Map;
03 import java.util.Set;
04 import cn.mldn.crm.vo.Member;
05
06 public interface IMemberServiceBack {
07     public Map<String,Object> login(Member vo) throws Exception ;
08
09     public boolean editPassword(String mid,String newPass,String oldPass) throws Exception ;
10
11     public Map<String,Object> addPre(String mid) throws Exception ;
12
13     public boolean add(String mid, Member vo) throws Exception;
14
15     public Map<String,Object> list(String mid,String column,String keyWord,int currentPage,int lineSize)
throws Exception ;
16
17     public Map<String,Object> editPre(String mid,String umid) throws Exception ;
18
19     public boolean edit(String mid,Member vo) throws Exception ;
20
21     public boolean editPasswordByAdmin(String mid,Member vo) throws Exception ;
22
23     public boolean rm(String mid,Set<String> ids ) throws Exception ;
24 }
```

代码详解

第 07 行代码 login() 方法实现用户的登录操作，本操作要执行如下调用：① 调用 IMemberDAO.findLogin() 方法验证用户名和密码，同时取出管理员标记；② 调用 IMemberDAO.doUpdateLastdate() 方法更新最后一次登录日期；参数 vo 为提交的密码一定要进行 MD5 的加密处理。返回值返回的 Map 集合有两个组成部分：① key = flag，value = 登录成功或失败的结果；② key = allActions，value = 所有的权限组的权限信息。

第 09 行代码 editPassword() 方法实现密码修改操作，本操作要执行如下的调用：①调用 IMemberDAO.findLogin() 方法来判断原始密码是否正确；②调用 IMemberDAO.doUpdatePassword() 方法来进行新密码的修改；参数 mid 为用户的 id，newPass 为新密码（MD5 加密），oldPass 为旧密码（MD5 加密），返回值为密码是否修改成功。

第 11 行代码 addPre() 方法为增加前的数据查询处理，参数 mid 为权限验证，返回值包括如下内容：

key = allRoles、value = IRoleDAO.findAll()，返回的类型为 List<Role>。

第 13 行代码 add() 方法为用户数据的添加处理，本操作的执行如下：①利用 IMemberDAO.findById() 方法判断指定的 id 数据是否存在；②利用 IMemberDAO.doCreate() 保存用户信息；参数 mid 权限验证，vo 包含新的用户信息，返回值为用户是否添加成功。

第 15 行代码 list() 方法是用户数据的添加处理，本操作的执行如下：①利用 IMemberDAO.findById() 方法判断指定的 id 数据是否存在；②利用 IMemberDAO.doCreate() 保存用户信息。参数 column 为列数，keyWord 为关键词，currentPage 为当前页，lineSize 为行数，返回 Map 数据包含如下内容：① key = allMembers、value = IMemberDAO.findAllSplit()，② key = memberCount、value = IMemberDAO.getAllCount()。

第 17 行代码 editPre() 方法是修改前的数据查询处理，参数 mid 为权限验证，返回值 Map 包括如下内容：① key = allRoles、value = IRoleDAO.findAll()，返回的类型为 List<Role>；② key = member、value = IMemberDAO.findById()，返回的类型为 Member<Role>。

第 19 行代码 edit() 方法为用户数据的修改操作，调用 IMemberDAO.doUpdate() 方法；参数 mid 权限验证，vo 包含新的用户信息，返回值为用户是否添加修改。

第 21 行 editPassword 方法和第 23 行 rm 方法分别为修改密码和删除指定用户信息方法，参数和返回值与用户数据修改相同，不再赘述。

按照其业务需求，定义其他业务层接口有各种方法，定义原则：（1）增量定义；（2）详细注解；（3）避免功能重复。首先分析设计出基本功能的接口方法，随着功能的扩展不断地增加逐次定义新的方法。接口比较重要，为了不同模块开发人员的协调，一定要用 JavaDoc 进行详细注解，以便文档化后的参考和交流，要把功能性方法的耦合度降至最低，一个方法解决一个业务任务。

对于数据库接口也是如此。通过上述的设计和实现，读者可以看到，所有业务逻辑方面的功能都完全放置在了业务逻辑层，所有 MVC 实现代码的主要优点有两点：（1）各个组件按照其功能分配到不同层，业务逻辑十分便于扩展，甚至便于移植到其他项目中；（2）整个项目分工十分明细，所以十分便于项目的组织和开展。例如页面设计方面，JSP 页面中的 Java 脚本会降至最少，整个页面的结构非常清晰明了，其工作完全可以由网站美工人员所负责。

29.3.5 VO 的设计和实现

读者已经通过前面接口的定义，了解了业务逻辑层和数据层能够实现的具体操作。需要实现业务层对于实体对象的操作，需要定义对应领域的模型（即 Value Object，VO），这些 VO 实例化后就是封装了业务信息的各个业务实例，可以用于不同层次间数据的传递，最终会持久化到数据库相关表中，本项目 VO 保存在了 cn.mldn.crm.vo 包中。共有 9 个不同的 VO 对象，如下表所示。

定义如下表所示。

VO 主要接口功能表

VO 名称	VO 所传递信息	定义的主要属性
Action	任务	actid：权限 id，title：名称，menu：菜单，url：链接，groups：权限组 List
Client	客户	Cid：客户 id，member：用户，name：姓名，sex：性别，email：邮箱，tel：电话，type：类型，reg：注册日期，note：备注，tasks：任务 List
Groups	权限组	Gid：组 Id，title：名称，img：图片，type：类型，roles：角色 List，action：任务 List
Member	用户	Mid：用户 id，password：密码，tel：电话，lastdate：最后登录时间，photo：照片，flag：标志，locked：锁定标记，logs：日志 List，newses：公告 List，tasks：任务 List，memberNewses：会员公告 List，clients：客户 List
MemberNews	用户公告	Member：对应客户，news：公共，rdate：阅读日期
News	公告	Nid：新闻 id，member：对应用户，title：名称，type：类型，pubdate：发布日期，note：备注

续表

VO 名称	VO 所传递信息	定义的主要属性
Role	角色	Rid：角色 id，title：名称，members：用户 List，groups：权限 List
Task	任务	Tid：任务 id，member：所属用户，client：对应客户，title：名称，tdate：任务时间，visit：回访状态，type：回访方式，note：备注，status：任务状态，level：优先级
Logs	日志	Logid：日志 id，member：用户，indate：登录日期

定义在 Member.java 的用户的 VO 类，如下所示。

范例 29-3 Member类（Member.java）

```
01 package cn.mldn.crm.vo;
02 import java.io.Serializable;
03 import java.util.Date;
04 import java.util.List;
05 @SuppressWarnings("serial")
06 public class Member implements Serializable {
07     private String mid ;
08     private String password ;
09     private String tel ;
10     private Date lastdate ;
11     private String photo ;
12     private Integer flag ;
13     private Integer locked ;
14     private List<Logs> logs ;
15     private List<News> newses ;
16     private List<Task> tasks ;
17     private List<MemberNews> memberNewses ;
18     private List<Client> clients ;
19     private Role role = new Role() ;
20     // 对应上述属性的 get 和 set 方法省略
21 }
```

代码详解

第 05 行代码实现了序列化接口，另外第 14~18 行代码中该类定义了 logs 的日志列表、newses 的公告列表、tasks 的任务列表、clients 的客户列表，以及 memberNewses 的用户公告列表，是由于用户表和日志、公告、任务、客户等表之间的一对多关系，在映射到实体对象时所需要的。第 20 行处省略了 140 行代码，作用是对于属性值进行设置和获取的若干个 get 和 set 方法。

范例 29-4 Client类（Client.java）

```
package cn.mldn.crm.vo;
import java.io.Serializable;
import java.util.Date;
import java.util.List;
```

```
05 @SuppressWarnings("serial")
06 public class Client implements Serializable {
07     private Integer cid ;
08     private Member member = new Member() ;
09     private String name ;
10     private String sex ;
11     private String email ;
12     private String tel ;
13     private String qq ;
14     private Integer type ;
15     private Date reg ;
16     private String note ;
17     private List<Task> tasks ;
18     // 对应上述属性的 get 和 set 方法省略
19 }
```

代码详解

从第 07~17 行定义了客户的信息，客户 id，对应客户，客户姓名，客户性别，客户邮箱，电话，回访类型，注册日期，备注，任务的列表，其中任务类表是表示客户和任务的一对多关系，回访类型数值的值域为 0-4，默认 0 是“初步咨询”类型。

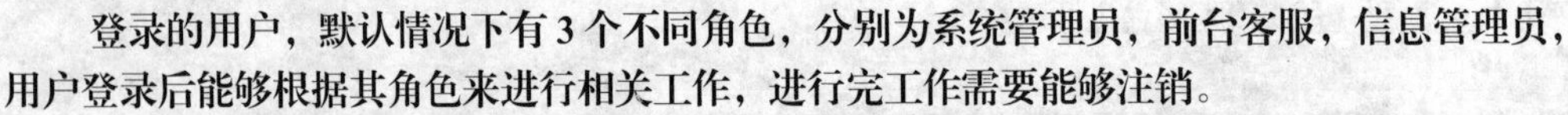

29.4 用户登录模块设计

登录的用户，默认情况下有 3 个不同角色，分别为系统管理员，前台客服，信息管理员，用户登录后能够根据其角色来进行相关工作，进行完工作需要能够注销。

用户登录模块主要由登录页面 index.jsp 和控制组件 LoginServletBack 组成。所有用户都通过统一的登录界面进行登录，而后要根据不同的权限组生成不同的菜单。前面已经接受业务层接口，读者需了解当前模块的业务处理由 IMemberServiceBack 来负责。

29.4.1 模块需求细化

下面介绍用户登录的设计。登录的具体操作会有如下相关细化的设计。

（1）用户登录之后需要通过角色找到对应的权限组信息及权限信息，并且将这些信息保存在 session 之中，而后跳转到管理页生成相应界面。

（2）如果用户要进行登录，肯定会使用 member 表，登录时输入用户名和密码，随后按下登录按钮后需要进行 MD5 的加密处理，这个时候如果登录成功，那么需要在登录日志表中自动保存一条相应的信息。

（3）如果登录完成之后，需要根据用户的角色（rid），通过 role_groups 表查询对应的权限组信息，找到了所有权限组的 ID 信息。根据所有的权限组的信息，再通过 groups_action 表查询对应的权限信息。

（4）需要登录检测，那么就需要在 session 中保存相应的标记（用户名）。用户登录完成后需要在管理员登录日志中进行记录；用户登录后要更新最后一次登录日期。

（5）用户除了要向登录日志中保存信息之外，在 member 表中也需要更新最后一次登录的日期时间。

（6）用户登录后可以进行密码修改，输入原始密码及新的密码，原始密码正确后才可以更新密码。

（7）需要用户登录后能够注销，注销时清除当前 session。

29.4.2 模块相关数据库实现细节

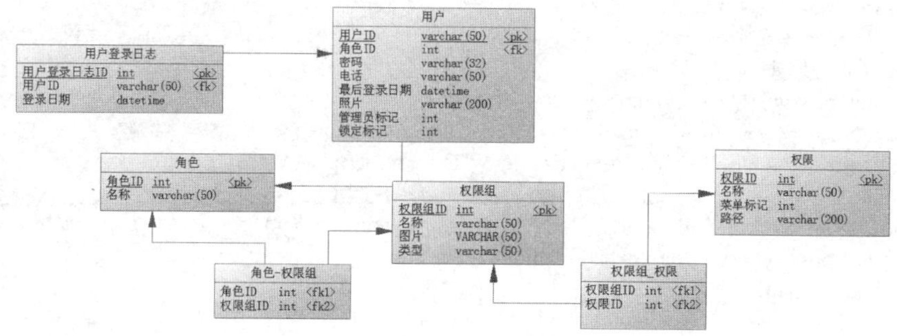

（1）输入数据表

用户表：member；

角色：role；

角色 - 权限组关系表：role_groups；

权限组 _ 权限表：groups_action；

权限组表：groups；

权限表：action。

（2）输出数据表

用户登录日志表：logs；

用户：member。

29.4.3 用户登录界面设计

所有用户都通过统一的登录界面进行登录，登录页面 index.jsp，页面右上角有回首页，帮助和关于 3 个操作的导航，登录界面如下图所示。

为了方便开发，首先需要建立一个新的模板页面；login.jsp 页面的代码如下所示。

范例 29-5 登录页面代码（login.jsp）

```
<%@ page language="java" import="java.util.*" pageEncoding="UTF-8"%>
<%
  String path = request.getContextPath();
  String basePath = request.getScheme() + "://"
  + request.getServerName() + ":" + request.getServerPort()
  + path + "/";
  String loginUrl = basePath + "LoginServletBack/login" ;
```

```
08 %>
09 <html>
10 <head>
11 <base href="<%=basePath%>">
12 <title>CRM 管理系统 </title>
13 <jsp:include page="/pages/plugins/import_file.jsp"/>
14 <script src="<%=basePath%>js/cloud.js" type="text/javascript"></script>
15 <script src="<%=basePath%>js/login.js" type="text/javascript"></script>
16 </head>
17 <body style="background-color:#df7611; background-image:url(images/light.png); background-repeat:no-repeat; background-position:center top; overflow:hidden;">
18   <div id="mainBody">
19     <div id="cloud1" class="cloud"></div>
20     <div id="cloud2" class="cloud"></div>
21   </div>
22   <div class="logintop">
23     <span> 欢迎登录 CRM 管理界面平台 </span>
24     <ul>
25       <li><a href="#"> 回首页 </a></li>
26       <li><a href="#"> 帮助 </a></li>
27       <li><a href="#"> 关于 </a></li>
28     </ul>
29   </div>
30   <div class="loginbody">
31     <span class="systemlogo"></span>
32     <div class="loginbox">
33       <form action="<%=loginUrl%>" method="post" id="loginForm">
34       <ul>
35         <li><input name="member.mid" id="member.mid" type="text" class="loginuser"
36           placeholder=" 输入登录用户名 "/></li>
37             <li><input name="member.password" id="member.password" type="password" class="loginpwd"
38           placeholder=" 请输入登录密码 "/></li>
39         <li><input type="submit" class="loginbtn" value=" 登录 "/></li>
40       </ul>
41       </form>
42     </div>
43   </div>
44   <div class="loginbm"></div>
45 </body>
46 </html>
```

代码详解

第 03 行到第 07 行代码定义了基准路径和提交给控制器 LoginServletBack 对应的路径；整个页面里面一定要导入一些公共的 JavaScript 及 css 文件，第 13~15 行就对这些 js 和 css 进行导入，例如，建立一个 login.js 文件，将 login.jsp 页面中的相关的 js 代码交给此文件处理。所以读者进行开发时强烈建议将这些文件作为可导入的文件处理。第 33~41 行定义了登录的表单。

登录后会转至 index.jsp 页面，页面打开可分为 4 个区域，即头部、导航、工作区域、底部版权。首先网页头部部分，头部除了网站 logo 和标题外，还有当前用户的快速任务工具栏，以及右边的帮助、修改密码、退出的超链接和公告提示信息。其次导航部分，不同角色用户登录后所能够管理的菜单根据其角色的权限，显示是不同的，如前台客服就没有“权限管理”菜单的链接；再次是工作区域，会根据用户选择不同的功能，转至对应的页面。Index.jsp 打开后如下图所示。

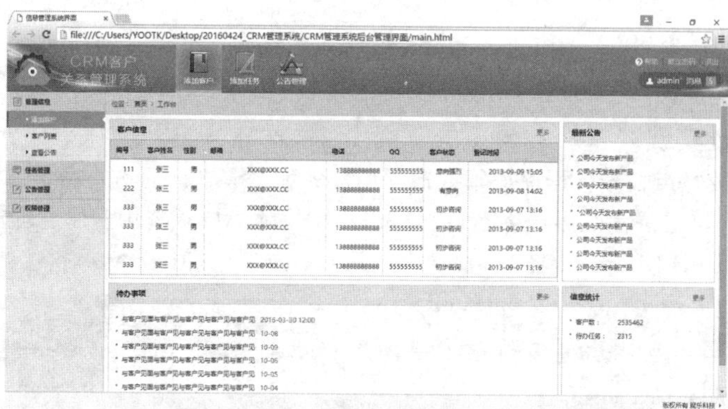

范例 29-6 用户主页页面（index.jsp）

```
01 <%@ page language="java" import="java.util.*" pageEncoding="UTF-8"%>
02 <%
03   String path = request.getContextPath();
04   String basePath = request.getScheme() + "://"
05   + request.getServerName() + ":" + request.getServerPort()
06   + path + "/";
07 %>
08 <html>
09 <head>
10 <base href="<%=basePath%>">
11 <title>CRM 管理系统 </title>
12 <jsp:include page="/pages/plugins/import_file.jsp"/>
13 </head>
14 <frameset rows="88,*,31" cols="*" frameborder="no" border="0"
15   framespacing="0">
16   <frame src="<%=basePath%>pages/back/top.jsp" name="topFrame" scrolling="No"
17     noresize="noresize" id="topFrame" title="topFrame" />
18   <frameset cols="187,*" frameborder="no" border="0" framespacing="0">
19     <frame src="<%=basePath%>pages/back/left.jsp" name="leftFrame"scrolling="No"
20       noresize="noresize" id="leftFrame" title="leftFrame" />
21     <frame src="<%=basePath%>pages/back/DefaultServletBack/show"
      name="rightFrame" id="rightFrame"
22      title="rightFrame" />
23   </frameset>
24   <frame src="<%=basePath%>pages/back/footer.jsp" name="bottomFrame" scrolling="No"
25     noresize="noresize" id="bottomFrame" title=bottomFrame" />
26 </frameset>
27 <noframes>
28 </html>
```

代码详解

在项目资源中，所有模块的页面都放置在站点下的“pages/back”目录下了，第 14~28 行代码是运用框架集进行页面的布局处理，首先上中下分 3 部分，第 16 行定义上面部分的框架，框架中链入的网页是 back 目录下的 top.jsp 文件；第 18 行中间又定义一个框架集，按左右划分出两个框架部分，即是导航菜单部分和主体内容部分，导航所在框架链入的网页是 back 目录下的 left.jsp 文件；第 24 行是底部版权，链入的网页是 back 目录下的 footer.jsp 文件；第 21 行定义了内容部分的链接路径，为 DefaultServletBack 的控制层组件，根据每个用户的角色不同，这个组件会通过业务层和数据层获取用户相关的信息，并转至入口页面。

29.4.4 模块详细设计和实现

01 数据层模块设计实现

基础登录操作的主要特点在于，程序必须要输入用户名和密码，而后进行数据库的验证。实现用户的登录检测，登录的时候只允许登录活跃用户（locked = 0），但是随后要求将用户的管理员标记取出。

（1）定义 IMemberDAO 接口，在这个接口里面一定要建立新的操作方法。

范例 29-7 IMemberDAO接口（IMemberDAO.java）

```
01 package cn.mldn.crm.dao;
02 import cn.mldn.crm.vo.Member;
03 import cn.mldn.util.dao.IDAO;
04 public interface IMemberDAO extends IDAO<String, Member> {
05     public boolean findLogin(Member vo) throws Exception ;
06 }
```

代码详解

第 05 行代码 findLogin() 方法是找对应 vo 对象的记录，参数 vo 传入的是一个 Member 类对象，那么可以利用引用传递的概念，通过 VO 类对象取出用户名和密码值，并取回 flag 数据，如果登录成功返回 true，否则返回 false。

（2）定义抽象的 DAO 父类，所有模块 DAO 类的实现类都有个共同的抽象父类 AbstractDAOImpl 类，这个类用于定义一些基本的数据层操作，其主要作用是便于代码的扩展和管理，如下所示。

范例 29-8 抽象父类AbstractDAO类（AbstractDAO.java）

```
01 package cn.mldn.crm.dao.abs;
02 import java.sql.Connection;
03 import java.sql.PreparedStatement;
04 import cn.mldn.crm.dao.IMemberDAO;
05 public abstract class AbstractDAOImpl implements IMemberDAO {
06     protected Connection conn ;
07     protected PreparedStatement pstmt ;
08     public AbstractDAOImpl(Connection conn) {
09         this.conn = conn ;
10     }
11 }
```

代码详解

第 05 行代码定义了类实现 IMemberDAO 接口，开发中一定会出现多个 DAO 子类，那么这些子类有可能会造成一些重复的操作，因此建议中间使用一个抽象类进行过渡（抽象类不能够被直接实例化，抽象类又可以选择性地覆写接口的抽象方法）。

（3）定义 IMemberDAO 接口的实现 DAO 类 MemberDAOImpl，这个子类继承 AbstractDAOImpl 父类，同时实现 IMemberDAO 接口；其实现的覆盖方法 findLogin() 代码如下所示。

范例 29-9 MemberDAOImpl类中查询登录的方法（MemberDAOImpl.java）

```
01 @Override
02 public boolean findLogin(Member vo) throws Exception {
03   String sql = "SELECT flag,rid FROM member WHERE mid=? AND password=? AND locked=0" ;
04   super.pstmt = super.conn.prepareStatement(sql) ;
05   super.pstmt.setString(1, vo.getMid());
06   super.pstmt.setString(2, vo.getPassword());
07   ResultSet rs = super.pstmt.executeQuery() ;
08   if (rs.next()) {
09     vo.setFlag(rs.getInt(1));
10     vo.getRole().setRid(rs.getInt(2));
11     return true ;
12   }
13   return false;
14 }
```

代码详解

第 03 行代码定义一个预编译指令，用于根据提供的用户名和密码查询用户的管理员标记和角色 id 记录，注意 locked=0 的筛选条件确保了非锁定状态的用户可以成功登录（locked 值为 1 是锁定状态），第 05 行和第 06 行通过从表单封装用户信息的 vo 对象来给预编译对象传送参数，如果查到记录，就把其管理员标记和角色 id 设置为 vo 的 flag 值和 Rid 值，并返回 true。

02 业务层模块设计实现

读者注意参考范例 29-2 代码部分的 IMemberServiceBack 接口中的抽象方法 login()，下面需要通过业务层接口 IMemberServiceBack 来定义业务层实现子类 MemberServiceBackImpl，另外要注意，系统都是通过工厂类的方法创建 DAO 实例后再执行相关数据层操作，其 login() 方法实现的代码如下所示。

范例29-10 MemberServiceBackImpl类中的登录方法（MemberServiceBackImpl.java）

```
@Override
public Map<String, Object> login(Member vo) throws Exception {
  Map<String, Object> result = new HashMap<String, Object>();
  boolean flag = false;
  try {

    if (DAOFactory.getIMemberDAOInstance(this.dbc.getConnection())
    .findLogin(vo)) {

      if (DAOFactory.getIMemberDAOInstance(this.dbc.getConnection())
      .doUpdateLastdate(vo.getMid())) {
        result.put(
          "unread",
          DAOFactory.getIMemberNewsDAOInstance(
            this.dbc.getConnection())
            .getAllCountUnread(vo.getMid()));

```

```
18                Logs logs = new Logs();
19                logs.getMember().setMid(vo.getMid());
20                if (DAOFactory
21                .getILogsDAOInstance(this.dbc.getConnection())
22                .doCreate(logs)) {
23
24                  List<Groups> allGroups = DAOFactory
25                  .getIGroupsDAOInstance(this.dbc.getConnection())
26                  .findAllByRole(vo.getRole().getRid());
27                  Set<Integer> gids = new HashSet<Integer>();
28
29                  Iterator<Groups> iter = allGroups.iterator();
30
31                  while (iter.hasNext()) {
32                    Groups gup = iter.next();
33                    gids.add(gup.getGid());
34                    gup.setAction(DAOFactory.getIActionDAOInstance(
35                        this.dbc.getConnection()).findAllByGroups(
36                        gup.getGid()));
37                }
38
39                vo.getRole().setGroups(allGroups);
40                flag = true;
41                result.put(
42                    "allActions",
43                    DAOFactory.getIActionDAOInstance(
44                        this.dbc.getConnection())
45                        .findAllByGroups(gids));
46              }
47            }
48          }
49      } catch (Exception e) {
50        throw e;
51      } finally {
52        this.dbc.close();
53      }
54      result.put("flag", flag);
55      return result;
56    }
```

代码详解

第 07 行 if 结构对当前 vo 用户进行用户名和密码的验证，如果登录成功将返回 flag、rid 两个字段的数据，并继续；第 10 行代码是对 member 表中的最后一次登录日期时间进行更新，如成功，继续统计出当前登录用户未读取的消息数量；第 18~22 行的作用是在登录日志表中进行一条数据的保存；第 24~27 行的作用是根据用户的角色编号，查询出用户对应的权限组信息；第 29 行的作用是根据每一个权限组的编号，查询出对应的所有权限信息；第 31~37 行的 while 循环实现了根据每一个权限组的编号查询出所有的权限信息；第 39~45 行则实现了将权限组的信息保存在角色里面；最终第 54 行把 flag 标记设置到 Map 中，并返回结果 Map。

注意

整个业务的操作过程之中，没有复杂的表关系操作。

03 控制层模块设计实现

（1）准备工作

定义 LoginServlet，这个 Servlet 负责登录与注销的操作实现；servlet 一定要继承自 DispatcherServlet 程序类；由于 Servlet 3.0 支持注解，故可以通过下面这一行 @WebServlet 注解的代码配置 servlet。

```
@WebServlet(urlPatterns="/LoginServletBack/*")
```

此时类中的抽象方法可以选择不进行处理，随后在属性文件 Messages.properties 之中追加新的信息提示。

```
member.login.success= 用户登录成功，欢迎光临！
member.login.failure= 登录失败，错误的用户名或密码！
member.logout.success= 用户注销成功，再见！
```

为了可以进行有效的服务器端验证，建议在 Validator.properties 文件里面追加登录验证的信息。

```
LoginServletBack.login.rule=member.mid:string|member.password:string
```

编写 Pages.properties 文件，追加跳转路径的配置；现在假设最后的首页显示在 pages/back/index.jsp 页面；如果登录失败或者注销，则应该跳转回 /login.jsp 页面。

```
member.login.page=/login.jsp
index.page=/pages/back/index.jsp
```

定义登录和用户索引的 JSP 页面时，建议在应用配置文件 web.xml 中将首页修改：login.jsp、index.jsp。

```
<welcome-file-list>
<welcome-file>login.jsp</welcome-file>
<welcome-file>index.jsp</welcome-file>
</welcome-file-list>
```

（2）控制层模块制作

用户登录的控制层组件是 LoginServletBack，其存放在 LoginServletBack.java 文件中，其中主要是定义了登录和注销用户的方法，这两个方法的程序代码如下所示。

范例29-11 LoginServletBack类中的登录方法（LoginServletBack.java）

```
private Member member = new Member();
public String login() {
  this.member.setPassword(new MD5Code().getMD5ofStr(this.member.getPassword()));
  try {
    Map<String,Object>map=ServiceFactory.getIMemberServiceBackInstance().login(this.member) ;
    boolean loginFlag = (Boolean) map.get("flag") ;
    if (loginFlag) {
      super.getSession().setAttribute("mid", this.member.getMid());
      super.getSession().setAttribute("flag", this.member.getFlag());
      super.getSession().setAttribute("groups", this.member.getRole().getGroups());
      super.getSession().setAttribute("allActions", map.get("allActions"));
      super.getSession().setAttribute("unread", map.get("unread"));
```

```
13          super.setMsgAndUrl("member.login.success", "index.page");
14        } else {
15          super.setMsgAndUrl("member.login.failure", "member.login.page");
16        }
17      } catch (Exception e) {
18        e.printStackTrace();
19      }
20      return "forward.page";
21  }
22  public String logout() {
23      super.getSession().invalidate();
24      super.setMsgAndUrl("member.logout.success", "member.login.page");
25      return "forward.page" ;
26  }
```

代码详解

第 01 行代码是实例化一个 vo 对象，第 02 行定义了登录方法，该方法会返回到 forward.jsp 页面去处理 message 信息和 url。第 03 行代码使用了工具类 MD5Code，MD5Code 具有一个静态的 MD5 到 Str 的转换方法 getMD5ofStr()，是把输入的密码加密成功后设置给 password 属性，第 05 行调用前面所掌握的 login() 方法登录，第 06 行根据返回的 Map 结果获取其登录标志，第 07 行如果是成功登录，则在当前会话中设置一些属性，如用户的 id，管理员标志，权限组，所有的权限，所有未读公告；第 13 行是设置对应的登录信息为成功信息，目标 url 为 index 页面。第 15 行如果是登录失败，则设置对应的登录信息为失败信息，目标 url 为登录页面。主要 Message 消息和 Url 应用了属性文件的信息。

第 22 行定义了注销方法，该方法会返回到 forward.jsp 页面去处理 message 信息和 url；注销时会清除当前会话，并且设置对应的注销信息为成功注销，目标 url 为 login 页面。

29.5 客户管理模块设计

客户信息维护主要由设定用户完成，在本系统默认角色中，系统管理员和前台客服具有客户的管理权限，但是一般都是由前台客服负责客户的管理。前台客服根据接洽客户的情况记录下客人的详细信息，客服可以在第一次接洽客户时就建立客户信息。

29.5.1 模块需求细化

（1）实现客户信息的录入处理

现在的系统测试用户里面只有 mermaid 用户（具有前台客服角色），才具备添加客户的能力，“添加”只有具备有添加客户权限的用户才可以填写；也就是说，具备 3 号角色的用户才能够负责客户的添加，即超链接上面会出现“添加客户”超链接。

而在业务层上进行具体数据添加的时候，还必须考虑当前用户是否具备此类权限。

超级管理员可以浏览客户列表和用户任务列表，但无法添加客户，要求只有前台客服人员才可以进行人员的录入；在添加客户的时候，对于客户的状态 type 有如下几种取值：0 表示初步咨询；1 表示有意向；2 表示无意向；3 表示准备签约；4 表示签约完毕；

（2）实现客户信息的查看处理

对于客户信息的查看，只需要具备查询客户列表的权限就可以。如果是超级管理员，那么就不需要判断权限了。

（3）更新客户信息操作

业务人员具备相关权限或者是超级管理员。

超级管理员删除的时候不用关心是否为当前增加用户。

但是所有的普通用户之间的删除，必须保证删除的是当前登录用户的信息。

29.5.2 模块相关数据库实现细节

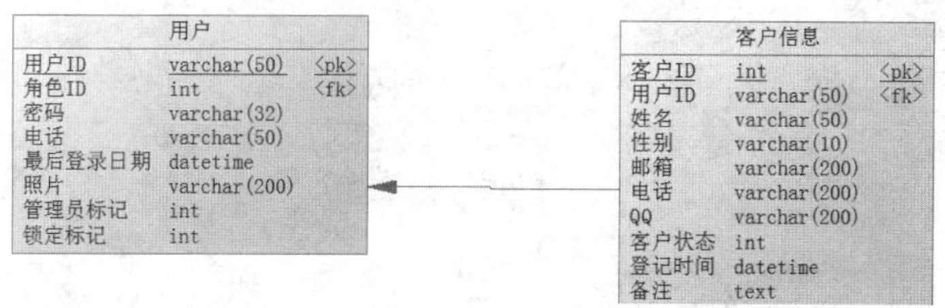

输出数据表。

用户信息：member

客户信息：client

29.5.3 客户管理界面设计

（1）增加客户信息界面，用户填入客户姓名、性别、电话、邮箱、QQ号，注意客户端上述内容除了备注以外，都是必须输入的；客户类型默认是“初步咨询”。

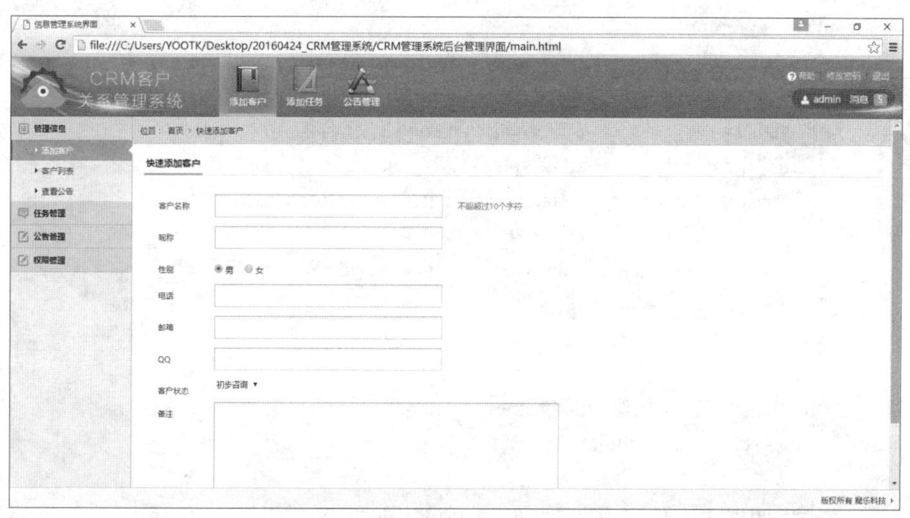

范例29-12 添加客户页面（member_add.jsp）

```
<%@ page language="java" import="java.util.*" pageEncoding="UTF-8"%>
<%
  String path = request.getContextPath();
  String basePath = request.getScheme() + "://"
  + request.getServerName() + ":" + request.getServerPort()
```

```
    + path + "/";
    String addUrl = basePath
    + "pages/back/client/ClientServletBack/add";
%>
<html>
<head>
<base href="<%=basePath%>">
<title>CRM 管理系统 </title>
<jsp:include page="/pages/plugins/import_file.jsp" />
<script type="text/javascript"
  src="<%=basePath%>/js/pages/back/client/client_add.js"></script>
</head>
<body>
  <div class="place">
    <span> 位置：</span>
    <ul class="placeul">
      <li><a href="main.html" target="_top"> 首页 </a></li>
      <li> 快速添加客户 </li>
    </ul>
  </div>
  <div class="formbody">
    <div class="formtitle">
      <span> 快速添加客户 </span>
    </div>
    <form action="<%=addUrl%>" method="post" id="myform">
      <ul class="forminfo">
        <li><label> 客户名称 </label><input name="client.name"
          id="client.name" type="text" class="dfinput" /> <i> 不能超过 10 个字符 </i></li>
        <li><label> 性别 </label> <cite><input name="client.sex"
            id="client.sex" type="radio" value=" 男 " checked="checked" /> 男
                <input name="client.sex" id="client.sex"
            type="radio" value=" 女 " /> 女 </cite></li>
        <li><label> 电话 </label><input name="client.tel" id="client.tel"
          type="text" class="dfinput" /></li>
        <li><label> 邮箱 </label><input name="client.email"
          id="client.email" type="text" class="dfinput" /></li>
        <li><label>QQ</label><input name="client.qq" id="client.qq"
          type="text" class="dfinput" /></li>

        <li><label> 客户状态 </label> <select name="client.type"
          id="client.type">
            <option value="0" selected="selected"> 初步咨询 </option>
            <option value="1"> 有意向 </option>
            <option value="2"> 无意向 </option>
            <option value="3"> 准备签约 </option>
            <option value="4"> 签约完毕 </option>
        </select></li>
```

```
53             <li><label> 备注 </label> <textarea name="client.note"
54                 id="client.note" cols="" rows="" class="textinput"></textarea></li>
55             <li><label> </label><input name="" type="submit"
56               class="btn" value=" 确认保存 " /></li>
57           </ul>
58         </form>
59     </div>
60 </body>
61 </html>
```

代码详解

第 07 行和第 08 行代码定义了基准路径和提交的客户处理控制器 ClientServletBack 的添加操作的 url，第 16 行通过 client_add.js 引入客户端对于表单数据验证的脚本；第 30~58 行定义了表单，定义的表单通过 addUrl 提交给服务器，并通过 id 值适用层叠样式表的样式，读者需要注意定义的表单元素的 id 值，通过带“当前模块 . 域名称”的方式，界定了数据的命名空间，其作用是便于组件对数据的处理和存储。

（2）客户信息列表页面，可以通过客户管理菜单下的客户列表进入此页面，注意以超级管理员进入此页面时会显示所有用户及其对应的客户列表信息，详细实现见后面业务层组件的介绍。

范例29-13 客户列表页面（member_list.jsp）

```
<%@ page language="java" import="java.util.*" pageEncoding="UTF-8"%>
<%@ taglib prefix="c" uri="http://www.ptpress.com.cn/c" %>
<%
  String path = request.getContextPath();
  String basePath = request.getScheme() + "://"
  + request.getServerName() + ":" + request.getServerPort()
  + path + "/";
  String searchUrl = basePath
  + "pages/back/client/ClientServletBack/listSplit";
%>
```

```
<html>
<head>
<base href="<%=basePath%>">
<title>CRM 管理系统 </title>
<jsp:include page="/pages/plugins/import_file.jsp" />
<link href="css/select.css" rel="stylesheet" type="text/css" />
<script type="text/javascript" src="js/jquery.idTabs.min.js"></script>
<script type="text/javascript" src="js/select-ui.min.js"></script>
<script type="text/javascript"
  src="<%=basePath%>js/pages/back/client/client_list.js"></script>
</head>
<body>
<body class="sarchbody">

  <div class="place">
    <span> 位置：</span>
    <ul class="placeul">
      <li><a href="main.html" target="_top"> 首页 </a>
      </li>
      <li><a href="#"> 客户列表 </a>
      </li>
    </ul>
  </div>

  <div class="formbody">
    <div id="usual1" class="usual">
      <form action="<%=searchUrl%>" method="post">
        <ul class="seachform1">
          <li><label> 客户名称 </label><input name="kw" id="kw" type="text"
            class="scinput1" value="${keyWord}" />
          </li>
          <li><label> 客户状态 </label>
            <div class="vocation">
              <select class="select3" name="type">
                <option value="-1" ${type==-1 ? "selected" : ""}> 全部客户 </option>
                <option value="0" ${type==0 ? "selected" : ""}> 初步咨询 </option>
                <option value="1" ${type==1 ? "selected" : ""}> 有意向 </option>
                <option value="2" ${type==2 ? "selected" : ""}> 无意向 </option>
                <option value="3" ${type==3 ? "selected" : ""}> 准备签约 </option>
                <option value="4" ${type==4 ? "selected" : ""}> 签约完毕 </option>
              </select>
            </div>
          </li>
        </ul>
        <ul class="seachform1">
          <li class="sarchbtn"><label> </label> <input
            type="hidden" name="col" value="name"> <input
```

```
            type="submit" class="scbtn" value=" 查询 " />
        </ul>
      </form>

      <div class="formtitle">
        <span> 列表 </span>
      </div>
      <table class="tablelist">
        <thead>
          <tr>
            <th width="5%"><input type="checkbox" id="selAll">
            </th>
            <th width="6%"> 编号 </th>
            <th width="15%"> 姓名 </th>
            <th width="5%"> 性别 </th>
            <th width="9%"> 邮箱 </th>
            <th width="12%"> 电话 </th>
            <th width="12%” >QQ</th>
            <th width="8%"> 客户状态 </th>
            <th width="12%"> 登记时间 </th>
            <th width="16%"> 操作 </th>
          </tr>
        </thead>
        <tbody>
          <c:if test="${allClients != null}">
            <c:forEach items="${allClients}" var="client">
              <tr>
                <td><input type="checkbox" id="cid" name="cid"
                  value="${client.cid}">
                </td>
                <td>${client.cid}</td>
                <td>${client.name}</td>
                <td>${client.sex}</td>
                <td>${client.email}</td>
                <td>${client.tel}</td>
                <td>${client.qq}</td>
                <td><c:if test="${client.type == 0}">
                    初步咨询
                  </c:if> <c:if test="${client.type == 1}">
                    有意向
                  </c:if> <c:if test="${client.type == 2}">
                    无意向
                    </c:if> <c:if test="${client.type == 3}">
                      准备签约
                    </c:if> <c:if test="${client.type == 4}">
                      签约完毕
                    </c:if></td>
```

```
105                         <td>${client.reg}</td>
106                         <td><c:if test="${allActions['3'] != null}">
107                             <a
108                               href="<%=basePath%>${allActions['3'].url}?client.cid=${client.cid}"
109                               class="tablelink"> 修改 </a>
110                           </c:if> <c:if test="${allActions['5'] != null}">
111                             <a
112                               href="<%=basePath%>${allActions['5'].url}?cid=${client.cid}&name=${client.name}"
113                               class="tablelink"> 添加任务 </a>
114                           </c:if> <c:if test="${allActions['30'] != null}">
115                             <a
116                               href="<%=basePath%>${allActions['30'].url}?cid=${client.cid}&name=$ {client.
name}"
117                               class="tablelink"> 任务列表 </a>
118                           </c:if></td>
119                     </tr>
120                   </c:forEach>
121                 </c:if>
122               </tbody>
123             </table>
124         </div>
125         <c:if test="${allActions['4'] != null}">
126           <div class="buttonform1">
127             <li class="delbtn"><label> </label><input id="delClient"
128               type="button" class="deltn" value=" 删除客户 " />
129           </div>
130         </c:if>
131         <jsp:include page="/pages/plugins/split_page_plugin_bar.jsp" />
132     </div>
133   </body>
134   </html>
```

代码详解

第 05~09 行定义了基准路径和客户处理控制组件 ClientServletBack 的 listSplit 操作的 url，第 20 行通过 client_list.js 引入客户端显示客户的脚本；第 37~60 行定义了客户查询表单，定义的表单通过 searchUrl 提交给服务器，把筛选条件通过属性的方式送过去，表单支持以客户名称或客户状态进行筛选两种方式；第 39 行 ${keyWord} 传送当前填入的客户名称；第 45~50 行根据选择，通过 ${type} 传送客户状态；通过客户业务组件的处理，把业务组件处理的客户列表以 allClients 的 List 值返回回来，列表元素是当前用户对应的客户，并且可以通过筛选处理。第 85~123 行以表格方式输出处理，显示的客户属性值是以 EL 表达式形式传递过来，注意第 83 行的 var="client" 指代每一个客户元素，是 JSTL 的 c 标签组织的 for Each 循环；另外读者会注意到，每一个值都是通过 EL 表达式方式控制显示层逻辑的，这样避免了 JSP 脚本的复杂性。

29.5.4 模块详细设计和实现

01 数据层模块设计实现

读者需要了解客户是主要的业务，其数据层的操作包括添加、修改、删除、列表显示等多种操作，我们在此仅仅讨论负责客户添加、修改和列表显示的相关方法。

（1）定义 IClientDAO 接口，如果要实现客户添加、修改和列表显示，需要为方法送入客户对象进行添加和修改，另外，需要根据指定的用户编号，以分页的形式显示该用户所有的客户信息的抽象方法定义；上述方法需要有客户 vo 对象进行层与层的数据传递。

范例29-14 IClientDAO类（IClientDAO.java）

```
01 package cn.mldn.crm.dao;
02 import java.util.List;
03 import java.util.Map;
04 import java.util.Set;
05 import cn.mldn.crm.vo.Client;
06 import cn.mldn.util.dao.IDAO;
07
08 public interface IClientDAO extends IDAO<Integer, Client> {
09     public List<Client> findAllSplitByMemberAndType(String mid,Integer type,String column,String keyWord,Integer currentPage,Integer lineSize) throws Exception ;
10     public Integer getAllCountByMemberAndType(String mid,Integer type,String column,String keyWord) throws Exception ;
11     public boolean doUpdateByMember(Client vo) throws Exception ;
12     public Client findByMemberAndId(String mid,Integer id) throws Exception ;
13     public boolean doRemoveByMember(String mid,Set<Integer> cids) throws Exception ;
14     public List<Client> findAllSplitByType(Integer type,String column,String keyWord,Integer currentPage,Integer lineSize) throws Exception ;
15     public Integer getAllCountByType(Integer type,String column,String keyWord) throws Exception ;
16     public boolean findExistsByMemberAndCid(String mid,Integer cid) throws Exception ;
17     public Map<Integer,String> findByIds(Set<Integer> id) throws Exception ;
18     public Integer getAllCountByMemberAndStatus(String mid,Integer status) throws Exception ;
19 }
```

代码详解

第 09 行的 **findAllSplitByMemberAndType()** 方法的作用是根据指定的用户编号分页显示该用户所有的客户信息，其中第二个参数 **type** 指定了用户的类型，第 10 行的 **getAllCountByMemberAndType()** 方法的作用是统计一个用户的所有客户量，第 11 行的 **doUpdateByMember()** 方法的作用是针对指定用户的信息进行更新处理，第 12 行的 **findByMemberAndId()** 方法必须保证根据指定的用户名来查询出该用户的客户信息。

（2）定义 IClientDAO 接口的实现 DAO 类 ClientDAOImpl，这个子类继承 AbstractDAOImpl 父类，同时实现 IClientDAO 接口，下面分别介绍上述主要的接口抽象方法的实现，其添加客户抽象方法的实现代码如下所示。

范例29-15 ClientDAOImpl类中的创建用户方法（ClientDAOImpl.java）

```
@Override
public boolean doCreate(Client vo) throws Exception {
    String sql = "INSERT INTO client(mid,name,sex,email,tel,qq,type,reg,note) VALUES (?,?,?,?,?,?,?,?,?)"
```

```
04 super.pstmt = super.conn.prepareStatement(sql);
05 super.pstmt.setString(1, vo.getMember().getMid());
06 super.pstmt.setString(2, vo.getName());
07 super.pstmt.setString(3, vo.getSex());
08 super.pstmt.setString(4, vo.getEmail());
09 super.pstmt.setString(5, vo.getTel());
10 super.pstmt.setString(6, vo.getQq());
11 super.pstmt.setInt(7, vo.getType());
12 super.pstmt.setTimestamp(8, new java.sql.Timestamp(vo.getReg()
13 .getTime()));
14 super.pstmt.setString(9, vo.getNote());
15 return super.pstmt.executeUpdate() > 0;
16 }
```

代码详解

第03行代码定义了插入的预编译语句，其中9个问号代表对应的9个域值参数，第04行实例化其对象，后续的代码行分别通过vo对象所封装的属性值进行参数的设置，第16行执行更新，即插入数据行，并返回插入是否成功的逻辑结果。

根据指定的用户编号分页显示该用户所有的客户信息的findAllSplitByMemberAndType()，这个是客户列表信息显示的数据层底层方法，十分重要，其实现代码如下所示。

范例29-16　ClientDAOImpl类中的客户分页列表方法（ClientDAOImp.java）

```
@Override
public List<Client> findAllSplitByMemberAndType(String mid,Integer type, String column,
String keyWord, Integer currentPage, Integer lineSize)
throws Exception {
  List<Client> all = new ArrayList<Client>() ;
  String sql = null ;
  if (type.equals(-1)) {
    sql ="SELECT cid,mid,name,sex,email,tel,qq,type,reg,note FROM client WHERE " + column + "LIKE
? AND mid=? LIMIT ?,?" ;
  } else {
    sql = "SELECT cid,mid,name,sex,email,tel,qq,type,reg,note FROM client WHERE " + column + "
LIKE ? AND mid=? AND type="+type+" LIMIT ?,?" ;
  }
  super.pstmt = super.conn.prepareStatement(sql) ;
  super.pstmt.setString(1, "%" + keyWord + "%");
  super.pstmt.setString(2, mid);
  super.pstmt.setInt(3, (currentPage - 1) * lineSize);
  super.pstmt.setInt(4, lineSize);
  ResultSet rs = super.pstmt.executeQuery() ;
  while (rs.next()) {
    Client vo = new Client() ;
    vo.setCid(rs.getInt(1));
    vo.getMember().setMid(rs.getString(2));
    vo.setName(rs.getString(3));
    vo.setSex(rs.getString(4));
    vo.setEmail(rs.getString(5));
```

```
25        vo.setTel(rs.getString(6));
26        vo.setQq(rs.getString(7));
27        vo.setType(rs.getInt(8));
28        vo.setReg(rs.getDate(9));
29        vo.setNote(rs.getString(10));
30        all.add(vo) ;
31     }
32     return all;
33  }
```

代码详解

第 02 行代码方法参数中，type 定义了客户的类型，column 定义了筛选的列名，keyWord 定义对应筛选列所查询的关键字，currentPage 指定当前的页码，lineSize 指定了行数，第 07 行根据不同的用户类型查询，类型只要是非 -1 值的都需要显示其客户类型，第 12 行创建一个预处理语句对象；通过关键字、mid、当前页、行数等数据可以遍历输出所有客户记录，客户记录通过在第 19 行创建的一个 vo 对象来保存其值，并在第 30 行在列表对象中加入 vo 对象，并最终返回包含所有客户记录的列表。

getAllCountByMemberAndType() 方法返回上面搜索列表方法的记录总条数，是和上述方法搭配使用的。

范例29-17 ClientDAOImpl类中的客户记录数合计方法（ClientDAOImpl.java）

```
01  @Override
02  public Integer getAllCountByMemberAndType(String mid,Integer type, String column, String keyWord)
03  throws Exception {
04     String sql = null ;
05     if (type.equals(-1)) {
06        sql = "SELECT COUNT(*) FROM client WHERE " + column + " LIKE ? AND mid=?" ;
07     } else {
08        sql = "SELECT COUNT(*) FROM client WHERE " + column + " LIKE ? AND mid=? AND type="+type ;
09     }
10     super.pstmt = super.conn.prepareStatement(sql) ;
11     super.pstmt.setString(1, "%" + keyWord + "%");
12     super.pstmt.setString(2, mid);
13     ResultSet rs = super.pstmt.executeQuery() ;
14     if (rs.next()) {
15        return rs.getInt(1) ;
16     }
17     return 0;
18  }
```

代码详解

第 06 行代码是通过 COUNT(*) 计算当前关键词和客户类型所对应的总记录数量。

doUpdateByMember() 方法用于更新一条客户记录，其对应的是客户更新的操作，代码如下所示。

范例29-18 ClientDAOImpl类中的更新客户方法（ClientDAOImpl.java）

```
01 @Override
02 public boolean doUpdateByMember(Client vo) throws Exception {
03     String sql = "UPDATE client SET name=?,sex=?,email=?,tel=?,qq=?,type=?,note=? WHERE cid=? AND mid=?" ;
04     super.pstmt = super.conn.prepareStatement(sql) ;
05     super.pstmt.setString(1, vo.getName());
06     super.pstmt.setString(2, vo.getSex());
07     super.pstmt.setString(3, vo.getEmail());
08     super.pstmt.setString(4, vo.getTel());
09     super.pstmt.setString(5, vo.getQq());
10     super.pstmt.setInt(6, vo.getType());
11     super.pstmt.setString(7, vo.getNote());
12     super.pstmt.setInt(8, vo.getCid());
13     super.pstmt.setString(9, vo.getMember().getMid());
14     return super.pstmt.executeUpdate() > 0 ;
15 }
```

代码详解

第02行中，方法参数vo是从显示层送来的需要更新的客户数据，第03行定义了更新操作的SQL语句，并在第04行创建对应的预处理语句对象，最终第14行返回更新操作执行结果。

02 业务层模块设计实现

读者注意到范例29-1接口IClientServiceBack定义那些相关功能和代码部分的抽象方法，需要定义ClientServiceBackImpl类来实现其方法，实现指定的客户的功能性操作。

对客户的添加操作通过add()方法实现，其代码如下所示。

范例29-19 在ClientServiceBackImpl类中添加客户方法（ClientServiceBackImpl.java）

```
@Override
public boolean add(Client vo) throws Exception {
    try {
        vo.setReg(new Date());
        Member member = DAOFactory.getIMemberDAOInstance(
            this.dbc.getConnection()).findById(vo.getMember().getMid());
        if (member.getFlag().equals(1)) {
         return DAOFactory.getIClientDAOInstance(
            this.dbc.getConnection()).doCreate(vo);
      } else {
         if (member.getLocked().equals(1)) {
            return false;
         } else {
            if (DAOFactory.getIActionDAOInstance(
               this.dbc.getConnection()).findByRoleAndId(
               member.getRole().getRid(), 1) != null) {
               return DAOFactory.getIClientDAOInstance(
                  this.dbc.getConnection()).doCreate(vo);
               } else {
                  return false;
```

```
21            }
22          }
23        }
24      } catch (Exception e) {
25        throw e;
26      } finally {
27        this.dbc.close();
28      }
29    }
```

代码详解

第 04 行代码的作用是设置注册日期为当前系统的日期时间，第 05 行代码的作用是查询指定 mid 对应的用户信息，第 07 行判断是否当前用户是管理员，如果是超级管理员不受到任何限制，直接可以进行客户创建；第 13 行，如果作为一般用户且没有被锁定，可以执行第 14 行，作用是需要查询该用户当前是否可用（用户必须是活跃状态才可以使用）的判断，上述判断都满足后用户就可以进行客户创建的操作。通过工厂类的方法创建 DAO 实例后再执行相关数据层操作，这里首先通过创建对应 MemberDAO 对象，执行 findById() 返回查询到的用户 vo；然后创建 ClientDAO 对象，执行其 doCreate() 方法进行客户的创建操作。

对客户的更新操作通过 editPre() 和 edit() 方法实现，其代码如下所示。

范例29-20 ClientServiceBackImpl类中的更新客户方法（ClientServiceBackImpl.java）

```
@Override
public Client editPre(String mid, Integer id) throws Exception {
  try {
    Member member = DAOFactory.getIMemberDAOInstance(
        this.dbc.getConnection()).findById(mid);
    if (member.getLocked().equals(1)) {
      return null;
    }
    if (member.getFlag().equals(1)
          || DAOFactory.getIActionDAOInstance(
              this.dbc.getConnection()).findByRoleAndId(
              member.getRole().getRid(), 3) != null) {
      return DAOFactory.getIClientDAOInstance(
          this.dbc.getConnection()).findByMemberAndId(mid, id);
    }
    return null;
  } catch (Exception e) {
    throw e;
  } finally {
    this.dbc.close();
  }
}
@Override
public boolean edit(Client vo) throws Exception {
  try {
    Member member = DAOFactory.getIMemberDAOInstance(
        this.dbc.getConnection()).findById(vo.getMember().getMid());
```

```
28       if (member.getLocked().equals(1)) {
29         return false;
30       }
31       if (member.getFlag().equals(1)
32           || DAOFactory.getIActionDAOInstance(
33               this.dbc.getConnection()).findByRoleAndId(
34               member.getRole().getRid(), 3) != null) {
35         return DAOFactory.getIClientDAOInstance(
36             this.dbc.getConnection()).doUpdateByMember(vo);
37       }
38       return false;
39     } catch (Exception e) {
40       throw e;
41     } finally {
42       this.dbc.close();
43     }
44   }
```

代码详解

第 02 行开始的 editPre() 方法定义了更新前的操作；第 04 行代码的作用是查询指定 mid 对应的用户信息，第 06 行如果用户锁定状态，不能继续操作，第 09 行如果查询客户为超级管理员或者用户角色是客服人员，则可以通过 ClientDAO 组件根据当前用户 id 和客户 id 获取对应的客户对象，并返回。第 24 行开始的 edit() 方法定义了更新客户记录的操作，首先也是第 28 行如果用户为锁定状态，不能继续操作，第 31 行如果查询客户为超级管理员或者用户角色是客服人员，则可以通过 ClientDAO 组件通过送入的客户 vo 对象执行客户的更新操作。

对某个用户对应客户记录的分页列表操作通过 listByMemberAndType() 方法实现，其代码如下所示。

范例29-21 ClientServiceBackImpl类中的客户分页列表方法（ClientServiceBackImpl.java）

```
@Override
public Map<String, Object> listByMemberAndType(String mid, Integer type,
    String column, String keyWord, Integer currentPage, Integer lineSize)
    throws Exception {
  try {
    Member member = DAOFactory.getIMemberDAOInstance(
        this.dbc.getConnection()).findById(mid);
    if (member.getFlag().equals(1)) {
      Map<String, Object> map = new HashMap<String, Object>();
      map.put("allClients",
          DAOFactory.getIClientDAOInstance(
              this.dbc.getConnection())
              .findAllSplitByMemberAndType(mid, type, column,
                  keyWord, currentPage, lineSize));
      map.put("clientCount",
          DAOFactory.getIClientDAOInstance(
              this.dbc.getConnection())
              .getAllCountByMemberAndType(mid, type, column,
                  keyWord));
      return map;
```

```
21          } else {
22              if (member.getLocked().equals(1)) {
23                  return null;
24              } else {
25                  if (DAOFactory.getIActionDAOInstance(
26                          this.dbc.getConnection()).findByRoleAndId(
27                          member.getRole().getRid(), 2) != null) {
28                      Map<String, Object> map = new HashMap<String, Object>();
29                      map.put("allClients",
30                              DAOFactory.getIClientDAOInstance(
31                                      this.dbc.getConnection())
32                                      .findAllSplitByMemberAndType(mid, type,
33                                              column, keyWord, currentPage,
34                                              lineSize));
35                      map.put("clientCount",
36                              DAOFactory.getIClientDAOInstance(
37                                      this.dbc.getConnection())
38                                      .getAllCountByMemberAndType(mid, type,
39                                              column, keyWord));
40                      return map;
41                  } else {
42                      return null;
43                  }
44              }
45          }
46      } catch (Exception e) {
47          throw e;
48      } finally {
49          this.dbc.close();
50      }
51  }
```

代码详解

第 06 行代码通过指定 mid 查询对应的客户信息，第 08 行判断用户标志是否是超级管理员，如果是，第 10 行在 Map 映射中增加两项“allClients”和“clientCount”的数据，通过工厂方法实例化 ClientDAO 对象，调用前面提到的 findAllSplitByMemberAndType() 方法，以分页的方式返回所有客户，并且通过 getAllCountByMemberAndType() 方法返回总记录的条数。第 21 行起，如果不是管理员角色，判断是否是锁定状态，如非锁定，则继续判断用户角色是否是“客服人员”，如果是，在第 29 行把此客户对应的客户信息返回，同样在 Map 映射中增加两项“allClients”和“clientCount”的数据，通过工厂方法实例化 ClientDAO 对象，调用前面提到的 findAllSplitByMemberAndType() 方法，以分页的方式返回所有客户，并且通过 getAllCountByMemberAndType() 方法返回总记录的条数。注意管理员会返回所有用户和其相应的客户信息。

读者一定要注意通过工厂类的工厂方法创建数据层组件，业务层组件的方法就实现了对于数据层组件相应方法调用的形式。

03 控制层模块设计实现

（1）准备工作

定义 ClientServletBack 程序类，这个时候就可以充分发挥出 DispatcherServlet 的优点了，它是一个全局的公共的 Servlet 类，所有的请求处理都将交给此类完成，在此由于篇幅，仅仅介绍添加，列表和编辑客户的控制层操作。

通过下面这一行 @WebServlet 注解的代码配置 servlet。

```
@WebServlet(urlPatterns="/pages/back/client/ClientServletBack/*")
```

通过编辑 Pages.properties 文件，在其中增加相应的添加客户、分页显示客户、编辑客户的页面路径和控制层组件路径。

```
client.add.page=/pages/back/client/client_add.jsp
client.add.servlet=/pages/back/client/ClientServletBack/addPre
client.list.page=/pages/back/client/client_list.jsp
client.list.servlet=/pages/back/client/ClientServletBack/listSplit
client.edit.page=/pages/back/client/client_edit.jsp
```

编辑 Validator.properties 文件，使得服务器端验证生效。

```
ClientServletBack.add.rule=client.name:string|client.sex:string|client.tel:string|client.email:string|client.qq:int|client.type:int
ClientServletBack.edit.rule=client.cid\:int|client.name\:string|client.sex\:string|client.tel\:string|client.email\:string|client.qq\:int|client.type\:int
ClientServletBack.editPre.rule=client.cid\:int
```

（2）控制层模块制作

客户管理的控制层组件是 ClientServletBack，其存放在 ClientServletBack.java 文件中，下面列出其中定义主要方法，如编辑、添加和分页列表方法。

范例29-22 ClientServletBack类中的主要方法（ClientServletBac.java）

```
public String editPre() {
  try {
    super.request.setAttribute(
        "client",
        ServiceFactory.getIClientServiceBackInstance().editPre(
            super.getMid(), this.client.getCid()));
  } catch (Exception e) {
    e.printStackTrace();
  }
  return "client.edit.page" ;
}
public String edit() {

  this.client.getMember().setMid(super.getMid());
  try {
    if (ServiceFactory.getIClientServiceBackInstance().edit(this.client)) {
      super.setMsgAndUrl("vo.edit.success", "client.list.servlet");
    } else {
      super.setMsgAndUrl("vo.edit.failure", "client.list.servlet");
    }
  } catch (Exception e) {
    e.printStackTrace();
    super.setMsgAndUrl("vo.edit.failure", "client.list.servlet");
  }
  return "forward.page" ;
}
public String listSplit() {
  if (super.isAction(2)) {
    SplitUtil su = super.handleSplitParam();
```

```
        try {
            Map<String, Object> map = ServiceFactory
                    .getIClientServiceBackInstance().listByMemberAndType(
                            super.getMid(), super.getType(),
                            su.getColumn(), su.getKeyWord(),
                            su.getCurrentPage(), su.getLineSize());
            super.request.setAttribute("type", super.getType());
            super.request.setAttribute("allClients", map.get("allClients"));
            super.request.setAttribute("allRecorders",
                    map.get("clientCount"));
            super.request.setAttribute("paramName", "type");
            super.request.setAttribute("paramValue",
                    String.valueOf(super.getType()));
        } catch (Exception e) {
            e.printStackTrace();
        }
        request.setAttribute"url", BasepathUtil.getPath(super.request)
                + super.getPage("client.list.servlet"));
        return "client.list.page";
    } else {
        return "errors.page";
    }
}
public String addPre() {
    if (super.isAction(1)) {
        return "client.add.page";
    } else {
        return "error.page";
    }
}
public String add() {
    if (super.isAction(1)) {
        String mid = super.getSession().getAttribute("mid").toString();
        this.client.getMember().setMid(mid);
        try {
            if (ServiceFactory.getIClientServiceBackInstance().add(
                    this.client)) {
                super.setMsgAndUrl("vo.add.success", "client.add.servlet");
            } else {
                super.setMsgAndUrl("vo.add.failure", "client.add.servlet");
            }
        } catch (Exception e) {
            e.printStackTrace();
            super.setMsgAndUrl("vo.add.failure", "client.add.servlet");
        }
        return "forward.page";
    } else {
        return "error.page";
    }
}
```

代码详解

其中第 01 行是预编辑方法，是编辑的前序操作，第 03 行设置 request 属性 client 为第 05 行返回的 client 对象，第 05 行通过工厂方法调用业务层组件 ClientServiceBack 的 editPre() 方法，该方法送入 mid 和 cid，通过数据库组件返回对应 cid 的 client 对象，并返回客户编写页面的路径；第 12 行 edit() 方法进行客户的编辑，第 14 行作用是在进行数据更新的时候一定要将当前的用户的 id 传给 Client 类对象，第 16 行是如果成功更新 client 对象，则设置消息为成功消息，并且设置提交目标为分页显示客户列表的控制层组件，否则，则设置消息为失败消息，并且设置提交目标为分页显示客户列表的组件。最终在第 25 行返回给转发页面 forward.jsp。

第 27 行 listSplit() 方法是分页列表显示客户的方法，第 28 行 isAction(2) 方法的含义是取出全部的权限，而后判断此权限是否存在，在此权限 2 是“客户列表”的权限，也就是如果具有此权限，则返回 true，否则返回 false，如果为 false 则转至错误页面；第 29 行，调用父类的 handleSplitParam() 方法来处理分页中的所有参数，读者注意 SplitUtil 是一个用于分页处理的工具类，该类对象封装了当前页，行数，列数，关键词等参数；第 32 行通过工厂方法返回 ClientServiceBack 组件，并执行前面介绍过的 listByMemberAndType 方法，该方法需要送入当前对象封装的 mid，客户类型和上述 4 个参数值，然后返回 Map 中包含前面介绍过的“allClients”和“clientCount”数据；从第 36~42 行分别通过 request 属性传递上述部分数据，如 type，allClients，clientCount 等；第 48 行返回分页显示客户列表的页面。

第 60 行 addPre() 方法是增加客户的预处理方法，该方法首先判断当前用户是否有“添加客户”权限，如果有，返回增加客户的页面，如果没有，则返回错误页面；第 60 行 add() 方法是添加客户的方法，同样具有“添加客户”权限才能继续操作，第 62 行通过会话对象获取当前 mid 的值，并给当前要添加的客户设置其客服的 mid；第 65 行通过工厂方法获取业务层组件，并执行 add() 方法，把当前客户通过数据层组件保存到数据库，如果添加 client 对象成功，则设置消息为成功添加消息，并且设置提交目标为添加客户的控制层组件，否则，则设置消息为失败消息，并且设置提交目标为添加客户的控制层组件，最终在第 75 行返回给转发页面 forward.jsp。

29.6 公告管理模块设计

29.6.1 模块需求细化

公告的信息必须是具有相关权限的管理员负责，管理员可以负责公告的 CRUD 处理。但是所有的用户都具备公告的查阅功能。

在进行公告处理的时候需要考虑一个小问题。当通过未读消息的记录数打开公告信箱的时候，建议将这个未读消息设置为 0 比较合适。如果没有打开公告列表，则这个未读消息要一直保留。

未读消息的统计查询，可以通过多对多的关系来完成。

每一个用户针对于某一个消息都会存在有一个记录，当某些消息的编号在记录中不存在的时候，这些消息就属于未读消息。

（1）具有公告权限的用户可以负责公告的发布，公告发布后所有的用户都需要查看。

（2）每一个用户登录后可以显示所有未读公告数量。

29.6.2 模块相关数据库实现细节

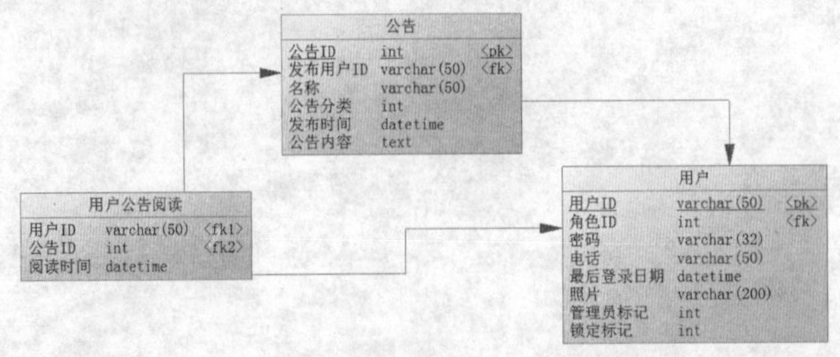

（1）输入表

公告表：news

公告阅读记录：member_news

（2）输出表

公告表：news

工资变更表：salary

职位变更表：work

29.6.3 公告管理界面设计

（1）添加公告，就是发布公告的页面，用户输入公告标题、公告的分类和通知的内容，然后单击“马上发布”按钮发布公告。

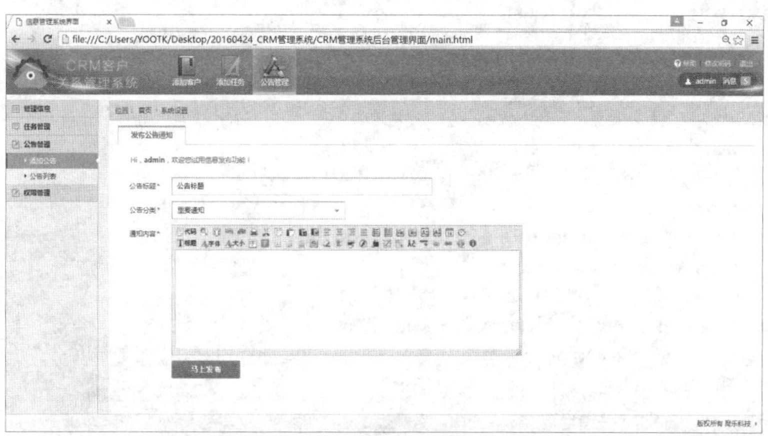

范例29-23 添加公告页面（news_add.jsp）

```
<%@ page language="java" import="java.util.*" pageEncoding="UTF-8"%>
<%@ taglib prefix="c" uri="www.ptpress.com.cn/c" %>
<%
  String path = request.getContextPath();
  String basePath = request.getScheme() + "://"
  + request.getServerName() + ":" + request.getServerPort()
  + path + "/";
  String addUrl = basePath + "pages/back/news/NewsServletBack/add" ;
%>
<html>
<head>
<base href="<%=basePath%>">
<title>CRM 管理系统 </title>
<jsp:include page="/pages/plugins/import_file.jsp"/>
<link href="css/select.css" rel="stylesheet" type="text/css" />
<script type="text/javascript" src="<%=basePath%>js/jquery.idTabs.min.js"></script>
<script type="text/javascript" src="<%=basePath%>js/select-ui.min.js"></script>
<script type="text/javascript" src="<%=basePath%>js/editor/kindeditor.js"></script>
<script type="text/javascript" src="
        <%=basePath%>js/pages/back/news/news_add.js"></script>
<script type="text/javascript">
  KE.show({
    id : 'news.note'
  });
</script>
```

```
25 </head>
26 <body>
27   <div class="place">
28     <span> 位置：</span>
29     <ul class="placeul">
30       <li><a href="main.html" target="_top"> 首页 </a></li>
31       <li><a href="#"> 系统设置 </a></li>
32     </ul>
33   </div>
34   <div class="formbody">
35     <div id="usual1" class="usual">
36       <div class="itab">
37         <ul>
38           <li><a href="#tab1" class="selected"> 发布公告通知 </a></li>
39         </ul>
40       </div>
41       <div id="tab1" class="tabson">
42         <div class="formtext">
43           Hi，<b>${mid}</b>，欢迎您试用信息发布功能！
44         </div>
45         <form action="<%=addUrl%>" method="post" id="myform">
46         <ul class="forminfo">
47           <li><label> 公告标题 <b>*</b></label>
48           <input id="news.title" name="news.title" type="text" class=
              "dfinput" placeholder=" 请输入公告标题 " style="width:518px;" /></li>
49           <li><label> 公告分类 <b>*</b></label>
50             <div class="vocation">
51               <select class="select1" id="news.type" name="news.type">
52                 <option value="0"> 普通通知 </option>
53                 <option value="1"> 重要通知 </option>
54               </select>
55             </div></li>
56           <li><label> 通知内容 <b>*</b></label>
57             <textarea name="news.note" id="news.note" style=
                "width:700px;height:250px;visibility:hidden;"></textarea>
58           </li>
59           <li><label> 
60       </label><input name="" type="submit" class="btn" value=" 马上发布 " /></li>
61         </ul>
62         </form>
63       </div>
64     </div>
65   </div>
66 </body>
67 </html>
```

代码详解

第 05~08 行代码定义了基准路径和提交的公告处理控制组件 NewsServletBack 的添加操作的 url，第 18 行通过 kindeditor.js 引入客户端文本编辑控件的脚本；第 45~62 行定义了表单，定义的表单通过 addUrl 提交给服务器，并通过 id 值适用层叠样式表的样式，读者需要注意定义的表单元素的 id 值，通过“当前模块 . 域名称”的方式，界定了数据的命名空间，其作用是便于组件对于数据的处理和存储。

（2）公告信息列表页面，可以通过任务管理菜单下的公告列表进入此页面，注意超级管理员进入此页面时，显示的公告没有已读和未读标记。

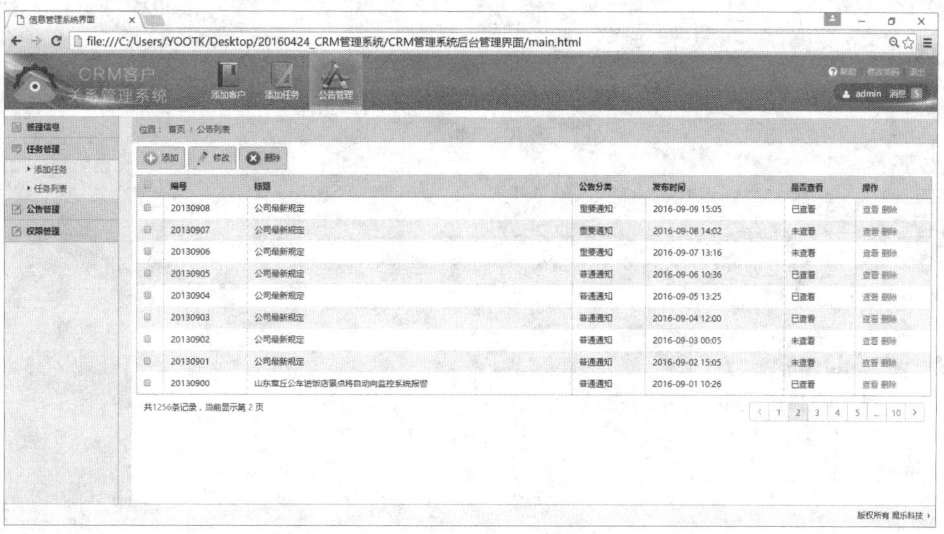

范例29-24　公告列表页面（news_list.jsp）

```
<%@ page language="java" import="java.util.*" pageEncoding="UTF-8"%>
<%@ taglib prefix="c" uri="http://www.ptpress.cn/c" %>
<%
  String path = request.getContextPath();
  String basePath = request.getScheme() + "://"
  + request.getServerName() + ":" + request.getServerPort()
  + path + "/";
%>
<html>
<head>
<base href="<%=basePath%>">
<title>CRM 管理系统 </title>
<jsp:include page="/pages/plugins/import_file.jsp"/>
<script type="text/javascript" src="js/pages/back/news/news_list.js"></script>
</head>
<body>
  <div class="place">
    <span> 位置：</span>
    <ul class="placeul">
      <li><a href="main.html" target="_top"> 首页 </a></li>
      <li><a href="#"> 公告列表 </a></li>
    </ul>
  </div>
  <div class="rightinfo">
    <div class="tools">
      <ul class="toolbar">
        <c:if test="${allActions['12'] != null}">
        <li class="click" id="liButAdd"><span>
```

```
                <img src="images/t01.png" /></span> 添加 </li>
            </c:if>
            <c:if test="${allActions['13'] != null}">
              <li class="click" id="liButEdit"><span>
                <img src="images/t02.png" /></span> 修改 </li>
            </c:if>
            <c:if test="${allActions['14'] != null}">
              <li class="click" id="liButRm"><span>
                <img src="images/t03.png" /></span> 删除 </li>
            </c:if>
          </ul>
        </div>
        <jsp:include page="/pages/plugins/split_page_plugin_search.jsp"/>
        <table class="tablelist">
          <thead>
            <tr>
              <th><input id="selAll" name="selAll" type="checkbox"/></th>
              <th> 编号 </th>
              <th> 标题 </th>
              <th> 公告分类 </th>
              <th> 发布时间 </th>
              <th> 是否查看 </th>
            </tr>
          </thead>
          <tbody>
            <c:if test="${allNewses != null}">
              <c:forEach items="${allNewses}" var="news">
                <tr>
                  <td><input id="nid" name="nid" type="checkbox"
                     value="${news.nid}" /></td>
                  <td>${news.nid}</td>
                  <c:if test="${allActions['33'] != null}">
                    <td><a href="<%=basePath%>/${allActions['33'].url}?
                        news.nid=${news.nid}" target="rightFrame">
                      <c:if test="${unreadMap[news.nid]}">
                        <font color="red">[ 未读 ]</font>
                      </c:if>
                      ${news.title}</a></td>
                  </c:if>
                  <c:if test="${allActions['33'] == null}">
                    <td><c:if test="${unreadMap[news.nid]}">
                        <font color="red">[ 未读 ]</font>
                      </c:if>${news.title}</td>
                  </c:if>
                  <td>${news.type == 0 ? " 普通通知 " : " 重要通知 "}</td>
                  <td>${news.pubdate}</td>
                  <td>${unreadMap[news.nid] ? " 未读 " : 已查看 }</td>
```

```
71                    </tr>
72                </c:forEach>
73            </c:if>
74        </tbody>
75      </table>
76      <jsp:include page="/pages/plugins/split_page_plugin_bar.jsp"/>
77      <div class="tip">
78        <div class="tiptop">
79          <span> 提示信息 </span><a></a>
80        </div>
81
82        <div class="tipinfo">
83          <span><img src="images/ticon.png" /></span>
84          <div class="tipright">
85            <p id="pMsg"> 是否确认对信息的修改？ </p>
86            <cite> 如果是请单击确定按钮，否则请单击取消按钮。</cite>
87          </div>
88        </div>
89        <div class="tipbtn">
90          <input id="butSure" type="button" class="sure" value=" 确定 " /> 
91          <input id="butCancel" type="button" class="cancel" value=" 取消 " />
92        </div>
93      </div>
94    </div>
95  </body>
96  </html>
```

代码详解

第 05~07 行定义了基准路径 url，第 14 行通过 news_list.js 引入客户端显示公告的脚本；第 25~37 行定义了 id 为 tools 的 div 块，读者注意通过前面所介绍业务层组件 MemberServiceBack 处理得到 allActions 映射保存当前用户的权限，通过第 27 行、第 30 行、第 33 行的判断可以看到当前用户是否有添加、修改或删除公告权限，如果有就会显示其操作列表项和图标；第 38 行通过 include 标签来包含分页查询的显示层组件 split_page_plugin_search.jsp，该组件实现了通过公告标题和用户进行模糊查询，并返回公告列表相关的查询参数；第 51 行，在表格体部分，通过前面后面要介绍的业务层组件 NewsServiceBack 的 listSplit() 方法获取所有公告的 allNewses 映射对象，如果此对象有元素，就通过 JSTL 的 c 标签组织的 for Each 循环输出每个公告元素，其中 for var="news" 指代每一个公告元素；第 54 行的复选框选中可对某些子项目操作，其传送的 value 值是当前公告的 id 值；第 56 行，通过 c 标记 if 判断当前用户是否有查看公告详情的权限，如果有，公告标题会是超链接，并能进入详情显示页面；第 58 行，判断是否是未读公告，如果是，会显示未读的标记；第 68~70 行会依次显示公告类型、发布时间和是否已查看；第 76 行包含分页显示插件条 split_page_plugin_bar 页面；第 77~94 行定义 tip 的 div 区域标签，其功能是当通过操作列表选择编辑某项公告时，跳出一个对话框让用户确认是否执行修改操作。

29.6.4 模块详细设计和实现

01 数据层模块设计实现

读者需要了解公告是用户进行联络的站内主要页面，其数据层的操作包括添加、修改、删除和列表显示公告等多种操作，我们在此仅仅讨论负责公告发布、修改和列表显示的相关方法。

（1）定义 IMemberNewsDAO 接口，如果要实现公告添加、修改和列表显示，需要为送入公告对象进行添加、更改和列表显示的所有处理公告信息的抽象方法定义；上述方法需要有公告 vo 对象进行层与层的数据传递。

范例29-25 IMemberNewsDAO类（IMemberNewsDAO.java）

```
01 package cn.mldn.crm.dao;
02 import java.util.Map;
03 import java.util.Set;
04 import cn.mldn.crm.vo.MemberNews;
05 import cn.mldn.util.dao.IDAO;
06
07 public interface IMemberNewsDAO extends IDAO<MemberNews, MemberNews> {
08     public Integer getAllCountByMemberAndNews(String mid,Integer nid) throws Exception ;
09     public Integer getAllCountUnread(String mid) throws Exception ;
10     public Map<Integer,Boolean> findAllNotId(String mid,Set<Integer> ids) throws Exception ;
11 }
```

代码详解

第 07 行的 getAllCountByMemberAndNews() 方法作用是根据当前用户，统计出指定用户对于指定公告的阅读记录数；第 09 行 getAllCountUnread() 方法作用是统计出指定用户未读取的消息数量；第 10 行方法 findAllNotID() 作用是通过 member_news 表中查询出所有未读的消息的编号，结果通过 Map 集合保存。

（2）定义 IMemberNewsDAO 接口的实现 DAO 类 MemberNewsDAOImpl 类，这个子类继承 AbstractDAOImpl 父类，同时实现 IMemberNewsDAO 接口，下面分别介绍上述主要的接口抽象方法的实现，其发布公告抽象方法的实现代码如下所示。

范例29-26 MemberNewsDAOImpl类中的创建公告方法（MemberNewsDAOImpl.java）

```
01 @Override
02 public boolean doCreate(MemberNews vo) throws Exception {
03     String sql = "INSERT INTO member_news(mid,nid,rdate) VALUES (?,?,?)";
04     super.pstmt = super.conn.prepareStatement(sql);
05     super.pstmt.setString(1, vo.getMember().getMid());
06     super.pstmt.setInt(2, vo.getNews().getNid());
07     super.pstmt.setTimestamp(3, new java.sql.Timestamp(vo.getRdate()
08     .getTime()));
09     return super.pstmt.executeUpdate() > 0;
10 }
11
```

代码详解

第 03 行代码定义了插入的预编译语句，其中 3 个问号代表对应的 3 个域值参数，第 04 行实例化其对象，后续的代码行分别通过 vo 对象所封装的属性值进行参数的设置，第 09 行执行更新，即插入数据行，并返回插入是否成功的逻辑结果。

根据当前用户统计出指定用户对于指定公告的阅读记录数 getAllCountByMemberAndNews()，这个是看到客户对于指导公告阅读记录的数据层底层方法，十分重要，其实现代码如下所示。

范例29-27 MemberNewsDAOImpl类中的公告记录数合计方法（MemberNewsDAOImpl.java）

```
01 @Override
02 public Integer getAllCountByMemberAndNews(String mid, Integer nid)
03 throws Exception {
04     String sql = "SELECT COUNT(*) FROM member_news WHERE mid=? AND nid=?";
05     super.pstmt = super.conn.prepareStatement(sql);
06     super.pstmt.setString(1, mid);
07     super.pstmt.setInt(2, nid);
08     ResultSet rs = super.pstmt.executeQuery();
09     if (rs.next()) {
10         return rs.getInt(1);
11     }
12     return 0;
13 }
```

代码详解

第 02 行代码方法参数中，mid 定义了用户的 ID，nid 定义了指定的公告 ID，第 05 行创建了一个预处理语句对象，把指定的 mid 和 nid 送给预处理对象方法并返回行数；通过 if 获取当前公告阅读记录的次数。如果没有行数，则返回 0 表示未阅读。

findAllNotId() 方法通过 member_news 表中查询出所有未读的消息的编号，结果通过 Map 集合保存，其代码如下所示。

范例29-28 MemberNewsDAOImpl类中的查询未读消息方法（MemberNewsDAOImpl.java）

```
@Override
public Map<Integer, Boolean> findAllNotId(String mid,Set<Integer> ids)
throws Exception {
    Map<Integer, Boolean> map = new HashMap<Integer, Boolean>();
    StringBuffer buf = new StringBuffer() ;
    buf.append("SELECT nid FROM news WHERE nid NOT IN (") ;
    buf.append("SELECT nid FROM member_news WHERE mid=?) ") ;
    buf.append("AND nid IN ( ") ;
    Iterator<Integer> iter = ids.iterator() ;
    while (iter.hasNext()) {
        buf.append(iter.next()).append(",") ;
    }
    buf.delete(buf.length() - 1, buf.length()).append(")") ;
    super.pstmt = super.conn.prepareStatement(buf.toString()) ;
    super.pstmt.setString(1, mid);
    ResultSet rs = super.pstmt.executeQuery() ;
    while (rs.next()) {
        map.put(rs.getInt(1),true) ;
    }
    return map;
}
```

代码详解

第 02 行，findAllNotId 方法的参数 mid 定义了用户 id，参数 ids 送入已阅读的公告 id 集合；第 05 行，定义一个串来保存一个复合 sql 预处理查询语句，第 06~13 行合并出 sql 语句，其中已阅读公告的值域在第 08~13 行的 in 子句中进行定义；第 16 行执行预处理语句并返回结果集；第 17 行循环会把结果集的记录放到映射 map 对象中，并返回。

02 业务层模块设计实现

接口 INewsServiceBack 定义了公告管理相关功能和操作的抽象方法，需要定义 NewsServiceBackImpl 类来实现其方法，实现指定的公告的功能性操作。

发布公告操作通过 add() 方法实现，其代码如下所示。

范例29-29 NewsServiceBackImpl类中的添加公告方法（NewsServiceBackImpl.java）

```
01 @Override
02 public boolean add(News vo) throws Exception {
03     try {
04         if (super.isAction(vo.getMember().getMid(), 12)) {
05             vo.setPubdate(new Date());
06             return DAOFactory
07             .getINewsDAOInstance(super.dbc.getConnection())
08             .doCreate(vo);
09         }
10         return false;
11     } catch (Exception e) {
12         throw e;
13     } finally {
14         this.dbc.close();
15     }
16 }
```

代码详解

第 04 行 isAction() 方法为 AbstractCRMServiceBack 父类的方法，该方法送入参数为用户 mid 和权限 id，用于判断当前用户是否有指定的权限，该方法判断用户是否锁定，锁定返回假，如果具有此权限或者是管理员，则返回为真，此处判断是否具有发布公告权限（12 所代），如果有，则通过工厂方法创建数据层 DAO 组件对象，执行其 doCreate 方法在数据库中添加公告记录。

对公告的更新操作通过 editPre() 和 edit() 方法实现，其代码如下所示。

范例29-30 NewsServiceBackImpl类中的更新公告方法（NewsServiceBackImpl.java）

```
@Override
public News editPre(String mid, int nid) throws Exception {
    try {
        if (super.isAction(mid, 13)) {
```

```
05             return DAOFactory
06             .getINewsDAOInstance(super.dbc.getConnection())
07             .findById(nid);
08         }
09         return null;
10     } catch (Exception e) {
11         throw e;
12     } finally {
13         this.dbc.close();
14     }
15 }
16 
17 @Override
18 public boolean edit(News vo) throws Exception {
19     try {
20         if (super.isAction(vo.getMember().getMid(), 13)) {
21             return DAOFactory
22                     .getINewsDAOInstance(super.dbc.getConnection())
23                     .doUpdate(vo);
24         }
25         return false;
26     } catch (Exception e) {
27         throw e;
28     } finally {
29         this.dbc.close();
30     }
31 }
```

代码详解

第 02 行开始的 editPre() 方法定义了更新前的操作，其参数 mid 定义用户 id，nid 定义公告 id；第 04 行代码作用是查询指定 mid 对应的用户是否具有修改公告权限，如果有，则通过工厂方法返回数据层 DAO 对象，然后根据其公告 id 查询出对应的公告对象，并返回；第 18 行开始的 edit() 方法定义了更新的操作，其参数 vo 是送入修改的公告对象，第 20 行代码作用是通过当前 vo 对象引用获取其用户对象，并查询指定 mid 对应的用户是否具有修改公告权限，如果有，则通过前面所介绍的 MemberDAO 组件通过送入的公告 vo 对象执行客户的更新操作。

对某个用户对应公告记录的分页列表操作通过 listSplit() 方法实现，其代码如下所示。

范例29-31　NewsServiceBackImpl类中的公告分页列表方法（NewsServiceBackImpl.java）

```
@Override
public Map<String, Object> listSplit(String mid, String column,
String keyWord, int currentPage, int lineSize) throws Exception {
    try {
```

```
05        Map<String, Object> map = new HashMap<String, Object>();
06        if (super.isAction(mid, 11)) {
07          List<News> all = DAOFactory.getINewsDAOInstance(
08              this.dbc.getConnection()).findAllSplit(column, keyWord,
09              currentPage, lineSize);
10          if (all.size() > 0) {
11            Set<Integer> set = new HashSet<Integer>();
12            Iterator<News> iter = all.iterator();
13            while (iter.hasNext()) {
14              set.add(iter.next().getNid());
15            }
16            map.put("unreadMap",
17                DAOFactory.getIMemberNewsDAOInstance(
18                super.dbc.getConnection()).findAllNotId(
19                mid, set));
20          }
21          map.put("allNewses", all);
22          map.put("newsCount",
23              DAOFactory
24              .getINewsDAOInstance(this.dbc.getConnection())
25              .getAllCount(column, keyWord));
26
27        }
28        return map;
29      } catch (Exception e) {
30        throw e;
31      } finally {
32        this.dbc.close();
33      }
34    }
```

代码详解

第 02 行和第 03 行代码中，参数 mid 定义用户 id，column 定义了列数，keyWord 定义查询关键词，currentPage 定义了当前页面，lineSize 定义了行数；第 05 行定义一个 map 映射对象，用于保存需要返回的数据值；第 06 行判断用户是否具有显示公告列表的权限，如果是，第 07 行通过工厂方法实例化 NewsDAO 对象，调用前面提到的 findAllSplit() 方法通过列数、关键词、当前页及行数以分页的方式返回当前用户的所有公告，公告以列表方式存在 all 的列表对象中；第 10 行如果当前的 all 对象包含有元素，定义个集合 set 对象依次通过迭代器保存所有元素，然后在第 16 行，在 map 对象中以“unreadMap”为键，来存储 MemberNewsDAO 对象的 findAllNotId() 返回的所有未读的消息编号的映射对象，上面这个方法通过送入 all 对象来判断其中的未读消息；第 21 行，在 map 对象中以“allNewses”来保存上面 all 对象；第 22 行，在 map 对象中以“newsCount”为键来存储 MemberNewsDAO 对象的 getAllCount() 返回的所有记录的记录总数，上面这个方法通过送入 keyword 关键字来进行筛选。第 28 行最终返回 map 对象。

03 控制层模块设计实现

（1）准备工作

定义 NewsServletBack 程序类，这个类是负责公告相关的控制层组件，在此由于篇幅，仅仅介绍添加，列表和编辑客户的控制层操作。

通过下面这一行 @WebServlet 注解的代码配置 servlet。

```
@WebServlet(urlPatterns="/pages/back/news/NewsServletBack/*")
```

通过编辑 Pages.properties 文件，在其中增加相应的添加客户、分页显示客户、编辑客户的页面路径和控制层组件路径。

```
news.add.page=/pages/back/news/news_add.jsp
news.add.servlet=/pages/back/news/NewsServletBack/addPre
news.list.page=/pages/back/news/news_list.jsp
news.list.servlet=/pages/back/news/NewsServletBack/list
news.show.page=/pages/back/news/news_show.jsp
news.edit.page=/pages/back/news/news_edit.jsp
```

编辑 Validator.properties 文件，使得服务器端验证生效。

```
NewsServletBack.add.rule= 此处留待自己去加相关验证逻辑
```

（2）控制层模块制作

公告管理的控制层组件是 NewsServletBack，其存放在 NewsServletBack.java 文件中，下面列出其中定义的主要方法，如编辑、添加和分页列表方法。

范例29-32 NewsServletImpl类中的主要方法（NewsServletBack.java）

```
public String editPre() {
  if (super.isAction(13)) {
    try {
      super.request.setAttribute(
        "news",
        ServiceFactory.getINewsServiceBackInstance().editPre(
        super.getMid(), this.news.getNid()));
    } catch (Exception e) {
      e.printStackTrace();
    }
    return"news.edit.page";
  } else {
    return "error.page";
  }
}
public String edit() {
  if (super.isAction(13)) {
  this.news.getMember().setMid(super.getMid());
  try {
    if (ServiceFactory.getINewsServiceBackInstance()
        .edit(this.news)) {
      super.setMsgAndUrl("vo.edit.success", "news.list.servlet");
```

```
            } else {
                super.setMsgAndUrl("vo.edit.failure", "news.list.servlet");
            }
        } catch (Exception e) {
            e.printStackTrace();
            super.setMsgAndUrl("vo.edit.failure", "news.list.servlet");
        }
    } else {
        return "error.page";
    }
    return "forward.page";
}
public String list() {
    if (super.isAction(11)) {
        SplitUtil su = super.handleSplitParam();
        try {
            Map<String, Object> map = ServiceFactory
                    .getINewsServiceBackInstance().listSplit(
                            super.getMid(), su.getColumn(),
                            su.getKeyWord(), su.getCurrentPage(),
                            su.getLineSize());
            super.getSession().setAttribute("unread", 0);
            super.request.setAttribute("allNewses", map.get("allNewses"));
            super.request.setAttribute("unreadMap", map.get("unreadMap"));
            super.request
                    .setAttribute("allRecorders", map.get("newsCount"));
            request.setAttribute("url", BasepathUtil.getPath(super.request)
                    + super.getPage("news.list.servlet"));
        } catch (Exception e) {
            e.printStackTrace();
        }
        return "news.list.page";
    } else {
        return "error.page";
    }
}
public String show() {
    if (super.isAction(33)) {
        try {
            super.request.setAttribute(
                    "news",
                    ServiceFactory.getINewsServiceBackInstance().show(
                            super.getMid(), this.news.getNid()));
        } catch (Exception e) {
            e.printStackTrace();
        }
        return "news.show.page";
    } else {
        return"error.page";
    }
}
```

```
74 public String addPre() {
75   if (super.isAction(12)) {
76     return "news.add.page";
77   } else {
78     return "error.page";
79   }
80 }
81 public String add() {
82   if (super.isAction(12)) {
83     this.news.getMember().setMid(super.getMid());
84     try {
85       if (ServiceFactory.getINewsServiceBackInstance().add(this.news)) {
86         super.setMsgAndUrl("vo.add.success", "news.add.servlet");
87       } else {
88         super.setMsgAndUrl("vo.add.failure", "news.add.servlet");
89       }
90     } catch (Exception e) {
91       e.printStackTrace();
92       super.setMsgAndUrl("vo.add.failure", "news.add.servlet");
93     }
94   } else {
95     return "error.page";
96   }
97   return "forward.page";
98 }
```

代码详解

其中第 02 行是预编辑方法，是编辑的前序操作，第 04 行设置 request 属性 news 为第 07 行返回的 news 对象，第 06 行通过工厂方法调用业务层组件 NewsServiceBack 的 editPre() 方法，该方法送入 mid 和 nid 通过数据库组件返回对应 nid 的 news 对象，并返回公告编写页面的路径；第 16 行 edit() 方法进行公告的编辑，第 14 行作用是在进行数据更新的时候一定要将当前用户的 id 传给 news 类对象，第 22 行如果成功更新 news 对象，则设置消息为成功消息，并且设置提交目标为分页显示公告列表的控制层组件，否则，则设置消息为失败消息，并且设置提交目标为分页显示公告列表的组件。最终在第 33 行返回给转发页面 forward.jsp。

第 33 行 list() 方法是分页列表显示客户的方法，第 36 行 isAction(11) 方法的含义是取出全部的权限，而后判断此权限是否存在，在此权限 11 是“公告列表”的权限，也就是如果具有此权限，则返回 true，否则返回 false，如果为 false，则转至错误页面；第 37 行，调用父类的 handleSplitParam() 方法来处理分页中的所有参数，读者注意 SplitUtil 是一个用于分页处理的工具类，该类对象封装了当前页，行数，列数，关键词等参数；第 40 行通过工厂方法返回 NewsServiceBack 组件，并执行前面介绍过的 listSplit 方法，该方法需要送入当前对象封装的 mid 和上述 4 个参数值，然后返回 Map 中包含前面介绍过的“allNewses”和“newsCount”数据；从第 44~50 行分别通过 request 属性传递上述部分数据，如 unread，allNewses，newsCount，unreadMap 等；第 54 行返回分页显示客户列表的页面。

第 74 行 addPre() 方法是增加客户的预处理方法，该方法首先判断当前用户是否有“添加公告”权限，如果有，返回增加公告的页面，如果没有，则返回错误页面；第 60 行 add() 方法是添加客户的方法，同样具有“添加公告”权限才能继续操作，第 83 行通过用户对象获取当前 mid 的值，并给当前要添加的公告设置其用户的 mid；第 85 行通过工厂方法获取业务层组件，并执行 add() 方法，把当前公告通过数据层组件保存到数据库，如果添加 news 对象成功，则设置消息为成功添加消息，并且设置提交目标为添加公告的控制层组件，否则，设置消息为失败消息，并且设置提交目标为添加公告的控制层组件，最终在第 97 行返回给转发页面 forward.jsp。

29.7 高手点拨

经过本章的学习，相信读者对 MVC 项目的技术、实现细节和开发过程都有了全面和直接的认识，同时能掌握不同层面组件的实际功能和相关协调，在此基础上相信读者已经基本掌握主要业务层 Services、控制层的 Servlet 及主要的数据库 DAO 组件的代码设计和配置文件的编写。用户可根据自身实际能力和兴趣对本章的项目加以改进和完善，同时在 MVC 的原理上配置 MVC 框架，如比较流行的 Spring、Struts、Hibernate 的配置和环境搭建，那样会更加加速开发的实效，在实战中会不断提高自己的编程水平。假以时日一定能成为一名 Java Web 编程高手。

29.8 实战练习

读者可以在基本 MVC 掌握的基础上，把自己以往用“JSP+JavaBean”搭建的基本 Web 项目，重构其设计，把其转换成为 MVC 实现的系统。而对于本系统还未介绍的部分，读者可以通过下面练习进行项目的完善。

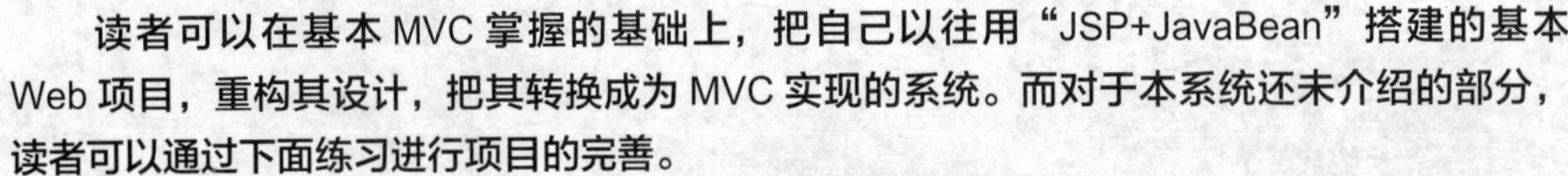

1. 用户管理部分只介绍了用户登录设计和实现。尝试改进和完善本章的项目，模仿其设计和实现，自行完成角色的增加、删除、修改、查询、列表显示等模块的功能。

2. 角色模块完成后，需要再次模仿上述设计和实现，自行完成用户的增加、删除、修改、查询、列表显示，以及管理员用户的密码修改等模块的功能。

3. 对于客户回访任务相关模块的设计和实现，本章未进行介绍，读者可通过自己的理解和掌握情况，自行完成回访任务的增加、删除、修改、查询、列表显示等模块的功能。

第30章 大数据项目实战——Hadoop下的数据处理

现在已经进入大数据时代，有海量的数据，亟需处理。但只有从大数据中挖掘出有意义的信息，数据才有价值。而大量数据的处理需要利器，这个利器就是 Hadoop，在这个大数据处理框架下，Java 是使用较为广泛的大数据编程语言。

通过本章的学习，让读者对大数据的处理有个初步的认识，并对大数据的挖掘算法有一定的理解。

本章要点（已掌握的在方框中打钩）

- □ 掌握 Hadoop 的安装
- □ 掌握 Hadoop 项目开发的大体流程
- □ 理解 K-means 算法

30.1 认识 Hadoop

30.1.1 初识 Hadoop

Hadoop 是 Apache 基金会下一个分布式的开源计算平台，也是 Apache 顶级项目之一。Hadoop 可使用户在不了解分布式底层细节的情况下，使用简单的编程模型（MapReduce）通过廉价 PC 的集群处理海量数据。Hadoop 最初来源于 Apache Lucence 开源搜索引擎下的子项目 Nuth，该项目的负责人是道格·卡丁（Doug Cutting）。

2003 年，谷歌为处理搜索引擎的海量数据，研发了 MapReduce 的大规模数据并行处理技术，并在同年发表了一篇论文，文中描述的是谷歌的产品架构，称为谷歌分布式文件系统（Google File System，GFS）。GFS 架构可满足 Nutch 海量数据存储和管理的需求。由于当时 GFS 并未开源，Nutch 的开发者们根据论文在着手进行 GFS 的一个开源的实现，即 Nutch 分布式文件系统（Nutch Distributed File System，NDFS）。

2004 年，谷歌的工程师再次发表了论文，介绍了 MapReduce 计算框架。道格·卡丁深受启发，Nutch 团队借助谷歌提供的MapReduce思想在Nutch系统上实现了MapReduce。随后，Nutch的所有主要算法完成移植，并基于 MapReduce 和 NDFS 实现，用于支持 Nutch 的数据处理。在 2006 年，Nutch 发展到 0.11.0 之后，道格·卡丁 NDFS 和 MapReduce 从中剥离出来，形成另一个专门的开源项目，并以他孩子的一头玩具象为之命名——Hadoop，如下图所示。

2009 年 7 月，Hadoop 核心架构（Hadoop Core）被重新命名为 Hadoop Common。MapReduce 和 Hadoop 分布式文件系统（HDFS）成为 Hadoop 的子项目。随后，Avro（一个数据序列化系统）和 Chukwa（是一个开源的用于监控大型分布式系统的数据收集系统）成为 Hadoop 新的子项目。

2010 年 5 月，Hadoop 的子项目 Avro 和 HBase（一个 NoSQL 类型的数据库）分别成为 Apache 基金会顶级项目。2011 年 12 月，经过近 6 年的发展，Hadoop 推出了 1.0.0 版本。Hadoop 的体系结构是一个三层的栈。位于底层的是文件系统 HDFS。中间层是由谷歌设计的计算框架 MapReduce，在顶层部署各种不同的高级应用系统（如 Hive、Pig、Hahout 等）。

2013 年 8 月，Hadoop 2.1.0 测试版开放下载。与 1.x 版本的主要区别是，Hadoop 2.x 在 1.x 版本上增加了任务调度及资源管理器——YARN（Yet Another Resource Negotiator，另一种资源协调者）。在 2.x 版本中，MapReduce 运行在 YARN 层之上，而 1.x 版本 MapReduce 运行在 HDFS 层之上，如下图所示。

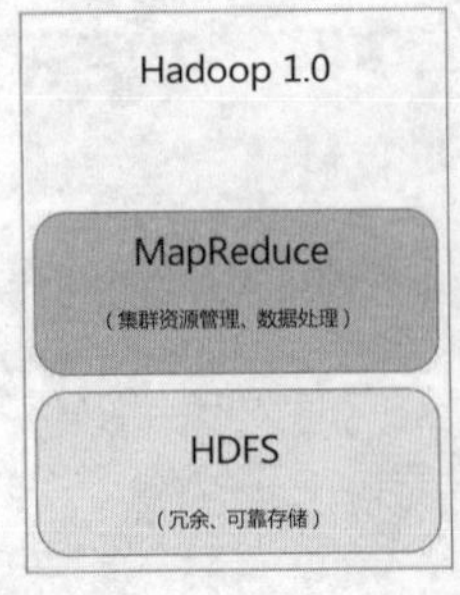

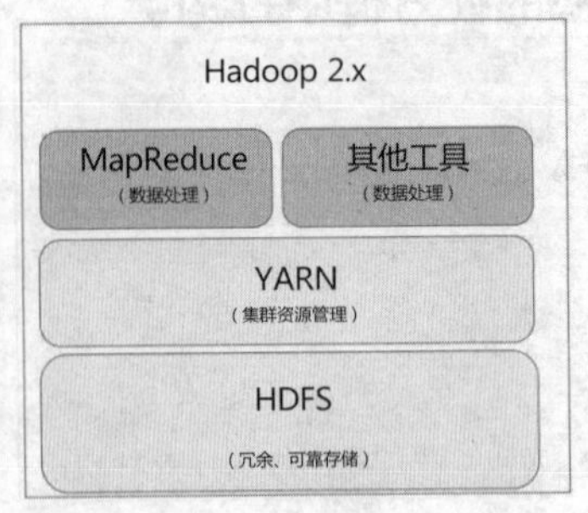

30.1.2 Hadoop 平台构成

目前，Hadoop 已成为 Apache 软件基金会旗下的一个开源分布式计算平台。以 Hadoop 分布式文件系统（Hadoop Distributed File System，HDFS）和 MapReduce（Google MapReduce 的开源实现）为核心的 Hadoop，为用户提供了系统底层细节透明的分布式基础架构。

对于 Hadoop 的集群而言，其节点可分成两大类角色：master（主节点）和 salve（从节点）。一个 HDFS 集群是由一个 NameNode（名称节点）和若干个 DataNode（数据节点）构成的。其中 NameNode 作为主服务器，管理文件系统的命名空间和客户端对文件系统的访问操作；集群中的 DataNode 管理存储的数据。

在 MapReduce 计算框架中，用于执行 MapReduce 任务的机器角色有两类：一类是 JobTracker（作业跟踪器），另一类是 TaskTracker（任务跟踪器）。

其中，JobTracker 运行在主节点，一个 Hadoop 集群中只有一个 JobTracker。JobTracker 用于作业调度，主要负责调度构成一个作业的所有任务，这些任务分布在不同的从节点上。

而 TaskTracker 运行在集群的从节点上，从节点仅负责由主节点指派的任务。当一个 job（作业）被提交时，JobTracker 接收到提交的作业和相应的配置信息之后，就会将配置信息等分发给从节点，同时调度任务并监控 TaskTracker 的执行。主节点的 JobTracker 监控它们的执行情况，一旦任务执行失败，协调重新执行之。

由上可以看出，MapReduce 和 HDFS 是 Hadoop 体系结构的两大核心部件。其中 HDFS 是“基础设施”，它在集群上实现分布式文件系统。在 MapReduce 任务管理过程中，HDFS 提供了基础性的文件操作和分布式存储支持。

基于 HDFS，MapReduce 框架实现了工作调度（分发、跟踪、执行等）、分布式计算、负载均衡、容错处理及网络通信等复杂问题，并把处理过程高度抽象为两类函数：map 和 reduce，其中 map 负责把任务分解成多个任务，reduce 负责把分解后多任务处理的结果汇总起来。

下面再来说说 Hadoop 2.0 以后引入的资源管理系统 YARN。YARN 在总体上采用主 / 从（master/slave）架构，其中，master 称为资源管理器（ResourceManager，RM），slave 称为节点管理器（NodeManager，NM），RM 负责对各个 NM 上的资源进行统一管理和调度。

在 YARN 架构中，一个全局的 RM 以后台守护进程的形式运行，它通常在专用机器（称为 NameNode）上运行，在各个相互竞争资源的应用程序之间，仲裁可用的集群资源。

当用户提交一个应用程序时，一个称为 ApplicationMaster（AM）的轻量级进程实例会启动，以协调应用程序内所有任务的执行。例如，AM 会向 RM 申请资源，并要求启动 NM 和占用一定资源的容器（Container）。Container 是 YARN 中的资源抽象，它封装了某个节点上的多维度资源，如内存、CPU、磁盘、网络等。YARN 架构如下图所示。

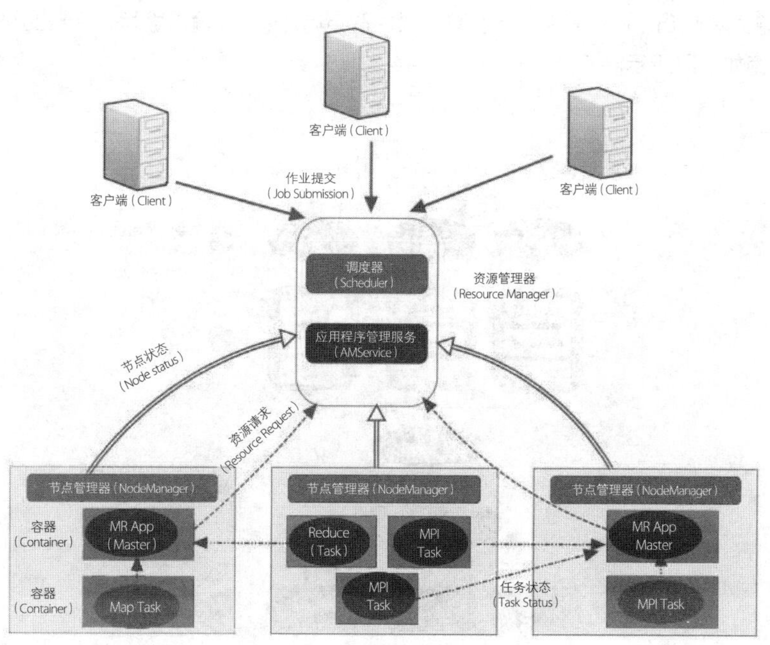

AM 和隶属于它的应用程序的任务，运行于受 NM 控制的资源容器之中。由于不同的 AM 被分布到不同的节点上，并通过一定的隔离机制实施了资源隔离，因此，它们之间不会相互影响。

30.2 理解 MapReduce 编程范式

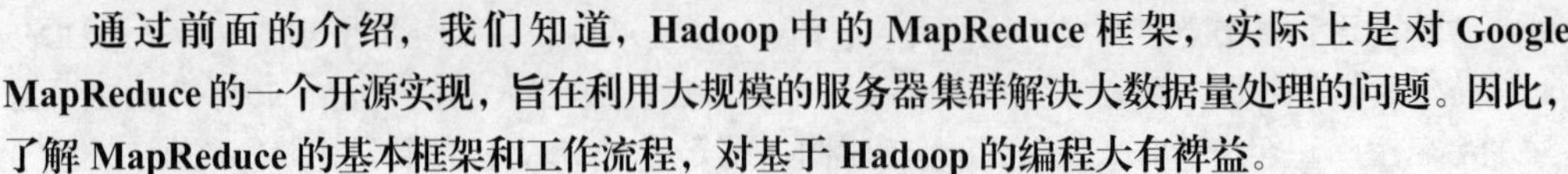

通过前面的介绍，我们知道，Hadoop 中的 MapReduce 框架，实际上是对 Google MapReduce 的一个开源实现，旨在利用大规模的服务器集群解决大数据量处理的问题。因此，了解 MapReduce 的基本框架和工作流程，对基于 Hadoop 的编程大有裨益。

MapReduce 核心思想，一言蔽之："分而治之"。说具体点就是"任务的分解与结果的汇总"。再讲详细点，就是将 HDFS 上的海量数据切分成为若干小块，然后将每个小块的数据（通常允许 3 倍冗余），分发至集群中的不同节点上实施计算，然后再通过整合各节点的中间结果，得到最终的计算结果。

有一段来自网络的"史上最简短"的 MapReduce 的介绍，则比较形象地阐述了 MapReduce 的概念。

假设，我们要数图书馆中的所有书。你数 1 号书架，我数 2 号书架。这就是"map"。我们人越多，数书就越快。然后，我们会合到一起，把所有人的统计数合并加在一起。这就是"reduce"。

下图同样形象地描述了 MapReduce 模型。

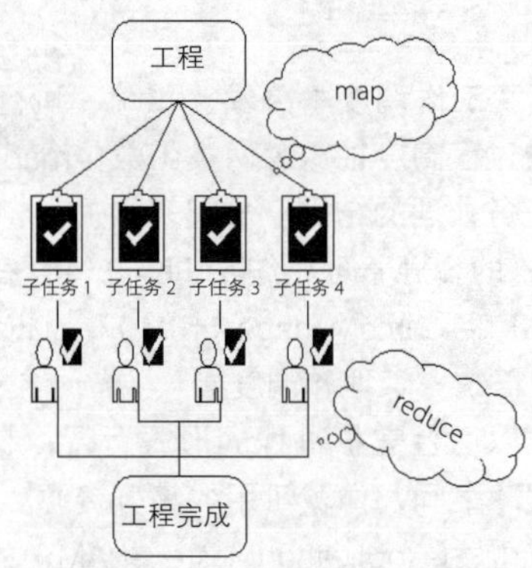

在 MapReduce 模型里，map 和 reduce 均为抽象接口，具体实现由用户决定。在实践中，MapReduce 把一个任务划分为若干个 Job（作业），每个 job 又分为 map（映射）和 reduce（规约）两个阶段。map 和 reduce 处理（包括输入和输出）的都是 k-v（键值对）数据，map 阶段的输出数据，是 reduce 阶段的输入数据。MapReduce 的工作流如下图所示。

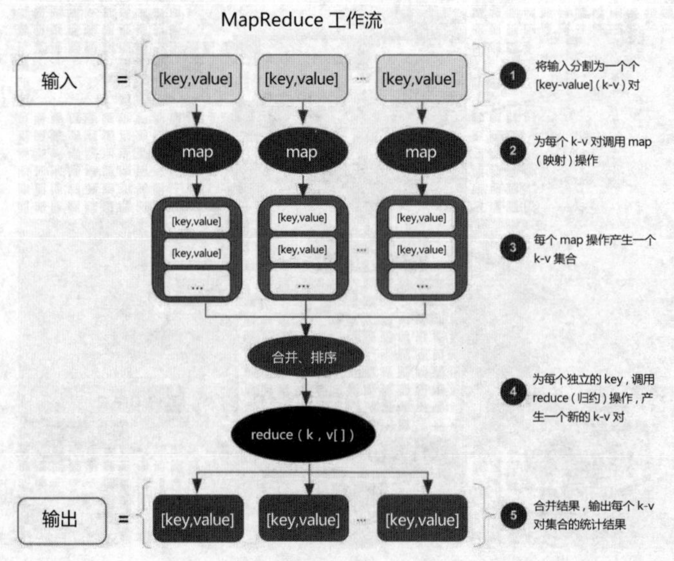

在 MapReduce 中，每个 map 节点对划分的数据进行并行处理，根据不同的输入结果，会产生相应的中间结果；每个 reduce 节点也同样负责各自的中间结果的处理；在进行 reduce 操作之前，必须等待所有的 map 节点处理完；汇总所有的 reduce 中间结果，即得到最终结果。

30.3 第1个 Hadoop 案例——WordCount 代码详解

在 Hadoop 的 MapReduce 编程中，有一个经典案例，类似于各种编程语言的“Hello World”案例，那就是“WordCount（单词计数）”，即读取多个文件，统计文件中的每个单词出现的次数。假如有两个文件 File1.txt 和 File2.txt，其内包含单词分别如下所示。

File1.txt: Hello World Bye World

File2.txt: Hello Hadoop Bye Hadoop

对上述文件进行处理之后，最终输出结果：Hello:2; World:2;Bye:2;Hadoop:3。

在接下来的章节里，我们将通过 MapReduce 的基本流程和 WordCount 的代码详解等方法，详细介绍 WordCount 是如何实现的。

30.3.1 WordCount 基本流程

01 数据分割

前面我们说过，MapReduce 编程范式的核心即为“分而治之”。在这个案例中，MapReduce 框架首先会将输入的文件分割成较小的块，形如 <K,V> 的形式，如下图所示。

02 Map 操作

接下来，我们需要对分割结果中的单词进行 map 操作。如果我们使用两个 map 节点，每个 map 节点负责处理一个句子（因为每个文件中只有一句话，暂且这样处理）。遇到一个单词就处理成 <word,1> 的格式，如果我们使用两个 map 节点分别处理这两个句子，过程如下图所示。

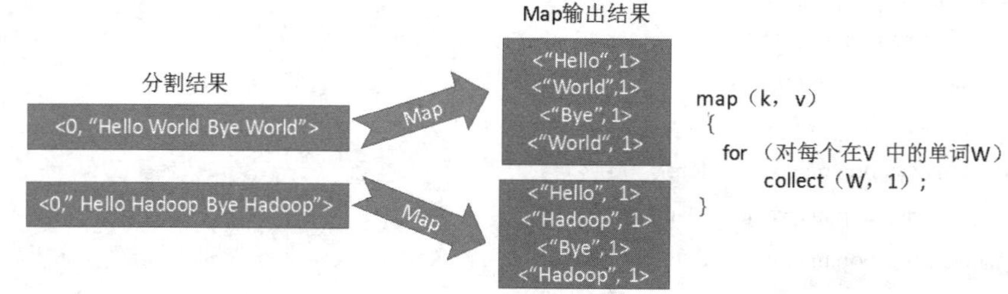

03 排序和本地合并

map 操作输出 <key，value> 对之后，映射方（mapper）会自动将输出的 <key，value> 对排序，然后执行合并（combine）过程，即本地 reduce 操作，如下图所示。

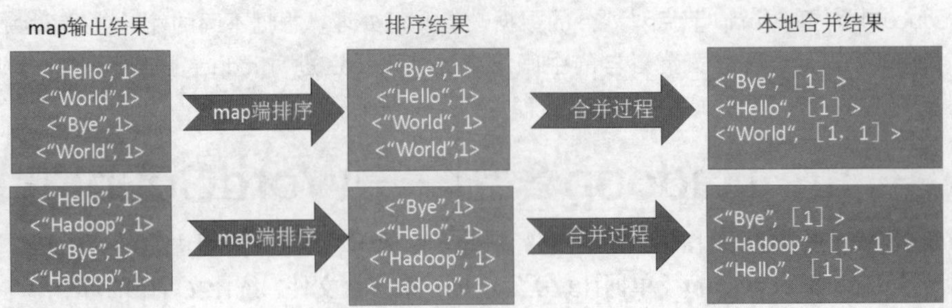

04 reduce 操作

最后，归约方（reducer）会先将合并的结果实施排序，并将具有相同 key 的 value 形成一个列表（list）集合，最后通过用户自定义的 reduce 方法输出结果，如下图所示。

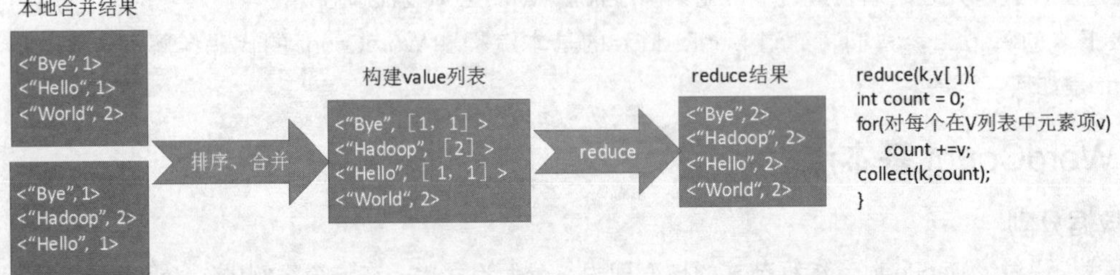

30.3.2 WordCount 代码详解

在前一节，我们已经介绍了 Hadoop 下的 WordCount 的基本思路。我们有必要对 WordCount 的代码进行详细解释。本书使用的实验操作系统为 CentOS 7，Hadoop 版本为当前比较稳定的版本 2.7.3。Hadoop 的安装请参考本书附录。假设我们已经成功部署了 Hadoop，那么 WordCount 的源码在 /share/hadoop/mapreduce/sourceshadoop- mapreduce-examples-2.7.3-sources.jar 里可以找到。

该程序的源代码如下所示。

```
package org.apache.hadoop.examples;
import java.io.IOException;  // 导入必要的 package
import java.util.StringTokenizer;
import org.apache.hadoop.conf.Configuration;
import org.apache.hadoop.fs.Path;
import org.apache.hadoop.io.IntWritable;
import org.apache.hadoop.io.Text;
import org.apache.hadoop.mapreduce.Job;
import org.apache.hadoop.mapreduce.Mapper;
import org.apache.hadoop.mapreduce.Reducer;
import org.apache.hadoop.mapreduce.lib.input.FileInputFormat;
import org.apache.hadoop.mapreduce.lib.output.FileOutputFormat;
import org.apache.hadoop.util.GenericOptionsParser;

public class WordCount {
  public static class TokenizerMapper
       extends Mapper<Object, Text, Text, IntWritable> {
    private final static IntWritable one = new IntWritable(1);
    private Text  word = new Text(); // 定义一个 text 对象，用来充当中间变量，存储单词
```

```
   public void map(Object key, Text value, Context context //key 即行偏移量，根据 value 进行拆分
                   ) throws IOException, InterruptedException {
     StringTokenizer itr = new StringTokenizer(value.toString());
     while (itr.hasMoreTokens()) {  //返回是否还有分隔符，判断是否还有单词
       word.set(itr.nextToken());
       context.write(word, one);  //map 输出诸如 ("Hello",1) 等（K，VList）对
     }
   }
 }
 public static class IntSumReducer  //定义 reduce 类，把 <K, VList> 中的 Vlist 值全部相加
      extends Reducer<Text,IntWritable,Text,IntWritable> {
   private IntWritable result = new IntWritable();
   public void reduce(Text key, Iterable<IntWritable> values, // 实现 reduce 方法
                      Context context
                      ) throws IOException, InterruptedException {
     int sum = 0;
     for (IntWritable val : values) {
       sum += val.get();
     }
     result.set(sum);
     context.write(key, result); // 将输入中的 key 复制到输出数据的 key 上，并输出
   }
 }

 public static void main(String[] args) throws Exception {
   Configuration conf = new Configuration();  // 加载配置并解析参数
   String[] otherArgs = new GenericOptionsParser(conf, args).getRemainingArgs();
   if (otherArgs.length < 2) {  // 判断参数输入的格式是否小于 2
     System.err.println("Usage: wordcount <in> [<in>...] <out>");
     System.exit(2);
   }
   Job job = Job.getInstance(conf, "word count");  // 实例化 Job 类
   job.setJarByClass(WordCount.class); // 设置主类名称
   job.setMapperClass(TokenizerMapper.class); // 指定使用自定义的 Map 类
   job.setCombinerClass(IntSumReducer.class);// 指定开启 Combiner 类
   job.setReducerClass(IntSumReducer.class);  // 指定使用自定义的 Reducer 类
   job.setOutputKeyClass(Text.class);         // 设置 Reduce 类输出的 <K,V)，K 类型
   job.setOutputValueClass(IntWritable.class); // 设置 Reduce 类输出的 <K,V)，V 类型
   for (int i = 0; i < otherArgs.length - 1; ++i) {   // 设置输入目录
     FileInputFormat.addInputPath(job, new Path(otherArgs[i]));
   }
   FileOutputFormat.setOutputPath(job,         // 设置输出目录
     new Path(otherArgs[otherArgs.length - 1]));
   System.exit(job.waitForCompletion(true) ? 0 : 1); // 提交任务并监控任务状态
 }
}
```

下面我们开始针对这个 WordCount.Java 做“代码阅读理解”，第 02~13 行主要是导入一下必要的包（package），核心代码分析是从 map 方法开始。

Hadoop MapReduce 操作的是基于键值对，但这些键值对并不是 Integer、String 等标准的 Java 类型。为了让键值对可以在集群上便捷移动，Hadoop 提供了一些实现了 WritableComparable 接口的基本数据类型，以便用这些类型定义的数据可以被序列化（serialization）进行网络传输、文件存储与大小比较。

键（key）：在 reduce 阶段排序时需要进行比较，故只能实现 WritableComparable 接口。

值（value）：仅会被简单地传递，必须实现 Writable 或 WritableComparable 接口。

下表是 8 个预定义的 Hadoop 基本数据类型，它们均实现了 WritableComparable 接口。

类	描述
BooleanWritable	标准布尔型数值
ByteWritable	单字节数值
DoubleWritable	双字节数
FloatWritable	浮点数
IntWritable	整型数
LongWritable	长整型数
Text	使用 UTF-8 格式存储的文本
NullWritable	当 <key,value> 中的 key 或 value 为空时使用

MapReduce 仅仅是个宏观的计算框架，每个不同的分布式计算，都需要根据具体问题，设计独特的 map 方法。因此，我们需要自定义一个 map 类——专用于字符分割的 TokenizerMapper，它继承自 org.apache.hadoop.mapreduce. Mapper 类，并需要覆写（override）该类的 map 方法，在该方法中，提供了 Map 阶段的逻辑代码，这个基类 Mapper 是一个泛型类，有 4 个泛型参数：Object，Text,，Text,，IntWritable，分别对应输入的 <key、value> 的类型和输出的 <key、value> 的类型。

针对 WordCount 程序，在 MapReduce 流程中，前两个参数 <key，value>，作为 map 操作的输入，然后经本地混排（shuffle sort）后，形成 <key，value-list> 输出，作为 reduce 的输入源，提交给 reduce。

默认情况下，key 值为该行的首字母相对于文本文件首地址的偏移量。而输入的 value 为文件的每一行文本（以回车符为行结束标记）。之所以有 (0, "Hello World Bye World ")，因为数据仅仅为 1 行，其起始偏移位置为 0，value 就是这行字符串。

如果文本多于 1 行，第二个数据分片（也就是第二行）的 key 就不会再为 0 了。Map 输出的 key 为该行的所有单词，事实上，它们并不见得都是严格意义上的单词，只是按照空白字符分割的子字符串而已，例如，这个程序就把“(thousand”当作一个单词了，其原因就是“(”和“thousand”没有空白字符割开。

map 方法的第二个参数类型 Text，它对应于 Java 中的 String 类，但相比于 String 类，其网络传输性能更好，所以这里选择的数据类型是 Text，而非 String。

出于相同的考虑，map 方法的第四个参数类型选用 IntWritable，它相当于 Java 中的 int 类型。事实上，Mapper 方法中的参数类型 IntWritable 和 Text，均是 Hadoop 实现的用于封装 Java 数据类型的类，如前所述，这些类实现了 WritableComparable 接口，都能够被对象序列化，从而便于在分布式环境中实施数据交换。

Map 的主要功能是将输入字符串切分成若干个单词（key），并加上单词出现的次数（value），然后输出（key，value）对。其中 StringTokenizer 是 Java 工具包中的一个类，用于将字符串进行拆分——默认情况下使用空格作为分隔符进行分割，将每一行拆分成为一个个的单词，并将 <word,1> 作为 map 方法的结果输出，其余的工作都交由 MapReduce 框架处理。

具体说来，第 22 行代码就是要构造一个使用空白字符作为分隔符的 StringTokenizer 对象 itr。在 Java 中，默认的分隔符是“空格（' '）”“制表符 ('\t')”“换行符 ('\n')”和“回车符 ('\r')”。

```
StringTokenizer itr = new StringTokenizer(value.toString());
```

第 23~26 行代码实现的功能是，如果还有下一个标记（单词），就取出来输出，并返回从当前位置到下一个分隔符的字符串。

```
while (itr.hasMoreTokens()) { //返回是否还有分隔符
    word.set(itr.nextToken());
    context.write(word, one); // write 方法将 ( 单词 ,1) 这样的二元组存入 context 中
}
```

接下来是 reduce 阶段的分析。与 map 类类似，reducer 类也需要继承 org.apache.hadoop.mapreduce. Reducer 类，并覆写 reduce 方法，在其中提供 reduce 阶段的逻辑代码。

该类的 4 个泛型参数，同样是输入、输出的 key、value 的类型。其中该阶段输入的 key 和 value 类型必须和 map 阶段输出的 key 和 value 类型一致，这并不难理解，因为 map 阶段的输出经过合并排序后，就成了 reduce 阶段的输入了。

我们知道，reduce 阶段的核心目的在于，遍历所有的 values 集合，并求和输出。需要说明的是，这里的 values 是一个迭代器的形式：Iterable<IntWritable> values（见第 30 行），也就是说 reduce 的输入是一个 key，对应一组的值的 value，reduce 方法中也有参数 context，它和 map 的 context 作用一致。reduce 的核心代码如第 36 ～ 38 行所示 .

```
// 将该单词的出现次数相加，计算出出现的总次数
int sum = 0;
for (IntWritable val : values) {
  sum += val.get();
}
result.set(sum); // 输出计算结果
context.write(key, result);
```

至此，map 和 reduce 都已经写完了，但这还没完！我们还需要针对这个任务进行一些特殊的设置。

运行 MapReduce 程序前，都要做初始化配置（configuration）（如第 51 行所示），configuration 类主要是读取 MapReduce 系统配置信息，这些信息包括 Hadoop 分布式文件系统（HDFS）及 MapReduce 计算框架信息，也就是安装 Hadoop 时候的配置文件，例如，core-site.xml、hdfs-site.xml 和 mapred-site.xml 等文件里的信息。

main 方法中的主要代码（如第 51 ～ 63 行）详细解释如下。

```
Job job = Job.getInstance(conf, "word count");              // 设置本次作业名为 word count
// 这个方法使用了 WordCount.class 的类加载器来寻找包含该类的 jar 包，然后设置该 jar 包为作业所用的 jar 包
job.setJarByClass(WordCount.class);  // 为 job 的输出数据设置 Key 类
job.setMapperClass(TokenizerMapper.class); // 设置 Mapper 类（Map 阶段使用）
job.setCombinerClass(IntSumReducer.class); // 设置 Combiner 类（中间合并结果）
job.setReducerClass(IntSumReducer.class);                   // 设置 Reducer 类（Reduce 阶段使用）
job.setOutputKeyClass(Text.class);              // 为 job 的输出数据设置 Key 类，规定 Reduce 输出的 key 类型为 Text
job.setOutputValueClass(IntWritable.class);  // 设置 Reduce 输出的 value 类型为 IntWritable
for (int i = 0; i < otherArgs.length - 1; ++i) {  // 设置输入输出路径
   FileInputFormat.addInputPath(job, new Path(otherArgs[i]));
}
FileOutputFormat.setOutputPath(job, new Path(otherArgs[otherArgs.length - 1]));
// 等待任务执行完毕
System.exit(job.waitForCompletion(true) ? 0 : 1);
```

需要说明的是，在 MapReduce 计算框架中，一个完整的业务（如单词计数）叫做作业（job），而分解到具体的 map 和 reduce 运算，就叫任务（task）。如果我们要构建一个作业，需要有两个参数，一个是作业的配置变量 conf，一个是这个作业本身的名称（第 51 行）。

然后就要加载用户编写好的程序，例如，这里的用户自己设计的类名就是 WordCount（第 52 行）。然后再装载 map 类——TokenizerMapper（第 53 行）和 reduce 函数实现类——IntSumReducer（第 55 行）。

这里，我们需要解释一下 combiner 是干什么的（第 54 行），第 54 行代码的功能是装载 combiner 类，这个类和 mapreduce 运行机制有关。事实上，这个 combiner 是一个本地的 reducer 方法，它用以完成中间结果的合并。

我们知道，在集群环境中，带宽是个珍贵的资源。通常在执行全局 reduce 之前，需要先将本地 map 所处理的数据，实施本地 reduce（也就是所谓的 combine），然后再将结果传给集群其他节点进行处理。这样设计的好处是，可以节省集群的带宽使用率，很显然，传递计算结果的数据量，总比传递所有中间数据的数据量要少得多。

combiner 这样做还有一个好处就是，分布式计算的优势就是“分而治之”，这就要求每个计算节点都要承担一定的计算工作，如果把所有节点的中间结果都汇总到单个节点计算，分布式计算的理念何以体现呢?

最后，就是构建输入的数据文件（第 61 行）和构建输出的数据文件（第 62 行），如果整个作业成功运行，那么 MapReduce 程序就会正常退出（第 63 行）。

到此，整个 WordCount 程序解释完毕。

30.3.3 运行 WordCount

在运行 WordCount 之前，我们需要先启动 Hadoop 集群，而启动 Hadoop 集群的第一件事就是要格式化 Hadoop 的文件系统。

（1）格式化文件系统

这里的格式化是指创建一个面向 Hadoop 的分布式文件系统——HDFS，而不是格式化用户的硬盘，所以读者不必担心。在 master 主机的控制台输入如下命令。

```
hdfs namenode -format
```

如果退出状态为 0，则表示成功（见下图），倘若返回状态不为 0，读者可以仔细阅读输出的提示信息，通常为配置文件配置有误，修改好后重新格式化即可。至此我们已经在伪分布模式下将 Hadoop 安装完毕了。

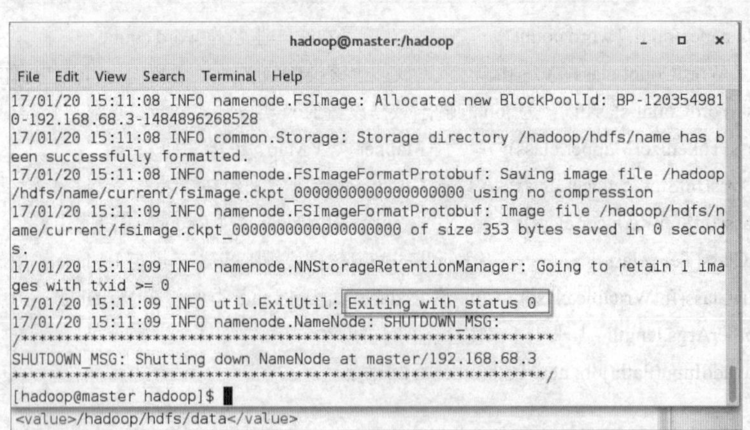

（2）启动 Hadoop

如前所述，在本地模式无需开启守护进程，故此可直接使用 Hadoop，无需启动。下面我们看看全分布模式下是如何开启守护进程的。

首先，我们依次启动 HDFS，YARN 和 MapReduce 守护进程，在终端输入下面 2 行命令。

```
start-dfs.sh
start-yarn.sh
```

运行这 2 行命令，会在用户的机器上开启如下 6 个后台进程：NameNode，Secondary NameNode，DataNode (HDFS)，ResourceManager，NodeManager(YARN)。

然后，可以使用 Java 提供的 jps 命令，列出所有的守护进程来验证安装正确。如果启动后分别在 master，slave1~3 下输入 jps 查看进程，看到下面的结果，则表示成功。

```
[hadoop@master hadoop]$ jps
12099 NameNode
12996 Jps
12454 SecondaryNameNode
12747 ResourceManager
```

master 节点

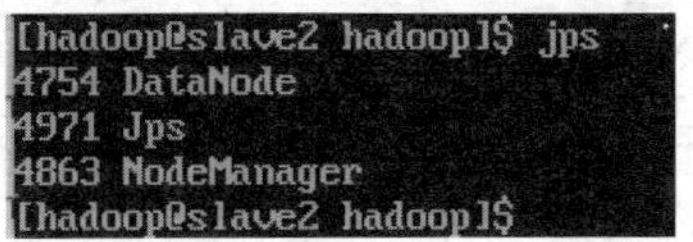

slave 节点（以 slave2 为例）

Hadoop 也提供了基于 Web 的管理工具。因此，Web 也可以用来验证 Hadoop 是否正确启动。其中 Namenode 的 URL 为 http://localhost:50070，ResourceManager（资源管理器）的为 http://localhost:8088/，HistoryServer（历史服务器）的为 http://localhost:19888/。例如，在浏览器地址栏中输入 http://localhost:50070 后，出现如下图所示的界面，则表明 NameNode 的守护进程已经开始工作，下图为概览图。

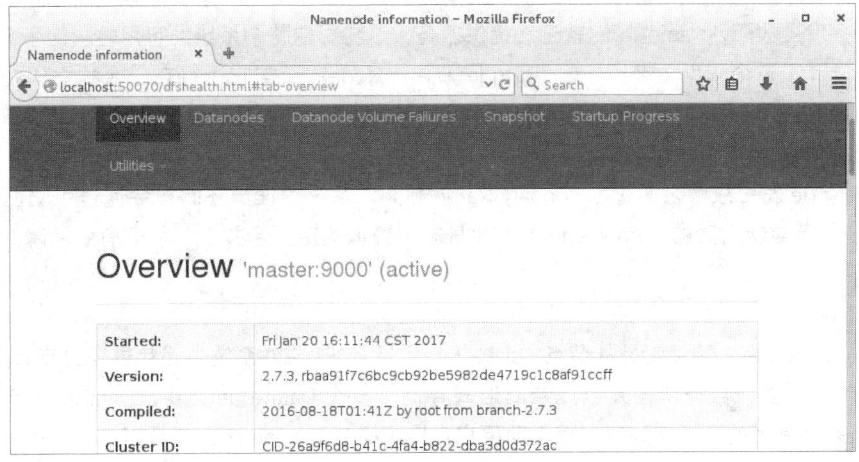

下图为 Datanode 的信息。

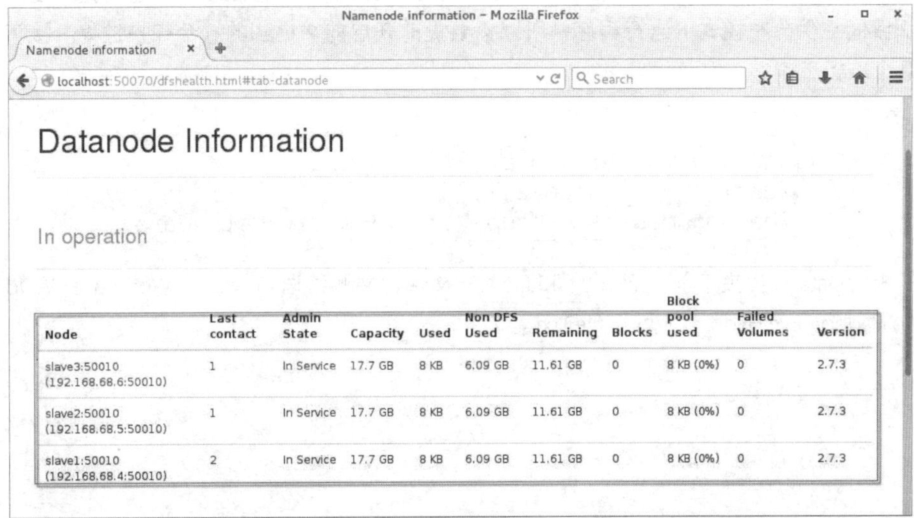

Node	Last contact	Admin State	Capacity	Used	Non DFS Used	Remaining	Blocks	Block pool used	Failed Volumes	Version
slave3:50010 (192.168.68.6:50010)	1	In Service	17.7 GB	8 KB	6.09 GB	11.61 GB	0	8 KB (0%)	0	2.7.3
slave2:50010 (192.168.68.5:50010)	1	In Service	17.7 GB	8 KB	6.09 GB	11.61 GB	0	8 KB (0%)	0	2.7.3
slave1:50010 (192.168.68.4:50010)	2	In Service	17.7 GB	8 KB	6.09 GB	11.61 GB	0	8 KB (0%)	0	2.7.3

如果要想关闭这些守护进程，只需要依次输入前面几条命令的反操作即可（将含有“start”字样的参数改为“stop”）。

```
stop-yarn.sh
stop-dfs.sh
```

在上面的讲解中，频繁出现“xxxNode”的字样，初学者可能会困惑，这些节点到底是什么意思呢？下面我们简单地介绍一下。

（1）NameNode

NameNode（名称节点），其实就是 master 节点（或称主节点），它是 HDFS 系统中的管理者，提供整个 HDFS 的 namespace（名称空间）管理、块管理及管理等服务。此外，元数据（metadata）相关的服务也是由 NameNode 远程提供的。当 NameNode 运行时，所有这些管理信息都是存储于内存之中，但也可以持久化到磁盘之中。

我们知道，Hadoop 在本质上就是谷歌提出的 MapReduce 计算框架的一个具体实现版本，在谷歌的实现系统中叫 master 节点，而 Hadoop 的设计者们并不想完全照抄谷歌的东西，于是就另起炉灶，整理了一套功能相同，名称不同的节点命名法。NameNode 就是这样的一个“创新”，DataNode 叫法也是类似。

（2）Secondary NameNode

顾名思义，Secondary NameNode 就是辅助主节点。在一个 Hadoop 集群环境里，如果仅仅只有一个 NameNode，一旦发生故障，NameNode 就无法提供服务，这将影响整个系统的可用性。为了避免这样的问题出现，Hadoop 设计了一个辅助主节点——Secondary NameNode。通常它运行在一台独立的物理主机上，和 NameNode 节点保持通信，并按一定时间间隔，周期性地执行对 HDFS 元数据的检查点（checkpoint），备份文件系统的元数据的快照（镜像备份）。

一旦 NameNode 发生故障，通过 Secondary NameNode，系统管理员还有机会通过手动配置那些备份的元数据，将其恢复至重新启动的 NameNode 中（即日志与镜像的定期合并），从而有效地降低了数据丢失的风险。

（3）DataNode

DataNode（数据节点）实际就是从节点（slave），它是 HDFS 文件系统中保存数据的节点。在 HDFS 中，数据文件常被分割为多个数据块，并以冗余的形式存储于多个 DataNode 之中。DataNode 节点会定期地向 NameNode 报告存储其上的数据块列表，以帮助用户直接访问 DataNode 之上的数据。

在前面，我们已经安装好了 Hadoop。对于初学者而言，不论是学习哪种语言，首次接触到的范例程序，可能都是“Hello World”。在 Hadoop 中，也有一个类似于 Hello World 的程序——它就是 WordCount（单词计数）。下面我们在伪分布模式下运行程序，所以需要提前开启前文提到的 6 个守护进程。接下来，我们还要完成如下几个准备工作。

（1）创建一个名为 HelloData 的文件夹。

```
[hadoop@master hadoop-2.7.3]$ pwd
/usr/local/hadoop-2.7.3
[hadoop@master hadoop-2.7.3]$ mkdir HelloData
```

（2）在 HelloData 文件夹下创建 file1.txt 和 file2.txt 文件，并测试语句“Hello World Bye World”写入 file1.txt，将“Hello Hadoop Bye Hadoop”写入 file2.txt。

```
[hadoop@master hadoop-2.7.3]$ pwd
/usr/local/hadoop-2.7.3
[hadoop@master hadoop-2.7.3]$ mkdir HelloData
[hadoop@master hadoop-2.7.3]$ echo "Hello World Bye World" >file1.txt
[hadoop@master hadoop-2.7.3]$ echo "Hello Hadoop Bye Hadoop" >file2.txt
```

前面两步的操作，这里使用了 echo 命令。echo 会将输入的字符串送往标准输出，“>”是定向输出符号，因此双引号引起来的字符串就会定向输出到“>”之后指定的文件之中了。如果定向输出的文件（如 file1.txt 或 file2.txt）不存在，则会创建这个文件。这仅仅是针对单行字符的输入至文件的权宜之计，更为复杂的字符输入，还是要借助 vim 或 gedit 等专业编辑器。

（3）使用 hdfs 命令在 HDFS（Hadoop 分布式文件系统）中创建名为“InputData”的文件夹（当然，这个文件夹取名为其他亦可）。

在命令终端输入如下命令。

```
hdfs dfs -mkdir -p /InputData
```

其中参数 dfs 表示的是运行一个基于 Hadoop 文件系统（HDFS）的命令，-mkdir 表示在 HDFS 中创建一个目录（注意：前面有横杠“-”），类似 Linux 的 Shell 命令 mkdir 中的“-p”参数的含义，这里也表示一次性可以创建多级目录。上面的命令中“hdfs”也可以用 hadoop 代替（请注意作为命令时，hadoop 需要全部小写），但“hadoop”命令已经过时了，在新版本的 Hadoop 中，取而代之的是命令“hdfs”，下同。

下面我们简要地列出在 hdfs 命令下常用的基于文件系统的命令（如下命令参数均需先使用 dfs 参数项），其含义和 Linux 操作系统的 Shell 命令基本类似，如下表所示。

参数项	含义
-ls	列出目录及文件信息
-put	将本地文件系统文件复制到 HDFS 文件系统中的目录下
-get	将 HDFS 中的文件复制到本地文件系统中，与 -put 命令相反
-cat	查看 HDFS 文件系统里文件的内容
-rm	从 HDFS 文件系统删除文件，rm 命令也可以删除空目录
-cp	将文件从某处复制到目的地
-du PATH	显示 PATH 目录中每个文件或目录的大小
-help ls	查看某个命令（如 ls）的帮助文档

然后，我们需要将本地文件夹 HelloData 文件夹内的文件（file1.txt 和 file2.txt），上传至 HDFS 下 InputData 文件夹之中，虽然 CentOS 已经提供了文件系统，但是 Hadoop 为了分布式计算方便，创建了 Hadoop 专用的分布式文件系统 HDFS，HDFS 与 CentOS 的文件系统并不相容，所以需要特别的命令架起两个文件系统传输数据。这时在命令终端，我们需要借助“-put”选项来完成 CentOS 文件系统中的数据，复制到 HDFS 文件系统的管辖区。

```
[hadoop@master HelloData]$ hdfs dfs -mkdir -p /InputData
[hadoop@master HelloData]$ pwd
/usr/local/hadoop-2.7.3/HelloData
[hadoop@master HelloData]$ hdfs dfs -put * /InputData
```

上面命令中的符号“*”是通配符，代表本地文件系统中的 HelloData 文件夹里的所有文件（即 file1.txt 和 file2.txt），发送到 Hadoop 文件系统中“/InputData”文件夹中。然后，我们可以借助“-ls”参数，查看“/InputData”文件夹内是否已有 file1.txt 和 file2.txt 这两个文件，如下所示。

```
[hadoop@master HelloData]$ hdfs dfs -ls /InputData
Found 2 items
-rw-r--r--   3 hadoop supergroup         22 2017-01-20 17:03 /InputData/file1.txt
-rw-r--r--   3 hadoop supergroup         24 2017-01-20 17:03 /InputData/file2.txt
```

（4）编译 WordCount.java

在 /usr/local/hadoop-2.7.3/ 目录下创建文件夹 projects（事实上，在其他路径创建该文件夹也可），在

projects 下创建子文件夹 class 和 src，src 用于存放 WordCount.java，class 用于存放 WordCount.class。编译参数如下图所示。

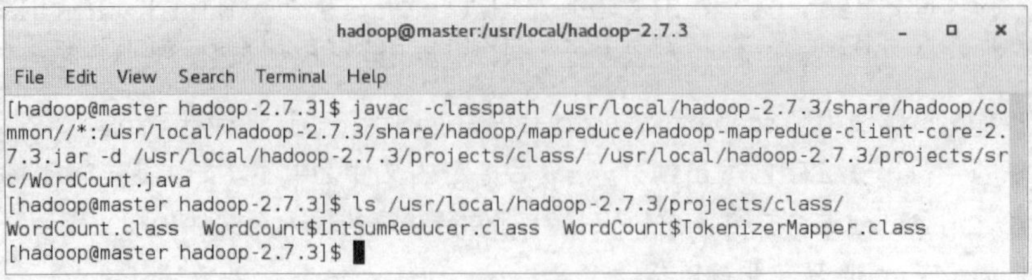

```
hadoop@master:/usr/local/hadoop-2.7.3
File Edit View Search Terminal Help
[hadoop@master hadoop-2.7.3]$ javac -classpath /usr/local/hadoop-2.7.3/share/hadoop/co
mmon//*:/usr/local/hadoop-2.7.3/share/hadoop/mapreduce/hadoop-mapreduce-client-core-2.
7.3.jar -d /usr/local/hadoop-2.7.3/projects/class/ /usr/local/hadoop-2.7.3/projects/sr
c/WordCount.java
[hadoop@master hadoop-2.7.3]$ ls /usr/local/hadoop-2.7.3/projects/class/
WordCount.class  WordCount$IntSumReducer.class  WordCount$TokenizerMapper.class
[hadoop@master hadoop-2.7.3]$ 
```

下面对这个 WordCount.class 进行打包（即变成 jar 文件），如下图所示。

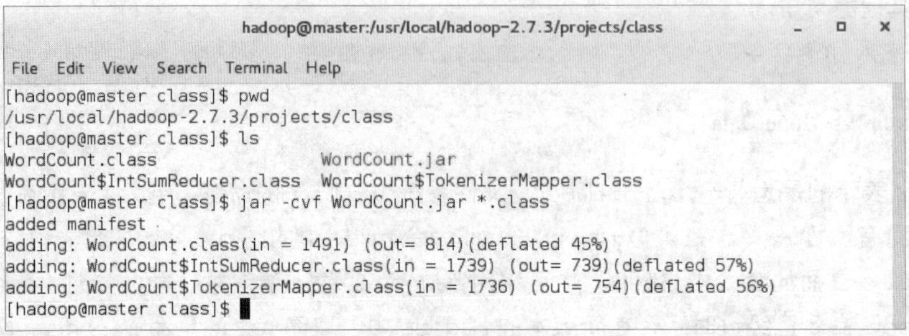

```
hadoop@master:/usr/local/hadoop-2.7.3/projects/class
File Edit View Search Terminal Help
[hadoop@master class]$ pwd
/usr/local/hadoop-2.7.3/projects/class
[hadoop@master class]$ ls
WordCount.class                WordCount.jar
WordCount$IntSumReducer.class  WordCount$TokenizerMapper.class
[hadoop@master class]$ jar -cvf WordCount.jar *.class
added manifest
adding: WordCount.class(in = 1491) (out= 814)(deflated 45%)
adding: WordCount$IntSumReducer.class(in = 1739) (out= 739)(deflated 57%)
adding: WordCount$TokenizerMapper.class(in = 1736) (out= 754)(deflated 56%)
[hadoop@master class]$ 
```

然后我们运行这个 jar 文件，在命令终端输入如下命令。

```
[hadoop@master hadoop-2.7.2]$ pwd
/usr/local/hadoop-2.7.2
[hadoop@master hadoop-2.7.2]$ hadoop jar share/hadoop/mapreduce/hadoop-mapreduce-exampl
es-2.7.2.jar wordcount /InputData /OutputData
```

如下图所示，这里的“pwd”命令是用来查询当前的工作目录。第二条命令才是真正的 wordcount 的执行命令，其中“/InputData”是 HDFS 中的数据输入目录，“/OutputData”是 HDFS 中的输出目录（这个目录并不需要提前创建，Hadoop 系统会自动创建一个），“*.jar”文件则是一个编译好的 Java 项目，中间 WordCount 则是作业（job）名称。执行的过程如下图所示。

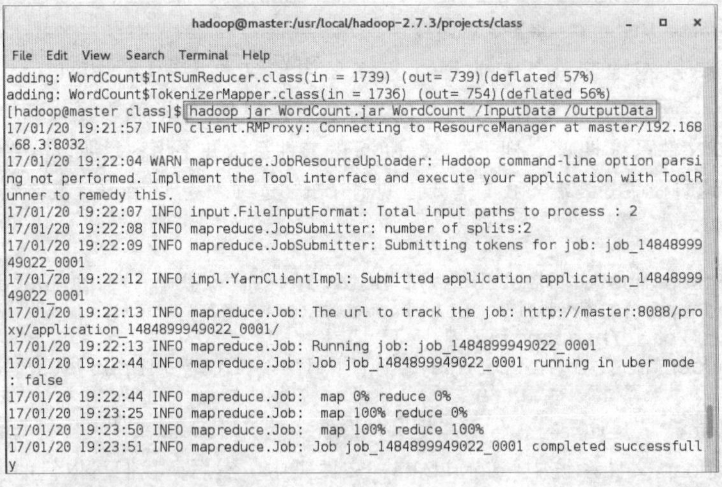

```
hadoop@master:/usr/local/hadoop-2.7.3/projects/class
File Edit View Search Terminal Help
adding: WordCount$IntSumReducer.class(in = 1739) (out= 739)(deflated 57%)
adding: WordCount$TokenizerMapper.class(in = 1736) (out= 754)(deflated 56%)
[hadoop@master class]$ hadoop jar WordCount.jar WordCount /InputData /OutputData
17/01/20 19:21:57 INFO client.RMProxy: Connecting to ResourceManager at master/192.168
.68.3:8032
17/01/20 19:22:04 WARN mapreduce.JobResourceUploader: Hadoop command-line option parsi
ng not performed. Implement the Tool interface and execute your application with ToolR
unner to remedy this.
17/01/20 19:22:07 INFO input.FileInputFormat: Total input paths to process : 2
17/01/20 19:22:08 INFO mapreduce.JobSubmitter: number of splits:2
17/01/20 19:22:09 INFO mapreduce.JobSubmitter: Submitting tokens for job: job_14848999
49022_0001
17/01/20 19:22:12 INFO impl.YarnClientImpl: Submitted application application_14848999
49022_0001
17/01/20 19:22:13 INFO mapreduce.Job: The url to track the job: http://master:8088/pro
xy/application_1484899949022_0001/
17/01/20 19:22:13 INFO mapreduce.Job: Running job: job_1484899949022_0001
17/01/20 19:22:44 INFO mapreduce.Job: Job job_1484899949022_0001 running in uber mode
: false
17/01/20 19:22:44 INFO mapreduce.Job:  map 0% reduce 0%
17/01/20 19:23:25 INFO mapreduce.Job:  map 100% reduce 0%
17/01/20 19:23:50 INFO mapreduce.Job:  map 100% reduce 100%
17/01/20 19:23:51 INFO mapreduce.Job: Job job_1484899949022_0001 completed successfull
y
```

（5）查看程序执行后的输出信息。

上述程序执行完毕后，会将结果输入到 /OutputData 目录中。如前所述原因，不能直接在 CentOS 的文件系统中直接查看运行结果，可使用 hdfs 命令中的“-ls”选项来查看。

```
hdfs dfs -ls /OutputData
```

如下图所示，在HDFS的输出路径“/OutputData”下有两个文件，其中“/OutputData/_SUCCESS”是表示Hadoop执行成功，这个文件大小为0，文件名就告知了Hadoop作业的执行状态。第二个文件“/OutputData/part-r-00000”才是Hadoop程序的运行结果。

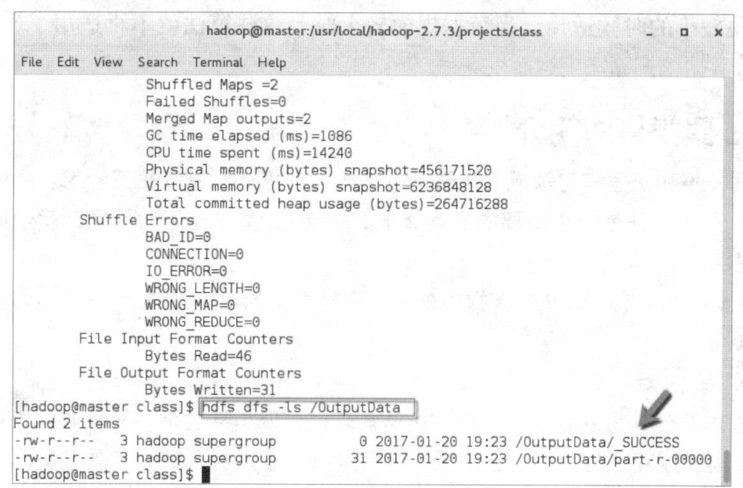

```
hadoop@master:/usr/local/hadoop-2.7.3/projects/class
File Edit View Search Terminal Help
                Shuffled Maps =2
                Failed Shuffles=0
                Merged Map outputs=2
                GC time elapsed (ms)=1086
                CPU time spent (ms)=14240
                Physical memory (bytes) snapshot=456171520
                Virtual memory (bytes) snapshot=6236848128
                Total committed heap usage (bytes)=264716288
        Shuffle Errors
                BAD_ID=0
                CONNECTION=0
                IO_ERROR=0
                WRONG_LENGTH=0
                WRONG_MAP=0
                WRONG_REDUCE=0
        File Input Format Counters
                Bytes Read=46
        File Output Format Counters
                Bytes Written=31
[hadoop@master class]$ hdfs dfs -ls /OutputData
Found 2 items
-rw-r--r--   3 hadoop supergroup          0 2017-01-20 19:23 /OutputData/_SUCCESS
-rw-r--r--   3 hadoop supergroup         31 2017-01-20 19:23 /OutputData/part-r-00000
[hadoop@master class]$
```

（6）在命令终端利用“-cat”选项查看文件内容。

```
hdfs dfs -cat / OutputData /part-r-00000
```

最后的输出结果如下图所示。

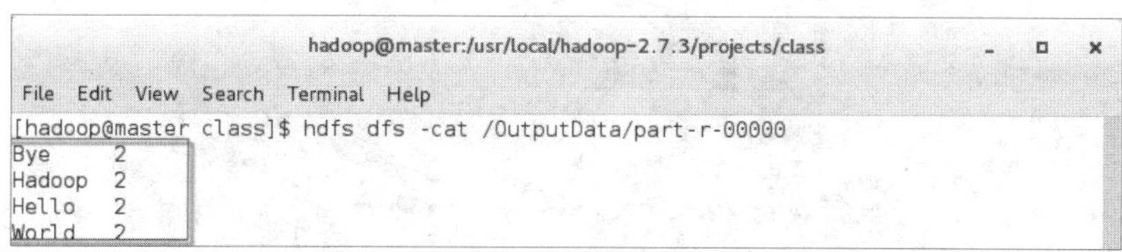

```
hadoop@master:/usr/local/hadoop-2.7.3/projects/class
File Edit View Search Terminal Help
[hadoop@master class]$ hdfs dfs -cat /OutputData/part-r-00000
Bye     2
Hadoop  2
Hello   2
World   2
```

当然，我们也可以使用“-get”命令，把Hadoop文件系统中的输出数据反向拷贝至本地操作系统中（如CentOS），如下所示。

```
hdfs dfs -get  /out/part-r-00000  ~/hadoop-2.7.2/wordcount.txt
```

然后，在本地操作系统中使用常规方法来查看（如cat命令或使用vim编辑器等）。单词统计的结果如下图所示。

```
hadoop@master:/usr/local/hadoop-2.7.3/projects/class
File Edit View Search Terminal Help
[hadoop@master class]$ hdfs dfs -cat /OutputData/part-r-00000
Bye     2
Hadoop  2
Hello   2
World   2
```

由上面输出的结果可以看出，这个程序达到了预期的目的：就是统计每个单词出现的次数，并输出统计结果。

在运行这个小程序过程中，或许读者会觉得这个过程有点慢。这是因为我们只在一个单机上执行了统计两个文件总共4个单词的计数任务，这可谓是“杀鸡用牛刀”，因为Hadoop的准备工作所带来的开销（overheads），远远比实际计算大得多。

在这里运行这个“wordcount”小程序，仅仅是证明了我们搭建的Hadoop伪分布集群可以工作了！

30.4 面向 K-Means 聚类算法的 Hadoop 实践

很多大数据的处理问题最终会落到机器学习和数据挖掘的算法上来。大数据的传统挖掘数据的算法在数据集较小的时候适用，当数据规模较大时，这些算法就不再适用了。其中 K-Means 聚类算法等数据挖掘算法应运而生。

30.4.1 K-Means 聚类算法简介

聚类分析是数据挖掘和机器学习领域的重要问题之一，在模式识别，机器学习及图像分割领域有着重要作用。K-Means（K- 均值）算法是一种重要的聚类算法。K-Means 算法由于时间复杂度较低，被广泛应用在各行业的数据信息挖掘中。

K-Means 算法是 MacQueen J. 在 1967 年提出来的。聚类算法的最终目的之一是集合划分为若干个簇。

那么，什么是聚类?

（1）聚类的基本概念

俗语有云："人以群分，物以类聚"。用自然语言来说，聚类指的是将物理或抽象对象的集合分成由类似的对象组成的多个类的过程。在数据挖掘领域，聚类是指将数据对象划分为若干类，同一类的对象具有较高的相似度，不同类的对象相似度较低。从这个简单的描述中可以看出，聚类的关键是如何度量对象间的相似性。较为常见的用于度量对象的相似度的方法有距离、密度等。聚类有个案样本的聚类分析，也有属性变量的聚类分析，大多数讨论的是样本的聚类。

由聚类所生成的簇是一组数据对象的集合，这些对象与同一个簇中的对象彼此相似，与其他簇中的对象相异，且没有预先定义的类（非监督学习），如下图所示。

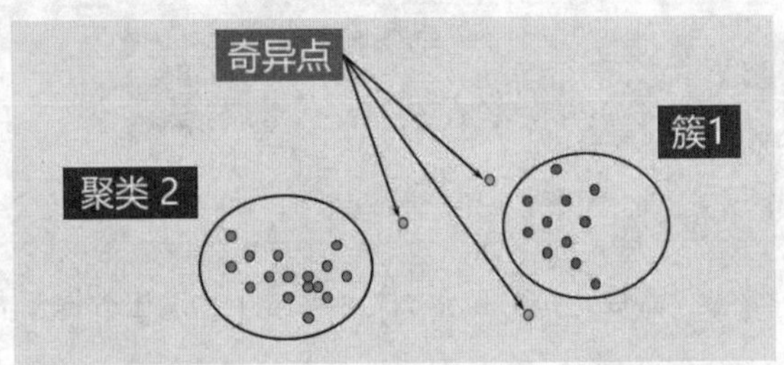

（2）簇的划分

在聚类过程中，我们规定同一簇特征相似，有别于其他簇。那么簇的划分一定是鲜明直白的吗？在左下图中，我们可以看出有 2 个簇，在右下图里，我们可以明显看出有 4 个簇。

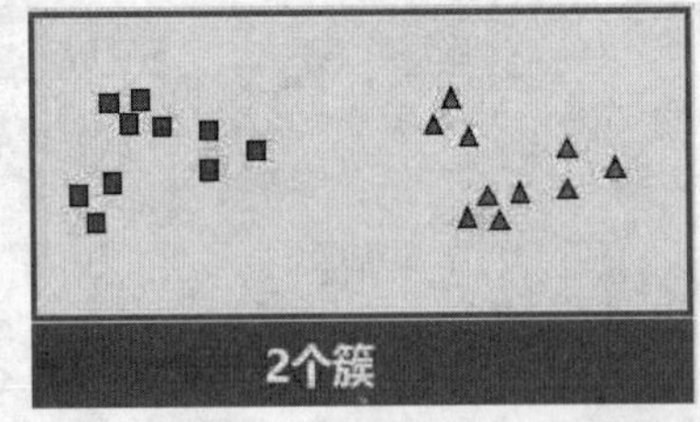

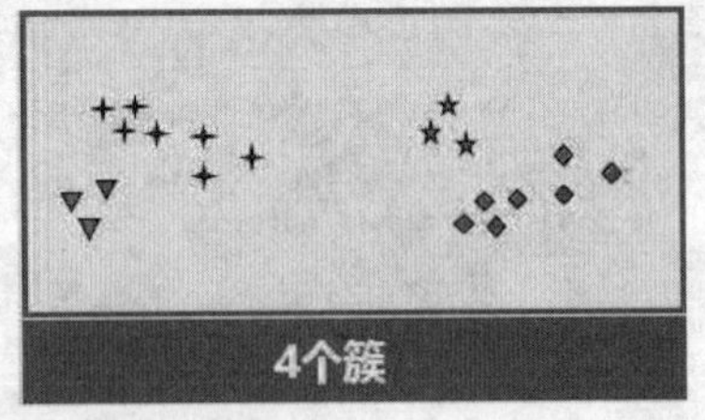

但是，当簇的特征不是那么明显的时候，我们是无法通过肉眼直接看出来的，如下图所示。

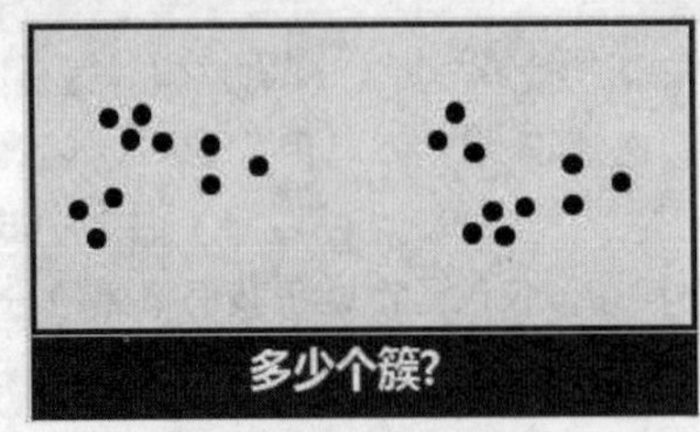

因此，我们需要一个算法帮助我们划分簇，K-Means 就是其中的一种。

（3）K-Means 算法核心

K-Means 算法的目的是给定一个期望的聚类个数和包括 *N* 个数据对象的数据库，划分为满足方差最小的 *K* 个聚类。

其基本流程为：选取 *K* 个点作为初始 *K* 个簇的中心，然后将其余的数据对象按照距离簇中心最近的原则分配到不同的簇。当所有的点均被划分到一个簇后，再对簇中心进行更新，更新的依据是根据每个聚类对象的均值，计算每个对象到簇中心对象距离的最小值，直到满足一定的条件，满足的条件一般为函数收敛或计算达到一定的次数。K-Means 算法的核心如下图所示。

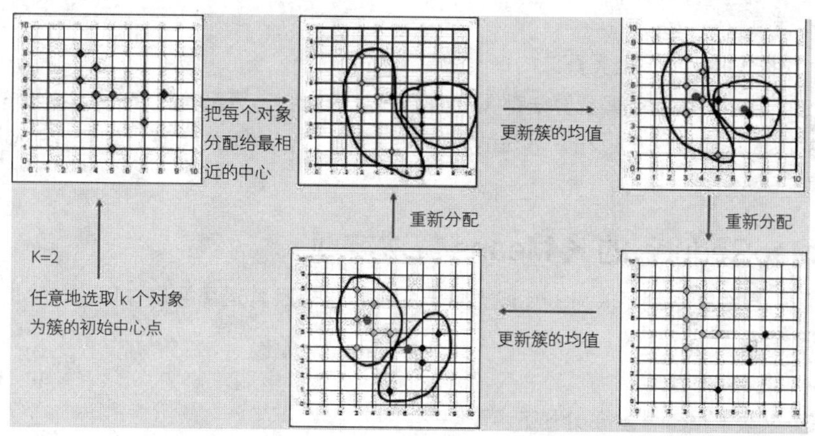

在 K-Means 算法中，我们主要需要考量两个方面：初始质心 *K* 的选取及距离的度量。常见的选取初始质心的方法是随机挑选 *K* 个点，但这样的簇质量往往很差。因此，挑选质心的比较常用的方法有：

- 多次运行，每次使用一组不同的随机的初始质心，然后选取具有最小误差的平方和的簇集。这种策略简单，但是效果可能不好，这取决于数据集和寻找的簇的个数。
- 根据先验知识决定 *K* 的取值。
- 对不同 k 值都产生 2 次聚类，选择两次聚类结果最相似的 *K* 值（稳定性）。

（4）K-Means 算法优缺点

K-Means 算法得到了广泛的应用，因其具有很多无可比拟的优点：算法简单易于操作，并且效率非常高，对于结构比较复杂的大数据集，算法具有较强的伸缩性，执行效率比较高，因为算法的时间复杂度为 $o(nkt)$，其中 n 为数据集中数据对象的个数，K 为聚类数目，t 为算法的迭代次数，一般情况下，$K \leqslant n$，$t \leqslant n$，所以在通常情况下算法的时间复杂度也用 $O(n)$ 来表示。与其他聚类算法一样，K-Means 聚类算法也存在自身的不足，大体上有以下几点。

（1）K-Means 聚类算法可根据数据集的特性将数据划分成 *K* 个类簇，*K* 的取值需要用户事先给出。

通过对 K-Means 聚类算法的流程分析后不难看出，在算法进行运算之前需要给出聚类个数。然而在实际例子中，对给定的数据集要分多少个类，用户往往很难给出明确的结果。此时，人们通常需要根据自己的经验及其他算法的帮助来给出类簇个数。这样会增加算法的运算负担，通常获取类簇数目要比算法迭代过程付出更大的代价。所以说 K-Means 聚类算法中 *K* 的不确定性是一个比较大的不足。

（2）K-Means 聚类算法对初始聚类中心的选取有很强的依赖性。

首先要从数据集中随机地选取出 *K* 个数据样本作为初始聚类中心，然后通过不断的迭代得出聚类结果，直到所有样本点的位置不再发生变化。K-Means 聚类算法的准则函数通常取用误差平方和函数，它是一个非凸型函数，往往会导致聚类结果出现很多局部最小值，这就导致了准则函数会陷入局部最小状态，不能得出全局最小。

（3）K-Means 聚类算法对噪音点比较敏感，聚类结果容易受噪音点的影响。

在 K-Means 聚类算法中，通过对每个类簇中所有数据点求均值来获得簇中心。如果数据集中存在噪音数据，在计算类的均值点时，可能会因为加入了噪音数据，导致均值点远离样本密集区域，甚至出现均值点基本与噪音数据非常接近的现象，这样得出的聚类效果肯定不理想。所以在噪音数据掺入到数据集中时，算法在迭代过程中就会受到干扰，得出的结果不准确甚至是错误的。对于这个问题，可以考虑选取簇中位置最中心的数据点来代替计算出的均值点。

（4）只能发现球形簇，对于其他任意形状的簇 。

K-Means 算法很难得出理想的聚类结果。聚类算法采用欧式距离，只能发现数据点分布较均匀的球形簇。采用误差平方和准则函数，一般情况下，数据集中不同类的形状和大小并不相同，并且有时差异较大，这就会导致在聚类过程中，为了满足准则函数能够取到极小值，把数据对象较多的类分成一些较小的类，这必然会导致聚类效果不理想。

（5）对于大数据集 K-Means 聚类算法的聚类效果不佳。

在每次迭代过程中，K-Means 聚类算法都需要重新计算簇中心和分配样本点，所以当样本集中数据量很大时，需要大量的时间来完成迭代过程，算法的时间开销会很大，大量的运算时间导致 K-Means 聚类算法不适合对大数据量进行聚类。

30.4.2 基于 MapReduce 的 K-Means 算法实现

在前一节，我们已经了解到了 K-Means 聚类算法的基本思想及其运用场景。现在，我们使用 MapReduce 实现 K-Means 聚类算法。

（1）K-Means 算法基本步骤

用 MapReduce 实现 K-Means 主要分如下步骤。

① 选取 *K* 个点作为初始的簇中心。

② 各个 map 节点读取本地存储的数据集，使用 K-Means 算法中提及的方法，产生聚类集合。在规约阶段，用若干聚类集合产生的新的全局聚类中心，重复多次操作，直到产生的聚类满足 K-Means 算法中提及的相应条件。

③ 根据最终产生的簇中心对所有数据进行划分聚类。

（2）初始簇中心的选取

我们不妨定义一个类，用来保存一个簇的信息，包含簇的 ID、簇中的点的个数及簇中心点的信息，如下所示。

```
import java.io.DataInput;
import java.io.DataOutput;
import java.io.IOException;
import org.apache.hadoop.io.Writable;
/*
 * k-Means 聚类算法簇信息
 */
public class Cluster implements Writable{
    private int clusterID;
    private long numOfPoints;
    private Instance center;

    public Cluster(){
        this.setClusterID(-1);
        this.setNumOfPoints(0);
        this.setCenter(new Instance());
    }
```

```

    public Cluster(int clusterID,Instance center){
        this.setClusterID(clusterID);
        this.setNumOfPoints(0);
        this.setCenter(center);
    }

    public Cluster(String line){
        String[] value = line.split(",",3);
        clusterID = Integer.parseInt(value[0]);
        numOfPoints = Long.parseLong(value[1]);
        center = new Instance(value[2]);
    }
    public String toString(){
        String  result = String.valueOf(clusterID) + ","
            + String.valueOf(numOfPoints) + "," + center.toString();
        return result;
    }
    public int getClusterID() {
        return clusterID;
    }
    public void setClusterID(int clusterID) {
        this.clusterID = clusterID;
    }
    public long getNumOfPoints() {
        return numOfPoints;
    }
    public void setNumOfPoints(long numOfPoints) {
        this.numOfPoints = numOfPoints;
    }
    public Instance getCenter() {
        return center;
    }
    public void setCenter(Instance center) {
        this.center = center;
    }

    public void observeInstance(Instance instance){
        try {
            Instance sum = center.multiply(numOfPoints).add(instance);
            numOfPoints++;
            center = sum.divide(numOfPoints);
        } catch (Exception e) {
            // TODO Auto-generated catch block
            e.printStackTrace();
        }
```

```
    }

    @Override
    public void write(DataOutput out) throws IOException {
        // TODO Auto-generated method stub
        out.writeInt(clusterID);
        out.writeLong(numOfPoints);
        center.write(out);
    }

    @Override
    public void readFields(DataInput in) throws IOException {
        // TODO Auto-generated method stub
        clusterID = in.readInt();
        numOfPoints = in.readLong();
        center.readFields(in);
    }
}
```

（3）迭代计算簇中心

在第二步，我们需要多次迭代。每个 map 节点先使用 setup() 方法读入上一轮节点产生的簇信息，setup() 方法的源码如下所示。

```
protected void setup(Context context) throws IOException,InterruptedException{
    super.setup(context);
    FileSystem fs = FileSystem.get(context.getConfiguration());
    FileStatus[] fileList = fs.listStatus(new Path(context.getConfiguration().get("clusterPath")));
    BufferedReader in = null;
    FSDataInputStream fsi = null;
    String line = null;
    for(int i = 0; i < fileList.length; i++){
        if(!fileList[i].isDir()){
            fsi = fs.open(fileList[i].getPath());
            in = new BufferedReader(new InputStreamReader(fsi,"UTF-8"));
            while((line = in.readLine()) != null){
                System.out.println("read a line:" + line);
                Cluster cluster = new Cluster(line);
                cluster.setNumOfPoints(0);
                kClusters.add(cluster);
            }
        }
    }
    in.close();
    fsi.close();
}
```

然后，需要使用 map 方法，对每个传入的数据找最合适的簇中心，把簇中的 id 作为键，该数据点作为值发送出去，表示这个数据点属于 id 所在的簇。map 方法的实现代码如下所示。

```
public void map(LongWritable key, Text value, Context context)throws
    IOException, InterruptedException{
        Instance instance = new Instance(value.toString());
        int id;
        try {
          id = getNearest(instance);
          if(id == -1)
          throw new InterruptedException("id == -1");
          else{
              Cluster cluster = new Cluster(id, instance);
              cluster.setNumOfPoints(1);
              System.out.println("cluster that i emit is:" + cluster.toString());
              context.write(new IntWritable(id), cluster);
          }
      } catch (Exception e) {
           e.printStackTrace();
      }
  }
```

· 同时，为了减轻网络的负担，我们利用 combiner 对 map 的结果做一个归并。combiner 的实现如下所示。

```
public static class KMeansReducer extends Reducer<IntWritable,Cluster,NullWritable,Cluster>{
    public void reduce(IntWritable key, Iterable<Cluster> value, Context context)throws
    IOException, InterruptedException{
        Instance instance = new Instance();
        int numOfPoints = 0;
        for(Cluster cluster : value){
            numOfPoints += cluster.getNumOfPoints();
            instance=instance.add(cluster.getCenter().multiply(cluster.getNumOfPoints()));

        }
        Cluster cluster = new Cluster(key.get(),instance.divide(numOfPoints));
        cluster.setNumOfPoints(numOfPoints);
        context.write(NullWritable.get(), cluster);
    }
}
```

（4）reduce 规约实现

然后就是 reduce 的实现。在这一阶段，我们需要将 combiner 的输出结果进行进一步的归并，输出。实现过程如下所示。

```
public static class KMeansCombiner extends Reducer<IntWritable,Cluster,IntWritable,Cluster>{
    public void reduce(IntWritable key, Iterable<Cluster> value, Context context)throws
    IOException, InterruptedException{
        Instance instance = new Instance();
```

```
        int numOfPoints = 0;
        for(Cluster cluster : value){
            numOfPoints += cluster.getNumOfPoints();
            System.out.println("cluster is:" + cluster.toString());
            instance = instance.add(cluster.getCenter().multiply(cluster.getNumOfPoints()));
        }
        Cluster cluster = new Cluster(key.get(),instance.divide(numOfPoints));
        cluster.setNumOfPoints(numOfPoints);
        System.out.println("combiner emit cluster:" + cluster.toString());
        context.write(key, cluster);
    }
}
```

（5）安装最终的聚类中心划分数据

根据上述实现，我们已经确定了所有的聚类中心，接下来要做的就是：扫描所有的数据点，把数据点划分在距离最近的聚类中心。距离的定义如下所示。

```
public class Instance implements Writable{
    ArrayList<Double> value;

    public Instance(){
        value = new ArrayList<Double>();
    }

    public Instance(String line){
        String[] valueString = line.split(",");
        value = new ArrayList<Double>();
        for(int i = 0; i < valueString.length; i++){
            value.add(Double.parseDouble(valueString[i]));
        }
    }
public class Instance implements Writable{
    ArrayList<Double> value;

    public Instance(){
        value = new ArrayList<Double>();
    }

    public Instance(String line){
        String[] valueString = line.split(",");
        value = new ArrayList<Double>();
        for(int i = 0; i < valueString.length; i++){
            value.add(Double.parseDouble(valueString[i]));
        }
    }
```

```

public Instance(Instance ins){
  value = new ArrayList<Double>();
  for(int i = 0; i < ins.getValue().size(); i++){
    value.add(new Double(ins.getValue().get(i)));
  }public class Instance implements Writable{
ArrayList<Double> value;

public Instance(){
  value = new ArrayList<Double>();
}

public Instance(String line){
  String[] valueString = line.split(",");
  value = new ArrayList<Double>();
  for(int i = 0; i < valueString.length; i++){
    value.add(Double.parseDouble(valueString[i]));
  }
}

public Instance(Instance ins){
  value = new ArrayList<Double>();
  for(int i = 0; i < ins.getValue().size(); i++){
    value.add(new Double
public Instance(Instance ins){
  value = new ArrayList<Double>();
  for(int i = 0; i < ins.getValue().size(); i++){
    value.add(new Double(ins.getValue().get(i)));
  }public class Instance implements Writable{
ArrayList<Double> value;

public Instance(){
  value = new ArrayList<Double>();
}

public Instance(String line){
  String[] valueString = line.split(",");
  value = new ArrayList<Double>();
  for(int i = 0; i < valueString.length; i++){
    value.add(Double.parseDouble(valueString[i]));
  }
}

public Instance(Instance ins){
  value = new ArrayList<Double>();
  for(int i = 0; i < ins.getValue().size(); i++){
```

```
          value.add(new Double(ins.getValue().get(i)));
        }
    }

  }

  public Instance(int k){
    value = new ArrayList<Double>();
    for(int i = 0; i < k; i++){
      value.add(0.0);
    }
  }

  public ArrayList<Double> getValue(){
    return value;
  }

  public Instance add(Instance instance){
    if(value.size() == 0)
      return new Instance(instance);
    else if(instance.getValue().size() == 0)
      return new Instance(this);
    else if(value.size() != instance.getValue().size())
      try {
        throw new Exception("can not add! dimension not compatible!" + value.size() + ","
              + instance.getValue().size());
      } catch (Exception e) {
        // TODO Auto-generated catch block
        e.printStackTrace();
        return null;
      }
     else{
       Instance result = new Instance();
       for(int i = 0;i < value.size(); i++){
         result.getValue().add(value.get(i) + instance.getValue().get(i));
       }
       return result;
     }
  }

   public Instance multiply(double num){
     Instance result = new Instance();
     for(int i = 0; i < value.size(); i++){
       result.getValue().add(value.get(i) * num);
```

```
        }
        return result;
    }

    public Instance divide(double num){
        Instance result = new Instance();
        for(int i = 0; i < value.size(); i++){
            result.getValue().add(value.get(i) / num);
        }
        return result;
    }

    public String toString(){
        String s = new String();
        for(int i = 0;i < value.size() - 1; i++){
            s += (value.get(i) + ",");
        }
        s += value.get(value.size() - 1);
        return s;
    }

    @Override
    public void write(DataOutput out) throws IOException {
        // TODO Auto-generated method stub
        out.writeInt(value.size());
        for(int i = 0; i < value.size(); i++){
            out.writeDouble(value.get(i));
        }
    }

    @Override
    public void readFields(DataInput in) throws IOException {
        // TODO Auto-generated method stub
        int size = 0;
        value = new ArrayList<Double>();
        if((size = in.readInt()) != 0){
            for(int i = 0; i < size; i++){
                value.add(in.readDouble());
            }
        }
    }
}
```

K-Means的测试数据源，网络资源非常多，请读者自行下载。运行K-Means的过程和运行WordCount类似，这里就不再赘言。

30.5 高手点拨

1. 在 Hadoop 完全分布式模式下，DataNode 无法启动解决方案如下。

（1）执行 stop-yarn.sh 和 stop-dfs.sh 暂停所有服务。

（2）将所有 slave 节点上的 tmp(也就是 hdfs-site.xml 中指定的 dfs.data.dir 文件夹，DataNode 存放数据块的位置)、 logs 文件夹删除 。

（3）将所有 slave 节点上的 /usr/local/hadoop-2.7.3/etc/hadoop/ 下的 core-site.xml 删除，将 master 节点的 core-site.xml 文件拷贝过来，到各个 Slave 节点。

```
scp /usr/local/hadoop-2.7.3/etc/hadoop/core-site.xml
hadoop@slave1: /usr/local/hadoop-2.7.3/etc/hadoop/core-site.xml
```

（4）重新格式化 Hadoop 文件系统：hadoop namenode -format。

（5）重新启动 Hadoop 各个进程：start-dfs.sh 和 start-yarn.sh（注意执行顺序不可颠倒）。

2. Apache Hadoop 仅仅是 Hadoop 生态系统中的一个核心部件之一，为了能“玩转大数据”，你还得拥抱更多 Hadoop 生态系统中的工具。Clourera 公司推出的 CDH（Cloudera's Distribution for Hadoop）是个不错的选择。同 Apache Hadoop 一样，CDH 也是完全开源的，免费为个人和商业使用。Clourea 把诸如 Hadoop、HBase、Hive、Pig、Sqoop、Flume、ZooKeeper、Oozie 和 Mahaout 等部件均纳入麾下，几乎涵盖了整个 Hadoop 的生态圈，Clourea 之所以这么做，就是为了保证各个组件之间的兼容性和稳定性，这两个特性对大数据分析系统至关重要。

3. 为了深入理解 Hadoop，读者可参阅诸如 Tom White 编著的《Hadoop 权威指南》（第 4 版）、董西成编写的《Hadoop 技术内幕：深入解析 YARN 架构设计与实现原理》等图书。这些书籍的优点自然是经典和权威，但门槛较高，需多花时间细细研读。

30.6 实战练习

K 近邻算法（K Nearest Neighbors，KNN）也是非常流行的机器学习算法。KNN 的基本思想是，给定一个训练数据集，对新的输入实例，在训练数据集中找到与该实例最邻近的 *K* 个实例（也就是所谓的 *K* 个邻居），这 *K* 个实例的多数属于某个类，就把这个输入实例分类到这个类中。请尝试设计基于 MapReduce 计算框架实现 KNN 算法。

附录 全分布式 Hadoop 集群的构建

Hadoop 最早就是在 Linux 平台上开发的，因此建议读者在 Linux 上安装 Hadoop。本书采用的操作系统为 CentOS 7.2，其他的 Linux 发行版本也可参照配置。同时考虑到很多读者身边并没有真实的服务器集群可供实验，我们利用虚拟机（VMware Workstation 12）来模拟一个集群，让读者对搭建 Hadoop 集群有个感性认识，有条件的读者可以使用真实的集群环境进行实验。

安装 CentOS 7

社区企业操作系统（Community Enterprise Operating System，CentOS）是 Linux 主要发行版之一，它由“红帽企业 Linux（Red Hat Enterprise Linux，RHEL）”依照开放源代码规定而释出的源代码编译而成。

安装 CentOS 7，首先需要从 CentOS 7 官网下载所需的版本（对于搭建简单的 Hadoop 集群而言，下面 3 个版本均可完成目的），如下图所示。

对于学习 Hadoop 而言，使用 Minimal 版本完全可以满足需求，这样能有效地控制虚拟机（或实体服务器）的安装体积，但是 Minimal 版本只提供核心的安装包，必要时需要用户多次手动下载所需要的软件，为方便起见，我们使用相对完整的 ISO 安装文件。

ISO 安装文件下载好之后，启动虚拟机软件 VMware，单击菜单“文件→新建虚拟机”命令，在出现的界面选择“典型（推荐）”选项，然后单击“下一步”按钮，如下图所示。

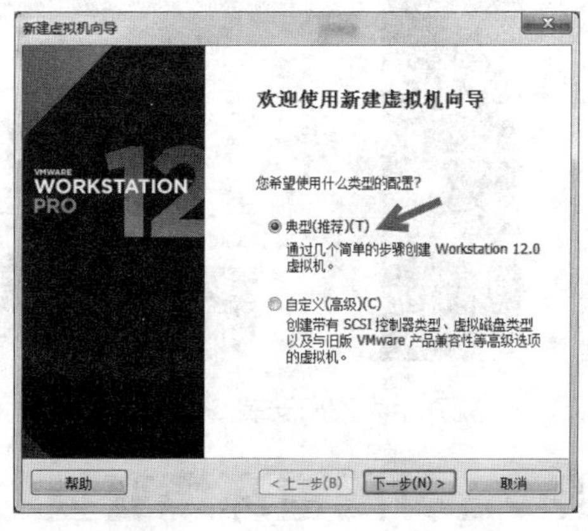

单击“浏览”按钮，找到 CentOS 7 的 ISO 安装镜像文件，填写“简易安装信息”，也就是提前填写 Linux 操作系统中的全名、用户名、密码，然后在后续的安装中，VMware 就接管了整个安装过程，无需用户盯守。单击“下一步”按钮，在出现的界面中填写虚拟机名称及其存储位置，如下图所示。

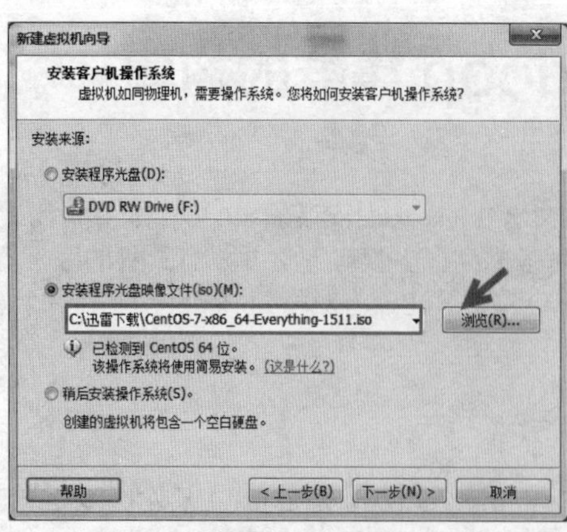

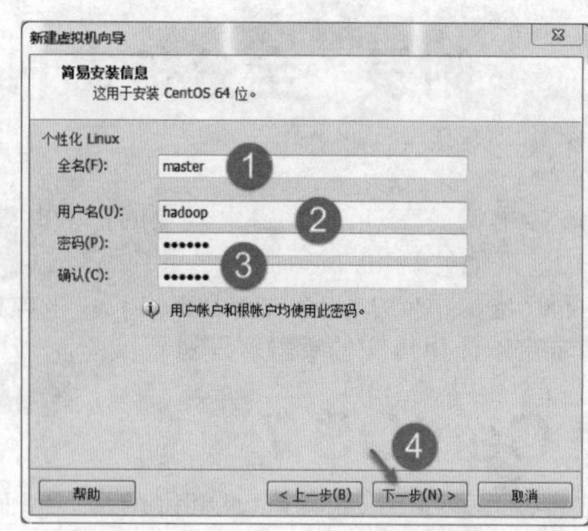

然后单击“下一步”按钮，配置虚拟机所占磁盘空间大小，默认为 20GB，再单击“下一步”按钮，出现虚拟机的配置信息，如下图所示。

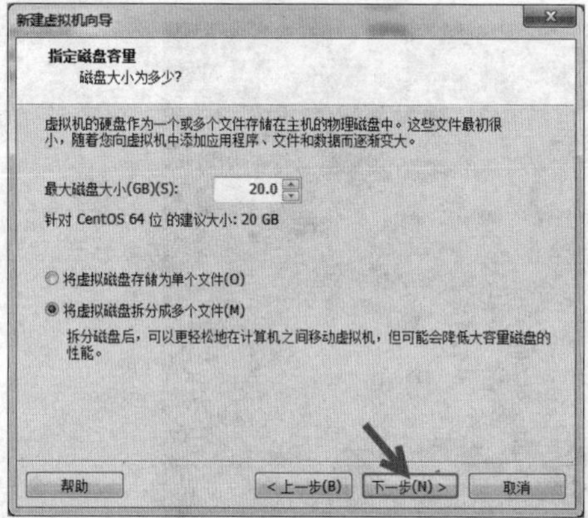

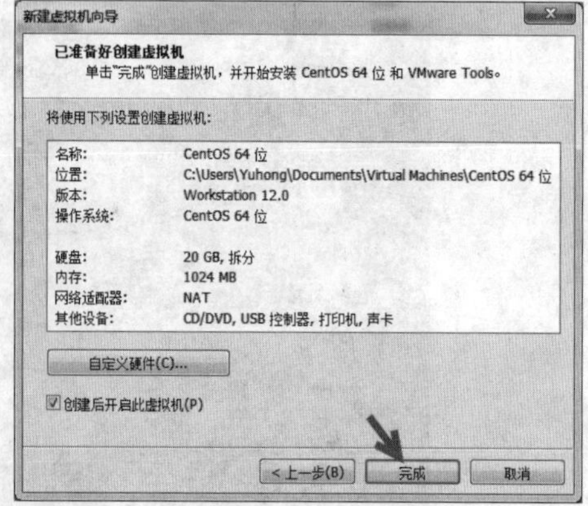

单击“完成”按钮，VMware 就开始为我们安装 CentOS，此时我们选择“Install CentOS 7”。在安装过程中，我们可以配置 root 密码，同样可以新建一个用户，如下图所示。

接下来，VMware 就开始为我们安装 CentOS，这个过程比较长，需要耐心等待一段时间。

▶ 安装 Java 并配置环境变量

因为 Hadoop 等很多大数据组件都是由 Java 编写的，它们的运行需要有 Java 运行环境来支撑，所以我们需要下载并安装 Java。为了安装 Java，首先，在 Oracle 官网上下载最新的 Java 安装包，如下图所示，选择 jdk-8u141-linux-x64.rpm。

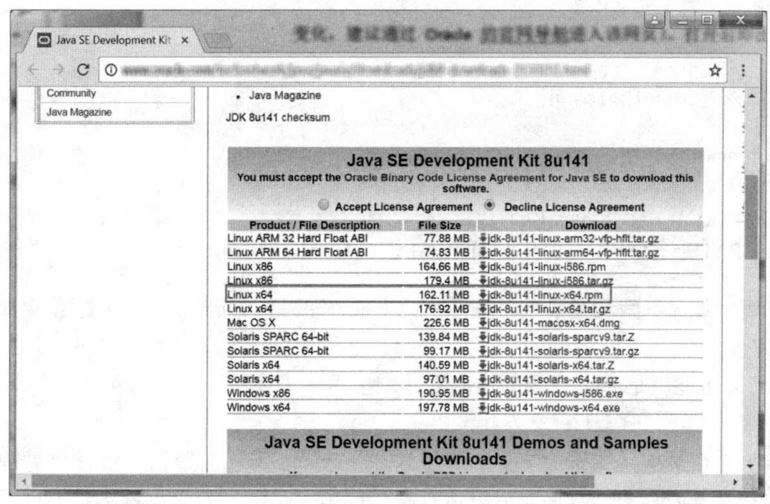

选择“Accept License Agreement”（接受许可协议）之后，选择与本机系统对应的版本即可下载（64 位 Linux 选择 jdk-8u141-linux-x64.rpm，32 位 Linux 选择 jdk-8u141-linux-i586.rpm）。

需要说明的是，凡是以 jdk-8u 开头的软件包都表示 Java 8，其后面的子版本号越大，表示版本越新，但对于支持稳定版本的 Hadoop 2.x 而言，其实影响并不大，根据 Hadoop 的官方信息，使用 Java 7（甚至 Java 6）也是足够用的，所以，读者无需“执着”于非要下载 Java 的最新版本。

在 JDK 的 rpm 安装包下载完毕之后，读者可按照实际情况将 JDK 复制到任意文件夹中。这里我们就放在下载的默认目录：/home/hadoop/Downloads，其中 hadoop 为当前用户名，请注意，不同的用户名，默认的下载目录有所不同，读者不必拘泥于这里的用户名“hadoop”，用自己创建的用户名就好。

为了避免权限控制，下面我们先把用户角色切换到根用户（使用命令 su root），然后再使用 yum 安装命令。

```
yum -y install jdk-8u141-linux-x64.rpm
```

参数“install”表示安装软件包，而“-y”则表示在安装过程中，如果遇到询问，一律默认选择“是（Yes）”。当结果显示为“Complete！”字样，即表示安装完毕，如下图所示。

```
root@master:/usr/hadoop/Downloads
File Edit View Search Terminal Help
extras/7/x86_64/primary_db                        | 190 kB   00:00
updates/7/x86_64                                  | 3.4 kB   00:00
updates/7/x86_64/primary_db                       | 7.8 MB   00:01

Dependencies Resolved

================================================================================
 Package      Arch      Version              Repository                 Size
================================================================================
Installing:
 jdk1.8.0_141  x86_64   2000:1.8.0_141-fcs   /jdk-8u141-linux-x64      269 M

Transaction Summary
================================================================================
Install  1 Package

Total size: 269 M
Installed size: 269 M
Downloading packages:
Running transaction check
Running transaction test
Transaction test succeeded
Running transaction
  Installing : 2000:jdk1.8.0_141-1.8.0_141- [############                ] 1/1
```

接下来就是要配置环境变量了。环境变量（Environment variables）是指操作系统运行环境的一些参数，这些参数是一个个具有特定名字的对象，它包含了一个或者多个应用程序所使用到的信息。例如，PATH 环境变量包含了用户指令的加载路径。因为 Hadoop 需要 Java 运行环境，所以我们需要配置的环境变量有 PATH，CLASSPATH 和 JAVA_HOME。

我们需要编辑 /etc/profile 文件来完成环境变量的设置（这里需要 root 权限，因此我们需要提前使用 su root 命令），然后在控制台 (Console) 中输入如下代码。

```
vim /etc/profile
```

在 profile 文件中添加以下几行语句。

```
01  #set java environment
02  export JAVA_HOME=/usr/java/ jdk1.8.0_141
03  export PATH=$JAVA_HOME/bin:$PATH
04  export CLASSPATH=.:$JAVA_HOME/lib/dt.jar:$JAVA_HOME/lib/tools.jar
```

读者可根据下载的版本不同和安装的位置不同，相应修改第 02 行的 Java 安装路径（这里再次需要说明的是，读者不必一定要安装 Java 8，Java 7 亦可。为什么这里要提及版本号的问题呢？原因很简单。开源软件的优点是免费，但问题可能就是各类开源软件的版本难以兼容，所以一味追求某个软件版本的最新性，有时却是问题所在）。

修改 profile 文件中的 Java 环境变量之后。如果要让其生效，有两种方式，一种是重新开启终端，再次加载这个“/etc/profile”文件。还有一种简单的方法，就是使用 source 命令使配置文件立即生效。

```
source /etc/profile
```

之后，我们再用“java -version”命令，就可以检测 Java 的版本号码，间接验证 Java 是否安装成功（需要注意的是，在 Windows 操作系统中，控制台命令大小写无关紧要，但在 Linux 中，有关 Java 的命令通常都是小写，否则会因不识别该命令而报错），如下图所示。

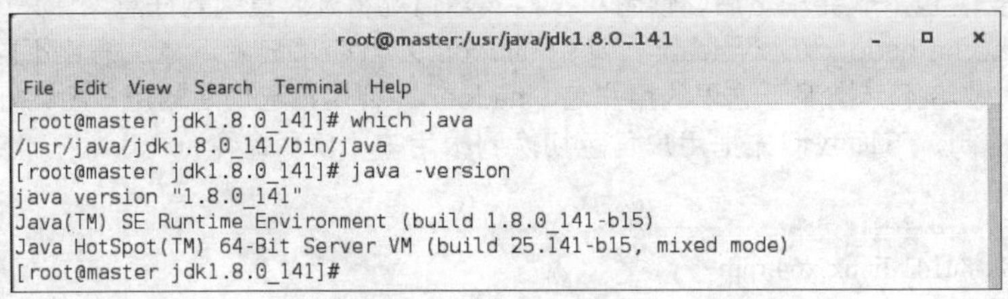

▶安装 Hadoop

前面的铺垫工作，就是为了顺利安装 Hadoop，下面开始安装 Hadoop。

下载 Hadoop 包

首先，我们需要在官网选择合适的 Hadoop 版本进行下载，这里选择当前的稳定版本 2.7.3（binary，可执行版本），如下图所示。

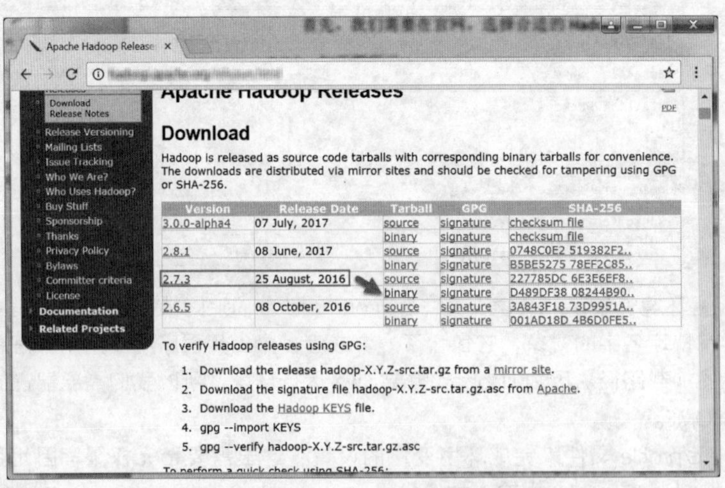

安装 Hadoop

Hadoop 和 Java 开发常用的 IDE 开发工具——Eclipse，无需安装，下载后解压即可使用。将 Hadoop 解压到 /usr/local 或者 /opt 目录，这里以解压到 /usr/local 为例，需要在 Hadoop 安装包所在目录下打开控制台，输入如下代码（需要 root 权限）。

```
tar -zxvf hadoop.x.y.x.tar.gz –C /usr/local
```

请注意，上面的 "-C" 参数并不常用，后面添加 dir（目录）参数，其作用在于改变解压的工作目录。否则，就会在当前目录解压。

Hadoop 的运行模式

01 本地模式（Local Mode）

在这种模式下（也称为独立模式，standalone），Hadoop 没有守护进程（Daemon），所有程序都运行在单个 JVM（Java 虚拟机）上。这种模式没有分布式文件系统（因为用不上），而是直接读写本地操作系统的文件系统。事实上，本地模式也非常有用，因为在这种模式下，Hadoop 的应用程序非常容易调试。本地模式通常用于开发初期。

02 伪分布模式（Pseudo Distributed Model）

在这种模式下，Hadoop 已拥有 MapReduce 计算框架的所有功能，但事实上，它使用了不同的 Java 进程模拟了分布式运行中的各类结点 (NameNode、DataNode、JobTracker、TaskTracker 和 SecondaryNameNode 等)。所有的这些守护进程都在本地计算机上运行，也就是说，在这种模式下，用一台计算机模拟了一个"麻雀虽小，五脏俱全"的分布式集群。这对没有足够的硬件资源搭建集群，又想学习或调试 Hadoop 程序的用户来说，也是非常有用的。

03 全分布模式（Fully Distributed Model）

全分布模式和伪分布模式有类似之处，即该有的守护进程二者都有，但不同之处在于，这些守护进程不再是模拟出来的，而是实实在在地运行在不同的机器上的，也就是说，全分布模式才是 Hadoop 数据分析的常态模式。

这三种运行模式，在 Hadoop 的软件层面是没有区别的。它们的差别主要体现在运行时的配置选项不同（通常是在一些 .xml 中修改），感性兴趣的读者可参阅其他参考文献查询，下面的教程主要讲解全分布模式的配置。

Hadoop 集群构建

在安装 Hadoop 时，我们在虚拟机软件 VMWare Workstation 中安装了 CentOS 操作系统，为了构建一个 Hadoop 集群，我们同样需要使用该软件。假设我们构建的集群拓扑结构为 1 个主节点（master）和 3 个从节点（slave1~slave3），其拓扑结构如下图所示（这里需要说明的是，主机名和 IP 地址都是作者"任意"指定的，读者可以根据实际情况，指定这些主机名和 IP 地址）。

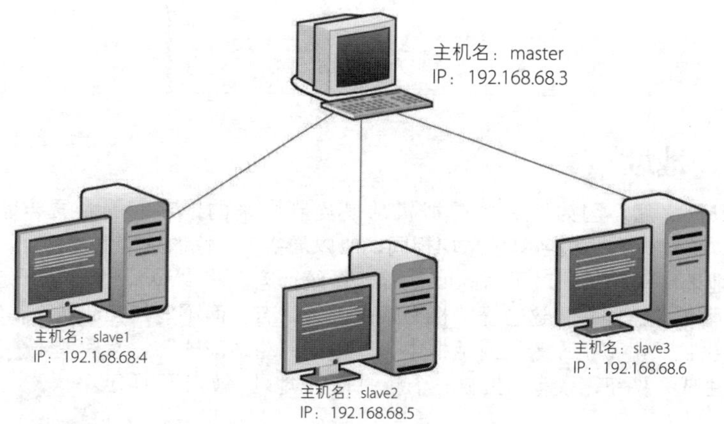

有两种策略来完成 Hadoop 集群的构建。第一种策略是按部就班地分别创建 4 个虚拟机，然后在每一台机器上分别安装 Java、Hadoop 以及编辑配置文件，后面两类行为也可以在一台机器完成后，然后利用 scp 命令，远程复制到其他节点当中去。

另外一种策略是，将复制的粒度放大，克隆整台虚拟机。显然，第二种策略更加便捷，因为当一台“母机”做好后（即安装好 Java、Hadoop 以及编辑好配置文件等），就可以克隆若干台一模一样的虚拟机，然后在克隆的虚拟机中稍加修改（例如主机名称等），即可使用。下面我们介绍第二种策略——如何克隆虚拟机。

在 Windows 操作系统下克隆虚拟机

在 Windows 操作系统下，克隆虚拟机非常简单，打开 VMware Workstation，只需要在需要复制的虚拟机上单击鼠标右键，选择“管理→克隆”，但需读者注意两点，一是要先完全关闭该虚拟机才能克隆（挂起状态都不行），二是在选择克隆类型时，要选择创建完整克隆，如下图所示。

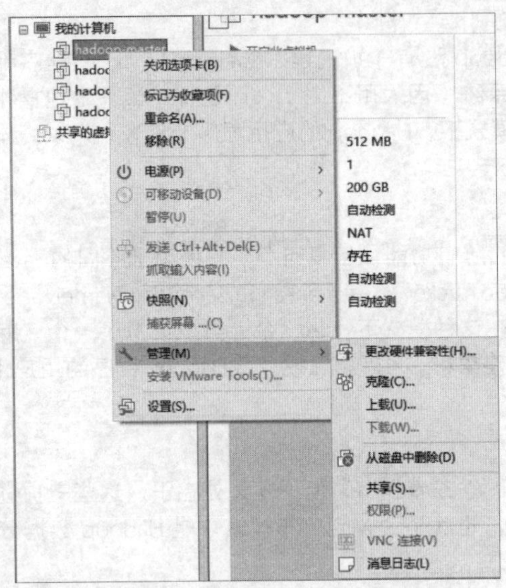

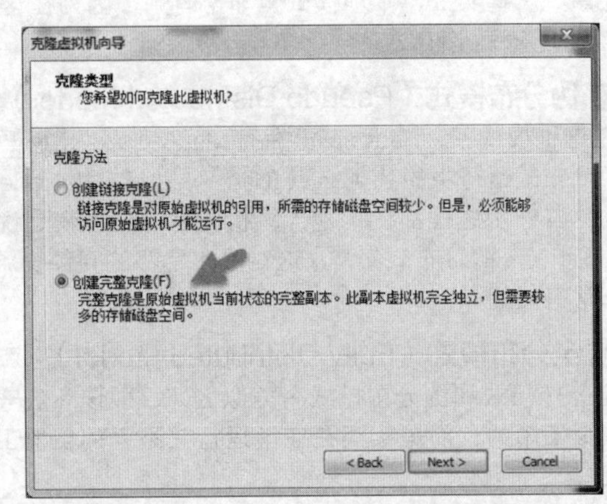

克隆的虚拟机不要和原来的虚拟机同处于一个文件夹，否则 VMware 容易运行出错。克隆的过程需要一段时间，需要耐心等待一会，如下图所示。

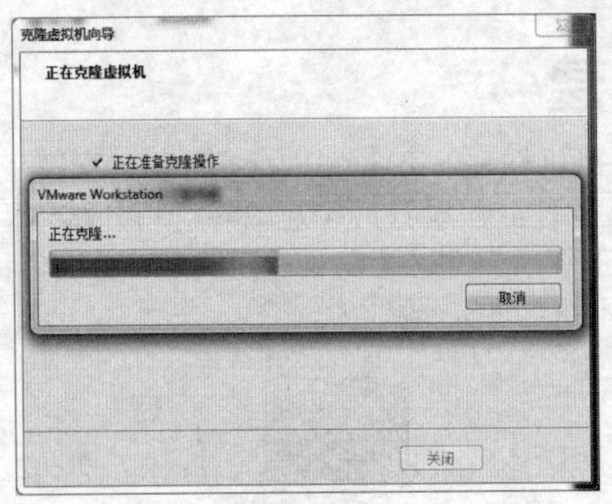

配置虚拟机 MAC 地址

在克隆 3 台虚拟机之后，因为所有的虚拟机都是复制出来的，它们的介质访问控制（Media Access Control，MAC）地址、IP 地址和主机名等信息均相同，所以需要一一修改这些信息，否则无法联网。

生成新的 MAC 地址比较简单，对于 Windows 操作系统而言，在 VMware 中，打开虚拟机，选中某台被克隆的虚拟机，这里需要注意的是，这台虚拟机必须是关机状态，而不能是挂起状态，然后单击鼠标右键，选中“设置”，在弹出的“虚拟机设置”对话框中，选中“网络适配器”，然后单击“高级”按钮，在弹出的对话框中，单击“生成”按钮，就可以生成一个新的 MAC 地址，如下图所示。

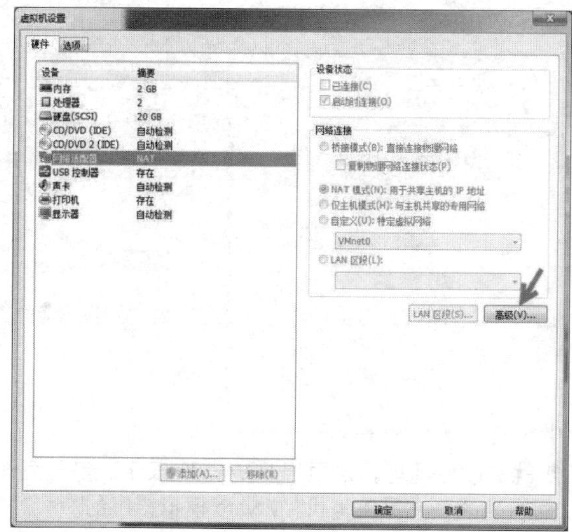

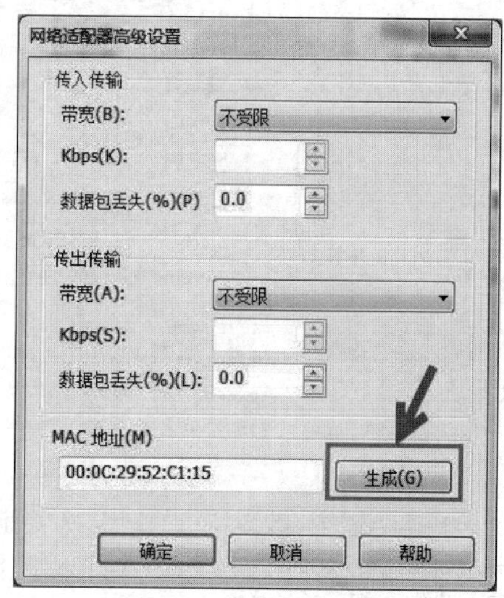

设置静态 IP 地址

为了让主节点和从节点之间的通信可控，这里我们还需要为各个节点配置静态 IP。这就需要修改相应的配置文件，CentOS 7 和 CentOS 6 及以前版本对应的配置文件并不相同。

对于 CentOS 7 而言，对应的配置文件为 ifcfg-16777736，可用 vim 编辑这个文件，如下图所示。

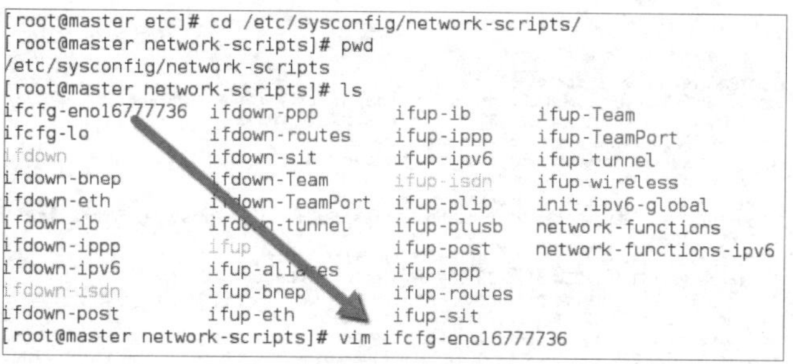

这里需要修改的地方如下。

BOOTPROTO=dhcp 改成 BOOTPROTO=static
ONBOOT=no 改成 ONBOOT=yes（如果已为 yes 则不需要修改，表明开机启动网卡）

需要添加的地方有如下部分。

IPADDR=IP 地址
GATEWAY= 网关
NETMAST= 子网掩码
DNS1=DNS IP 地址

不习惯纯文字修改网络配置信息的读者，也可以在命令中输入“nmtui”命令，使用文字版的图形界面，选择网卡 ifcfg-16777736 来配置网络信息，具体如何操作，还请读者自行“折腾”一下。

假设我们设定的 IP 地址分别是：主机 master 是 192.168.68.3，3 个从属节点 slave1 到 slave3 的 IP 地址依次为 192.168.68.4、192.168.68.5 和 192.168.68.6。这样的 IP 地址分配并非“任性所为”，而是要保证和虚拟机 VMware 的网络配置信息一致。

在 Windows 操作系统中，虚拟机所在的网关和网段等信息可以在 VMware Workstation 软件中查看，在 VMware 上部菜单栏中选择“编辑→虚拟网络编辑器”，弹出界面，然后按照图中标号所示的先后顺序，先选择 VMnet8，然后选择“更改设置”，这时需要有管理员权限，在获取权限后，“NAT 设置”按钮、“子网 IP”及“子网掩码”按钮就可用，也就是说可以修改它们之中的参数。

主机 master 静态 IP 的配置文件如下图所示。

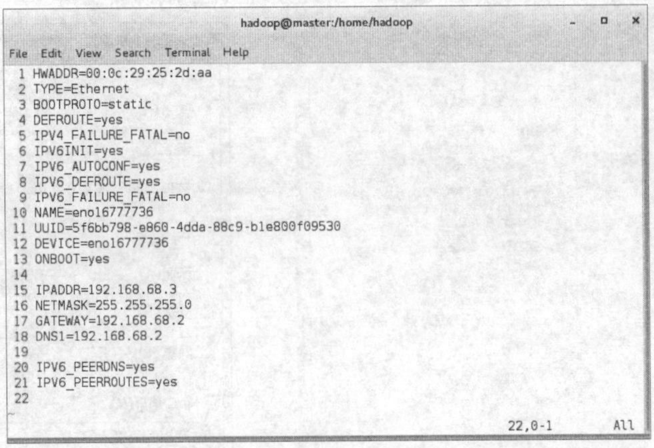

```
hadoop@master:/home/hadoop
File  Edit  View  Search  Terminal  Help
 1 HWADDR=00:0c:29:25:2d:aa
 2 TYPE=Ethernet
 3 BOOTPROTO=static
 4 DEFROUTE=yes
 5 IPV4_FAILURE_FATAL=no
 6 IPV6INIT=yes
 7 IPV6_AUTOCONF=yes
 8 IPV6_DEFROUTE=yes
 9 IPV6_FAILURE_FATAL=no
10 NAME=eno16777736
11 UUID=5f6bb798-e860-4dda-88c9-b1e800f09530
12 DEVICE=eno16777736
13 ONBOOT=yes
14
15 IPADDR=192.168.68.3
16 NETMASK=255.255.255.0
17 GATEWAY=192.168.68.2
18 DNS1=192.168.68.2
19
20 IPV6_PEERDNS=yes
21 IPV6_PEERROUTES=yes
22
                                                  22,0-1        All
```

在第 1 行我们要修改虚拟机的网卡 MAC 地址，也就是硬件地址，这里用 HWADDR 表示。等号后面的一串字符“00:0c:29:25:2d:aa”，就是 MAC 地址。它是如何得来的？它是虚拟机 VMware 模拟给出的。

下面我们介绍一个命令。

```
ip address
```

这里简单解释一下“ip”命令（注意该命令全部小写）。在 Linux 中，“ip”命令和 ifconfig 类似，但前者功能更为强大，并旨在取代后者。“ip”命令后面的参数项“address”，顾名思义，就是显示设备中的 IP 地址信息（包括 MAC 地址），“address”作为参数项，还可以简写为 4 个字符“addr”。在命令行输入该命令后，如下图所示。

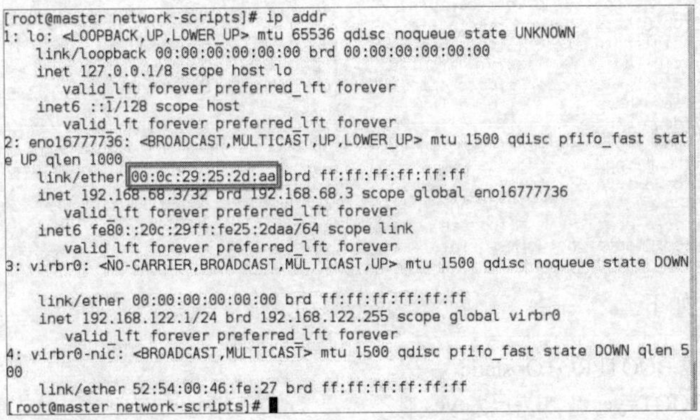

```
[root@master network-scripts]# ip addr
1: lo: <LOOPBACK,UP,LOWER_UP> mtu 65536 qdisc noqueue state UNKNOWN
    link/loopback 00:00:00:00:00:00 brd 00:00:00:00:00:00
    inet 127.0.0.1/8 scope host lo
       valid_lft forever preferred_lft forever
    inet6 ::1/128 scope host
       valid_lft forever preferred_lft forever
2: eno16777736: <BROADCAST,MULTICAST,UP,LOWER_UP> mtu 1500 qdisc pfifo_fast stat
e UP qlen 1000
    link/ether 00:0c:29:25:2d:aa brd ff:ff:ff:ff:ff:ff
    inet 192.168.68.3/32 brd 192.168.68.3 scope global eno16777736
       valid_lft forever preferred_lft forever
    inet6 fe80::20c:29ff:fe25:2daa/64 scope link
       valid_lft forever preferred_lft forever
3: virbr0: <NO-CARRIER,BROADCAST,MULTICAST,UP> mtu 1500 qdisc noqueue state DOWN

    link/ether 00:00:00:00:00:00 brd ff:ff:ff:ff:ff:ff
    inet 192.168.122.1/24 brd 192.168.122.255 scope global virbr0
       valid_lft forever preferred_lft forever
4: virbr0-nic: <BROADCAST,MULTICAST> mtu 1500 qdisc pfifo_fast state DOWN qlen 5
00
    link/ether 52:54:00:46:fe:27 brd ff:ff:ff:ff:ff:ff
[root@master network-scripts]#
```

在上图中，我们找到第 2 条有关网卡 eno16777736 的信息，其中“link/ether”后面的信息：“00:0c:29:25:2d:aa”，就是该节点的硬件网络地址（即 MAC 地址，每个虚拟机的这个信息均不同）。

然后用 vim 等工具编辑 ifcfg-eno16777736，修改第 1 行的硬件地址。需要注意的是，如果不是通过虚拟机克隆得来的虚拟机，这一步完全可以跳过。

第 2 行表明，使主机以静态方式获取 IP；第 14 行配置了主机的 UUID；第 17 行配置主机的 MAC 地址；第 18 行设置主机的 IP 为 192.168.68.3；其他几台克隆出来的虚拟机 slave1~slave3，在这一行分别改为 192.168.68.4|5|6。

第 19 行和第 20 行分别设置了主机的网关和子网掩码。

UUID 含义是通用唯一识别码（Universally Unique Identifier），UUID 设计的目的在于，让分布式系统中的所有元素，都能有唯一的辨识身份（有点类似于我们的身份证号码），而不需要透过中央控制端来做身份辨识。

如果是克隆虚拟机，那么这个文件也会被克隆的，在不同的虚拟机中，除了修改 IP 地址外，这个 UUID 也要修改，例如，把最后一位修改成不一样即可。

```
5f6bb798-e860-4dda-88c9-b1e800f09531
5f6bb798-e860-4dda-88c9-b1e800f09532
5f6bb798-e860-4dda-88c9-b1e800f09533
```

安装和配置 SSH 服务

在配置 Hadoop 分布式安装过程中，我们需要配置 SSH 的免密码登录。SSH 为 Secure Shell（即安全 Shell）的简写，它是建立在应用层和传输层基础上的安全协议。利用 SSH 协议可有效防止远程管理过程中的信息泄露，同时避免多台主机通信时重复输入密码的麻烦，特别是每次启动 Hadoop 时，需要多台实体机（或虚拟机）之间相互通信（即在 namenode 和 datanode 之间发送或者读取数据）。

安装 SSH

首先用“rpm -qa|grep ssh”查询一下 SSH 是否已经安装，如果显示含有 ssh 字样的安装包，则说明 CentOS 7 已经都替我们安装好了。为了不至于混淆，我们说明一下，下图中的 hadoop 为这台主机的用户名，而 master 为主机名。

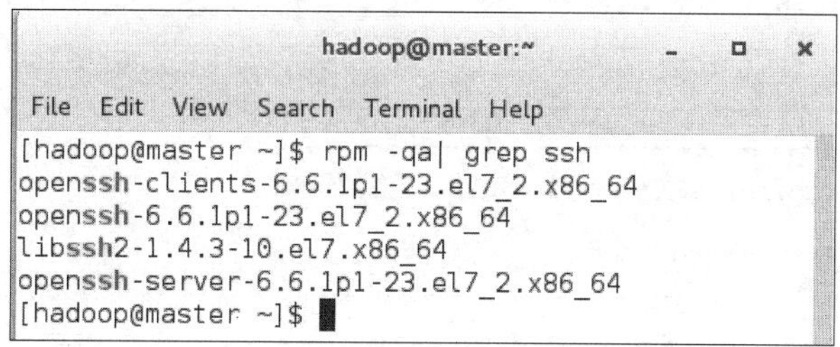

如果系统没有默认安装，也可以使用 yum 安装。

```
yum -y install openssh
yum -y install openssh-server
yum -y install openssh-clients
```

安装好 SSH 之后，下面就可以配置 SSH 免密码登录。

SSH 免密码登录

首先，需要编辑本机的 /etc/ssh/sshd_config 文件（这时需要 root 权限，如果当前不是 root 用户，在控制台使用“su root”命令切换）。

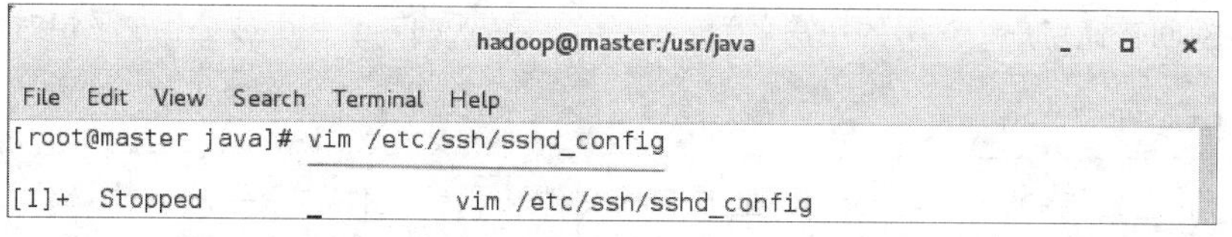

在打开的配置文件中，修改如下几行文字（使用诸如 vim 等编辑器）。

```
RSAAuthentication        yes
PubkeyAuthentication     yes
AuthorizedKeysFile    .ssh/authorized_keys
```

如下图中第 54 行、第 55 行和第 59 行，如果行首有注释符“#”，则去掉之，让其生效，保存该文件并退出。第 54 行表示使用 RSA 授权认证，第 55 行表示使用公共密钥授权认证。特别需要注意的是，第 59 行后面的“.ssh / authorized_keys”表示的是，授权密钥文件 authorized_keys 存放于家目录（此处为：/home/hadoop，这里的 hadoop 为 Linux 用户名）下的子文件夹“.ssh”下，如果这个授权文件不在这个默认的地方，还要在第 59 行做对应修改，指定这个特定路径。

```
root@localhost:/home/master
File  Edit  View  Search  Terminal  Help
SyslogFacility AUTHPRIV
#LogLevel INFO

# Authentication:

#LoginGraceTime 2m
#PermitRootLogin yes
#StrictModes yes
#MaxAuthTries 6
#MaxSessions 10

#RSAAuthentication yes
#PubkeyAuthentication yes

# The default is to check both .ssh/authorized_keys and .ssh/authorized_keys2
# but this is overridden so installations will only check .ssh/authorized_keys
AuthorizedKeysFile      .ssh/authorized_keys

#AuthorizedPrincipalsFile none

#AuthorizedKeysCommand none
:set nu                                                    54,2          31%
```

然后使用如下命令使配置文件生效。如果修改了配置文件，使用生效需要重启 sshd 服务（需要 root 权限）。

```
service  sshd  restart              // 老版本的 CentOS
systemctl  restart  sshd .service     // CentOS 7 以上版本
```

在 CentOS 7 中即使使用老版本的服务重启命令，也会重定向到新命令，如下图所示。

```
root@localhost:/home/master
File  Edit  View  Search  Terminal  Help
[root@localhost master]# service sshd restart
Redirecting to /bin/systemctl  restart  sshd.service
[root@localhost master]# systemctl restart sshd.service
[root@localhost master]#
```

接下来，切换回普通用户（这里的用户名为 master），输入如下命令生成公钥 / 私钥对。

```
ssh-keygen  –t  rsa  –P  ''
```

现在解释一下这条指令，ssh-keygen 是生成密钥文件和私钥文件的命令，参数“-t”表示密钥的类型（type），而“-P”表示密码（Password），密码的内容用两个单引号引起来，注意这里的两个单引号中间什么都没有（包括空格都不能有），表示密码为空。回车后，会出现如下图所示内容。

```
[hadoop@master ~]$ ssh-keygen -t rsa -P ''
Generating public/private rsa key pair.
Enter file in which to save the key (/home/hadoop/.ssh/id_rsa):
Created directory '/home/hadoop/.ssh'.
Your identification has been saved in /home/hadoop/.ssh/id_rsa.
Your public key has been saved in /home/hadoop/.ssh/id_rsa.pub.
The key fingerprint is:
ba:28:cc:af:2c:fe:94:c1:2b:0c:63:fa:77:f7:e6:02 hadoop@master
The key's randomart image is:
+--[ RSA 2048]----+
|                 |
|                 |
|                 |
|   .             |
|o. o    S        |
|=.  + E.         |
|.= +  ..         |
|.o* ....o .      |
|.o=*o... =o      |
+-----------------+
[hadoop@master ~]$
```

这时，在“~/.ssh”文件夹下，会同时生成两个文件（这里“~”代表家目录），即 id_rsa.pub 和 id_rsa。其中，id_rsa.pub 即为公匙，这个公匙将会拷贝至其他 Hadoop 节点，而 id_rsa 为私匙。需要注意的是，在

Linux 中，以 “.” 开头的文件或文件夹表示隐藏类型的文件或文件夹，单纯用 “ls” 是无法显示此类文件的，用 “ls -a” 则可以列出（list）所有（all）文件，如下图所示。

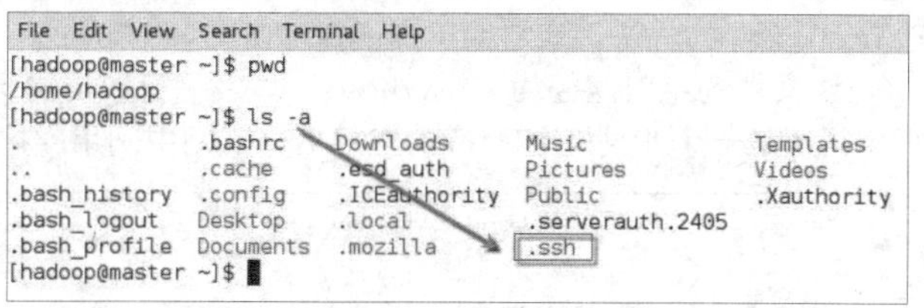

接下来，我们把公钥 id_rsa.pub 的内容，添加到 authorized_key（授权密钥）中。

```
cat ~/.ssh/id_rsa.pub >> ~/.ssh/authorized_keys
```

这里使用了 cat 命令。cat 命令的用途是连接（concatenate）文件或标准输入并打印，这里是把文件夹 “.ssh” 中的公钥 “id_rsa.pub”，输出到授权文件 “authorized_keys” 中，“>>” 是定向输出符，如果定向输出的文件不存在（如 authorized_keys），则 cat 命令会自动创建这个文件，如下图所示。请注意，这个密钥文件名，需要和 /etc/ssh/sshd_config 中配置的密钥名称保持一致。

```
File  Edit  View  Search  Terminal  Help
[hadoop@master ~]$ cd .ssh/
[hadoop@master .ssh]$ ls
id_rsa  id_rsa.pub
[hadoop@master .ssh]$ cat ~/.ssh/id_rsa.pub  >> ~/.ssh/authorized_keys
[hadoop@master .ssh]$ ls
authorized_keys  id_rsa  id_rsa.pub
[hadoop@master .ssh]$
```

之后，我们要把这个公共密钥复制到每一个需要访问的机器上去，并保存为 ~/.ssh/authorized_keys（后面在搭建集群时，我们还会提及这个议题）。

需要注意的是，为了实现主机间的互访，这个动作必须在每两个主机之间都这么做，而且是双向的。例如，有 A 和 B 两个主机，A 对 B 做上述操作，可以实现 A 免密码访问 B，但如果想实现 B 免密码访问 A，也要在 B 主机上实现上述动作。

但是，即使这么做了，在进行 ssh 登录时，有时仍可能需要输入密码，这是因为文件夹 “.ssh” 的访问权限设置不正确。下面，我们一定要记得给包含密钥的文件及文件夹赋予相应的权限，命令如下所示。

```
chmod 644 ~/.ssh/authorized_keys     //修改文件权限
chmod 700 ~/.ssh                     //修改文件夹权限
```

如果完成了上述所有操作，连接服务器还是报错：Agent admitted failure to sign using the key（使用密钥登录许可失败）。其可能的原因是，私钥没有被添加到 ssh-agent 的高速缓存中，解决方法是使用 ssh-add 指令将私钥添加进来即可。

```
ssh-add ~/.ssh/id_rsa
```

如果还不能正常访问，就有可能是 SELinux 在“作祟”。读者可以自行利用搜索，学习如何关闭 SELinux。

至此，SSH 服务已经全部配置完成。然后，我们可以任意通过 ssh 登录其他主机，测试一下，如下图所示。

```
hadoop@master:~
File  Edit  View  Search  Terminal  Help
[hadoop@master Desktop]$ ssh localhost
Last login: Fri Jan 20 14:47:57 2017
[hadoop@master ~]$ ssh slave1
Last login: Fri Jan 20 14:47:33 2017
[hadoop@slave1 ~]$ ssh slave2
Last login: Fri Jan 20 14:47:12 2017
[hadoop@slave2 ~]$ ssh slave3
Last login: Fri Jan 20 14:46:45 2017
[hadoop@slave3 ~]$ ssh master
Warning: Permanently added the ECDSA host key for IP address '192.168.68.3' to t
he list of known hosts.
Last login: Fri Jan 20 14:51:10 2017 from localhost
```

修改 hosts 文件

为了操作方便，我们通常将 IP 地址和一个好记的主机域名关联起来，DNS 服务器通常为我们做这件事。但是在这里，我们采用修改 hosts 文件的方法，来协助用户便捷地访问各个节点。

在 Linux 操作系统中，hosts 文件的绝对路径为“/etc/hosts”。我们可以用编辑软件（如 vim 等）打开，在文件最下面添加 4 行，每一行都是一个 IP 地址和对应的主机名，它们中间用空格隔开。

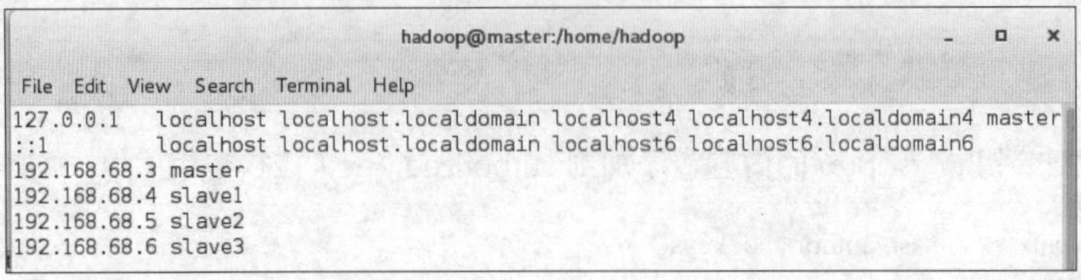

```
hadoop@master:/home/hadoop
File Edit View Search Terminal Help
127.0.0.1   localhost localhost.localdomain localhost4 localhost4.localdomain4 master
::1         localhost localhost.localdomain localhost6 localhost6.localdomain6
192.168.68.3 master
192.168.68.4 slave1
192.168.68.5 slave2
192.168.68.6 slave3
```

需要注意的是，其他 3 个从属节点（slave1~slave3），都要有内容一致的 hosts 文件。为了方便起见，我们也可以在 master 节点配置好 hosts 文件之后，利用 scp 命令同步到 slave1~ slave3 服务器。

然后，如果其他主机名称不是我们规定的 slave1~ slave3，我们还需要修改主机名。下面演示如何修改主机名。

（1）修改主机名，需要编辑文件“/etc/hostname”。

```
vim /etc/hostname
```

在 hostname 文件里只有一行数据，将其中原来的名称，改成自己想要的名称（如 slave1 等）即可。

（2）用 vim 修改配置文件 /etc/sysconfig/network。

```
vim /etc/sysconfig/network
```

添加如下内容（其他主机做类似修改即可）。

```
NETWORKING=yes
HOSTNAME=slave1  //其他从属节点主机也要分别修改为 slave2、slave3 等
```

修改完毕后，重新启动主机（或网络服务）即可查看到新的主机名。

虚拟机的同步配置

由于 Hadoop 的配置文件有点繁琐，我们可以先配置好一个“母”机，然后再克隆此虚拟机，这样其他被克隆的虚拟机中的配置也就大致完成了，免去了重复配置的麻烦。

当然，也可以使用下面的方法，先在一台虚拟机上配置好，然后使用 scp 命令将一台虚拟机中 Hadoop 安装包（包括配置文件），远程复制到其他 3 台虚拟机上，scp 命令的使用格式如下所示。

```
scp 源文件路径 用户名@主机名:目标文件路径
```

举例来说，利用 scp 命令同步 master 和 slave1 之间的安装包，其命令如下所示。

```
scp –r /usr/local/hadoop-2.7.3  root@slave1:/usr/local/hadoop-2.7.3
```

这条命令的功能是，把“urs/local”目录下的 hadoop-2.7.3 文件及其下面所有文件（包括其中的文件夹），全部远程复制至目标机器 slave1 的“/usr/local/hadoop-2.7.3”文件夹之下（之所以在目标机器选择登录的用户名为 root，是因为一开始在路径“/usr/local”下，只有 root 有写权限）。以上命令在使用过程中，都需要输入对应账户的密码（如已经配置好 SSH 免密码登录，则无需输入密码）。

在远程同步 Hadoop 文件夹时，需要注意以下 3 点。

（1）如果指定其他用户，需要确保该用户在目标位置有写权限（w）。

（2）如果使用 root 账号，同步过后，记得修改配置文件的所有者（使用 chown 命令），如下范例命令含义就是把“/usr/local/hadoop-2.7.3”的所有者设为 hadoop，所有组设为 Hadoop（这里的 hadoop 是一个用户名，而 Hadoop 是一个用户组），其中参数“-R”表示递归地设置该文件夹下所有文件的所有者和所有组（这

条命令在所有从节点上都要做类似的操作）。

```
chown -R  hadoop:Hadoop /usr/local/hadoop-2.7.3
```

（3）如果需要远程复制的内容包括目录，那么 scp 命令需要添加 -r 参数。

SSH 免密码登录配置过程

Hadoop 集群的完全分布模式，需要 Java 环境和 SSH 支撑。下面以 4 台机器构成的集群为例，来说明 SSH 的免密码登录的配置过程，如前文所述，master 是主节点，它要连接其他 3 个从节点 slave1、slave2 和 slave3. 首先要确定每台机器上都已经安装了 SSH 软件。

01 生成公私钥

配置免密码登录的第一步是生成公私钥。用"ssh-keygen"在家目录生成公匙和私匙。在命令终端输入如下命令。

```
ssh-keygen  –t  rsa  –P  ''
```

02 共享公钥

因为我们只有 4 个节点，所以直接复制公钥比较方便。我们以 Hadoop 用户身份执行如下命令，配置免密码登录。

```
ssh-copy-id  -i  ~/.ssh/id_rsa.pub 用户名 @ 主机名
```

上述命令其实就是将我们生成的公钥复制到指定的主机中，然后加入到 authorized_keys 文件中。如下命令把 master 主机的公钥复制到 slave1 主机并添加到 slave 的 authorized_keys 文件中。

```
ssh-copy-id  -i  ~/.ssh/id_rsa.pub  hadoop@slave1
```

类似地，我们需要在 master 主节点上对从节点 salve2 和 slave3 以及 master 节点，执行共享密钥操作。该过程完毕后，我们就可以从 master 主机免密码登录 4 台主机了。

全分布模式下配置 Hadoop

接下来，我们就开始使用全分布模式安装 Hadoop。首先将 Hadoop 解压到 /usr/local 或者 /opt 目录，这里以解压到 /usr/local 为例，需要在 Hadoop 安装包所在目录下打开控制台，输入如下命令（需要 root 权限）。

```
tar  –zxvf  hadoop.x.y.x.tar.gz  –C  /usr/local
```

接着，我们需要以此配置如下文件。

01 配置 Hadoop 环境变量

我们需要在"/etc/profile.d"下创建一个新的脚本（名称自拟，如名为 hadoop.sh），添加如下内容。

```
export HADOOP_HOME=/usr/local/hadoop-2.7.3
export PATH=$HADOOP_HOME/bin:$HADOOP_HOME/sbin:$PATH
export HADOOP_CONF_DIR=$HADOOP_HOME/etc/hadoop
export YARN_CONF_DIR=$HADOOP_HOME/etc/hadoop
```

在 /etc/profile.d 文件夹里，凡是新建文件以".sh"结尾，且有读的权限，文件会在系统启动时自动加载。

接下来就是 Hadoop 的配置文件的编写，Hadoop 的配置文件均在 $HADOOP_HOME/etc/hadoop 目录下，如下图所示。

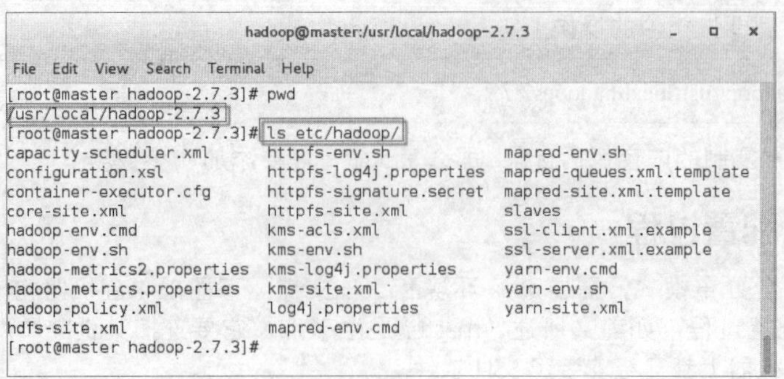

02 配置 hadoop-env.sh

在 hadoop-env.sh 文件中，主要是配置 Java 的安装路径 JAVA_HOME、Hadoop 的日志存储路径 HADOOP_LOG_DIR 及添加 SSH 的配置选项 HADOOP_SSH_OPTS。在文件中，添加如下 4 行内容（假设当前的 Java 版本为 1.8.0_121，安装其他版本的 Java，修改对应 JAVA_HOME 即可）。

```
export JAVA_HOME=/usr/java/jdk1.8.0_121
export HADOOP_LOG_DIR=/var/log/hadoop/hdfs
export HADOOP_SSH_OPTS='-o StrictHostKeyChecking=no'
export HADOOP_CLASSPATH=${JAVA_HOME}/lib/tools.jar
```

上述配置分别对应 Hadoop 的 Java 运行环境，Hadoop 日志的存放目录，以及 SSH 首次登录某台机器，不再询问“yes/no”，而是直接添加信任，如下图所示。

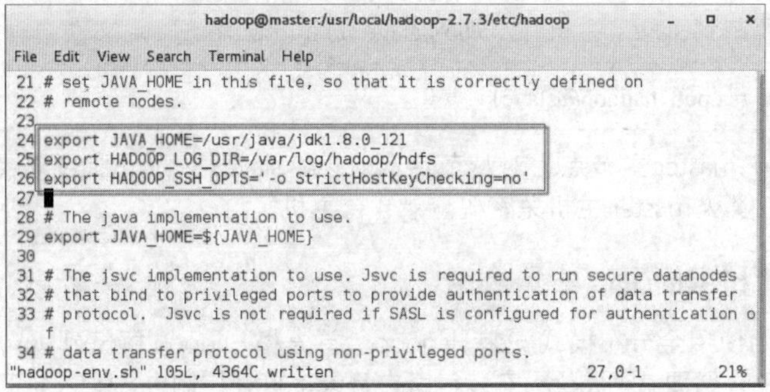

03 配置 yarn-env.sh

YARN 是 Hadoop 的资源管理器，在这个环境变量配置文件中，主要完成两个配置，一是指明 Java 的安装路径 JAVA_HOME，二是指明 YARN 的日志存放路径 YARN_LOG_DIR。用 vim 打开 yarn-env.sh，我们需要在该文件中添加如下两行内容。

```
export JAVA_HOME=/usr/java/jdk1.8.0_121
export YARN_LOG_DIR=/var/log/hadoop/yarn
```

如下图所示。

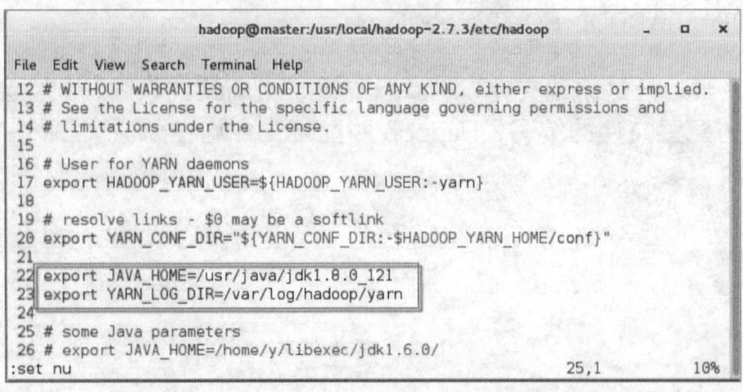

04 配置 mapred-env.sh

在全分布模式下，发生运行时错误的可能性很大，记录下运行日志，为未来排查错误提供极大的便利。在 mapred-env.sh 配置文件里，主要添加了 MapReduce 的日志存储路径（historyserver 的日志目录）——HADOOP_MAPRED_LOG_DIR 和 JAVA_HOME，如下图所示（第 18 行）。之所以再次设置 JAVA_HOME，同样是为了保证，所有进程使用的是同一个版本的 JDK（如果用户的机器确定就安装了一个版本的 JDK，此处的 JAVA_HOME 亦可不配置）。

```
export HADOOP_MAPRED_LOG_DIR=/var/log/hadoop/mapred
export JAVA_HOME=/usr/java/jdk1.8.0_121
```

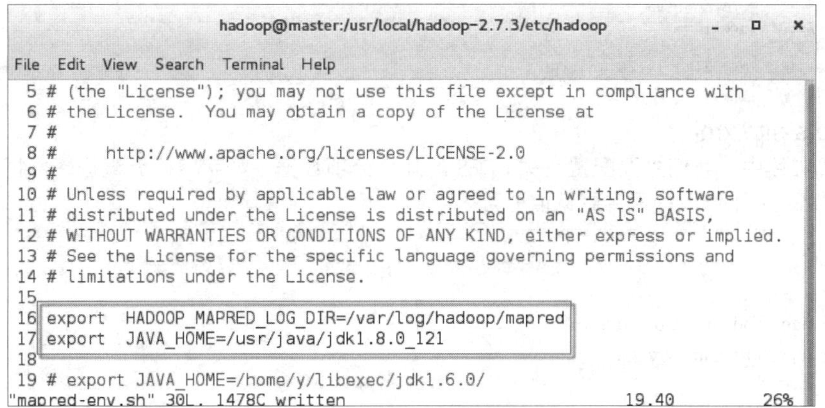

05 配置 core-site.xml

core-site.xml 是 Hadoop 的核心配置文件，主要用于 HDFS 和 MapReduce 常用的 I/O 设置，包括很多配置项，但实际上，大多数配置项都有默认值，也就是说，很多配置项即使不配置，也无关紧要，只是在特定场合下，有些默认值无法工作，这时候再找出来配置特定值，下面我们仅仅挑选两个参数项来说明。

这个文件中，一开始 <configuration> 和 </configuration> 之间没有任何配置信息，在这个配置对中我们添加如下内容。

```
<configuration>
    <property>
        <name>fs.defaultFS</name>
        <value>hdfs://master:9000</value>
        <description>HDFS 的 URI，文件系统 ://namenode 标识 : 端口 </description>
    </property>
    <property>
        <name>hadoop.tmp.dir</name>
        <value>/home/hadoop/hadoop-2.7.3/tmp</value>
        <description>namenode 上本地的 hadoop 临时文件夹 </description>
    </property>
</configuration>
```

如下图所示，需要说明的是，第 20~24 行设置的第一个属性（property），主要是设置 Hadoop 文件系统（HDFS）的 URI——fs.default.name。URI 是“Uniform Resource Identifier（统一资源标识符）”的简称，是一个用于标识某一网络资源名称的字符串。该种标识允许用户对任何（包括本地和互联网）的资源通过特定的协议进行交互操作。

第 26~30 行设置的是 Hadoop 的临时文件夹。需要注意的是，第 27 行为作者 CentOS 的用户名（hadoop）和 Hadoop 对应的安装路径，读者需要根据自己的用户名和 Hadoop 的具体安装路径做对应修改，如果这个文件夹事先不存在，需要用户自己创建之。

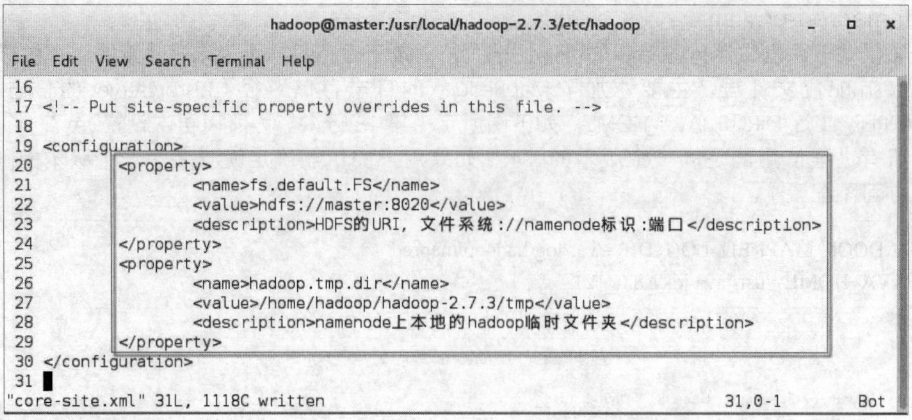

```
hadoop@master:/usr/local/hadoop-2.7.3/etc/hadoop
File  Edit  View  Search  Terminal  Help

<!-- Put site-specific property overrides in this file. -->

<configuration>
        <property>
                <name>fs.default.FS</name>
                <value>hdfs://master:8020</value>
                <description>HDFS的URI, 文件系统://namenode标识:端口</description>
        </property>
        <property>
                <name>hadoop.tmp.dir</name>
                <value>/home/hadoop/hadoop-2.7.3/tmp</value>
                <description>namenode上本地的hadoop临时文件夹</description>
        </property>
</configuration>

"core-site.xml" 31L, 1118C written                                31,0-1        Bot
```

06 配置 hdfs-site.xml

在这个配置文件中，我们主要配置有关 HDFS 的几个分项数据（如字空间元数据、数据块、辅助节点的检查点）的存放路径，不修改的采用默认值即可。

```
<configuration>
<property>
   <name>dfs.namenode.name.dir</name>
   <value>/hadoop/hdfs/name</value>
</property>
<property>
   <name>dfs.datanode.data.dir</name>
   <value>/hadoop/hdfs/data</value>
</property>
<property>
   <name>dfs.namenode.checkpoint.dir</name>
   <value>/hadoop/hdfs/namesecondary</value>
</property>
</configuration>
```

需要注意的是，这 3 个属性值需要用户自己在根目录创建一个文件夹“ / hadoop”，并将所有者改为 hadoop；或者授予 hadoop 用户写权限，其内的子文件夹（如 /hdfs/name、/hdfs/data 和 /hdfs/namesecondary 等）不需要创建，可由 Hadoop 系统自动创建。

```
sudo mkdir /hadoop
```

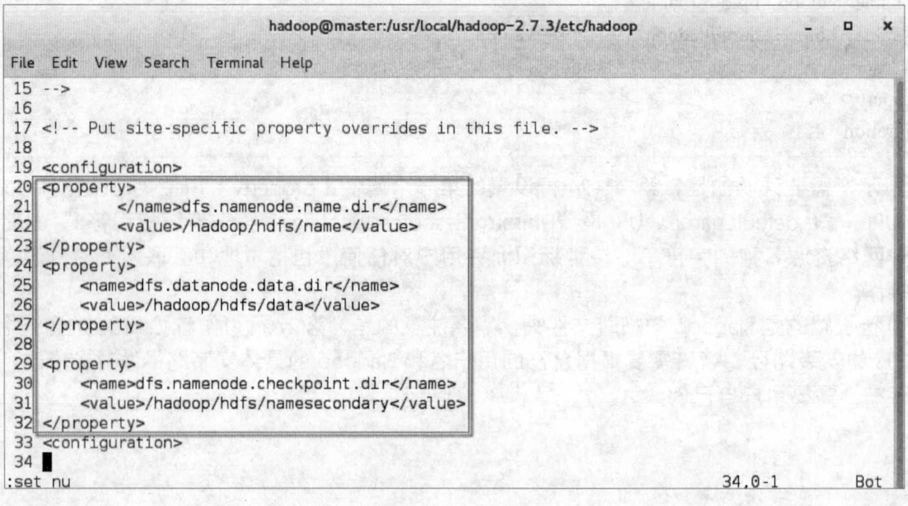

```
hadoop@master:/usr/local/hadoop-2.7.3/etc/hadoop
File  Edit  View  Search  Terminal  Help
-->

<!-- Put site-specific property overrides in this file. -->

<configuration>
<property>
        </name>dfs.namenode.name.dir</name>
        <value>/hadoop/hdfs/name</value>
</property>
<property>
     <name>dfs.datanode.data.dir</name>
     <value>/hadoop/hdfs/data</value>
</property>

<property>
     <name>dfs.namenode.checkpoint.dir</name>
     <value>/hadoop/hdfs/namesecondary</value>
</property>
<configuration>

:set nu                                                           34,0-1        Bot
```

07 配置 yarn-site.xml

yarn-site.xml 是有关资源管理器的 YARN 配置信息。

```
<configuration>
<property>
  <name>yarn.resourcemanager.hostname</name>
  <value>master</value>
</property>
<property>
  <name>yarn.nodemanager.local-dirs</name>
  <value>/hadoop/nm-local-dir</value>
</property>
<property>
  <name>yarn.nodemanager.aux-services</name>
  <value>mapreduce_shuffle</value>
</property>
<property>
      <name>yarn.resourcemanager.address</name>
      <value>master:8032</value>
  </property>
  <property>
     <name>yarn.resourcemanager.scheduler.address</name>
     <value>master:8030</value>
   </property>
  <property>
    <name>yarn.resourcemanager.resource-tracker.address</name>
    <value>master:8031</value>
  </property>
  <property>
    <name>yarn.resourcemanager.admin.address</name>
    <value>master:8033</value>
  </property>
  <property>
    <name>yarn.resourcemanager.webapp.address</name>
    <value>master:8088</value>
  </property>
<configuration>
```

需要注意的是，第二个属性值需要用户自己在根目录创建一个文件夹“/ hadoop”（如果在前面配置 hdfs-site.xml 时已经创建，则无需重复创建），用以指明 YARN 的节点管理器的本地目录。

08 配置 mapred-site.xml

mapred-site.xml 是有关 MapReduce 计算框架的配置信息。这个文件不存在，可以复制模板来创建。

```
cp  mapred-site.xml.template  mapred-site.xml
```

然后用 vim 编辑相应的配置信息（vim mapred-site.xml）。

```
<configuration>
<property>
<name>mapreduce.framework.name</name>
<value>yarn</value>
</property>
<property>
     <name>mapreduce.jobhistory.address</name>
```

```
        <value> master:10020</value>
    </property>
    <property>
        <name>mapreduce.jobhistory.address</name>
        <value> master:19888</value>
    </property>
</configuration>
```

如下图所示。

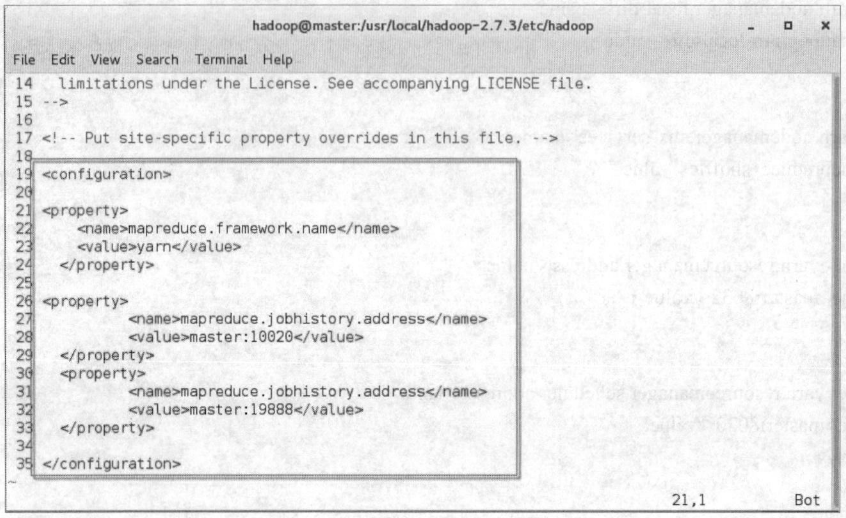

09 配置 slaves

配置文件中还有一个有关从属节点主机名的配置文件 slaves，该文件与诸如 mapred-site.xml 等配置文件，同处于同一个文件夹“$HADOOP_HOME/ hadoop-2.7.3/etc/hadoop”之下，在这个文件中，添加所有 slave 节点主机名，每一个主机名占一行，如下所示。

```
slave1
slave2
slave3
```

需要说明的有两点：① 从属节点的主机名并不必然是 slave1~slave3 等字样的主机，这个只要和前面设置的自定义主机名，对应一致即可；② 在 slaves 文件中，有一个默认值：localhost，需要加以删除，并添加各个从属节点的主机名。

至此 master 节点的 hadoop 搭建完毕。

同步配置文件

以上配置文件要求每个节点都“机手一份”，如果每一台机器都逐一人工配置，就太费时费力了，更为便捷的办法是，在主节点 master 配置好，然后我们利用 scp 命令将配置好的文件同步到从节点（slave1~slave3）上，例如，将 master 节点中的所有配置文件统统都拷贝至 slave1 节点的命令是：

```
scp -r /usr/local/hadoop-2.7.3/etc/hadoop/*  hadoop@slave1:/usr/local/hadoop-2.7.3/etc/hadoop/
```

这里需要说明的是，为了方便起见，在这 4 个节点上，我们都建立一个同名的用户：hadoop，命令行中的“hadoop@slave1”，表示的就是在 slave1 节点的 hadoop 用户。类似地，我们也要把配置文件同步到其他两个节点之上。

```
scp -r /usr/local/hadoop-2.7.3/etc/hadoop/*  hadoop@slave2:/usr/local/hadoop-2.7.3/etc/hadoop/
scp -r /usr/local/hadoop-2.7.3/etc/hadoop/*  hadoop@slave3:/usr/local/hadoop-2.7.3/etc/hadoop/
```

同理，我们还需要把 hadoop.sh 同步到其他三台从节点上去。

```
scp /etc/profile.d/hadoop.sh  root@slave1:/etc/profile.d/
scp /etc/profile.d/hadoop.sh  root@slave2:/etc/profile.d/
scp /etc/profile.d/hadoop.sh  root@slave3:/etc/profile.d/
```

创建所需目录

这里还需要强调的是，在前面配置文件里，HDFS 的日志被设置存放于“/var/log/”路径下，但对于普通用户身份的 hadoop 而言，是没有写权限的。所以我们首先要切换至 root 用户，在这个文件夹下创建一个子文件夹 hadoop，然后再将这个文件夹的宿主归属于用户 hadoop。

```
mkdir Hadoop
chmod –R  hadoop:Hadoop hadoop
```

如前所述，在配置 hdfs-site.xml 和 yarn-site.xml 文件时，我们也需要在根目录下创建一个文件 hadoop，用于存储 HDFS 和 YARN 的相关信息。

```
mkdir /hadoop # 不需要创建子目录，Hadoop 会自行创建，需要 root 权限
chown -R hadoop:Hadoop /hadoop # 重要！更改文件的所有者
```

请注意，创建文件的步骤需要在所有的机器上执行。

关闭防火墙

为了避免不必要的麻烦，我们建议关闭防火墙。如果防火墙没有关闭，可能会导致 Hadoop 虽然可以启动，但是数据节点（DataNode）却无法连接名称节点（NameNode）。

在 CentOS 7 下关闭防火墙的命令如下所示。

```
systemctl stop firewalld.service       # 关闭防火墙
systemctl disable firewalld.service    # 禁用防火墙，开机不重启
```

如下图所示，其中“firewall-cmd --state”命令是显示当前防火墙状态。

```
[hadoop@master hadoop]$ firewall-cmd --state
not running
[hadoop@master hadoop]$
```

CentOS 6 及以前版本关闭防火墙的命令如下所示。

```
service  iptables  stop
chkconfig  iptables  off
```

格式化文件系统

接下来，我们在主节点 master 上执行 HDFS 格式化命令，运行如下命令即可。

```
hdfs  namenode  -format
```

如果出现“Exiting with status 0”的字样，则说明格式化成功。

启动 Hadoop 守护进程

开启守护进程需要在 master 节点上执行以下命令。

```
start-dfs.sh
```

```
start-yarn.sh
mr-jobhistory-daemon.sh  start  historyserver
```

其中 start-dfs.sh 会在主节点 master 上启动 NameNode 和 SecondaryNamenode 服务，而在每个从节点（slave1~slave3）上启动 DataNode 服务。

start-yarn.sh 会在 master 节点上启动 ResourceManager 服务，在 slave 节点上启动 NodeManager 服务。

mr-jobhistory-daemon.sh 会在主节点 master 上启动 JobHistoryServer 服务。

验证全分布模式

下面，我们运行 HelloWorld 版的 wordcount 程序，来测试全分布模式的环境搭建是否成功。在 WordCount 章节里 file1.txt 和 file2.txt 的基础上，多添加一些数据来测试效果。

file1.txt 中的数据：Hadoop MapReduce is a software framework which process vast amounts of data in-parallel on large clusters (thousands of nodes) of commodity hardware

file2.txt 中的数据：The MapReduce framework consists of a single master ResourceManager, one slave NodeManager per cluster-node, and MRAppMaster per application

然后将数据 file1.txt 和 file2.txt 重新复制到 HDFS 之中，但需要注意的是，HDFS 中文件不能覆盖，如果以前已经有了数据，则必须先将其删除，如下图所示。

```
[hadoop@master HelloData]$ hdfs dfs -rm /InputData/*
16/02/22 14:05:15 INFO fs.TrashPolicyDefault: Namenode trash configuration: Dele
tion interval = 0 minutes, Emptier interval = 0 minutes.
Deleted /InputData/file1.txt
16/02/22 14:05:15 INFO fs.TrashPolicyDefault: Namenode trash configuration: Dele
tion interval = 0 minutes, Emptier interval = 0 minutes.
Deleted /InputData/file2.txt
```

如果在删除过程中，发生“Name node is in safe mode（Name 节点处于安全模式）”错误，使用如下命令关闭安全模式，因为在安全模式下，是不允许删除或覆盖文件的。

```
dfsadmin  -safemode  leave        # 关闭 safe mode
```

然后，拷贝新数据至 HDFS 中（利用 -put 参数项），同时删除原来的输出文件夹 OutputData（这个文件夹由 Hadoop 系统创建，如果提前存在，会发生运行时错误）。

默认配置文件所在位置

在前文中，基于最小配置原则，我们已经尽可能少地配置了诸如 core-site.xml、yarn-site.xml 等文件，让 Hadoop 运行起来。但实际上，Hadoop 的配置项种类繁多，为何我们仅仅做了最小配置，Hadoop 还能运行起来呢？这就要归功于 Hadoop 的默认配置文件。

如果想查看上述那些配置文件，可在“$HADOOP_HOME/share/doc/hadoop”路径下，找到默认配置文档所在的文件夹。在这个路径下的文件，都是有关 Hadoop 的文档。因为默认配置选择繁多，所以基本不可能有某本书把所有的配置选项及其作用，和对应的参数都写出来，因此，这些文档可以起到查询手册的作用。

关闭 Hadoop

关闭 Hadoop，依次执行如下命令即可。

```
mr-jobhistory-daemon.sh  stop  historyserver
stop-yarn.sh
stop-dfs.sh
```